EUROPA-FACHBUCHREIHE
für Metallberufe

Fachkunde ZERSPANTECHNIK

2. Auflage

Bearbeitet von
Lehrern an beruflichen Schulen und Ingenieuren
unter der Leitung von Michael Dambacher

VERLAG EUROPA-LEHRMITTEL · Nourney, Vollmer GmbH & Co. KG
Düsselberger Straße 23 · 42781 Haan-Gruiten

Europa-Nr.: 15655

Die Autoren sind Fachlehrer in der gewerblich-technischen Ausbildung und Ingenieure:

Dambacher, Michael; Dipl.-Ing., StD	Aalen
Pflug, Alexander; Dipl.-Ing., OStR	Schwäbisch Gmünd
Liesch, Thomas; Dipl.-Ing. (FH), OStR	Westhausen

Leitung des Arbeitskreises und Lektorat:
Michael Dambacher

Bildentwürfe: die Autoren
Fotos: Leihgaben der Firmen (Verzeichnis letzte Seite)
Bildbearbeitung:
Zeichenbüro des Verlages Europa-Lehrmittel, Ostfildern

2. Auflage 2024
Druck 5 4 3 2 1
Alle Drucke derselben Auflage sind parallel einsetzbar, da sie bis auf die Korrektur von Satz- und Zeichenfehlern identisch sind.

ISBN 978-3-7585-1372-5

Satz: Satz+Layout Werkstatt Kluth GmbH, 50374 Erftstadt
Umschlag: Grafische Produktion Jürgen Neumann, 97222 Rimpar
Umschlagfoto: Autorenfoto an der Technischen Schule Aalen
Druck: UAB BALTO print, 08217 Vilnius (LT)

Vorwort

Das Lehrbuch „Fachkunde Zerspantechnik“ bildet in ausführlicher Form die gesamten Lerninhalte der Zerspantechnik in der Grund- und Fachstufe entsprechend dem Rahmenlehrplan des Bundes und der Ausbildungsordnung zum Zerspanungsmechaniker ab. Die vorliegende zweite Auflage wurde komplett überarbeitet, ergänzt und aktualisiert.

Im Kapitel Fertigungstechnik wird das gesamte Gebiet der industriellen Fertigung in Anlehnung an die DIN 8580 anschaulich und übersichtlich aufgearbeitet und mit lernfeldorientierten Fertigungsbeispielen praxisnah dargestellt.

Das Buch vermittelt den Lehrstoff in der beruflichen Ausbildung wie auch der Weiterbildung. Die Erarbeitung des Lernstoffs wird durch sehr viele Zeichnungen und Bilder lebendig und motivierend unterstützt. Alle Bilder und Tabellen stehen im digitalen Medienregal EUROPATHEK zur Verfügung (Infos dazu siehe Umschlaginnenseite).

Das Fachkundebuch wird durch das „Tabellenbuch Zerspantechnik“ anwendungsbezogen ergänzt und erweitert. Dort finden Lernende und Lehrende in Ausbildung, Beruf und Weiterbildung Größengleichungen, Formeln, Diagramme, Tabellenwerte und Berabeitungstechnologien, die zum Verständnis und zur Beurteilung von technischen Grundlagen und angewandten Fertigungverfahren notwendig sind. In beiden Büchern sind die relevanten Themen aus Physik, Mathematik, Werkstofftechnik, Elektrotechnik, Mechanik, Festigkeitslehre, Fertigungs- und Maschinentechnik, Steuerungs- und CNC-Technik sowie Qualitätstechnik ebenso zu finden wie Hinweise auf Zeichnungsnormen, Arbeits- und Umweltschutz, Produktivität, Wirtschaftlichkeit, Betriebsstoffe und Wartung von Maschinen und Anlagen. Damit ist diese Buchreihe neben der beruflichen Ausbildung auch für Meister, Techniker und Ingenieure in der praktischen Umsetzung und Anwendung besonders geeignet, da die ausführlichen Darstellungen der Themengebiete zu Lösungen von praxisorientierten Aufgabenstellungen führen.

Wir freuen uns über Hinweise und Anregungen aus unserer Leserschaft zur Weiterentwicklung und Verbesserung des Fachkundebuchs zur Zerspantechnik unter lektorat@europa-lehrmittel.de.

Autoren und Verlag Frühjahr 2024

Inhaltsverzeichnis

F2 SCHNEIDSTOFFE UND BESCHICHTUNGEN 128

F3 BOHRVERFAHREN 143

F4 REIBEN 164

F5 SÄGEN 166

F6 FRÄSTECHNIK 168

F7 DREHTECHNIK 196

F8 AUTOMATENDREHTECHNIK 233

F9 GEWINDEHERSTELLUNG 236

F10 RÄUMEN, HOBELN UND STOSSEN 248

F11 SCHLEIFTECHNIK 251

F12 FEINBEARBEITUNGSVERFAHREN 280

F13 FÜGEVERFAHREN 298

F14 ZERSPANUNGSTECHNOLOGIE 318

F15 FERTIGUNGSVERFAHREN 336

Q3 PRÜFTECHNIK 449

S STEUERUNGS- UND REGELUNGSTECHNIK

S1 AUTOMATISIERUNG DURCH STEUERN UND REGELN 485

S2 REGELUNGSTECHNIK AN WERKZEUGMASCHINEN 521

S3 FLEXIBLE FERTIGUNGSANLAGEN 525

S4 AUFBAU VON CNC-WERKZEUGMASCHINEN 542

S5 NUMERISCHE STEUERUNGEN 553

Das Berufsbild des Zerspanungsmechanikers, der Zerspanungsmechanikerin

Aufgaben und Tätigkeiten

Zerspanungsmechaniker/innen fertigen Präzisionsbauteile meist aus Metall durch spanende Verfahren wie Drehen, Fräsen, Bohren oder Schleifen. Dabei arbeiten sie mit konventionellen Fräs-, Dreh-, Bohr- und Schleifmaschinen sowie mit computergesteuerten Maschinen **(Bilder 1 und 2)**. Sie richten die Maschinen ein und überwachen den Fertigungsprozess. Zerspanungsmechaniker/innen fertigen Bauteile für die unterschiedlichsten Anwendungsbereiche. Sie stellen Wellen, Achsen, Maschinenteile, Zahnräder und Gewinde oder Triebwerksteile für Flugzeuge her.

Zu Beginn eines Arbeitsauftrages machen sie sich mit den Einzelheiten der technischen Zeichnung und den Auftragspapieren des herzustellenden Werkstücks vertraut. Noch fehlende Maßangaben, die später für die Einrichtung der Werkzeugmaschinen benötigt werden, berechnen sie auf der Grundlage der vorhandenen Daten.

Ist die Arbeitsabfolge festgelegt, wählen sie die Maschinen, die passenden Werkzeuge sowie Prüfmittel aus. Sie geben die Steuerungsprogramme in die CNC-Maschinen ein oder rufen bereits fertige ab. Ist das Programm erstellt und eingegeben, richten sie die Maschine und bereiten die entsprechenden Werkzeuge vor **(Bild 3)**. Dabei montieren sie auch die Spannvorrichtungen sowie Zusatzeinrichtungen für verschiedene Dreh-und Fräsverfahren. Sie prüfen die Werkzeugschneiden auf Verschleiß und Abmessungen **(Bild 4)**.

Nach dem Einspannen des Rohlings in die Maschine kann die Bearbeitung beginnen.

Nach einem Probelauf führen sie den Fertigungsprozess durch. Besonders in der Einzelfertigung nehmen sie immer wieder Zwischenmessungen am Werkstück vor, um sicherzustellen, dass die Qualitätsvorgaben eingehalten werden. Bei Abweichungen korrigieren sie die Einstellungen der Maschine. Treten Betriebsstörungen auf, beheben sie die Fehler, tauschen Werkzeuge aus oder verändern z.B. die Schnittdaten des Werkzeugs.

Ist ein Werkstück fertiggestellt, messen sie nach, ob alle Abmessungen mit den Auftragsdaten übereinstimmen und überprüfen und dokumentieren die ermittelten Daten.

Auch die Wartung und Pflege der Maschinen und Werkzeuge gehört zum Aufgabenbereich. Kühlschmiermittel müssen entsprechend den betrieblichen Vorgaben regelmäßig geprüft werden.

1 Arbeiten an der Bohrmaschine

2 Programmieren der Werkzeugmaschine

3 Einrichten und Überwachen

4 Messen und Beurteilen

A1 GESUNDHEITSSCHUTZ

Mit zunehmender Mechanisierung der Arbeitswelt seit ca. 200 Jahren wurden auch die Unfälle, die den Menschen bei der Arbeit zustießen, immer häufiger und schwerwiegender. Da Arbeiter in großer Menge vorhanden waren, interessierte man sich wenig für deren Belange. Arbeitsunfälle passierten täglich und wer nicht mehr arbeitsfähig war, wurde einfach entlassen. Maßnahmen zur Beseitigung vieler Unfallursachen waren den Unternehmern zu teuer, weil sich daraus kein Gewinn errechnen ließ.

Um diese Missstände zu beenden, wurden ab der zweiten Hälfte des 19. Jahrhunderts nach und nach Gesetze zum Schutz von Leben und Gesundheit der Werktätigen geschaffen. Heutzutage sind Arbeitsschutzgesetze ein Teil des „sozialen Netzes" unseres Landes und haben dazu geführt, dass Maschinen und Anlagen bedienungssicher gebaut werden müssen.

Allgemeine Sicherheitsregeln

Der Arbeitsschutz in der Bundesrepublik Deutschland umfasst Regeln und Verbote, die in **zwei Arten von Schutzvorschriften** unterteilt werden.

Die **staatlichen Vorschriften** legen den Arbeitsschutz in sechs verschiedenen Sachgebieten fest:

- Die **Arbeitsstättenverordnung** regelt den Zustand der Arbeitsstätte (z. B. Beleuchtung, Lüftung, Sanitäreinrichtungen u. a.).
- Im **Gerätesicherheitsgesetz** werden Sicherheitsmaßnahmen für den Umgang mit Maschinen, Geräten und Anlagen gefordert.
- Die **Gefahrstoffverordnung** fordert die Kennzeichnung aller gefährlichen Stoffe durch genau festgelegte Angaben.
- Die **Arbeitszeitordnung** regelt die Einhaltung von Arbeits- und Pausenzeiten für bestimmte Tätigkeiten.
- Nach dem **Jugendarbeitsschutzgesetz** gelten für Jugendliche besondere Arbeitsschutzgesetze über Art und Dauer der Tätigkeit.
- Im **Arbeitssicherheitsgesetz** werden vom Gesetzgeber auch ergänzende betriebliche Maßnahmen zur Einhaltung des Arbeitsschutzes am Arbeitsplatz gefordert. An der Durchführung der Arbeitsschutzmaßnahmen sind neben dem Arbeitgeber der Betriebsrat sowie, je nach Art und Größe des Betriebes, Sicherheitsbeauftragte und andere Fachkräfte beteiligt.

All diese Gesetze und Vorschriften sind jedoch nutzlos, wenn der Mitarbeiter, die Mitarbeiterin diese nicht kennt oder bewusst leichtsinnig missachtet. Besonders neuen Kollegen und Kolleginnen im Betrieb ist zu raten:

Informieren Sie sich!

Übernehmen Sie nicht die Unvorsichtigkeiten „erfahrener Kollegen". Schützen Sie sich und Ihre Gesundheit

Die **berufsgenossenschaftlichen Unfallverhütungsvorschriften** legen allgemein den Umgang mit Maschinen, Geräten und Anlagen zur Vermeidung von Unfällen fest.

Die Hersteller erhalten, bevor z. B. eine Werkzeugmaschine verkauft werden darf, ein **amtliches Prüfzeichen**. Außerdem darf eine Maschine erst dann in Betrieb genommen werden, wenn alle Sicherheitsbestimmungen beachtet worden sind.

1 Logo der Berufsgenossenschaft

2 Persönliche Schutzausrüstung

Warn- und Hinweisschilder

Um Gefahren „auf einen Blick" zu erkennen, aber auch für Menschen, die nicht sicher lesen oder die jeweilige Landessprache nicht verstehen können, wurden Symbole entwickelt, die für jeden verständlich sind. Diese Darstellungen zeigen **Verbote, Gebote, Warnungen** oder **Hinweise** und werden inzwischen in ähnlicher Art weltweit verwendet. Man unterscheidet sie durch unterschiedliche Farben und Formen.

Verbote sind unter allen Umständen einzuhalten! Das Nichtbeachten kann Menschenleben kosten, unter Umständen auch Ihr eigenes.

Alle **Verbotszeichen** sind kreisrund und stellen die verbotene Handlung schwarz dar. Sie sind rot umrandet sowie durchgestrichen. Das Nichtbeachten kann strafrechtliche Folgen haben **(Bild 1)**.

Allgemeines Verbotszeichen

Rauchen verboten

Keine offene Flamme; Feuer, offene Zündquelle und Rauchen verboten

Für Fußgänger verboten

1 Verbotszeichen

Gebotszeichen schreiben bestimmte Maßnahmen vor, die beim Ausüben gefährlicher Arbeiten Ihre Gesundheit schützen.

Gebotszeichen sind blau, kreisrund und stellen die zu verwendenden Schutzmittel dar. Das Nichtbefolgen von Geboten kann im Schadensfall unter Umständen die Verweigerung von Versicherungsleistungen bewirken **(Bild 2)**.

Gehörschutz benutzen

Augenschutz benutzen

Handschutz benutzen

Fußschutz benutzen

2 Gebotszeichen

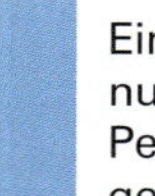

Einige Warnzeichen kennzeichnen gefährliche Orte, die nur unter größter Vorsicht oder allein von autorisierten Personen betreten werden dürfen. Andere warnen vor gefährlichen Stoffen in Behältnissen **(Bild 3)**.

Warnschilder sind dreieckig. Die Gefahr, vor der gewarnt werden soll, ist schwarz auf gelbem Untergrund dargestellt.

Allgemeines Warnzeichen

Warnung vor Laserstrahl

3 Warnzeichen

Rettungszeichen geben Hinweise auf wichtige Wege und Orte im Notfall.

Rettungszeichen sind weiß auf grünem Untergrund und viereckig **(Bild 4)**.

Notausgang (links)

Erste Hilfe

4 Rettungszeichen

Brandschutz

Ein Rauchverbotszeichen an einzelnen Maschinen gilt im Umkreis von 8 m, an Türen für den ganzen dahinterliegenden Raum. Der Grund hierfür können brennbare Flüssigkeiten oder explosive Gase sein. Bei Bränden elektrischer Anlagen, wie z. B. Werkzeugmaschinen, sowie von Flüssigkeiten ist das Löschen mit Wasser oder Nassfeuerlöschern nicht erlaubt. Informieren Sie sich über die Einsatzmöglichkeiten des Feuerlöschers an einem neuen Arbeitsplatz! Leere oder defekte Feuerlöscher müssen schnellstens ausgetauscht werden. Sollte doch einmal ein Brand ausbrechen gilt immer:

Erst melden, dann löschen!

- Die Meldung erfolgt über **Telefon Nr. 112** oder Feuermelder.
- Enge, brennende Räume müssen als Erstes gut belüftet werden, da der oft entstehende Rauch die Löscharbeiten und die Gesundheit flüchtender Personen am meisten gefährdet.
- Überschätzen Sie nicht Ihre eigenen Möglichkeiten bei der Brandbekämpfung. Ihre Gesundheit ist wichtiger als die Rettung von Maschinen und Anlagen.

Arbeitssicherheit an Werkzeugmaschinen

Einige Regeln zur Arbeitssicherheit gelten speziell beim Umgang mit allen Werkzeugmaschinen und werden durch besondere Regeln an jedem Arbeitsplatz ergänzt. Die Wichtigsten werden hier genannt. Sie werden außerdem durch die Vorschriften Ihres Betriebes zu speziellen Tätigkeiten ergänzt.

Alle angebrachten Verbots-, Gebots- oder Warnzeichen sind unbedingt zu beachten.

Anderenfalls gefährden Sie die Gesundheit aller anwesenden Personen. Bedenken Sie auch die Folgen der Zerstörung von Anlagen und Gebäuden. Ihr Arbeitsplatz könnte verloren gehen!

Bei allen größeren Werkzeugmaschinen müssen an jederzeit gut erreichbaren Stellen **„Not-Aus"-Schalter** angebracht sein. Diese sollten in regelmäßigen Abständen auf Funktionstüchtigkeit untersucht werden. Das Betätigen des Not-Aus-Schalters muss den sofortigen Stillstand der Maschine zur Folge haben! Ein Nachlaufen wird durch eingebaute Bremsen verhindert.

1 Ungeeignetes Schuhwerk und Sicherheitsschuhe

Allgemeine Sicherheitsregeln

Arbeitssicherheit geht jeden an!

- Melden Sie gefährliche Stellen oder Situationen vorgesetzten Personen und drängen Sie auf Beseitigung der Gefährdung!
- Vermeiden Sie das Essen am Arbeitsplatz! Sie verhindern damit die ungewollte Aufnahme giftiger oder krebsfördernder Stoffe. Die Wirkung mancher Arbeitsmittel auf den menschlichen Organismus wird oft erst nach vielen Jahren des Einsatzes als ungesund erkannt.
- Benutzen Sie Arbeitsschutzkleidung und Sicherheitsschuhe, auch wenn diese unmodern erscheinen! Ungeeignetes Schuhwerk gefährdet Sie durch Eintreten von Spänen oder bei herunterfallenden Teilen **(Bild 1)**.
- Bei älteren Maschinen sind manche rotierenden Teile nicht ummantelt. Hier ist besonders auf eng anliegende, nicht reißfeste Kleidung zu achten. Lange Haare müssen fest aufgesteckt werden **(Bild 2)**. Auch kurze Haare sollten durch einen geeigneten Kopfschutz bedeckt sein. Insbesondere hängender Schmuck (Ketten), Armbänder, Uhren und Ringe müssen auf jeden Fall abgelegt werden **(Bild 3)**.
- Überprüfen Sie beim Umspannen die Werkstücke auf hohe Temperaturen oder scharfe Kanten (Grat). Benutzen Sie auch im Zweifelsfalle Schutzhandschuhe **(Bild 4)**.
- Defekte oder stark verschlissene Werkzeuge und Maschinenteile sind unverzüglich zu erneuern.
- Das Reinigen der Maschine mit Druckluft ist gefährlich und nur unter bestimmten Voraussetzungen erlaubt.
- Am Arbeitsplatz aufbewahrte Flüssigkeiten wie Petroleum oder Schmierstoffe sind keinesfalls in Lebensmittelbehälter zu füllen. Immer wieder müssen Menschen den Griff zur falschen Flasche mit Gesundheit oder Leben bezahlen.
- Melden Sie auch kleinste Verletzungen und lassen Sie diese behandeln. Dadurch können Entzündungen oder langwierige Erkrankungen verhindert werden.
- Scherzen, Ärgern und Necken verringern die Aufmerksamkeit und können in Maschinenräumen besonders böse Folgen haben. Warten Sie damit bis zum Arbeitsende.

2 Umgang mit langen Haaren

3 Hängender Schmuck

4 Grat

Arbeitssicherheit beim Drehen und Fräsen

Wegen häufig ungeschützter rotierender Wellen und Achsen älterer Drehmaschinen sowie Fräsmaschinen müssen hier die Anforderungen an die Arbeitsschutzkleidung besonders beachtet werden.

Während des Betriebes darf nicht in den Zerspanungsprozess eingegriffen werden!

- Manuelles Arbeiten an rotierenden Teilen ist sehr gefährlich und nicht gestattet.
- Bei manchen Arbeiten, wie beim Zustellen von Hand, kann wegen ungünstiger Spanabfuhr eine Schutzbrille nötig sein. Entscheiden Sie nicht zu spät!
- Drehautomaten und CNC-Werkzeugmaschinen sind von einer geschlossenen Verkleidung umgeben, die den Betrieb der Maschine beim Öffnen sofort unterbricht **(Bild 1)**. Beim verbotenen Außerkraftsetzen dieser Schutzvorrichtung könnten auch unbeteiligte Personen zu Schaden kommen. Durch das Sichtfenster können sich anbahnende, ungünstige Entwicklungen beim Zerspanprozess rechtzeitig erkannt und verhindert werden. Wenn vorhanden, sollte die Einrichtung zum automatischen Spanabtransport genutzt werden, weil dadurch gefährliche Berührungen mit Spänen vermieden werden.

1 Sicherheitseinrichtungen einer CNC-Maschine

- Die Absaugung entstehender Dämpfe vermindert das unnötige Einatmen von Kühl-Schmierstoffdämpfen.
- Zum Entfernen von Wirr-, Schrauben- und Bandspänen ist nur das dafür vorgesehene Werkzeug (z.B. Haken) zu benutzen **(Bild 2)**. Die Späne können ungeeignete Arbeitsschutzhandschuhe problemlos zerschneiden.

  Späne können sehr heiß und scharfkantig sein. Benutzen Sie einen Spänehaken. Vorsicht: Lange Späne können sich beim Entfernen aufwickeln.

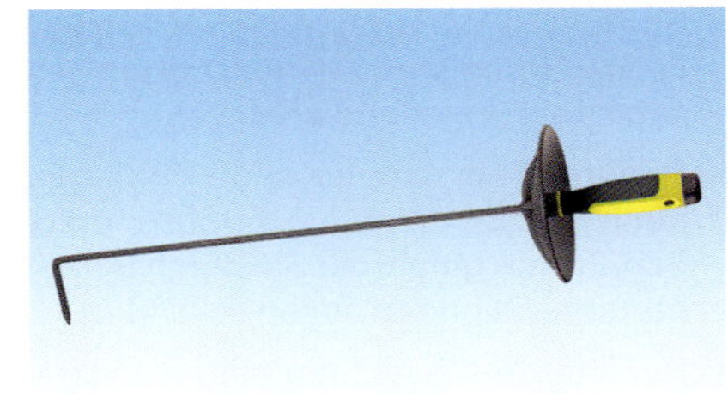

2 Spänehaken

- Beim Scharfschleifen des Drehwerkzeuges werden alle überflüssigen Ecken und Kanten abgerundet.
- Achten Sie stets auf exakte Einstellungen sowie richtig gespannte Werkstücke. Durch die oft hohen Arbeitswerte können sich Teile lösen und eine hohe Durchschlagskraft erreichen (Fliehkraftwirkung).

Worauf Sie beim Drehen besonders achten sollten:

- Vergessen Sie nie beim Ein- und Ausspannen den Schlüssel vom Spannfutter zu ziehen **(Bild 3)**!
- Benutzen Sie nur Drehherzen, die rundumlaufend verkleidet sind!

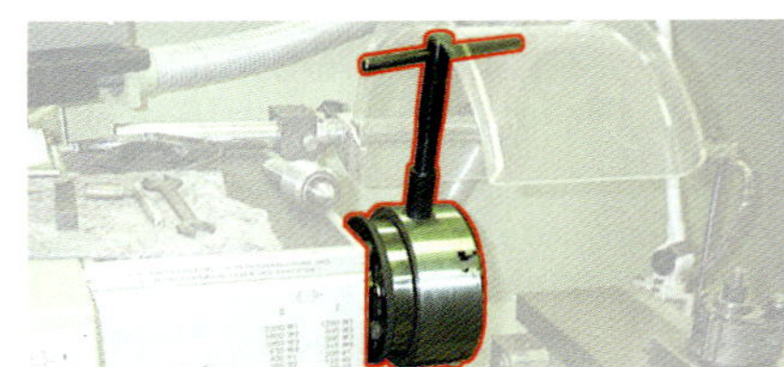

3 Schlüssel im Spannfutter

Worauf Sie beim Fräsen besonders achten sollten:

- Vor dem Einschalten der Maschine sind immer die Schutzvorrichtungen zu überprüfen **(Bild 4)**.
- Das mehrschneidige Werkzeug Fräser erfordert höhere Spannkräfte. Deshalb ist ein exakter Sitz des Spannmittels und die sichere Aufspannung des Werkstücks notwendig.
- Beschädigte Fräser oder Fräserschneiden sind sofort auszuwechseln.

4 Schutzvorrichtungen einer Fräsmaschine

Arbeitssicherheit beim Schleifen

Schleifmaschinen sind heute mit den üblichen Sicherheitseinrichtungen wie Schutzummantelung und Not-Aus-Schalter ausgestattet. Deshalb gelten hier die gleichen Sicherheitsbestimmungen wie für andere CNC-gesteuerte Werkzeugmaschinen.

Von Zeit zu Zeit müssen Werkzeuge an der Werkzeugschleifmaschine (Schleifbock) geschärft werden.

- Beim Trockenschleifen ist immer eine Schutzbrille zu tragen.
- Die Montagevorschriften beim Wechseln von Schleifscheiben sind genau einzuhalten, da durch die hohe Drehzahl das Zerspringen einer Schleifscheibe verheerende Auswirkungen haben kann.
- Der sichere Sitz der Schutzhaube sollte von Zeit zu Zeit überprüft werden **(Bild 1)**.
- Die Werkstückauflage muss allseitig dicht an der Schleifscheibe sitzen. Der Abstand zwischen Schleifscheibe und Auflage sollte nicht größer als 3 mm sein!
- Aluminium- und Magnesiumstaub können explodieren! Deshalb gilt bei Arbeiten mit diesen Materialien striktes Verbot von offenem Licht und Feuer.

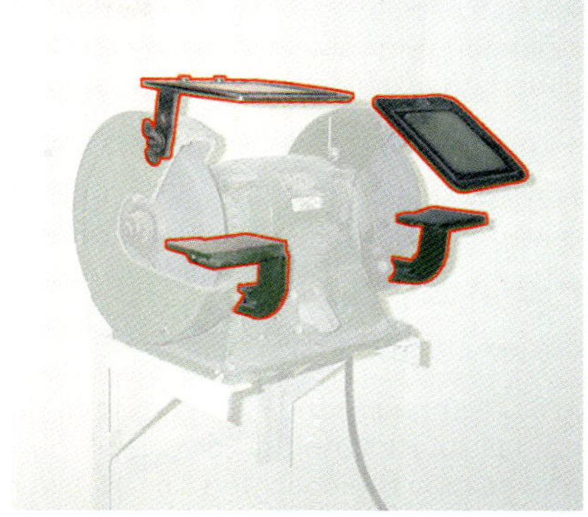

1 Schleifbock mit Schutzhaube und Auflage

Arbeitssicherheit beim Bohren

Beim Bohren ist darauf zu achten, dass die Werkstücke gegen Mit- und Hochreißen gesichert sind.

Dies kann in seltenen Fällen durch das Eigengewicht des Werkstückes geschehen. In den meisten Fällen jedoch muss das Spannen des zu bohrenden Teiles durch eine spezielle Vorrichtung oder durch Festspannen am Bohrmaschinentisch erfolgen **(Bild 2)**. Auch hier sind die bekannten Hilfsmittel zum Entfernen der Späne zu benutzen.

Zusätzlich zu den anderen Regeln gilt hier besonders:

- Um Verletzungen zu vermeiden, werden scharfkantige Bohrungen am Bohrungsrand entgratet oder gesenkt.
- Bei langem Haar ist immer ein geeigneter Haarschutz zu tragen!
- Bei Benutzung von Handbohrmaschinen sind Handschuhe besonders gefährlich.

2 Mit Spannprazen gesichertes Werkstück

Sicheres Arbeiten mit Hebezeugen und Anschlagmitteln

Sie bekommen den Auftrag einige schwere Werkstücke auf einen Transportwagen zu laden. Sie müssen dazu erstmalig ein Hebezeug (Kran) benutzen. Ihr Meister gibt Ihnen den Hinweis, aus Sicherheitsgründen auf die Auswahl der richtigen Anschlagmittel zu achten.

Anschlagmittel sind Haken, Ösen, Ketten, Gurte und spezielle Vorrichtungen, mit denen Lasten sicher am Hebezeug oder auf dem Transportfahrzeug verankert werden können. In manchen Betrieben wird diesen sicherheitstechnisch wichtigen Betriebsmitteln zu wenig Beachtung geschenkt und deshalb passieren schwerwiegende Unfälle **(Bild 3)**.

3 Korrodiertes Anschlagmittel

Anschlagmittel (Bild 1) dürfen nicht als persönliche Schutzausrüstungen (z.B. Haltegurte, Seile oder Karabinerhaken) verwendet werden (Arbeiten in Höhenlagen). Hierfür gelten abweichende Bestimmungen. Anschlagmitteln muss eine Gebrauchsanweisung in deutscher, ggf. in einer anderen, Sprache beiliegen. Sie müssen mindestens mit folgenden dauerhaft lesbaren Angaben gekennzeichnet sein.

- Name, Zeichen oder Marke des Herstellers
- Tragfähigkeit (in Abhängigkeit von der Anschlagart)
- Werkstoff, Material
- Nennlänge (bei Gurten oder Ähnlichem)

In der **Gebrauchsanweisung** können Sie nachlesen, ob das Anschlagmittel für diesen Zweck geeignet ist, wie man es richtig und sicher anwendet und bei welcher Art von Beschädigung es nicht mehr verwendet werden darf.

Nach Gebrauch können Sie in der **Bedienungsanleitung** des Anschlagmittels nachlesen, wie durch richtige Lagerung und Pflege eine möglichst lange Lebensdauer erreicht werden kann.

Hebezeuge dürfen Sie nur benutzen, wenn Sie älter als 18 Jahre sind und durch eine dazu berechtigte Person eingewiesen wurden.

Hebezeuge und Anschlagmittel dürfen nur verwendet werden, wenn sie in einwandfreiem Zustand sind **(Bild 2)**.

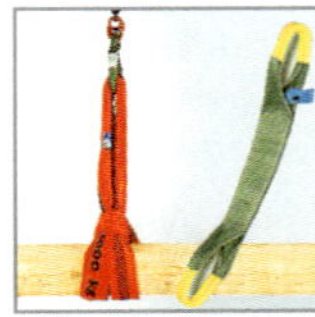
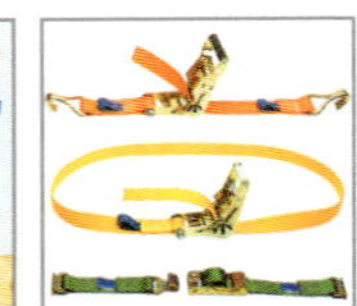

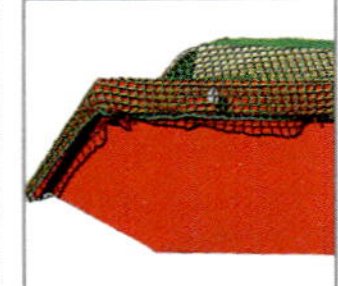

1 Anschlagmittel

2 Defektes Hebezeug

Um Unfälle beim Hantieren mit Hebezeugen und Anschlagmitteln zu vermeiden, sind folgende Regeln zu beachten:

- Niemand darf unter schwebenden Lasten hindurchlaufen oder sich darunter aufhalten!
- Anschlagketten, Hebebänder und Rundschlingen dürfen nicht verknotet oder verdreht werden!
- Anschlagseile, Anschlagketten, Hebebänder und Rundschlingen dürfen nicht über scharfe Kanten gespannt und gezogen werden, weil sie reißen könnten!
- Bei scharfen Kanten müssen Kantenschoner oder Schutzschläuche verwendet werden!
- Haken müssen mit einer Hakensicherung ausgerüstet sein und dürfen nicht auf der Spitze belastet werden!
- Eine heiße Arbeitsumgebung oder heiße Werkstücke können die Tragfähigkeit der Anschlagmittel vermindern!
- Beschädigte Anschlagmittel dürfen nicht mehr verwendet werden (z.B. Draht- und Litzenbrüche, Gurtbandeinschnitte, aufgebogene Haken)!
- Anschlagmittel müssen entsprechend der Bedienungsanleitung gelagert werden!
- Die Anschlagmittel müssen hinsichtlich der Tragfähigkeit mindestens für die Masse der Last ausgelegt sein!
- Anschlagmittel und Hebezeug müssen vor jeder Benutzung einer Sichtprüfung auf Mängel unterzogen werden!
- Die Last ist immer sicher gegen Verrutschen, Herausfallen und Umkippen zu befestigen (anschlagen), damit ein Lösen der Last unmöglich ist!
- Beim Heben und Senken der Last muss die volle Kontrolle des Vorgangs immer bei Ihnen liegen!

Sicherheitsanforderungen an Fertigungssysteme

Durch Fertigungssysteme kann eine erhebliche Erhöhung der Produktivität erreicht werden.

Halb oder vollständig automatisierte Fertigungssysteme **(Bild 1)** erledigen oft mehrere Schritte des Fertigungsprozesses selbstständig. Sie werden von Computern gesteuert. Durch Roboterarme werden Werkstücke geprüft, umgespannt oder dem nächsten Produktionsschritt zugeführt.

Dabei sollen Fertigungssysteme unter anderem möglichst wenig Platz benötigen, kurze Stillstandszeiten nach Störung oder Wartung benötigen und die Beobachtung des Fertigungsprozesses ermöglichen.

Sicherheitsmaßnahmen sind damit nicht einfach zu verbinden. Menschen, die sich im Wirkungsbereich dieser Maschinensysteme befinden, wären jedoch einer hohen Gefahr ausgesetzt, wenn diese Systeme nicht über spezielle Sicherheitseinrichtungen verfügen würden. Deshalb gibt es eine Reihe von Normen und Richtlinien, die Sicherheitsanforderungen an Fertigungssysteme europaweit genau regeln.

Automatisierte Fertigungssysteme müssen gegenüber einzeln agierenden Werkzeugmaschinen nach besonderen **Sicherheitskriterien** betrachtet werden.

- Die **Wirkungsbereiche** des Fertigungssystems dürfen während des Betriebes keinesfalls betreten werden. Das wird durch verschiedene Sicherheitseinrichtungen erreicht:
- **Feststehende oder verriegelbare Schutzwände**

  Der Betrieb der Maschine ist nur bei geschlossenen Schutzwänden möglich. Sie sind stabil befestigt und schützen gegen herausschleudernde Werkstücke **(Bild 1)**.
- **Mechanische Schutzelemente**

  Mit Anschlägen kann der Wirkungsbereich von Maschinenteilen (z.B. Roboterarm) auf ungefährliche Bereiche eingeschränkt werden. Außerdem können damit die Folgen von Fehlfunktionen durch Programmier- oder Softwarefehler für Menschen und Maschine abgemildert werden **(Bilder 2 und 3)**.
- **Positionsschalter**

  Die Maschine ist nur zu bedienen, wenn sich der Bediener an einer bestimmten Position befindet (Trittplatte) oder bestimmte Bedienelemente permanent betätigt.
- **Optoelektronische Schutzeinrichtungen**

  Durch Lichtschranke, Laserscanner oder ähnlich wirkende Bauelemente wird der Betrieb der Maschine sofort unterbrochen, wenn eine Person den Wirkungsbereich betritt.
- **Verhaltensregeln**

  Alle Sicherheitseinrichtungen dürfen sich nicht auf einfache Art und Weise außer Kraft setzen lassen. Not-Aus-Schalter müssen in ausreichender Anzahl vorhanden sein.

  Zugänge zur Maschine müssen so gestaltet sein, dass die Wahrscheinlichkeit des Stolperns oder Ausrutschens gering ist. Erreicht wird das durch Haltegriffe, Geländer oder rutschhemmende Oberflächen.

1 **Schutztür an einer Fräsmaschine**

2 **Automatisiertes Fertigungssystem**

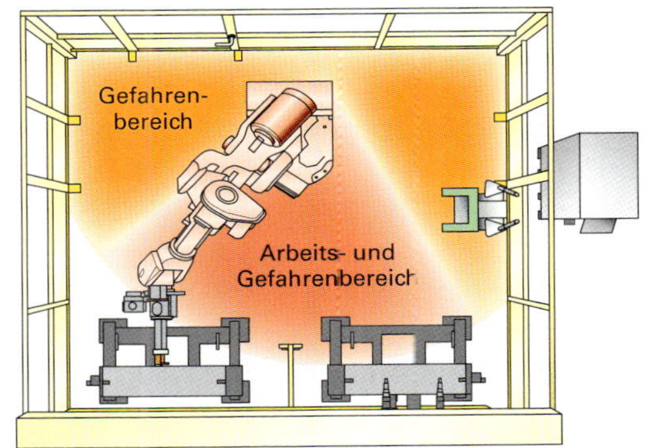

3 **Gefahrenbereich Industrieroboter (von oben betrachtet)**

- Jede Maschine neueren Baujahres darf bestimmte **Lärmemissionswerte** nicht überschreiten. Die Werte sind in entsprechenden Vorschriften festgelegt.
- Entstehen **giftige Dämpfe oder Nebel** (z.B. durch Kühlschmierstoffe) in gesundheitsgefährdenden Konzentrationen, sind wirkungsvolle Rückhaltesysteme vorgeschrieben.

Umgang mit elektrischen Betriebsmitteln und Anlagen

Elektrogeräte haben viele unserer Lebensbereiche erobert. Das Radio am Morgen, die Fahrt mit der Straßenbahn zur Arbeit oder das Telefonat mit dem Handy sind ohne die ständige Verfügbarkeit von Elektroenergie nicht denkbar. Auch die meisten Tätigkeiten im Bereich der Zerspantechnik sind ohne elektrisch betriebene Maschinen und Anlagen nicht möglich.

Dass elektrischer Strom dem Menschen bei direktem Kontakt schaden kann, weiß jeder. Doch warum ist das so und ab wann wird er gefährlich?

Das menschliche Nervensystem und viele andere Funktionen werden durch sehr schwache elektrische Ströme gesteuert. Überlagert ein Strom von außen die körpereigenen Signale, können Reaktionen erfolgen, die der Mensch nicht mehr beeinflussen kann. Eine Hand kann sich so stark verkrampfen, dass sie den elektrischen Leiter nicht mehr loslassen kann. Das Herz bekommt falsche Signale und kann nicht im gewohnten Rhythmus schlagen. Das Blut transportiert keinen Sauerstoff mehr zum Kopf. Das kann nach einigen Sekunden bereits zu Hirnschäden und später zum Tod führen. Durch den elektrischen Strom können auch einzelne Zellen oder ganze Körperteile direkt zerstört werden.

Damit das nicht passiert, müssen alle stromführenden Geräte und Einzelteile (z.B. Elektroleitungen und Elektrokabel) komplett isoliert sein.

Jeder Stromkreislauf eines Gebäudes und zusätzlich einige Geräte verfügen über elektrische Sicherungen, die den Stromfluss bei Unregelmäßigkeiten unterbrechen.

> Wurde eine elektrische Sicherung ausgelöst, muss vor erneuter Inbetriebnahme des Gerätes die Ursache gefunden sein. Das Außerkraftsetzen dieser Sicherheitsmaßnahme (z.B. durch Überbrücken) ist verboten und sehr gefährlich.

Die **elektrische Spannung** kann erzeugt werden durch:

- Licht (Solarzelle) **(Bild 1)**,
- Zielgerichtete Bewegung eines elektrischen Leiters im Magnetfeld (Generator) **(Bild 2)**,
- Zug, Druck oder Biegung bestimmter Materialien,
- Wärme,
- Reibung (statische Aufladung),
- Chemische Reaktionen.

Elektrische Leiter

Werkstoffe, die Strom sehr gut leiten, z.B. Kupfer, Aluminium, Gold, einige Gase und Flüssigkeiten

Isolatoren

Werkstoffe, die elektrischen Strom sehr schlecht leiten, z.B. viele Kunststoffe, Keramik

Spannung (*U*)

Gefährliche Spannungen
Höchstzulässige Berührungsspannung für Menschen: Wechselspannung 50 V, Gleichspannung 120 V

Stromstärke (*I*)

Gefährliche Stromstärken	
ab 10 mA	Muskelkrämpfe
ab 25 mA	starke Muskelkrämpfe, die zu Knochenbrüchen führen können
ab 80 mA	Herzkammerflimmern bis hin zum Tod
ab 5000 mA	starke innere und äußere Verbrennungen

Erste-Hilfe-Maßnahmen bei Elektrounfällen
1. Den Strom abschalten
2. Den Verunglückten aus dem Gefahrenbereich bringen
3. Einen Arzt rufen
4. Lebenserhaltende oder schmerzlindernde „Erste Hilfe" leisten

1 Solarzellen

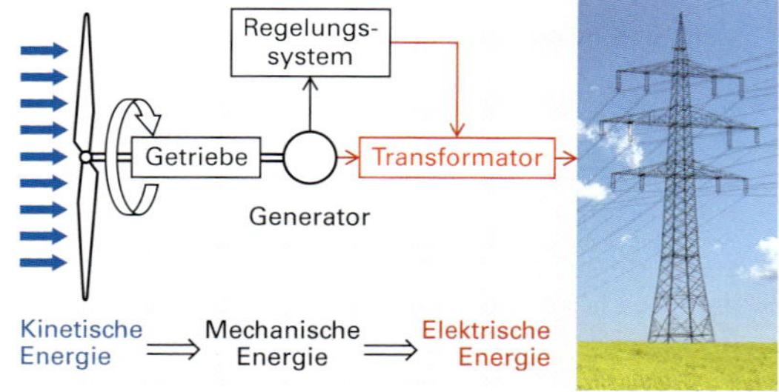

2 Windkraftgenerator

Fast alle Betriebsmittel der Zerspantechnik werden elektrisch betrieben **(Bild 1)**. Der direkte Kontakt mit unter Spannung stehenden Teilen führt oft zu schweren Verletzungen oder zum Tod. Außerdem können defekte Elektrogeräte Brände oder Produktionsausfälle verursachen. Aus diesem Grund sind Betriebe verpflichtet, **elektrische Betriebsmittel** entsprechend der **BGV A3, DIN VDE 0701, VDE 0702** in regelmäßigen Abständen auf Betriebssicherheit zu prüfen.

Wird dies versäumt, weigern sich viele Versicherungen den entstandenen Schaden zu übernehmen. Werden Menschen verletzt oder getötet, schließen auch die BG die Haftung aus. Damit ist der Arbeitgeber in vollem Umfang haftbar und muss zusätzlich mit einer hohen Geldstrafe rechnen.

Die Kosten für eine Betriebssicherheitsprüfung sind geringer als die Kosten für die Haftung bei einem Schaden!

Ende 2002 wurden viele Regelungen und Vorschriften zum Prüfen von Arbeitsmitteln in der **Betriebssicherheitsverordnung (BetrSichV)** zusammengefasst und zum Teil geändert. Neu war unter anderem, dass der Arbeitgeber nun selbst bestimmen muss, welche Geräte geprüft werden müssen und wer die Prüfung durchführt **(Bild 2)**.

Für die zeitlichen Abstände der Wiederholungsprüfungen existieren Empfehlungen und Richtwerte, die je nach Art und möglicher Beweglichkeit des elektrischen Anschlusses zwischen 6 Monaten und 4 Jahren schwanken **(Tabelle 1)**.

Werden nur geringe Schäden festgestellt, können die Fristen verlängert werden.

Die Prüfung erfolgt in 3 Schritten:

- Sichtprüfung,
- Messen von Strom und Spannung,
- Funktionsprüfung.

Dabei werden alle Geräte durch Barcode oder Prüfdatum gekennzeichnet **(Bild 3)**.

Wird bei einem der Prüfschritte eine Unregelmäßigkeit entdeckt, darf das Gerät nicht mehr betrieben und muss entsprechend DIN VDE 0701 repariert werden.

Stellen Sie erhöhten Verschleiß oder Schäden an Strom führenden Teilen fest, melden Sie dies unverzüglich! Die Reparatur darf nur von einer elektrotechnischen Fachkraft vorgenommen werden.

Die fachlichen Anforderungen der Elektrofachkraft erfordern: Fachliche Ausbildung (Elektrotechnik)

- Kenntnisse und Erfahrungen im jeweiligen Tätigkeitsfeld,
- Kenntnisse der einlschägigen Normen,
- Beurteilung der ihr übertragen Arbeiten,
- Erkennen von Gefahren.

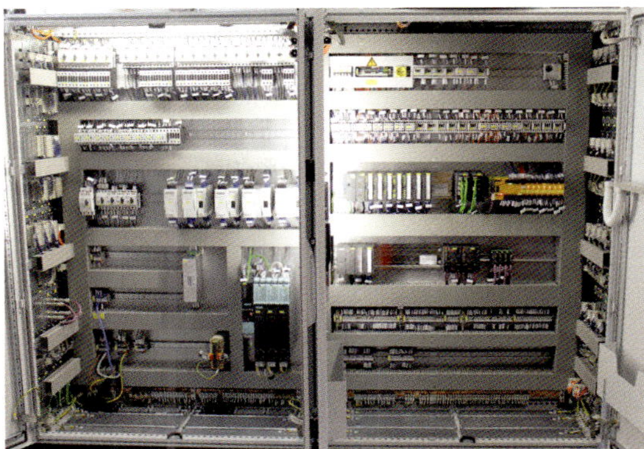

1 Elektroinstallation einer Werkzeugmaschine

2 Prüfen elektrischer Betriebsmittel

Tabelle 1: Richtwerte für Prüffristen

Anlagen, Geräte	Richtwerte
ortsveränderliche elektrische Betriebsmittel	6, 12, 24 Monate
Verlängerungs- u. Geräteanschlussleitungen mit Steckvorrichtungen	6, 12, 24 Monate
Anschlussleitungen mit Stecker	12 Monate
Bewegliche Leitungen mit Stecker und Festanschluss	2 Jahre
ortsfeste Anlagen	1 bis 4 Jahre

3 Kennzeichnung geprüfter Geräte

Umgang mit Kühlschmiermitteln

Kühlschmiermittel besitzen nicht nur ein gegenwärtiges, sondern auch ein langfristiges gesundheitliches Gefahrenpotenzial.

Vom Gesetzgeber ist dafür gesorgt, dass Gefahren weitgehend auszuschließen sind. Den Arbeitgebern sind Auflagen erteilt worden, was beim Einführen von neuen Gefahrstoffen zu beachten ist und wie die Belegschaft darüber zu informieren ist. In der **Gefahrstoffverordnung** (GefStoffV) sind auch die Beteiligungsrechte der Betriebs- und Personalräte festgehalten, z. B. das Anhörungsrecht bei der Einführung neuer Gefahrstoffe (§ 19) oder das Mitbestimmungsrecht bei der Festlegung von technischen Schutzmaßnahmen und bei der Bereitstellung von persönlichem Körperschutz (§ 87).

Persönliches Verhalten im Umgang mit Kühlschmierstoffen	
1. Verschaffen von Informationen	• über die eingesetzten Kühlschmiermittel **(Bild 1)** • über Regeln des Umgangs mit den Kühlschmiermitteln, Einhalten von Grenzwerten u. a. • über rechtliche Vorschriften und Beteiligungsrechte
2. Verhalten	• das mich schützt – nicht berühren – nicht einatmen • das das Werkstück und den Arbeitsplatz schützt – Abstand halten – Abschirmen • das der Umwelt nützt – Material und Hilfsstoffe sparsam verwenden
3. Kontrolle	• ob ich mich selbst immer an die Regeln halte • ob sich andere an die Regeln halten

1 Kühlschmierstoff (KSS)

Die Kühlschmiermittel werden entsprechend ihrer für den Spanungsprozess wichtigen Eigenschaften eingesetzt **(Bild 1)**. Die Eigenschaften werden nach den Grundstoffen und den Zusätzen (Additiven) bestimmt. Bei einigen Kohlenwasserstoffverbindungen kommen auch **p**olyzyklische **a**romatische **K**ohlenwasserstoffe (PAK's) vor. Diese **PAK's gelten als krebserregend**. Ein Vertreter ist das Benzo(a)pyren, das auch im Zigarettenrauch enthalten ist. PAK's werden auch als Grillgift bezeichnet, weil sie beim Grillen im heißen Fett entstehen. Ein ähnlicher Prozess läuft beim Spanen ab, wo auch die Öle aus dem Kühlschmierstoff erhitzt werden.

Benzo(a)pyren darf nicht mehr als **0,002 mg/m^3** Luft bzw. 50 mg/kg Kühlschmierflüssigkeit vorhanden sein.

Als Richtwert für Mineralöl in der Raumluft gilt:

für Ölnebel 5 mg/m^3 **für Öldampf + Ölnebel 20 mg/m^3**

Weitere Stoffe, für die Grenzwerte beachtet werden müssen, sind **Nitrite, Amine** und **chlorierte Stoffe**. Beim Verbrennen chlorierter Stoffe können **Dioxine** entstehen, die als Ultragift gelten.

Verwertung: Die wichtigste Möglichkeit für die weitere Verwertung gebrauchter Kühlschmiermittel ist die Einhaltung des **Vermischungsverbotes** mit anderen gebrauchten Ölen.

Zum Abtrennen von Verunreinigungen werden Verfahren angewendet, wie z. B.:

- Siebfiltration, Absieben großer Partikel,
- Sedimentation, Absetzen größerer Späne,
- Flotation, oben schwimmende Phasen,
- Zentrifugalabscheidung,
- Magnetabscheidung.

Stark verschmutzte und verbrauchte KSS müssen durch spezielle Entsorgungsbetriebe dem Kreislauf entzogen werden und dürfen auf keinen Fall in das öffentliche Abwassersystem gelangen.

KSS sind **nachweispflichtige Abfälle.** Sie unterliegen als wassergefährdende Stoffe dem Wasserhaushaltsgesetz § 19 g Abs. 5 und der Altölverordnung. Wassermischbare und mineralölhaltige KSS werden generell der Wassergefärdungsklasse 3 und nichtwassermischbare KSS i. d. R. der Wassergefährdungsklasse 2 zugeordnet und sind deshalb als Sondermüll zu betrachten und somit umweltschonend und fachgerecht zu entsorgen.

Gesetzliche Regelungen und betriebliche Dokumente

Da der richtige Umgang mit gesundheitsgefährdenden Stoffen für die betroffenen Menschen eine wichtige Bedeutung hat und andererseits deren Gefährlichkeit oft grob unterschätzt wird, hat der Gesetzgeber ein komplexes System von Gesetzen und Verordnungen zum Schutz der Menschen und der Umwelt geschaffen.

Ausgangspunkt der Gefahrenabwehr ist das **Chemikaliengesetz**. Dies nimmt den Hersteller von Chemikalien, wozu die **Kühlschmierstoffe** zählen, in Produkthaftung. Der Hersteller wird zur Einstufung und Kennzeichnung seiner Produkte verpflichtet. Den genaueren Umgang mit den Gefahrstoffen regelt die **Gefahrstoffverordnung** (GefStoffV). In dieser werden genaue Vorschriften zur Einstufung, Kennzeichnung, Verpackung und Handhabung dargestellt.

In der GefStoffV werden die Hersteller verpflichtet, dem Anwender ein **Sicherheitsdatenblatt** mitzugeben. Das Sicherheitsdatenblatt, das auf einer EU-Richtlinie basiert, liefert dem Anwender wichtige Angaben zum Produkt.

In dem **Sicherheitsdatenblatt** sind Angaben enthalten:

- zum Hersteller,
- zur Zusammensetzung des Produktes,
- zu möglichen Gefahren bei der Zubereitung,
- zu Erste-Hilfe-Maßnahmen,
- zu Maßnahmen zur Brandbekämpfung,
- zu Maßnahmen bei unbeabsichtigter Freisetzung,
- zu Handhabung und Lagerung,
- zur Expositionsbegrenzung (Kontaktdauer) und persönlicher Schutzausrüstung,
- zu den genauen physikalischen und chemischen Eigenschaften (Farbe, Geruch, Flammpunkt usw.)
- bis hin zu Entsorgung, Transport und Kennzeichnung.

Technische Information

ZUBORA 92 F

- wassermischbarer Hochleistungskühlschmierstoff
- auf Mineralölbasis
- mit wirksamen polaren EP-Zusätzen
- langzeitstabil

Durch den Verzicht auf sekundäre Amine besteht nach dem heutigen Kenntnisstand keine Gefahr der Bildung von Nitrosaminen.

Außerdem ist **ZUBORA 92 F** gegen Nitrosaminbildung inhibiert, d. h. dass bei der Anwesenheit von sekundären Aminen und Nitrit aus z. B. Fremdeinschleppung keine stabilen N-Nitrosamine gebildet werden können. Bei Überschreiten des Grenzwertes für Nitrit laut TRGS 611 ist demnach ein Teil- oder Vollaustausch der Gebrauchsemulsion nicht notwendig.

Typische Kennzahlen:

Farbe		5,0	DIN ISO 2049
Dichte/15°C	kg/m³	980	DIN 51757
Viskosität/20°C	mm²/s	350	DIN 51562
pH-Wert (5 %)		9,1	DIN 51369

1 Kühlschmierstoff

Chemische Charakterisierung

Wassermischbarer Kühlschmierstoff, enthält Mineralöl, Fettstoffe, anionische und nichtionische Tenside, Korrosionsinhibitoren und Biozide.

Gefährliche Inhaltsstoffe:

CAS-Nr.	Bezeichnung	Gehalt %	Kennzeichen	R-Sätze
6204-44-2	Oxazolidinderivat	<3	Xn	20/21/22-36-38-43
	Fettalkoholpolyglykolether	4	Xn	22-36-38

Mit dem Erarbeiten und Übergeben des Sicherheitsdatenblattes an den Anwender hat der Hersteller des Kühlschmierstoffes seine Pflicht erfüllt. Es kommt aber darauf an, dass an jeder Maschine jeder Zerspanungsmechaniker (und auch Wartungspersonal u.a.) in klarer und verständlicher Form erfährt, worauf er im Umgang mit diesem Kühlschmierstoff zu achten hat.

2010 und 2011 wurde die GefStoffV europäischen Regeln angepasst und in einigen Punkten eindeutiger und schärfer formuliert. **Arbeitgeber werden nun verpflichtet, die Arbeitnehmer** über alle Gefährdungen und Schutzmaßnahmen **mündlich zu unterweisen und zu beraten.** Auch die inhaltlichen Mindestanforderungen an eine Betriebsanweisung sind nun klarer bestimmt.

Auszug aus § 14 GefStoffV Unterrichtung und Unterweisung der Beschäftigten

1) Der Arbeitgeber hat sicherzustellen, dass den Beschäftigten eine schriftliche Betriebsanweisung, die der Gefährdungsbeurteilung nach § 6 Rechnung trägt, in einer für die Beschäftigten verständlichen Form und Sprache zugänglich gemacht wird. Die Betriebsanweisung muss mindestens Folgendes enthalten:

1. Informationen über die am Arbeitsplatz vorhandenen oder entstehenden Gefahrstoffe, wie beispielsweise die Bezeichnung der Gefahrstoffe, ihre Kennzeichnung sowie mögliche Gefährdungen der Gesundheit und der Sicherheit,
2. Informationen über angemessene Vorsichtsmaßregeln und Maßnahmen, die die Beschäftigten zu ihrem eigenen Schutz und zum Schutz der anderen Beschäftigten am Arbeitsplatz durchzuführen haben; ...

(2) Der Arbeitgeber hat sicherzustellen, dass die Beschäftigten anhand der Betriebsanweisung nach Absatz 1 über alle auftretenden Gefährdungen und entsprechende Schutzmaßnahmen mündlich unterwiesen werden. Teil dieser Unterweisung ist ferner eine allgemeine arbeitsmedizinisch-toxikologische Beratung.

Nummer: Datum:	BETRIEBSANWEISUNG gem. § 14 GefStoffV	Betrieb:

GEFAHRSTOFFBEZEICHNUNG

Form: flüssig	**Zubora 92 F** **Farbe:** braun	**Geruch:** typisch

GEFAHREN FÜR MENSCH UND UMWELT

Gefahren für Mensch
Reizt die Haut, Allergiegefahr

Gefahren für Umwelt
Nicht in die Kanalisation gelangen lassen

SCHUTZMASSNAHMEN UND VERHALTENSREGELN

Technische Schutzmaßnahmen und Verhaltensregeln
Handhabung: persönliche Schutzausrüstung tragen, Aerosolbildung verhindern. Absaugen täglich prüfen. Zustand des KSS beobachten und regelmäßig prüfen.
Lagerung: vor Hitze und Frost schützen und trocken lagern. Behälter geschlossen halten.

Persönliche Schutzmaßnahmen und Verhaltensregeln
Allgemein: von Nahrungsmitteln und Getränken fernhalten, verschmutzte Kleidung wechseln. Bei der Arbeit nicht essen, rauchen und trinken. Vor Pausen und bei Arbeitsende Hände waschen.
Atemschutz: bei unzureichender Belüftung
Handschutz: Schutzhandschuhe tragen, wenn sicherheitstechnisch zulässig Hautpflegemittel verwenden.
Augenschutz: Schutzbrille bei Spritzgefahr tragen.

VERHALTEN IM GEFAHRFALL

Maßnahmen zur Brandbekämpfung
Umluftunabhängiges Atemschutzgerät tragen.
Löschmittel: Schaum, Pulver, Kohlendioxid.
Reinigung: mit Papiertüchern aufnehmen, daheim Schutzhandschuhe tragen.

Wichtige Telefonnummern:
Feuerwehr: 0-112 **Tor 2: 1214**

ERSTE HILFE

Hautkontakt: mit Wasser und Seife waschen, Arzt rufen.
Augenkontakt: Augen gründlich mit Wasser ausspülen.
Verschlucken: kein Erbrechen auslösen, sofort Arzt rufen.

SACHGERECHTE ENTSORGUNG

Entsorgung: Abfall der betrieblichen Sammelstelle zuführen und nach behördlichen Vorgaben entsorgen.
Verpackungen: vollständig entleeren. Der Entsorgung bzw. Wiederverwertung zuführen.

1 Betriebsanweisung zum Kühlschmierstoff ZUBORA 92 F

Auf der Basis des Sicherheitsdatenblattes des Herstellers und den betrieblichen Bedingungen hat ein Betrieb die abgebildete **Betriebsanweisung** zum Kühlschmierstoff ZUBORA 92 F erarbeitet und an den betreffenden Maschinen ausgehängt.

Die Bedeutung der Piktogramme ist denjenigen, die die Maschinen bedienen, zu erläutern. Es kann davon ausgegangen werden, dass hier – bei Beachtung der noch folgenden Hinweise – die nötigen Vorkehrungen für den Schutz der Bediener als auch für die Umwelt getroffen wurden.

Hautschutzplan

Wenn die Angaben zum Kühlschmierstoff im Sicherheitsdatenplan es erfordern, ist ein Hautschutzplan zu erarbeiten. Der Hautschutzplan ist auf die im Betrieb vorhandenen Hautschutz-, Hautreinigungs- und Hautpflegemittel bezogen (A, B, … H).

Muster eines Hautschutzplanes

Hautschutzplan

Hautverschmutzung oder Belastung durch	**Hautschutz** vor der Arbeit	**Hautreinigung**	**Hautpflege** nach der Arbeit
Nichtwassermischbare Kühlschmierstoffe,	Hautschutzcreme A	Hautreinigungsmittel B	Hautpflegemittel C
Wassermischbare Kühlschmierstoffe	Hautschutzcreme D	Hautreinigungsmittel E	Hautpflegemittel C
Organische Lösungsmittel	Hautschutzcreme F	Hautreinigungsmittel G	Hautpflegemittel H

Im **Wartungsplan** ist festgehalten, in welchem Messintervall, z.B. täglich, mit welchen Messmethoden, z.B. mit Teststäbchen, die Werte für Nitrite, die Keimzahl, den pH-Wert und die Konzentration gemessen werden. Im Vergleich zu den vorgegebenen Grenzwerten sind dann bestimmte Maßnahmen einzuleiten, z.B. Emulsion zugeben oder nach Ursachen für die hohe Keimzahl suchen. Keime entstehen meist durch Verunreinigung oder schlechte Reinigung der Kühlmittelbehälter.

Über den Umgang mit Gefahrstoffen gibt es noch eine Reihe weiterer Hilfen:

a) Hinweise auf besondere Risiken und Gefahren (R-Sätze)

In 48 Sätzen werden Hinweise gegeben, z.B.

R 4 Bildet hochempfindliche explosionsgefährliche Metallverbindungen
R 23 Giftig beim Einatmen
R 35 Verursacht schwere Verätzungen

b) Sicherheitsratschläge (S-Sätze)

In 53 Sicherheitssätzen wird auf richtiges Verhalten hingewiesen, z.B.

S 22 Staub nicht einatmen
S 24 Berührung mit der Haut vermeiden
S 38 Bei unzureichender Belüftung Atemschutz anlegen.

c) Symbole

Gefahrensymbole (Beispiele)

1 ätzend

2 giftig

Die S- und R-Sätze können auch kombiniert werden, wie das auch beim Kühlschmierstoff ZUBORA 92 F der Fall ist. Die hier angeführten R-Sätze bedeuten:

20/21/22 Gesundheitsschädlich beim Einatmen, Verschlucken und Berührung mit der Haut
36 Reizt die Augen
38 Reizt die Haut

In die Betriebsanweisung sind diese Sätze sinngemäß eingegangen.

Vollständig sind die R- und S-Sätze in den Metalltechnik-Tabellenbüchern zu finden. Die Einhaltung aller Vorschriften bietet eine hohe Sicherheit, auch wenn damit meist ein erhöhter Aufwand und manche Unbequemlichkeit verbunden sind.

Aufgaben

1. Überprüfen Sie, ob in Ihrem Betrieb zu den Kühlschmiermitteln Betriebsanweisungen und Sicherheitsdatenblätter vorhanden sind und ob Wartungs- und Hautschutzpläne erstellt worden sind.
2. Welche Möglichkeiten gibt es, ein zu häufiges Entsorgen von Kühlschmiermitteln zu vermeiden?
3. Welche Hinweise auf Gesundheitsgefahren sind in der Betriebsanweisung und auf den Sicherheitsblättern enthalten?
4. Begründen Sie die Regel Vermeidung vor Verwertung und Verwertung vor Entsorgung.
5. Welche Verordnungen und Richtlinien müssen bei der Arbeit mit Kühlschmierstoffen beachtet werden?
6. Welche Rechte haben Betriebsräte bei der Überwachung der Gefahren, die von Kühlschmierstoffen ausgehen?
7. Wird in Ihrem Betrieb mit den R- und S-Sätzen gearbeitet? Werden diese Sätze als Hilfe eingeschätzt?

Brandschutz

Verhalten im Brandfall

1. Menschen retten
2. Feuer melden
   über **Feuermelder**
   nächster Standort: **Treppenhaus**
   Meldung alarmiert automatisch die Feuerwehr
   und löst Hausalarm aus

oder
   über **Haustelefon** Nr. **100** oder **112**
   Melden Sie ruhig und deutlich: Wo brennnt es? Was brennt?
   Sind Menschen in Gefahr? Wer meldet?
3. Brand bekämpfen
4. Türen und Fenster schließen
5. Verständigen Sie die Teilnehmer in den angrenzenden Räumen und Toiletten
6. Angriffswege für die Feuerwehr frei halten
7. Feuerwehr einweisen
8. Anordnungen der Einsatzleitung befolgen
9. Bei drohender Gefahr:

Gefahrenbereich verlassen keine Aufzüge benutzen

Sammelplatz nach
Evakuierungsplan aufsuchen

RUHE BEWAHREN

Feine Metallspäne geraten in einem metallverarbeitenden Betrieb in Brand

Weingarten. Freitagmittag um 13.24 Uhr erfolgte die Alarmierung der Feuerwehr Weingarten durch die Leitstelle Oberschwaben. Stichwort „Containerbrand". Bei Ankunft der ersten Einsatzkräfte wurde das Ausmaß des Brandes klar. Metallbrand in einem 20-Fuß-Absetzbehälter – Wasser zwecklos. Der Brand wurde durch den ersten Angriffstrupp mit zwei Pulverlöscher für Metallbrände eingedämmt. Anschließen wurde der Container mit einem LKW aus dem Verladebahnhof entfernt und auf einen nahegelegenen Firmenparkplatz gebracht. Dort angekommen wurden die Metallspäne auf den Parkplatz gekippt und durch Trupps unter Atemschutz auseinander gezogen. Weitere Kräfte wurden nachalarmiert um die Einsatzkräfte vor Ort mit schwerem Atemschutz zu unterstützen.

Für die Erstickung des Metallbrandes wurde der LKW der Feuerwehr Weingarten mit einer Palette Zement an die Einsatzstelle beordert. Die Atemschutztrupps konnten so Schicht um Schicht die Metallspäne und dazwischen den Zement, in einen Metallcontainer schaufeln.

Quelle: www.ff-weingarten.de

Metallspäne in Brand geraten – zwei Personen ins Krankenhaus

Iserlohn. Heute Morgen musste die Feuerwehr Iserlohn um 8:08 Uhr in das Industriegebiet Zollhaus nach Kalthof ausrücken. Bei einem metallverarbeitenden Betrieb hatten sich Metallspäne in einem Trichter entzündet und für eine Rauchentwicklung gesorgt. Beim Eintreffen der Einsatzkräfte hatten Firmenangehörige den Brand bereits erfolgreich mit Feuerlöschern gelöscht. Hierbei atmeten fünf Arbeiter Rauchgase ein. Zwei davon wurden vorsorglich vom Rettungsdienst ins Krankenhaus transportiert. Die Einsatzkräfte der Feuerwehr kontrollierten die Brandstelle und entfernten die Späne aus einem Trichter. An dem rund halbstündigen Einsatz waren der Löschzug der Berufsfeuerwehr sowie die Einheiten Leckingsen und Sümmern der Freiwilligen Feuerwehr beteiligt.

Quelle: www.presseportal.de

Thyssenstraße: Metallspäne lösen Brand aus

Dinslaken. Der Alarm ging gegen 17.45 Uhr ein. Die Feuerwehr Dinslaken musste zu einem metallverarbeitenden Betrieb an der Thyssenstraße ausrücken. Dort hatten sich Metallspäne an heißen Anlagenteilen entzündet.

Den Mitarbeitern gelang es, noch vor dem Eintreffen der Feuerwehr den Brand einzudämmen und größeren Schaden zu verhindern. Dennoch gestalteten sich die Löscharbeiten schwierig. Das glimmende Metall musste von Einsatztrupps aus der Anlage entfernt werden. Zum Einsatz kam daher auch ein spezielles Metallbrandlöschpulver.

Quelle: www.rp-online.de/nrw/staedte/dinslaken

A2 UMWELTSCHUTZ

In der Norm DIN EN ISO 14001 **Umweltmanagementsysteme (UM)** wird gefordert **(Bild 1)**:

Die oberste Unternehmensleitung muss für die Umweltpolitik des Unternehmens festlegen und sicherstellen, dass diese

- in Bezug auf Art, Umfang und Umweltauswirkung ihrer Tätigkeit, ihrer Produkte oder Dienstleistungen angemessen ist,
- eine Verpflichtung zur kontinuierlichen Verbesserung und Verhütung von Umweltbelastungen enthält,
- eine Verpflichtung zur Einhaltung der relevanten Umweltgesetze und -vorschriften enthält,
- den Rahmen für die Festlegung und Bewertung der umweltbezogenen Ziele bildet,
- dokumentiert, implementiert und aufrechterhalten sowie allen Mitarbeitern bekanntgemacht wird,
- der Öffentlichkeit zugänglich ist.

Die Kernindikatoren für die jährlichen Umweltleistungen einer Organisation sind nach EMAS*: **Energieeffizienz** in MWh, **Materialeffizienz** in t, Wasser in m^3, **Abfälle** insgesamt in t und davon **gefährliche Abfälle, Flächenverbrauch** in m^3 und **Emissionen** an CO_2 bzw. CO_2-Äqivalent SO_2, NOX und PM.

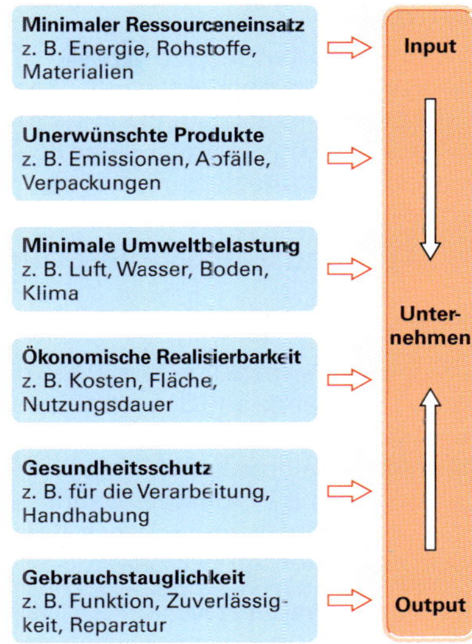

1 **Umweltmangement**

Nutzen eines Umweltmanagementsystems (UM-System)

Risikominimierung
- Einhaltung der Gesetze und Verordnungen
- Schadensvermeidung durch Transparenz
- Schadensbegrenzung bei Zwischenfällen
- Verringerung der Haftung
- Erhöhung der Arbeitssicherheit

Kostensenkung
- Bei Energie, Rohstoffen und Entsorgung
- Vermeidung teurer Sanierungen
- Vorteile bei Versicherungen
- Erlangung von Fördermitteln

Wettbewerbsvorteile
- Imagegewinn
- Schnellere Produktgenehmigungen
- Nachhaltigkeit bei Produkten
- Nachhaltige Unternehmenssicherung

Organisation
- Transparente Prozesse
- Effiziente Prozesse
- Mitarbeitermotivation und -gesundheit
- Zielrealisierung mit Dokumentation

Energieeinsparung

Die Energieeffizienz ist ein Maß für minimalen Energieaufwand zur Erreichung eines festgelegten Nutzens. Ziel einer verbesserten Energieeffizienz ist die Energieeinsparung **(Bild 2)**. Gesetzliche Grundlage ist das Energieeinspargesetz (EnEG) bzw. die Energieeinsparverordnung (EnEV), abgeleitet aus der EU-Energieeffizienzrichtlinie 2012/27/EU.

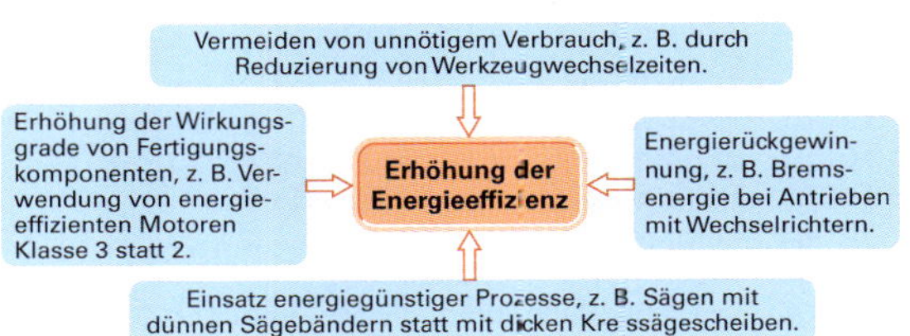

2 **Maßnahmen zur Engergieeinsparung**

* EMAS ist ein freiwilliges Instrument der Europäischen Union, das Unternehmen und Organisationen jeder Größe und Branche dabei unterstützt, ihre Umweltleistung kontinuierlich zu verbessern.

Ressourceneinsparung

Ressourceneffizienz ist das Verhältnis des Nutzens zu dem erforderlichen Aufwand an Ressourcen **(Bild 1)**.

Bei Produkten betrachtet man den Produktlebenszyklus von der Herstellung über die Nutzung bis zur Entsorgung. EU-Mitteilung: Ressourcenschonendes Europa – eine Leitinitiative innerhalb der Strategie Europa 2020.

1 **Metallspäne**

Abfälle und Kreislaufwirtschaft

Abfälle sind nach § 4 KrW-/AbfG

- zu **vermeiden**, insbesondere durch die Verminderung ihrer Menge und Schädlichkeit. Maßnahmen zur Vermeidung von Abfällen sind insbesondere die anlageninterne Kreislaufführung von Stoffen, die abfallarme Produktgestaltung sowie ein auf den Erwerb abfall- und schadstoffarmer Produkte gerichtetes Konsumverhalten.
- stofflich zu **verwerten** oder zur Gewinnung von Energie zu **nutzen** (energetische Verwertung). Eine stoffliche Verwertung liegt vor, wenn der Hauptzweck der Maßnahme in der Nutzung des Abfalls und nicht in der Beseitigung des Schadstoffpotentials liegt. Die energetische Verwertung beinhaltet den Einsatz von Abfällen als Ersatzbrennstoff.

Produktverantwortung zur Erfüllung der Ziele der Kreislaufwirtschaft trägt, wer Erzeugnisse entwickelt, herstellt, be- und verarbeitet oder vertreibt. Erzeugnisse sind so zu gestalten, dass bei deren Herstellung und Gebrauch das Entstehen von Abfällen vermindert wird und die umweltverträgliche Verwertung und Beseitigung der nach deren Gebrauch entstandenen Abfälle sichergestellt ist.

Abfallbeseitigung darf nur in den dafür zugelassenen Anlagen oder Einrichtungen (Abfallbeseitigungsanlagen) behandelt, gelagert oder abgelagert werden (§ 27 KrW-/AbfG). Über die Beseitigung von **überwachungsbedürftigen Abfällen ist Buch zu führen**. Das betrifft 1. den Betreiber einer Anlage, in der Abfälle dieser Art anfallen, 2. jeden, der Abfälle dieser Art einsammelt oder befördert, 3. den Betreiber einer Abfallbeseitigungsanlage.

Überwachungsbedürftige Abfälle (BestbüAbfV), Auswahl: Metallbetriebe

Schlämme und Feststoffe aus Härteprozessen

11 03 01	cyanidhaltige Abfälle
11 03 02	andere Abfälle

Abfälle aus der mechanischen Formgebung (Schmieden, Schweißen, Pressen, Ziehen, Drehen, Bohren, Schneiden, Sägen und Feilen)

12 01 06	verbrauchte Bearbeitungsöle, halogenhaltig*
12 01 07	verbrauchte Bearbeitungsöle, halogenfrei*
12 01 08	Bearbeitungsemulsionen, halogenhaltig
12 01 09	Bearbeitungsemulsionen, halogenfrei
12 01 10	synthetische Bearbeitungsöle
12 01 11	Bearbeitungsschlämme
12 01 12	verbrauchte Wachse und Fette
12 03 01	wässrige Waschflüssigkeiten
12 03 02	Abfälle aus der Dampfentfettung

Verbrauchte Hydrauliköle

13 01 01	Hydrauliköle, die PCB oder PCT enthalten
13 01 02	andere chlorierte Hydrauliköle*
13 01 03	nichtchlorierte Hydrauliköle*
13 01 04	chlorierte Emulsionen
13 01 05	nichtchlorierte Emulsionen
13 01 06	ausschließlich mineralische Hydrauliköle
13 01 07	andere Hydrauliköle

Verbrauchte Maschinen-, Getriebe- und Schmieröle

13 02 01	chlorierte Maschinen-, Getriebe- und Schmieröle
13 02 02	nichtchlorierte Maschinen-, Getriebe- und Schmieröle
13 02 03	andere Maschinen-, Getriebe- und Schmieröle

Verbrauchte Isolier- und Wärmeübertragungsöle oder -flüssigkeiten

13 03 01	Isolier- und Wärmeübertragungsöle oder -flüssigkeiten, die PCB oder PCT enthalten
13 03 02	andere chlorierte Isolier- und Wärmeübertragungsöle oder -flüssigkeiten
13 03 03	andere nichtchlorierte Isolier- und Wärmeübertragungsöle oder -flüssigkeiten
13 03 04	synthetische Isolier- und Wärmeübertragungsöle oder -flüssigkeiten
13 03 05	mineralische Isolier- und Wärmeübertragungsöle

Abfälle aus der Metallentfettung und Maschinenwartung

14 01 01	Fluorchlorkohlenwasserstoffe
14 01 02	andere halogenierte Lösemittel und Lösemittelgemische
14 01 03	andere Lösemittel und Lösemittelgemische
14 01 04	wässrige halogenhaltige Lösemittelgemische
14 01 05	wässrige halogenfreie Lösemittelgemische
14 01 06	Schlämme oder feste Abfälle, die halogenierte Lösemittel enthalten
14 01 07	Schlämme oder feste Abfälle, die keine halogenierten Lösemittel enthalten

* keine Emulsionen

A3 ERSTE HILFE

Erste Hilfen sind von **jedermann** durchzuführende Maßnahmen, um menschliches Leben zu retten, bedrohende Gefahren oder Gesundheitsstörungen bis zum Eintreffen eines Arztes oder Rettungsdienstes abzuwenden oder zu mildern. Dazu gehören

- Absicherung der Unfallstelle,
- Absetzen eines **Notrufs (112)** und
- Betreuung der Verletzten.

1. Absichern/ Eigenschutz
2. Notruf/ Sofortmaßnahmen **112**
3. Weitere Erste Hilfe
4. Rettungsdienst
5. Krankenhaus

Verletzungen

Wunden grundsätzlich nicht berühren, nicht reinigen, Fremdkörper nicht entfernen. Arzt abwarten.

Knochenbrüche: Ruhigstellen, um Bewegungen und damit erhöhte Schmerzen und ggf. innere Verletzungen zu vermeiden. Offene Brüche keimfrei abdecken.

Blutungen: Verband anlegen. Bei schweren Arterienblutungen (Schlagaderblutung, hellrotes Blut spritzt mit Herzrhythmus) verletztes Körperteil hochlegen.

Bei Arterienblutungen Arterien in Richtung Herz abdrücken, z.B. mit den Fingern oder abbinden und Druckverband anlegen.

- Arterienblutung am Kopf: Schläfenschlagader beim Ohr abdrücken,
- Arterienblutung am Arm: Oberarmarterie in der Mitte des Oberarms abbinden,
- Arterienblutung am Bein: Oberschenkelarterie in der Leiste gegen das Schambein drücken oder abbinden in der Oberschenkelmitte.

Atemnot, Atemstillstand, Herz-Wiederbelebung

Atemnot ist durch schnelle, keuchende Atemzüge erkennbar: Nach-Luft-Ringen, Angstgefühle. Abhilfe: Schnelles Öffnen beengender Kleidung, den Betroffenen in eine sitzende Stellung bringen mit zurück gelehntem Kopf. Bei Fremdkörper in den oberen Luftwegen: Körper und Kopf nach unten und kräftig zwischen die Schulterblätter schlagen.

Herzstillstand führt auch zum Atemstillstand. Erste Hilfe durch sofortige **Herzmassage**: Man legt die Handballen beider Hände auf das untere Ende des Brustbeins und presst mit etwa **60 Druckstößen pro Minute** auf den Brustkorb. Nach 30 Herzdruckmassagen werden **zwei Beatmungen** vorgenommen.

Bei **Atemstillstand** Atemspende geben: Kopf nackenwärts beugen, Nase mit der Hand verschließen. Nach eigenem Rhythmus vorsichtig beatmen. Kopf anheben und zur Seite drehen, dabei das Zurücksinken des Brustkorbes oder Oberbauches beobachten und die Beatmung fortsetzen.

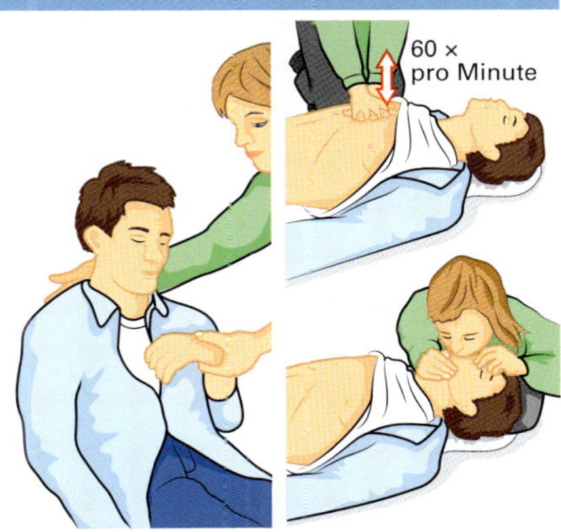

Schock, Bewusstlosigkeit

Schock erkennt man durch kalte, fahle Haut, kalter Schweiß, Frieren, Unruhe, Angst, häufig auch durch vieles wirre Reden. Erste Hilfe durch beruhigendes Mut-Zusprechen. Betroffenen in Rückenlage bringen, Beine einige Minuten hochhalten und dann hochlagern. Etwas zum Trinken geben, wenn keine inneren Verletzungen vorliegen. Mit Decke warm halten.

Bei **Bewusstlosigkeit** ist der Betroffene nicht ansprechbar, er reagiert nicht auf Sinnesreize (Licht, Kneifen). Zur Ersten Hilfe legt man den Betroffenen in eine **stabile Seitenlage**, kontrolliert Atmung und Puls, ggf. Atemspende und Herzmassage.

Elektrischer Unfall

Niederspannung (bis 1000 V). Spannungsfreiheit herstellen: **NOT-AUS-Schalter betätigen** oder Stecker ziehen bzw. Leitungsschutzschalter ausschalten bzw. Sicherung herausnehmen. Bei bewusstlosem Betroffenen Atemspende und Herzmassage. Brandverletzungen kühlen und mit einer keimarmen, nicht flusenden Wundauflage abdecken.

Hochspannung: Stromkreis **nur vom Fachpersonal trennen** lassen.

UNTERWEISUNGSBLATT FÜR ARBEITSSCHUTZ | **Erste Hilfe im Betrieb – Prävention und Notfallmaßnahmen Sicherheitshinweise zur Ersten Hilfe**

Prävention

Lassen Sie sich zum betrieblichen Ersthelfer ausbilden.
Informieren Sie sich am Arbeitsplatz über den Standort von Sanitätsraum, Verbandskasten, Liege, Notfall- und Augenduschen, über die Erreichbarkeit der Ersthelfer und über die Notfallpläne.
Kennzeichnen Sie die Notrufnummern am Telefon. **Rettungsdienst: 19222**
Nehmen Sie regelmäßig an Unterweisungen und Erste-Hilfe-Übungen teil.
Halten Sie ausreichend Verbandsmaterialien bereit und überprüfen Sie regelmäßig die Vollständigkeit der Verbandskästen.
Achten Sie darauf, dass die Standorte für Erste-Hilfe-Materialien schnell erreichbar und gut sichtbar gekennzeichnet sind.

Notfall

Behalten Sie die Ruhe und verschaffen Sie sich einen Überblick über die Gefahrensituation.
Sichern Sie die Gefahrenstelle bzw. Unfallstelle ab.
Schalten Sie bei **Stromunfällen** erst den Bereich frei, bevor Sie den Verletzten berühren.
Achten Sie bei der Bergung und der Versorgung Verletzter auch auf Ihre eigene Sicherheit.
Prüfen Sie Allgemeinzustand, Bewusstsein und Atmung des Verletzten und überwachen Sie diese laufend.
Setzen Sie einen Notruf mit folgenden Angaben ab:

- **Wo** ist der Unfall geschehen?
- **Was** ist geschehen?
- **Wie** viele Personen sind verletzt?
- **Welche Art** der Verletzungen liegen vor?
- **Warten** Sie Rückfragen der Rettungsleitstelle ab.

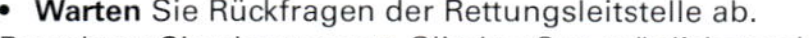

Bewahren Sie abgetrennte Gliedmaßen möglichst gekühlt auf. Geben Sie diese den Rettungskräften mit.
Halten Sie sich als Ansprechpartner für die Rettungsleitstelle und den Notarzt zur Verfügung.
Vermeiden Sie ungeschützten Kontakt mit Körperflüssigkeiten, z. B. Blut oder Sekrete.

DIN 13169 • Großer Betriebs-Verbandkasten

Anz.	Bezeichnung
2	Heftpflaster 500 cm × 2,5 cm, Spule mit Außenschutz
	Fertigpflasterset – bestehend aus:
16	• Wundschnellverband 10 cm × 6 cm
8	• Fingerkuppenverbände
8	• Fingerverbände 12 cm × 2 cm
8	• Pflasterstrips 1,9 cm × 7,2 cm
16	• Pflasterstrips 2,5 cm × 7,2 cm
2	Verbandpäckchen DIN 13151 - K, 300 cm × 6 cm mit Kompresse 6 cm × 8 cm
6	Verbandpäckchen DIN 13151 - M
2	Verbandpäckchen DIN 13151 - G, 400 cm × 10 cm mit Kompresse 10 cm × 8 cm
–	Verbandtuch DIN 13152 - BR, 40 cm × 60 cm
2	Verbandtuch DIN 13152 - A, 60 cm × 80 cm
4	Fixierbinde DIN 61634 - FB 6, 400 cm × 6 cm
4	Fixierbinde DIN 61634 - FB 8, 400 cm × 8 cm
2	Rettungsdecke mind. 210 cm × 160 cm
12	Kompresse 10 cm × 10 cm
4	Augenkompresse 5 cm × 7 cm
2	Kälte-Sofortkompresse mindestens 200 cm^2
4	Dreiecktuch DIN 13168 - D
–	Verbandkastenschere DIN 58279 - A 145
1	Verbandkastenschere DIN 58279 - B 190
8	Medizinische Einmal-Handschuhe
4	Folienbeutel
10	Vliesstofftuch
–	Feuchttuch zur Reinigung unverletzter Haut
1	Erste-Hilfe-Broschüre/ Anleitung zur Ersten Hilfe
1	Inhaltsverzeichnis

G1 MECHANIK

Die Mechanik ist das älteste Teilgebiet der Physik. Sie beschreibt die Grundeigenschaften von Körpern und Stoffen (Volumen, Masse, Dichte), den inneren Aufbau von Stoffen, die Bewegung von Körpern und die Wirkungen von Kräften auf Körper.

Die Mechanik wird unterteilt in **(Bild 1)**:

Kinematik: Bewegungen von Körpern ohne Berücksichtigung der einwirkenden Kräfte.

Dynamik: Bewegungen von Körpern mit Berücksichtigung der einwirkenden Kräfte. Die Dynamik wird weiter unterteilt in die **Statik** (unbewegte Körper durch Kräftegleichgewicht) und die **Kinetik** (Bewegungen durch Krafteeinwirkung).

Die Mechanik lässt sich auch nach dem jeweiligen **Aggregatzustand** (fest, flüssig oder gasförmig) eines betrachteten Körpers unterteilen.

Mechanik fester Körper (Festkörpermechanik):

- Mechanik starrer Körper (Massepunkte und unverformbare Körper) **(Bild 2)**.

Festigkeitslehre:

- Mechanik elastischer Körper. Die Elastizitätstheorie beschreibt elastische Verformungen. Das sind Verformungen, die sich nach Aufheben der verursachenden Kräfte wieder ohne bleibende Verformung zurückbilden (z. B. Feder) **(Bild 3)**.
- Mechanik plastischer Körper. Die Plastizitätstheorie beschreibt plastische Verformungen, also bleibende Verformungen, die sich nach Aufheben der verursachenden Kräfte nicht wieder zurückbilden **(Bild 4)**.

Mechanik flüssiger oder gasförmiger Stoffe (Fluid- und Aeromechanik):

- Mechanik idealisierter, reibungsfreier Flüssigkeiten.
- Mechanik ruhender (statisch) Flüssigkeiten und Gase, Hydrostatik für Flüssigkeiten und Aerostatik für Gase.
- Mechanik bewegter (dynamisch) Flüssigkeiten und Gase, Hydrodynamik von Flüssigkeiten und Aerodynamik für Gase.
- Mechanik bewegter, realer Flüssigkeiten und Gase unter Berücksichtigung der Reibungsvorgänge, Temperaturen und Drücke (Strömungsmechnik, Thermodynamik **(Bild 5)**.

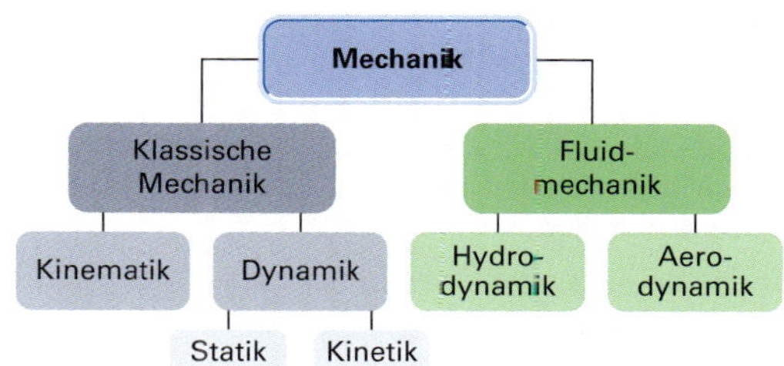

1 Teilgebiete der Mechanik

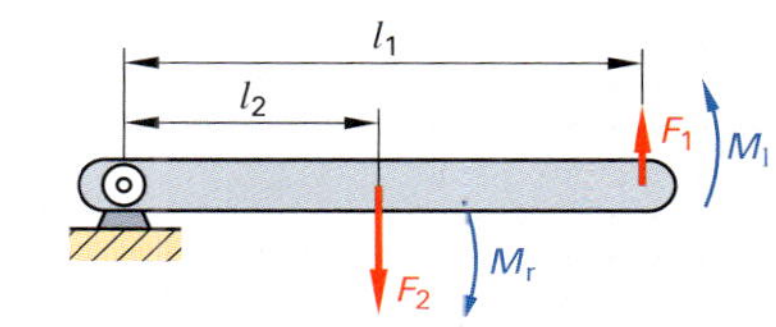

2 Mechanik starrer Körper, Statik

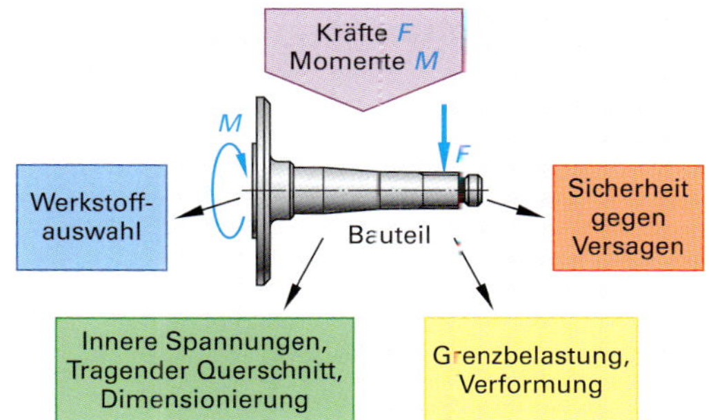

3 Kernaufgaben der Festigkeitslehre

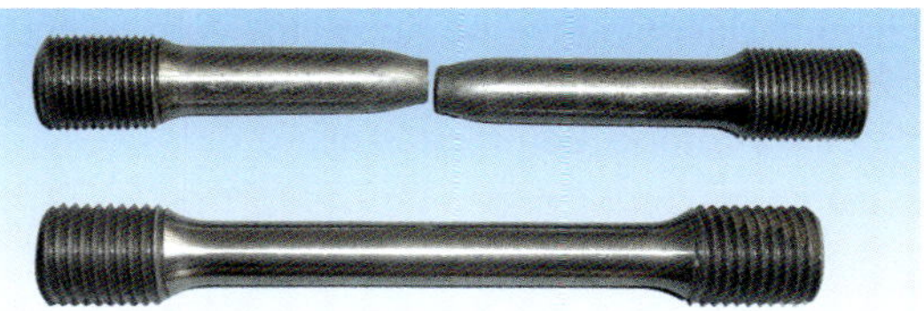

4 Zugversuch, Zugproben

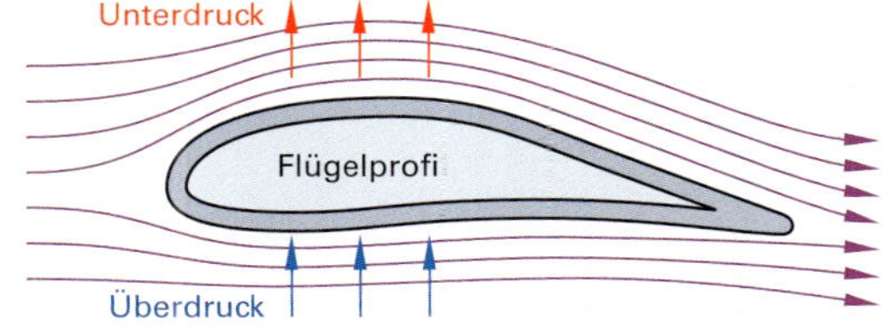

5 Strömungsmechanik

G2 PHYSIKALISCHE GRUNDLAGEN

Masse, Dichte und Volumen

Die Masse m eines Körpers und sein Volumen V sind proportional zueinander ($m \sim V$). D.h., verdoppelt sich das Volumen des Körpers, verdoppelt sich auch seine Masse. Die Dichte bleibt dabei gleich, da sich das Material nicht verändert **(Bild 1)**.

Die Dichte ρ (Rho) ist der Quotient aus Masse m und Volumen V: $\rho = m / V$

Die Einheit der Dichte $[\rho]$ ist kg/m^3 oder g/cm^3 **(Bild 2)**.

Die Dichte von Aluminium ist $\rho = 2{,}71\ g/cm^3$. Deshalb hat 1 cm^3 dieses Werkstoffs die Masse $m = 2{,}71$ g. Die Dichte ist für jedes Material anders, sie ist deshalb eine Materialkonstante **(Bild 3)**.

Da die Masse m und das Volmen V ortsunabhängig sind, ist auch die Dichte ρ ortsunabhängig. Das heißt, die Dichte und die Masse eines bestimmten Materials bzw. Körpers sind an allen Orten, z.B. auf der Erde, auf dem Mond und im Universum überall gleich.

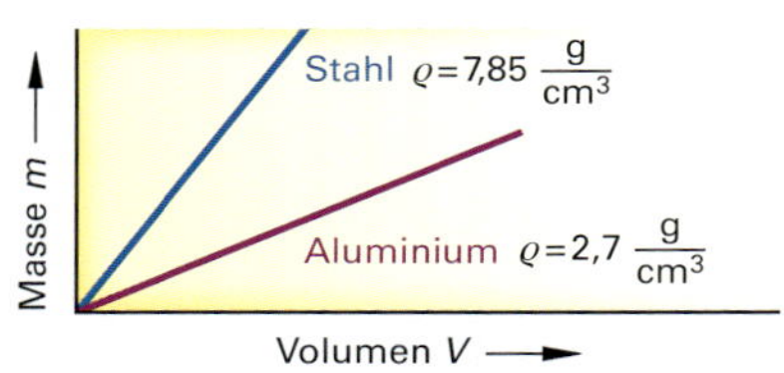

1 **Masse und Volumen**

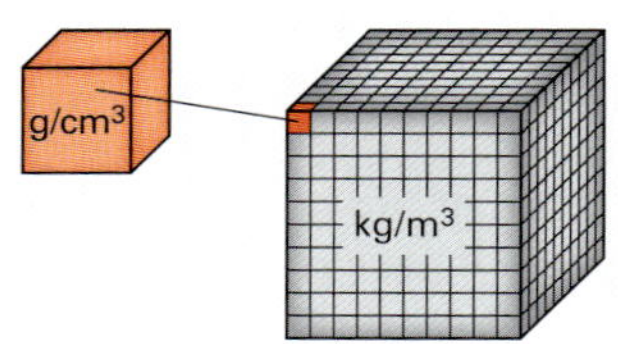

2 **Dichte**

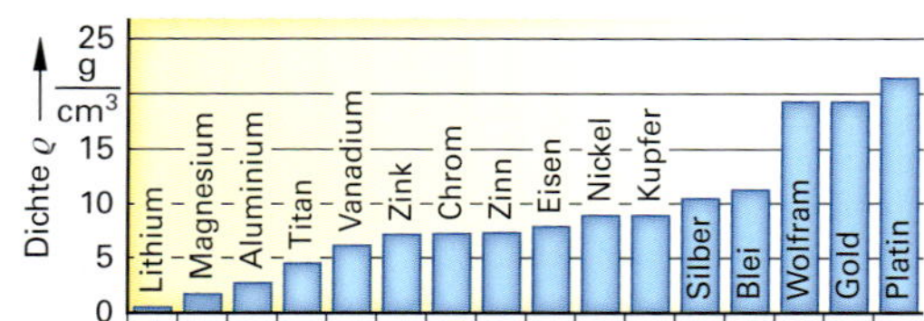

3 **Dichte verschiedener Metalle**

Kraft und Kraftarten

Kraftwirkungen

Kräfte lassen sich durch ihre Wirkungen an einem Körper beschreiben **(Bild 4)**.

Kräfte können:

- einen Körper beschleunigen,
- die Geschwindigkeit erhöhen,
- die Geschwindigkeit verringern,
- die Geschwindigkeitsrichtung ändern,
- Körper verformen.

Eine beschleunigende als auch eine verformende Kraft wird durch drei Merkmale beschrieben:

- der Kraftgröße (Betrag,Stärke),
- der Kraftrichtung und
- dem Kraftangriffspunkt.

Aus diesem Grund können wir Kräfte durch Pfeile (**Vektoren**) mit einem Kräftemaßstab zeichnerisch darstellen **(Bild 5)**:

- Die Länge des Pfeils beschreibt den Betrag der Kraft.
- Die Richtung des Pfeils beschreibt die Richtung der Kraft.
- Der Startpunkt des Pfeils beschreibt den Angriffspunkt der Kraft.

Die Gerade, die durch den Kraftpfeil festgelegt ist, wird als **Wirkungslinie** bezeichnet.

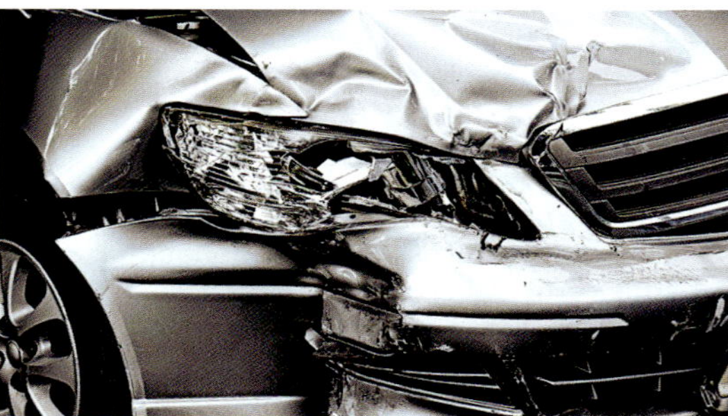

4 **Kaltverformung durch Krafteinwirkung**

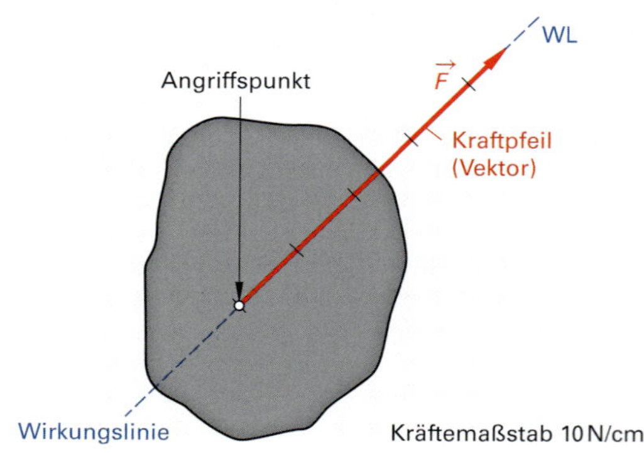

5 **Kraftvektor**

Die Gewichtskraft

Ein auf der Erdoberfläche befindlicher Körper wird durch die Massenanziehungskraft (Gravitationskraft) von der großen Masse der Erde zum Erdmittelpunkt hin angezogen **(Bild 1)**. Die wirkende Kraft bezeichnet man als Erdanziehungskraft oder Gewichtskraft F_g.

Da die Gravitationskraft der Erde auf einen frei fallenden Körper permanent einwirkt, führt er eine gleichmäßig beschleunigte Fallbewegung aus. Der Wert der Fallbeschleunigung ist unabhängig von der Masse des Körpers.

Die Fallbeschleunigung auf der Erde beträgt etwa $g = 9{,}81 \text{m/s}^2$. D.h., in jeder Sekunde des freien Falls nimmt die Geschwindigkeit des Körpers um 9,81 m/s zu (Luftreibung vernachlässigt). Sie ist geringfügig ortsabhängig, d.h., an den Polen ist sie etwas größer, auf dem Äquator etwas kleiner.

Nach dem Kraftgesetz von Isaac Newton gilt zwischen der Fallbeschleunigung g, der Masse m und der Gewichtskraft F_g der folgende Zusammenhang **(Tabelle 1)**:

$$F_g = m \cdot g$$

Bei technischen Aufgabenstellungen ist es oft wichtig, eine Kraft durch die Kombination von zwei Kräften mit vorgegebenen Richtungen zu ersetzen oder aus mehreren Kräften die resultierende Kraft mit der gleichen Wirkung zu ermitteln. Die Vektorsumme muss mit der gegebenen Kraft übereinstimmen. Ist diese Voraussetzung erfüllt, so spricht man von der Zerlegung der Kraft in Kraftkomponenten oder von der Kräfteaddition **(Bild 2)**.

Eine einfache geometrische Konstruktion liefert die Beträge der Komponenten: Man zeichnet zwei Geraden, die zu den vorgegebenen Richtungen parallel sind und durch die Pfeilspitze des gegebenen Kraftvektors gehen. Auf diese Weise entsteht das sogenannte Kräfteparallelogramm. Die gesuchten Beträge der Komponenten lassen sich nun aus den Seitenlängen dieses Parallelogramms ablesen und mit einem Kräftemaßstab berechnen.

Bewegt sich ein Körper auf einer schiefen Ebene, so lässt sich seine Gewichtskraft F_g durch die Kräftezerlegung mit einem Parallelogram in die Komponenten Hangabtriebskraft F_H und Normalkraft F_N zerlegen **(Bild 3)**. Die Hangabtriebskraft führt zu einer Beschleunigung des Körpers, die Normalkraft wirkt senkrecht auf die Unterlage und ist zur Bestimmung der Reibungskraft F_R wichtig.

Tabelle 1: Vergleich von Masse und Gewichtskraft

Masse	Gewichtskraft
Die Masse ist eine Eigenschaft eines Körpers. Sie ist nur von diesem Körper abhängig.	Die Gewichtskraft kennzeichnet die Wechselwirkung zwischen zwei Körpern. Sie ist von beiden Körpern abhängig.
Die Masse eines Körpers ist überall gleich groß.	Die Gewichtskraft eines Körpers ist abhängig vom Ort, an dem sich der Körper befindet.
Einheit der Masse ist ein Kilogramm (1 kg).	Einheit der Kraft ist ein Newton (1 N).
Messgerät für die Masse ist die Waage.	Messgerät für die Gewichtskraft ist der Kraftmesser.

1 Gewichtskraft

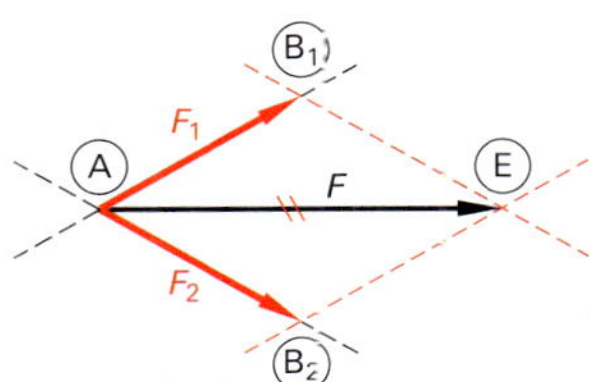

Die bekannte Kraft F soll in zwei Teilkräfte F_1 und F_2 zerlegt werden, deren Wirkungslinien bekannt sind.

1. Die Kraft F wird maßstabgerecht im richtigen Winkel eingezeichnet.
2. Die Wirkungslinien der gesuchten Teilkräfte F_1 und F_2 werden so eingezeichnet, dass sie sich im Punkt A schneiden.
3. Die Wirkungslinien werden dann parallel so verschoben, dass sie sich im Punkt E schneiden.
4. Die Kraftpfeile der Teilkräfte F_1 und F_2 ergeben sich vom Punkt A zum Punkt B_1 bzw. vom Punkt A zum Punkt B_2.

2 Kraftkomponenten

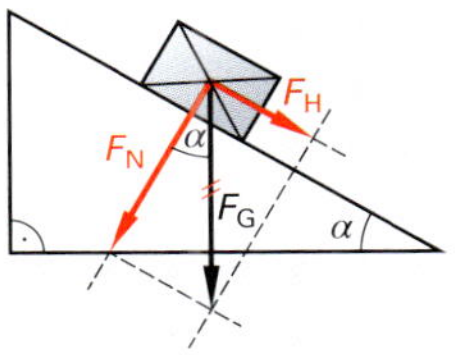

Hangabtriebskraft

$$F_H = F_G \cdot \sin\alpha$$

Normalkraft (Anpresskraft)

$$F_N = F_G \cdot \cos\alpha$$

3 Schiefe Ebene

Reibungskraft

Um zwei sich berührende Körper gegeneinander zu verschieben, muss die Reibungskraft überwunden werden. Reibungskräfte werden hauptsächlich durch Oberflächenrauheiten verursacht **(Bild 1)**.

Haftreibung

Werden zwei sich berührende Körper aus der Ruhe heraus bewegt, tritt im ersten Moment die Haftreibung auf. Durch das Wirken der Normalkraft bzw. Gewichtskraft senkrecht zur Reibfläche verzahnen sich die Oberflächenunebenheiten. Um die beiden Körper gegeneinander zu verschieben, werden die Unebenheiten etwas verformt bzw. die Körper um einen kleinen Betrag angehoben **(Bild 1)**.

Der Betrag der Haftreibungskraft F_{RH} ist proportional zu der Normalkraft F_N, die beide Körper aneinander presst:

$$F_{RH} \sim F_N \qquad F_N = m \cdot g$$

Der Proportionalitätsfaktor heißt Haftreibungszahl μ_H und hängt vom Material und von der Oberflächenbeschaffenheit ab. Ist die angreifende Kraft größer als die Haftreibungskraft, so beginnen die Körper zu gleiten **(Tabelle 1)**.

$$F_{RH} = F_N \cdot \mu_H$$

Gleitreibung

Bewegen sich die beiden Körper gegeneinander, so gleiten die Oberflächen übereinander hinweg. Anders als bei der Haftreibung können sich die Oberflächenrauheiten nicht so stark verhaken.

Die Gleitreibungskraft F_{RG} hängt wie die Haftreibungskraft von der Gewichts- oder Normalkraft F_N und der Oberflächenrauheit ab:

$$F_{RG} = F_N \cdot \mu_G$$

Um die Reibungskräfte zu verringern, setzt man verschleißmindernde Schmiermittel (Fett, Öl) ein. Dadurch gleiten die reibenden Oberflächen auf einem Schmierfilm. Dadurch verringert sich die Gleitreibungszahl μ_G **(Bild 2)**.

Rollreibung

Rollt ein Körper über eine Unterlage, so wirken sich die Unebenheiten der Oberflächen deutlich weniger aus **(Bild 3)**. Die Rollreibungskraft ist bei gleicher Gewichts- oder Normalkraft F_N wesentlich kleiner als die Gleitreibungskraft.

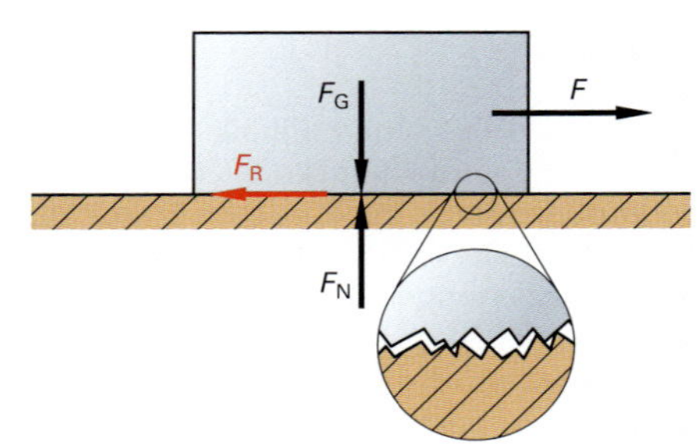

1 Reibung

Tabelle 1: Reibzahlen

Materialpaarung	Haftungskoeffizient μ_0		Gleitreibungskoeffizient μ	
	trocken	geschmiert	trocken	geschmiert
Stahl auf Stahl	0,15 … 0,3	0,1 … 0,12	0,10 … 0,12	0,04 … 0,07
Stahl auf Grauguss	0,18 … 0,2	0,1 … 0,2	0,15 … 0,2	0,05 … 0,1
Stahl auf Bronze	0,18 … 0,2	0,1 … 0,2	0,15 … 0,2	0,05 … 0,1
Grauguss auf Grauguss	0,2 … 0,3	0,1 … 0,15	0,15 … 0,25	0,02 … 0,1

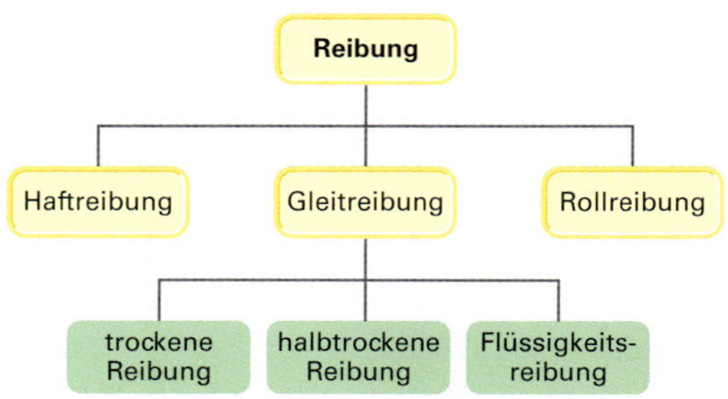

2 Reibungsarten

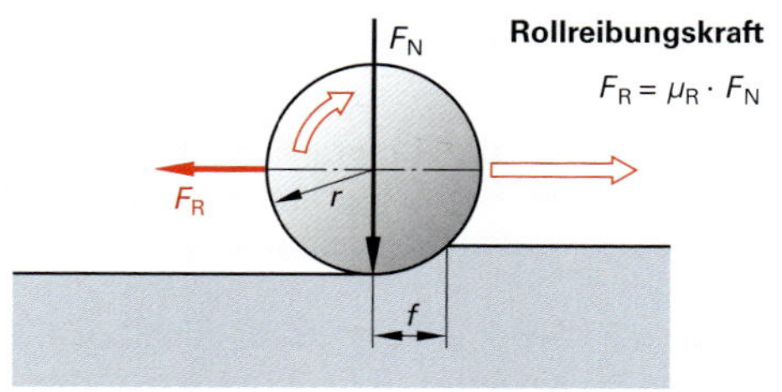

Stahl auf Stahl	Rollreibungskoeffizient μ_{R0}	Rollreibungskoeffizient μ_R
weich	0,5 … 0,7	0,35 … 0,4
gehärtet	0,01 … 0,03	0,001 … 0,002

3 Rollreibung

Gleichförmige Bewegung

Ändert ein Körper weder seine Geschwindigkeit v noch seine Richtung, dann handelt es sich um eine gleichförmige, geradlinige Bewegung. Eine gleichförmige Bewegung wird durch den innerhalb einer bestimmten Zeit t zurückgelegten Weg s beschrieben:

$$v = s / t$$

$[v]$ in m/s, m/min, mm/min, km/h

Der zurückgelegte Weg s ist zu der Zeit t proportional. D. h., ist ein Körper bei gleichförmiger Geschwindigkeit doppelt so lange unterwegs, legt er auch den doppelten Weg zurück. Das Zeit-Weg-Diagramm zeigt eine Ursprungsgerade mit konstanter Steigung. Der Proportionalitätsfaktor heißt Geschwindigkeit der gleichförmigen Bewegung **(Bild 1)**.

Gleichmäßig beschleunigte Bewegung

Wirkt auf einen Körper dauernd eine konstante Kraft ein, dann wird der Körper gleichmäßig beschleunigt oder verzögert. Ein Beispiel für die gleichmäßig beschleunigte Bewegung ist die Erdbeschleunigung g, die durch die immer wirkende Erdanziehungskraft F_g verursacht wird. Dabei nimmt die seit Beginn der Bewegung zurückgelegte Strecke s quadratisch mit der seit dem Beginn der Bewegung vergangenen Zeit t zu **(Bild 2)**.

$$a = s / t^2$$

Beschleunigung $[a]$ in m/s²

Bsp: mittlere Erdbeschleunigung $g = 9{,}81\ \text{m/s}^2$

Das Zeit-Weg-Diagramm dieser quadratischen Funktion ($s = a \cdot t^2$) zeigt eine nach oben geöffnete Parabel.

Kraft und Beschleunigung

In der berühmten Schrift „Principia“ von Isaac Newton lautet der **Trägheitssatz**:

Jeder Körper beharrt in seinem Zustand der Ruhe oder der gleichförmigen Bewegung, wenn er nicht durch einwirkende Kräfte gezwungen wird, seinen Zustand zu ändern **(Bild 3)**.

Kraft ist das Produkt aus Masse m und Beschleunigung a:

$$F = m \cdot a$$

Kraft $[F]$ *in* N, kg/ms²

Die Einheit der Kraft F ist zu Ehren von Isaac Newton (1643–1727)1 Newton (1N). 1N ist die Kraft, die auf einen Körper mit der Masse $m = 1$ kg einwirkt, wenn er die Beschleunigung $a = 9{,}81\ \text{m/s}^2$ erfährt. Im freien Fall wirkt auf einen Körper mit der Masse $m = 1$ kg die Kraft $F_G = 9{,}81$ N ein ($F_G = m \cdot g$).

Nach dem Trägheitssatz können drei Fälle unterschieden werden:

1. Fall:
Ist die Kraft $F = 0$, dann bewegt sich der Körper mit gleichförmiger, geradliniger Bewegung weiter. Es gelten die Bewegungsgesetze der gleichförmigen Bewegung.

2. Fall:
Wirkt eine konstante Kraft $F > 0$, wird der Körper konstant beschleunigt oder verzögert. Es gelten die Bewegungsgesetze der gleichmäßig beschleunigten Bewegung.

3. Fall:
Ist die Kraft F nicht konstant, bewegt sich der Körper ungleichmäßig beschleunigt oder verzögert weiter.

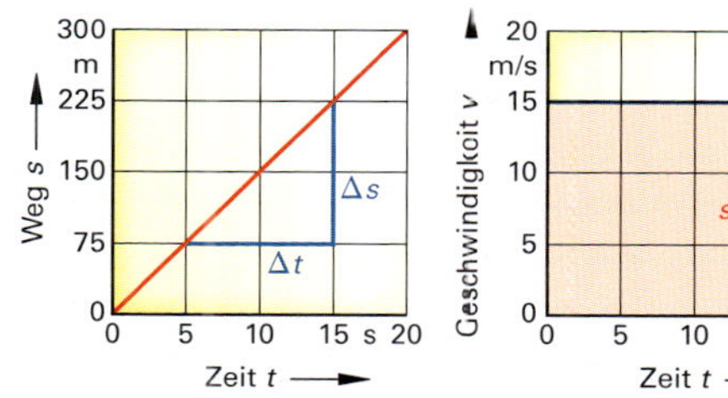

1 Gleichförmige Bewegung

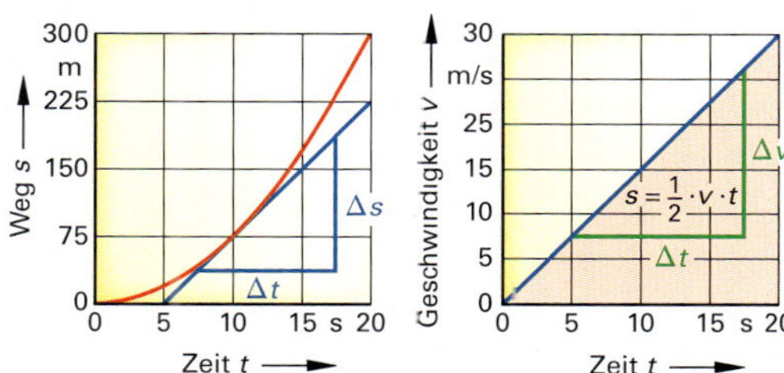

2 Gleichmäßig beschleunigte Bewegung

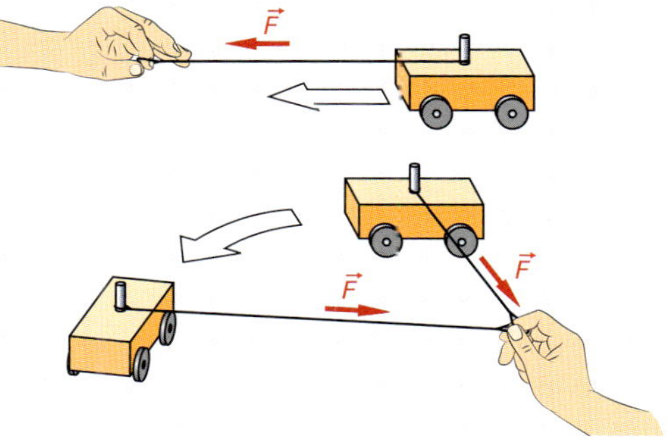

3 Trägheitssatz

Drehmoment

Wirkt eine Kraft auf einen starren Körper, so kann ihre Wirkung eine Verschiebung (Translation) oder eine Drehbewegung (Rotation) bewirken. Für die Drehbewegung des Körpers ist dabei nur der Kraftanteil wirksam, dessen Wirkungslinie W_L senkrecht zur Verbindungslinie zwischen Drehachse und Angriffspunkt der Kraft steht. Wirkt eine Kraft F im senkrechten Abstand l zu einer Drehachse, so erzeugt sie ein Drehmoment M **(Bild 1)**.

$$M = F \cdot l$$
$$M = F \cdot r \cdot \sin\alpha$$

Kraft [F] *in* N, Hebelarm [l] in m

Hierbei entspricht α dem Winkel zwischen der Kraftrichtung (Wirkungslinie) und der Verbindungslinie vom Drehpunkt zum Angriffspunkt der Kraft.

Die Einheit des Drehmoments M ist Newtonmeter. 1 Nm entspricht dem Drehmoment, das eine Kraft F = 1 N im senkrechten Abstand l = 1 m ihrer Wirkungslinie von der Drehachse erzeugt **(Bild 2)**.

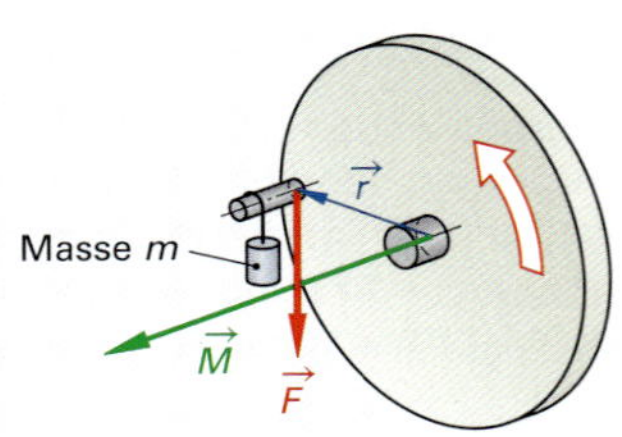

1 Drehmoment

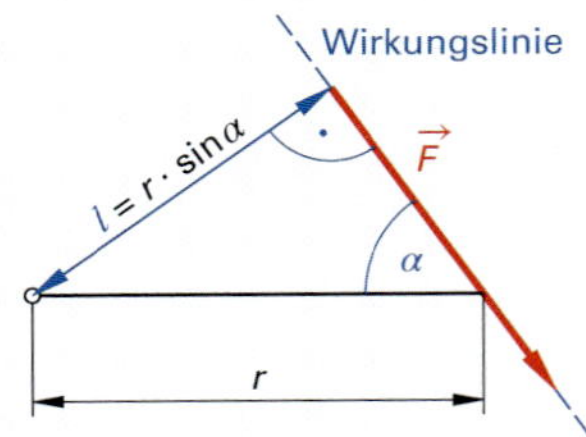

2 Kraftrichtung und Wirkungslinie

Drehmoment und Spannkraft 3-Backenfutter

Beim Drehen wird in einem 3-Backenfutter das Werkstück eingespannt. Das Antriebsmoment des Spindelmotors wird über Reibkräfte zwischen den Spannbacken und der Werkstückoberfläche auf das rotierende Werkstück übertragen. Die Schnittkraft F_c bei der Spanabnahme erzeugt über den Radius $d/2$ des Werkstücks das wirkende Schnittmoment M_c **(Bild 3)**.

$$M_c = F_c \cdot d/2$$

Die Gesamttreibkraft F_R der drei Spannbacken erzeugt ebenfalls über den Radius des Werkstücks das erforderliche Reibmoment M_R, damit das Werkstück während der Bearbeitung nicht durchrutscht **(Bild 4)**.

$$F_R = F_N \cdot \mu \Rightarrow M_R = F_N \cdot \mu \cdot d/2$$

Momentengleichgewicht: $M_{\text{linksdrehend}} = M_{\text{rechtsdrehend}}$

$$M_c = M_R$$
$$M_c = F_N \cdot \mu \cdot d/2$$

Erforderliche Gesamtspannkraft F_N:

$$F_N = 2 \cdot M_c / (\mu \cdot d)$$

Beim Bohren mit einem Spiralbohrer lässt sich die erforderliche Spannkraft im 3-Backenfutter ebenso nach dieser Formel berechnen **(Bild 5)**.

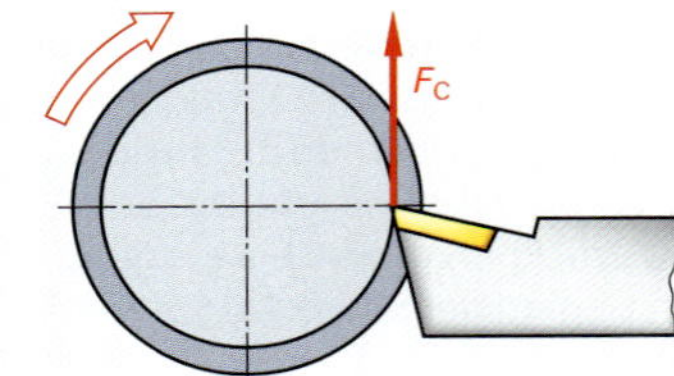

3 Schnittkraft

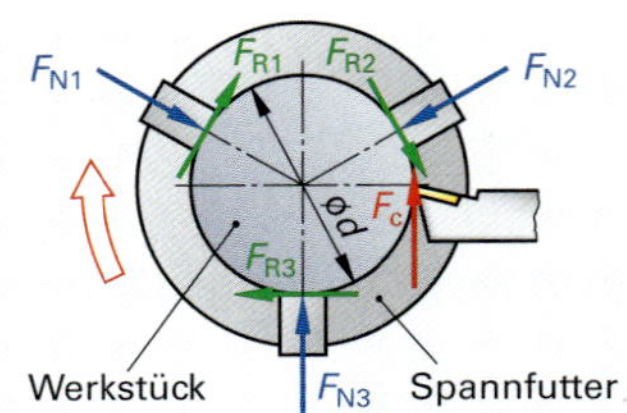

4 3-Backenfutter

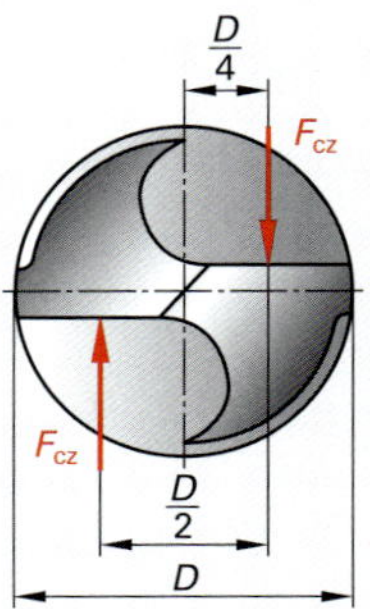

5 Bohren

Energie und Arbeit

Der Ursprung des Wortes „Energie" kommt aus dem griechischen „energeia" und bedeutet soviel wie „wirkende Kraft" oder „das Treibende". Bei nahezu allen ablaufenden Vorgängen in Natur und Technik wirkt eine treibende Energie. Energie selbst ist nicht sichtbar, sie kann wie bei der Kraft nur an ihren Wirkungen beschrieben werden. Energie ist die Fähigkeit Arbeit zu verrichten.

Mechanische Energieformen (Tabelle 1):

Potentielle Energie (Lageenergie)

Um einen Körper mit der Masse m entgegen der Gewichtskraft auf ein höheres Lageniveau Δh zu bringen, muss an ihm die Arbeit $\Delta W_h = m \cdot g \cdot \Delta h$ verrichtet werden. Dieser Körper hat die an ihm verrichtete Arbeit ΔW_h als Lageenergie ΔE_{pot} gespeichert und kann jetzt selbst wieder Arbeit verrichten. $|\Delta W_h| = |\Delta E_{pot}|$

$$\Delta W_h = F_s \cdot s$$ (Kraft in Wegrichtung · Weg)

$$\Delta E_{pot} = Fg \cdot \Delta h$$ oder $$\Delta E_{pot} = m \cdot g \cdot \Delta h$$

Für die Einheit der Arbeit und der Energie ergibt sich aus dieser Formel: $[W_h, E_{pot}] = 1$ Nm oder auch $[Wh, E_{pot}] = 1 kg \cdot m^2 \cdot s^2$. In Erinnerung an den englischen Physiker James Joule wird die Energieeinheit auch als 1 Joule (J) bezeichnet **(Tabelle 2)**.

Bewegungsenergie (Kinetische Energie)

Damit sich ein Körper mit einer Geschwindigkeit v bewegen kann, muss an ihm Beschleunigungsarbeit ΔW_B verrichtet werden. Die gespeicherte Bewegungsenergie eines Körpers mit der Masse m wird auch als kinetische Energie E_{kin} bezeichnet. Damit sich ein Körper mit der Masse m doppelt so schnell bewegt wie zu Beginn, muss die 4-fache Beschleunigungsarbeit an ihm verrichtet werden. D.h., die Bewegungsenergie nimmt mit der Geschwindigkeit quadratisch zu!

$$\Delta W_B = F_s \cdot \Delta s$$ $$\Delta E_{kin} = ½ \cdot m \cdot v^2$$

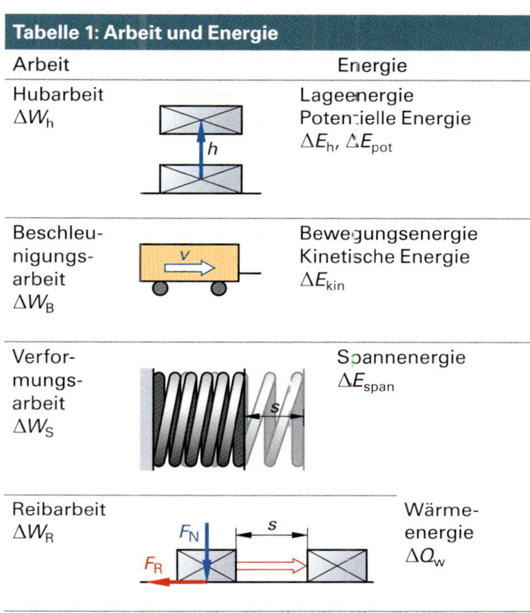

Tabelle 1: Arbeit und Energie

Arbeit	Energie
Hubarbeit ΔW_h	Lageenergie Potentielle Energie ΔE_h, ΔE_{pot}
Beschleunigungsarbeit ΔW_B	Bewegungsenergie Kinetische Energie ΔE_{kin}
Verformungsarbeit ΔW_S	Spannenergie ΔE_{span}
Reibarbeit ΔW_R	Wärmeenergie ΔQ_w

Spannenergie

Wird eine Feder verformt, so speichert die Feder die an ihr verrichtete Arbeit ΔW_S in Form von Spannenergie ΔE_{spann} oder elastischer Energie. Die Spannenergie ist abhängig von Federhärte D und der Dehnung bzw. Stauchung s der Feder.

$$\Delta W_S = ½ \cdot D \cdot s^2$$ $$\Delta E_{spann} = ½ \cdot D \cdot s^2$$

Reibarbeit

Um einen nicht reibungsfreien Körper auf einer bestimmten Wegstrecke s zu bewegen, muss die Reibkraft F_R überwunden und die Reibarbeit W_R aufgewendet werden. Die Reibarbeit W_R wird dabei in Wärmeenergie umgewandelt.

$$|W_{Reibung}| = F_R \cdot \Delta s = F_N \cdot \mu \cdot \Delta s$$

Tabelle 2: Einheiten von Arbeit und Energie

	mechanische Arbeit	kinetische Energie	potentielle Energie	Spannenergie
Formel	$W = F \cdot s$	$E_{kin} = 1/2\ m \cdot v^2$	$E_{pot} = m \cdot g \cdot h$	$E_{spann} = 1/2\ D \cdot s^2$
Einheit	$[W] = 1 N \cdot 1 m = 1 J$	$[E_{kin}] = 1 \frac{kg \cdot m^2}{s^2}$	$[E_{pot}] = 1\ kg \cdot \frac{m}{s^2} \cdot m = 1 \frac{kg \cdot m^2}{s^2}$	$[E_{spann}] = 1 \frac{N}{m} \cdot m^2 = 1\ N \cdot m$

Leistung

Bei der physikalischen Arbeit $W = F_s \cdot \Delta s$ spielt die Zeit t keine Rolle. Bei vielen technischen Abläufen kommt es nicht nur darauf an, wie viel Arbeit aufgewendet wird, sondern auch darauf, in welcher Zeit diese Arbeit verrichtet wird. Mit dem Leistungsbegriff P erfasst man, in welcher Zeit eine bestimmte Arbeit verrichtet wird **(Tabelle 1)**:

Tabelle 1: Mechanische Leistungen	
Heben eines 1 kg schweren Körpers	9,81 W
Mensch (Dauerleistung)	80 W ... 100 W
Leistung Flugzeugtriebwerk	25 MW

$$\text{Leistung} = \frac{\text{verrichtete Arbeit}}{\text{dafür benötigte Zeit}} \qquad P = \frac{\Delta W}{\Delta t}$$

Der Buchstabe P steht für das englische Wort für Leistung: Power **(Bild 1)**. Für die Einheit der Leistung gilt: $[P]$ in 1Js = 1W = 1 Nm/s

Die Einheit W bedeutet Watt. Die Leistungseinheit wird zu Ehren von James Watt (1736–1819), der die erste funktionierende Dampfmaschine gebaut hat **(Bild 2)**, als Watt bezeichnet.

Verrichtet eine konstante Kraft F in einer bestimmten Zeit t an einem Körper die Arbeit $(F \cdot s)$ und bewegt sich dieser dabei mit konstanter Geschwindigkeit v, so gilt auch:

$$P = F \cdot s / t \Rightarrow P = F \cdot v \qquad P_c = F_c \cdot v_c$$

Die Schnittleistung P_c bei Zerspanungsprozessen berechnet sich aus der Schnittkraft F_c und der Schnittgeschwindigkeit v_c.

Wirkungsgrad

Bei der Energieumwandlung von z.B. elektrischer Energie in Bewegungsenergie (z.B. Werkzeugmaschine) möchte man, dass von der zugeführten Leistung ΔP_{zu} möglichst viel in die gewünschte Nutzleistung ΔP_{nutz} umgewandelt wird **(Bild 3)**. Zur Beschreibung der Effizienz bei der Energieumwandlung führt man den Begriff des Wirkungsgrades η (Eta) ein. Der Wirkungsgrad ist der Quotient aus Nutzleistung und zugeführter Leistung.

$$\eta = \frac{\Delta E_{nutz}}{\Delta E_{zu}} = \frac{P_{nutz}}{P_{zu}}$$

Bei realen Prozessen der Energieumwandlung treten immer Verluste auf. Das bedeutet, dass $\Delta P_{nutz} < \Delta P_{zu}$ ist. Damit ist der Wirkungsgrad immer kleiner als 1 oder kleiner als 100 % **(Bild 4)**. Zur Bestimmung des Gesamtwirkungsgrades eines Systems werden die Einzelwirkungsgrade miteinander multipliziert.

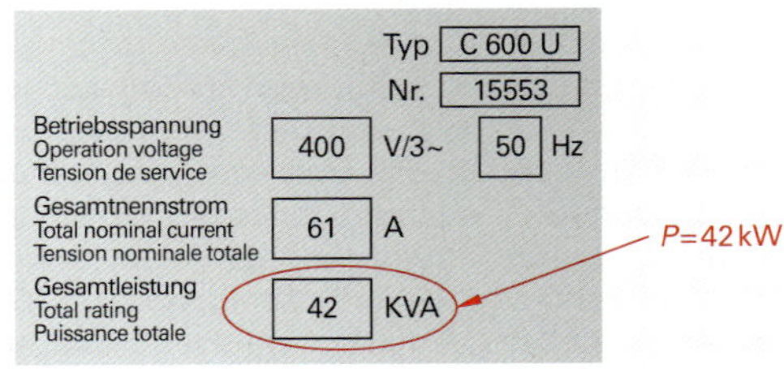

1 Typenschild einer Werkzeugmaschine (Auszug)

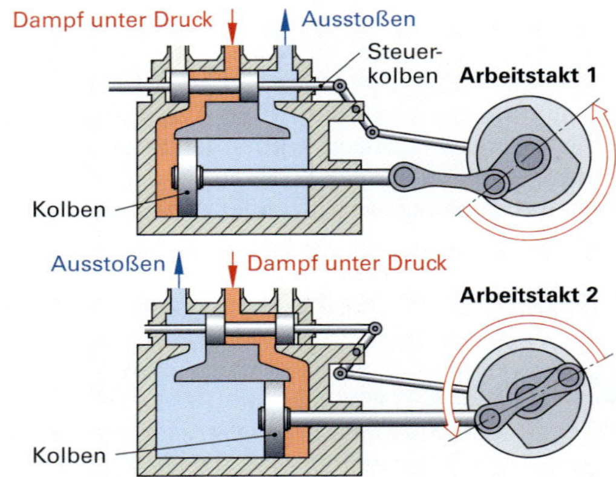

2 Funktionsprinzip einer Dampfmaschine

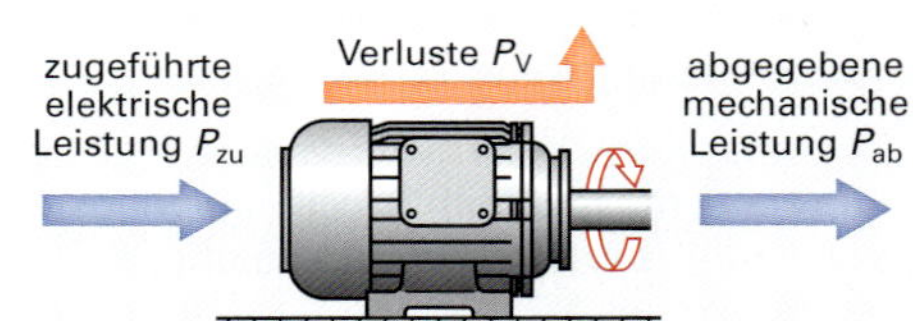

3 Elektromotor

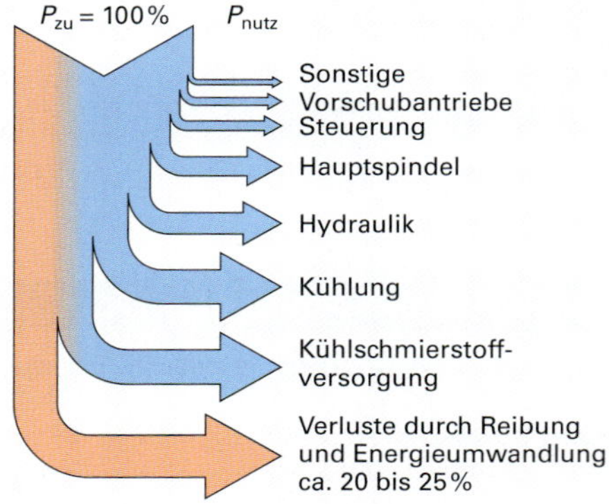

4 Energiebilanz einer Werkzeugmaschine

G3 CHEMISCHE GRUNDLAGEN

Metalle

Zu den Metallen gehören etwa 80 % der chemischen Elemente. Im Periodensystem der Elemente ist der Übergang zu den Nichtmetallen über die Halbmetalle fließend **(Bild 1)**.

Die atomare Bindung der Metalle beruht auf der **metallischen Bindung**. Metalle werden nach ihrer Dichte in **Schwermetalle** und **Leichtmetalle** (Leichtmetalle Dichte < 5 g/cm^3) und nach ihrer chemischen Reaktionsfähigkeit in **Edelmetalle** und **unedle Metalle** eingeteilt **(Bild 2)**.

Metallatome können sich untereinander nicht wie die meisten Nichtmetalle über Atombindungen zu Molekülen verbinden. Metallatome ordnen sich in einem regelmäßigen Kristallgitter an. Metalle haben nur wenige Elektronen in der äußeren Elektronenschale (Valenzelektronen). Zum Entfernen der Elektronen ist eine geringe Ionisierungsenergie notwendig. Diese regelmäßigen Atomanordnungen bestehen aus positiv geladenen Metallionen und negativ geladenen, frei beweglichen Elektronen, die als Elektronenwolke im Gitter verteilt sind. Damit ist das Metall nach außen hin elektrisch neutral **(Bild 3)**.

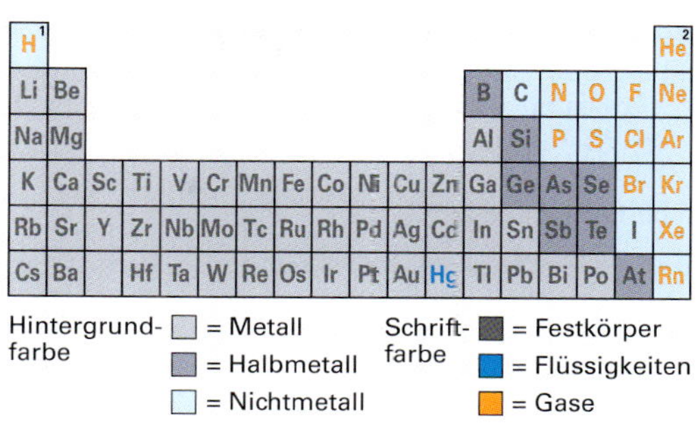

1 Periodensystem der Elemente (verkürzt)

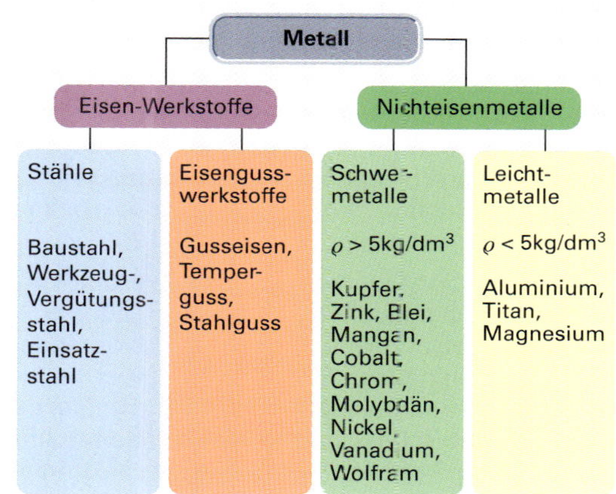

2 Einteilung der Metalle

Aus der metallischen Bindung und dem kristallinen Gitteraufbau ergeben sich die typischen Eigenschaften der Metalle:

- **Metallglanz** (Spiegelglanz)
  Die frei beweglichen Elektronen können die gesamte eingestrahlte Lichtenergie wieder reflektieren.
- **Undurchsichtigkeit**
  Die an der Metalloberfläche stattfindende Reflexion verhindert, dass Licht das Metall durchdringen kann.
- **Elektrische Leitfähigkeit**
  Die frei beweglichen, negativ geladenen Elektronen bewegen sich bei einer von außen angelegten Spannung zur Anode. Das Ergebnis ist elektrischer Strom.
- **Wärmeleitfähigkeit**
  Die frei beweglichen Elektronen übertragen durch die atomaren Anziehungskräfte die thermische Schwingungsenergie auf das Kristallgitter und tragen so zum Wärmetransport bei.
- **Gute Verformbarkeit** (Duktilität)
  Durch die frei beweglichen Elektronen kann sich das Kristallgitter entlang der Gleitebenen verformen ohne zu brechen. Fehler im Gitteraufbau (Versetzungen) werden durch die atomaren Bindungskräfte ausgeglichen **(Bild 4)**.
- **Hoher Schmelzpunkt**
  Um die großen Bindungskräfte zwischen den Metallionen im Gitter zu überwinden, ist eine große Energiemenge notwendig.

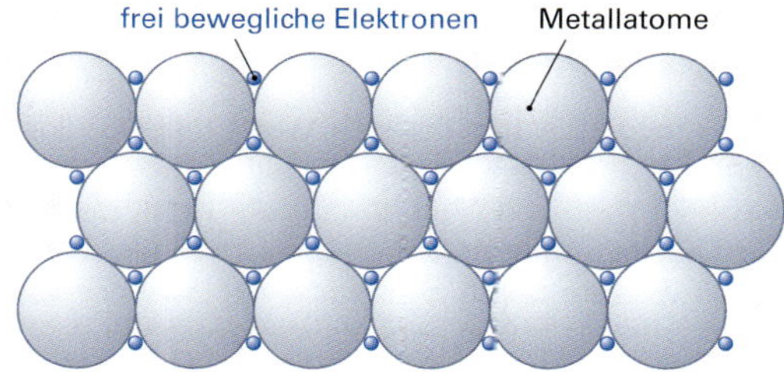

3 Metallbindung

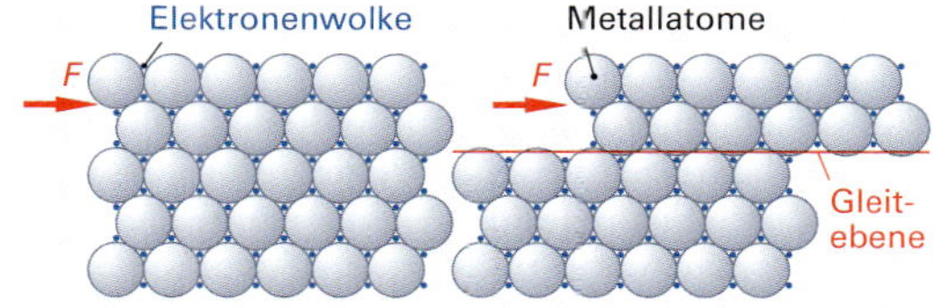

4 Verformbarkeit

Metalllegierungen

Legierungen von Metallen sind chemische Verbindungen von verschiedenen Metallen untereinander oder von Metallen und Nichtmetallen, wie z. B. Kohlenstoff oder Stickstoff. Diese haben oft völlig andere physikalische und chemische Eigenschaften als die reinen Metalle.

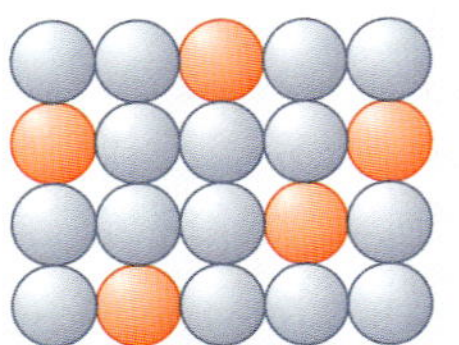
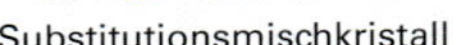

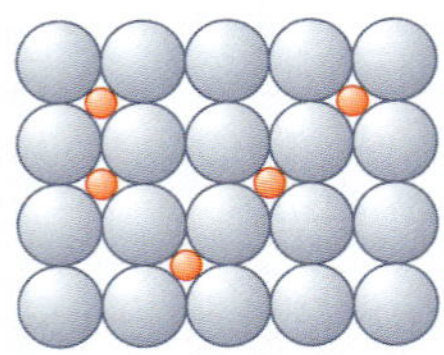

1 Mischkristalltypen

Mischkristall

Kann das Raumgitter der Metallatome Fremdatome aufnehmen (lösen), dann bildet sich ein Mischkristall. Voraussetzung für die Bildung eines Mischkristalls ist, dass

- Atome einen leeren Gitterplatz einnehmen (Austauschmischkristall) oder
- die Atome so klein sind, dass sie sich zwischen die Lücken der einzelnen Atome einsetzen können (Einlagerungsmischkristall) **(Bild 1)**.

Beim Mischkristall können die Fremdatome die Gitterplätze des Grundmetalls einnehmen oder in den Lücken des Raumgitters Platz finden. Außerdem müssen die verschiedenen Metallatome im gleichen Gittertyp z. B. kubisch raumzentriert, kubisch flächenzentriert oder hexagonal erstarren **(Bild 2)**.

Bei Metallen wie Magnesium, Kobalt, Zink und Titan liegt eine Hexagonal-dichtestgepackte Gitterstruktur (hdp) vor. Da nur wenige Gleitebenen vorhanden sind, lassen sich diese Metalle nur schwer verformen. Metalle wie z. B. Aluminium, Blei und Kupfer besitzen eine kubisch-flächenzentrierte Gitterstruktur (kfz) mit vielen Gleitebenen. Sie sind gut verformbar. Der kubisch-raumzentrierte Gittertyp (krz) liegt in seinen Eigenschaften zwischen krz und hdp. Metalle wie z. B. Eisen, Chrom Molybdän und Vanadium haben diese Gitterstruktur.

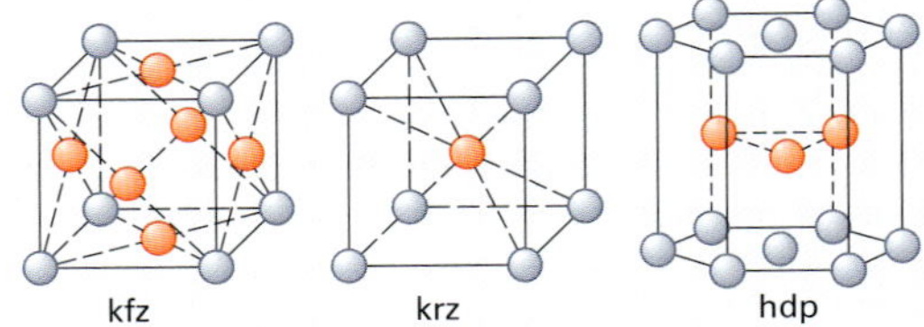

2 Gittertypen

Tabelle 1: Kristallgitter

Art	Anzahl Atome	Koordinationszahl	Gleitsysteme	Metalle
krz	2	8	8	α-Fe, Cr, W, Mo, V
kfz	4	12	12	y-Fe, Al, Cu, Ni, Au, Pt, Pb
hdp	6	12	3	α-Ti, Zn, Mg, Be, α-Co

Kristallgemisch

Ein Kristallgemisch bildet sich, wenn das zulegierte Metall ein anderes Kristallgitter bildet. Es sind also zwei oder mehrere Metalle in mehr oder weniger feiner Verteilung nebeneinander vorhanden. Legierungen werden durch gemeinsames Einschmelzen des Grundmetalls und der Legierungselemente und anschließendem Erstarren hergestellt. Häufig sind die unterschiedlichen Bestandteile der Legierung im flüssigen Zustand ineinander vollkommen löslich. Beim Erstarren kann diese Löslichkeit dann entweder vollständig erhalten bleiben (Mischkristalllegierung) oder auch vollständig verloren gehen (Kristallgemischlegierung). Auch Teillöslichkeiten der Stoffe können beim Erstarren auftreten (Gemisch aus Mischkristallen) **(Bild 3)**. Je nach Löslichkeit der Komponenten A und B im festen Zustand können Legierungen somit in drei unterschiedliche Typen eingeteilt werden **(Bild 4)**.

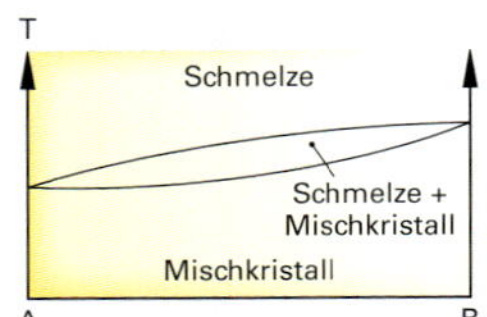

Vollständige Löslichkeit im festen und flüssigen Zustand.
Beispiele: Ag-Au, Au-Pt, Cu-Ni, Co-Ni

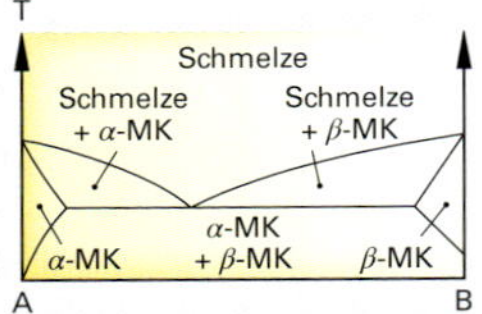

Vollständige Löslichkeit im flüssigen und beschränkte Löslichkeit im festen Zustand.
Beispiele: Ag-Cu, Pb-Sn, Al-Cu, Al-Si

3 Zustandsdiagramme für Zweistofflegierungen

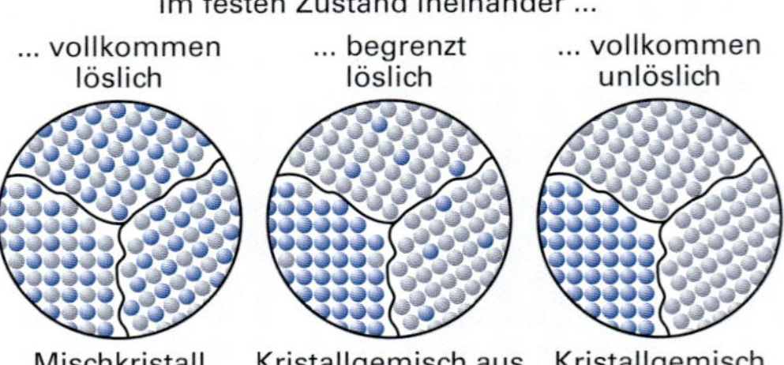

4 Legierungstypen

G4 ELEKTROTECHNISCHE GRUNDLAGEN

Viele Maschinen, Geräte und Anlagen der Fertigungs-, Verkehrs-, Informations-, Steuerungs- und Nachrichtentechnik enthalten elektrotechnische oder elektronische Bauteile. Sie arbeiten mit elektrischem Strom. Wegen der einfachen Transportierbarkeit der elektrischen Energie mittels Leitungen steht sie praktisch überall zur Verfügung. Sie wird in den Maschinen und Geräten in andere Energieformen umgewandelt oder direkt mit geeigneter Spannung, Frequenz und Stromstärke verwendet.

Im Bereich der Fertigungstechnik spielt die Umwandlung der elektrischen Energie in mechanische Energie, z. B. bei Elektromotoren, sowie in Wärmeenergie, z. B. beim Induktionshärten, eine große Rolle.

Im Bereich der Automatisierungstechnik wird elektrische Energie z. B. in der Elektropneumatik oder Hydraulik zum Ansteuern von Relais oder Schütze bzw. zum Antreiben von Pumpen eingesetzt.

Der elektrische Stromkreis

Elektrischer Strom fließt nur im geschlossenen Stromkreis. Dieser besteht mindestens aus einem Erzeuger, einem Verbraucher sowie einer Hin- und Rückleitung **(Bild 1)**.

In diesem geschlossenem Stromkreis fließt der Strom vom Erzeuger zum Verbraucher und wieder zurück zum Erzeuger.

Elektrischer Strom fließt nur im geschlossenen Stromkreis.

Der Stromkreis besteht mindestens aus Erzeuger, Verbraucher und aus dem Hin- und Rückleiter.

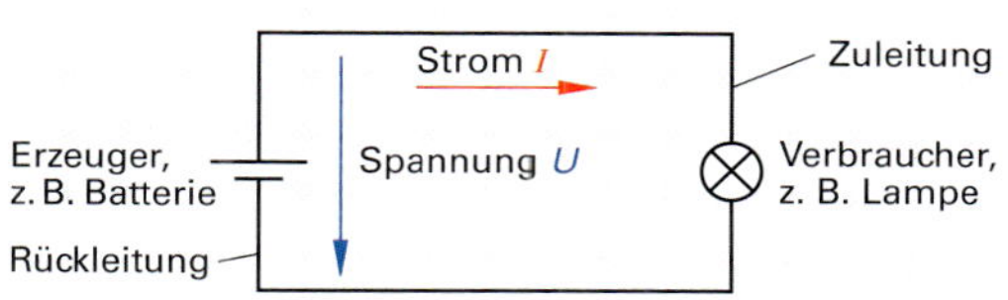

1 Elektrischer Stromkreis

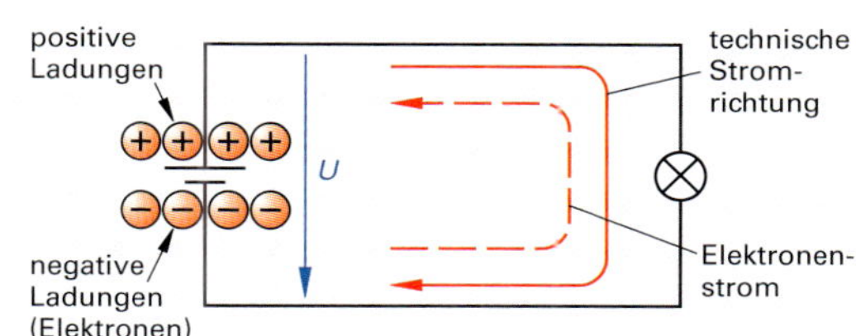

2 Spannung und Strom

Die elektrische Spannung

Elektrische Spannung entsteht durch die Trennung elektrischer Ladungen. Positive und negative Ladungen ziehen sich an. Zum Trennen dieser Ladungen muss Arbeit aufgewendet werden. Diese Arbeit ist als Energie in den Ladungsträgern gespeichert. Das Bestreben der getrennten Ladungen sich wieder auszugleichen wird als Spannung bezeichnet **(Bild 2)**.

Die aufgewendete Arbeit zur Ladungstrennung wird als Spannung bezeichnet.

Die **Einheit der elektrischen Spannung** ist das Volt, benannt nach dem Physiker Alessandro Volta. Die Benennung für die elektrische Spannung ist V.

Die elektrische Spannung U wird in Volt (V) gemessen.

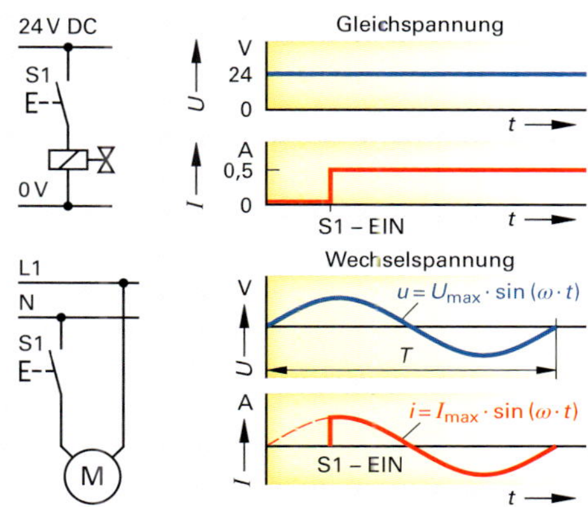

3 Gleich- und Wechselspannung

Zur Versorgung mit elektrischer Spannung stehen verschiedene Spannungsquellen zur Verfügung **(Tabelle 1)**. Spannung wird unterschieden in Gleichspannung und Wechselspannung **(Bild 3)**. Während bei Gleichspannung immer der gleiche Spannungswert anliegt, ändert sich bei der Wechselspannung der Wert der Spannung fortlaufend.

Tabelle 1: Spannungsquellen

Spannungsquelle	Nennspannung
Monozelle	1,5 V
Autobatterie	12 V
Wechselstromnetz	230 V
Drehstromnetz	400 V

Der elektrische Strom

Wird ein elektrischer Verbraucher an eine Spannungsquelle angeschlossen, können sich die unterschiedlichen Ladungen ausgleichen. Die Elektronen fließen dabei vom Minuspol der Spannungsquelle über den Verbraucher zum Pluspol. Die fließenden Elektronen werden als elektrischer Strom bezeichnet. Dieser ist umso größer, je mehr Elektronen pro Sekunde durch den Leiterquerschnitt fließen.

Die durch einen Verbraucher bzw. durch einen Leiter fließenden Elektronen werden als elektrischer Strom bezeichnet.

Die Einheit der elektrischen Stromstärke ist das Ampere (A), nach dem Physiker André Ampere. Die Benennung für den elektrischen Strom ist A.

Der elektrische Strom wird in Ampere (A) gemessen.

Die elektrischen Verbraucher werden mit unterschiedlichen Spannungen und mit unterschiedlichen Stromstärken betrieben **(Tabelle 1)**.

Stromrichtung

Die Richtung des elektrischen Stromes wurde vom Plus- zum Minuspol festgelegt. Erst später erkannte man, dass sich die Elektronen vom Minuspol zum Pluspol bewegen. In der Technik wurde jedoch die ursprüngliche Festlegung beibehalten. Sie wird als technische Stromrichtung bezeichnet **(Bild 2, vorherige Seite)**.

Wirkungen des elektrischen Stromes

Den elektrischen Strom kann man nicht sehen. Er kann nur an seinen Wirkungen erkannt werden **(Tabelle 2)**. Diese Wirkungen werden auch zur Messung von Strom und Spannung benutzt.

Messen von Strom und Spannung

Strommessgeräte messen den Strom, der durch sie hindurchfließt. Sie müssen deshalb in den Stromkreis geschaltet werden **(Bild 1)**.

Spannungsmessgeräte messen den Spannungsunterschied zwischen zwei Punkten im Stromkreis. Sie müssen deshalb parallel zum Verbraucher oder zur Spannungsquelle geschaltet werden.

Strommessgeräte werden in Reihe zum Verbraucher, **Spannungsmessgeräte** parallel zum Verbraucher bzw. der Spannungsquelle geschaltet.

Tabelle 1: Stromstärken verschiedener Verbraucher

Verbraucher	Stromstärke
Elektronische Messschieber	0,1 A
Glühlampe	0,5 A
10-kW-Motor bei 400 V	18 A
Schweißtransformator	300 A
Lichtbogenofen	150000 A

Tabelle 2: Wirkungen des elektrischen Stromes

Physikalischer Effekt	Anwendung
Wärmewirkung	
Ein vom Strom durchflossener Leiter erwärmt sich.	Induktionshärten, Lötkolben
Magnetische Wirkung	
Um einen stromdurchflossenen Leiter entsteht ein Magnetfeld.	Elektromotor, Relais, Magnetspannplatte
Lichtwirkung	
Stromdurchflossene Drähte können glühen und dabei Licht aussenden.	Glühlampen, Halogenlampen
Gase können durch Strom zum Leuchten angeregt werden.	Leuchtstoffröhren, Energiesparlampen
Bestimmte Halbleiter senden bei Stromdurchgang Licht aus.	Leuchtdioden (LED)
Chemische Wirkung	
Elektrischer Strom zersetzt leitende Flüssigkeiten, sog. Elektrolyte.	Elektrolyse von Aluminium, Galvanotechnik
Physiologische Wirkung	
Elektrischer Strom wirkt auf Lebewesen. Stromstärken ab 50 mA sind lebensgefährlich.	Herzschrittmacher, Elektrozäune, Therapie bei Nerven- oder Muskelverletzungen

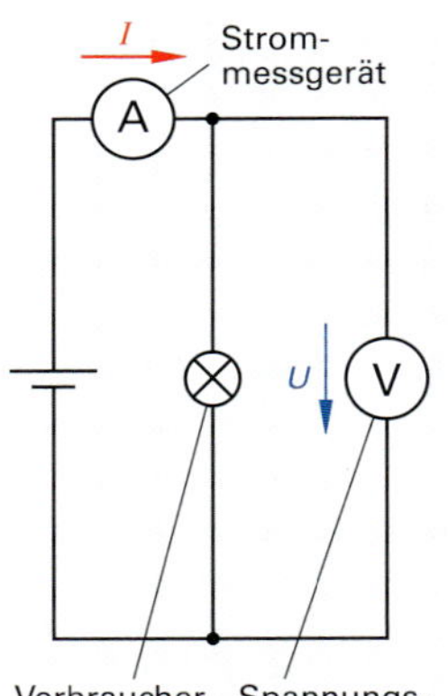

Multimeter

1 Messen von Spannung und Strom

Der elektrische Widerstand

In einem geschlossenen Stromkreis mit einer Spannungsquelle und einem Verbraucher (Widerstand) fließt ein elektrischer Strom.

Die Größe des fließenden Stromes ist von der Größe des elektrischen Widerstandes des Verbrauchers abhängig. Bei gleicher Spannung U fließt bei einem Verbraucher mit kleinem Widerstand R ein großer Strom I, bei einem Verbraucher mit großem Widerstand R fließt ein kleiner Strom I **(Bild 1).**

Den Zusammenhang zwischen Spannung, Strom und elektrischem Widerstand beschreibt das **Ohmsche Gesetz (Bild 2).** Es besagt: Die Stromstärke I in einem Stromkreis ist der Quotient aus der angelegten Spannung U und dem Widerstand R des Verbrauchers.

Ohmsches Gesetz $$I = \frac{U}{R}$$

Die Einheit des elektrischen Widerstandes R eines Verbrauchers ist das Ohm (Ω), benannt nach dem Physiker Georg Simon Ohm.

Der elektrische Widerstand wird in Ohm (Ω) gemessen.

Spezifischer elektrischer Widerstand

Der spezifische elektrische Widerstand ρ eines Werkstoffes gibt an, wie gut dieser Werkstoff den elektrischen Strom leitet. Dazu wird der Widerstand eines 1 m langen Drahtes mit 1 mm^2 Querschnitt gemessen **(Tabelle 1).**

Leiterwiderstand

Auch die Leitungen im elektrischen Stromkreis haben einen elektrischen Widerstand. Er wird Leiterwiderstand genannt.

Der Leiterwiderstand ist abhängig vom spezifischen elektrischen Widerstand ρ des Leiterwerkstoffes, der Länge l des Leiters und dem Querschnitt A des Leiters.

Temperaturabhängiger Widerstand

Fast alle Leiterwerkstoffe ändern ihren elektrischen Widerstand mit der Temperatur. Die Widerstandsänderung ΔR ist abhängig vom Leiterwerkstoff des Widerstands **(Tabelle 2)** und von der Temperaturdifferenz $\Delta\vartheta$.

Es wird zwischen Kaltleiter und Heißleiter unterschieden. **Kaltleiter** werden auch als PTC[1]-Widerstände bezeichnet. Ihr Widerstand nimmt bei Erwärmung zu. **Heißleiter** werden auch als NTC[2]-Widerstände bezeichnet. Ihr Widerstand nimmt bei Erwärmung ab. Als Berechnungsbasis dient die Maßzahl des elektrischen Widerstandes bei 20°C (R_{20}).

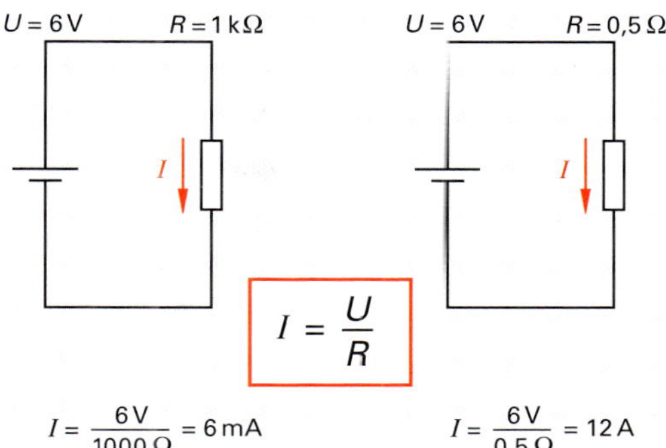

1 Stromkreise mit kleinem und großem Widerstand

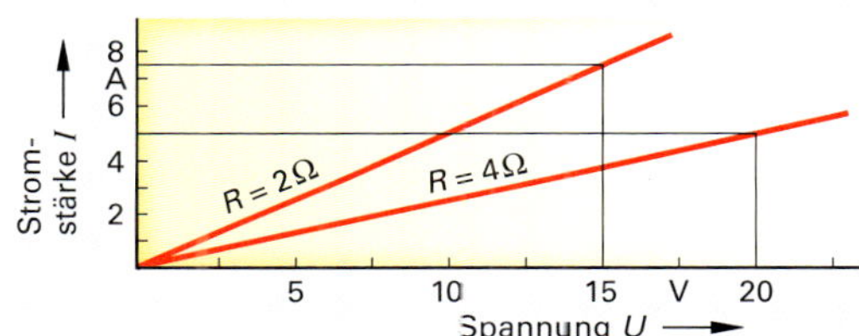

2 Ohmsches Gesetz als Diagramm

Tabelle 1: Spezifischer elektrischer Widerstand ρ

Werkstoff	Spezifischer elektrischer Widerstand ρ in $\frac{\Omega \cdot mm^2}{m}$
Aluminium	0,0265
Gold	0,0220
Kupfer	0,0179
Silber	0,0149
Wolfram	0,0550

Leiterwiderstand $$R_l = \frac{\rho \cdot l}{A}$$

Temperaturabhängige Widerstandsänderung $$\Delta R = R_{20} \cdot \alpha \cdot \Delta\vartheta$$

Temperaturabhängiger Widerstand $$R_\vartheta = R_{20} + \Delta R$$

Tabelle 2: Temperaturkoeffizient α

Werkstoff	α in K^{-1}
Aluminium	0,0040
Gold	0,0037
Kupfer	0,0039
Konstantan	± 0,00001
Grait	– 0,0013

[1] PTC (Positive Temperature Coefficient)

[2] NTC (Negative Temperature Coefficient)

Schaltung von Widerständen

Die Verbindung mehrerer elektrotechnischer Bauteile wird als elektrische Schaltung bezeichnet. In diesen Schaltungen können Widerstände (Verbraucher) in Reihe oder parallel geschaltet (angeordnet) sein. Kommen Reihen- und Parallelschaltungen gleichzeitig in einem Stromkreis vor, spricht man von einer gemischten Schaltung.

Reihenschaltung von Widerständen

Bei einer Reihenschaltung sind alle Widerstände hintereinander geschaltet **(Bild 1).** Dies ist z. B. bei elektrischen Christbaumbeleuchtungen der Fall. Wird bei dieser Schaltung an einer beliebigen Stelle der Stromkreis unterbrochen, ist der gesamte Stromkreis unterbrochen.

Gesamtstrom

Werden in Reihe geschaltete Widerstände in einem Stromkreis an die Spannung U angeschlossen, fließt ein Strom I. Die Größe des fließenden Stromes ist nach dem Ohmschen Gesetz vom Gesamtwiderstand R der Reihenschaltung abhängig. Die Stromstärke ist an allen Stellen des Stromkreises gleich groß, da er sich nicht verzweigen kann. Es fließt durch jeden Widerstand derselbe Strom und es gilt: $I = I_1 = I_2 = \ldots = I_n$.

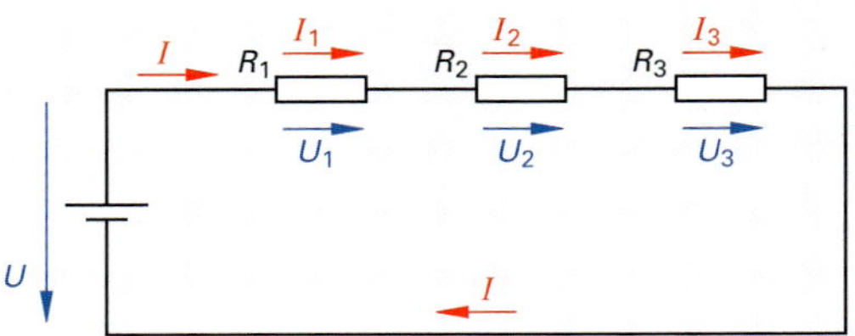

1 Stromkreis mit in Reihe geschalteten Widerständen

Gesamtstrom $I = I_1 = I_2 = \ldots = I_n$

In einer Reihenschaltung fließt überall der gleiche Strom.

Gesamtspannung

Bei der Reihenschaltung liegt an jedem Widerstand ein Teil der Gesamtspannung, z. B. am Widerstand R_1 die Teilspannung $U_1 = I \cdot R_1$. Die Gesamtspannung teilt sich an den einzelnen Widerständen auf (Spannungsteilung). Dieser Sachverhalt wird auch als Spannungsabfall am Widerstand bezeichnet. Da der Strom überall gleich groß ist, ist der Spannungsabfall an einem großen Widerstand größer als an einem kleinen Widerstand.

Die Summe der Teilspannungen $U_1 + U_2 + \ldots + U_n$ ergibt zusammen die Gesamtspannung U.

Einzelspannung $U_1 = I \cdot R_1;\ \ldots;\ U_n = I \cdot R_n$

Gesamtspannung $U = U_1 + U_2 + \ldots + U_n$

Bei der Reihenschaltung ist die Summe der Teilspannungen so groß wie die angelegte Gesamtspannung.

Gesamtwiderstand

Die Einzelwiderstände $R_1, R_2, \ldots, R_n$ der Reihenschaltung können zu einem Gesamtwiderstand $R = R_1 + R_2 + \ldots + R_n$, dem sogenannten Ersatzwiderstand, zusammengefasst werden. Dieser Ersatzwiderstand nimmt bei gleicher Spannung U den gleichen Strom I auf, wie die Reihenschaltung der Einzelwiderstände.

Gesamtwiderstand $R = R_1 + R_2 + \ldots + R_n$

Bei der Reihenschaltung ist der Gesamtwiderstand gleich der Summe der Einzelwiderstände.

Beispiel: Zwei Widerstände $R_1 = 30\ \Omega$ und $R_2 = 80\ \Omega$ sind in Reihe geschaltet und liegen an der Netzspannung von 230 V **(Bild 2).**

Wie groß sind die Stromstärke I und die Teilspannungen U_1 und U_2?

Lösung: $R = R_1 + R_2 = 30\ \Omega + 80\ \Omega = 110\ \Omega$

$I = \frac{U}{R} = \frac{230\ \text{V}}{110\ \Omega} = 2{,}091\ \text{A}$

$U_1 = I \cdot R_1 = 2{,}091\ \text{A} \cdot 30\ \Omega = 62{,}7\ \text{V}$

$U_2 = I \cdot R_2 = 2{,}091\ \text{A} \cdot 80\ \Omega = 167{,}3\ \text{V}$

$U = U_1 + U_2 = 62{,}7\ \text{V} + 167{,}3\ \text{V} = 230\ \text{V}$

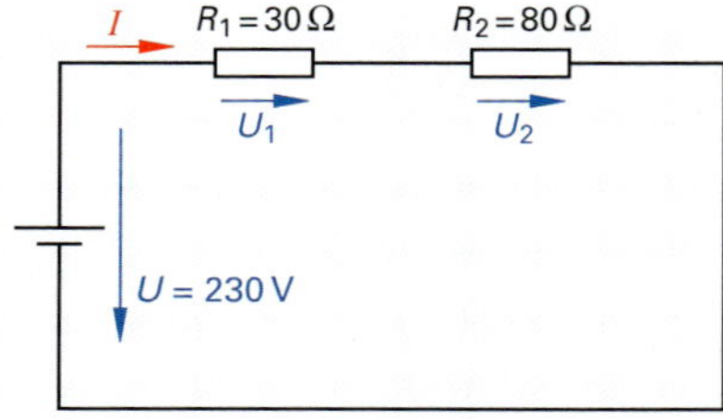

2 Reihenschaltung von zwei Widerständen

Parallelschaltung von Widerständen

Bei einer Parallelschaltung sind die Widerstände parallel angeordnet. Dadurch ist es möglich, gleichzeitig mehrere Verbraucher unabhängig voneinander an dieselbe Spannungsquelle anzuschließen.

Gesamtspannung

Bei der Parallelschaltung liegt an jedem Widerstand die gleiche Spannung U an, deshalb ist die Gesamtspannung gleich den Teilspannungen $U = U_1 = U_2 = \ldots = U_n$.

Gesamtstrom

Werden parallel geschaltete Widerstände in einem Stromkreis an die Spannung U angeschlossen, so fließt der Strom I. Dieser spaltet sich an der Verzweigungsstelle in Teilströme I_1, I_2, …, I_n auf und fließt durch die parallel angeordneten Leitungsstränge **(Bild 1)**. Dabei fließt durch jeden Widerstand ein Teil des Gesamtstromes.

Der Gesamtstrom I ist die Summe der Teilströme $I_1 + I_2 + \ldots + I_n$.

1 Stromkreis mit Parallelschaltung von zwei Widerständen

Gesamtwiderstand

Die Teilströme I_1, I_2, …, I_n werden durch die Größe des jeweiligen elektrischen Widerstandes bestimmt. Sie können mit dem Ohmschen Gesetz berechnet werden, z. B. $I_1 = U/R_1$.

Durch einen kleinen Widerstand fließt dabei ein großer Strom und durch einen großen Widerstand ein kleiner Strom. Dabei ist der Gesamtwiderstand (Ersatzwiderstand) der Parallelschaltung immer kleiner als der kleinste Widerstand in der Parallelschaltung.

Beispiel: An zwei parallel geschalteten Widerständen $R_1 = 48\ \Omega$ und $R_2 = 72\ \Omega$ liegt eine Spannung von $U = 24$ V an **(Bild 1)**.

Wie groß sind
a) die Teilströme I_1 und I_2,
b) der Gesamtstrom I,
c) der Gesamtwiderstand R?

Lösung:
a) $I_1 = \frac{U}{R_1} = \frac{24\ \text{V}}{48\ \Omega} = 0{,}50\ \text{A}$;
$I_1 = \frac{U}{R_2} = \frac{24\ \text{V}}{72\ \Omega} = 0{,}33\ \text{A}$
b) $I = I_1 + I_2 = 0{,}50\ \text{A} + 0{,}33\ \text{A} = 0{,}83\ \text{A}$
c) $R = \frac{R_1 \cdot R_2}{R_1 + R_2} = \frac{48\ \Omega \cdot 72\ \Omega}{48\ \Omega + 72\ \Omega} = 28{,}8\ \Omega$

Gesamtspannung $U = U_1 = U_2 = \ldots = U_n$

Die Gesamtspannung ist gleich den Teilspannungen.

Teilströme $I_1 = \frac{U}{R_1};\ I_2 = \frac{U}{R_2};\ \ldots;\ I_n = \frac{U}{R_n}$

Gesamtstrom $I = I_1 + I_2 + \ldots + I_n$

Der Gesamtstrom ist gleich der Summe der Teilströme.

Gesamtwiderstand $R = \frac{1}{\frac{1}{R_1} + \frac{1}{R_2} + \ldots + \frac{1}{R_n}}$

für zwei Widerstände $\frac{R_1 \cdot R_2}{R_1 + R_2}$

Bei der Parallelschaltung von Widerständen ist der Gesamtwiderstand kleiner als der kleinste Teilwiderstand.

Aufgaben

1 Welche Wirkungen hat der elektrische Strom? Geben Sie zu den einzelnen Wirkungen jeweils ein Beispiel an.

2 Wie müssen die Messgeräte
a) zum Messen des elektrischen Stromes,
b) zum Messen der elektrischen Spannung
geschaltet werden?

3 Welche Auswirkungen hat es auf den Stromfluss, wenn die Zuleitung zu einem Verbraucher unterbrochen wird
a) bei einer Reihenschaltung,
b) bei einer Parallelschaltung?

4 Warum sind in Firmen und Haushalten praktisch alle Geräte und Maschinen parallel geschaltet?

Stromarten

Elektrische Ströme werden nach dem zeitlichen Verlauf der Richtung und der Stromstärke in Gleichstrom und Wechselstrom eingeteilt **(Bild 1)**. Eine besondere Form des Wechselstromes ist der Drehstrom.

Gleichstrom (DC[1])

Bei Gleichstrom fließt der Elektronenstrom nur in einer Richtung und in gleichbleibender Stärke **(Bild 1, links)**.

Gleichstrom niedriger Spannung liefern z.B. Batterien. Gleichstrom größerer Spannung und Stromstärke wird durch Gleichrichter aus Wechselstrom oder durch Gleichstromgeneratoren erzeugt.

Anwendungsbeispiele für Gleichstrom:

- Längenmessgeräte,
- Gleichstrommotoren,
- Beschichten durch Galvanisieren,
- Lichtbogenschweißen.

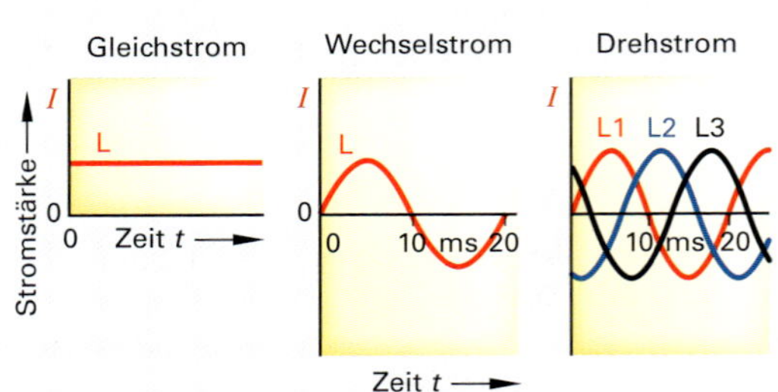

1 Zeitlicher Verlauf der Stromstärke bei verschiedenen Stromarten

Wechselstrom (AC[2])

Bei Wechselstrom ändern sich die Richtung und Stromstärke des Stromes ständig **(Bild 1, mitte und rechts)**. Elektronen pendeln dabei mit einer harmonischen Schwingung zwischen einem positiven und negativen Höchstwert, dem Scheitelwert. Die Anzahl der Schwingungen je Sekunde wird als Frequenz *f* bezeichnet. Sie wird in Hertz (Hz) angegeben, nach dem Physiker Heinrich Hertz. Im europäischen Energieversorgungsnetz beträgt die Frequenz 50 Hertz.

Anwendungsbeispiele für Wechselstrom:

- Leitungsnetz der Energieversorger **(Bild 2)**,
- Motoren an Werkzeugmaschinen,
- Schweißtechnik.

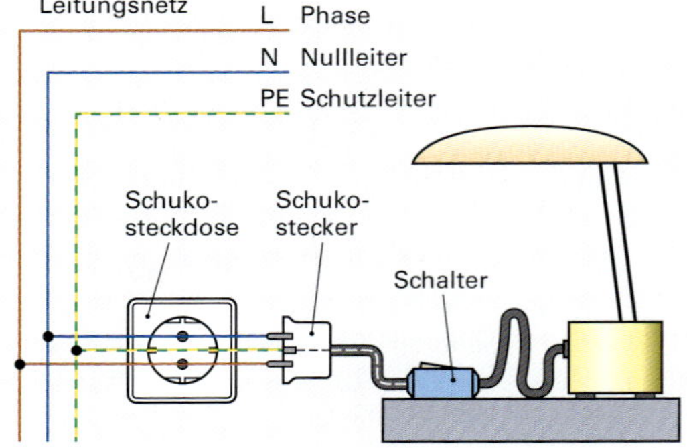

2 Anschluss einer Lampe über eine Schukosteckdose an das Wechselstromnetz

Dreiphasen-Wechselstrom (Drehstrom)

Dreiphasen-Wechselstrom wird in Generatoren mit drei Wicklungen erzeugt **(Bild 3)**. An jeder ihrer drei Wicklungen liegt Wechselstrom mit 50 Hz an. Er wird in das Leitungsnetz eingespeist.

Ein Dreiphasen-Wechselstrom-Leitungsnetz hat fünf Leitungen: L1, L2, L3, N und PE. L1, L2 und L3 sind Stromführende Leitungen. Die gemeinsame Rückleitung wird als Neutralleiter N bezeichnet. Der PE-Leiter (von englisch protection earth) ist ein geerdeter Schutzleiter und dient zur Ableitung eines Fehlerstroms bei einem Körperschluss.

Im Energieversorgungsnetz beträgt die Spannung zwischen einem Außenleiter und dem Neutralleiter 230 V, die Spannung zwischen zwei Außenleitern, z.B. zwischen L1 und L2 beträgt 400 V.

Anwendungsbeispiele für Drehstrom:

- Leistungsstarke Antriebsmotoren,
- Schmelzöfen für Metalle.

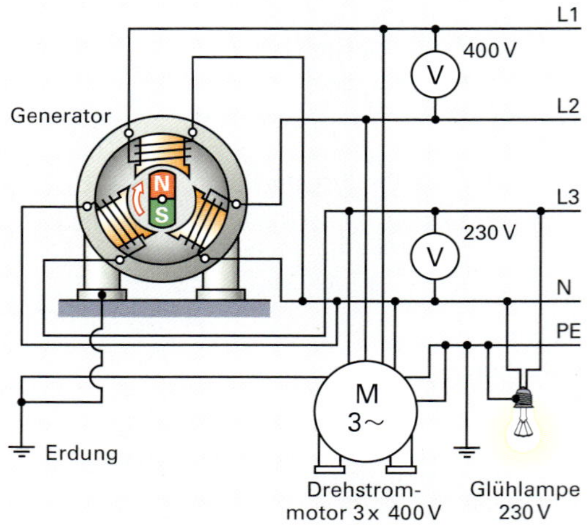

3 Generator für Dreiphasen-Wechselstrom mit Fünfleiternetz

[1] DC von direct current (engl.) = Gleichstrom
[2] AC von alternating current (engl.) = Wechselstrom

Elektrische Leistung und elektrische Arbeit

Die Energie-Versorgungs-Unternehmen (EVU) stellen allen Nutzern elektrischer Maschinen und Geräte elektrische Energie zur Verfügung.

Die dem elektrischen Netz pro Zeiteinheit entnommene Energie nennt man elektrische Leistung. Sie wird in Watt (W), Kilowatt (kW) oder Megawatt (MW) gemessen.

Bei elektrischen Betriebsmitteln wird auf dem Leistungsschild die dem Netz entnommene Leistung, bei Elektromotoren hingegen die abgegebene Leistung angegeben **(Bild 1)**.

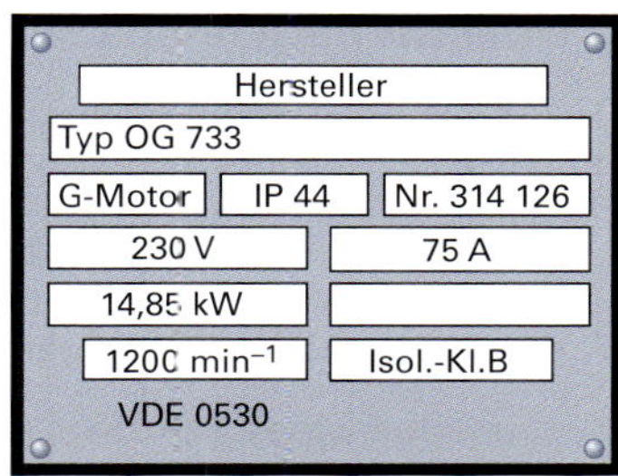

1 Leistungsschild eines Gleichstrommotors

Elektrische Leistung bei Gleichstrom und induktionsfreiem Wechselstrom oder Drehstrom

Bei einem an Gleichspannung betriebenen Verbraucher ist die Leistung P umso größer, je größer die angelegte Spannung U und der Strom I sind. Gleiches gilt für Verbraucher an Wechselspannung, wenn sie neben dem ohmschen Widerstand keine induktiven Teile (Spulen) oder kapazitive Teile (Kondensatoren) enthalten **(Bild 2)**.

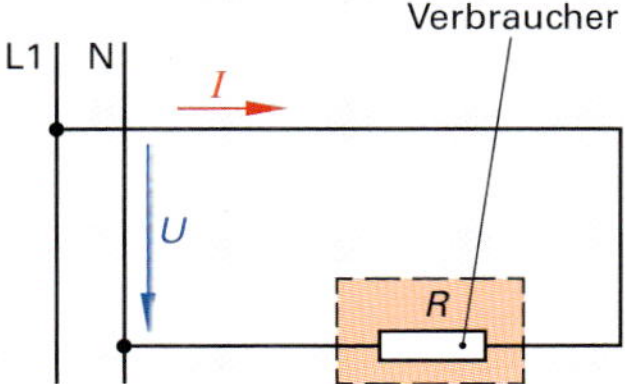

2 Leistung bei Gleichstrom im Stromkreis mit ohmschem Verbraucher

Elektrische Leistung bei Verbraucher mit ohmschem Widerstand an Gleichstrom und induktionsfreiem Wechselstrom

$$P = U \cdot I$$

Beim Drehstrom ist der Stromverlauf in den drei Leitern zeitlich gegeneinander verschoben. Die Leistung berechnet man mit dem Verkettungsfaktor $\sqrt{3}$ **(Bild 3)**.

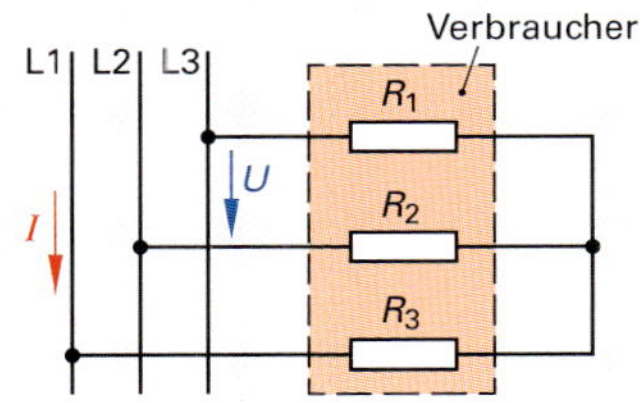

3 Leistung bei Drehstrom im Stromkreis mit drei ohmschem Verbrauchern

Elektrische Leistung bei Verbraucher mit ohmschem Widerstand an Drehstrom

$$P = \sqrt{3} \cdot U \cdot I$$

Elektrische Leistung von Verbrauchern mit induktiven und kapazitiven Anteilen bei Wechselstrom und Drehstrom

Bei Verbrauchern, die neben dem ohmschen Widerstand auch Spulen und Kondensatoren enthalten, kommt es zu einer zeitlichen Verschiebung (Phasenverschiebung) zwischen Strom und Spannung. Diese Verschiebung mindert die tatsächlich am Verbraucher umgesetzte Leistung, Wirkleistung genannt, um den Leistungsfaktor $\cos \varphi$ (**Bild 4** und **Bild 5**).

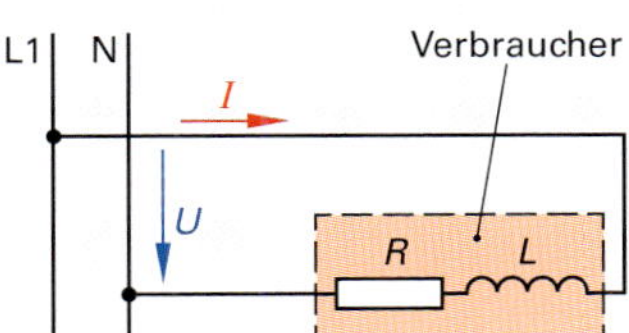

4 Leistung bei Wechselstrom mit ohmschen und induktivem Verbraucher

Wirkleistung bei Wechselstrom

$$P = U \cdot I \cdot \cos \varphi$$

Wirkleistung bei Drehstrom

$$P = \sqrt{3} \cdot U \cdot I \cdot \cos \varphi$$

Beispiel: Für einen Dreiphasen-Drehstrommotor gibt der Hersteller folgende Daten an: $U = 400\,\text{V}$, $I = 26{,}6\,\text{A}$, $\cos \varphi = 0{,}87$, $\eta = 93{,}5\,\%$
Wie groß sind a) aufgenommene und b) abgegebene Leistung?

Lösung: a) $P_1 = \sqrt{3} \cdot \text{U} \cdot \text{I} \cdot \cos\varphi = \sqrt{3} \cdot 400\,\text{V} \cdot 26{,}6\,\text{A} \cdot 0{,}87 = 16\,033\,\text{W}$

b) $P_2 = P_1 \cdot \eta = 16\,033\,\text{W} \cdot 0{,}935 = 14\,990\,\text{W}$

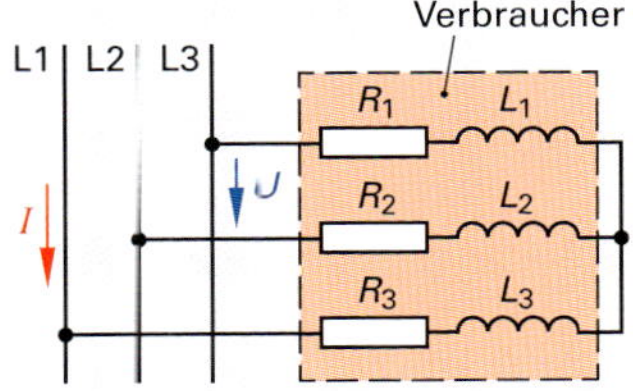

5 Leistung bei Drehstrom mit ohmschem und induktivem Verbraucher

Elektrische Arbeit

Je größer die Leistung P und die Betriebsdauer t eines Verbrauchers ist, desto größer ist die elektrische Arbeit.

Elektrische Arbeit

$$W = P \cdot t$$

Einheiten der Arbeit sind: Wattsekunde (Ws) und Kilowattstunde (kWh). Die elektrische Arbeit wird von Stromzählern in kWh gemessen.

Überstrom-Schutzeinrichtungen

Um Geräte und Leistungen vor Überlastung durch zu hohe Ströme zu schützen, werden sie durch Überstrom-Schutzeinrichtungen, kurz Sicherungen, geschützt. Sicherungen sind Bauteile, die beim Überschreiten des zulässigen Höchststromes den Stromkreis unterbrechen.

Sicherungen schützen Leitungen und Geräte vor Überlastung und Kurzschluss.

Man unterscheidet Schmelzsicherungen, Sicherungsautomaten und Motorschutzschalter.

Schmelzsicherungen

Schmelzsicherungen enthalten im Inneren einen dünnen draht- oder bandförmigen Schmelzleiter **(Bild 1)**. Sie sind in die zuführende Stromleitung eines Verbrauchers eingebaut. Bei zu hoher Stromstärke schmilzt der Schmelzleiter und unterbricht den Stromkreis.

Schmelzsicherungen gibt es für Absicherungsströme von 10 A bis 50 A. Sie haben unterschiedliche Kennfarben und die Fußkontakte haben verschiedene Durchmesser **(Bild 1)**. Dadurch können Schmelzsicherungen für höhere Ströme nicht in Einsätze für niedrigere Ströme eingeschraubt werden.

Kleine Schmelzsicherungen, die in Elektrogeräte eingebaut sind, nennt man **Geräteschutzsicherungen** oder Feinsicherungen. Sie dienen zum Absichern von Geräten der Messtechnik und der Elektronik. Nach dem Auslöseverhalten unterscheidet man superflinke (FF), flinke (F), mittelträge (M), träge (T) und superträge (TT) Feinsicherungen.

Sicherungen dürfen nicht geflickt oder überbrückt werden.

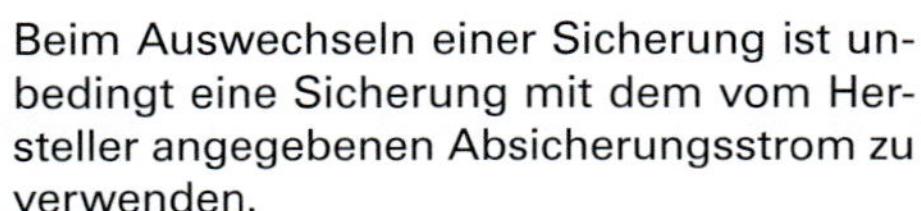

Beim Auswechseln einer Sicherung ist unbedingt eine Sicherung mit dem vom Hersteller angegebenen Absicherungsstrom zu verwenden.

- **Leitungsschutzschalter,** auch Sicherungsautomaten genannt, haben einen Sofort- und einen Langzeit-Abschaltmechanismus **(Bild 2).** Ein Bimetallschalter wird bei fortlaufender Überlastung des Stromnetzes wirksam und ein magnetischer Schalter unterbricht bei Kurzschluss den Stromkreis sofort.
- **Motorschutzschalter** sind Schalter zum Ein- und Ausschalten von Motoren **(Bild 3).** Auch sie haben zwei Abschaltmechanismen: einen thermischen Auslöser zum Schutz der Motorwicklung bei langer hoher Belastung und eine elektromagnetische Auslösung bei kurzen, hohen Stromstärken (Überlastschutz).

Motorschutzschalter, die den Motor vor Überlast und Kurzschluss schützen, müssen am Anfang der Motorzuleitung eingebaut sein.

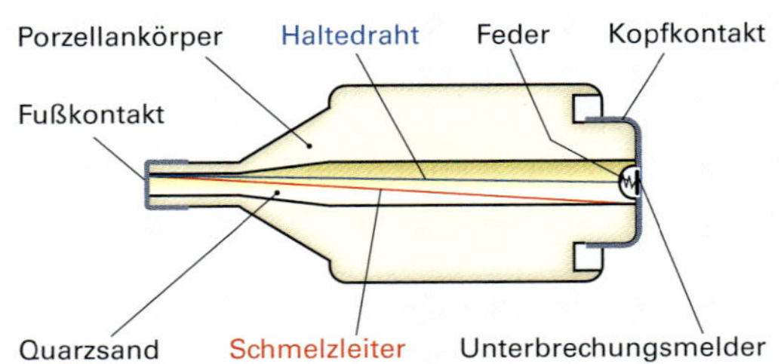

1 **Schmelzeinsatz einer Schraubsicherung**

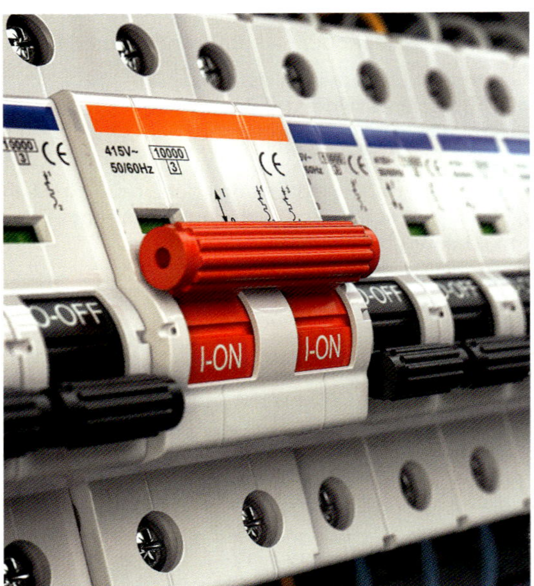

2 **Sicherungskasten**

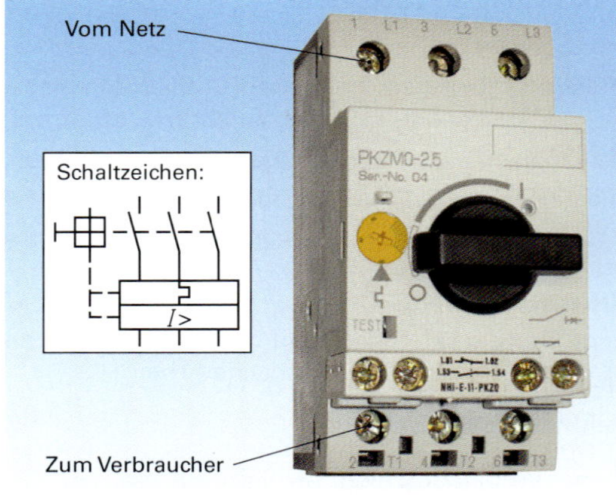

3 **Motorschutzschalter eines Drehstrommotors**

Fehler an elektrischen Anlagen

Unfälle durch elektrischen Strom entstehen durch technische Mängel an Geräten und Anlagen, vor allem aber durch Unachtsamkeit.

Wirkungen des elektrischen Stromes im menschlichen Körper

Fließt elektrischer Strom durch den Menschen, z.B. beim Berühren eines unter Spannung stehenden Leiters, wird ab einer bestimmten Stromstärke die Atemmuskulatur gelähmt. Die Folgen sind Nichtloslassen-Können, Verkrampfungen, Gleichgewichtsstörungen, Herzkammerflimmern und Atemstillstand.

Ströme mit Stromstärken über 50 mA und Wechselspannungen über 50 V sind lebensgefährlich.

Bei Arbeiten an elektrischen Anlagen oder nach einem Unfall durch Elektrizität sind folgende **fünf lebenswichtige Sicherheitsregeln** zu beachten, deren Reihenfolge unbedingt eingehalten werden muss **(Tabelle 1)**.

Tabelle 1: Sicherheitsregeln bei Anlagen oder Maschinen, die unter Spannung stehen

1. Freischalten	Abschalten aller nicht geerdeten Leitungen, Sicherungsautomaten abschalten, Verbotsschilder anbringen.
2. Gegen Wiedereinschalten sichern	Herausnehmen und Verwahren der Sicherungen, Abschließen (Vorhängeschloss) von Schaltern, Sicherungseinsätze mitnehmen.
3. Spannungsfreiheit feststellen	Durch Elektrofachkraft mit geeigneten Messgeräten oder Spannungsprüfern.
4. Erden	Teile, an denen gearbeitet wird, müssen geerdet werden.
5. Benachbarte, unter Spannung stehende Teile abdecken	Es ist zu vermeiden, dass arbeitende Personen mit Werkzeugen und Hilfsmitteln an leitende oder Spannung führende Teile geraten, daher Körperschutz, z.B. Schutzhelm und Handschuhe, tragen.

Fehler an elektrischen Anlagen

Durch Fehler an der Isolation können an elektrischen Anlagen Kurzschluss, Erdschluss, Leiterschluss und Körperschluss auftreten **(Bild 1)**.

Kurzschluss entsteht zwischen zwei unter Spannung stehenden elektrischen Leitern, wenn sie sich ohne Isolation berühren. Die vorgeschaltete Sicherung schaltet den dabei entstehenden großen Kurzschlussstrom ab.

Erdschluss entsteht durch eine direkte Verbindung eines Spannung führenden Leiters mit der Erde bzw. geerdeten Teilen. Auch hier schaltet die Sicherung den Erdschlussstrom ab.

Leiterschluss entsteht z.B. durch die schadhafte Überbrückung eines Schalters, wodurch die Anlage nicht abgeschaltet werden kann.

Beim **Berühren eines Gerätes mit Körperschluss** fließt Strom durch den Menschen zur Erde **(Bild 2)**. Die Größe dieses Fehlerstroms hängt vom Widerstand des menschlichen Körpers und vom Leitvermögen der Erdverbindung ab. Steht der Berührende mit einer gut geerdeten Leitung in Verbindung (Wasser-, Gas- oder Heizleitung), kann durch ihn ein gefährlich starker Strom fließen **(Bild 3)**.

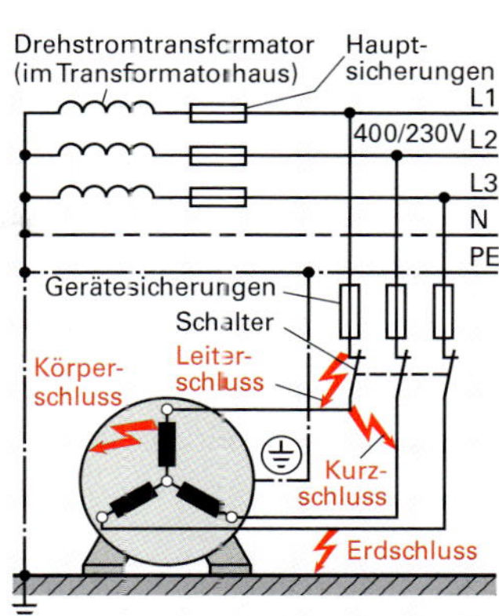

1 Kurzschluss, Erdschluss, Leiterschluss, Körperschluss

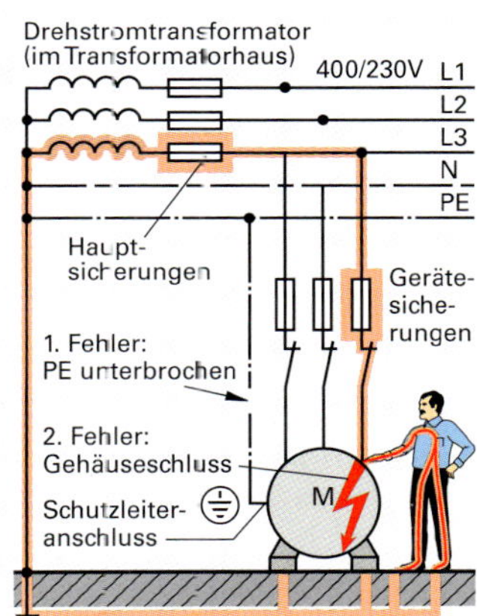

2 Berührungsspannung

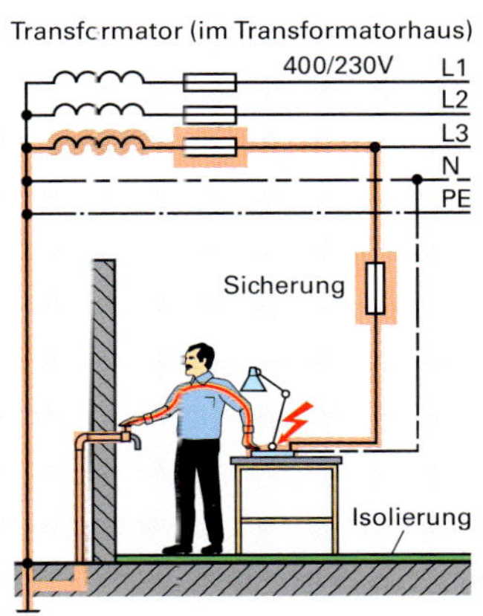

3 Fehlerstromkreis

Schutzmaßnahmen bei elektrischen Maschinen

In allen Anlagen mit Betriebsspannungen über 50 V-Wechselspannung bzw. 120 V-Gleichspannung sind Schutzmaßnahmen gegen zu hohe Berührungsspannung vorgeschrieben.

Schutzleiter im Leitungsnetz und in den Geräten

Das Leitungsnetz in allen Gebäuden enthält einen **PE**-Leiter (von englisch **p**rotection **e**arth = Schutzerdung). Er ist mit dem Fundamenterder des Gebäudes verbunden und ermöglicht einem Fremdstrom die Ableitung zur Erde **(Bild 1)**.

Die Gehäusekörper der angeschlossenen elektrischen Geräte sind über einen gelb-grünen Schutzleiter im Stromanschlusskabel und die Schukosteckdose mit diesem PE-Schutzleiter des Leitungssystems verbunden **(Bild 2)**.

Liegt ein Körperschluss im Gerät vor, so kann der Fehlerstrom über den PE-Leiter abfließen. Fasst ein Mensch das spannungsführende Gerätegehäuse an, so fließt über den menschlichen Körper mit seinem großen Widerstand nur ein kleiner Strom, während über den Schutzleiter mit seinem kleinen Widerstand der Großteil des Stromes abfließt.

Bewegliche Kleingeräte werden über **Schutzkontakt-(Schuko-)Steckverbindungen** angeschlossen **(Bild 2)**. Die Anschlussleitung besteht aus Zu- und Rückleitung sowie dem Schutzleiter (gelb-grün). Stationäre Kleingeräte haben einen fest eingebauten Schukostecker am Gerät.

Schutzisolierung. Bei der Schutzisolierung werden alle Metallteile, die im Fehlerfall unter Spannung stehen können, mit einer Isolierung versehen. Diese Schutzmaßnahme wird z.B. bei netzbetriebenen Rasierapparaten und zum Teil bei Handbohrmaschinen angewandt. In schutzisolierten Bohrmaschinen ist z.B. die Bohrspindel durch ein Kunststoffzahnrad im Getriebe elektrisch vom Motor getrennt. Das Gehäuse und der Schalter der Bohrmaschine müssen zusätzlich isoliert sein.

Kleinspannung. Bei elektrischen Geräten, bei denen nicht zu vermeiden ist, dass der Mensch mit leitenden Teilen in Berührung kommt, dürfen aus Sicherheitsgründen nur Kleinspannungen verwendet werden. Elektrische Schweißgeräte in Kesseln und engen Räumen dürfen höchstens 50 V Spannung führen. Bei Klingelanlagen und Kinderspielzeug darf die Spannung höchstens 25 V betragen.

Kennzeichnung der Schutzmaßnahmen

Die elektrischen Schutzmaßnahmen bei Geräten werden durch Symbole auf dem Typenschild des Gerätes angegeben **(Tabelle 1)**.

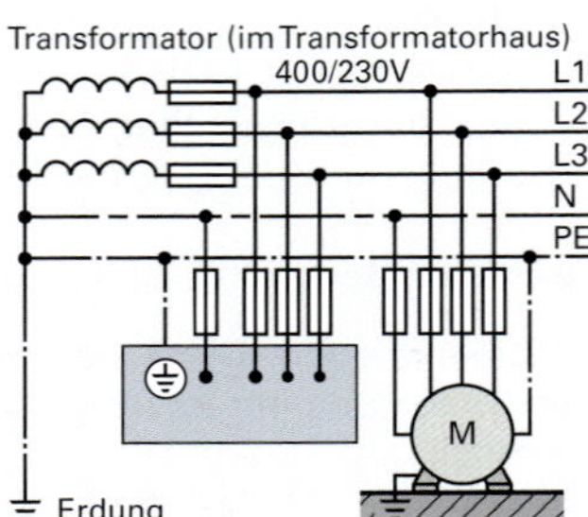

1 Schutzleiter PE des Leitungsnetzes

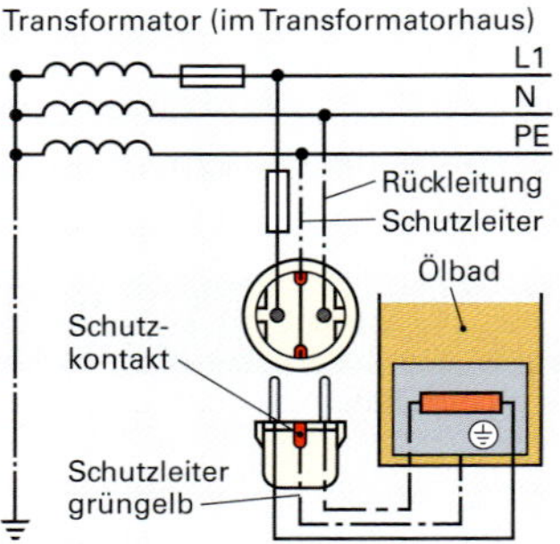

2 Schutzkontaktstecker und Schutzleiter im Gerät

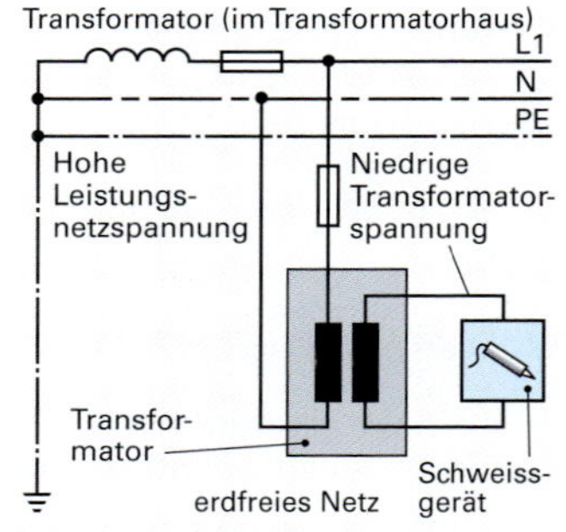

3 Schutztrennung mit Transformator

Schutztrennung

Beim Schutz durch Schutztrennung wird zwischen dem Netz und dem Verbraucher ein Transformator geschaltet **(Bild 3)**. Dieser Transformator bewirkt, dass am Verbraucher eine kleine Transformatorspannung und nicht die hohe Spannung des Leitungsnetzes anliegt. Auf der Ausgangsseite des Transformators darf **nur ein Verbraucher** angeschlossen werden. Die Schutztrennung wird z.B. bei Betonrüttlern, Nassschleifmaschinen, bei Arbeiten in Schweissanlagen oder Rasiersteckdosen in Badezimmern angewandt.

Tabelle 1: Symbole für Schutzmaßnahmen

Symbol	Schutzklasse	Anwendungen
⏚ (Kreis mit Erdungszeichen)	**Schutzklasse I** Schutzmaßnahmen mit **Schutzleiter**	Geräte mit Metallgehäuse, wie z.B. Elektromotoren
⧈ (doppeltes Quadrat)	**Schutzklasse II** **Schutzisolierung** Keine Anschlussstelle für Schutzleiter	Geräte mit Kunststoffgehäuse, wie z.B. Handbohrmaschinen
◇ III	**Schutzklasse III** **Schutzkleinspannung**	Kleingeräte mit Nennspannungen bis AC 50 V oder DC 120 V

Fehlerstrom-Schutzschalter (FI-Schalter)

Fehlerstrom-Schutzschalter sichern ein Einzelgerät oder einen Raum durch Einbau des Schutzschalters im Schaltkasten der Anlage gegen einen Fehlerstrom ab **(Bild 1)**. Für viele Bereiche in Gebäuden, wie z.B. in Nassräumen oder Außenanlagen, sind FI-Schutzschalter vorgeschrieben.

Die Funktion der FI-Schutzschalter beruht auf der Messung der Stromstärke in der Stromzuleitung und der Stromrückleitung. Im störungsfreien Betrieb ist der Strom in der Zuleitung genau so groß wie der Strom in der Rückleitung. Im Falle eines Schadens durch Körperschluss fließt ein Teil des Rückstroms über die Erde ab. Der FI-Schutzschalter reagiert auf die Stromstärkedifferenz und schaltet innerhalb 0,2 Sekunden den Geräteanschluss ab. Mit der Prüftaste T kann ein Fehlerstrom simuliert werden: Wird die Prüftaste betätigt, muss der Schutzschalter auslösen.

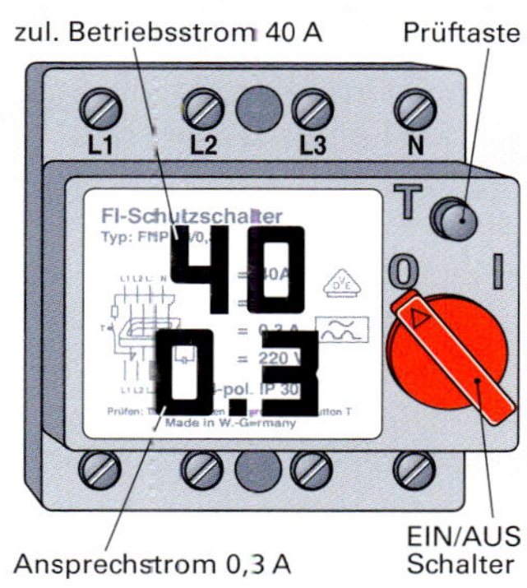

1 FI-Schutzschalter

Schutz durch die Ausstattung des Gerätegehäuses (IP-Schutzarten)

Elektrische Geräte und Anlagen müssen je nach Einsatz und Aufstellungsort durch die Bauart ihres Gehäuses gegen zufällige Berührung, Fremdkörper und Wasser geschützt werden. Die Schutzarten werden durch ein Kurzzeichen beschrieben, das sich aus den Kennbuchstaben **IP** (**I**nternational **P**rotection = Internationaler Schutz) und zwei Kennziffern für den Schutzgrad zusammensetzt **(Tabelle 1)**. Weicht die Schutzart eines Teiles eines Gerätes von der eines anderen Teiles ab, sind beide anzugeben, z.B. Motor IP21, Klemmenkasten IP54.

Tabelle 1: IP-Schutzarten elektrischer Betriebsmittel

1. Ziffer	Berührungs- und Fremdkörperschutz	2. Ziffer	Wasserschutz
0	kein besonderer Schutz	0	kein besonderer Schutz
1	gegen Eindringen fester Körper (∅ > 50 mm)	1	gegen senkrecht tropfendes Wasser
2	gegen Eindringen fester Körper (∅ > 12 mm)	2	gegen senkrecht tropfendes Wasser; Betriebsmittel bis 15° gekippt
3	gegen Eindringen fester Körper (∅ > 2,5 mm)	3	gegen Sprühwasser bis 60° zur Senkrechten
4	gegen Eindringen fester Körper (∅ > 1 mm)	4	gegen Spritzwasser aus allen Richtungen
5	staubgeschützt; vollständiger Berührungsschutz	5	gegen Strahlwasser aus allen Richtungen
6	staubdicht; vollständiger Berührungsschutz	6	gegen Wasserstrahl, schwere See
		7	gegen Eintauchen unter Druck- und Zeitbedingungen
		8	gegen dauerndes Untertauchen

Beispiel: Motor mit Schutzart IP44 = Schutz gegen Eindringen fester Körper > 1 mm und Schutz gegen Spritzwasser aus allen Richtungen

Die IP-Schutzarten von Leuchten, Wärmegeräten, Geräten mit elektromotorischem Antrieb, Elektrowerkzeugen und elektromedizinischen Geräten können auch durch Bildzeichen angegeben werden **(Tabelle 2)**.

Tabelle 2: Bildzeichen für IP-Schutzarten

Bildzeichen	Schutzart	IP-Kennziffer	Bildzeichen	Schutzart	IP-Kennziffer
	tropfwasser-geschützt	IP31		wasserdicht	IP67
	regen-geschützt	IP33	...bar	druckwasser-dicht	IP68
	spritzwasser-geschützt	IP54		staubgeschützt	IP5X (X = fehlende Kennziffer
	strahlwasser-geschützt	IP55		staubdicht	IP6X

Hinweise für den Umgang mit Elektrogeräten

Die meisten Elektrounfälle mit tödlichem Ausgang sind auf schadhafte Steckverbindungen und Leitungen zurückzuführen. Daher sollten folgende **Hinweise** beachtet werden:

Hinweise für den Umgang mit Elektroleitungen und Elektrogeräten

- Schadhafte Leitungen und Steckverbindungen sind spannungsfrei zu stellen.
- Schadhafte Geräte und Maschinen sind sofort mit dem NOT-AUS-Schalter oder dem Hauptschalter der Maschine außer Betrieb zu setzen.
- Die Inbetriebnahme, Änderung und Reparatur von elektrischen Maschinen darf nur von einer Elektrofachkraft ausgeführt werden.
- Doppel- und Dreifachstecker sind verboten.
- Leitungen dürfen nicht geflickt oder verlängert werden, z.B. durch Zusammenwürgen und notdürftiges Isolieren.
- Strom führende blanke oder umhüllte Leitungen, z.B. Freileitungen, dürfen nicht berührt werden, auch nicht mittelbar durch Werkzeuge, Eisenstangen oder Kranausleger.

Elektrogeräte, Steckverbindungen und Leitungen müssen den **VDE-Bestimmungen** (VDE = **V**erband **D**eutscher **E**lektrotechniker) oder den EU-Richtlinien entsprechen. Es sollten nur Geräte mit einem VDE- oder EU-Prüfzeichen eingesetzt werden **(Bild 1)**.

1 Prüf- und Schutzzeichen für Elektrogeräte

Steckverbindungen

Mobile Elektrogeräte mit geringer Leistung, wie z.B. eine Handbohrmaschine oder eine Arbeitsleuchte, werden mit einem gummierten Schukostecker an das 230 V-Leitungsnetz angeschlossen.

Für leistungsstärkere Elektrogeräte, wie z.B. ein fahrbares Trocknergerät, kommen Rundsteckverbindungen nach **CEE**-Norm (CEE = Internationale **C**ommission für Regeln zur Begutachtung **E**lektrischer **E**rzeugnisse) zum Einsatz **(Bild 2)**.

2 Industrie-Steckverbindungen

Es gibt eine Vielzahl von CEE-Steckverbindungen für 3, 4 und 5 Pole so wie die verschiedenen Spannungen und Stromarten. Die Unverwechselbarkeit ist durch eine Nut/Feder und einen größeren Durchmesser des Schutzkontaktstiftes gewährleistet.

Stationäre Maschinen und Anlagen, wie z.B. Elektromotoren, sind durch eine Festverdrahtung an das Leitungsnetz angeschlossen. Elektromotore haben z.B. einen Klemmkasten, in den die Stromleitungen geführt und die einzelnen Pole fest klemmverschraubt werden **(Bild 3)**. Der Anschluss eines E-Motors darf nur von Elektrofachkräften durchgeführt werden.

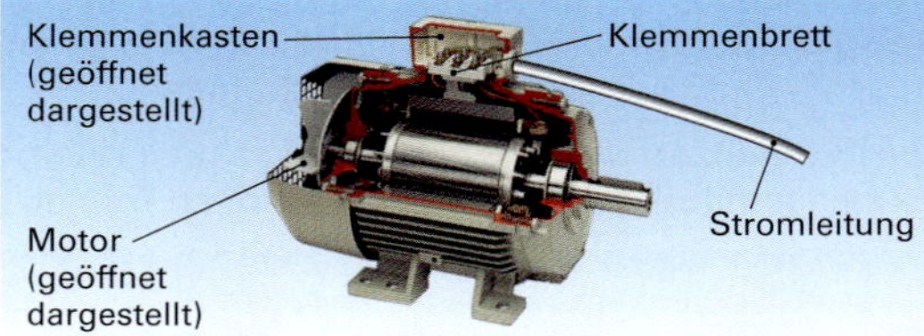

3 Elektrischer Anschluss eines Motors

Aufgaben

1 Welche und wie viele Leiter hat ein Wechselstrom- bzw. ein Drehstromleiternetz?

2 Mit welcher Gleichung berechnet man die Leistung eines Drehstroms?

3 Wie berechnet man die verbrauchte elektrische Arbeit eines Elektrogerätes?

4 Welche Arten von Sicherungen gibt es und wo werden sie eingesetzt?

5 Wie entstehen Kurzschluss, Erdschluss, Leiterschluss und Körperschluss?

6 Welchen Schutz bietet ein Schutzleiter im Leitungsnetz bei einem Körperschluss im Gerät?

7 Welches Symbol tragen Elektrogeräte mit Schutzleiter?

8 Wie arbeitet ein FI-Schutzschalter?

9 Welche Schutzmaßnahmen haben CEE-Stecker?

G5 FESTIGKEITSLEHRE

Aufgaben und Ziele

Jedes Bauteil übernimmt entsprechend seiner Konstruktion eine technische Funktion. Das Bauteil soll über die vorgesehene Gebrauchsdauer zuverlässig und ohne Gefahren für die Umgebung und die handelnden Personen seine Aufgabe erfüllen. Dazu soll die Festigkeitslehre beitragen.

Jedes Bauteil hat eine vorbestimmte, äußere Belastung **(Kraft *F*)** aufzunehmen und zu übertragen **(Bild 1)**. Als Reaktion auf diese äußeren Kräfte entsteht in den Querschnittsbereichen des Bauteils eine innere **Spannung *R*** (**σ Sigma**). Diese Spannung ist umso größer, je größer die belastenden Kräfte sind und je kleiner der tragende Querschnitt *A* ist.

$$R = F / A$$

R Spannung (σ)
F Kraft (Last)
A Querschnittsfläche

Die ertragbare Spannung im Querschnitt des Bauteils ist vom Werkstoff abhängig. Die Werkstoffprüfung liefert für verschiedene Belastungsfälle die entsprechenden Werkstoffkennwerte (K_w). Die Werkstoffkennwerte geben die Grenzen der Belastung in Form einer inneren Spannung an. Damit die tatsächlich im Bauteilquerschnitt wirkende Spannung nicht zum Versagen des Bauteils führt, wird mit einem Sicherheitskennwert (ν, (griech. *Ny*) > 1) auf die zulässige Spannung σ_{zul} reduziert **(Bild 2)**.

$$\sigma_{zul} = K_w / \nu$$
$$\sigma < \sigma_{zul}$$

σ_{zul} Zulässige Spannung
K_w Werkstoffkennwert
ν Sicherheitskennwert

Der Sicherheitskennwert gewährleistet, dass die innere Spannung mit einem Sicherheitsabstand unter der Versagensgrenze des Bauteils oder des Werkstoffs bleibt (**Bild 3**). Die Festigkeitsbedingung ist:

$$F / A < K_w / \nu$$

F Kraft
A Querschnittsfläche
K_w Werkstoffkennwert
ν Sicherheitskennwert

Je nach gesuchter Kenngröße ergeben sich daraus folgende Grundaufgaben der Festigkeitslehre:

1. Zulässige äußere Kraft *F*
   → **Lastbegrenzung**
2. Geometrische Bauteilabmessungen *A*
   → **Dimensionierung**
3. Erforderlicher Werkstoffkennwert K_w
   → **Werkstoffbestimmung**
4. Vorhandener Sicherheitskennwert ν
   → **Sicherheitsanalyse**

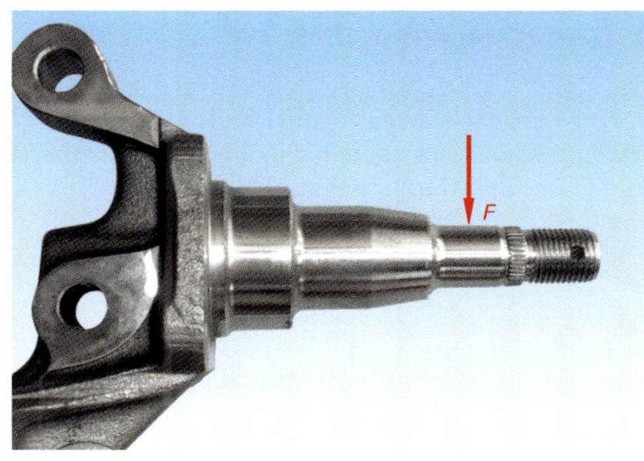

1 Achsschenkel einer Fahrzeugachse

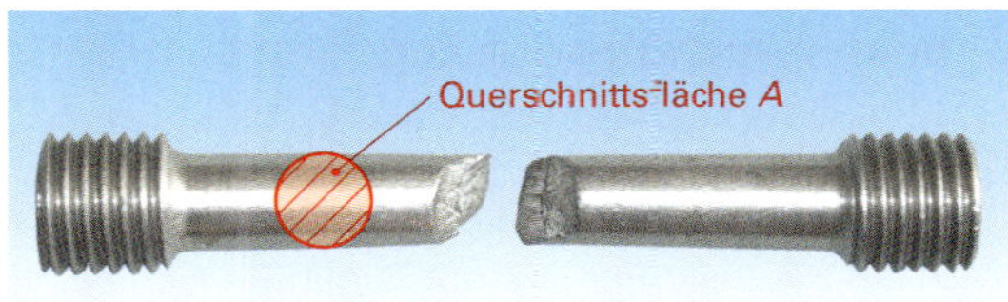

2 Bruch einer Zugstange aus Aluminium

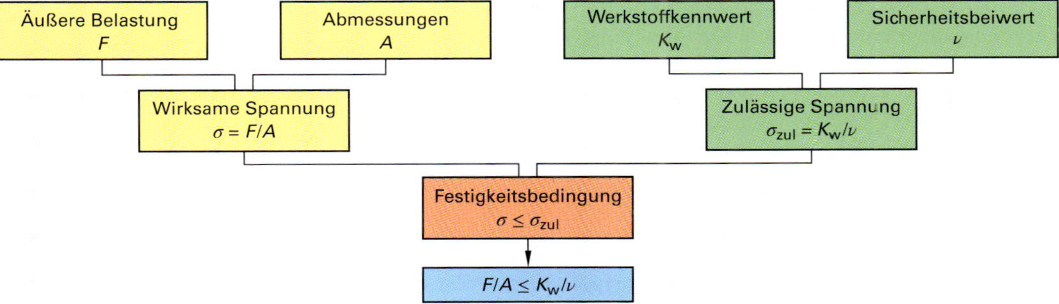

3 Festigkeitsbedingung

Bei der Festigkeitsberechnung sind meistens zwei voneinander unabhängige Teilbereiche zu lösen:

a) die **tatsächlich wirkenden Spannungen** auf der Grundlage der äußeren Kräfte, unabhängig vom Werkstoff mithilfe der Erkenntnisse aus der technischen Mechanik und

b) die **zulässige Spannung** in Abhängigkeit der Werkstoffkennwerte und der geforderten Bauteilsicherheit mithilfe der Werkstoffkunde und der Materialprüfung bestimmen.

Diese beiden Teilbereiche bilden die Kernaufgaben der Festigkeitslehre **(Bild 1)**.

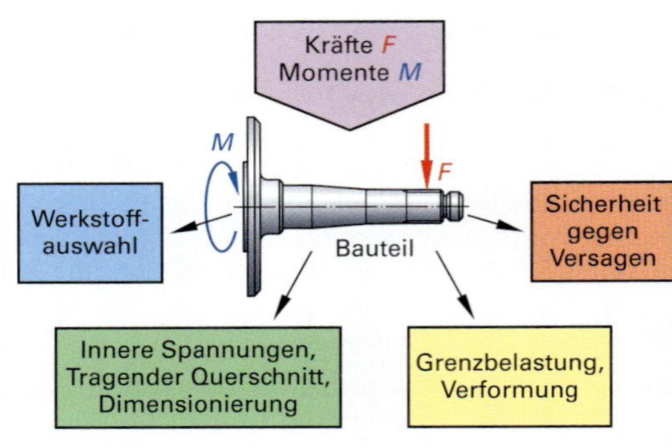

1 Kernaufgaben der Festigkeitslehre

Grundbelastungsfälle

Für die Festigkeitsberechnung ist es wichtig, die auftretenden äußeren Bauteilbelastungen auf elementare Grundbelastungsfälle zurückzuführen:

- Zugbeanspruchung,
- Druckbeanspruchung,
- Biegebeanspruchung,
- Schubbeanspruchung,
- Torsionsbeanspruchung.

In **Tabelle 1** sind die Grundbelastungsfälle für verschiedene Bauteile dargestellt.

Tabelle 1: Grundbelastungsfälle

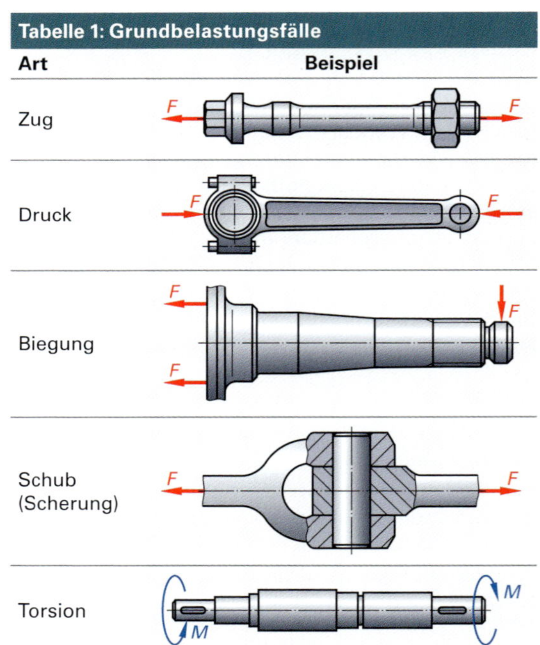

Art	Beispiel
Zug	
Druck	
Biegung	
Schub (Scherung)	
Torsion	

Beanspruchung auf Zug

Zugspannung

Wird ein Bauteil durch äußere Zugkräfte *F* belastet, so ergibt sich entsprechend der tragenden Querschnittsfläche *A* eine innere, über den Querschnitt gleichmäßig verteilte Werkstoffbeanspruchung **(Bild 2)**.

Um zu einer vom Querschnitt unabhängigen Beschreibung der inneren Belastung zu kommen, wird die äußere Kraft *F* auf die tragende Querschnittsfläche *A* bezogen. Diese Kraft pro Flächeneinheit (Kraftdichte) nennt man Zugspannung σ_z. Die Einheit der Zugspannung ist N/mm².

$$\sigma_z = F / A$$

σ_z Zugspannung
F Kraft
A Querschnittsfläche

Ist die tatsächlich wirkende Zugspannung bestimmt, ist die erste Teilaufgabe der Festigkeitsberechnung gelöst. Im nächsten Schritt wird das Verhalten des Werkstoffs unter Zugbelastung näher betrachtet.

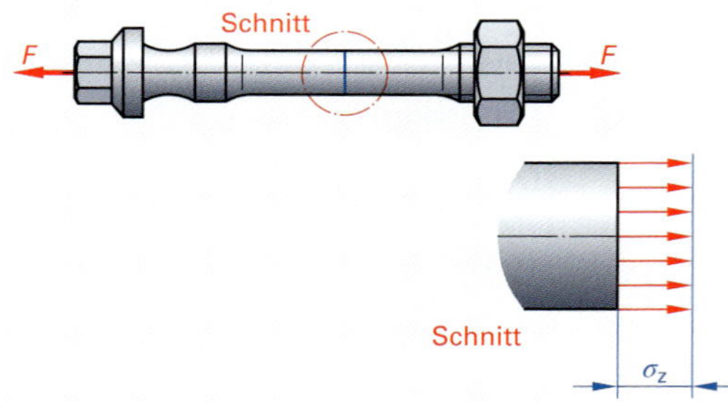

2 Stab unter Zugbelastung

Flächenpressung

Flächenpressung an ebenen Flächen

Wird eine Kraft F zwischen zwei Konstruktionsteilen über eine Berührungsfläche A übertragen, so wird in der Kontaktebene eine Druckspannung σ aufgebaut. Diese Druckspannung zwischen zwei sich berührenden, ebenen Bauteilenflächen wird als Flächenpressung σ_p bezeichnet **(Bild 1)**. Sie entspricht einer Druckspannung und wird analog zu dieser bestimmt.

$$\sigma_p = F / A$$

σ_p Flächenpressung
F Kraft
A Pressfläche

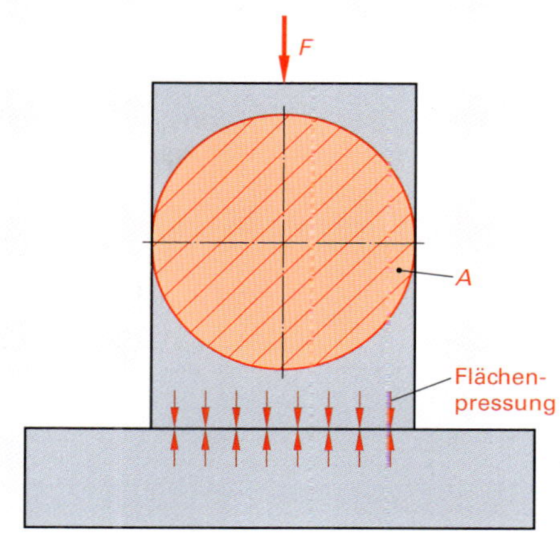

1 Flächenpressung an ebener Fläche

Flächenpressung an geneigten Flächen

Wird eine Kraft F zwischen zwei Konstruktionsteilen über eine geneigte Berührungsfläche A übertragen, so wird entsprechend der Neigung der Kontaktebene eine Druckspannung aufgebaut. Bedeutend für die Flächenpressung ist nur die senkrecht zur Fläche, in Normalenrichtung wirkende Kraftkomponenete der Kraft $F\perp$. Die parallel zur Kontaktebene verlaufende Kraftkomponenete von $F\|$ bringt zur Flächenpressung keinen Beitrag **(Bild 2)**.

Bestimmt man die vorhandene Flächenpressung mit der projizierten Fläche A_{proj}, kann mit der Kraft F gerechnet werden.

$$\sigma_p = F / A_{proj}$$

σ_p Flächenpressung
F Kraft
A_{proj} Projizierte Pressfläche

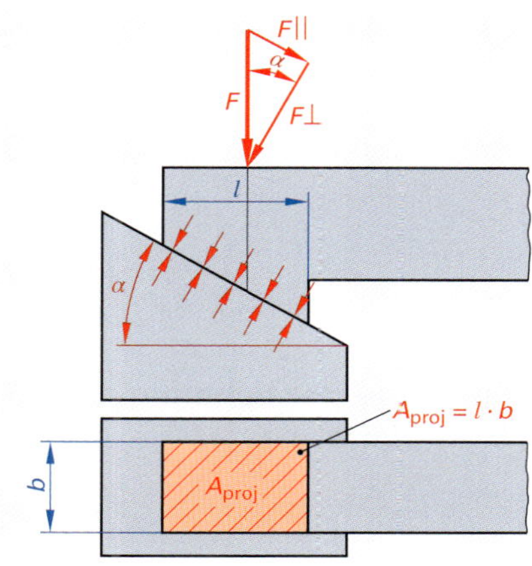

2 Flächenpressung an geneigter Fläche

Flächenpressung an gewölbten Flächen (Lochleibung)

Wie bei der Flächenpressung an geneigten Flächen ist an gewölbten oder zylindrischen Kontaktflächen nur die Kraftkomponente in Normalenrichtung von Bedeutung **(Bild 3)**. Man bestimmt mit Hilfe der projizierten Pressfläche A_{proj}, und der Kraft F eine mittlere Flächenpressung σ_{pm}.

Mittlere Flächenpressung an gewölbten Flächen:

$$\sigma_{pm} = F / A_{proj}$$

σ_{pm} Mittlere Flächenpressung
F Kraft
A_{proj} Projizierte Pressfläche

Mittlere Flächenpressung an zylindrischen Flächen:

$$\sigma_{pm} = F / (d \cdot b)$$

σ_{pm} Mittlere Flächenpressung
F Kraft
d Durchmesser Achse
b Bauteildicke

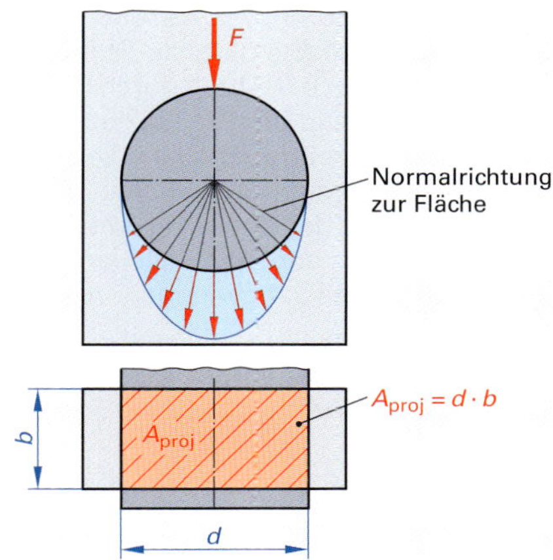

3 Flächenpressung an einer zylindrischen Fläche

W1 EINTEILUNG DER WERKSTOFFE

Die Legierungen des Eisens sind seit Jahrhunderten die am meisten verbreiteten metallischen Werkstoffe. Deshalb stehen sie auch traditionell im Mittelpunkt der Einteilung der Werkstoffe für die industrielle Fertigung. Durch die immer größere Bedeutung der Kunststoffe und Verbundwerkstoffe bietet sich eine erweiterte Einteilung an **(Bild 1)**.

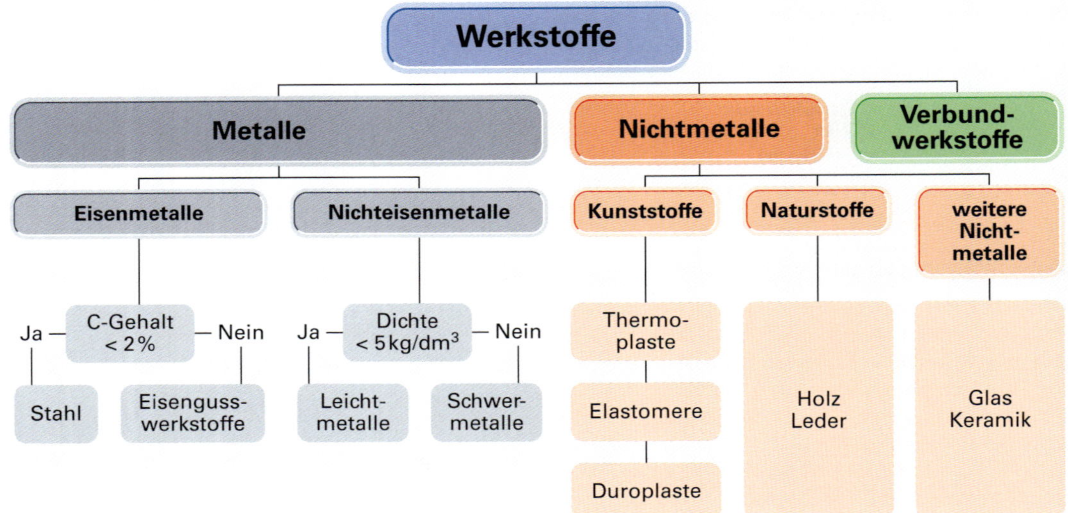

1 Einteilung der Werkstoffe

Einteilung und Bezeichnung der Eisenwerkstoffe

Die Einteilung der Eisenwerkstoffe in Stahl **(Bild 2)** und Gusseisen ist im Eisen-Kohlenstoff-Diagramm bei 2,06 %C festgelegt. Die Bezeichnungen und die Normungen unterliegen unterschiedlichen nationalen Bedingungen.

Die früheren nationalen Bezeichnungen für gleiche Stähle wie z.B. St37-2, Fe360B wurden durch die europaeinheitliche aktuelle Stahlbezeichnung S235JR oder St52-3, Fe510D1 durch S355J2 ersetzt. Die dafür zuständige DIN EN 10025-2 ist verbindlich und erleichtert damit wesentlich die Handelsbeziehungen zwischen den europäischen Ländern. Allerdings erweist sich der Übergang von den nationalen Bezeichnungen zu dem einheitlichen europäischen Normsystem als ein langwieriger Prozess.

Heute werden Werkstoffe auch mit einem Werkstoffnummernsystem eindeutig klassifiziert, z.B. 1.0037 (S235JR) oder 1.0577 (S355J2).

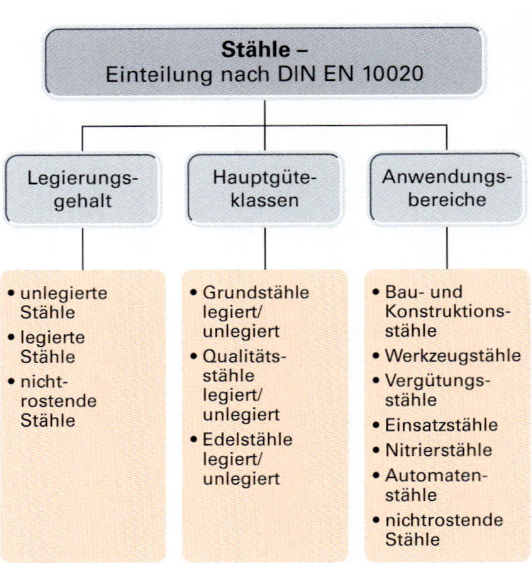

2 Einteilung der Stahlwerkstoffe

W2 STAHLWERKSTOFFE

Stahlerzeugende Industrie

Der Werkstoff Stahl ist der mengenmäßig bedeutendste Werkstoff. Die Entwicklung der stahlerzeugenden Industrie hat sich vom Lieferanten für Vormaterial zum Anbieter von Hightech-Produkten bis hin zu maßgeschneiderten Komponenten vollzogen. Zudem stellt die Produktion in hoch effizienten und kostengünstigen Anlagen wettbewerbsfähige Preise auf dem Weltmarkt sicher.

Asien ist mit einem Marktanteil von ca. 70 % der größte Markt für Stahlfertigerzeugnisse in der Welt. China allein hält ca. 50 % am Weltmarkt. Da der Stahlanteil pro Kopf in Asien nur rund die Hälfte der EU bzw. der USA ausmacht, dürfte hier noch weiteres Wachstum zu erwarten sein. Zweitgrößter Markt der Welt ist Europa (ohne GUS) mit einem Marktanteil von 13 % (EU-27 allein: 11 %) gefolgt von Amerika mit 10 % (USA allein: 5 %) **(Bild 1)**.

Die weltweite Produktion von Eisenerz **(Bild 2)** konzentriert sich auf wenige Länder. Brasilien, Australien und China erbringen über die Hälfte der gesamten Förderung. Die weltweite Rohstahlerzeugung basiert zu zwei Dritteln auf der Oxygenstahlerzeugung. Diese hat in den letzten Jahren die Erzeugung nach dem Siemens-Martin-Verfahren ersetzt. Der Anteil des Elektrostahls hat sich bei rund einem Drittel kaum verändert. Der Stranggussanteil liegt mittlerweile bei gut 90 %. Bei der Produktion warmgewalzter Stahlerzeugnisse liegt der Schwerpunkt bei den Flachprodukten **(Tabelle 1)**.

Rohstahl wird auf der Basis von flüssigem Roheisen im Oxygenstahlverfahren (LD-Konverter) und auf der Basis des Rohstoffes Schrott im Elektrostahlverfahren (Lichtbogenofen) erzeugt. Das Thomas-Verfahren und das Siemens-Martin (SM)-Verfahren zur Stahlerzeugung waren leistungsmäßig und in den zu erzielenden Stahleigenschaften nicht mehr konkurrenzfähig und für eine umweltfreundliche Entstaubung nicht geeignet. Bereits Anfang der 1960er Jahre begann daher die Entwicklung der Oxygenstahlerzeugung. Der Anteil des Elektrostahlverfahrens hat heute einen Anteil von etwa 30 % **(Bild 3)**.

Die deutsche Stahlindustrie hat durch moderne und effiziente Verfahrenstechnologien ihre internationale Wettbewerbsfähigkeit gesichert. Die Arbeitsproduktivität, als die spezifische Rohstahlproduktion in Tonnen je Beschäftigtem, hat sich in den letzten 30 Jahren mehr als verdreifacht. Sie liegt bei einer Größenordnung von ca. 500 t Rohstahl/Beschäftigte.

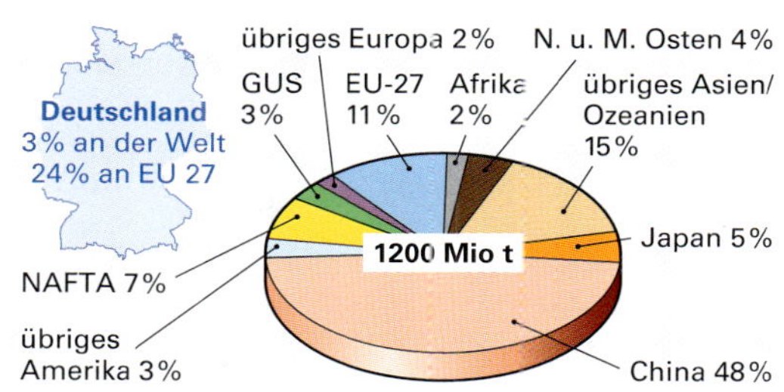

1 Marktanteile für Stahlerzeugnisse

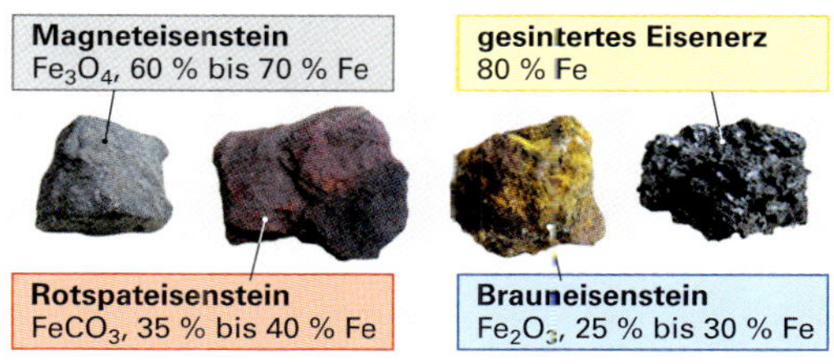

2 Eisenerzsorten

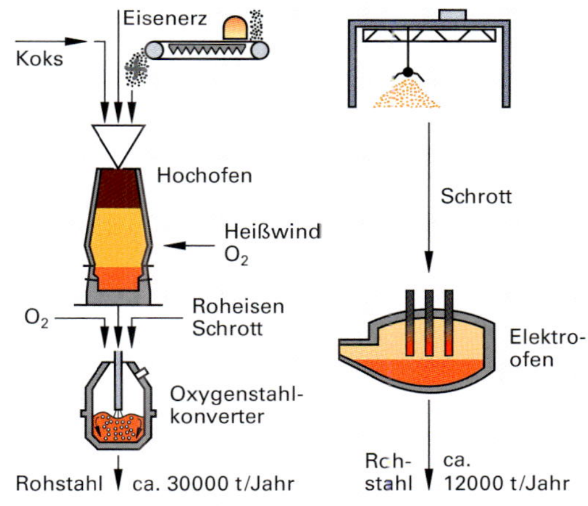

3 Rohstahlerzeugung

Tabelle 1: Rohstahlproduktion in Deutschland in t

	Rohstahlproduktion
2015	42674
2016	42080
2017	43297
2018	42434
2019	39667
2020	35658
2021	40066

Rohstahlproduktion gesamt		
2021	**2020**	**± in %**
40066	35658	12,4
Elektrostahlproduktion		
2021	**2020**	**± in %**
12091	11532	4,8
Oxygenstahlproduktion		
2021	**2020**	**± in %**
27975	24126	16,0

Quelle: www.stahl-online.de

Bei Eisenwerkstoffen wird anhand des Kohlenstoffgehalts zwischen Gusseisen und Stahl unterschieden. Eine Eisen-Kohlenstoff-Legierung wird dann als Stahl bezeichnet, wenn der Kohlenstoffgehalt zwischen 0,002% und 2,06% liegt. Ist der Kohlenstoffanteil in Massenprozent höher als 2,06%, spricht man von Gusseisen **(Bild 1).** Stähle werden auf Basis ihres Kohlenstoffgehalts weiter in Baustähle (0,1% bis 0,5% C), Vergütungsstähle (0,25% bis 0,8% C) und Werkzeugstähle (0,5% bis 2,06% C) unterteilt **(Bild 1).** Die Stahlsorten werden entsprechend DIN EN 10020 – Begriffsbestimmung für die Einteilung von Stählen in Stahlgruppen nach:

- dem Kohlenstoffgehalt,
- der Verwendung **(Bild 2)** und
- der Zusammensetzung eingeteilt.

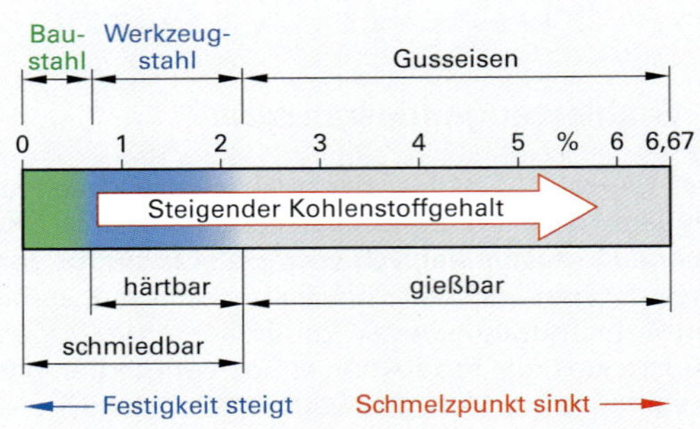

1 Einteilung der Stähle nach dem Kohlenstoffgehalt

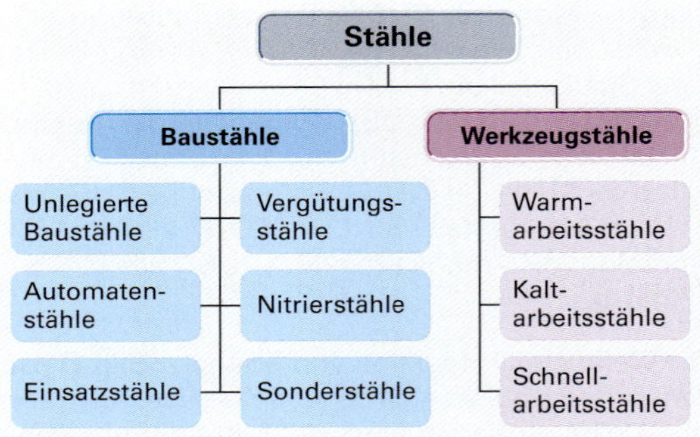

2 Einteilung der Stähle nach der Verwendung

Stähle für den Stahlbau

Umgangssprachlich werden sie auch als Baustähle mit dem Kennbuchstaben **S (Bild 3)** bezeichnet. Das Anwendungsspektrum reicht von einfachen Stahlkonstruktionen und einfachen Maschinenteilen, wie z.B. Hebel, Bolzen und Achsen, sowie von einfachen bis hochbeanspruchten Schweißkonstruktionen im Brücken- und Kranbau. Baustähle sind für eine Wärmebehandlung nicht vorgesehen. Für die Konstruktion und die Anwendung sind die Kennwerte der Streckgrenze R_{eH} in N/mm², der Zugfestigkeit R_m in N/mm² und der Bruchdehnung A_5 in % relevant.

DIN-Bezeichnung	Streckgrenze R_{eH} in N/mm²	Zugfestigkeit R_m in N/mm²	Bruchdehnung A_5 in %
S235JR	235	360...510	25

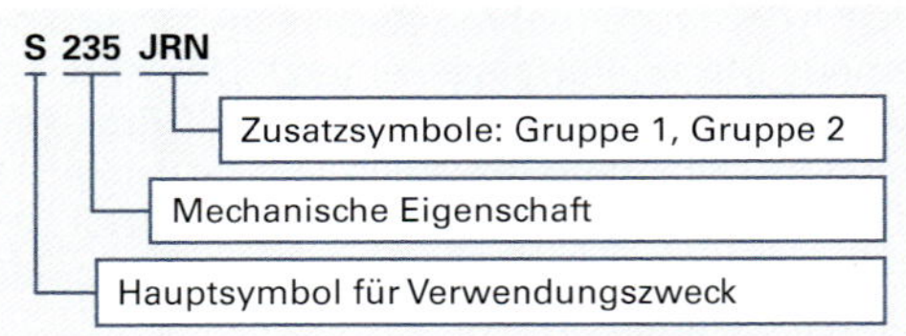

3 Bezeichnung Stahlnormung

Stähle für den Maschinenbau

Für Konstruktionsteile im Maschinen- und Fahrzeugbau werden aufgrund der spezifischen Beanspruchungen bevorzugt Maschinenbaustähle verwendet. Das **E** (für Engineering) steht in Verbindung mit dem Zahlenwert der Streckgrenze R_e für die Stahlbezeichnung. Die Zugfestigkeitswerte R_m bis 830 N/mm² und Bruchdehnungswerte A_5 bis 20% **(Tabelle 1)** sind interessant für vielfältige Anwendungen im Maschinen- und Fahrzeugbau **(Bild 4).**

Tabelle 1: Werkstoffkennwerte

DIN-Bezeichnung	Streckgrenze R_e in N/mm²	Zugfestigkeit R_m in N/mm²	Bruchdehnung A_5 in %
E295	295	470...610	20
E335	335	570...710	16
E360	360	670...830	11

4 Vielfältige Anwendungen für Maschinenbaustähle

Stähle für den Druckbehälterbau

Für die Herstellung von Druckbehältern und Dampfkesseln werden **(Bild 1)** speziell dafür hergestellte Stähle verwendet. Druckbehälterstähle werden in der Norm mit dem Buchstaben **P** gekennzeichnet. Der angehängte Zahlenwert kennzeichnet die Streckgrenze R_e, die weiteren Buchstaben benennen das Herstellungsverfahren bzw. Verwendungszweck und den Temperaturbereich.

Beispiele:

P355M: (P) Druckbehälterstahl mit $R_e \geq 355$ N/mm^2
(M) thermomechanisch gewalzt

P460QH: Druckbehälterstahl mit $R_e \geq 460$N/mm^2
(Q) vergütet, (H) für höhere Temperaturen.

Einsatzstähle

Der geringe Kohlenstoffgehalt dieser Stähle bis 0,2% ist für ein direktes Härten nicht ausreichend. Durch Glühen „Einsetzen" in einem kohlenstoffabgebenden Medium (Kohlungsgranulat oder kohlenstoffhaltiges Gas) diffundiert Kohlenstoff in die Randschicht des Werkstückes ein. Die Randschicht ist damit härtbar. Die erreichbare Schichtdicke CHD (i. d. R. unter 1 mm) ist von der Dauer der Einsetzzeit in der kohlenstoffhaltigen Atmosphäre abhängig **(Bild 1)**. Beispiele sind C15, 17Cr3, 16MnCr5, 17CrNi16-6. Einsatzstähle werden für Gelenkwellen, Kupplungsteile, Zahnräder und Bolzen verwendet **(Bild 2)**.

Vergütungsstähle

Vergütungsstähle sind aufgrund ihres Kohlenstoffgehaltes von 0,2% bis 0,6% härtbar. Die Legierungselemente Si, Mn, Cr, Mo, Ni und Va beeinflussen gezielt gewünschte Eigenschaften. Dem Härtevorgang folgt ein Glühen gemäß Anlassdiagramm **(Bild 3)** bei höheren Temperaturen, T ≈ 600°C. Dadurch bleibt das feinkörnige, martensitische Härtegefüge erhalten. Es werden dadurch höhere Festigkeitswerte als bei Einsatzstählen erreicht. Beispiele sind C45, 28Mn6, 38Cr2, 42CrMo4. Vergütungsstähle werden für Getriebe- und Kurbelwellen, Pleuelstangen, Schrauben, Hebel, Bolzen, Gestänge und Achsen verwendet **(Bild 4)**.

Nitrierstähle

Nitrierstähle sind Vergütungsstähle, die mit Legierungselementen wie z. B. Chrom (Cr), Molybdän (Mo) und Aluminium (Al) legiert sind. Diese Legierungselemente sind sehr gute Nitridbildner. Durch Zuführen von Stickstoff beim Nitrieren bilden sich in einer sehr dünnen Oberflächenschicht sehr harte Metall-Stickstoffverbindungen (Nitride). Dies führt zu einer sehr

1 **Druckbehälter**

2 **Zahnrad aus Einsatzstahl**

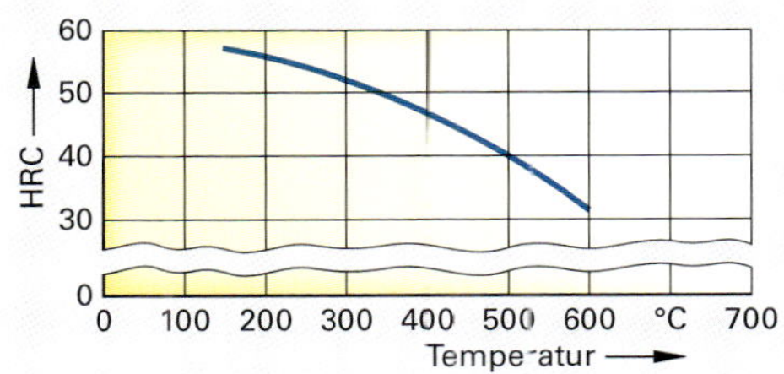

3 **Anlassdiagramm für 42CrMo4**

4 **Kurbelwelle aus Vergütungsstah 42CrMo4**

5 **Kolbenbolzen und Kolbenringe aus Nitrierstahl**

guten Verschleißfestigkeit der Werkstückoberfläche. Der innere Werkstückquerschnitt behält seine hohe Zähigkeit. Nitrierschichten besitzen geringe Reibungskoeffizienten und eine verbesserte Korrosionsbeständigkeit

Beispiele sind 33CrMoV12-9, 34CrAlNi7-10, 40CrMoV13-9. Typische Anwendungsbeispiele sind Messspindeln, Steuernocken, Strangpresswerkzeuge, Schleifspindeln, Kolbenbolzen, Lehren und Feinmessgeräte **(Bild 5, Seite 57)**.

Automatenstähle

Die Bezeichnung der Stahlsorte verweist auf die fertigungsbezogene Verwendung in der Automatendrehtechnik hin. Automatenstähle zeichnen sich durch gute Zerspanbarkeitseigenschaften wie kurzbrüchiger Spanbruch mit geringer Spanstauchung sowie gute Werkstückoberflächen aus. Die zugesetzten Legierungselemente Schwefel S, Phosphor P und Blei Pb beeinflussen die Werkstoffeigenschaften. Der Werkzeugverschleiß und die Aufbauschneidenbildung sind gering. Automatenstähle sind aufgrund des Schwefelgehaltes korrosionsanfällig. Deshalb werden die Bauteile bevorzugt in geschlossenen Systemen mit guter Schmierung und Hydraulikanlagen verwendet. Typische Anwendungen sind Steuerkolben in Hydraulikanlagen **(Bild 1)**. Beispiele sind 10D20, 15SMn13, 35SPb20, 38SMnPb28.

Hochlegierte korrosionsbeständige Stähle

Chrom mit einem Anteil > 12 % verbessert die Korrosionsbeständigkeit und die Wekstofffestigkeit. Die heute zum Einsatz kommenden Stähle sind den speziellen Anforderungen in der Chemie- und Lebensmittelindustrie, der Energie- und Offshoretechnik angepasst **(Bild 2)**. Niedrige C-, S- und N-Gehalte sind charakteristisch. Entsprechend den Anteilen von Chrom, Molybdän, Mangan, Nickel und Kupfer bilden sich unterschiedliche Gefüge und Werkstoffeigenschaften aus. Beispiele für ferritisches Stahlgefüge sind X6Cr17 **(Bild 3)**, für martensitisches Gefüge X12Cr13 und für austenitische Stahlgefüge X10CrNi18-8.

Warmfeste Stähle

Warmfeste Stähle zeichnen sich durch gute Beständigkeit bei sehr hohen Temperaturen aus. Die Dauereinsatztemperaturen können zwischen 400 °C bis 600 °C liegen, bei besonders hohen Temperaturen spricht man auch von hochwarmfesten Stählen. Die Festigkeitseigenschaften bleiben bei diesen Stahllegierungen mit steigender Temperatur nahezu konstant. Wodurch eine gute mechanische Beanspru-

1 Steuerkolben einer Hydraulikanlage aus Automatenstahl

2 Bauteile aus hochlegiertem nichtrostendem Stahl

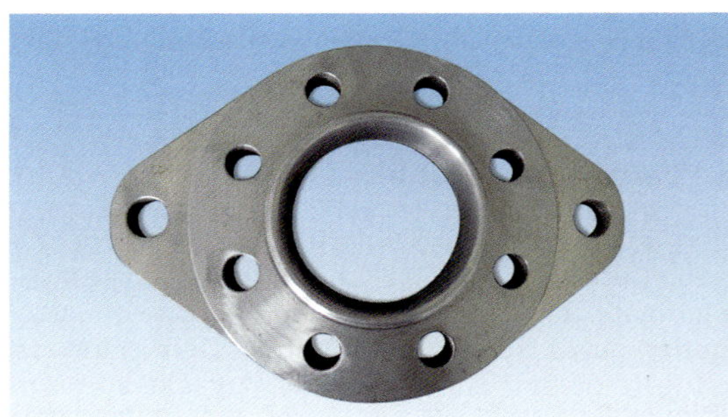

3 Flansch aus ferritischem Stahl X6Cr17

4 Turbinenräder aus warmfestem Stahl

chung gewährleistet ist. Warmfeste Stähle werden unter anderem für Schrauben, Dampfleitungen, große Schmiedeteile, Turbinenwellen und Wärmetauscher **(Bild 4, Seite 58)** eingesetzt. Beispiele sind P355GH, 13CrMoV9-10 und X12CrMo5.

Warm- und Kaltarbeitsstähle

Als Arbeitsstähle werden Stähle bezeichnet, die für Werkzeuge verwendet werden.

Warmarbeitsstähle werden für Bauteile mit Oberflächentemperaturen bis 400 °C eingesetzt. Der hohe Verschleißwiderstand und die Warmfestigkeit werden durch die Zusammensetzung der Legierungselemente und eine Wärmebehandlung der hochlegierten Stähle erreicht. Beispiele sind X37CrMoV5-1 und 38CoWV18-17-17. Typische Anwendungen sind Extruderschnecken in Kunststoffspritzanlagen, Matrizen in Stranggussanlagen **(Bild 1)**, Schmiedegesenke und Formen für die Glasindustrie.

Kaltarbeitsstähle werden in unlegierte und legierte Kaltarbeitsstähle eingeteilt **(Bild 2)**. Die maximale Oberflächentemperatur der Werkzeuge beträgt ca. 200 °C. Beispiele sind C45U und 70MnMoCr8. Typische Anwendungen sind Komponenten von Stanz- und Umformanlagen

Federstähle

Federstähle sind Legierungen mit hohen Festigkeitswerten (R_e bis 1150 N/mm^2, R_m bis 1600 N/mm^2), die sich durch das Streckgrenzenverhältnis, d. h. das Verhältnis von R_e und R_m des Werkstoffs (bei Federstähle > 85 %) unterscheiden. Aufgrund der hohen elastischen Verformungsfähigkeit ist eine spanabhebende Bearbeitung nur vor einer Wärmebehandlung des Bauteils möglich.

Beispiele für vergütbare Federstähle sind 38Si7, 60SiCrV7, 46SiCrMo6 und 60CrMo3-3 **(Bild 3)**. Ein nicht-rostender Federstahl ist X11CrNiMnN19-8-6.

AFP-Stähle

AFP-Stähle (**A**usscheidungshärtender **F**erritisch-**P**erlitischer Stahl) werden hauptsächlich für geschmiedete Bauteile im Fahrzeugbau eingesetzt. Die Eigenschaften werden durch eine kontrollierte Abkühlung aus der Schmiedehitze erreicht. Diese Abkühlung aus hohen Temperaturen führt zu einem feinkörnigen Ferrit-Perlit-Gefüge. Die AFP-Stähle erreichen in ihren Festigkeits- und Zähigkeitseigenschaften nicht die guten Werte der Vergütungsstähle.

Beispiele für AFP-Stähle sind 19MnVS6 und 46MnVS6. Einsatzgebiete sind Kolbenstangen und Pleuelstangen **(Bild 4)**.

1 Matrize aus Warmarbeitsstahl

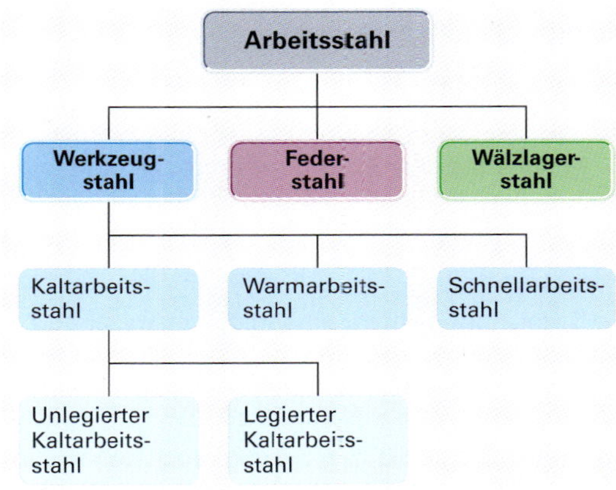

2 Einteilung der Arbeitsstähle

3 Zylindrische Schraubenfeder aus vergütetem Federstahl

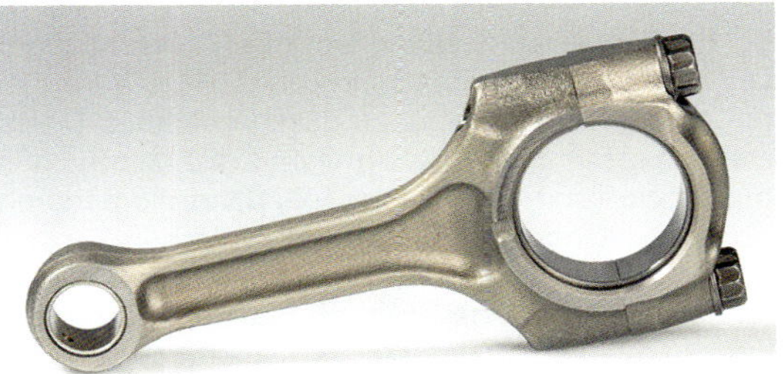

4 Geschmiedete Pleuelstange aus AFP-Stahl

Stahlnormung

Für Stähle gibt es zwei unterschiedliche Bezeichnungssysteme:

- mit Kurznamen – DIN EN 10027-1
- mit Nummernsystem – DIN EN 10027-2

Bezeichnung mit Kurznamen DIN EN 10027-1

Innerhalb des Bezeichnungssystems mit Kurznamen wird wiederum in zwei Hauptgruppen unterschieden. In der Hauptgruppe 1 können aus der Bezeichnung der Stähle mechanische oder physikalische Eigenschaften herausgelesen werden. Die Kurznamen für Stähle in der Hauptgruppe 2 geben Aufschluss über die chemische Zusammensetzung.

Hauptgruppe 1

Die Bezeichnung entsprechend der mechanischen oder den physikalischen Eigenschaften des Stahls.

Der erste Buchstabe gibt im Kurznamen des Stahls den Verwendungszweck an, die angehängte Zahl gibt die Mindeststreckgrenze R_e in N/mm² an. Am Ende des Kurznamens kann ein Zusatzsymbol stehen, das auf weitere Eigenschaften hinweist **(Bild 1).**

Hauptgruppe 2

Die Bezeichnung entsprechend der chemischen Zusammensetzung des Stahls. Es gibt unterschiedliche Angaben für unlegierte, legierte und hochlegierte Stähle sowie für Schnellarbeitsstähle.

Unlegierte Stähle werden mit dem Buchstaben C für Kohlenstoff gekennzeichnet, gefolgt vom Kohlenstoffgehalt mit 100 multipliziert **(Bild 2).**

Bei **legierten** Stählen wird an erster Stelle der Kohlenstoffgehalt multipliziert mit dem Faktor 100 angegeben (ohne den Buchstaben C wie bei unlegierten Stählen). Danach folgen die chemischen Kurzzeichen für die Legierungselemente, dann die Massegehalte der Legierungselemente, die multipliziert mit unterschiedlichen Faktoren angegeben werden **(Bild 3).**

Multiplikatoren für Legierungselemente:

Faktor 4: Cr, Co, Mn, Ni, Si, W

Faktor 10: Al, Be, Cu, Mo, Nb, Pb

Faktor 100: Ce, N, P, S, C

Bei **hochlegierten Stählen** liegt der Masseanteil der Legierungselemente bei mindestens 5 %. Sie werden mit einem X im Kurznamen gekennzeichnet. Das X steht an erster Stelle, gefolgt vom Kohlenstoffgehalt multipliziert mit dem Faktor 100, dann die anderen Legierungselemente mit ihrem chemischen Kurzzeichen. Als letztes folgen die Masseanteile der Legierungselemente, die bei hochlegierten Stählen mit dem Faktor 1 multipliziert werden. Die Legierungselemente werden in der Reihenfolge ihrer Massenanteile angegeben, beginnend mit dem höchsten Wert **(Bild 4).**

S235JR

- Einsatzgebiet S: Stahl für Stahlbau
- Mindeststreckgrenze R_e: 235 N/mm²
- Kerbschlagzähigkeit: 27 J (bei 20 °C)

E360+C

- Einsatzgebiet E: Maschinenbau
- Mindeststreckgrenze R_e: 360 N/mm²
- Zusatzsymbol +C gut kaltumformbar

1 Beispiele für Hauptgruppe 1

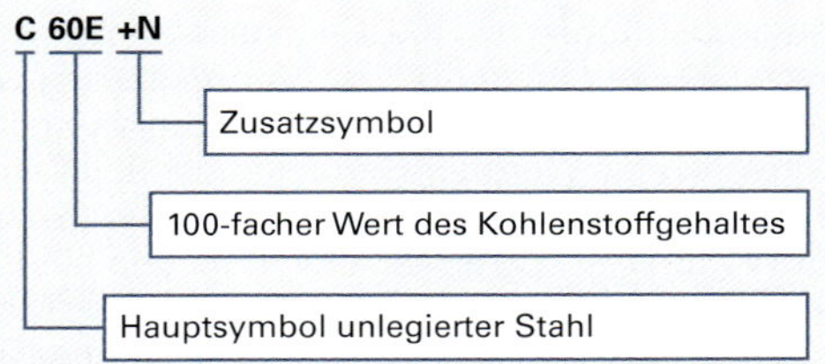

- Unlegierter Stahl mit 0,60 Massen% C-Gehalt
- E vorgeschriebener maximaler Schwefelgehalt
- normalgeglüht +N

2 Beispiel für unlegierten Stahl

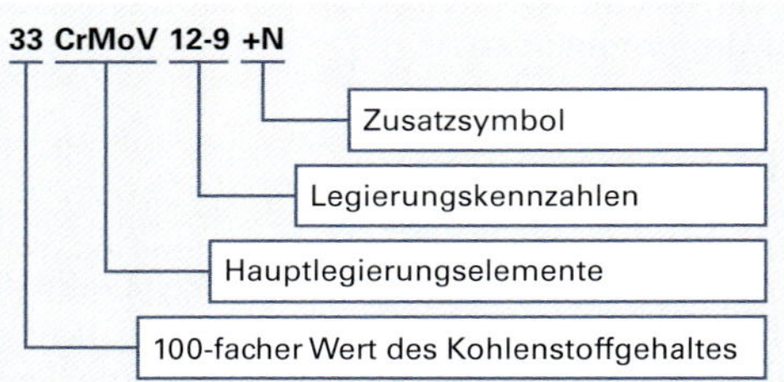

- Nitrierstahl mit 0,33 Massen% C-Gehalt
- Chromgehalt 3 %, Molybdängehalt 0,9 %, Vanadium unter Grenzgehalt von 0,10 %
- normalgeglüht +N

3 Beispiel für legierten Stahl

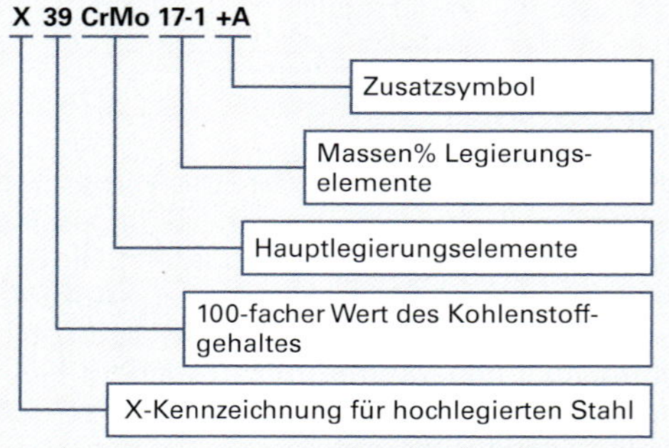

- Martensitischer Stahl mit 0,39 Massen% C-Gehalt
- Chromgehalt 17 %, Molybdängehalt 1,0 %
- weichgeglüht +A

4 Beispiel für hochlegierten Stahl

Normung der Schnellarbeitsstähle

Schnellarbeitsstähle sind Werkzeugstähle mit besonderen Eigenschaften und Legierungszusammensetzungen. Sie werden in einem eigenen Bezeichnungssystem klassifiziert. Bei ihnen steht an erster Stelle die Kennzeichnung HS, gefolgt von den Masseanteilen der Legierungsbestandteile in der festen Reihenfolge W, Mo, V, Co. Die Masseanteile der Legierungsbestandteile werden hier in ganzen gerundeten Zahlen angegeben **(Tabelle 1)**.

Bezeichnung mit Nummernsystem DIN EN 10027-2

Das zweite Bezeichnungssystem für Stähle ist das Nummernsystem. Darin kann jeder Stahl durch eine Nummerncodierung bestimmt werden kann.

Die Nummer besteht aus drei Teilen:

1. Der Werkstoffhauptgruppennummer, die für Stahl 1 ist **(Bild 1)**,
2. der zweistelligen Stahlgruppennummer **(Tabelle 2)**. Sie gibt an, um welche Stahlart es sich handelt (unlegiert, legiert, Grundstahl, Qualitätsstahl, Edelstahl) und
3. einer vierstelligen Zählnummer, wobei die letzten beiden Stellen (Anhängeziffern) bisher nicht genutzt werden.

Tabelle 1: Bezeichnung der Schnellarbeitsstähle

Kurzname nach DIN	Werkstoff-Nr.	Chemische Zusammensetzung in %				
		Cr<	W<	Mo<	V<	Co<
HS 12-1-4-5	1.3202	4,3	12	0,8	3,8	4,8
HS 10-4-3-10	1.3207	4,5	9,5	3,5	3,2	10
HS 12-1-2-3	1.3211	4,2	12,5	1	2,5	3
HS 18-1-2-3	1.3245	4,2	18,5	1	1,5	3
HS 2-9-2-8	1.3249	4	2	9	2,2	8,5
HS 18-1-2-5	1.3255	4,5	18,5	0,8	1,7	5
HS 18-1-2-15	1.3257	4,5	18,5	1,5	2	15

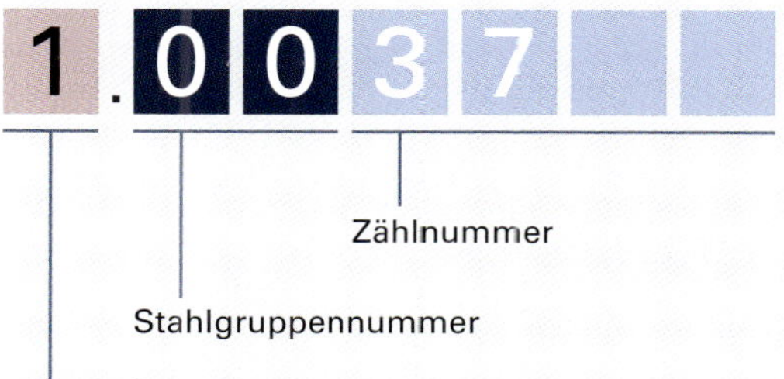

Beispiel:
Werkstoffnummer: 1.0037 → Kurzname: S235JR

1 **Nummernsystem nach DIN EN 10027-2**

Tabelle 2: Stahlgruppennummern

Unlegierte Stähle		**Legierte Stähle**	
Qualitätsstähle		**Qualitätsstähle**	
00, 90	Grundstähle	**08, 98**	Legierte Stähle mit speziellen physikalischen Eigenschaften
01, 91	Allgemeine Baustähle	**09, 99**	Stähle für unterschiedliche Einsatzgebiete
02, 92	Sonstige Baustähle, $R_m < 500\ \text{N/mm}^2$	**Edelstähle**	
03, 93	$C < 0{,}12\,\%$, $R_m < 400\ \text{N/mm}^2$	**20…28**	Werkzeugstähle
04, 94	$0{,}12\,\% \geq C < 0{,}25\,\%$ oder $400\ \text{N/mm}^2 \leq R_m < 500\ \text{N/mm}^2$	**32**	Schnellarbeitsstähle mit Co
05, 95	$0{,}25\,\% \leq C < 0{,}55\,\%$ oder $500\ \text{N/mm}^2 \leq R_m < 700\ \text{N/mm}^2$	**33**	Schnellarbeitsstähle ohne Co
06, 96	$C \geq 0{,}55\,\%$, $R_m \geq 700\ \text{N/mm}^2$	**35**	Walzlagerstähle
07, 97	Stähle mit höherem P- oder S-Gehalt	**36, 37**	Stähle mit speziellen magnetischen Eigenschaften
Edelstähle		**38, 39**	Stähle mit speziellen physikalischen Eigenschaften
10	Stähle mit speziellen physikalischen Eigenschaften	**40…45**	Nichtrostende Stähle
11	Bau-, Maschinen- und Behälterstähle mit C-Gehalt < 0,5%	**46**	Chemisch beständige und hochwarmfeste Ni-Legierungen
12	Maschinenbaustähle mit C-Gehalt ≥ 0,5%	**47, 48**	Hitzebeständige Stähle
13	Bau-, Maschinen- und Behälterstähle mit speziellen Anforderungen	**49**	Hochwarmfeste Werkstoffe
15…18	Werkzeugstähle	**50…84**	Bau-, Maschinen- und Behälterstähle nach Legierungselementen geordnet
		85	Nitrierstähle
		87…89	Hochfeste schweißgeeignete Stähle, nicht für Wärmebehandlung bestimmte Stähle

W3 GUSSEISENWERKSTOFFE

Die Gusseisenwerkstoffe unterscheiden sich von den Stahlwerkstoffen grundsätzlich in ihrer chemischen Zusammensetzung (2,06%...6,67% C), der Struktur und in den Festigkeitswerten.

Bezogen auf das Produktionsvolumen sind Gusseisenwerkstoffe die mit Abstand größte Gruppe von gegossenen Konstruktionswerkstoffen. Durch Legieren und Wärmebehandlung lassen sich eine Vielzahl von Sorten mit speziellen Eigenschaften herstellen **(Bild 1)**. Die grau erstarrten Sorten mit Lamellengraphit und mit Kugelgraphit stellen dabei den größten Produktionsanteil dar. Diese Werkstoffe besitzen sehr günstige gießtechnische Eigenschaften. Äußere Schwingungen werden durch den hohen Graphitanteil stark gedämpft, was zu einer reduzierten Geräuschentwicklung führt. Der Graphit sorgt darüber hinaus für einen niedrigen Schmelzpunkt und gute Notlaufeigenschaften.

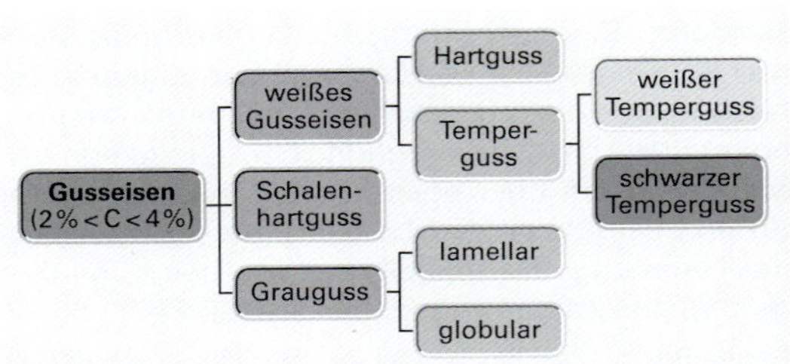

1 Einteilung der Gusseisenwerkstoffe

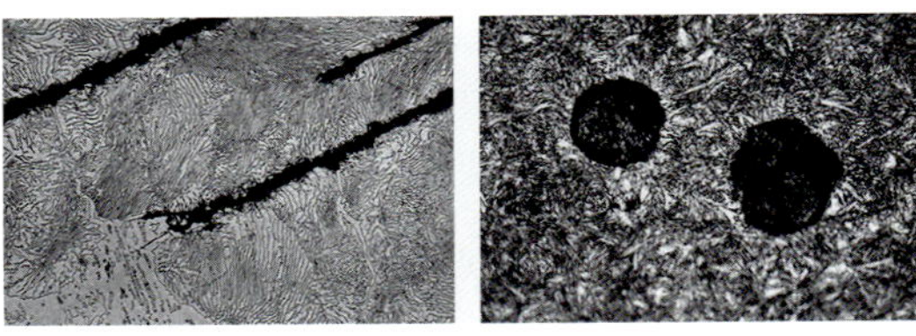

2 Gefügebild Lamellen- und Kugelgraphit

Gusseisen mit Lamellengraphit

Gusseisen mit Lamellengraphit (GJL) hat mikroskopisch feine lamellenförmige Graphiteinlagerungen im Gefüge **(Bild 2 links)**. Die Bruchfläche erscheint grau, deshalb die gebräuchliche Bezeichnung Grauguss. Der hohe Kohlenstoffanteil von 2,6% bis 3,6% bewirkt eine gute Gießbarkeit, gute Gleiteigenschaft und Zerspanbarkeit sowie ein hohes Dämpfungsvermögen gegenüber mechanischen Schwingungen. Die Graphitlamellen begrenzen die Zugfestigkeit und Bruchdehnung, die Druckfestigkeit ist hoch. Gusseisen mit Lamellengraphit wird nach Zugfestigkeit R_m oder nach der Härte HBW (Brinell) eingeteilt **(Tabelle 1)**.

Tabelle 1: Gusseisen mit Lamellengraphit (Auswahl)

Werkstoff-Nr. DIN-Bezeichnung			Zugfestigkeit R_m in N/mm²	Bruchdehnung A in %
Kennzeichnendes Merkmal: Zugfestigkeit				
EN-JL1020	EN-GJL-150		150 ... 250	0,3 ... 0,8
EN-JL1030	EN-GJL-200		200 ... 300	0,3 ... 0,8
EN-JL1040	EN-GJL-250		250 ... 300	0,3 ... 0,8
Kennzeichnendes Merkmal: Härte				
		HBW 30		
EN-JL2030	EN-GJL-HB195	195		
EN-JL2040	EN-GJL-HB215	215		

Gusseisen mit Kugelgraphit

Die kugelförmigen Graphiteinlagerungen **(Bild 2 rechts)** im stahlähnlichen Grundgefüge verleihen dem Gusswerkstoff (GJS) höhere Festigkeitswerte und Bruchdehnung gegenüber dem Gusseisen mit Lamellengraphit **(Tabelle 2)**. Durch Vergüten und Glühen ergeben sich weitere verbesserte Werkstoffeigenschaften. Werkstücke aus Gusseisen mit Kugelgraphit sind randschichthärtbar. Die guten Werte für Zugfestigkeit R_m und Härte HB ermöglichen die Verwendung für hochbeanspruchte Bauteile wie z.B. Motoren-, Getriebe-, Fahrzeugteile **(Bild 3)** und Pumpengehäuse.

Tabelle 2: Gusseisen mit Kugelgraphit (Auswahl)

Werkstoff-Nr. DIN-Bezeichnung	Zugfestigkeit R_m in N/mm²	Bruchdehnung A in %	Härte HBW 30
EN-GJS-350-22	350	22	110...150
EN-GJS-400-18	400	18	120...160
EN-GJS-400-15	400	15	140...190
EN-GJS-450-10	450	10	160...210
EN-GJS-500-7	500	7	170...220
EN-GJS-600-3	600	8	200...250

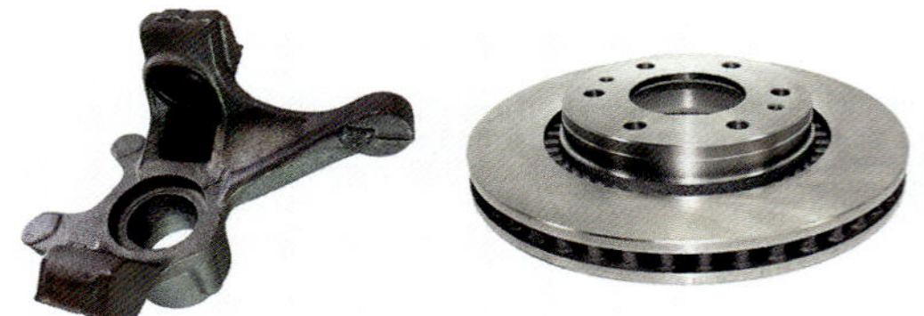

3 Achsaufnahme und Bremsscheibe aus Gusseisen

Temperguss

Aus einer Schmelze mit ca. 3% Kohlenstoff, 1% Silizium und 0,5% Mangan werden Temperrohgussteile hergestellt. Anschließend erfolgt ein langandauerndes Glühen (Tempern), es entsteht nicht entkohlend geglühter **schwarzer Temperguss,** z.B. EN-GJMB-300-6. Bei entkohlend geglühtem Temperguss enthält die Randzone wenig Kohlenstoff, **weißer Temperguss,** z.B. EN-GJMW-350-4. Temperguss ist gut gieß-, schweiß- und ähnlich wie Stahl bearbeitbar. Er ist geeignet für Fahrzeug und Installationsteile **(Bild 1 links).**

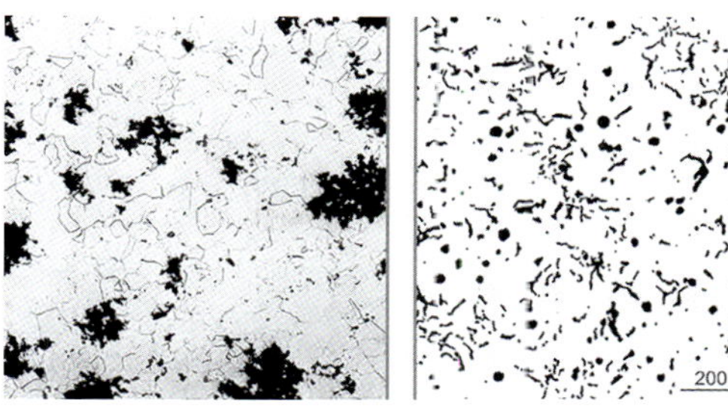

1 Gefügebild weißer Temperguss und Vermiculargraphit

Gusseisen mit Vermiculargraphit

Gusseisen mit Vermiculargraphit (GJV, Würmchenguss) unterscheidet sich von lamellarem Gusseisen in den kleineren, wurmförmigen Graphiteinlagerungen im Grundgefüge **(Bild 1 rechts).** Die Festigkeitswerte sind aufgrund der feineren Gefügestruktur höher als bei GJL. Die Verwendung eignet sich daher besonders für wärmebeanspruchte Teile im Motorenbau **(Bild 2).**

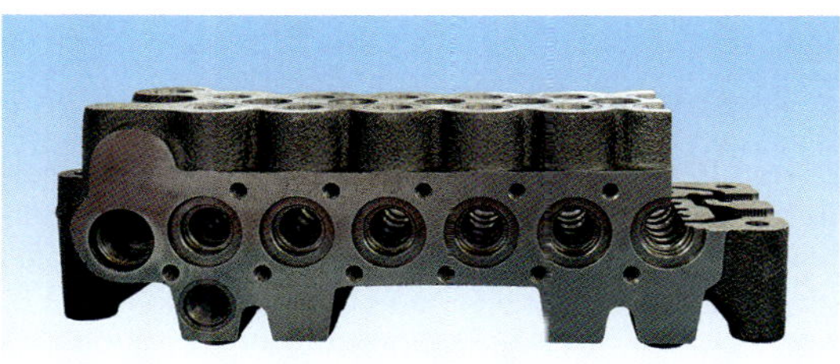

2 Motorblock aus Vermiculargraphit

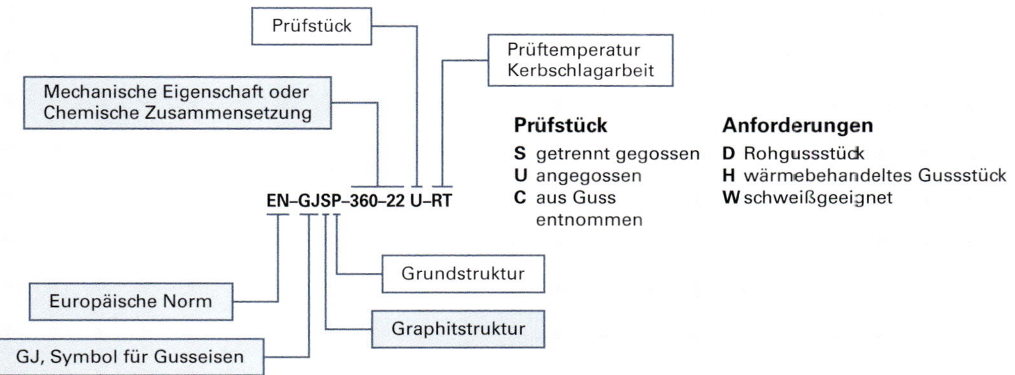

Die Graphit- und die Grundstruktur sowie die mechanische Eigenschaften, das Prüfstück, die Anforderungen sowie die chemische Zusammensetzung der Gusseisenwerkstoffe werden durch Großbuchstaben definiert.

Graphitstruktur	Grundstruktur	Graphiteinlagerung	Mechanische Eigenschaft
L lamellar **S** kugelig **M** Temperkohle **V** vermikular **N** graphitfrei, Hartguss **Y** Sonderstruktur	**A** Austenit **F** Ferrit **P** Perlit **M** Martensit **Q** abgeschreckt **L** Ledeburit **T** vergütet **B** nicht entkohlend geglüht **W** entkohlend geglüht	L M V S	**Zugfestigkeit:** R_m in N/mm^2, Beispiel: EN-GJL-**150** **Bruchdehnung:** A in %, Beispiel: EN-GJS-400-**18** **Kerbschlagarbeit:** Beispiel: EN-GJS-600-**3S-RT** KV in Joule, RT Raumtemperatur, LT Tieftemperatur, S Prüfstück getrennt gegossen **Härte:** Beispiel: EN-GJS-**HB160** HB Brinellhärte, HV Vickershärte, HR Rockwellhärte

Hartguss

Hartguss ist ein Gusseisen-Werkstoff, der einen hohen Carbid-Anteil besitzt. Das Stahlgefüge besteht aus Austenit und Zementit (Ledeburit). Hartguss ist besonders hart und verschleißfest.

Hartguss wird vor allem für verschleißfeste Bauteile eingesetzt. Typische Einsatzgebiete sind Nockenwellen, Mahlscheiben und Erzbrecher im Bergbau oder als Strahlmittel zur Oberflächenbearbeitung **(Bild 1)**. Beispiele sind GJN-HV350 und GJN-HV600. Hartguss ist mit CBN-Schneidstoffen zerspanbar **(Bild 2)**.

Austenitisches Gusseisen

Es handelt sich hierbei um hochlegiertes Gusseisen mit Lamellen- und Kugelgraphit in einem austenitischen Grundgefüge. Die besonderen technologischen und physikalischen Eigenschaften, wie z. B. Korrosions-, Zunder-, Temperatur- und Erosionsbeständigkeit, hohe Duktilität, günstige Laufeigenschaften und hohe Kaltzähigkeit sowie Nichtmagnetisierbarkeit, ermöglichen einen vielfältigen Einsatz. Legiert wird je nach Anwendung mit Ni, Cr sowie Mn, Si, Cu und P **(Bild 3)**. Beispiele sind GJLA-XNiCuCr15-6-2 und GJSA-XNiCr20-2.

Stahlguss

Stahlguss ist eine im Stahlwerk in Stahlkonvertern oder Elektroöfen erschmolzene Fe-Fe_3C-Stahllegierung, die in Formen vergossen wird. Die mechanischen Eigenschaften der Gussstruktur unterscheiden sich gegenüber den gewalzten oder geschmiedeten Werkstücken **(Bild 4)**. Die schlechtere Gießbarkeit, eine höhere Schwindung und eine stärkere Lunkerbildung gegenüber Gusseisensorten sind charakteristisch. Alle Gussteile werden deshalb gezielt wärmebehandelt (normalisiert). Typische Verwendung sind für komplexe und hochbelastete Bauteile des Großmaschinenbaus. Beispiele sind GE200+N und GP240GH+N.

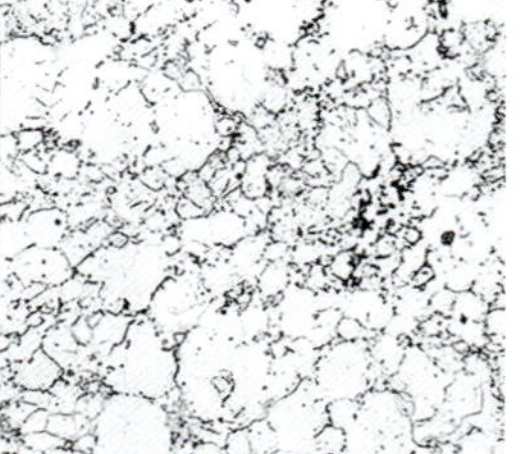

5 Gefügestruktur links, gewalzter oder geschmiedeter Stahl, rechts Stahlguss

1 Strahlmittel aus Hartgussbruch

2 Hartgusszerspanung

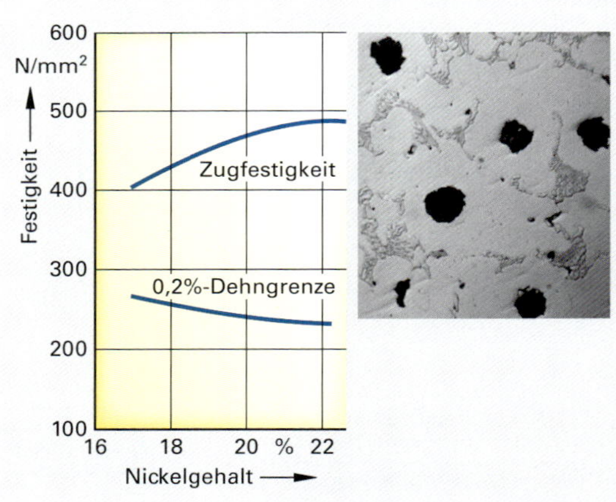

3 Austenitisches Gusseisen mit Kugelgraphit

4 Stahlguss

W4 NICHTEISENMETALLE

Aluminium

Aluminium ist ein Leichtmetall mit einer silbrig-weißen Oberfläche. Aluminium ist in chemisch gebundener Form das am häufigsten in der Erdkruste vorkommende metallische Element. Die Herstellung von metallischem Aluminium ist mit einem hohen Aufwand an elektrischer Energie verbunden. Zur Herstellung von reinem Aluminium wird Bauxit (AlO(OH)) verwendet. Dadurch wird in einem ersten Verfahrensschritt Al_2O_3 gewonnen und in einem zweiten Schritt mit der Schmelzflusselektrolyse in reines Aluminium überführt **(Bild 1)**.

Die Anwendungen sind vielfältig und reichen von der Lebensmittelerzeugenden Industrie bis hin zu Fahrzeugkomponenten und Anlagen für die chemische Industrie **(Bild 2)**.

Wegen seiner geringen Dichte von 2,7 g/cm³ zählt Aluminium zu den Leichtmetallen. Dadurch wird es für Konstruktionsteile im Leichtbau interessant. Ein mit Stahlwerkstoffen vergleichsweise geringer Elastizitätsmodul und eine Schmelztemperatur von ca. 660 °C schränken die Einsatzbereiche allerdings ein.

1 Schematische Darstellung der Elektrolyse

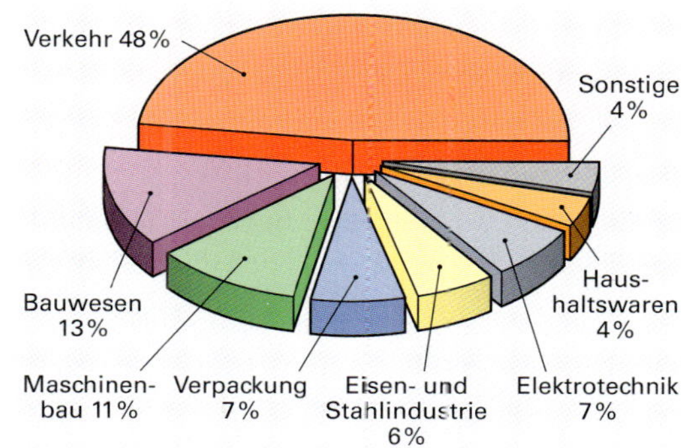

2 Anwendungsgebiete von Aluminium

Aluminiumlegierungen

Aluminiumlegierungen werden in Knet- und in Gusslegierungen eingeteilt.

Knetlegierungen besitzen eine gute Verformungsfähigkeit und werden meist durch Umformverfahren wie Schmieden oder Walzen zu Bauteilen weiterverarbeitet. Aluminiumknetlegierungen können bis zu 6 % Legierungselemente wie z. B. Cu, Mg, Zn und Fe enthalten.

Gusslegierungen zeichnen sich durch eine gute Gießbarkeit auf und haben häufig einen hohen Gehalt von Legierungselementen mit bis zu 12 %.

Insbesondere das Legierungselement Silizium Si hat eine wichtige Bedeutung. Eine weitere Unterscheidung der Aluminiumlegierungen findet in aushärtbare und nicht aushärtbare Legierungen statt **(Bild 3)**, je nachdem ob eine Festigkeits- und Härtesteigerung durch eine chemische Ausscheidungsreaktion erreicht werden kann oder nicht. Aluminium-Gusslegierungen werden für komplexe Gehäuseteile verwendet **(Bild 4)**.

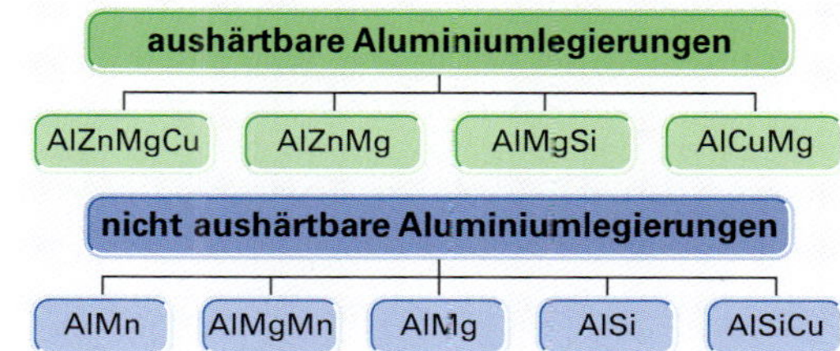

3 Legierungssysteme Aluminium

4 Gehäuseteil aus Aluminium-Gusslegierung

Bezeichnungssystem Aluminiumlegierungen

Knetlegierungen (AW) haben eine 4-stellige Kennzeichnung **(Bild 1)**.

Gusslegierungen (AC) haben eine 3+2-stellige Kennzeichnung **(Bild 2)**. Die erste Zahl gibt immer an, zu welcher Legierungsgruppe **(Bild 3)** mit dem Hauptlegierungselement die Legierung gehört.

Aushärtung

Durch Aushärtung kann die Festigkeit von Aluminium deutlich gesteigert werden. Ohne die Möglichkeit der Festigkeitssteigerung durch Aushärtung wäre Aluminium als Konstruktionswerkstoff kaum einsetzbar ①. Das Prinzip der Aushärtung durch die Bildung von härtesteigernden Ausscheidungen beruht auf einer abnehmenden Löslichkeit eines Elementes im Mischkristall **(Bild 4)**.

Die Legierung wird zunächst bei einer Temperatur unterhalb von 550 °C für ca. 30 min. homogenisiert, es entsteht ein Mischkristall, in dem sich alle Legierungselemente homogen lösen ②. Anschließend auf Raumtemperatur abgeschreckt ③. Dabei bildet sich ein übersättigter Mischkristall. Im nächsten Schritt wird die Legierung bei einer Temperatur von 100 bis 200 °C wärmebehandelt ④. Dabei bilden sich die härtebildenden Ausscheidungen aus dem übersättigten Mischkristall, es wird eine zweite Phase ausgeschieden ⑤, die zu einer Steigerung der Werkstofffestigkeit und Härte führt.

Durch Erhöhung der Auslagerungstemperatur kann die Zeitdauer verringert werden. Dabei ist aber zu beobachten, dass die max. erreichbare Festigkeit abnimmt, da ein Teil der Legierungselemente im Mischkristall gelöst bleibt **(Bild 5)**.

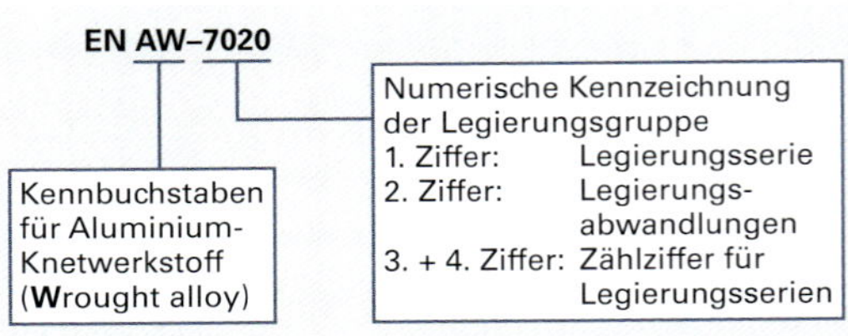

Beispiel:

7020 (AlZn4,5Mg1) Aluminium-Knetlegierung nach DIN EN 573 mit 4,5 % Zinn und 1 % Magnesium

1 Nummerisches Bezeichnungssystem Knetlegierung

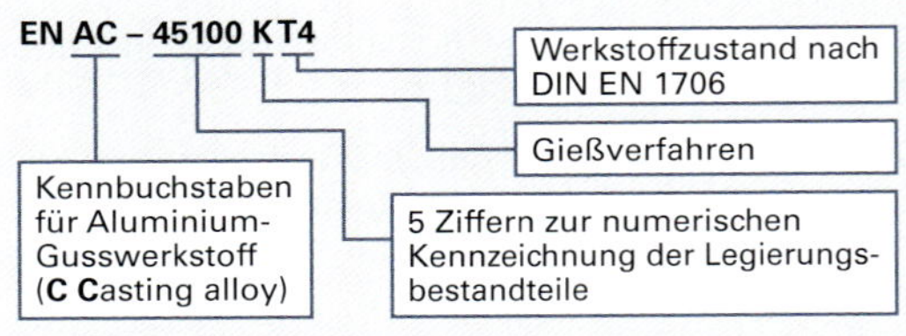

Beispiel:

Aluminium-Gusslegierung nach DIN EN 1780 [AlSi5Cu1Mg] mit 5 % Si, 1 % Cu und < 1 % Mg, Kokillenguss, lösungsgeglüht, kaltausgelagert

2 Nummerisches Bezeichnungssystem Gusslegierung

Knetlegierungen	
Serie	**Legierungsbestandteile**
1xxx	Al- unlegiert (Al > 99%)
2xxx	Al-Cu + Mg, Mn, Si, Bi, Pb
3xxx	Al-Mn + Mg, Cu
4xxx	Al-Si + Mg, Bi, Fe, MgCuNi
5xxx	Al-Mg + Mn, Cr, Zr
6xxx	Al-Mg-Si + Mn, Cu, PbMn
7xxx	Al-Zn + Mg, Cu, Zr, Ag
8xxx	Al + Fe, FeSi, FeSiCu + sonstige

Gusslegierungen	
Ziffer	**Legierungsgruppe**
21xxx	AlCu
41xxx	AlSiMgTi
42xxx	AlSi7Mg
43xxx	AlSi10Mg
44xxx	AlSi
45xxx	AlSi5Cu
46xxx	AlSi9Cu
47xxx	AlSiCu
48xxx	AlSiCuNiMg
51xxx	AlMg
71xxx	AlZnMg

3 Legierungsgruppen

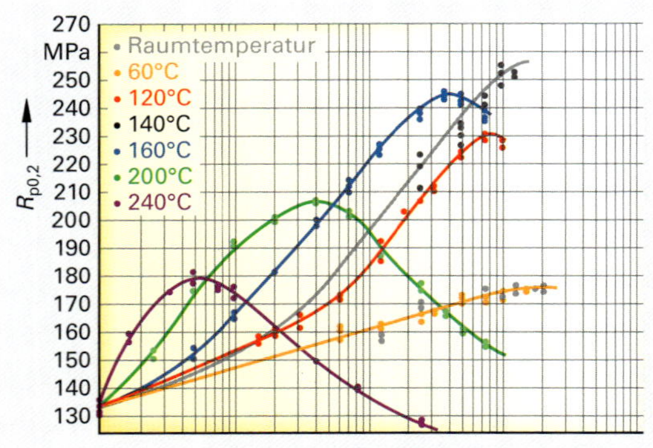

5 Festigkeit in Abhängigkeit der Temperatur

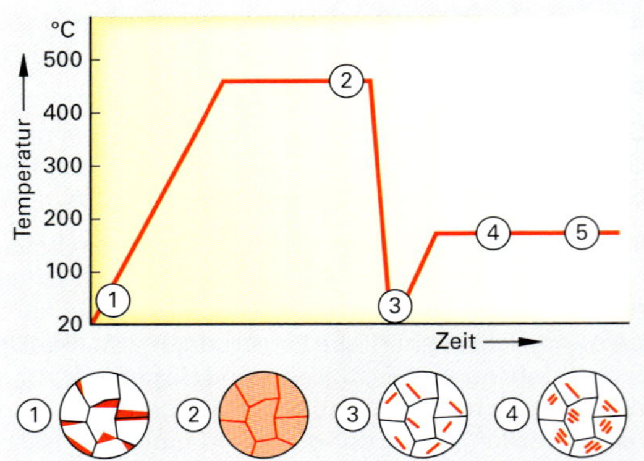

4 Ausscheidungshärtung

Kupferlegierungen

Kupfer und Bronze (Kupfer-Zinn-Legierung) waren die ersten metallischen Werkstoffe, die von Menschen vor etwa 4500 Jahren in der Bronzezeit genutzt wurden. Messinge sind Legierungen von Kupfer mit Zink. Bei zweiphasigen Legierungen mit mehr als 37% Zn wird die spanabhebende Bearbeitung verbessert. Typische Einsatzgebiete sind in der Feinmechanik, der Uhrenindustrie und bei der Herstellung von Drehteilen auf Drehautomaten. Kupfer ist ein wirtschaftlich sehr bedeutendes NE-Metall. Wegen seiner sehr guten elektrischen Leitfähigkeit ist die Verwendung in der Elektronik, Informations- und Kommunikationstechnologie sehr wichtig. Wegen der guten Wärmeleitfähigkeit werden Kupferlegierungen in Wärmeaustauschern für Verbrennungskraftmaschinen, im Apparate- und Anlagenbau genutzt. Kupferlegierungen werden in Knet- und in Gusslegierungen eingeteilt.

Die Festigkeitswerte von Kupfer können durch Legierungszusätze erheblich gesteigert werden.

Eine Kupfer-Zink-Legierung (Messing) mit mehr als 37% Zink bewirkt eine Verringerung der Zähigkeit der Legierung bei gleichzeitig ansteigender Härte. Das ist für spanabhebende Verfahren günstig, da sich kürzere Späne bilden **(Bild 3)**.

Bronzen sind Kupfer-Zinn-Legierungen mit einem Zinn-Gehalt bis maximal 8,5%. Für Gusslegierungen erreicht man eine Festigkeitssteigerung durch einen Zinnzusatz bis zu 14%. Rotbronze enthält neben Zinn zusätzlich auch Zink und Blei. Rotbronzen werden für Maschinenteile, Apparaturen oder Lagerschalen verwendet.

Bezeichnungssystem Kupferlegierungen

Knetlegierungen (CW) und Gusslegierungen (CC) haben eine 3-stellige Ordnungszahl und einen Buchstaben für die Legierungssorte **(Bild 1)**.

Der Buchstabe gibt immer an, zu welcher Legierungsgruppe mit dem Hauptlegierungselement die Legierung gehört **(Bild 2, Tabelle 1 und 2)**.

3 Messingbauteil auf einem Drehautomaten hergestellt

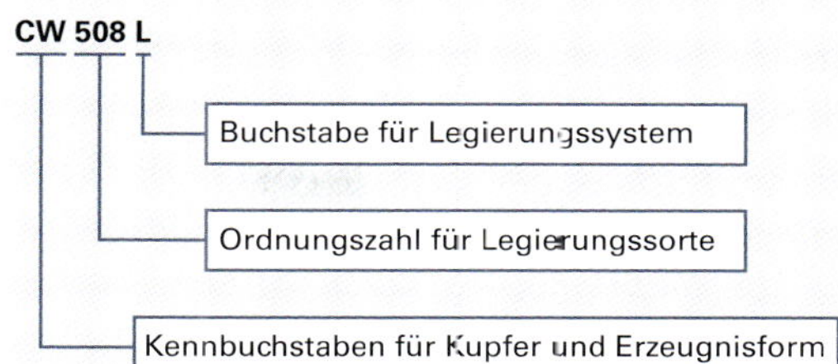

Beispiel:
Kupfer-Knetwerkstoff aus einer CuZn-Legierung (Messing)

1 Numerisches Bezeichnungssystem nach DIN EN 1412

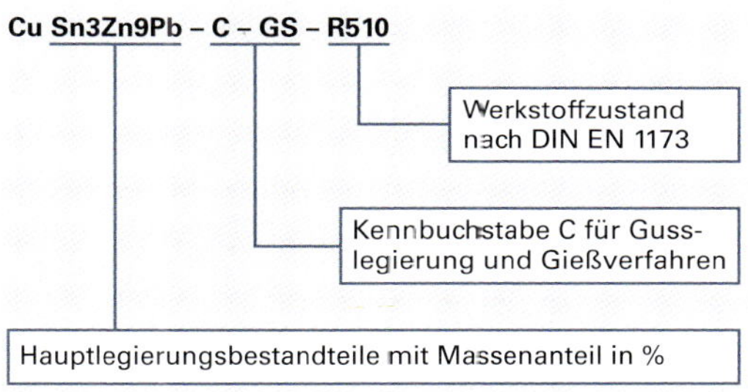

Beispiel:
Kupfer-Gusswerkstoff im Strangguss hergestellt, 3% Zinn, 9% Zink und < 1% (geringe Menge), Zugfestigkeit R_m = 510 N/mm²

2 Bezeichnung nach der chemischen Zusammensetzung nach DIN ISO 1190

Tabelle 1: Legierungsgruppen Kupfer-Knetlegierungen mit Werkstoffbeispiel (Auswahl)	
CWxxxC	niedriglegierte Knetlegierungen CW102C CuBe2Pb
CWxxxL	CuZn-Legierungen (Messing) CW500L CuZn5
CWxxxN	CuZnPb-Legierungen CW600N CuZn35Pb1
CWxxxK	CuSn-Legierungen (Bronze) CW450K CuSn4
CWxxxJ	CuNiZn-Legierungen (Neusilber) CW400J CuNi7Zn39 Pb3Mn2

Tabelle 2: Legierungsgruppen Kupfer-Gusslegierungen mit Werkstoffbeispiel	
CCxxxS	CuZn-Mehrstofflegierungen (Gussmessing) CC750S CuZn33Pb2-C
CCxxxK	CuSn-Legierungen (Rotguss, Gussbronze) CC480K CuSn10-C

Magnesiumlegierungen

Magnesiumlegierungen, z. B. MgAl7ZnF 32, werden vorwiegend als **Gusswerkstoffe,** für das Druckgussverfahren, verwendet. Die eingebrachten Legierungselemente Zn, Al, Mn, Si und Zr beeinflussen die **Dehngrenze $R_{p0,2}$, Zugfestigkeit R_m, Bruchdehnung *A*** und **Härte HBW** (s. Tabellenbuch Zerspantechnik). Die geringe Dichte ρ **= 1,74 kg/dm³** ist für die zahlreichen Anwendungen interessant.

Eine sehr gute Oberflächenqualität bei der spanenden Bearbeitung wird durch hohe Einstellwerte und den Einsatz geeigneter KSS erzielt. Dies gilt für Verfahren mit geometrisch bestimmten Schneiden, z. B. Drehen und Fräsen, als auch für Verfahren mit geometrisch unbestimmten Schneiden, z. B. Schleifen. Werkzeuge mit positiver Schneidengeometrie sind bevorzugt zu verwenden **(Bild 1)**. Die geringen Schnittkräfte und der Werkzeugverschleiß ergeben große Standzeiten der Werkzeuge. Vorsicht beim Umgang mit wassermischbaren KSS, es kann brennbarer Wasserstoff freigesetzt werden. Die Kaltumformbarkeit ist eingeschränkt.

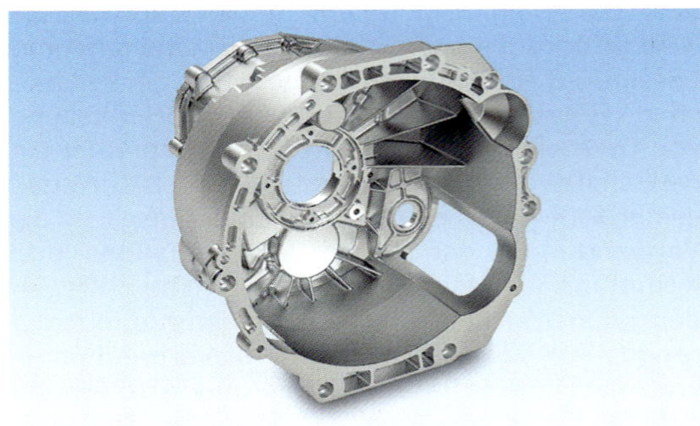

1 Gussteil aus Magnesiumlegierung

Nickelbasislegierungen

Nickel besitzt als Basismetall hohe Dehnungs- und Festigkeitswerte. Durch das Legieren mit den Hauptbestandteilen Cr, Co, Mo, Ti, W entstehen hochfeste und korrosionsbeständige Werkstoffe. Die Schmierneigung und die hohen Zerspanungstemperaturen erfordern scharfe Schneidwerkzeuge mit Spanwinkeln $\gamma = 5° \dots 15°$ und Freiwinkeln $\alpha = 6° \dots 10°$, die nur mit geringen Schnittwerten gefahren werden können. Der Spanungsquerschnitt sollte bei der Bearbeitung von Nickellegierungen im Verhältnis zu Stahl größer gewählt werden.

Nickelbasislegierungen oder **Superlegierungen**, z. B. NiCr19Co11Mo (2.4973), werden zusätzlich mit weiteren Legierungselementen (Fe, C, Wo) für die speziellen Anwendungsbereiche im Chemieanlagen-, Kraftwerks- und Turbinenbau hergestellt. Die Zuführung von KSS unter Hochdruck verhindert bei der spanenden Bearbeitung der Superlegierungen ungewollte Gefügeveränderungen.

2 Bauteil aus Inconel 600 (Nickelbasislegierung NiCr15Fe)

Titanlegierungen

Titanlegierungen, z. B. TiAl4Mo4Sn2 (3.7185), sind die prädestinierten Werkstoffe für die Medizintechnik und die Luft- bzw. Raumfahrtechnik. Die hohen Festigkeits- und Zähigkeitswerte bei einer geringen Dichte sind dafür entscheidend. Spezielle Anforderungen werden durch die Anwendung weiterer Legierungselemente erfüllt. Titanlegierungen sind schwer spanbar aufgrund der hohen Zähigkeit und der schlechten Wärmeleitfähigkeit **(Bild 3)**. Die zähen Späne neigen zum „**Festkleben**" auf der Freifläche. Ausbröckelungen an der Schneidkante und Freiflächenverschleiß sind typisch. Hochwarmfeste beschichtete Hartmetalle der Sorte K und Cermets garantieren wirtschaftliche Schnittgeschwindigkeitswerte v_c, die bei 40m/min … 60 m/min liegen. Ein wirksamer KSS unter Hochdruck ist für die Abfuhr der Zerspanungswärme unumgänglich. Zerspanungstemperaturen über 400 °C sind zu vermeiden.

3 Bauteil aus Titan

W5 SINTERMETALLE

Bauteile aus Sinterwerkstoffen werden aus einem pulverförmigen Rohstoff durch Pressen und Sintern hergestellt. Sintern ist eine Glühbehandlung bei Temperaturen etwas unterhalb der Schmelztemperatur. An den Kontaktstellen der Pulverteilchen setzt durch Diffusionsvorgänge ein übergreifendes und verbindendes Kornwachstum ein. Das Pulver wird zu einem Festkörper und die Festigkeit steigt. Siehe dazu auch Kapitel Urformen aus dem pulverförmigen Zustand ab Seite 348.

Man unterscheidet metallische und keramische Sinterwerkstoffe. Dazu gehören Sintereisen, Sinterstahl, Sintermessing, Sinteraluminium, gesinterte Hartmetalle und Werkzeugstähle **(Bild 1)**, Magnetlegierungen, Sinterverbundwerkstoffe aus Eisen oder Bronze mit Graphit für Gleit- und Reibwerkstoffe sowie Cermets und Sinterkeramiken.

Ausgangselemente für die sintertechnische Herstellung von Schneidplatten aus Hartmetallen sind hochschmelzende Metalle wie Wolfram, Molybdän, Niob und Tantal. Damit sind gesinterte **Hartmetalle** Verbundwerkstoffe aus Wolfram-, Titan- und Tantalcarbid. Als Bindemittel wird Kobalt wegen seines niedrigen Schmelzpunktes hinzugegeben. Während des Sintervorgangs wird das niedrigschmelzende Kobalt flüssig (Flüssigphasensintern) und es entsteht durch Diffusion an den Korngrenzen eine intensive Legierungsbildung der Komponenten bei geringem Porenanteil. Üblicherweise sind beim Sintern die Bestandteile nicht flüssig.

Durch Pressen und Sintern hergestellte Bauteile haben aufgrund des Porenanteils bzw. der Raumerfüllung R_x in der Matrix eine Sinterdichte, die geringer ist als bei einer vergleichbaren Feststoffdichte. Bei den selbstschmierenden Gleitlagern aus Sintereisen oder Sintermessing werden die Poren mit Schmiermitteln gefüllt. Bauteile mit hohen Sinterdichten werden durch Heißpressen (Drucksintern) oder Tränken mit einem niedrig schmelzenden Metall (Tränklegierungen) erzielt.

Die Werkstoffe für Sinterformteile sind in verschiedene Klassen eingeteilt, die durch Buchstaben gekennzeichnet werden **(Tabelle 1 und 2)**. Das Merkmal zur Klassifizierung ist die Raumerfüllung R_x (Porosität), ausgedrückt im prozentualen Verhältnis von Sinterdichte zu Feststoffdichte des Sinterteils.

Raumerfüllung

$$R_x = \frac{\text{Sinterdichte} \cdot 100\,\%}{\text{Feststoffdichte}}$$

Raumerfüllung R_x in %
$R_x < 100\,\%$

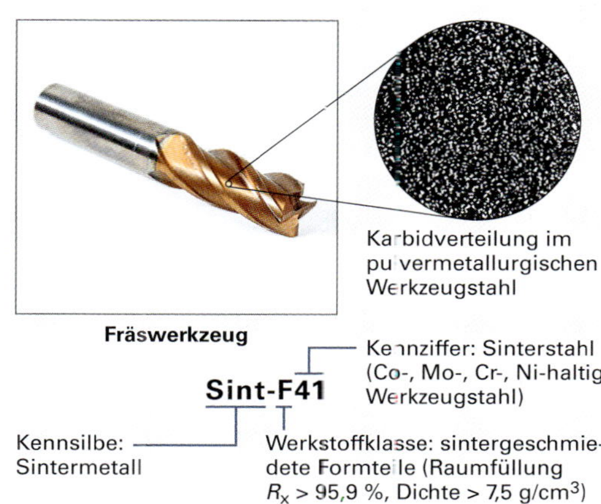

1 **Zerspanungswerkzeug aus sintergeschmiedetem Werkzeugstahl**

Tabelle 1: Kennbuchstaben

Zeichen	R_x in %	Verwendung
Kennbuchstaben für Raumerfüllung R_x		
AF	< 73	Filter für Gase und Flüssigkeiten
A	75 ± 2,5	Gleitlager
B	80 ± 2,5	Gleitlager
C	85 ± 2,5	Gleitlager, Formteile, Maschinenteile
D	90 ± 2,5	Formteile, Reibwerkstoffe
E	94 ± 1,5	Hochdichte Formteile
F	> 95,5	Sintergeschmiedete Formteile
G	> 92	Formteile, Pumpenteile
S	> 90	Gleitlager, Gleitelemente

Tabelle 2: Sintermetalle

Name	Zusammensetzung	Name	Zusammensetzung
Sint-AF40	Sinterstahl (CrNi)	Sint-A34	Sinterstahl mit Cu und Sn Sinterstahl, phosphorhaltig
Sint-AF50	Sinter-CuSn (Bronze)	Sint-B34	
Sint-AF90	Sinter-Polyethylen	Sint-C35	
Sint-A00	Sintereisen und Sintereisen weichmagnetisch	Sint-D35	
Sint-B00		Sint-S41	Sinterstahl mit C, Cu, Ni Sinter-CuSn Sinter-CuSn, graphithaltig
Sint-D02		Sint-A50	
Sint-B10	Sinterstahl, kupferhaltig	Sint-D50	
Sint-E10		Sint-S51	
Sint-A11	Sinterstahl, kohlenstoff- und kupferhaltig, mit MoS_2	Sint-C52	Sinter-CuZn (Messing) Sinter-CuSn, C- und Pb-haltig Sinter-CuNiZn Sinter-CuNiFe, graphithaltig
Sint-B11		Sint-D52	
Sint-D11		Sint-S53	
Sint-S11		Sint-C54	
Sint-B21	Sinterstahl, kohlenstoffhaltig, über 5% Cu Sinterstahl, Cu infiltriert	Sint-S61	
Sint-C21		Sint-D71	Sinteraluminium (AlMgCu oder AlCuMg)
Sint-G22		Sint-E71	
Sint-C30	Sinterstahl, Cu- und Ni-haltig	Sint-D73	
Sint-D30		Sint-E73	

W6 KUNSTSTOFFE

Kunststoffe sind **hochmolekulare**, durch Synthese **organischer Kohlenwasserstoffverbindungen** hergestellte **Werkstoffe**. Die Molekülstruktur aller Kunststoffe entsteht durch **Polymerisations-, Polykondensations- oder Polyadditionsreaktionen** und unterscheidet sich **grundsätzlich** vom kristallinen Aufbau der Metalle und deren Legierungen.

Die große Anzahl an verschiedenen Kunststoffen mit ihren spezifischen Eigenschaften bieten Alternativen zu metallischen Werkstoffen **(Tabelle 1)**.

Einteilung der Kunststoffe

Bei der Herstellung und Verwendung von Kunststoffteilen ist das **thermische Werkstoffverhalten** von zentraler Bedeutung. Aus den **Zustandsdiagrammen** von **Thermoplasten, Duroplasten** und **Elastomeren** lassen sich die Zusammenhänge zwischen der Arbeitstemperatur, den damit verbundenen Kunststoffeigenschaften und den Verarbeitungsbedingungen ableiten.

Tabelle 1: Kunstoffarten

Eigenschaften	Thermoplaste	Elastromere	Duroplaste
mechanische Eigenschaften/Festigkeit	weich, aber auch halbhart und hart möglich	elastisch, gummiartig	halbhart, hart, spröde
Verhalten beim Erwärmen[1]	Erweichung	leichte Erweichung	keine Erweichung
Verhalten beim Abkühlen[2]	Verfestigung und Verhärtung	Abnahme der Elastizität	keine Änderung
chemischer Aufbau	lineare Ketten mit und ohne Seitenkette	weitmaschige intermolekulare Verknüpfung	engmaschige intermolekulare Verknüpfung
Struktur/Vernetzung der Makromoleküle	keine chemische Vernetzung Bei Erwärmung können sich die Moleküle gegeneinander bewegen. Daraus resultiert die thermische Verformbarkeit.	leichte chemische Vernetzung (Bindungsbrücke) Durch äußeren Kraftaufwand wird das Molekülnetz elastisch gedehnt.	Die starke Vernetzung führt zu einem starren Gefüge, welches weitgehend unabhängig gegen Temperatur- und äußere Krafteinwirkung ist.

[1] Bei allen Kunststoffen tritt oberhalb der Zersetzungstemperatur in Gegenwart von Luft eine Zersetzung, d.h. Zerfall der Makromoleküle in kleinere Einheiten ein.
[2] Bei sehr niedrigen Temperaturen werden alle Kunststoffe hart und spröde.

Thermoplaste

Thermoplaste sind fadenförmige Makromoleküle ohne chemische Vernetzung. Diese Makromoleküle werden durch **thermisch beeinflussbare Kräfte** zusammengehalten. Bei Wärmeeinwirkung erweichen Thermoplaste bis zu zähflüssigen Massen **(Bild 1)**.

Bei Überschreitung der Zersetzungstemperatur werden die chemischen Verbindungen zerstört und zersetzen sich. Thermoplaste eignen sich für verschiedene Fertigungsverfahren.

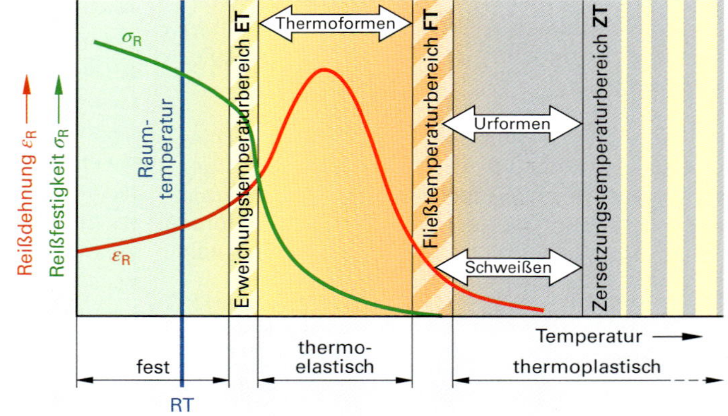

1 Zustandsdiagramm von Thermoplasten

Thermoplaste (Auswahl mit Handelsnamen)			vgl. ISO 1043
ABS	Acrylnitril-Butadien-Styrol	Cycolan, Custran, Novodur, Terluran	gute chemische Beständigkeit, hohe Schlag- und Kerbschlagfestigkeit
PA	Polyamid	Nylon, Pevolon, Durethan	gute mechanische Festigkeitswerte, temperaturbeständig, schlagzäh
PAI	Polyamidimid	Torlon	höchste mechanische Eigenschaften
PC	Polycarbonat	Makrolon, Lexan, Sustonat	gute mechanische Festigkeitswerte, temperaturbeständig, schlagzäh
PEEK	Polyether-Etherketon	Victrex, Ultrapek, Hostatec	gute mechanische Eigenschaften, wärmestabil und schlagzäh
PE HD	High density Polyethylen	Lupolen, Okulen, Polydur	gute Schlagzähigkeit, geringe mechanische Festigkeitswerte
PEI	Polyetherimid	Ultem, Erta-PEI	gute mechanische Eigenschaften, große Härte und Maßhaltigkeit
PES	Polyethersulfon	Victrex, Eerta	gute mechanische Eigenschaften, große Härte und Maßhaltigkeit
PET	Polyethylenterephtalat	Polyester	gute mechanische Eigenschaften
PMMA	Polymethylmetacrylat	Acryl, Plexiglas, Degalan, Suntex	große Härte und Steifigkeit, kerbschlagempfindlich, witterungsbeständig
POM	Polyoxymethylen	Polyacetal, Polyformaldehyd	gute mechanische Festigkeitswerte, gute spanabhebende Bearbeitbarkeit
PP	Polypropylen	Hostalen PP, Luparen, Novolen	geringe mechanische Festigkeitswerte, gute Tieftemperaturbeständigkeit
PPO	Polyphenylenoxid	Noryl, Ertaphenyl, Lyranyl	gute Isolationseigenschaften, geringe Wasseraufnahme, chemische Beständigkeit
PPS	Polyphenylensulfid	Ertaxel, Rylton	hohe mechanische Festigkeit
PS	Polystyrol	Lustrex, Styron, Vestyron	geringe mechanische Festigkeitswerte, gute Tieftemperaturbeständigkeit
PTFE	Polyterafluorethylen (Teflon)	Teflon, Lubriflon, Hostaflon	sehr gute chemische Beständigkeit und Temperaturbeständigkeit, geringer Gleitreibungskoeffizient
PVC Hart	hartes Polyvinylchlorid	Hostalit, Vinnol, Ripolor, Trovidur	gute mechanische Eigenschaften, große Steifigkeit, schwer entflammbar

Duroplaste

Duroplastische Kunststoffe sind chemisch vernetzte Makromoleküle, die hart, spröde und nicht mehr schmelzbar sind. Durch Zuschlag- und/oder Verstärkungsstoffe werden die Werkstoffeigenschaften wesentlich verbessert, dies gilt für die Temperaturbeständigkeit sowie die mechanischen und elektrischen Eigenschaften. Verstärkungsstoffe sind z. B. Glas- und Mineralfasern. Anorganische (mineralische) Füllstoffe wie z. B. Kieselsäure, Flussspat und Quarz wirken bei der Zerspanung stark abrasiv und reduzieren die Werkzeugstandzeit. Organische Füllstoffe können Holzmehl, Zellstoff oder Textilfasern sein.

Neben den härtbaren Formmassen gehören die gießbaren Harze zur Gruppe der duroplastischen Werkstoffe **(Bild 1)**.

Für die Bearbeitung der Duroplaste ist deren schlechte Wärmeleitfähigkeit bestimmend. Sie beträgt nur ca. 1/200 des Stahls. Dadurch entsteht an der Bearbeitungsstelle ein Wärmestau. Geringere Spanungsquerschnitte A bei höheren Schnittgeschwindigkeiten und neu geschärfte Werkzeuge ergeben günstige Bedingungen. Im Allgemeinen kann ohne den Einsatz von Kühl- und Schmiermitteln bearbeitet werden. Das Kühlen der Werkzeuge mit Druckluft ist zweckmäßig.

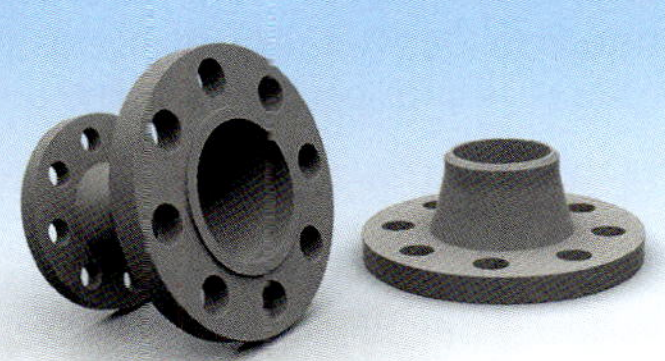

1 Duroplastische Kunststoffe

W7 WERKSTOFFPRÜFTECHNIK

Das Aufgabengebiet der Werkstoffprüftechnik umfasst drei Bereiche, die durch spezifische Aufgaben voneinander unabhängig unterschiedliche Prüfaufgaben und Bewertungen realisieren:

- **Bestimmung technologischer Eigenschaften** z. B. der Zugfestigkeit R_m, die als wesentliches Kriterium für die Werkstoffauswahl von Bedeutung ist.
- **Prüfung fertiger Werkstücke** auf festgelegte Werkstoffparameter zur Vermeidung von Schadensfällen.
- **Ermittlung von Schadensursachen** und somit Vermeidung ähnlicher zukünftiger Schadensfälle.

Eine Unterteilung der Prüfung von mechanischen Werkstoffeigenschaften erfolgt nach der Geschwindigkeit, wie die jeweilige Prüfkraft einwirkt. Bei **statischen Prüfverfahren,** dazu gehören der Zug-, Druck- und Scherversuch sowie die Härteprüfung, wird die Belastung langsam aufgebracht. Bei **dynamischen Prüfverfahren,** z. B. beim Kerbschlagbiegeversuch oder bei der Dauerfestigkeitsprüfung, wird die Belastung schlagartig, schnell bzw. wechselnd aufgebracht.

Werkstoffprüfung metallischer Werkstoff durch zerstörende Prüfverfahren

Zugversuch

Mithilfe des Zugversuchs werden mechanische Kennwerte eines Werkstoffes ermittelt. Die Versuchsvorbereitung, Versuchsdurchführung und Versuchsauswertung ist durch Normvorschriften festgelegt.

Versuchsdurchführung

Die **genormte Zugprobe** wird axial in die Spannköpfe einer **Universalprüfmaschine (Bild 1)** eingespannt. Infolge des kontinuierlich langsam nach oben sich bewegenden Jochs wird die Zugprobe durch eine stetig anwachsende Zugkraft belastet. Unter der Einwirkung der Zugkraft verlängert sich die Zugprobe bis zum Bruch **(Bild 2).**

An der Zugprobe wird unter dem Einfluss der Zugkraft eine sichtbare Querschnittsveränderung messbar. Das Maximum ist aus der Kurve des Spannungs-Dehnungs-Diagramms ersichtlich.

Nach dem Erreichen der Kraft F_m (Kurvenmaximum) schnürt sich der Zugstab sichtlich ein, wird deutlich länger und zerreißt. Die erforderliche Zugkraft nimmt während des Einschnürens immer mehr ab und beträgt beim Bruch der Zugprobe Null.

1 Universalprüfmaschine

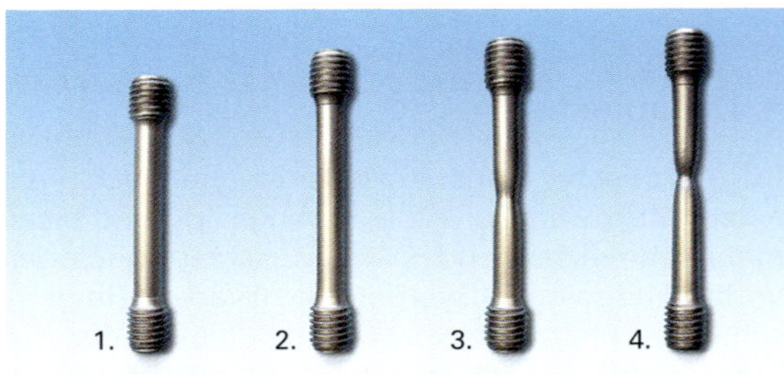

2 Verlängerung der Zugprobe

Versuchsauswertung

Währen des Zugversuches wird kontinuierlich die **Zugkraft *F*** und die **Verlängerung Δl** mithilfe einer Messeinrichtung erfasst.

Aus der Zugkraft und dem Ausgangsquerschnitt ergibt sich die **Zugspannung δ_z** in N/mm^2.

Aus der Verlängerung der Zugprobe $\Delta l = L - L_0$ errechnet sich die **Dehnung ε** in % **(Bild 3).**

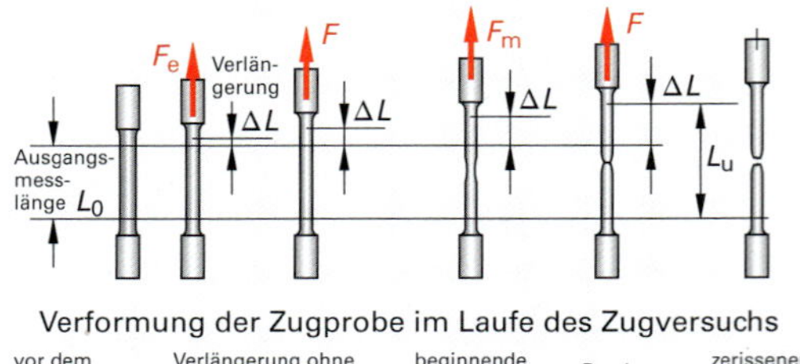

3 Zugstabverformung beim Zugversuch

Spannungs-Dehnungs-Schaubild

Ein **Spannungs-Dehnungs-Diagramm** als grafische Darstellung und Auswertung von Zugversuchen dient der Bestimmung von Werkstoffkenngrößen.

Werkstoffe ohne und mit einer ausgeprägten Streckgrenze:

- Die Dehngrenze $R_{p0,2}$ definiert eine plastische Dehnung von 0,2%: Kurve 1.
- Die Streckgrenze wird durch die Kenngrößen R_{eH} und R_{eL} exakt definiert, z.B. für S235JR: Kurve 2.
- Die Steigungswinkel β_s und β der Werkstoffgruppen sind ungleich.

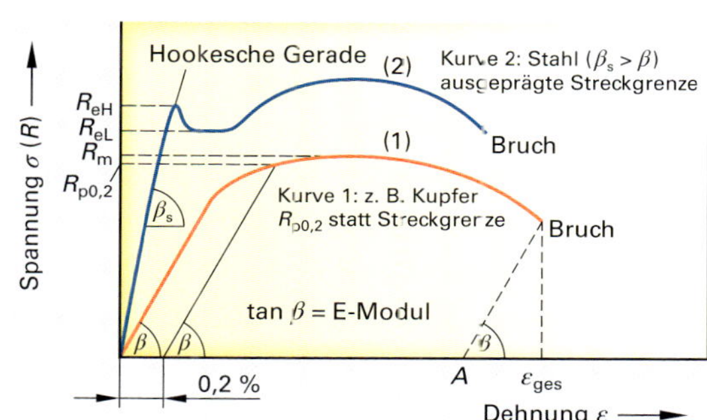

Festigkeitskennwerte

Festigkeitskennwerte	Beschreibung	Bestimmung
Streckgrenze R_e N/mm²	Die Streckgrenze R_e ist die Spannung, bis zu der ein Werkstoff bei einachsiger und momentfreier Zugbeanspruchung eine elastische und keine plastische Verformung zeigt.	$R_e = \frac{F_s}{S_0}$ F_s Zugkraft in N S_0 Probenquerschnitt in mm²
obere Streckgrenze R_{eH}	Die obere Streckgrenze R_{eH} ist durch den ersten deutlichen Spannungsabfall im Spannungs-Dehnungs-Schaubild gekennzeichnet.	$R_{eH} = \frac{F_{sH}}{S_0}$ $R_{eL} = \frac{F_{sL}}{S_0}$ F_{sH} Zugkraft obere Streckgrenze F_{sL} Zugkraft untere Streckgrenze
untere Streckgrenze R_{eL} N/mm²	Die untere Streckgrenze R_{eL} ist die kleinste Spannung im Fließbereich (Spannungsschwankungen werden nicht berücksichtigt).	
Dehngrenze R_p N/mm²	Die Dehngrenze R_p ist die Spannung, die zu einer bestimmten bleibenden Dehnung führt.	
0,2%-Dehngrenze $R_{p0,2}$ N/mm²	Die 0,2%-Dehngrenze $R_{p0,2}$ ist die Spannung, bei der die plastische Dehnung 0,2% beträgt. In der Praxis legt dieser Wert häufig die absolute Obergrenze der zulässigen Belastung eines Bauteils fest. Der Wert von $R_{p0,2}$ wird durch einen Schnitt der Kurve mit einer Parallelen zur Hookeschen Geraden bei der Dehnung $\varepsilon = 0{,}002$ (0,2%) ermittelt. Eine weitere Annäherung an den Übergangswert R_e ermöglichen die Kennwerte $R_{p0,1}$ bzw. $R_{p0,01}$.	$R_{p0,2} = \frac{F_{p0,2}}{S_0}$ $R_{p0,2}$ Dehngrenze (Ersatzstreckgrenze) in N/mm² $F_{p0,2}$ Zugkraft an der Dehngrenze in N
Zugfestigkeit R_m N/mm²	Die Zugfestigkeit R_m ist die maximal ertragene, technische Spannung. Nach dem Überschreiten der Streckgrenze R_e verfestigt sich der Werkstoff und die Spannung steigt bis zu einem Spannungsmaximum weiter an. Bei der höchsten Zugkraft wird die Zugfestigkeit R_m erreicht. Wird ein Bauteil höher belastet, erfolgen Einschnürung und Bruch.	$R_m = \frac{F_m}{S_0}$ R_m Zugfestigkeit in N/mm² F_m Maximale Zugkraft in N
***E*-Modul E N/mm²**	Der *E*-Modul E entspricht der Steigung der Geraden im elastischen Bereich des Spannungs-Dehnungs-Diagramms und ist ein Maß für die Steifigkeit des Werkstoffs und damit ein Maß für den Widerstand gegen elastische Verformung.	$E = \frac{\sigma}{\varepsilon_{el}}$ σ, R Spannung in N/mm² ε_{el} Dehnung in %

Druckversuch

Der Druckversuch dient der Bestimmung der **Druckfestigkeit σ_{dB}** eines Werkstoffs. Auf einer Universalprüfmaschine wird die Druckprobe einer langsam zunehmenden statischen Druckbelastung bis zum Bruch ausgesetzt.

Zähe Werkstoffe wie z.B. NE-Metalle oder ungehärteter Stahl werden zu einem tonnenförmigen Körper verformt.

Harte Werkstoffe wie z.B. Gusseisen, gehärteter Stahl oder Beton, die gleichzeitig spröde sind, zerplatzen in undefinierte Bruchstücke. **(Bild 1)**

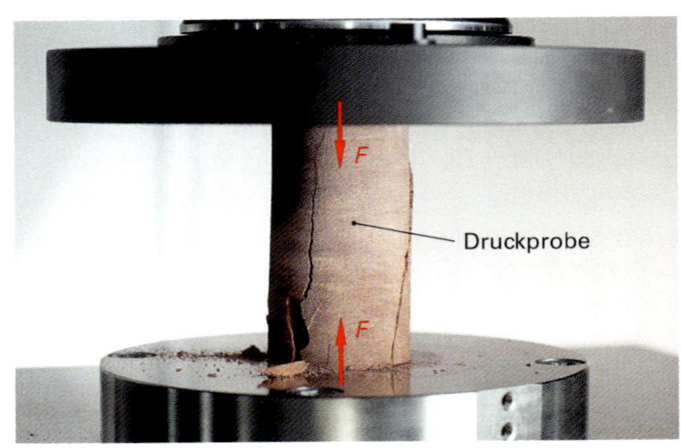

1 Druckprüfung eines spröden Werkstoffes

Kerbschlagbiegeversuch

Die Auswertung eines Kerbschlagbiegeversuches ergibt Hinweise zur **Zähigkeit** des geprüften Werkstoffs.

Beim Durchziehen oder Durchschlagen wird ein Teil der gespeicherten potenziellen Energie des Hammers durch Verformungsenergie verbraucht. Die direkte Anzeige wird durch einen Schleppzeiger realisiert. Verwendet werden genormte U- oder V-förmige Kerben in den Proben. Die Ergebnisse werden z.B. durch **KU_8** bzw. **KV_2** jeweils in **J** dokumentiert **(Bild 2)**.

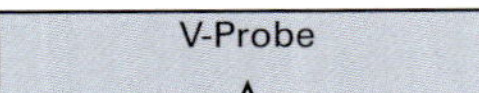

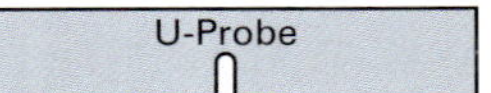

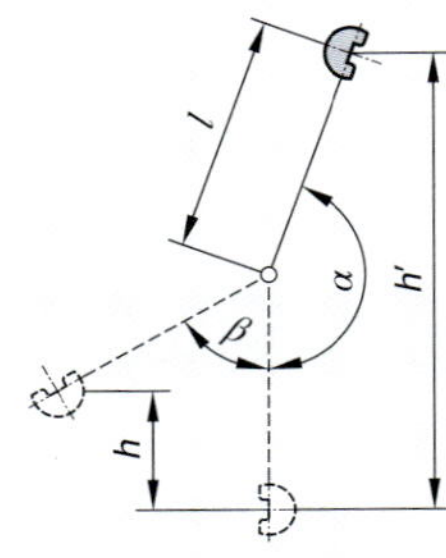

Kerbschlagarbeit

$$W = m \cdot g \cdot (h' - h)$$

W Kerbschlagarbeit in Joule (J)
m Masse Pendelhammer in kg
g Erdbeschleunigung 9,81 m/s^2
h' Fallhöhe in m
h Steighöhe in m

2 Kerbschlagbiegeversuch und Proben

Prüfung der Dauerschwingfestigkeit

Bewegte Bauteile können nach einem längeren Zeitraum unverhofft zu Bruch gehen, auch wenn die einwirkenden Wechselspannungen geringer als die Zugfestigkeit der Werkstoffe sind. Man spricht von **Dauer-** bzw. **Ermüdungsbruch (Bild 3).**

Im **Dauerschwingversuch** wirken Zug- und Druckkräfte mit 50 Schwingspielen pro Sekunde zur Bestimmung der Werkstoff-**Dauerfestigkeit** ein. Die festgelegte Versuchsdauer wirkt bis zum Bruch bzw. bis die Probe 10^7 (10.000.000) Lastwechsel ertragen hat. Die Auswertung des Versuches erfolgt mit der **Bruch-Schwingspielzahl *N*.**

Die Dauerfestigkeitsprüfung wird in drei Bereichen durchgeführt **(Bild 4)**:

- Schwankungen um den Nullpunkt $\sigma_m = 0$ ergeben **Wechselbelastungen.**
- Wirken die wechselnden Spannungen nur im Druckbereich ($\sigma < 0$) bzw. im Zugbereich($\sigma > 0$), ergeben sich **Druckschwellbelastungen** bzw. **Zugschwellbelastungen.** Der Höchstwert der Wechselspannungen wird mit **Spannungsausschlag σ_A** bezeichnet.

3 Schwingungsbruch

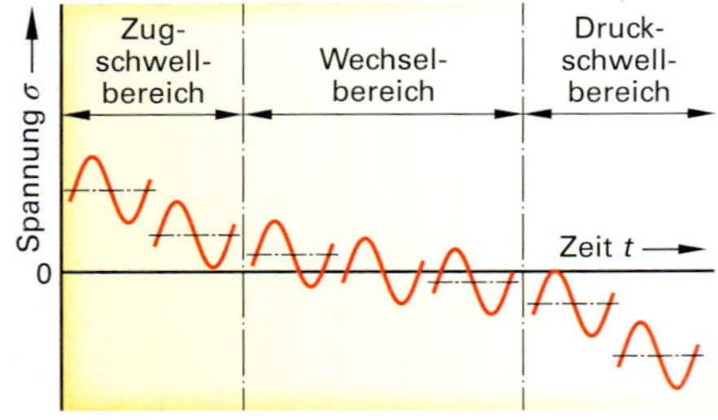

4 Bereiche der Schwingbeanspruchung

Härteprüfung

Die Härteprüfung ist neben der Zugprüfung ein weiteres wichtiges Verfahren zur Bestimmung mechanischer Werkstoffeigenschaften. Die ermittelten Werte der Härteprüfverfahren sind aufgrund der verschiedenen Prüfbedingungen (Prüfkörper, Prüfkräfte und Prüfzeiten) nur bedingt vergleichbar. Für jedes Härteprüfverfahren legen Normvorgaben die Prüfbedingungen exakt fest. Die Härteprüfung wird vorzugsweise mit einer Universal-Härteprüfmaschine durchgeführt **(Bild 1)**.

1 Universal-Härteprüfmaschine

Härteprüfung nach Brinell[1)]

Beim Brinellverfahren **(Bild 2)** wird eine Kugel mit einem Durchmesser von D = 10 mm, 5 mm, 2,5 mm oder 1 mm mit den zugeordneten Prüfkräften **(Tabelle 1)** in die Oberfläche des zu prüfenden Werkstückes eingedrückt. Nach der vorgeschriebenen Belastungszeit von ca. 10 s wird der bleibende Kugeleindruck in zwei Orthogonalen d_1 und d_2 vermessen. Beim Einsatz einer Hartmetallkugel wird der ermittelte Härtewert mit HBW, bei einer gehärteten Stahlkugel mit HBS bezeichnet. Aus dem Mittelwert von d_1, d_2 und der Prüfkraft F errechnet der Auswertecomputer der Universal-Härteprüfmaschine den Härtewert.

[1)] J. A. Brinell, schwedischer Ingenieur, 1849–1925

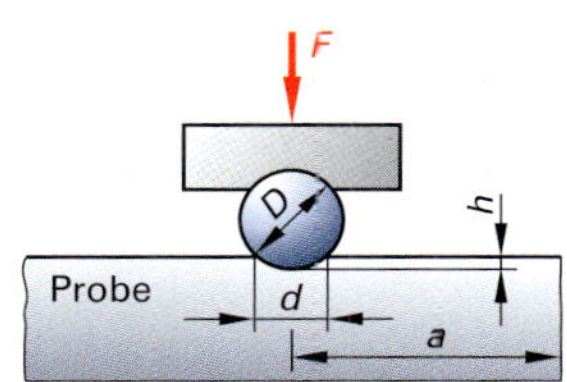

2 Härteprüfung nach Brinell

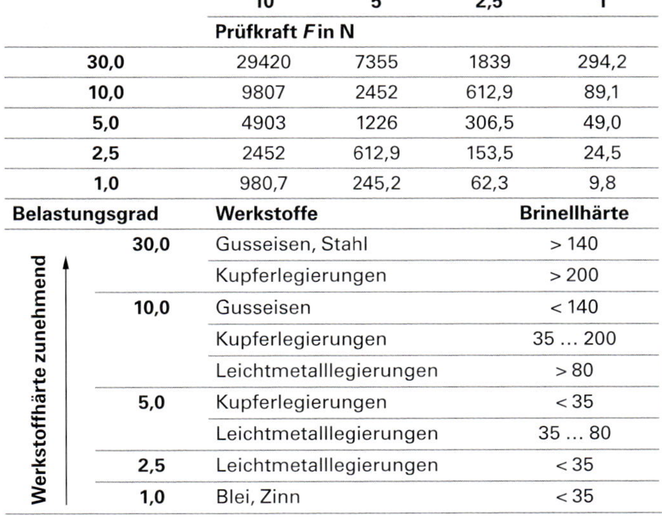

Tabelle 1: Prüfkräfte bei der Härteprüfung nach Brinell

Belastungsgrad	Kugeldurchmesser ØD in mm			
	10	5	2,5	1
	Prüfkraft F in N			
30,0	29420	7355	1839	294,2
10,0	9807	2452	612,9	89,1
5,0	4903	1226	306,5	49,0
2,5	2452	612,9	153,5	24,5
1,0	980,7	245,2	62,3	9,8

Werkstoffhärte zunehmend ↑ Belastungsgrad	Werkstoffe	Brinellhärte
30,0	Gusseisen, Stahl	> 140
	Kupferlegierungen	> 200
10,0	Gusseisen	< 140
	Kupferlegierungen	35 … 200
	Leichtmetalllegierungen	> 80
5,0	Kupferlegierungen	< 35
	Leichtmetalllegierungen	35 … 80
2,5	Leichtmetalllegierungen	< 35
1,0	Blei, Zinn	< 35

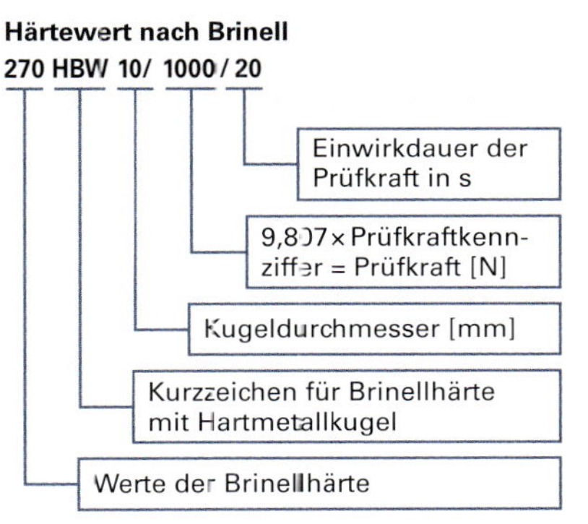

$$HBW = 0{,}102 \cdot \frac{2 \cdot F}{\pi \cdot D \cdot (D - \sqrt{D^2 - d^2})}$$

F Prüfkraft
D Durchmesser der Prüfkugel in mm
d Mittlerer Eindruckdurchmesser in mm

Härteprüfung nach Vickers[1)]

Bei der Härteprüfung nach Vickers wird eine vierseitige Diamantpyramide mit einem Flankenwinkel von 136° eingesetzt. Der Prüfkörper wird mit einer genormten Prüfkraft senkrecht für die Dauer von 10 bis 15 Sekunden (Normzeit), bei weichen Werkstoffen von mindestens 30 Sekunden, in die Werkstückoberfläche eingedrückt. Dadurch bildet sich im Werkstück ein messbarer quadratischer Abdruck mit dem Eckmaß e aus. Aus der Prüfkraft F und dem Mittelwert des Pyramideneindruckes $e = (e_1 + e_2)/2$ wird die Vickershärte HV berechnet. Mit der Vickershärteprüfung werden meist sehr harte und dünne Oberflächenschichten geprüft. Bei weichen Werkstoffen verlängert sich die Einwirkzeit auf 30 s. Die Prüfbedingungen werden z. B. mit 550 HV 50/30 angegeben **(Bild 1).**

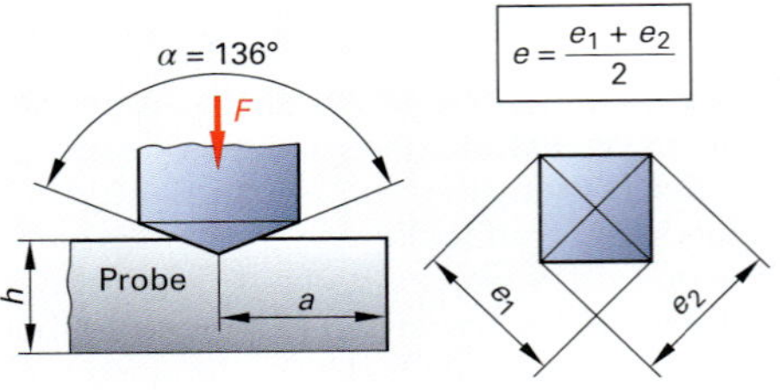

Härtewert nach Vickers

550 HV 50 / 30

- Einwirkdauer der Prüfkraft in s
- 9,81 × Prüfkraftkennziffer = 490,30 N, Prüfkraft in Newton
- Kurzzeichen für Vickershärte
- Wert der Vickershärte

1 Vickershärteprüfung

Härteprüfung nach Rockwell[2)]

Beim Härteprüfverfahren nach Rockwell werden verschiedene Prüfkörper verwendet. Zum Einsatz kommt eine Hartmetallkugel mit 1/16 Zoll oder 1/8 Zoll Durchmesser oder ein Diamantkegel mit 120° Spitzenwinkel. Das Rockwell-Härteprüfprinzip basiert auf dem Prinzip der Tiefendifferenzmessung. Nach dem Aufbringen der Vorlast (F_v) wird das Messsystem auf Null gestellt. Dann wird die Hauptlast (F_p) aufgebracht. Nach einer definierten Haltezeit wird diese Hauptlast wieder entlastet und unter Einwirkung der Vorlast wird die bleibende Eindringtiefe ermittelt (tbl, **Bild 2**). Die Härteprüfverfahren HRB und HRC werden am häufigsten angewandt **(Tabelle 1, Bild 3).**

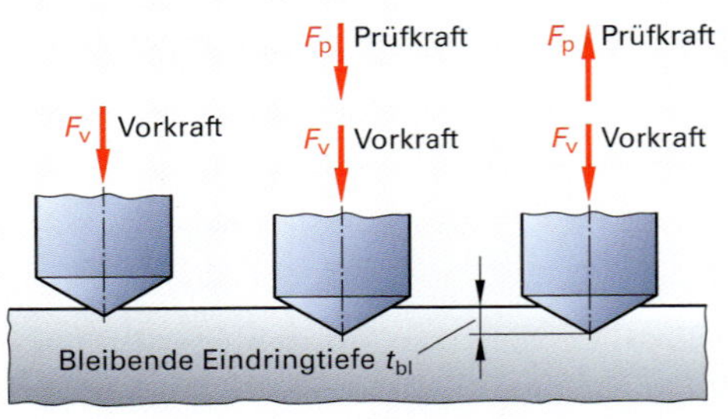

2 Härteprüfung nach Rockwell

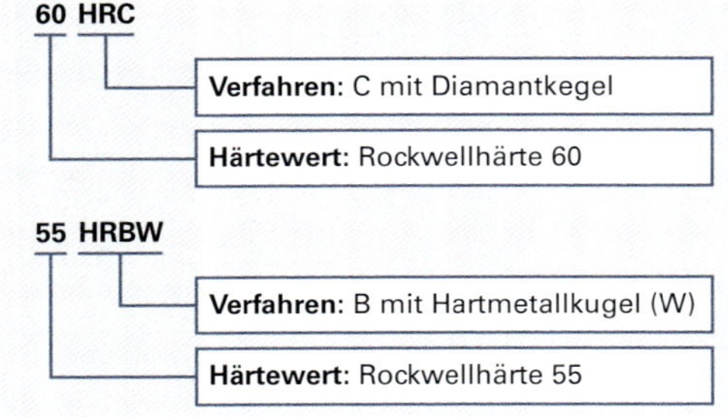

3 Härteangabe nach Rockwell

Tabelle 1: Rockwellskalen

Kurzzeichen	Prüfkörper	Prüfvorkraft in N	Prüfzusatzkraft in N
HRA	Diamantkegel	98,07	490,3
HRB	Hartmetallkugel 1/16"	98,07	882,6
HRC	Diamantkegel	98,07	1373
HRD	Diamantkegel	98,07	882,6
HRE	Hartmetallkugel 1/8"	98,07	882,6
HRF	Hartmetallkugel 1/16"	98,07	490,3
HRG	Hartmetallkugel 1/16"	98,07	1373
HRH	Hartmetallkugel 1/8"	98,07	490,3
HRK	Hartmetallkugel 1/8"	98,07	1373

1) Vickers Limited, britischer Maschinenkonzern
2) Stanley P. Rockwell, amerikanischer Ingenieur, 1886...1940

Zerstörungsfreie Werkstoffprüfung

Durch die zerstörungsfreie Werkstoffprüfung ist es möglich, Werkstücke zu prüfen, ohne dass ihre weitere Verwendung gefährdet wird.

Schwerpunkte dabei sind zum einen das Entdecken von Fehlern im Innern der Werkstücke, wie z. B. Lunker. Dazu dienen die Röntgen- und die Ultraschallprüfung. Zum anderen geht es um das Erkennen von feinen, mit dem Auge nicht erkennbaren Rissen in der Werkstoffoberfläche. Dies kann durch Aufbringen von bestimmten Flüssigkeiten erreicht werden, die Fehler sichtbar machen, oder durch das Nutzen des Magnetismus.

Prüfung mit Röntgenstrahlen

Röntgenstrahlen können metallische Körper durchdringen. Die Röntgenstrahlen werden abhängig von der Dichte des Werkstoffes und der Dicke des Werkstückes gebremst und schwärzen nach dem Durchgang einen Röntgenfilm. Fehler wie Lunker oder Einschlüsse im Werkstück sind durch eine unterschiedliche Schwärzung des Röntgenfilms erkennbar **(Bild 1)**.

Beim Einsatz der Röntgenprüfung sind allerdings Strahlenschutzbestimmungen einzuhalten. Statt mit Röntgenstrahlen kann die Prüfung auch mit Gammastrahlen erfolgen.

Ultraschallprüfung

Das Prinzip der Ultraschallprüfung besteht darin, dass Metalle den Schall leiten und an ihren Begrenzungen und an Fehlstellen (Rissen, Poren, Einschlüssen) reflektieren. Schallwellen mit Frequenzen zwischen 0,5 MHz und 25 MHz werden beim Durchschallungsverfahren durch die Fehlstellen geschwächt und die empfangene Schallintensität deutet auf den Fehler hin. Beim Impuls-Echo-Verfahren werden die vom Fehler reflektierten Schallwellen angezeigt, wodurch eine Ortung des Fehlers möglich ist **(Bild 2 und 3)**.

Farbeindringverfahren

Die Farbeindringverfahren gehören zur Oberflächen-Haarrissprüfung. Es lassen sich mit diesen Verfahren feinste Fehler an der Oberfläche wie Risse, Poren oder Falten erkennen. Auf das zu prüfende Werkstück werden Flüssigkeiten aufgetragen, die wegen der Kapillarwirkung in die Fehlstellen eindringen. Nach Entfernen der Flüssigkeit an der Oberfläche sind die Fehler sichtbar. Durch bestimmte Farben oder auch fluoreszierende Mittel (mit UV-Licht anstrahlen) kann der Effekt noch verstärkt werden **(Bild 4)**.

Magnetpulververfahren

Diese Verfahren lassen sich bei ferromagnetischen Werkstoffen anwenden. Mithilfe von Eisenoxidpulver und einem angelegten Magnetfeld lassen sich Kraftfeldlinien sichtbar machen. Fehler auf oder nahe der Oberfläche stören die Feldlinien und lassen Fehler wie Risse, Einschlüsse oder Härteunterschiede erkennen **(Bild 5)**.

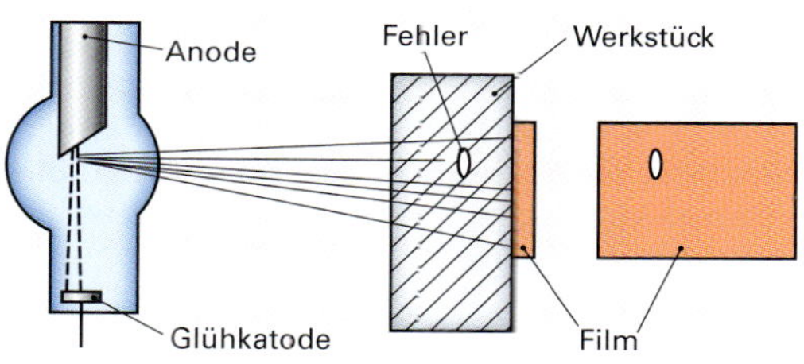

1 Röntgenprüfung

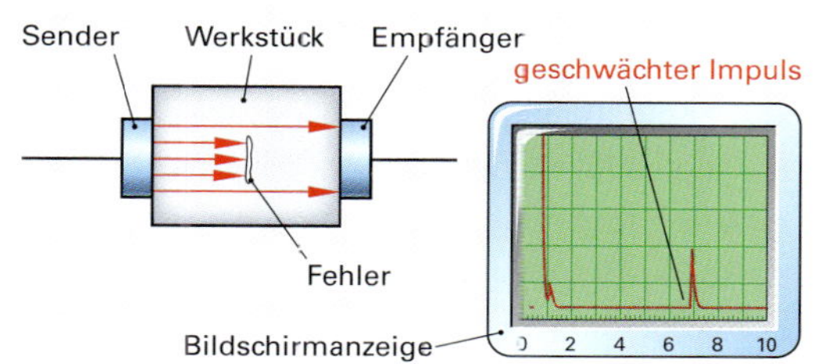

2 Ultraschallprüfung – Durchschallungsverfahren

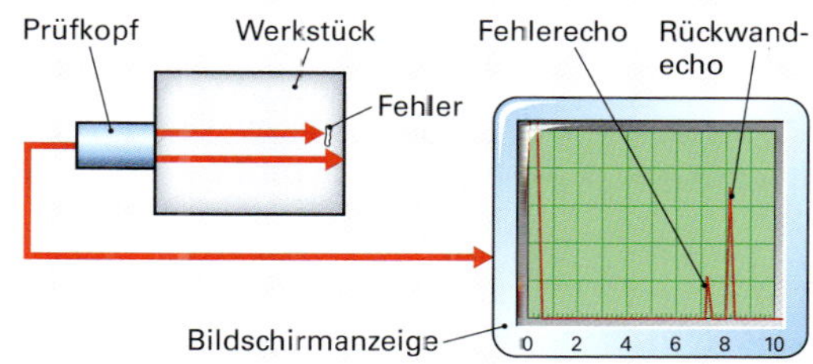

3 Ultraschallprüfung – Impuls-Echo-Verfahren

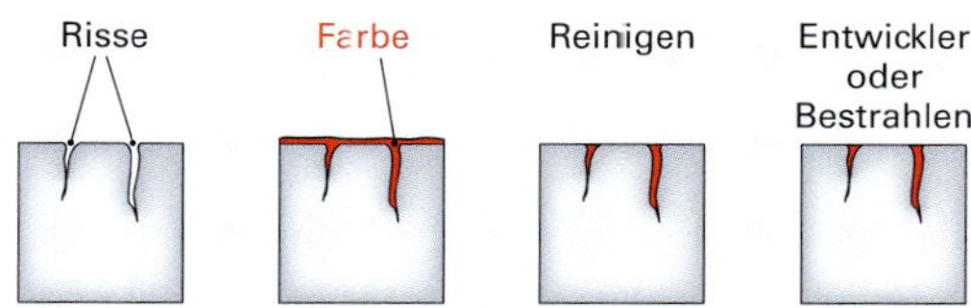

4 Farbeindringverfahren

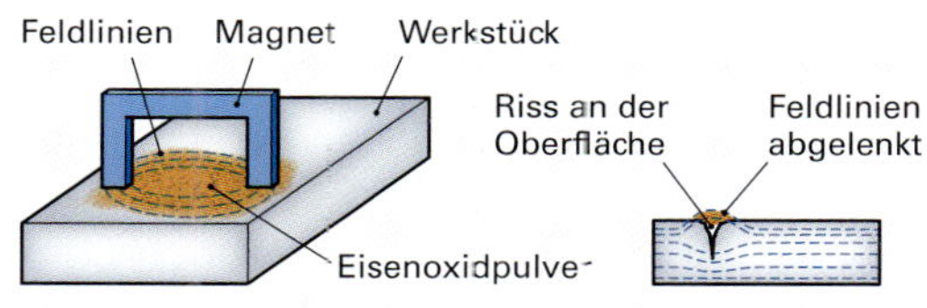

5 Magnetpulververfahren

Werkstoffprüfung von Kunststoffen

Aufgrund des ständig wachsenden Anwendungsspektrums verbunden mit spezifischen Beanspruchungen an die Kunststoffe müssen geeignete Werkstoffprüfmethoden die Betriebssicherheit garantieren. Dazu gehören verfahrenstechnische Untersuchungen, Prüfung mechanischer und physikalischer Eigenschaften und technologische Prüfverfahren.

Zugprüfung

Mithilfe der Zugprüfung können die **Festigkeitswerte** und das **Dehnungsverhalten** von **Kunststoffen** bestimmt werden. Dafür sind eine Einrichtung zur Aufnahme des Spannungs-Dehnungsdiagramms und ein elektronischer Ansetzdehnungsmesser **(Bild 1)** erforderlich.

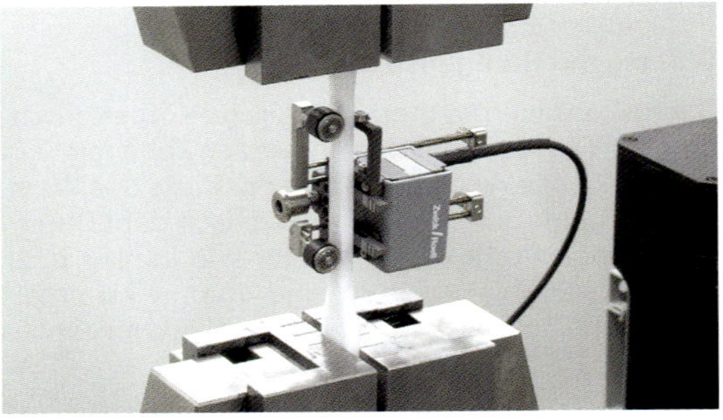

1 **Zugprüfung**

Die Kennwerte, die mit dem Zugversuch ermittelt werden können, sind nach DIN EN ISO 527-1/-2 definiert:

- σ_Y Streckgrenze in MPa
- ε_Y Streckdehnung in %
- σ_M Zugfestigkeit in MPa
- ε_M Höchstdehnung in %
- σ_R Reißspannung in MPa
- ε_R Reißdehnung in %
- E_t Elastizitätsmodul MPa

3 **Zugproben**

Die Zugprüfung ist für alle Kunststoffarten geeignet und unterliegt kunststoffspezifischen verbindlichen DIN-Vorgaben, z.B. Prüfgeschwindigkeit, Probenmenge, Lagertemperatur und Lagerdauer **(Bild 2, 3)**.

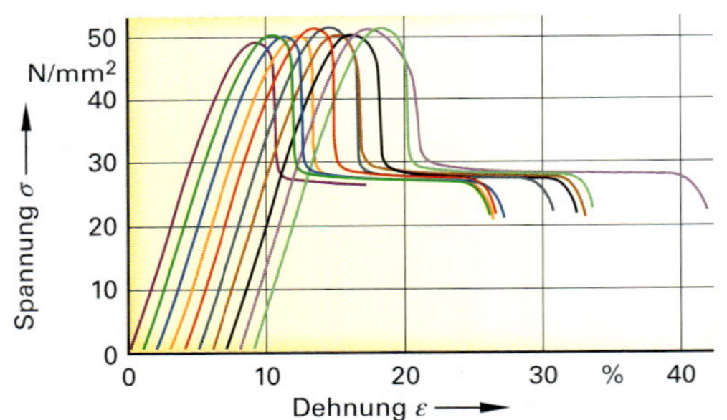

2 **Diagramme von Kunststoffzugprüfungen**

Härteprüfung

Da die Härte eines Werkstoffes als Widerstand gegen das Eindringen eines härteren Körpers definiert ist, muss das viskoselastische Verhalten von Polymeren berücksichtigt werden.

Die Auswahl eines geeigneten Härteprüfverfahrens ist von der zu erwartenden Härte abhängig. Dafür steht die **Härteprüfung nach Shore** oder das **Kugeldruckhärte**-Verfahren zur Verfügung.

Härteprüfung nach Shore

Die Härteprüfung eignet sich für Elastomere bzw. gummielastische Polymere. Ein federnbelasteter Prüfkörper dringt in den Werkstoff ein, dessen Eindringtiefe als Skalenwert 0 Shore … 100 Shore angezeigt wird.

Der Werkstoffkennwert wird nach DIN EN ISO 868 bzw. DIN ISO 7619-1 ermittelt. Die Probenvorbereitung unterliegt Vorgaben nach DIN. Unterschiedliche Prüfkörper und Auflagegewichte werden für die Verfahren Shore-A und Shore-D verwendet **(Bild 4)**.

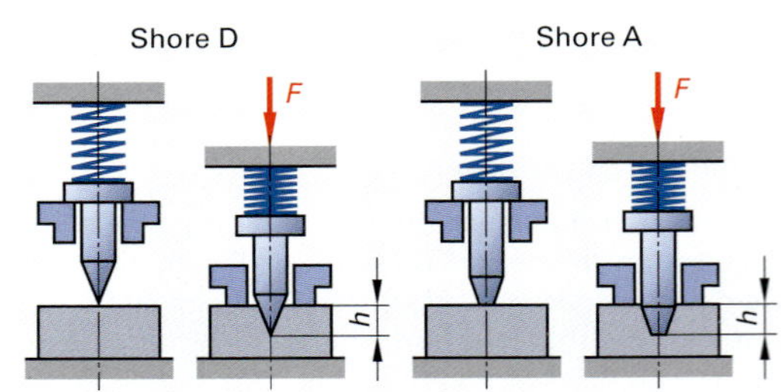

4 **Shore-Härteprüfung**

W8 WÄRMEBEHANDLUNG VON EISENWERKSTOFFEN

Durch spezifische Wärmebehandlungsverfahren kann auf die Optimierung der Zerspanungseigenschaften von Eisenwerkstoffen gezielt Einfluss genommen werden.

Das Eisen-Kohlenstoff-Diagramm

Bei allen Eisenwerkstoffen treten in Abhängigkeit von den einwirkenden Temperaturen und der Kohlenstoffkonzentration charakteristische Gefügearten auf. In einem Eisen-Kohlenstoff-Zustandsdiagramm **(Bild 1)** werden die verschiedenen Gefügearten durch Linien und Buchstaben voneinander abgegrenzt.

Den größten Anteil bei der Bearbeitung von Eisenwerkstoffen nehmen die verschiedenartigsten Stähle ein. Der Kohlenstoffanteil beträgt bis zu 2,06 %. Die Wärmebehandlungstemperaturen reichen bis 1100 °C. Die angestrebten Eigenschaften der Stähle bei der Bearbeitung und Verwendung müssen nach dem Vergießen bzw. nach der Warm- und Kaltumformung durch Wärmebehandlungsverfahren hergestellt werden.

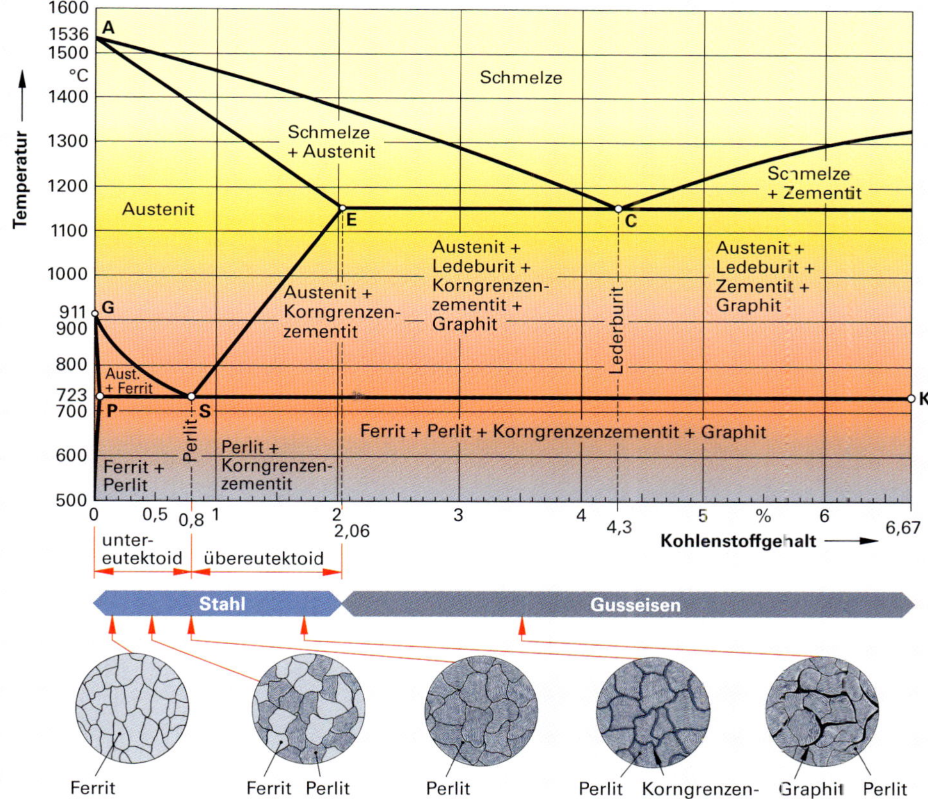

Ferrit (Fe) ist ein Metallgefüge, das (bei Temperaturen unter 911 °C) hauptsächlich aus α-Mischristallen besteht. Werkstoffe mit Ferritgefüge sind weich und besitzen eine geringe Festigkeit.

Perlit ist ein Kristallgemisch aus Ferrit und Zementit (Fe_3C). Perlit hat eine hohe Festigkeit und ist daher spröde. Erhöht sich der Kohlenstoffanteil über die 0,83 % hinaus, bleibt der Perlit unverändert, an den Korngrenzen entsteht dann jedoch Korngrenzenzementit.

Zementit oder auch Eisenkarbid (Fe_3C) ist ein Gefüge, das die Festigkeit des Eisenwerkstoffs erhöht und die Umformbarkeit verringert. Grund hierfür ist seine Härte (HV = 800), die den Zementit verschleißfest, spröde und gut spanbar macht. Der Zementit an den Korngrenzen wird **Korngrenzenzementit** oder Sekundarzementit genannt. Zementit enthält 6,67 % Kohlenstoff.

1 Eisen-Kohlenstoff-Zustandsdiagramm

Wärmebehandlungsverfahren

Bauteile und Werkzeuge aus Stahlwerkstoffen müssen entsprechend dem Verwendungszweck vielfältige Anforderungen an Eigenschaften und Gebrauchsfähigkeit erfüllen. Der Werkstoffzustand und damit die Werkstoffeigenschaften können durch eine gezielte Wärmebehandlung angepasst werden.

Wärmebehandeln bedeutet nach DIN EN 10052, „ein Werkstück ganz oder teilweise Zeit- und Temperatur-Folgen zu unterwerfen, um eine Änderung seiner Eigenschaften und/oder seines Gefüges herbeizuführen.“ Dafür kommen unterschiedliche Verfahren zur Anwendung **(Tabelle 1).** Bei einigen Verfahren wird der Werkstoffzustand über den gesamten Bauteilquerschnitt verändert, wie z. B. beim Glühen, Härten, Anlassen und Vergüten. Bei anderen Verfahren ist nur eine Veränderung der Randschicht gewünscht, wie z. B. beim Randschichthärten, Carbonitrieren und Nitrieren.

Der Ablauf einer Wärmebehandlung lässt sich in einem Zeit-Temperatur-Diagramm darstellen. Diese läuft bei allen Wärmebehandlungsverfahren in drei Schritten ab **(Bild 1)**:

1. Erwärmen auf die erforderliche Temperatur
2. Halten auf der Behandlungstemperatur
3. Abkühlen bzw. Abschrecken auf Raumtemperatur.

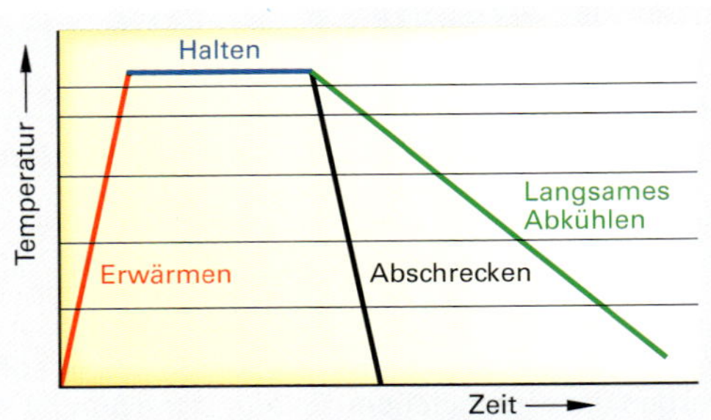

1 Ablauf einer Wärmebehandlung

Ab einer Temperatur von über 723 °C ändert sich der Gefügezustand im Stahl. Die im Perlit vorhandenen Eisenkarbide (Fe_3C, Zementit) zerfallen, und das kubisch raumzentrierte Gitter (krz) des Ferrits wandelt sich in ein kubisch flächenzentriertes Gitter (kfz). Dabei entsteht der Gefügebestandteil Austenit. Im flächenzentrierten Gefüge des Austenits können die aus dem zerfallenen Eisenkarbid freigesetzten Kohlenstoffatome eingelagert werden. Bei langsamer Abkühlung nimmt das Lösungsvermögen des Kohlenstoffs im Austenitgefüge ab und es bildet sich wieder das perlitische Ausgangsgefüge. Bei sehr hoher Abkühlgeschwindigkeit (Abschrecken) wird die Ausscheidung von Karbiden und die Umwandlung in Perlit weitgehend unterdrückt. Es bildet sich ein martensitisches Härtegefüge.

Tabelle 1: Überblick Wärmebehandlungsverfahren

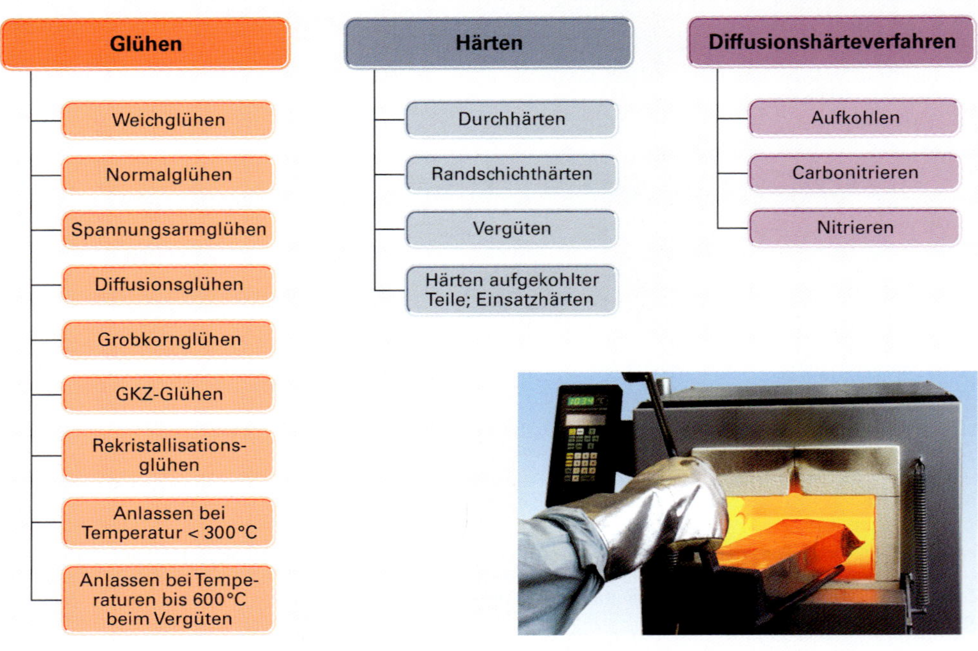

Glühverfahren der Eisenwerkstoffe

Folgende Eigenschaftsänderungen können durch Glühverfahren **(Bild 1)** erzielt werden:

- Die spangebende Bearbeitbarkeit verbessern (Weichglühen, Grobkornglühen)
- Festigkeit erhöhen oder verringern (Vergüten, Normalglühen, Weichglühen)
- Die Auswirkungen der Kaltverformung beseitigen (Spannungsarmglühen, Normalglühen)
- Beseitigen oder Verringern von Seigerungen (Diffusionsglühen)
- Ändern der Korngröße (Normalglühen, Rekristallisationsglühen, Grobkornglühen)
- Beseitigen von Eigenspannungen (Spannungsarmglühen)
- Erzeugen bestimmter Gefügezustände (Normalglühen, Weichglühen, Vergüten)

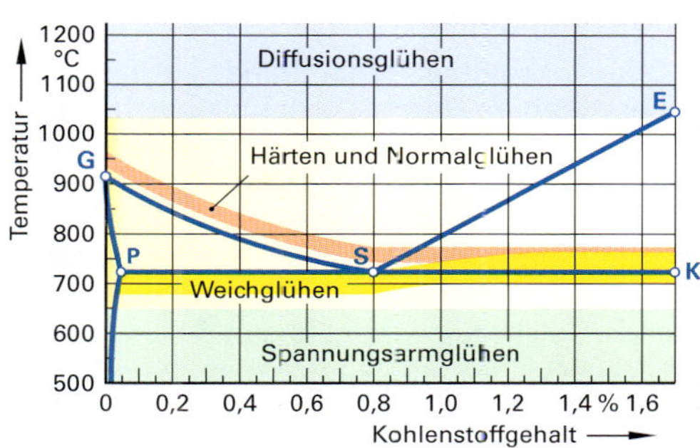

1 Glühtemperaturen

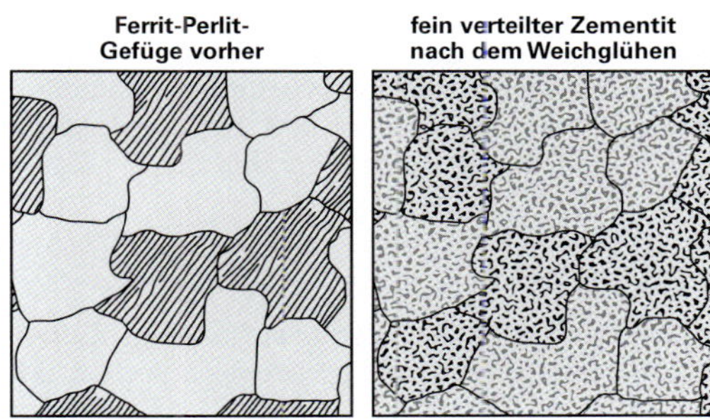

2 Gefügebild Weichglühen

Weichglühen

Die Härte von Stählen kann durch Weichglühen wesentlich verringert werden, z.B. vor der spanenden Bearbeitung. Bei Stählen bis 0,8% C (untereutektoid) wird unterhalb der P-S-Linie im Eisen-Kohlenstoff-Diagramm geglüht. Übereutektoide Stähle (> 0,8% C) werden pendelnd um die S-K-Linie geglüht. Charakteristisch ist die Umwandlung der durchgehend harten Zementitlamellen im Perlit bzw. des Korngrenzenzementits in körnigen Zementit **(Bild 2)**. Weichgeglühte Stähle sind gut zerspanbar, da die Werkzeugschneide den körnig eingelagerten nicht durchtrennen muss.

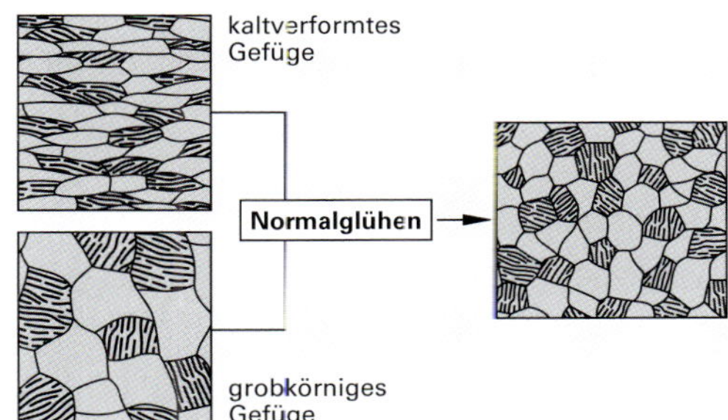

3 Normalgeglühtes Gefüge

Normalglühen

Durch Normalglühen wird ein homogenes feinkörniges Gefüge zur Verbesserung der Gebrauchseigenschaften von Bauteilen erzeugt. Werkstücke, deren Gefüge durch Gießen, Schweißen sowie durch Warm- und Kaltumformung unterschiedliche Gefügestrukturen aufweist, erhalten durch Normalglühen eine normalisierte, gleichmäßige Gefügestruktur **(Bild 3)**. Charakteristisch für das Normalglühen ist eine Kornneubildung. Die Stähle werden ca. 40°C oberhalb der G-S-K-Linie geglüht.

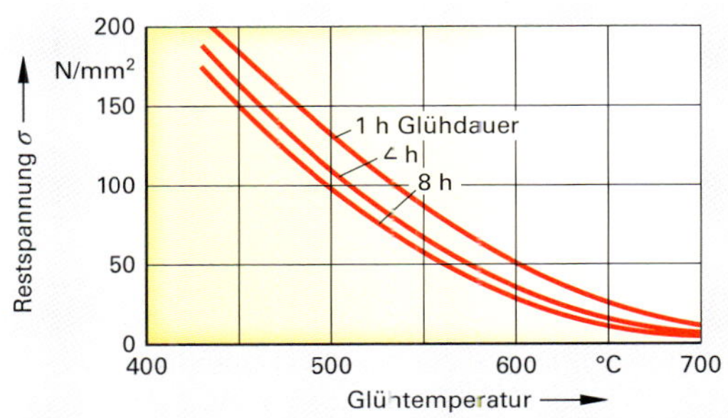

4 Spannungabbau beim Spannungsarmglühen eines unlegierten Stahls in Abhängigkeit von der Glühtemperatur und der Glühdauer

Spannungsarmglühen

Das Spannungsarmglühen ist ein Glühen mit dem Ziel, die Eigenspannungen ohne wesentliche Änderungen des Gefüges und der mechanischen Eigenschaften zu verringern. Die Glühdauer beträgt 1–8 Stunden, die Glühtemperatur ist unterhalb der letzten Anlasstemperatur **(Bild 4)**.

Diffusionsglühen

Das Diffusionsglühen ist ein Glühen bei sehr hohen Temperaturen im Rekristallisationsgebiet oberhalb von 1050 °C. Ziel ist ein Ausgleich von Konzentrationsunterschieden der Gefügebestandteile im Gefüge **(Bild 1)**. Beim Erstarren von Stählen mit hohem Legierungsanteil kann es dazu kommen, dass sich die Legierungselemente nicht homogen im Gefüge verteilen. Solche Konzentrationsunterschiede innerhalb der einzelnen Kristalle werden Kristallseigerungen genannt.

Grobkornglühen

Das Grobkornglühen, auch Hochglühen genannt, findet bei einer Temperatur oberhalb der Härtetemperatur mit einer zweckentsprechenden Abkühlung statt, um ein gröberes Korn (z. B. zur Verbesserung der Zerspanbarkeit) zu erzielen **(Bild 2)**.

GKZ- Glühen

Das GKZ-Glühen ist ein Glühen auf kugelige Karbide. Durch eine Wärmebehandlung etwas unterhalb oder oberhalb der PSK-Linie bei 723 °C, mit anschließender kontrollierter Abkühlung, soll ein Gefügezustand erreicht werden, mit dem eine Umformung der Bauteile bei Raumtemperatur leichter durchführbar ist. Dazu ist ein Gefüge günstig, das weitgehend aus gut verformbarem Ferrit besteht, in dem die harten Karbidbestandteile kugelig eingelagert sind.

Rekristallisationsglühen

Durch das Rekristallisationsglühen wird ein bei der Kaltverformung entstandenes gerichtetes Gefüge wieder umgebildet. Dabei bildet sich bei der für jeden Stahl spezifischen Rekristallistationstemperatur das Kristallgitter neu und der Stahl erhält die verlorene Zähigkeit wieder zurück. Für unlegierten Stahl sind Glühtemperaturen von 500 °C bis 650 °C und für legierte bis hochlegierte Stähle 630 °C bis 750 °C zu wählen. Die Abkühlung sollte möglichst langsam erfolgen.

Anlassen

Eine wesentliche Steigerung der Härte und der Verschleißfestigkeit von Stählen wird durch den Härtevorgang erreicht. Voraussetzungen dafür sind ein Kohlenstoffgehalt > 0,3 %, eine Haltetemperatur ca. 40 °C über der G-S-K-Linie und das Abschrecken aus der Härtetemperatur.

Die Härtezunahme ist die Folge des zwangsweise im α-Eisen gelösten Kohlenstoffs, d. h. im Marten-

Tabelle 1: Zusatzsymbole in der Stahlnormung für den Behandlungszustand (Auswahl)

+A	weichgeglüht
+C	kaltverfestigt, walzen oder ziehen
+N	normalgeglüht
+NT	normalgeglüht und angelassen
+P	ausscheidungsgehärtet
+Q	abgeschreckt
+QA	luftgehärtet
+QO	ölgehärtet
+QT	vergütet
+QW	wassergehärtet
+RA	rekristallisationsgeglüht
+T	angelassen

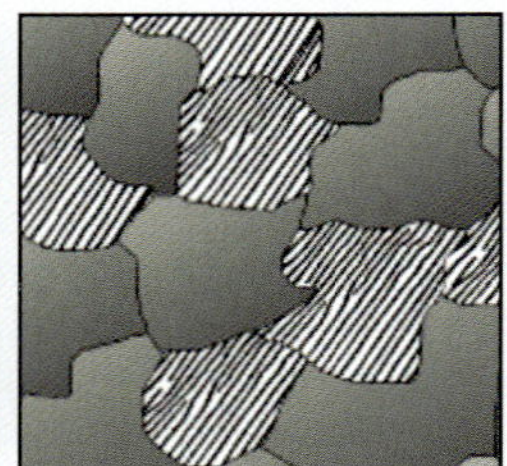

1 Gefügebild Diffusionsglühen

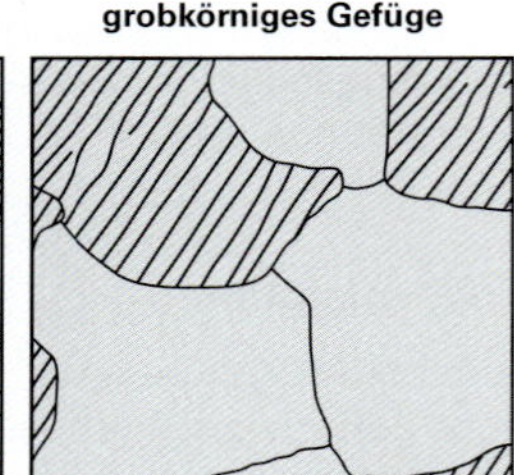

2 Gefügebild Grobkornglühen

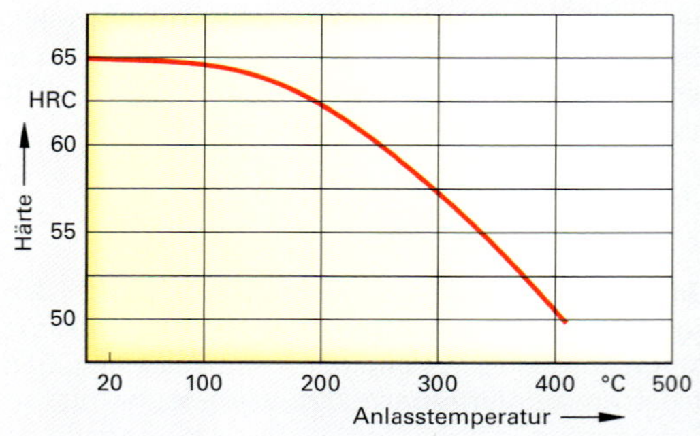

3 Anlassschaubild

sitgefüge. Das anschließende Anlassen von 150 bis etwa 400 °C vermindert die Härte im Werkstück durch Erwärmen und langsames Abkühlen **(Bild 3, vorherige Seite)**. Das Zusatzsymbol in der Stahlnormung für den Behandlungszustand „angelassen" ist **+T (Tabelle 1, vorherige Seite)**.

Härteverfahren für Stahlwerkstoffe

Umwandlungshärteverfahren

Unter Umwandlungshärten versteht man eine Wärmebehandlung, bestehend aus dem Austenitisieren und einem schnellen Abkühlen des Bauteils. Unter solchen Bedingungen, dass eine Härtezunahme durch mehr oder weniger vollständige Umwandlung des Austenits in der Regel in Martensit erfolgt. Für das Umwandlungshärten mit Abschrecken eignen sich Stähle mit einem Anteil von über 0,35% Kohlenstoff. Die Härtbarkeit ist aber entscheidend von der chemischen Zusammensetzung des Stahls abhängig.

Wird Stahl bzw. Perlit (α-Eisen, Fe-Fe_3C, Zementit, Eisenkarbid) auf eine Temperatur oberhalb der GSK-Linie erwärmt, wandelt sich das kubisch-raumzentrierte Kristallgitter (Ferrit-Perlit, krz) in das kubisch-flächenzentrierte Gitter (Austenit, kfz) um **(Bild 1)**. Im kfz-Gitter löst sich mehr Kohlenstoff als im krz-Gitter gebunden werden kann. Durch das anschließend schnelle Abkühlen (Abschrecken) wird der mit Kohlenstoff angereicherte Austenit unterkühlt und damit eine Rückbildung in Zementit, Perlit und Ferrit verhindert. Das Gefüge wird daran gehindert, in das kubisch-raumzentrierte α-Eisen zurückzukehren. Es entsteht ein tetragonal-verzerrtes und kubisch-raumzentriertes, feinkörniges Härtegefüge (Martensit, **Bild 2**). Die Härtesteigerung entsteht durch innere Gefügespannungen und Störungen der kristallinen Gleitebenen durch die eingelagerten Kohlenstoffatome.

Bei der Umwandlungshärtung ist die Einhaltung einer hohen Abkühlgeschwindigkeit besonders wichtig. Dabei bildet sich umso mehr Martensit, je größer die Temperaturdifferenz bzw. die Unterkühlung ist **(Bild 4)**. Die Härtesteigerung hängt dabei von der Auswahl der eingesetzten Abkühlmedien wie Öl, Wasser oder Luft ab. Man spricht von **Durchhärtung,** wenn die Härtesteigerung über den gesamten Bauteilquerschnitt erfolgen soll.

Beim **Randschichthärten** wird nur die Bauteilrandschicht in dem Austenitbereich erhitzt und anschließend mit Wasser abgeschreckt und gehärtet **(Bild 3)**. Zur Anwendung kommen das Induktionshärten, das Flammhärten, das Laserstrahl- und Elektronenstrahlhärten.

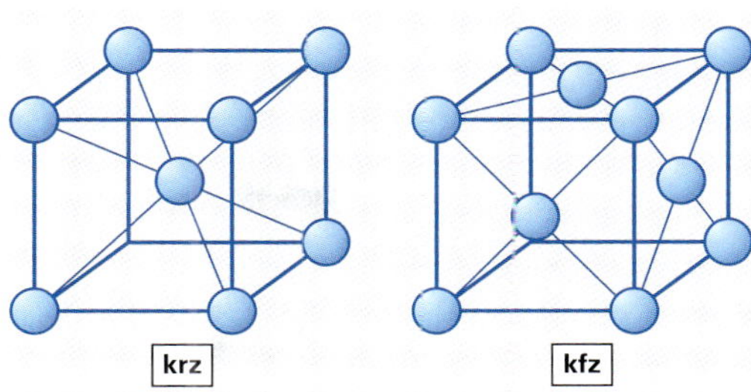

1 Gittertypen

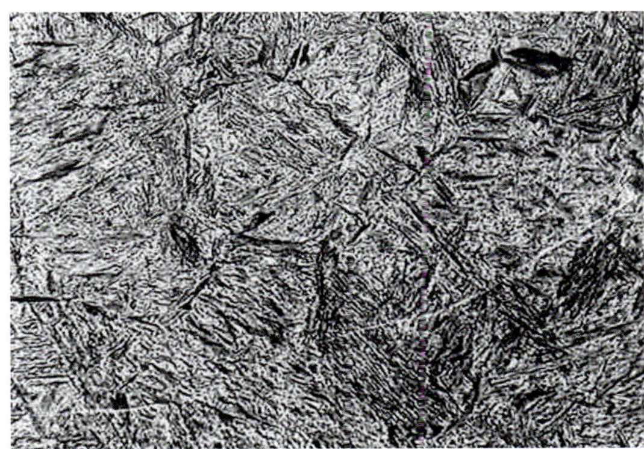

2 Martensitgefüge

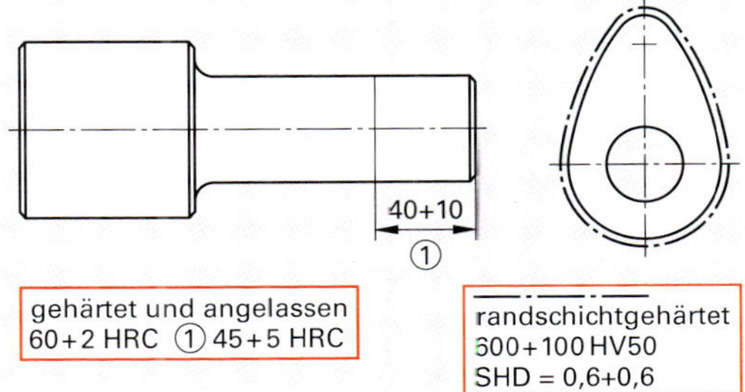

3 Beispiele für Wärmebehandlungsangabe

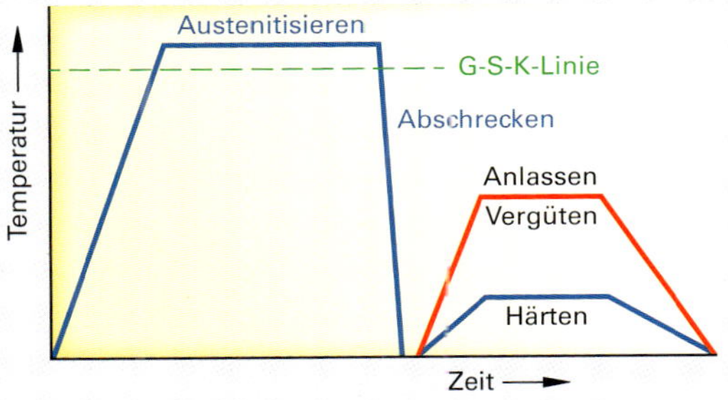

4 Temperatur-Zeit-Diagramm Vergüten

Vergüten

Vergütung ist die Kombination aus Härten und Anlassen bei höherer Temperatur als beim normalen Härten. Beim Vergüten wird der durch das Abschreckhärten entstandene Martensit bei der folgenden Anlassbehandlung in fein verteilte Karbide umgewandelt **(Bild 1)**. Dabei bleibt das feinkörnige Härtegefüge mit einer hohen Werkstofffestigkeit und gleichzeitig hohen Zähigkeit und Bruchdehnung erhalten. Die Härte wird bei Anlasstemperaturen um die 600°C reduziert. Vergütungsstähle haben üblicherweise einen Kohlenstoffgehalt von 0,35 bis 0,6%.

Typische Vergütungsstähle sind C45, 42CrMo4 und 51CrV4. Vergütete Werkstücke haben ein breites Anwendungsspektrum im Maschinen- und Anlagenbau. Sie werden z.B. für Kurbelwellen, Achsen, Pleuelstangen, Bolzen, Schrauben und andere dynamisch belastete Konstruktionsteile verwendet.

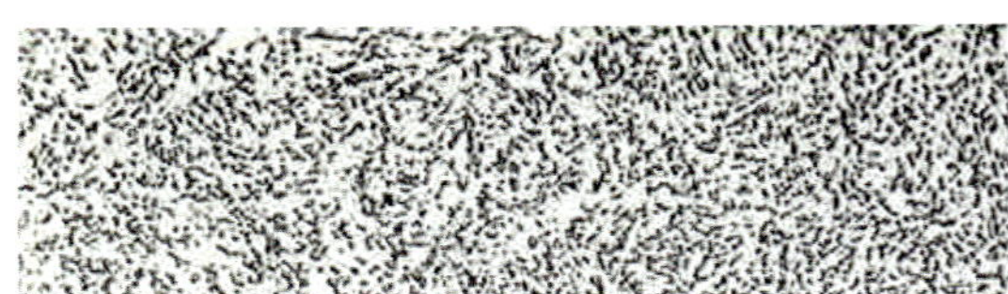

1 Vergütetes Gefüge

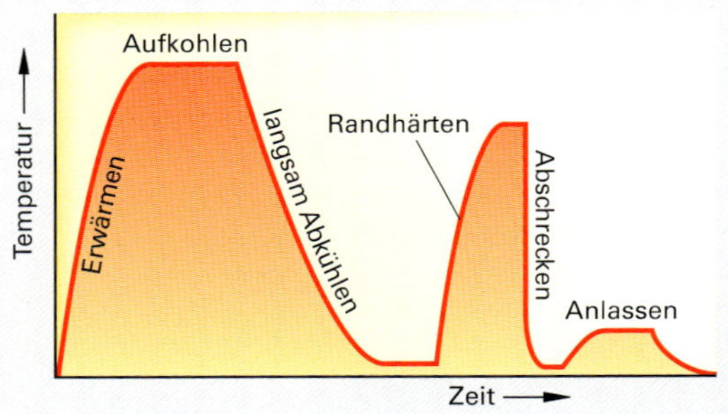

2 Einsatzhärten, Temperatur-Zeit-Verlauf

Diffusionshärteverfahren

Einsatzhärten

Bei diesem Verfahren wird die Randschicht eines Bauteils in einer kohlenstoffhaltigen Atmosphäre (Kohlungsgranulat oder kohlenstoffhaltiges Gas) bei 880°C bis 980°C geglüht und aufgekohlt (Einsetzen). Dabei diffundiert Kohlenstoff in die Randschicht und erreicht je nach Einsetzdauer eine Konzentration bis zu 0,8% und ist damit härtbar. Einsatzstähle sind Baustähle mit verhältnismäßig niedrigem Kohlenstoffgehalt. Sie erhalten durch das Einsatzhärten (**Bild 2**, Aufkohlen, Härten und Anlassen) eine harte Randschicht und behalten einen zähen Kern (**Bild 3 und 4**). Damit werden sie sehr verschleißfest. Beim Direkthärten werden die Bauteile direkt aus der Aufkohlungstemperatur abgeschreckt und anschließend angelassen. Typische Einsatzstähle sind C15E, 17Cr3, 15CrNi6 und 16MnCr5, Bauteile sind Getriebewellen und Zahnräder **(Bild 5)**.

Vorteile des Einsatzhärtens:

- Einstellung der gewünschten Härtetiefe über die Kohlungsdauer.
- Verschleißfestigkeit und Härte der Randschicht werden erhöht, der Kernbereich des Werkstücks bleibt zäh.
- Die Biegewechselfestigkeit und die Dauerfestigkeit des Werkstücks werden erhöht.
- Es kann auch nur ein bestimmter Bereich des Werkstücks aufgekohlt werden. Dabei werden die nicht zu härtenden Bereiche mit einer Paste abgedeckt. Diese bleiben dann beim anschließenden Härten „weich".

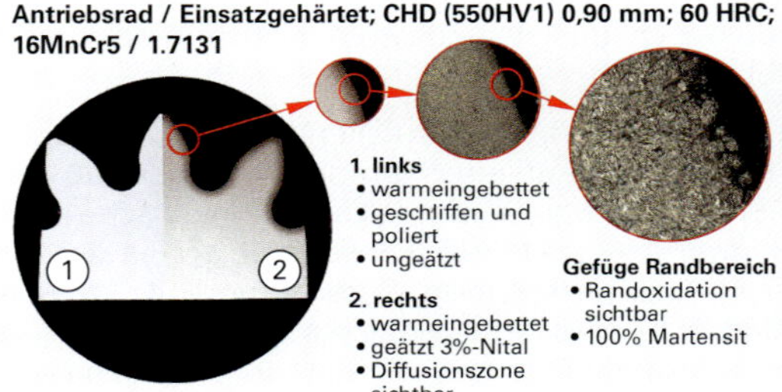

3 Einsatzgehärtetes Zahnrad

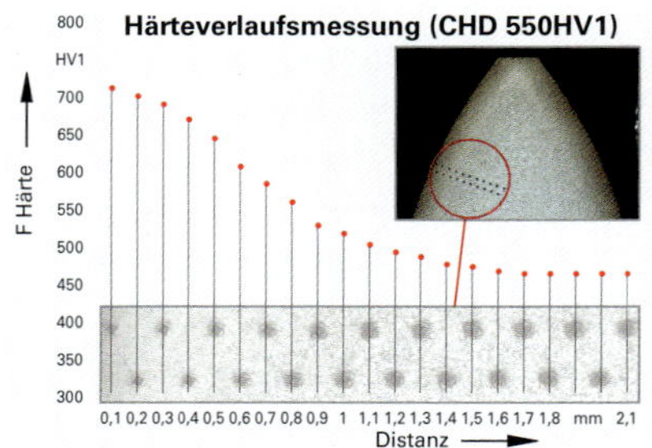

4 Härteverlauf einsatzgehärteter Zahnflanke

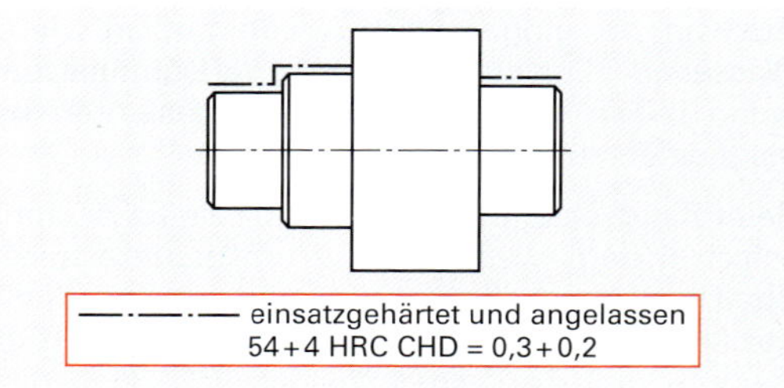

5 Zeichnungsangabe zum Einsatzhärten

Carbonitrieren

Beim Carbonitrieren wird die Randschicht mit Kohlen- und Stickstoff angereichert und die mechanischen Eigenschaften der Bauteilrandschicht (z.B. Verschleiß) verbessert **(Bild 1).** Es nimmt die Mittelstellung zwischen dem Einsatzhärten und dem Nitrieren ein. Die Verfahren sind Gasnitrocarburieren, Plasmanitrocarburieren und Salzbadnitrocarburieren. Die Temperaturen (760 bis 900 °C) sind niedriger als die bei der Einsatzhärtung, jedoch höher als die Temperaturen beim Nitrieren (siehe unten). Es eignen sich unlegierte und niedrig legierte Einsatzstähle sowie Automaten- und Baustähle. Dies sind im allgemeinen Stähle mit Kohlenstoffgehalten unter 0,2 %.

Nitrieren

Die Einlagerung von Stickstoff in der Randschicht bezeichnet man als Nitrieren. Es kommen verschiedene Verfahren zur Anwendung: Gasnitrieren **(Bild 3)**, Plasmanitrieren und Vakuumnitrieren. Je länger die Nitrierdauer, desto größer die Nitrierhärtetiefe. Je höher die Temperatur gewählt wird (Temperaturspannen von 350°C–630°C), desto tiefer kann der Stickstoff bei gleicher Zeiteinheit eindringen. Geeignet sind sowohl unlegierte als auch niedrig und hochlegierte Stähle. Die Messung der Härte erfolgt nach EN ISO 6507 in HV (Vickers), die Messung der Nitrierhärtetiefe (NHD) nach DIN 50190 **(Bild 2).**

Vakuumhärten

Im Vakuumofen **(Bild 4)** können unterschiedliche Wärmebehandlungsverfahren wie z.B. Glühen, Härten und Anlassen durchgeführt werden. Beim Vakuumhärten wird durch Abpumpen der Luft ein Vakuum im Ofen erzeugt. Die Bauteile werden in einem luftdichten, elektrisch beheizten Ofen wärmebehandelt. Das Abschrecken der Teile erfolgt meist durch Einblasen von gasförmigem Stickstoff. Bei Wärmebehandlungen ohne Vakuum oder Schutzgasatmosphäre reagiert der im Ofen vorhandene Luftsauerstoff mit der Werkstückoberfläche durch Oxidation. Bei entsprechend langer Verweilzeit und hoher Härtetemperaturen kommt es ab ca. 600°C zu einer Verzunderung der Werkstückoberflächen. Aus diesem Grund ist bei jeder Erwärmung ab ca. 400°C eine Schutzgasatmosphäre erforderlich. In den meisten Fällen wird Stickstoff als Schutzgas verwendet. Bei höheren Temperaturen (850...1200°C) sind die Werkstücke nach dem Härten im Vakuumofen metallisch blank.

Es eignen sich hochfeste Stähle, Warm- und Kaltarbeitsstähle, rost- und säurebeständige Stähle und HS-Stähle.

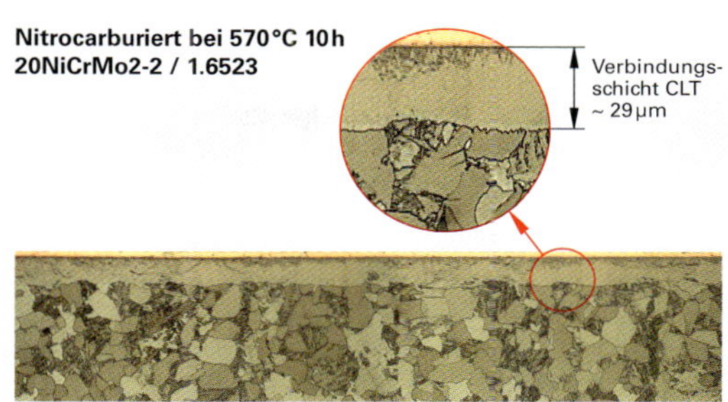

1 **Carbonitrierte Oberflächen**

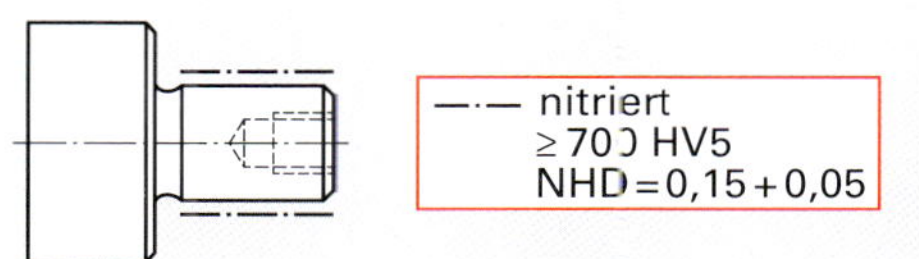

2 **Härteangabe beim Nitrierhärten**

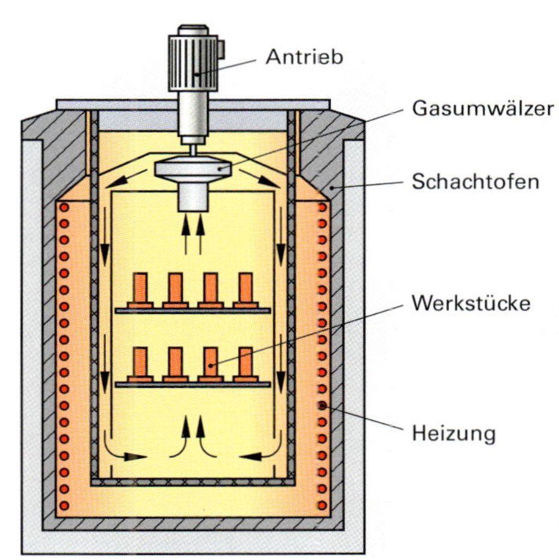

3 **Gasnitrieren**

4 **Vakuumofen**

W9 HALBZEUGE

Der Bedarf an Halbzeugen in Form von Stabstählen, Formstählen, Rohren und Hohlprofilen, Blechen und Bändern sowie Drähten wird durch Anforderungen der Industrie permanent größer **(Bild 1)**. Alle Halbzeuge unterliegen deshalb einer strengen Normierung.

Die Stablängen, die Oberflächengüte, die Geradheitsanforderungen können nur durch geeignete Fertigungsverfahren wie Strangpressen oder spezielle Walzverfahren garantiert werden

1 Halbzeuge

Stahlprofile (Auswahl)

Querschnitt	Benennung Norm	Querschnitt	Benennung Norm	Querschnitt	Benennung Norm	Querschnitt	Benennung Norm
d	**Rundstahl** DIN EN 10060	a	**Vierkantstahl** DIN EN 10059	a, a	**Winkelstahl** DIN EN 10056-1	s, D	**Rundes Hohlprofil** DIN EN 10210-1
s, b	**Flachstahl** DIN EN 10050	b, h	**T-Stahl** DIN EN 10055	a, a	**Quadratisches Hohlprofil** DIN EN 10210-2	h	**Z-Stahl** DIN EN 1027

Bezeichnungsbeispiel für Halbzeug:

Rund DIN EN 10060 – 30 – DIN EN 10083 – 42CrMo4+QT/1.7227

(Rund DIN EN 10060 – 30 = Profil; DIN EN 10083 – 42CrMo4+QT/1.7227 = Werkstoff)

Aluminiumprofile (Auswahl)

Winkel	Winkel	H-Profile	U-Profile	Rundstange	Rohrstange
a, a, b	a, b, c	a, b, c	b, a, c	d	d
stranggepresst, DIN EN 755-9	**stranggepresst,** DIN EN 755-9	**stranggepresst,** DIN EN 755-9	**stranggepresst,** DIN EN 755-9	**stranggepresst,** DIN EN 755-3 **gezogen** DIN EN 754-3	**stranggepresst,** DIN EN 755-7 **gezogen** DIN EN 754-7
Vierkantstange	**Quadratrohr**	**Rechteckstange**	**Rechteckrohr**	**Bleche, Bänder**	**T-Profile**
s	a	s, b	s, b	s	h
stranggepresst, DIN EN 755-4 **gezogen** DIN EN 754-4	**stranggepresst,** DIN EN 754-4	**stranggepresst,** DIN EN 755-4 **gezogen** DIN EN 754-4	**stranggepresst,** DIN EN 755-7 **gezogen** DIN EN 754-7	**gewalzt,** DIN EN 485	**scharf-/rundkantig**

Herstellung von Halbzeugen

Vorprodukte sind unter dem Begriff **Halbzeug** im Handel. Es gibt verschiedene Halbzeugformen, die sich in Form und Abmessungen sowie in der Material- und Oberflächenqualität und der Toleranzklasse unterscheiden. In der Fertigung werden Halbzeuge so gewählt, dass sie in Form und Abmessungen möglichst nah dem herzustellenden Fertigprodukt entsprechen.

Stahlerschmelzung

Das Roheisen aus dem Hochofen **(Bild 1)** enthält noch unerwünschte Begleitstoffe wie Kohlenstoff, Silicium, Schwefel und Phosphor. Diese Bestandteile werden in einem Oxygenstahlkonverter durch Einblasen von Sauerstoff entfernt. Dabei oxidieren die Verunreinigungen und bilden die Schlacke. Um die starke Wärmeentwicklung während des Blasprozesses zu reduzieren, wird bis zu 25 % Schrott beigegeben. Ist der Blasprozesses beendet und der Stahl die erforderliche Temperatur und Legierungszusammensetzung erreicht hat, wird die Schmelze wird über das Abstichloch in eine Stahlpfanne abgegossen.

Strangguss

Beim Lauf durch die Stranggussanlage **(Bild 2)** kühlt der geschmolzene Stahl allmählich ab und erhält die gewünschte Profilform.

Warmwalzen

Die im Stahlwerk hergestellten quadratischen Knüppel werden auf eine Temperatur von etwa 1100°C aufgeheizt und dann in die gewünschte Form gewalzt **(Bild 3)**. Warmgewalzte Profile sind spannungsarm und haben ein gleichmäßiges Gefüge. Sie können direkt, ohne weitere Wärmebehandlung zu Fertigprodukten verarbeitet werden. Die Halbzeuge haben an der Oberfläche eine Zunderschicht (Schwarzstahl).

Kaltwalzen

Warmgewalzte Halbprofile werden in kaltem Zustand fertiggewalzt. Das ermöglicht eine bessere Kontrolle des Verformungsprozesses und im Vergleich zum Warmwalzen höhere Präzision. Kaltgewalzte Halbzeuge besitzen eine metallisch blanke Oberfläche (Blankstahl). Die Abmessungen werden in engen Toleranzen hergestellt. Z.B. Rundstahl im Toleranzfeld h11 bis h6 im Durchmesser.

Kaltziehen

Warmgewalzte Vorprofile werden durch eine verschleißfeste Matrixe gezogen **(Bild 4)**. Dabei entsteht die gewünschte Geometrie des Profils. Beim Kaltziehen kommt es zur Kaltverfestigung des Gefüges und zu einer Festigkeitssteigerung des Werkstoffs.

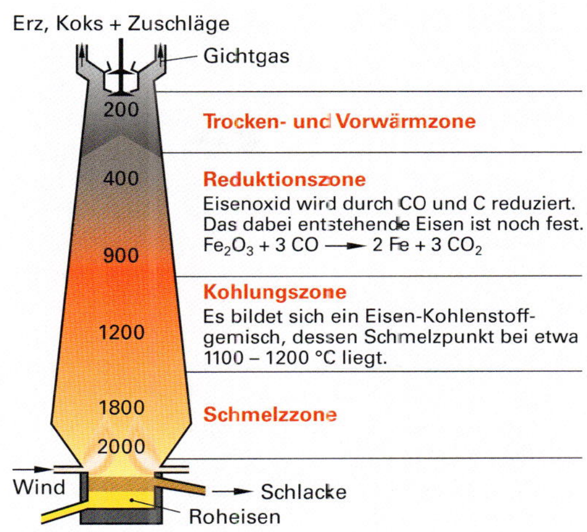

1 **Hochofen**

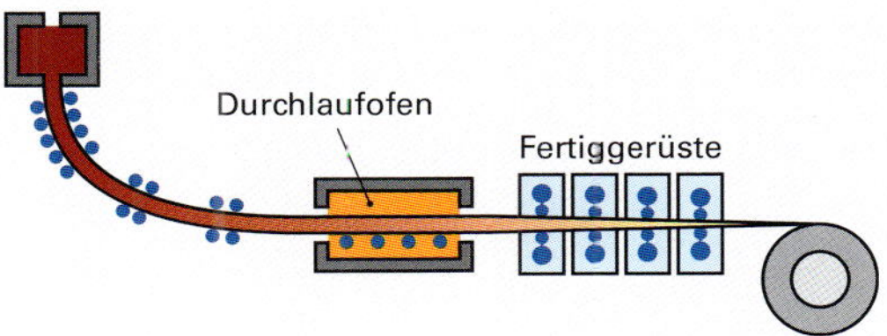

2 **Strangguss**

3 **Warmwalzen**

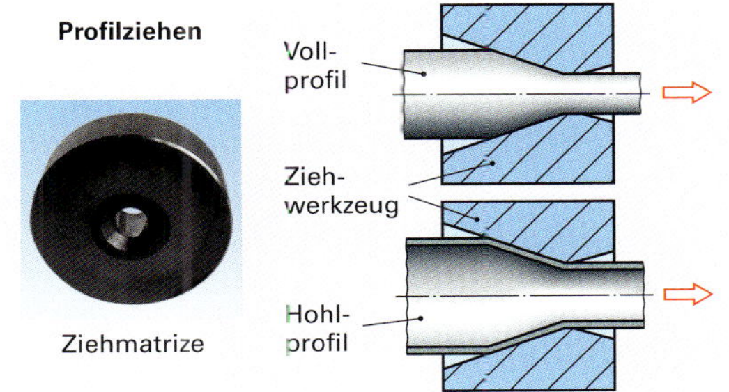

4 **Kaltziehen**

Strangpressen

Beim Strangpressen **(Bild 1)** werden aus massiven oder vorgelochten Werkstoffblöcken aus Stahl-, Aluminium-, Kupfer- und Magnesiumlegierungen komplizierte Voll- und Hohlprofile gepresst **(Bild 2)**. Der Werkstoffblock wird vom Pressenstempel durch die profilgebende Matrizenöffnung gedrückt. Hohlprofile erzeugt man mit einem Dorneinsatz in der Matrizenöffnung. Durch anschließenden Blankzug können Oberfläche und Maßgenauigkeit weiter verbessert werden.

Strangpressen von Stahl und Edelstahl geschieht bei einer sehr hohen Temperatur (ca. 1100 °C). Warmstrangpressen ist ein direkter Prozess: Das gewünschte Produkt wird durch einen einzigen Pressschritt mithilfe eines Werkzeugs gefertigt. Warmstrangpressen ist bei einer Vielzahl von Stahlgüten anwendbar, von Baustahl über Edelstahl bis hin zu Nickel- und Titanlegierungen.

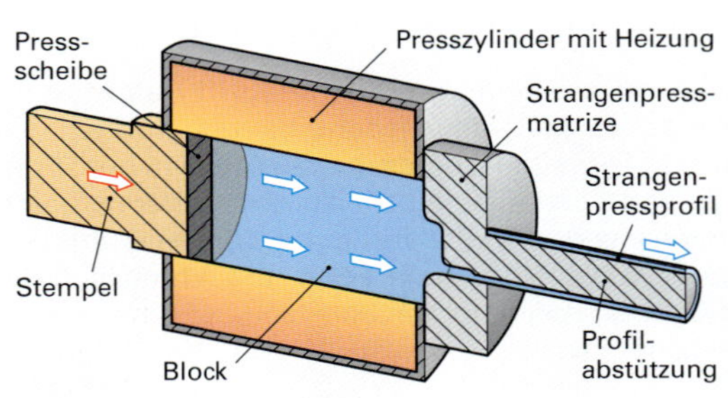

1 Strangpressen

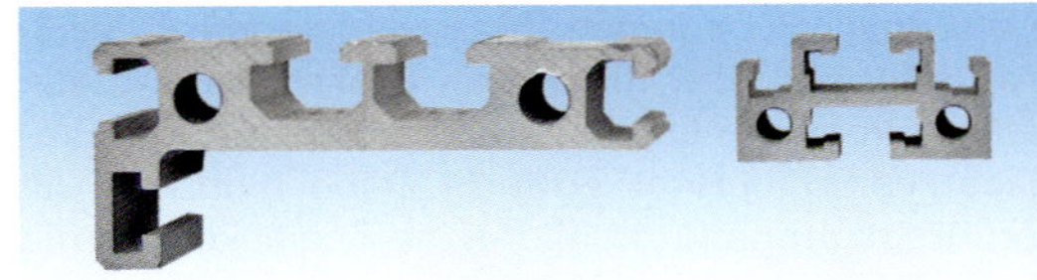

2 Strangpressprofile aus Aluminium

Tabelle 1: Beispiele für Halbzeugbezeichnungen

Profilquerschnitt	Warmgewalzter Stahl mit Bsp. für Werkstoffangabe	Kaltgewalzter Blankstahl mit Bsp. für Werkstoffangabe
Rund (d)	Rund DIN EN 10 060- 30 x 120–DIN EN 10 083 – 42CrMo4+QT/1.7227	Rund DIN EN 10 278 h9 30 x 120–DIN EN 10 277-5 – 42CrMo4+QT/1.7227
Vierkant (a)	Vierkant DIN EN 10 059- 40 x 120–DIN EN 10 025-2 – S235JR/1.0037	Vierkant DIN EN 10 278- 40 x 120–DIN EN 10 277-2 – S235JR/1.0037
Flach (b, s)	Flach DIN EN 10 058- 20 x 60 x 100–DIN EN 10 084 – 16MnCr5/1.7131	Flach DIN EN 10 278- 20 x 60 x 100 –DIN EN 10 277-4 – 16MnCr5/1.7131
	Aluminium stranggepresst mit Bsp. für Werkstoffangabe	**Aluminium gezogen** mit Bsp. für Werkstoffangabe
Rund (d)	Rund DIN EN 755-3- 60 x 250–EN AW – 2017/AlCu4MgSi	Rund DIN EN 754-3- 60 x 250–EN AW – 2017/AlCu4MgSi
Vierkant (a)	Vierkant DIN EN 755-4- 40 x 120–EN AW –3103/AlMn1	Vierkant DIN EN 754-4- 40 x 120–EN AW –3103/AlMn1
Flach (b, s)	Flach DIN EN 755-5- 20 x 60 x 100–EN AW – 6061/AlMg1SiCu	Flach DIN EN 754-5- 20 x 60 x 100 –EN AW – 6061/AlMg1SiCu
Sechskant (s)	Sechskant DIN EN 755-6- 32 x 200–EN AW – 5754/AlMg3	Sechskant DIN EN 754-6- 32 x 200–EN AW – 5754/AlMg3

W10 ZERSPANBARKEIT

Technologische Beschreibung

Der Begriff der **Zerspanbarkeit** oder **Bearbeitbarkeit** ist keine eindeutig definierte, quantitativ zu bewertende Werkstoffeigenschaft. Bei der spanabhebenden Bearbeitung metallischer Werkstoffe stellen sich für die Zerspanung mehr oder weniger günstige oder ungünstige Bedingungen ein **(Bild 1)**. Stähle mit mittlerem Kohlenstoffgehalt sind im Vergleich zu hochlegierten Stählen meist einfacher zu bearbeiten, da die Spanbildung und der Werkzeugverschleiß weniger Schwierigkeiten bereiten. Unterschiedliche Werkstoffeigenschaften, Zusammensetzung und Vorbehandlung eines Werkstoffs beeinflussen die Bearbeitbarkeit eines Werkstoffs ebenso, wie das angewendete Bearbeitungsverfahren und die Werkzeugparameter.

Zur Beurteilung der Zerspanbarkeit werden häufig Prozessbeobachtungen wie Spanbildung, Zerspanungskräfte, Aufbauschneidenbildung und Verschleißkenngrößen wie die Verschleißmarkenbreite VB oder der Kolkverschleiß K herangezogen. Werkstückbezogene Qualitätskriterien wie die Oberflächengüte und die Maßhaltigkeit, aber auch wirtschaftliche Bewertungsgrößen wie Werkzeugstandzeit bzw. Standmenge und die Zerspanungskosten dienen als aussagefähige Vergleichsmöglichkeiten.

Zerspanbarkeit der Stahlwerkstoffe

Bei unlegierten und niedriglegierten Stählen wird die Zerspanbarkeit im Wesentlichen durch den Kohlenstoffgehalt und die damit zusammenhängende Gefügezusammensetzung bestimmt.

Im ungehärteten Zustand setzt sich das Gefüge aus den Grundbestandteilen

- Ferrit (α-Eisen),
- Zementit (Fe_3C, Eisenkarbid) und
- Perlit

zusammen, die die Zerspanbarkeit des Stahls direkt beeinflussen **(Bild 2)**.

Ferrit: besteht aus reinem Eisen und besitzt bei geringer Härte und Festigkeit eine hohe plastische Verformungsfähigkeit und kann deshalb als weich und gut verformbar bezeichnet werden.

Zementit: ist mit einem C-Gehalt von 6,6% der härteste Gefügebestandteil. Durch seine hohe Härte (1100 HV10) wirkt sich bereits ein geringer Fe_3C-Anteil in der Gefügematrix negativ auf die Standzeit des Werkzeugs aus.

Perlit: ist mit einem C-Gehalt von 0,8% eine eutektoide Mischung aus 87% Ferrit und 13% Zementit. Entsprechend dem Lösungsgleichgewicht lagert sich Zementit streifenförmig (lamellar) im Ferrit ab.

Entsprechend ihrer Anwendungseignung werden Stahlwerkstoffe eingeteilt in:

- Automatenstähle,
- Einsatzstähle,
- Vergütungstähle,
- Nitrierstähle,
- Werkzeugstähle,
- Nichtrostende Stähle.

Zerspanbarkeit unlegierter, untereutektoider Stähle (Kohlenstoffgehalt < 0,8%)

Die Bearbeitbarkeit von Stählen mit Kohlenstoff-Gehalten **unter 0,25%** wird überwiegend durch die Zerspanungseigenschaften des reinen Ferrits bestimmt. Das kubisch-raumzentrierte Eisenkristall (krz) des α-Eisens erzeugt aufgrund seiner großen plastischen Verformungsfähigkeit an der bearbeiteten Werkstückoberfläche größere Oberflächenrauigkeiten und führt beim Schneidenaustritt durch die Werkstoffverdrängung häufig zur Gratbildung am Werkstück. Die bereits bei niederen Schnittgeschwindigkeiten zu beobachtende Neigung zur Aufbauschneidenbildung kann aufgrund der Weichheit der ferritischen Stähle durch positive Schneidengeometrie (Spanwinkel $\gamma = 6°...10°$), durch den Einsatz geeigneter Kühlschmierstoffe und durch höhere Schnittgeschwindigkeit bei vergleichsweise guten Standzeiten deutlich reduziert werden.

P, Langspanende Stahlwerkstoffe	P, Langspanende Stahlwerkstoffe	K, Gusseisen
N, Nichteisenmetalle	S, Sonderlegierungen und Titan	H, Harte Werkstoffe

① Schnittwerte hoch ② Spanbildung gut
③ Standzeit hoch ④ Schnittwerte hoch
⑤ Spanbildung gut ⑥ Schnittflächenrauigkeit gering

1 Beurteilung der Zerspanbarkeit

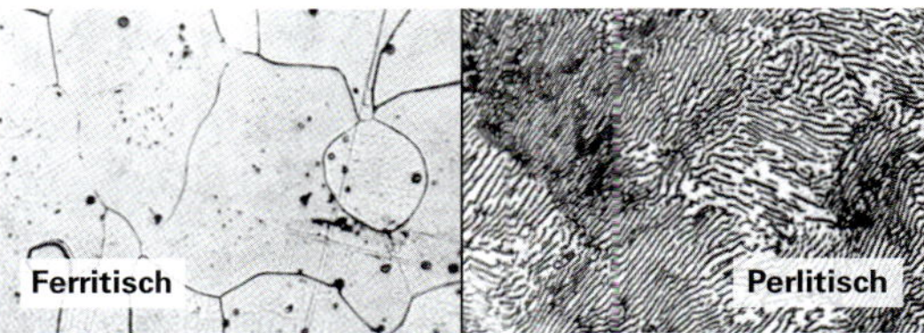

2 Ferritisches[1] und perlitisches[2] Stahlgefüge

[1] von lat. ferrum = eisen, ferritisches Gefüge = fast kohlenstofffreies Eisenkristallgefüge
[2] von engl. pearl-like luster = perlengleiche Glanz

Mit zunehmendem Kohlenstoffgehalt **(0,25% < C < 0,8%)** nimmt der Anteil der perlitischen Gefügebestandteile zu. Bei einem C-Gehalt von 0,8% liegt ausschließlich Perlit (eutektisches Gefüge) in der Gefügematrix vor. Die Zerspanungseigenschaften werden überwiegend durch den Perlitanteil bestimmt.

Die sich verringernde plastische Verformungsfähigkeit verbessert die Oberflächengüte und erzeugt günstigere Spanformen. Die Gratbildung beim Schneidenaustritt und die Bildung der Aufbauschneide werden geringer. Die harten Zementitlamellen im Perlitgefüge erzeugen eine abrasive Verschleißwirkung und damit einen größeren Werkzeugverschleiß. Die auf der Spanfläche wirkenden größeren Umformungskräfte führen durch Abrasions- und Diffusionserscheinungen bei unbeschichteten Schneidstoffen (HSS, HM) frühzeitig zum Standzeitende durch Auskolkung. Zur Zerspanung dieser Stähle eignen sich mit Titankarbid (TiC) und Titannitrid (TiN) beschichtete Schneidstoffe.

Zerspanbarkeit unlegierter, übereutektoider Stähle (Kohlenstoffgehalt 0,8% bis 2,06%)

Bei diesen Stählen ist das Lösungsgleichgewicht zwischen Ferrit und Zementit in Form von perlitischem Gefüge vollständig erreicht und bei mehr als 0,8% Kohlenstoff überschritten **(Bild 1)**. Hierbei scheidet sich der überschüssige Kohlenstoff schalenförmig als Zementit (Fe_3C) an den Korngrenzen des Perlits (Korngrenzenzementit) im Gefüge aus. Dieser härteste Gefügebestandteil wirkt auf die Werkzeugschneide zusätzlich abrasiv.

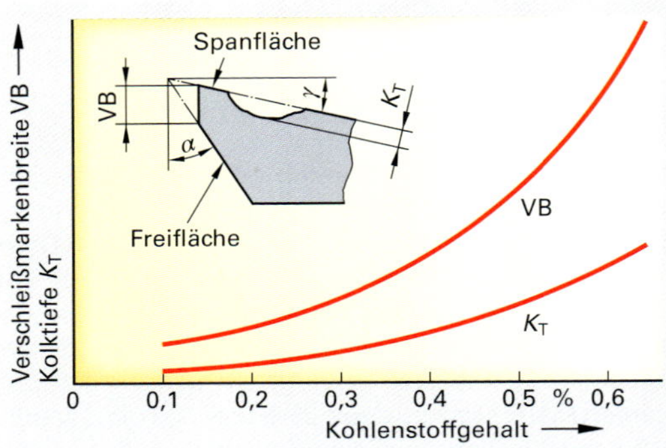

1 **Werkzeugverschleiß**

Tabelle 1: Einfluss auf die Zerspanbarkeit

Legierungselement	Einfluss	Legierungselement	Einfluss
Kohlenstoff C < 0,3%, C > 0,6% 0,3% < C < 0,6%	↓ ↑	Nickel bei Perlit	↓
		Nickel bei Austenit	↓↓↓
		Wolfram	↓↓
Silizium	↓	Vanadium	↓
Mangan bei Perlit	↓	Molybdän	↓
Mangan bei Austenit	↓↓↓	Schwefel	↑↑↑
		Phosphor	↑↑
Chrom	↓		

↑ verbessernder Einfluss, ↓ verschlechternder Einfluss

Legierter Stahl

Einfluss der Legierungselemente

Neben dem wichtigsten Legierungselement im Stahl, dem Kohlenstoff, beeinflussen eine Reihe anderer Legierungselemente die mechanischen Eigenschaften und die Zerspanbarkeit dieses Werkstoffs **(Tabelle 1)**. Die überwiegende Anzahl der Legierungselemente im Stahl verschlechtern seine Bearbeitbarkeit. Ausnahmen sind Phosphor (P) und Schwefel (S), die insbesondere bei Automatenstählen die Verformungsfähigkeit reduzieren und deshalb günstige Spanformen und gute Oberflächengüten ermöglichen. Elemente wie Chrom, Molybdän, Vanadium und Wolfram wirken härtesteigernd und bilden vor allem bei Stählen mit höheren Kohlenstoffgehalten sehr harte Mischkarbide aus, die bei der Zerspanung sehr großen Werkzeugverschleiß verursachen.

Automatenstähle. Als Automatenstähle bezeichnet man Werkstoffe, die bei der spanenden Bearbeitung kurzbrüchige Späne mit geringer Spanstauchung und gute Werkstückoberflächen ergeben sowie geringen Werkzeugverschleiß verursachen. Gebräuchliche Automatenstähle sind 11SMnPb30, 35S20 oder 44SMnPb28.

Einsatzstähle. Unter dem Einsetzen des Werkstoffs versteht man eine Glühbehandlung in kohlenstoffreicher Atmosphäre. Dabei diffundiert Kohlenstoff in die Randschicht des Werkstoffs und bewirkt dort eine Härtesteigerung. Da das Gefüge dieser Stähle vorwiegend aus Ferrit und nur wenig Perlit besteht, ist der Verschleiß an der Werkzeugschneide gering. Häufig verwendete Einsatzstähle sind C15E, 16MnCr5 oder 17NiCrMoS6-4.

Vergütungsstähle. Aus Vergütungsstählen werden Konstruktionsteile hergestellt, die hohen mechanischen Beanspruchungen ausgesetzt sind. Mit Kohlenstoffgehalten von 0,2% bis 0,5% haben Vergütungsstähle höhere Festigkeiten als Einsatzstähle und sind härtbar. Vergütungsstähle, die häufig mit spanabhebenden Verfahren bearbeitet werden sind C45E, 41CrS4, 42CrMo4 oder 36NiCrMo16.

Nitrierstähle. Der Kohlenstoffgehalt der Nitrierstähle liegt bei 0,2% bis 0,45%. Nitrierstähle sind wegen der besseren Härtbarkeit mit Chrom und Molybdän sowie wegen der Nitridbildung mit Aluminium und Vanadium legiert. Durch Nitrierhärten wird durch Einlagerung von Metallnitriden eine dünne, harte und verschleißfeste Oberfläche erzeugt. Typische Nitrierstähle sind 31CrMo12, 34CrAlMo5-10 oder 34CrAlNi7-10.

Nichtrostende Stähle

Korrosionsbeständige Stähle stellen innerhalb der hochlegierten Stähle eine eigene Werkstoffgruppe. Hauptlegierungselement mit meist über 12 % ist Chrom, der die Korrosionsbeständigkeit und Festigkeit des Stahls deutlich verbessert. Daneben werden noch andere Legierungszusätze wie Nickel und Molybdän eingesetzt, um die mechanischen Eigenschaften und damit den Anwendungsbereich dieser Stähle zu erweitern. Allgemein verschlechtert sich die Bearbeitbarkeit von Rostfreien Stählen mit zunehmendem Chromgehalt. Kohlenstoffgehalte über 0,8 % verursachen durch zunehmende Karbidbildung eine stark abrasive Wirkung auf die Werkzeugschneide. Mit verstärkter Karbidbildung der Legierungselemente mit Kohlenstoff sinkt der Anteil des Restkohlenstoffs in der Stahlmatrix, was die Neigung zur Aufbauschneidenbildung steigert.

Bei der Zerspanung nichtrostender Stähle gelten insbesondere die austenitischen Stähle **(Tabelle 1)** als schwierig zu bearbeiten. Die Spanbarkeit dieser

Tabelle 1: Bearbeitungsgruppen nichtrostender Stähle

Automatenstähle		Standardstähle mit verbesserter Spanbarkeit	
X14CrMoS17	1.4104	X5CrNi18-10	1.4301
X6CrMoS17	1.4105	X2CrNi19-11	1.4306
X8 CrNiS18-9	1.4305	X2CrNi18-9	1.4307
X46Cr13	1.4034	X6CrNiTi18-10	1.4541
X46Cr13	1.4035	X5CrNiMo17-12-2	1.4401
X2CrNiMo18-14-3	1.4435	X2CrNiMo17-12-2	1.4404
X6CrNiCuS18-9-2	1.4570	X5CrNiMoTi17-12-2	1.4571

Ferritisch

Austenitisch

1 Gefügearten

Stähle wird durch die hohe Kaltverfestigungsneigung, die niedrige Wärmeleitfähigkeit und die gute Zähigkeit ungünstig beeinflusst. Das wichtigste Element, das zur Verbesserung der Spanbarkeit bei nichtrostenden Stählen beiträgt, ist Schwefel.

Je nach Anteil der Legierungselemente und nach dem Kohlenstoffgehalt werden korrosionsbeständige Stähle entsprechend ihrem Gefügeaufbau **(Bild 1)** eingeteilt in:

- **Ferritisch** 12 % bis 30 % Cr, Ni, Mo, C < 0,2 %

Die ferritische Gefügematrix niedriggekohlter Stähle wird durch alleiniges Zulegieren von Chrom unwesentlich beeinflusst. D.h. Nichthärtbare Rostfreie Chromstähle (z.B. X6Cr13, X6CrMo17-1, X2CrMoTi18-2) haben ähnliche Zerspanbarkeitseigenschaften wie unlegierte Stähle mit niedrigem C-Gehalt (bei 13 % Chrom C < 0,06 %, bei 30 % Chrom C < 0,25 %). Durch die Bildung von Chrom-Karbiden in der Gefügematrix erhöhen sich die Festigkeitswerte geringfügig.

- **Martensitisch** 12 % bis 20 % Cr, 2 % bis 4 % Ni, 0,2 % < C < 1,0 %

Ferritische Chromstähle mit einem C-Gehalt über 0,2 % sind härtbar und bilden nach dem Härteprozess eine martensitische Gefügestruktur aus. Entsprechend dem höheren Kohlenstoffanteil steigt auch die Menge der Cr-Karbide in der ferritischen Matrix. Durch die auf die Werkzeugschneide stark abrasiv wirkenden Karbide verschlechtern sich auch die Zerspanungsbedingungen. Die Bearbeitung dieser Stähle (z.B. X12Cr13, X39Cr13, X3CrNiMo13-4) erfolgt meist vor dem Härten.

- **Austenitisch** 12 % bis 30 % Cr, 7 bis 25 % Ni, C < 0,08 %

Durch Zulegieren größerer Mengen Nickel bildet sich im Rostfreien Stahl ein unmagnetisches, austenitisches Gefüge aus. Austenitische Stähle mit 18 % Chrom und 8 % Nickel (Typ 18/8) werden aufgrund ihrer guten Korrosionsbeständigkeit vor allem im Apparate- und Anlagenbau eingesetzt.

Säurebeständige Stähle werden zusätzlich mit Molybdän legiert (z.B. X10CrNi18-8, X6CrNiTi18-10X2CrNiMoN17-13-3). Im Vergleich zu unlegierten Kohlenstoffstählen hat insbesondere austenitischer korrosionsbeständiger Stahl bei hoher Warmhärte eine geringe Wärmeleitfähigkeit. Dies bedeutet, dass während der Bearbeitung vom Werkstoff selbst nur wenig Wärme aufgenommen wird. Dadurch entsteht in der Scherzone eine beträchtliche Zerspanungswärme, die zum größten Teil mit dem abfließenden Span über die Spanfläche des Schneidwerkzeugs abgeführt wird. Für eine verschleißarme Zerspanung sollte die Schneidkanten- und Spanflächentemperatur durch eine wirkungsvolle Kühlung reduziert werden.

Bei der Zerspanung von metallischen Werkstoffen verformt sich der Werkstoff aufgrund des großen Schnittdruckes in der Scherzone abhängig von den mechanischen Eigenschaften zu einem geringen Teil plastisch. Diese Kaltverformung vor der Schneidkante verursacht einen Kaltverfestigungseffekt im Werkstoffgefüge (Verformungshärten). Während sich das Verformungshärten bei Rostfreien Stählen mit ferritischer und martensitischer Gefügematrix, bei unlegierten und niedriglegierten Kohlenstoffstählen wegen der geringen Kaltverfestigung beim Zerspanungsvorgang kaum auswirkt, tritt dieser Effekt aber bei Stählen mit austenitischem Gefüge negativ in Erscheinung. Die Ursache für die Härtesteigerung in der Schnittzone liegt in der Umwandlung des weichen und metastabilen austenitischen Gefüges, in ein martensitisches Gefüge bei hoher Verformungsgeschwindigkeit. Aus diesem Grund sollten austenitische rostfreie Stähle mit geringeren Schnittgeschwindigkeiten und höherem Vorschub bearbeitet werden.

Gusseisenwerkstoffe

Eisen-Kohlenstoff-Legierungen mit einem C-Gehalt von über 2% werden als Gusswerkstoffe bezeichnet. Entscheidend über die Eigenschaften und den Verwendungszweck von Gusswerkstoffen ist die Graphitausbildung im Gefüge.

Je nach Form und Größe der Graphitkristalle **(Bild 1)** unterscheidet man die Haupt-Gusstypen:

- Grauguss (GJL),
- Kugelgraphitguss (Sphäroguss) (GJS),
- Vermicular-Graphitguss (GJV),
- Temperguss (GJM),
- Legierter Guss und Hartguss.

Verantwortlich für die Gefügeausbildung im Guss ist die Abkühlgeschwindigkeit aus der Schmelze und die Legierungsbestandteile wie Silizium und Mangan. Bei langsamen Abkühlgeschwindigkeiten haben die C-Atome genügend Zeit zur Bildung zusammenhängender, freier Graphitbereiche im Gefüge. Steht diese Zeit aufgrund schneller Abkühlung nicht zur Verfügung, bildet sich überwiegend Zementit (Fe_3C) in einem perlitischem Grundgefüge.

Graphit bildet sich vorwiegend durch Zulegieren von Silizium und bei langsamer Abkühlung. **Zementit** bildet sich vorwiegend durch Zulegieren von Mangan und bei schneller Abkühlung.

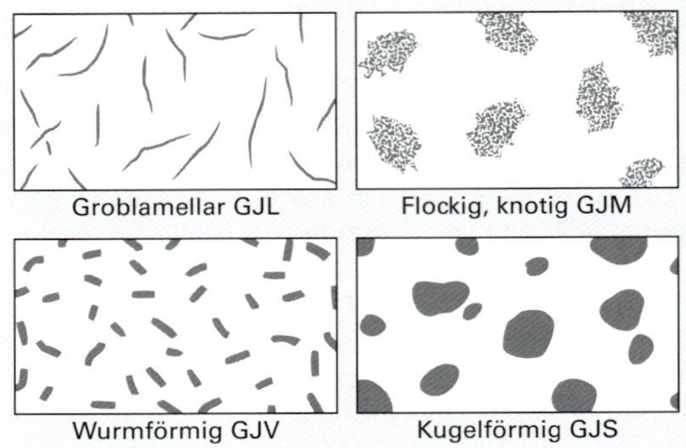

1 **Graphitausbildung (schematisch) bei Gusseisenwerkstoffen**

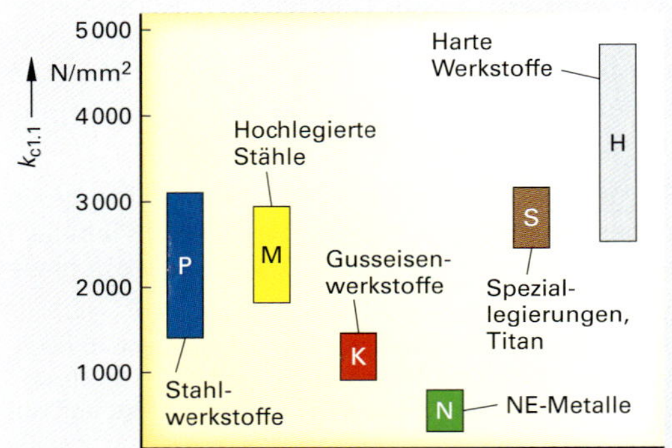

2 **k_c-Werte für ISO-Werkstoffgruppen**

Gusseisen mit Kugelgraphit — **vgl. DIN EN 1563**

Wirkstoff-Nr.	DIN-Bezeichnung	Dehngrenze $R_{p0,2}$ in N/mm²	Zugfestigkeit R_m in N/mm²	Bruchdehnung A in %	Härte HBW 30	E-Modul x 1000 in N/mm²
EN-JS1010	EN-GJS-350-22	220	350	22	110…150	165…175

Da Gusswerkstücke selten in allen Querschnittsbereichen konstante Wanddicken haben, bilden sich durch die unterschiedlichen Abkühlgeschwindigkeiten der Wandstärken zwangsläufig verschiedene Gefügebereiche aus, die die Eigenschaften und die Zerspanbarkeit stark beeinflussen.

Je nach Wanddicke und Abkühlgeschwindigkeit bildet sich eine ferritische Grundmatrix mit eingelagerten Graphitbereichen (ferritischer Grauguss), Mischformen mit steigendem Perlitanteil (Perlitguss) bis hin zu graphitfreiem Hartguss (Weißguss). Neben der Abkühlgeschwindigkeit beeinflussen verschiedene Legierungselemente die Kristallisation des Graphits im Gefüge.

Silizium als Legierungsbestandteil (1% bis 3%) erschwert die Karbidbildung im Gefüge und begünstigt dadurch die Ausscheidung von Graphit. Graphitbildende Legierungsbestandteile sind neben Silizium noch Nickel, Aluminium und Titan. Mangan als Legierungsbestandteil (0,5% bis 1%) begünstigt die Karbidbildung im Gefüge.

Mit zunehmendem Karbidanteil im Gefüge verschlechtert sich auch die Bearbeitbarkeit des Gusswerkstoffs. Vor allem in Werkstückbereichen mit hoher Abkühlgeschwindigkeit, wie Oberfläche, Ecken, Kanten und dünnwandige Bereiche, wird die Bearbeitbarkeit durch die freien Karbide und durch die Mischkarbide der karbidbildenden Legierungselemente (Mangan, Molybdän, Chrom, Vanadium) deutlich erschwert.

Werkstücke, die mit einem gießtechnischen Verfahren hergestellt wurden, zeigen häufig in oberflächennahen Randbereichen schlechtere Zerspanbarkeitsbedingungen als in innenliegenden Querschnittsbereichen. Diese „Gusshaut" entsteht durch die verstärkte Zementitausbildung bei rascher Abkühlung, nichtmetallische Einschlüsse (Formsand, Schlacke), und Oxidationsprodukten wie Verzunderung. Die spezifische Schnittkraft k_c ist im Vergleich zu Stahlwerkstoffen niedriger **(Bild 2)**. Die Schnittkraft unterliegt wegen der inhomogenen Gefügeausbildung stärkeren Schwankungen.

Schwer zerspanbare Werkstoffe

Titan und Titanlegierungen

Titan wird hauptsächlich als Konstruktionswerkstoff im Luft- und Raumfahrtbereich und in der Medizintechnik als Legierung oder als Verbundwerkstoff eingesetzt. Titan besitzt eine hohe Festigkeit bei geringer Dichte. Mit 4,5 g/cm^3 ist Titan halb so schwer wie Eisen, als Legierung mit bis zu 900 N/mm^2 Zugfestigkeit aber ein Drittel zäher als Stahl. Wegen der großen Zähigkeit in Verbindung mit einer geringen Wärmeleitfähigkeit zählt Titan zu den schwer zerspanbaren Werkstoffen. Über einer Temperatur von 400°C verliert Titan signifikant seine Festigkeitseigenschaften. Die entstehende Wärme wird nur zu einem geringen Teil über die Späne abgeführt. Durch die große Spanpressung des zähen Werkstoffs neigen die Späne dazu an der Schneide festzukleben. Bei der Bearbeitung ist mit Ausbröckelungen an der Schneidkante und Freiflächenverschleiß zu rechnen.

Zum Abführen der Zerspanungswärme ist eine wirksame Kühlschmierung erforderlich, bei der der Kühlschmierstoff unter Hochdruck die Wirkstelle trifft. Um in einem wirtschaftlichen Schnittgeschwindigkeitsbereich zu arbeiten werden als Schneidstoffe hochwarmfestes beschichtetes Hartmetall der Sorten K (z.B. K10TiCTiN) und P eingesetzt. Bei CFK- und GFK-Verbundwerkstoffen liegen die wirtschaftlichen Schnittgeschwindigkeiten zwischen 400 und 600 m/min, bei Titanlegierungen sind es 40 bis 60 m/min.

Nickel- und Nickelbasislegierungen

Nickelbasis-Legierungen (Superlegierungen) sind Werkstoffe, deren Hauptbestandteil aus Nickel besteht und die mit mindestens einem anderen chemischen Element (z.B. Fe, C, Cr, Ni, W, Ta) legiert werden. Diese Legierungen werden wegen ihrer guten Korrosions- und Hochtemperaturbeständigkeit hauptsächlich in der Chemie, im Kraftwerks-, dem Triebwerks- und Turbinenbau eingesetzt.

Nickelbasis-Legierungen haben eine geringe Wärmeleitfähigkeit und sind trotz ihrer hohen Festigkeit gut kaltverformbar. Sie sind bei der spanenden Bearbeitung alle sehr langspanend. Die hohen Temperaturen in der Scherzone werden durch Zuführung des Kühlschmierstoffes unter Hochdruck aus der Schnittzone abgeführt und gleichzeitig wird die Spanlänge kontrolliert. Zu hohe Temperaturen im Bauteil können eine Veränderung der Gefügestruktur und damit der Werkstoffeigenschaften verursachen.

Graphit

Die Herstellung von Erodierelektroden **(Bild 1)** aus Graphit erfolgt meist durch Fräsen mit der Hochgeschwindigkeitstechnologie. Das Potenzial des Hochgeschwindigkeitsfräsens lässt sich bei Graphit besonders gut nutzen, da bei allen Schneidstoffen eine Abnahme des abrasiven Werkzeugverschleißes mit steigender Schnittgeschwindigkeit festzustellen ist **(Bild 2)**. Durch die gute Zerspanbarkeit treten nur geringe Bearbeitungskräfte auf und es können hohe Schnittgeschwindigkeiten (v_c = 500 bis 1800 m/min) und hohe Vorschübe/Zahn (Schruppen f_z = 0,1 bis 0,8 mm, Schlichten f_z bis 0,1 mm) gefahren werden. Deshalb sollte die Werkzeugmaschine über eine entsprechende Dynamik mit hohen Spindeldrehzahlen, Vorschubgeschwindigkeiten und Achsbeschleunigungen verfügen.

Graphit lässt sich im Vergleich zu metallischen Werkstoffen nicht zerspanen, da er nicht plastisch verformbar ist. Vielmehr werden zur Formgebung vom Werkzeug Graphitpartikel abgetragen. Durch den entstehenden Staub kommt es zu einem abrasiven Angriff auf die Schneidflächen des Werkzeuges. Deshalb sind verschleißfeste Schneidstoffe erforderlich. Als geeignete Schneidstoffe kommen unbeschichtete Hartmetalle der Sorten P und K oder diamantbeschichtete Hartmetalle in Betracht.

Wegen der Staubentwicklung ist die Maschine mit einer leistungsfähigen Absaugvorrichtung auszurüsten. Die Bearbeitung erfolgt ohne den Einsatz von Kühlschmierstoff mit einer leistungsfähigen Absauganlage im Maschinenraum.

1 **Gefräste Graphitelektrode**

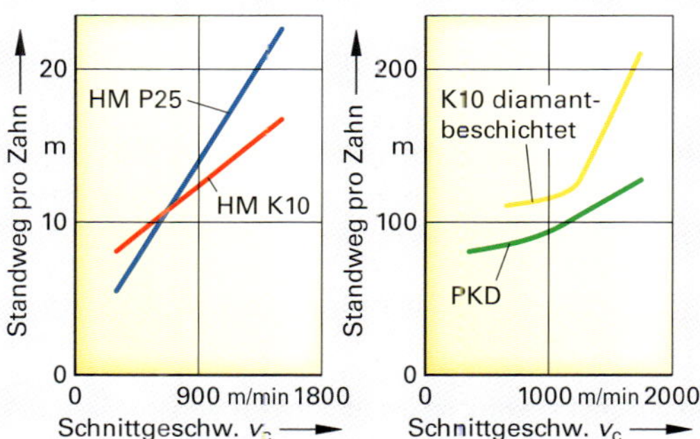

2 **Einfluss der Schnittgeschwindigkeit bei der Bearbeitung von Graphit**

Bearbeitung harter Eisenwerkstoffe

Die Bearbeitung von Stahlwerkstoffen und von Gusseisenwerkstoffen mit Härten von 50 HRC bis 62 HRC ist nicht mehr ausschließlich dem Schleifen vorbehalten. Verbesserte Kenntnisse über den Zerspanungsvorgang und die Entwicklung hochharter, verschleißbeständiger und temperaturbeständiger Schneidstoffe wie z.B. Hartmetall Schneidkeramik und Bornitrid ermöglichen eine spanende Bearbeitung mit definierter Schneidengeometrie.

Besondere Anforderungen an Schneidstoffe in der Hartbearbeitung:

- Abrasionsbeständigkeit, Diffusionsbeständigkeit und Oxidationsbeständigkeit,
- Hohe Schneidkantenstabilität,
- Wärmebeständigkeit und Warmhärte,
- Druckfestigkeit und Biegefestigkeit.

Stahlwerkstoffe mit hoher Härte beinhalten entweder einen großen Martensitanteil im Gefüge oder eine entsprechende Menge an metallischen Kohlenstoffverbindungen (Karbide). Das bei Raumtemperatur fehlende plastische Verformungsvermögen führt gegenüber duktilen Stählen bei der Bearbeitung zu einem veränderten Zerspanungsvorgang. Wegen der großen Zerspanungskräfte und den hohen Temperaturen in der Kontaktzone der Schneidkante und dem Werkstoff müssen der Schneidkeil und die Schneidkante stabil ausgeführt werden.

Damit im Bereich der Schneidkante nur Druckkräfte und keine ungünstigen Schub- und Biegekräfte auftreten, wird die Schneidkante mit einer Verrundung und/oder einer Schneidkantenfase ausgeführt **(Bild 1)**. Bei kleinen Spanungsdicken in der Größenordnung der Schneidkantenverrundung entsteht ein effektiv negativ wirksamer Spanwinkel **(Bild 2)**.

Die auftretenden spezifischen Hauptschnittkräfte sind im Vergleich zur Weichbarbeitung etwa 2,5-fach höher. Das gleichzeitige Auftreten hoher spezifischer Schnittkräfte und durch Reibungs-, Abscherungs- und Umformungsvorgänge verursachten hohen Zerspanungstemperaturen an der Spanwurzel führen zu einer geringen plastischen Verformbarkeit des Spanes und ermöglichen sogar längere Spanformen. Steigert man die Schnittgeschwindigkeit in einem Bereich, bei dem der Span zu glühen beginnt, vermindert sich die mechanische Festigkeit und die spezifische Schnittkraft des Werkstoffs in der Scherzone und im ablaufenden Span **(Bild 3 und Bild 4)**.

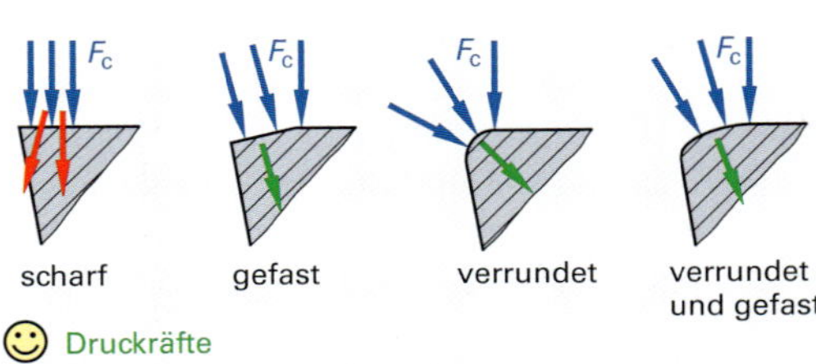

1 Schneidkantenausführungen

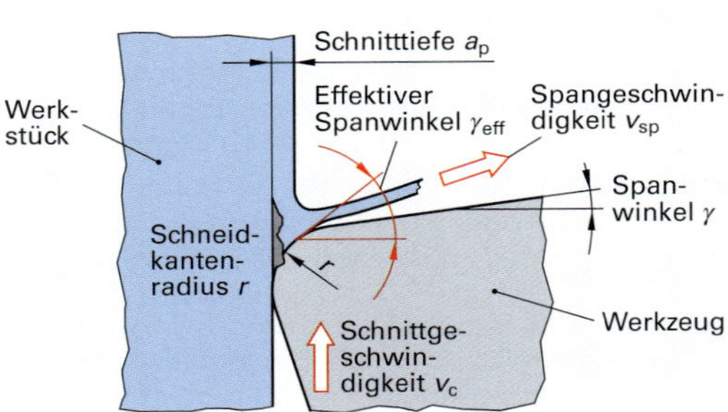

2 Effektiv wirksamer Spanwinkel bei kleiner a_p

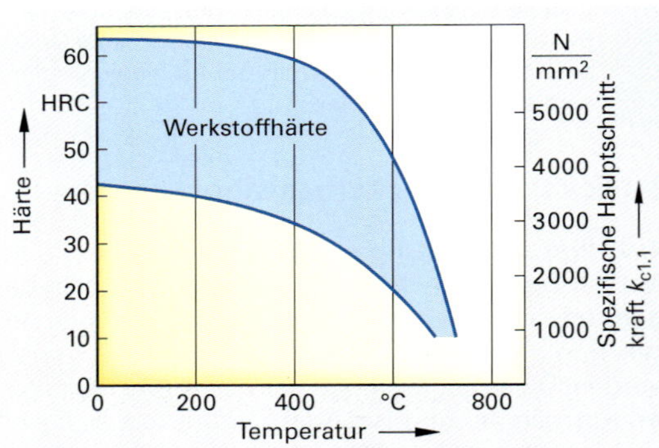

3 Härte und spezifische Schnittkraft bei gehärtetem Stahl

4 Hartbearbeitung

Aluminium-Legierungen

Da Reinaluminium aufgrund seiner Weichheit und hohen Verformungsfähigkeit für technische Anwendungen kaum eingesetzt wird, kommen für hochwertige Bauteile nur Aluminium-Legierungen in Betracht. Grundsätzlich lassen sich Alu-Legierungen in Knetlegierungen und Gusslegierungen einteilen.

Alu-Knetlegierungen sind wegen der vollständigen Lösung der Legierungselemente und der homogenen Mischkristallverteilung in der Aluminiumgrundmatrix gut warm- und kaltumformbar. Bei der spanenden Bearbeitung ist i. A. kein prozessbestimmender Schneidkantenverschleiß festzustellen. Die homogene Verteilung der wenig abrasiv wirkenden Mischkristalle im Gefüge (AlCuMg, Mg_2Al_3) erzeugt bei HM-Werkzeugen einen geringen Freiflächenverschleiß. Die Weichheit dieser Legierungen macht aber eine Zerspanung wegen der Schmierwirkung, Scheinspanbildung und Aufbauschneidenbildung schwierig.

Alu-Gusslegierungen die mit gießtechnischen Verfahren verarbeitet werden, besitzen gute Gießeigenschaften und im Vergleich mit den Alu-Schmiedelegierungen gute Zerspanbarkeit. Hierbei handelt es sich legierungstechnisch um Zwei- oder Mehrstoffsysteme mit eutektischer Zusammensetzung. Eutektische Legierungen sind gut vergießbar, da sie einen niederen Schmelzpunkt haben, bei der eutektischen Temperatur ohne Haltezeit erstarren und eine geringe Schwindung besitzen. Bei entsprechender Prozessführung entsteht ein feinkörniges Gefüge mit guten Festigkeitswerten. Bei dem Zweistoffsystem Aluminium-Silizium stellt sich eine eutektische Zusammensetzung bei ca. 12% Silizium ein **(Bild 1)**.

Die Art und Menge der zulegierten Elemente beeinflussen den Gefügeaufbau und die Eigenschaftswerte der Alu-Legierung. Hauptlegierungselemente sind Silizium (Si), Zink (Zn), Zinn (Sn), Blei (Pb), Mangan (Mn), Magnesium (Mg), Eisen (Fe) und Kupfer (Cu) **(Tabelle 1)**.

Bei den **nichtaushärtbaren Legierungen** werden die Festigkeitseigenschaften durch die Mischkristallbildung der Legierungselemente und durch eine entsprechende Kaltverfestigung beim Herstellprozess der Halbzeuge (z.B. Strangpressprofile, Bleche) bestimmt.

Bei **kalt- oder warmaushärtbaren** Legierungen wird die Festigkeitssteigerung durch die Bildung von intermetallischen Phasen wie z.B. Mg_2Si, Al_5Cu_2Mg oder $Al_2Mg_3Zn_3$ erreicht **(Bild 2)**.

Die **Zerspanbarkeit der Aluminiumlegierungen** ist abhängig von der Zusammensetzung und vom Gefügezustand. Der Werkzeugverschleiß ist bei Aluminium geringer als bei Stahl, da weitaus niedrigere Schnitttemperaturen und Zerspankräfte auftreten. Die hauptsächlichen Verschleißursachen sind Adhäsionsvorgänge bei der Aufbauschneidenbildung sowie, vor allem bei übereutektischen Al-Si-Legierungen, mechanischer Abtrag. Im Allgemeinen tritt kein Kolkverschleiß auf, sodass als Kriterium für das Standzeitende die Verschleißmarkenbreite verwendet wird.

Siliziumhaltige Gusswerkstoffe bilden die weitaus wichtigste Gruppe der Gusslegierungen. Übereutektische Al-Si-Gusslegierungen weisen in ihrem Gefüge Siliziumausscheidungen mit bis zu 0,1 mm Durchmesser auf. Diese Siliziumkörner haben eine etwa 10fache Härte gegenüber dem Grundgefüge. Hierin begründet sich die außerordentlich abrasive Wirkung bei der Zerspanung. Bei stark verschleißfördernden Legierungen werden hauptsächlich Werkzeuge mit PKD- sowie beschichtete Hartmetallschneider eingesetzt.

Schneidkeramik und TiN-beschichtetes Hartmetall sind für die Aluminiumzerspanung ungeeignet, da zwischen Al_2O_3 bzw. Titan und dem Aluminium chemische Reaktionen auftreten.

1 **Bauteile aus Aluminium-Legierungen**

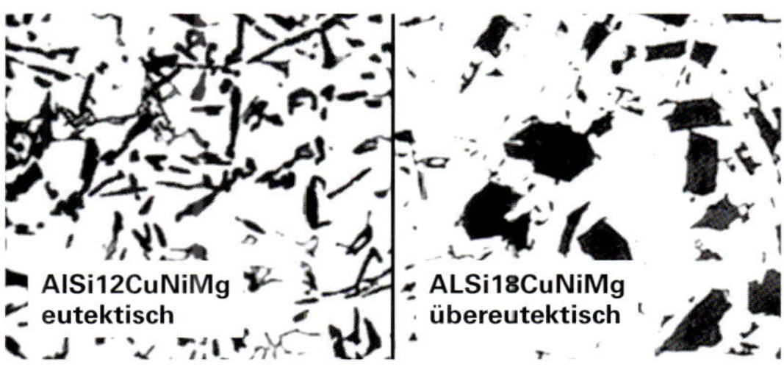

2 **Gefügebilder für Aluminium-Legierungen**

Tabelle 1: Einflüsse der Legierungsbestandteile

	Si	Zn	Pb	Mn	Mg	Fe	Cu
Festigkeit					↑	↑	↑
Bearbeitbarkeit			↑				↑
Verformbarkeit				↑			
Gießbarkeit	↑	↑		↑			
Korrosionsbeständigkeit	↑				↑		

Kunststoffe

Thermoplaste und **Duroplaste** sind im Allgemeinen gut zerspanbar. Bei der Bearbeitung von Kunststoffen sollte sich möglichst wenig Wärme entwickeln. Die Folgen der thermischen Überbeanspruchung sind Verfärbungen, Aufschmelzen der Oberfläche oder das Verziehen des Kunststoffbauteils. Vorteilhaft sind Werkzeuge mit einer scharfen Schneidkante, einem großem Freiwinkel und bei großer Wärmeentwicklung die Verwendung von Kühlschmiermittel.

Die meist geringe Härte der Kunststoffe stellt keine besonderen Anforderungen an die Eigenschaften des Schneidstoffes. Es sind Hartmetall- und HSS-Werkzeuge geeignet. Wegen der geringen Zerspanungskräfte tritt an den Schneidkanten nur geringer Verschleiß auf und die Standzeiten sind sehr groß.

Faserverstärkte Kunststoffe (FVK) sind thermo- oder duroplastische Verbundwerkstoffe, in die **Glasfasern (GFK)** und **Kohlenstofffasern (CFK)** Fasern eingearbeitet werden.

Die Eigenschaften der faserverstärkten Kunststoffe werden durch die Wahl der Grundmasse, den Anteil der Fasern am Gesamtvolumen und der Ausrichtung der Fasern bestimmt. Faserverstärkte Kunststoffe haben bei geringer Dichte eine hohe Zugfestigkeit und Steifigkeit.

Durch den abrasiven Verschleiß werden bei der Zerspanung hauptsächlich Wolframkarbid-Hartmetalle, kubisches Bornitrid (CBN) und polykristalliner Diamant (PKD) eingesetzt. Bei Hartmetallschneiden ist die Standzeit bei der Bearbeitung von bei FVK wesentlich geringer als mit PKD. Wegen der höheren Härte und großen Wärmeleitfähigkeit eignen sich diamantbeschichtete Hartmetallschneiden besser für die Bearbeitung von FVK. Bei der Zerspanung kann am Schneidkeil Freiflächenverschleiß und eine Verrundung der Schneidkante auftreten.

Verbundwerkstoffe (Composites)

Der verstärkte Einsatz von leichten und gleichzeitig steifen Bauteilen im Automobil- und Flugzeugbau und in der Windkraftindustrie stellen neue Anforderungen an die prozesssichere und effiziente Bearbeitung dieser Materialien.

Faserverstärkte Kunst- und Verbundwerkstoffe, Aluminium- und Titanlegierungen werden in diesen Branchen in hohen Anteilen verbaut.

In Flugzeugen machen Titan und Titancomposites als Konstruktionswerkstoffe mittlerweile zwischen 15% und 20% des Flugzeuggewichtes aus. Der Stahlanteil sinkt auf 10%, der Anteil der Verbundwerkstoffe steigt auf 50% und mehr. Neben den alternativen Bearbeitungsverfahren wie dem Wasserstrahlschneiden und dem Laserstrahlschneiden spielt auch die klassische Zerspanung eine nach wie vor zentrale Rolle.

Je nach Struktur und Zusammensetzung des Verbundwerkstoffes unterscheidet man:

- Faserverbundstoffe,
- Teilchenverbundstoffe,
- Schichtverbundstoffe (Laminate),
- Polymer Matrix Composites (PMC),
- Metal Matrix Composites (MMC),
- Ceramic Matrix Composites (CMC).

Die miteinander verbundenen Materialien sind stark abrasiv und weisen unterschiedlichste Eigenschaften auf. Composites sind kein homogenes Material, sondern bestehen aus Lagen, Schichten und Zellenbereichen von Werkstoffen mit sehr verschiedener und äußerst abrasiver Konsistenz. Bei der spanenden Bearbeitung von Polymer Matrix Composites verursachen die harten Kohlenstofffasern einen extrem hohen Abrasionsverschleiß. Hier helfen nur Schneidstoffe bzw. Beschichtungen höchster Härte.

Die Fasern werden dabei so getrennt, dass sie sich nicht von der weitaus weicheren und thermisch sehr empfindlichen Harzmatrix ablösen, da jede delaminierte Faser die Struktur eines CFK-Bauteiles schwächt. Die Fasern werden bei der Zerspanung nicht geschnitten, sondern gebrochen. So lässt sich die Zerspanung von Composites nur mit der Bruchmechanik erklären. Das Material bricht kalt und spröde unter Druck und durch Rissbildung. Dabei verformt sich der Werkstoff entsprechend der Kristallstruktur und wird an Gleitebenen durch Scherkräfte abgetrennt.

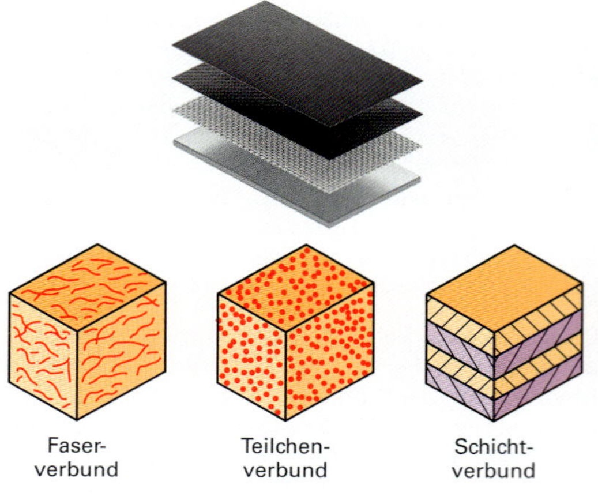

1 Struktur von Verbundwerkstoffen

F1 GRUNDLAGEN DER ZERSPANTECHNIK

Historischer Rückblick

Die Geschichte der Werkzeug- und Bearbeitungstechnik geht zurück bis in die Altsteinzeit (ca. 800000–10000 v. Chr.). Funde aus dieser Zeit beweisen, dass die frühen Menschen als Jäger und Sammler einfache Werkzeuge aus Stein anfertigten (Faustkeilkulturen, **Bild 1**). Bis in die Jungsteinzeit hinein (20000–3500 v. Chr.) wurden durch verbesserte Bearbeitungsverfahren Werkzeuge wie Steinbeile, Feuersteinsicheln, Sägen und Fiedelbohrer sowie Waffen, Schmuck- und Kultgegenstände hergestellt.

1 **Faustkeil**

Die entscheidende Verbesserung der Herstellverfahren war die Entwicklung von einfachen Maschinen. Bereits der steinzeitliche Mensch benutzte zum Herstellen von Bohrungen in Steinen und Knochen einen Bohrapparat mit Fiedelantrieb. Der eigentliche Werkstoffabtrag wurde von Sandkörnern erbracht, die ringförmig von einem hohlen Knochen über einen mit einem Stein beschwerten Hebel aufgepresst wurden. Durch die Verwendung eines hohlen Bohrwerkzeuges erhöhte sich die Anpresskraft pro mm^2 zerspanter Fläche und der im Zentrum verbleibende Bohrkern musste nicht abgetragen werden (Kernbohren, **Bild 2**).

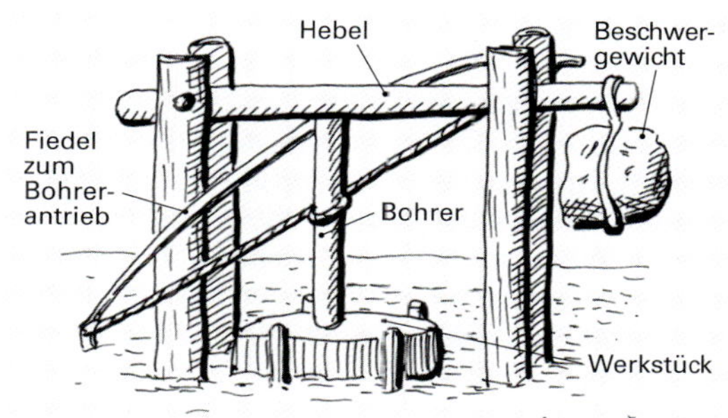

2 **Steinzeitliche Bohrmaschine**

Ein großer Schritt für die Weiterentwicklung der Bearbeitungstechniken war um 1800–750 v. Chr. die Gewinnung und die Anwendung von Eisen. Die ersten technisch verwendeten Metalle waren Kupfer und Zinn. Durch Zusammenschmelzen fand man heraus, dass die Mischung der beiden damals technisch kaum verwendbaren weichen Metalle eine harte Legierung, Bronze, ergab. Mit der Verbesserung der Verhüttungstechnik zur Gewinnung von Reinmetallen aus Erzen konnte bei Temperaturen von über 1000°C auch Eisenerz erschmolzen werden **(Bild 3)**. Mit Beginn der Eisenzeit entstanden geschmiedete Eisenwerkzeuge.

3 **Eisenerze**

Durch die Spezialisierung des Handwerks im Mittelalter wurden, nicht zuletzt wegen des steigenden Bedarfs an hochwertigen Waffen und Geschützen, vielfältige Fertigungstechniken wie das Geschützbohren und dazugehörende Werkzeugmaschinen und Werkzeuge entwickelt.

Leonardo da Vinci (1452–1519) war als genialer Künstler, Ingenieur und Naturforscher in der Lage, Geräte und Maschinen zu konstruieren, die seiner Zeit weit voraus waren **(Bild 4)**.

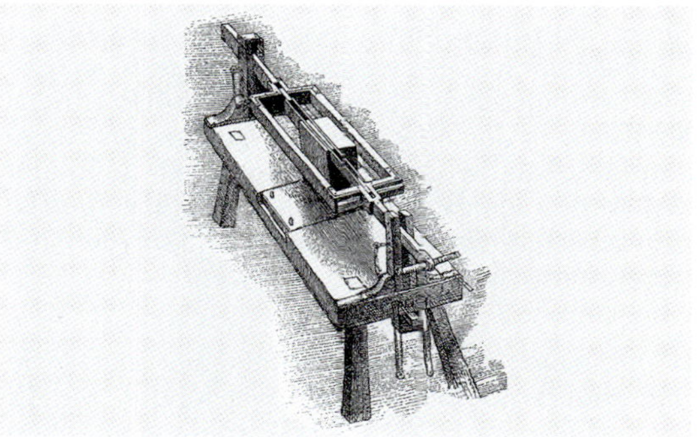

4 **Entwurf einer Sägemaschine, Leonardo da Vinci**

Im 15. und 16. Jh. wurde der Hochofen entwickelt. Auf der Basis erster einfacher Eisen-Kohlenstoff-Diagramme entstanden gießbare, härtbare, schmiedbare und legierte Stähle.

Um 1800 entstanden in England, Amerika und Deutschland die ersten Zug- und Leitspindeldrehmaschinen mit Kreuzsupport, Reitstock und Kegelradgetriebe, ganz aus Metall gefertigt. Im Verlaufe des 19. Jh. war die Entwicklung des Werkzeugmaschinenbaus so weit fortgeschritten, dass die Herstellung der verschiedenen Maschinenelemente keine wesentlichen Schwierigkeiten mehr bereitete. Es entstanden mit Transmissionsriemen angetriebene Bohr-, Fräs- und Schleifmaschinen mit Übersetzungsgetrieben für Spindel- und Vorschubantrieb **(Bild 1)**.

Zu Beginn des 20. Jh. wurden die Grundlagen der Zerspanungstechnik systematisch untersucht und Schneidstoffe mit höherer Härte und Warmfestigkeit eingeführt. Der Amerikaner F.W. Taylor zeigte im Jahre 1900 auf der Weltausstellung in Paris eine Drehbearbeitung von Stahl mit dem von ihm entwickelten legierten Schnellschnittstahl mit einer vierfach höheren Schnittgeschwindigkeit als bisher üblich. Taylor erarbeitete in vielen Versuchsreihen die heute noch gültigen mathematischen Zusammenhänge zur Werkzeugstandzeit und veröffentlichte eine große Anzahl wissenschaftlicher Untersuchungen auf dem Gebiet der Zerspanungs- und Werkstofftechnik **(Bild 2)**.

Durch das Zulegieren von karbidbildenden Metallen wie Chrom, Kobalt, Vanadium und Wolfram entstanden Gusslegierungen (Speedaloy, Stellit) mit verbesserter Verschleißfestigkeit.

1926 stellte die Firma Krupp auf der Leipziger Messe erstmals pulvermetallurgisch hergestelltes Hartmetall auf Wolframkarbidbasis mit Kobalt als Bindemittel vor (WIDIA, Hart wie Diamant, **Bild 3**). Konnte durch den Einsatz harter Gusslegierungen als Schneidstoff die Fertigungszeit im Vergleich zu Schnellstahl halbiert werden, so halbierte sich die Bearbeitungszeit durch den Schneidstoff Hartmetall abermals. In den 40er und 50er Jahren des letzten Jahrhunderts wuchs der Bedarf an gelöteten HM-Werkzeugen ständig. Im Jahre 1955 wurden keramische Schneidstoffe auf der Basis von Aluminiumoxid mit großem Erfolg eingeführt.

Heute spielen hartstoffbeschichtete Hartmetalle neben neueren Schneidstoffentwicklungen wie Kubisches Bornitrid (CBN) und Diamant eine bedeutende Rolle in der Zerspantechnik **(Bild 4)**.

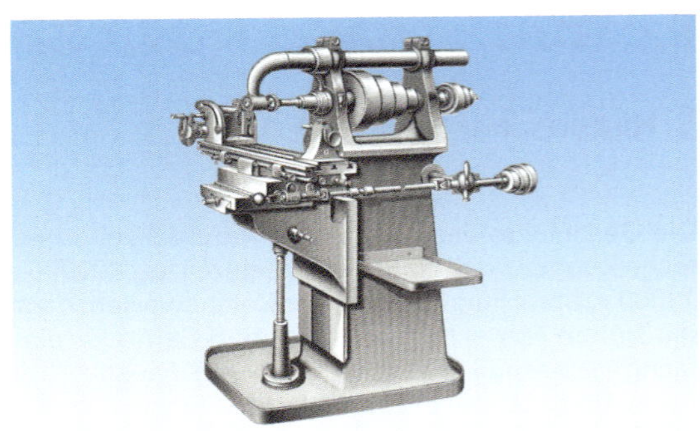

1 Universalfräsmaschine um 1900

2 Zerspantechnik Mitte des 20. Jh.

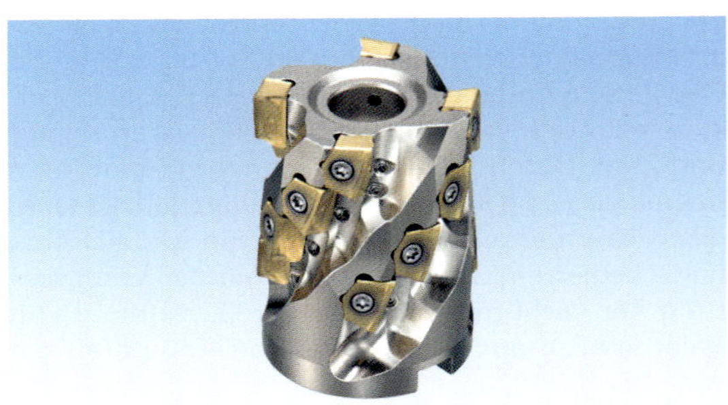

3 Fräser mit Schneidplatten aus Hartmetall

4 Schneidplatten mit eingelöteten CBN-Segmenten

Zerspanverfahren

Die Fertigungsverfahren werden in der DIN 8580 in 6 Hauptgruppen eingeteilt **(Bild 1)**. In der Hauptgruppe 3 sind die Trennverfahren systematisiert, die eine Formänderung durch Überwinden der Werkstofffestigkeit eines Werkstückes erzeugen. Verfahren wie das Scherschneiden, Thermisches Abtragen durch Erodieren und die Zerspanungstechnik finden hier eine Zuordnung. Die spanabhebenden Verfahren werden unterteilt in:

- Spanen mit geometrisch bestimmter Schneide,
- Spanen mit geometrisch unbestimmter Schneide.

Bei allen spanabhebenden Fertigungsverfahren werden mit ein- oder mehrschneidigen, keilförmigen Werkzeugschneiden Werkstoffteilchen vom Werkstückwerkstoff abgetrennt und somit eine gewünschte Bauteilform erzeugt **(Bild 2)**.

Die moderne Fertigungswelt wird durch zwei zentrale Zielvorgaben bestimmt:

- hohe Werkstückqualität,
- hohe Wirtschaftlichkeit.

Qualitätskriterien wie Oberflächengüte und Maßgenauigkeit konnten in den vergangenen Jahren immer weiter gesteigert werden. Möglich wird dies durch gezielte Innovationen in den prozessbestimmenden Teilsystemen **(Bild 3)**.

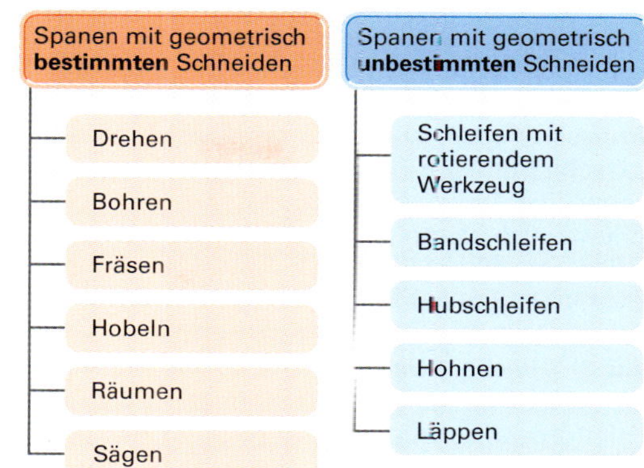

1 Einteilung der Verfahren des Spanens (Auswahl)

2 Drehbearbeitung

Eingangsgrößen

Werkzeug
- Schneidstoff
- Schneidstoffhärte
- Biegebruch-Festigkeit
- Beschichtung
- Verschleißzustand
- Schneidengeomet.

Schnittgrößen
- Schnitt-geschwindigkeit
- Drehfrequenz
- Vorschub
- Schnitttiefe
- Schnittbreite
- Spanungsdicke
- Spanungsbreite
- Spanungsquer-schnitt

Werkstück
- Werkstoffeigensch.
- Härte
- Zähigkeit
- Anlieferungszustand
- Wärmebehandlung
- Herstellung Halbzeug
- Gefüge
- Zusammensetzung
- Zerspanbarkeit
- Spezif. Schnittkraft

Maschine
- Stabilität, Steifigkeit
- Werkstückaufspannung
- Werkzeugaufnahme
- Achsbeschleunigung
- Mehrachsenbearbeitung

Bearbeitungsverfahren
- Bohren
- Drehen
- Fräsen
- Feinbearbeitung
- Hartbearbeitung
- Hochgeschwindigkeitsbearbeitung

Zerspanungsbedingungen
- Kühlschmierstoffdruck
- Kühlschmierstoffmenge
- IKZ, extern
- Trocken
- Minimalschmierung
- Unwucht, Wuchtgüte

ZERSPANUNGSPROZESS

Ergebnis- und Bewertungsgrößen

Werkzeug
- Verschleiß
- Verschleißmarkenbreite
- Kolkverschleiß
- Standzeitgerade
- Auslenkung
- Vibrationen

Wirtschaftliche Kenngrößen
- Werkzeugkosten
- Fertigungskosten
- Fertigungszeit
- Werkzeugwechselzeiten

Werkstück
- Formgenauigkeit
- Maßgenauigkeit
- Oberflächengüte

Technologische Kenngrößen
- Maschinenleistung
- Schnittkräfte
- Maschinenfähigkeitsindex
- Prozessfähigkeitsindex
- Spanform
- Standweg

3 Prozessparameter der Zerspantechnik

Vielfältige Neuentwicklungen in den Bereichen Werkzeug-, Schneidstoff- und Beschichtungstechnik zeigen, dass in den Kernbereichen der Zerspantechnik noch viel Entwicklungspotenzial steckt. Weiter verbesserte oder neuartige Schneidstoffe und Hartstoffschichten ermöglichen Zerspanungsanwendungen, die vor wenigen Jahren in dieser Form noch nicht möglich waren. Schwer zu zerspanende Werkstoffe wie z. B. gehärteter Stahl werden heute mit polykristallinem kubischen Bornitrid unter Anwendung hoher Schnittwerte erfolgreich zerspant **(Bild 1)**. Hierbei substituiert die Zerspanung mit geometrisch bestimmter Schneide den klassischen Schleifprozess. Unter ökonomischen und ökologischen Gesichtspunkten werden große Anstrengungen unternommen, den Anteil der Kühlschmierstoffe in der Fertigung zu reduzieren.

1 Hartbearbeitung

Mit optimierten Schneidstoffsorten kann die Nassschmierung häufig durch eine prozesssichere und wirtschaftliche Trockenbearbeitung ersetzt werden. Dort, wo die Trockenbearbeitung Probleme bereitet, führt häufig die Minimalmengenschmierung (MMS) zum Erfolg. Bei dieser „Quasi-Trockenbearbeitung" wird eine geringe Menge (wenige ml pro Stunde) meist ökologisch abbaubares Öl mithilfe eines Luftstromes zerstäubt und durch entsprechende Düsenapplikationen an die Bearbeitungsstelle gebracht **(Bild 2)**.

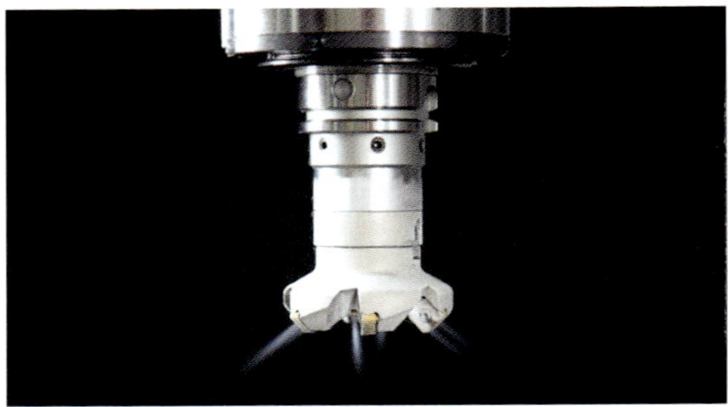

2 Fräswerkzeug mit Minimalmengenschmierung

Die spanenende Fertigung ist heute durch einen zunehmenden Automatisierungsgrad geprägt. Die Forderung nach hoher Prozessstabilität erfordert den Einsatz von automatisierten Mess- und Regelkreisen. Ein Beispiel ist die Werkzeugbruch- bzw. Werkzeugverschleißüberwachung in Werkzeugmaschinen. Um die Maßhaltigkeit des Bearbeitungsvorganges sicherzustellen, wird durch berührungslose Messsysteme der durch Verschleiß verursachte Schneidkantenversatz am Werkzeug im Maschinenraum laufend kontrolliert und entsprechend korrigiert **(Bild 3)**. Die Verlagerung von Sensoren und Aktoren direkt an die Werkzeugschneide ermöglichen die Feinverstellung der Schneide während der Zerspanung.

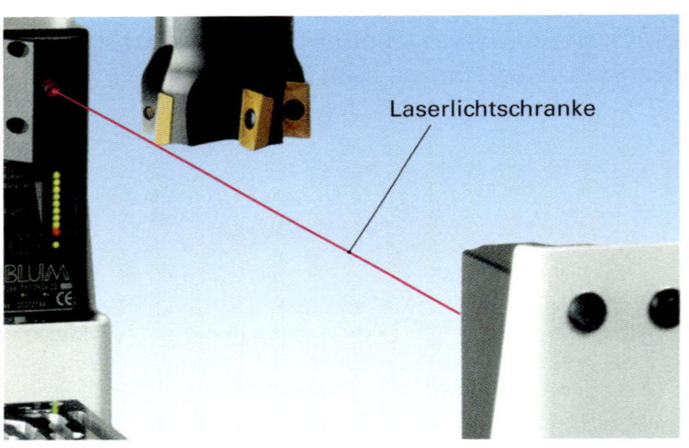

3 Werkzeugüberwachung

Durch Messung der Leistungsaufnahme des Hauptspindelantriebes erkennt die Maschinensteuerung den Werkzeugbruch bzw. das Standzeitende des Werkzeuges und veranlasst bei Erreichen der voreingestellten Grenzwerte einen Werkzeugwechsel. Die Zerspanungstechnik ist im System „Maschine – Werkzeug – Mensch" einem sehr dynamischen Entwicklungsprozess unterworfen, sodass Hersteller und Anwender gemeinsam laufend aktuelle Entwicklungen erarbeiten, um auch für die Zukunft gerüstet zu sein **(Bild 4)**.

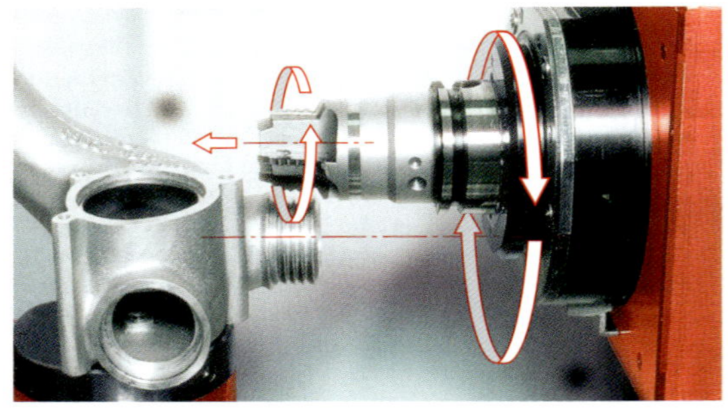

4 Zirkulargewindefräsen an einem Gehäuse

Zerspanungsprinzip

Spanungsbewegungen

Alle spanabhebenden Verfahren beruhen auf demselben Grundprinzip. Das Werkzeug trennt mit einer oder mehreren keilförmigen Schneiden durch die Spanungsbewegungen spanförmige Werkstoffteilchen aus dem zu bearbeitenden Werkstück ab und erzeugt so die gewünschte Oberflächenform **(Bild 1)**.

Die Art der Spanungsbewegung **(Tabelle 1)** und die Bauform des Werkzeuges unterscheiden die verschiedenen spanabhebenden Fertigungsverfahren:

Spanungsbewegungen **(Bild 2, 3, 4)**

- Die **Schnittbewegung** ist die Spanungsbewegung in Schnittrichtung.
- Die **Vorschubbewegung** ist die Spanungsbewegung in Vorschubrichtung.
- Die **Positionierbewegung** positioniert das Werkzeug vor und während des Zerspanungsvorganges. Dazu gehören die Anstellbewegung, die Zustellbewegung und die Nachstellbewegung.
- Die **Anstellbewegung** ist die Spanungsbewegung, die das Werkzeug an die Stelle des Werkstücks führt, von der aus der Zerspanungsvorgang beginnen soll.
- Die **Zustellbewegung** ist die Spanungsbewegung, die die Dicke der abzuspanenden Schnitttiefe bzw. Schnittbreite bestimmt.
- Die **Nachstellbewegung** ist die Spanungsbewegung, die Anstell- und Zustellbewegung während des Spanens korrigiert.
- Die **Wirkbewegung** ist die Spanungsbewegung als Resultierende aus Schnittbewegung und gleichzeitig ausgeführter Vorschubbewegung.

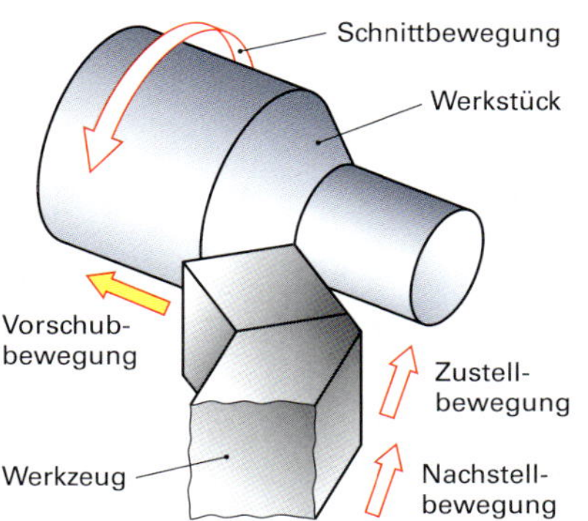

1 Spanungsbewegungen

Tabelle 1: Spanungsbewegungen

Fertigungsverfahren	⇒ Schnittbewegung	
	Art	Ausführung
Drehen	rotatorisch	Werkstück
Fräsen	rotatorisch	Werkzeug
Bohren	rotatorisch	Werkzeug
Reiben	rotatorisch	Werkzeug
Fertigungsverfahren	**⇒ Vorschubbewegung**	
	Art	Ausführung
Drehen	translatorisch	Werkzeug
Fräsen	translatorisch	Werkstück
Bohren	translatorisch	Werkzeug
Reiben	translatorisch	Werkzeug

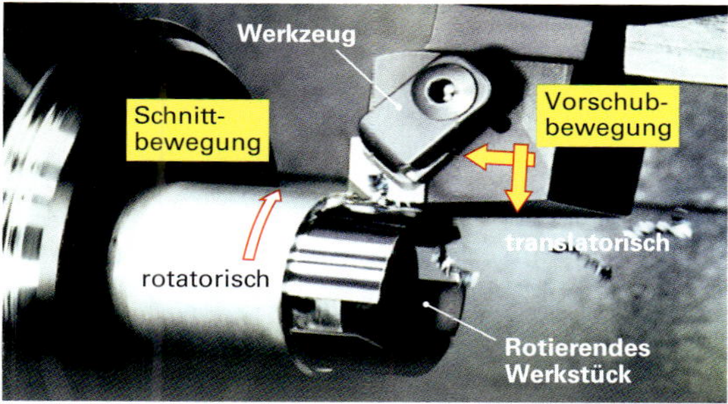

2 Drehen

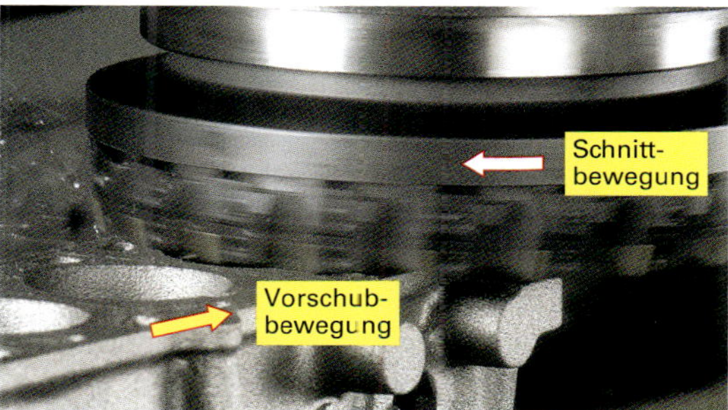

3 Fräsen

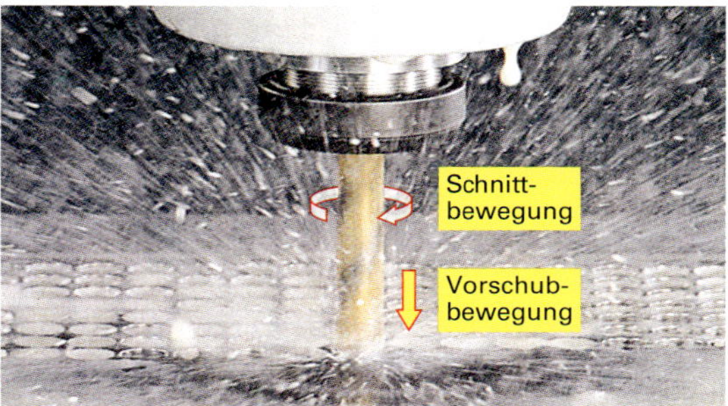

4 Bohren

Spanungsgeschwindigkeit

Um die Spanungsbewegungen zu beschreiben werden entsprechende Spanungsgeschwindigkeiten zugeordnet **(Bild 1)**.

Spanungsgeschwindigkeiten	
Schnittgeschwindigkeit	Die Schnittgeschwindigkeit v_c ist die momentane Geschwindigkeit des Schneidenpunktes in Schnittrichtung.
Vorschubgeschwindigkeit	Die Vorschubgeschwindigkeit v_f ist die momentane Geschwindigkeit des Werkzeuges in Vorschubrichtung.
Wirkgeschwindigkeit	Die Wirkgeschwindigkeit v_e ist die momentane Geschwindigkeit des betrachteten Schneidenpunktes in Wirkrichtung.
Positioniergeschwindigkeit	Die Positioniergeschwindigkeit ist die Stellgeschwindigkeit beim Positionieren (Anstellen, Zustellen, Nachstellen).

Schnittgeschwindigkeit v_c

Die Schnittgeschwindigkeit beeinflusst entscheidend die Fertigungszeit und damit die Arbeitsproduktivität. Daher arbeiten alle Hersteller von Werkzeugmaschinen und Werkzeugen daran, die Schnittgeschwindigkeit im Zerspanungsprozess zu erhöhen. Die Erhöhung der Schnittgeschwindigkeit wurde in den vergangenen Jahren vor allem durch die Entwicklung und den Einsatz immer temperaturbeständigerer und verschleißfesterer Schneidstoffe ermöglicht.

Für alle Werkstoff-/Schneidstoffpaarungen und die vorher festgelegten Werte für Vorschub und Schnitttiefe hat man optimale Schnittgeschwindigkeiten in Versuchen ermittelt. Diese sind Richtwerttafeln zu entnehmen. Aus der entnommenen Schnittgeschwindigkeit ist die an der Maschine einzustellende Dreh- oder Hubzahl zu berechnen oder von Schaubildern abzulesen.

Bei der Berechnung der **Drehzahl** beim **Drehen** ist vom Ausgangsdurchmesser des Werkstückes auszugehen. Wenn an der Drehmaschine nur eine bestimmte Auswahl an Drehzahlen einstellbar ist, ist wegen des Einhaltens der installierten Leistung immer die nächstniedrigere Drehzahl zu wählen.

Bei modernen Antrieben wird die Drehzahl automatisch und stufenlos gesteuert. Wird auf der Drehmaschine gebohrt, gesenkt, gerieben oder Gewinde geschnitten, sind die Schnittgeschwindigkeit und die Drehzahl nach den Besonderheiten dieser Verfahren zu bestimmen.

Die Einheit der Drehzahl (Drehfrequenz) kann mit negativer Potenz min^{-1} oder als Bruch $^{1}/_{min}$ geschrieben werden. Bei der Drehzahl n oder dem Vorschub f kann ein Zeichen für die Umdrehung mitgeschrieben (z. B. $^{U}/_{min}$, $^{mm}/_{U}$) oder weggelassen werden (n in $^{1}/_{min}$ und f in mm).

Beim **Fräsen** ist beim Berechnen von v_c jeweils von dem am weitesten außen liegenden Schneidenpunkt des Fräswerkzeugs (von seinem größten Durchmesser) auszugehen.

Schnittgeschwindigkeit bei

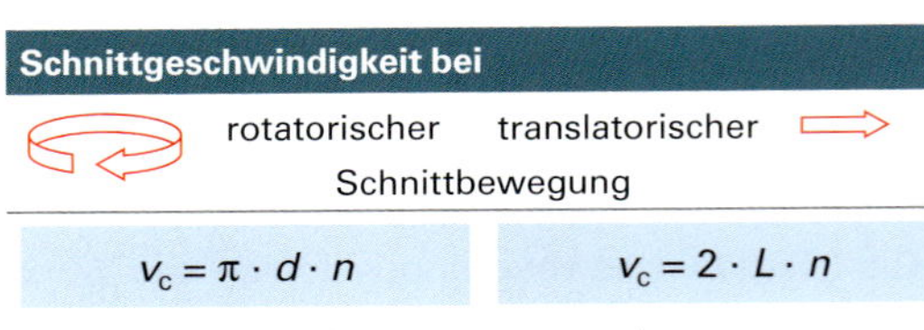

$$v_c = \pi \cdot d \cdot n \qquad v_c = 2 \cdot L \cdot n$$

n	v_c	d, L
$^{1}/_{min}$	$^{m}/_{min}$	mm

v_c Schnittgeschwindigkeit
n Drehzahl bzw. Doppelhubzahl
d Ausgangsdurchmesser bzw. Werkzeugdurchmesser
L Werkstücklänge plus Bearbeitungszugaben (Vorschubweg)

Drehzahl beim Drehen

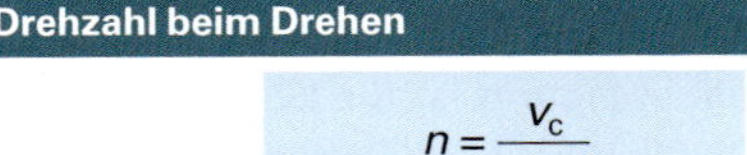

$$n = \frac{v_c}{\pi \cdot d}$$

n	v_c	d
$^{1}/_{min}$	$^{m}/_{min}$	mm

n Drehzahl
v_c Schnittgeschwindigkeit
d Ausgangsdurchmesser des Werkstückes

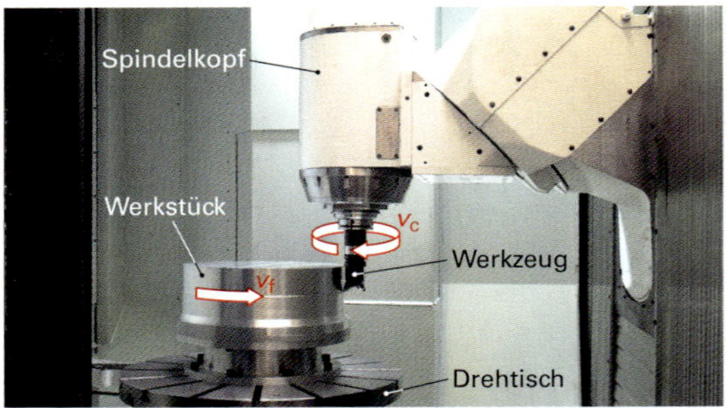

1 Spanungsgeschwindigkeiten beim Drehfräsen

Die gewählte Schnittgeschwindigkeit ist an der Fräsmaschine indirekt über die Fräserdrehzahl unter Berücksichtigung des Fräserdurchmessers einzustellen **(Bild 1)**.

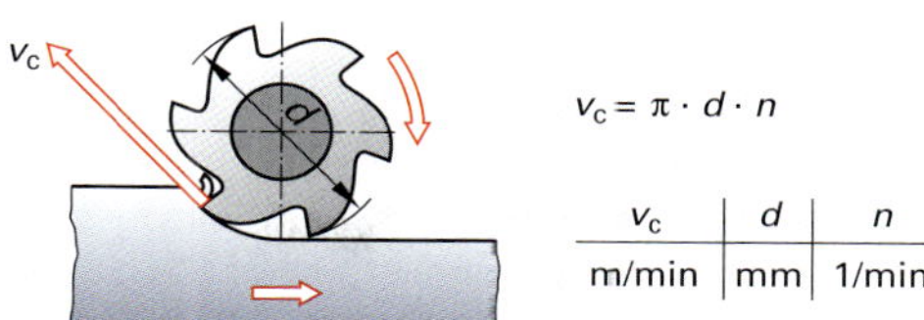

$$v_c = \pi \cdot d \cdot n$$

v_c	d	n
m/min	mm	1/min

1 Schnittgeschwindigkeit beim Fräsen

Beim **Bohren** sind bei der Wahl der Schnittgeschwindigkeit noch stärker als beim Drehen die Kühlung und der Werkstoff des Werkstückes zu beachten, da die Abfuhr der Spanungswärme ungünstiger ist **(Bild 2)**.

Es ist stets zu beachten, dass sich die angegebenen Schnittgeschwindigkeiten immer auf die Schneidenecken beziehen; in der Bohrermitte geht die Schnittgeschwindigkeit gegen Null.

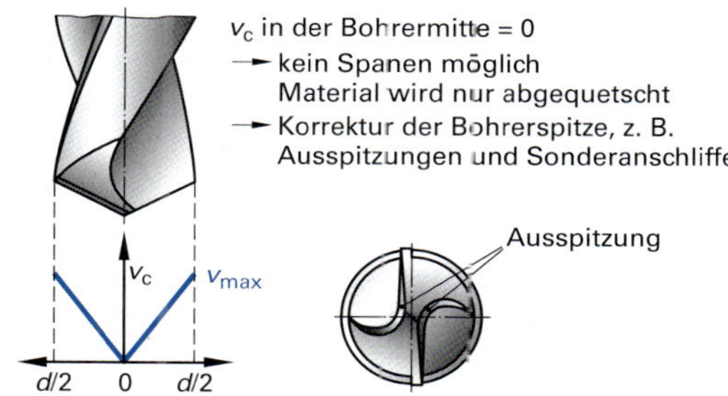

2 Verlauf der Schnittgeschwindigkeit über die Bohrerschneiden

Wegen der Gefahr des Abquetschens der Schneide in der Bohrermitte gibt es die unterschiedlichsten Konstruktionen der Bohrerspitze.

Wird auf der Bohrmaschine gesenkt, gerieben oder Gewinde gebohrt, sind die Besonderheiten dieser Verfahren zu beachten. Beim Reiben und Gewindebohren liegen die v_c-Werte viel niedriger.

Beim **Schleifen** entspricht die Schnittgeschwindigkeit der Umfangsgeschwindigkeit des Schleifkörpers. Die Festigkeit des Schleifkörpers, die Maschinen hinsichtlich Leistung und Steife und die nötige Sicherheit begrenzen die Erhöhung der Schnittgeschwindigkeit.

Eine besondere Bedeutung beim Schleifen hat das Geschwindigkeitsverhältnis q zwischen den Umfangsgeschwindigkeiten von Schleifkörper und Werkstück **(Bild 3)**.

Das **Geschwindigkeitsverhältnis q** bestimmt wesentlich die Qualität des Schleifergebnisses. Je größer q, d.h., je höher die Schleifkörpergeschwindigkeit und je niedriger die Werkstückgeschwindigkeit, umso feiner wird die Werkstückoberfläche. Beim Schlichten wird q vor allem durch Herabsetzen der Werkstückgeschwindigkeit erhöht. Allgemein gilt $q = 50 \ldots 125$.

Beim spitzenlosen Schleifen wirkt sich eine Veränderung von q anders aus, da sich Schleifkörper und Werkstück in die gleiche Richtung bewegen (mitlaufendes Schleifen).

Auch an der Schleifmaschine werden nicht die Geschwindigkeiten, sondern Drehzahlen eingestellt: Die Werkstückdrehzahl für das Innenrundschleifen errechnet sich überschlägig nach der nebenstehenden Gleichung.

Geschwindigkeit beim Schleifen

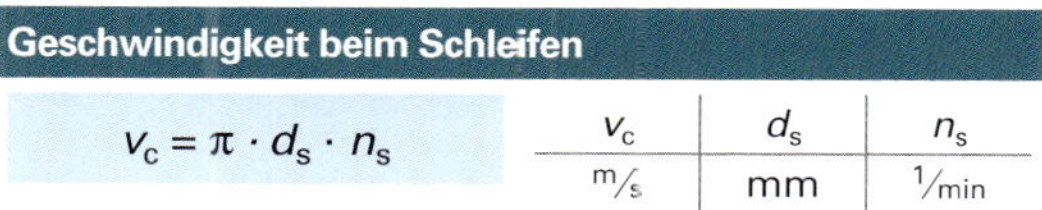

$$v_c = \pi \cdot d_s \cdot n_s$$

v_c	d_s	n_s
m/s	mm	1/min

v_c Umfangsgeschwindigkeit des Schleifkörpers
d_s Durchmesser des Schleifkörpers
n_s Drehzahl des Schleifkörpers

Geschwindigkeitsverhältnis

$$q = \frac{v_c}{v_w}$$

v_c Umfangsgeschwindigkeit des Schleifkörpers in m/s
v_w Umfangsgeschwindigkeit des Werkstückes in m/min!

Drehzahlen beim Schleifen

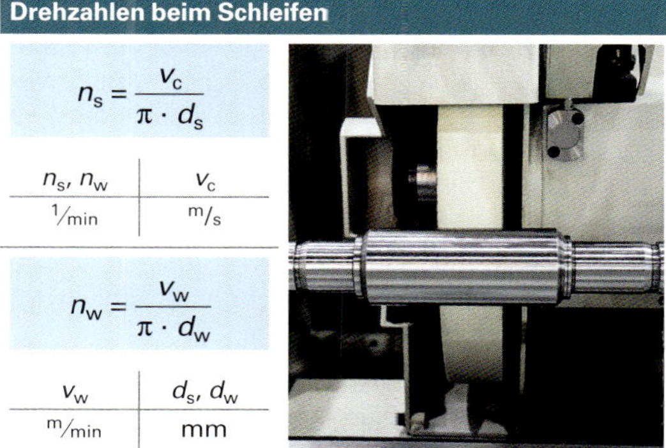

$$n_s = \frac{v_c}{\pi \cdot d_s}$$

n_s, n_w	v_c
1/min	m/s

$$n_w = \frac{v_w}{\pi \cdot d_w}$$

v_w	d_s, d_w
m/min	mm

n_w Werkstückdrehzahl
d_w Werkstückdurchmesser

3 Rundschleifen

Beim **Hobeln** und **Stoßen** sind die Schnittgeschwindigkeiten geringer als vergleichsweise beim Drehen, Fräsen oder Schleifen, da die bewegten großen Massen und das laufende Beschleunigen und Abbremsen Grenzen setzen. Die Schnittgeschwindigkeit während eines Hubs ist nicht konstant. Moderne hydraulische Antriebe ermöglichen allerdings einen fast gleichmäßigen Geschwindigkeitsverlauf. Es wird zumeist in den Bereichen von v_c = 20 m/min bis v_c = 40 m/min gearbeitet. Aber auch v_c = 80 m/min sind möglich.

Es wird zwischen der Schnitt-(Vorlauf-) und der Rücklaufgeschwindigkeit des Tisches mit Werkstück (beim Hobeln) sowie des Stößels mit Werkzeug (beim Stoßen) unterschieden **(Bild 1)**.

Die Geschwindigkeit der unproduktiven Rücklaufbewegung soll möglichst hoch sein. Allerdings setzen die Beschleunigungs- und Bremskräfte auch hier Grenzen. Außerdem könnten sich gespannte Werkstücke lösen **(Bild 2)**.

Vorschubgeschwindigkeit v_f

Die Größe der Vorschubgeschwindigkeit berechnet sich aus dem Weg, den das Werkzeug oder das Werkstück in Vorschubrichtung in einer Minute zurücklegt **(Bild 3)**, z. B. v_f = 2 mm/min.

Meist wird aber mit der Größe Vorschub gearbeitet.

> Der **Vorschub *f*** ist der Weg in Vorschubrichtung, der vom Werkzeug oder Werkstück je Umdrehung oder Hub zurückgelegt wird.

Beim **Drehen** hängt die Größe des Vorschubs vor allem vom Werkstück und dessen geforderten Eigenschaften ab. Für eine saubere Oberfläche darf der Vorschub nur Hundertstel oder Zehntel Millimeter betragen (Schlichten), während beim Schruppen bei einigen Millimeter Vorschub pro Umdrehung viel Material abgetragen wird.

Beim **Fräsen** wird zum Ermitteln von v_f vom Zahnvorschub f_z ausgegangen. Die Größe von f_z wird bestimmt von der Belastbarkeit der einzelnen Fräserschneide und von der zulässigen Rauheit der zu bearbeitenden Fläche.

Beim **Bohren** und **Senken** verteilt sich der Vorschub auf mehrere Schneiden. So kann bei gleicher v_f beim Senken wegen der größeren Schneidenzahl ein höherer Vorschub gewählt werden.

Beim **Schleifen** ist die Längsvorschubgeschwindigkeit v_{fL} vom Überdeckungsgrad $U = b_s/f_L$ abhängig. Für einen sauberen Schliff ist es beim Längsschleifen wichtig, dass der Vorschub f_L je Werkstückumdrehung geringer als die Schleifkörperbreite b_s ist **(Bild 4)**.

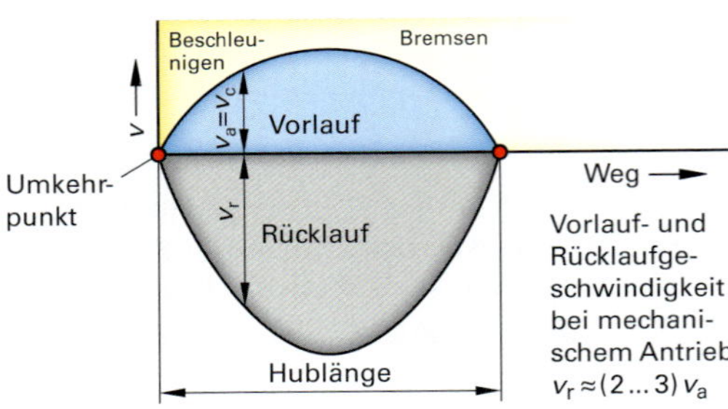

1 Geschwindigkeiten beim Hobeln

2 Stoßen von Verzahnungen

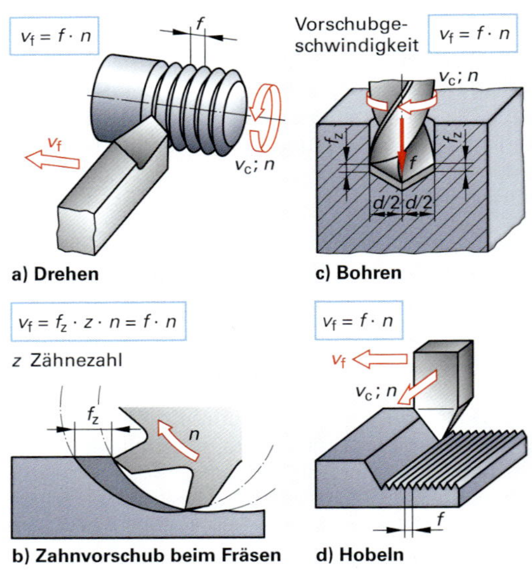

3 Vorschub und Vorschubgeschwindigkeit

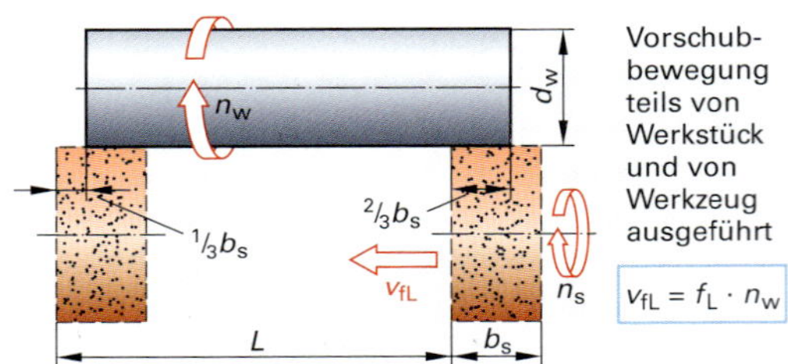

4 Vorschub beim Längsschleifen

Schnitt- und Spanungsgrößen

Schnittgrößen sind technologisch-physikalische Kenngrößen, die zur Durchführung des Zerspanungsprozesses eingestellt werden:

- Schnittgeschwindigkeit v_c in m/min
- Vorschub f in mm
- Schnitttiefe a_p in mm
- Schnittbreite a_e in mm

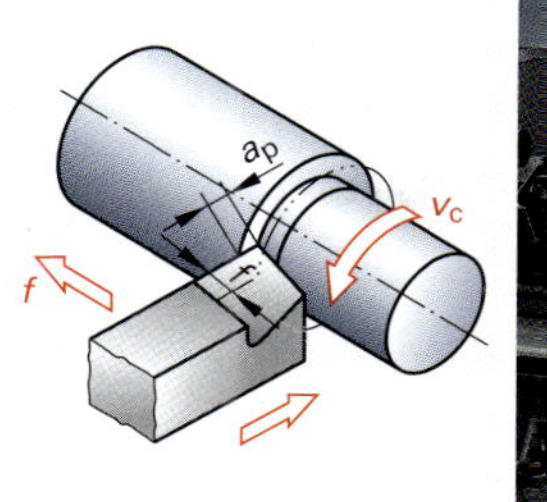

1 Schnittgrößen beim Drehen

Schnitttiefe a_p

Die Schnitttiefe a_p ist die Eingriffstiefe bzw. die Eingriffsbreite der Hauptschneide. Sie wird je nach Fertigungsverfahren axial oder radial, aber immer rechtwinklig zur Arbeitsebene bestimmt.

Sie legt die Größe der abzuspanenden Schicht fest. Beim Lang- und Plandrehen **(Bild 1)**, Stirnfräsen und Seitenschleifen entspricht die Schnitttiefe a_p der Tiefe des Eingriffs des Werkzeuges. Beim Einstechen, Umfangsfräsen und Umfangsschleifen entspricht a_p der Breite des Eingriffs des Werkzeuges. Beim Bohren entspricht a_p dem halben Durchmesser des Bohrers **(Bild 2)**. Das gilt für das Bohren ins Volle. Beim Aufbohren und Senken ist der vorgebohrte Durchmesser zu berücksichtigen.

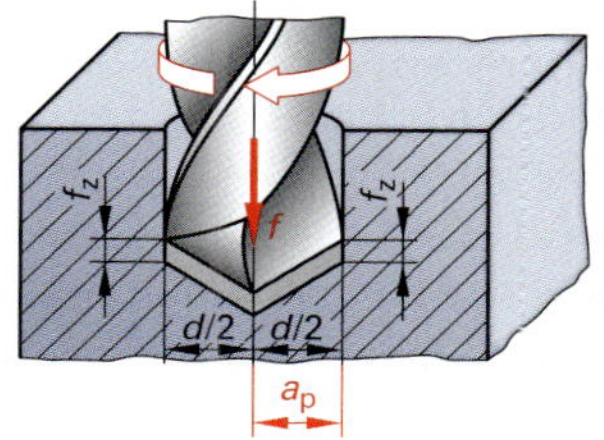

$f = 2 \cdot f_z$ bei zwei Schneiden

$a_p = \frac{d}{2}$

Die Zustellung a_p ergibt sich aus dem halben Durchmesser des Bohrwerkzeugs.

2 Schnittgrößen beim Bohren

Schnittbreite a_e

Die Schnittbreite a_e ist die Breite des Eingriffs der Schneide in der Arbeitsebene. Sie wird in radialer Werkzeugrichtung gemessen.

Die Schnittbreite a_e bestimmt gemeinsam mit der Schnitttiefe a_p die Größe der abzuspanenden Schicht. a_e tritt vor allem beim Fräsen und Schleifen auf. Beim Stirn- und Umfangsfräsen unterscheiden sich a_p und a_e. Beim Stirnfräsen wird a_e durch den Arbeitseingriff und a_p durch die Zustellung bestimmt. Beim Umfangsfräsen bestimmt die Zustellung in radialer Richtung a_e **(Bild 3)**.

Stirnfräsen   Umfangsfräsen

3 Schnittgrößen beim Fräsen

Spanungsverhältnis G = a_p : f

Das Spanungsverhältnis ist das Verhältnis zwischen der Schnitttiefe a_p und dem Vorschub f.

Es gibt für die einzelnen Schneidstoffe in Abhängigkeit vom Werkstoff des Werkstückes und der Art der Bearbeitung vorzugsweise anzuwendende Spanungsverhältnisse. Die Hersteller der Werkzeuge geben in einem Spanformdiagramm Bereiche für G an, innerhalb deren eine günstige Spanbildung erfolgt **(Bild 4)**.

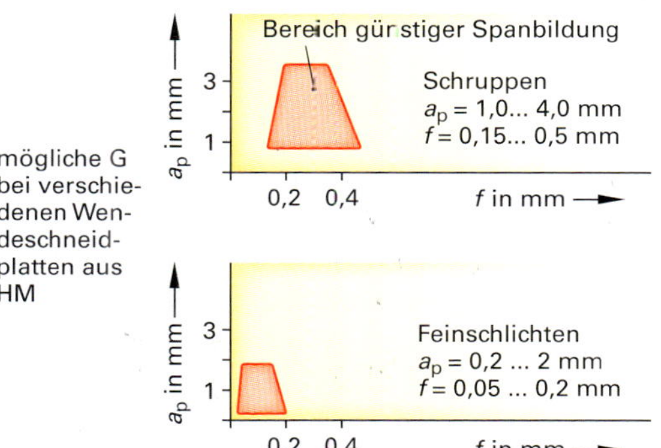

4 Spanformdiagramme

Spanungsgrößen

Spanungsgrößen sind aus den Schnittgrößen abgeleitete Größen, die die Form und Größe des abzuspanenden Elements beschreiben.

Die Spanungsgrößen sind jedoch nicht mit den Maßen der tatsächlich abgehobenen Späne identisch. Es sind:

- Spanungsbreite,
- Spanungsdicke,
- Spanungsquerschnitt,
- Spanungsvolumen.

Spanungsbreite *b*

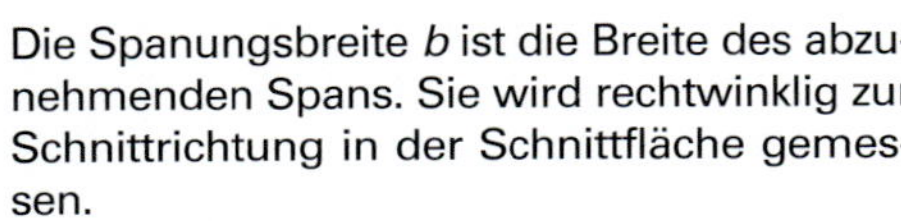

Die Spanungsbreite *b* ist die Breite des abzunehmenden Spans. Sie wird rechtwinklig zur Schnittrichtung in der Schnittfläche gemessen.

b ist eine von der Schnittbreite a_p abgeleitete Größe. Bei Werkzeugen mit geraden Schneiden und einem Einstellwinkel von $\kappa = 90°$ ist $b = a_p$ **(Bild 1)**.

Bei Werkzeugen mit geraden Schneiden ohne Eckenrundung besteht zwischen der Schnittgröße a_p und der Spanungsgröße *b* die Beziehung

$$b = \frac{a_p}{\sin \kappa}$$

b Spanungsbreite
a_p Schnitttiefe, Schnittbreite
κ Einstellwinkel der Hauptschneide

Die Spanungsbreite bringt zum Ausdruck, über welche Breite die Werkzeugschneide im Eingriff steht. Bei unregelmäßigen oder gekrümmten Schneiden, z. B. an Formfräsern, ist die Spanungsbreite gleich der gestreckten Länge der im Eingriff stehenden Hauptschneidenabschnitte.

Spanungsdicke *h*

Die Spanungsdicke ist die Dicke des abzunehmenden Spans. Sie wird senkrecht zur Schnittfläche gemessen.

Erfolgen Schnitt- und Vorschubbewegung rechtwinklig zueinander, so gilt:

$h = f \cdot \sin \kappa$ **(Bild 2)**

Ist $\kappa = 90°$, so ist $\sin \kappa = 1$; somit ist:

$b = a_p$

$h = f$

Die **Spanungsdicke *h* beim Fräsen** ist eine vom Zahnvorschub f_z abgeleitete Größe; sie bezeichnet beim Fräsen die jeweils größte Spanungsdicke **(Bild 3)**.

Die Dicke des beim Fräsen abzunehmenden Spans ändert sich jedoch ständig. Insbesondere beim Umfangsfräsen steigt sie von einer Minimalhöhe (bei Null beginnend) kontinuierlich auf den Maximalwert *h* und fällt danach steil auf Null zurück. Beim Stirnfräsen verläuft die Dicke des abzunehmenden Spans gleichmäßiger. Für Berechnungen muss auf die mittlere Spanungsdicke zurückgegriffen werden.

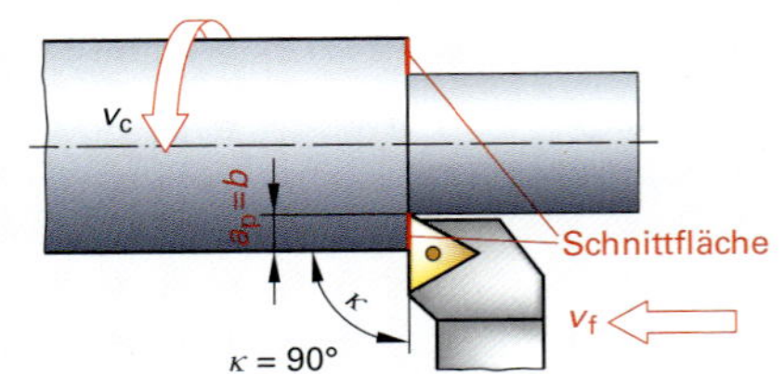

1 Spanungsbreite bei einem Einstellwinkel $\kappa = 90°$

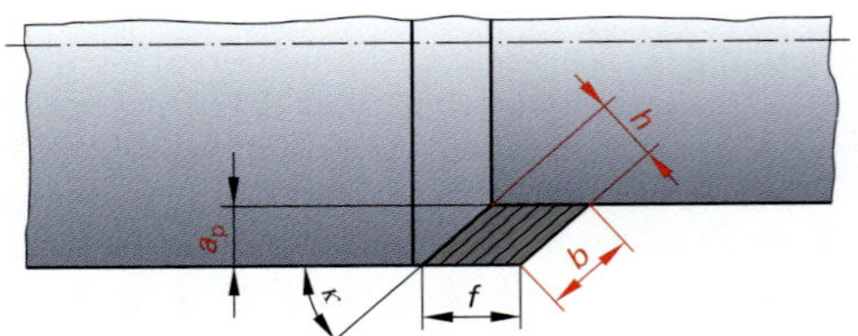

2 Spanungsgrößen beim Drehen

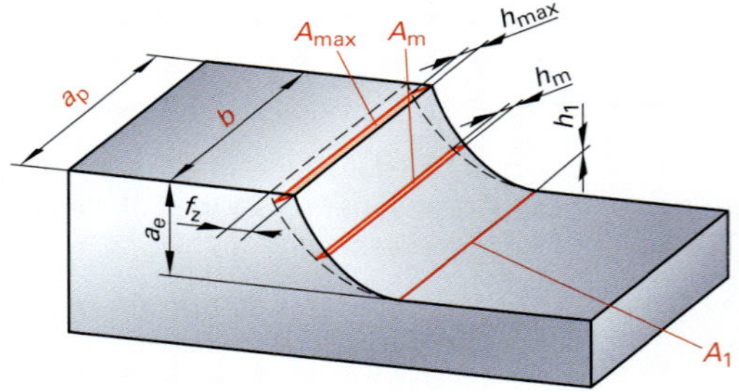

3 Spanungsgrößen beim Umfangsfräsen

Mittlere Spanungsdicke h_m

Die mittlere Spanungsdicke ist die durchschnittliche Dicke eines beim Fräsen abzunehmenden Spans.

Beim Fräsen ändert sich die Spanungsdicke entsprechend der Kommaform des Spans von einem minimalen Wert bis zum Maximum oder umgekehrt **(Bild 3)**. Für die Größe von h_m gilt allgemein:

$$h_m < h$$

Die mittleren Spanungsdicken sind von grundlegender Bedeutung für die Schnittkraft- und Leistungsberechnung beim Fräsen. Dazu kann h_m aus Diagrammen abgelesen oder aus dem Fräserdurchmesser, dem Zahnvorschub und dem Arbeitseingriff berechnet werden.

Spanungsquerschnitt A

Der Spanungsquerschnitt A ist der Querschnitt des abzunehmenden Spans senkrecht zur Schnittrichtung.

Er wird für die Kraft- und Leistungsberechnung benötigt. Er ist der auf der Schneide wirksame Querschnitt des Spanes **(Bild 1)**.

$$A = b \cdot h$$

Bei Verfahren, bei denen die Vorschubrichtungswinkel $\varphi = 90°$ betragen (z.B. beim Drehen und Hobeln), gilt außerdem:

$$A = a_p \cdot f$$

Beim **Fräsen** ändert sich der Spanungsquerschnitt in Abhängigkeit von der Eingriffslage der Schneide und der sich ändernden Schneidendicke. Es wird mit der mittleren Spanungsdicke gerechnet.

Beim **Bohren** ist der Spanungsquerschnitt je Schneide A_z bedeutsam.

Da der Bohrerradius gleich der Schnittbreite ist ($D/2 = a_p$), lässt A_z sich leicht angeben.

Beim Aufbohren und Senken ist der Durchmesser des vorgebohrten Lochs zu beachten.

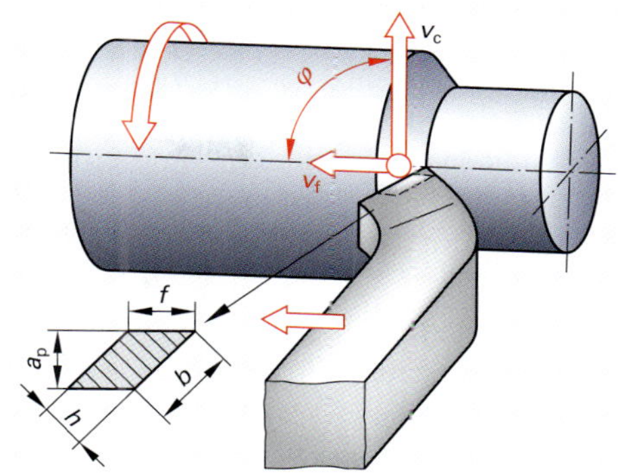

1 Spanungsquerschnitt

Spanungsquerschnitt		
Drehen	**Fräsen**	**Bohren**
$A = b \cdot h$ $A = a_p \cdot f$	$A = a_p \cdot h_m$	$A_z = \frac{D \cdot f}{4}$

A Spanungsquerschnitt
A_z Spanungsquerschnitt je Schneide
b Spanungsbreite
f Vorschub
D Bohrungsdurchmesser
h_m mittlere Spanungsdicke
a_p Schnitttiefe

Zeitspanungsvolumen Q

Das Spanungsvolumen Q ist das in einer bestimmten Zeiteinheit abgespante Volumen.

$$Q = A \cdot v_c$$

A Spanungsquerschnitt
v_c Schnittgeschwindigkeit

Es gilt als ein Maß für die Effektivität des Spanungsvorgangs und für die Produktivität der Werkzeugmaschine **(Bild 2)**.

Bei Werkzeugen mit gerader Schneide ohne Eckenrundung ergibt sich:

$$Q = b \cdot h \cdot v_c$$

Q Spanungsvolumen (cm^3/min)

Beim Fräsen und Schleifen errechnet man Q einfacher aus der Querschnittsfläche der abzutragenden Schicht, multipliziert mit der Vorschubgeschwindigkeit v_f.

Beim Bohren ist die Kreisform der abgetragenen Schicht zu beachten. Beim Aufbohren und Senken ist das vorgebohrte Loch herauszuhalten.

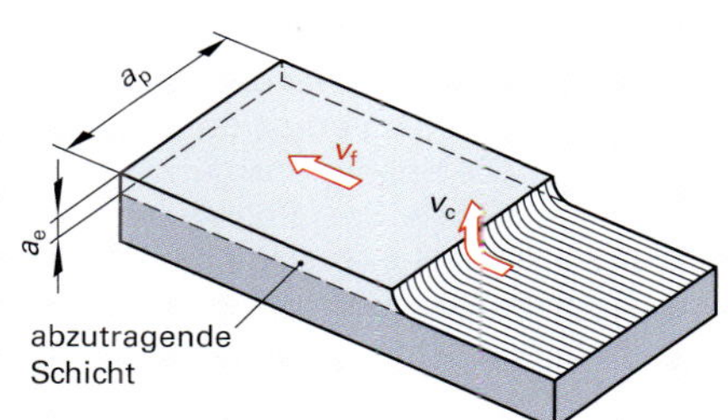

2 Spanungsvolumen beim Umfangsfräsen

Zeitspanungsvolumen		
Drehen Hobeln	**Fräsen Schleifen**	**Bohren**
$Q = b \cdot h \cdot v_c$ $= a_p \cdot f \cdot v_c$	$Q = a_p \cdot a_e \cdot v_f$	$Q = \pi \cdot a_p^2 \cdot v_f$

Q Zeitspanungsvolumen
v_f Vorschubgeschwindigkeit
a_e Arbeitseingriff
$b, h, \bar{\imath}, a_p$ · wie oben

Aufgaben

1. Nennen Sie den Unterschied von Schnittgrößen wie f und a_p zu Spanungsgrößen wie b und h.
2. Berechnen Sie die Spanungsbreite beim Stirnfräsen (Gegeben: a_p = 3 mm und drei Fräsköpfe mit den Einstellwinkeln $\kappa = 90°$, $\kappa = 75°$ und $\kappa = 42°$).
3. Welche Bedeutung hat das Spanungsverhältnis für die Arbeit an spanenden Werkzeugmaschinen?
4. Erläutern Sie den Begriff „Spanungsquerschnitt" anhand einer Skizze.
5. Warum ist das Spanungsvolumen ein Kriterium für die Produktivität einer Werkzeugmaschine?
6. Welcher Zusamenhang besteht zwischen dem Spanungsverhältnis G und dem Spanungsquerschnitt A?

Spanbildung

Der vordringende Schneidkeil verformt zunächst den Werkstückwerkstoff elastisch. Nach Überschreiten der Werkstoffelastizität (Streckgrenze) verursachen die zunehmenden Schubspannungen τ (Tau) im Werkstoff eine plastische Verformung, die nach Überschreiten der Werkstofffestigkeit (Scherfestigkeit τ_{aB}) die Werkstofftrennung durch Scherkräfte auslösen. Durch die Schneidengeometrie fließt der abgetrennte Werkstoff in Spanform über die Spanfläche ab **(Bild 1)**.

Bei ausreichender Verformungsfähigkeit des Werkstoffs fließen die abgescherten Späne kontinuierlich ab (Fließspan, Lamellenspan). Bei der Zerspanung von spröden Werkstoffen führt bereits eine geringe Verformung in der Umformungszone bzw. Scherebene zum vorzeitigen Spanbruch (Scherspan, Reißspan).

Durch die Gefügeumbildung in der Scherebene und die darauffolgende Stauchung des Spans auf der Spanfläche kommt es zu einer Gefügeverhärtung im abfließenden Span. Die ursprünglichen Zähigkeitswerte des Werkstückwerkstoffs gehen dabei weitestgehend verloren **(Bild 2)**.

Der **Scherwinkel** Φ wird kleiner und die Schnittkräfte erhöhen sich durch die Verfestigung der Gefügestruktur im Span. Die Spanumformung hängt maßgeblich von der Größe des Spanwinkels ab. Ein kleiner Spanwinkel hat einen kleineren Scherwinkel zur Folge, damit erhöhen sich die Verformungsarbeit in der Scherebene und die Scherkräfte. Außerdem wird das Abfließen des Spans auf der Spanfläche durch die große Umlenkung behindert (Spandickenstauchung, **Bild 3**).

An der Spanunterseite herrschen aufgrund großer Kräfte (Reibung, Spanpressung) und Temperaturen extreme Verhältnisse. Diese Bedingungen erzeugen häufig eine dünne Fließzone im unteren Spanbereich. Der Werkstoff nimmt hier ähnliche Eigenschaften an wie sie in einer Metallschmelze vorkommen. Einige Werkstoffe neigen dann zum Aufbau von Werkstoffschichten, die auf der Spanfläche verschweißen (Aufbauschneide). Vorgänge wie Adhäsion, Diffusion und Abrasion sind hierfür verantwortlich.

Spandickenstauchung λ_h

Durch die Zerspankraft wird der abgetrennte Werkstoff auf der Spanfläche gestaucht, sodass der ablaufende Span gegenüber den eingestellten Spanungsgrößen veränderte Abmessungen annimmt.

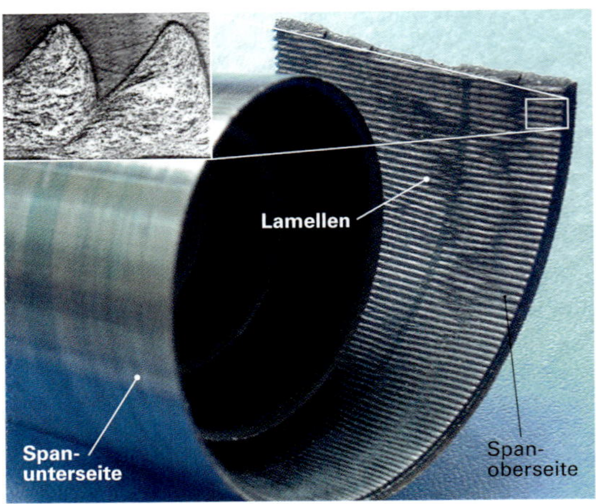

1 Spanlamellen auf der Spanoberseite Spanunterseite mit sichtbarer Fließzone

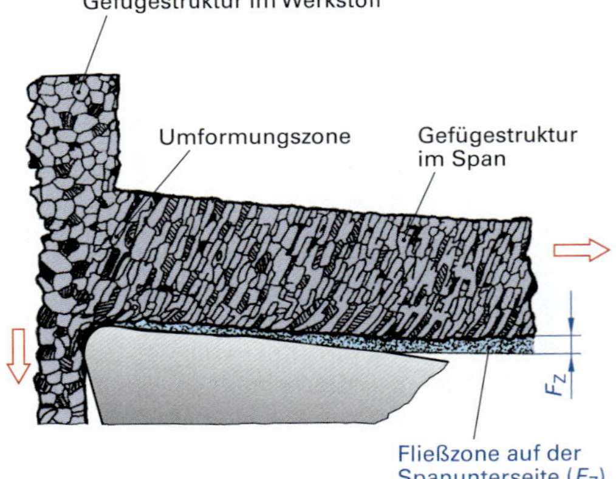

2 Gefügeumwandlung in der Scherzone

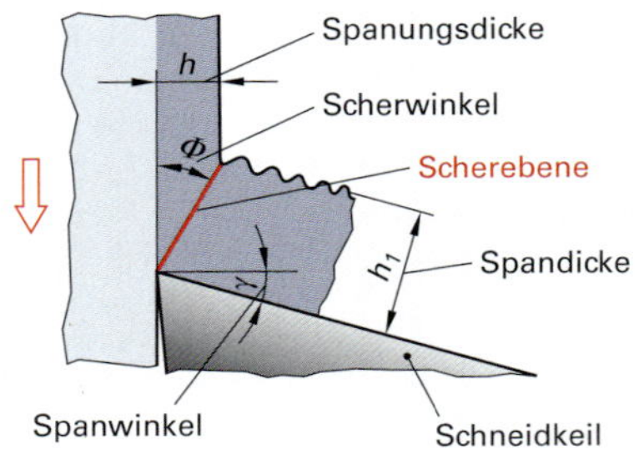

3 Scherebene und Spandickenstauchung

Eine wichtige Kenngröße stellt hierbei die Spandickenstauchung λ_h dar:

$$\lambda_h = h_1 / h \qquad \lambda_h > 1$$

λ_h ist das Verhältnis zwischen gestauchter Spandicke h_1 und undeformierter Spandicke h **(Bild 2 und 3)**.

Die Spandickenstauchung λ_h wird im Wesentlichen von den mechanischen Eigenschaften des Werkstückwerkstoffs und den Reibverhältnissen zwischen ablaufendem Span und der Spanfläche der Werkzeugschneide bestimmt.

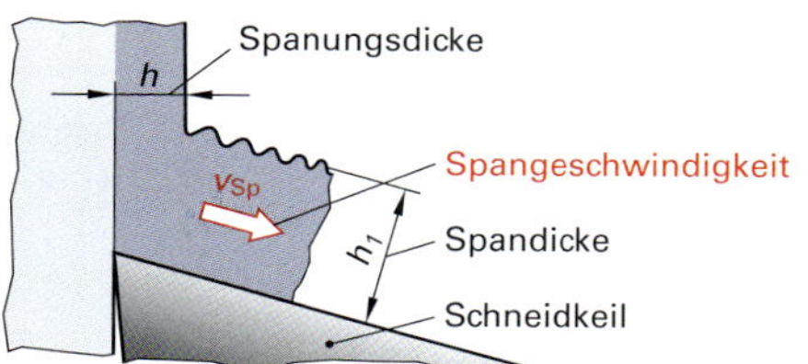

2 Kenngrößen

Spangeschwindigkeit v_{sp}

Die Berechnung der Spangeschwindigkeit v_{sp} ist mithilfe der Schnittgeschwindigkeit v_c und der Spandickenstauchung λ_h möglich:

$$v_{sp} = v_c / \lambda_h \qquad v_{sp} \text{ in } ^m/_{min} \quad v_{sp} < v_c$$

Scherwinkel Φ

In direktem Zusammenhang **(Bild 4)** zur Spandickenstauchung λ_h steht der Scherwinkel Φ (Phi):

$$\tan \Phi = \cos \gamma / (\lambda_h - \sin \gamma)$$

Spanflächenreibwert μ_{sp}

Die Reibbedingungen, die durch die Schneidstoffart bzw. Schneidstoffbeschichtung, die Oberflächengüte und Spanpressung, Temperatur und die Gleitgeschwindigkeit v_{sp} des Spans auf der Spanfläche definiert sind, werden durch den Spanflächenreibwert μ_{sp} zusammengefasst.

Durch Messung der Schnittkraftkomponenten F_N und F_R kann man mit der Gleichung

$$\tan \Phi = F_R / F_N = \mu_{sp}$$

den Spanflächenreibwert μ_{sp} berechnen.

Die Bestimmung der Komponenten F_N und F_R ist jedoch meist nicht möglich (**Bild 1**, nächste Seite).

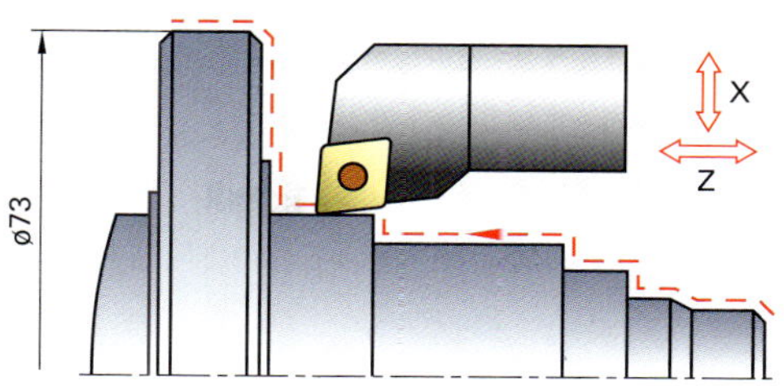

1 Drehbearbeitung

Beispielaufgabe Drehbearbeitung (Bild 1)
Gegeben:
Werkstoff: C45, Schneidstoff: HC – P10
$v_c = 240$ m/min, $a_p = 3$ mm, $f = 0{,}2$ mm
Spanwinkel $\gamma = 6°$, Einstellwinkel $\kappa = 93°$
Gesucht:
Spandickenstauchung λ_h, Scherwinkel Φ
Lösung:
$h = f \cdot \sin \kappa = 0{,}2 \text{ mm} \cdot \sin 93° \approx 0{,}2 \text{ mm}$
gemessene Spandicke $h_1 = 0{,}55$ mm
Spandickenstauchung
$\lambda_h = h_1 / h = 0{,}55 \text{ mm} / 0{,}2 \text{ mm} = \underline{\underline{2{,}75}}$
Scherwinkel
$\tan \Phi = \cos \gamma / (\lambda_h - \sin \gamma)$
$\tan \Phi = \cos 6° / (2{,}75 - \sin 6°) = 0{,}376$
$\Phi = \underline{\underline{20{,}6°}}$

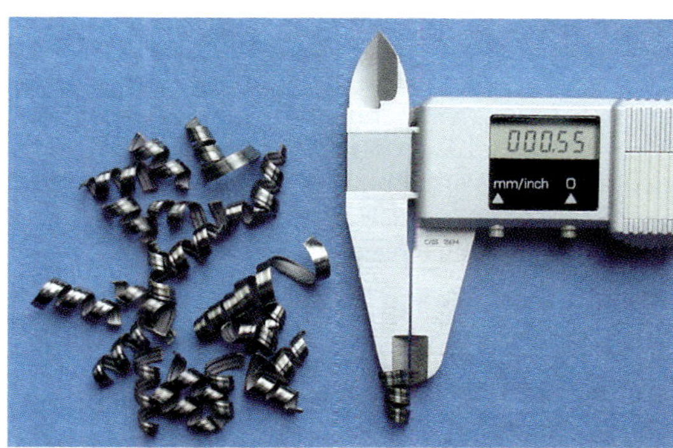

3 Spandickenmessung

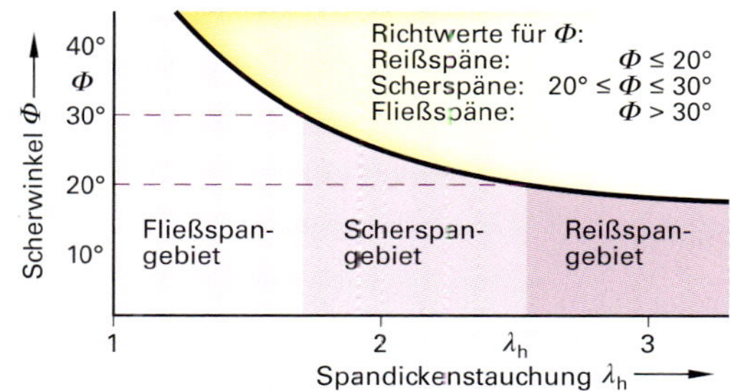

4 Scherwinkel und Spandickenstauchung

Für den Fall, dass der Spanwinkel $\gamma = 0°$ und der Einstellwinkel $\kappa = 90°$ betragen, reduziert sich die Aufgabe auf die Messung der Schnittkraft F_c (tangentiale Schnittkraft) und der Vorschubkraft F_f (axiale Schnittkraft).

Für $\gamma = 0°$ und $\kappa = 90°$ gilt: $F_N = F_c$ und $F_R = F_f$.

$$\mu_{sp} = F_f / F_c$$

In der Praxis kann μ_{sp} auch Werte > 1 annehmen, da die Scher- und Druckkräfte an der Freifläche die Verhältnisse auf der Spanfläche und die Spanform beeinflussen **(Bild 1, 2)**.

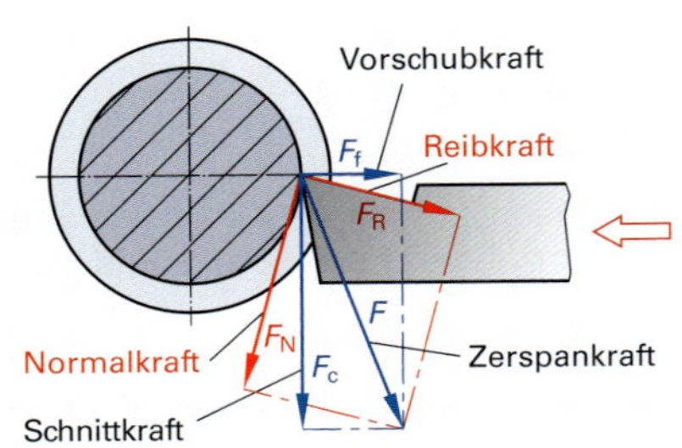

1 Kraftkomponenten

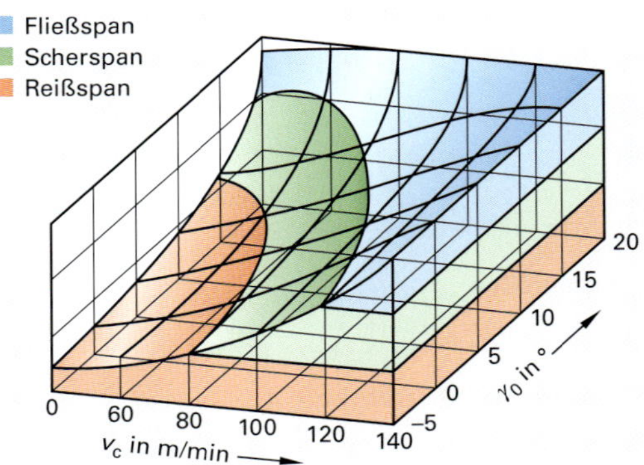

2 Einfluss von Schnittgeschwindigkeit v_c und Werkzeug-Spanwinkel γ_0 auf die Spanform

Einfluss der Reibung auf die Spanbildung

Die Spanstauchung beschreibt den Stauchvorgang in der Scherzone und auf der Spanfläche. Die zwischen Scherebene und Kontaktzone liegende Spanwurzel stellt einen Keil dar. Betrachtet man die Kräfte an der Spanwurzel unter Vernachlässigung der Trennarbeit und der Freiflächenreibung, so verlangt das Gleichgewicht der Kräfte, dass die auf die Scherebene wirkende Zerspankraft F_z gleich groß und entgegengesetzt der auf die Spanfläche wirkenden Kraft ist.

F_z lässt sich zerlegen in eine Reibungskraft F_R parallel zur Richtung der Spanfläche und eine Normalkraft F_H senkrecht dazu. Da der Span über die Spanfläche gleitet, ist das Verhältnis F_R/F_N gleich dem Gleitreibungskoeffizienten μ, sodass F_z und F_N den Reibungswinkel φ einschließen **(Bild 3)**.

$$\tan \varphi = F_R / F_N = \mu$$

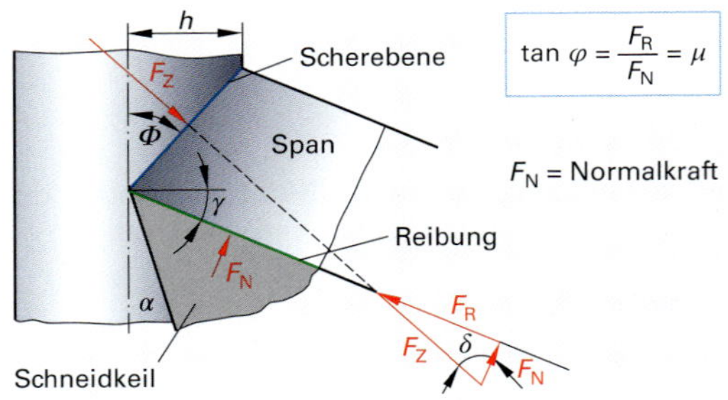

3 Reibungswinkel

Werte für μ oder φ können aus Schnittkraftmessungen ermittelt werden.

Der Reibbeiwert μ ist eine veränderliche physikalische Größe, die von

- der Werkstückstoff-Schneidstoff-Paarung,
- der Oberflächenbeschaffenheit und
- der Kontaktzonentemperatur

abhängt.

Mit der Schnittgeschwindigkeit ändern sich auch der Reibbeiwert und die Spandickenstauchung, sodass die unterschiedlichen Spanstauchungen vorwiegend aus der Spanflächenreibung μ_{sp} erklärt werden können **(Bild 4)**.

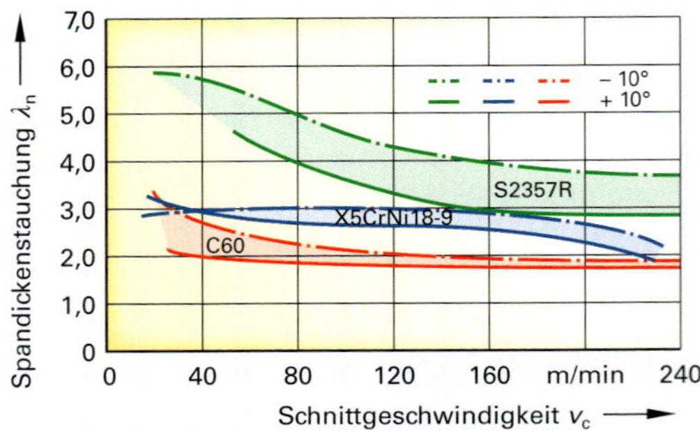

4 Einfluss der Schnittgeschwindigkeit auf die Spandickenstauchung

Im Allgemeinen fallen der Reibbeiwert und die Spanstauchung mit zunehmender Schnittgeschwindigkeit und größer werdender Festigkeit des Werkstückstoffs kleiner aus.

In **Bild 1** sind der Einfluss des Scherwinkels Φ, der Schnittgeschwindigkeit v_c, des Spanwinkels γ und des Gleitreibungskoeffizienten μ auf die Spanart dargestellt.

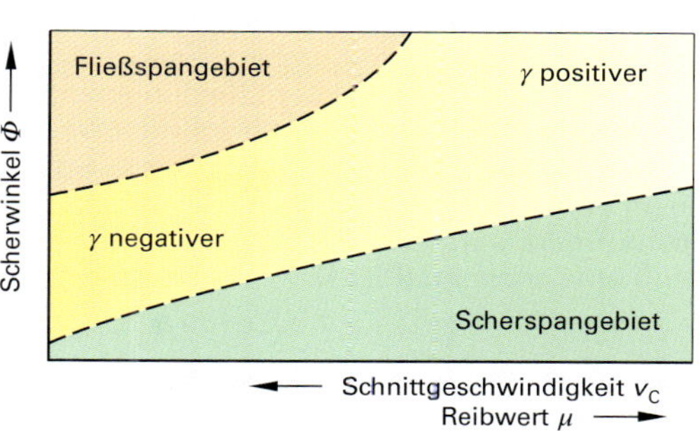

1 Beeinflussung der Spanart durch die Prozessgrößen

Spanformen

Die spanende Bearbeitung kann nur dann wirtschaftlich und prozesssicher durchgeführt werden, wenn die entstehenden Späne so verformt werden, dass sie den Arbeitsablauf nicht stören. Für moderne Werkzeugmaschinen mit weitgehend automatisierten Arbeitsabläufen ist eine kontrollierende Spanformung unbedingte Voraussetzung, da eine ständige Überwachung durch das Bedienungspersonal nicht gegeben ist. Produktionsstörungen wegen ungenügender Spanformung haben schwerwiegende wirtschaftliche und technologische Konsequenzen.

Man unterscheidet drei verschieden Spanarten:

- **Reißspan,**
- **Scherspan und**
- **Fließspan.**

Innerhalb dieser Spanarten werden entsprechend der geometrischen Form verschiedene Spanformen klassifiziert **(Bild 2)**.

Die Spanformung wird überwiegend vom Werkstückwerkstoff und den Schnittwerten (v_c, a_p, f...) beeinflusst. Aber auch die Schneidkantenverrundung, Werkzeuggeometrie, Verschleißzustand und Spanformer bzw. Spanleitstufen auf der Spanfläche der Wendeschneidplatte verändern die Gestalt der entstehenden Späne. Zur Beurteilung des Zerspanungsvorgangs sind die Art, Form und Farbe der Späne in besonderem Maße geeignet, da deren Entstehung gut beobachtbar ist und das Ergebnis direkt ausgewertet werden kann.

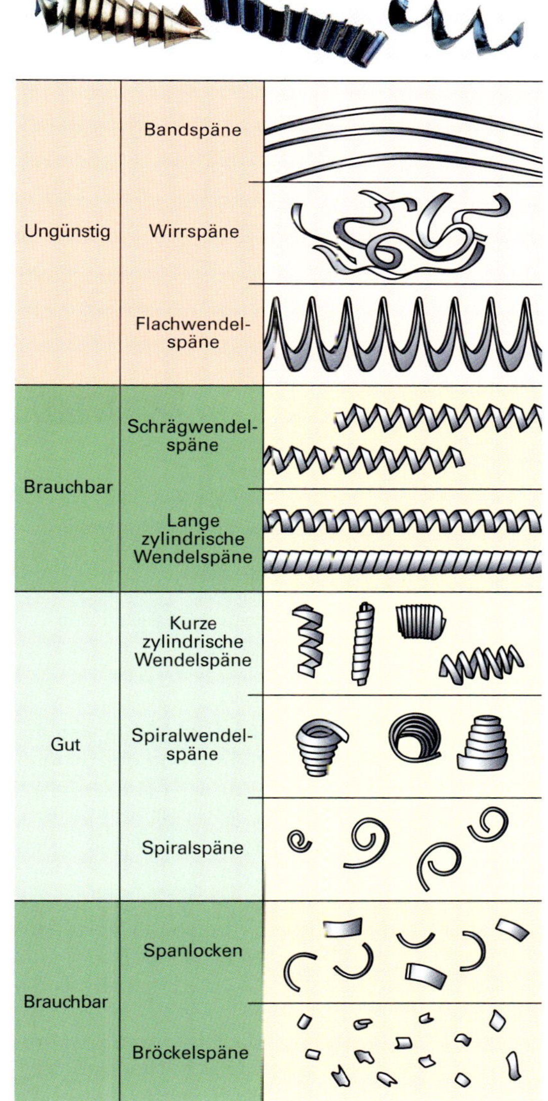

2 Spanformen

Spanformdiagramm

Zur Auswertung entsprechender Zerspanungsversuche werden die entstehenden Späne in einer Spanformmatrix nach Vorschub f und Schnitttiefe a_p einander zugeordnet. Dabei werden unter Beibehaltung der anderen Zerspanungskenngrößen wie Schneidstoff, Werkzeuggeometrie, Schnittgeschwindigkeit, Werkstückwerkstoff u.a. die Spanformen klassifiziert und hinsichtlich ihrer technologischen Zweckmäßigkeit in Zerspanungsbereiche zusammengefasst **(Bild 1, nächste Seite)**.

Die herstellerspezifischen Spanformgeometrien ergeben für bestimmte f-a_p-Kombinationen optimierte Spanformen. Die Herstellerempfehlungen sollten nicht wesentlich unter- bzw. überschritten werden, da der auf der Spanfläche auftreffende Span in einem vom Vorschub vorbestimmten Bereich des Spanformers auftrifft und dabei die gewünschte Geometrie annimmt **(Bild 1)**.

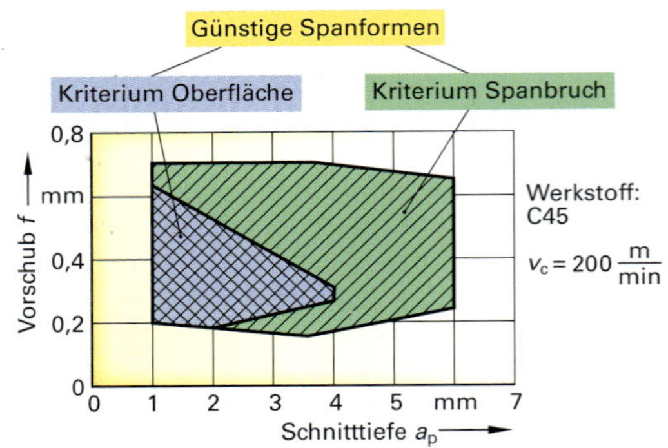

1 Spanformdiagramm

Einflüsse auf die Spanformung

In **Bild 2** sind die wichtigsten Spanformen zusammengefasst. Jeder Spanform ist eine **Spanraumzahl *R*** zugeordnet.

Diese gibt das Verhältnis des Transportvolumens zum eigentlichen Werkstoffvolumen des Spans an. In der Beurteilung sind die beiden Kriterien (Sicherheit des Menschen und Transportfähigkeit) enthalten. Band-, Wirr- und Wendelspäne sind nicht erwünscht.

Günstige Spanformen sind kurze Wendelspäne, Spiralspäne und Spiralspanstücke.

Die **Spanformklasse** und die Spanraumzahl *R* stellen eine weitere Beurteilungsmöglichkeit der Spanform dar. Dabei werden die in den Klammern angeführten Kennziffern zugeordnet:

- Bandspan (1)
- Wirrspan (2)
- Wendelspan (3) **(Bild 3)**
- kurzer Wendelspan (4)
- Spiralspan, Spanstücke (5, 6, 7)

3 Span

$$R = Q_{sp} / Q_w$$

R Spanraumzahl
Q_{sp} Spanvolumen
Q_w Werkstoffvolumen

$$Q_w = a_{sp} \cdot f \cdot v_c$$

Q_w zerspantes Werkstoffvolumen in mm^3/min
a_p Schnitttiefe in mm
f Vorschub in mm
v_c Schnittgeschwindigkeit in m/min

$$Q_{sp} = R \cdot Q_w$$

Q_{sp} Spanvolumen in mm^3/min

Spanform		Spanraumzahl *R*	Beurteilung
Bandspäne		≥ 90	ungünstig
Wirrspäne			
Wendelspäne	lang	≥ 50	brauchbar
	kurz	≥ 25	gut
Spiralspäne		≥ 8	
Spanbruchstücke		≥ 3	brauchbar

2 Spanformen mit Spanraumzahl

In **Bild 4** und **Bild 1** auf der nächsten Seite sind der Einfluss der Werkzeuggeometrie und der Schnittbedingungen auf die Spanform schematisch dargestellt. Die Ergebnisse lassen sich zusammenfassen:

- Mit zunehmender Schnittgeschwindigkeit v_c verschlechtert sich die Spanform.
- Mit zunehmendem Vorschub f verbessert sich die Spanbrechung, allerdings bedingen hohe Vorschübe eine schlechte Oberflächengüte.
- Je größer die Schnitttiefe a_p, desto schlechter die Spanbrechung.
- Negative Spanwinkel ($-\gamma$) bedingen gute Spanbrechung, jedoch schlechtere Oberflächenqualität.
- Je größer der Einstellwinkel κ, desto besser die Spanbrechung.

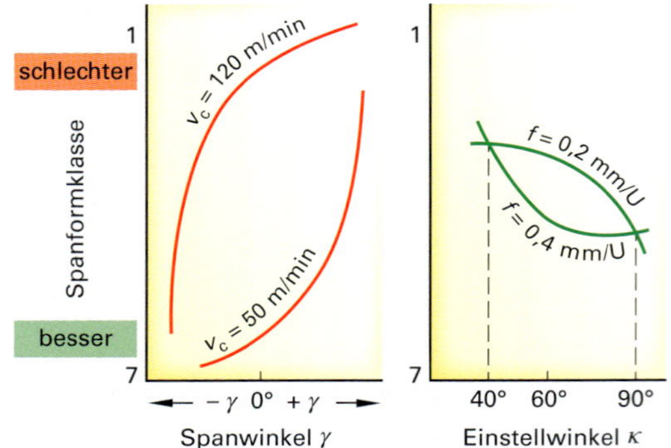

4 Einfluss der Werkzeuggeometrie auf die Spanformung

Zerspankräfte

Die Zerspanung von metallischen Werkstoffen ist nur mit erheblichen Kräften und Antriebsleistungen möglich. Damit der Schneidkeil beim Zerspanen in den Werkstückwerkstoff eindringen kann, muss er eine Kraft ausüben. Der zu bearbeitende Werkstoff setzt dem Schneidkeil einen Widerstand entgegen, der überwiegend von den spezifischen Werkstoffeigenschaften abhängt. Die auf das Werkstück wirkende Kraft des Schneidkeils und die auf den Schneidkeil wirkende Gegenkraft des Werkstückes sind gleich groß **(actio = reactio)**.

Eine hohe Zerspanungsleistung bei gleichzeitig hoher Prozesssicherheit erfordert von Werkzeugentwicklern und Anwendern umfangreiches Wissen über Entstehung, Art, Größe, Richtung und Wirkungen von Zerspanungskräften auf die Produktqualität und dem wirtschaftlichen Einsatz der Werkzeuge.

Schnittkräfte lassen sich theoretisch berechnen, sind aber auch mit Schnittkraftaufnehmern unterschiedlicher Bauart messbar.

Die größten Belastungskräfte treten entlang der Hauptschneidkante auf und schwächen sich dann entlang der Frei- und Spanfläche ab. Der Spanfläche kommt hierbei eine bedeutende Rolle bei der geometrischen Ausführung von Werkzeugschneiden und Schneidkantenstabilität zu.

Die beim Zerspanungsprozess auftretenden Kräfte sind überwiegend Druck-, Scher- und Reibkräfte, die in verschiedenen Richtungen auf Werkzeug und Werkstück wirken. Nicht nur die Größe der Kräfte, sondern auch die Richtungsabhängigkeit ist von großer Bedeutung für den Zerspanungsprozess.

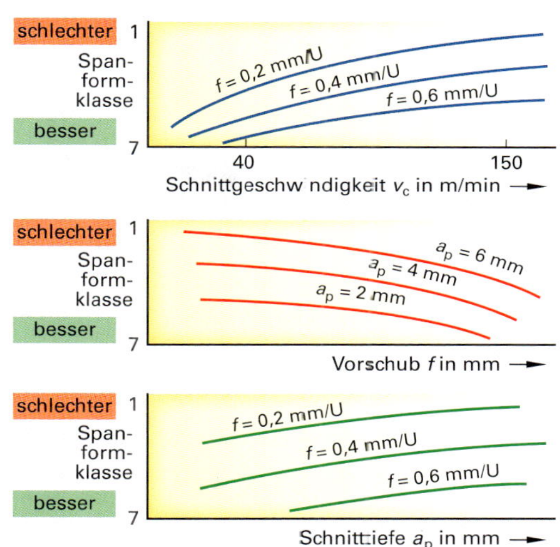

1 Einfluss der Schnittbedingungen auf die Spanformung

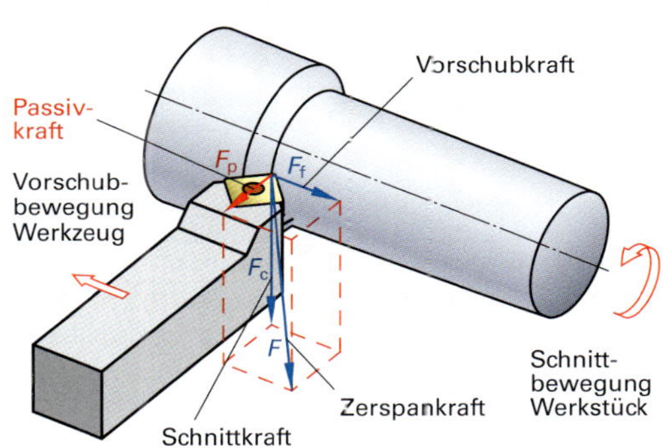

2 Kraftkomponenten

Zerspankraftkomponenten

Betrachtet man die Werkzeugschneide dreidimensional, so lässt sich die Zerspankraft in drei grundlegende Komponenten zerlegen **(Bild 2)**:

F_c **= Schnittkraft**	(Tangentiale Schnittkraft)
F_p **= Passivkraft**	(Radiale Schnittkraft)
F_f **= Vorschubkraft**	(Axiale Schnittkraft)

Nicht unerheblich ist der Betrachtungsstandpunkt, werkzeug- oder werkstückbezogen, und die definierten Koordinatenrichtungen (+/-x, +/-y, +/-z) für die Wirkrichtung der Zerspanungskraft und deren Komponenten. Der Verlauf der Vorschubkraft F_f und der Passivkraft F_p über dem Einstellwinkel κ ergibt sich aus der geometrischen Lage der Schneidkante zur Werkstückachse **(Bild 3)**.

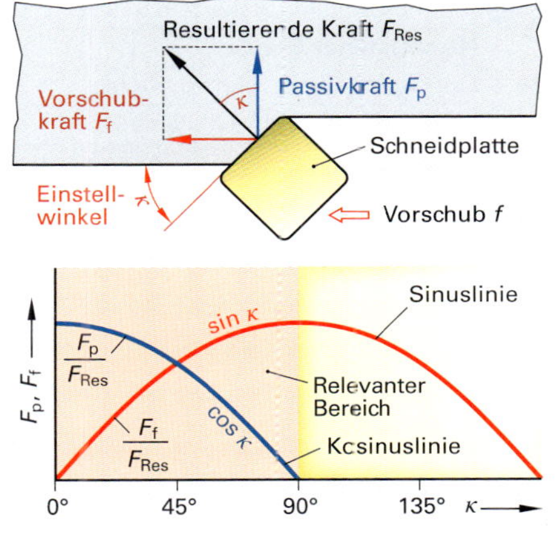

3 Vorschubkraft F_f und Passivkraft F_p in Abhängigkeit vom Einstellwinkel κ

Spezifische Schnittkraft k_c

Jeder Werkstoff setzt dem Vordringen der Werkzeugschneide einen von den Festigkeitseigenschaften abhängigen Widerstand entgegen (Zerspanungswiderstand). Um vom tatsächlichen Spanungsquerschnitt unabhängig zu sein, wird diese erforderliche Schnittkraft auf 1 mm^2 des Spanungsquerschnitts bezogen.

k_c ist die spezifische Schnittkraft in N/mm^2.

Neben der Werkstoffabhängigkeit ist k_c außerdem von der Spanungsdicke h, dem Spanwinkel γ, der Schnittgeschwindigkeit v_c, der Schneidstoffart und der verfahrensbedingten Art der Spanabnahme abhängig. Die Spanungsbreite b bzw. die Schnitttiefe a_p hat auf k_c kaum einen Einfluss (**aber F_c ist proportional a_p!).**

k_c-Werte für die verschiedenen Werkstoffe sind in **Tabelle 1** dargestellt.

Hierbei bezieht man sich häufig auf den im Versuch ermittelten **Hauptwert der spez. Schnittkraft $k_{c1.1}$**, dem ein Spanungsquerschnitt $A = 1$ mm^2 zugrunde gelegt wird.

Die Spanungsdicke h bzw. der Vorschub f beeinflussen die spez. Schnittkraft maßgebend. Bei konstantem Spanungsquerschnitt A führt eine Vergrößerung von f und von h zu einer Verringerung von a_p bzw. von b und damit zu einer Verringerung des k_c-Wertes und zu einer reduzierten Schnittkraft F_c und Schnittleistung P_c. Da die Schnitttiefe a_p bzw. die Spanungsbreite b einen geringen Einfluss auf k_c ausübt, ist es zum Erreichen einer hohen Zerspanungsleistung bei geringer Schnittkraft günstiger, in mehreren Schnitten bei kleinerer a_p, aber mit max. Vorschub f zu arbeiten (**Bild 1,** nächste Seite).

Wenn überschlägige Betrachtungen genügen, kann man für k_c mit der Näherungsgleichung $k_c \cong (4...6) R_m$ arbeiten **(Tabelle 1).**

R_m = Mindestzugfestigkeit in N/mm^2
Faktor 4 für h = 0,2......0,8 mm
Faktor 6 für h = bis 0,2 mm

Tabelle 1: Näherungswerte für die spezifischen Schnittkräfte der Zerspanungshauptgruppen

Zerspanungshauptgruppe		R_m in N/mm^2	$k_{c1.1}$ in N/mm^2	m_c
P	**Stahl**			
P	Unlegierte, weiche Baustähle mit niedrigem Kohlenstoffgehalt	< 450	1800	0,2
P	Unlegierte Stähle mit geringem bis mittlerem Kohlenstoffgehalt, C < 0,5 % Einsatzstähle, Vergütungsstähle, Automatenstähle	< 550	2000	0,2
P	Niedrig legierte Stähle mit geringem bis mittlerem Kohlenstoffgehalt, Einsatzstähle, Vergütungsstähle, Stahlguss, ferritische rostfreie Stähle, Nitrierstahl	< 700	2200	0,24
P	Normalharte Werkzeugstähle, Kaltarbeitsstähle, härtere Vergütungsstähle, martensitische rostfreie Stähle	< 900	2500	0,27
P	Schwer zerspanbare Werkzeugstähle, hochlegierte Stähle, harter Stahlguss	< 1200	2750	0,25
P	Hochfeste Stähle, gehärtete Stähle, schwer zerspanbare Stähle	> 1200	2850	0,23
M	**Nichtrostende Stähle**			
M	Gut bearbeitbare, rostfreie Stähle		1800	0,24
M	Austenitische, rostfreie Stähle		2000	0,2
K	**Gusseisen**			
K	Grauguss, GJL		1050	0,23
K	Kugelgraphitguss, GJS, Temperguss, niedrig legierter Guss		1150	0,25
K	Gusseisen mittlerer Härte, Temperguss, niedrig legierter Guss		1500	0,28
K	Höher legierter Guss, Temperguss, schwer zerspanbar		1900	0,19
N	**NE-Metalle**			
N	Gut zerspanbare NE-Legierungen, Aluminium, Magnesium, Messing		470	0,27
N	Aluminiumlegierungen mit hohem Si-Anteil (> 16 % Si)		680	0,27
S	**Super-Legierungen und Titanlegierungen**			
S	Nickel-, Kobalt-Eisenlegierungen, Warmfeste Stähle, Härte < 30 HRC		2500	0,22
S	Nickel-, Kobalt-Eisenlegierungen, Warmfeste Stähle, Härte > 30 HRC		3200	0,24
S	Titanlegierungen		1400	0,22

Überträgt man die Werte aus dem Diagramm in **Bild 1** in ein Diagramm mit logarithmischer Achsenteilung, erhält man eine Gerade. Der Tangens des Steigungswinkels α der Geraden ist werkstoffabhängig und wird deshalb als **Werkstoffkonstante** m_c definiert **(Bild 2)**:

$$\tan \alpha = \Delta k_c / \Delta h = m_c$$

Die spezifische Schnittkraft k_c in N/mm² lässt sich mit dem Hauptwert $k_{c1.1}$, der Werkstoffkonstanten m_c und der Spanungsdicke h bestimmen:

$$k_c = k_{c1.1} / h^{mc}$$

$k_{c1.1}$ in N/mm²
h in mm

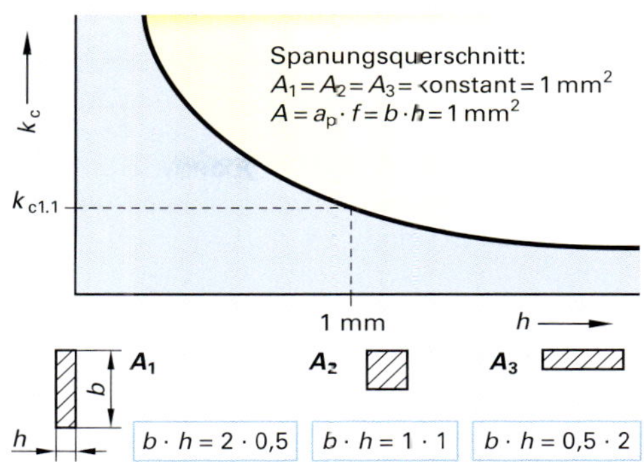

1 Die Form des Spanungsquerschnitts A beeinflusst die spezifische Schnittkraft

Schnittkraftberechnung

Die Schnittkraft F_c lässt sich mit folgenden Gleichungen berechnen:

$$F_c = A \cdot k_c$$
$$F_c = a_p \cdot f \cdot k_c = b \cdot h \cdot k_c$$

F_c in N
k_c in N/mm²

Optimierte k_c-Werte verlangen weitere Korrekturen wie z.B. für Schnittgeschwindigkeit, Bearbeitungsverfahren, Spanwinkel, Schneidstoff und Abstumpfung der Schneidkante **(Tabelle 1)**.

Die hier verwendete Methode der Schnittkraftberechnung beruht auf den Forschungsarbeiten von Victor Kienzle.

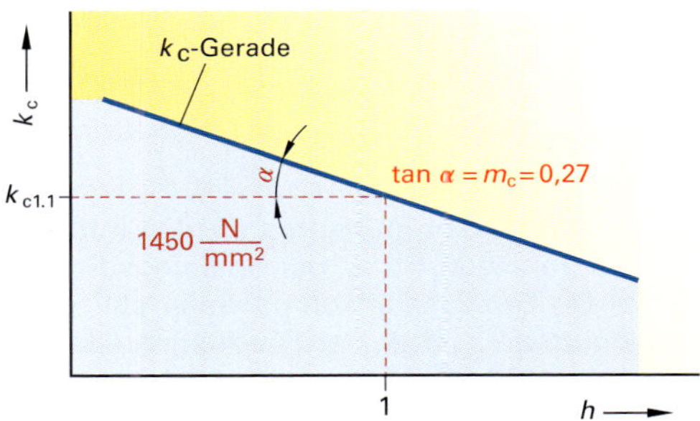

2 k_c-Gerade für C 45 im doppelt logarithmischen Diagramm

Tabelle 1: Korrekturfaktoren für k_c

Korrekturfaktoren K_{sp} für die Spanstauchung	
Außendrehen HSS	1,05
Außendrehen HM	1,0
Außendrehen Keramik	0,95
Innendrehen HSS	1,45
Innendrehen HM	1,2
Innendrehen Keramik	1,25
Ein- und Abstechdrehen HM	1,3
Bohren ins Volle HSS	1,2
Bohren ins Volle HM	1,0
Stirnfräsen HSS	1,2
Stirnfräsen HM	1,0
Umfangsfräsen HSS	1,55
Umfangsfräsen HM	1,3
Reiben HSS	1,3
Reiben HM	1,2
Räumen	1,2
Korrekturfaktor K_{vc} für die Schnittgeschwindigkeit $K_{vc} = 1{,}0$ für HM-Werkzeug, 60 bis 300 m/min $K_{vc} = 1{,}15$ für HSS-Werkzeug, 25 bis 60 m/min $K_{vc} = 1{,}2$ für $v_c < 25$ m/min	

Beispiel zur Berechnung der Schnittkraft F_c beim Längsdrehen

Werkzeug: Wendeplattenhalter mit HC-P20, Einstellwinkel $\kappa = 63°$

Schnittwerte: $v_c = 180$ m/min, $f = 0{,}3$ mm, $a_p = 3$ mm

Werkstoff: Vergütungsstahl 42CrMo4

Lösung: $k_{c1.1} = 2500$ N/mm², $m_c = 0{,}26$

1. Spanungsdicke $h = f \cdot \sin \kappa = 0{,}3\ mm \cdot \sin 63°$
   $\underline{h = 0{,}26\ mm}$
2. Spezifische Schnittkraft
   $k_c = k_{c1.1} / h^{mc}$
   $k_c = 2500 / 0{,}26^{0{,}26}$
   $\underline{k_c = 3548\ N/mm^2}$
3. Spanungsquerschnitt
   $A = a_p \cdot f = 3\ mm \cdot 0{,}3\ mm = \underline{0{,}9\ mm^2}$
4. Schnittkraft
   $F_c = A \cdot k_c = 0{,}9\ mm^2 \cdot 3548\ N/mm^2$
   $\underline{F_c = 3193\ N}$

Einflussgrößen auf die Zerspankraft

Für eine praxisorientierte Betrachtung der Zerspankraft muss der Einfluss der wesentlichen Zerspanbedingungen auf die leistungsführende Komponente der Zerspanung (Schnittkraft F_c) sowie auf die Zerspankraftkomponenten Vorschubkraft F_f und Passivkraft F_p bekannt sein.

Schnittgeschwindigkeit

Der Einfluss der Schnittgeschwindigkeit auf die Zerspankraft wird durch deren Einfluss auf den Spanentstehungsprozess bestimmt.

So zeigt die Zerspankraft im zur Aufbauschneiden- und Scherspanbildung neigenden Schnittgeschwindigkeitsbereich ein Maximum. Die Abnahme der Kräfte mit steigender Schnittgeschwindigkeit ist in der temperaturabhängigen Festigkeitsabnahme des Werkstückstoffs und in der zunehmenden Fließspanbildung begründet.

Spanungsquerschnitt

Die Zerspankraftkomponenten steigen mit zunehmendem Vorschub f bzw. der Spanungsdicke h an **(Bild 1a)**. Die Zerspankraftkomponenten steigen über die Schnitttiefe a_p bzw. der Spanungsbreite b proportional an **(Bild 1b)**. Mit zunehmendem Vorschub und Schnitttiefe wird auch der Spanungsquerschnitt $A = a_p \cdot f$ größer. Die zunehmende Schnittkraft F_c ergibt sich aus $F_c = A \cdot k_c$. Der k_c-Wert ist vom Werkstoff abhängig **(Bild 2)**.

Werkzeuggeometrie

Der Werkzeugeinstellwinkel κ (Kappa) übt auf die Schnittkraft F_c einen verhältnismäßig geringen Einfluss aus. Mit zunehmendem Spanwinkel γ nimmt die Schnittkraft wegen der günstigeren Abscherung des Werkstoffs ab **(Bild 1c)**. Mit größerem Einstellwinkel nimmt die in Vorschubrichtung weisende Komponente der Zerspankraft zu und erreicht bei $\kappa = 90°$ ihr Maximum. Wird der Einstellwinkel κ bei konstantem Spanungsquerschnitt A vergrößert, so erhöht sich die Spanungsdicke h im gleichen Maß wie die Spanungsbreite b abnimmt. Da die Schnittkraft F_c mit der Schnitttiefe a_p proportional, über den Vorschub aber degressiv ansteigt, ergibt sich eine leichte Abnahme von F_c bei steigendem Einstellwinkel κ. Mit kleiner werdendem Spanwinkel γ steigt die Schnittkraft an **(Bild 1d)**. **Tabelle 1** gibt Richtwerte an, wie sich die Zerspankraftkomponenten ändern, wenn der Spanwinkel γ oder der Neigungswinkel λ variiert werden. Eine Veränderung des Freiwinkels im Bereich von $3° < \alpha < 12°$ hat keine nennenswerte Auswirkung auf die Zerspankraftkomponenten.

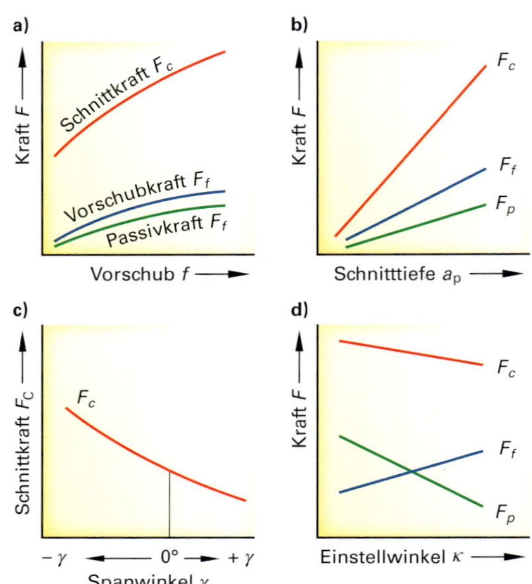

1 Einfluss des Spanwinkels γ und des Einstellwinkels κ auf die Zerspankraft

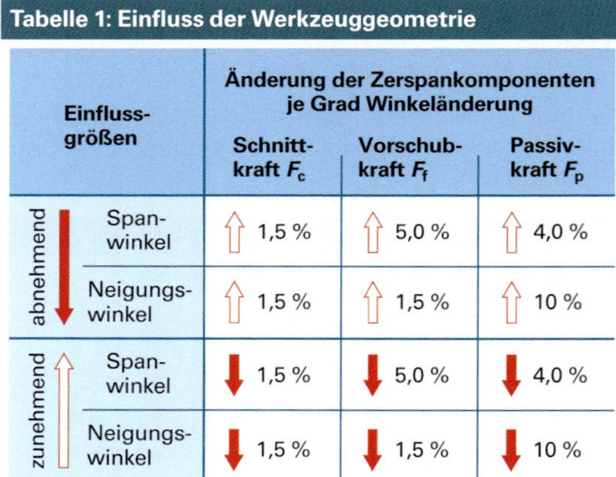

Tabelle 1: Einfluss der Werkzeuggeometrie

Einflussgrößen		Änderung der Zerspankomponenten je Grad Winkeländerung: Schnittkraft F_c	Vorschubkraft F_f	Passivkraft F_p
abnehmend	Spanwinkel	↑ 1,5 %	↑ 5,0 %	↑ 4,0 %
abnehmend	Neigungswinkel	↑ 1,5 %	↑ 1,5 %	↑ 10 %
zunehmend	Spanwinkel	↓ 1,5 %	↓ 5,0 %	↓ 4,0 %
zunehmend	Neigungswinkel	↓ 1,5 %	↓ 1,5 %	↓ 10 %

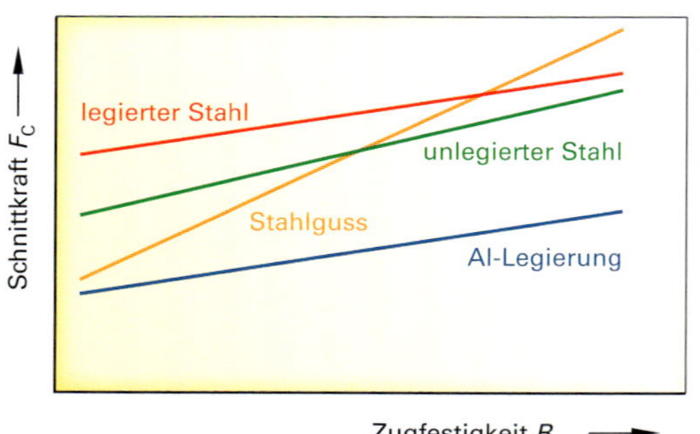

2 Einfluss des Werkstoffs auf die Zerspankraft

Werkstoff

Bei der Bearbeitung verschiedener Werkstoffe ergeben sich aufgrund der mechanischen Eigenschaften auch unterschiedliche Schnittkräfte. **Bild 2** auf vorheriger Seite zeigt, dass die Schnittkraft für einzelne Werkstoffgruppen mit steigender Festigkeit bzw. Brinellhärte linear mit unterschiedlichen Steigungswinkeln ansteigt. Dennoch lässt sich aus der chemischen Zusammensetzung und den Festigkeitswerten des Werkstoffs nicht immer auf die Größe der erforderlichen Zerspankraft schließen, da sich trotz erheblicher Unterschiede in der Zugfestigkeit die Schnittwerte häufig nur unwesentlich unterscheiden.

Spanungsarbeit

Die aufzubringende Gesamtspanungsarbeit wird beim Zerspanungsvorgang in Verformungs-, Scher-, Reibungsarbeit und Wärmeenergie umgesetzt. Die Schnittarbeit W_c ergibt sich als Produkt aus dem zurückgelegten Vorschubweg l_c und den in ihrer Richtung wirkenden Komponente der Zerspanungskraft F_c.

Schnittarbeit W_c $$W_c = l_c \cdot F_c$$

Vorschubarbeit W_f $$W_f = l_f \cdot F_f$$

(l_c und l_f in m, F_c und F_f in N, W_c und W_f in Nm)

Damit ergibt sich die **Wirkarbeit W_e** als Summe der entsprechenden Schnitt- und Vorschubanteile.

$$W_e = W_c + W_f$$

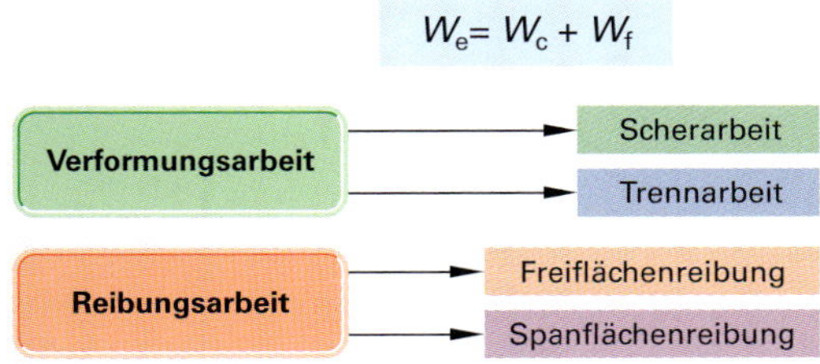

1 **Spanungsarbeit**

Zerspanungsleistung

Schnittleistung

Die tangentiale Schnittkraft F_c wird hauptsächlich durch die Zerspanbarkeitseigenschaften (Scherfestigkeit, Härte, Zähigkeit) und durch die Umformkräfte in der Scherebene zwischen undeformierter Spanungsdicke h und der Spandicke h_1 des abfließenden Spans, den Reibungskräften an Span- und Freifläche und den Kühlschmierbedingungen an der Schneide bestimmt. Das auftretende Drehmoment beim Zerspanungsprozess ist von der Größe der Schnittkraft abhängig und daraus ergibt sich die erforderliche **Zerspanungsleistung P_c** an der Werkzeugschneide.

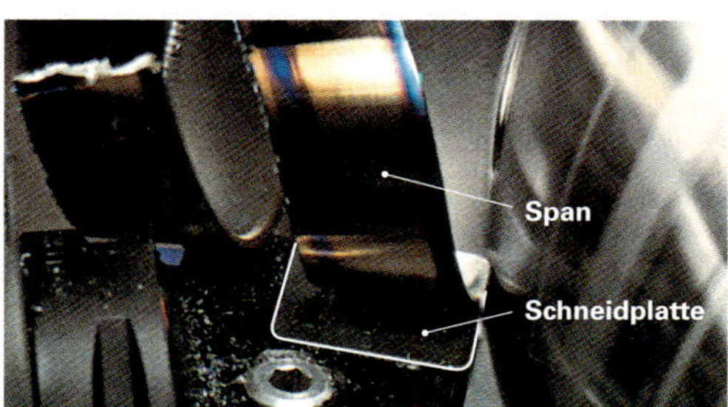

$a_{p1} = 5$ mm, $f_1 = 0{,}4$ mm
$a_{p2} = 2{,}5$ mm, $f_2 = 0{,}8$ mm

2 **Spanungsquerschnitt**

Aufgabe zur Schnittkraft und Leistungsberechnung

Längsdrehen, Schruppbearbeitung mit zwei verschiedenen Spanungsquerschnittsformen **(Bild 2)**

Werkstoff: Vergütungsstahl, C45
Werkzeug: HM-Wendeschneidplatte HC-P35
Einstellwinkel $\kappa = 63°$, Spanwinkel $\gamma = 6°$
Schnittgeschwindigkeit $v_c = 180$ m/min

Wie groß sind die Schnittkräfte und die Leistungsdifferenz?

Lösung:

Spanungsquerschnitte $A_1 = A_2$

$A_1 = a_{p1} \cdot f_1 = 5{,}0 \text{ mm} \cdot 0{,}4 \text{ mm} = 2 \text{ mm}^2$

$A_2 = a_{p2} \cdot f_1 = 2{,}5 \text{ mm} \cdot 0{,}8 \text{ mm} = 2 \text{ mm}^2$

Spanungsdicke

$h_1 = f_1 \cdot \sin \kappa = 0{,}4 \text{ mm} \cdot \sin 63° = 0{,}356 \text{ mm}$

$h_2 = f_2 \cdot \sin \kappa = 0{,}8 \text{ mm} \cdot \sin 63° = 0{,}712 \text{ mm}$

Spezifische Schnittkraft

$k_{c1} = k_{c1.1} / h_1^{mc} \cdot K_{sp} \cdot K_{vc}$

$k_{c1} = 1680 / 0{,}356^{\,0{,}26} \cdot 1{,}0 \cdot 1{,}0 = 2197 \text{ N/mm}^2$

$k_{c2} = k_{c1.1} / h_2^{mc} \cdot K_{sp} \cdot K_{vc}$

$k_{c2} = 1680 / 0{,}712^{\,0{,}26} \cdot 1{,}0 \cdot 1{,}0 = 1835 \text{ N/mm}^2$

Schnittkraft

$F_{c1} = A_1 \cdot k_{c1} = 2 \text{ mm}^2 \cdot 2197 \text{ N/mm}^2 = 4394 \text{ N}$

$F_{c2} = A_2 \cdot k_{c2} = 2 \text{ mm}^2 \cdot 1835 \text{ N/mm}^2 = 3670 \text{ N}$

Schmale dicke Späne erfordern weniger Schnittkraft als breite dünne Späne!!!

Schnittleistung

$P_{c1} = F_{c1} \cdot v_c = 4394 \text{ N} \cdot 180 \text{ m/60s} = 13{,}18 \text{ kW}$

$P_{c2} = F_{c2} \cdot v_c = 3670 \text{ N} \cdot 180 \text{ m/60s} = 11{,}01 \text{ kW}$

Leistungsdifferenz $\Delta P_c \approx 2{,}17$ kW

Entsprechend den physikalischen Grundgesetzen zur Leistungsberechnung ergibt sich für die Zerspanung in Schnittrichtung die **Schnittleistung P_c**.

$$P_c = F_c \cdot v_c$$

P_c in Nm/s = W (Watt)
v_c in m/min bzw. m/60s

in Vorschubrichtung die **Vorschubleistung P_f**

$$P_f = F_f \cdot v_f$$

P_f in Nm/s = W

in Wirkrichtung die **Wirkleistung P_e**

$$P_e = F_c \cdot v_c + F_f \cdot v_f$$

Beim Drehen ist die Vorschubgeschwindigkeit v_f im Vergleich zur Schnittgeschwindigkeit v_c klein.

Entsprechend gering fällt der Anteil der Vorschubleistung P_f an der Wirkleistung P_e aus ($P_f < 3\%$).

Deshalb kann man näherungsweise $P_c \approx P_e$ setzen.

Maschinenleistung

Die Bestimmung der erforderlichen Maschinenleistung P_e erfolgt mit der Schnittleistung P_c und dem Wirkungsgrad η (Eta) der Maschine **(Bild 1)**.

$$P_e = P_c/\eta$$

η = Maschinenwirkungsgrad
($75\% \leq \eta \leq 90\%$)

Schnittmoment

Das Schnittmoment M_c (Drehmoment) ergibt sich physikalisch aus der Schnittkraft F_c, dem wirksamen Hebelarm l_c und der Anzahl z der im Eingriff befindlichen Schneiden:

$$M_c = F_c \cdot l_c \cdot z$$

M_c in Nm

Bei den zerspanenden Verfahren herrschen an den im Eingriff stehenden Schneiden unterschiedliche Verhältnisse. Wie in **Bild 2** dargestellt, sind bei einem Wendelbohrer die Zerspanungsverhältnisse entlang der Schneiden sehr unterschiedlich. Von außen zum Zentrum hin nimmt die Schnittgeschwindigkeit linear ab. Damit verschlechtern sich die Zerspanungsbedingungen. Dies wird zwar durch eine angepasste Schneidengeometrie etwas ausgeglichen, aber die Verteilung der Schnittkraft über die Schneidenlänge bleibt uneinheitlich. Damit lässt sich für die Berechnung des Schnittmomentes kein Kraftangriffspunkt und damit kein eindeutiger Hebelarm zuordnen. Für überschlägige Berechnungen kann beim Wendelbohrer als Hebelarm $l_c = d/4$ eingesetzt werden.

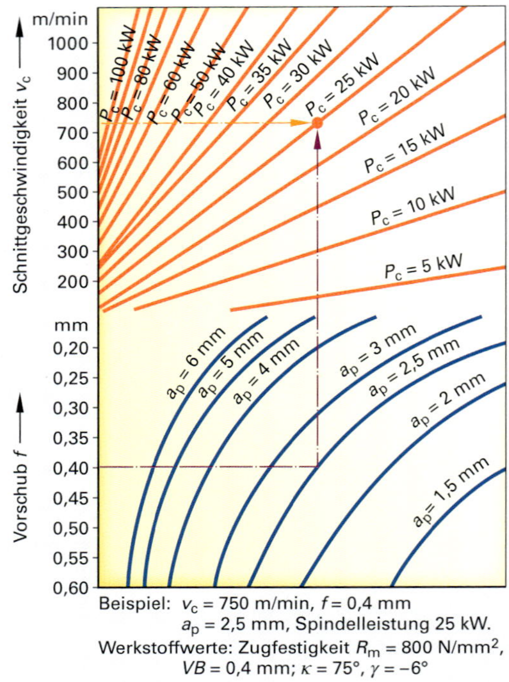

1 Spindelleistung für das Drehen von C45

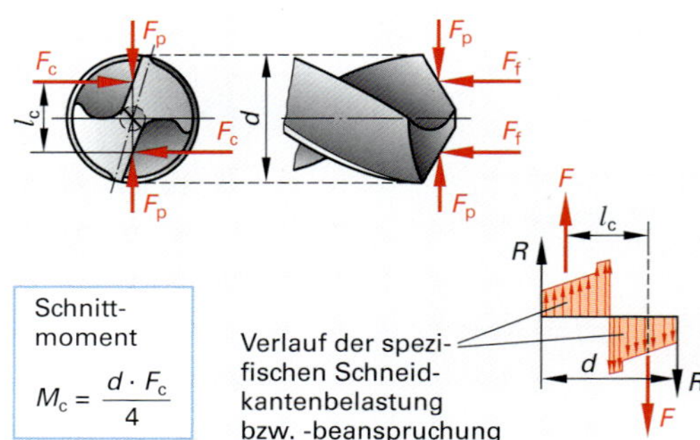

2 Schnittmoment beim Bohren

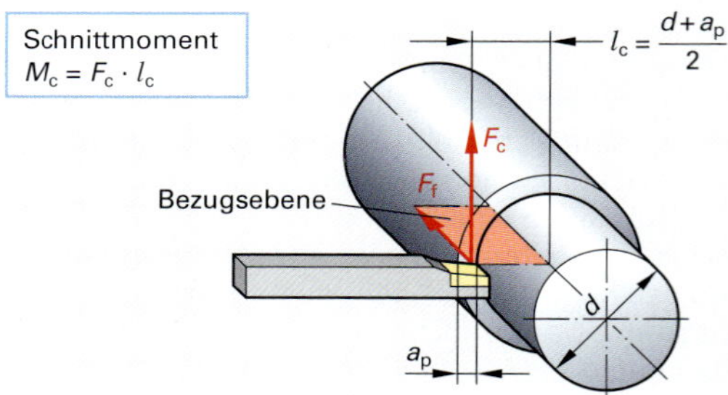

3 Schnittmoment beim Drehen

Beim Drehen **(Bild 1)** sind die Eingriffsverhältnisse am besten mathematisch zu erfassen. Bei konstantem Vorschub bleibt die Spanungsdicke h konstant. Durch die im Vergleich zum Werkstückdurchmesser geringe Schnitttiefe a_p kann die Verringerung der Schnittgeschwindigkeit vernachlässigt werden. Der Kraftangriffspunkt liegt bei der halben Schnitttiefe (**Bild 3**, vorherige Seite). Der wirksame Hebelarm berechnet sich dann zu: $l_c = \frac{d + a_p}{2}$

1 **Drehbearbeitung von C45**

Berechnungsbeispiel zu Standweg und Standmenge
Werkstoff C45, Schneidstoff HC-P15

Schnittwerte: $a_p = 2{,}5$ mm, $f = 0{,}3$ mm, $v_c = 210$ m/min

Standzeit: $T = 15$ min, $VB = 0{,}6$ mm

Gesucht: Standmenge N

Lösung:

Drehzahl

$n = v_c / (D \cdot \pi) = 210$ m/min $/(0{,}06$ m $\cdot \pi)$

$n = 1115$ min^{-1}

Vorschubgeschwindigkeit

$v_f = n \cdot f = 1115$ min$^{-1} \cdot 0{,}3$ mm $= 334{,}5$ mm/min

Standkriterien des Werkzeugs

Standzeit

Die Standzeit T eines Werkzeugs bzw. einer Werkzeugschneide wird heute unabhängig vom Fertigungsverfahren über ein gefordertes Qualitätskriterium am Werkstück definiert. Werkstückbezogene Merkmale wie Oberflächenqualität, Maßhaltigkeit usw. begrenzen die Einsatzdauer der Werkzeugschneide.

> Die Standzeit T ist die Zeit, in der eine oder mehrere Schneiden zusammen ein gefordertes Qualitätskriterium am Werkstück erzeugen können.

Die Konsequenz dieser Betrachtungsweise ist, dass dem Verschleißzustand der Schneidkante eine sekundäre Bedeutung zukommt **(Bild 2, 3)**. Die Standzeit lässt sich auch über maschinenbezogene Kennwerte wie z.B. die Leistungsaufnahme während der Zerspanung festlegen. Da mit zunehmender Abstumpfung der Schneide die erforderliche Zerspanungsleistung P_c ansteigt, lässt sich im laufenden Fertigungsprozess die Standzeit über einen max. Grenzwert der aufgenommenen Maschinenleistung P_e kontinuierlich überwachen. So kann ein erforderlicher Werkzeugwechsel automatisch durchgeführt werden.

In der Praxis wird häufig mit dem **Standweg L_f** und der **Standmenge N** gearbeitet.

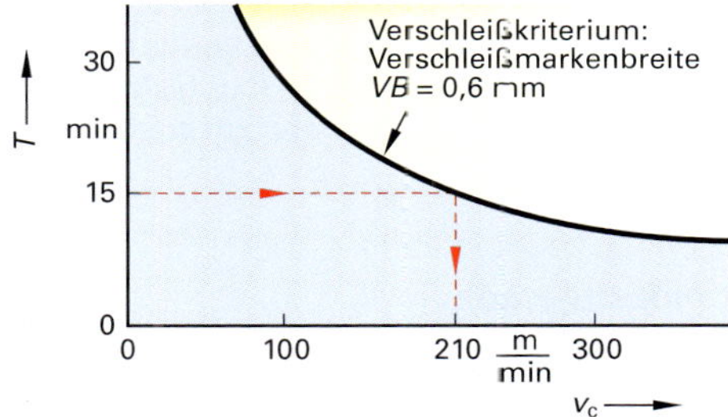

2 **Standzeit in Abhängigkeit von der Schnittgeschwindigkeit v_c**

1. Möglichkeit mit Standweg L_f:

$L_f = T \cdot v_f = 15$ min $\cdot 334{,}5$ mm/min $= 5017{,}5$ mm

$N = L_f / l = 5017{,}5$ mm / 355 mm = **14 Werkstücke**

2. Möglichkeit mit Hauptnutzungszeit t_h:

$t_h = L \cdot i / v_f$

$t_h = 355$ mm $\cdot 1 / 334{,}5$ mm/min $= 1{,}06$ min

$N = T / t_h = 15$ min / 1,06 min = **14 Werkstücke**

Standweg

Der Standweg L_f ist der gesamte Vorschubweg, den eine Schneide oder bei mehrschneidigen Werkzeugen alle Schneiden zusammen innerhalb der Standzeit T zurücklegen.

$$L_f = T \cdot v_f = T \cdot n \cdot f_z \cdot z$$

T Standzeit in min
v_f Vorschubgeschwindigkeit in mm/min
n Drehzahl in 1/min
f_z Vorschub / Zahn in mm
z Zähnezahl

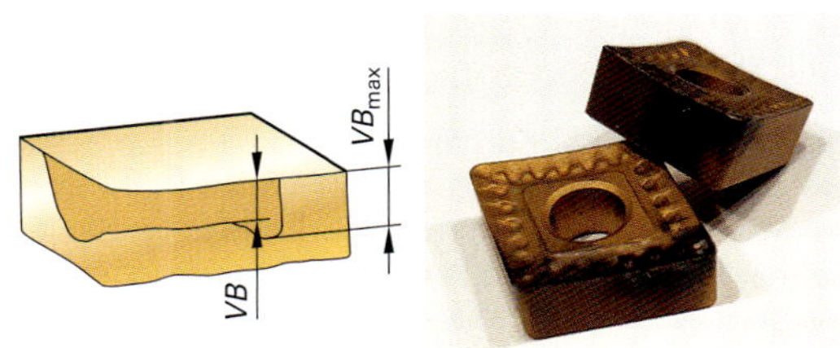

3 **Verschleißmarkenbreite VB**

Standmenge

Die Standmenge N ist die Anzahl der Werkstücke, die innerhalb der Standzeit bearbeitet werden können.

$$N = T / t_h$$

t_h Hauptnutzungszeit in min
T Standzeit in min

Ermittlung der Standzeit

Zur Verschleiß- und Standzeitermittlung werden Zerspanungsversuche durchgeführt. Die maßgebliche Abhängigkeit der Standzeit von der Schnittgeschwindigkeit ist hier in besonderem Maße geeignet. Bei konstanten Zerspanungsbedingungen (Werkzeug, Schneidstoff, Maschine, Vorschub und Schnitttiefe) wird v_c variiert und als Bewertungskriterium für den Verschleiß die Verschleißmarkenbreite VB an der Freifläche gemessen. Das Ergebnis der Versuchsreihe wird in einem v_c-VB-Diagramm dargestellt **(Bild 1)**.

Die Ermittlung von VB ist einfach durchzuführen, da der Übergang von der Verschleißfläche zur Freifläche in etwa parallel zur Hauptschneide verläuft. Gemessen wird von der ursprünglichen Hauptschneide aus. Geringe Unregelmäßigkeiten werden ausgeglichen.

Standzeitgerade

Da der Verschleißzustand der Schneidkante direkt die Fertigungsqualität beeinflusst, wird eine zulässige Verschleißmarkenbreite VB_{zul} (z. B. 0,6 mm) festgelegt, bei der die geforderte Oberflächenqualität (R_a, R_z) am Werkstück noch erreicht wird.

Damit liegen in einer Versuchsreihe die Standzeiten (T_1, T_2, T_3) für die einzelnen Schnittgeschwindigkeiten ($v_{c1} < v_{c2} < v_{c3}$) fest **(Bild 2)**.

Überträgt man die Wertepaare (T_1- v_{c1}), (T_2- v_{c2}), (T_3- v_{c3}) in ein T-v_c-Diagramm mit logarithmischer Achsenteilung, so ergibt sich die **Standzeitgerade** für VB_{zul}. Wiederholt man diese Vorgehensweise für verschiedene VB_{zul}, so erhält man ein T-v_c-Diagramm für einen großen Einsatzbereich der Schneidkante **(Bild 3)**.

Die Schnitttiefe a_p und der Vorschub f beeinflussen die Standzeit direkt und sind im Versuch gut nachweisbar. Im Diagramm mit logarithmischer Skalenteilung lassen sich die jeweiligen Standzeitgeraden für die verschiedenen Schneidstoffe darstellen **(Bild 4)**, die bei dezimaler Teilung die Form von Hyperbeln haben.

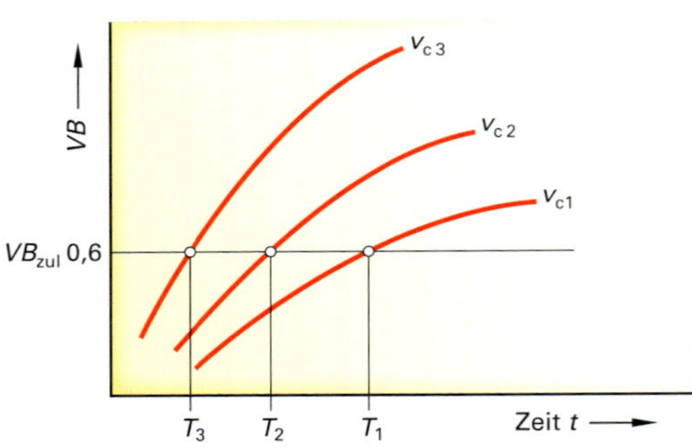

1 Standzeit in Abhängigkeit von der Schnittgeschwindigkeit

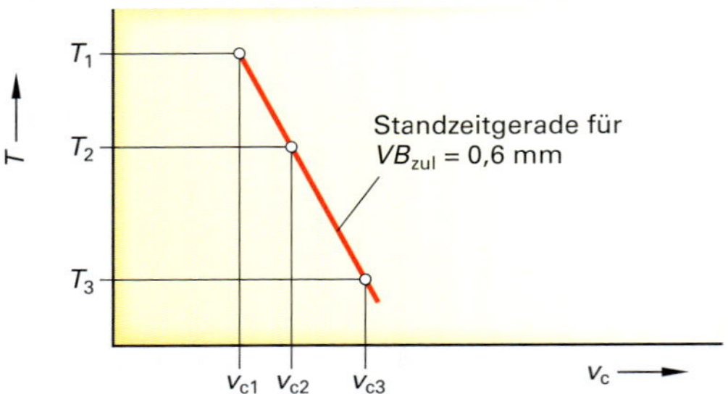

2 Standzeitgerade im doppelt logarithmischen Diagramm

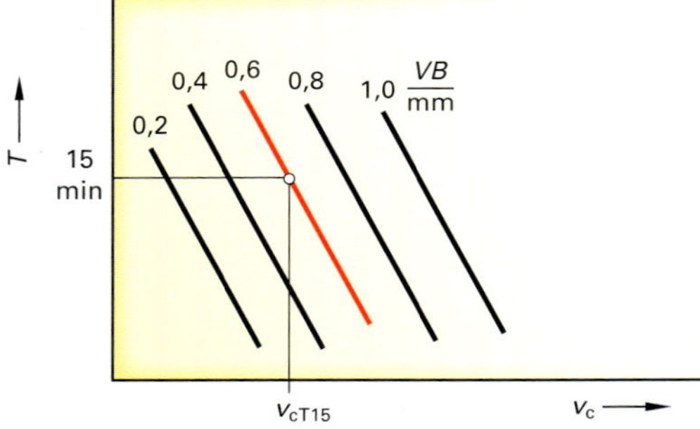

3 Standzeitgeraden für unterschiedliche Verschleißmarkenbreiten *VB*

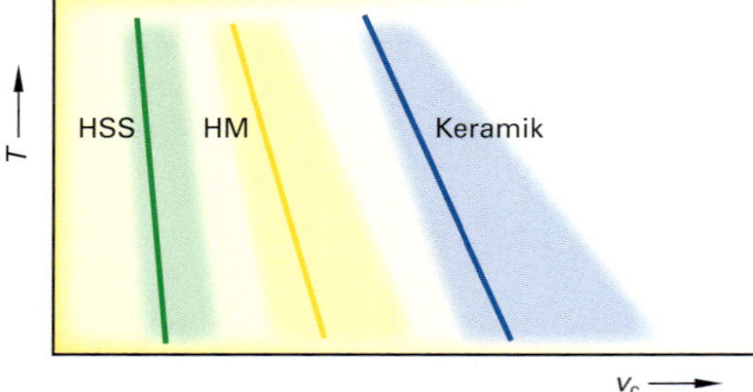

4 Standzeitgeraden für unterschiedliche Schneidstoffe

Aufgabe zur Standzeitberechnung

Zur Ermittlung der Standzeit wird ein Zerspanungsversuch ausgewertet.

Zerspanungsversuch Längsdrehen (Bild 1):

Schnittiefe $a_p = 4$ mm, Fertigdurchmesser $d = 61$ mm

Schneidstoff: HC–P25, $\chi = 90°$, Werkstoff: 16MnCr5

Schnittwerte: Schnittgeschwindigkeiten:
$v_{c1} = 180$ m/min, $v_{c2} = 240$ m/min,
$v_{c3} = 300$ m/min,
Vorschub: $f_1 = f_2 = f_3 = 0{,}3$ mm

Standzeitkriterium $VB = 0{,}4$ mm, Verschleißmarkenbreite

Versuchsergebnisse:

mit $v_{c1} = 180$ m/min, $N_1 = 20$ Werkstücke,
Hauptzeit $t_{h1} = 4{,}30$ min
mit $v_{c2} = 240$ m/min, $N_2 = 10$ Werkstücke
mit $v_{c3} = 300$ m/min, $N_3 = 6$ Werkstücke

Gesucht:

1. Standzeitgerade in log T-v_c-Diagramm
2. Steigungswert der Standzeitgeraden
3. Wie viele Werkstücke N_4 können mit $v_{c4} = 350$ m/min gefertigt werden?

Lösung:

1. Berechnung der Standzeiten T_1, T_2, T_3 für v_{c1}, v_{c2} und v_{c3}

für $v_{c1} = 180$ m/min:
$T_1 = t_{h1} \cdot N_1 = 4{,}30 \text{ min} \cdot 20 \text{ Werkst.} = \mathbf{86\ min}$

für $v_{c2} = 240$ m/min:
$T_2 = t_{h2} \cdot N_2 = 3{,}22 \text{ min} \cdot 10 \text{ Werkst.} = \mathbf{32{,}2\ min}$

$$t_{h1} \cdot v_{c1} = t_{h2} \cdot v_{c2} \Rightarrow t_{h2} = t_{h1} \cdot (v_{c1}/v_{c2}) = 4{,}3 \text{ min} \cdot (180/240) \text{ m/min}$$
$$t_{h2} = 3{,}22 \text{ min}$$

für $v_{c3} = 300$ m/min:
$T_3 = t_{h3} \cdot N_3 = 2{,}58 \text{ min} \cdot 6 \text{ Werkst.} = \mathbf{15{,}48\ min}$

$$t_{h1} \cdot v_{c1} = t_{h3} \cdot v_{c3} \Rightarrow t_{h3} = t_{h1} \cdot (v_{c1}/v_{c3}) = 4{,}3 \text{ min} \cdot (180/300) \text{ m/min}$$
$$t_{h3} = 2{,}58 \text{ min}$$

aus den 3 Wertpaaren (v_{c1}, T_1), (v_{c2}, T_2), (v_{c3}, T_3) kann die T-v_c Gerade gezeichnet werden.

2. Berechnung des Steigungswertes k (Bild 2)

$$\tan \alpha' = \frac{\log T_1 - \log T_3}{\log v_{c3} - \log v_{c1}} = -k$$

$$\tan \alpha' = \frac{\log 86 - \log 15{,}48}{\log 300 - \log 180} = 3{,}35$$

$\alpha' = 73{,}41°$

$k = \tan \varphi' = -3{,}35$

1 **Längsdrehen, Werkstoff: 16MnCr5**

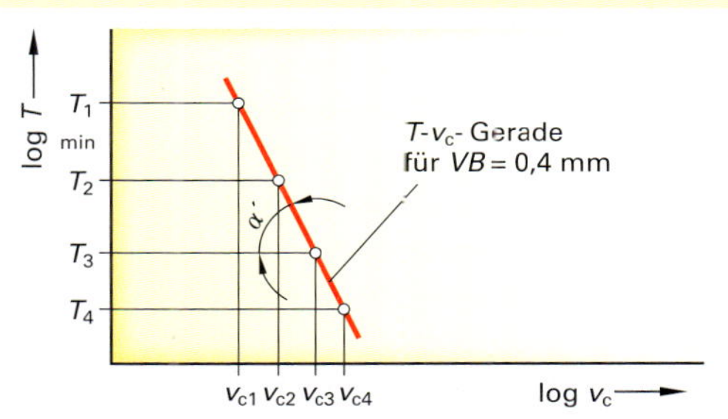

2 **Standzeitgerade**

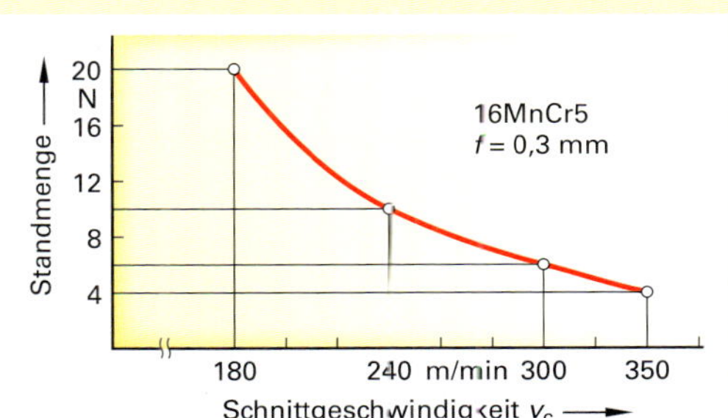

3 **Standmenge**

3. Berechnung N_4 für $v_{c4} = 350$ m/min (Bild 3)

Nach *Taylor* gilt:

$$T_4 = T_1 \cdot v_{c1}^{-k} \cdot v_{c4}^{k}$$

$T_4 = 86 \cdot 180^{3,35} \cdot 350^{-3,35} = 9{,}27$ min

$N_4 = T_4/t_{h4} = 9{,}27 \text{ min}/2{,}2 \text{ min} = 4{,}2$

N_4 = 4 Werkstücke

$$t_{h1} \cdot v_{c1} = t_{h4} \cdot v_{c4} \Rightarrow t_{h4} = t_{h1}\,(v_{c1}/v_{c4}) = 4{,}3 \text{ min} \cdot (180/350) = 2{,}2 \text{ min}$$

Einflüsse auf die Standzeit

Die Standzeit unterliegt einer Vielzahl von Einflüssen, die sich meist nicht einzeln auswirken, sondern häufig miteinander in einem direkten oder indirekten Zusammenhang stehen. Die direkte Zuordnung der Einzelparameter zur gemessenen Standzeitveränderung ist nur möglich, wenn entsprechende Untersuchungen gezielt vorbereitet und statistisch ausgewertet werden.

Ordnet man die verschiedenen Einflüsse, so ergibt sich folgender Überblick:

Überblick über die verschiedenen Einflüsse

Werkzeug

- Art des Schneidstoffs
- Schneidstoffbeschichtung
- Werkzeugwinkel
- Eckenradius, Schneidkantenverrundung
- Stabilität Werkzeug, Ausspanlänge
- Spanabfuhr

Maschine

- dynamisches Schwingungsverhalten
- Stabilität Werkzeug-, Werkstückaufnahme

Werkstück

- Zerspanbarkeitseigenschaften, Legierungsbestandteile
- Gefügeaufbau
- Stabilität, Form und Werkstückgeometrie

Schnittbedingungen

- Kühlschmierstoff, Art, Menge, Aufbringung
- Trockenbearbeitung
- Schnittgeschwindigkeit, Vorschub, Schnitttiefe
- Form des Spanungsquerschnitts
- Vorschubweg, unterbrochener Schnitt

Prozessbedingungen

- Bearbeitungsverfahren, Bearbeitungsstrategie
- Verschleißkriterium
- Oberflächengüte, Maßhaltigkeit

Energiebilanz

Die bei der Zerspanung notwendige mechanische Energie wird nahezu ganz in Wärmeenergie umgewandelt. Die sich einstellende Temperaturverteilung an der Schneide ergibt sich als Gleichgewichtszustand zwischen der bei der Zerspanung entstehenden und abgeführten Wärme **(Bild 1)**. Sie beeinflusst das Verschleißverhalten der Schneidkante nachhaltig, wie ebenso der Verschleißzustand des Schneidkeils die Zerspanungstemperatur beeinflusst.

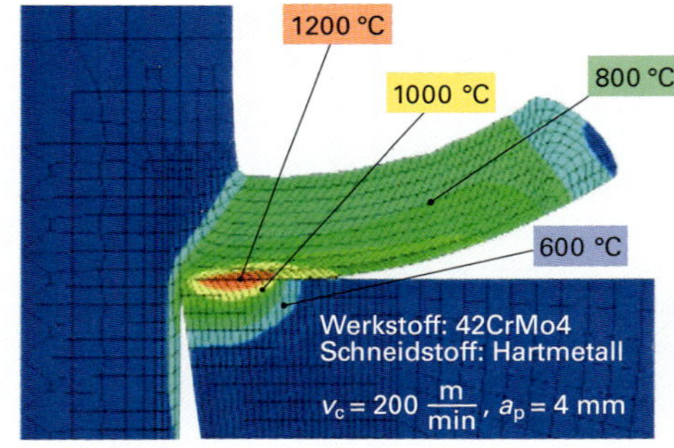

1 Temperaturverteilung

Durch Scherung des Werkstoffs, Umformung des Gefüges und Reibarbeit an Frei- und Spanfläche wird die aufgewendete Energie in Wärme umgesetzt. Die entstehende Wärmemenge hängt i.W. von dem zu bearbeitenden Werkstoff und der Schnittgeschwindigkeit ab. Idealerweise nimmt der abfließende Span ca. 80% der Zerspanungswärme Q_c mit. Die hohen Spantemperaturen sind durch Anlassfarben auf den Spänen erkennbar. Die höchsten Temperaturen entstehen aber nicht an der Schneidkante, sondern direkt dahinter auf der Spanfläche **(Bild 2)**.

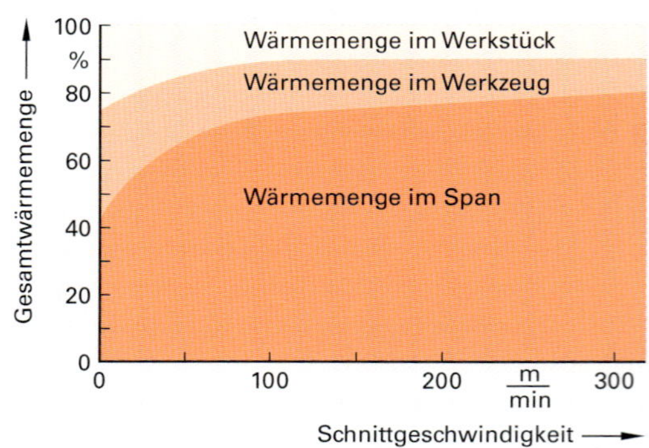

2 Verteilung der Gesamtwärmemenge

An dieser Stelle ist es notwendig, durch wärmebeständige Hartstoffschichten den Kolkverschleiß zu minimieren.

Damit vom Schneidstoff selbst so wenig Wärmeenergie wie möglich aufgenommen wird, bringt man wärmeisolierende Schichten (z. B. Al_2O_3) mit geringer Wärmeleitfähigkeit zwischen Hartstoffschicht und Grundsubstrat **(Tabelle 1)** auf. Der abfließende Span behält seine hohe Temperatur und führt den größten Teil der Wärme ab. Durch entsprechende Spanflächengeometrien wird die Kontaktlänge des Spans auf der Spanfläche auf wenige Berührungsstellen reduziert.

Tabelle 1: Eigenschaften von Hartstoffschichten

	TiN	CrN	TiCN	AlTiN	TiAlN
Härte HV	2500±400	2300±400	2900±400	3000±400	3600±400
Oxidations-temp. in °C	550±50	650±50	450±50	750±50	850±50
Reibkoef. [Stahl]	0,4	0,55	0,35	0,7	0,3
Typ. Schicht-dicke	2...4	3...8	2...4	2...4	2...4
Farbe	Gold	Silber	blaugrau	blau-schwarz	rötlich-violett

Werkzeugverschleiß

An jedem Schneidwerkzeug wird durch den Zerspanungsvorgang ein gewisser Verschleiß verursacht **(Bild 1)**. Dieser Verschleiß kann akzeptiert werden, solange die Schneidkante das Werkstück innerhalb festgelegter Qualitätsmerkmale zerspant. Die produktive Verfügbarkeit der Schneidkante wird durch die Standzeit bzw. ein Standzeitkriterium begrenzt. Bei Schlichtoperationen bedeutet meist schon ein kleiner Verschleiß der Schneidkante das Standzeitende, da sich gute Oberflächengüten mit einer Verschleißmarkenbreite $VB > 0{,}2$ mm und einer abgenutzten Schneidenspitze nicht mehr realisieren lassen. Bei Schrupparbeiten kann aufgrund geringerer Anforderungen an die Oberflächengüte und Maßgenauigkeit ein wesentlich größerer Verschleiß zugelassen werden.

Die optimierte Auswahl von Schneidstoffen, Schneidengeometrie und Schnittwerten ist maßgebend für hohe Produktivität und Standzeit, aber auch statische und dynamische Steifigkeit von Werkzeughalter und Werkstückaufspannung bewirken häufig einen hohen Verschleiß der Schneidkante und damit nicht zufriedenstellende Bearbeitungswirtschaftlichkeit. Werkzeugverschleiß ist ein unvermeidlicher Vorgang. Solange sich der Verschleiß bei gleichzeitig hoher Zerspanungsleistung über einen längeren Zeitraum hinweg aufbaut, ist dies nicht unbedingt als negativer Prozess anzusehen. Verschleiß wird erst dann zum Problem, wenn er übermäßig und unkontrollierbar auftritt und damit die Produktivität und Prozesssicherheit nachhaltig stört.

Werkzeugverschleiß entsteht durch mehrere, gleichzeitig wirkende Belastungsfaktoren, die die Schneidengeometrie so verändern, dass der Zerspanungsvorgang nicht mehr optimal verläuft und das Arbeitsergebnis verschlechtert wird **(Bild 2)**. Verschleiß ist das Ergebnis des Zusammenwirkens von Werkzeug- bzw. Schneidstoffeigenschaften, Werkstückwerkstoff und Bearbeitungsbedingungen. Während der Zerspanung wirken verschiedene grundlegende Verschleißmechanismen **(Bild 3)** nebeneinander.

1 Verschleißgefährdete Bereiche an einer Wendeschneidplatte

Name des Werkstücks	Merkmal	Nennmaß mit Toleranz	OGW	UGW	OEG	UEG	
Gleitschuhaufnahme	Nutbreite	7 +0,05/+0,02	7,05	7,02	7,047	7,023	

	1-5	6-10	11-15	16-20	21-25	26-30	31-35	36-40	41-45	46-50
Datenreihen1	7,0396	7,041	7,037	7,0388	7,0404	7,04	7,04	7,0398	7,0398	7,0396

X1	7,038	7,043	7,043	7,037	7,039	7,039	7,04	7,038	7,038	7,04
X2	7,04	7,04	7,041	7,042	7,039	7,038	7,04	7,038	7,043	7,039
X3	7,039	7,039	7,03	7,04	7,042	7,038	7,038	7,04	7,04	7,042
X4	7,038	7,043	7,039	7,043	7,042	7,042	7,039	7,043	7,039	7,039
X5	7,043	7,04	7,032	7,032	7,04	7,043	7,043	7,04	7,039	7,038
Mittelwert	7,0396	7,041	7,037	7,0388	7,0404	7,04	7,04	7,0398	7,0398	7,0396
Werkstück	1-5	6-10	11-15	16-20	21-25	26-30	31-35	36-40	41-45	46-50

2 Qualitätsregelkarte aus einem Drehprozess

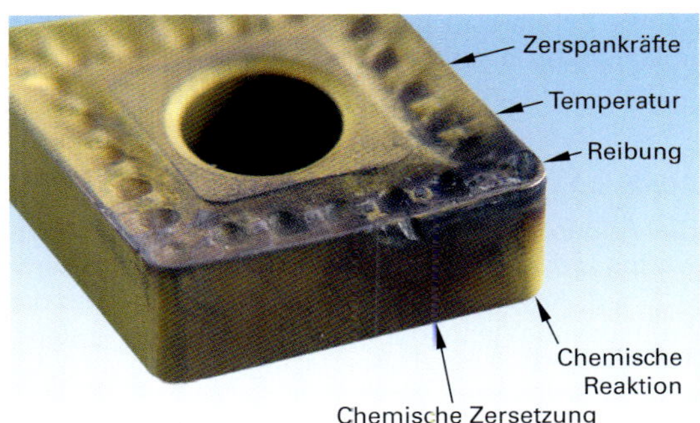

3 Belastungsfaktoren

Verschleißursachen

Abrasion

Die Abrasion ist die am häufigsten auftretende mechanische Verschleißform. Sie erzeugt durch abrasive Hartstoffpartikel im Werkstückwerkstoff eine ebene Fläche an der Freifläche der Schneide (Freiflächenverschleiß). Hohe Schneidstoffhärte bzw. Hartstoffbeschichtung verringern den Abrasivverschleiß **(Bild 1)**.

Diffusion

Die Diffusion entsteht durch chemische Affinität zwischen Schneidstoff- und Werkstoffbestandteilen. Der Diffusionsverschleiß ist von der Schneidstoffhärte unabhängig. Die Bildung des Kolks auf der Spanfläche ist überwiegend das Ergebnis der temperaturabhängigen Affinität von Kohlenstoff zu Metall bzw. Metallkarbiden **(Bild 2)**.

Oxidation

Die Oxidation entsteht bei hohen Temperaturen auf metallischen Oberflächen zusammen mit Luftsauerstoff. Besonders anfällig für Oxidation ist das Wolframkarbid und Kobalt in der Hartmetallmatrix, da die poröse Oxidschicht vom ablaufenden Span leicht abgetragen werden kann. Oxidkeramische Schneidstoffe sind weniger anfällig, da Aluminiumoxid sehr hart ist **(Bild 3)**.

Die Oxidschicht bildet sich bevorzugt an den Stellen der Schneidkante, an denen hohe Temperaturen auftreten und der Luftsauerstoff freien Zugang hat (Kerbverschleiß).

Bruch

Der Bruch einer Schneidkante ist häufig auf thermische und mechanische Belastungen zurückzuführen. Harte, verschleißfeste Schneidstoffe reagieren auf schlagartige Beanspruchung oder starke Temperaturschwankungen, z.B. nicht gleichmäßige Kühlschmiermittelzufuhr mit Riss- und Bruchbildung. Zähere Schneidstoffe verformen sich unter großen Belastungen plastisch, dies führt zu Erhöhung der Schnittkräfte und letztendlich zum Bruch.

Adhäsion

Die Adhäsion tritt meist bei geringeren Schnittwerten zwischen Schneidstoff und Werkstückwerkstoff auf. Am deutlichsten wird Adhäsion durch die Aufbauschneidenbildung auf der Spanfläche sichtbar. Zwischen Span, Schneidkante und Spanfläche verschweißen Werkstoffpartikel durch Schnittdruck und hohe Bearbeitungstemperatur schichtweise aufeinander **(Bild 4)**.

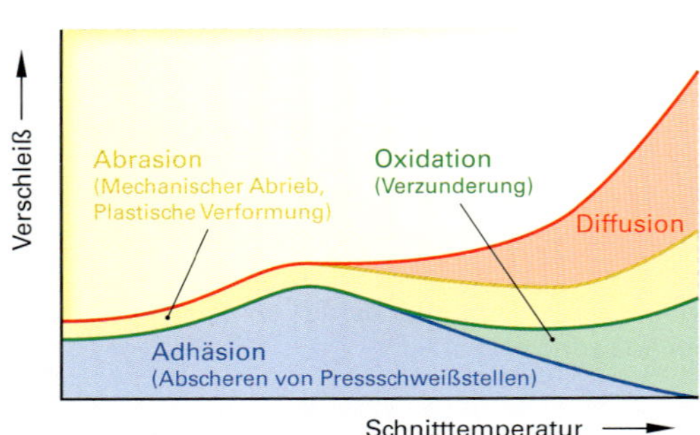

1 Verschleißursachen bei der Zerspanung (nach Vieregge)

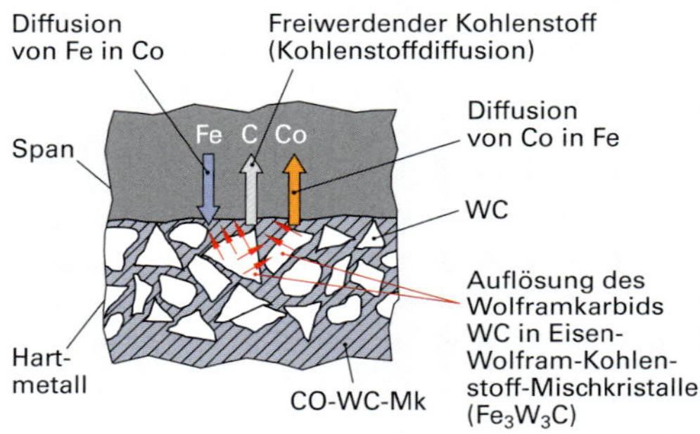

2 Diffusionsvorgänge im Hartmetall

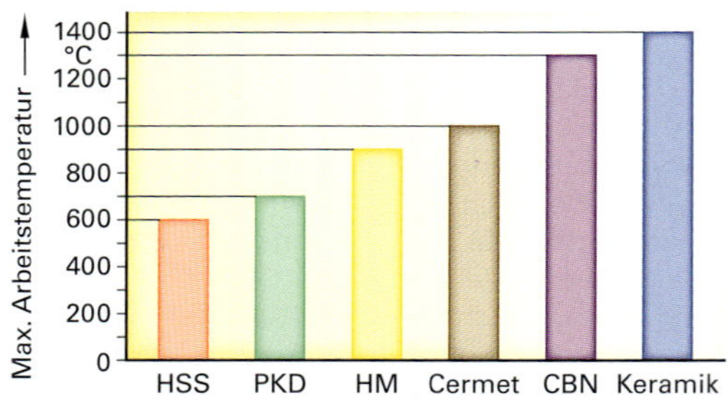

3 Maximale Arbeitstemperaturen der Schneidstoffe

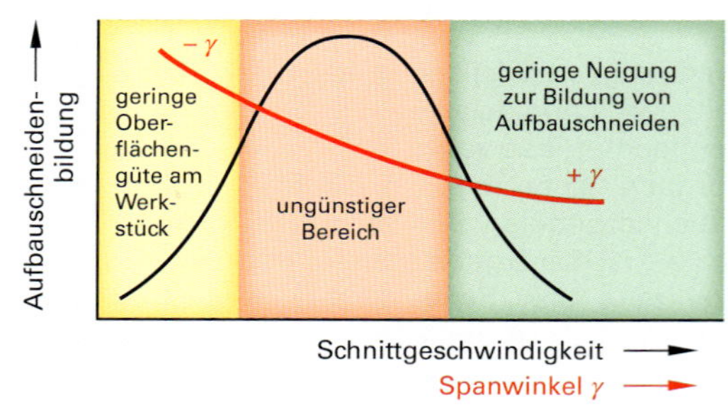

4 Aufbauschneidenbildung

Verschleißformen

Man unterscheidet, abhängig vom Erscheinungsbild und den Ursachen, unterschiedliche Verschleißformen **(Bild 1)**.

Freiflächenverschleiß. Dieser Verschleiß an der Freifläche der Schneidkante hat überwiegend *abrasive Ursachen.* Der Freiflächenverschleiß ist zur Bewertung des Verschleißzustandes der Werkzeugschneide und damit für Standzeitbewertungen gut geeignet, da er gleichmäßig zunimmt und leicht meßbar ist → **Verschleißmarkenbreite VB (Bild 2)**. Der Freiflächenverschleiß wird von der ursprünglichen Schneidkante aus gemessen und führt zu einem Schneidkantenversatz **(Bild 3)**. Bei ungleichmäßigem Auftreten über die Schnittbreite ist ggf. der Mittelwert zu bilden.

Spanflächenverschleiß. Wie der Freiflächenverschleiß entsteht der Spanflächenverschleiß durch Abrasion. Mit zunehmender Schneidenbelastung geht der Spanflächenverschleiß in den Kolkverschleiß über (Bild 2).

Kolkverschleiß. Der Kolkverschleiß (Bild 2) entsteht auf der Spanfläche. Ursache sind Diffusionsvorgänge und Abrasionsvorgänge. Der intensive Kontakt des ablaufenden Spanes und der Spanfläche erzeugt durch Reibung sehr hohe Temperaturen, die Diffusionsvorgänge zwischen Schneidstoff und zu zerspanendem Werkstoff auslösen. Geringe Affinität der Werkstoffe, hohe Warmhärte und Verschleißbeständigkeit verringern diese Verschleißform. Tritt sie dennoch auf, verändert sich der Spanablauf bzw. die Spanbildung und die Richtung der Zerspankraft.

Plastische Deformation. Eine plastische Deformation tritt meist bei zu hoher thermischer und mechanischer Schneidkantenbelastung auf. Ursache sind hohe Festigkeitswerte des zu bearbeitenden Werkstoffs und hohe Schnitt- und Vorschubwerte.

Freiflächenverschleiß durch Abrasion

Kolkverschleiß durch Diffusion

Plastische Verformung

Kerbverschleiß durch Oxidation

Kammrissbildung

Ermüdungsbruch

Ausbröckelung

Werkzeugbruch

Aufbauschneidenbildung

1 Verschleißformen

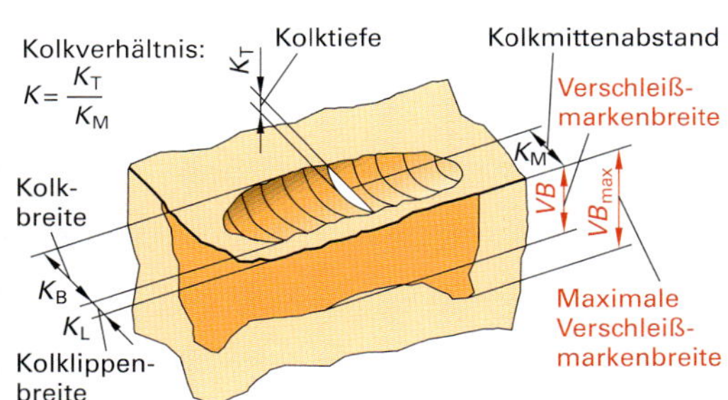

2 Standkriterien

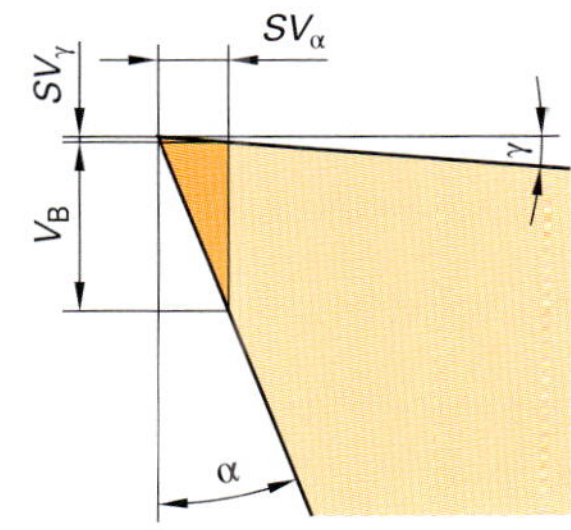

Schneidkantenversatz
SV_α Freifläche
SV_γ Spanfläche
Verschleiß

3 Schneidkantenversatz

Schneidengeometrie

Diese Winkel beziehen sich auf die verschiedenen Ebenen, in denen die Winkel gemessen werden.

Arbeitsebene
Die Arbeitsebene wird von der Schnitt- und Vorschubrichtung gebildet.

Bezugsebene
Die Bezugsebene ist eine Ebene, die parallel zur Auflageebene liegt.

Schneidenebene
Die Schneidenebene ist eine Ebene, die die Schneide enthält und senkrecht auf der Bezugsebene steht.

Orthogonalebene (Keilmessebene)
Die Orthogonalebene entsteht durch einen Schnitt senkrecht zur Hauptschneide (alles **Bild 1**).

Winkel in der Bezugsebene

Einstellwinkel κ: Der Einstellwinkel wird von der Hauptschneide und der Vorschubrichtung gebildet.

Eckenwinkel ε: Der Eckenwinkel liegt zwischen Haupt und Nebenschneide.

Winkel in der Orthogonalebene

Freiwinkel α: Der Freiwinkel ist der Winkel zwischen der Freifläche und der Schneidenebene.

Keilwinkel β: Der Keilwinkel ist der Winkel zwischen der Freifläche und der Spanfläche.

Spanwinkel γ: Der Spanwinkel ist der Winkel zwischen der Spanfläche und der Bezugsfläche. Je nach Lage der Spanfläche kann er positiv oder negativ sein.

Winkel in der Schneidenebene

Neigungswinkel λ: Der Neigungswinkel ist der Winkel zwischen der Schneide und der Bezugsebene.

Auf die Darstellung der **Wirkwinkel** im Bezugssystem wird hier verzichtet.

Die bisher angeführten Winkel haben bei allen spanenden Werkzeugen Bedeutung. Daneben gibt es Winkel, die nur bei einzelnen Werkzeugen auftreten. Dazu gehört beim Bohrer der **Spitzenwinkel** σ. Er wird aus den beiden Hauptschneiden gebildet. Von diesem Winkel ist das Anschnittverhalten des Bohrers abhängig **(Bild 2)**.

Einfluss der Winkel auf den Spanungsprozess

Von der Größe der Winkel wird der Spanungsprozess entscheidend beeinflusst. Am Beispiel des Drehens werden einige Wirkungen benannt.

Eckenwinkel ε: Seine Größe bestimmt die Wärmeableitung und die Schneidenstabilität.

Große Eckenwinkel verbessern die Wärmeableitung und stabilisieren die Schneide **(Bild 3)**.

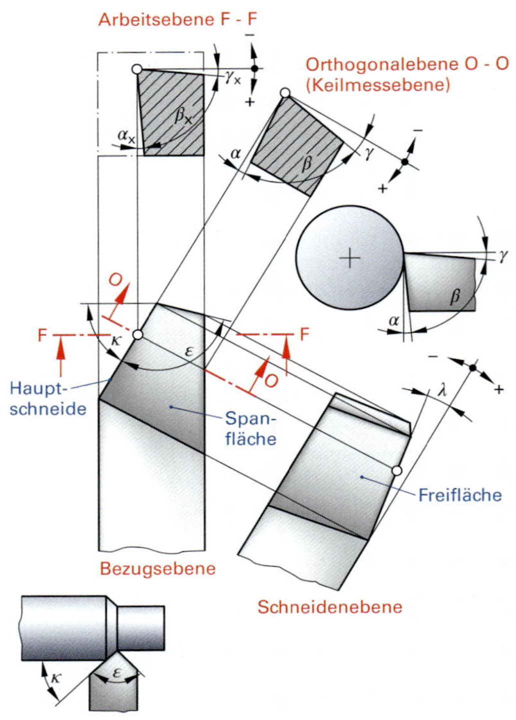

Bemerkung: Die Winkel α, β, γ, ε, κ und λ werden auch oft mit den Indizes der Ebenen versehen, in denen sie gemessen werden. Sie heißen dann:
α_0, β_0, γ_0, ε_r, κ_r und λ_s.

1 Drehwerkzeug in verschiedenen Ebenen

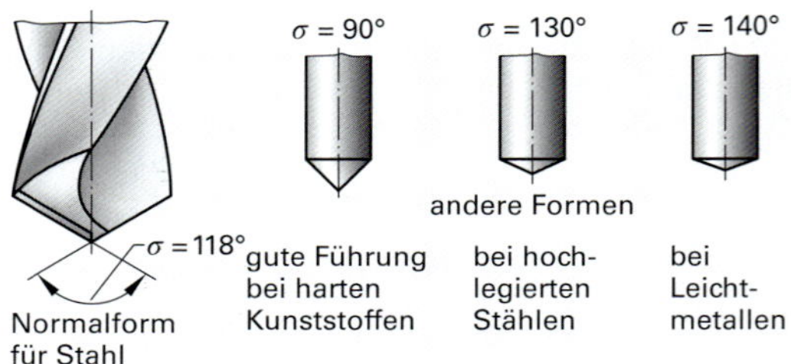

2 Spitzenwinkel beim Bohrer

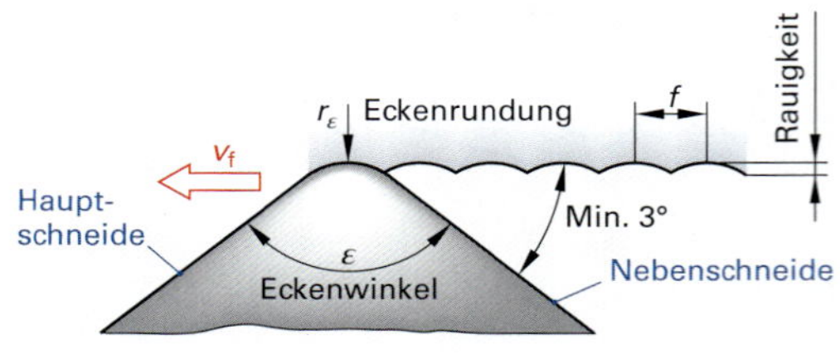

3 Einfluss des Eckenwinkels

Einstellwinkel κ Seine Größe bestimmt maßgeblich das Verhältnis von Vorschub- und Passivkraft.

Große Einstellwinkel bewirken kleine Passivkräfte, die Späne brechen besser, aber die Schneide verschleißt eher **(Bild 1)**.

Kleine Einstellwinkel ermöglichen einen größeren Schneideneingriff.

Freiwinkel α Seine Größe beeinflusst den Werkzeugverschleiß und die Stabilität der Schneide.

Zu kleine Freiwinkel führen zu hohem Freiflächenverschleiß. Zu große Freiwinkel schwächen den Schneidkeil **(Bilder 2 und 3)**.

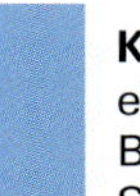

Keilwinkel β Die Größe des Keilwinkels beeinflusst die mechanische und thermische Belastbarkeit des Schneidkeils und seine Spanfähigkeit.

Kleine Keilwinkel schwächen den Schneidkeil, der Keil dringt aber besser in den Werkstoff ein.

Große Keilwinkel führen zu einer höheren Belastbarkeit des Schneidkeils. Es gilt:

kleine Keilwinkel für weiche Werkstoffe,
große Keilwinkel für harte und feste Werkstoffe.

Spanwinkel γ Seine Größe beeinflusst ähnlich wie der Keilwinkel das Spanverhalten des Werkstoffs und die Stabilität der Schneide.

Große Spanwinkel ermöglichen einen guten Spanablauf bei geringer Schnittkraft.

Kleine Spanwinkel, vor allem negative Spanwinkel, erhöhen die Schnittkraft und den Verschleiß, sie ermöglichen aber das Bearbeiten harter und fester Werkstoffe **(Bild 3)**. Hier gilt:

große Spanwinkel für weiche Werkstoffe,
kleine Spanwinkel für harte und feste Werkstoffe.

Neigungswinkel λ Seine Größe beeinflusst die Spanform und die Ablaufrichtung des Spanes.

Positive Neigungswinkel führen zu einer günstigen Späneabfuhr, belasten aber die Schneidenecke. Negative Neigungswinkel erhöhen die Schnittkraft, schonen aber die Schneidenecke **(Bild 4)**.

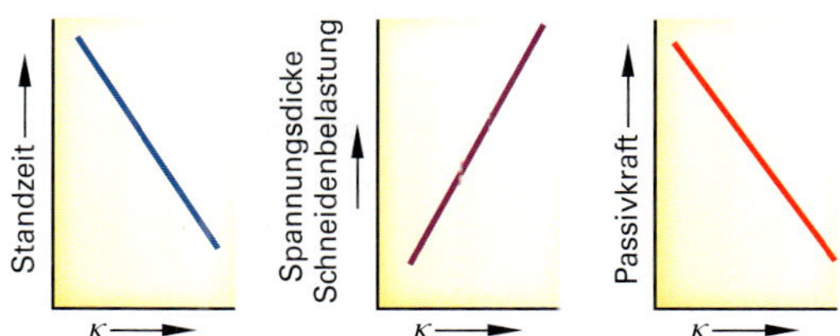

1 Einfluss des Einstellwinkels

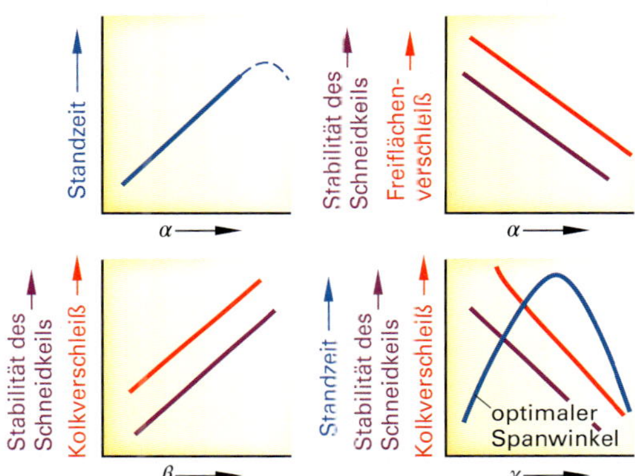

2 Einflüsse von Frei-, Keil- und Spanwinkel

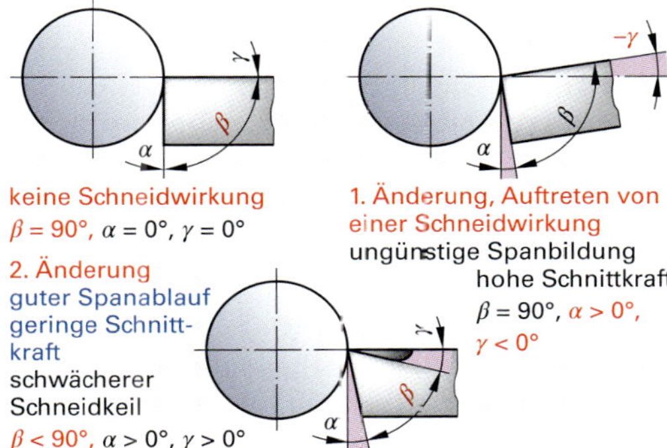

3 Entstehen spanungsgünstiger Winkel beim Drehen

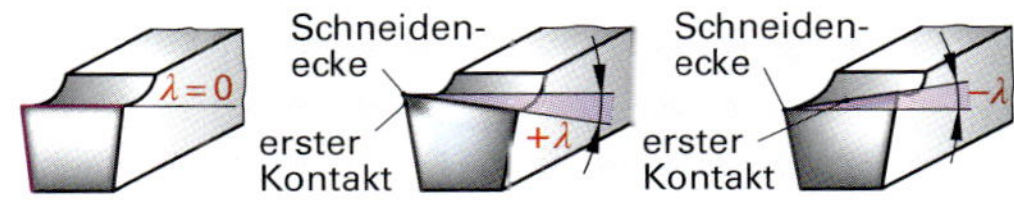

4 Einfluss des Neigungswinkels beim Drehen

Aufgaben

1. Welchen Einfluss haben der Frei-, Keil- und Spanwinkel auf die Spanbildung?
2. Welchen Einfluss haben der Einstell- und der Spanwinkel auf die Schnittkraft?
3. Welche Wirkungen erreicht man durch Verändern des Keilwinkels?
4. In welchen Fällen wird mit negativen Spanwinkeln gearbeitet?
5. Welcher rechnerische Zusammenhang besteht zwischen Frei-, Keil- und Spanwinkel?
6. Wie beeinflusst der Neigungswinkel der Schneide den Spanungsprozess?

F2 SCHNEIDSTOFFE UND BESCHICHTUNGEN

Übersicht

Die zunehmende Entwicklung metallischer und nichtmetallischer Werkstoffe mit unterschiedlichen Eigenschaftsprofilen, die hohe Produktivität moderner Werkzeugmaschinen und neue Bearbeitungsstrategien wie Trockenbearbeitung, Hochgeschwindigkeits- und Hartzerspanung führen zwangsläufig zur Entwicklung und Modifizierung von Schneidstoffen, die ein großes Rationalisierungspotenzial eröffnen.

Die wichtigsten Schneidstoffe sind: Schnellarbeitsstähle, Hartmetalle, Schneidkeramiken und hochharte Schneidstoffe **(Bild 1 und Bild 2)**.

Schnellarbeitsstähle werden wegen ihrer geringen Warmhärte überwiegend bei Bearbeitungsverfahren mit niedriger bis mittlerer Schnittgeschwindigkeit eingesetzt. Wegen der großen Zähigkeit und Biegefestigkeit kann dieser Schneidstoff mit großen Vorschüben bei schwierigen Bearbeitungsbedingungen zur Zerspanung von Stahlwerkstoffen mittlerer Härte, Nichteisenmetallen und Kunststoffen auch mit scharfgeschliffener Schneidkante eingesetzt werden.

Hartmetalle meist mit **Hartstoffbeschichtung,** sind in der Anwendungshäufigkeit in der Zerspantechnik zusammen mit den **HS-Werkzeugen** am meisten verbreitet (> 80%). Hartmetalle erfüllen aufgrund ihrer Sortenvielfalt und Eigenschaften für viele Bearbeitungsaufgaben die Forderung nach hoher Produktivität, Prozesssicherheit und Standfestigkeit bei aktzeptablen Schneidstoffkosten. Mehrbereichssorten sind für ganze Werkstoffgruppen und Bearbeitungsverfahren gleichermaßen geeignet und machen Hartmetalle damit zu einem nahezu universell einsetzbaren Schneidstoff.

Hartmetalle auf der Basis von Titannitrid (TiN) und Titankarbid (TiC) werden als **Cermet** bezeichnet. Ihr Eigenschaftsprofil liegt zwischen dem von Hartmetallen und keramischen Schneidstoffen.

Schneidkeramiken und hochharte Schneidstoffe wie **Bornitrid** und **Diamant** erreichen bei vielen Zerspanungsprozessen sehr hohe Standzeiten und Produktivität. Sie erreichen auch höchste Qualitätsanforderungen am bearbeiteten Werkstück. Insgesamt betrachtet ist ihre Verwendung aber auf spezielle Bearbeitungsaufgaben und Werkstückwerkstoffe beschränkt, da diese Schneidstoffe aufgrund ihrer extremen Eigenschaften und Kosten nur in einem optimierten Anwendungsbereich vorteilhaft eingesetzt werden können.

Beanspruchung von Schneidstoffen

Beim Zerspanen von metallischen und nichtmetallischen Werkstoffen müssen Schneidstoffe verschiedenartigen Belastungen standhalten. Je nach Werkstoff und Fertigungsverfahren führt dies zu unterschiedlichen Anforderungs- und Eigenschaftsprofilen des Schneidstoffs.

Idealerweise sollte ein Schneidstoff folgende Eigenschaften besitzen:

- hohe Härte und Druckfestigkeit,
- hohe Zähigkeit und Biegefestigkeit,
- hohe Temperaturbeständigkeit,
- hohe Kantenstabilität,
- hohe Oxidationsbeständigkeit,
- hohe Temperaturwechselbeständigkeit,
- geringe Diffusionsneigung,
- geringe Wärmeleitfähigkeit.

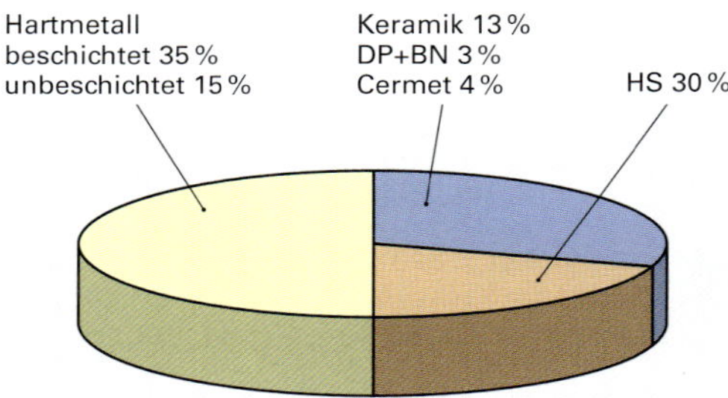

1 **Häufigkeit der Schneidstoffe**

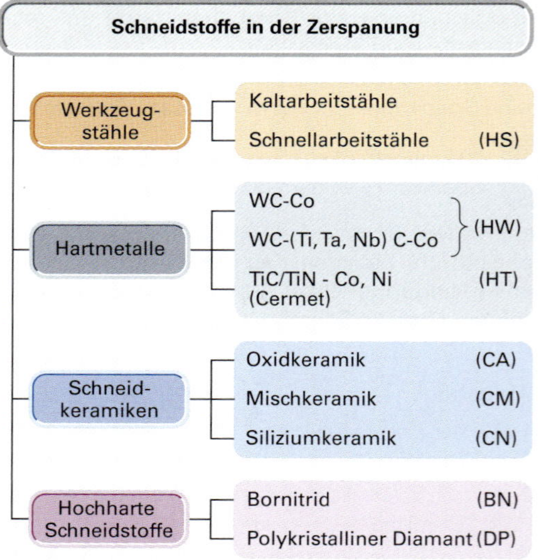

2 **Schneidstoffe und Schneidstoffbezeichnungen**

Schneidstoffeigenschaften

Kein Schneidstoff erfüllt alle diese Bedingungen auf optimale Weise. Dem harten und verschleißfesten Schneidenwerkstoff muss eine ausreichende Zähigkeit mitgegeben werden. Er wird sonst spröde und reagiert bei geringster Beanspruchung mit Schneidkantenausbrüchen oder Bruch. Die wichtigste Eigenschaft eines Schneidstoffs ist die Fähigkeit, Verschleiß zu widerstehen **(Verschleißwiderstand)**, bei Belastung eine geringe elastische Verformung zuzulassen ohne zu brechen **(Zähigkeit)** und bei hohen Zerspanungstemperaturen die Härte und chemische Beständigkeit aufrecht zu erhalten **(Warmhärte, Bild 1)**.

Verschleißwiderstand. Die Freifläche, Spanfläche und die Schneidkante der Werkzeugschneide unterliegen vielfältigen Belastungen, die den Schneidstoff mit unterschiedlichen Wirkprinzipien verschleißen. Die Fähigkeit eines Schneidstoffs, diesen Verschleißmechanismen über einen längeren Zeitraum (Standzeit) zu widerstehen, bezeichnet man als Verschleißwiderstand.

Zähigkeit. Durch die beim Zerspanungsvorgang auftretenden Schnittkräfte wird der Schneidkeil bzw. die Schneidkante in geringem Maße elastisch, bei sehr großen Belastungen auch plastisch verformt. Die Fähigkeit eines Schneidstoffs diese Verformung ohne Bruch aufzunehmen, bezeichnet man als Zähigkeit oder Duktilität. Als Kenngröße für die Zähigkeit eines Schneidstoffs dient die *Biegebruchfestigkeit.* Hochharte Schneidstoffe wie z. B. Schneidkeramik oder Diamant besitzen im Vergleich zu HSS oder zähen Hartmetallsorten keine oder nur sehr geringe Duktilität. Sie sind spröd und haben geringe Biegebruchfestigkeit **(Bild 2)**.

Warmhärte. Unter Einwirkung hoher Zerspanungstemperaturen auf den Schneidstoff verändern sich dessen mechanische Eigenschaften. Die Fähigkeit eines Schneidstoffs über einen großen Temperaturbereich hinweg Härte und Verschleißfestigkeit nahezu konstant zu halten, wird als Warmhärte bezeichnet. Tritt bei einer bestimmten Temperatur an der Schneide plötzlich übermäßiger Verschleiß an Freifläche und Spanfläche auf, bzw. kommt es zu einer plastischen Verformung der Schneidkante, ist die maximale Einsatztemperatur des Schneidstoffs überschritten. HSS verliert bei ca. 600 °C einen Großteil seiner ursprünglichen Härte („Der Schneidstoff bricht ein"), während oxidkeramische Schneidstoffe bei Temperaturen bis über 1000 °C auf der Spanfläche ohne größere Härteverluste überstehen. Hartstoffschichten mit geringer Wärmeleitfähigkeit und hoher Warmhärte (z. B. Al_2O_3) erhöhen den Einsatzbereich von Schneidstoffen mit geringerer Warmhärte, indem sie als Hitzeschild das beschichtete Grundsubstrat vor hohen Zerspanungstemperaturen abschirmen **(Bild 3)**.

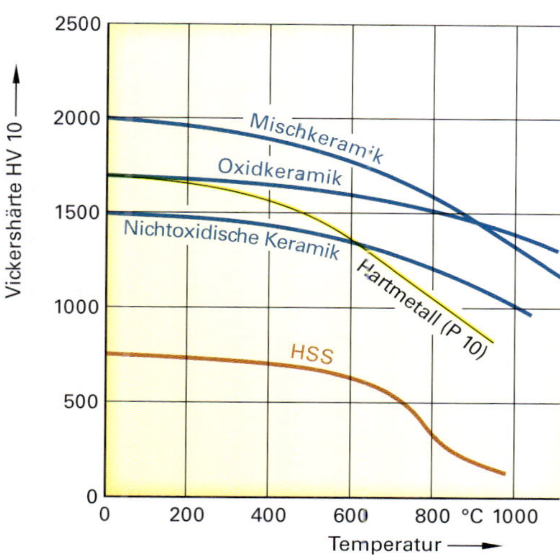

1 Härteverlauf von Schneidstoffen

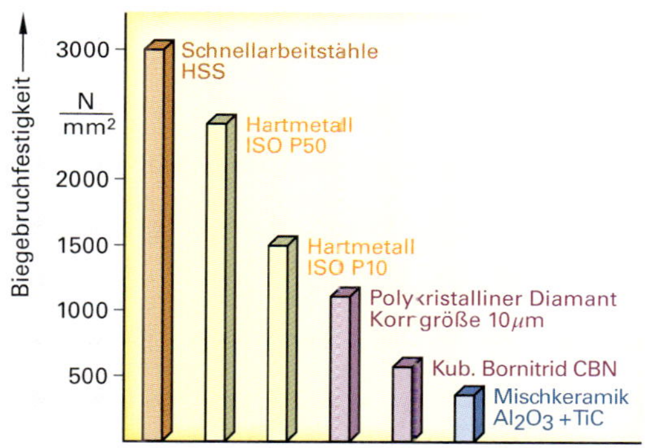

2 Biegebruchfestigkeit von Schneidstoffen

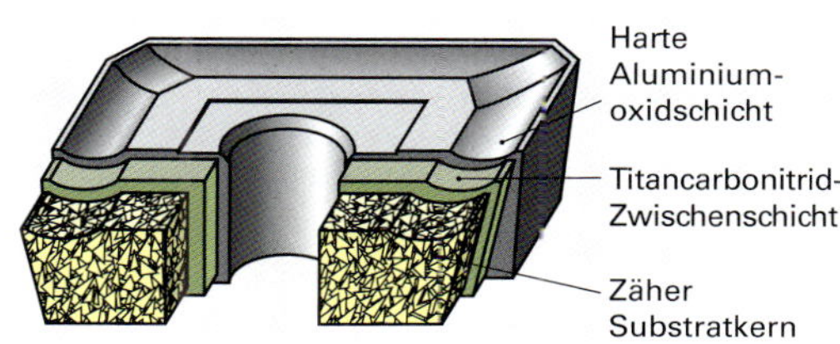

3 Hartstoffbeschichtung von Hartmetall

Schnellarbeitsstähle

Schnellarbeitsstähle (HSS – High Speed Steel) sind hochlegierte Werkzeugstähle mit Legierungsanteilen bis zu 30%. Das Grundgefüge besteht aus Martensit mit eingelagertem Molybdän-, Wolfram-, Chrom- und Vanadiumkarbiden. Schnellarbeitsstähle behalten ihre Härte von 60 HRC bis 67 HRC bis zu Temperaturen von 600°C.

Die Zusammensetzungen der in vier Legierungs- und Leistungsgruppen eingeteilten Schnellarbeitsstähle sind maßgebend für den Einsatzbereich. Schnellarbeitsstähle sind nach der DIN ISO 513 durch das Kurzzeichen „HS" und der prozentualen Angabe der Legierungsbestandteile gekennzeichnet.

Die Angabe der Legierungsbestandteile in der Werkstoffbezeichnung ist in der Reihenfolge W-Mo-V-Co festgelegt **(Tabelle 1).** Wolfram, Molybdän, Vanadium und Chrom bilden im HSS zusammen mit Kohlenstoff hoch harte Karbide (Karbidbildner) und erhöhen dadurch die Verschleißfestigkeit. Durch Zugabe von Kobalt erhöht sich die Härtetemperatur des Gefüges und damit die Anzahl der härtebildenden Karbide.

Anwendung

Aufgrund ihrer geringen Warmhärte werden HSS-Werkzeuge bei niederen bis mittleren Schnittgeschwindigkeiten für Bearbeitungsverfahren, die eine scharfe Schneidkante erfordern, eingesetzt. Durch die große Zähigkeit und Biegebruchfestigkeit eignet sich HSS gut für auf Torsion (Verdrehung) beanspruchte Werkzeuge. Schnellarbeitsstähle der Gruppen I (18% W) und III (6% W + 5% Mo) stellen den größten Anteil der HSS-Zerspanungswerkzeuge in der Fertigung wie Spiralbohrer, Gewindeschneidwerkzeuge und Schaftfräser. Die Zusammensetzungen dieser HSS-Sorten verbinden gute Zähigkeitseigenschaften und Warmhärte mit ausreichender Verschleißfestigkeit.

Tabelle 1: Legierungs- und Leistungsgruppen von HS-Schneidstoffen (Auswahl)

Stahlgruppe		HSS-Bezeichnung W-Mo-V-Co
I	18% W	HS 18 - 1 - 2 - 5
		HS 18 - 1 - 2 - 10
II	12% W	HS 12 - 1 - 2 - 3
		HS 12 - 1 - 4 - 5
III	6% W + 5% Mo	HS 6 - 5 - 3
		HS 6 - 5 - 2 - 5
IV	2% W + 9% Mo	HS 2 - 9 - 1
		HS 2 - 9 - 2 - 5

Herstellung

Die Gebrauchseigenschaften der HS-Stähle werden neben der Zusammensetzung auch wesentlich vom Herstellverfahren beeinflusst.

Schmelzmetallurgische Herstellung. Durch den großen Anteil und die Verschiedenartigkeit der Legierungsbestandteile treten beim Erstarrungsvorgang, der über mehrere Temperatur- und Haltestufen abläuft, partiell Struktur- und Zusammensetzungsunterschiede (Karbidseigerungen) im Gefüge auf (**Bild 1**). Dies führt beim Werkzeugeinsatz häufig zu Standzeitstreuungen. Qualitativ hochwertige HS-Stähle verfügen über eine homogene Verteilung der Primärkarbide im Gefüge, die durch entsprechende Prozessführung beim Aufschmelzen bzw. der Erstarrung erreicht wird.

Pulvermetallurgische Herstellung. Pulvermetallurgisch hergestellte Schnellarbeitsstähle haben eine sehr gleichmäßige Karbidverteilung im Gefüge, bei sehr kleiner Korngröße. Der Anteil der Legierungsbestandteile kann bei diesem Verfahren höher sein als beim schmelzmetallurgisch hergestellten HSS. Gute Zähigkeitseigenschaften bei hoher mechanischer Belastbarkeit, geringe Tendenz zum Härteverzug und eine hohe Schneidkantenschärfe bzw. Schneidkantenstabilität zeichnen diese, insbesondere für die Werkzeugherstellung geeigneten HSS-Stähle, besonders aus.

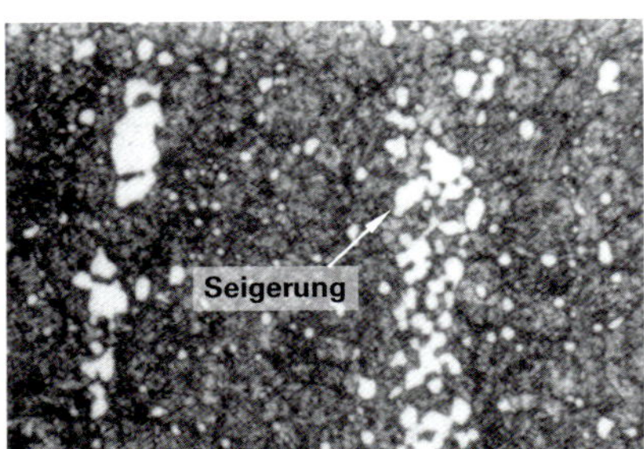

Schmelzmetallurgisch hergestellt

Pulvermetallurgisch hergestellt

1 Karbidseigerung bei HSS

Tabelle 1: Schnellarbeitsstähle

Legierungs-element		Eigenschaftsverbesserung
Cr	Chrom	ca. 4%, Chrom ist Karbidbildner. Chromkarbide steigern die Schnitthaltigkeit und Verschleißfestigkeit, verhindert Zunderbildung.
W	Wolfram	bis zu 20%, erhöht die Warmfestigkeit und Verschleißfestigkeit, verbesserte Abriebfestigkeit, höhere Werkzeugstandzeit, Temperaturbeständigkeit, höhere Schnittwerte.
Mo	Molybdän	bis zu 10%, starker Karbidbildner, verbesserte Abriebfestigkeit, höhere Werkzeugstandzeit, Erhöhung der Warmfestigkeit, höhere Schnittwerte, bessere Härtbarkeit.
V	Vanadium	1% bis 5%, max 10%, bildet im Gefüge sehr harte Karbide, verbesserte Verschleißbeständigkeit, erhöht die Warmfestigkeit und die Anlassbeständigkeit.
Co	Kobalt	0% bis 16%, verbesserte Warmhärte und Temperaturbeständigkeit.

Schnellarbeits-stahlsorte	Einsatzgebiet
HSS	Standard-Schnellarbeitsstahl für mittlere Zerspanungsleistung beim Schruppen und Schlichten, gute Zähigkeit, für Bohrer und Fräser mit kleinen Durchmessern und für Werkstoffe mit einer Zugfestigkeit bis zu 900 N/mm² geeignet.
HSSE	Hochleistungsschnellarbeitsstahl mit Kobalt legiert, gute Zähigkeit und Festigkeit, für hochbeanspruchte Bohr- und Fräswerkzeuge mit größeren Durchmessern geeignet.
HSS Co5	Hochleistungsschnellstahl mit guter Zähigkeit für Fräser, zur Bearbeitung von Werkstoffen mit einer Zugfestigkeit bis zu 1 200 N/mm².
HSS Co8	Hochleistungsschnellstahl mit guter Zähigkeit und hoher Temperaturbeständigkeit, vor allem für das Bohren und Fräsen von hochfesten Materialien, für austenitischen Stähle und Warmarbeitsstähle geeignet.
HSSE PM	Pulvermetallurgisch hergestellter Hochleistungsschnellarbeitsstahl, weist eine homogene Gefügestruktur auf, geringer Schneidenverschleiß und hohe Werkzeugstandzeit, mit AlTiN-Beschichtung (Aluminium-Titannitrid) geeignet für die Bearbeitung von hochfesten und schwer zerspanbaren Materialien, wie z.B. Titanlegierungen.

Kurzname nach DIN	Werk-stoff-Nr.	Chemische Zusammensetzung Richtwerte in %						Verwendung
		C <	Cr <	W <	Mo <	V <	Co <	
HS 12-1-4-5	1.3202	1,37	4,3	12	0,8	3,8	4,8	Gewindebohrer, Wendelbohrer, Schneideisen, Senkwerkzeuge, Walzenfräser, Scheibenfräser, Reibahlen, Räumwerkzeuge, Kaltfließpresswerkzeuge, Kaltarbeitswerkzeuge, Metallsägen, Holz- und Kunststoffbearbeitungswerkzeuge, Segmente für Kreissägeblätter, Drehwerkzeuge, Drehwerkzeuge für Automatenarbeiten, Hobel- und Stoßwerkzeuge.
HS 10-4-3-10	1.3207	1,27	4,5	9,5	3,5	3,2	10	
HS 12-1-2-3	1.3211	0,9	4,2	12,5	1	2,5	3	
HS 18-1-2-3	1.3245	0,82	4,2	18,5	1	1,5	3	
HS 2-9-2-8	1.3249	0,9	4	2	9	2,2	8,5	
HS 18-1-2-5	1.3255	0,79	4,5	18,5	0,8	1,7	5	
HS 18-1-2-15	1.3257	0,79	4,5	18,5	1,5	2	15	
HS 18-1-2-10	1.3265	0,76	4,5	18,5	0,8	1,7	10	
HS 12-1-4	1.3302	1,25	4,5	12,5	1	4	–	
HS 9-1-2	1.3316	0,82	4,5	9	1	2	–	
HS 12-1-2	1.3318	0,88	4,5	12,5	1	2,6	–	
HS 3-3-2	1.3333	1	4,5	3,5	2,8	2,5	–	
HS 2-9-2	1.3348	0,97	4	2	9,2	2,2	–	
HS 18-0-1	1.3355	0,74	4,5	18,5	–	1,2	–	
HS 6-5-2-5	1.3243	0,92	4,5	6,4	5,0	1,9	4,8	HSSE-PM, pulvermetallurgisch hergestellte, für Hochleistungs-Zerspanungswerkzeuge, Bearbeitung von Nichteisenmetallwerkstoffen wie Titan- und Aluminiumlegierungen mit hohem Siliziumanteil.
HS 6-5-3-8	1.3244	0,92	4,5	6,4	5,0	3,5	8,5	
HS 12-1-2-5	1.3251	0,82	4,2	12,5	1,2	2	5,5	
HS 6-5-2	1.3343	0,82	4,5	6,7	5,2	2	–	
HS 6-5-3	1.3344	1,2	4,5	6,7	5,2	3,5	–	
HS 6-5-4	1.3345	1,0	4,5	6,7	5,2	4,5	–	

Bezeichnungsbeispiel:
Spiralbohrer DIN 338 HS 2-9-2-8 Typ W-130° D11,0 mm × 100 mm

Schaftfräser, HSS/E, lang, Typ NR D1 = 10 SL = 45 L = 95 D2 = 10 Z = 4 DIN844B, TiAlN beschichtet

Hartmetalle

Hartmetalle sind pulvermetallurgisch hergestellte Verbundwerkstoffe. Sie bestehen aus Metallkarbiden und einer metallischen Bindephase (Kobalt, Nickel). Metallkarbide sind chemische Verbindungen aus Metallen wie Wolfram (Wo), Titan (Ti), Tantal (Ta) und Niob (Nb) mit Kohlenstoff.

Die Metallkarbide verleihen dem Schneidstoff hohe Verschleißfestigkeit und Härte, die Kobaltbindung bindet die Hartstoffteilchen in eine ausreichend zähe Gefügematrix. Die Partikelgröße der Metallkarbide liegt zwischen 1 µm – 10 µm und macht ca. 80 Volumen% – 95 Volumen% des Schneidstoffs aus **(Bild 1)**. Durch gezielte Zusammensetzung von Metallkarbidanteilen und Bindmetall lassen sich unterschiedlichste Schneidstoffeigenschaften zwischen Härte und Zähigkeit einstellen. Hartmetalle zeichnen sich durch hohe Druckfestigkeit und Warmhärte aus, die wesentlich höhere Schnittgeschwindigkeiten zulassen als dies bei HS möglich ist.

Hartmetallgefüge

Die ersten Hartmetalle bestanden überwiegend aus Wolframkarbid und Kobalt (WC-Co-Hartmetalle). Diese Hartmetalle waren nur für die Bearbeitung von Gusswerkstoffen geeignet. In diesem 2-Phasen-Hartmetall wird die harte Wolframkarbidphase als **α-Phase** und das Kobaltbindemetall als **β-Phase** bezeichnet **(Bild 2, links)**. Diese HM-Sorten zeigen in der Stahlzerspanung einen auffälligen Kolkverschleiß, da die Kohlenstoffaffinität der ablaufenden Stahlspäne zum Hartmetall ein Auflösen der α-Phase des Wolframkarbids verursacht (**Bild 2**).

Titankarbide und Tantalkarbide bringen den entscheidenden Fortschritt. Es wurden sogenannte 3-Phasen-Hartmetalle mit einer zusätzlichen **γ-Phase**, bestehend aus TiC, TaC und NbC-Karbiden entwickelt. Diese HM-Typen widerstehen auch bei hohen Spanflächentemperaturen dem zuvor beobachteten Diffusionsverschleiß **(Bild 2, rechts)**.

Da Hartmetalle durch Flüssigphasen-Sintern hergestellt werden, wird die niedrigschmelzende Bindemetallphase beim Sintervorgang flüssig. Es entstehen durch Legierungsbildung Mischkristalle zwischen Co und den Metallkarbiden, die eine ausreichende Bindungsfestigkeit garantieren.

Beschichtung der Hartmetalle

Die meisten Hartmetall-Wendeschneidplatten werden durch einen Beschichtungsprozess mit Hartstoffschichten wie Titankarbid (TiC, grau), Titannitrid (TiN, goldgelb) **(Bild 3)**, Titankarbonitrid (TiCN, grauviolett), Aluminiumoxid (Al_2O_3) oder Titanaluminiumnitrid (TiAlN, schwarzviolett) mit Schichtdicken zwischen 2 µm – 15 µm veredelt.

Durch diese Hartstoffschichten wird der Frei- und Spanflächenverschleiß im Vergleich zum unbeschichteten Hartmetall deutlich reduziert. Durch hochtemperaturbeständige Schichten lassen sich die Schnittwerte noch einmal steigern. Ein wesentlicher Vorteil bei Hartstoffbeschichtungen liegt in der Möglichkeit, Eigenschaften des Hartmetallsubstrats (z. B. Zähigkeit) mit den verschleißfesten Eigenschaften der Hartstoffschicht entsprechend dem gewünschten Fertigungsverfahren zu kombinieren.

1 Hartmetallgefüge im REM[1)]

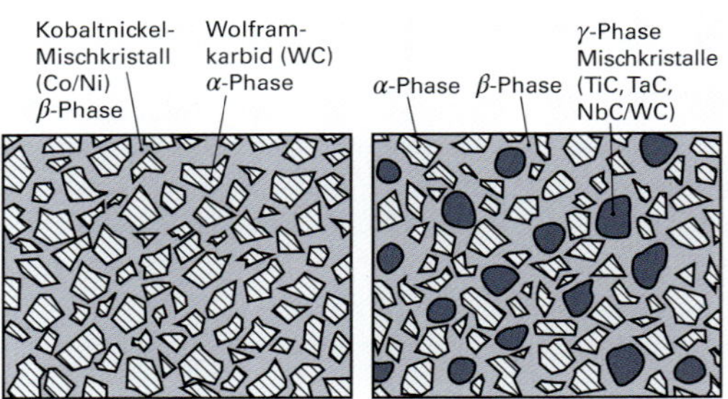

2 Gefüge bei Hartmetallen

3 Beschichtungen an Bohr- und Fräswerkzeugen

1) REM Abk. für Raster-Elektronen-Mikroskop

Feinkornhartmetalle

Die Forderung der Anwender von Schneidstoffen nach größerer Zähigeit bei gleichzeitig hoher Härte führte zu der Entwicklung von Hartmetallen mit kleinen Korndurchmessern, bei Feinstkorn-HM < 1 µm und bei Ultrafeinstkorn-HM < 0,5 µm. Normales Hartmetall hat eine Korngröße < 2,5 µm. Die sehr verschleißfesten, aber bruchempfindlichen P-Sorten können nur bei optimalen Zerspanungsbedingungen, überwiegend Drehbearbeitung bei Stahlwerkstoffen, eingesetzt werden.

Eine Reduzierung der WC-Kristallgröße unter 1 µm führt bei gleichem Bindmittelanteil in der Gefügematrix zu einer Erhöhung der Härte und Verschleißfestigkeit und gleichzeitig zu einer Verbesserung der Biegefestigkeit.

Durch die kleinen Korngrößen wird die Kantenfestigkeit des Feinkornhartmetalls wesentlich erhöht. Hierbei eröffnet sich die Möglichkeit, zähe oder schlecht zerspanbare Werkstoffe sowie harte Stähle und Gusswerkstoffe mit einer scharfen Schneide und geringer Schnitttiefe zu bearbeiten. Die bisher hier eingesetzten HS-Werkzeuge werden zunehmend durch UFHM-Werkzeuge (Ultrafeinkorn-HM) der Anwendungsgruppe K ersetzt **(Bild 1)**.

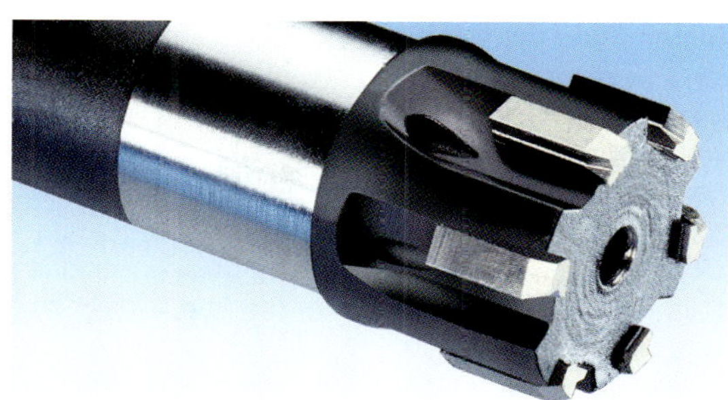

1 Reibwerkzeug mit aufgelöteten HM-Schneiden, Sorte K10

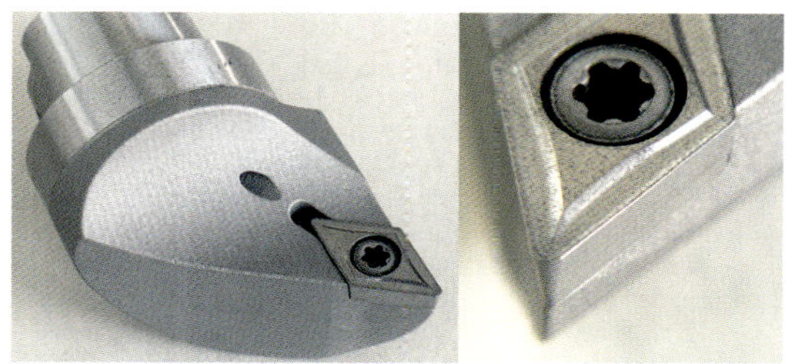

2 Cermet als Wendeschneidplatte in einem Drehwerkzeug

Cermets

Hartmetallschneidstoffe auf der Basis Titankarbid (TiC) und Titankarbonitrid (TiCN) mit einer Bindephase aus Kobalt, Nickel oder Molybdän werden als Cermets (HT) (**Cer**amik**me**tall) bezeichnet **(Bild 2)**.

Cermets verbinden Schneidstoffeigenschaften, die vorwiegend der Keramik zugeordnet werden, wie Härte, Verschleißfestigkeit, Hochtemperaturbeständigkeit und Oxidationsbeständigkeit mit den Eigenschaften der Metalle wie Zähigkeit, Schlagfestigkeit und Duktilität. Sie kommen dem „idealen" Schneidstoff sehr nahe.

Bei den aktuellen Cermets handelt es sich um Multikomponenten-Legierungen bestehend aus unterschiedlichen Hartstoffen und Bindemetallen.

Die HT-Hartmetalle haben nach dem Sinterprozess folgende typische Zusammensetzung:

(Ti, W, Ta, Nb, Mo) (C/N) – (Mo, Ni, Co)

Der in der Formel linke Hartstoffteil besteht aus zwei verschiedenen Mischkristallen, die während des Sinterprozesses entstehen.

Beim Flüssigphasensintern erfolgen Lösungs- und Wiederausscheidungsreaktionen zwischen der Ni-Co-Schmelze und den Karbidkomponenten. In den Randzonen der Hartstoffpartikel scheiden sich beim Abkühlen der Schmelze Mischkarbide aus. Wegen dieser Phasen-Separations-Reaktion werden Cermets auch als Spinodal-Hartmetalle bezeichnet.

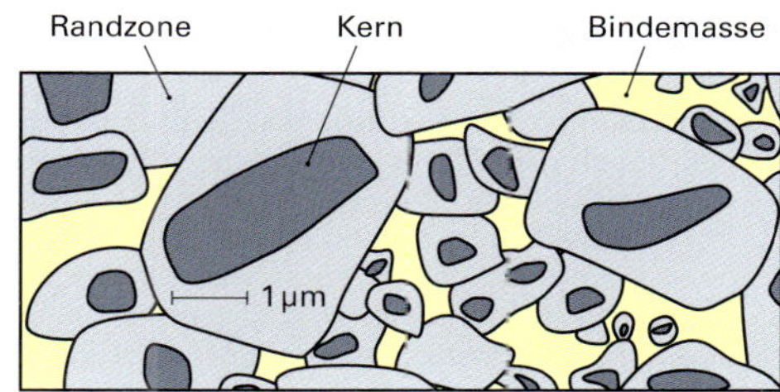

3 Typisches Cermet-Gefügebild

Herstellung der Cermets

Cermets werden ähnlich wie konventionelle Hartmetalle pulvermetallurgisch hergestellt. Ausgehend von einer aufbereiteten Pulvermischung werden Formkörper (Grünlinge) gepresst. Der anschließende Sinterprozess läuft unter Vakuum- bzw. Schutzgasatmosphäre bei Temperaturen von 1350 °C bis 1500 °C ab. Je nach Verwendung werden anschließend die Plan- bzw. Schneidkanten geschliffen.

Die vereinfachte Gefügedarstellung zeigt eine dreiphasige Gefügestruktur, in der zwei Hartstoffphasen TiN im Kern und (Ti, Ta, W) (C/N) in der Randzone auftreten **(Bild 3)**.

Anwendung der Cermets

Cermets sind von ihren Eigenschaften und ihrer Anwendung zwischen Hartmetall und Schneidkeramik einzuordnen.

Der Trend in der Fertigungstechnik, Werkstücke in einer Aufspannung fertigzubearbeiten, hat die Minimierung von Aufmaßen als Konsequenz. Rohteil und Fertigteilkontur nähern sich immer mehr an (Near-Net-Shape-Technologie).

Diese Entwicklung kommt der Verwendung von Cermets mit ihrer höheren Warmhärte und Kantenstabilität entgegen. Diese Art der Bearbeitung setzt aber die Schneidkante höchsten Beanspruchungen aus. Die mechanische und thermische Belastung tritt in einer kleinen Kontaktzone im Bereich der Freifläche und der Spanfläche auf.

Da die Oberflächengüten und Schnitttiefen bei der Fertigbearbeitung kaum variabel sind, steht meist als Fertigungsparameter nur die Schnittgeschwindigkeit zur Verfügung. Die höhere Warmhärte in Verbindung mit der geringeren Diffusionsneigung ermöglichen gegenüber Hartmetallen beim Schlichten und Feinschlichten deutlich höhere Schnittgeschwindigkeiten, Standmengen und bessere Oberflächengüten.

Der Vorteil der Cermets liegt auch in der Ausführung der Schneidkante, die im Gegensatz zu beschichteten Hartmetallen wegen des feinkörnigen Gefüges (Korngröße < 2 µm) scharfkantig ausgeführt sein kann.

Beim Drehen von Stahlwerkstoffen bis 50 HRC, nichtrostenden Stähle und duktilen Gusseisenwerkstoffen bei kleinen bis mittleren Schnitttiefen, aber auch mit zäheren Cermetsorten bei Fräsoperationen mit kleinen Vorschüben und hohen Schnittgeschwindigkeiten spielt dieser leistungsfähige Schneidstoff auch mit Hartstoffbeschichtung seine Vorteile aus.

Gegenüber konventionellen Hartmetallsorten unterliegt der Einsatz der Cermet aber auch Grenzen:

- bei hohen Vorschüben,
- bei wechselnden Belastungen wegen geringerer Zähigkeit.

Keramische Schneidstoffe

Keramische Schneidstoffe werden heute aufgrund ihres Leistungspotenzials überwiegend zur Zerspanung von Gusseisenwerkstoffen und in vielen Anwendungsfällen zum Schlicht- und Schruppdrehen von Stahlwerkstoffen mit mehr als 0,35% Kohlenstoff-Gehalt eingesetzt. Sie werden entsprechend ihrer stofflichen Zusammensetzung in Aluminiumoxid, Siliziumnitrid und Bornitrid unterteilt. Cermets liegen in Zusammensetzung und Eigenschaften zwischen den Keramischen Schneidstoffen und den Hartmetallen auf karbidischer Basis. Die Härte eines Schneidstoffes wird maßgeblich durch den Anteil der Hartstoffe und den Anteil der Bindephasen bestimmt. Oxid- und Mischkeramiken enthalten nur Hartstoffe. Keramiken auf Siliziumnitrid-Basis, Cermets und Hartmetalle enthalten neben den Hartstoffanteilen auch meist metallische Bindephasen.

Bei Hartmetall und Cermets wird die Härte und Druckfestigkeit bei hohen Temperaturen (Warmhärte) über die metallische Kobalt-Bindung determiniert. Hier sind Oxidkeramiken anderen Schneidstoffen überlegen. Oxidkeramische Schneidstoffe weisen die höchste chemische Stabilität auf. Das bedeutet, dass zu metallischen Werkstoffen keine Affinität besteht und während des Zerspanungsvorgangs kaum Oxidations- und Diffusionsvorgänge ablaufen können. Diese Vorgänge sind für verschiedene Verschleißerscheinungen (z.B. Kolkverschleiß) bei Hartmetallen mitverantwortlich. Den genannten positiv zu bewertenden Eigenschaften der keramischen Schneidstoffe steht die Empfindlichkeit bei mechanischer Schlag- und thermischer Schockbeanspruchung entgegen.

Um die Sprödbruchanfälligkeit der Keramik zu verringern und damit die Produktionssicherheit zu steigern, wurden duktilisierte[1] Keramiken für die Gusszerspanung und Stahlzerspanung entwickelt. Keramische Schneidstoffe werden in zwei Hauptgruppen geordnet **(Bild 1)**.

[1] lat. ductilis = ziehbar, dehnbar, verformbar

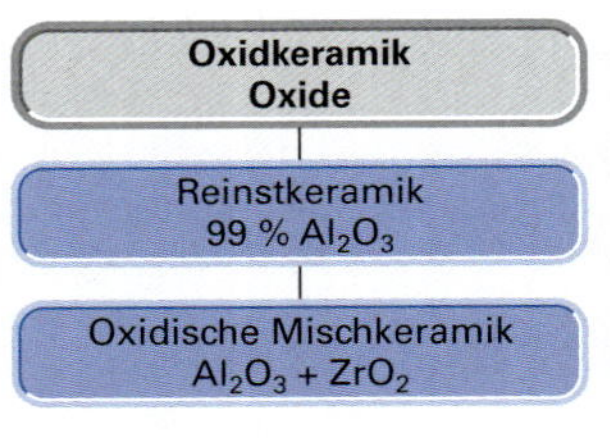

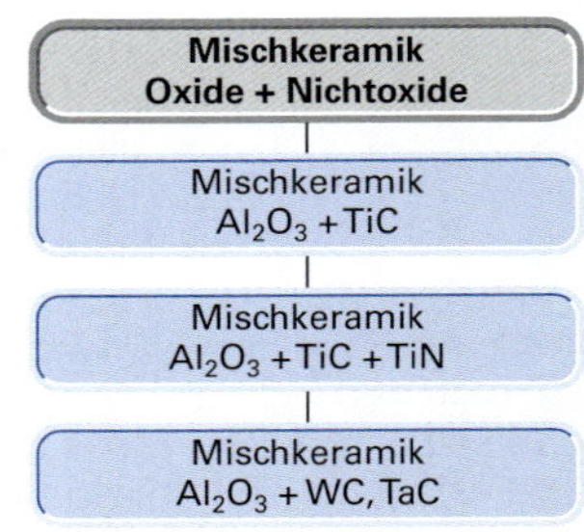

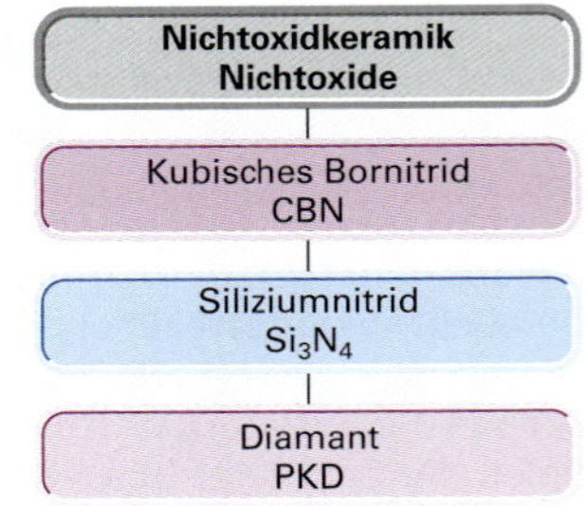

1 Einteilung der Schneidkeramiken

Aluminiumoxid-Keramik

Oxidkeramik, CA. Die weiße Oxidkeramik auf reiner Al_2O_3-Basis zeichnet sich durch große Verschleißfestigkeit, aber auch durch große Sprödigkeit aus. Die fehlende Zähigkeit dieser Schneidkeramik führt häufig zum Ausbrechen der Schneidkante und damit zu Störungen im Betriebsprozess. Um die Zähigkeit und Duktilität dieser Reinkeramiksorte zu verbessern, werden geringe Mengen Zirkoniumoxid (ZrO_2) in die Al_2O_3-Gefügematrix eingelagert. Die ZrO_2-Teilchen behindern die Rissausbreitung im Aluminiumoxidgefüge und erhöhen so die Bruchdehnung der Keramik. Reinoxidkeramik wird zur Drehbearbeitung mit sehr hohen Schnittgeschwindigkeiten und bei geringen bis mittleren Vorschüben eingesetzt **(Bild 1)**. Werkstoffe sind hier vor allem Gusseisen, Grauguss, Einsatz- und Vergütungsstähle (Gruppe P, K).

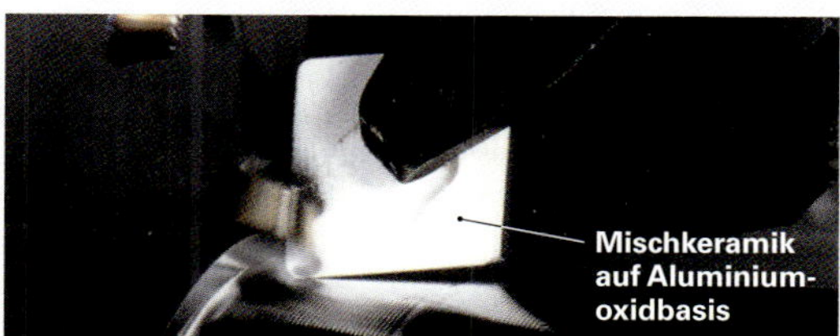

1 Drehbearbeitung

2 Mischkeramikplatten

3 Gussbearbeitung mit Si_3N_4-Keramik

Mischkeramik, CM. Um den Anwendungsbereich der aluminiumbasierenden Keramikschneidstoffe zu vergrößern, werden dem Al_2O_3-Grundgefüge nichtoxidische metallische Hartstoffe (TiN, TiC) zugemischt (Dispersionsverstärkung). Diese schwarzen Mischkeramiken haben ein sehr feinkörniges Gefüge mit verbesserter Zähigkeit und hoher Kantenstabilität. Durch die metallischen Gefügebestandteile wird die Wärmeleitfähigkeit im Vergleich zur Reinkeramik erhöht, was die Widerstandsfähigkeit bei thermischer Belastung und die Duktilität des Schneidstoffs erhöht. Mischkeramiken eignen sich bei geringen Schnitttiefen aufgrund der guten Kantenstabilität zur Dreh- und Fräsbearbeitung von Hartguss, Grauguss und gehärtetem Stahl (Gruppe P, M, K) **(Bild 2)**. Mit hohen Schnittgeschwindigkeiten und geringen Vorschüben werden beim Schlichtdrehen sehr gute Oberflächenqualitäten erzielt und ersetzen häufig eine nachträgliche Schleifbearbeitung.

Whiskerverstärkte Keramik. Um die Eigenschaftsmerkmale der Aluminiumoxid-Keramik für die Zerspanungstechnik weiter anzupassen, wurden whiskerverstärkte Keramiken entwickelt. Hierbei wird in die Al_2O_3 Matrix bis zu 30 % Siliziumkarbid (SiC) in Form von Kristallnadeln eingelagert. Diese SiC-Kristalle haben einen Durchmesser kleiner 1 µm bei einer Länge von 20 µm bis 30 µm. Die Siliziumkarbidkristalle (Whisker) verstärken durch ihre hohe Festigkeit und duktilisieren, als Bruchenergieabsorber durch das unterschiedliche Ausdehnungsverhalten der Gefügekomponenten, die Schneidstoffmatrix. Eigenschaften wie Zähigkeit, Thermoschockbeständigkeit, Warmhärte und Verschleißfestigkeit werden damit verbessert. Whiskerverstärkte Mischkeramiken haben gegenüber unverstärkten Sorten bis zu ⅔ höhere Bruchdehnungswerte.

Eingesetzt wird diese Keramik bei mittleren bis hohen Schnittgeschwindigkeiten, auch mit Schnittunterbrechungen und Kühlschmierstoffen, überwiegend bei der Drehbearbeitung von Sphäroguss, Grauguss, Hartguss, gehärteten und legierten Stählen (Gruppe M, K).

Nichtoxidische Schneidkeramik

Siliziumnitrid-Keramik, CN. Durch den Bedarf an hochharten Schneidstoffen für die Zerspanung wurden Keramiken auf der Basis von Siliziumnitrid (Si_3N_4) entwickelt. Hierbei konnten gegenüber den oxidischen Keramiken elementare Schneidstoffeigenschaften wie Zähigkeit, Bruchdehnung und Temperaturwechselbeständigkeit nochmals gesteigert werden **(Bild 3)**. Zu den Schneidstoffen mit nitridischem Grundgefüge gehören die Siliziumnitrid-Schneidkeramiken und Bornitride. Oxidische Bindephasen und zusätzliche Hartstoffe wie TiN sind weitere Bestandteile, die die mechanischen und chemischen Eigenschaften dieser Schneidstoffe beeinflussen. Festigkeit und Bruchdehnung von Si_3N_4 Keramiken werden durch die nadelförmigen Siliziumnitrid-Kristalle bestimmt. Der Widerstand gegen Risswachstum im Gefüge ist durch die hochfeste Kristallstruktur sehr hoch. Ein möglicher Riss wird an den Kristallen abgelenkt und muss diese umwandern bzw. sich verzweigen. Dadurch wird er verlangsamt und kommt zum Stillstand.

Anwendung. Siliziumnitrid-Keramiken werden mit sehr guten Standzeitleistungen meist zum Drehen und Fräsen von Grauguss, Sphäroguss und Temperguss (Anwendungsgruppe K) bei mittleren Schnittgeschwindigkeiten (300 m/min bis 800 m/min) und Vorschüben (0,25 mm bis 0,4 mm) auch mit Kühlschmierstoff, eingesetzt **(Bild 1)**. Die guten Zähigkeitseigenschaften und hohe Schlagfestigkeit machen diese Keramiksorte für die Serienfertigung, z. B. zum Drehen von Gussbremsscheiben und auch bei erschwerten Zerspanungsbedingungen wie Fräsen von Gussstoffen, zu einem prozesssicheren Schneidstoff.

Die chemische Affinität zu Eisen und Sauerstoff des Si_3N_4-Gefüges bei Temperaturen um 1200 °C bei der Bearbeitung von Stahlwerkstoffen führen im Vergleich zu Oxid- und Mischkeramiken zu einer größeren Verschleißneigung des Schneidkeils. Es bilden sich frühschmelzende Eisen-Siliziumverbindungen, die zur Auskolkung der Spanfläche führen. Siliziumnitrid wird auch mit Hartstoffbeschichtungen wie TiN und Al_2O_3 oder auch mit Mehrlagenschichten zur Gussbearbeitung eingesetzt.

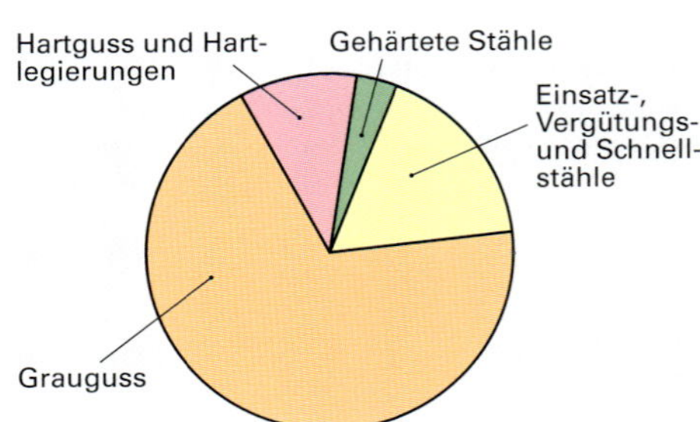

1 Anwendung der Schneidkeramik

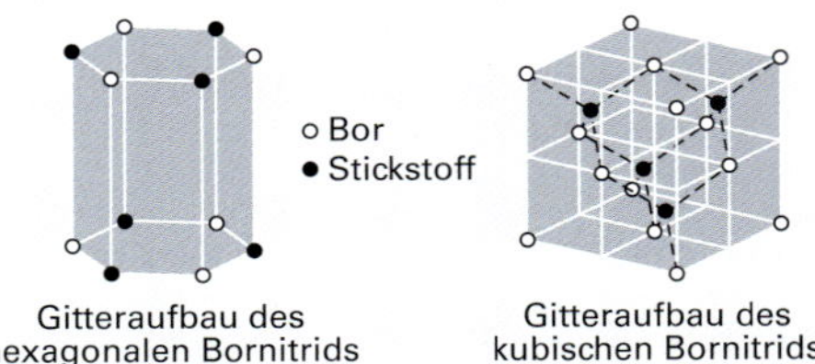

2 Gitterstrukturen von Bornitrid

3 BN-Bruchgefüge

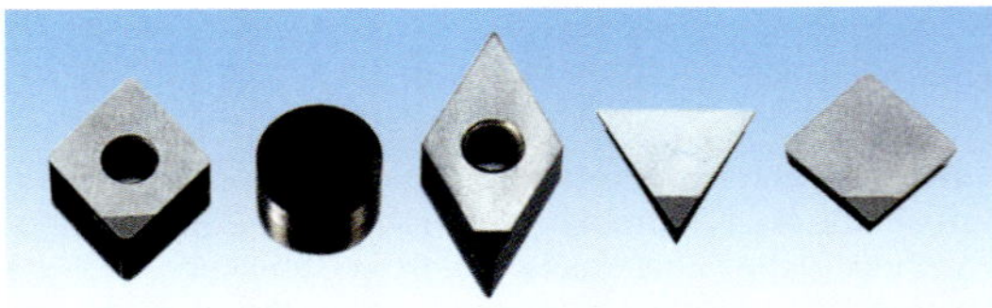

4 CBN-Schneidplatten (Auswahl)

Kubisches Bornitrid, BN (CBN)

Kubisches Bornitrid (bernsteinfarben) ist eine chemische Verbindung von Bor (B) und Stickstoff (N). Das natürlich vorkommende hexagonale Bornitrid („weißer Graphit“) hat eine weiche, plattenförmige Struktur und ist als Schneidstoff ungeeignet. Durch einen Hochdruck-Hochtemperaturprozess wird das natürliche, hexagonale Kristallgitter in ein kubisches Kristallgitter umgewandelt **(Bild 2)**. Die Umorientierung der Gitterstruktur erfolgt bei Drücken von 90 kbar und Temperaturen um 2000 °C. BN ist nach Diamant der zweithärteste Werkstoff.

Schneidstoffe auf der Basis von Bornitrid können weitere Hartstoffe wie z. B. TiC, TiN und metallische oder keramische Bindephasen in unterschiedlichen Anteilen enthalten. Metallische bzw. keramische Bindephasen übernehmen im BN-Gefüge keine echte Bindfunktion, wie z. B. Kobalt im Hartmetall, sondern werden zur Reaktionssteuerung bei der BN-Herstellung eingesetzt. Im fertigen BN sind nur geringe Mengen metallischer oder keramischer Phasen nachweisbar.

Die interkristalline Bindung der zusammengewachsenen BN-Kristalle ist so stark, dass im Falle einer Überbelastung und Rissbildung der Bruch nicht entlang der ursprünglichen Korngrenzen, sondern quer durch die BN-Partikel auftritt **(Bild 3)**. Die Schneidstoffeigenschaften des kubischen Bornitrids sind also in der Wendeschneidplatte voll ausgeprägt und werden nicht durch metallische oder keramische Zusätze begrenzt.

Gegenüber Eisenwerkstoffen erweist sich die Bor-Stickstoff-Verbindung als chemisch sehr stabil. Diffusions- und Oxidationsvorgänge sind bei diesem Schneidstoff keine Verschleißursache. Da die Umwandlungstemperatur in seine natürliche hexagonale Gitterstruktur oberhalb 1475 °C liegt, ist die Temperaturbeständigkeit auch bei hohen Zerspanungstemperaturen, wie sie bei der Bearbeitung von harten Werkstoffen auftreten, gewährleistet.

BN wird bei sehr hohen Drücken und Temperaturen (60 kbar, 1700 °C) auf eine Hartmetallunterlage aufgesintert. Aus diesen Platten werden Schneidensegmente (**Bild 4**) mittels Drahterodieren oder mit Laser herausgeschnitten und in eine Hartmetallschneidplatte eingelötet.

Der BN-Schneidkeil zeigt ähnliche Verschleißformen wie Hartmetalle, d. h. Freiflächenverschleiß und Kolkverschleiß. Mechanisch bedingter Abrieb kann zur Verrundung der Schneidkante führen. Die Schnittkräfte sind je nach Schneidkantenausführung bis zu 30 % geringer als beim Einsatz von Oxidkeramik. Ein sehr kleiner Schneidkantenradius und die polierte Spanfläche bei nicht zu sehr negativer Schneidengeometrie reduzieren die notwendigen Schnittkräfte.

Die Zerspanungsparameter, insbesondere die Schnittgeschwindigkeit, sollten bei der Zerspanung harter Eisenwerkstoffe mit BN so gewählt werden, dass an der Zerspanungsstelle leichte Rotglut auftritt. Glühende Späne sind ebenfalls ein Hinweis auf richtig gewählte Arbeitsbedingungen.

Der Einsatz von Kühlmitteln ist bei Zerspanungsoperationen mit BN möglich, beschränkt sich aber bei Maßhaltigkeitsproblemen auf die Werkstückkühlung, da es aufgrund der hohen Temperaturen an der Wirkstelle zum sofortigen Verdampfen kommt. Überwiegend wird BN in der Trockenzerspanung oder mit Minimalmengenschmierung eingesetzt.

Diamant

Polykristalliner Diamant, DP (PKD). Der härteste natürlich vorkommende Werkstoff ist der monokristalline Diamant. Beim synthetisch hergestellten polykristallinen Diamant werden kleine Diamantkörner in einem Hochtemperatur- (bis 1400 °C) Hochdruckprozess (bis 70 kbar) mittels einer kobalthaltigen Bindephase zu einem Kristallverbund gesintert.

Die Härte dieses DP reicht nahe an die des monokristallinen Diamanten. Beim Sinterprozess werden Hartmetallsubstrate meist direkt mit einer Schichtdicke von wenigen µm bis ca. 0,5 mm beschichtet **(Bild 1)**. Um Spannungen zwischen der harten Diamantbeschichtung und dem zähen Grundsubstrat auszugleichen, wird häufig eine weiche Zwischenschicht mit aufgesintert.

Die Diamantkristalle werden beim Sintervorgang richtungsunabhängig gebunden und bieten somit Rissen keine Vorzugsrichtung wie beispielsweise bei monokristallinen Diamanten. Polykristalliner Diamant bildet eine isotrope Schicht aus, d. h., Schneidstoffeigenschaften wie Härte und Verschleißfestigkeit sind richtungsunabhängig.

DP-Werkzeuge werden in einem CVD-Verfahren entweder komplett beschichtet oder als HM-Wendeplatten **(Bild 2 und Bild 3)** mit eingelötetem DP-Schneidenteil eingesetzt.

Bei nichtmetallischen und stark abrasiven Werkstoffen kann dieser hochharte Schneidstoff seine Vorteile ausspielen. Stark abrasive Aluminium-Silizium-Legierungen können ebenso zerspant werden wie Verbundwerkstoffe, faserverstärkte CFK und GFK-Kunststoffe, Keramik, Glas, Hartmetalle, Magnesiumlegierungen, Graphit und Holzwerkstoffe.

Anwendung. Durch die Affinität bei hohen Temperaturen (T > 600 °C) zwischen Eisenwerkstoffen und dem Kohlenstoff des Diamanten und der bei hohen Temperaturen (ab ca. 700 °C) einsetzenden Graphitisierung schließt sich die Verwendung diamantbeschichteter Werkzeuge zur wirtschaftlichen Stahlbearbeitung wegen des hohen Verschleißes aus (Schneidkantenverrundung, Kolk). Richtig eingesetzt, sind mit DP-Schneiden gratfreie Schnittkanten und sehr gute Oberflächengüten bei vergleichsweise großen Standmengen möglich.

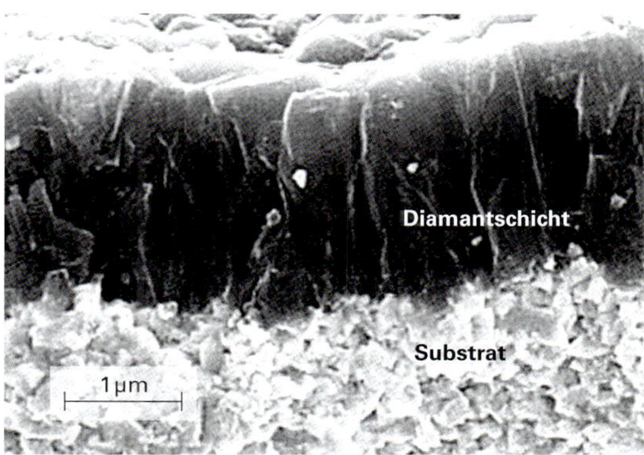

1 Diamantbeschichtung auf HM-Substrat

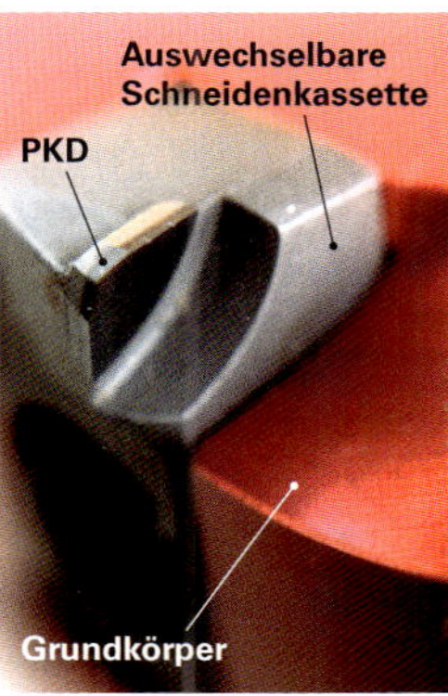

2 PKD-Fräserschneidplatte

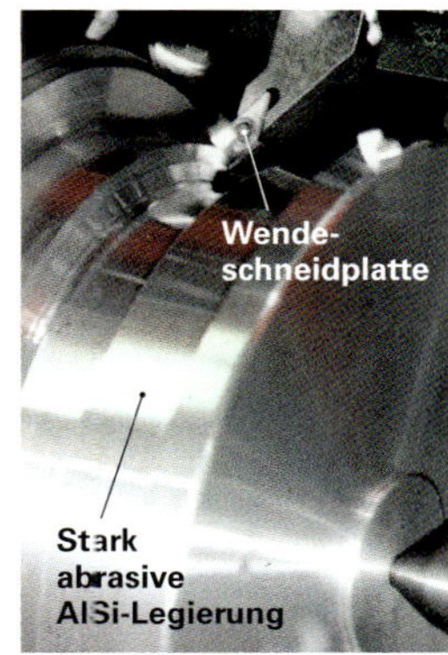

3 PKD-beschichtete Wendeschneidplatte

Auswahlkriterien für Schneidstoffe

Um den für ein bestimmtes Fertigungsverfahren und Werkstückwerkstoff optimalen Schneidstoff auszuwählen, sollten einige Faktoren **(Bild 1)** berücksichtigt werden:

- Wirtschaftlichkeit,
- Werkstück,
- Fertigung,
- Werkzeugmaschine.

Die Härte des zu bearbeitenden Werkstoffs bestimmt die erforderliche Härte des in Frage kommenden Schneidstoffs **(Bild 2)**. Bereits der frühe Mensch lernte, dass die keilförmige Werkzeugschneide härter sein musste als der zu bearbeitende Werkstoff. Dieses Grundprinzip gilt natürlich in unserer Zeit gleichermaßen. Hochharte Schneidstoffe sind sehr verschleißfest, aber aufgrund der fehlenden Zähigkeit (Duktilität) auch bruchempfindlich. Deshalb ist nicht unbedingt der härteste Schneidstoff auch der am universell einzusetzende.

Hochharte Schneidstoffe erfordern in der Anwendung gleichmäßige Zerspanungsbedingungen und benötigen für prozesssicheren und wirtschaftlichen Einsatz einen eingeschränkten und optimierten Bereich der Zerspanungsparameter. Eine enge Prozessführung, die gleichmäßige Zerspanungsbedingungen an der Schneidkante für die verschiedenen Zerspanungsverfahren gewährleistet, ist meistens nur eingeschränkt möglich.

Dies erfordert beim Schneidstoff in Bezug auf Verschleißfestigkeit und Zähigkeit Kompromisslösungen. Der ideale Schneidstoff ist hart und zäh **(Bild 3)**. Diese ambivalenten Eigenschaften lassen sich nur annähernd verwirklichen.

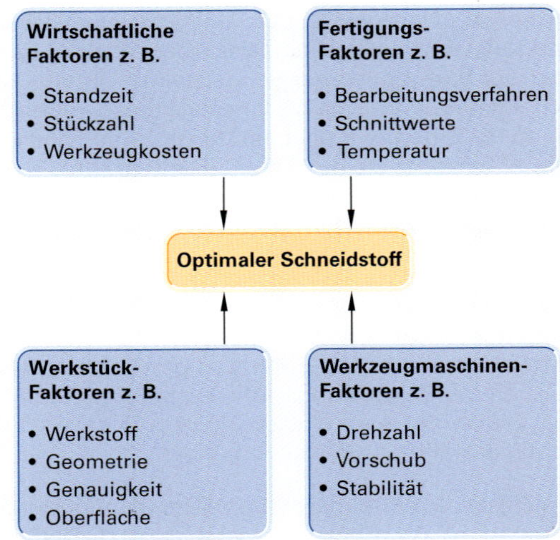

1 Auswahlkriterien

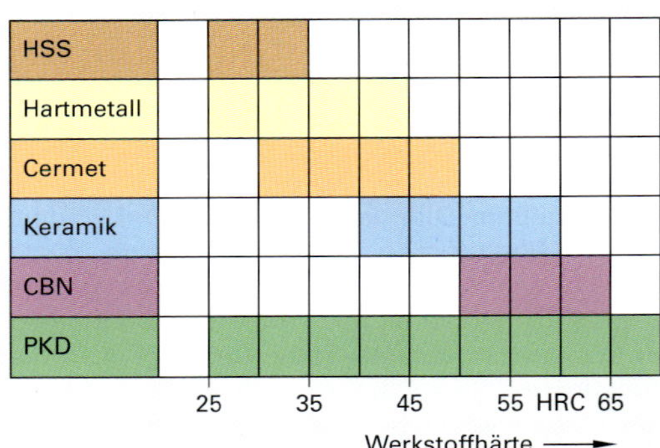

2 Einsatzbereich

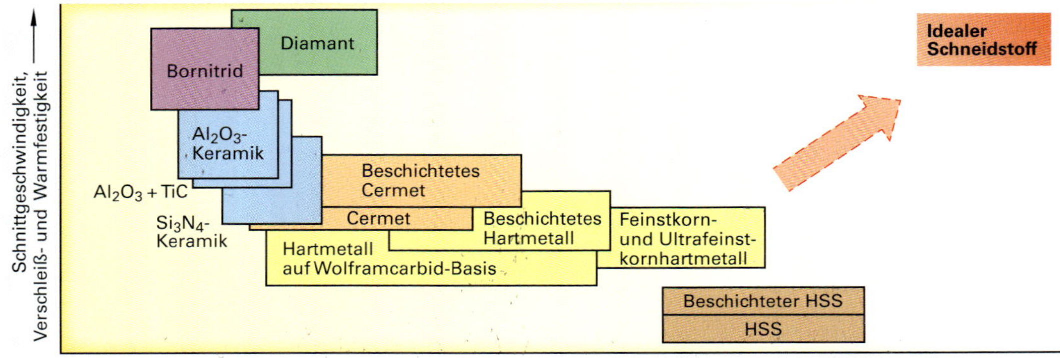

3 Verschleißfestigkeit und Zähigkeit der Schneidstoffe

Der Schneidstoff verliert mit zunehmender Härte seine Zähigkeit. Die Vielzahl der angebotenen Schneidstoffe eröffnet dem Anwender die Möglichkeit, für das jeweilige Bearbeitungsverfahren und den zu bearbeitenden Werkstoff die wirtschaftlichste und qualitativ beste Kombination zu finden. Mit Beschichtung von Schneidstoffen wird das Anwendungsspektrum zusätzlich erweitert.

Ein hochwertiges, ausreichend zähes Grundsubstrat wird mit einer oder mehreren verschleißbeständigen und temperaturbeständigen Hartstoffschichten beschichtet. Ausgleichsschichten zwischen den Hartstoffschichten und dem Grundsubstrat bauen thermische und mechanische Spannungen ab und verhindern so die Rissbildung und das partielle Abplatzen der Beschichtung.

Schneidstoffe und Werkzeuge, die bei hohen Schnittgeschwindigkeiten eingesetzt werden, erfordern wegen der zu erwartenden hohen Arbeitstemperaturen eine große *Warmhärte.*

Die höchsten Temperaturen treten im Bereich der ablaufenden Späne auf der Spanfläche auf **(Bild 1)**. Wird hier die für einen Schneidstoff maximale Arbeitstemperatur überschritten, beginnt die chemische und mechanische Zerstörung des Schneidkeils.

Keramische Schneidstoffe und Kubisches Bornitrid (CBN) sind noch bei extrem hohen Temperaturen standfest und deshalb auch für höchste Schnittgeschwindigkeiten geeignet **(Tabelle 1)**. Die gleichzeitige Erhöhung der Vorschubwerte ist wegen der eingeschränkten Biegefestigkeit dieser Schneidstoffe und der starken Zunahme der Zerspanungskräfte nicht möglich.

Die Graphitisierung des Diamants bei etwa 600 °C bis 700 °C und die starke Affinität zum Kohlenstoff in Stahl- und Gusswerkstoffen schränkt den Einsatzbereich dieses härtesten Schneidstoff ein. Hartmetall und HSS werden durch temperaturbeständige Hartstoffschichten und wärmeisolierende Zwischenschichten in ihrem Anwendungsbereich erweitert.

Der in **Bild 2** dargestellte Einsatzbereich der Schneidstoffe ergibt sich aus deren jeweiligen Eigenschaftsprofil. Hartmetalle sind für alle wichtigen Gruppen metallischer Werkstoffe verwendbar. Die hoch harten Schneidstoffe CBN und Keramik eignen sich in erster Linie zum Zerspanen der härtesten Stahl- und Gusswerkstoffe.

Eine Sonderstellung nimmt der Diamant ein. Neben der Bearbeitung von Nichteisenmetallen, vor allem von Aluminiumlegierungen, wird er mit großem Erfolg bei der Kunststoff- und Holzbearbeitung eingesetzt. Bei thermisch enger Prozessführung kann er auch zur spanenden Bearbeitung von Stahl- und Gusswerkstoffen, wie z.B. beim Feinbohren (Reiben) angewendet werden.

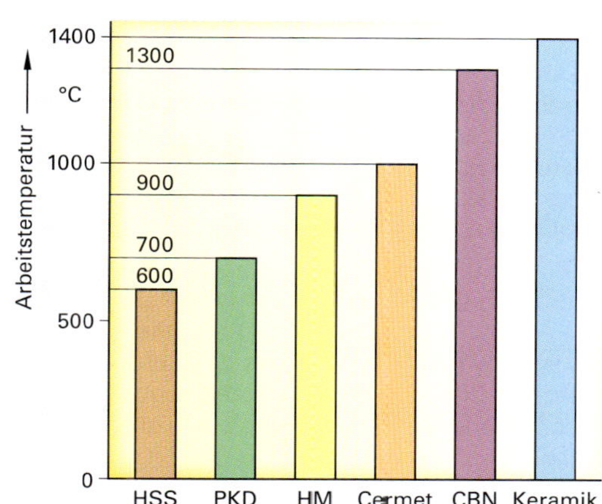

1 Arbeitstemperaturen auf der Spanfläche

Tabelle 1: Schnittgeschwindigkeiten		
Richtwerte für Schneidkeramik bei Gussbearbeitung GJL/GJS		
Schnittgeschwindigkeit v_c in m/min	Drehen	Fräsen
Oxidkeramik	300 bis 1000	150 bis 5000
Mischkeramik	450 bis 1200	200 bis 800
Siliziumnitridkeramik	350 bis 1000	100 bis 1000
Richtwerte für Kubisches Bornitrid, CBN		
Stahl mit hoher Härte	50 bis 180	70 bis 500
Gusseisensorten GJL/GLS	500 bis 2000	600 bis 5000
Hartguss	40 bis 150	100 bis 200
Richtwerte für PKD auf Hartmetallunterlage		
Aluminium mit Si < 12%	800 bis 3000	1500 bis 3000
Aluminium mit Si > 12%	200 bis 1200	400 bis 900

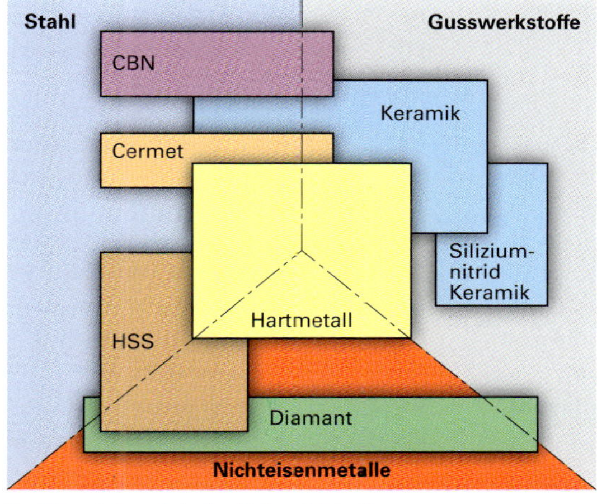

2 Einsatzbereich der Schneidstoffe

Klassifizierung der Schneidstoffe

Die DIN ISO 513 klassifiziert alle harten Schneidstoffe mit geometrisch bestimmter Schneide, wie z.B. Hartmetall und Schneidkeramik mit einem Kennbuchstaben für die Schneidstoffart und einer Anwendungsgruppe (P, M, K, N, S, H) entsprechend der Eignung Werkstoffe zu zerspanen **(Tabelle 1)**.

Die Zuordnung einer Schneidstoffsorte in eine bestimmte Anwendungsgruppe macht keine Aussage über Art, Zusammensetzung oder Leistungsfähigkeit, sondern besagt nur, dass der Schneidstoff in dieser Anwendungsgruppe ausreichende Zähigkeit, Verschleißfestigkeit und Temperaturbeständigkeit besitzt.

Die Klassifizierung eines Schneidstoffs in eine Anwendungsgruppe veranlasst der Schneidstoffhersteller. Da Schneidstoffe verschiedener Hersteller in der gleichen Anwendungsgruppe meist unterschiedliche Zerspanungseigenschaften zeigen, sind die Tabellen als Vergleichsmaßstab für Schneidstoffsorten nur bedingt geeignet.

Um innerhalb der Anwendungsgruppe weiter zu differenzieren, wird der Anwendungs-Buchstabe durch eine Zähigkeitskennzahl ergänzt.

Hartmetall z.B. mit der DIN-Bezeichnung HW-P10 ist für langspanende Stahlwerkstoffe bei kleinen bis mittleren Vorschüben und großer Schnittgeschwindigkeit bei schwingungsarmen Zerspanungsprozessen geeignet, da es bei hoher Härte und Verschleißfestigkeit nur geringe Zähigkeitseigenschaften besitzt.

Innerhalb dieser Anwendungsgruppe hat die Sorte HW-P50 deutlich höhere Zähigkeit bei geringerer Verschleißfestigkeit und kann deshalb für große Spanungsquerschnitte mit reduzierten Schnittgeschwindigkeiten bei überwiegend schwierigen Drehoperationen eingesetzt werden.

Je größer die Zähigkeitskennzahl innerhalb einer Anwendungsgruppe, desto zäher ist der Schneidstoff und kommt deshalb bei Zerspanungsoperationen mit größeren Vorschüben, aber kleineren Schnittgeschwindigkeiten zum Einsatz. Schneidstoffsorten mit kleiner Kennzahl (01...20) werden aufgrund ihrer hohen Härte bei geringen Vorschüben und hohen Schnittgeschwindigkeitswerten eingesetzt.

Einteilung der Zerspanungsaufgaben in Hauptanwendungsgruppen:

P	Stahl: Alle Arten von Stahl und Stahlguss, ausgenommen nichtrostender Stahl mit austenitischem Gefüge.
M	Nichtrostender Stahl: Nichtrostender austenitischer und austenitisch-ferritischer Stahl und Stahlguss.
K	Gusseisen: Gusseisen mit Lamellengraphit, Gusseisen mit Kugelgraphit, Temperguss.
N	Nichteisenmetalle: Aluminium und andere Nichteisenmetalle, Nichtmetallwerkstoffe.
S	Speziallegierungen und Titan: Hochwarmfeste Speziallegierungen auf Basis von Eisen, Nickel und Kobalt, Titan und Titanlegierungen.
H	Harte Werkstoffe: Gehärteter Stahl, gehärtete Gusseisenwerkstoffe, Gusseisen für Kokillenguss.

Tabelle 1: Klassifizierung der Schneidstoffe

Schneidstoffe	Kennbuchstaben	Werkstoffgruppe
Hartmetalle	HW	Unbeschichtetes Hartmetall, Hauptbestandteil Wolframcarbid (WC) mit Korngröße ≥ 1 µm
	HF	Unbeschichtetes Hartmetall, Hauptbestandteil Wolframcarbid (WC) mit Korngröße < 1 µm
	HT[1)]	Unbeschichtetes Hartmetall, Hauptbestandteil Titancarbid (TiC) oder Titannitrid (TiN) oder beides
	HC	Hartmetalle wie oben, jedoch beschichtet
Schneidkeramik	CA	Schneidkeramik, Hauptbestandteil Aluminiumoxid (Al_2O_3)
	CM	Mischkeramik, Hauptbestandteil Aluminiumoxid (Al_2O_3), zusammen mit anderen Bestandteilen als Oxiden
	CN	Siliciumnitridkeramik, Hauptbestandteil Siliziumnitrid (Si_3N_4)
	CR	Schneidkeramik, Hauptbestandteil Aluminiumoxid (Al_2O_3), verstärkt
	CC	Schneidkeramik wie oben, jedoch beschichtet
Diamant	DP	Polykristalliner Diamant
	DM	Monokristalliner Diamant
Bornitrid	BL	Kubisch-kristallines Bornitrid mit niedrigem Bornitridgehalt
	BH	Kubisch-kristallines Bornitrid mit hohem Bornitridgehalt
	BC	Kubisch-kristallines Bornitrid wie oben, jedoch beschichtet

1) Diese Werkstoffsorten werden auch „Cermets" genannt.

Tabelle 1: Klassifizierung harter Schneidstoffe nach Anwendungsbereich (vgl. DIN ISO 513)

Hauptanwendungsgruppen			Anwendungsgruppen		
Kennbuchstabe	**Kennfarbe**	**Werkstück-Werkstoff**	**Harte Schneidstoffe**		
P	blau	**Stahl:** Alle Arten von Stahl und Stahlguss, ausgenommen nichtrostender Stahl mit austenitischem Gefüge	P01, P05, P10, P15, P20, P25, P30, P35, P40, P45, P50	a ↑	b ↓
M	gelb	**Nichtrostender Stahl:** Nichtrostender austenitischer und austenitisch-ferritischer Stahl und Stahlguss	M01, M05, M10, M15, M20, M25, M30, M35, M40	a ↑	b ↓
K	rot	**Gusseisen:** Gusseisen mit Lamellengraphit, Gusseisen mit Kugelgraphit, Temperguss	K01, K05, K10, K15, K20, K25, K30, K35, K40	a ↑	b ↓
N	grün	**Nichteisenmetalle:** Aluminium und andere Nichteisenmetalle, Nichtmetallwerkstoffe	N01, N05, N10, N15, N20, N25, N30	a ↑	b ↓
S	braun	**Speziallegierungen und Titan:** Hochwarmfeste Speziallegierungen auf Basis von Eisen, Nickel und Kobalt, Titan und Titanlegierungen	S01, S05, S10, S15, S20, S25, S30	a ↑	b ↓
H	grau	**Harte Werkstoffe:** Gehärteter Stahl, gehärtete Gusseisenwerkstoffe, Gusseisen für Kokillenguss	H01, H05, H10, H15, H20, H25, H30	a ↑	b ↓

[a] Zunehmende Schnittgeschwindigkeit, zunehmende Verschleißfestigkeit des Schneidstoffes.
[b] Zunehmender Vorschub, zunehmende Zähigkeit des Schneidstoffes.

Tabelle 2: Normkurzbezeichnung und Anwendungsgebiete der Schneidstoffe (vgl. DIN ISO 513)

P	M	K	N	S	H	Schneidstoffe	ISO-Bezeichnungen, Beispiele
						Schnellarbeitsstahl	
○	○	○	○	○		konventionell	
○	○	○	○	○			S6-5-2
○	○	○	○	○		beschichtet	S6-5-2-5
○	○	○	○	○		pulvermetallurgisch	HSS-TiN
	○			○			HSS-PM
						Hartmetall	
●	○			○		unbeschichtet	HW-P01, HW-P40
○	●	○					HW-M10
		●	○		○		HW-K10, HW-K30
		○	●				HW-N10
●	○	○		○		beschichtet	HC-P10, HW-P35
	○	●					HC-K10
●	○	○				Cermet	HT-P01, HT-P20
						Schneidkeramik	
○		●			○	Oxidkeramik	CA-K10
○		●			○	Mischkeramik	CM-K05
○	○	○		●		whiskerverstärkt	CM-S20
		●				Nitridkeramik	CN-K20
						Bornitrid	
		○			●	kubisch kristallin	BN-H05
						Diamant	
			●			polykristallin	DP-N15

● = Hauptanwendung; ○ = weitere Anwendung

P = Stahl; M = Hochlegierter Stahl; K = Eisenguss; N = NE-Metall; S = Spez. Werkstoffe; H = Harte Werkstoffe

Tabelle 1: Hartstoffschichten

In dem CVD-Verfahren (Chemical-Vapor-Deposition) werden die Hartmetalle mit Hartstoffen wie z. B. TiC, TiCN, TiN und Al_2O_3 einzeln (Monolayer) oder mit mehrlagigen Schichtsystemen (Multilayer) beschichtet. Die Beschichtung erfolgt in einem Temperaturbereich von 750 °C bis 950 °C. Bei niedrigeren Temperaturen von 500 °C werden die Hartstoffschichten mit den PVD-Verfahren (Physical-Vapor-Deposition) erzeugt. Dabei wird die Metallkomponente (Ti, Al) durch Hochvakuum und Plasmaunterstützung in die Dampfphase überführt und mit Kohlenstoff (C)- und Stickstoff (N)-haltigen Gasen zur chemischen Reaktion auf der Substratoberfläche gebracht. Mit diesem Verfahren werden auf Hartmetall auch Diamantschichten (DP-Schichten) erzeugt.

Hartstoffschicht	Einsatzbereich
TiN Titannitrid	Allroundschicht im Verschleißschutz; gute Wärmeabfuhr (z. B. bei Reibungswärme); verbesserte Verschleißfestigkeit; die hohe thermische Leitfähigkeit (0.07 kW/mK) dieser Beschichtung verhindert örtliche Überhitzung und wirkt vorteilhaft bei unzureichender Kühlung; für Stähle und Gusseisenwerkstoffe, Kolk- und Diffusionsbeständigkeit.
TiCN Titancarbonitrid	Die Schicht besteht aus Karbonitriden, dies bewirkt eine Härtezunahme und einen niedrigeren Reibungskoeffizienten im Vergleich zu TiN; für schwer zu bearbeitende Stahllegierungen und Gusseisenwerkstoffe; die Schicht ist wesentlich zäher und härter als TiN und hat eine geringere Rauigkeit aber eine geringere Einsatztemperatur; sie ist für viele Werkstoffe einsetzbar, wird jedoch häufig von der härteren TiAlN-Schicht abgelöst.
TiAlN Titanaluminiumnitrid	Für Hartmetall und HSS-Werkzeuge; Bearbeitung von Aluminium- und Nickellegierungen; Gusseisenwerkstoffe; Bohren von Stahl bis 45 HRC; geeignet für die Hochgeschwindigkeits- und MMS-Bearbeitung. Der Aluminiumgehalt führt zu hoher Härte und Oxidationstemperatur (800 °C) der Schicht; ist heute die weitverbreiteste Hartstoffschicht bei Neuwerkzeugen; für den Einsatz in der Trockenbearbeitung wird sie durch die leistungsfähigere AlTiN-Schicht, die eine höhere Härte und Temperaturbeständigkeit besitzt, abgelöst.
TiAlCN Titanaluminiumcarbonitrid	Wegen der maximalen Einsatztemperatur von 500 °C kann diese Schicht nicht für HSC- und MMS-Bearbeitung eingesetzt werden; sie steht in Konkurrenz zu den leistungsfähigeren AlTiN und TiAlN Schichten, welche höheren Temperaturen ermöglichen.
AlTiN Aluminiumtitannitrid	Für schwer zu bearbeitenden Werkstoffen und kritische Einsatzbedingungen, geeignet für gehärtete Stähle, Hochleistungszerspanung, extreme Zerspanungsbedingungen, Trockenbearbeitung, Minimalmengenschmierung (MMS); mit einer Temperaturbeständigkeit von 900 °C und einer Härte von 3300 HV gehört sie zu den leistungsfähigsten Multilayer-Schichten.
AlTiCN Aluminiumtitancarbonitrid	Einsetzbar für sehr zähe Chrom-Nickelstähle, bei unterbrochenen Schnitt, Schruppfräsen, Hart- und Trockenbearbeitung, Minimalmengenschmierung (MMS).
AlTiSiN Aluminiumtitansiliziumnitrid	Die siliziumhaltige Beschichtung erreicht eine Härte von 3600 HV mit einer Temperaturbeständigkeit von 1100 °C; für maximale Standzeit bei schwer zu bearbeitenden Werkstoffen und extremen Einsatzbedingungen.
DP Polykristalliner Diamant	DP-beschichtete Werkzeuge zeichnen sich durch hohe Härte, Verschleißfestigkeit und Wärmeleitfähigkeit sowie Zähigkeit des Grundsubstrats Hartmetalls aus. Anwendungsgebiete sind die Bearbeitung von NE-Metallen und nicht metallischen Werkstoffen, wie z. B. Aluminium, glasfaserverstärkte Kunststoffe GFK/CFK, Keramik und Hartmetall.

Physikalische Eigenschaft	Hartstoffschicht							
	TiN	TiCN	TiAlN	TiAlCN	AlTiN	AlTiCN	AlTiSiN	DP
Mikrohärte HV 0,05 bei RT	2300	3000	3300	3000	3300	3000	3600	6000
Max. Anwendungstemperatur in °C	600	450	800	700	900	850	1100	600
Reibkoeffizient bei Stahl	0,40	0,35	0,30	0,20	0,70	0,20	0,30	0,20
Wärmeleitfähigkeit in W/mK	70	100	50	80	50	60	100	150
Schichtdicke in µm	1 ... 5	1 ... 5	1 ... 5	2 ... 4	1 ... 3	2 ... 4	1 ... 6	1 ... 2,5
Farbe	gold	blaugrau	rötlichviolett	altrosa	blauschwarz	dunkelblauschwarz	gelb	metallischgrau

F3 BOHRVERFAHREN

Bohren und Senken

Das Bohren nach DIN 8589-1 gehört nach der Einteilung der Fertigungsverfahren nach DIN 8580 zur Hauptgruppe 3 „Trennen" mit der Gruppe 3.2 „Spanen mit geometrisch bestimmter Schneide" **(Bild 1).** Archäologische Funde belegen, dass das Bohren bereits seit der Steinzeit bekannt gewesen ist und damit zu den ältesten Fertigungsverfahren zählt.

Das Bohrwerkzeug **(Bild 2)** führt durch eine Rotationsbewegung die Schnittbewegung aus. Zusätzlich zur Drehbewegung führt der Bohrer eine geradlinige Vorschubbewegung aus **(Bild 3).** Die gleichzeitig ablaufenden Bewegungen, die Rotation um die Längsachse und die Vorschubbewegung in Richtung Werkstück ergeben eine kontinuierliche Spanabnahme **(Bild 3).** Das Bohren kann mit handgeführten Bohrmaschinen, Säulenbohrmaschinen oder auf Werkzeugmaschinen durchgeführt werden.

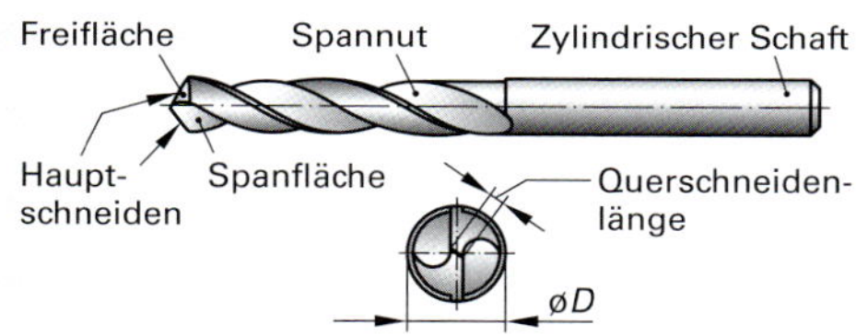

2 Bohrwerkzeug

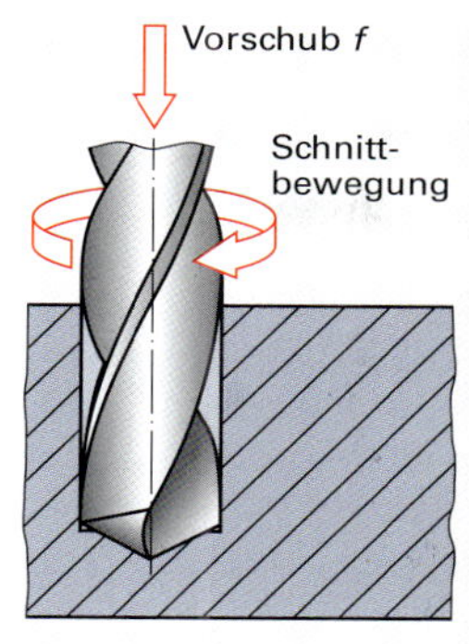

3 Spanungsbewegungen beim Bohren

Schnittgeschwindigkeit

$$v_c = D \cdot \pi \cdot n$$

Drehzahl

$$n = \frac{v_c}{D \cdot \pi}$$

Vorschubgeschwindigkeit

$$v_f = f \cdot n = f_z \cdot z \cdot n$$

v_c Schnittgeschwindigkeit in m/min

D Bohrerdurchmesser in mm

n Drehzahl in min^{-1} (U/min)

v_f Vorschubgeschwindigkeit in mm/min

f_z Vorschub pro Schneide in mm

z Anzahl Bohrerschneiden

4 Schnitt- und Vorschubbewegung

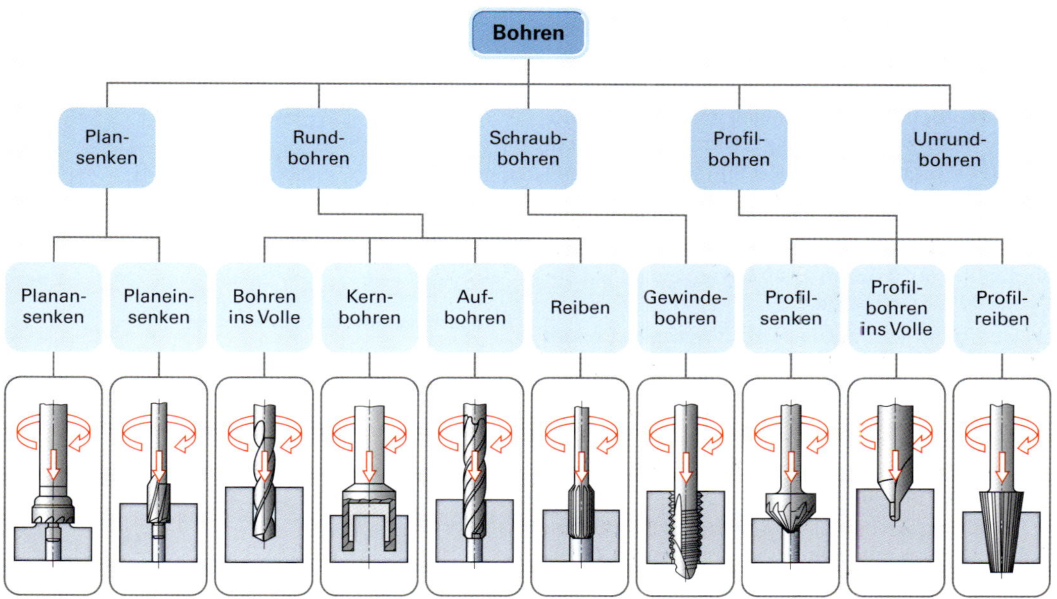

1 Bohrverfahren

Bohren ins Volle

Spiralbohrer (Wendelbohrer)

Für das Bohren ins Volle wird ein Spiralbohrer oder ein Bohrer mit Wendeschneidplatten benötigt **(Bild 1)**.

Spiralbohrer sind hierbei die meist verwendeten Bohrwerkzeuge, da sie ein gutes Führungsverhalten beim Bohrvorgang zeigen und somit auch für einfache Bohrmaschinen einsetzbar sind. Weitere Vorteile des Spiralbohrers sind:

- gleichbleibender Durchmesser beim Nachschleifen,
- selbsttätige Spanabfuhr aus der Bohrung,
- gute Einspannmöglichkeit.

Bohrer mit Wendeschneidplatten (Bild 2) besitzen geringere Führungseigenschaften als Spiralbohrer und werden daher vorwiegend an Werkzeugmaschinen mit spielfreiem Schlittenantrieb eingesetzt. Sie finden aufgrund der Wendeschneidplatten und der inneren Kühlmittelzufuhr bei hohen Schnittgeschwindigkeiten Verwendung.

Schneiden und Winkel am Spiralbohrer

Geometrisch betrachtet sind es Wendelbohrer, doch hat sich diese exakte Bezeichnung gegenüber der umgangssprachlichen nicht durchsetzen können. Zur Verschleißminderung können Spiralbohrer auch mit einer Titannitrid-Schicht (TIN) ausgeführt werden. Während Spiralbohrer zum Spannen in das Bohrfutter einen **Zylinderschaft (Bild 3)** besitzen, können Spiralbohrer mit **Kegelschaft (Bild 4)** direkt über Reduzierhülsen in die Bohrspindel der Werkzeugmaschine getrieben werden. Die **Austreiblappen** dienen zum Ausspannen der Bohrer aus der Bohrspindel.

Die **Bohrschneide (Bild 5)** besteht aus einem Schneidkeil, dessen Spitze die Querschneide bildet. Die beiden wendelförmigen Spannuten ermöglichen den Abfluss der Späne und das Kühlen der Schneiden. Durch die äußere Fase der Wendelnut wird der Bohrer im Bohrloch geführt. Zur Verringerung der Reibung der Führungsfase in der Bohrung wird der Spiralbohrer auf 0,02 mm bis 0,08 mm auf einer Länge von 100 mm verjüngt.

Den Übergang von der Fase zur Wendelnut bildet die Nebenschneide, während die Hauptschneide durch das Ende der Wendelnut und der Freifläche des Schneidkeils entsteht. Bei richtigem Anschliff bildet die Hauptschneide eine gerade Linie. Um dies zu erreichen, wird die Freifläche von der Hauptschneide aus bogenförmig angeschliffen.

Die Berührungslinien der beiden Freiflächen bilden die Bohrerspitze mit ihrer Querschneide. Der **Querschneidenwinkel ψ (Bild 6)** liegt je nach Anschliff der Freifläche zwischen 49° und 55°. Die Querschneide hat eine schabende Wirkung und erfordert nahezu

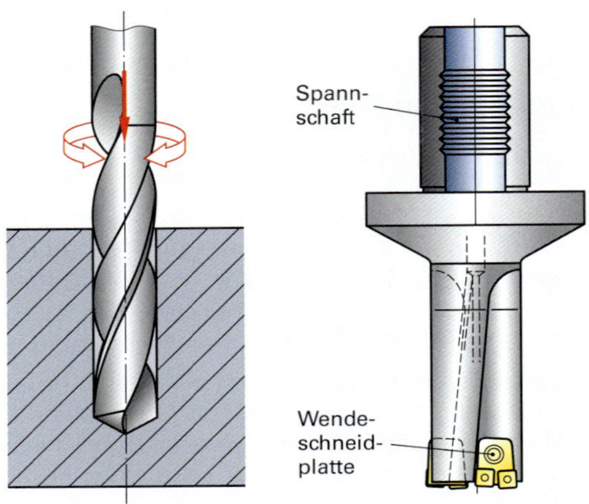

1 **Bohren ins Volle (Prinzip)**

2 **Bohrer mit Wendeschneidplatten**

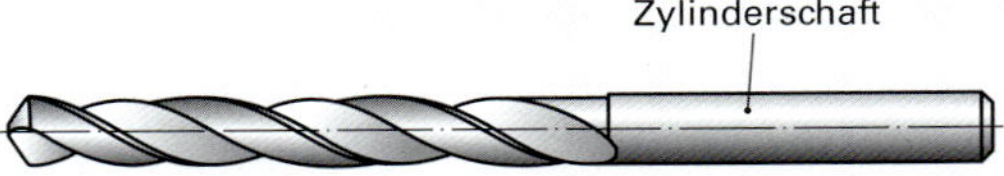

3 **Spiralbohrer mit Zylinderschaft**

4 **Spiralbohrer mit Kegelschaft**

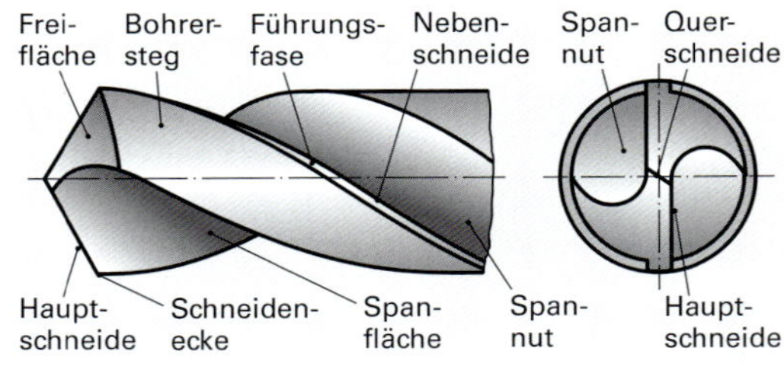

5 **Bezeichnungen am Spiralbohrer**

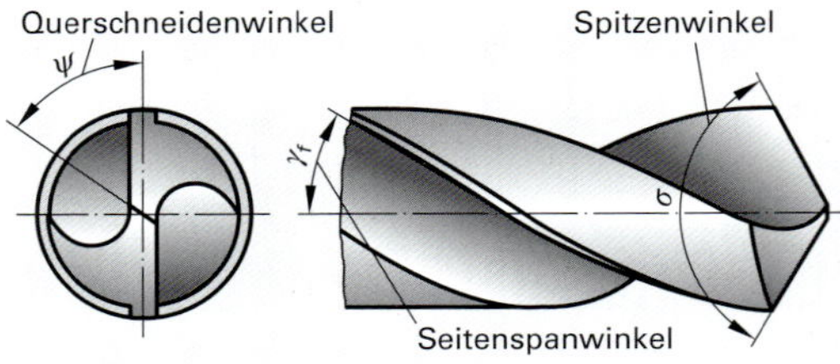

6 **Winkel am Spiralbohrer**

²⁄₃ der Vorschubkraft. Zum Bohren von Stahlwerkstoffen ist die Vorschubkraft bei einem Querschneidenwinkel ψ = 55° am geringsten. Der Sonderanschliff der Querschneide verringert die Vorschubkraft.

Spiralbohrer werden in drei unterschiedliche Typenklassen eingeteilt, die Bohrertypen N, H und W.

Die Bohrertypen bestimmen sich nach den jeweiligen Einsatzbereichen und Winkeln **(Bild 1)**.

Der **Seitenspanwinkel γ_f (Bild 1)** wird durch den Drall der wendelförmigen Nut gebildet und deshalb auch Drallwinkel genannnt. Bei Bohrern mit einem geringen Drall kann der Span von harten Werkstoffen besser abgeführt werden. Entsprechend wird bei hartem bzw. zähhartem Werkstoff ein Seitenspanwinkel von 10° bis 19° verwendet. Diese Größen des Seitenspanwinkels besitzt der **Bohrertyp H**.

Bei weichen Werkstoffen kann der Spanraum durch einen kleinen Drall des Bohrers vergrößert werden. Deshalb werden hier Bohrer mit einem Seitenspanwinkel von 27° bis 45° verwendet. Sie werden dem **Bohrertyp W** zugeordnet.

Bei allgemeinen Baustählen und einigen Nichteisenmetallen werden Bohrer mit einem mittleren Drall eingesetzt. Der Seitenspanwinkel kann je nach Stahlwerkstoff zwischen 19° und 40° liegen. Es wird vom **Bohrertyp N** gesprochen.

Der Winkel zwischen den beiden Hauptschneiden wird als **Spitzenwinkel σ (Bild 1)** bezeichnet. Die Größe des Spitzenwinkels liegt je nach dem zu bohrenden Werkstoff zwischen 80° und 140°.

Bei Werkstoffen mit geringer Wärmeleitfähigkeit (z.B. Kunststoffe) oder kurzspanenden Werkstoffen (z.B. unlegierter Stahl) wählt man einen kleinen Spitzenwinkel von σ = 80° bis 118°. Langspanende Werkstoffe (z.B. hochlegierter Stahl) oder gut wärmeleitende und zähe Werkstoffe (z.B. Kupfer) benötigen Spiralbohrer mit einem Spitzenwinkel σ = 118° bis 140°.

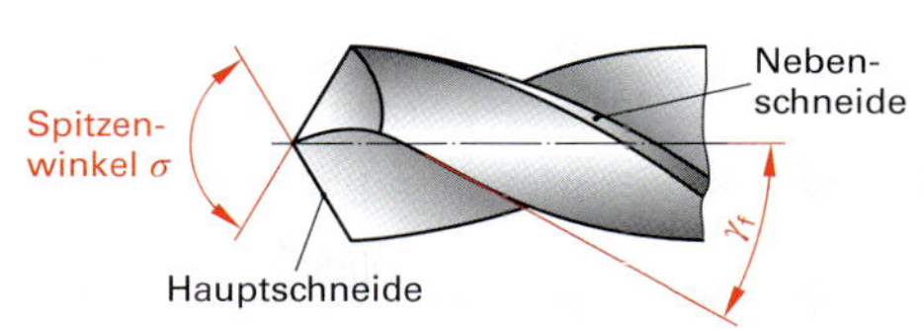

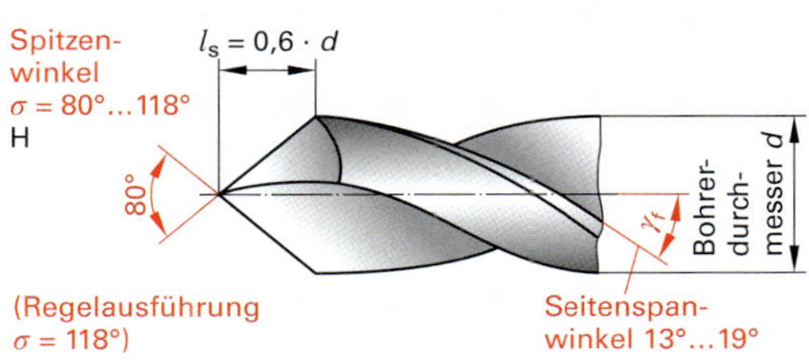

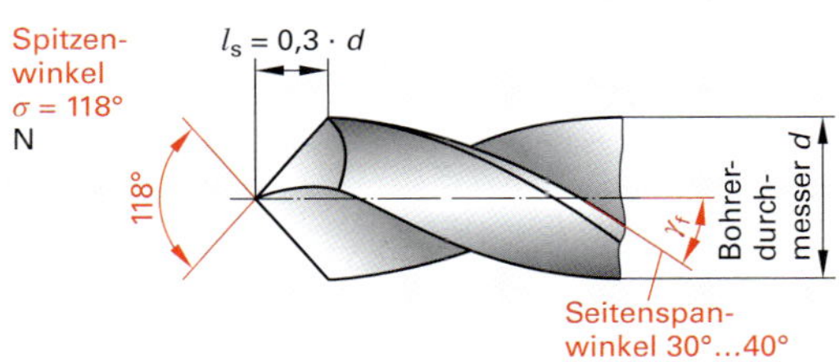

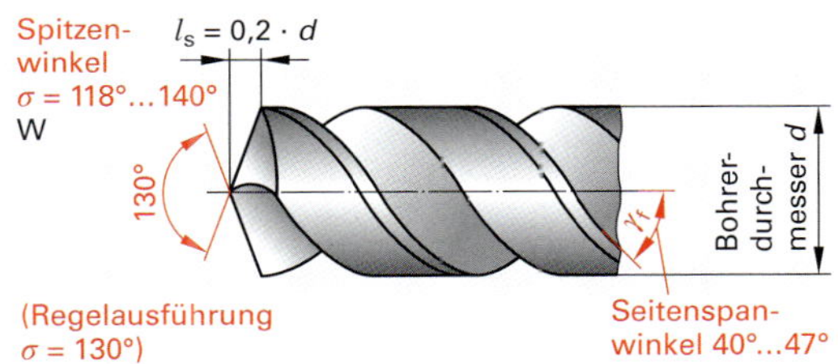

1 Bohrertypen N, H und W

Werkzeugverschleiß am Spiralbohrer

Der **Verschleiß am Spiralbohrer (Bild 2)** findet hauptsächlich an der Hauptschneide statt. Bei zu hoch gewählten Schnittgeschwindigkeiten können zusätzlich die Schneidenecken und die Fase der Wendelnut verschleißen. Ein zu großer Vorschub verursacht einen Verschleiß der Querschneide und der Freiflächen des Bohrers.

Zu hohe **Spanungstemperaturen** verursachen einen Kolkverschleiß an der Hauptschneide.

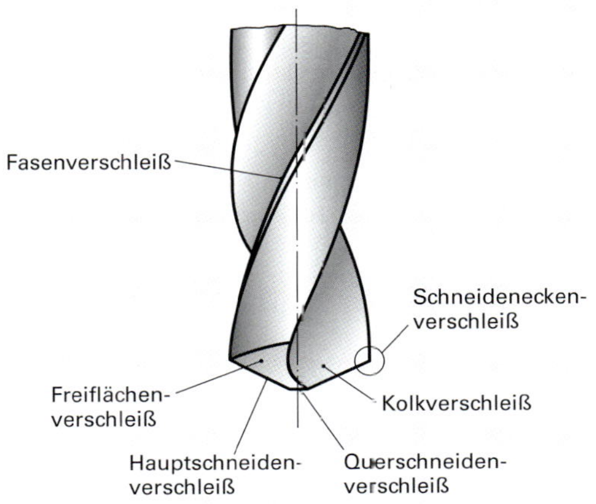

2 Verschleiß am Spiralbohrer

Hierfür gibt es folgende Gründe:

- falsches oder fehlendes Kühlmittel,
- das Kühlmittel erreicht nur unzureichend die Hauptschneide, z.B. durch zu viele Späne in der Wendelnut oder zu große Bohrtiefe.

Zur **Beseitigung des Verschleißes** muss der Spiralbohrer so weit nachgeschliffen werden, bis der Verschleiß an der Haupt- und Nebenschneide sowie an der Führungsfase der Wendelnut beseitigt ist. Wird der Verschleiß an der Führungsfase nicht vollständig beseitigt, kann es zu einem Klemmen des Bohrers kommen.

Aufgrund von **Schleiffehlern (Bild 1)** werden die Maßgenauigkeit der zu fertigenden Bohrung und die vom Hersteller angegebene Standzeit des Bohrers nicht mehr erreicht.

Während ein **zu großer Freiwinkel** ein Haken und Brechen der Hauptschneide bewirkt, muss bei einem **zu kleinen Freiwinkel** eine zu hohe Vorschubkraft aufgebracht werden. Hierbei besteht die Gefahr des Bohrerbruchs.

Bei **ungleich langen Hauptschneiden** sitzt der Bohrer außerhalb der Mitte der Bohrung und verursacht eine zu große Bohrung. **Ungleiche Schneidenwinkel** führen dazu, dass nur eine Hauptschneide des Bohrers im Eingriff ist. Durch die hohe Belastung der im Eingriff befindlichen Schneide verringert sich die Standzeit des Bohrers.

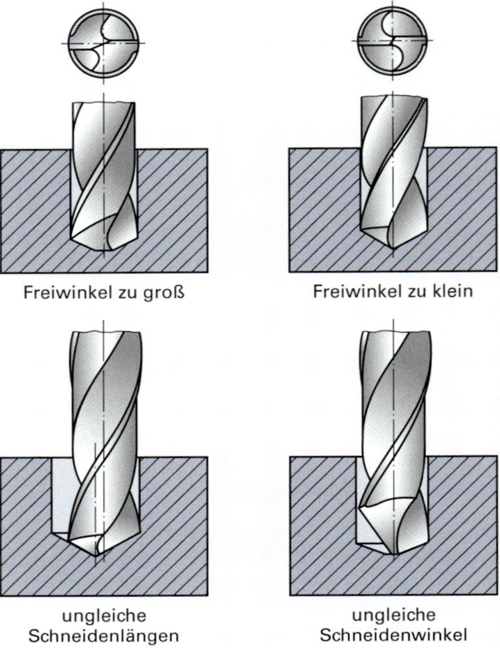

1 Schleiffehler am Spiralbohrer

Anschliffformen für den Spiralbohrer (Bild 2)

Für die meisten Bearbeitungsfälle hat sich der **Kegelmantelanschliff** als geeignetste Grundform durchgesetzt. Beim Kegelmantelanschliff sind die Freiflächen Bestandteil eines Kegelmantels.

Durch den **Kegelmantelanschliff mit ausgespitzter Querschneide** wird die Zentrierfähigkeit des Spiralbohrers wesentlich verbessert. Gleichzeitig werden durch die Verkürzung der Querschneide kleinere Vorschubkräfte benötigt, die Bohrerspitze hat jedoch eine geringe Festigkeit.

Der **Kegelmantelanschliff mit ausgespitzter Querschneide und korrigierter Hauptschneide** wird bei der Bearbeitung harter Werkstoffe eingesetzt. Durch die Vergrößerung des Spanwinkels an der Hauptschneide entsteht ein sehr stabiler Schneidkeil, ohne dass der Spänetransport beeinträchtigt wird.

Der **Doppelkegelmantelanschliff** wurde speziell für die Bearbeitung von Graugusswerkstücken entwickelt. Durch den zweiten Kegelmantel mit kleinerem Spitzenwinkel werden die empfindlichen Schneidenecken geringer beansprucht und die harte Gusshaut kann gut bearbeitet werden.

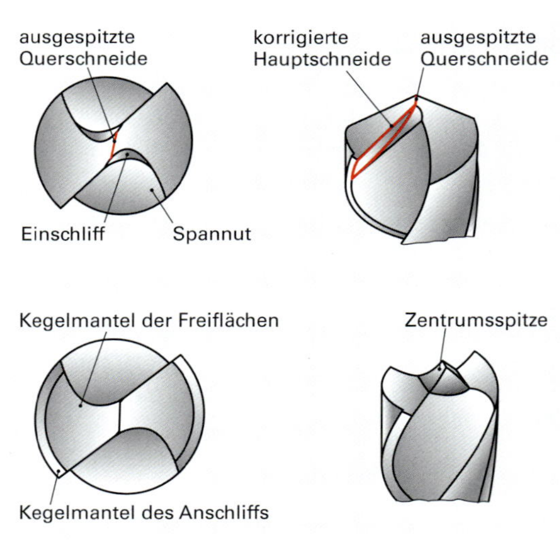

2 Sonderanschliffe

Der **Spiralbohrer mit Zentrumsspitze** wird eingesetzt, wenn runde und gratfreie Löcher in Blechen herzustellen sind. Während der Spitzenwinkel das zentrische Anbohren sichert, bearbeiten die Hauptschneiden sofort auf ihrer ganzen Länge das Werkstück. Die Führungsfasen können sich sofort an der Bohrungswand abstützen.

Schnittbedingungen

Nur optimal aufeinander abgestimmte Schnittdaten garantieren ein günstiges Spanbruchverhalten, damit die anfallenden Späne ohne festzuklemmen über die wendelförmigen Spannuten des Werkzeugs aus der Bohrung störungsfrei abgeführt werden können.

Die Abnahme der Schnittgeschwindigkeit und des Spanwinkels entlang der Schneidkante zur Bohrerachse hin führt durch Abdrücken zu einer plastischen Verformung des Werkstoffs und damit zu ungünstigen Zerspanungsbedingungen. Bei gesteigerten Vorschubwerten weichen vor allem instabile Wendelbohrwerkzeuge durch den Anstieg der axialen Vorschubkraft in radialer Richtung aus und verursachen eine unrunde Bohrung.

Die Verringerung der Axialkraft bzw. der Vorschubkraft und damit auch der Werkzeugabdrängung wird durch eine optimierte Schneidkantenführung im Bereich der Querschneide im Bohrzentrum erreicht.

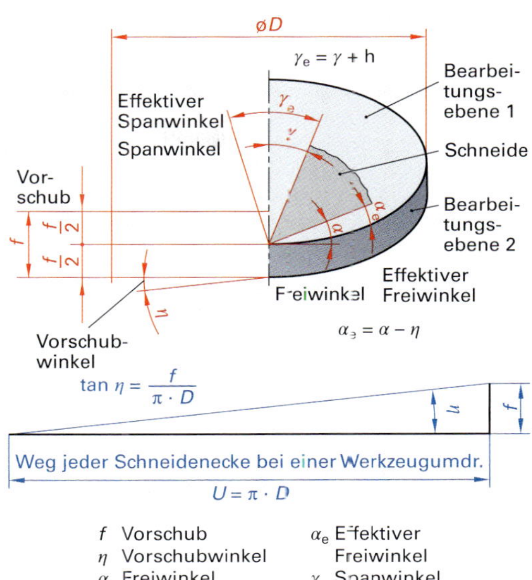

1 Der Vorschubwinkel

Reibungsverhältnisse

Mit zunehmendem Vorschub wird der Vorschubwinkel η größer und damit verringert sich der effektiv wirksame Freiwinkel an der Schneide **(Bild 1)**. Bedingt durch die Geometrie der Bohrerspitze wird der nutzbare Freiwinkel zum Bohrerzentrum hin weiter reduziert. Die in Richtung Bohrerachse abnehmende Schnittgeschwindigkeit v_c und der sich ebenfalls verringerte Spanwinkel γ_{eff} führen zu einer Werkstoffquetschung im Querschneidenbereich und bei höheren Vorschubwerten zu ungünstigen Reibungsverhältnissen, die ein starkes Ansteigen der Axialkraftkomponente zur Folge haben.

Die in den Spannuten nach oben abgleitenden Späne verursachen dem Drehmoment entgegenwirkende Reibungskräfte an der Bohrungswandung. Durch die Verwendung innerer Kühlmittelzufuhr werden die anfallenden Späne mit hohem Druck aus der Bohrung gespült.

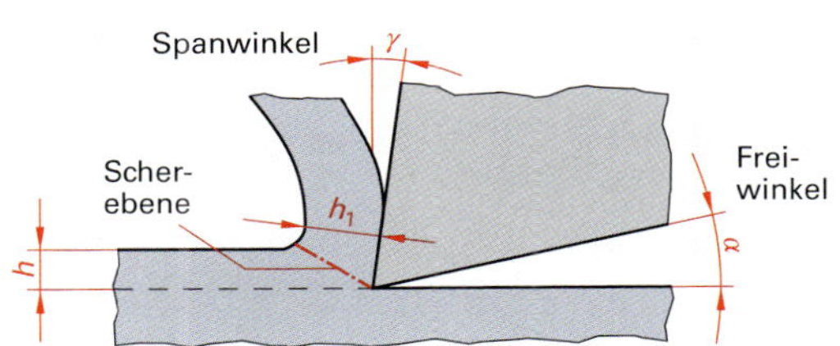

2 Spandickenstauchung

Schnittkräfte beim Bohren

Die beim Bohrvorgang in axialer-, radialer- und tangentialer Richtung wirkenden Kräfte unterscheiden sich im Wesentlichen nicht von denen auch bei anderen Fertigungsverfahren, wie z.B. beim Drehen entstehenden Zerspanungskräften. Die Größe und die Richtung der Zerspankraftkomponenten sind vom Werkstückwerkstoff, von der Werkzeuggeometrie, von den eingestellten Schnittwerten und von den Reibbedingungen beim Bohrprozess abhängig.

Werkstückwerkstoff

Der Widerstand des Werkstückwerkstoffs gegen das Eindringen des Schneidkeils wird durch die spezifische Schnittkraft k_c in N/mm^2 beschrieben. Die spez. Schnittkraft ist die in Abhängigkeit des Spanwinkels γ und der Spanungsdicke h tangential wirkende, zur Spanabnahme notwendige, Zerspankraftkomponente bezogen auf 1 mm^2 Spanungsquerschnittsfläche. Die k_c-Werte sind für verschiedene Werkstoffe in Tabellen dargestellt.

Werkzeuggeometrie

Mit größer werdendem Spanwinkel an der Werkzeugschneide reduziert sich die spez. Schnittkraft, da der Schneidkeil leichter im Werkstoff vordringen kann. Der Zerspanungswiderstand k_c des Werkstoffs verringert sich um ca. 1% pro Grad Zunahme des Spanwinkels.

Prozesskenngrößen

Zum Vordringen des Bohrwerkzeugs in axialer Vorschubrichtung muss von der Maschinenspindel, bzw. vom Vorschubantrieb eine entsprechende Vorschubkraft F_f aufgebracht werden. Diese wird mit zunehmendem Einstellwinkel bzw. zunehmendem Spitzenwinkel σ der Bohrerspitze größer.

Schnittwerte

Unabhängig vom verwendeten Bohrwerkzeug sind die Schnittbewegungen und die daraus abgeleiteten Zerspanungsgeschwindigkeiten beim Bohrprozess grundsätzlich gleich.

Während einer Umdrehung des Werkzeugs oder des Werkstücks wird der in axialer Richtung zurückgelegte Weg als Vorschub f bezeichnet. Zu unterscheiden ist der Werkzeugvorschub f und der Vorschub je Zahn bzw. je Schneide f_z:

$$f = f_z \cdot z$$

f Vorschub in mm
z Zähnezahl
f_z Vorschub pro Zahn

Für zweischneidige Wendelbohrer wird in Schnitttabellen üblicherweise der Werkzeugvorschub $f = 2 \cdot f_z$ angegeben.

Die Vorschubgeschwindigkeit v_f ist das Produkt aus Vorschub und Drehzahl:

$$v_f = n \cdot f$$

v_f Vorschubgeschw. in mm/min
n Drehzahl in 1/min
f Vorschub in mm

Die Schnittbreite bzw. die radiale Schnitttiefe a_p entspricht beim Vollbohren dem halben Werkzeugdurchmesser $a_p = D/2$

Die Schnittbreite a_p beim Aufbohren entspricht wie bei der Drehbearbeitung dem halben Durchmesserunterschied: $a_p = (D - d)/2$ **(Bild 1)**.

Spanungsgrößen

Spanungsquerschnitt. Der bei einer vollen Werkzeugumdrehung von einer Schneide zerspante Spanungsquerschnitt A_z errechnet sich aus dem Vorschub/Schneide f_z und der radialen Schnitttiefe a_p:

$$A_z = a_p \cdot f_z = D \cdot f_z/2$$

Für den zweischneidigen Bohrer gilt:

Vollbohren

$$A = \frac{D \cdot f}{2}$$

Aufbohren

$$A = \frac{(D - d) \cdot f}{2}$$

Entsprechend den Koordinatenrichtungen treten folgende Schnittkraftkomponenten **(Bild 2)** auf:

X-Richtung → Radialkraft (Passivkraft F_p)
Y-Richtung → Tangentialkraft (Schnittkraft F_c)
Z-Richtung → Axialkraft (Vorschubkraft F_f)

Schnittkraft. Die Berechnung der Schnittkraft F_c erfolgt mithilfe der spezifischen Schnittkraft k_c und dem Spanungsquerschnitt A. Bezogen auf eine Schneide gilt:

Vollbohren

$$F_{cz} = A \cdot k_c = \frac{D \cdot f_z \cdot k_c}{2}$$

Aufbohren

$$F_{cz} = \frac{(D - d) \cdot f_z \cdot k_c}{2}$$

$$F_{cz} = b \cdot h \cdot k_c$$

b Spanungsbreite, $b = D/2 \sin \sigma/2$
h Spanungsdicke, $h = f_z \cdot \sin \sigma/2$

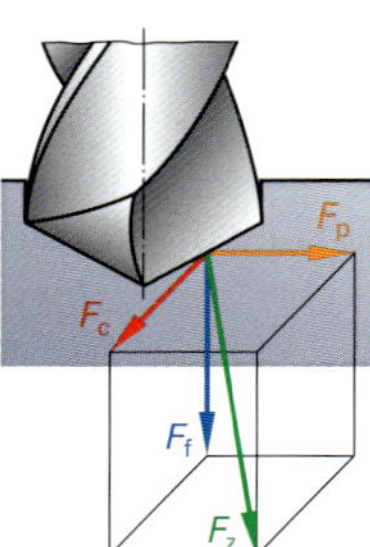

2 Kräfte

für Spitzenwinkel $\sigma = 118°$ gilt: $h = 0{,}43 \cdot f$ und für $\sigma = 140°$ gilt: $h = 0{,}46 \cdot f$

Die Gesamtschnittkraft F_c eines zweischneidigen Bohrwerkzeuges lässt sich wie folgt berechnen:

Vollbohren

$$F_c = \frac{D \cdot f \cdot k_c}{2}$$

Aufbohren

$$F_c = \frac{(D - d) \cdot f \cdot k_c}{2}$$

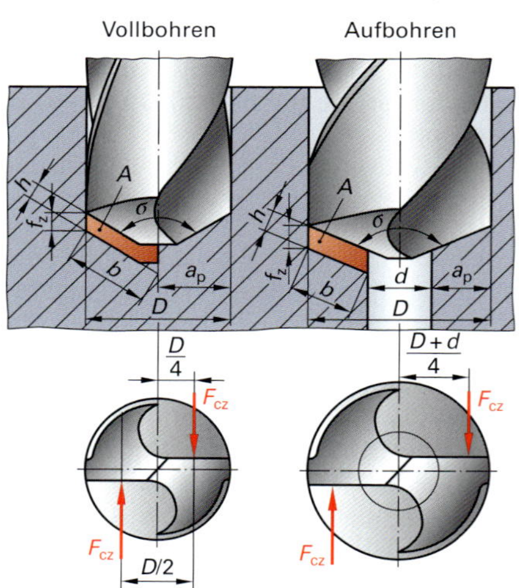

1 Spanung mit zweischneidigem Bohrer

Die mit größer werdendem Einstellwinkel $\kappa = \sigma/2$ zunehmende Vorschubkraft F_f in axialer Richtung wird mit folgender Gleichung bestimmt:

Vollbohren

$$F_f = \frac{D \cdot f \cdot k_c}{2 \cdot \sin \sigma/2}$$

Aufbohren

$$F_c = \frac{(D - d) \cdot f \cdot k_c}{2 \cdot \sin \sigma/2}$$

$F_f \approx 0{,}6 \cdot F_c$ Stahl, Wendeschneidplattenbohrer

$F_f \approx 0{,}8 \cdot F_c$ Guss, Wendeschneidplattenbohrer

$F_f \approx F_c$ Stahl, Spiralbohrer

Spezifische Schnittkraft. Durch die Abnahme der Schnittgeschwindigkeit und des Spanwinkels zur Bohrermitte hin und die ungünstigen Reibungsverhältnisse im Querschneidenbereich einschließlich der Spanstauchungsvorgänge an der Bohrungswand sind die üblicherweise beim Drehen ermittelten k_c-Werte zur Schnittkraftberechnung **(Tabelle 1)** für das Bohren mit einem Korrekturfaktor k_{cB} nach oben anzupassen:

$$k_{cB} \triangleq 1{,}2 \cdot k_c \triangleq k_{c1.1}/h^{mc} \cdot 1{,}2$$

damit ergibt sich die Schnittkraft F_{cB} zu **(Bild 1)**:

$$F_{cB} \triangleq A \cdot k_c \cdot 1{,}2$$

Für den Werkzeugverschleiß ist ggf. noch ein weiterer Korrekturwert k_{ver} zu berücksichtigen:

$$k_{ver} \triangleq 1{,}3 \quad \Rightarrow \quad k_{cB} \triangleq 1{,}2 \cdot 1{,}3 \cdot k_c$$

Schnittmoment. Das Schnittmoment M_c **(Bild 2)** ergibt sich bei einem zweischneidigen Bohrwerkzeug aus der Summe der beiden Einzelschnittmomente $M_{c1} + M_{c2}$ an den jeweiligen Schneiden.

Der rechnerische Angriffspunkt für den Hebelarm der tangentialen Zerspankraft entlang der Hauptschneide ist näherungsweise mit $r \triangleq D/4$ anzusetzen **(Bild 3)**:

$$M_{cz} = r \cdot F_{cz} = D \cdot F_{cz}/4$$

$$M_c = 2 \cdot M_{cz}$$

$$M_c = D \cdot F_c/4$$

M_c Schnittmoment
D Bohrerdurchmesser
f_z Vorschub/Zahn
k_c spezifische Schnittkraft
F_c Schnittkraft

Tabelle 1: $k_{c1.1}$ und m_c

Werkstoff	$k_{c1.1}$ in N/mm²	m_c
E295	1950	0,26
C35, C45	1680	0,26
C60	2130	0,18
9S20	1390	0,18
9SMn28	1310	0,18
35S20	1420	0,17
16MnCr5	2100	0,26
18CrNiMo7-6	2260	0,3
20MnCr5	2180	0,27
34CrMo4	2240	0,21
37MnSi5	2260	0,2
40Mn4	2350	0,23
42CrMo4	2500	0,26
50CrV4	2220	0,26
X5CrNi18-10	2350	0,21
EN-GJL-250	1160	0,26
EN-GJL-400	1470	0,26

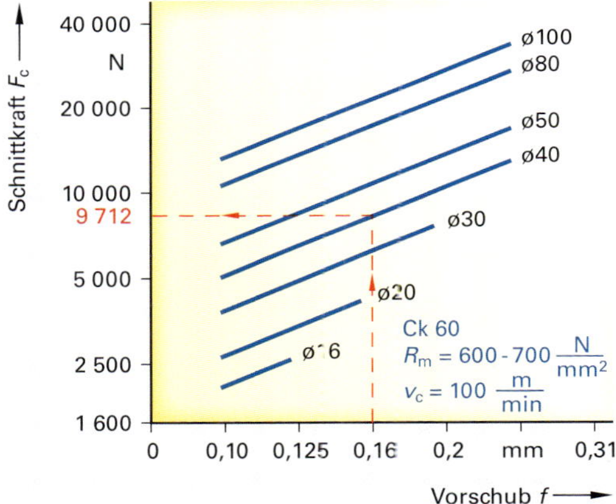

1 Schnittkraft-Diagramm

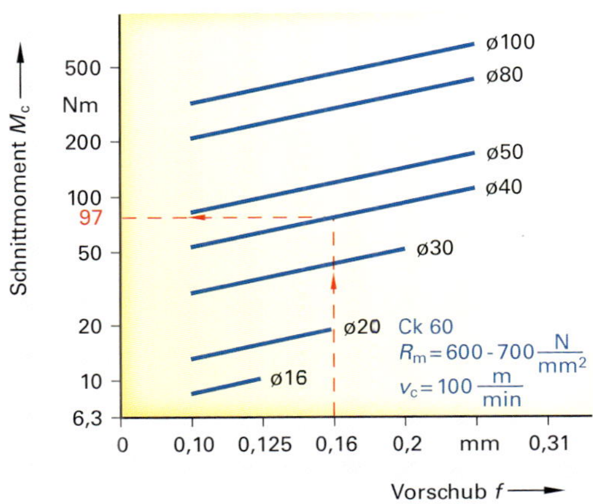

2 Schnittmoment-Diagramm

Schnittleistung. Nach den Gesetzen der Mechanik lässt sich die erforderliche Schnittleistung P_c **(Bild 1)** mit dem Produkt aus Schnittmoment M_c und der Winkelgeschwindigkeit ω bestimmen:

$$P_c = M_c \cdot \omega$$
$$\omega = 2 \cdot \pi \cdot n$$

P_c Schnittleistung
M_c Schnittmoment
ω Winkelgeschwindigkeit

$$P_c = F_c \cdot D/4 \cdot 2 \cdot \pi \cdot n \qquad n = v_c/D \cdot \pi$$

$$P_c = F_c \cdot v_c/2$$

F_c Schnittkraft
v_c Schnittgeschwindigkeit
P_c Schnittleistung

Um die Leistung in kW zu erhalten, wird die Gleichung durch die Faktoren 10^3 W/kW und 60 s/min dividiert. Um die Antriebsleistung der Maschine zu ermitteln wird die am Werkzeug erforderliche Schnittleistung P_c durch den Maschinenwirkungsgrad η dividiert:

$$P = P_c/\eta$$

P Antriebsleistung
P_c Schnittleistung
η Maschinenwirkungsgrad

Für Werkzeugmaschinen gilt: $0{,}7 < \eta < 0{,}85$.

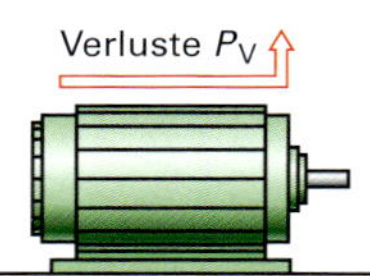

2 Verlustleistung

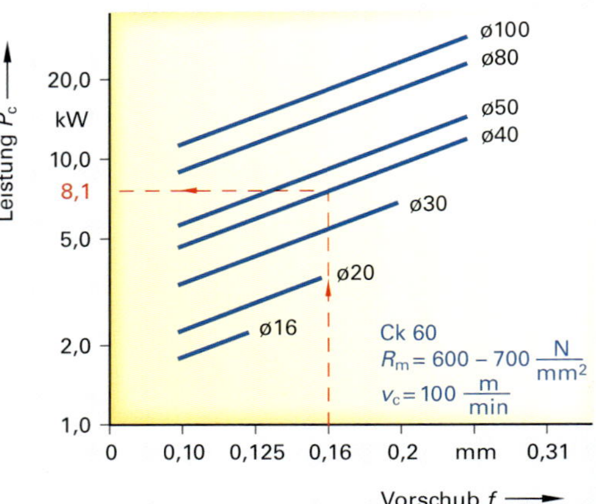

1 Schnittleistungs-Diagramm

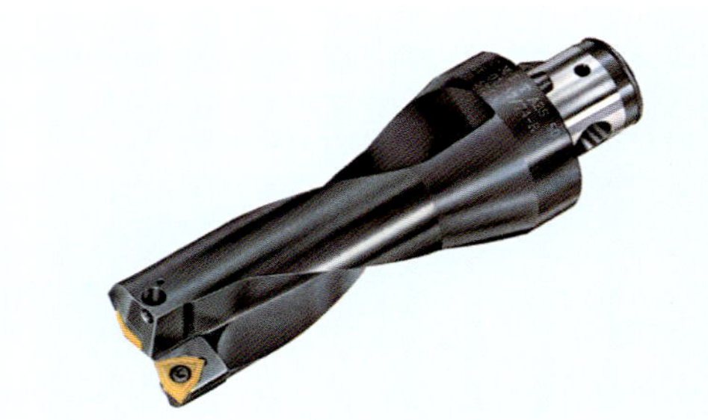

3 Wendeplattenbohrer

Aufgabe zu den Diagrammen F_c, M_c und P_c

Wendeplattenbohrer **(Bild 3)** Durchmesser: $D_c = 40$ mm
Schnittgeschwindigkeit: $v_c = 100$ m/min
Vorschub: $f = 0{,}16$ mm
Werkstoff: Stahl, legiert

1. Schnittkraft F_c (Bild 1 und Bild 2, vorhergehende Seite):

Spanungsquerschnitt
$A = D \cdot f/2 = 40\text{ mm} \cdot 0{,}16\text{ mm}/2 = 3{,}2\text{ mm}^2$
Spezifische Schnittkraft k_c
$k_c = k_{c1.1}/h^{mc} \cdot 1{,}2 = 1690/0{,}16^{0{,}22} \cdot 1{,}2$
$k_c = 3035\text{ N/mm}^2$
für Wendeplattenwerkzeug gilt:
Spanungsdicke $h \cong$ Vorschub f
$F_c = A \cdot k_c = 3{,}2\text{ mm}^2 \cdot 3035\text{ N/mm}^2 = \mathbf{9712\text{ N}}$

2. Schnittmoment M_c:

$M_c = D \cdot F_c/4 = 0{,}040\text{ m} \cdot 9712\text{ N}/4 = \mathbf{97{,}12\text{ Nm}}$

3. Schnittleistung P_c (Bild 1):

$P_c = F_c \cdot v_c/(2 \cdot 10^3 \cdot 60\text{ s/min})$
$P_c = 9712\text{ N} \cdot 100\text{ m/min}/(2 \cdot 10^3 \cdot 60\text{ s/min}) = \mathbf{8{,}1\text{ kW}}$

Tabelle 1: Leistungsfähigkeit von Bohrwerkzeugen

	HSS-Wendelbohrer	VHM-Wendelbohrer	Wendeplatten-Kurzlochbohrer
D = 16 mm			
v_c in m/min	30	60	225
f in mm/U	0,3	0,3	0,1
v_f in mm/min	180	360	450
Zerspanungsvolumen pro Zeiteinheit	100% (Referenz)	200%	250%

Prozesskenngrößen beim Bohren

Aufgabe: Bohrbearbeitung von Wärmetauschersegmenten

Werkstoff: X5CrNi18-10
Maschinentyp: Vertikal BAZ, Maschinenwirkungsgrad 80 %
Bohrer: Feinkorn-Hartmetall-Wendelbohrer mit verdrallten Kühlkanälen, TiN/TiAlN-beschichtet
Spitzenwinkel = 140°
Maximale Bohrungstiefe < 3 × D
Kühlschmierstoff: IKZ, 40 bar
Bohrungen: Bohrungsdurchmesser D = 12 mm
Bohrungstiefe 20 mm,
Durchgangsbohrungen
Schnittdaten: v_c = 70 m/min, f = 0,25 mm
Standweg: L_f = 10 m

Zu berechnen sind:

a) Schnittkraft F_c
b) Schnittmoment M_c
c) Schnittleistung P_c
d) Maschinenleistung P
e) Hauptnutzungszeit für eine Bohrung
f) Standmenge N

a) Schnittkraft F_c

Spezifische Schnittkraft $k_c = k_{c1.1}/h^{mc} \cdot 1{,}2$
Werte für $k_{c1.1}$ und m_c, siehe Tabelle 1, Seite 149

Spanungsdicke $h = f/2 \cdot \sin \sigma/2$
$h = 0{,}25\text{ mm}/2 \cdot \sin 140°/2 = 0{,}11\text{ mm}$

$k_c = 2350/0{,}11^{0{,}21} \cdot 1{,}2 = 4482{,}8\text{ N/mm}^2$
$F_c = D \cdot f/2 \cdot k_c = 12\text{ mm} \cdot 0{,}25\text{ mm}/2 \cdot 4482{,}8\text{ N/mm}^2$
$F_c = \underline{6724}\text{ N} = \mathbf{6{,}7\text{ kN}}$

b) Schnittmoment M_c

$M_c = F_c \cdot D/4 = 6724\text{ N} \cdot 0{,}012\text{ m}/4 = \mathbf{15\text{ Nm}}$

c) Schnittleistung P_c

$$P_c = F_c \cdot v_c/2 = \frac{6724\text{ N} \cdot 70\text{ m}}{2 \cdot 10^3\text{ W/KW} \cdot 60\text{ s}}$$
$P_c = \mathbf{3{,}92\text{ kW}}$

d) Maschinenleistung P

$P = P_c/\eta = 3{,}92\text{ kW}/0{,}8 = \mathbf{4{,}9\text{ kW}}$

e) Hauptnutzungszeit t_h

$$t_h = \frac{L \cdot i}{n \cdot f}$$

L	Vorschubweg,	$L = l + l_s + l_a + l_u$	
l	Bohrungstiefe	l_a	Anlauf
l_s	Anschnitt	l_u	Überlauf
n	Drehzahl		
f	Vorschub		
i	Anzahl der Bohrungen		

1 **Bohrbearbeitung von Wärmetauschersegmenten mit IKZ**

Tabelle 1: Anschnittberechnung für Wendelbohrer

Anschnitt l_s	
σ	l_s
80°	$0{,}6 \cdot D$
118°	$0{,}3 \cdot D$
130°	$0{,}23 \cdot D$
140°	$0{,}18 \cdot D$

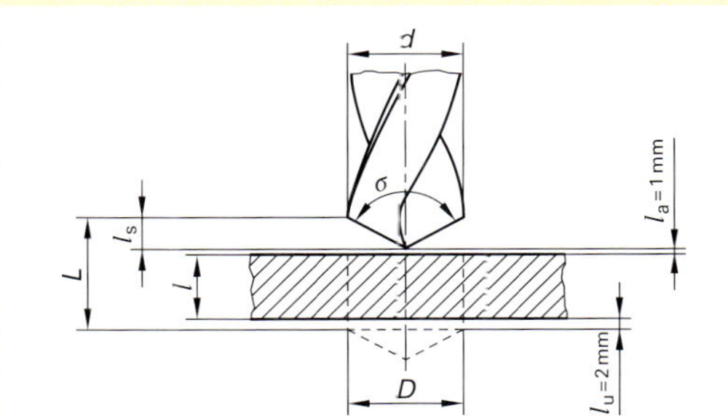

2 **Berechnung des Vorschubwegs L**

Drehzahl $n = \dfrac{v_c}{D \cdot \pi} = \dfrac{70\text{ m/min} \cdot 1000\text{ mm/m}}{12\text{ mm} \cdot \pi}$
$n = 1857\text{ 1/min}$

Vorschubweg $L = l + l_s + l_a + l_u$
$L = 20\text{ mm} + 0{,}18 \cdot 12\text{ mm} + 1\text{ mm} + 2\text{ mm} = 25{,}16\text{ mm}$

$$t_h = \frac{L \cdot i}{n \cdot f} = \frac{25{,}16\text{ mm} \cdot 1}{1857\text{ min}^{-1} \cdot 0{,}25\text{ mm}} = 0{,}054\text{ min} = \mathbf{3{,}25\text{ s}}$$

f) Standmenge N

$N = L_f/L = 10\,000\text{ mm}/20\text{ mm} = \mathbf{5000\ Bohrungen}$

Bohrwerkzeuge

Gemeinsam haben alle Bohrwerkzeuge an ihrer Stirnseite eine oder mehrere Schneidkanten und meist wendelförmige Spannuten am Umfang.

Die Auswahl eines geeigneten Bohrers ist von werkstückbezogenen und technologischen Parametern abhängig:

- Durchmesser der Bohrung,
- Bohrungstiefe,
- Maß- und Formgenauigkeit der Bohrung,
- Werkstückwerkstoff,
- Anzahl der Bohrungen,
- Werkzeugaufnahme,
- Werkzeugmaschine.

Als besonders wichtig ist das Spanbruchverhalten und die Spanabfuhr aus der Bohrung heraus einzustufen. Hierbei kommt besonders bei größeren Bohrungstiefen dem kontrolliertem Spanbruch eine besondere Bedeutung zu, da ein Spänestau in den Spankammern und Spannuten des Bohrers zu starker Reibung an der Bohrungswand führt. Ein erhöhter Werkzeugverschleiß, eine Verminderung der Oberflächengüte an der Bohrungswand und im Extremfall der Werkzeugbruch durch das ansteigende Drehmoment sind die Folgen.

Generell wird beim Bohren zwischen Kurzbohren und Tiefbohren unterschieden. Die Zuordnung nur nach geringerer oder größerer Bohrungstiefe alleine wird den tatsachlichen Zerspanungsbedingungen beim Bohrprozess nicht gerecht. Vielmehr ist die Unterscheidung zwischen *Kurzbohren* und *Tiefbohren* von dem Verhältnis Bohrungstiefe/Bohrerdurchmesser abhängig.

Für Bohrungsdurchmesser

- D bis 30 mm gilt:
  Kurzbohren $L < 5 \times D <$ Tiefbohren,
- D über 30 mm gilt:
  Kurzbohren $L < 2{,}5 \times D <$ Tiefbohren.

Kurzbohrer

Kurzbohrer sind durch ihre symmetrische Schneidenanordnung und optimierte Schneidengeometrie meist selbstzentrierend.

Es werden zwei Hauptgruppen unterschieden:

- nachschleifbare Bohrer (Wendelbohrer) aus HM und HSS, meist in beschichteter Ausführung,
- Wendeplattenbohrer.

Wendelbohrer

Zu den nachschleifbaren Bohrern zählt in erster Linie der Wendelbohrer aus Hartmetall und HSS. Um wirtschaftliche Zerspanungsleistungen in unterschiedlichsten Werkstoffen zu erzielen, werden Bohrer mit verschiedenen Anschliffarten der Bohrerspitze eingesetzt. Der für die meisten Bearbeitungsaufgaben geeignete Spitzenanschliff ist der Kegelmantelanschliff **(Bild 1)**. Um die Zentrierwirkung des Bohrers zu verbessern und die axiale Vorschubkraft zu reduzieren wird die Querschneidenlänge durch Ausspitzen des Kerns verkürzt.

Eine gute Spanbildung und der Späneabtransport im Querschneidenbereich wird durch Korrektur des Spanwinkels und der Hauptschneidengeometrie im Zentrumsbereich des Bohrers erreicht.

Wendelbohrer aus HSS werden aufgrund der höheren Verschleißfestigkeit häufig mit Hartstoffschichten wie z. B. Titannitrid (TiN) beschichtet verwendet. Bevorzugter Schnellarbeitsstahl für hochbeanspruchte Bohrwerkzeuge ist die Sorte HS 6–5–2–5 mit 6% Wolfram (W), 5% Molybdän (Mo), 2% Vanadium (Va) und 5% Kobalt (Co).

Die pulvermetallurgisch hergestellten Vollhartmetallbohrer zeichnen sich gegenüber dem HSS Werkzeug durch höhere Druckfestigkeit und Wärmebeständigkeit aus und zeigen deshalb in der Anwendung deutliche Vorteile. Die höhere Steifigkeit des Hartmetalls verhindert ein radiales Aufdrehen des Werkzeug beim Bohrprozess und die damit entstehenden Torsionsschwingungen.

Die gesteigerten Schnittgeschwindigkeits- und Vorschubwerte reduzieren die Aufbauschneidenbildung und erzeugen durch die kurze Kontaktzeit im Werkstoff eine geringere Wärmeentwicklung im Werkzeug und auf der Bohrungsoberfläche. Die Qualität der Bohrungsoberfläche und die Maß- und Formgenauigkeit der mit Vollhartmetallbohrern hergestellten Bohrungen ist gegenüber der mit HSS-Werkzeugen hergestellten Bohrungen wegen der höheren Torsions- und Biegesteifigkeit des Hartmetalls deutlich besser. Bei der Rundheitsabweichung sind Verbesserungen um mehr als drei IT-Klassen möglich. Die Geradheit der Bohrungswand bzw. der Bohrungsachse und die Oberflächenqualität kann um mehr als 50% gesteigert werden.

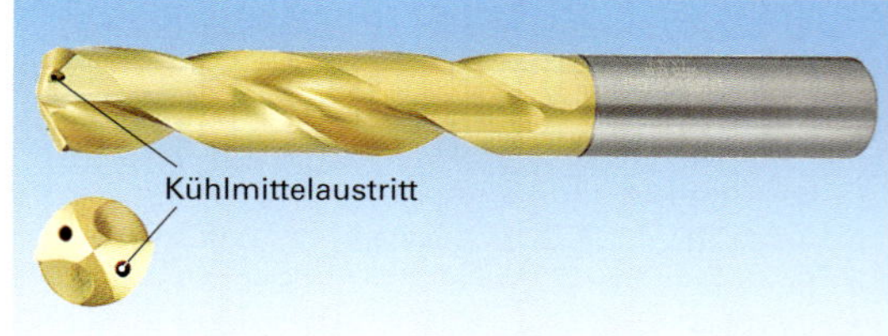

1 Wendelbohrer, beschichtet

Bei der Stahlbearbeitung und bei der Gussbearbeitung sind mit hartstoffbeschichteten (TIN, TiAIN, TiCN) Hartmetallbohrern 3-fach höhere Schnittgeschwindigkeiten und eine 30%ige Vorschuberhöhung bei gleichem Standweg L_f im Vergleich zu beschichteten HSS-Bohrern möglich **(Bild 1)**.

Hartmetallbohrer können gegenüber HSS-Werkzeugen, wegen der durch die Sprödigkeit des Hartmetalls bedingten Schneidkantenausbrüche, keine scharfe Schneide haben. Deshalb benötigt der verrundete oder gefaste HM-Schneidkeil einen Mindestvorschub f_{min} um an der Schneidkante einen vorauseilende Rissbildung und damit einen optimalen Standweg zu erreichen.

Der technologische Leistungsvergleich zwischen TiN-beschichteten HSS Bohrern und Vollhartmetallwendelbohrern zeigt, dass der Faktor 3 die Verhältnisse am besten wiedergibt: Eine Erhöhung der Schnittgeschwindigkeit von HM gegenüber HSS um Faktor 3 ergibt bei gleichzeitiger Steigerung des Vorschubs um ca. 30% eine Verbesserung der Bohrungsgüte von mindestens drei IT-Genauigkeitsklassen und eine Zunahme des Standweges um Faktor 3.

Um das hohe Leistungspotenzial des Schneidstoffs Hartmetall wirtschaftlich nutzen zu können, muss die Werkzeugaufnahme hinsichtlich Drehmomentübertragung und Rundlaufgenauigkeit besondere Anforderungen erfüllen. Die dynamischen Rundlauffehler der Maschinenspindel und des Spannfutters übertragen sich beim Bohrvorgang direkt auf den Bohrer, mit der Folge, dass sich der Standweg und die Bohrungsqualität verringern.

In besonderem Maße sind Warmschrumpffutter, Kraftspannfutter, Hydrodehnspannfutter **(Bild 2)** und drehzahlfeste Spannzangenaufnahmen zum Spannen von leistungsfähigen Vollhartmetallbohrern auf stabilen Mehrspindel- und CNC-Maschinen geeignet.

Bohrer mit verdrallten Kühlkanälen können mehrfach nachgeschliffen werden.

Bei maximaler Bohrtiefe des Wendelbohrers sollte die Spannut noch mindestens um das 1-fache bis 1,5-fache des Werkzeugdurchmessers aus der Bohrung herausragen, damit die Späne und der Kühlschmierstoff ungehindert abgeführt werden können. Um die in kurzer Zeit anfallenden Spanvolumina effektiv aus der Bohrung zu entfernen, wird Kühlschmierstoff (KSS) als Ölemulsion unter hohem Druck (0,8 MPa bis 6 MPa) durch innere Zuführung im Werkzeug (IKZ) an die Bohrerspitze gebracht **(Bild 3)**. Dies geschieht entweder durch einen zentralen Kühlkanal im Bohrerkern oder mit

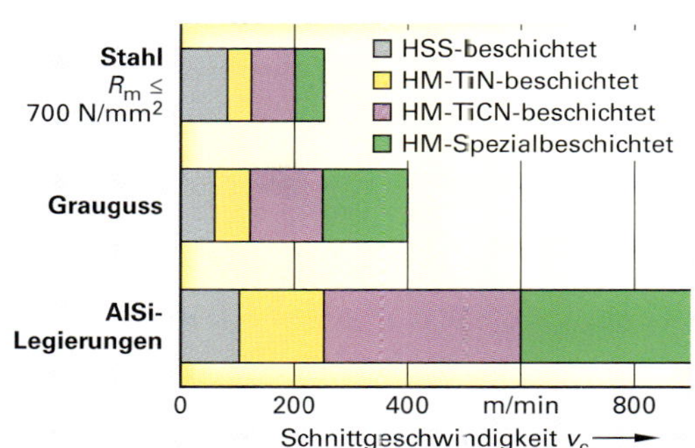

1 Schnittgeschwindigkeitsbereiche beim Bohren

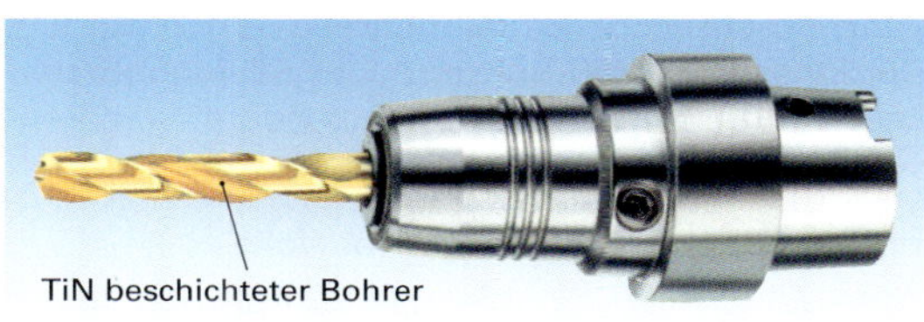

2 Hydrodehnspannfutter mit Wendelbohrer

3 Ölkanalbohren an einer Kurbelwelle

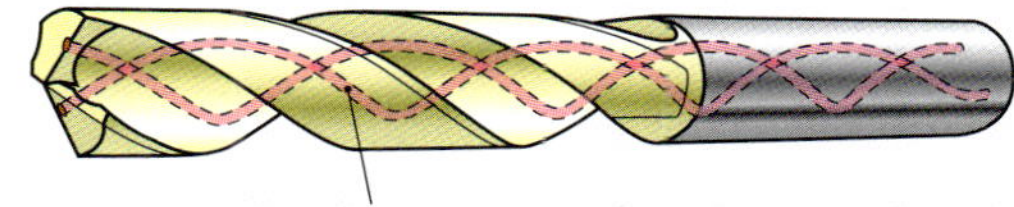

4 Verdrallte Kühlmittelbohrungen

verdrallten Kühlkanälen durch die Stege **(Bild 4)**. Werkzeuge mit verdrallten Kühlkanälen haben den Vorteil, dass sie mehrfach nachschleifbar sind und bei zwei oder drei Kanälen eine größere Kühlmittelmenge gefördert werden kann. Die erforderliche Kühlschmierstoffmenge (2 l/min bis 25 l/min), bzw. der erforderliche KSS-Druck ist vom Bohrerdurchmesser und der Bohrungstiefe abhängig.

Die innenliegenden Kanäle werden durch metallische Einlegedrähte beim Pulverpressen erzeugt. Beim anschließenden Glühprozess (Sintern) schmilzt der Draht aus und hinterlässt den gewünschten Kanal.

Profilbohren

Zu den Verfahren des Profilbohrens zählen alle Bohr-, Senk- und Reibverfahren, bei denen eine nichtzylindrische Bohrung oder Stufenbohrung entsteht. Profilbohrungen können als Vorbohrungen (z. B. Zentrieren) für weitere Bohrverfahren oder als Fertigbohrungen (z. B. Profilsenken) verwendet werden.

Beim Profilbohren wird zwischen drei Verfahren unterschieden:

- Profilbohren ins Volle,
- Profilaufbohren,
- Profilreiben.

Profilbohren ins Volle

Beim Profilbohren ins Volle **(Bild 1)** entsteht eine nichtzylindrische Bohrung durch die Verwendung eines Werkzeuges. Profilbohrungen können durch **Zentrierbohrer** oder **Stufenbohrer** gefertigt werden. Der Einsatz von **NC-Bohrern** oder **Stufenbohrsenkern** ermöglicht ein gleichzeitiges Bohren und Senken der Profilbohrung mit einem Werkzeug.

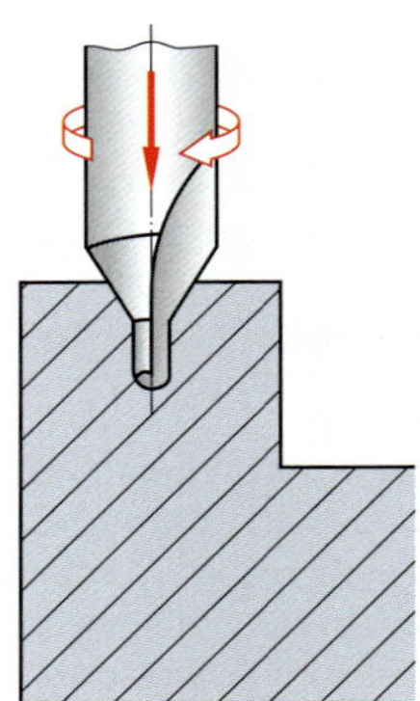

1 **Prinzip des Profilbohrens**

Werkzeuge zum Profilbohren ins Volle

Zentrierbohrungen dienen als Vorbohrung, damit ein Verlaufen bei Bearbeitung mit einem nachfolgenden Spiralbohrer vermieden wird. Weiterhin wird die Zentrierbohrung als Führungsbohrung gefertigt. Sie dient hierbei zum Aufnehmen der Spitzen der Arbeitsspindel und des Reitstocks bei Dreh- und Schleifmaschinen. Die Form der Zentrierbohrungen sind genormt. Zentrierbohrungen der Formen A und B besitzen einen zentrierenden kegeligen Teil und einen zylindrischen Teil. Zentrierbohrungen werden je nach Verwendungszweck in drei unterschiedlichen Ausführungen eingesetzt **(Bild 2)**.

Der **Zentrierbohrer** mit der **Form A** wird als Vorbohrer für nachfolgende Spiralbohrer oder als Führungsbohrung für geplante gerade Flächen eingesetzt.

Die Zentrierbohrung **Form B** besitzt gegenüber Form A eine zusätzliche kegelige Schutzsenkung und dient als Führungsbohrung für ungeplante oder unebene Flächen.

Die Zentrierbohrung **Form R** hat eine gewölbte Lauffläche und wird beim Kegeldrehen mit Reitstockverstellung verwendet. Weiterhin wird ein Ausgleich der Formabweichung nach der Wärmebehandlung eines Drehteils ermöglicht. Hierbei können geringe Fluchtfehler beim Schleifen zwischen Spitzen verhindert werden.

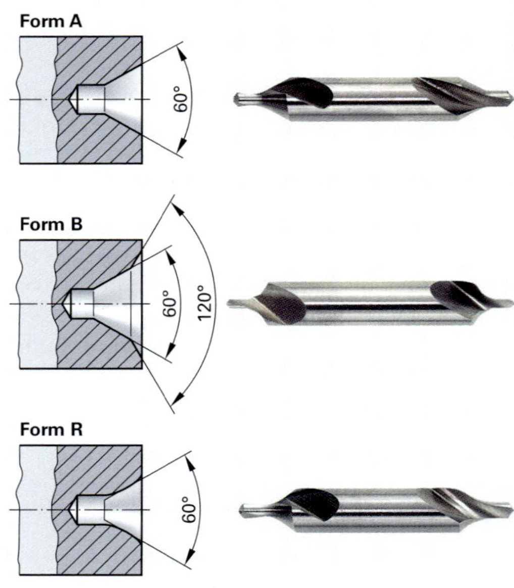

2 **Zentrierbohrer nach DIN 332-1**

Zentrierbohrungen, die am Fertigteil nicht verbleiben dürfen, aber zum Drehen oder Schleifen des Werkstücks notwendig sind, müssen besonders gekennzeichnet werden.

Zylinderbohrungen in unterschiedlichen Abstufungen können in einem Arbeitsgang mit einem **Stufenbohrer (Bild 3)** gefertigt werden. Der Einsatz dieser Sonderwerkzeuge wird besonders in der Serienfertigung genutzt, da die Fertigungszeiten erheblich verkürzt werden.

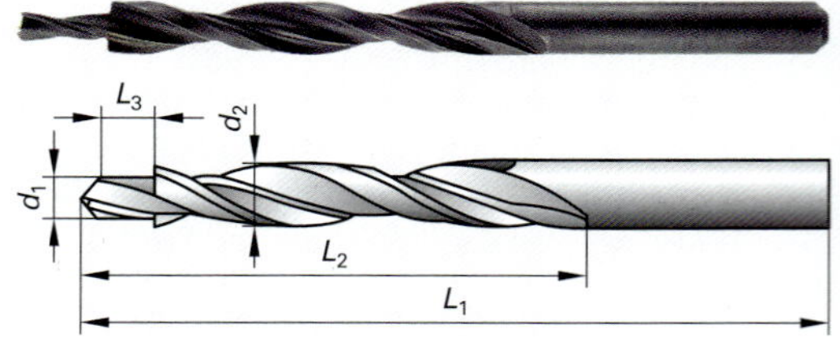

3 **Stufenbohrer**

Ein gleichzeitiges Bohren und Senken ermöglicht der **Stufenbohrsenker (Bild 1)**. Hierbei kann direkt mit einem Werkzeug in einem Arbeitshub die zuvor hergestellte Bohrung gesenkt werden.

Mit dem **NC-Anbohrer** wird ein Zentrieren und Ansenken der Bohrung auf CNC-Werkzeugmaschinen durchgeführt **(Bild 2)**. Der NC-Anbohrer besitzt einen Spitzenwinkel von 90°. Der mit dem NC-Anbohrer gebohrte Kegel ist mit seinem Durchmesser an der Oberseite größer als der Durchmesser des nachfolgenden Bohrers.

Der nach dem NC-Anbohrer eingesetzte Spiralbohrer wird durch den eingebrachten Kegel geführt und hinterlässt aufgrund seines kleineren Durchmessers eine Senkung an der Oberseite der Bohrung.

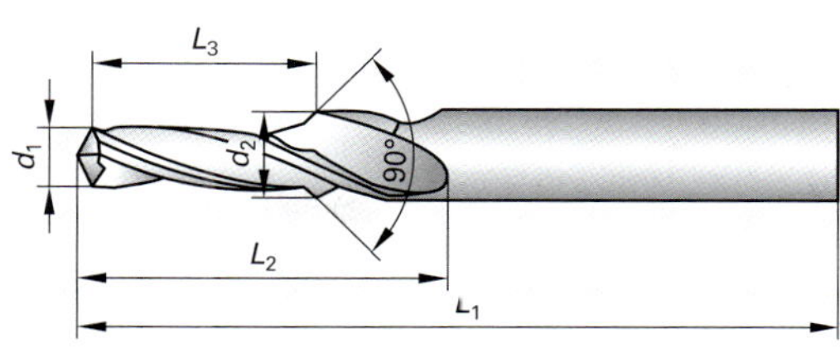

1 Stufenbohrsenker

2 NC-Anbohrer

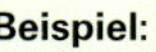

Beispiel:

Gegeben: Bohrung $d = 10$ mm
Fase 1 × 45°, Fasenbreite $FB = 1$ mm

Gesucht: Bohrtiefe t für NC-Anbohrer in z-Richtung

Lösung: $t = \frac{d}{2} + FB = \frac{10}{2}\text{ mm} + 1\text{ mm} = 6\text{ mm}$

Bohrtiefe $t = z - 6$

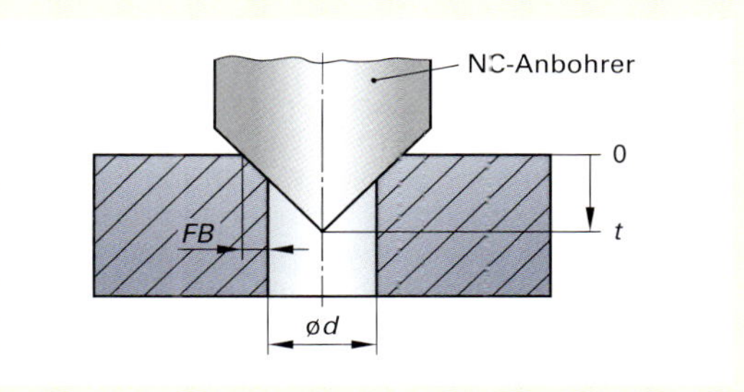

Profilaufbohren

Beim **Profilaufbohren** wird das jeweilige Innenprofil durch Aufbohren einer zuvor hergestellten zylindrischen Bohrung gefertigt **(Bild 3)**. Der Profilaufbohrer, auch Stiftlochbohrer genannt, wird meistens zur Bearbeitung von kegeligen Innenflächen für Kegelstifte eingesetzt.

3 Profilaufbohrer

Systemwerkzeuge

Mit modernen **Systemwerkzeugen** können hochgenaue Bohrungen und Profilbohrungen, z. B. in Pumpengehäusen, mit einem Werkzeug komplett bearbeitet werden. Als Werkzeuge stehen **Mehrstufenbohrer (Bild 4)** bzw. **Systembohrer** zur Verfügung, die aus einem Träger, einstellbaren Führungsleisten und einem Schneidteil mit austauschbaren und einstellbaren Schneiden bestehen. Auf die Nachbearbeitung wie Reiben und Senken kann häufig verzichtet werden.

Systemwerkzeuge werden häufig in **Bohrwerkzeugsystemen (Bild 5)** eingesetzt. Der Grundhalter bildet die Schnittstelle zwischen dem Bohrwerkzeug und der Maschine. Damit das Drehmoment und die Vorschubkraft problemlos übertragen werden, darf kein Durchdrehen und keine Längsverschiebung im Spannmittel auftreten. Rundlauffehler und zu geringe Steifigkeit sind häufige Ursachen für Bohrprobleme.

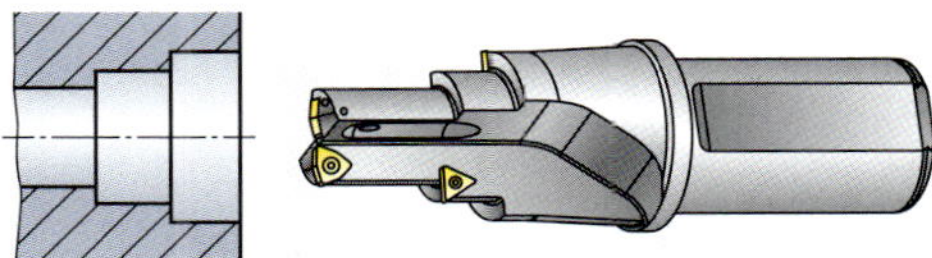

4 Mehrstufenbohrer

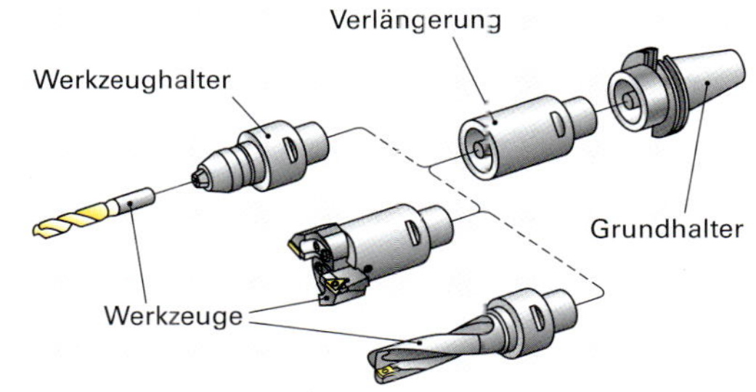

5 Bohrwerkzeugsystem

Wendeplattenbohrer

Mit Wendeschneidplatten **(Bild 1)** ausgerüstete Kurzlochbohrer erzielen meist nicht die Bohrungsqualitäten wie geschliffene Wendelbohrer, überzeugen aber mit höherer Zerspanungsleistung und werden überwiegend bei größeren Bohrungsdurchmessern eingesetzt. Durch den flexiblen Einsatz unterschiedlicher Wendeplattengeometrien mit Spanleitstufen vom Werkzeugaußendurchmesser bis zum Zentrum und die Schnittaufteilung auf mehrere hintereinanderliegende Schneidkanten garantieren hohe Standleistungen und Spielraum für Optimierungen.

Mit Wendeplattenbohrern lassen sich unterschiedliche Anbohrsituationen wie konvexe, konkave oder schräge Werkstückoberflächen ohne radiale Ausweichbewegung des Bohrers realisieren. Wendeplattenbohrwerkzeuge sind sowohl zum Vollbohren als auch zum Kernbohren großer Bohrungsdurchmesser geeignet. Beim Kernbohren wird nicht das gesamte Bohrungsvolumen zerspant, sondern nur ein Kreisringzylinder. Im Vergleich zu den Spiralbohrern sind die möglichen Vorschübe geringer. Allerdings ermöglicht die fehlende Querschneide deutlich höhere Schnittgeschwindigkeiten, sodass die erreichbaren Vorschubgeschwindigkeiten und das Zerspanungsvolumen pro Zeiteinheit vergleichsweise groß sind.

Tiefbohren

Als tiefe Bohrungen werden Bohrungen bezeichnet, die ein großes Verhältnis von Bohrtiefe zu Bohrungsdurchmesser (*L*/*D*) aufweisen. Bei Bohrungstiefen $L > 5 \times D$ bis $150 \times D$ werden aufgrund der extremen Zerspanungsverhältnisse im Bohrloch Tiefbohrverfahren angewendet, die eine spezielle Werkzeugform erfordern.

Im Allgemeinen erfüllen die mit einem Tiefbohrverfahren hergestellten Bohrungen besondere Anforderungen hinsichtlich Oberflächengüte bis Ra = 0,1 µm, Maßtoleranzen im *IT8* Bereich und geringe Abweichungen in der Geradheit der Bohrungsachse.

Beim Tiefbohren werden auf besonders entwickelten Tiefbohrmaschinen unterschiedliche Bearbeitungsprinzipien angewendet **(Bild 2)**:

- rotierendes Werkzeug/stillstehendes Werkstück
- stillstehendes Werkzeug/rotierendes Werkstück
- rotierendes Werkzeug/rotierendes Werkstück

Rotationssymmetrische Werkstücke mit geringer Unwucht werden häufig mit stillstehendem Werkzeug bearbeitet. Dabei führt das Werkzeug die axiale Vorschubbewegung aus.

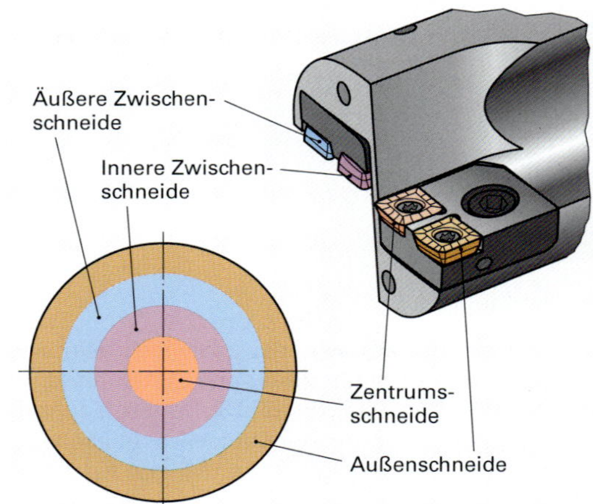

1 Wendeplattenbohrer für große Bohrungsdurchmesser mit Einbauhaltern

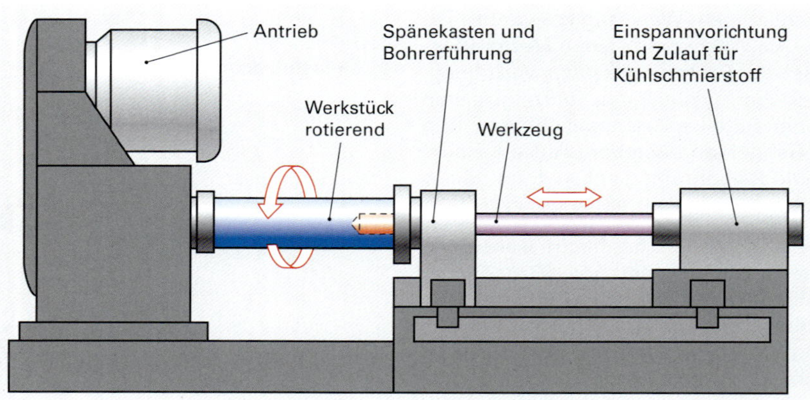

2 Bearbeitungsprinzip: rotierendes Werkstück, stillstehendes Werkstück

Wie beim Kurzlochbohren werden beim Tiefbohren verschiedene Bohrsituationen unterschieden:

- **Vollbohren (Bild 1)**

  Für kleine bis mittlere Bohrungsdurchmesser wird das Vollbohren in einem Arbeitsgang angewendet.

- **Aufbohren (Bild 2)**

  Bereits vorgefertigte Bohrungen an Guss- und Schmiedewerkstücken werden durch das Aufbohren endgefertigt. Bohrungen mit größeren Durchmessern werden häufig wegen der beim Vollbohren erforderlichen hohen Zerspanungsleistungen und der entstehenden großen Spanvolumina mit einem kleineren Durchmesser vollgebohrt und nach einer eventuell notwendigen Wärmebehandlung des Werkstücks auf den gewünschten Fertigdurchmesser aufgebohrt.

- **Kernbohren (Bild 3)**

  Um große Bohrungsdurchmesser mit geringem Leistungsbedarf ohne Vorbohren herzustellen kann das Kernbohren zum Einsatz kommen. Beim Kernbohren wird durch einen speziellen Kernbohrer nur eine außenliegende Kreisringfläche zerspant, der innenliegende, zylindrische Werkstoffkern bleibt erhalten und wird aus der Bohrung entfernt.

Tiefbohrverfahren

Um Prozessstörungen beim Tiefbohren auszuschließen, werden zur Kühlschmierstoffzufuhr und zum Abtransport der Späne zwei grundsätzliche Verfahrensprinzipien angewendet:

- Der Kühlschmierstoff wird durch das Werkzeug über innenliegende Kanäle der Bohrerspitze zugeführt und der Späneabtransport erfolgt über eine Spannut außen am Bohrer. Dieses Verfahrensprinzip wird beim Einlippenbohrsystem angewendet.
- Der Kühlschmierstoff wird außen durch den Ringspalt zwischen Bohrerschaft und Bohrungswandung oder in einem als Doppelrohr ausgeführten Bohrerschaft der Wirkstelle zugeführt und der Späneabtransport erfolgt über einen innenliegenden Spänekanal durch das Bohrwerkzeug nach außen. Nach diesem Verfahrensprinzip arbeitet das Einrohrsystem (STS, Single Tube System) und das Ejectorsystem[1] mit Doppelrohr.

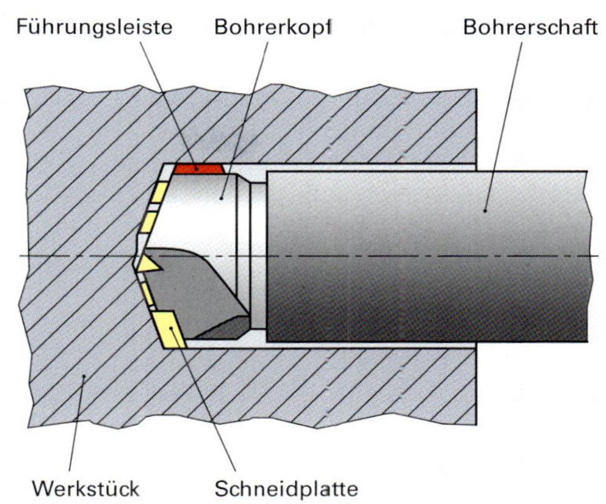

1 Vollbohren

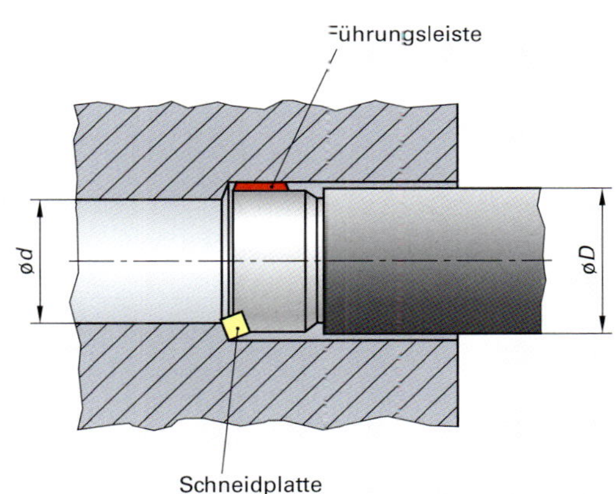

2 Aufbohren

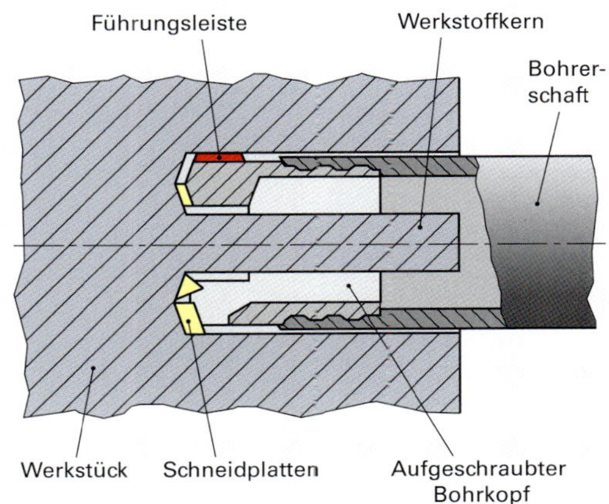

3 Kernbohren

[1] Ejector = Ausspritzer, von lat. eiaculare = hinauswerfen

Das Einlippenbohrsystem. Beim Einlippenbohrsystem **(Bild 1)** wird das gleiche Prinzip zur Kühlschmierstoffzufuhr (IKZ) und zum Späneabtransport wie beim Kurzlochbohren angewendet. Der Kühlschmierstoff wird durch einen im Werkzeug liegenden Kanal mit hohem Druck zur Werkzeugstirnseite gefördert. Über einen außenliegenden, geradgenuteten, V-förmigen Spänekanal werden die Späne von dem zurückfließenden Kühlschmierstoff aus der Bohrung abtransportiert.

Der aufgelötete Bohrerkopf des Einlippenbohrers wird in Vollhartmetall ausgeführt und ist häufig mit Hartstoffschichten wie TiN, TiAlN und TiCN zur Verschleißminderung beschichtet. Für kleine Bohrerdurchmesser werden auch nachschleifbare Vollhartmetallbohrer eingesetzt.

Das Tiefbohren mit Einlippenbohrern ist auf speziell entwickelten Maschinen **(Bild 1)** aber auch Bearbeitungszentren und NC-Drehmaschinen bei hohen Schnittgeschwindigkeiten (je nach Werkstoff v_c = 50 m/min bis 120 m/min) mit ausreichend hohen Kühlschmierstoffdrücken bis zu 100 bar, anwendbar.

Bei entsprechender Abstützung von Werkstück und Werkzeug über Lünetten sind Bohrungstiefen, vor allem bei kleinen Durchmessern (*D* = 1 mm bis 32 mm) bis zu 100 × *D*, möglich.

Mit Einlippenbohrern werden beim Vollbohren Maßgenauigkeiten im Bereich *IT8* bis *IT9*, und Oberflächengüten bis *Ra* = 0,1 µm erreicht. Bei größeren Bohrungsdurchmessern sind die höheren Zerspanungsleistungen des STS-Systems oder des Ejectorsystems wirtschaftlicher.

Wendeplattenbestückte Tiefbohrwerkzeuge erreichen aber nicht ganz die Bohrungsqualitäten (bis *IT10*, *Ra* bis 0,3 µm) wie geschliffene Einlippenwerkzeuge.

Einlippenbohrer werden schon seit dem Mittelalter zur Waffenherstellung eingesetzt. Sie sind unter dem Namen „Kanonenbohrer" bekannt geworden.

Ein hoher Kühlschmiermitteldruck stabilisiert das Bohrwerkzeug und unterstützt die Rückspülung der Späne.

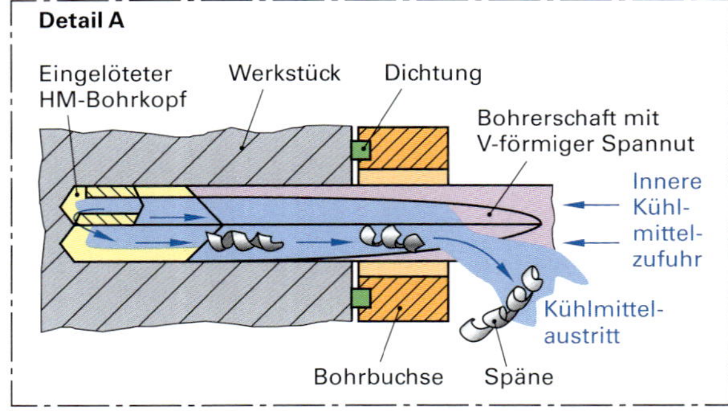

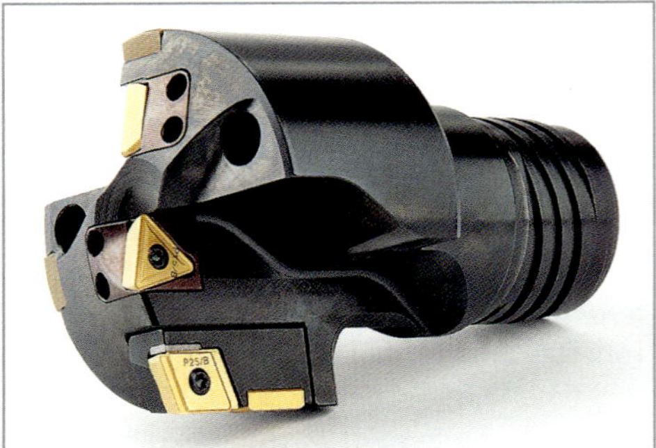

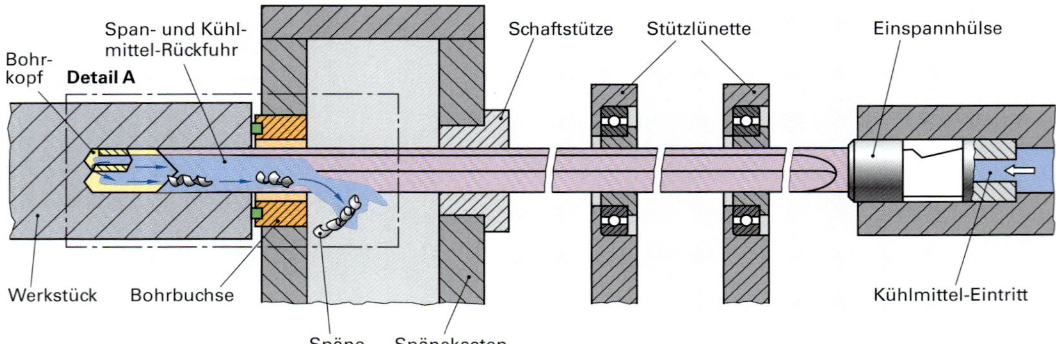

1 Tiefbohren mit Einlippenbohrer

Das Einrohrsystem STS (Single Tube System). Beim STS-Bohren[1] **(Bild 1)** wird der Kühlschmierstoff mit hohem Druck über den Ringspalt zwischen Bohrerrohr und Bohrungswandung an den am Bohrerrohr angeschraubten Bohrerkopf gefördert. Die Späne werden zusammen mit dem Kühlschmierstoff durch das Innere des rohrförmigen Bohrerschaftes nach außen abgeleitet.

Der Einsatz des STS-Systems ist wegen der besonderen Kühlschmierstoffzuführung (Bohrölzuführungsapparat) nur auf speziellen Tiefbohrmaschinen bis Bohrungstiefen 100 × *D* möglich.

Das Kernbohren ist mit dem STS-Verfahren möglich und wird hier vor allem zum Kernbohren großer Bohrungen angewendet.

Das Ejectorsystem. Beim Ejectorsystem[2] **(Bild 2)** besteht der Bohrerschaft aus zwei konzentrisch ineinanderliegenden Rohren. Der Kühlschmierstoff wird in dem zylindrischen Hohlraum zwischen Innenrohr und Außenrohr dem Bohrerkopf zugeführt. Durch eine Ringdüse im vorderen Teil des Doppelrohrsystems wird ein geringer Teil des unter hohem Druck stehenden Kühlschmierstoff direkt in das Innenrohr des Bohrers eingedüst. Der größte Teil des Kühlschmierstoffs gelangt über den Bohrkopf zusammen mit den Spänen zurück in das Innenrohr.

Der im hinteren Teil des Bohrkopfes abgezweigte Volumenstrom erzeugt im vorderen Bohrkopfbereich aufgrund der dynamischen Kontinuitätsgleichung nach *Bernoulli*[3] einen Unterdruck, der den Kühlschmierstoff einschließlich der anfallenden Späne zuverlässig aus dem Wirkbereich absaugt (Ejectorprinzip). Da es sich beim Ejectorbohren um ein in sich geschlossenes System handelt, ist zwischen Werkstück und Bohrbuchse keine besondere Abdichtung, wie z. B. beim STS-Verfahren, notwendig.

Der Bohrkopf. Beim STS-Bohrsystem und beim Ejectorbohrsystem werden mit Wendeschneidplatten ausgerüstete Bohrköpfe **(Bild 3)** zum Vollbohren und zum Aufbohren und beim STS-Verfahren auch zum Kernbohren eingesetzt. Wie bei allen Bohrwerkzeugen führt die vom Außendurchmesser zum Bohrerzentrum hin abnehmende Schnittgeschwindigkeit zu ungleichen Zerspanungsbedingungen.

Durch eine angepasste Schneidengeometrie der Zentrumsschneiden kann ein Ausgleich geschaffen werden.

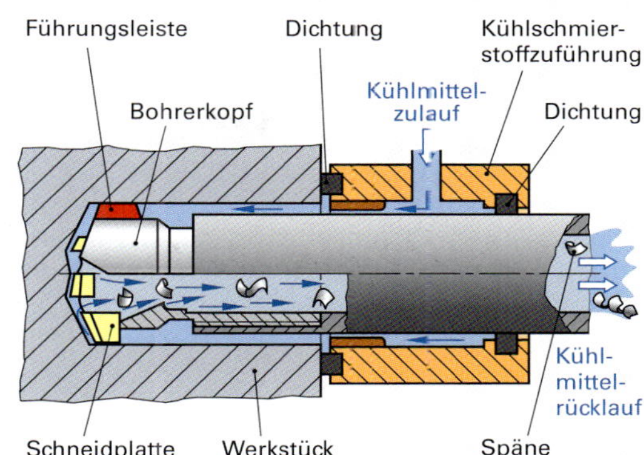

1 Einrohrsystem, STS

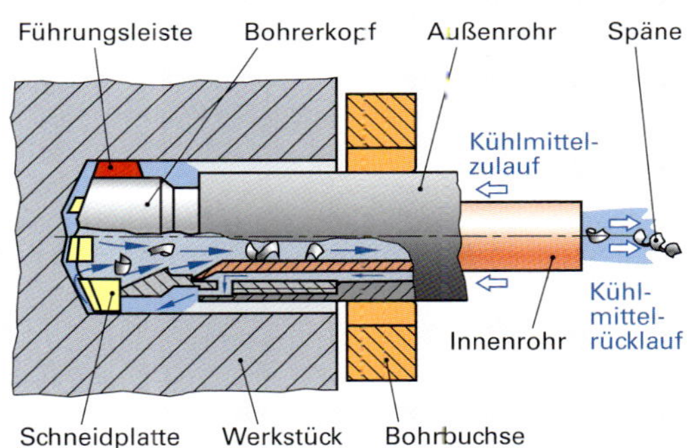

2 Ejectorsystem

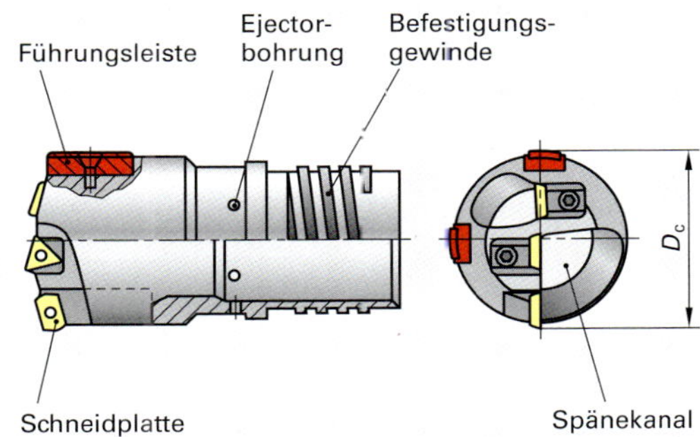

3 Bohrkopf mit Ejectorsystem

[1] Das Verfahren wurde von der „Boring and Trepanning Association" erstmals eingesetzt und wird deshalb auch als BTA-Verfahren bezeichnet.

[2] lat. eiector = Auswerfer

[3] *Daniel Bernoulli*: schweiz. Physiker (1700 bis 1782)

Durch eine in radialer Richtung unsymmetrische Anordnung der Schneidplatten und der Bohrerspitze wird die Axialkraft **(Bild 1)** beim Bohrvorgang reduziert und ein über den Bohrerquerschnitt gleichmäßigeres Spanbild erzeugt. Um die zum Bohrerzentrum hin kürzer werdenden Späne auszugleichen, werden entsprechend der radialen Lage der Schneidplatte angepasste Spanformer bzw. Spanleitstufen eingebaut, die ein kontrolliertes Spanbild garantieren und den kontinuierlichen Späneabtransport mit dem eingesetzten Kühlschmierstoff sicherstellen.

Neben dem Werkstückwerkstoff, dem verwendeten Tiefbohröl und der Spanbrechergeometrie beeinflussen die Schnittgeschwindigkeit und der Vorschub die Geometrie der Späne.

Wie beim Kurzlochbohren hängt auch beim Tieflochbohren der effektiv wirksame Freiwinkel an den Schneidplatten vom eingestellten Vorschubwert ab. Mit zunehmendem Werkzeugvorschub *f* vergrößert sich der Vorschubwinkel η, damit verringert sich in gleichem Maße der tatsächlich wirkende Freiwinkel α_{eff}, ($\alpha_{eff} = \alpha - \eta$). Die Reduzierung des Freiwinkels α nimmt vom Außendurchmesser zur Bohrermitte hin zu, sodass die im Bohrerzentrum arbeitenden Schneidplatten mit einem größeren Freiwinkel ausgestattet sind, um die Zerspanungsbedingungen über den gesamten Arbeitsbereich konstant zu halten **(Bild 2)**.

Die unsymmetrische Anordnung **(Bild 1)** der Schneidkanten führt zwangsläufig zu einer ungleichmäßigen Verteilung der Schnittkräfte in radialer Richtung. Diese Radialkraftkomponente der Schnittkraft (Passivkraft) drängt das Bohrwerkzeug aus der Achsrichtung. Kräftemäßig nicht ausbalancierte Bohrwerkzeuge benötigen am Umfang, gegenüber der resultierenden Radialkraft, eine oder mehrere Führungs- bzw. Stützleisten, die das Werkzeug an der Bohrungswand abstützen und die Radialkräfte ausgleichen.

Durch die entstehenden Reibungskräfte zwischen Führungsleisten und Bohrungswand erhöhen sich das erforderliche Drehmoment und der Leistungsbedarf der Maschine.

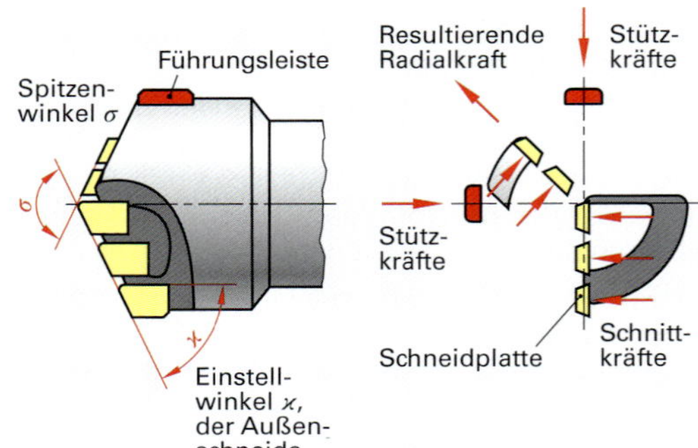

1 Kräfte und Winkel am Bohrkopf

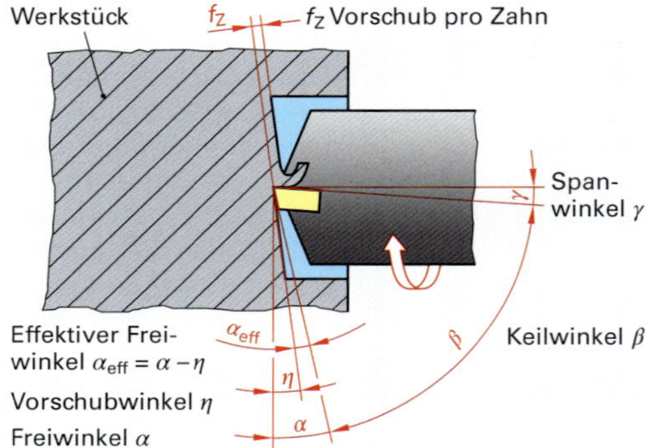

2 Effektiv wirksamer Freiwinkel

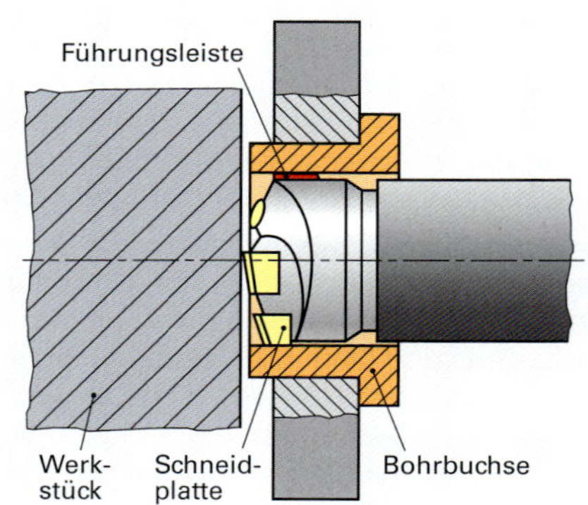

3 Anbohrsituation

Anbohrsituation beim Tiefbohren. Beim Bohrvorgang bilden die Stütz- und Führungsleisten am Werkzeugumfang gegenüber der Bohrungswandung einen Kräfteausgleich zu den in radialer Richtung auftretenden Schnittkraftkomponenten. Die Situation zu Beginn des Bohrvorgangs beim Anbohren **(Bild 3)** stellt sich aber zunächst anders dar. Die Asymmetrie der Bohrerspitze drängt den Bohrer aus der Achsrichtung ab und führt damit zu unkontrollierten Bedingungen. Damit die Führungsleisten im Bohrkopfbereich beim Anbohren bereits eine Stützwirkung aufbauen können, wird eine Bohr- bzw Führungsbüchse aus Hartmetall oder gehärtetem Stahl oder eine Führungsbohrung im Werkstück benötigt. Ab einer bestimmten Bohrungstiefe stützt sich das Werkzeug dann über die erzeugte Bohrungswand wie beschrieben selbst ab.

Aussteuerwerkzeuge

An die Bearbeitung großer Bohrungen in Motor- und Getriebegehäusen, wie zum Beispiel für die Windkraftgetriebe, werden besondere Anforderungen an die Bearbeitungstechnik gestellt. Für die Vorbearbeitung der Bohrungen werden *Zirkularfräser* oder *Helixfräser* mit sehr hohen Zerspanungsleistungen eingesetzt. Für die besonderen Genauigkeiten der Fertigbearbeitung sind diese Werkzeuge und die Bearbeitungsverfahren allerdings nicht geeignet. Die Interpolation der Maschinenbewegung beim Abfahren einer Kreisbahn und die Genauigkeiten der Werkzeuge beim Zirkularfräsen mit Genauigkeiten von wenigen Mikrometern, erreichen nicht die geforderte Rundheit und Oberflächengüte **(Bild 1).** Diese wird überwiegend mit fest eingestellten Ausdrehwerkzeugen durchgeführt. Etwa notwendige Konturen wie z.B. Einstiche und Hinterschneidungen können damit aber nicht gefertigt werden.

Der **Plan- und Ausdrehkopf** ist ein Werkzeug zum präzisen rechtwinkligen Bearbeiten von Stirnflächen an Bohrungen oder dem Ausdrehen von Bohrungen. Der Schneidenträger wird direkt an einem radial verstellbaren Planschieber befestigt. Häufig kommen auch Systeme mit zwei verstellbaren Planschiebern zum Einsatz **(Bild 2).**

Die Verstellung der Planschieber erfolgt über eine Planzugeinrichtung als NC-Achse durch elektromechanischen Antrieb (Servoantrieb), zentral durch die Spindel mittels Umlenkung im Werkzeug über eine Schrägverzahnung, einen Exzenter oder als Radialschieber:

- Planschieberwerkzeug
  Die Umlenkung der Zugbewegung erfolgt im Werkzeug über eine Schrägverzahnung in eine radiale Auslenkung der Planschieber.
- Rundschieberwerkzeug
  Dabei wird die Zugbewegung in eine Drehbewegung eines Exzenters umgelenkt. Auf dem zylindrisch gelagerten Drehschieber ist das Werkzeug exzentrisch angeordnet und lenkt beim Betätigen die Schneidenträger um den Mittenversatz radial aus.

Ein zusätzliche Möglichkeit ist die direkte Aussteuerung der Schneiden mit Luft oder Kühlmittel oder die Erweiterung der Einsatzfähigkeit bestehender Bearbeitungszentren mit einem in der Spindel integrierten koaxialen rotatorischen Antrieb für Planschieberwerkzeuge oder durch mechatronische Werkzeuge.

Mechatronische Aussteuerwerkzeuge

Hauptmerkmale dieses neuen Werkzeugtyps sind die integrierte Regelungselektronik und der *Servoantrieb.* Dadurch entsteht eine zusätzliche NC-Achse (U-Achse) im Werkzeug, die sich über die Maschinensteuerung bedienen lässt **(Bild 3).**

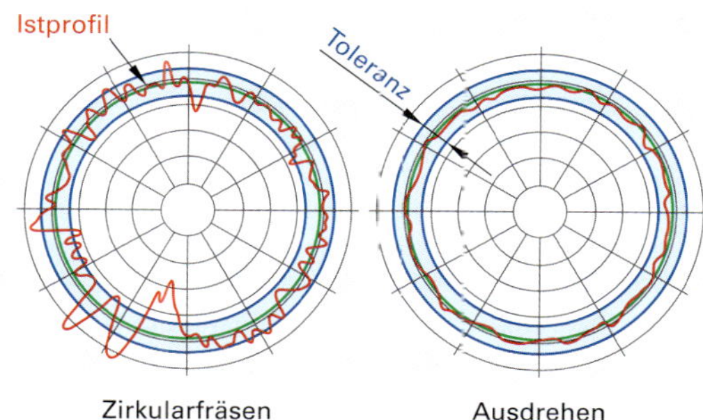

1 Rundheitsprofile

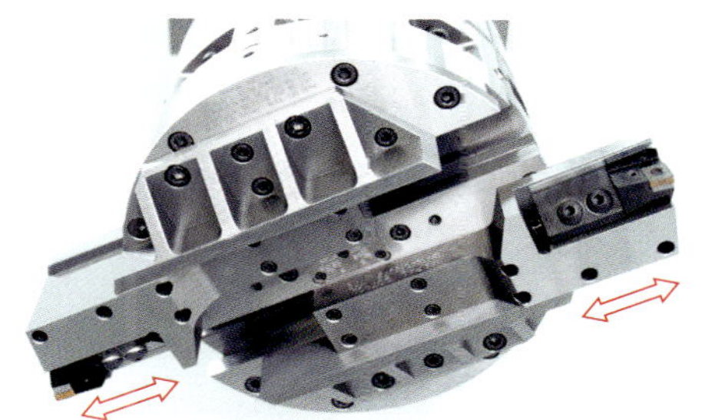

2 Planschieberwerkzeug

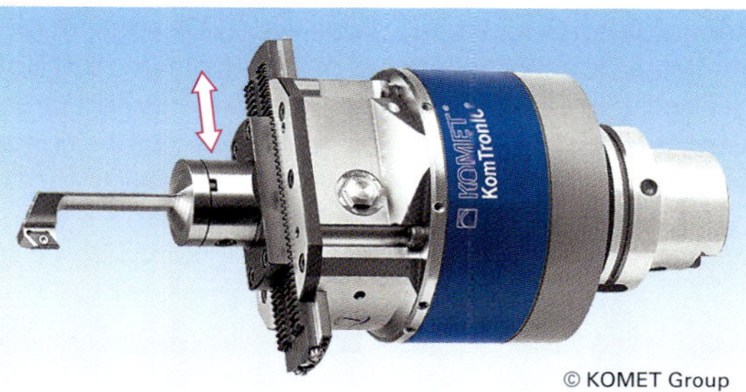

3 Mechatronisches Aussteuerwerkzeug

Der im Werkzeug integrierte Elektromotor wird von der Maschine mit Energie und Daten versorgt. Durch die induktive Energieübertragung und die bidirektionale Datenübertragung entsteht eine vollwertige, in die übergeordnete Maschinensteuerung eingebundene NC-Achse. Damit ist eine echte Interpolationsmöglichkeit zwischen der Z-Achse der Maschine und der U-Achse des Werkzeuges möglich. Gegenläufige Schieber sorgen bei der Aussteuerbewegung für den notwendigen Wuchtausgleich bei hohen Drehzahlen.

Mit mechatronisch aussteuerbaren Werkzeugen können sowohl die verschiedenen Durchmesser als auch Konturelemente, wie z.B. Fasen, Radien, Einstiche oder Planflächen, über das CNC-Programm erzeugt werden.

Senken

Das Senken unterscheidet sich vom Bohren im Wesentlichen dadurch, dass nicht ins volle Material gearbeitet wird, sondern von einer bereits vorgefertigten Bohrung der Randbereich bearbeitet wird. Beim Senken kann in einer vorgebohrten, gegossenen oder gestanzten Bohrung eine ebene, kegelige oder zylindrische Senkung hergestellt werden. Dementsprechend werden beim Senken die Verfahrensvarianten **Profilsenken, Planansenken und Planeinsenken** unterschieden **(Übersicht 1)**.

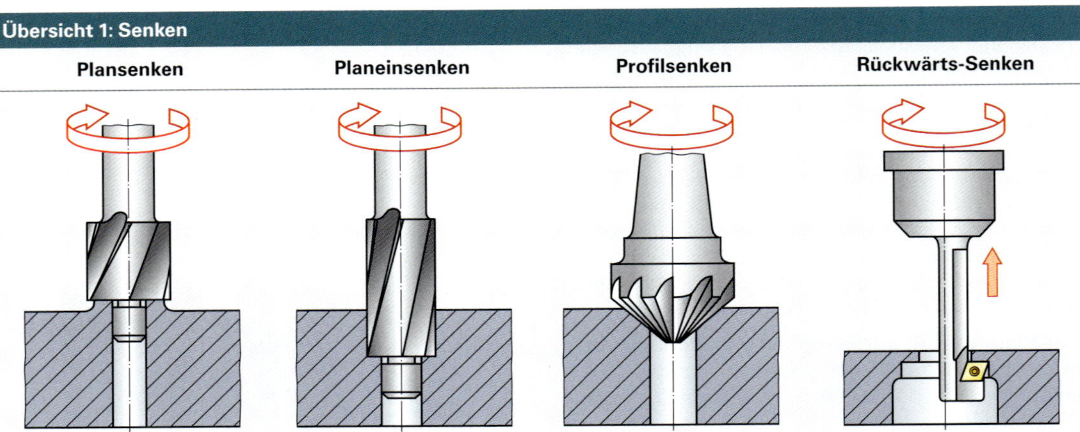

Schneiden und Winkel am Senker

Die Spanabnahme beim Senken erfolgt durch einschneidige oder mehrschneidige Werkzeuge. Bei mehrschneidigen Senkern wird das Werkzeug besser geführt, da sich die Schnittkraft und die Vorschubkraft auf mehrere Schneiden verteilen. Im Vergleich zum Bohrer hat der Senker einen kleineren Freiwinkel mit einer größeren Freifläche. Diese Geometrie bewirkt ein ratterfreies Arbeiten des Senkers.

Darstellung von Senkungen (Auswahl)

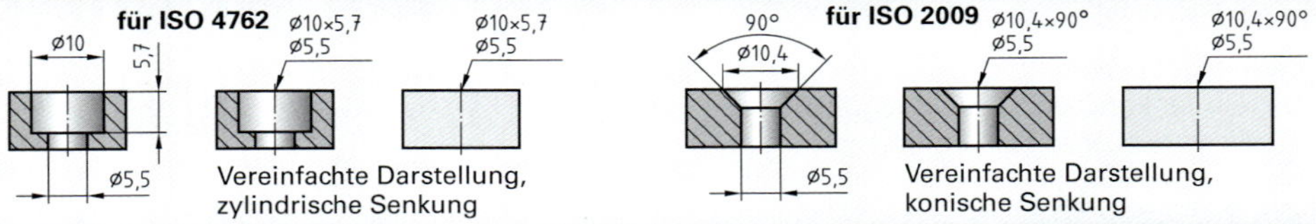

für ISO 4762

Ø10, 5,7, Ø5,5

Ø10×5,7 Ø5,5

Vereinfachte Darstellung, zylindrische Senkung

für ISO 2009

90°, Ø10,4, Ø5,5

Ø10,4×90° Ø5,5

Vereinfachte Darstellung, konische Senkung

Darstellung von Schraubensenkungen mit gefügten Schrauben

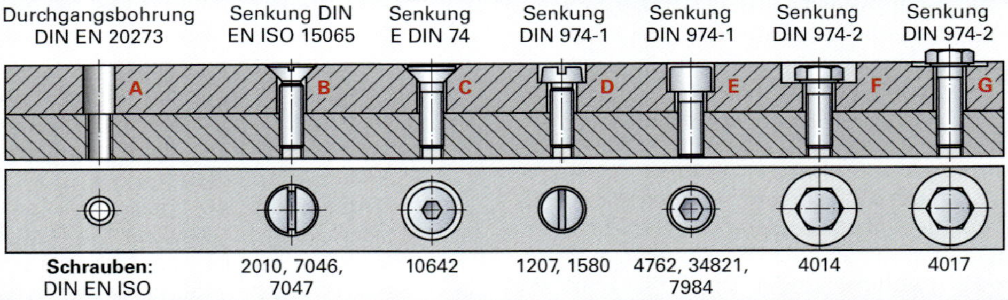

	A	B	C	D	E	F	G
	Durchgangsbohrung DIN EN 20273	Senkung DIN EN ISO 15065	Senkung E DIN 74	Senkung DIN 974-1	Senkung DIN 974-1	Senkung DIN 974-2	Senkung DIN 974-2
Schrauben: DIN EN ISO		2010, 7046, 7047	10642	1207, 1580	4762, 34821, 7984	4014	4017

Bemaßung von Schraubensenkungen und Durchgangsbohrungen

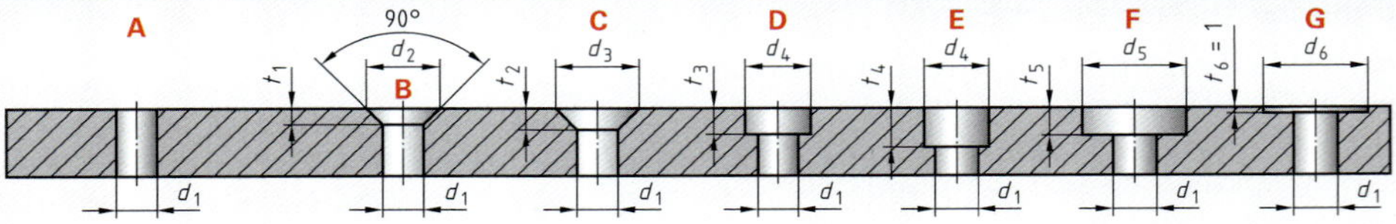

A: d_1

B: 90°, d_2, t_1, d_1

C: d_3, t_2, d_1

D: d_4, t_3, d_1

E: d_4, t_4, d_1

F: d_5, t_5, d_1

G: d_6, $t_6 = 1$, d_1

Profilsenken

Das Fertigungsverfahren **Profilsenken (Bild 1)** wird der Verfahrensgruppe Profilbohren zugeordnet. Hierbei wird in der Regel ein kegeliges Profil in die bereits vorhandene Bohrung angesenkt. Es können aber auch ballige oder entsprechend geformte Profile hergestellt werden.

Kegelige Profilsenkungen werden aus folgenden Gründen gefertigt:

- Entgraten von Bohrungen oder Rohren,
- Ansenken einer Bohrung zum Gewindeschneiden,
- Anfertigen von Auflageflächen für Schraubenköpfe.

Zum Entgraten und Ansenken von Bohrungen werden in der Regel **Kegelsenker mit einem Spitzenwinkel von 90°** verwendet **(Bild 2)**. Der Kegelsenker besitzt drei Schneiden und ist mit einem Zylinderschaft oder Morsekegelschaft erhältlich.

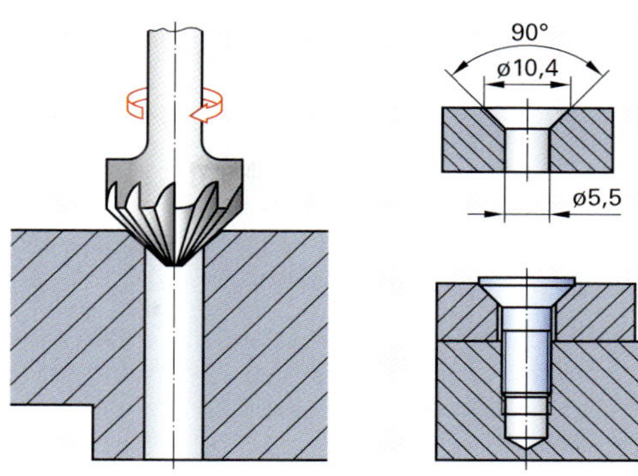

1 Prinzip des Profilsenkens

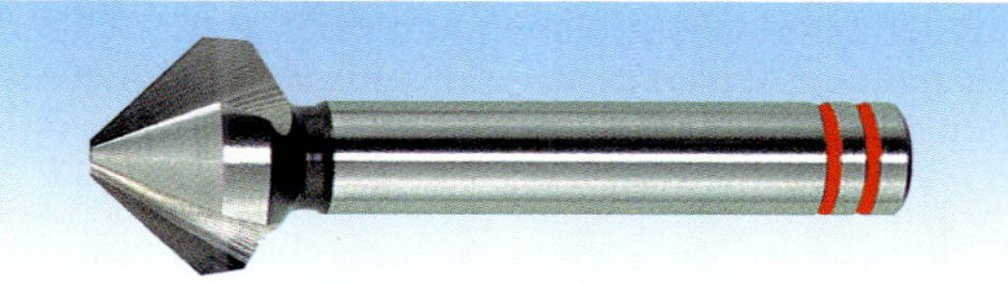

2 Kegelsenker mit einem Spitzenwinkel von 90°

Plansenken

Planeinsenken

Planeinsenken gehört zur Verfahrensgruppe Plansenken und beschreibt die Herstellung vertiefter ebener Flächen an Durchgangsbohrungen. Beim Planeinsenken werden zylindrische Senkungen mit einer Auflagefläche für den Kopf von Zylinderschrauben hergestellt. Die Größe der zylindrischen Einsenkung ist, je nachdem welche Innensechskantschraube verwendet wird, genormt **(Bild 3)**.

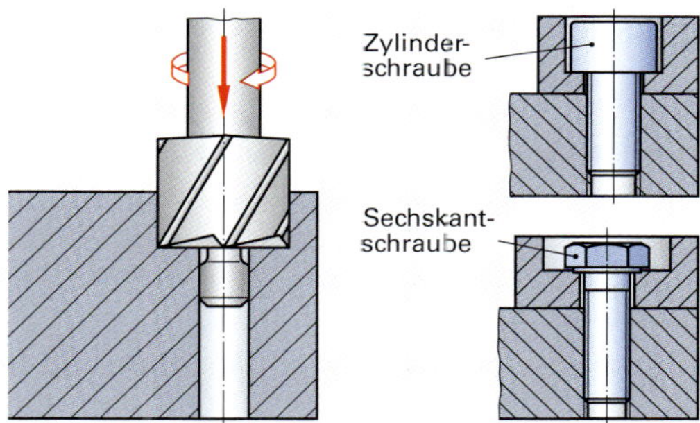

3 Prinzip des Planeinsenkens

Werkzeuge zum Planeinsenken

Als Werkzeug zum Planeinsenken wird der **Flachsenker** mit einem Spitzenwinkel von 180° eingesetzt **(Bild 4)**. Der genormte Flachsenker hat einen festen Führungsschaft für die Führung des Senkers in der bereits vorgefertigten Durchgangsbohrung und ist mit Zylinderschaft oder Morsekegelschaft erhältlich.

4 Flachsenker

Planansenken

Planansenken **(Bild 5)** gehört zur Verfahrensgruppe Plansenken und ist ein Fertigungsverfahren zur Bearbeitung hervorstehender, ebener Flächen. Hierbei können z. B. glatte Auflageflächen für den Kopf von Sechskantschrauben gefertigt werden. Die hervorstehenden Flächen werden direkt bei der Konstruktion von Gusswerkstücken oder Schmiedeteilen eingeplant. Die restliche Fläche bleibt im Rohzustand.

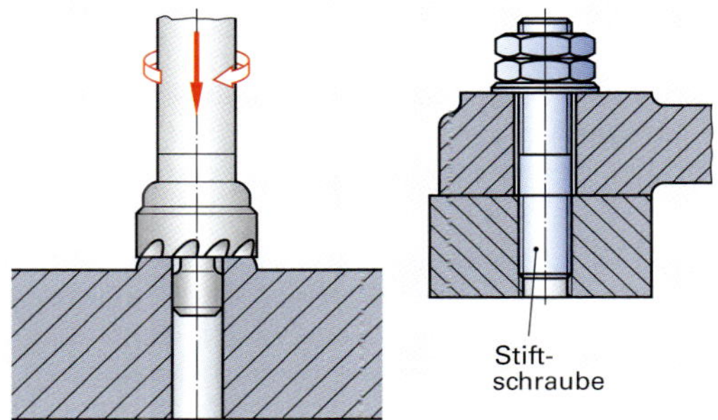

5 Prinzip des Planansenkens

F4 REIBEN

Rundreiben

Rundreiben ist ein Feinbearbeitungsverfahren mit dem Zweck, zylindrische Bohrungen in ihrer Qualität zu verbessern.

Rundreiben gehört zum Fertigungsverfahren Reiben, bei dem feinste Späne entstehen. Beim Rundreiben wird die Bohrung mit einer geringen Spanungsdicke aufgebohrt.

Durch das Rundreiben können keine Lagefehler der Bohrung ausgeglichen werden. Die Bohrung erhält nur eine hohe Oberflächengüte (Rz 4 bis Rz 10) und ein genaues Durchmessermaß mit einer guten Rundheit. In der Regel entspricht eine geriebene Bohrung der Passungsgröße H 7.

Neben dem Rundreiben wird zu der Gruppe der Reibverfahren das **Profilreiben** gezählt. Es dient zur Herstellung kegeliger oder profilierter Bohrungen und wird daher im Kapitel Profilbohren genauer beschrieben.

Schneiden und Winkel an der Reibahle

Zum Rundreiben werden als Werkzeug Reibahlen mit HSS-Schneiden oder Hartmetallschneiden verwendet. Reibahlen sind als Hand- oder Maschinenahlen einsetzbar.

Die Schneiden befinden sich am **Anschnitt** und der **Führung** der Reibahle **(Bild 1)**. Während die eigentliche Schneidarbeit vom kegelförmigen Anschnitt ausgeführt wird, sorgt die Führung der Reibahle nur für die Maßhaltigkeit, Rundheit und Glätte.

Die Form und Länge des Anschnittes richtet sich nach der jeweiligen Bearbeitungsaufgabe und der Verwendung einer Hand- oder Maschinenreibahle. Die Führung ist nach dem Anschnitt nur ein kurzes Stück zylindrisch. Danach setzt zum Schaft hin eine sehr geringe Verjüngung der Führung ein, damit ein Klemmen während des Reibens vermieden wird.

Die Zähnezahl der Reibahlen ist gerade, wobei sich jeweils zwei Schneiden zur besseren Durchmesserbestimmung gegenüberliegen. Um ein Rattern während des Reibens zu vermeiden, besitzen die Reibahlen allerdings eine **ungleichmäßige Teilung (Bild 2)**.

Der **Spanwinkel** γ der keilförmigen Zähne ist bei Reibahlen aus HSS leicht positiv oder leicht negativ. Hartmetallreibahlen erhalten einen Spanwinkel γ = 0°. Die hierdurch erzielte **schabende Wirkung** der Schneiden trägt zur Erzeugung einer guten Oberfläche bei.

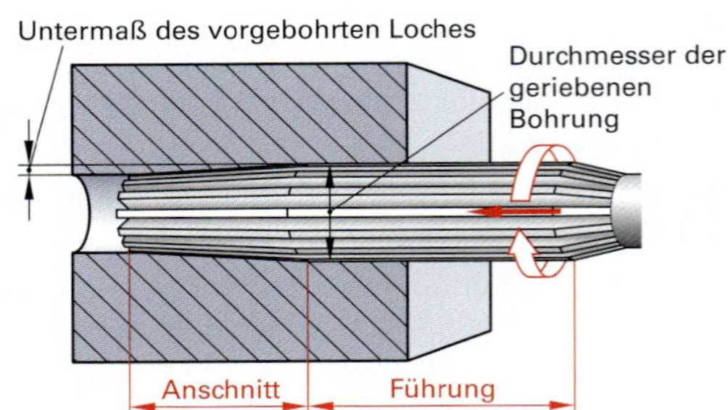

1 Anschnitt und Führung der Reibahle

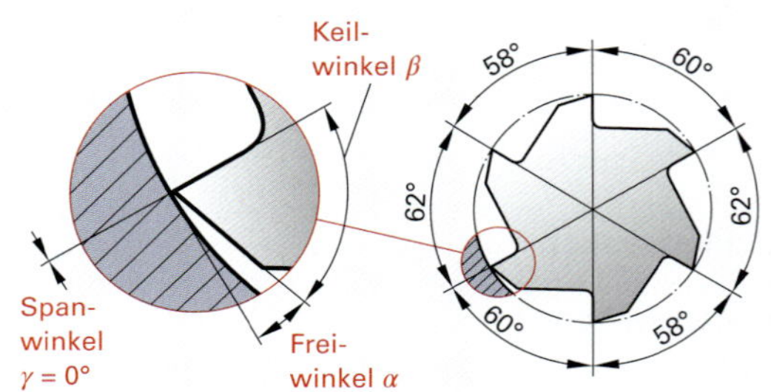

2 Teilung und Winkel der Reibahlenschneiden

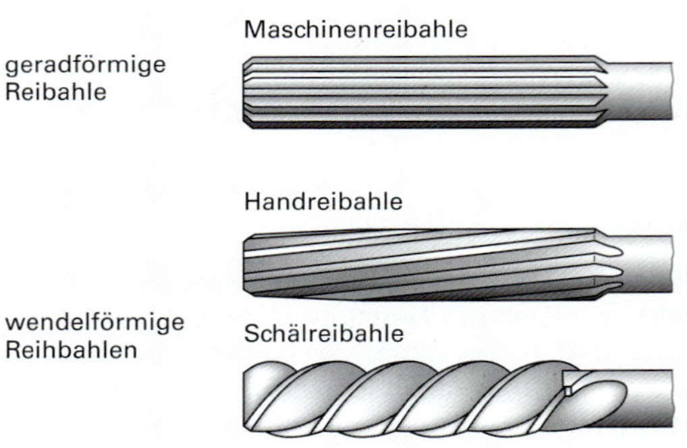

3 Geradförmige und wendelförmige Reibahlen

Reibahlen sind **geradförmig** oder **wendelförmig** ausgeführt **(Bild 3)**. Die Schneiden der geradförmigen Reibahlen verlaufen parallel zur Drehachse. Die Schneiden der wendelförmigen Reibahlen besitzen einen Linksdrall, Drall und Drehrichtung laufen hierbei entgegengesetzt. Hätten die Schneiden einen Rechtsdrall, würde sich die Reibahle wie ein Korkenzieher in die Bohrung hineinziehen, da die Schneidkraft in Vorschubrichtung wirkt. Durch die wendelförmige Reibahle kann eine gerade Längsnut überbrückt werden.

Arbeitsregeln und Richtwerte beim Reiben

Zum Erreichen der geforderten Maß- und Formgenauigkeit der Bohrung sowie der zu erzielenden Oberflächengüte sind folgende Regeln beim Arbeiten mit der Reibahle zu beachten:

- Die Reibahle darf **niemals entgegen der Schnittbewegung** gedreht werden. Diese Forderung gilt auch beim Herausdrehen der Reibahle, da sich sonst Späne zwischen den Schneiden und der Bohrungswand einklemmen würden. Hierdurch entstehen Riefen an der Bohrungswand oder es wird ein Schneidenbruch verursacht.
- Die aufzureibende Bohrung muss mit dem richtigen **Untermaß vorgebohrt** (Aufmaß Reiben) werden. Falls das Untermaß der Vorbohrung zu klein ist, werden die durch das Bohren entstandenen Bearbeitungsspuren nicht beseitigt. Bei einem zu großen Untermaß kann die Reibahle verlaufen und die Oberflächengüte abnehmen. In der Praxis haben sich folgende Bearbeitungszugaben als Richtwerte bestätigt **(Tabelle 1)**:

Tabelle 1: Untermaße beim Reiben

Durchmesser der fertig geriebenen Bohrung in mm	unter 5	5 bis 20	20 bis 30	30 bis 50	50 bis 100	über 100
Untermaß der vorgebohrten Bohrung in mm	0,1	0,2	0,3	0,4	0,5	0,6

Werkzeuge zum Rundreiben

Bei den Reibahlen wird grundsätzlich zwischen **Handreibahle, Maschinenreibahle und Schälreibahle** unterschieden. Handreibahlen und Maschinenreibahlen sind zum Rundreiben als unverstellbare oder verstellbare Reibahlen erhältlich. Beide Ausführungen haben geradförmige oder wendelförmige Schneiden mit einem Drallwinkel von 7°. Bei Schälreibahlen sind sie nur wendelförmig und besitzen einen Drallwinkel von 45°.

Reibahlen besitzen einen **Anschnitt.** Durch diesen Anschnitt wird die Reibahle in eine Bohrung, die mit einem Untermaß von nur wenigen Zehntelmillimeter vorgebohrt wurde, geführt. Durch die Schnitt- und Vorschubbewegung trennt der Anschnitt feine Späne ab.

Die Zähne der Reibahle sind keilförmig. An den Zähnen befindet sich eine Fase, die meistens durch Rundschliff erzeugt wurde. Reibahlen haben in der Regel eine gerade Zähnezahl (6, 8, 10 usw.), sodass der Durchmesser der Reibahle einwandfrei an zwei gegenüberliegenden Zähnen gemessen werden kann. Die Zahnteilung der Reibahlen ist ungleich, d.h. der Abstand von Zahn zu Zahn ist unterschiedlich. Hierdurch werden an der Lochwand **Rattermarken** vermieden. Bei gleicher Teilung würde der nachfolgende Zahn immer wieder in die Ratterstelle des vorhergehenden Zahnes einhaken. Durch eine ungleiche Teilung wird dieser Nachteil vermieden.

Handreibahlen (Bild 1) werden zur besseren Führung mit einem langen kegeligen Anschnitt und einem längeren Führungsteil versehen. Der zylindrische Schaft der Handreibahle besitzt zur Aufnahme des Windeisens am Ende einen Vierkant.

1 Handreibahle

Maschinenreibahlen (Bild 2) sind im Anschnitt und im Führungsteil etwas kürzer, weil eine genauere Führung über die Maschinenspindel erfolgt. Sie besitzen einen zylindrischen oder kegeligen Schaft zum Einspannen. Maschinenreibahlen mit einem größeren Durchmesser als 10 mm werden mit einem Morsekegel als Schaft ausgeführt.

2 Maschinenreibahle

Schälreibahlen (Bild 3) sind Maschinenreibahlen mit einem Drallwinkel von 45° und können nur für Durchgangsbohrungen wegen ihres langen Anschnittes verwendet werden. Ihr Einsatzgebiet liegt bei langspanenden Werkstoffen. Wegen der höheren einstellbaren Schnittgeschwindigkeit sind Schälreibahlen besonders für die Serienfertigung geeignet.

3 Schälreibahle

F5 SÄGEN

Sägen gehört nach DIN 8580 zu den spanenden Verfahren mit kreisförmiger oder geradliniger Schnittbewegung und geometrisch bestimmter Schneide. Das vielschneidige Werkzeug führt die Schnittbewegung und die Vorschubbewegung aus **(Bild 1)**. Sägen wird zum Trennen von Werkstücken, Halbzeugen wie Stangen- und Profilmaterial und zum Herstellen von Nuten und Schlitzen verwendet.

Sägeverfahren

Sägen mit Bügelsäge: Das Werkzeug (Sägeblatt) führt eine geradlinige, oszillierende Schnittbewegung aus. Das Werkzeug zerspant nur in einer Bewegungsrichtung (Zugrichtung des Sägebügels). Beim Rückhub wird das Sägeblatt geringfügig angehoben. Da durch den Rückhub (Leerhub) kein Spanabtrag stattfindet, entstehen große Leerlaufzeiten. Wegen der begrenzten Länge der Sägeblätter sind abhängig von der Werkstückbreite nur wenige Zähne im Einsatz. Deshalb ist die Standzeit des Sägeblattes gering.

Sägen mit Bandsäge: Bei den Bandsägen ist das Werkzeug ein endloses Band. Durch die umlaufende Werkzeugbewegung sind alle Schneiden gleichmäßig im Einsatz. Daraus ergibt sich eine höhere Leistungsfähigkeit und Standzeit des Sägebandes. Damit das Sägeband eine ausreichende Eigenstabilität hat, ist es wichtig die richtige Vorspannung einzustellen **(Bild 2)**.

Sägen mit Kreissäge: Bei Kreissägemaschinen ist das Werkzeug ein Kreissägeblatt. Es werden Kreissägeblätter aus gehärtetem Werkzeugstahl und solche mit Schneidsegmenten aus Schnellarbeitsstahl oder Hartmetall eingesetzt **(Bild 3)**. Wie bei der Bandsäge sind alle Schneiden gleichmäßig belastet. Kreissägeblätter können gut nachgeschliffen werden und erreichen somit sehr hohe Standzeiten.

1 Sägeschnitt

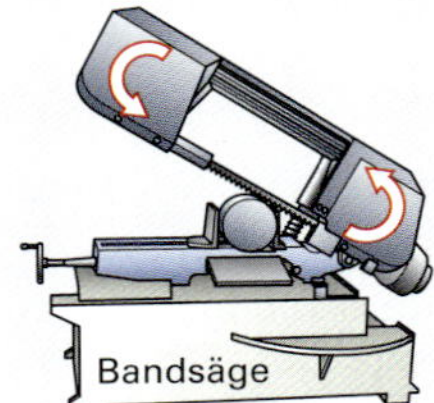

2 Bügel- und Bandsäge

3 Kreissäge mit Sägeblatt

Sägeblätter

Sägeblätter für Hand- und Maschinensägen besitzen eine Vielzahl hintereinander liegender keilförmiger Zähne mit geringer Schnittbreite. Die Spanräume zwischen den Zähnen nehmen die Späne auf und transportieren sie aus der Schnittfuge **(Bild 4)**.

Zahnteilung

Die Anzahl der Zähne (ZpZ, Zähne pro Zoll) definiert die Zahnteilung. Sie ist Abstand von Zahnspitze zu Zahnspitze und bestimmt die Größe der Zahnlücken für die Aufnahme der Späne **(Bild 5)**. Je nach Werkstoffhärte und Breite des Werkstückes stehen Sägeblätter mit verschiedener Zahnteilung zur Auswahl. Zum Sägen weicher Metalle mit hoher Schnittgeschwindigkeit und bei langen Schnittfugen wird eine möglichst große Zahnteilung gewählt, da sonst die Spanräume die anfallenden Spanmengen nicht mehr aufnehmen können.

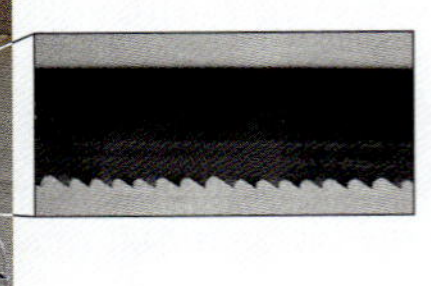

4 Bandsäge mit Sägeblatt

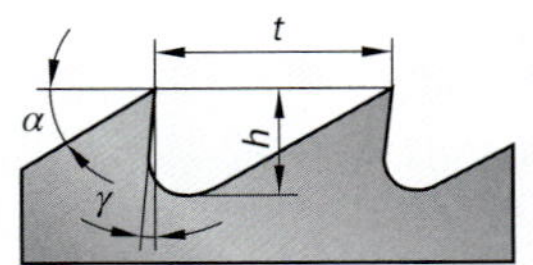

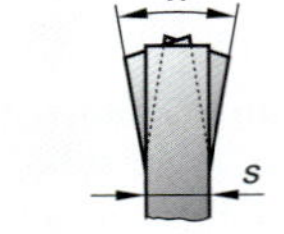

α Freiwinkel
β Keilwinkel
γ Spanwinkel
t Zahnteilung
h Zahntiefe
w Schränkungswinkel
s Dicke

5 Zahnteilung

Zum Sägen harter Metalle und bei kurzen Schnittfugen, bei Blechen und bei dünnwandigen Profilen wird eine kleinere Zahnteilung gewählt. Im Allgemeinen sollten etwa vier Zähne im Materialquerschnitt im Eingriff sein. Maßgebend dafür ist die Eingriffslänge im Werkstück **(Tabelle 1)**.

Zahnform

Die Zahnform beschreibt die Kontur der Schneide. Abhängig von den Zerspanungseigenschaften des Werkstoffs und der Eingriffslänge im Werkstück werden verschiedene Zahnformen eingesetzt. Handsägeblätter haben meistens Winkelzähne, Maschinensägeblätter meist Bogenzähne. Die Bogenzähne sind durch ihre Form stabiler und leistungsfähiger als Winkelzähne. Bei den Zahnformen für Sägebänder unterscheidet man den Standardzahn „S" (universell einsetzbar), den Klauenzahn „K" (für höchste Leistungen bei gut zerspanbarem Material), den Dachzahn „D" (wird wegen seiner hohen Stabilität für besonders anspruchsvolle Sägearbeiten eingesetzt) und den Lückenzahn „L" (für spröde Werkstoffe wie Grauguss, Aluminiumlegierungen und große Materialquerschnitte). Kreissägeblätter haben meistens die Zahnform Winkelzahn oder Bogenzahn mit Vor- und Nachschneider **(Bild 1)**.

Damit das Sägeblatt bei tieferen Sägeschnitten seitlich nicht klemmt oder durch Reibung heiß läuft, sind bei bandförmigen Sägeblättern entweder die Zähne **geschränkt** (d. h. abwechselnd nach rechts und links gebogen) oder **gewellt**. Bei gewellten Sägeblättern sind jeweils ungefähr sechs bis acht Zähne in Wellenform nach links und rechts ausgebogen. Gewellte Sägeblätter sind besonders bei feiner Zahnteilung zweckmäßig. An kreisförmigen Maschinensägeblättern sind die Zahnsegmente aus Hartmetall seitlich hinterschliffen **(Bild 2)**.

Automatische Bandsäge

Leistungsfähige Bandsägemaschinen werden meistens nach dem Doppelsäulen-Prinzip gebaut **(Bild 3)**. Sie verfügen über automatischen Vorschub, PLC-Steuerung für alle elektrischen und hydraulischen Funktionen, stufenlose Schnittgeschwindigkeit und hydraulische Bandspannung sowie viele weitere komfortable Ausstattungen für wirtschaftliches Arbeiten:

- Automatischer Vorschub (Shuttle-Prinzip),
- Hydraulisch gesteuertes Klemmsystem mit variablem Klemmdruck,
- Stufenlose Schnittgeschwindigkeit,
- Drehzahlanzeige für Bandgeschwindigkeit,
- Automatische hydraulische Bandspannung,
- Rollenlager mit Hartmetall-Führungssystem,
- Automatische Höhenkontrolle per Sensor,
- Werkstück-Zähler mit automatischer Abschaltung,
- Angetriebene Bandreinigungsbürste,
- Zusätzliche Kühlmittelzuführung,
- Bewegungsmelder an der Spannrolle für Auto-Stop bei Bandbruch,
- Automatischer Späneförderer,
- Benutzerfreundlicher Touch-Screen mit Selbstdiagnose-System.

Tabelle 1: Zähne pro Zoll (ZpZ)

Zahnteilung	Eingrifflänge	Zahnteilung	Eingrifflänge
32 ZpZ	bis 3 mm	**6 ZpZ**	50 ... 80 mm
24 ZpZ	bis 6 mm	**4 ZpZ**	80 ... 120 mm
18 ZpZ	bis 10 mm	**3 ZpZ**	120 ... 200 mm
14 ZpZ	bis 15 mm	**2 ZpZ**	200 ... 400 mm
10 ZpZ	15 ... 30 mm	**1,25 ZpZ**	300 ... 800 mm
8 ZpZ	30 ... 50 mm	**0,75 ZpZ**	700 ... 3000 mm

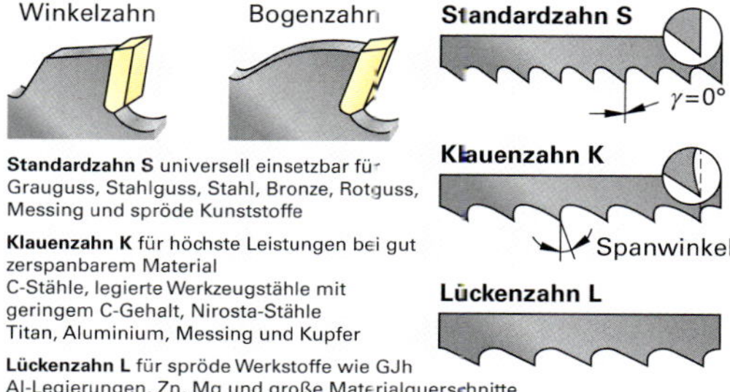

1 Zahnformen

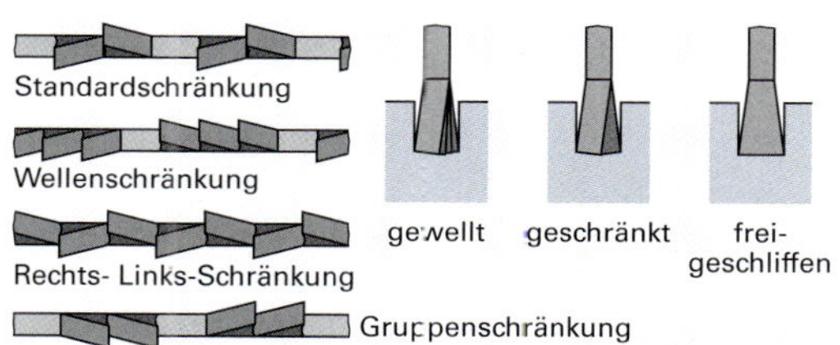

2 Schränkung von Sägezähnen

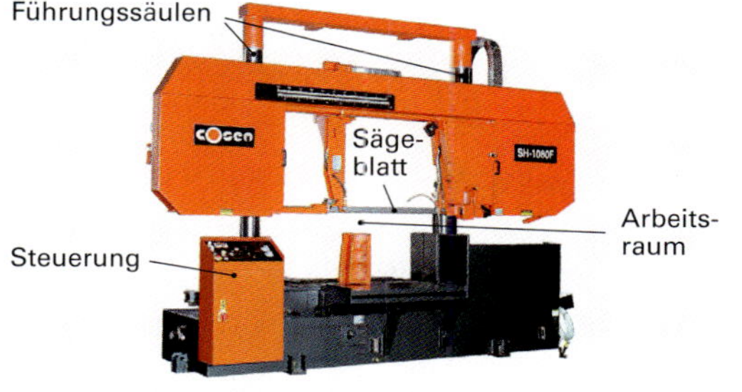

Technische Daten:
Arbeitsraum (LxBxH) 1000 x 1000 x 630 mm
Sägeblattgeschwindigkeit 20–80 m/min
Sägeblattgröße (LxBxT) 9400x67x1,6 mm
Sägeblattmotor 11.25 kW
Hydraulikmotor 2.2 kW
Kühlmittelmotor 0,375 kW

3 NC-gesteuerte Bandsäge

F6 FRÄSTECHNIK

Fräsverfahren sind in vielen Arbeitsgebieten, weit über die Metallindustrie hinaus, zu finden. Sie werden vorzugsweise dort angewendet, wo ebene Flächen herzustellen sind.

Fräsen ist ein spanendes Fertigungsverfahren mit geometrisch bestimmter Schneide.

Das meist mehrzahnige Werkzeug führt die kreisförmige Schnittbewegung aus. Die Vorschubbewegung wird je nach der Verfahrensweise vom Werkstück oder vom Werkzeug durchgeführt und ist senkrecht oder schräg zur Drehachse des Werkzeugs gerichtet.

Neben dem Drehen ist das Fräsen in der Metalltechnik das wichtigste Bearbeitungsverfahren. Es ist möglich, Produkte mit großer Formenvielfalt auf Fräsmaschinen zu fertigen. In der Regel werden Fräsverfahren zum Bearbeiten prismatischer und manchmal auch rotationssymmetrischer Werkstücke eingesetzt, die vorher durch Ur- oder Umformen hergestellt wurden. So können unter anderem Profile, unregelmäßige Formen, aber vorzugsweise ebene Flächen hergestellt werden.

Einteilung der Fräsverfahren

Abhängig vom Verfahren oder vom Ergebnis lassen sich Fräsverfahren nach unterschiedlichen Gesichtspunkten ordnen und einteilen.

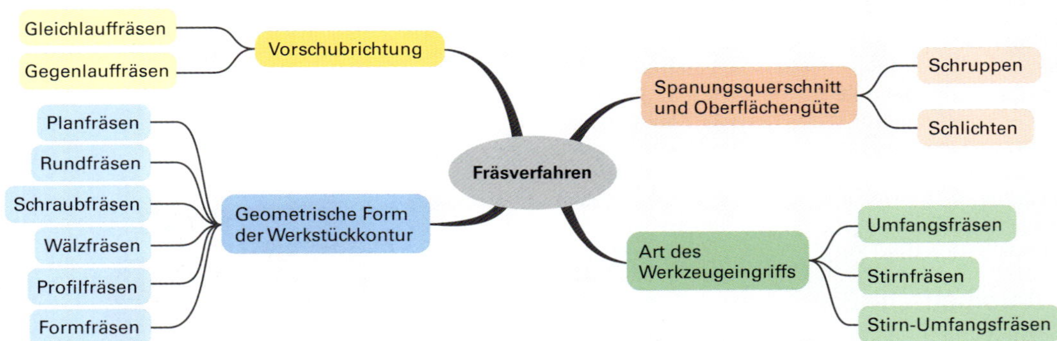

1 **Einteilung der Fräsverfahren**

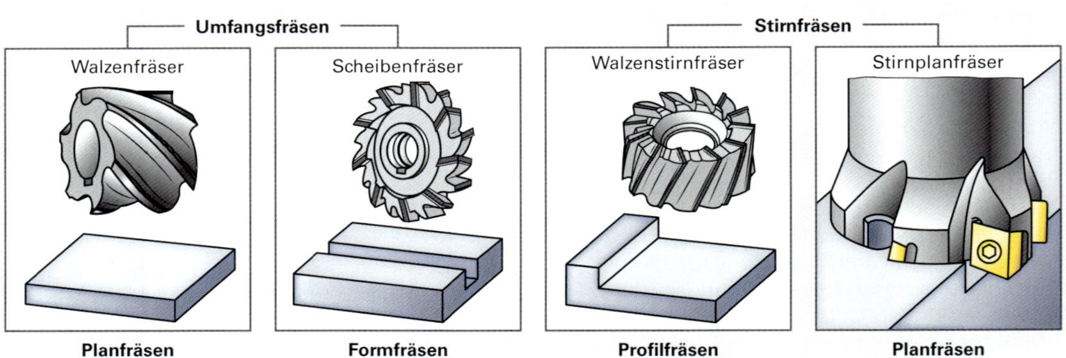

2 **Fräsverfahren**

Die Hauptschnittbewegung wird vom Werkzeug und die Vorschubbewegung über den Maschinentisch durch das Werkstück ausgeführt. Die Fräsverfahren werden entsprechend der Lage der Werkzeugachse (Stirnfräsen oder Umfangsfräsen) oder über die Bewegungsverhältnisse an der Werkzeugschneide (Gleichlauffräsen oder Gegenlauffräsen) bestimmt.

Beim **Umfangsfräsen** (Walzenfräsen) steht die Werkzeugachse parallel zur Bearbeitungsebene. Die Hauptschnittleistung wird durch die am Umfang des Werkzeugkörpers im Eingriff stehenden Schneiden erbracht **(Bild 2)**.

Beim **Stirnfräsen** wie z. B. beim Stirnplanfräsen steht die Werkzeugachse senkrecht zur Bearbeitungsebene. Die Hauptschnittleistung wird wie beim Umfangsfräsen durch die am Umfang des Werkzeugkörpers stehenden Schneiden erbracht, die stirnseitigen Nebenschneiden erzeugen die Oberflächengüte der Werkstückoberfläche.

Ist die Hauptschnittbewegung des Werkzeugs und die Vorschubrichtung des Werkstück gleichgerichtet, so spricht man von Gleichlauffräsen. Sind die beiden Zerspanungsbewegungen gegeneinander gerichtet, so bezeichnet man dieses Fräsverfahren mit Gegenlauffräsen. Die sich bei Gleichlauf und bei Gegenlauf einstellenden Zerspanungsbedingungen weichen stark voneinander ab **(Bild 3)**.

Beim **Gleichlauffräsen** tritt die Werkzeugschneide mit maximaler Spanungsdicke h_{max} in den Werkstoff ein. Die Spanungsdicke nimmt bis zum Schneidenaustritt auf h_{min} = Null ab. Die Zerspankraft ist beim Schneideneintritt maximal und in das Werkstück bzw. in die Werkzeugmaschine und die Aufspannung gerichtet. Durchläuft die Schneide die Frästiefe a_e, so ändert sich die Größe und die Richtung der Tangentialschnittkraft F_c.

Die gegen den Maschinentisch wirkende Zerspankraftkomponente wird mit zunehmendem Eingriffswinkel immer geringer, während die zur Vorschubrichtung parallel gerichtete Zerspankraftkomponente bis zum Schneidenaustritt weiter zunimmt. Das Werkstück wird zum Fräswerkzeug hin gezogen (**Bild 4**).

Die Anwendung des Gleichlauffräsens setzt einen spielfreien Vorschubantrieb (z. B. mit Kugelumlaufspindel) voraus, da ein durch Führungsspiel bedingtes Nachlaufen des Werkstücks in Vorschubrichtung der Schneide zu ungünstigen Schnittbedingungen (ruckartigem Kraftverlauf) und häufig zum Bruch der Schneidkante führt.

1 Stirnplanfräsen von Gusswerkstoff

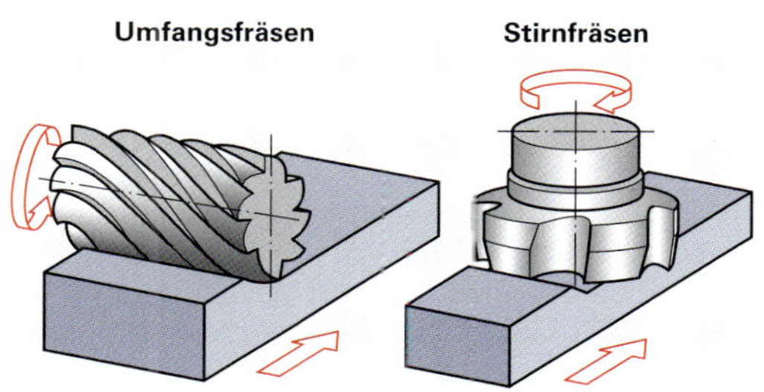

2 Zerspanungsbewegung

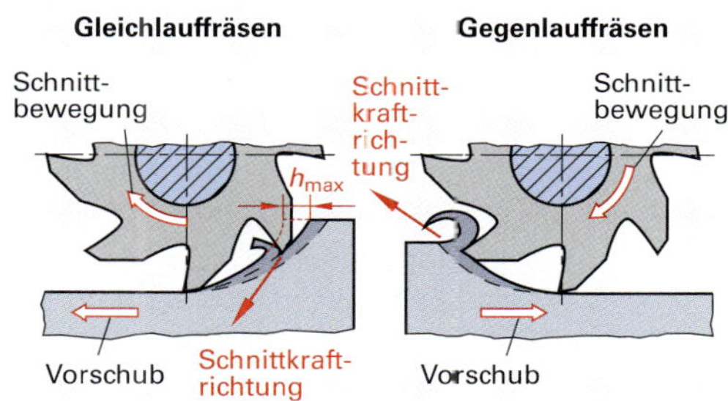

3 Gleichlauffräsen und Gegenlauffräsen

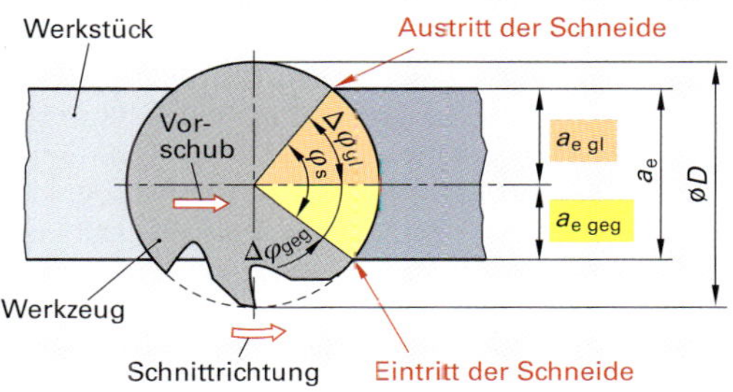

4 Gegenlauf- und Gleichlauffräsen beim Stirnplanfräsen

Beim **Gegenlauffräsen** beginnt die Werkzeugschneide die Spanabnahme mit einer zerspanungstechnisch ungünstigen Spanungsdicke Null und tritt mit maximaler Spanungsdicke h_{max} aus dem Werkstoff aus. Die bei Schneideneintritt nur langsam zunehmende Spanungsdicke verursacht zunächst ein Aufgleiten der Schneidkante auf den Werkstoff und dadurch einen erhöhten Freiflächenverschleiß und reibungsbedingt höhere Zerspanungstemperaturen.

Ist die Materialaufwerfung vor der Spanfläche des Schneidkeils durch Werkstoffstauchung größer als die Schneidkantenverrundung und überwinden die angestiegenen Druckkräfte die Scherfestigkeit des Werkstoffs, so setzt die Abscherung des Spans ein. Die Zerspankraft ist beim Schneideneintritt minimal und entgegengesetzt zur Vorschubrichtung. Das Werkstück wird vom Werkzeug weggedrückt.

Mit zunehmendem Eingriffswinkel wird die Zerspankraft entgegen der Vorschubrichtung immer geringer, dafür nimmt die vom Maschinentisch weg gerichtete Zerspankraftkomponente immer mehr zu. Die Schneide tritt mit maximaler Spanungsdicke h_{max} und maximaler Schnittkraft aus dem Werkstoff aus.

Vergleicht man die Richtung der Zerspankraft bei Gleich- und Gegenlauffräsen, so wird deutlich, dass beim Gleichlauffräsen die entstehende Zerspankraft in die Maschinenstruktur gerichtet ist, während beim Gegenlauffräsen eine maschinenabgewandte Kraftrichtung resultiert.

Moderne Werkzeugmaschinen kompensieren durch Materialeigenschaften und Konstruktionsmerkmale in die Maschinenstruktur hinein wirkende Kräfte meist ohne Probleme. Für nach außen wirkende Kräfte sind die schwingungsdämpfenden Eigenschaften und die Steifigkeit der Maschinenstrukturen meist geringer. Außerdem erfordert das Gegenlauffräsen eine stabilere Werkstückaufspannung.

Die Gefahr des Einziehens von Spänen beim Schneideneintritt ist beim Gegenlauffräsen ungleich größer, da beim Gleichlauffräsen ein von der Schneidkante mitgeführter Span beim Schneideneintritt ohne Schaden für die Schneidkante durchtrennt wird. Die beim Schlichtfräsen im Gegenlaufverfahren häufig beobachtete bessere Qualität der Werkstückoberfläche ist auf eine beim Aufgleiten der Schneide verursachte, geringe plastische Verformung der Oberflächenschicht zurückzuführen. Dadurch verkürzt sich die Werkzeugstandzeit.

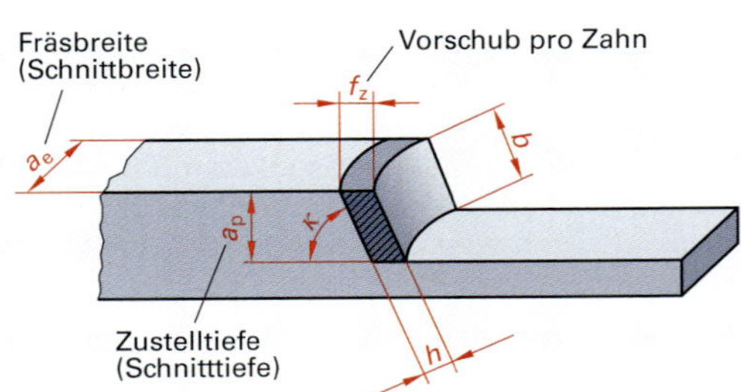

1 Spanungsgrößen beim Stirnfräsen

2 Planfräsen

Schnittgrößen beim Fräsen

Die Schnittgeschwindigkeit in m/min ergibt sich aus dem Weg, den eine Schneide bei einer ganzen Werkzeugumdrehung zurücklegt, multipliziert mit der Anzahl von Umdrehungen pro Minute:

$$v_c = \frac{D \cdot \pi \cdot n}{1000}$$

D Werkzeugdurchmesser in mm
n Drehzahl in min^{-1}
1000 mm/m, Korrekturfaktor

Die relative Geschwindigkeit zwischen dem Werkzeug und dem Werkstück wird durch die Vorschubgeschwindigkeit v_f in mm/min beschrieben: (Tischvorschub)

$$v_f = f \cdot n = f_z \cdot z \cdot n$$

v_f Vorschubgeschwindigkeit
f Vorschub in mm/Umdr.
f_z Vorschub pro Zahn
z Zähnezahl des Werkzeugs

Der Vorschub pro Zahn gibt bei mehrschneidigen Fräswerkzeugen den Weg des Fräsers beim Eingriff eines Zahns in Vorschubrichtung an (**Bild 1**). Dieser Wert ist vom Fräsverfahren und vom eingesetzten Schneidstoff abhängig und ist in entsprechenden Schnittwerttabellen dargestellt (**Bild 2**).

Die Zustellung beim Fräsen erfolgt in axialer und in radialer Werkzeugrichtung. Abhängig vom Fräsverfahren ergibt sich die Fräs- bzw. Zustelltiefe a_p beim Stirnplanfräsen und beim Umfangsfräsen in axialer Richtung des Werkzeugs. Die radiale Überdeckung des Werkzeugs mit dem Werkstück bzw. der Bearbeitungsebene bezeichnet man als Fräsbreite a_e.

Aus der Fräsbreite a_e, der Frästiefe a_p und der Vorschubgeschwindigkeit v_f lässt sich das Zeitspanvolumen Q beim Fräsen bestimmen **(Bild 1)**:

$$Q = a_e \cdot a_p \cdot v_f$$

Q Zeitspanvolumen
a_e Fräsbreite
a_p Frästiefe
v_f Vorschubgeschwindigkeit

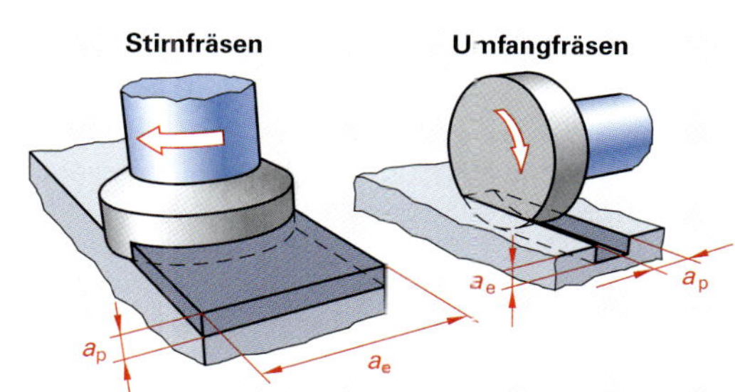

1 Schnitttiefe a_p und Schnittbreite a_e

Eingriffswinkel (Schnittbogenwinkel)

Entsprechend der Eingriffslänge des Werkzeugs zwischen Schneideneintritt in das Werkstück bis zum Schneidenaustritt ergibt sich der für die Bestimmung der Schnittkraft und der Antriebsleistung notwendige Eingriffs- oder Umschlingungswinkel φ_s des Werkzeugs. Je größer der Eingriffswinkel, desto mehr Zähne sind im Eingriff **(Bild 2)**.

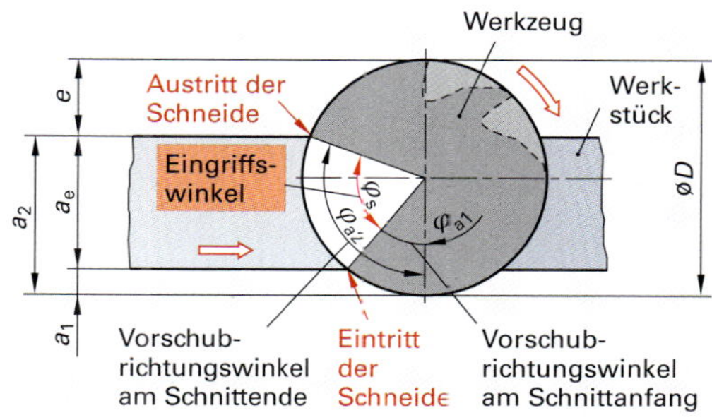

2 Vorschubrichtungswinkel und Eingriffswinkel beim Stirnfräsen

Für das Umfangsfräsen lässt sich der Eingriffswinkel φ_s aus der Fräsbreite a_e des Werkzeugs und dem Fräserdurchmesser D bestimmen:

$$\cos \varphi_s = 1 - \frac{2 \cdot a_e}{D}$$

φ_s Eingriffswinkel
a_e Fräsbreite
D Fräserdurchmesser

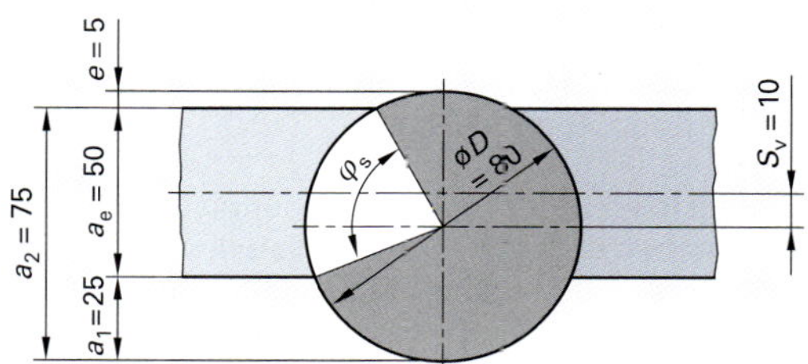

3 Schnittbogenwinkel

Beim Stirnplanfräsen ergibt sich abhängig von der Position der Werkzeugachse zur Mittelachse der Bearbeitungsebene:

- ein Vorschubrichtungswinkel am Schnittanfang φ_{a1} und
- ein Vorschubrichtungswinkel am Schnittende φ_{a2}.

Die Differenz zwischen φ_{a2} und φ_{a1} ergibt den Eingriffswinkel φ_s des Werkzeugs:

$$\cos \varphi_{a1} = 1 - \frac{2 \cdot a_1}{D}$$

$$\cos \varphi_{a2} = 1 - \frac{2 \cdot a_2}{D}$$

$$\varphi_s = \varphi_{a2} - \varphi_{a1}$$

a_1 Abstandsmaß vom Fräserdurchmesser zum Werkstückanfang in Drehrichtung des Fräsers betrachtet.
a_2 Abstandsmaß vom Fräserdurchmesser zum Werkstückende in Drehrichtung des Fräsers betrachtet.
D Fräserdurchmesser.

Aufgabe

Fräsen einer Grundplatte (Bild 3)

Werkstoff 42 CrMo 4 (1.7225)

Werkzeug: Planfräskopf, HM
Einstellwinkel $\kappa = 45°$
Spanwinkel $\gamma = 16°$
$\varnothing D = 63$ mm, $z = 5$

Schnittwerte: $v_c = 160$ m/min, $f_z = 0{,}12$ mm

Stirnplanfräsen mit $a_e = 50$ mm, $a_p = 12$ mm

Eingriffswinkel φ_s

$$\cos \varphi_{a1} = 1 - \frac{2 \cdot a_1}{D} = 1 - \frac{2 \cdot 25 \text{ mm}}{80 \text{ mm}} \Rightarrow \varphi_{a1} = 67{,}97°$$

$$\cos \varphi_{a2} = 1 - \frac{2 \cdot a_2}{D} = 1 - \frac{2 \cdot 75 \text{ mm}}{80 \text{ mm}} \Rightarrow \varphi_{a2} = 151{,}05°$$

$$\varphi_S = \varphi_{a2} - \varphi_{a1} = \mathbf{83{,}08°}$$

Ist der Eingriffswinkel kleiner als 90° (φ_s < 90°) erfolgt die Bearbeitung, je nach Vorschubrichtung des Werkstücks, entweder im Gleichlaufverfahren oder im Gegenlaufverfahren. Bei einem Eingriffswinkel φ_s zwischen 90° und 180° (90° < φ_s < 180°) überwiegt je nach Vorschubrichtung des Werkstücks, bzw. je nach Position der Werkzeugmitte zur Bearbeitungsebene, entweder der Gleichlaufanteil oder der Gegenlaufanteil.

Um beim Stirnplanfräsen **(Bild 1)** beim Eintritt und beim Austritt der Schneide günstige Eingriffsverhältnisse zu erhalten, sollte der Fräserdurchmesser ca. 1,5 mal der Fräsbreite a_e entsprechen.

> Damit an der Werkzeugschneide beim *Schneideneintritt* und beim *Schneidenaustritt* günstige Bedingungen vorliegen, versetzt man die Fräserachse zur Werkstückmitte im Verhältnis $a_1 : e = 1 : 3$.

Ist das Verhältnis $D/a_e > 2$, liegt die Werkzeugmitte außerhalb der Bearbeitungsfläche und der Eintrittswinkel am Schnittanfang ist positiv. Der erste Kontakt der Schneide mit dem Werkstück findet in dem weniger stabilen, äußeren Schneidkantenbereich statt. Bei einem negativen Eintrittswinkel am Schnittanfang ist das Verhältnis $D/a_e < 2$ und die Werkzeugmitte liegt innerhalb der Bearbeitungsfläche. Die schlagartige Belastung am Schneideneintritt wird von dem massiven, mittleren Teil der Schneidplatte aufgenommen **(Bild 2)**.

Zur Beurteilung der Eingriffsverhältnisse beim Fräsen ist neben dem Eintrittswinkel auch der Austrittswinkel bzw. die Fräseraustrittsposition wichtig, die sich ebenfalls aus der Lage der Werkzeugmitte zur Bearbeitungsfläche ergibt. Da die Spanungsdicke h beim Fräsen nicht konstant ist, resultieren daraus betragsabhängige Zerspanungskräfte entlang der Eingriffslänge der Schneide.

Tritt die Schneide bei einem Verhältnis $D/a_e = 2$ mit maximaler Spanungsdicke h_{max} und damit größter Schnittkraft aus dem Werkstoff aus, entsteht eine plastische Werkstoffverformung, die zu ungünstigen Reibungsverhältnissen an der Schneidkante führt. Sichtbar wird dies durch Gratbildungen am Werkstück bzw. bei harten und spröden Gusswerkstoffen durch Kantenausbröckelung und durch einen erhöhten Werkzeugverschleiß. Tritt der Schneidkeil in einem geringen Spandickenbereich aus dem Werkstück aus, stellen sich günstigere Zerspanungsbedingungen ein **(Bild 3)**.

> Die Werkzeugschneide sollte nicht konturparallel aus dem Werkstück austreten.

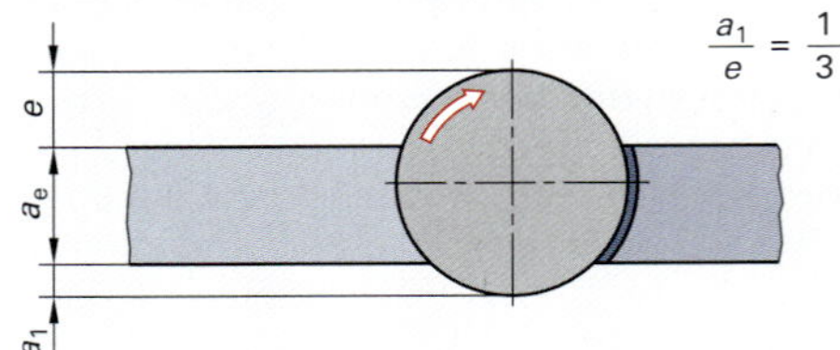

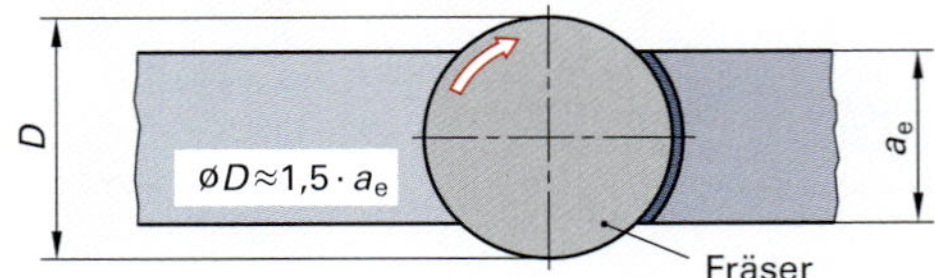

1 **Fräseraustrittsposition beeinflusst die Standzeit**

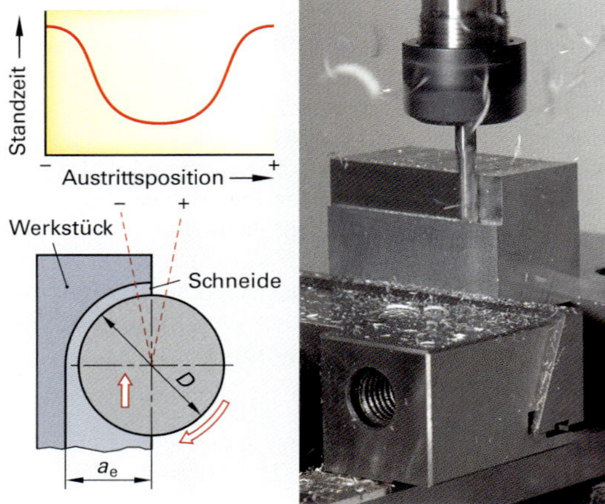

2 **Schneideneintritt bei unterschiedlichen Fräserpositionen**

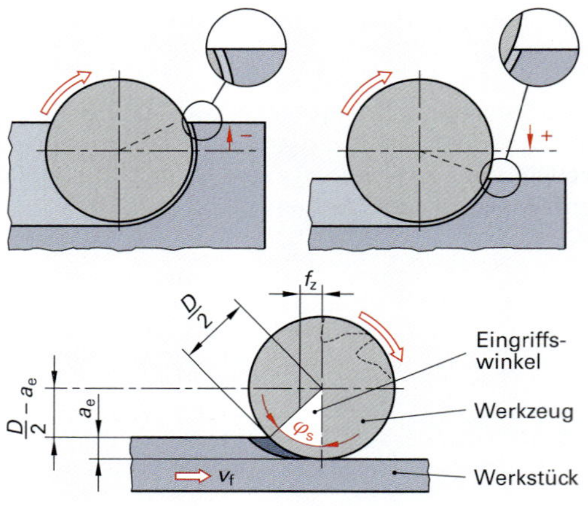

3 **Eingriffsverhältnisse beim Fräsen**

Die mittlere Spanungsdicke h_m

Beim *Umfangsfräsen* und beim *Stirnplanfräsen* ändert sich über die Eingriffslänge des Werkzeugs die Spanungsdicke h. Um mit dieser variablen Größe rechnen zu können, wird die mittlere Spanungsdicke bzw. die Mittenspandicke h_m bestimmt **(Bild 1)**.

Für das **Umfangsfräsen** gilt:

Die Spanungsdicke h nimmt je nach Vorschubrichtung zu oder ab. Der Maximalwert h_{max} entspricht dem Vorschub pro Zahn ($h_{max} = f_z$) und wird beim Gleichlauffräsen beim Schneideneintritt, bzw. beim Gegenlauffräsen beim Austritt der Schneide aus dem Werkstoff, erreicht. Die Mittenspandicke wird beim halben Eingriffswinkel $\varphi_s/2$ bestimmt:

$$h_m = \frac{360°}{\pi \cdot \varphi_s} \cdot \frac{a_e}{D} \cdot f_z$$

h_m Mittenspandicke
D Fräserdurchmesser
a_e Fräsbreite
f_z Vorschub pro Zahn
φ_s Eingriffswinkel

Näherungsweise gilt: $h_m \approx f_z \cdot \sqrt{a_e/D}$.

Für das **Stirnplanfräsen** gilt:

Die Spanungsdicke h ist vom Einstellwinkel κ des Fräsers abhängig. Der Einstellwinkel ergibt sich aus der Lage der durch die Hauptschneide erzeugten Fläche zu der bearbeiteten Werkstückfläche. Beträgt der Einstellwinkel, wie beim Umfangsfräsen mit Scheibenfräser oder mit Schaftfräser, $\kappa = 90°$, entspricht die maximale Spanungsdicke h_{max} dem Vorschub pro Zahn f_z **(Bild 2)**.

Kleinere Einstellwinkel $\kappa < 90°$ erzeugen über eine größere Schneidkantenlänge dünnere Späne. Die maximale Spanungsdicke h_{max} lässt sich über den Sinus des Einstellwinkels und f_z bestimmen:

$$h_{max} = \sin\kappa \cdot f_z$$

h_{max} maximale Spanungsdicke
κ Einstellwinkel
f_z Vorschub pro Zahn

Die Mittenspandicke h_m beim Stirnplanfräsen berechnet sich aus:

$$h_m = \frac{360°}{\pi \cdot \varphi_s} \cdot \frac{a_e}{D} \sin\kappa \cdot f_z$$

näherungsweise gilt:

$$h_m \approx f_z \cdot \sin\kappa \cdot \sqrt{a_e/D}$$

h_m Mittelspandicke
f_z Vorschub pro Zahn
κ Einstellwinkel
a_e Fräsbreite
D Fräserdurchmesser

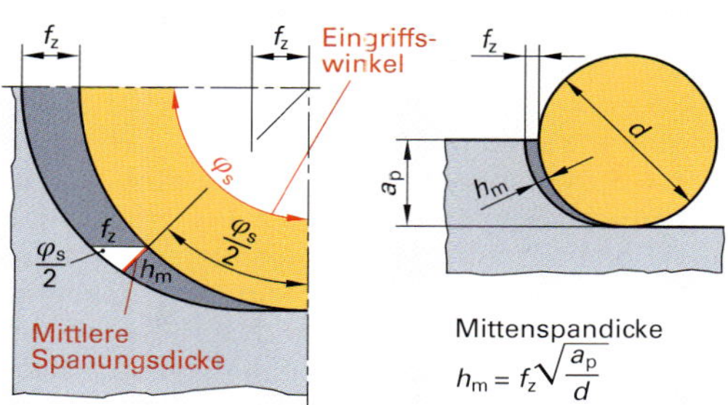

1 Mittlere Spanungsdicke h_m und Mittenspandicke bei runder WSP

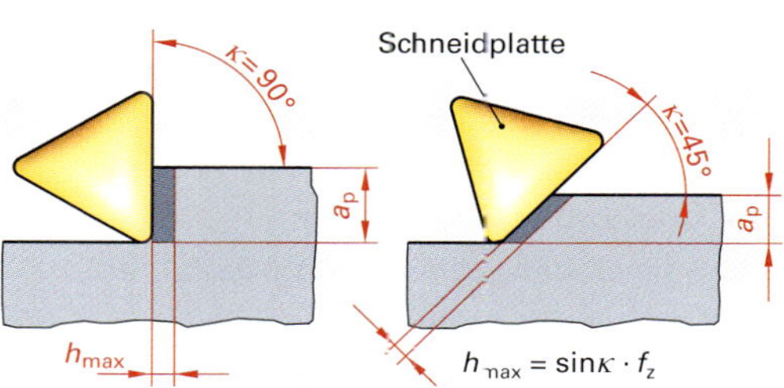

2 Spanungsdicke in Abhängigkeit vom Einstellwinkel κ

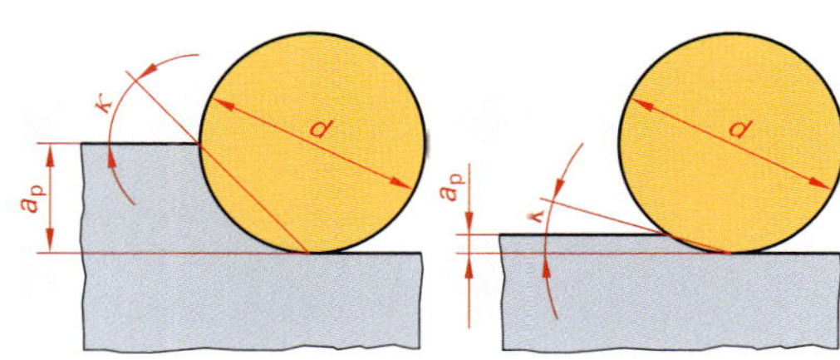

3 Einstellwinkel bei runden Schneidplatten

Beim Stirnplanfräsen mit runden Wendeschneidplatten hängt die Mittenspandicke h_m von der Schnitttiefe a_p und vom Durchmesser d der Schneidplatte ab **(Bild 3)**. Im Gegensatz zu Fräswerkzeugen mit konstantem Einstellwinkel ändert sich bei runden Schneidplatten der Einstellwinkel κ je nach Schnitttiefe von Null bis max. 45°. Bei einem effektiven Einstellwinkel von $\kappa = 45°$ entspricht die Schnitttiefe dem Radius $r = d/2$ der Schneidplatte und damit der maximalen Schnitttiefe a_p.

Die Berechnung der mittleren Spanungsdicke h_m erfolgt mit folgender Formel:

$$h_m = f_z \cdot \sqrt{a_p/d}$$

h_m Mittenspandicke
f_z Vorschub pro Zahn
a_p max. Schnitttiefe
d Schneidplattendurchmesser

Die spezifische Schnittkraft beim Fräsen

Die Zerspanbarkeit des Werkstückwerkstoffs wird über die von der Spanungsdicke h und der Schneidengeometrie abhängige spezifische Schnittkraft erfasst. Sie entspricht mit ihrem Hauptwert $k_{c.1.1}$ der tangentialen Schnittkraft F_c, die erforderlich ist, um einen Span mit 1 mm² Spanungsquerschnitt bei einer Spanungsdicke h = 1 mm und einer Spanungsbreite b = 1 mm abzuscheren. Nach Kienzle wird die von der Spanungsdicke abhängige spezifische Schnittkraft wie folgt berechnet:

$$k_c = \frac{k_{c.1.1}}{h_m^{mc}}$$

$k_{c.1.1}$ Hauptwert der spez. Schnittkraft in N/mm² bezogen auf A = 1 mm²
h_m Mittenspanungsdicke in mm
m_c Werkstoffkonstante

Die spezifische Schnittkraft ist neben der Spanungsdicke auch noch von:

- der Größe des Spanwinkels γ,
- der Spanstauchung (Fertigungsverfahren),
- dem Verschleiß an der Werkzeugschneide und
- der Schnittgeschwindigkeit v_c

abhängig.

Diese hier aufgeführten Einflussgrößen werden durch Korrekturfaktoren K in der Berechnung berücksichtigt.

Spanwinkel:

$$K_\gamma = 1 - \frac{\gamma_{tat} - \gamma_o}{100}$$

K_γ Korrekturfaktor für den Spanwinkel γ
γ_{tat} tatsächlich am Werkzeug vorhandener Spanwinkel
γ_o in ° Basisspanwinkel
(γ_o = 6° für Stahlbearbeitung)
(γ_o = 2° für Gussbearbeitung)
(γ_o = 10° für Aluminiumbearbeitung)

Spanstauchung

Vor und nach dem Abscheren des Spanes kommt es zu einer Spanstauchung. Sie ist bei jedem Arbeitsverfahren anders. Richtwerte für die Korrekturfaktoren K_{sp}:

- Außendrehen K_{sp} = 1,0,
- Innendrehen, Bohren, Fräsen K_{sp} = 1,2,
- Einstechen, Abstechen K_{sp} = 1,3,
- Hobeln, Stoßen, Räumen K_{sp} = 1,1.

Verschleiß an der Hauptschneide

Durch Verschleiß an der Hauptschneide kommt es zu einem Kraftanstieg. Er liegt, je nach Abstumpfung der Schneide, zwischen 30 % und 50 %.

Für die Berechnung kann man als Mittelwert einen Verschleißfaktor von K_{ver} = 1,3 einsetzen.

Schnittgeschwindigkeit

Der Einfluss der Schnittgeschwindigkeit ist im Hartmetallbereich gering. Deshalb kann er vernachlässigt werden. (K_{vc} = 1,0)

Im Schnellstahlbereich setzt man K_{vc} = 1,2.

Mithilfe dieser Korrekturfaktoren kann man nun die spezifische Schnittkraft k_c wie folgt bestimmen:

$$k_c = \frac{k_{c.1.1}\, K_\gamma \cdot K_{sp} \cdot K_{vc} \cdot K_{ver}}{h_m^{mc}}$$

k_c spez. Schnittkraft in N/mm²

Hauptschnittkraft

Die Hauptschnittkraft F_c kann man nun aus der spez. Schnittkraft k_c und dem Spanungsquerschnitt A bestimmen:

$$F_c = k_c \cdot A$$

F_c Hauptschnittkraft in N
A Spanungsquerschnitt in mm²

Spanungsquerschnitt A:

$$A = a_p \cdot h_m \cdot z_e$$

a_p Schnitttiefe in mm
h_m mittlere Spanungsdicke in mm
z_e Zahl der Schneiden im Eingriff

Schneiden im Eingriff:

$$z_e = \frac{\varphi_s \cdot z}{360°}$$

φ_s Eingriffswinkel
z Gesamtzahl der Schneiden

Schnittleistung

Die Schnittleistung P_c ist die beim Zerspanungsvorgang erforderliche Leistung:

$$P_c = F_c \cdot v_c$$

P_c Schnittleistung in kW
v_c Schnittgeschwindigkeit in m/min
Korrekturfaktor für Einheiten: 60 s/min, 1000 W/kW

Maschinenantriebsleistung

Unter Berücksichtigung des Maschinenwirkungsgrades η ergibt sich die erforderliche Maschinenantriebsleistung:

$$P = \frac{P_c}{\eta} = \frac{F_c \cdot v_c}{\eta}$$

P Maschinenantriebsleistung in kW
η Maschinenwirkungsgrad
η 0,75…0,85

Fräsen mit Spindelsturz

Weil beim Fräsen mit senkrechter Spindelachse (Stirnfräsen) die Schneiden auf dem Rückweg nachschneiden, entstehen auf der Werkstückoberfläche Kreuzspuren **(Bild 1)**. Dieser Vorgang wird **Nachschneideffekt** genannt. Er schädigt die Schneiden und verkürzt damit die Standzeit. Außerdem wird eine unregelmäßige Oberfläche hergestellt.

Beides kann vermieden werden, indem die Frässpindel oder (seltener) der Maschinentisch leicht geneigt wird. Diese Neigung bezeichnet der Fachmann als **Sturz**. Der **Sturzwinkel** sollte zwischen **0,005° und 0,03°** (30"...1'48") von der Werkzeugachse in **Vorschubrichtung** eingestellt werden **(Bild 2)**.

Wird der Sturz zu groß eingestellt, werden die Schneiden ungünstig beansprucht. Zu beachten ist, dass bei eingestelltem Sturz auf dem Werkstück eine leicht konkave Oberfläche entsteht.

Beim Fräsen mit senkrechter Spindelachse muss der Sturz eingestellt werden, um den Nachschneideffekt zu verhindern.

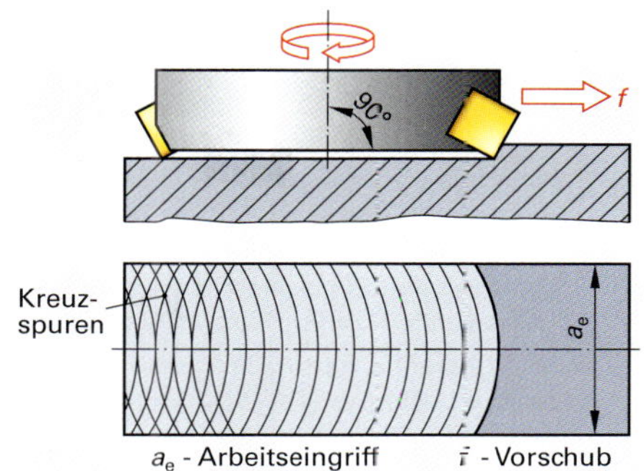

1 Nachschneideffekt

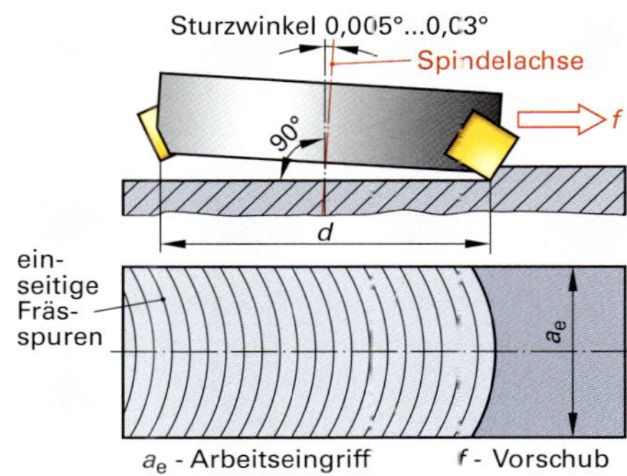

2 Stirnfräsen mit Spindelsturz

Planfräsen mit Breitschlichtfase

Das Fräsen mit Spindelsturz erzeugt eine nicht ebene, konkave Fläche. Durch den Einsatz einer Wendeschneidplatten mit Planfase (b_s) im Stirnplanfräser kann dies vermieden werden. Die Breitschlichtplatte ist die am tiefsten positionierte Wendeschneidplatte an der Stirnseite des Planfräsers.

Zur Erzielung einer hohen Oberflächengüte soll der Vorschub pro Umdrehung ($f = f_z \cdot z$) geringer sein, als 80% der Breite der Planfase ($f < 0{,}8 \cdot b_s$, **Bild 3 und 4**).

Fräser mit extra enger Teilung steigern den Vorschub pro Umdrehung. Je größer der Fräserdurchmesser, desto größer ist der Vorschub pro Umdrehung was eine größere b_s erfordert. Sobald der Vorschub pro Umdrehung die Breite der Planfase überschreitet, wirkt sich der axiale Rundlauffehler des Fräsers auf die Oberflächengüte aus **(Bild 5)**.

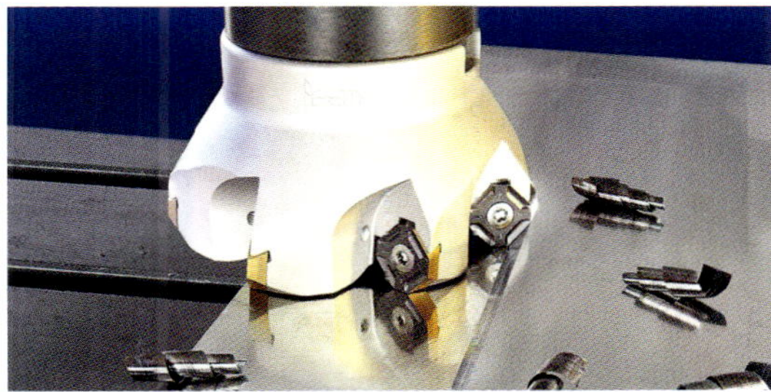

4 Planfräsen mit Breitschlichtplatte

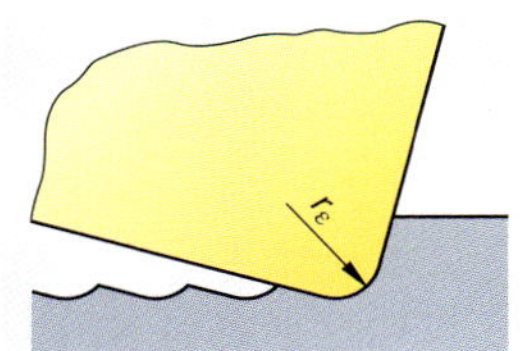

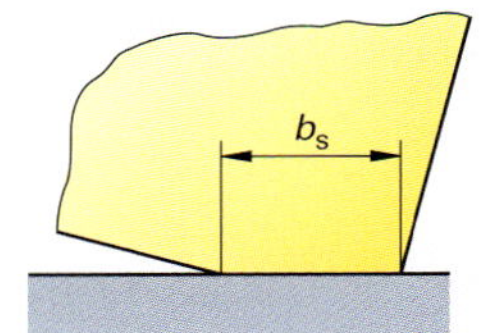

3 Planfräsen mit Breitschlichtfase

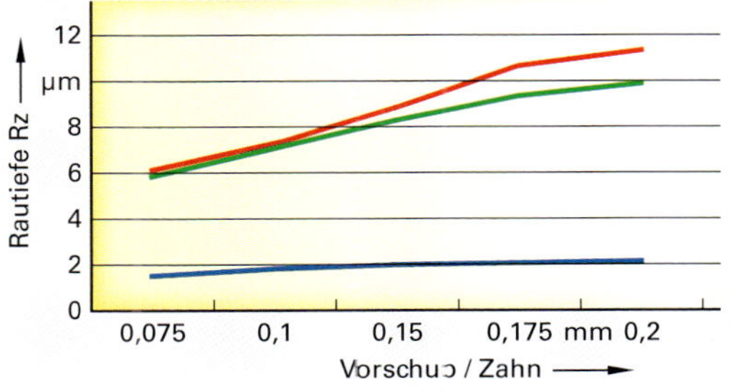

5 Erreichbare Oberflächengüte beim Planfräsen mit Breitschlichtplatte

Fräswerkzeuge

Fräserausführungen	
Fräsertyp	**Einsatzbereich und Ausführung**
N	Schlichtfräser für kleine bis mittlere Spanungsdicken mit Drallwinkel 30°, für Bau-, Einsatz- und Vergütungsstähle, Gusseisen-, Bunt- und Leichtmetalle bis mittlere Festigkeit, in HSS-E und VHM Ausführungen (Vollhartmetall).
W	Schlichtverzahnung (Spiralsteigung 45°), geeignet zum Schlichtfräsen weicher Werkstoffe wie Alu und NE-Metalle bis R_m = 600 N/mm², Oberfläche erfordert keine weitere Nachbearbeitung.
H	Schlichtfräser für harte oder gehärtete Stahl- und Gusseisenwerkstoffe, kleine bis mittlere Spanungsdicken, für sehr gute Oberflächengüten in HSS-E, HSS-PM (pulvermetallurgisch hergestellt) und Vollhartmetall (VHM) Ausführungen.
NH	Schlichtverzahnung mit großem Drallwinkel (45°), geeignet für kleine Spanungsdicken bei Bau-, Einsatz- und Vergütungsstählen, Gusseisen-, Bunt- und Leichtmetallen bis mittlere Festigkeit, in HSS-E und Vollhartmetall (VHM) Ausführungen.
NF	Schrupp-Schlichtfräser mit flachen Rillen für kleine bis mittlere Spanungsdicken für Stahl-, Gusseisen-, Bunt- und Leichtmetalle bis mittlere Festigkeit, auch für Kunststoffe geeignet, in HSS-E und Vollhartmetall (VHM) Ausführungen.
NR	Schruppfräser mit großer Rillenteilung für mittlere bis große Spanungsdicken und große Spanvolumen, für Stähle, Gusseisen-, Bunt- und Leichtmetalle bis mittlere Festigkeiten sowie für Kunststoffe einsetzbar, kurze Späne und gute Spanabfuhr, in HSS-E Ausführung.
NRf	Feine Schrupp-Kordelverzahnung, geeignet zum Fräsen von Werkstoffen mit höherer Festigkeit. Kurze Späne und gute Spanabfuhr. Größere Vorschübe als bei Typ NR möglich. Oberfläche erfordert in vielen Fällen keine weitere Nachbearbeitung. Geeignet für Materialien bis R_m = 1400 N/mm², bei PM HSS-E-Fräsern R_m = 1600 N/mm² (44 HRC), bei VHM-Fräsern bis 48 HRC Werkstoffhärte.
WR	Geeignet zum Schruppfräsen von Aluminiumlegierungen, weichem Aluminium, NE-Metallen bis ca. 600 N/mm² Zugfestigkeit, kurze Späne und gute Spanabfuhr, in HSS-E Ausführungen.
HR	Schruppfräser mit kleinen Spanteilern für große Spanungsdicken und Spanvolumen, für harte, kurzspanende Stahl- und Gusswerkstoffe anwendbar, in HSS-E, PM HSS-E und VHM Ausführungen.

Typ N, NH, W, H | **Typ NF** | **Typ NR, HR, WR** | **Typ NRf**

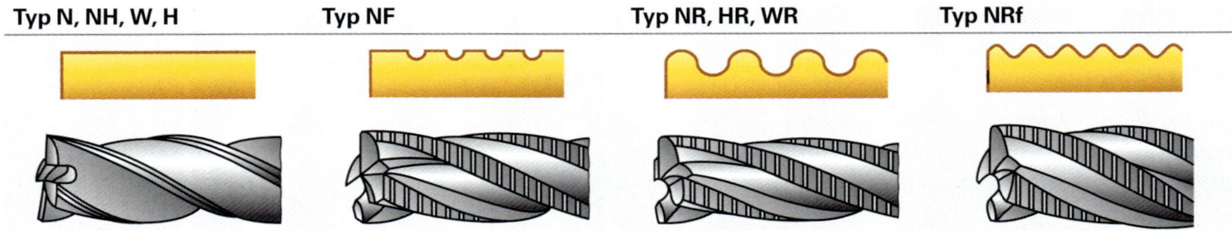

Schneidenwinkel für Schaftfräser und Walzenstirnfräser

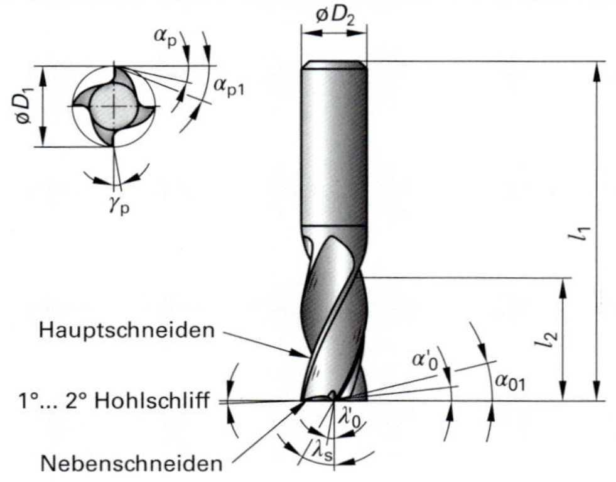

- α'_0 Primärfreiwinkel der Nebenschneiden
- α'_{01} Sekundärfreiwinkel der Nebenschneiden
- α_p Primärfreiwinkel der Hauptschneiden
- α_{p1} Sekundärfreiwinkel der Hauptschneiden
- γ_p Rückspanwinkel der Hauptschneiden
- λ'_0 Orthogonalspanwinkel der Nebenschneiden
- λ_s Drallwinkel der Hauptschneiden
- l_1 Gesamtlänge
- l_2 Schneidenlänge
- D_1 Schneidendurchmesser
- D_2 Schaftdurchmesser

Fräswerkzeuge mit ISO-Wendeschneidplatten

Scheibenfräser

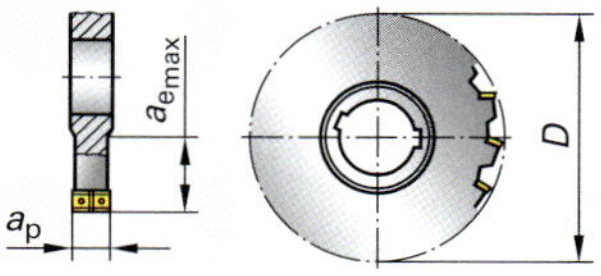

$a_{e\max}$, a_p, D

Schaft- und Eckfräser

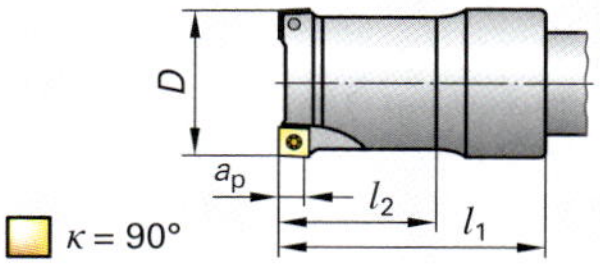

D, a_p, l_2, l_1, $\kappa = 90°$

Plan- und Eckfräser

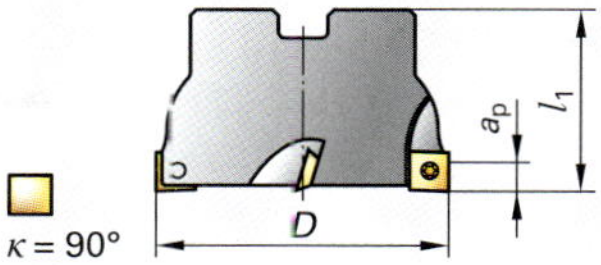

a_p, l_1, D, $\kappa = 90°$

Schaftfräser

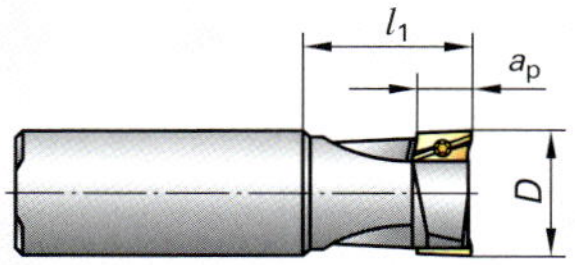

l_1, a_p, D

Walzenstirnfräser

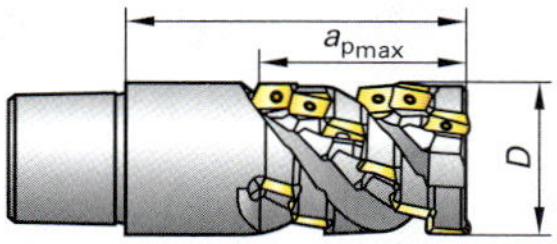

$a_{p\max}$, D

45°-Planfräser

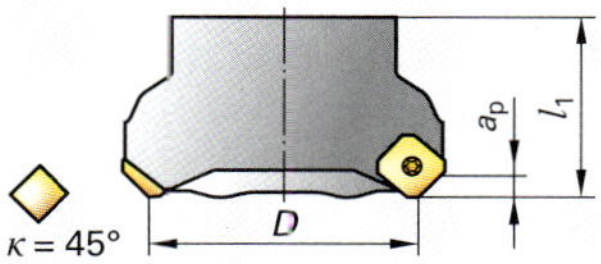

a_p, l_1, D, $\kappa = 45°$

60°-Planfräser

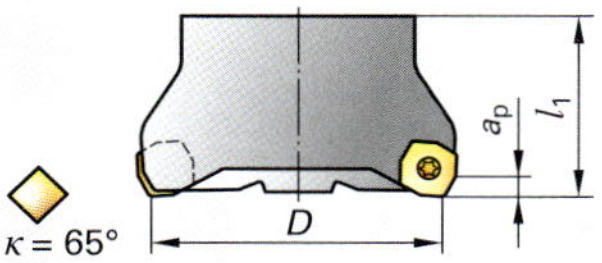

a_p, l_1, D, $\kappa = 65°$

Torusfräser mit runden WSP

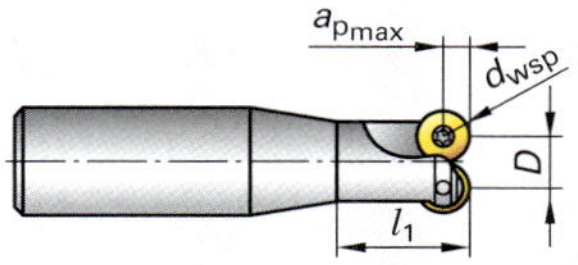

$a_{p\max}$, d_{WSP}, D, l_1

Planfräser mit runden WSP

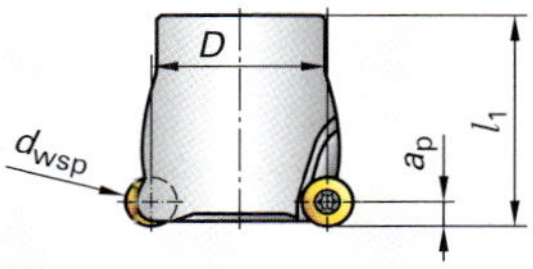

D, d_{WSP}, a_p, l_1

Kugelschaftfräser

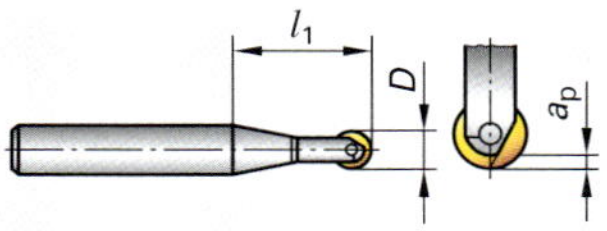

l_1, D, a_p

Planfräser κ 90° für Aluminium

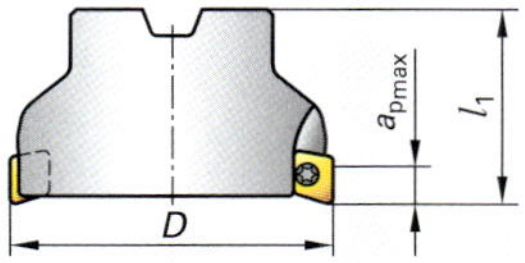

$a_{p\max}$, l_1, D

Tauchfräser

$\kappa = 10°$, l_1, a_p, a_e, D

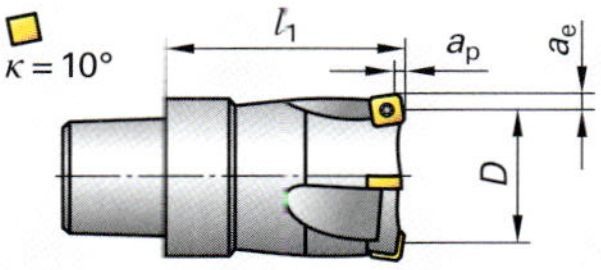

ISO-Code für Schneidplatten beim Fräsen

T	P	G	T	16	T3	AP	S	R	01520	M	028	HC-M30
①	②	③	④	⑤	⑥	⑦	⑧	⑨	⑩	⑪	⑫	⑬

① Schneidplattenform
② Hauptfreiwinkel
③ Toleranzklasse
④ Befestigung, Spanbrecher
⑤ Schneidplattengröße
⑥ Schneidplattendicke
⑦ Schneideneckenausführung
⑧ Schneidkantenausführung
⑨ Vorschubrichtung
⑬ Schneidstoffbezeichnung ISO 513
⑩ ⑪ ⑫ Bezeichnungssymbole von bestückten Schneidplatten nach ISO 16462 und ISO 16463

⑦ Schneidplatten mit Planschneiden

Für den Einstellwinkel κ der Hauptschneide:
A – 45°
D – 60°
E – 75°
F – 85°
P – 90°

Für den Normal-Freiwinkel α'_n an der Planschneide:

A – 3°	**F – 25°**
B – 5°	**G – 30°**
C – 7°	**N – 0°**
D – 15°	**P – 11°**
E – 20°	

Die Planschneide ist Teil der Nebenschneide

Legende: 1 Hauptschneide
2 gefaste Schneidenecke
3 Planschneide
4 Nebenschneide

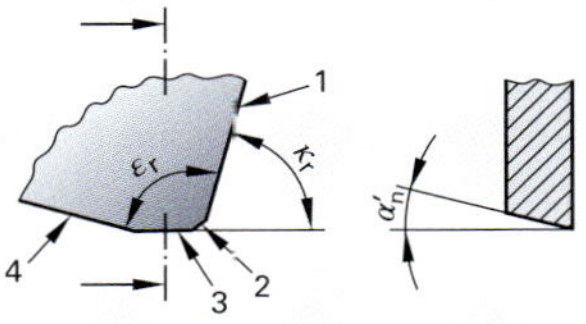

ε_r, κ_r, α'_n

Fräswerkzeuge aus HSS/VHM

VHM/HSS-Schaftfräser

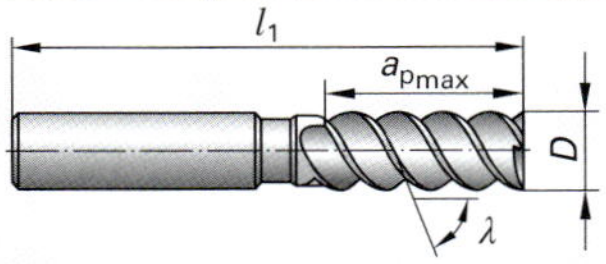

l_1, $a_{p\max}$, D, λ

VHM-Kugelschaftfräser

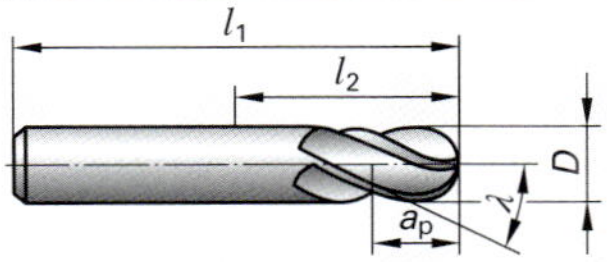

l_1, l_2, D, a_p, λ

HSS-Scheibenfräser

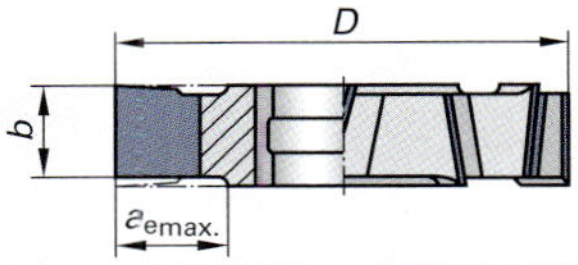

D, b, $a_{e\max.}$

HSS-Walzenstirn-Schruppfräser

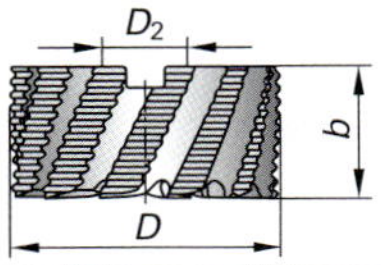

D_2, b, D

HSS-Walzenstirn-Schlichtfräser

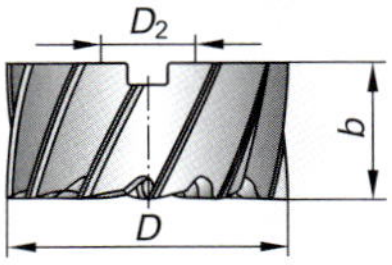

D_2, b, D

HSS-Winkelfräser

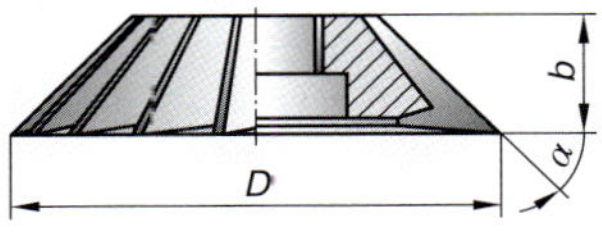

b, α, D

Teilung am Fräswerkzeug

Vibrationen erzeugen eine ungenügende Werkstückoberfläche und erhöhten Verschleiß an Werkzeug und Maschine. Die Zerspanungsleistung sinkt. Das kann verschiedene Ursachen haben. **Am Werkzeug** erzeugen kleine Einstellwinkel κ eine Ablenkung der Schnittkräfte in axiale Richtung (in Richtung der Frässpindel bzw. in Richtung Werkstück). Axial ist die Werkzeugspindel deutlich schwingungsstabiler als radial **(Bild 1)**. Günstig sind hier runde Schneidplatten, da die axialen und radialen Kräftekomponenten gleichmäßiger verteilt sind. Fräswerkzeuge mit Differentialteilung können Vibrationen oft wirkungsvoll unterbinden, weil das „Aufschaukeln" harmonischer Schwingungen unterbunden wird **(Bild 2)**.

Sind die Schneiden ungleichmäßig angeordnet, spricht man von einer **Differentialteilung**. Damit kann der Zerspanungsprozess unter Umständen günstig beeinflusst werden **(Bild 2)**.

Der effektive Abstand zwischen den Schneiden im Eingriff wird als Teilung (*u* in mm) bezeichnet **(Bild 3)**. Man kann damit bewirken, wie viele Schneiden beim Zerspanungsprozess gleichzeitig im Eingriff sein sollen.

Allgemein wird unterschieden in:

Weite Teilung (L)

Die geringe Anzahl der Schneiden ermöglicht den Einsatz des Fräsers bei langspanenden Werkstoffen. Auch durch die geringe Leistungsfähigkeit des gesamten Zerspanprozesses empfiehlt sich dieses Werkzeug für die Bearbeitung einiger NE-Werkstoffe.

Enge Teilung (M)

Die mittlere Anzahl von Wendeschneidplatten führt zu einer guten Produktivität bei normalen Zerspanungsbedingungen. Die Fräser sind gut geeignet zum Schruppen von Stahl und rostfreiem Stahl.

Extra enge Teilung (H)

Die maximale Anzahl an Schneidplatten ermöglicht ein hohes Zeitspanvolumen harter Werkstoffe bei geringem Arbeitseingriff a_e.

Diese Fräser sind gut geeignet zum Schruppen von Gusseisen und warmfesten Superlegierungen und zum Schlichten von Gusseisen.

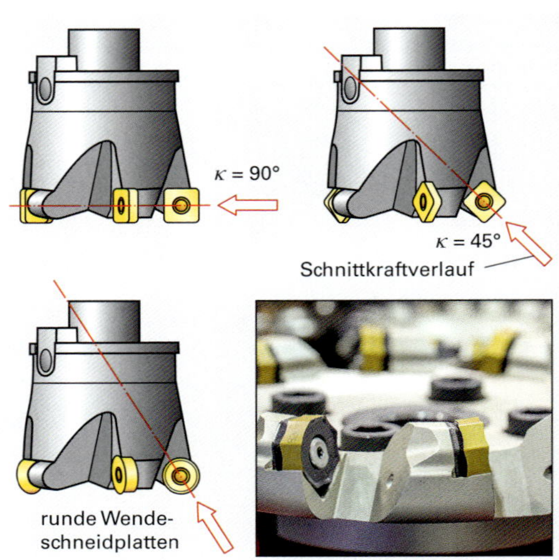

1 **Veränderter Einstellwinkel zur Vibrationsvermeidung**

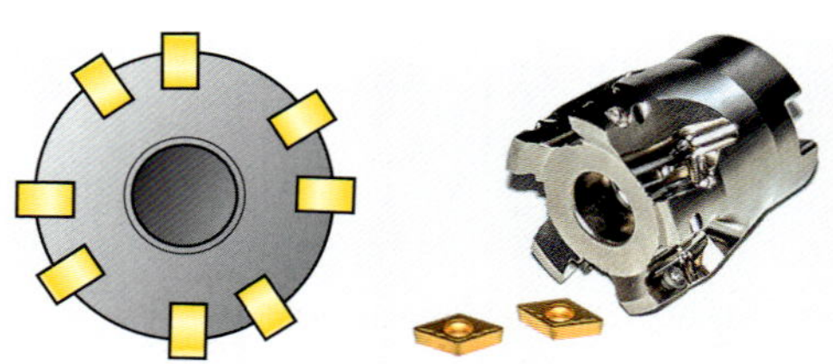

2 **Differentialteilung am Fräswerkzeug**

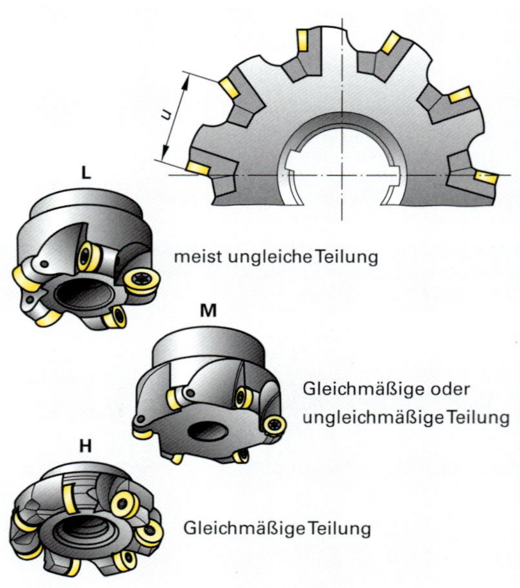

3 **Teilungsarten am Fräswerkzeug**

Störungsbeseitigung beim Fräsen

Werkzeugverschleiß verursacht in der Fertigung beträchtliche Kosten. Nicht nur die Werkzeuge werden immer teurer, auch die Kosten der Stillstandszeit der Maschine beim Werkzeugwechsel steigen ständig.

Verschleiß kann nicht verhindert werden, aber man kann ihn vermindern, wenn seine häufigsten Ursachen bekannt sind. Die Mittel und Methoden zur Vermeidung der zu übermäßigem Verschleiß führenden Vorgänge folgen meistens aus den Ursachen. In der folgenden **Tabelle** sind Ursachen des normalen Verschleißes und Wege zu seiner Verminderung sowie die vermeidbaren Veränderungen an der Werkzeugschneide zusammengefasst:

Tabelle: Verschleißformen und ihre Vermeidung

Verschleißform	Ursache	Verminderung/Vermeidung
normaler Freiflächenverschleiß	Abrieb	nicht zu vermindern
erhöhter Freiflächenverschleiß	• zu kleiner Zahnvorschub • beim Umfangsfräsen im Gegenlauf	• Erhöhung des Zahnvorschubes • Verwendung eines anderen Schneidstoffes
normaler Kolkverschleiß	Abrieb	nicht zu vermindern
erhöhter Kolkverschleiß	hohe Werkzeugtemperatur	• Verringerung der Schnittgeschwindigkeit • Verwendung eines anderen Schneidstoffes
Kammrisse	schneller, häufiger Temperaturwechsel	• Verringerung der Schnittgeschwindigkeit • Arbeiten ohne Kühlmittel
Querrisse	zu hohe Schlagbeanspruchung	günstigeren Anschnitt einstellen
Ausbröckelungen und Aussplitterungen	• zu hohe Schnittkräfte • schneller, häufiger Temperaturwechsel	• Verringerung der Schnittgeschwindigkeit • Arbeiten ohne Kühlmittel • Verwendung eines anderen Schneidstoffes
Aufbauschneide	zu niedrige Schnittgeschwindigkeit	Erhöhung der Schnittgeschwindigkeit
Verformungen	zu hoher Schneidendruck	• Verringerung des Zahnvorschubes • Verwendung eines anderen Schneidstoffes

Die Standzeit bzw. der Standweg sind abhängig vom Schneidstoff, dem Werkstückmaterial sowie den Einstellwerten und der Kühlschmierung **(Bild 1 und 2)**.

1 Werkzeugverschleiß

2 Hartfräsen

Drall- und Schneidrichtung

Um die schlagartige Belastung beim Eintritt in das zu bearbeitende Material zu vermeiden, werden Fräswerkzeuge mit einem Drall versehen. Die Schneide arbeitet sich dadurch allmählich in den Werkstoff ein **(Bild 3)**. Die Folge ist eine Erhöhung der Standzeit und ein ruhiger Schnittverlauf. Außerdem wirkt eine axiale Kraft. Dadurch lassen sich mittels der Kombinationsmöglichkeiten von Drall- und Schneidrichtung die Größe und Richtung auftretender Schnitt- und Axialkräfte positiv beeinflussen.

Die Drallrichtung wird wie bei Gewinden bestimmt, also Links- oder Rechtsdrall. Zur Bestimmung der Schneidenrichtung wird das Werkzeug von der Antriebsseite aus betrachtet.

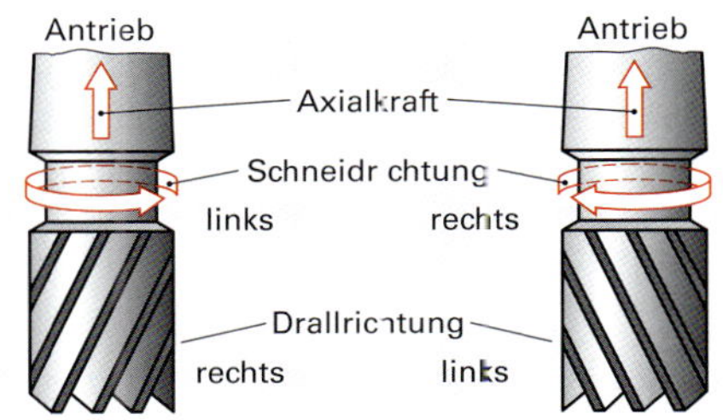

3 Drall- und Schneidrichtung am Schaftfräser

Besondere Fräsverfahren

Drehfräsen

Um an nicht symmetrischen Werkstücken mit ungleicher Massenverteilung zylindrische Außen- und Innengeometrien herzustellen, ist das Drehen wegen der zu erwartenden Unwucht häufig nicht das geeignete Bearbeitungsverfahren. Durch die großen Massenkräfte der meist geschmiedeten oder gegossenen Rohlinge entstehen Schwingungen, die nur eine Bearbeitung mit geringen Werkstückdrehzahlen zulassen.

Beim Drehfräsen erfolgt durch die Überlagerung einer langsamen Drehbewegung des Werkstückes mit der rotierenden Hauptschnittbewegung des Fräswerkzeuges und der vom Werkzeug ausgeführten Vorschubbewegung die formgebende Spanabnahme. Je nach Fräsverfahren und Position des Werkzeugs zum Werkstück wird die Vorschubbewegung entweder achsparallel, orthogonal oder schraubenförmig, d. h. zirkular zur Werkstückachse ausgeführt **(Bild 1)**.

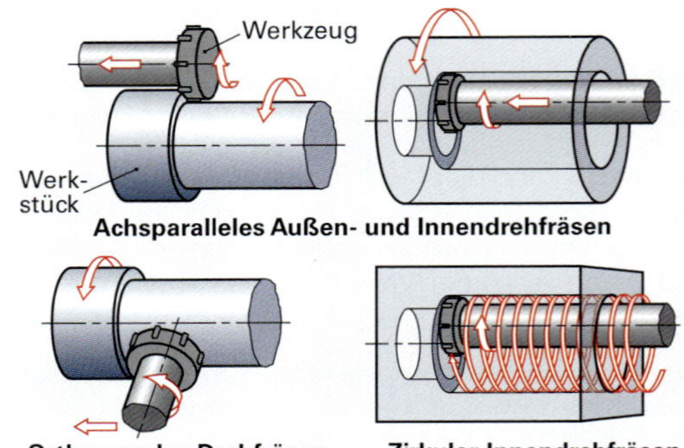

1 Vorschubbewegungen beim Drehfräsen

Außendrehfräsen

Beim achsparallelen Außendrehfräsen erfolgt die Vorschubbewegung des Werkzeugs parallel zur Werkstückachse. Die resultierende, effektive Schnittgeschwindigkeit an der Werkzeugschneide ergibt sich durch die Überlagerung der langsamen Drehfrequenz des Werkstücks mit der hohen Drehfrequenz des Werkzeugs. Die Werkstückoberfläche wird durch die am Werkzeugumfang liegenden Schneiden erzeugt (Umfangsfräsen). Der resultierende Werkzeugvorschub setzt sich aus den Werkzeug- und Werkstückbewegungen zusammen **(Bild 2)**.

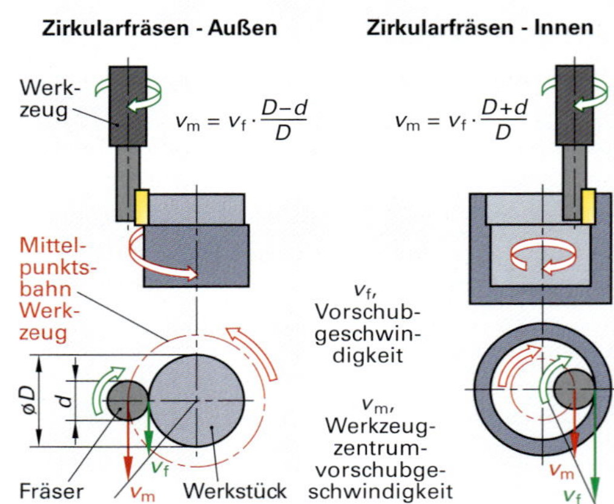

2 Korrigierter Werkzeugvorschub

Beim orthogonalen Außendrehfräsen stehen die Achsen von Werkzeug und Werkstück rechtwinklig, d.h. orthogonal zueinander. Hierbei können die beiden Achsen auf einer Ebene liegen (zentrisches Drehfräsen) oder exzentrisch zueinander (exzentrisches Drehfräsen) angeordnet sein.

Je nach Drehrichtung von Werkstück und Werkzeug kann im Gleich- oder Gegenlaufverfahren bearbeitet werden. Die Werkstückoberfläche wird durch die an der Werkzeugstirnseite liegenden Schneiden erzeugt. Die Hauptzerspanungsarbeit wird durch die am Umfang liegenden Schneidkanten geleistet (Stirnumfangsfräsen).

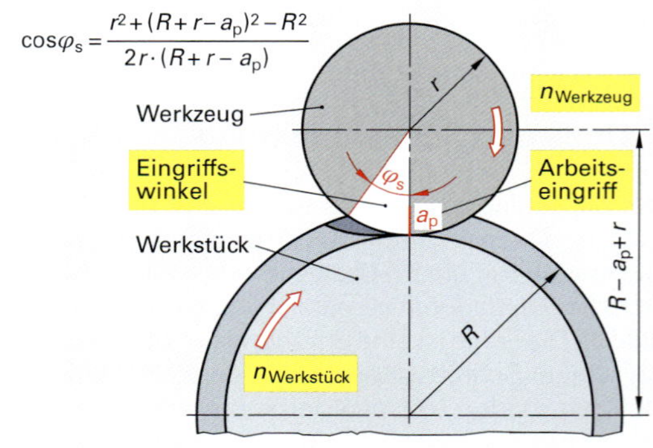

3 Außendrehfräsen

Die Berechnung des Eingriffswinkels φ_s des Werkzeuges beim achsparallelen Außendrehfräsen **(Bild 3)** erfolgt mit folgender Gleichung:

$$\cos \varphi_s = \frac{r^2 + (R + r - a_p)^2 - R^2}{2r\ (R + r - a_p)}$$

Beim *Wirbelfräsen* **(Bild 1)** können mit einem ringförmigen Werkzeugträger mit innenliegenden Schneideneinsätzen rotationssymmetrische Geometrien durch Drehfräsen hergestellt werden. Die außermittige Werkstückposition ergibt bei Überlagerung der hohen Rotationsfrequenz des Werzeugs und langsamer Werkstückrotation durch den Flugkreis der Schneiden eine zylindrische Werkstückgeometrie.

Wirbelfräsen werden zur Herstellung von Gewindespindeln und Extruderschnecken eingesetzt (Gewindewirbeln).

1 Wirbelfräsen einer LKW-Kurbelwelle

Innendrehfräsen

Beim Innendrehfräsen **(Bild 2)** kann durch die Überlagerung der Drehbewegung von Werkstück und Werkzeug bei achsparalleler Vorschubbewegung und außermittiger Fräserposition eine vorgefertigte Bohrung auf das erforderliche Maß vergrößert werden.

Der Schnittkreis des Werkzeugs erzeugt durch Hüllschnitte eine günstige Spanform. Dieses Fräsverfahren wird auch als *Innenwirbeln* bezeichnet.

Beim *Zirkularfräsen* **(Bild 3)** ist eine Drehbewegung des Werkstücks nicht erforderlich. Das Fräswerkzeug erzeugt mit den am Umfang liegenden Schneidkanten durch die Überlagerung der rotierenden Hauptschnittbewegung des Werkzeugs und einer zur Werkstück achsparallelen wendelförmigen Fräsermittelpunktsbahn die zylindrische Werkstückkontur. Mit diesem Fräsverfahren können vielfältige Außen- und Innenkonturen hergestellt werden. Mit dem Innenzirkularfräsen werden vorgefertigte Bohrungen vergrößert, aber auch Bohrungen im Vollmaterial und Innengewinde durch Gewindefräsen hergestellt. Mit dem Außenzirkularfräsen können zylindrische, polygonartige und eliptische Geometrien gefräst werden.

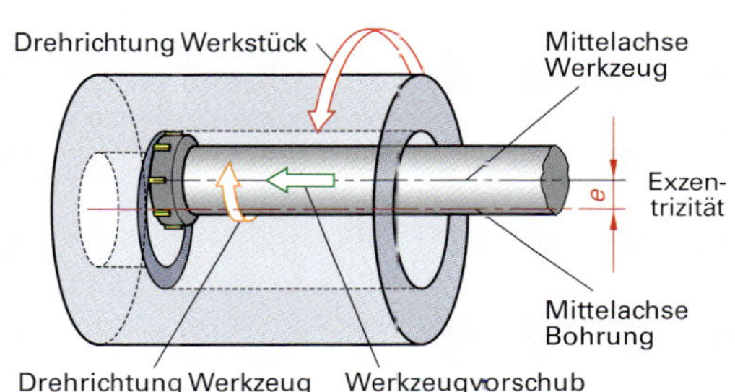

2 Achsparalleles Innendrehfräsen

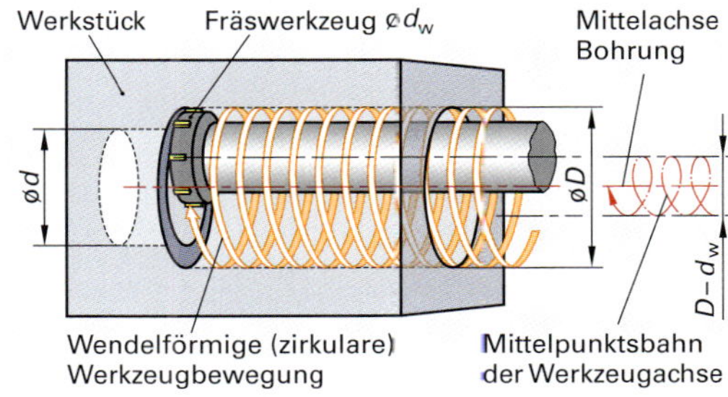

3 Zirkularfräsen einer Bohrung

Wälzfräsen

Zur Herstellung von Verzahnungen wird beim Wälzfräsen die *Evolventenverzahnung* von einem Werkzeug (Wälzfräser) mit geradem Bezugsprofil durch die *Abwälzbewegung* von Werkstück und Werkzeug mittels Hüllschnitte erzeugt. Während der Wälzbewegung drehen sich das Werkzeug und das Werkstück.

Der Wälzfräser entspricht geometrisch einer ein- oder mehrgängigen Schnecke mit Spannuten. Zur Hauptschnittbewegung bewegt sich der Wälzfräser parallel zur Werkstückachse und erzeugt somit das Zahnprofil (**Bild 4**).

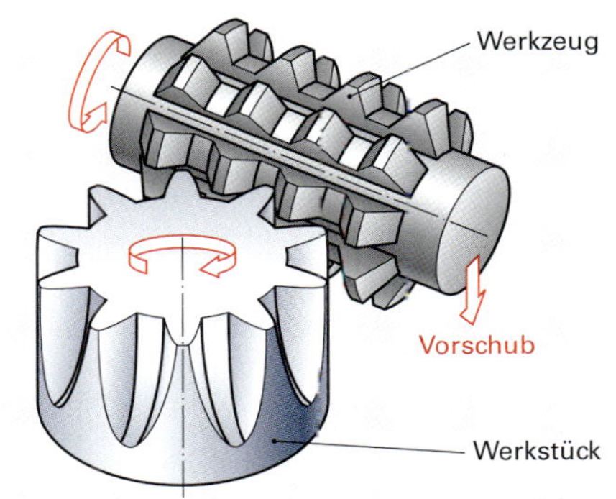

4 Wälzfräsen

Wälzschälen (Scudding)

Beim Wälzschälen sind die Achsen des Werkzeugs und des Werkstücks gekreuzt. Das Werkzeug dreht sich schraubenförmig in Vorschubrichtung. Dabei werden von den Schneidkanten die Späne in schneller Folge abgeschält (scudding von to scud = jagen, eilen).

Durch den zur Werkzeugrotation überlagerten Axialvorschub f_{ax} bewegt sich das Werkzeug parallel zur Rotationsachse des Werkstücks. Bei der Schnittbewegung entsteht durch die gekreuzten Achsen ein konstanter Gleitanteil zwischen Werkzeug und Werkstück. Durch die zusätzliche Rotation des Werkstücks stellt sich durch Vektoraddition der Schnittgeschwindigkeiten von Werkzeug und Werkstück die resultierende Schnittgeschwindigkeit v_c ein. Je nach Rotationsrichtung des Werkzeugs bzw. des Werkstücks kann im Gegenlauf wie auch im Gleichlauf gearbeitet werden. Der Achsenkreuzwinkel wird so gewählt, dass sich durch den Gleitanteil ohne zusätzliche Hubbewegung, wie z.B. beim Wälzstoßen, eine konstante Schnittgeschwindigkeit einstellt. Zum Herstellen von Außen- und Innenverzahnungen ist das Schälrad (Werkzeug) in einer Schrägverzahnung ausgeführt. Durch das große Zeitspanvolumen (cm^3/min) hat das Wälzschälen gegenüber dem Wälzstoßen und dem Wälzfräsen vor allem in der Serienfertigung von Verzahnungen wirtschaftliche Vorteile. Außerdem besitzen die hergestellten Verzahnungen eine hohe Oberflächengüte ohne fertigungsbedingte Markierungen.

Laserunterstütztes Fräsen

Beim laserunterstützten Fräsen werden durch die gezielte Erwärmung des Werkstücks unmittelbar vor dem Eingriff der Werkzeugschneide (**Bild 1**) die Zerspanungseigenschaften des Werkstoffs lokal und zeitlich begrenzt verbessert. Im Vergleich zur konventionellen Bearbeitung können bei der Bearbeitung hochwarmfester Stähle, Titanlegierungen, Nickel- und Kobaltbasislegierungen und bei kohlenfaserverstärkten Verbundwerkstoffen die Zerspanungskräfte verringert werden.

Der Laserstrahl wird über ein Lichtleitkabel in den Bearbeitungsraum geführt. Durch eine Bearbeitungsoptik wird der Laserstrahl als Freistrahl auf die Werkstückoberfläche dem Werkzeug vorlaufend fokussiert. Für den Laservorlauf ist eine zusätzliche NC-Achse erforderlich **(Bild 2)**.

Trochoidal Fräsen

Trochoides Fräsen (Taumelfräsen) ist die Umsetzung von Nutfräsen in Konturfräsen durch Überlagerung einer Kreisbewegung mit einer Linearbewegung (**Bild 3**).

Diese Bearbeitungsstrategie wurde für die Herstellung von Nuten im HSM (High Speed Machining – Hochgeschwindigkeitsfräsen) Verfahren oder zur Bearbeitung von harten Werkstoffen entwickelt. Damit kann eine Nut gefertigt werden, deren Breite größer ist als der Schneidendurchmesser des eingesetzten Werkzeuges. Durch den geringen Eingriffswinkel entstehen geringere Werkzeugbelastungen. Da nur mit einer geringen radialen Schnitttiefe a_e gearbeitet wird, können Fräser mit enger Teilung verwendet werden, wodurch höhere Vorschübe und Schnittgeschwindigkeiten als bei der konventionellen Nutenfräsbearbeitungen gefahren werden können.

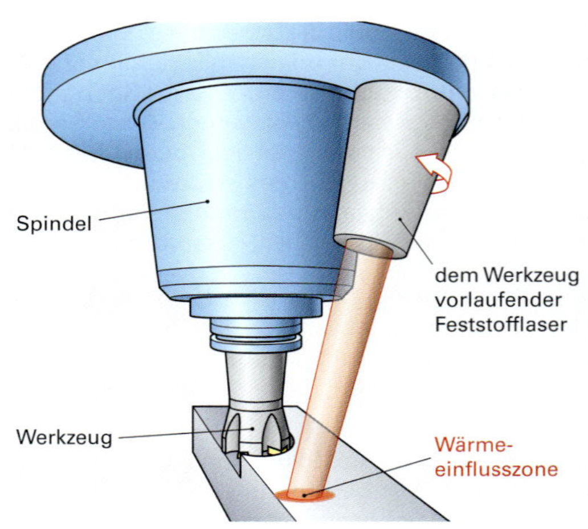

1 Laserunterstütztes Fräsen[1)]

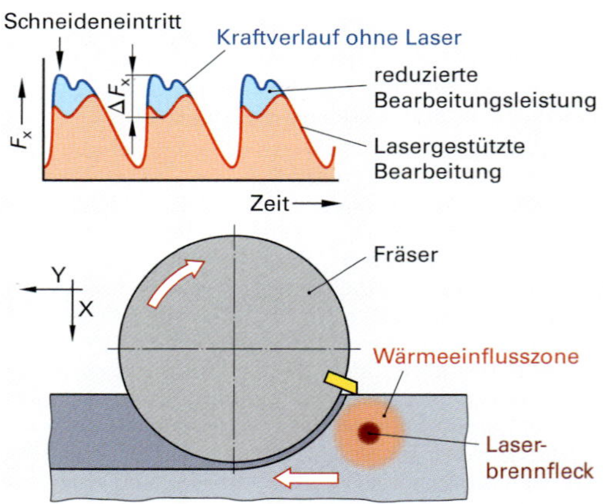

2 Laservorlauf

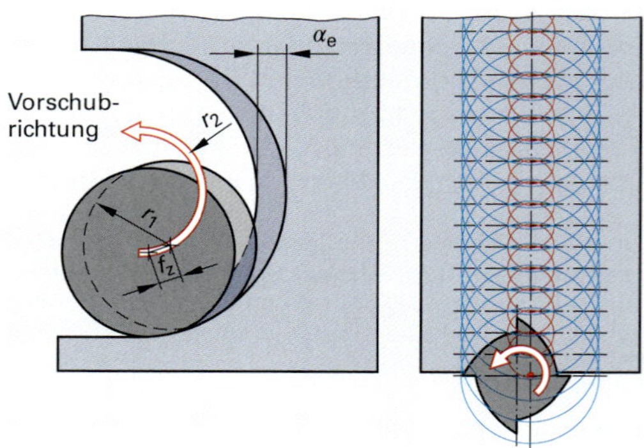

3 Trochoides Fräsen

1) Die Ergebnisse beziehen sich auf ein BMFT-Forschungsprojekt (Förderkennzeichen 02PK2064) nach einer Publikation von M.F. Zäh und R. Wiedenmann, TU München

Maschinengestelle für Fräsmaschinen

Das Gestell hat die Aufgabe, alle anderen Maschinenkomponenten aufzunehmen, den Arbeitsraum festzulegen, Kräfte aufzunehmen, Schwingungen zu dämpfen und die Wärme abzuleiten. Es muss eine hohe statische und dynamische Steifigkeit besitzen und es sollte sich bei thermischer Beanspruchung nur gering verformen. Des Weiteren sollte das Gestell fertigungs- und montagegerecht sowie wartungs- und instandhaltungsgerecht sein.

> Die geforderte Fertigungsgenauigkeit des Werkstücks und die Zerspankräfte bestimmen die notwendige Steifigkeit einer Gestellkonstruktion **(Bild 1).**

1 Prüfen der Fertigungsgenauigkeit

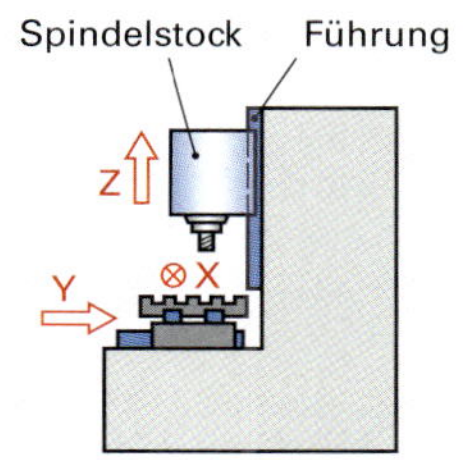

Kreuztisch-Fräsmaschine

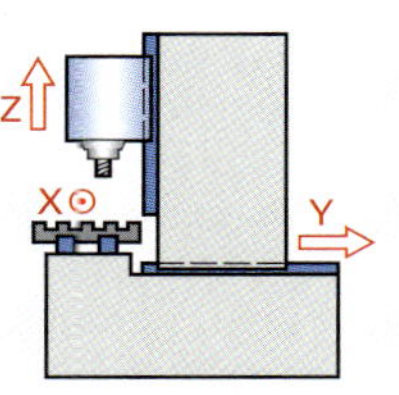

Tischfräsmaschine mit verfahrbarem Ständer

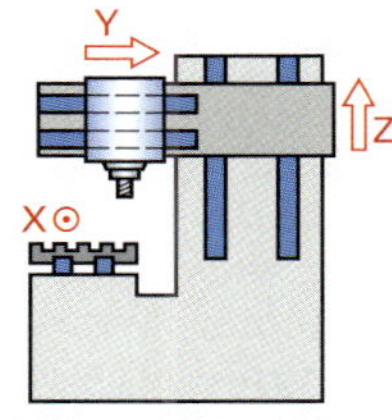

Tischfräsmaschine mit Ausleger in zwei Achsen

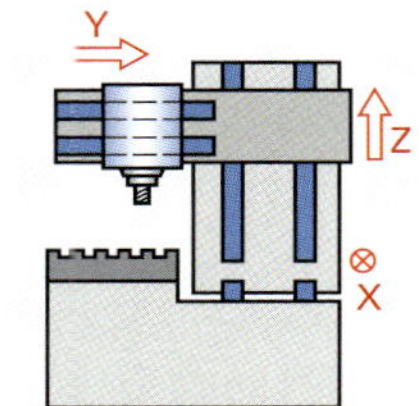

Starrtisch-Fräsmaschine mit beweglichem Ständer u. Ausleger in zwei Achsen

2 Kinematische Varianten einer Bettfräsmaschine

Gestellkonzepte

Ein Gestellkonzept kann sich durch kinematische Variationen unterscheiden:

- Unterschiedliche Zuordnung der Bewegungen auf Werkzeug und Werkstück:
  - Schnittbewegungen,
  - Zustellbewegungen,
  - und Vorschubbewegungen,
- Variation der Hintereinanderschaltung der Bewegungsachsen **(Bild 2)**,
- Variation der Winkellagen und Abstände der Führungsebenen zum Fundament (z. B. Horizontalbett, Schrägbett oder Vertikalbett).

Folgende Gestellbauarten werden unterschieden **(Bild 3)**:

- Bettgestelle,
- Winkel-Gestelle; dies sind Varianten der Bettgestelle (Schrägbett),
- C-Gestelle; gut zugänglich, bei großen Zerspankräften ist ein Verformen möglich,
- O-Gestelle; durch die geschlossene Bauweise gleichmäßige Kraftverteilung,
- Portale (Prinzip O-Gestell, nur größer).

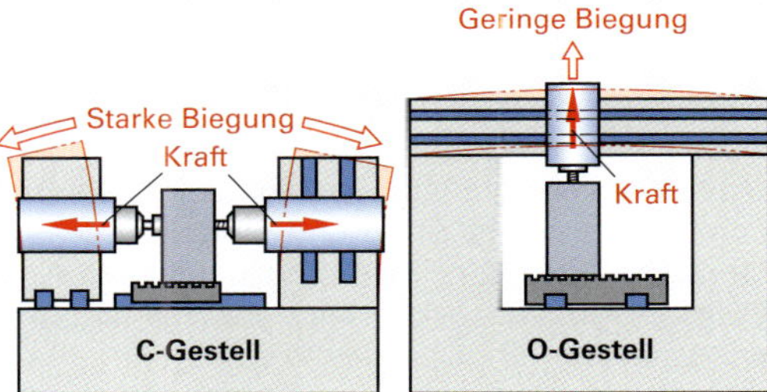

3 Gestellbauarten

Gesichtspunkte zur Werkstoffauswahl:

Die Werkstoffe für Gestelle werden nach folgenden Eigenschaften ausgewählt:

- Festigkeit (Sicherheit gegen Verformung und Bruch),
- Dichte (dynamisches Verhalten, bewegte Massen),
- E-Modul (statische und dynamische Steifigkeit),
- Dämpfung (dynamisches Verhalten),
- Relaxation (Langzeitausdehnungskoeffizienten),
- Thermisches Verhalten (thermischer Ausdehnungskoeffizient, Wärmeleitfähigkeit, Wärmeübergangszahl, thermoelastisches Verhalten **(Tabelle 1**, nachfolgende Seite**)**.

Bei Verwendung von **Grauguss** erhält man eine große Gestaltungsfreiheit für komplizierte Teile, unterschiedliche Wandstärken und variable Querschnittsformen. Hierbei ist ein Gussmodell erforderlich, weshalb die Wirtschaftlichkeit von den Stückzahlen abhängt. Die Gießkosten sind kalkulierbar nach benötigtem Materialvolumen und Anzahl der erforderlichen Kerne.

Grauguss-Gestelle sind gut zerspanbar, jedoch sind im Allgemeinen größere Bearbeitungszugaben erforderlich. Das Reibungs- und Verschleißverhalten ist schlechter als bei Stahl, diesem kann durch Härten etwas gegengesteuert werden. Dagegen hat der Grauguss eine höhere Werkstoffdämpfung als Stahl. Nachteilig hingegen wirken sich die Gussspannungen und der geringe E-Modul aus.

Stahlgestelle sind meistens Schweißkonstruktionen, seltener aus Stahlguss. Bei den Schweißkonstruktionen hat man eine geringere Gestaltungsfreiheit durch Verwendung von Standardblechen oder Standardprofilen und starke Einschränkungen wegen der Schweißbarkeit. Dafür sind nur einfache Hilfsvorrichtungen bei der Montage erforderlich, somit sind auch kürzere Produktionsdurchlaufzeiten möglich. Stahlkonstruktionen werden besonders für Sondermaschinen und Einzelkonstruktionen verwendet. Die geringere Werkstoffdämpfung im Vergleich zum Grauguss kann z. T. durch höhere Dämpfung in den Schweißnähten kompensiert werden.

Der **Mineralguss (Bild 1)** hat als Bestandteile mineralische Zuschlagstoffe (Gesteinsarten wie Granit, Quarzit, Basalt), welche durch Reaktionsharze wie Methacrylatharze, Epoxidharze oder ungesättigte Polyesterharze gebunden werden. Es ergeben sich in Abhängigkeit der unterschiedlichsten Kombinationen von Zuschlagstoffen und Bindemitteln auch unterschiedliche Verarbeitungseigenschaften des Betons. Angestrebt wird eine hohe Fließfähigkeit, geringe Aushärtungszeit sowie eine geringe Volumenschwindung. Durch einen kleinen Bindemittelanteil steigert sich der E-Modul **(Tabelle 1)**.

Mineralguss ist ungeeignet als Werkstoff für Führungsleisten. Deshalb müssen Führungsleisten aus Stahl eingegossen, aufgeklebt oder verschraubt werden. Die Werkstoffdämpfung ist höher als bei Grauguss und er besitzt eine niedrige Wärmeleitfähigkeit sowie eine hohe Wärmekapazität. Die Bauteile werden massiv ausgegossen, was einen geringen konstruktiven Aufwand beinhaltet. Nachteilig ist die teure Entsorgung von Reaktionsharzbetongestellen.

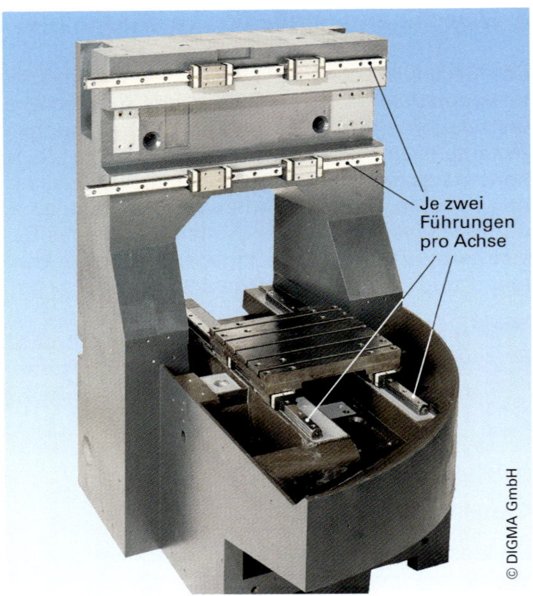

1 Mineralguss-Gestell einer Fräsmaschine

Tabelle 1: Eigenschaften der Gestellwerkstoffe

Eigenschaft	Stahl	Grauguss	Mineralguss
Druckfestigkeit in MPa	250 bis 1200	600 bis 100	140 bis 170
Zug-/Biegefestigkeit in MPa	400 bis 1600	150 bis 400	25 bis 40
F-Modul (Druck) in kMPa	210	80 bis 120	30 bis 40
Wärmeleitfähigkeit in W/mK	50	50	1,3 bis 2,0
thermo Ausdehnungskoeff. 10^{-6}/K	12	10	12 bis 20
Dichte in g/cm³	7,85	7,15	2,1 bis 2,4
Dämpfung (log. Dekr.)	0,002	0,003	0,02 bis 0,03
1 MPa = 1 N/mm²			

Gestellverformungen werden hervorgerufen durch:

- **statische Kräfte:** Gewichtskräfte, Wirkkräfte, Spannkräfte, Klemmkräfte, Reibungskräfte,
- **dynamische Kräfte:** Unwuchten, Wirkkräfte, Getriebe, Trägheitskräfte,
- **thermische Einflüsse:** Lagererwärmung, Erwärmung durch Hydraulik, Wärme in Spänen, Getriebeverluste, externe Wärmequellen,
- **Auslösen von Eigenspannungen:** Schweißspannungen, Gussspannungen, Bearbeitungsspannungen, Härtespannungen.

Bauformen von Fräsmaschinen

Die Bauformen von Werkzeugmaschinen, hier speziell Fräsmaschinen, wurden für verschiedene Werkstückklassen entwickelt. Dabei unterscheiden die Hersteller nach dem konstruktiven Aufbau des Gestells, die Lage der Arbeitsspindel (Werkzeugträger), Art und Anordnung des Tisches (Werkstückträger), die Zuordnung und Lage der Bewegungsachsen. Die Kinematik sowie technologische Anforderungen beeinflussen ebenfalls die Bauweise.

Fräsmaschinen mit horizontaler Bearbeitungsachse

Konsolfräsmaschinen haben als Kennzeichen einen Werkstückträger (Konsole), der an einem Ständer oder Bett mit verschiedenen Bewegungsachsen verfahrbar ist. Sie eignen sich vorwiegend für die Bearbeitung kleiner und mittelgroßer Werkstücke.

Bettfräsmaschinen haben als Kennzeichen ein Bett, auf dem der Werkstückträger (Tisch) mit verschiedenen Bewegungsachsen verfahrbar ist. Da keine Kippmomente entstehen, eignet sich diese Bauweise hauptsächlich für schwere und sperrige Werkstücke.

Portalfräsmaschinen haben als Kennzeichen ein torähnliches Gestell (Portal), an dem der Werkzeugträger (Arbeitsspindel) mit 2 oder 3 Bewegungsachsen verfahrbar ist. Durch die plane Auflage des Werkstückträgers sind große Werkstücke und gleichzeitig anspruchsvollste Arbeitsergebnisse möglich.

Ständerfräsmaschinen haben als Kennzeichen einen starren oder beweglichen Ständer, an dem der Werkzeugträger beweglich angeordnet ist. Der Ständer kann mit dem Bett starr verbunden oder als Fahrständer ausgeführt sein.

Die Kreuzbauweise hebt die 2 Bewegungen des Werkstück- bzw. Werkzeugträgers hervor.

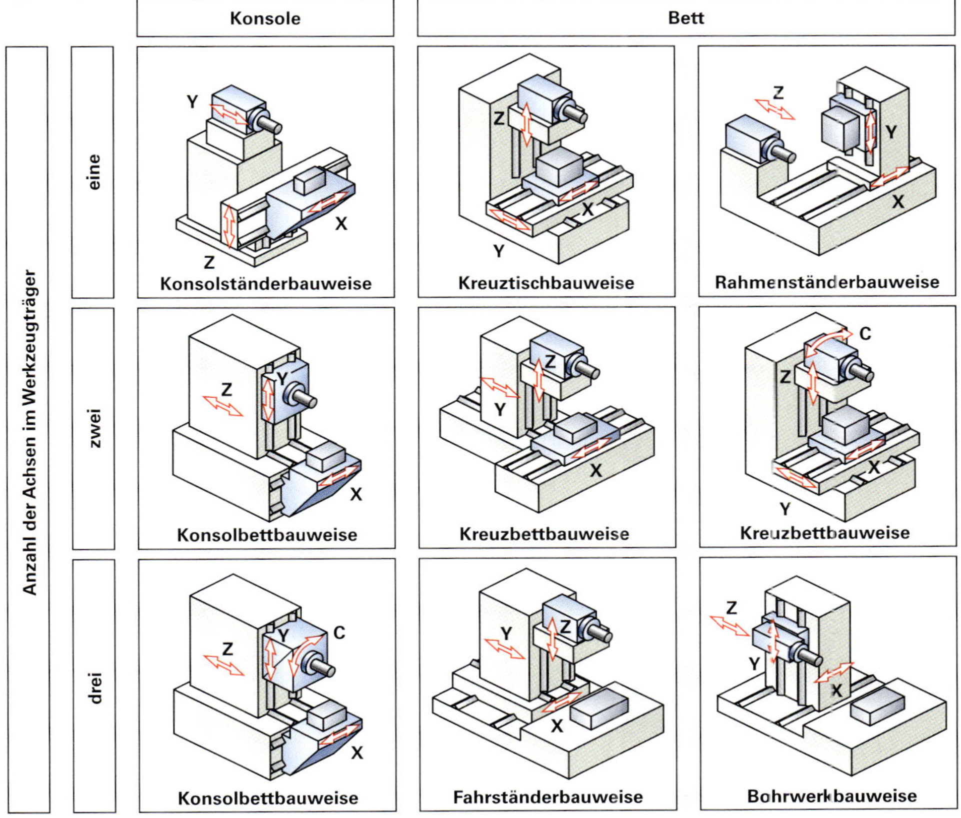

Fräsmaschinen mit vertikaler Bearbeitungsachse

Bearbeitungszentren sind CNC-gesteuerte Maschinen (Computer Numerical Control) für die Komplettbearbeitung eines Werkstücks, in den oben gezeigten Bauweisen für Fertigungsverfahren aus dem Bereich Fräsen und Bohren. Obwohl die Maschinenbauweise höchst unterschiedlich sein kann, hat sich die Fahrständerbauweise mit senkrechter Hauptspindel und schwenkbarem Tisch als 5-Achsen-Maschine weit verbreitet.

Zur abweichenden Ausstattung zählen flexible Werkzeugspeicher mit automatisiertem Werkzeugwechsler. Für die Mehrseitenbearbeitung von Werkstücken werden Drehtische eingesetzt. Zusätzlich können für den Werkstückwechsel Palettenwechselsysteme oder Einrichtungen für automatisches Messen und Prüfen vorhanden sein. Manche Hersteller setzen auf integrierte Schleifspindeln, Laser für geringen Oberflächenabtrag und rotierende Tische für Dreharbeiten.

Gantry-Bauweise. Im Gegensatz zur Fahrständerbauweise steht der Grundrahmen fest. Darauf verfährt ein kleinerer Rahmen im x-Bereich. Innerhalb dieses Rahmens bewegt sich der Spindelträger in y-Richtung. Die Spindel selbst kann die Bewegung in der z-Achse realisieren. Diese Bauweise wird auch als Box-in-Box-Bauweise bezeichnet. Das Konzept überzeugt durch eine höhere Dynamik (Beschleunigen und Abbremsen von Massen) der Maschine, infolge der Minimierung der zu verfahrenden Massen und somit eine höhere Produktivität. Das Maschinenkonzept ist ausgelegt für produktive Serienzerspanung in der Mittel- und Großserienfertigung in den Branchen Flugzeugbau, Automobilindustrie, Werkzeugbau und Medizintechnik.

(Weitere Bauformen siehe Tabellenbuch Zerspantechnik.)

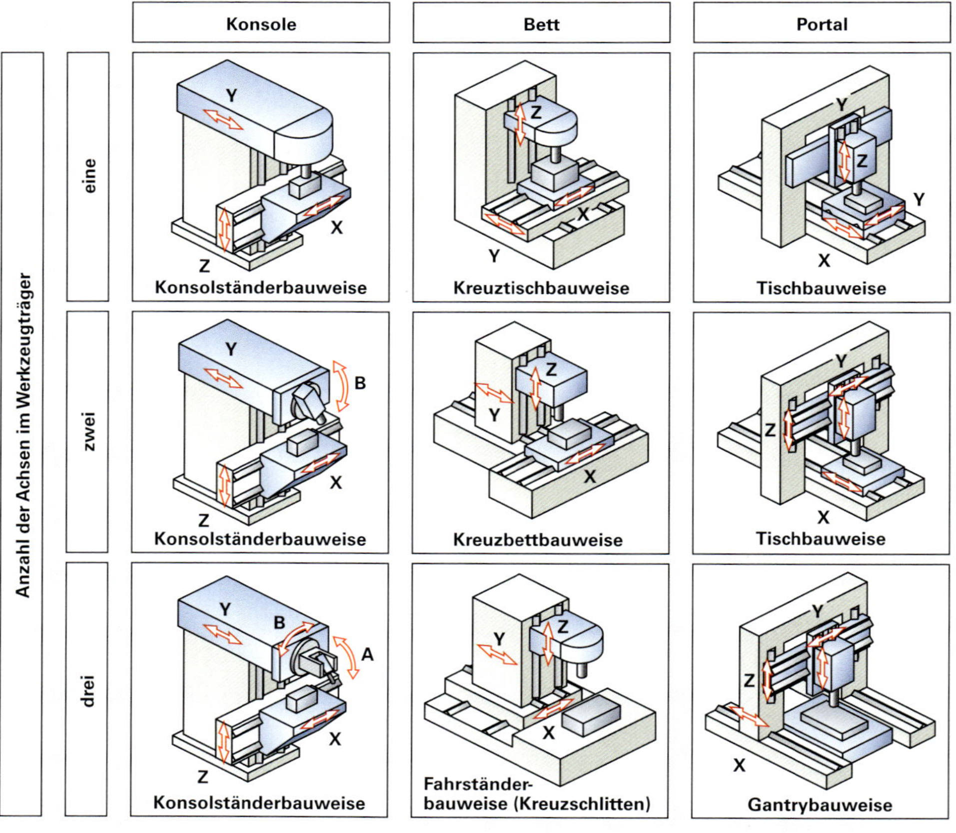

Aktuelle Technologien

Hochleistungsbearbeitung: Reduzierung der Bearbeitungszeit durch Erhöhung der Schnittgeschwindigkeiten, d. h. der Drehzahlen, z. B. bis 30000 min^{-1} und der Antriebsleistungen in den Hauptantrieben sowie Erhöhung der Vorschubgeschwindigkeiten, z. B. durch Verwendung von Linearantrieben in linearen Achsen **(Bild 1)** und rotatorischen Direktantrieben für Rotationsachsen **(Bild 2)**. Dadurch entfallen Getriebe, Vorschubspindeln und Kupplungen. Der Antriebsstrang wird konstruktiv einfacher, vor allem aber steifer und reaktionsschneller.

Die Dynamik der numerischen Lageregelung erreicht mit Direktantrieben hohe Werte. Die kennzeichnende Geschwindigkeitsverstärkung (K_v = Geschwindigkeit/Lageregeldifferenz) erreicht Werte von mehr als 300 s^{-1}, d. h. auf eine Positionsabweichung von 0,1 mm reagiert der Antrieb mit einer Verstellgeschwindigkeit von 30 mm/s = 1,8 m/min. Dementsprechend erreicht die Frequenzbandbreite des Antriebsstrangs Nennkreisfrequenzen um ebenfalls 300 s^{-1} bzw. Grenzfrequenzen um $f_g = (300/2\pi)$ Hz $\approx$ 50 Hz.

Gestelle. Die erhöhten Leistungen, insbesondere die erhöhten Antriebsgrenzfrequenzen bedingen steifer gestaltete Maschinenkonstruktionen. Dies erreicht man bei kompakten Dreh- und Fräszentren mit Polymerbetongestellen **(Bild 3)**.

Gegenüber Graugussgestellen haben Polymerbetongestelle, z. B. aus MINERALIT®, etwa 8 mal bessere Dämpfungseigenschaften [nach EMAG/KOEPFER] als ein Grauguss-Bett. Mit Polymergestellen werden neben Drehmaschinen auch Rahmengestelle für Wälzfräsmaschinen in Schrägbettausführung mit hoher statischer Steifigkeit ausgestattet. Sie bieten darüber hinaus wegen des großen Wärmespeichervermögens eine hohe thermische Stabilität.

Es gibt aber nach wie vor Gestellanforderungen, die am besten durch Graugussgestelle erreicht werden, z. B. bei Bandsägemaschinen **(Bild 4)**.

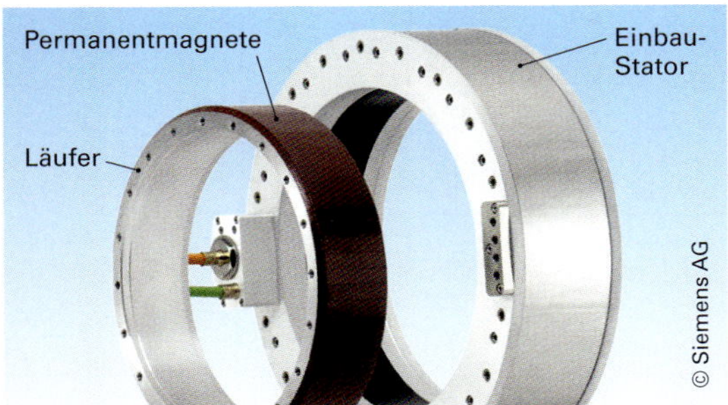

2 **Rotatorischer Direktantrieb**

1 **Linearantrieb**

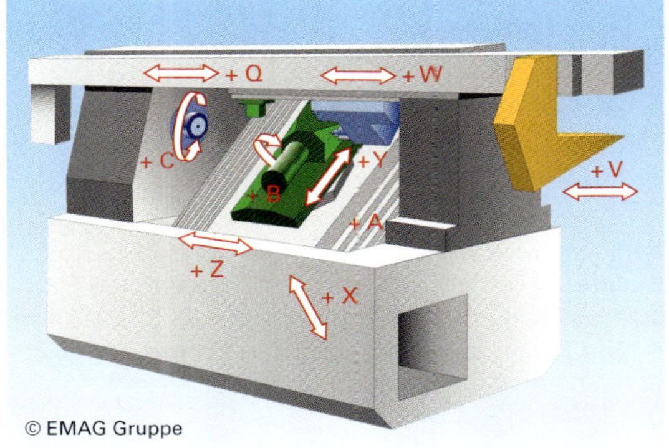

3 **Wälzfräsmaschine mit Polymerbetongestell**

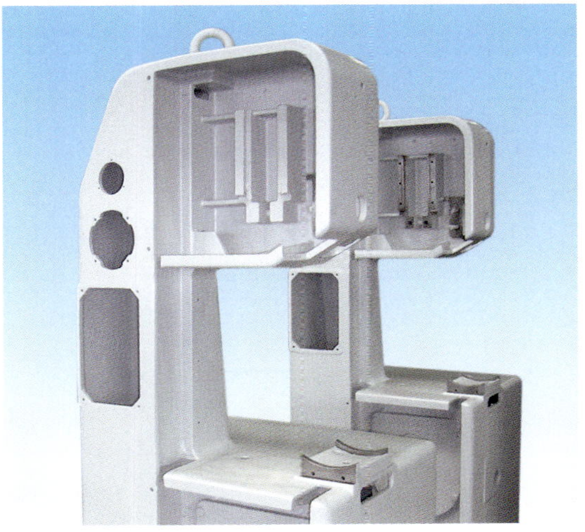

4 **Gussgestelle**

Fertigungsbeispiel „Führungsschieber“

Es soll das Werkstück „Führungsschieber“ **(Bild 1)** aus dem Werkstoff S235 JR auf einer konventionellen Fräsmaschine gefertigt werden. Um den Arbeitsauftrag fachgerecht auszuführen sind eine Reihe von Planungsaufgaben erforderlich:

1. Zeichnungsanalyse

- normgerechte Halbzeugangabe
- Werkstoffanalyse
- Fertigungsmaße und Toleranzen
- Werkstückoberflächen
- Werkstückkanten

2. Fertigungsplanung

- Arbeitsschritte, Arbeitsfolgeplan
- Werkzeugauswahl
- Schnittdaten
- Spannmittel für Werkzeuge und Werkstück
- Fräsmaschine
- Sicherheitsregeln

3. Qualitätsplanung

- Mess- und Prüfmittel
- Prüfprotokoll

Beginnen wir 1. mit der Zeichnungsanalyse. Das Rohteil (Halbzeug) besteht aus einem warmgewalzten Flachstahl S235 JR mit den Abmessungen 85 x 65 x 115 mm. In **Bild 2** sind die normgerechten Halbzeugbezeichnungen und die Werkstoffanalyse dargestellt.

Im nächsten Schritt werden die Zeichnungsangaben näher untersucht. Es liegen verschiedene Maßtoleranzen vor (siehe Auswahl **Tabelle 1**).

Die Werkstückkanten sollen nach ISO 13715 mit einem zulässigen Abtrag von –0,5 mm ausgeführt werden. Dies entspricht einer Fase von 0,5x45° **(Bild 3)**. Das Werkstück soll mit Feilwerkzeugen von Hand entgratet werden.

Halbzeugangabe für warmgewalzten Stahl S235 JR:

Flach DIN EN 10058-85x70x115 –
DIN EN 10025-2-S235JR/1.0037

Werkstoffanalyse:

Unlegierter Baustahl, R_m = 370 N/mm², R_e = 235 N/mm², A = 26%, Mindestkerbschlagarbeit J = 27 J bei R = 20°C

2 Halbzeugangabe und Werkstoffanalyse

Tabelle 1: Maß- und Toleranzangaben

Maß	Abmaße ei/es	Oberes Grenzmaß GoW (Höchstmaß)	Unteres Grenzmaß GuW (Mindestmaß)	Toleranz in mm
Maße ohne Toleranzangabe nach DIN ISO 2768-mK (Auswahl)				
2,5	±0,1	2,6	2,4	0,2
6	±0,1	6,1	5,9	0,2
15	±0,2	15,2	14,8	0,4
35	±0,3	35,3	34,7	0,6
60	±0,3	60,3	59,7	0,6
80	±0,3	80,3	79,7	0,6
110	±0,3	110,3	109,7	0,6
Maße mit Abmaßen				
8+0,1	0/+0,1	8,1	8,0	0,1
34+0,1	0/+0,1	34,1	34,0	0,1

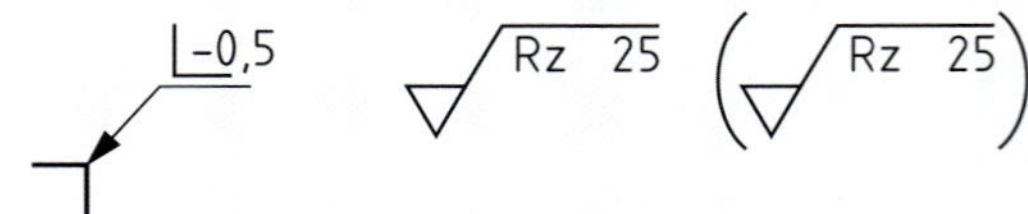

3 Werkstückkanten und Oberflächen

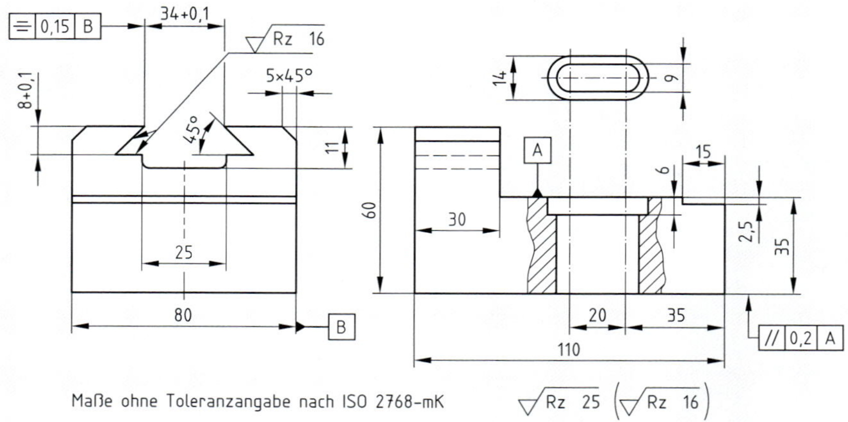

1 Fertigungszeichnung Führungsschieber

Bei den Werkstückoberflächen sollen die nicht besonders gekennzeichneten Flächen nach DIN 1302 mit einer gemittelten Rautiefe von Rz 25 µm gefertigt werden. Die gekennzeichneten Führungsflächen sind mit Rz 16 µm zu fertigen (**Bild 1 und 3,** vorherige Seite).

In der 2. Phase sollen die Planungen zur Fräsbearbeitung gemacht werden. Dazu werden zunächst die Arbeitsschritte in einer fertigungsgerechten Abfolge in einem **Arbeitsfolgeplan** zusammengestellt (**Tabelle 1**).

Um die Werkstückgeometrie herstellen zu können benötigen wir geeignete **Werkzeuge.** Es sollen HSS-Fräswerkzeuge verwendet werden. In **Tabelle 2** sind die erforderlichen Werkzeuge und auf der nachfolgenden Seite eine Auswahl von Fräswerkzeugen zusammengestellt. Das Werkstück wird in einen **Maschinenschraubstock** und Unterlegleisten eingespannt (**Bild 3**).

Tabelle 2: Werkzeugliste

Arbeits-Schritt Nr.	Werkzeug-bezeichnung
3	Kantentaster, mechanisch
4, 6, 17	HSS-Walzenstirn-Schruppfräser, Typ NR DIN 1880 ∅100, z12, 30°
4, 6, 17	HSS-Walzenstirn-Schlichtfräser, Typ N DIN 1880 ∅100, z12, 30°
5, 8, 9	HSS-Schaftfräser Schruppen DIN 844, Typ NR ∅16, z4, lang
7, 10	HSS-Schaftfräser Schlichten DIN 844, Typ N, ∅16, z6, lang
12	HSS-Winkelfräser Schwalbenschwanz 45° ∅16, z10
11	HS-Winkelfräser Fasen 45°, ∅16, z12
13	Langlochfräser Typ N, DIN 327 ∅9, z2
14	Langlochfräser Typ N, DIN 327 ∅14, z2

Tabelle 1: Arbeitsfolgeplan

Nr.	Arbeitsschritt
1	Rohteil ggf. entgraten und Rohmaße prüfen
2	1. Werkstück – Einspannung, Ausspannhöhe 61 mm **(Bild 1)**
3	Werkstücknullpunkt (X, Y und Z) durch Antasten mit Kantentaster oder durch Ankratzen aufnehmen
4	Oberseite planfräsen
5	Außenmaße 80 x 110 x 60 mm mit Aufmaß vorfräsen
	Außenmaße fertigfräsen
6	Absatz 80 x 25 mm in mehreren Schnitten auf Tiefe mit Aufmaß vorfräsen
7	Absatz 80 x 25 mm fertigfräsen
8	Nut 34 x 11 mm mit Aufmaß vorfräsen
9	Absatz 15 x 2,5 mm vorfräsen
10	Nut 34 x 11 und Absatz 15 x 2,5 mm fertigfräsen
11	Fasen 5 x 45° fräsen
12	Schwalbenschwanznut fräsen
13	Langloch 9 x 20 x 6 mm fräsen
14	Langloch 14 x 20 mm in mehreren Schnitten auf Tiefe 35 mm fräsen
15	Maße prüfen
16	2. Werkstück – Einspannung **(Bild 2)**
17	Planfräsen auf Fertighöhe 60 mm
18	Maße prüfen
19	Werkstück ausspannen
20	Werkstück entgraten

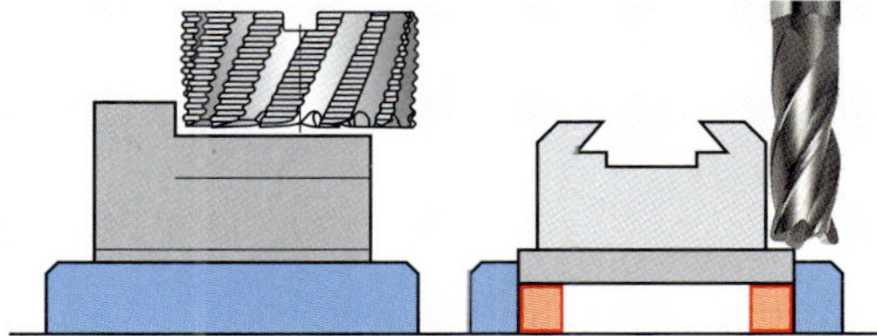

1 Erste Einspannung

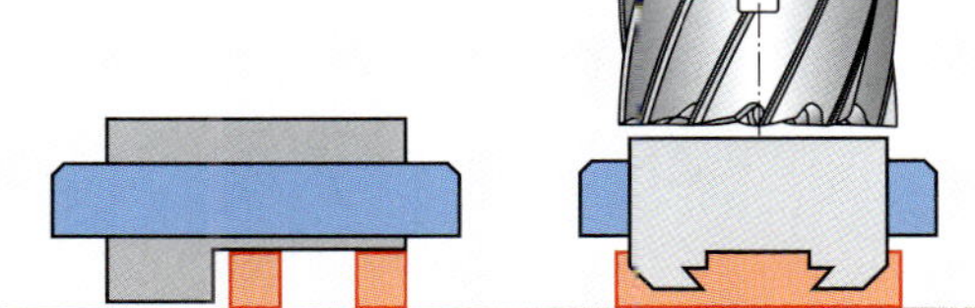

2 Zweite Einspannung

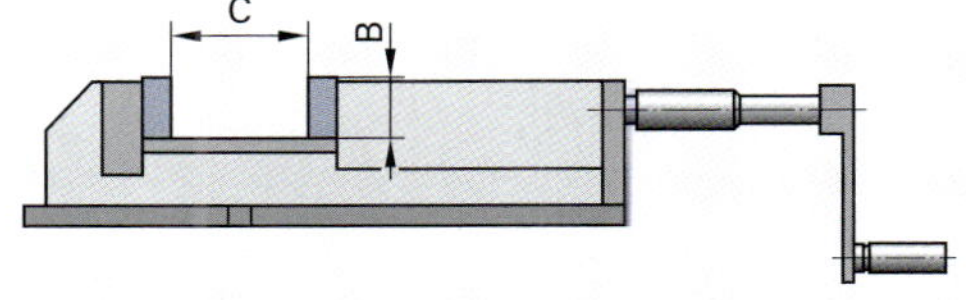

3 Maschinenschraubstock

Die **Schnittdaten** zur Fräsbearbeitung sind vom Werkstoff und der Bearbeitungsart abhängig. In **Tabelle 1** sind die Schnittwerte für HSS-Fräswerkzeuge zusammengestellt.

Konventionelle Fräsmaschinen sind mit drei Achsen ausgestattet: einer vertikalen Z-Achse, die bei vertikaler Spindel das Verfahren des Tisches zum Fräser hin ermöglicht, und zwei horizontalen Achsen, die die Bewegung des Tisches in Längsrichtung (X-Achse) und in Querrichtung (Y-Achse) ermöglichen **(Bild 1).**

Bei dieser Fräsmaschine **(Bild 2)** werden zum **Spannen** der Werkzeuge Aufsteck-Frasdorne und Flächenspannfutter mit Steilkegel 40 mm (SK 40) verwendet **(Tabelle 2).**

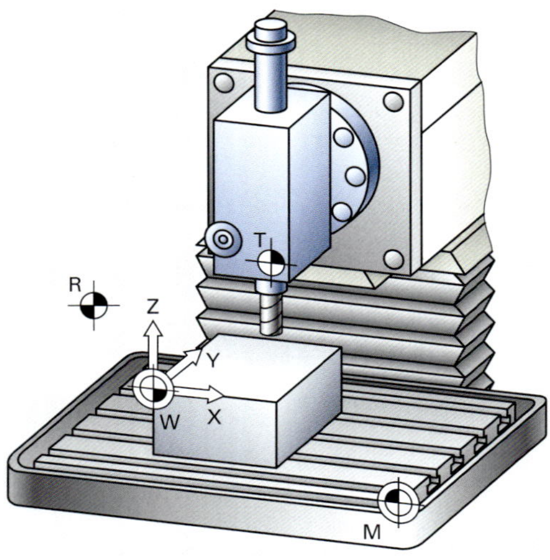

1 Maschinenachsen und Bezugspunkte

2 Universal- Vertikalfräsmaschine

Tabelle 1: Schnittdaten

Arbeitsschritt		Schnittgeschwindigkeit / Drehzahl	Vorschub f_z / $f = f_z \cdot z$
4, 6, 17	HSS-Walzenstirn-Schruppfräser ∅100, z12	v_c = 30 m/min	0,1 mm
		n = 100 min^{-1}	1,2 mm
4, 6, 17	HSS-Walzenstirn-Schlichtfräser ∅100, z12	v_c = 45 m/min	0,07 mm
		n = 150 min^{-1}	0,08 mm
5, 8, 9	HSS-Schaftfräser Schruppen ∅16, z4	v_c = 30 m/min	0,05 mm
		n = 600 min^{-1}	0,2 mm
7, 10	HSS-Schaftfräser Schlichten ∅16, z6	v_c = 45 m/min	0,03 mm
		n = 900 min^{-1}	0,18 mm
12	HSS-Winkelfräser Schwalbenschwanz 45° ∅16, z10	v_c = 25 m/min	0,02 mm
		n = 500 min^{-1}	0,2 mm
11	HS-Winkelfräser 45° ∅16, z12	v_c = 30 m/min	0,025 mm
		n = 600 min^{-1}	0,3 mm
13	Langlochfräser ∅9, z2	v_c = 30 m/min	0,05 mm
		n = 1000 min^{-1}	0,1 mm
14	Langlochfräser ∅14, z2	v_c = 30 m/min	0,06 mm
		n = 700 min^{-1}	0,12 mm

Tabelle 2: Werkzeugaufnahmen

Bezeichnung	
Kombi Aufsteck-Fräsdorn, DIN 69871 SK 40	
Flächenspannfutter-WELDON, DIN 69871 SK 40	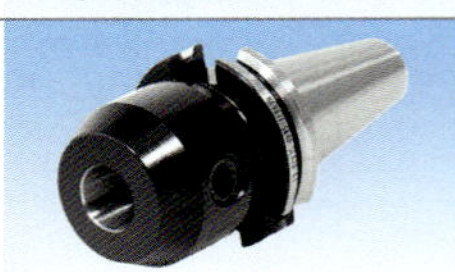

Technische Daten zu Fräsmaschine (Bild 2)

x-Achse 600 mm, y-Achse 480 mm
z-Achse 400 mm, Tisch 900 x 500 mm
Spindeldrehzahlen n = 48–3800 U/min
Vertikalfräskopf schwenkbar ± 90°
Linearachsen Vorschub v_f = 6–500 mm/min
Eilgang 1500 mm/min, Aufnahme SK 40

Nach der Fertigstellung des Frästeils ist eine Qualitätsprüfung durchzuführen und die Ergebnisse sind in einem Prüfprotokoll (siehe unten) zu dokumentieren.

Die Auswahl der Prüfmittel erfolgt nach den qualitativen Vorgaben des Werkstücks. Zu beachten sind hierbei die Toleranzen. Die erforderlichen Prüfmittel sind in der **Tabelle 1** zusammengestellt.

In der Zeichnung sind zwei Lagetoleranzen angegeben. Diese sollen in der Qualitätsprüfung auch geprüft **(Bild 1)** werden.

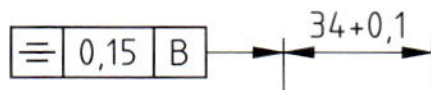

Die tolerierte Mittelebene der Schwalbenschwanznut muss zwischen zwei parallelen Ebenen mit dem Abstand $t = 0{,}15$ mm liegen, die symmetrisch zur Bezugsebene B (Mittelachse) angeordnet sind.

// 0,2 | A

Die tolerierte Fläche muss zwischen zwei, zur Bezugsebene A parallelen Ebenen mit dem Abstand $t = 0{,}2$ mm liegen.

Tabelle 1: Prüf- und Messmittel

Prüfmittel	Prüfbare Toleranz in mm
Messschieber	0,1...0,05
Messuhr	0,01
45°-Winkellehre	

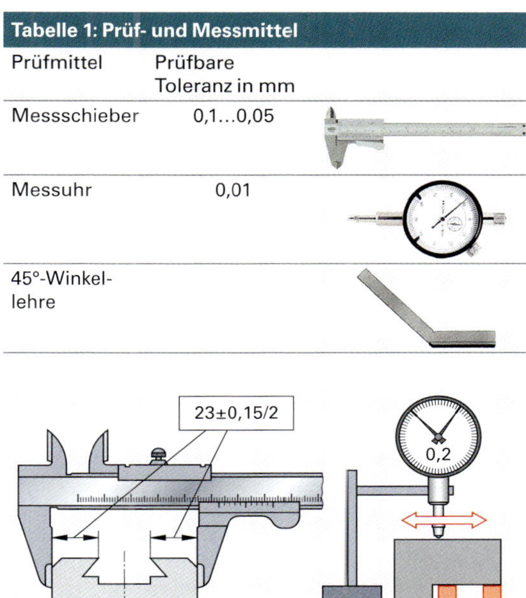

1 Prüfen der Lagetoleranzen

Prüfprotokoll „Führungsschieber"

Prüfer Kurzzeichen	**Prüfdatum**	**Werkstück**		**Auftrags-Nr.**		**Barcode**	**Freigabe Prüfmittel Kurzzeichen, Datum**
PL	**12.10.23**	**Führungsschieber**		**15.200458**		0 123456 789012	**Hr. 10.10.23**
Prüfmerkmal	Abmaße ei/es	Oberes Grenzmaß GoW (Höchstmaß)	Unteres Grenzmaß GuW (Mindestmaß)	Toleranz in mm	Prüfmittel	Gemessenes Istmaß in mm	Beurteilung in Ordnung, i.O nicht in Ordnung, n.i.O
Passmaße und Maße mit Angabe der Abmaße							
8+0,1	+0,1 0	8,1	8,0	0,1	Messschieber	8,0	i.O.
34+0,1	+0,1 0	34,1	34,0	0,1	Messschieber	34,05	i.O.
Maße ohne Toleranzangabe nach DIN ISO 2768-m							
2,5	±0,1	2,6	2,4	0,2	Messschieber	2,5	i.O.
6	±0,1	6,1	5,9	0,2	Messschieber	6,0	i.O.
9	±0,2	9,2	8,8	0,4	Messschieber	9,1	i.O.
11	±0,2	11,2	10,8	0,4	Messschieber	10,9	i.O.
14	±0,2	14,2	13,8	0,4	Messschieber	14,0	i.O.
15	±0,2	15,2	14,8	0,4	Messschieber	14,9	i.O.
25	±0,2	25,2	24,8	0,4	Messschieber	25,1	i.O.
30	±0,2	30,2	29,8	0,4	Messschieber	30,2	i.O.
35	±0,3	35,3	34,7	0,6	Messschieber	35,1	i.O.
60	±0,3	60,3	59,7	0,6	Messschieber	60,1	
80	±0,3	80,3	79,7	0,6	Messschieber	79,9	
110	±0,3	110,3	109,7	0,6	Messschieber	109,8	
5 x 45°	±0,1 ±1°	5,6	4,9	0,2	Messschieber Winkellehre	5,0	i.O. i.O.
Lagetoleranzen							
Symmetrie	0/+0,15	23,07	22,93	0,15	Messschieber	23,05/22,98	i.O.
Parallelität	0/0,2			0,2	Messuhr	0,1	i.O.

Fertigungsbeispiel „Spannhebel"

Der Spannhebel **(Bild 1)** aus dem Werkstoff 51CrV4 soll aus einem warmgewalzten Halbzeug mit den Abmessungen 132 x 35 x 25 mm auf einer CNC-Fräsmaschine in Konsolständerbauweise hergestellt werden.

Beginnen wir im ersten Teil mit der Arbeitsplanung. Zunächst soll der Werkstoff mit seiner Halbzeugangabe, der Zusammensetzung, den Eigenschaften und den Einflüssen der Legierungselemente auf die Zerspanbarkeit näher untersucht werden **(Tabelle 1)**.

Die Werkstückaußen- bzw. -innenkanten dürfen einen maximalen Abtrag, bzw. Übergang von 0,2 bis 0,5 mm haben **(Bild 2)**. Das Entgraten der Außenkanten soll innerhalb dieser Toleranz mit 0,3 x 45° ausgeführt werden.

Die Werkstückoberflächen sind nach DIN ISO 1302 als Mittenrauwert Ra festgelegt **(Bild 3)**. Die nicht besonders gekennzeichneten Flächen sind mit Ra 3,2 µm, die gekennzeichneten Flächen mit Ra 0,8 µm bzw. Ra 1,6 µm zu fertigen.

Ra 3,2 (Ra 0,8 Ra 1,6)

Für Maße ohne Toleranzangabe gilt :

ISO 2768 – mK Ⓔ. Die Angabe Ⓔ bezieht sich auf die Hüllbedingung, die nach dem ISO GPS-Normensystem anzuwenden ist. Dies wird im Abschnitt Qualitätsanalyse genauer beschrieben.

Es liegen verschiedene Maß- und Toleranzangaben vor (siehe Auswahl **Tabelle 2**).

Tabelle 2: Maß- und Toleranzangaben

Maß	Abmaße es/ei ES/EI	Oberes Grenzmaß (Höchstmaß)	Unteres Grenzmaß (Mindestmaß)	Toleranz in mm
Maße ohne Toleranzangabe nach DIN ISO 2768-mK (Auswahl)				
12	±0,2	12,2	11,8	0,4
24	±0,2	24,2	23,8	0,4
28	±0,2	28,2	27,8	0,4
30	±0,2	30,2	29,8	0,4
129	±0,5	129,5	128,5	1,0
Maße mit Abmaßen				
$12^{-0,1}$	−0,1	12,0	11,9	0,1
$12^{+0,2}_{+0,1}$	+0,2/+0,1	12,2	12,1	0,1
Maße mit ISO- Toleranz				
10H7	+15 0	10,015	10,000	0,015

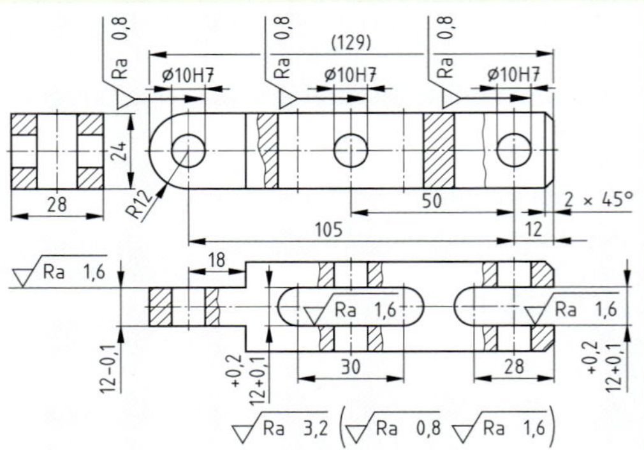

1 Fertigungszeichnung Spannhebel

Tabelle 1: Werkstoff

Halbzeugangabe für warmgewalzten Stahl 51CrV4: Flach DIN EN 10058- 35x25x132 – DIN EN 10083-51CrV4/1.8159

Werkstoffanalyse:
Niedriglegierter Vergütungsstahl, 0,51 % C Kohlenstoff, 1 % Chrom, Vanadium Grenzgehalt < 0,1 %, R_m = 900...1100 N/mm², R_e = 800 N/mm², A = 10 %

Einfluss der Legierungselemente auf die Zerspanbarkeit

Element	Erhöht	Einfluss auf Zerspanbarkeit
Cr (Chrom)	Zugfestigkeit, Härte, Warmfestigkeit, Verschleißfestigkeit, Korrosionsbeständigkeit	Zerspanbarkeit wird verschlechtert durch Steigerung der Festigkeit
V (Vanadium)	Dauerfestigkeit, Härte, Warmfestigkeit	Zerspanbarkeit wird verschlechtert

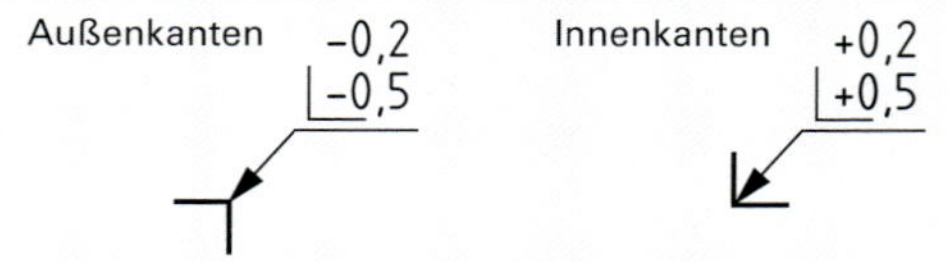

2 Werkstückkanten nach DIN ISO 13715

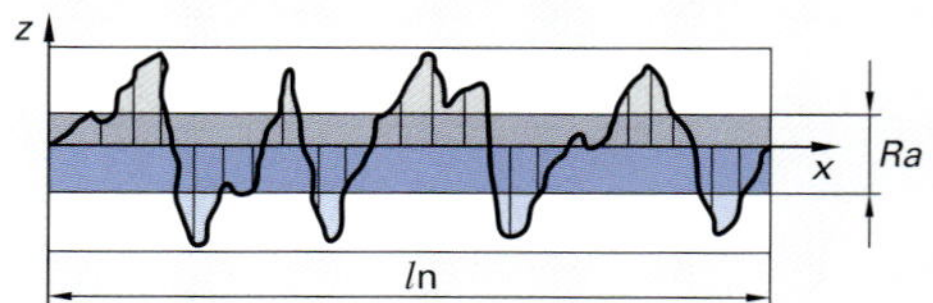

Der Mittenrauwert *Ra* ist der arithmetische Mittelwert aller Abweichungen des Rauheitsprofils von der Mittellinie (*x*) innerhalb der Gesamtmessstrecke *ln*. Die Mittellinie stellt dabei eine theoretische Linie dar, an der sich die Profilerhebungen mit den Profilvertiefungen flächenmäßig ausgleichen.

3 Mittenrauwert Ra

Für die Fertigung des Spannhebels sollen die Planungen zur Fräs- und Bohrbearbeitung gemacht werden. Dazu werden zunächst die für die Bearbeitung des Werkstücks benötigten TiN-beschichteten HSS-**Werkzeuge (Tabelle 1)** mit Schnittdaten **(Tabelle 2)** und anschließend die Arbeitsschritte in einer fertigungsgerechten Abfolge in einem **Arbeitsfolgeplan** zusammengestellt (**Tabelle 3** und nächste Seite).

Der Werkstücknullpunkt liegt für die erste Aufspannung im Zentrum der mittleren Bohrung. In **Bild 2** ist die Simulation aus dem CNC- Programm dargestellt.

Die Koordinaten für den Werkstückmittelpunkt müssen aus der Bemaßung errechnet werden **(Bild 3).**

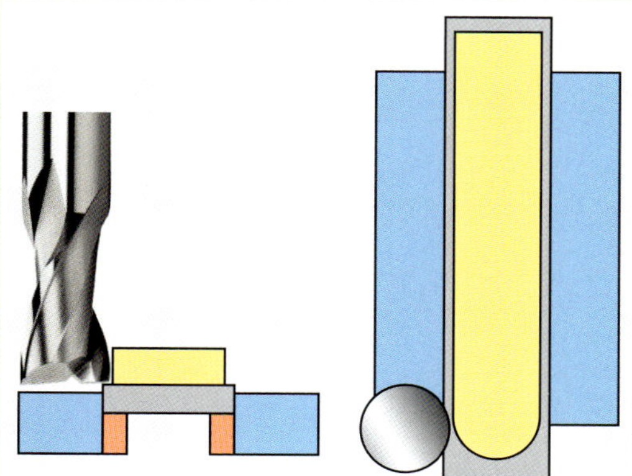

1 Bearbeitungssituation 1. Aufspannung

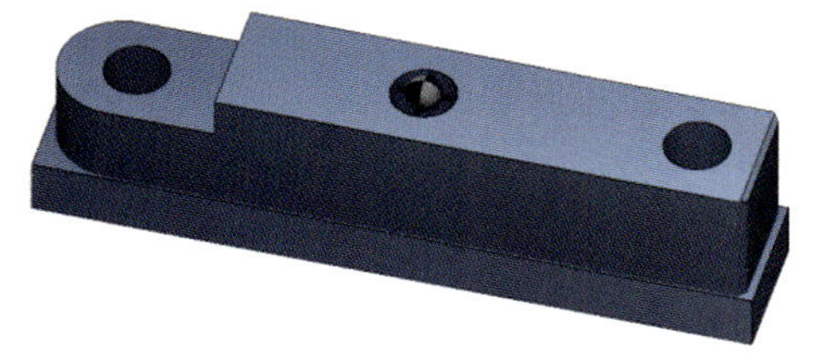

2 1. Aufspannung

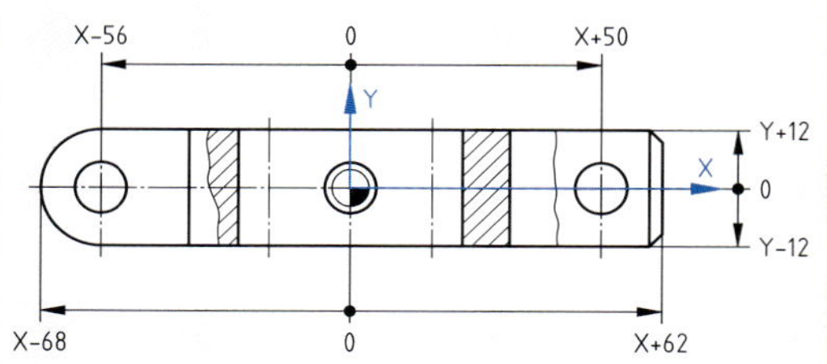

3 Bearbeitungsachsen und Koordinaten

Tabelle 1: Werkzeugliste

Tool-Nr.	Tool	Zähnezahl
01	Schaftfräser D36	6
02	Schaftfräser D10	3
03	Zentrierbohrer D2,5	
04	Spibo D9,8	
05	Reibahle D10H7	
06	Fasenfräser D10	2
07	90°-Senker	

Tabelle 2: Schnittdaten[1)]

Tool-Nr.	z	v_c in m/min[1)]	f_z in mm[1)]	n in 1/min[1)]	v_f in mm/min[1)]
01	6	35/40	0,08/0,06	300/360	144/130
02	3	35/40	0,08/0,06	1115/1280	267/230
03	2	18	f = 0,08	1900	152
04	2	18	f = 0,1	585	58
05		10	f = 0,1	318	32
06	2	35	0,08	600	200
07		12	f = 0,1	380	

1) Schruppen/Schlichten

Tabelle 3: Arbeitsfolgeplan

Nr.	Tool-Nr.	Bearbeitungsschritt
1		Rohmaße prüfen
2	1. Aufspannung	
3	01	Oberseite planfräsen
4	01	Kontur außen
5	01	Absatz fräsen
6	03	Zentrierbohren
7	04	Bohren
8	05	Reiben 10H7
9	06/07	Entgraten, Fase 2 x 45°
10	2. Aufspannung	
11	01	Planfräsen auf Fertigbreite 28 mm
12	01	Absatz fräsen
13	06/07	Entgraten, Fase 2 x 45°
14	3. Aufspannung	
15	02	Nuten fräsen
16	06/07	Entgraten, Fase 2 x 45°
17		Ausspannen und entgraten
18		Maße prüfen

Das Werkstück wird in einem Maschinenschraubstock mit F_s = 35 kN Spannkraft gespannt. Beim Fräsen entsteht eine parallel zu den Spannbacken des Maschinenschraubstocks wirkende Zerspankraft von F_c = 1800 N **(Bild 1 und 2).** Der Reibkoeffizient von Stahl/Stahl zwischen den Spannbacken und dem Werkstück beträgt μ = 0,15.

Es soll geprüft werden, ob die Spannkraft F_s des Maschinenschraubstocks ausreicht und wie groß die Sicherheitsreserve in Prozent % ist.

$$F_R = \mu \cdot F_s = 0{,}15 \cdot 35000\ \text{N} = 5250\ \text{N}$$

$$F_c = 1800\ \text{N}\ (34{,}3\,\%) \Rightarrow 65{,}7\,\%\ \text{Reserve}$$

Bei der **CNC-Fräsmaschine** in Konsolständerbauweise ist der in drei Achsrichtungen (X, Y und Z) verfahrbare Maschinentisch als Konsole an dem Maschinengestell angebracht **(Bild 4).** Die Bearbeitungsebene ist G17 **(Bild 3).** Diese Maschinenbauart eignet sich zur Bearbeitung bis mittelgroßer Werkstücke. Technische Daten siehe **Tabelle 1.**

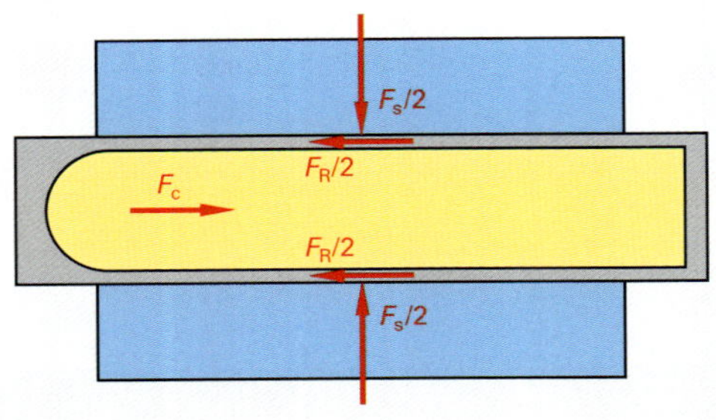

2 Spannkraft

Tabelle 1: Technische Daten		
Aufbau	**Konsolständer**	
Werkzeugaufnahme	SK 40 o. HSK A 63	
Anzahl Achsen	3 Achsen	
Arbeitsraum Starrtisch (3 Achsen):		
Verfahrweg X/Y/Z	[mm]	750/600/520
Aufspannfläche	[mm]	1000 x 620
max. Beladung	[kg]	800
Hauptantrieb:		
Drehzahlbereich	[1/min]	bis 18000
Antriebsleistung	[KW]	14 (100 % ED), 19 (40 % ED)
Drehmoment	[Nm]	130 (40 % ED)
Vorschubantriebe:		
Eilgang X/Y/Z	[m/min]	24
Vorschubkraft X/Y/Z	[KN]	6/6/3
Werkzeugwechsler:		
Speicherplätze	[Anzahl]	16

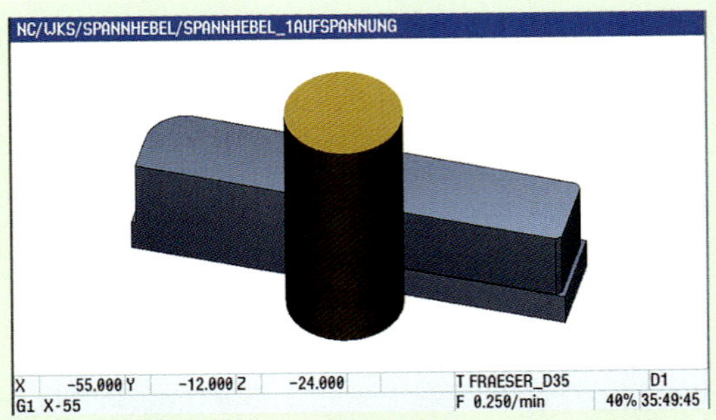

1 Fräsen 1. Aufspannung

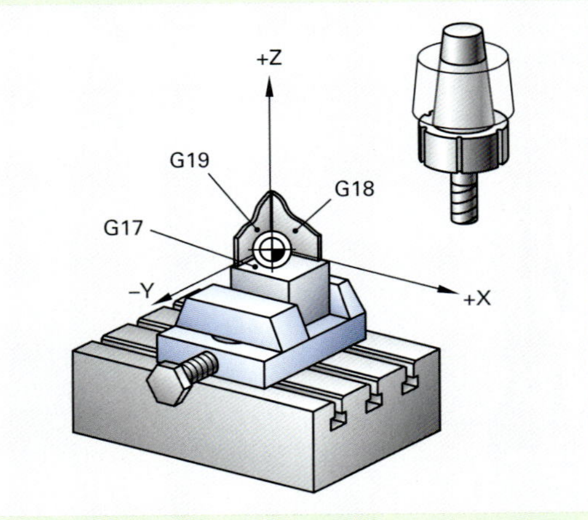

3 Bearbeitungsebene G17

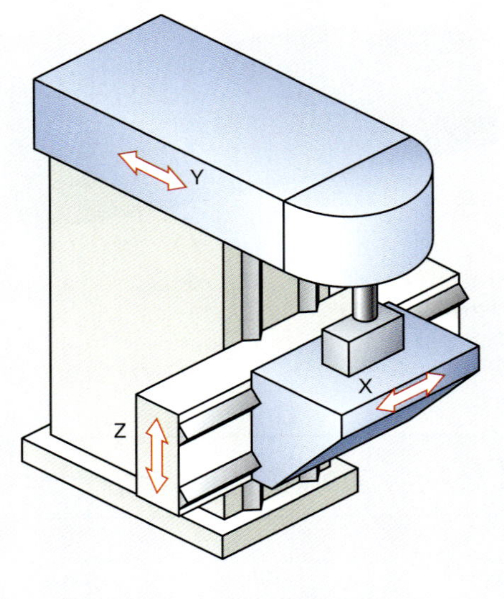

4 Fräsmaschine in Konsolständerbauweise

Nach der Fertigstellung des Frästeils ist eine **Qualitätsprüfung** durchzuführen und die Ergebnisse sind in einem Prüfprotokoll (siehe unten) zu dokumentieren.

Mit der Einführung der ISO GPS-Normen ist das Hüllprinzip Ⓔ nicht mehr automatisch der Standard für den Tolerierungsgrundsatz. Die Anwendung des Hüllprinzips ist auf den Fertigungszeichnungen direkt anzugeben **(Tabelle 1)**.

Mit dem Hüllprinzip als Tolerierungsgrundsatz gibt es zwei Bedingungen, die von den tolerierten Geometrien erfüllt sein müssen. Die „Hüllbedingung" und das/die „Zweipunktmaß(e)". In Bezug auf die Zweipunktmaße bedeutet dies, dass bei der Zweipunktmessung das zulässige Höchstmaß nicht überschritten bzw. das Mindestmaß nicht unterschritten werden darf. Die geometrische Form und die Maßtoleranz definieren die Hülle. Bei Innenmaßen wie z.B. Bohrungen beschreibt der Pferchzylinder das Mindestmaß und das Zweipunktmaß das Höchstmaß **(Bild 1)**. Da an realen Werkstücken Form- und Maßabweichungen gleichzeitig auftreten können und sich überlagern, wird durch das Hüllprinzip die zur Verfügung stehende Maßtoleranz eingeschränkt.

Der Messgenauigkeit eines Messschiebers sind konstruktive Grenzen gesetzt, daran ändert auch die scheinbare Genauigkeit von digitalen Anzeigen nichts.

Hier soll erläutert werden, warum der Messschieber das Abbesche Messprinzip nicht erfüllt und welche Konsequenzen sich daraus ergeben.

Der deutsche Wissenschaftler und Unternehmer Ernst Abbe formulierte im 19. Jahrhundert sein Komparatorprinzip, nach dem mechanische Messinstrumente die größte Genauigkeit erreichen, wenn gemessene Länge und Messskala auf einer Linie liegen. Die Funktionsweise eines Messschiebers widerspricht diesem Grundsatz, weil das Messobjekt und die Maßverkörperung seitlich versetzt sind. Daraus entsteht ein Hebelarm **(Bild 2)**. Der verschiebbare Messschenkel muss ein minimales Spiel auf der Schiene haben, damit er verschiebbar ist.

Aus diesen Bedingungen ergibt sich die technische Unvermeidbarkeit von Kippfehlern 1. Ordnung. Durch den richtigen Umgang mit dem Messschieber kann dieser Fehler minimiert werden.

Tabelle 1: Hüllprinzip Zeichnungsangabe

Das **Hüllprinzip** gilt, wenn eine der folgenden Angaben in der Zeichnung steht:

- keine Angabe bei alten Zeichnungen bis 12.2011
- ISO 14405 Ⓔ im Schriftfeld
- ISO 14405 im Schriftfeld, Maßangaben mit Ⓔ
- ISO 8015 im Schriftfeld, Maßangaben mit Ⓔ
- ISO 2768m-mK Ⓔ im Schriftfeld
- ASME Y14.5 (US-amerikanische Norm)

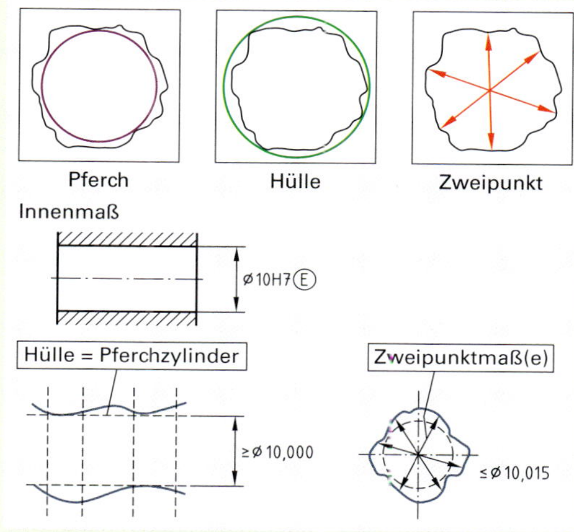

1 Hüllenprinzip bei Innenmaßen

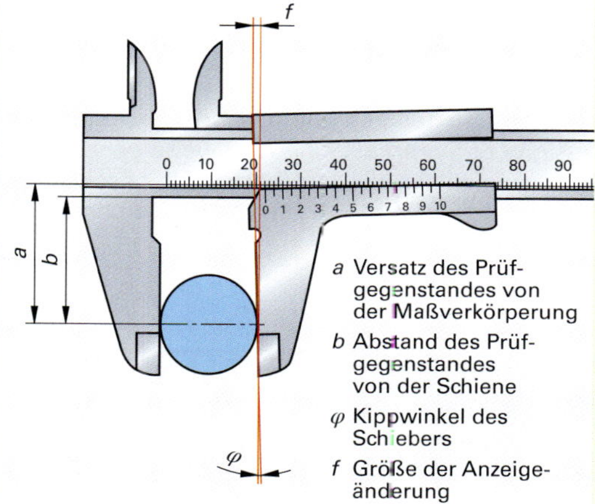

2 Kippfehler beim Messchieber

Prüfprotokoll (Ausschnitt)

Prüfmerkmal	Abmaße ES/EI	Höchstmaß	Mindestmaß	Toleranz in mm	Prüfmittel	Gemessenes Istmaß in mm	Beurteilung in Ordnung, i.O nicht in Ordnung, n.i.O
⌀10H7	+15 0	10,015	10,000	0,015	Zweipunktinnenmessschraube Grenzlehrdorn	10,01	i.O.

F7 DREHTECHNIK

Allgemeines

Für die spanabhebende Herstellung zylindrischer Werkstückgeometrien wird das Fertigungsverfahren Drehen angewendet (**Bild 1**). Bei der Drehbearbeitung führt das Werkstück eine rotatorische Hauptschnittbewegung und das einschneidige Werkzeug die Vorschubbewegung aus. Bei entsprechender Zustelltiefe ergibt sich durch die Überlagerung von Hauptschnitt- und Vorschubbewegung eine formgebende Spanabnahme. Führt das Werkzeug eine zum Werkstück achsparallele Vorschubbewegung aus, ergibt sich in Abhängigkeit der Schnitttiefe a_p eine Reduzierung des Werkstückdurchmessers:

$$a_p = \frac{D - d}{2} \quad \text{bzw.} \quad d = D - (2 \cdot a_p)$$

Je nach Lage der Bearbeitungsgeometrie am Werkstück unterscheidet man das Innendrehen und das Außendrehen. Abhängig von der Vorschubrichtung unterscheidet man zwischen Plandrehen und Längsdrehen (**Bild 2**). Ferner unterscheidet man, abhängig von der entstehenden Oberflächengestalt, die Drehverfahren: Plandrehen, Runddrehen, Schraubdrehen, Wälzdrehen, Profildrehen und Formdrehen (**Bild 3** und **Bild 4**).

Meist üblich werden rotationssymmetrische (kreisrunde) Drehteile hergestellt. Mit angetriebenen Werkzeugen können auch Fräs- und Bohroperationen am Drehteil ausgeführt werden. Darüber hinaus gibt es Drehmaschinen mit weiteren, z. B. vier Nebenachsen. So können Werkzeuge geschwenkt, geneigt und verdreht werden (A-, B-, C-Achse).

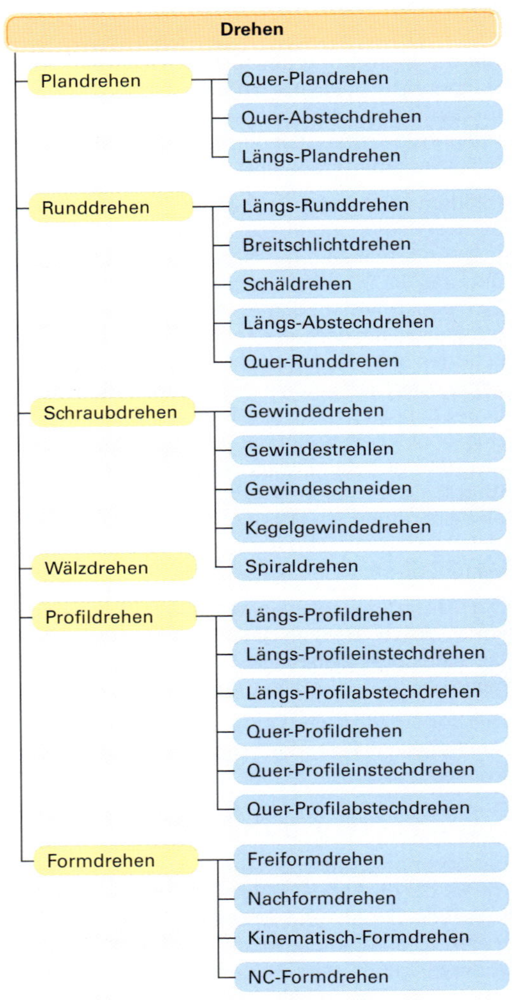

3 **Drehverfahren**

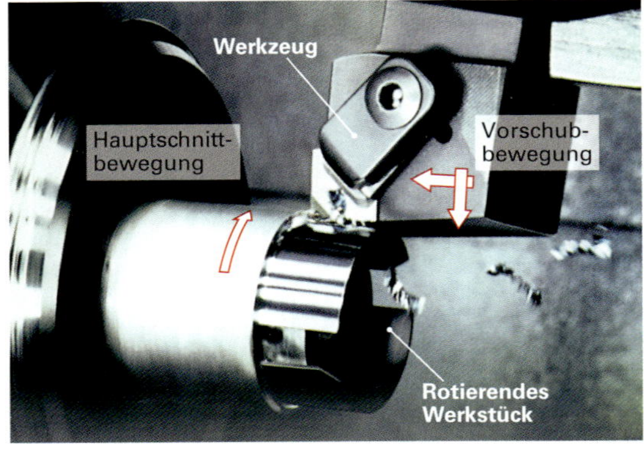

1 **Drehbearbeitung**

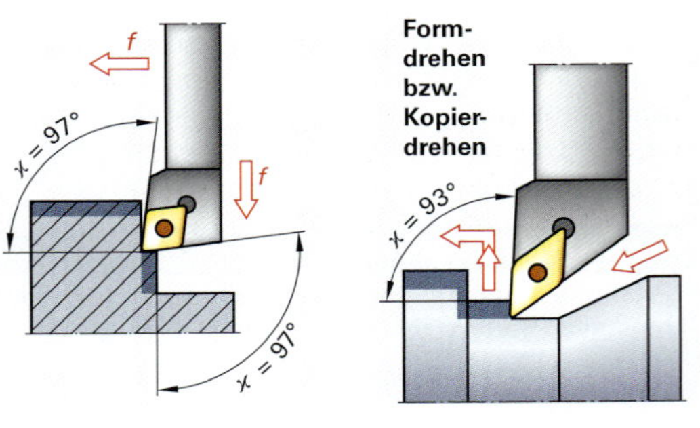

2 **Längsdrehen und Plandrehen**

4 **Formdrehen bzw. Kopierdrehen**

Das Anwendungsspektrum wird erweitert durch spezielle Drehverfahren wie das Gewinde-, das Nuten-, das Abstechdrehen und das Innenausdrehen. Die eingesetzten Drehbearbeitungszentren mit leistungsfähigen CNC-Steuerungen sind in der Lage, nahezu jede gewünschte Drehteilform herzustellen und machen damit das Drehen zu einem flexiblen Bearbeitungsverfahren.

Für zerspanungstechnische Grundlagenuntersuchungen ist das Drehen wegen der guten Zugänglichkeit des Schneidkeils während des Zerspanungsprozesses und des einschneidigen Werkzeugs in idealer Weise geeignet.

Die konstante Schnittrichtung, die gleichbleibende Spanungsdicke und die ungehinderte Spanabfuhr schaffen reproduzierbare Zerspanungsbedingungen, wie sie insbesondere zu Untersuchungen der Schneidengeometrie, zu Standzeitversuchen, zur Messung von Zerspanungstemperaturen und der Ermittlung der spezifischen Schnittkraft k_c notwendig sind.

Viele beim Drehen beobachteten grundsätzlichen Zusammenhänge zwischen den Wirkpartnern Schneidkeil und Werkstoff lassen sich auf andere, mehrschneidige Zerspanungsverfahren wie Fräsen oder Bohren in geeigneter Weise übertragen.

Schnittgrößen beim Drehen

Beim Drehen wird die rotatorische Hauptschnittbewegung durch das sich mit der Spindeldrehzahl drehende Werkstück ausgeführt. Die Drehzahl *n* oder Spindelfrequenz entspricht einer bestimmten Anzahl von Umdrehungen pro Minute ($^1/_{min}$, min^{-1}). Die daraus resultierende Umfangsgeschwindigkeit am Werkstückumfang entspricht der Schnittgeschwindigkeit v_c, mit der sich der Werkstückumfang bei der Zerspanung auf die Schneidkante zubewegt.

Da die Umfangsgeschwindigkeit eines rotierenden Körpers bei konstanter Umdrehungsfrequenz durchmesserabhängig ist, muss der Umfang ($U = D \cdot \pi$) des zu bearbeitenden Werkstücks mit der Umdrehungsfrequenz multipliziert werden, um die tatsächliche Schnittgeschwindigkeit zu erhalten:

$$v_c = \frac{U}{t} = \frac{\pi \cdot D}{t}$$

$$v_c = \frac{\pi \cdot D \cdot n}{1000\ ^{mm}/_{m}}$$

v_c Schnittgeschwindigkeit in $^m/_{min}$
D Duchmesser in mm
π Kreiskonstante 3,14
n Drehzahl, Drehfrequenz in $^1/_{min}$
Korrekturfaktor 1000 $^{mm}/_m$

Die Schnittgeschwindigkeit v_c ist dem Werkstückdurchmesser *D* und der Drehzahl *n* proportional, d. h., es besteht ein linearer Zusammenhang zwischen v_c, *D* und *n*:

$$v_c \sim D \qquad v_c \sim n$$

Bearbeitungsbeispiel:
Plandrehen einer Bremsscheibe

Werkstück: vordere Bremsscheibe PKW EN-GJL-250, Cr-legiert 220 HB.

Schneidstoff: CBN

Schnittwerte: a_p = 0,5 mm, f = 0,35 mm/Umdr., v_c = 300 $^m/_{min}$ = konstant, d_g = Übergangsdurchmesser, n_g = Grenzdrehzahl Maschine = 3000 min^{-1}.

$$d_g = \frac{v_c}{\pi \cdot n_g} = \frac{300\ ^m/_{min}\ 1000\ ^{mm}/_m}{\pi \cdot 3000\ min^{-1}} = \underline{31{,}8\ mm}$$

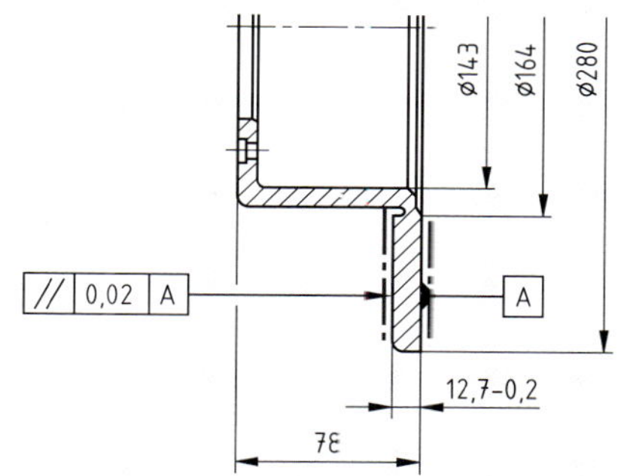

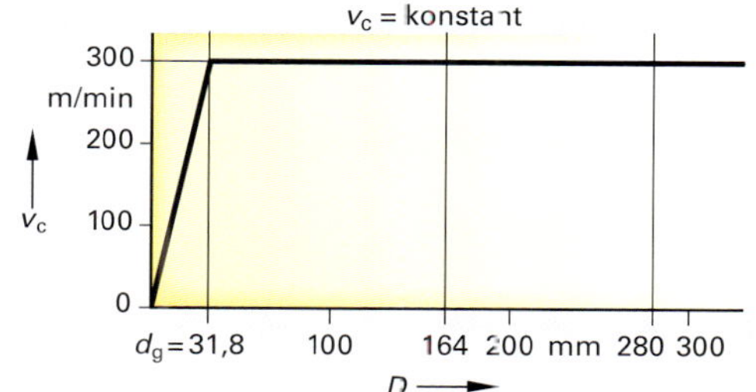

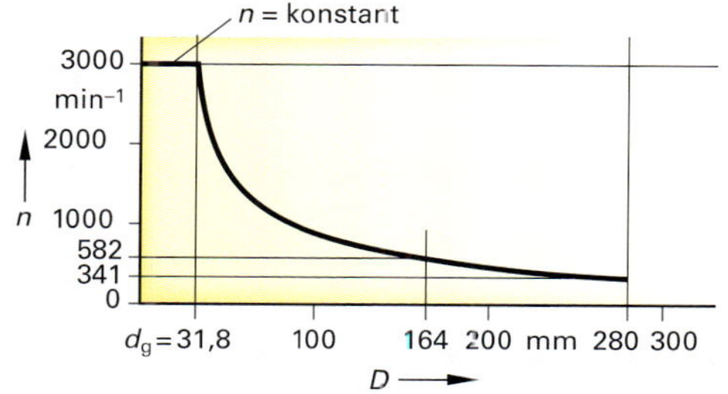

Zum Bearbeitungsbeispiel:

Bei der stirnseitigen Bearbeitung von Werkstücken, beim Plandrehen, durchläuft die Werkzeugschneide in radialer Richtung, ausgehend von einem maximalen Durchmesser den gesamten Durchmesserbereich bis zur Werkstückachse ($D = 0$). Bei konstanter Spindelfrequenz nimmt die Schnittgeschwindigkeit aufgrund ihrer linearen Abhängigkeit zu D kontinuierlich ab. Dieser Zusammenhang tritt auch stirnseitig bei rotierenden Bohr- und Fräswerkzeugen in Erscheinung.

Wird ausgehend vom Außendurchmesser die notwendige Bearbeitungsfrequenz mit der vom Wirkpaar Schneidstoff – Werkstoff abhängiger Schnittgeschwindigkeit bestimmt, verschlechtern sich die Zerspanungsbedingungen an der Schneidkante mit kleiner werdendem Durchmesser zum Werkstückzentrum hin.

Ein erhöhter Werkzeugverschleiß und geringe Werkstückqualität sind die Folgen. Um die Schnittgeschwindigkeit über einen größeren Durchmesserbereich konstant zu halten, wird bei CNC-gesteuerten Drehmaschinen die Drehzahl automatisch bis zu einer maschinenabhängigen Grenzdrehzahl kontinuierlich erhöht, um die Reduzierung der Schnittgeschwindigkeit zu kompensieren.

Nach Erreichen der Grenzdrehzahl n_g, bzw. des Grenzdurchmessers d_g bleibt die Umdrehungsfrequenz des Werkstücks konstant und die Schnittgeschwindigkeit nimmt bis in das Werkstückzentrum auf Null hin ab. Aus diesem Grund werden viele Drehteile auf der Planseite mit Ausdrehungen versehen, deren Innendurchmesser d größer als der Grenzdurchmesser d_g ist ($d_g < d$).

Um bei abgesetzten Außen- und Innendurchmessern konstante Zerspanungsverhältnisse zu erhalten, wird die Drehzahl entsprechend den geometrischen Abmessungen des Werkstücks angepasst.

Der Vorschub f ist der Weg in Millimeter, den die Schneidkante bei einer Werkstückumdrehung je nach Drehverfahren in axialer bzw. in radialer Richtung zurücklegt. Aus Vorschub f und Drehzahl n lässt sich die Vorschubgeschwindigkeit v_f bestimmen:

$$v_f = f \cdot n$$

$$v_f = \frac{f \cdot v_c \cdot 1000 \text{ mm/m}}{D \cdot \pi}$$

v_f Vorschubgeschwindigkeit in mm/min
f Vorschub in mm/Umdr.
n Drehzahl in 1/min
v_c Schnittgeschwindigkeit in m/min
D Durchmesser in mm

Die bestimmende Kenngröße für die Spanbildung und Oberflächengüte beim Drehen ist, in Abhängigkeit der eingesetzten Schneidplattengeometrie, der Vorschub f und die Schnitttiefe a_p.

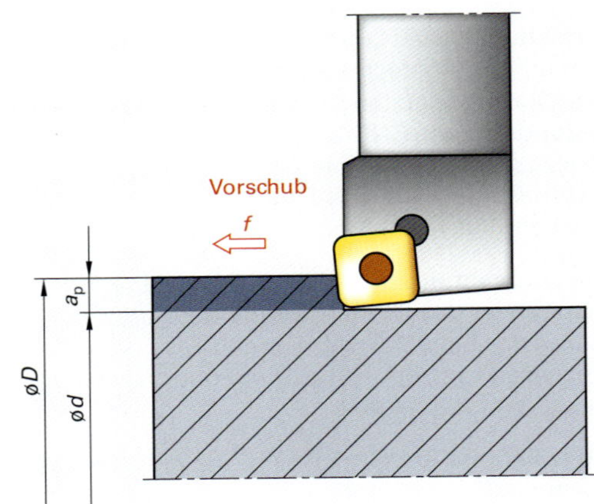

1 **Werkstückdurchmesser beim Längsdrehen**

2 **Trockendrehen**

Die Schnitttiefe a_p ist die senkrecht zur Vorschubrichtung eingestellte halbe Differenz zwischen dem ausgehenden Werkstückdurchmesser D und dem sich ergebenden, bearbeiteten Durchmesser d (**Bild 1**):

$$a_p = \frac{D - d}{2}$$

a_p Schnitttiefe
D Werkstückdurchmesser
d Drehdurchmesser

Bei großen Schnitttiefen a_p (Schruppbearbeitung) ist es im Hinblick auf die im Eingriff befindliche Schneidkante von Vorteil, die Drehzahl bei vorgegebener Schnittgeschwindigkeit v_c mit dem großen Durchmesser D zu bestimmen.

Bei geringen Schnitttiefen (Schlichtbearbeitung, **Bild 2**) steht die Qualität der bearbeiteten Werkstückoberfläche im Vordergrund, deshalb ist es hier günstig, die Bearbeitungsdrehzahl des Werkstücks mit dem Fertigdurchmesser d zu berechnen.

Alternativ kann mit einem mittleren Durchmesser d_m gearbeitet werden:

$$d_m = \frac{D + d}{2}$$

$$n = \frac{v_c \cdot 1000 \text{ mm/m}}{d_m \cdot \pi}$$

Winkel am Drehwerkzeug

Einstellwinkel κ (Kappa)

Die Lage der Hauptschneide zur Vorschubrichtung des Werkzeugs wird durch den Einstellwinkel κ beschrieben **(Bild 1)**. Der Einstellwinkel beeinflusst in erster Linie die Größe und die Richtung der Zerspankraftkomponenten Vorschubkraft F_f und Passivkraft F_p und damit die Wirkrichtung der resultierenden Zerspankraft. Ebenso hat der Einstellwinkel Auswirkungen auf die sich im Eingriff befindliche Schneidkantenlänge l_a bzw. auf die Spanungsbreite b und damit auch auf die Spanbildung und das Verschleißverhalten der Schneidkante:

$$l_a = b = \frac{a_p}{\sin \kappa}$$

l_a Schneidkantenlänge
b Spanungsbreite

Je nach Bearbeitungsfall und Werkstückgeometrie kommen Einstellwinkel von $\kappa = 45°$ bis 105° zur Anwendung. In Verbindung mit großen Schnitttiefen und stabilen Werkstücken sind kleinere Einstellwinkel vorteilhaft, da sich beim Ein- und Austritt der Schneidkante weichere Schnittkraftübergänge einstellen und die Belastung sich auf eine größere Schneidenlänge verteilt **(Bild 2)**. D. h., die spezifische Belastung pro Millimeter Schneidkantenlänge ist geringer.

Die bei einer ganzen Werkstückumdrehung zerspante Querschnittsfläche ergibt sich aus der Schnitttiefe a_p und dem Vorschubwert f und wird als Spanungsquerschnitt A bezeichnet:

$$A = a_p \cdot f$$

A Spanungsquerschnitt
f Vorschub

Neben der Größe des Spanungsquerschnitts hat auch dessen geometrische Form einen entscheidenden Einfluss auf die Zerspanungsverhältnisse an der Schneidkante **(Bild 3)**. Der Zusammenhang zwischen den Abmessungen und der Form des Spanungsquerschnitts wird über den Einstellwinkel κ durch die Spanungsbreite b und die Spanungsdicke h festgelegt:

$$b = \frac{a_p}{\sin \kappa} \qquad h = f \cdot \sin \kappa$$

Beträgt der Einstellwinkel $\kappa = 90°$, entspricht die Spanungsbreite b der Schnitttiefe a_p und die Spanungsdicke h dem Vorschub f.

Mit kleiner werdendem Einstellwinkel wird bei konstanter Schnitttiefe und konstantem Vorschub das Verhältnis von b zu h größer, d.h., der Schlankheitsgrad des Spanungsquerschnitts nimmt zu und die Späne werden dünner.

Um eine ausreichend hohe Standzeit der Schneidkante zu erreichen, muss in Abhängigkeit der Schneidkantenverrundung bei geringen Einstellwinkeln über die Erhöhung des Vorschubs eine Mindestspanungsdicke h_{min} erreicht werden.

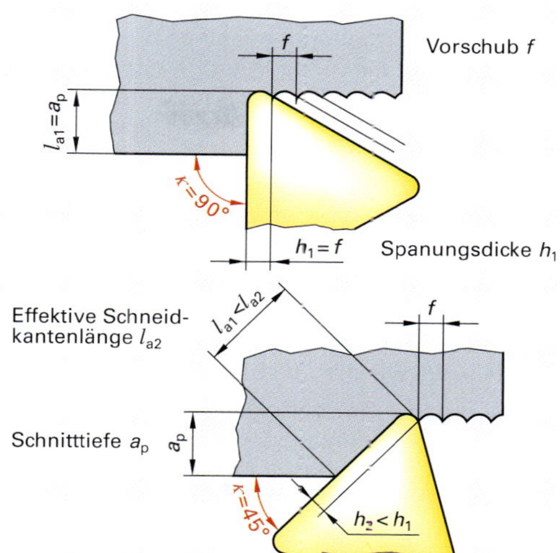

1 Einfluss des Einstellwinkels

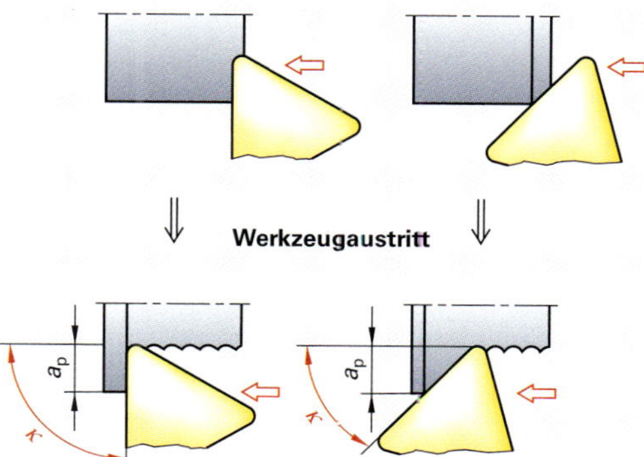

2 Eintritt bzw. Austritt der Schneidkante bei unterschiedlichen Einstellwinkeln

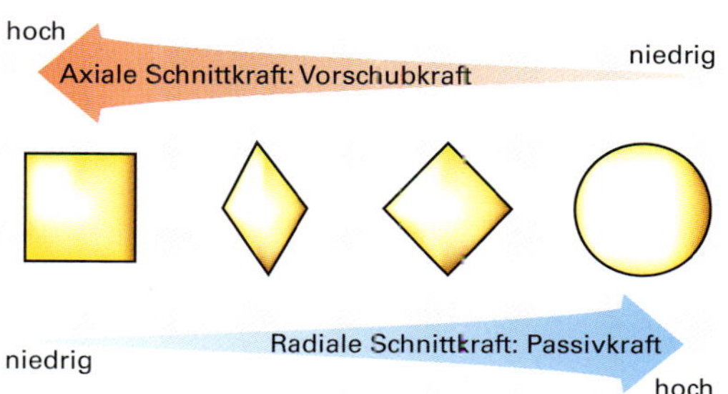

3 Zerspanungsbedingungen durch unterschiedliche Wendeschneidplatten

Bei Werkstoffen, die zur Bildung einer Aufbauschneide neigen, ist es günstiger mit einem größeren Einstellwinkel zu arbeiten, da mit geringer werdender Spanungsbreite b die Späne dicker werden und der Schnittdruck auf die im Eingriff befindliche Schneidkantenlänge zunimmt. Damit wird das Verschweißen von Spanpartikeln auf der Spanfläche des Schneidkeils weitgehend verhindert und die Aufbauschneide reduziert.

Bei konstantem Vorschub, Schnitttiefe und Spanungsquerschnitt A nimmt mit kleiner werdendem Einstellwinkel κ die Spanungsbreite b etwa im gleichen Maße zu, wie die Spanungsdicke h abnimmt.

Die Richtung und die Größe der Zerspankraftkomponenten in der Bearbeitungsebene werden durch den Einstellwinkel κ beeinflusst. Mit größer werdendem Einstellwinkel nimmt die beim Längsdrehen in axialer Richtung auftretende Vorschubkraft F_f zu, während der Betrag der in radialer Richtung wirkenden Passivkraft F_p geringer wird **(Bild 1)**. Der überwiegende Anteil der Axialkraft F_a bei größeren Einstellwinkeln führt vor allem bei langen, dünnen Wandstücken oder beim Innenausdrehen mit langauskragenden Werkzeugen zu geringerer Werkstück- bzw. Werkzeugabdrängung und damit zu schwingungsarmen und stabilen Zerspanungsbedingungen.

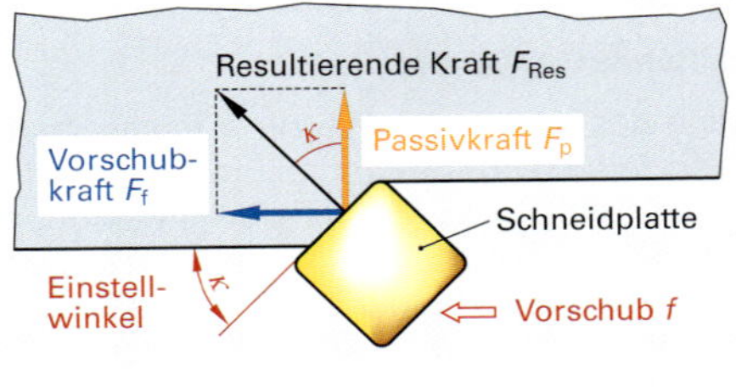

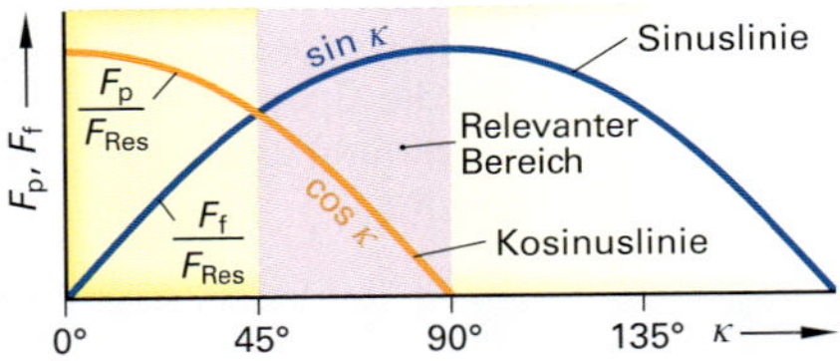

1 Abhängigkeiten vom Einstellwinkel

Aufgabe:

Zum Längsdrehen von Wellen **(Bild 2)** aus dem Werkstoff 42CrMo4 sollen die Zerspanungskräfte bestimmt werden und in einem Diagramm in Abhängigkeit vom Spanungsquerschnitt dargestellt werden **(Bild 3)**.

Werkzeug: Wendeplattenhalter mit HC-P20

Schnittwerte: Schnittgeschwindigkeit $v_c = 250$ m/min, Vorschub $f = 0{,}3$ mm

Werkstoff: Vergütungsstahl 42CrMo4

Lösung:

1. Spanungsdicke h

$h = f \cdot \sin \kappa = 0{,}3 \text{ mm} \cdot \sin 63°$

$h = 0{,}26$ mm

2. spezifische Schnittkraft k_c

$$k_c = \frac{k_{c1.1}}{h^{mc}} = \frac{1565}{0{,}26^{0{,}26}} = 2122 \frac{\text{N}}{\text{mm}^2}$$

3. Spanungsquerschnitt A

$A = a_p \cdot f = 3 \text{ mm} \cdot 0{,}3 \text{ mm} = 0{,}9 \text{ mm}^2$

Schnitttiefe $a_p = \frac{D-d}{2}$ $\qquad a_p = \frac{60-54}{2} = 3$ mm

4. Tangentiale Schnittkraft F_c **(Bild 3, 4)**

$$F_c = A \cdot k_c = 0{,}9 \text{ mm} \cdot 2122 \frac{\text{N}}{\text{mm}^2} = 1909 \text{ N}$$

im Versuch gemessen:

$F_c = 2000$ N, $F_f = 1000$ N, $F_p = 500$ N

$F_c : F_f : F_p = 4 : 2 : 1$

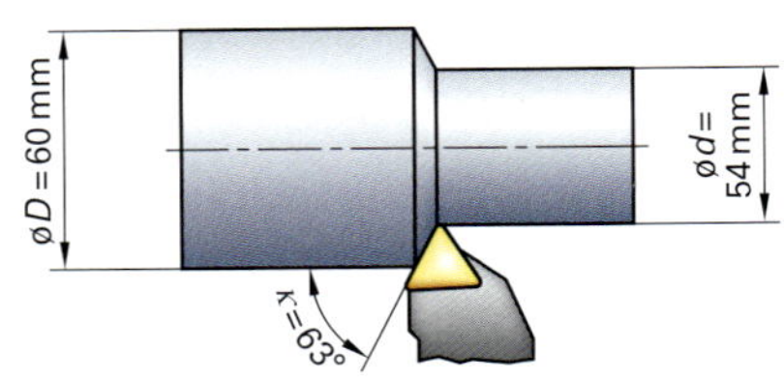

2 Längsdrehen

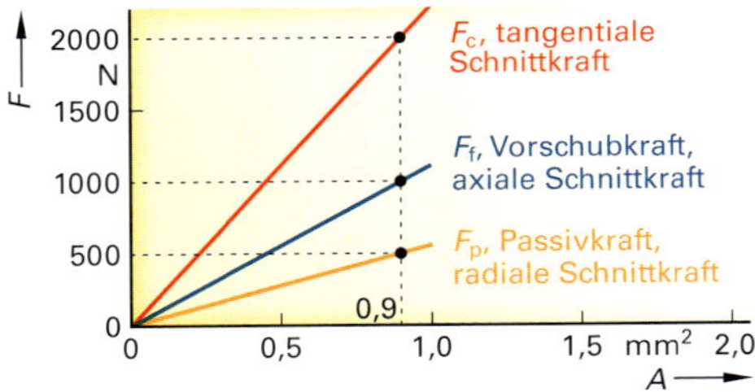

3 Zerspankraftkomponenten

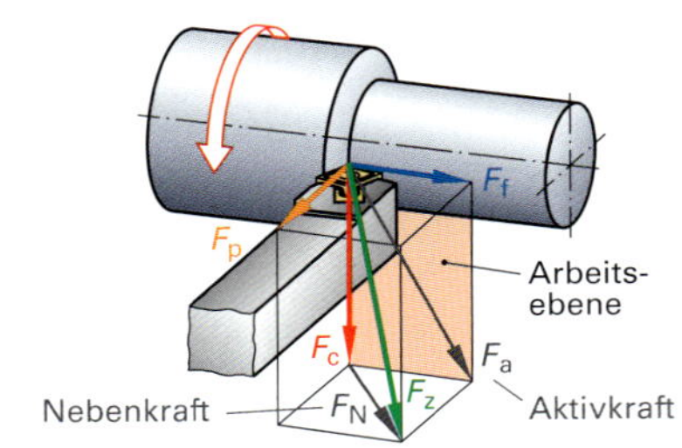

4 Kräfte beim Drehen

Eckenwinkel ε (Epsilon)

Der Winkel zwischen der Haupt- und Nebenschneide wird als Spitzen- oder Eckenwinkel ε definiert **(Bild 1)**. Die Stabilität und das Anwendungsspektrum der Schneidplatte ergibt sich durch die Größe des Eckenwinkels. Der Eckenwinkel variiert in einem Bereich von ε = 35° ... 90°, wobei mit größer werdendem Winkel die Wärmeableitung an der Wirkstelle und die Stabilität der Schneidplatte zunimmt. Runde Schneidplatten eignen sich wegen der hohen Stabilität für Zerspanungsaufgaben mit großen Belastungen. Die Lage der Nebenschneide zur Bearbeitungsfläche wird durch den Einstellwinkel der Nebenschneide ε_N beschrieben.

Eckenradius r_ε

Die Verbindung zwischen der Hauptschneide und der Nebenschneide an der Schneidenecke wird durch einen tangentialen Radiusübergang, den Eckenradius r_ε **(Bild 2)**, hergestellt. Dieser definierte Eckenradius hat nicht nur die Aufgabe, die Schneidkanten miteinander zu verbinden, sondern sorgt an der in den Werkstoff vordringenden Schneidenecke für ausreichende Stabilität und gute Wärmeableitung. Ein größerer Eckenradius ergibt vor allem bei größeren Schnitttiefen, wie bei der Schruppbearbeitung, wegen der sanfteren Überleitung der Schnittkräfte auf die Hauptschneide eine Schnittkraftreduzierung auf die Schneidenspitze und damit häufig bessere Standzeitergebnisse. Größere Eckenradien erzeugen bei gleichem Vorschubwert f (im Vergleich zu Schneidplatten mit kleinerem Eckenradius r_ε) Werkstückoberflächen mit geringerer Rautiefe **(Bild 3)**. Die sich theoretische ergebende Rautiefe R_{th} lässt sich aus einer geometrischen Ableitung heraus wie folgt bestimmen:

$$R_{th} = \frac{f^2 \cdot 1000\ \mu m/mm}{8 \cdot r_\varepsilon}$$

R_{th} theoretische Rautiefe µm
f Vorschub in mm
r_ε Eckradius in mm

Entsprechend dieser Gleichung vergrößert sich die Rautiefe R_{th} quadratisch mit dem Vorschubwert f und linear mit der Vergrößerung des Eckenradius r_ε. Die erreichbare Rautiefe hängt vor allem bei kleineren Vorschüben stark vom Verschleißzustand der Schneidenecke ab, sodass sich dadurch abweichende Ergebnisse einstellen können.

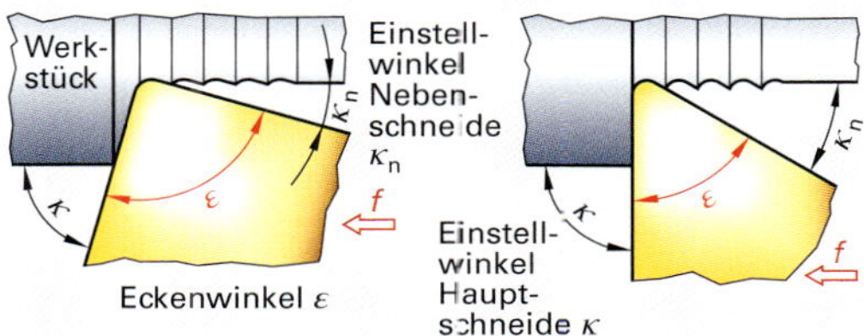

1 Eckenwinkel und Eckenradius

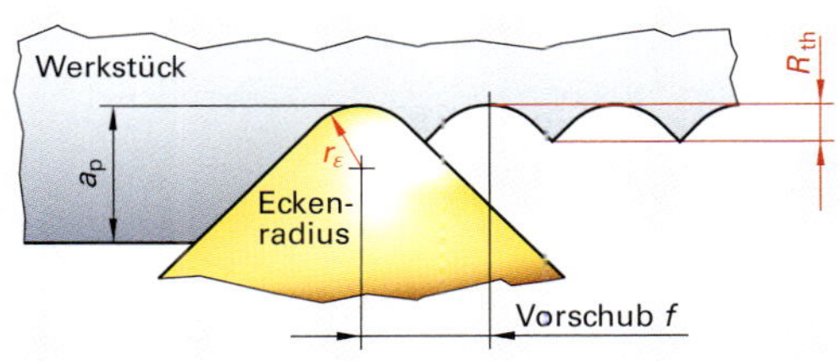

2 Eckenradius und theoretische Rautiefe

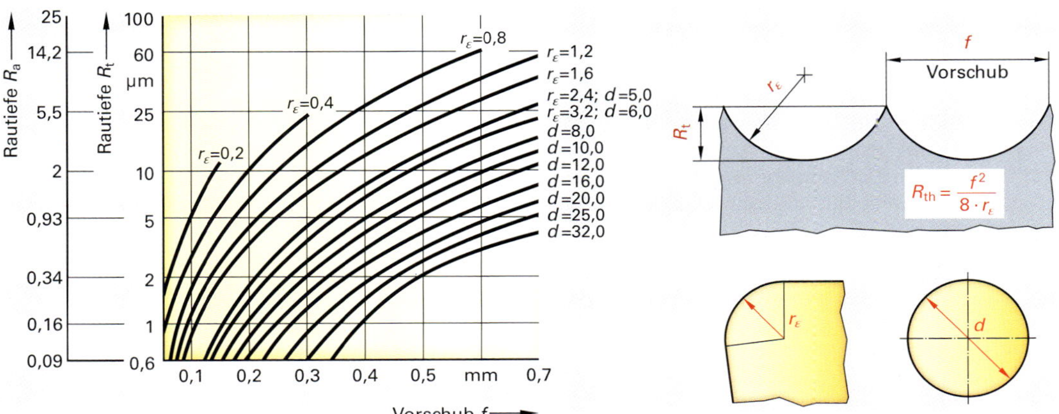

3 Rautiefe in Abhängigkeit vom Vorschub und vom Eckenradius

Bei der Drehbearbeitung mit geringen Schnitttiefen, beim Schlichten, wären nach den bisherigen Überlegungen Wendeschneidplatten mit größerem r_ε von Vorteil, da bei kleinen Schnitttiefen die Schneidenspitze die Hauptzerspanungsarbeit leistet. Ein großer Eckenradius verursacht aber in Verbindung mit Schnitttiefen, die geringer sind als der Eckenradius ($a_p < r_\varepsilon$), eine ungünstige Schnittkraftverteilung an der Schneidenecke **(Bild 1)**.

Die Radialkraftkomponente nimmt wie bei kleinen Einstellwinkeln sehr stark zu, was zum Abdrängen des Werkzeugs und des Werkstücks führt. Die Folge sind Vibrationen an der Schneidkante und Verformungs- bzw. Quetschungsvorgänge des Werkstückwerkstoffs. Diese ungünstigen Zerspanungsbedingungen verursachen durch den großen radialen Schnittdruck Gefügeveränderungen in der Randschicht des zu bearbeitenden Werkstoffs, durch die Schwingungen an der Schneidkante geringe Oberflächengüte am Werkstück und verringerte Standzeit, einen größeren Leistungsbedarf für die Zerspanung und dadurch mehr frei werdende Wärmeenergie an der Wirkstelle.

Die Festlegung des Eckenradius stellt also immer einen Kompromiss dar zwischen der Schneidenstabilität, der geforderten Oberflächengüte, der Spanformung und den entstehenden Zerspanungskräften.

Richtwerte für r_ε sind:

- Schruppbearbeitung $f < 1/2\ r_\varepsilon$
- Schlichtbearbeitung $f < 1/3\ r_\varepsilon$

Neigungswinkel λ (Lambda)

Die radiale Orientierung der Spanfläche in Richtung der Hauptschneide zu einer horizontalen Ebene wird durch den Neigungswinkel *A* beschrieben. Der Neigungswinkel ist durch die Einbaulage der Wendeschneidplatte im Plattensitz des Werkzeugs bestimmt und kann positiv oder negativ sein.

Die axiale Orientierung der Spanfläche senkrecht zur Hauptschneide ist durch den Spanwinkel γ (Gamma) festgelegt. Ist der Neigungswinkel λ positiv, steigt die Hauptschneide in Richtung vorderer Schneidenecke an, ist λ negativ, fällt die Hauptschneide in Richtung Schneidenecke ab.

Der Spanwinkel ist dann positiv, wenn die Spanfläche von der Hauptschneide aus betrachtet nach hinten abfällt. Steigt die Spanfläche in Richtung des ablaufenden Spanes nach hinten an, ist der Spanwinkel negativ. Beträgt der Einstellwinkel des Werkzeugs $\kappa = 90°$, so stehen die Betrachtungsebenen für den Neigungswinkel λ und für den Spanwinkel γ ebenfalls im rechten Winkel zueinander **(Bild 2)**.

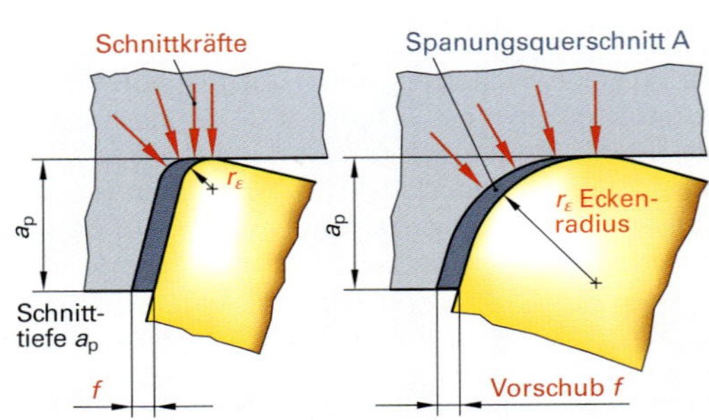

1 Schnittkraftverteilung bei unterschiedlichen Eckenradien

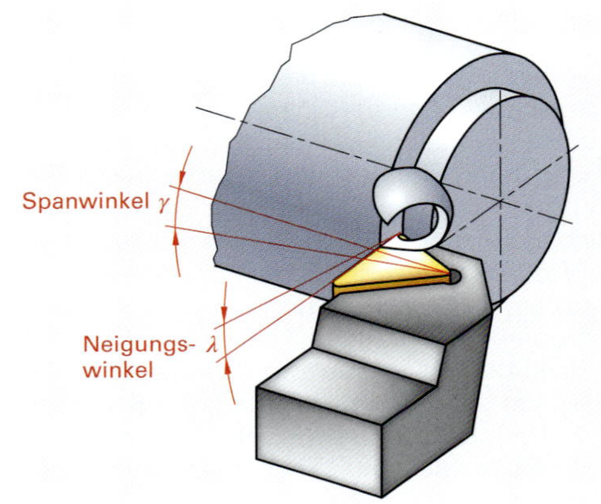

2 Neigungswinkel und Spanwinkel beim Längsdrehen

3 Störungsfreier Spanabfluss

Damit sich bei Schneidplatten mit einem Keilwinkel $\beta = 90$ ° an der Schneidenecke der notwendige Freiwinkel α ergibt, muss der Neigungswinkel negativ sein. Bei Keilwinkeln $\beta < 90°$ kann sich durch die Einbaulage der Wendeschneidplatte ein positiver Neigungswinkel und ein positiver Spanwinkel einstellen.

Ein negativer Neigungswinkel λ stabilisiert die Schneidenecke, während ein positiver Neigungswinkel λ die störungsfreie Spanabfuhr begünstigt.

Durch die Anpassung der Spanfläche und der Schneidkante an die Zerspanungsaufgabe wird der Anwendungsbereich der Schneidplatte erweitert.

Innenausdrehen

Das Innenausdrehen wird z. B. häufig bei Guss- und Schmiedewerkstücken mit vorgefertigten Bohrungen angewendet **(Bild 1)**. Anders als beim Außendrehen, entspricht beim Innenausdrehen die Werkzeuglänge der Werkstück- bzw. Bohrungstiefe. Mit zunehmender Ausspannlänge bzw. Werkzeugauskragung L wird die Abdrängung des Werkzeugs in radialer Richtung größer. Dies führt zu Prozessstörungen wie Vibrationen am Werkzeug und zu Form- und Maßabweichungen an der Bohrung.

Deshalb kommen alternativ zu klassischen Ausdrehwerkzeugen besonders stabile Bohr- und Ausdrehwerkzeuge zum Einsatz. Bohrwerkzeuge mit Wendeschneidplatten bieten vielfältige Einsatzmöglichkeiten (**Bild 2**). Zum Herstellen von Bohrungen mit hoher Maß- und Formgenauigkeit werden beim **Ausspindeln** ein- oder zweischneidige Feinbohrwerkzeuge verwendet. Durch Feinverstellung der Schneidenpositionen können Präzisionsbohrungen im Bereich von IT 7 und besser hergestellt werden.

Einfluss der Zerspanungskräfte

Die beim Bearbeitungsprozess wirkenden Zerspankraftkomponenten drängen das Werkzeug aus seiner Achsrichtung. Die Tangentialschnittkraft F_c entsteht durch den senkrecht auf die Schneidplatte anstehenden Schnittdruck und wirkt am Werkzeugumfang in tangentialer Richtung.

Entscheidend für die Werkzeugabdrängung ist wie bei der Außenbearbeitung der Zusammenhang zwischen der Werkzeuggeometrie und der Schnittkraftverteilung. Durch eine positive Schneidengeometrie reduziert sich die Tangentialschnittkraft. Während sich bei einem positiven Spanwinkel γ der Keilwinkel β aufgrund der Bedingung $\alpha + \beta + \gamma = 90°$ verkleinert, verringert sich auch die Stabilität des Schneidkeils und ein kritischer Verschleißzustand an der Freifläche (Freiflächenverschleiß) wird in kürzerer Zeit erreicht.

Die Größe des Einstellwinkels κ beeinflusst das Verhältnis von radialer zu axialer Schnittkraft **(Bild 3)**. Um die radiale Auslenkung des Innendrehwerkzeugs gering zu halten, ist ein großer Einstellwinkel ideal, da sich mit zunehmendem Einstellwinkel κ die in radialer Richtung wirkende Passivkomponente F_p verringert. Bei einem Einstellwinkel $\kappa = 90°$ tritt nur noch die in Richtung Werkzeugaufnahme wirkende Axialkomponente der Zerspankraft auf. Für stabile Innendrehwerkzeuge und bei einem kleinen Verhältnis L/D können Einstellwinkel $\kappa = 75° \dots 90°$ gewählt werden.

Bei kleinen Schnitttiefen a_p übt auch der Eckenradius r_ε auf die Verteilung von axialer und radialer Schnittkraftkomponenten einen bedeutenden Einfluss aus **(Bild 4)**.

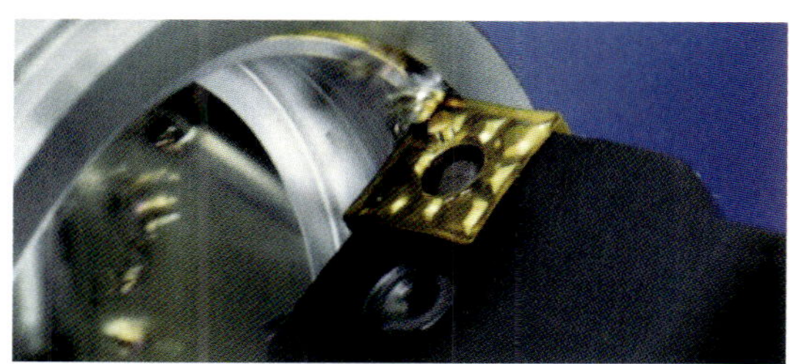

1 Innenausdrehen

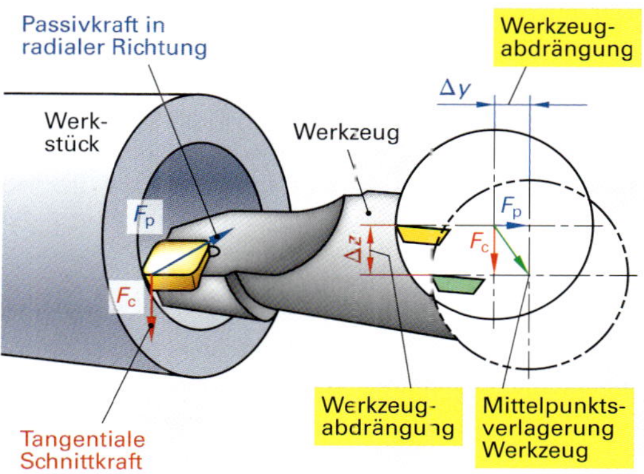

2 Werkzeugabdrängung

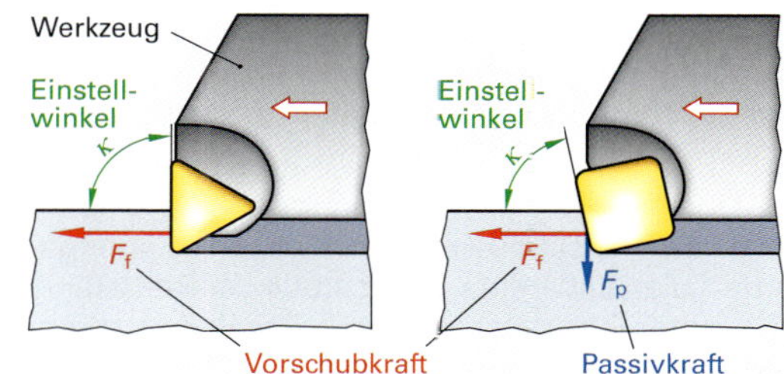

3 Zerspankräfte beim Innenausdrehen

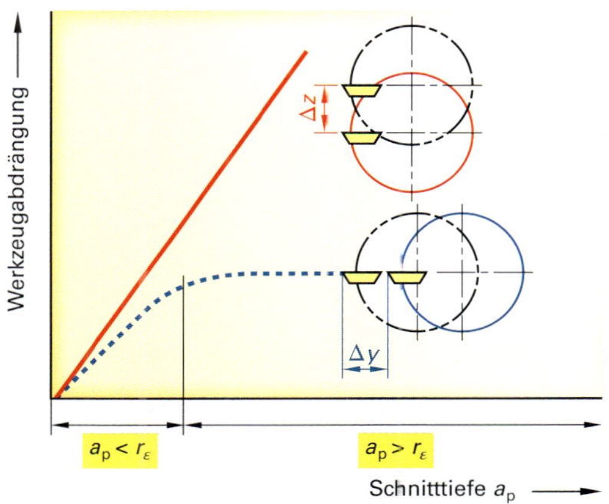

4 Werkzeugabdrängung

Werkzeuge zum Innenausdrehen

Zum Innenausdrehen werden üblicherweise einschneidige Bohrstangen in einteiliger oder geteilter Ausführung mit auswechselbaren Schneidköpfen oder auch zweischneidige Ausbohrwerkzeuge verwendet. Die Abmessungen des Werkzeugs werden durch den Bohrungsdurchmesser und die Bohrungstiefe des Werkstücks bestimmt. Hierbei ist häufig ein Kompromiss zwischen der Werkzeugsteifigkeit und dem Platzbedarf für die Späneentsorgung notwendig.

Bohrstangenschäfte werden in Stahl-, Vollhartmetall- und Hartmetall-Stahl-Kombinationen ausgeführt. Bohrstangen mit Hartmetallschaft haben aufgrund des dreifach höheren E-Moduls ($E_{HM} = 63 \cdot 10^4$ N/mm^2, $E_{HSS} = 21 \cdot 10^4$ N/mm^2) eine höhere dynamische Steifigkeit und zeigen auch bei großen Ausspannlängen eine geringere Auslenkung als Bohrstangen mit Stahlschaft.

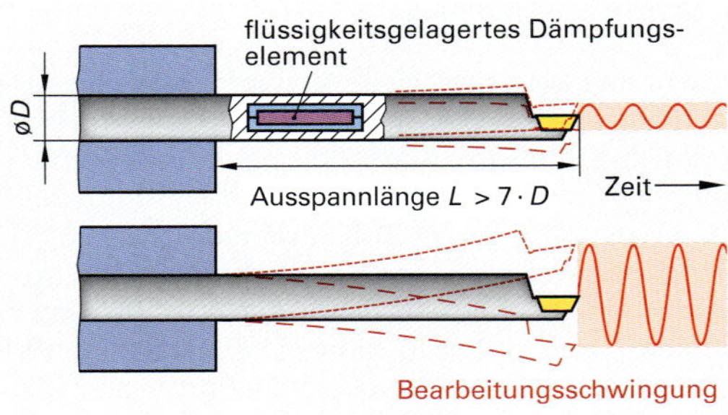

1 Schwingungsreduzierung durch Dämpferelement

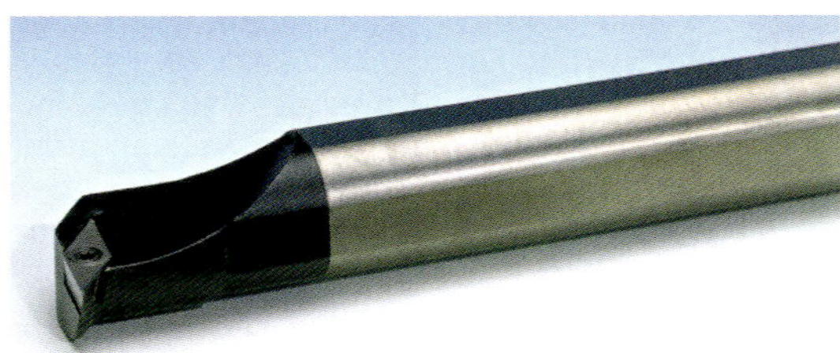

2 Schwingungsgedämpfte Innendrehwerkzeuge mit Schwermetallschaft

Schwingungsgedämpfte Innendrehwerkzeuge

Bei Werkzeugausspannlängen $L > 7 \cdot D$ ist die Vibrationsdämpfung von Bohrstangen mit Stahl- oder Hartmetallschaft nicht mehr ausreichend. Für solche Zerspanungsaufgaben werden schwingungsgedämpfte Bohrstangen eingesetzt **(Bild 1 und Bild 2)**. Ein flüssigkeitsgelagerter Schwingungskern im Inneren der Bohrstange nimmt durch Schwingungskopplung die Bearbeitungsschwingungen auf und erzeugt eine flüssigkeitsgedämpfte Resonanzschwingung.

Die Überlagerung der Anregungsschwingung und der phasenverschobenen Resonanzschwingung reduziert die Schwingungsamplitude der Bohrstange. Neben der Qualitätssteigerung der Bohrung reduziert sich der Verschleiß an der Werkzeugschneide und an der Werkzeugmaschine.

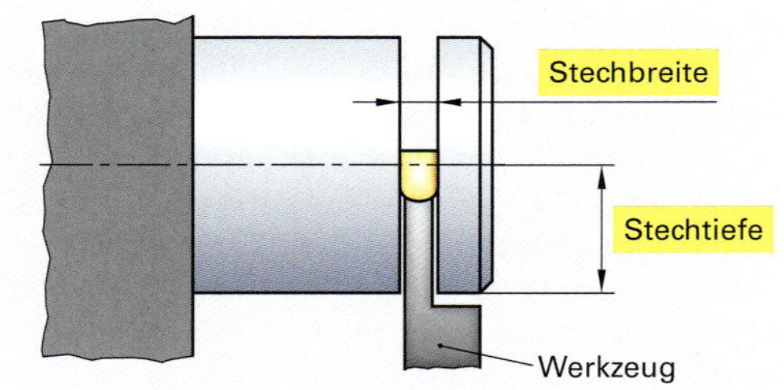

3 Stechtiefe und Stechbreite

Abstech- und Einstechdrehen

In der automatisierten Fertigung von Drehteilen kommt häufig Stangenmaterial zum Einsatz. Durch einen automatischen Stangenvorschub in der Maschine wird das Rohmaterial dem Bearbeitungsprozess zugeführt und nach Fertigstellung vom Stangenmaterial abgetrennt **(Bild 3)**. Neben dem Abstechen von rotationssymmetrischen Werkstücken sind an Drehteilen auch umlaufende Nuten durch das Einstechdrehen in radialer Vorschubrichtung herzustellen. Sind Einstechoperationen in axialer Richtung an der Planseite eines Drehteils notwendig, wird dies durch das Axialeinstechen realisiert **(Bild 4)**.

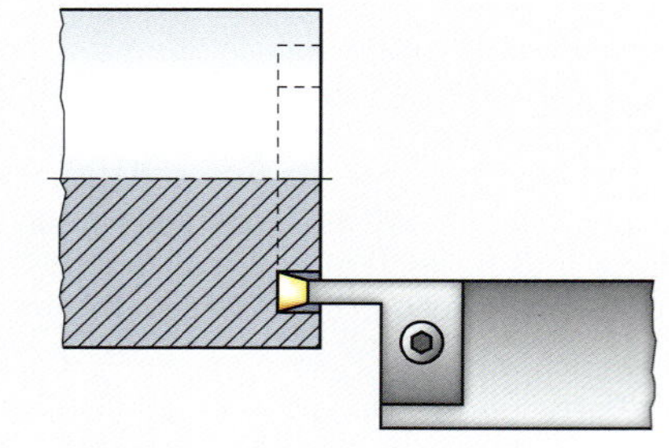

4 Axiales Einstechen

Beim Abstechdrehen führt, ähnlich dem Plandrehen, das Werkzeug in radialer Richtung eine geradlinige Vorschubbewegung aus **(Bild 1)**.

Man unterscheidet das radiale *Außeneinstechdrehen, das axiale Einstechdrehen* (**Bild 3 und 4, vorhergehende Seite**) und das radiale Inneneinstechdrehen (**Bild 1**).

Durch die Überlagerung der rotierenden Hauptschnittbewegung zur Vorschubbewegung des Werkzeugs verringert sich der Durchmesser des Werkstücks. Schließlich bricht das abzutrennende Teil unter dem Einfluss der Zerspanungskraft und Gewichtskraft ab. Beim Abstechdrehen steht während des gesamten Bearbeitungsvorgangs an der Schneide beidseitig und stirnseitig Werkstoff an.

Die schmale Ausführung des Werkzeugs (Stechbreite) und die vom Werkstückdurchmesser abhängige Werkzeugauskraglänge (Stechtiefe) vermindern die Stabilität des Abstechwerkzeugs. Die schlechte Zugänglichkeit der Schneide und die über die Abstechnut abfließenden Späne erschweren eine wirksame Kühlschmierstoffzufuhr.

Schneidengeometrie

Um das Freischneiden der Haupt- und Nebenschneiden zur Werkstückoberfläche sicherzustellen, sind passende Freiwinkel notwendig **(Bild 3)**. Der Einstellwinkel der Hauptschneide beeinflusst die Verteilung von axialer und radialer Schnittkraft beim Zerspanungsvorgang.

Mit zunehmendem Einstellwinkel κ der stirnseitigen Hauptschneide verursacht die größer werdende Axialkomponente der Zerspanungskraft ein Abdrängen des Werkzeugs aus der Vorschubrichtung, das zu konvexen bzw. konkaven Werkstückoberflächen führt.

Spanformung

Beim Einstechdrehen oder beim Abstechdrehen ist es erforderlich, den abfließenden Span von dem beidseitig zur Schneide anstehenden Bearbeitungsflächen des Werkstücks fernzuhalten und aus der Nut störungsfrei abzuführen **(Bild 3)**.

Damit die Späne nicht durch Reibung die Nutflächen beschädigen und beim Abfließen nicht eingeklemmt werden, werden sie durch entsprechende Spanformer **(Bild 4)** auf der Spanfläche der Schneidplatte durch Umformen in der Breite reduziert. Um die Bildung unkontrollierter Wendelspäne zu verhindern, werden die Späne in Längsrichtung durch einen weiteren Spanformer spiralförmig umgeformt und in der Länge begrenzt.

Durch eine neutrale Schneidplatte (Einstellwinkel $\kappa = 0°$) erhält man zwar eine stabile, stirnseitige Hauptschnittkante, aber der beim Abstechen obligatorische Restquerschnitt (Butzen) verbleibt immer am abgetrennten Werkstückteil.

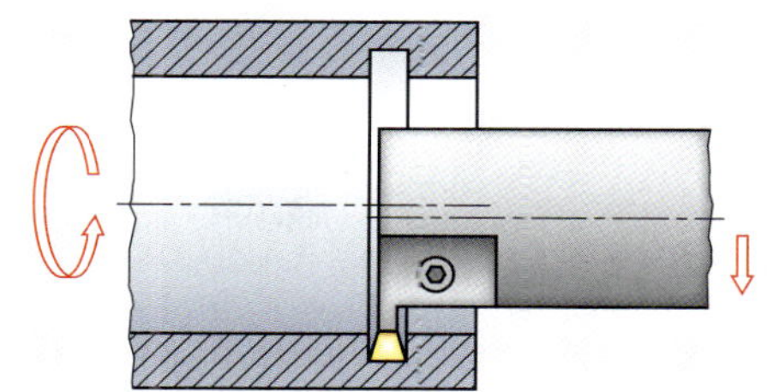

1 Inneneinstechen

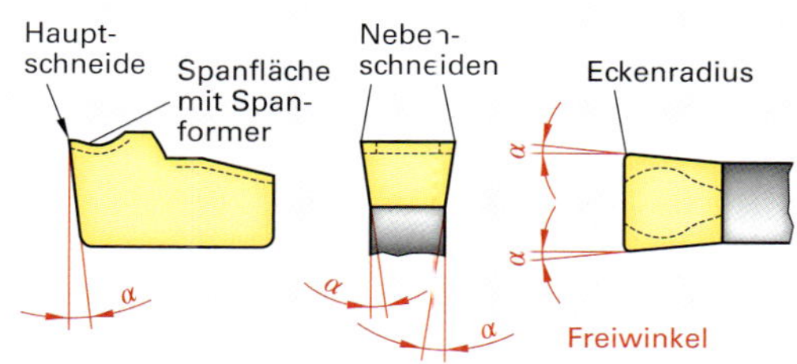

2 Freiwinkel an der Stechplatte

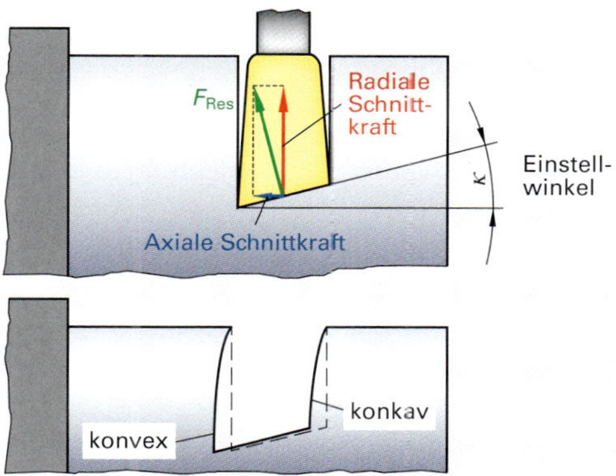

3 Werkzeugabdrängung durch resultierende Schnittkraft

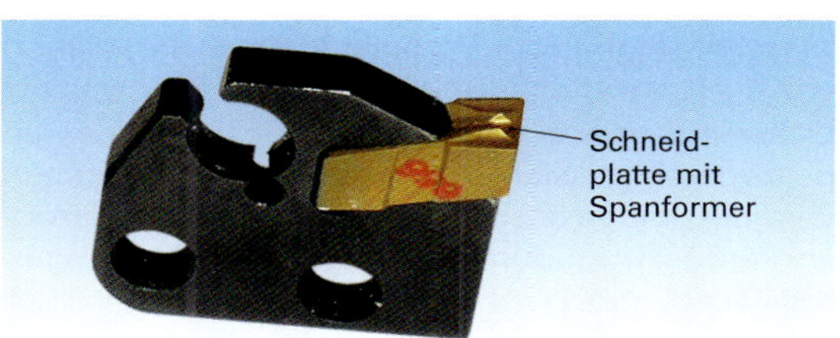

4 Stirnseitige Ausführung des Schneideinsatzes

Besondere Drehverfahren

Interpolationsdrehen

Beim Interpolationsdrehen wird die Maschinenspindel vom drehzahlgesteuerten Betrieb in einem lagegesteuerten Betrieb angesteuert und lässt sich dann wie eine angetriebene C-Achse programmieren. Entsprechend der Werkzeugbewegung beim Plandrehen wird die spiralförmige Schneidenzustellung durch tangential verlaufende Kreisbögen angenähert (interpoliert). Die Werkzeugbewegung besteht aus Viertelkreisen, wobei der Mittelpunkt um einen Betrag versetzt wird, damit ein tangentialer Übergang zum nächsten Segment gewährleistet ist **(Bild 1)**.

Bei der Programmierung dieser Kreisbögen durch die X/Y-Achsen lässt sich die Spindel als C-Achse genau über den Mittelpunktswinkel nachführen. Die Schneide bleibt während der gesamten Bearbeitung im Eingriff. Dabei rotiert das Werkzeug um die eigene Achse und bewegt sich gleichzeitig auf einer Kreisbahn. Durch Verändern des Durchmessers der Werkzeugkreisbahn kann der Bearbeitungsdurchmesser variiert werden. Verglichen mit der herkömmlichen Drehbearbeitung entspricht das Verändern des Kreisbahndurchmessers dem Verfahren mit der X-Achse, die Z-Achse liegt wie bei der herkömmlichen Drehbearbeitung in Achsrichtung **(Bild 2)**.

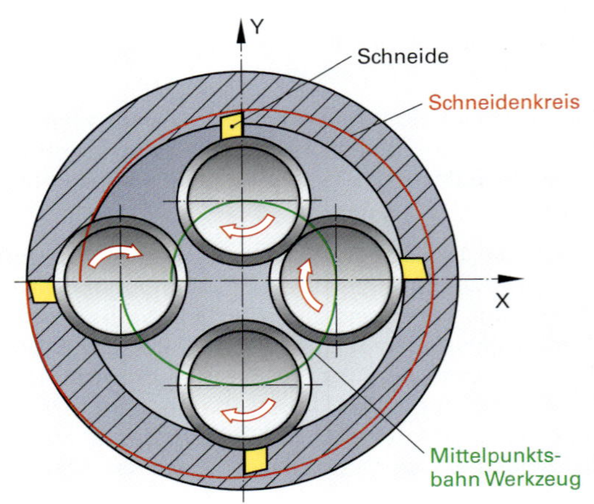

1 Funktionsprinzip Interpolationsdrehen

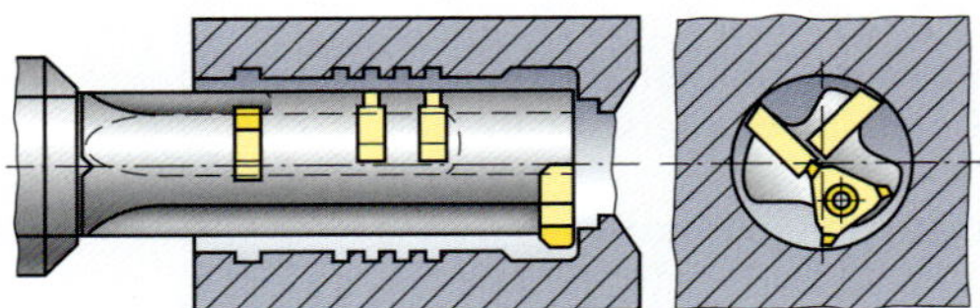

2 Interpolationsdrehen von verschiedenen Einstichen

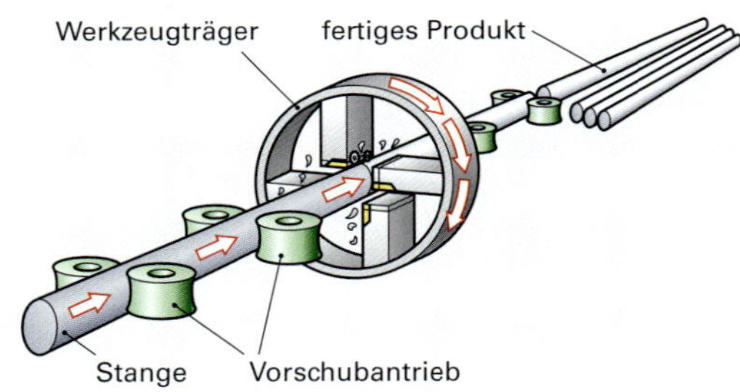

3 Funktionsprinzip Drehschälen

Drehschälen

Mit dem Drehschälen wird bei Stangenmaterial die Oxidschicht und die Walzhaut entfernt. Beim Schälen erhalten die Stangen die gewünschte Oberflächengüte, Maßgenauigkeit und Rundheit. Automatendrehereien fertigen aus den Stangen die unterschiedlichsten Drehteile. Das Drehschälen wird in der Massenfertigung zur wirtschaftlichen Herstellung von Blankstahl hoher Qualität und zum Grobschälen dickwandiger Rohre sowie von gewalztem oder gegossenem Rundstahl eingesetzt. Beim Schäldrehen wird die Stange durch einen rotierenden Schälkopf konzentrisch hindurch geschoben oder gezogen **(Bild 3)**.

Die Zustellung der Schneideneinsätze erfolgt in radialer Richtung. Der Schälkopf hat vier Kassetten mit jeweils einer bis drei Wendeschneidplatten, die die Stange bearbeiten. Die eingesetzten Wendeschneidplatten, auch Vor- und Nachschneider genannt, dienen zum Schruppen und Finishen der Oberflächengüte und der Maßhaltigkeit **(Bild 4)**.

4 Drehschälen vorher und nachher

Drehwerkzeuge mit Wendeschneidplatte und Halter für Außenbearbeitung (Auswahl)

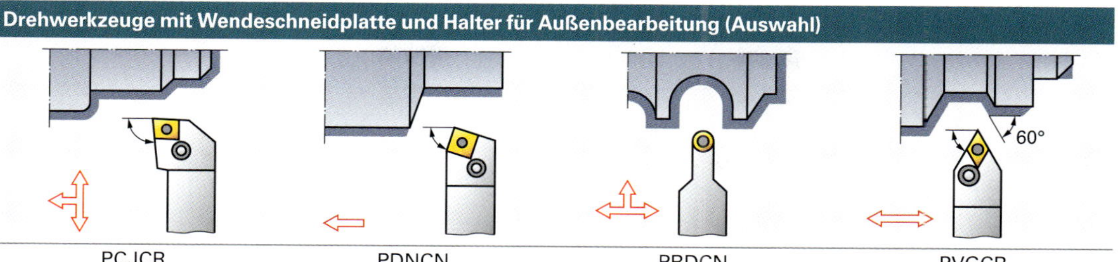

PCJCR für CCMT	PDNCN für DCMT	PRDCN für RCMT	PVGCR für VCMT

Beispiel: PCJCR für CCMT

Halter: P-Spannsystem, C-WSP-Form, J-Anstellwinkel 93°, C-Freiwinkelsymbol, R-Bearbeitungsrichtung rechter Halter

Schneidplatte: C-WSP-Form Rhombus 80°, C-Freiwinkel 7°, M-Toleranzgruppe, T-Befestigungssymbol und Spanbrecher

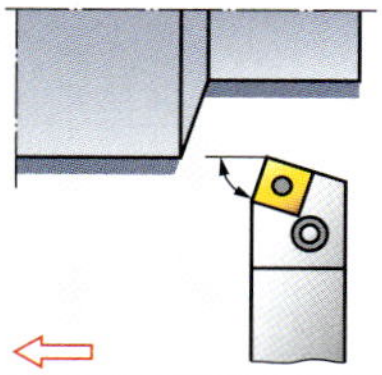

PSDCN für SCMT	PSSCR für SCMT	PSFCR für SCMT	STFCR für TCMT

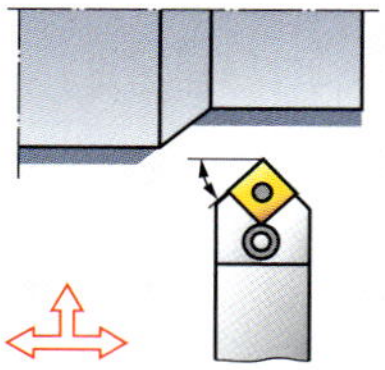

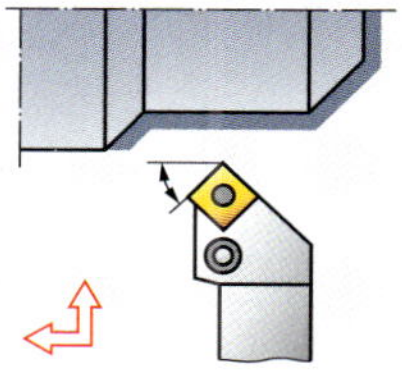

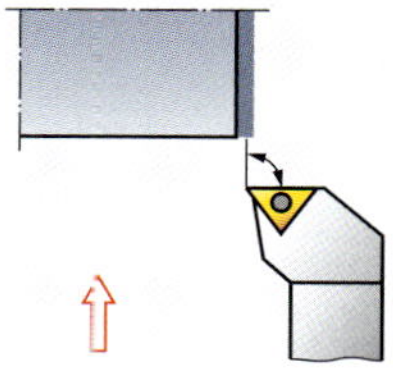

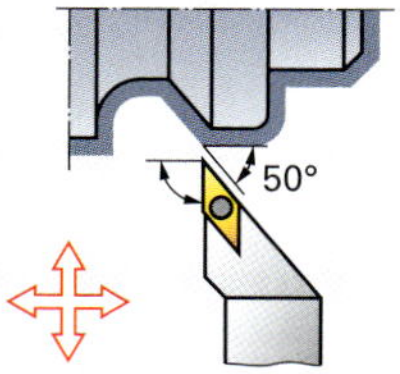

SVJBR für VBMT	SVJCR für VCMT	SVVBN für VBMT	SVVCN für VCMT

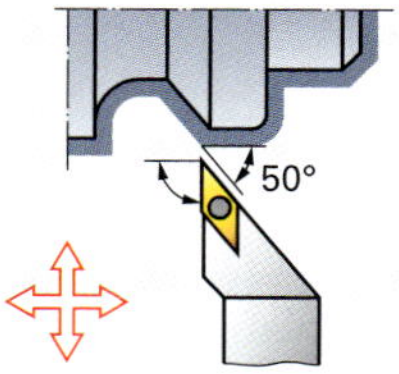

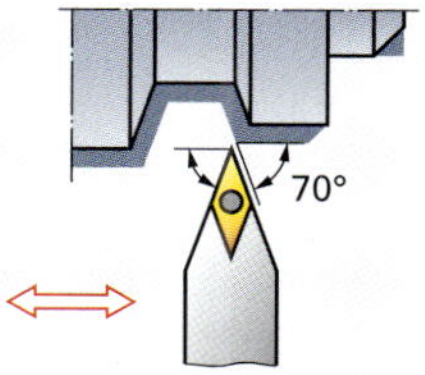

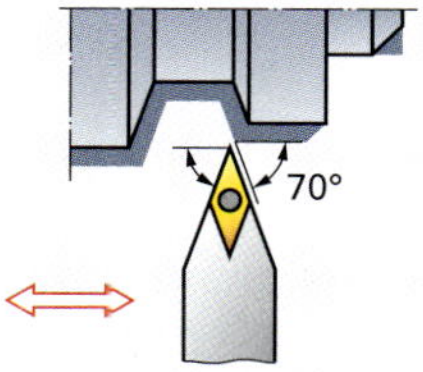

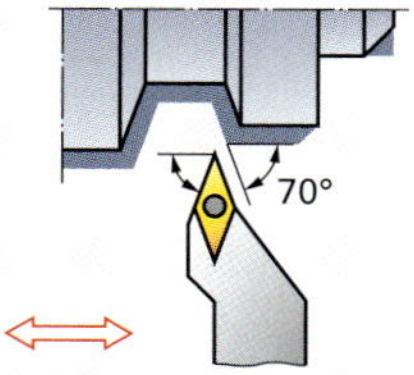

SVVBN für VBMT	SVVCN für VCMT	SVPBR für VBMT	SRSCR für RCMT

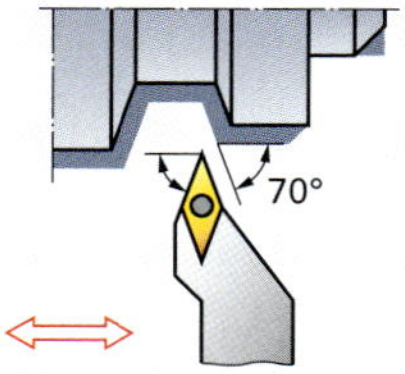

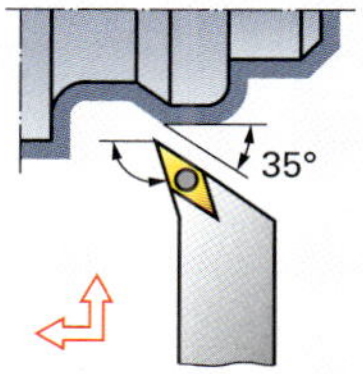

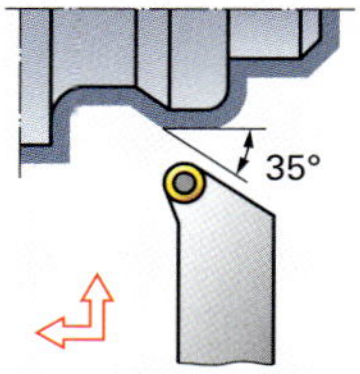

Klemmhalter für die Innenbearbeitung (Bohrstangen) (Auswahl)

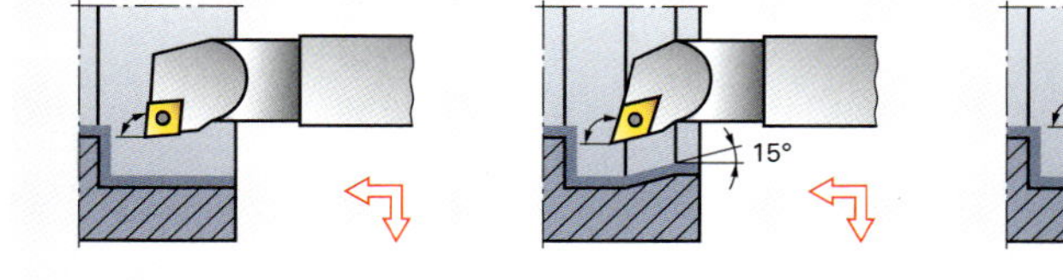

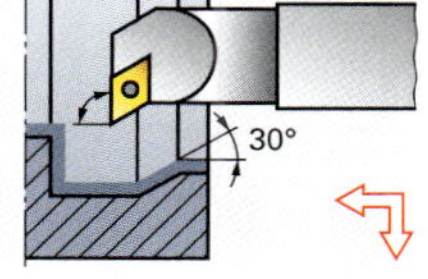

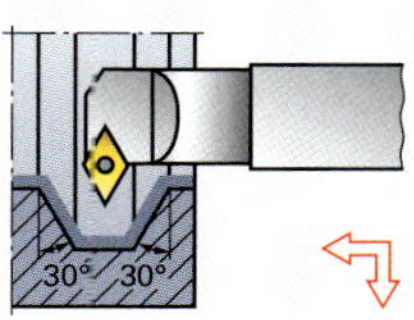

SCLCR für CCMT	SDQCR für DCMT	SDUCR für DCMT	SDZCR für DCMT

Wendeschneidplatten für Zerspanungswerkzeuge

ISO-Bezeichnungsschlüssel vgl. ISO 1832

Symbol	WSP-Form	
H	Sechskant	⬡
O	Achtkant	
P	Fünfkant	⬠
S	Vierkant	□
T	Dreikant	△
C	Rhombus 80°	
D	Rhombus 55°	
E	Rhombus 75°	
F	Rhombus 50°	
M	Rhombus 86°	
V	Rhombus 35°	
W	Trigone 80°	
L	Rechteck	
A	Parallelogramm 85°	
B	Parallelogramm 82°	
K	Parallelogramm 55°	
R	Rund	○
Symbol für die Form		

Freiwinkelsymbol	
Symbol	Standard Freiwinkel
A	3°
B	5°
C	7°
P	11°
D	15°
E	20°
F	25°
G	30°
N	0°

Befestigungs- und/oder Spanbrechersymbol									
Metrisch									
Symbol	Loch	Loch Konfiguration	Spanbrecher	Abbildung	Symbol	Loch	Loch Konfiguration	Spanbrecher	Abbildung
W	mit Loch	Zylindrisches Loch + Senkung einseitig (40° ... 60°)	Nein		C	mit Loch	Zylindrisches Loch + Senkung doppelseitig (70°...90°)	Nein	
T	mit Loch		Einseitig		J	mit Loch		Doppelseitig	
Q	mit Loch	Zylindrisches Loch + Senkung doppelseitig (40° ... 60°)	Nein		A	mit Loch	Zylindrisches Loch	Nein	
U	mit Loch		Doppelseitig		M	mit Loch	Zylindrisches Loch	Einseitig	
B	mit Loch	Zylindrisches Loch + Senkung einseitig (70° ... 90°)	Nein		G	mit Loch	Zylindrisches Loch	Doppelseitig	
H	mit Loch		Einseitig		N	ohne Loch	–	Nein	
					R	ohne Loch	–	Einseitig	
					F	ohne Loch	–	Doppelseitig	

Positive Schneidplatten haben einen Freiwinkel $\alpha > 0°$, negative Schneidplatten einen Freiwinkel von $\alpha = 0°$. Der notwendige Freiwinkel α entsteht durch den negativen Plattensitz im Werkzeughalter. Negative Schneidplatten haben einen stabileren Schneidkeil und die doppelte Anzahl von möglichen Schneiden im Gegensatz zu einer positiven Schneidplatte.

Klemmhalter mit Verkantschaft, Außenbearbeitung

ISO-Bezeichnungsschlüssel vgl. DIN 4983, DIN ISO 5608 und 5610

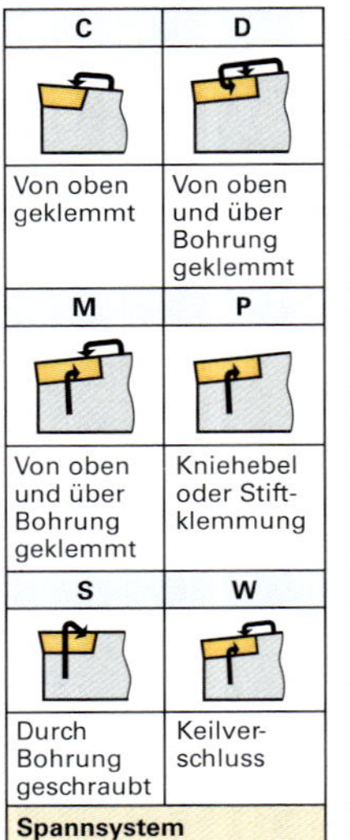

Drehwerkzeuge für die Außenbearbeitung

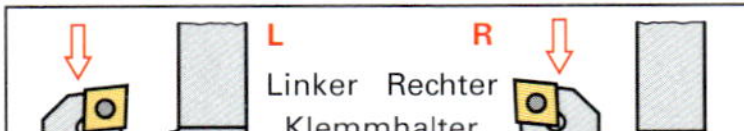

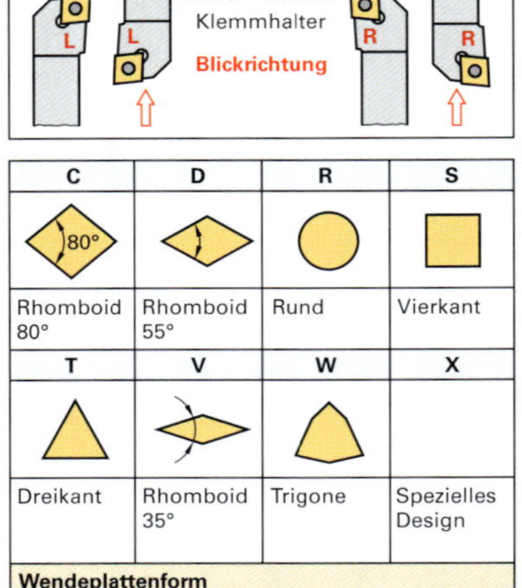

Positive Wendeschneidplatte

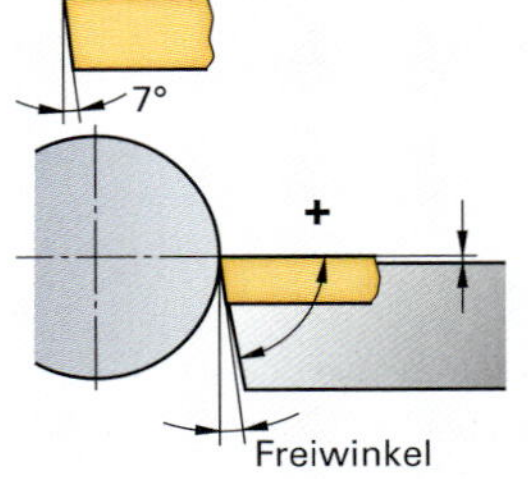

Negative Wendeschneidplatte

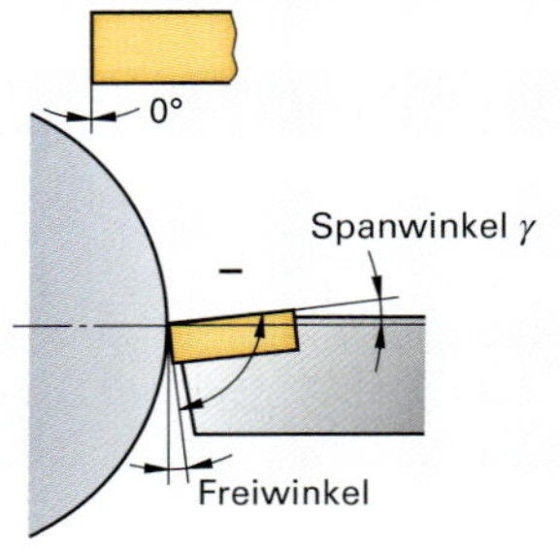

Vollständige Bezeichnungen von Wendeschneidplatten und Halter siehe Tabellenbuch Zerspantechnik.

Fertigungsbeispiel „Bolzen"

Es soll ein Bolzen **(Bild 1)** aus dem Werkstoff S235 JR auf einer konventionellen Drehmaschine gefertigt werden. Um den Arbeitsauftrag fachgerecht auszuführen sind eine Reihe von Planungsaufgaben erforderlich:

1. Zeichnungsanalyse

- normgerechte Halbzeugangabe
- Werkstoffanalyse
- Fertigungsmaße und Toleranzen
- Werkstückkanten
- Werkstückoberflächen
- Zentrierbohrung

2. Fertigungsplanung

- Arbeitsschritte, Arbeitsfolgeplan
- Werkzeugauswahl
- Schnittdaten
- Spannmittel für Werkzeuge und Werkstück
- Drehmaschine
- Sicherheitsregeln

3. Qualitätsplanung

- Mess- und Prüfmittel
- Prüfprotokoll

Beginnen wir 1. mit der Zeichnungsanalyse. Das Rohteil (Halbzeug) besteht aus einem warmgewalzten Stahl S235 JR mit den Abmessungen ∅32 x 80 mm. In **Bild 2** sind die normgerechte Halbzeugbezeichnung und die Werkstoffanalyse dargestellt.

Im nächsten Schritt werden die Zeichnungsangaben näher untersucht. Es liegen verschiedene Maßtoleranzen vor (siehe Auswahl **Tabelle 1**).

Die Werkstückkanten sollen nach ISO 13715 mit einem zulässigen Abtrag von –0,3 mm ausgeführt werden. Dies entspricht einer Fase von 0,3 x 45° **(Bild 3)**.

Bei den Werkstückoberflächen sollen die nicht besonders gekennzeichneten Flächen nach DIN 1302 mit einer gemittelten Rautiefe von Rz 25 µm gefertigt werden. Der ∅20f7 ist mit Rz 10 µm zu fertigen (Bild 3).

Die Zentrierbohrung wird mit einem Zentrierbohrer A2 x 4,25 hergestellt. Die Bohrtiefe wird nach DIN 332 bestimmt und beträgt t = 3,7 mm **(Bild 4)**.

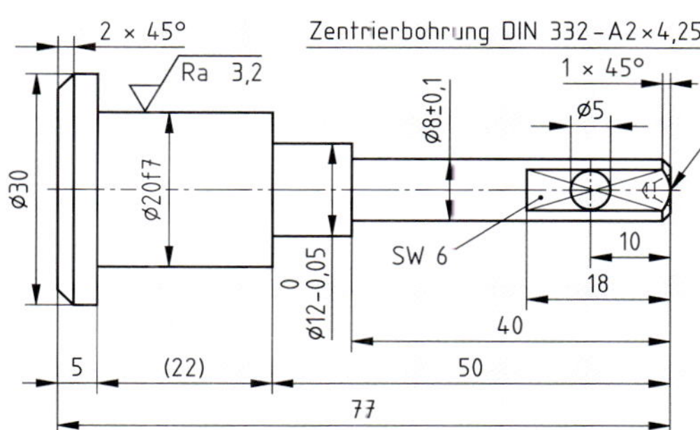

1 Fertigungszeichnung Bolzen

Halbzeugangabe für warmgewalzten Stahl S235 JR:

Rund DIN EN 100560-32x80 –
DIN EN 10025-2-S235JR/1.0037

Werkstoffanalyse:

Unlegierter Baustahl, R_m = 370 N/mm², R_e = 235 N/mm², A = 26%, Mindestkerbschlagarbeit J = 27 J bei R = 20°C

2 Halbzeugangabe und Werkstoffanalyse

Tabelle 1: Maß- und Toleranzangaben

Maß	Abmaße ei/es	Oberes Grenzmaß GoW (Höchstmaß)	Unteres Grenzmaß GuW (Mindestmaß)	Toleranz in mm
∅20f7	–20 –41	19,980	19,959	0,021
∅12 0/–0,2	0 –0,2	12,0	11,8	0,2
∅8±0,1	+0,1 –0,1	8,1	7,9	0,2
Maße ohne Toleranzangabe nach DIN ISO 2768-mK (Auswahl)				
10	±0,2	10,2	9,8	0,4
77	±0,3	77,3	76,7	0,6

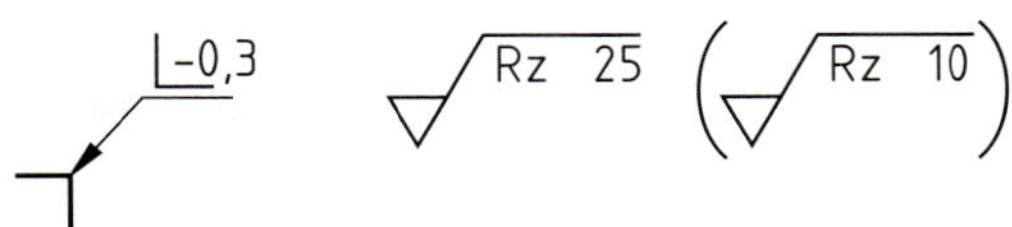

3 Werkstückkanten und Oberflächen

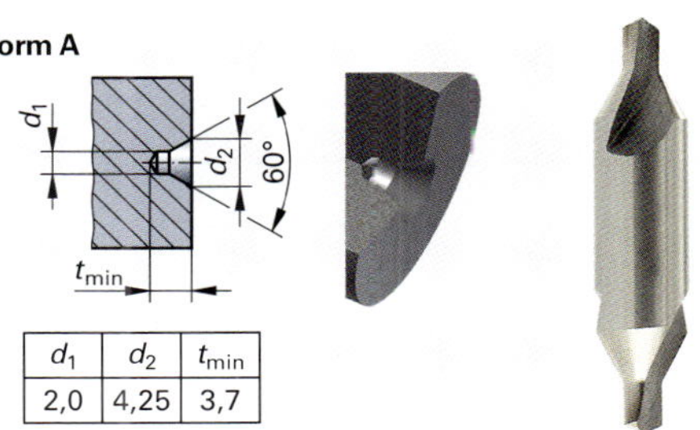

4 Zentrierbohrung und Zentrierbohrer

In der 2. Phase sollen die Planungen zur Drehbearbeitung gemacht werden. Dazu werden zunächst die Arbeitsschritte in einer fertigungsgerechten Abfolge in einem **Arbeitsfolgeplan** zusammengestellt **(Tabelle 1).**

Um die Werkstückgeometrie herstellen zu können benötigen wir geeignete **Werkzeuge.** Hierbei können Drehmeißel mit aufgelöteter Hartmetallschneide oder Drehwerkzeuge mit Wendeschneidplatten aus Hartmetall verwendet werden. In **Tabelle 2** sind die erforderlichen Drehwerkzeuge zusammengestellt.

Die **Schnittdaten** zur Drehbearbeitung sind vom verwendeten Werkzeug abhängig. In den **Tabellen 3** und **4** sind die Schnittwerte für die Vorbearbeitung (Schruppdrehen) und die Fertigbearbeitung (Schlichtdrehen) zusammengestellt.

Bei der konventionellen Drehmaschine wird zum **Spannen** der Werkzeuge ein Schnellwechsel-Drehstahlhalter (Multifix) verwendet. Um das Werkstück zentrisch zu spannen, ist die Drehmaschine mit einem Dreibackenfutter aus Stahl mit einteiligen Backen und Spiralring ausgestattet (**Bild 1,** nachfolgende Seite).

Als **Maschine** steht eine konventionelle Horizontaldrehmaschine mit 3-Achs-Positionsanzeige zur Verfügung (**Bild 3** und **Tabelle 1** auf der nachfolgenden Seite).

Tabelle 4: Schnittdaten

Arbeitsschritt	**Schnittgeschw. Drehzahl**	**Vorschub**
ISO-Drehwerkzeuge mit gelöteter Hartmetallschneide		
Plandrehen	v_c = 100 m/min n = 1600 1/min	0,3 mm
Vordrehen	v_c = 100 m/min n = 1600 1/min	0,3 mm
Fertigdrehen	v_c = 150 m/min n = 2500 1/min	0,1 mm
Drehwerkzeuge mit Wendeschneidplatte und Klemmhalter, Hartmetall P20		
Plandrehen	v_c = 150 m/min n = 2300 1/min	0,35 mm
Vordrehen	v_c = 150 m/min n = 2300 1/min	0,35 mm
Fertigdrehen	v_c = 200 m/min n = 3000 1/min	0,1 mm

Beim Drehen führt das eingespannte Werkstück durch Rotation die Schnittbewegung aus. Das Drehwerkzeug ist fest eingespannt und führt die Vorschubbewegung aus.

Tabelle 1: Arbeitsfolgeplan

Nr.	Arbeitsschritt
1	Rohteil ggf. entgraten und Rohmaße prüfen
2	Werkstück einspannen
3	Planfläche mit Werkzeug ankratzen
4	Planfläche $Z = 0$ setzen und Plandrehen
5	Zentrierbohren
6	Reitstock mit Zentrierspitze anstellen
7	Absätze vordrehen
8	Absätze fertigdrehen
9	Fasen drehen
10	Werkstückmaße prüfen
11	Werkstück ausspannen
12	Spannfutter auf weiche Spannbacken umbauen
13	Werkstücklänge messen
14	Werkstück auf ∅20f7 spannen
15	Außendurchmesser 30 mm drehen
16	Plandrehen auf Fertiglänge 77 mm
17	Fase 2 x 45° drehen
18	Maße prüfen
19	Werkstück ausspannen

Tabelle 2: Werkzeugliste – ISO-Drehwerkzeuge mit gelöteter Hartmetallschneide

Arbeitsschritt Nr.	Werkzeug-bezeichnung	
Plandrehen	ISO 5, DIN 4977 Abgesetzter Drehmeißel	
Längsdrehen	ISO 3, DIN 4978 Abgesetzter Eckdrehmeißel	
Fasen	ISO 2, DIN 4972 Gebogener Drehmeißel	

Tabelle 3: Drehwerkzeuge mit Wendeschneidplatte und Klemmhalter

Arbeitsschritt Nr.	Werkzeug-bezeichnung	
Plan- und Längsdrehen Schruppen	Halter: PCLNR WSP: CNMG Eckenradius r_ε = 0,8 mm	
Schlichten	Halter: PDLNR WSP: DNMG Eckenradius r_ε = 0,4 mm	30°
Fasen	Halter: PSSNN WSP: SNMG	

Dabei fährt der Werkzeugschlitten längs sowie quer zur Rotationsachse des Werkstücks entlang der zu bearbeitenden Fläche und nimmt so Späne von der Oberfläche ab **(Bild 2).** Für diesen Arbeitsauftrag steht eine konventionelle Horizontaldrehmaschine **(Bild 3)** mit untenstehenden Maschinendaten zur Verfügung.

Die Bezeichnung der Maschinenachsen erfolgt nach einem rechtshändigen und rechtwinkligen Koordinatensystem. Die Z-Achse ist die Mittelachse der Hauptspindel, die X-Achse steht senkrecht (orthogonal) zur Hauptachse **(Bild 4).**

Tabelle 1: Maschinendaten

Arbeitsbereich	
Spitzenweite 810 mm	Drehdurchmesser über Bett 300 mm
Verfahrwege	
X-Achse 155 mm	Z-Achse 95 mm
Schwenkbereich Oberschlitten ±60°	
Hauptspindel	
Spindeldrehzahl $n = 60 \ldots 1550$ 1/min	Motorleistung Hauptantrieb $P = 1{,}1$ kW
Vorschub	
X-Achse $f = 0{,}014 \ldots 0{,}38$ mm	Z-Achse $f = 0{,}052 \ldots 1{,}392$ mm
Reitstock	
Pinolendurchmesser $d = 32$ mm Reitstockkonus MK 3	Pinolenhub 100 mm Reitstockquerverstellung ±10 mm
Ausstattung	
3-Achs-Positionsanzeige	3-Backenfutter ∅160 mm

Folgende **Sicherheitseinrichtungen** müssen an der Maschine vorhanden sein:

- Drehfutterschutz
- Spritz- und Späneschutz am Schlitten montiert
- Rückseitiger Spritz- und Späneschutz
- Not-Aus

Achtung! Nicht ohne Unterweisung an der Maschine arbeiten. Beim Arbeiten an der Maschine folgende **Sicherheitsregeln** beachten:

- Schutzeinrichtungen überprüfen
- Werkstücke sicher einspannen
- Längere Werkstücke gegenlagern
- Drehfutterschlüssel abnehmen
- Drehfutterschutz schließen
- Betriebsparameter (z.B. Drehzahl, Vorschubgeschwindigkeit, Kühlschmierstoffzugabe) angemessen wählen.
- PSA verwenden (z.B. Schutzbrille, Gehörschutz, Sicherheitsschuhe).
- enganliegende Arbeitskleidung tragen
- keine Handschuhe tragen (Einzugsgefahr)
- keine Ringe, Uhren, Armbänder oder ähnliche Gegenstände tragen.

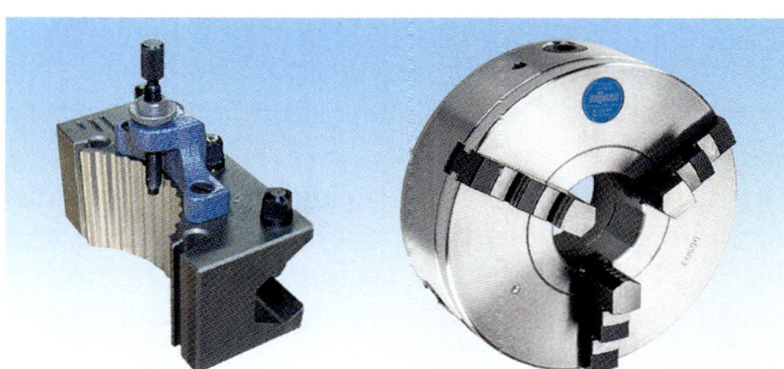

1 **Schnellwechselhalter und Dreibacken-Futter**

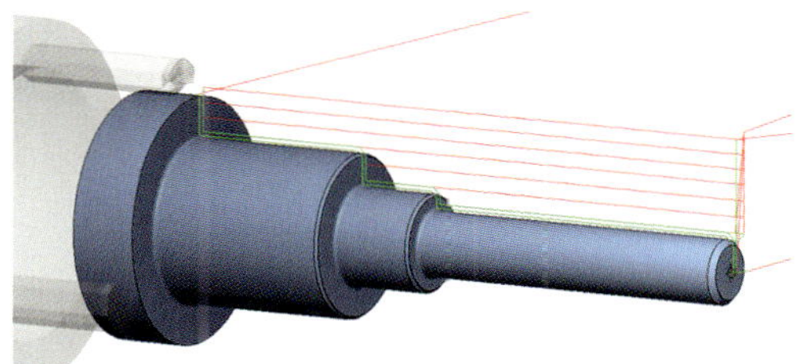

2 **Bearbeitungssimulation**

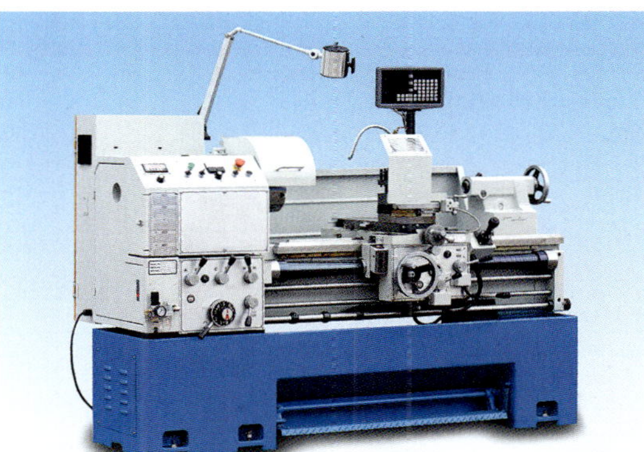

3 **Konventionelle Drehmaschine**

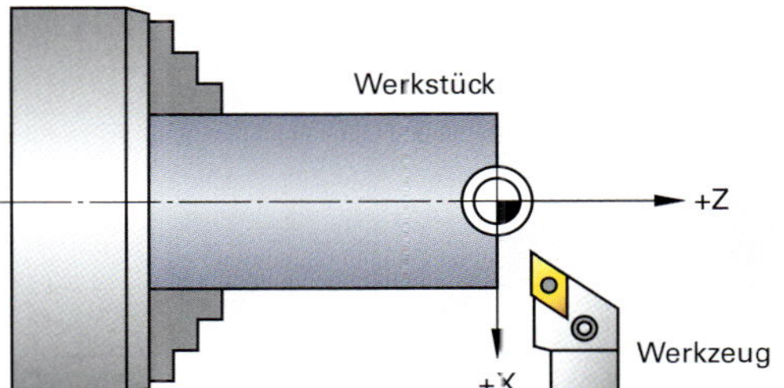

4 **Achsen und Koordinatensystem**

- bei langem Haar Mütze oder Haarnetz verwenden.
- nicht von Hand schmirgeln oder polieren
- Schmirgelleinen nicht um das Werkstück legen.
- bei laufender Maschine keine Reinigungsarbeiten durchführen oder Störungen beheben
- entstehende Späne mit Handfeger und Spänehaken bei ausgeschalteter Maschine entfernen

Nach der Fertigstellung des Drehteils ist eine Qualitätsprüfung durchzuführen und die Ergebnisse sind in einem Prüfprotokoll (siehe unten) zu dokumentieren.

Die Auswahl der Prüfmittel erfolgt nach den qualitativen Vorgaben des Werkstücks. Zu beachten sind hierbei die Toleranzen. Die erforderlichen Prüfmittel sind in der **Tabelle 1** zusammengestellt. Ob ein Prüfmittel freigegeben und damit einsetzbar ist, erkennt man an der Prüfplakette **(Bild 1)**.

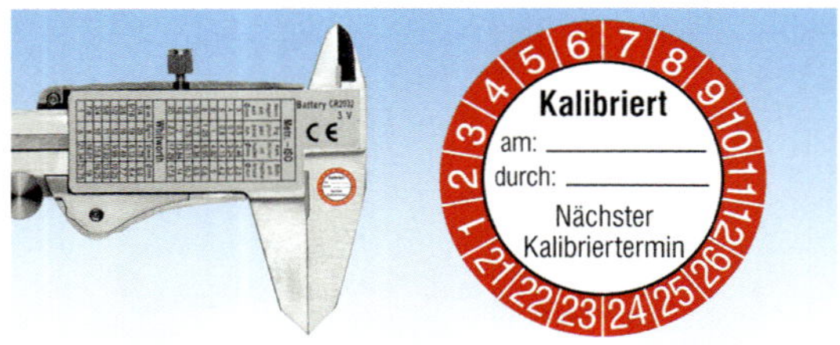

1 Prüfplakette für Prüfmittel

Tabelle 1: Prüf- und Messmittel

Prüfmittel	Prüfbare Toleranz in mm
Messschieber	0,1...0,05
Bügelmess-schraube	0,01
45°-Winkel-lehre	
Grenzrachen-lehre ∅20f7	−20 −41

Prüfprotokoll „Bolzen"

Prüfer Kurzzeichen	**Prüf-datum**	**Werkstück**		**Auftrags-Nr.**		**Barcode**	**Freigabe Prüfmittel Kurzzeichen, Datum**
DA	**12.10.23**	**Bolzen**		**12.865652**		0 123456 789012	**Ge, 10.10.23**
Prüf-merkmal	Abmaße ei/es	Oberes Grenzmaß GoW (Höchstmaß)	Unteres Grenzmaß GuW (Mindestmaß)	Toleranz in mm	Prüfmittel	Ge-messenes Istmaß in mm	Beurteilung in Ordnung, i.O nicht in Ordnung, n.i.O
Passmaße und Maße mit Angabe der Abmaße							
∅20f7	−20 −41	19,980	19,959	0,021	Bügelmess-schraube Grenz-rachenlehre	19,97	i.O.
∅12 $^{0}_{-0,2}$	0 −0,2	12,0	11,8	0,2	Messschieber	11,9	i.O.
∅8±0,1	+0,1 −0,1	8,1	7,9	0,2	Messschieber	7,9	i.O.
Maße ohne Toleranzangabe nach DIN ISO 2768-m							
∅5	±0,1	4,9	5,1	0,2	Messschieber	5,0	i.O.
5	±0,1	4,9	5,1	0,2	Messschieber	4,9	i.O.
10	±0,2	10,2	9,8	0,4	Messschieber	10,1	i.O.
18	±0,2	18,2	17,8	0,4	Messschieber	17,9	i.O.
∅30	±0,2	30,2	29,8	0,4	Messschieber	30,0	i.O.
40	±0,3	40,3	39,7	0,6	Messschieber	40,1	i.O.
50	±0,3	50,3	49,7	0,6	Messschieber	49,9	i.O.
77	±0,3	77,3	76,7	0,6	Messschieber	77,2	i.O.
SW 6	±0,1	6,1	5,9	0,2	Messschieber	6,1	i.O.
1 x 45°	±0,1 ±1°	1,1	0,9	0,2	Messschieber Winkellehre	1	i.O. i.O.
2 x 45°	±0,1 ±1°	2,1	1,9	0,2	Messschieber Winkellehre	2	i.O. i.O.
Oberflächen							
Rz 25					Oberflächen-messgerät	Rz_{max} 23,8 µm	i.O.
Rz 10						Rz_{max} 9,8 µm	i.O.

Fertigungsbeispiel „Kegelhülse“

Es soll das Werkstück „Kegelhülse“ **(Bild 1)** aus dem Werkstoff 16MnCrS5 auf einer konventionellen Drehmaschine gefertigt werden. Um den Arbeitsauftrag fachgerecht auszuführen sind eine Reihe von Planungsaufgaben erforderlich:

1. Zeichnungsanalyse

- normgerechte Halbzeugangabe
- Werkstoffanalyse
- Fertigungsmaße und Toleranzen
- Werkstückkanten
- Werkstückoberflächen
- Freistich
- Gewinde

2. Fertigungsplanung

- Arbeitsschritte, Arbeitsfolgeplan
- Werkzeugauswahl
- Schnittdaten
- Spannmittel für Werkzeuge und Werkstück
- Drehmaschine

3. Qualitätsplanung

- Mess- und Prüfmittel
- Prüfprotokoll

Beginnen wir mit der Zeichnungsanalyse. Das Rohteil (Halbzeug) besteht aus einem warmgewalzten Stahl 16MnCrS5 mit den Abmessungen ∅60 x 60 mm. In **Bild 2** sind die normgerechte Halbzeugbezeichnung und die Werkstoffanalyse dargestellt.

Im nächsten Schritt werden die Zeichnungsangaben näher untersucht. Es liegen verschiedene Maßtoleranzen vor (siehe Auswahl **Tabelle 1**).

Die nicht bemaßten Werkstückinnenkanten sollen nach ISO 13715 mit einem zulässigen Übergang von +0,3...0,5 mm ausgeführt werden. Dies entspricht einem Radius von 0,4 mm. Für die nicht bemaßten Werkstückaußenkanten ist ein zulässiger Abtrag von −0,1...0,3 mm vorgesehen. Dies entspricht einer Fase von 0,2 x 45° **(Bild 3)**.

Bei den Werkstückoberflächen sollen die nicht besonders gekennzeichneten Flächen nach DIN 1302 mit einer gemittelten Rautiefe von Rz 25 µm gefertigt werden. Die besonders gekennzeichneten Oberflächen sind mit Rz 16 µm bzw. Rz 6,3 µm herzustellen (Bild 3).

Am ∅30f7 ist ein Freistich DIN 509-E 0,8x0,3 vorgesehen. Die Maße des Innengewindes M30x1,5 sind entsprechend dem Feingewinde nach DIN 13 zu entnehmen **(Bild 4)**.

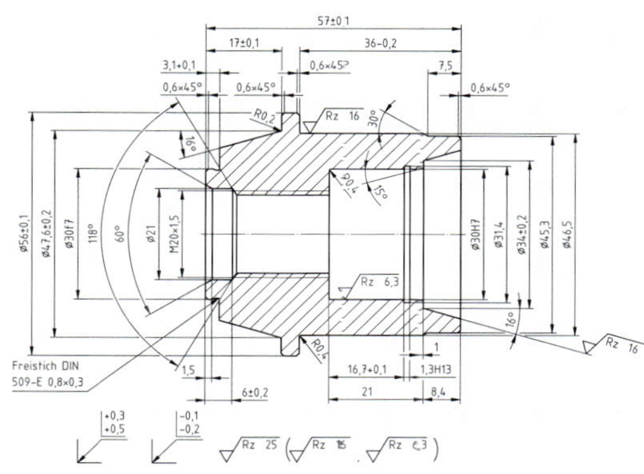

1 Fertigungszeichnung

Halbzeugangabe für warmgewalzten Stahl 16MnCrS5:

Rund DIN EN 10060-60x60 –
DIN EN 10084-16MnCrS5/1.7139

Werkstoffanalyse:

Niedriglegierter Einsatzstahl. R_m = 880...1180 N/mm², R_e = 635 N/mm², A = 10%

2 Halbzeugangabe und Werkstoffanalyse

Tabelle 1: Maß- und Toleranzangaben (Auswahl)

Maß	Abmaße ei/es	Oberes Grenzmaß GoW (Höchstmaß)	Unteres Grenzmaß GuW (Mindestmaß)	Toleranz in mm
∅30H7	+21 0	30,021	30,000	0,021
∅30f7	−20 −41	29,980	29,959	0,021
∅36 −0,2	0 −0,2	36,0	35,8	0,2
∅56±0,1	+0,1 −0,1	56,1	55,9	0,2
Maße ohne Toleranzangabe nach DIN ISO 2768-m				
8,4	±0,2	8,6	8,2	0,4
∅21	±0,2	21,2	20,8	0,4

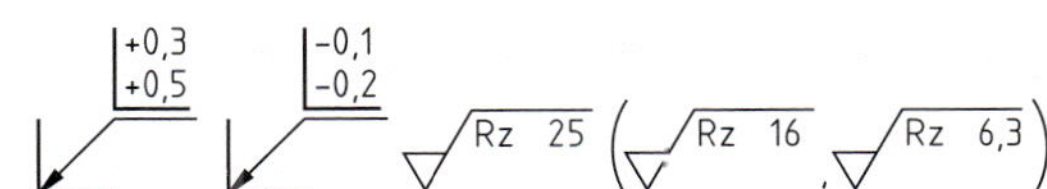

3 Werkstückkanten und Oberflächen

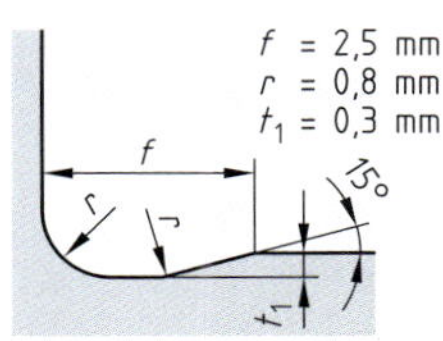

Feingewinde M20 × 1,5

Nenn-∅ (d)	20 mm
Steigung (P)	1,5 mm
Flanken-∅ (d_2)	19,026 mm
Kern-∅ (d_3)	18,16 mm

4 Freistich und Gewindemaße

Im nächsten Schritt sollen die Planungen zur Drehbearbeitung gemacht werden. Dazu werden zunächst die Arbeitsschritte in einer fertigungsgerechten **Abfolge** in einem Arbeitsfolgeplan zusammengestellt (**Tabelle 1** und nächste Seiten).

In **Tabelle 2** sind die **Schnittwerte** für alle Arbeitsschritte zusammengestellt.

Um die Werkstückgeometrie herstellen zu können benötigen wir geeignete **Werkzeuge.** Hier werden Drehwerkzeuge mit Wendeschneidplatten aus beschichtetem Hartmetall verwendet. In **Tabelle 3** sind die benötigten Drehwerkzeuge zusammengestellt.

Bei der konventionellen Drehmaschine wird zum **Spannen** der Werkzeuge ein Schnellwechsel - Drehstahlhalter (Multifix) verwendet. Um das Werkstück zentrisch zu spannen, ist die Drehmaschine mit einem Dreibackenfutter aus Stahl ausgestattet.

Tabelle 3: Drehwerkzeuge mit Wendeschneidplatte und Klemmhalter

Arbeitsschritt	Werkzeugbezeichnung
Plan- und Längsdrehen Schruppen	Halter: PCLNR WSP: CNMG Eckenradius $r_\varepsilon = 0{,}8$ mm
Schlichten	Halter: PDLNR WSP: DNMG Eckenradius $r_\varepsilon = 0{,}4$ mm 30°
Fasen	Halter: PSSNN WSP: SNMG
Vordrehen innen	Halter: SCLCR WSP: CCMT
Fertigdrehen innen	Halter: SDQCR WSP: DCMT 15°
Stechdrehen	Stechwerkzeug $b = 1{,}3$ mm
Gewindedrehen	Teilprofilplatte $P = 1{,}5$ mm
Profileinstechen	Freistich DIN 509-E 0,8x03

Tabelle 1: Arbeitsfolgeplan

Nr.	Arbeitsschritt
1	Rohmaße prüfen und Werkstück einspannen
2	Planfläche $Z = 0$ setzen und Plandrehen
3	Zentrierbohren
4	Absätze vordrehen
5	Absätze fertigdrehen
6	Fasen drehen
7	Bohren ∅10 mm
8	Aufbohren ∅18 mm
9	Innen vordrehen
10	Innen fertigdrehen
11	Einstich drehen
12	Innenkegel drehen
13	Werkstückmaße prüfen
14	Werkstück ausspannen
15	Spannfutter auf weiche Spannbacken umbauen
16	Werkstücklänge messen
17	Werkstück auf Ø46,5 mm spannen
18	Plandrehen auf Fertiglänge 57 mm
19	Aufbohren ∅21 x 6 mm
20	Fase 1,5 x 60° senken
21	Plandrehen auf ∅31 x 3,1
22	Freistich DIN 509-E 0,8x0,3
23	Gewinde drehen M20x1,5
24	Außenkontur fertigdrehen
25	Kegel drehen 16°
26	Fasen drehen
27	Maße prüfen
28	Werkstück ausspannen

Tabelle 2: Schnittdaten

Arbeitsschritt	Schnittgeschw. Drehzahl	Vorschub
Drehwerkzeuge mit Hartmetall-Wendeschneidplatte, Titannitrid-beschichtet (TiN)		
Plandrehen vordrehen	$v_c = 150$ m/min	0,2 mm
Plandrehen fertig	$v_c = 240$ m/min	0,12 mm
Vordrehen außen	$v_c = 150$ m/min	0,2 mm
Fertigdrehen außen	$v_c = 240$ m/min	0,12 mm
Vordrehen innen	$v_c = 120$ m/min	0,15 mm
Fertigdrehen innen	$v_c = 200$ m/min	0,12 mm
Kegeldrehen innen	$v_c = 120$ m/min	Hand
Kegeldrehen außen	$v_c = 120$ m/min	Hand
Stechdrehen	$v_c = 150$ m/min $n = 1400$ 1/min	Hand
Zentrierbohren	$v_c = 20$ m/min $n = 900$ 1/min	Hand
Vorbohren Ø 10 mm HSS-Spibo	$v_c = 20$ m/min $n = 560$ 1/min	Hand
Aufbohren Ø 18 mm HSS-Spibo	$v_c = 20$ m/min $n = 315$ 1/min	Hand
Aufbohren Ø 21 mm HSS-Spibo	$v_c = 20$ m/min $n = 280$ 1/min	Hand
Senken 1,5 x 60°	$n = 400$ 1/min	Hand
Gewinde M20x1,5	$n = 750$ 1/min	1,5 mm

Zusammenstellung der Arbeitsschritte Werkstück „Kegelhülse"

Arbeitsschritt	
Rohling prüfen und spannen	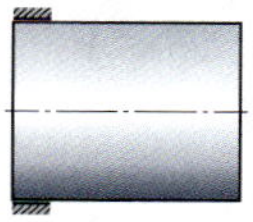
Querplandrehen ∅ 60 Seite 1	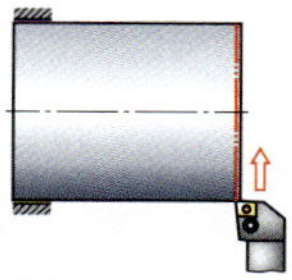
Zentrierbohrung Seite 1	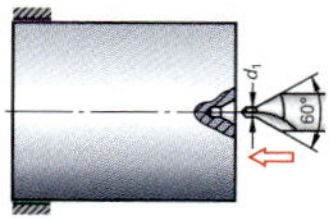
Längsrunddrehen ∅ 60 → ∅ 57 x 41 ∅ 57 → ∅ 56 ± 0,1 ∅ 56 → ∅ 47,5 x 36	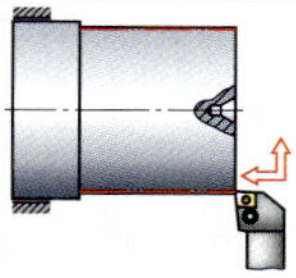
Längsrunddrehen ∅ 47,5 → ∅ 46,5 x 36	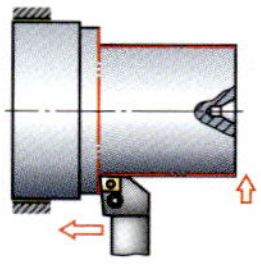
Längsrunddrehen ∅ 46,5 → ∅ 45,3 x 7,5	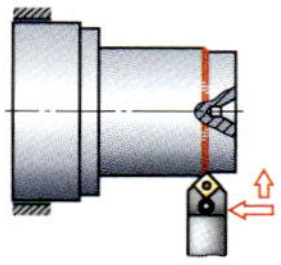
Querplandrehen von Fasen 0,6 x 45°	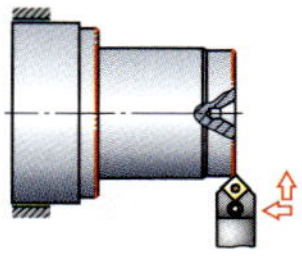
Durchgangs-bohrung ∅ 10	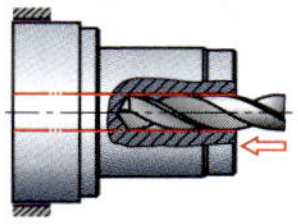
Aufbohren ∅ 10 → ∅ 18	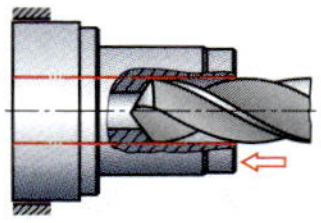
Längsinnendrehen ∅ 18 → ∅ 29 x 28,5 ∅ 29 → ∅ 30H7 x 29,4	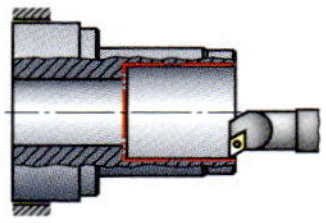
Stechdrehen ∅ 30H7 → ∅ 31, 4 x 1,3H13	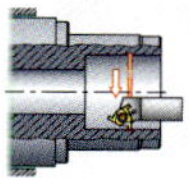
Kegeldrehen innen C = 1 : 1,4	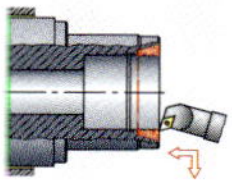
Längsdrehen der Fase 1 x 15° am ∅ 30H7.	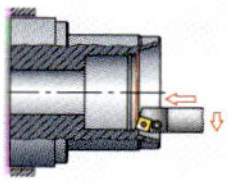
Werkstück wenden, ausrichten und spannen	
Querplandrehen der Seite 2 auf Länge 57 ± 0,1	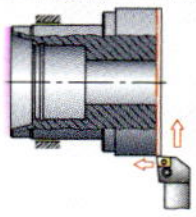
Aufbohren ∅ 18 → ∅ 21 x 6 ± 0,2	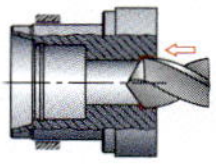
Fase ansenken 1,5 x 60° am ∅ 21	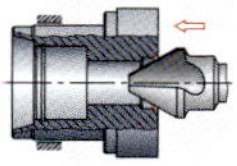
Querplandrehen Seite 2 ∅ 60 → ∅ 31 x 3,1 + 0,1 ∅ 30H7 x 3,1 + 0,1	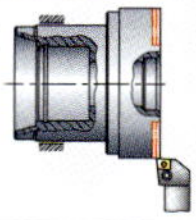
Freistich nach DIN 509-E0,8 x 0,3	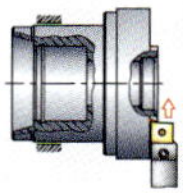
Gewindedrehen M20 x 1,5	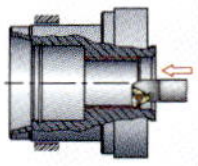
Außenrunddrehen Seite 2 ∅ 56 → ∅ 47,6 ± 0,2 x 14	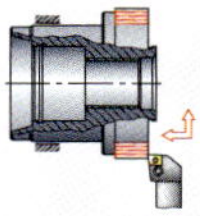
Kegeldrehen außen C = 1 : 1,73	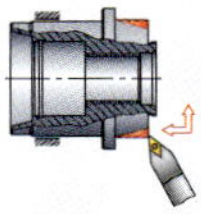
Längsrunddrehen Fasen 0,6 x 45° an ∅ 56 ± 0,1/∅ 45,3	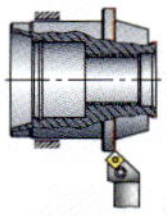
Qualitätskontrolle	

Als **Maschine** steht eine konventionelle Horizontaldrehmaschine mit 3-Achs-Positionsanzeige zur Verfügung **(Bild 1 und 2).** Untenstehend sind die technischen Daten zusammengestellt:

- Spitzenweite: 1000 mm
- Spitzenhöhe: 210 mm
- Umlaufdurchmesser über Bett: 435 mm
- Umlaufdurchmesser über Planschieber: 245 mm
- Verschiebeweg des Planschiebers: 330 mm
- Verschiebeweg des Obersupports: 130 mm
- Spindelbohrung: 52 mm
- Antriebsleistung: 7,5 kW bei 100 % ED
- Drehzahlbereich: 44 – 2000 min^{-1}
- Nenndrehzahl n_n = 2000 1/min
- Anzahl der Drehzahlen: 12
- Vorschubbereich Längs: 0,07–4 mm/U
- Vorschubbereich Plan: 0,035–2 mm/U
- Innenkegel Pinole MK4
- Gewindeschneidbereich metrisch 0,5...28 mm

Es soll das maximal auftretende Drehmoment M bei der Schruppbearbeitung und das Nenndrehmoment M_n des Spindelmotors bestimmt werden.

Ein Drehmoment liegt vor, wenn die Welle des Hauptspindelmotors rotiert und dabei gegen eine Kraft (Schnittkraft F_c) arbeiten muss **(Bild 3).** Bei einem Drehmoment M sieht die Berechnung der Leistung wie folgt aus:

$$P = 2\pi \cdot M \cdot n = M \cdot \omega \quad \text{mit} \quad \omega = 2\pi \cdot n$$

P Leistung in Watt [W]
M Drehmoment (Schnittmoment) in [Nm]
n Drehzahl in Umdrehungen pro Sekunde [1/s]
π Kreiszahl Pi [π]
ω Winkelgeschwindigkeit in [rad/s^{-1}]

Spanungsquerschnitt:
$A = a_p \cdot f = 1{,}5\ \text{mm} \cdot 0{,}2\ \text{mm} = 0{,}3\ \text{mm}^2$
Spezifische Schnittkraft: $k_c = 3200\ \text{N/mm}^2$
Schnittkraft:
$F_c = A \cdot k_c = 0{,}3\ \text{mm}^2 \cdot 3200\ \text{N/mm}^2 = 960\ \text{N}$
Drehmoment:
$M = F_c \cdot d_{max}/2 = 960\ \text{N} \cdot 0{,}0265\ \text{m} = 25{,}44\ \text{Nm}$
Schnittleistung:
$P = M \cdot \omega = 25{,}44\ \text{Nm} \cdot 94{,}24\ \text{rad/s}^{-1} \approx 2400\ \text{W}$
Alternative Berechnung:
$P = F_c \cdot v_c = 960\ \text{N} \cdot 150/60\ \text{m/s} = 2400\ \text{W}$

Nenndrehmoment des Hauptspindelmotors:
$$M_n = \frac{P}{2\pi \cdot n} = \frac{7500\ \text{W}}{2\pi \cdot \frac{2000}{60}} = 36\ \text{Nm}$$
Alternative Berechnung:
$M = 9550 \cdot P/n = 9550 \cdot 7{,}5\ \text{kW} \cdot 2000\ \text{1/min}$
$= 36\ \text{Nm}$

1 Arbeiten an der Drehmaschine

2 Konventionelle Universal-Drehmaschine

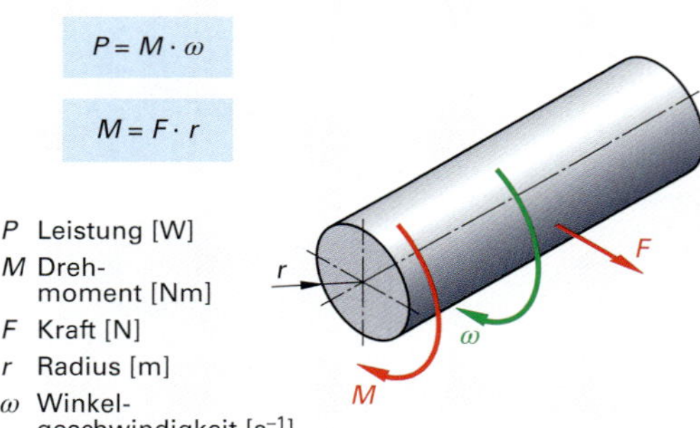

3 Leistung und Drehmoment

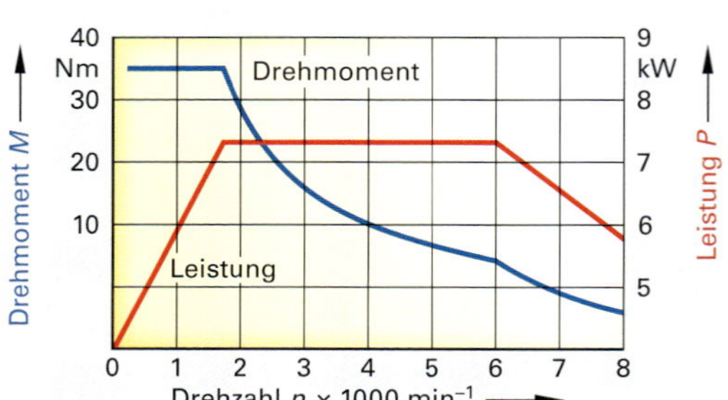

4 Drehmoment – Leistungskennlinien

Nach der Fertigstellung des Drehteils ist eine **Qualitätsprüfung** durchzuführen und die Ergebnisse sind in einem Prüfprotokoll (siehe unten) zu dokumentieren.

Die Auswahl der Prüfmittel erfolgt nach den qualitativen Vorgaben auf der Fertigungszeichnung. Zu beachten sind hierbei die Toleranzen, die zulässigen Lageabweichungen und die Gewindetoleranz. Die erforderlichen **Prüfmittel** sind in **Tabelle 1** und **Tabelle 2** zusammengestellt.

Im **Prüfplan** werden die jeweiligen Prüfmethoden, Prüfgeräte, Prüfquoten, Soll-Werte und zulässigen Abweichungen (Toleranzen) und die Verhaltensweisen beschreiben, wie bei einer Ist-Wert-Abweichung vom zulässigen Soll-Wert zu verfahren ist. Im **Prüfprotokoll** werden die gemessenen Ist- Werte dokumentiert und bewertet.

Tabelle 1: Prüf- und Messmittel

Prüfmittel	Prüfbare Toleranz	
Formtester	Rundheit Rundlauf Koaxialität Parallelität Rechtwinkligkeit	

Tabelle 2: Prüf- und Messmittel

Prüfmittel	Prüfbare Toleranz in mm
Messschieber	0,1...0,05
Innennuten-Messschieber	0,1...0,05
Bügelmessschraube	0,01
Gewindelehrdorn M20x1,5	6 g
Grenzlehrdorn	∅30H7
Innenmikrometerschraube	0,005
Winkelmessgerät	5′...10′
Oberflächenmessgerät	Rz, Ra

Prüfprotokoll „Kegelhülse" (Auswahl)

Prüfer Kurzzeichen Ko	Prüfdatum 19.09.23	Werkstück Kegelhülse		Auftrags-Nr. 14.576.32-25		Barcode 0 123456 789012	Freigabe Prüfmittel Kurzzeichen, Datum Ba, 10.8.23
Prüfmerkmal	Abmaße ei/es	Oberes Grenzmaß GoW (Höchstmaß)	Unteres Grenzmaß GuW (Mindestmaß)	Toleranz in mm	Prüfmittel	Gemessenes Istmaß in mm	Beurteilung in Ordnung, i.O nicht in Ordnung, n.i.O
Passmaße und Maße mit Angabe der Abmaße							
∅30H7	+21 0	30,021	30,000	0,021	Bügelmessschraube Grenzrachenlehre	30,008	i.O
∅30f7	−20 −41	29,980	29,959	0,021	Innenmessschraube Grenzlehrdorn	29,900	i.O.
∅36−0,2	0 −0,2	36,0	35,8	0,2	Messschieber	36,0	i.O.
Maße ohne Toleranzangabe nach DIN ISO 2768-m							
Ø21	±0,2	21,2	20,8	0,4	Messschieber	21,1	i.O.
16°	±0°30′	16,5°	15,5°	1°= 60′	Winkelmessgerät	15°12′	i.O.
Oberflächen							
Rz 6,3					Oberflächenmessgerät	Rz_{max} 4,8 µm	i.O.
Rz 16						Rz_{max} 14,0 µm	i.O.

Fertigungsbeispiel „Flanschring"

Von dem in **Bild 1** dargestellten Flanschring aus dem Werkstoff AlMg4 sollen auf einer CNC-Drehmaschine 10 Stück hergestellt werden.

Um den Arbeitsauftrag fachgerecht auszuführen sind eine Reihe von Planungsaufgaben erforderlich:

1. Zeichnungsanalyse

- normgerechte Halbzeugangabe
- Werkstoffanalyse
- Fertigungsmaße und Toleranzen
- Werkstückkanten
- Werkstückoberflächen
- Gewinde
- Ortstoleranz

2. Fertigungsplanung

- Arbeitsschritte, Arbeitsfolgeplan
- Werkzeugauswahl
- Schnittdaten
- Zerspanbarkeit Werkstoff

3. Qualitätsplanung

- Mess- und Prüfmittel
- Qualitätskontrolle

Beginnen wir mit der Zeichnungsanalyse. Das Rohteil (Halbzeug) besteht aus einer stranggepressten Aluminium-Knetlegierung AlMg4 mit den Abmessungen ∅120x 12 mm. In **Bild 2** sind die normgerechte Halbzeugbezeichnung und die Werkstoffanalyse dargestellt.

Im nächsten Schritt werden die Zeichnungsangaben näher untersucht.

Theoretisch genaue Maße, z. B. bei der Angabe einer Positionstoleranz, werden von einem Rechteck aus schmalen Volllinien [120°] und [105] eingerahmt.

Die nicht bemaßten Werkstückinnenkanten sollen nach ISO 13715 mit einem zulässigen Übergang von +0,4 mm, die Außenkanten mit einem Abtrag von –0,3 mm ausgeführt werden. Dies entspricht einem Radius von 0,4 mm und einer Fase von 0,3 x 45° **(Bild 3).**

Bei den Werkstückoberflächen sollen die nicht besonders gekennzeichneten Flächen nach DIN 1302 mit einer gemittelten Rautiefe von Rz 25 µm gefertigt werden. Die besonders gekennzeichneten Oberflächen sind mit Rz 6,3 µm herzustellen, der Außendurchmesser ∅120 mm bleibt unbearbeitet (Bild 3).

Die Gewinde M6 x 0,5-6H sollen mit einem Gewindeformer hergestellt werden. Die Positionen der Gewindebohrungen sind durch die Angabe einer Ortstoleranz in der zulässigen Abweichung begrenzt **(Bild 4).**

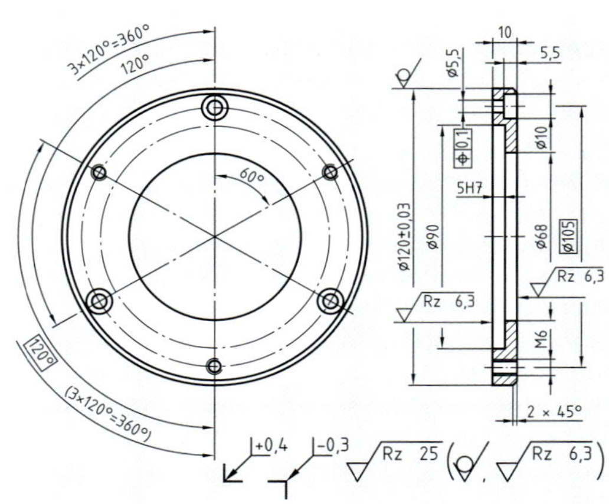

1 Fertigungszeichnung

Halbzeugangabe:

Aluminium- Knetlegierung, stranggepresst
Rund DIN EN 755-3-120 x 12–EN AW-5086/AlMg4

Werkstoffanalyse: Legierungsserie 5

R_m = 240 N/mm², $R_{p0,2}$ = 100 N/mm², A = 15%
4% Magnesium

2 Halbzeugangabe und Werkstoffanalyse

+0,4   -0,3   Rz 25 (, Rz 6,3)

3 Werkstückkanten und Oberflächen

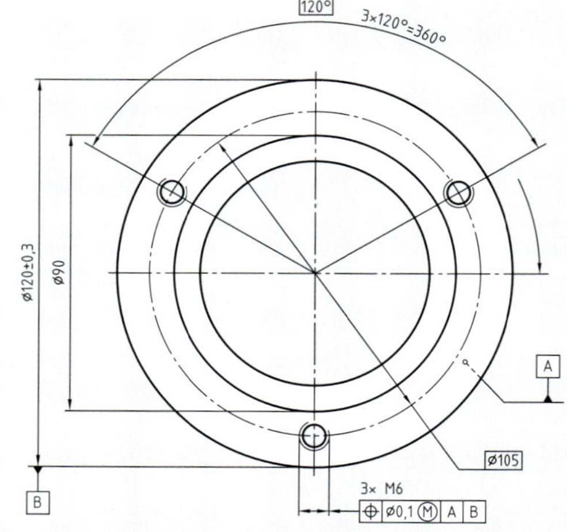

Die Mittelachsen der drei Gewindebohrungen müssen innerhalb eines Zylinders mit dem Durchmesser d = 0,1 mm liegen. Die Zylinderachse muss an dem geometrisch genauen Ort [120°] und [⌀105] bezogen auf die Bezugsebenen A (Planfläche) und B (Mittelachse) liegen.

4 Positionstoleranz

Im nächsten Schritt sollen die Planungen zur Drehbearbeitung gemacht werden. Dazu werden zunächst die Arbeitsschritte in einer fertigungsgerechten Abfolge in einem **Arbeitsfolgeplan** zusammengestellt **(Tabelle 1)**.

In **Tabelle 2** sind die **Schnittwerte** für alle Arbeitsschritte zusammengestellt.

Um die Werkstückgeometrie herstellen zu können benötigen wir geeignete **Werkzeuge.** Hier werden Drehwerkzeuge mit Wendeschneidplatten aus beschichtetem Hartmetall verwendet. In **Tabelle 3** sind die benötigten Werkzeuge zusammengestellt.

Tabelle 3: Werkzeugliste

Arbeitsschritt	Werkzeugbezeichnung
Plan- und Längsdrehen Schruppen	Halter: PCLNL WSP: CNMG Eckenradius $r_\varepsilon = 0{,}8$ mm
Schlichten	Halter: PDLNL WSP: DNMG Eckenradius $r_\varepsilon = 0{,}4$ mm 30°
Fasen	Halter: PSSNN WSP: SNMG
Vordrehen innen	Halter: SCLCL WSP: CCMT
Fertigdrehen innen	Halter: SDQCL WSP: DCMT
Wendeplatten-Vollbohrer	∅30 mm
Spibo-HSS	∅5,5 mm/W ∅5,77 mm/W
NC-Anbohrer	∅12 mm
Kegelsenker	90°, ∅16 mm
Gewindeformer	M6x0,5–6g
Zapfensenker	∅10/5,5 mm

Tabelle 1: Arbeitsfolgeplan

Nr.	Arbeitsschritt
1	Rohmaße prüfen
2	Werkstück einspannen ∅120 mm, weiche Backen
3	Planfläche $Z = 0$ setzen und Plandrehen (**Bild 2,** nächste Seite)
4	Bohren ∅30 mm mit Vollbohrer (**Bild 3,** nächste Seite)
5	Innen vordrehen mit Aufmaß (**Bild 2**, nächste Seite)
6	Innen fertigdrehen auf ∅68 mm und ∅ 90mm
7	Fasen innen und außen drehen
8	6x Zentrierbohren mit NC-Anbohrer
9	3x Kernlochbohrungen ∅5,77 mm für Gewindeformer bohren
10	3x Gewindeformen M6x0,5
11	3x Durchgangsbohrungen ∅5,5 mm
12	Werkstückmaße prüfen
13	Werkstück umspannen
14	Plandrehen auf Fertigbreite 10 mm
15	Fasen innen (∅68 mm) und außen (∅120 mm)
16	6x Bohrungen mit 90° Kegelsenker entgraten
17	3x Zylindersenkungen ∅10 x 5,5 mm
18	Maße prüfen
19	Werkstück ausspannen

Tabelle 2: Schnittdaten

Arbeitsschritt	**Schnittgeschw. Drehzahl**	**Vorschub**
Drehwerkzeuge mit Hartmetall-Wendeschneidplatte, Titannitrid-beschichtet (TiN)		
Plandrehen vordrehen	$v_c = 400$ m/min	0,3 mm
Plandrehen fertig	$v_c = 500$ m/min	0,12 mm
Vordrehen außen	$v_c = 400$ m/min	0,3 mm
Fertigdrehen außen	$v_c = 500$ m/min	0,12 mm
Vordrehen innen	$v_c = 350$ m/min	0,25 mm
Fertigdrehen innen	$v_c = 450$ m/min	0,12 mm
Zentrierbohren mit NC-Anbohrer	$v_c = 60$ m/min $n = 3500$ 1/min	0,2 mm
Bohren Ø 5,5 und 5,77 mm HSS-Spibo/Typ W	$v_c = 60$ m/min $n = 1900$ 1/min	0,2 mm
Bohren Ø 30 mm Vollbohrer	$v_c = 300$ m/min $n = 3200$ 1/min	0,3 mm
Senken 90° HSS-Kegelsenker	$v_c = 60$ m/min $n = 1600$ 1/min	0,2 mm
Gewindeformer M6x0,5	$v_c = 15$ m/min $n = 795$ 1/min	0,5 mm
Zylindersenkung	$v_c = 60$ m/min $n = 1600$ 1/min	0,1 mm

Das Werkzeugmagazin (Werkzeugrevolver, **Bild 1** nächste Seite) befindet sich hinter der Drehmitte. Deshalb werden **„Linke Drehwerkzeuge"** verwendet (siehe nebenstehendes Bild)

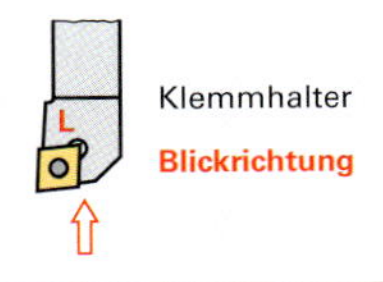

Die **Zerspanbarkeit** der Aluminiumlegierungen ist abhängig von der Zusammensetzung und vom Gefügezustand. Der Werkzeugverschleiß ist bei Aluminium geringer als bei Stahl, da weitaus niedrigere Schnitttemperaturen und Zerspankräfte auftreten. Die hauptsächlichen Verschleißursachen sind Adhäsionsvorgänge bei der Aufbauschneidenbildung sowie, vor allem bei hochfesten Al-Si-Legierungen, ein Schneidkantenverschleiß.

Grundsätzlich lassen sich Aluminium-Legierungen in Knetlegierungen und Gusslegierungen einteilen. Knetlegierungen (z. B. **AlMg4**) sind wegen der homogenen Mischkristallverteilung in der Aluminiumgrundmatrix gut warm- und kaltumformbar. Bei der spanenden Bearbeitung ist meistens kein prozessbestimmender Schneidkantenverschleiß festzustellen. Die homogene Verteilung der wenig abrasiv wirkenden Mischkristalle im Gefüge erzeugt bei HM-Werkzeugen einen geringen Freiflächenverschleiß. Die Weichheit dieser Legierungen macht aber eine Zerspanung wegen der Schmierwirkung, der Scheinspanbildung und der Aufbauschneidenbildung schwierig. Die Oberflächengüte ist im Vergleich zu Stahlwerkstoffen schlechter, deshalb sind bei der Fertigbearbeitung hohe Schnittwerte notwendig. Es bilden sich lange, zähe Bandspäne, die den Bearbeitungsprozess behindern. Bei den Aluminium-Knetlegierungen sollte eine spanabhebende Bearbeitung unter Einsatz von Kühlschmiermittel erfolgen.

Es soll das Schnittmoment und die erforderliche Maschinenleistung zum Bohren mit einem Wendeplatten-Vollbohrer **(Bild 3)** berechnet werden.

Daten: $D = 30$ mm, $v_c = 300$ m/min, $f = 0{,}3$ mm, $z = 2$, k_c-Wert für AlMg4 beim Bohren $k_c = 750$ N/mm², Maschinenwirkungsgrad 80 %

Gesamtschnittkraft:

$$F_c = \frac{D \cdot f \cdot k_c}{2} = \frac{30\text{ mm} \cdot 0{,}3\text{ mm} \cdot 750\text{ N/mm}^2}{2}$$

$$F_c = 3375\text{ N}$$

Schnittmoment:

$$M_c = \frac{D \cdot F_c}{4} = \frac{0{,}03\text{ m} \cdot 3375\text{ N}}{4} = 25{,}3\text{ Nm}$$

Schnittleistung:

$$P_c = M_c \cdot 2 \cdot \pi \cdot n = 25{,}3\text{ Nm} \cdot 2 \cdot \pi \cdot 3200\,\frac{1}{60\text{ s}}$$

$$P_c = 8{,}5\text{ kW}$$

Maschinenleistung:

$$P = \frac{P_c}{\eta} = \frac{8{,}5\text{ kW}}{0{,}8} = 10{,}6\text{ kW}$$

1 **Werkzeugrevolver**

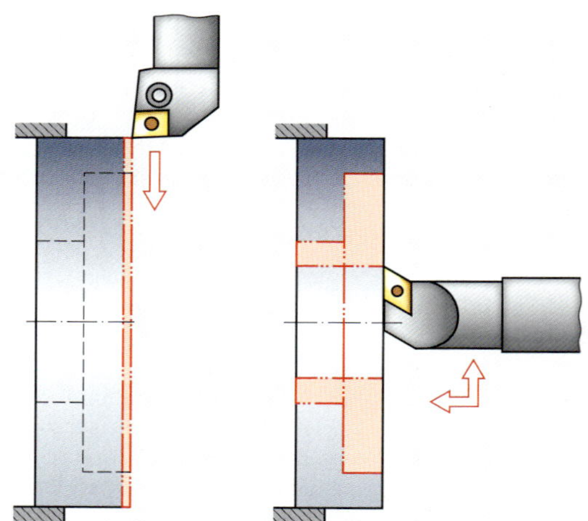

2 **Bearbeitungsschritte Nr. 3 und 5**

3 **Bohrbearbeitung Arbeitsschritt Nr. 4**

In der nach Fertigstellung des Flanschringes anstehenden **Qualitätsprüfung** sollen hier einige Prüfvorgänge näher betrachtet werden.

Die **Rauheitsmessung** (Oberflächenmessung) mit dem Tastschnittverfahren dient der Ermittlung der Oberflächenrauheit. Bei der Rauheitsmessung wird eine Tastspitze aus Diamant mit konstanter Geschwindigkeit über die zu prüfende Werkstückoberfläche bewegt **(Bild 2)**. Die vertikale Bewegung des Stiftes wird elektrisch erfasst. Die elektrischen Signale werden verstärkt, digitalisiert und aufgezeichnet. Aus dem Messprofil **(Bild 1)** werden mithilfe genormter Verfahren die gewünschten Rauheitskenngrößen, z. B. der R_z-Wert bestimmt **(Bild 3)**.

Auswertung Rauheitsprofil (Bild 4)

$$R_z = \frac{R_{t1} + R_{t2} + R_{t3} + R_{t4} + R_{t5}}{5}$$

$$R_z = \frac{(2{,}5 + 2 + 1{,}8 + 2{,}2 + 1{,}7)}{5} = 2{,}0\ \mu m$$

Als nächstes soll die **Ebenheit** der Flanschfläche geprüft werden. Dazu wird der Flanschring mit der zu prüfenden Seite auf einen Präzisionsmesstisch gelegt. Die Messspitze der Messuhr wird so von unten angebracht, dass sie die Messfläche berührt. Der Flanschring wird nun auf der Messfläche kreisförmig verschoben. Der größte Abweichungswert, den die Messuhr anzeigt, ist die Ebenheit **Bild 5**).

Die Messung der **Positionstoleranzen** für die Gewinde M6 x 0,5 erfolgt mit einem 3D-Koordinatenmessgerät. Dabei werden in die Gewindebohrungen drei geschliffene Passstifte eingeschraubt. Um die Bohrungen zu messen, werden mehrere Messungen mit veränderter Tiefe durchgeführt. Dabei werden neben der Positionsgenauigkeit (Winkel und Teilkreis) auch die Rechtwinkligkeit der Gewindebohrungen zur Flanschfläche (Bezug A) ermittelt **(Bild 6)**.

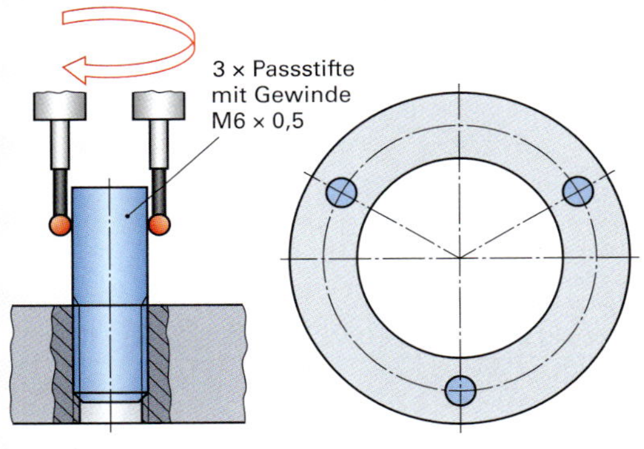

6 Positionsmessung mit 3D-Koordinatenmessgerät

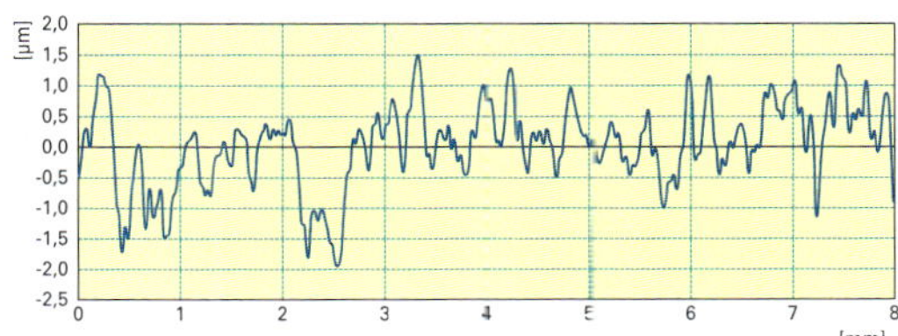

1 Gemessenes Oberflächenprofil

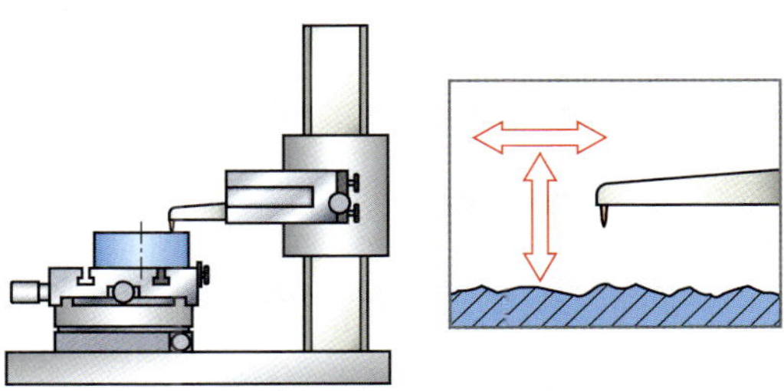

2 Messvorgang mit Tastschnittgerät

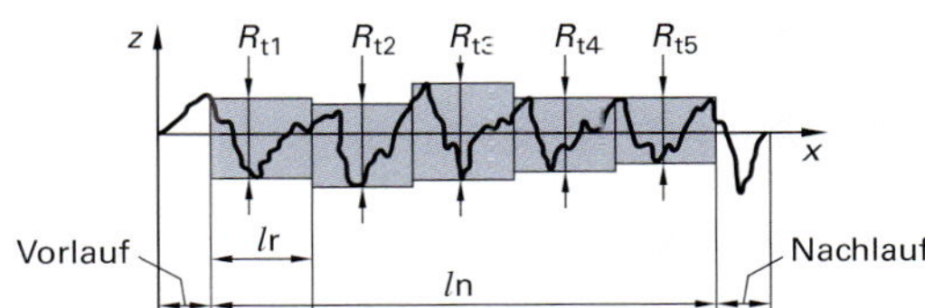

R_{tmax}: Größte Höhendifferenz des Profils
$R_z = 1/5 \cdot (R_{t1} + R_{t2} + R_{t3} + R_{t4} + R_{t5})$
R_z wird als arithmetisches Mittel aus den maximalen Profilhöhen R_{t1} bis R_{t5} ermittelt.

3 Gemittelte Rautiefe R_z

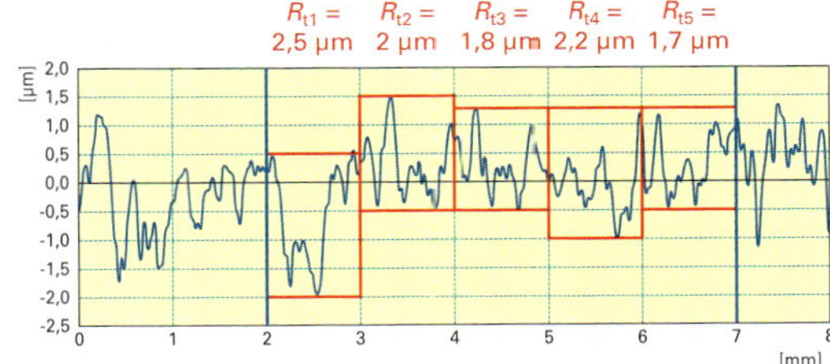

4 Auswertung für Gemittelte Rautiefe R_z

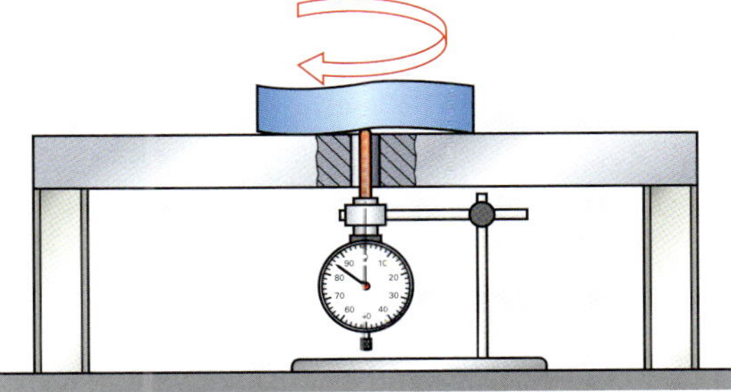

5 Messung der Ebenheit der Flanschfläche

Fertigungsbeispiel „Antriebswelle"

Es soll eine Antriebswelle **(Bild 1)** auf einer CNC-Drehmaschine gefertigt werden. Um den Arbeitsauftrag fachgerecht auszuführen sind eine Reihe von Planungsaufgaben erforderlich:

1. Zeichnungsanalyse

- normgerechte Halbzeugangabe
- Werkstoffanalyse und Beschreibung **(Bild 2)**
- Wärmebehandlung und Härteangabe **(Bild 3)**
- Fertigungsmaße und Toleranzen
- Lage- und Formtoleranzen
- Freistich DIN 509
- Gewindefreistich DIN 76
- Zentrierbohrung beidseitig A 2,5/5,3
- Werkstückkanten
- Werkstückoberflächen
- Gewindemaße

2. Fertigungsplanung

- Arbeitsschritte, Arbeitsfolgeplan
- Werkzeugauswahl und Werkzeugdaten
- Schnittdaten
- Spannmittel für Werkzeuge
- Drehmaschine, Maschinenleistung
- Kühlschmierung

3. Qualitätsplanung

- Mess- und Prüfmittel
- Prüfprotokoll

Halbzeugangabe:

Halbzeugangabe für warmgewalzten Stahl 16NiCrS4:

Rund DIN EN 10060 - 160 x 223 – DIN EN 10084-16NiCrS4/1.5715

Werkstoffanalyse:

Niedriglegierter Einsatzstahl

Richtwertanalyse des Herstellers: C = 0,16%, Si = 0,25%, Mn = 0,80%, Cr = 1,05%, Ni = 1,45%

Verwendung und Beschreibung:

NiCr-legierter Einsatzstahl für hochbeanspruchte Bauteile hoher Zähigkeit und einer Kernfestigkeit von 1000...1200 N/mm² im Automobil- und Getriebebau, wie z.B. Antriebskegelräder, Ritzel, Wellen und Zahnräder.

2 Halbzeugangabe und Werkstoffanalyse

Wärmebehandlungsvorschrift für Einsatzhärten

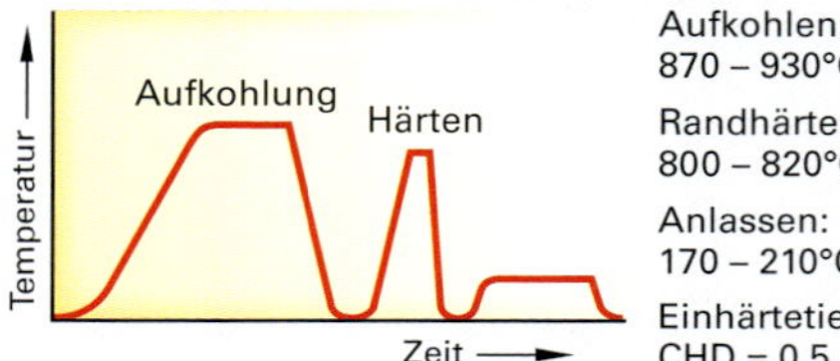

Aufkohlen: 870 – 930°C
Randhärten: 800 – 820°C/Öl
Anlassen: 170 – 210°C
Einhärtetiefe CHD = 0,5...0,8 mm

Härteprüfung nach Rockwell C
Randschichthärtewert 50...52 HRC
Achtung! Gewinde weich lassen

3 Wärmebehandlung und Härteangabe

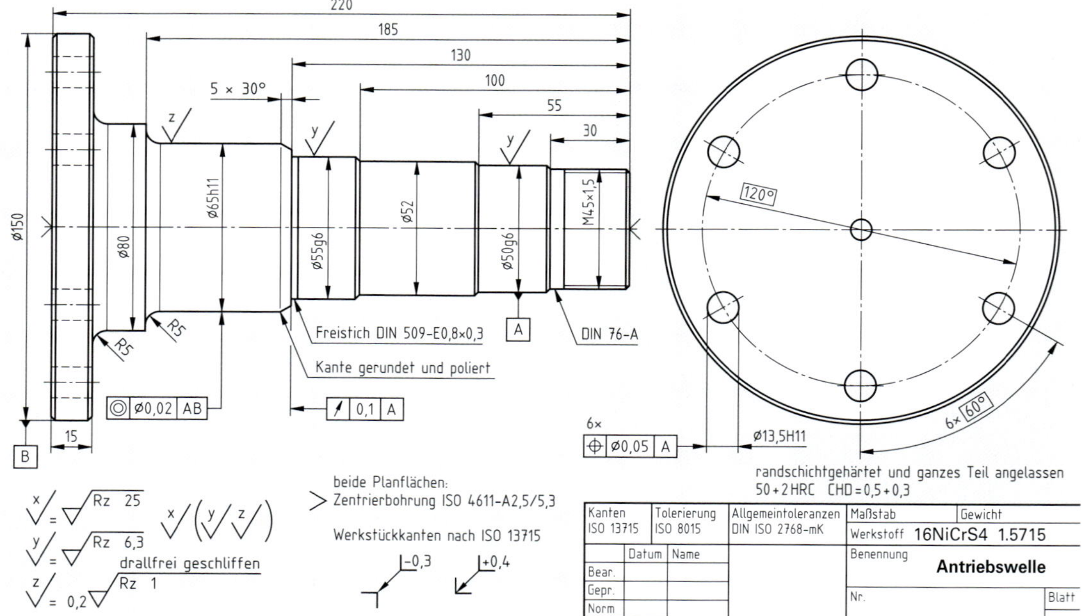

1 Fertigungszeichnung Antriebswelle

Im ersten Schritt werden die Zeichnungsangaben näher untersucht. Es liegen verschiedene Maßtoleranzen vor (siehe Auswahl **Tabelle 1**). Die Kenntnis über die zulässigen Maß-Form- und Lageabweichungen sind sowohl für die Fertigung als auch für die nachfolgende Qualitätskontrolle notwendig.

In **Tabelle 2** sind die Angaben zu den geometrischen Tolerierungen zusammengestellt.

Am Durchmesser 55g6 ist ein Freistich nach DIN 509, Form E und am Gewinde M48x1,5 ist ein Gewindefreistich DIN 76, Form A anzubringen **(Bild 1).**

An den beiden Planflächen sind Zentrierbohrungen nach ISO 4611, Form A anzubringen **(Bild 2).**

Die Außenkanten sind nach ISO 13715 mit Fasen 0,3 x 45° und die Innenkanten mit einem Radius von max. 0,4 mm auszuführen (Bild 2).

Die Werkstückoberflächen ohne Angabe in der Zeichnung sollen mit einer gemittelten Rautiefe Rz = 25 µm angefertigt werden. Die mit y gekennzeichnete Flächen erhalten Rz = 6,3 µm und der Durchmesser 55h5 wird mit einem Aufmaß von 0,2 mm vorgedreht und auf Fertigmaß durch Einstechschleifen mit Rz = 1 µm drallfrei geschliffen. Wegen der Montage eines Radialwellendichtrings ist diese besondere Anforderung notwendig **(Bild 3).**

Bei dem Gewinde M48 x 1,5–6g handelt es sich um ein metrisches ISO-Außengewinde nach DIN 13 mit der Gewindetoleranz 6g **(Bild 4)**. Die Gewindemaße sind in **Tabelle 3** zusammengestellt.

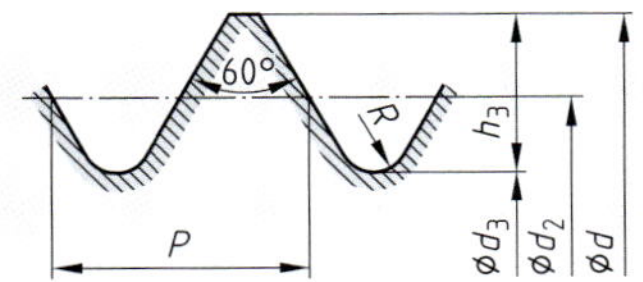

Kerndurchmesser
$d_3 = d - 1{,}2269 \cdot P$
Flankendurchmesser
$d_2 = D_2 = d - 0{,}6495 \cdot P$
Gewindetiefe
$h_3 = 0{,}6134 \cdot P$
Rundung
$R = 0{,}1443 \cdot P$

4 Gewindeprofil

Tabelle 3: Gewindemaße

Außengewinde Nennmaße		**Radius**	
Nenndurchmesser (d)	48 mm	R_{min}	0,189 mm
Steigung (P)	1,5 mm	R_{max}	0,217 mm
Flankendurchmesser (d_2)	47,026 mm		
Kerndurchmesser (d_3)	46,16 mm		

Grenzmaße des Außengewindes

	Außendurchmesser	Flankendurchmesser (d_2)	Kerndurchmesser (d_3)
Höchstmaß	47,968 mm	46,994 mm	46,128 mm
Mindestmaß	47,732 mm	46,834 mm	45,91 mm

Tabelle 1: Maß- und Toleranzangaben (Auswahl)

Maß	Abmaße ei/es	Oberes Grenzmaß GoW (Höchstmaß)	Unteres Grenzmaß GuW (Mindestmaß)	Toleranz in mm
∅50g6	−9 −25	49,991	49,975	0,016
∅65h11	0 −160	65,000	64,840	0,16
Maße ohne Toleranzangabe nach DIN ISO 2768-mK (Auswahl)				
55	±0,3	55,3	49,7	0,6
80	±0,3	80,3	79,7	0,6
220	±0,5	220,5	219,5	1,0
60°	±0°20′	60, 33°	59, 67°	40′, 0, 66°

Tabelle 2: Lagetoleranzen

↗ | 0,1 | A	Planlauf, bei einer Drehung um die Bezugsachse A-B (Mittelachse) muss die Umfangslinie an jedem Durchmesser der Planfläche zwischen zwei Kreisen liegen, die einen axialen Abstand von $t = 0{,}1$ mm haben.
6× ⌖ | ∅0,05 | A	Position, die Mittelachsen der sechs Bohrungen müssen innerhalb eines Zylinders mit dem Durchmesser $t = 0{,}05$ mm liegen. Die Zylinderachse muss an dem geometrisch genauen Ort (∅120, 60°) bezogen auf die Bezugsachse A liegen.
◎ | ∅0,02 | AB	Koaxialität, die tolerierte Achse des Zylinders muss innerhalb eines zur Bezugsachse AB koaxialen Zylinders mit dem Durchmesser $t = 0{,}02$ mm liegen.

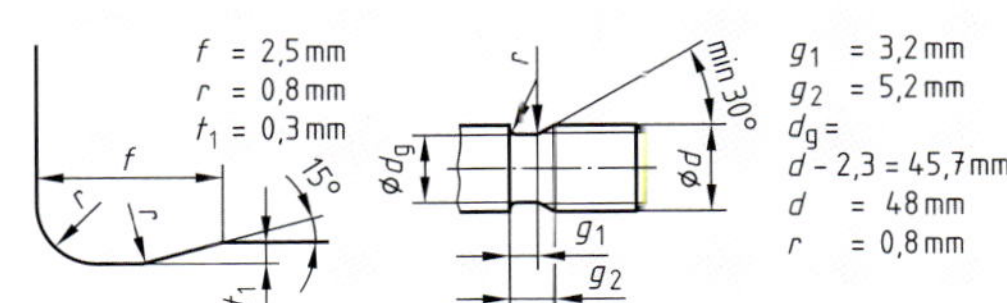

1 Freistiche

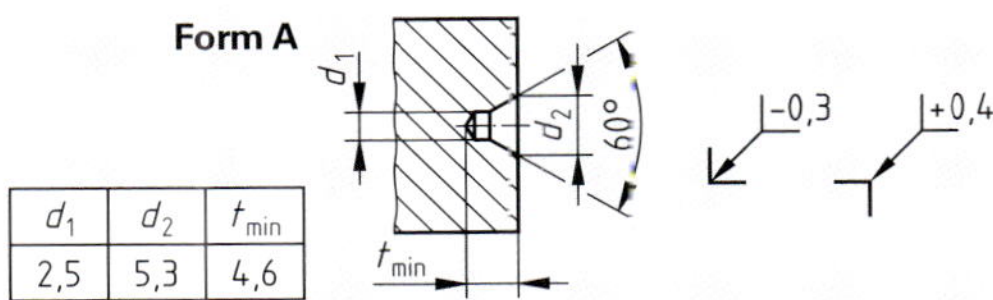

d_1	d_2	t_{min}
2,5	5,3	4,6

2 Zentrierbohrungen und Werkstückkanten

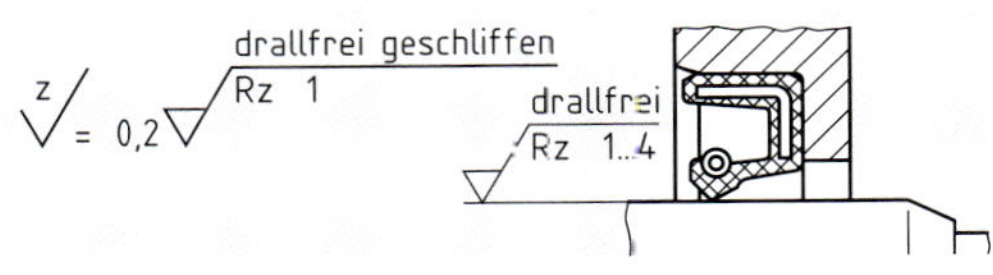

3 Oberflächenangaben und Radialwellendichtring

Nach der Analyse der Zeichnungseintragungen beginnen wir mit der Fertigungsplanung. Dazu werden zunächst die Arbeitsschritte in einer fertigungsgerechten Abfolge festgelegt und der Arbeitsfolgeplan erstellt (**Bild 1, Tabelle 1** und nächste Seite).

Für die einzelnen Bearbeitungsschritte wählen wir nun die geeigneten Werkzeuge aus. Das CNC-Bearbeitungszentrum hat einen Werkzeugrevolver hinter der Drehmitte. Deshalb werden zum Vor- und Fertigdrehen „Linke" Werkzeuge benötigt (**Tabelle 2** und Seite 226).

Die Schnittdaten **(Tabelle 3)** sind abhängig vom Werkstoff, dem Schneidstoff und den Bearbeitungsvorgaben. Bei der Drehbearbeitung arbeitet die CNC-Maschine mit konstanter Schnittgeschwindigkeit (G96). Damit berechnet die Steuerung für jeden Durchmesser die richtige Drehzahl.

Um die Drehwerkzeuge zu spannen, werden VDI-Werkzeughalter radial rechts nach DIN 69880 benötigt. Für den Zentrierbohrer wird ein axialer VDI-Werkzeughalter verwendet. Um die Bohrungen auf dem Teilkreis mit der C-Achse zu fertigen, wird ein VDI-Axial Bohr- und Fräskopf für angetriebene Werkzeuge mit Zylinderschaft eingesetzt (**Tabelle 1, Seite 226**).

1 Fertigungssimulation

Tabelle 3: Schnittdaten

Arbeitsschritt	**Schnittgeschw. Drehzahl**	**Vorschub *f* in mm**
Plandrehen	v_c = 180 m/min	0,3
Vordrehen	v_c = 180 m/min	0,3
Fertigdrehen	v_c = 230 m/min	0,1
Zentrierbohren	v_c = 25 m/min n = 1600 1/min	0,08
Anbohren	v_c = 30 m/min n = 800 1/min	0,1
Gewindedrehen	v_c = 100 m/min n = 660 1/min	1,5 (Steigung)
Bohren	v_c = 30 m/min n = 800 1/min	0,1

Tabelle 1: Arbeitsfolgeplan

Nr.	Arbeitsschritt
1	Rohteil ggf. entgraten und Rohmaße prüfen
2	Werkstück einspannen, Rechte Seite mit Ausspannlänge l = 205 mm
3	Planfläche mit Werkzeug ankratzen
4	Planfläche Z = 0 setzen und Plandrehen
5	Zentrierbohren
6	Reitstock mit Zentrierspitze anstellen
7	Kontur vordrehen mit Abspanzyklus
8	Kontur mit Fasen, Freistiche und Aufmaß fertigdrehen
9	Gewinde drehen 6x Bohrungen mit 90°-NC-Anbohrer für Fasen 1x45° senken
10	Werkstückmaße prüfen
11	Werkstück ausspannen Werkstücklänge messen
12	Werkstück auf ∅65h11+0,2 mm Schleifaufmaß spannen, ggf. weiche oder ausgedrehte Spannbacken verwenden
13	Außendurchmesser 150 mm drehen
14	Linke Planseite vordrehen
15	Plandrehen auf Fertiglänge 217,5 mm mit Fase 1x45°
16	Zentrierbohren
17	6x Bohrungen mit 90°-NC-Anbohrer für Fasen 1x45° senken 6x Bohren mit C-Achse auf Teilkreis
18	Maße prüfen
19	Werkstück ausspannen

Tabelle 2: Werkzeugliste

Arbeitsschritt Nr.	**Werkzeugbezeichnung**
Plan- und Längsdrehen Schruppen	ISO-Klemmhalter: PCLNL 20 20 K 12 Wendeschneidplatte ISO 1832: CNMG 12 05 08-P25-TiN
Plan- und Längsdrehen Schlichten	ISO-Klemmhalter: PDLNL 20 20 K 12 Wendeschneidplatte ISO 1832: DNMG 12 05 04-P15-TiN
Zentrierbohrer	ISO 4711-A 2,5/5,3
NC-Anbohrer	D 16 mm HSS-E 90°
Gewindedrehwerkzeug	Teilprofilplatte für M48x1,5
HSS-TiN-Spibo	Spibo D 12,2 mm, HSS-TiN

Fertigungssimulation CNC- Programm Antriebswelle

In der Fertigungssimulation des Programmiersystems lassen sich die einzelnen Arbeitsschritte und die Werkzeugbewegungen grafisch darstellen.

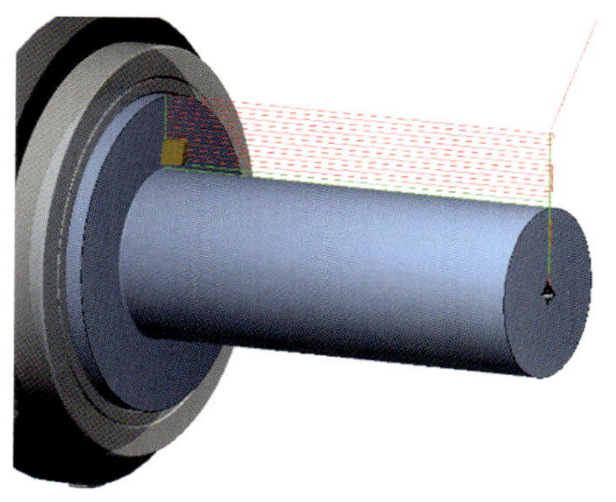

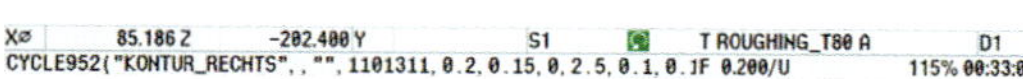

1 Vordrehen mit Schruppwerkzeug

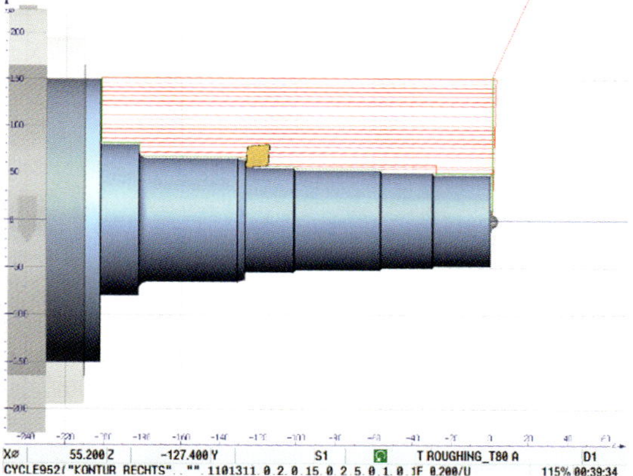

2 Absätze vordrehen

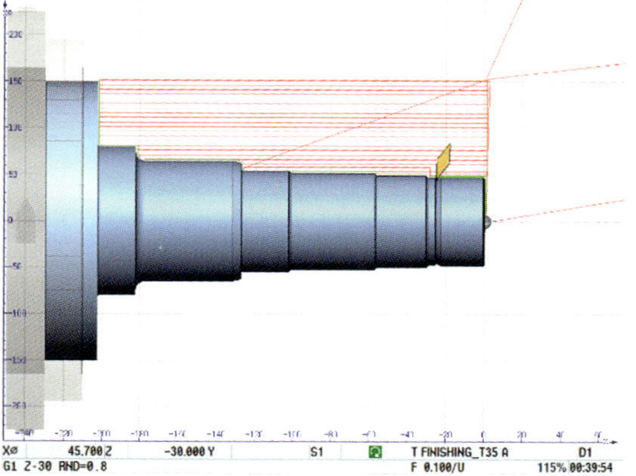

3 Fertigdrehen mit Schlichtwerkzeug

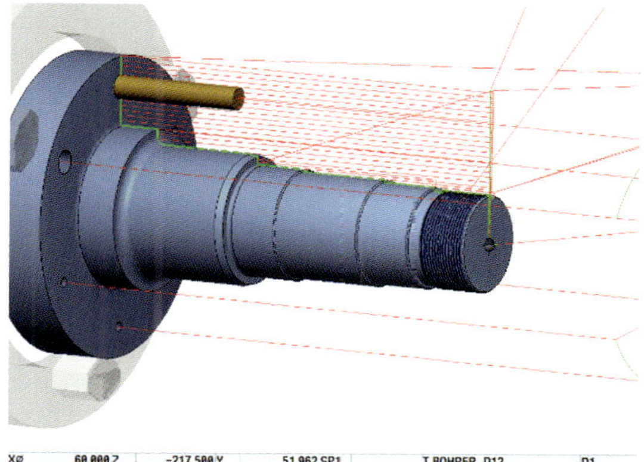

4 Bohren mit angetriebenem Werkzeug und C-Achse der Hauptspindel

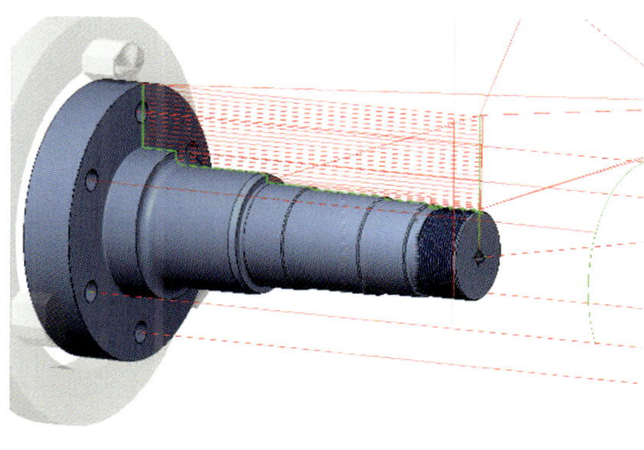

5 Fertige rechte Seite mit Werkzeugbahnen und Gewinde

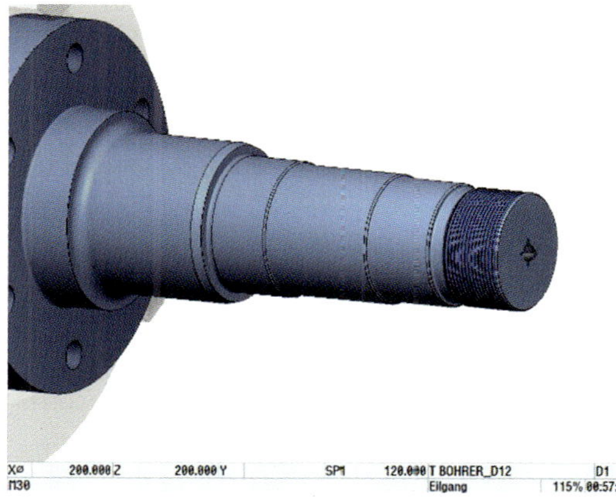

6 Rechte Werkstückseite

Vor dem Einsatz der Werkzeuge müssen die Daten zu den Werkzeuggeometriedaten in einem Werkzeugvoreinstellgerät ermittelt werden **(Bild 1)**. Die **Werkzeugkorrekturwerte** können mit einem Datentransfer in den Werkzeugkorrekturdatenspeicher der Maschine übertragen werden. Eine manuelle Eingabe ist ebenso möglich. Es gibt auch Werkzeugspannmittel, die mit einem RFID-Datenspeicher ausgestattet sind, auf dem die Werkzeugdaten abgespeichert sind. Das Identifikationssystem ist mit einem Datenträger in Miniaturbauweise, einem Schreib-/Lesekopf und einer Auswerteeinheit ausgerüstet. Die Kommunikation erfolgt berührungslos durch induktiven Datenaustausch (Radio-Frequency Identification, RFID).

Zur Auftragsdurchführung steht eine CNC-gesteuerte Horizontaldrehmaschine mit Schrägbett mit nachfolgenden Daten zur Verfügung **(Bild 2)**:

Technische Daten:

Spitzenweite 600 mm, max. Drehdurchmesser 245 mm, Längsweg Z 450 mm, Planweg X 210 mm, Drehzahlbereich Spindel 6000 1/min, Drehzahlbereich angtr. WKZ 5000 1/min, 12-fach Revolver, davon 6 angetriebene Werkzeuge, Eilgang Z, X 45, 60 m/min, Antriebsleistung 16 kW

C-Achse, hydraulisches 3-Backenfutter, Späneförderer

Reitstock, Kühlmitteleinrichtung

Es soll die erforderliche Maschinenleistung P und die Auslastung der Antriebsleistung in % zum Vordrehen mit einer Schnitttiefe a_p = 3 mm, v_c = 180 m/min, f = 0,3 mm bestimmt werden, wenn für den Werkstoff 16NiCrS4 die spezifische Schnittkraft, der k_c-Wert zum Drehen 2150 N/mm² beträgt. Der Maschinenwirkungsgrad η liegt bei 80%.

Lösung:

Spanungsquerschnitt: $A = a_p \cdot f = 0{,}9\ \text{mm}^2$

Schnittkraft:
$F_c = A \cdot k_c = 0{,}9\ \text{mm}^2 \cdot 2150\ \text{N/mm}^2 = 1935\ \text{N}$

Schnittleistung:
$P_c = F_c \cdot v_c = 1935\ \text{N} \cdot 180\ \text{m}/60\ \text{s} = 5{,}8\ \text{kW}$

Erforderliche Maschinenleistung:
$P = P_c/\eta = 5{,}8\ \text{kW}/0{,}8 = 7{,}25\ \text{kW}$

Antriebsleistung der Hauptspindel: P = 16 kW

Auslastung: 45%

Zur Bearbeitung des Werkstücks wird ein wassermischbarer **Kühlschmierstoff** SE eingesetzt.

Der KSS muss entsprechend den Wartungsvorgaben regelmäßig geprüft werden **(Tabelle 2)**.

Tabelle 1: Spannmittel für Werkzeuge

Werkzeughalter VDI 30 radial rechts DIN 69880	
Werkzeughalter VDI 30 für Werkzeuge mit Zylinderschaft DIN 69880	
Axial Bohr- und Fräskopf VDI 30 Für angetriebene Werkzeuge mit Zylinderschaft DIN 5482	

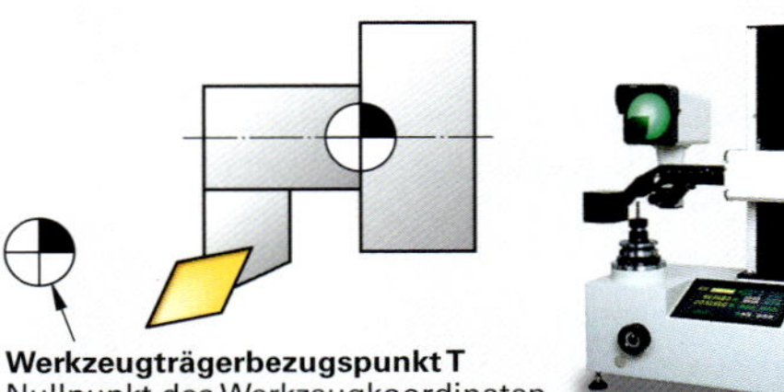

1 **Werkzeugkorrekturmaße ermitteln**

2 **CNC-Drehbearbeitungszentrum**

Tabelle 2: Prüfplan Kühlschmierstoff (Auswahl)

Zu prüfende Größe	Prüfmethoden	Prüfintervalle
Wahrnehmbare Veränderungen	Aussehen, Geruch	täglich
Konzentration	Handrefraktometer	täglich bis wöchentlich
pH-Wert	elektrometrisch nach DIN 51369 (pH-Meter) oder mit pH-Papier in vergleichbarer Genauigkeit	wöchentlich
Nitritgehalt NO_2	Nitritteststäbchen oder Labormethode	wöchentlich
Nitratgehalt NO_3	Teststäbchenmethode oder Labormethode	nach Bedarf

Nach der Fertigstellung des Drehteils ist eine **Qualitätsprüfung** durchzuführen und die Ergebnisse sind in einem Prüfprotokoll (siehe unten) zu dokumentieren.

Die Auswahl der Prüfmittel erfolgt nach den qualitativen Vorgaben auf der Fertigungszeichnung. Zu beachten sind hierbei die Toleranzen, die zulässigen Lageabweichungen und die Gewindetoleranz. Die erforderlichen **Prüfmittel** sind in **Tabelle 1** zusammengestellt.

Tabelle 1: Prüf- und Messmittel

Prüfmittel	Prüfbare Toleranz in mm	
Messschieber	0,1…0,05	
Bügelmessschraube	0,01	
Grenzrachenlehre ∅50g6	−9 −25	
Grenzrachenlehre ∅55g6	−10 −29	
Gewindelehrring M48x1,5–6g		
Außengewinde Messschraube mit auswechselbaren Messeinsätzen		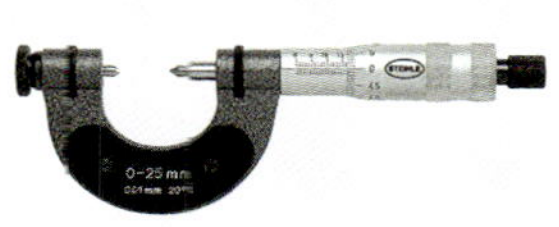
Rundlaufprüfgerät mit Messuhr		
Oberflächenmessgerät		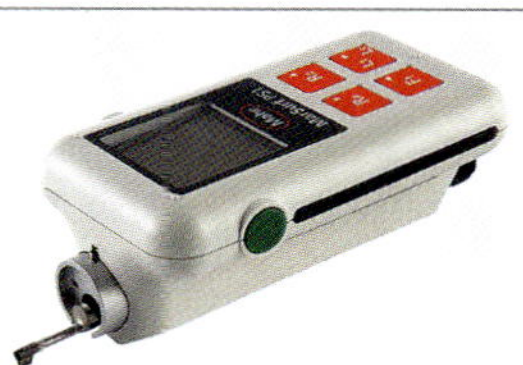

Prüfprotokoll „Antriebswelle" (Auszug)

Prüfer Kurzzeichen	**Prüfdatum**	**Werkstück**		**Auftrags-Nr.**		**Barcode**	**Freigabe Prüfmittel Kurzzeichen, Datum**
Da	**12.10.23**	**Antriebswelle**		**43.53904954**		0 123456 789012	**Ge, 10.10.23**
Prüfmerkmal	Abmaße ei/es	Oberes Grenzmaß GoW (Höchstmaß)	Unteres Grenzmaß GuW (Mindestmaß)	Toleranz in mm	Prüfmittel	Gemessenes Istmaß in mm	Beurteilung in Ordnung, i.O nicht in Ordnung, n.i.O
Passmaße							
∅50g6	−9 −25	49,991	49,975	0,016	Bügelmessschraube	19,985	i.O.
Maße ohne Toleranzangabe nach DIN ISO 2768-m							
∅52,5	±0,3	52,8	52,2	0,6	Messschieber	52,6	i.O.
∅80	±0,3	80,3	79,7	0,6	Messschieber	80,1	i.O.
127,5	±0,5	127,0	128,0	1,0	Messschieber	127,7	i.O.
∅150	±0,5	150,5	149,5	1,0	Messschieber	150,1	i.O.
217,5	±0,5	217,0	218,0	1,0	Messschieber	217,8	i.O.
Gewinde							
Außendurchmesser $D = 48{,}0$		47,968	47,732		Bügelmessschraube		
Flankendurchmesser $d_2 = 47{,}026$		46,994	46,834				
Kerndurchmesser $D_3 = 46{,}16$		46,128	45,91		Gewindemessschraube		

Flanken-ø Kern-ø Außen-ø

Fertigungsbeispiel „Getriebewelle"

Die in **Bild 1** dargestellte Getriebewelle aus dem Werkstoff 51CrV4+QT (1.8159) wird in der Serienfertigung in großer Stückzahl auf einer CNC-Drehmaschine mit Doppelspindel und Stangenlader hergestellt. Es soll der gesamte Fertigungsprozess für die Drehmaschine geplant und mit den Daten aus der Qualitätsanalyse eine Prozessbeurteilung durchgeführt werden. Dazu sind nachfolgende Aufgaben zu bearbeiten:

1. Zeichnungsanalyse

- normgerechte Halbzeugangabe, Stangen
- Werkstoffanalyse und Beschreibung **(Bild 2)**
- Fertigungsmaße und Toleranzen **(Tabelle 1)**
- Lagetoleranz
- Freistich DIN 509
- Zentrierbohrung beidseitig A 2,5/5,3
- Passfedernuten
- Werkstückoberflächen

2. Fertigungsplanung

- Arbeitsschritte, Arbeitsfolgeplan
- Werkzeugauswahl und Werkzeugdaten
- Schnittdaten
- Spannmittel für Werkzeuge
- Drehmaschine mit Gegenspindel und zwei Werkzeugrevolvern
- Programmsimulation

3. Qualitätsplanung

- Mess- und Prüfmittel
- Prüfprotokoll und Stichprobenprüfung
- Maschinenfähigkeit und Prozessbeurteilung

Halbzeugangabe:

Halbzeugangabe für warmgewalzten Stahl 51CrV4+QT:

Rund DIN EN 10060-50x3000 – DIN EN 10083-51CrV4/1.8159

Werkstoffanalyse:

Niedriglegierter Vergütungsstahl, +QT vergütet

Richtwertanalyse des Herstellers: C = 0,51 %, Si = 0,40 %, Mn = 1,10 %, Cr = 1,20 %, V = 0,025 %

Verwendung und Beschreibung:

Die Stahlsorte 51CrV4 gehört nach DIN EN ISO 683-2 zu den legierten Vergütungsstählen. Diese werden für hochbeanspruchte Bauteile eingesetzt, bei denen es besonders auf die Kombination von hoher Festigkeit (Verschleißfestigkeit) mit guter Zähigkeit ankommt. Die Werkstoffe erhalten ihre besonderen Eigenschaften durch Vergüten.

2 Halbzeugangabe und Werkstoffanalyse

Tabelle 1: Maß- und Toleranzangaben

Maß	Abmaße ei/es	Oberes Grenzmaß GoW (Höchstmaß)	Unteres Grenzmaß GuW (Mindestmaß)	Toleranz in mm
∅30 m6	+21 +8	30,021	30,008	0,013
∅28 h9	0 −52	28,000	27,948	0,052
1,6 H13	0 +140	1,600	1,740	0,14
28,6 h12	0 −90	28,600	28,510	0,09
Maße ohne Toleranzangabe nach DIN ISO 2768-f H (Auswahl)				
32	±0,15	32,15	31,85	0,30
240	±0,2	240,2	239,8	0,40

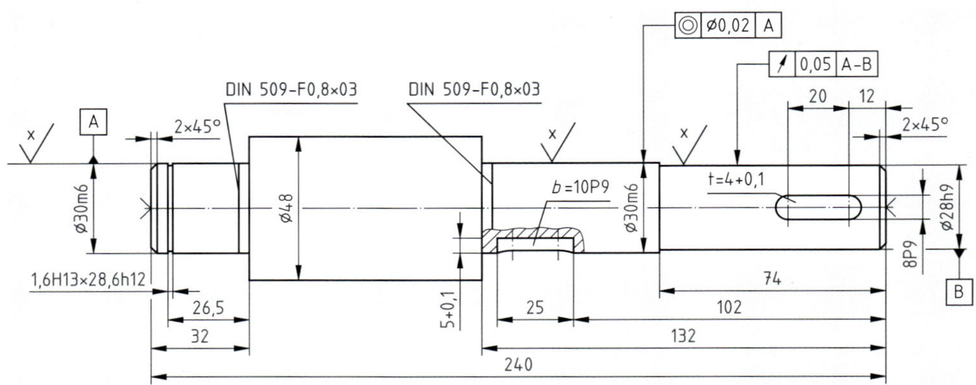

1 Getriebewelle

Bei den **Lagetoleranzen** ist eine Ortstoleranz (Koaxialität) und eine Lauftoleranz (Rundlauf) zu beachten **(Bild 1).**

Die **Freistiche** sind nach DIN 509 – F 0,8 x 0,3 und die **Zentrierbohrungen** für das Schleifen sind nach ISO 6411-A 2,5/5,3 auszuführen **(Bild 2).**

Die **Passfedernuten** werden nach DIN 8685 – Form A gefertigt **(Bild 3).**

Die nicht besonders gekennzeichneten **Werkstückoberflächen** sollen mit Rz = 16 µm gefertigt werden.

Die Angabe X bezieht sich auf die Durchmesser ∅28h9 und ∅30m6. (X = Rz 6,3)

Nach der Analyse der Zeichnungseintragungen beginnen wir mit der **Fertigungsplanung.** Dazu werden zunächst die Arbeitsschritte in einer fertigungsgerechten Abfolge festgelegt und der **Arbeitsfolgeplan** erstellt **(Tabelle 1).** Dabei ist zu beachten, dass das Werkstück in zwei Aufspannungen in einer Drehmaschine mit Stangenlader und zwei Spindeln durch Dreh- und Fräsbearbeitung komplett gefertigt wird.

Tabelle 1: Arbeitsfolgeplan

Nr.	Arbeitsschritt
1	**1. Aufspannung in Hauptspindel:** Werkstück zuführen durch Hohlspindel und spannen, Ausspannlänge l = 115 mm **(Bild 4)**
2	Plandrehen
3	Zentrierbohren Z - 4,6 mm
4	∅48 x 110 vordrehen
5	Absatz ∅30 x 32 vordrehen
6	Kontur fertigdrehen inkl. Fase 2x45°, Freistich und Kantenbruch am ∅48 bis Z- 110
7	Einstich 1,6 mm drehen
8	**2. Aufspannung: Gegenspindel** fährt vor und greift das Werkstück am ∅48 ab, Abstechdrehen, Ausspannlänge 140 mm **(Bild 4)**
9	Gegenspindel fährt auf Bearbeitungsposition
10	Plandrehen auf Fertiglänge l = 240 mm
11	Zentrierbohren Z - 4,6 mm
12	Kontur vordrehen mit Abspanzyklus
13	Kontur mit Fasen, Kantenbruch und Freistich fertigdrehen
14	Passfedernut 8P9 fräsen
15	Passfedernut 10P9 fräsen
16	Nuten entgratfräsen
17	Werkstück entnehmen und außerhalb der Maschine in Transportbehälter ablegen
18	Qualitätskontrolle durchführen

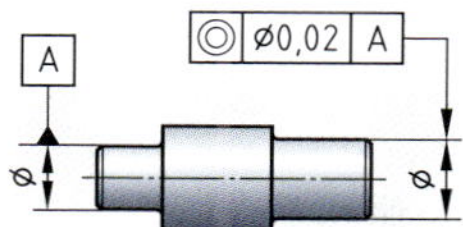

Die tolerierte Achse des Zylinders muss innerhalb eines zur Bezugsachse A koaxialen Zylinders mit dem Durchmesser d = 0,02 mm liegen.

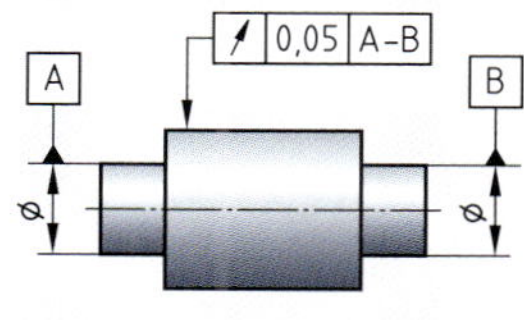

Bei einer Drehung um die Bezugsachse A-B muss die in jeder dazu senkrechten Maßebene liegende Umfangslinie zwischen zwei konzentrischen Kreisen mit dem radialen Abstand t = 0,05 mm liegen.

1 Lagetoleranzen

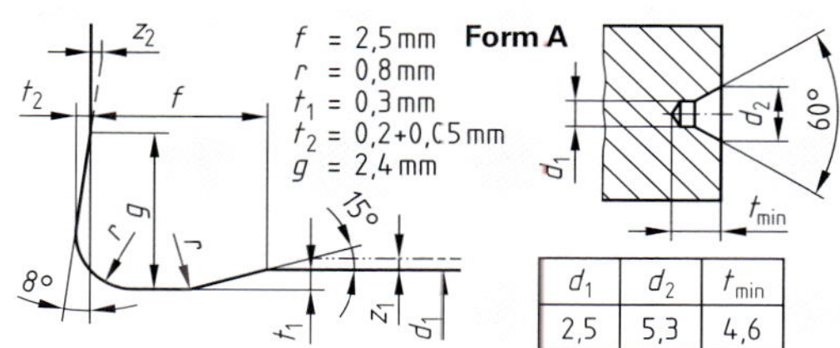

2 Freistich F und Zentrierbohrung A

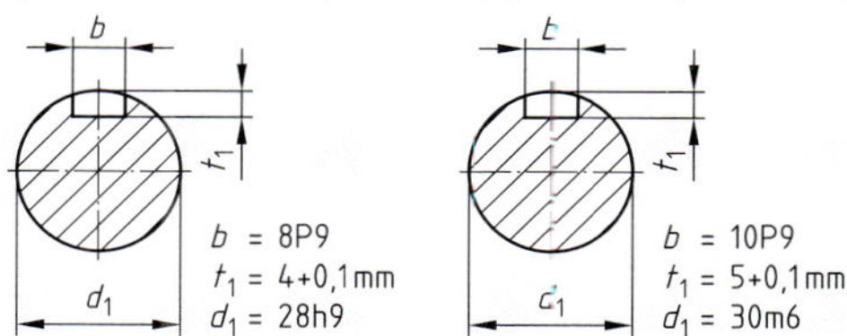

3 Passfedernuten

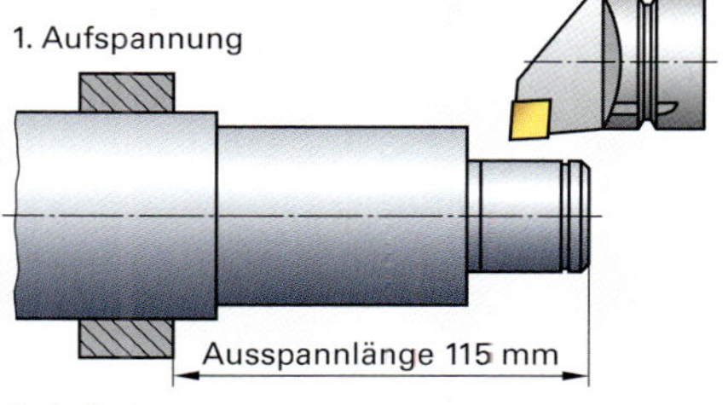

2. Aufspannung

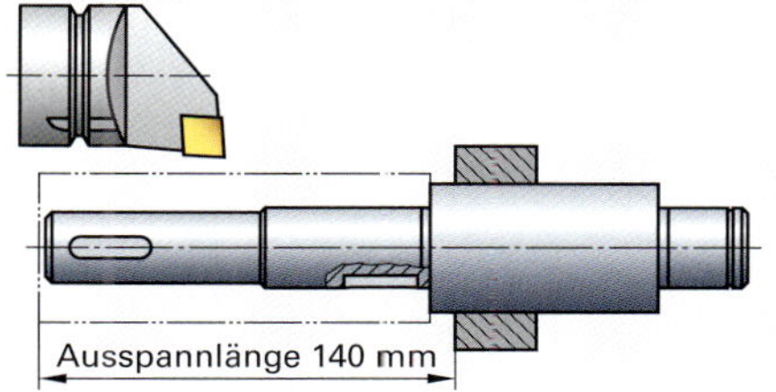

4 1. und 2. Aufspannung

Für die einzelnen Bearbeitungsschritte wählen wir nun die geeigneten **Werkzeuge** aus. Das **CNC-Drehbearbeitungszentrum** hat zwei Werkzeugrevolver. Der Hauptspindelrevolver 1 liegt hinter der Drehmitte, der Gegenspindelrevolver 2 vor der Drehmitte. Deshalb werden „linke" Werkzeuge für den Revolver 1 und den Revolver 2 benötigt **(Tabelle 2).** Es werden Klemmhalter mit Kegel-Hohlschaft nach DIN 6598 verwendet. Für die Fräswerkzeuge sind Werkzeugaufnahmen für angetriebene Werkzeuge notwendig (Tabelle 2).

Die Schnittdaten **(Tabelle 3)** sind abhängig vom Werkstoff, dem Schneidstoff und den Bearbeitungsvorgaben. Bei der Drehbearbeitung arbeitet die CNC-Maschine mit konstanter Schnittgeschwindigkeit (G96). Damit berechnet die Steuerung für jeden Durchmesser die richtige Drehzahl. Die Fräswerkzeuge arbeiten mit konstanter Drehzahl.

Tabelle 3: Schnittdaten

Arbeitsschritt	Schnittgeschw. Drehzahl	Vorschub f in mm
Plandrehen	v_c = 180 m/min	0,3
Vordrehen	v_c = 180 m/min	0,3
Fertigdrehen	v_c = 230 m/min	0,1
Zentrierbohren	v_c = 25 m/min n = 1600 1/min	0,08
Stechdrehen	v_c = 120 m/min	0,08
Fräsen ∅6 mm	v_c = 40 m/min n = 2100 1/min	0,1
Fräsen ∅8 mm	v_c = 40 m/min n = 1600 1/min	0,15
Entgratfräser für Passfedernuten	v_c = 40 m/min n = 1600 1/min	0,2

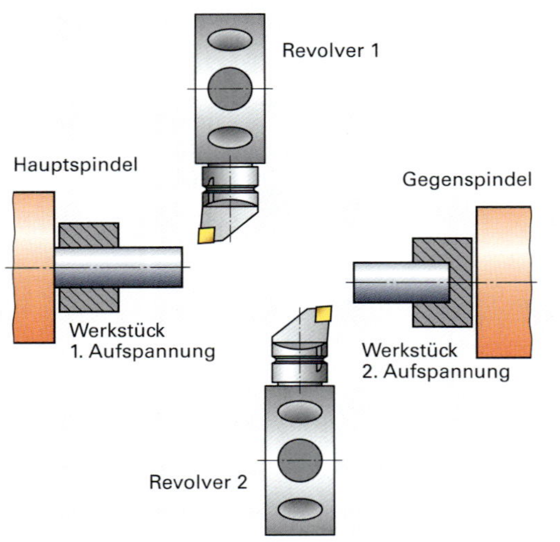

1 Maschinenaufbau

Tabelle 1: Werkzeugliste Revolver 1

Arbeitsschritt Nr.	Werkzeugbezeichnung
Plan- und Längsdrehen Schruppen	Klemmhalter: DIN 6598 - A 063 A – S C L C L 12 Wendeschneidplatte ISO 1832: CNMG 12 05 08-P25-TiN
Plan- und Längsdrehen Schlichten	Klemmhalter: DIN 6598 - A 063 A – S D U C L 12 Wendeschneidplatte ISO 1832: DNMG 12 05 04-P15-TiN
Zentrierbohrer	ISO 4711-A 2,5/5,3
Einstechwerkzeug	b = 1,3 mm

Tabelle 2: Werkzeugliste Revolver 2

Arbeitsschritt Nr.	Werkzeugbezeichnung
Plan- und Längsdrehen Schruppen	Klemmhalter: DIN 6598 - A 063 A – S C L C L 12 Wendeschneidplatte ISO 1832: CNMG 12 05 08-P25-TiN
Plan- und Längsdrehen Schlichten	Klemmhalter: DIN 6598 - A 063 A – S D U C L12 Wendeschneidplatte ISO 1832: DNMG 12 05 04-P15-TiN
Zentrierbohrer	ISO 4711-A 2,5/5,3 HSS
Langlochfräser HSS	∅6 mm und ∅8mm Z = 2
Entgratfräser HSS	∅10 mm
Axial Bohr- und Fräskopf VDI30	für angetriebene Werkzeuge mit Zylinderschaft **DIN 5482**

Die Maschinendaten der Drehmaschine **(Bild 1 und 2)** sind in **Tabelle 1** dargestellt:

Tabelle 1: Maschinendaten
CNC Drehmaschine mit 3 m Stangenlader
Steuerung: Siemens
Drehdurchmesser: 200 mm
Drehlänge: 500 mm
Spindeldurchlass: 65 mm
Leistung Hauptspindel: 21 kW
Spindeldrehzahl ST1: 25–4500 1/min
Spannzange Hauptspindel: SPANNTOP 65
Spindeldrehzahl ST2: 40–5000 1/min
Spannzange Gegenspindel: SPANNTOP 50
Werkzeugrevolver 1: 8-fach, 4x angetrieben
Werkzeugrevolver 2: 8-fach, 4x angetrieben
Werkzeugaufnahmen HSK 63
C-Achse programmierbar
Stangenlader
Stangenlänge: max. 3200 mm
Stangendurchmesser: max. 65 mm
Späneförderer

Mit der CNC-Programmsimulation können Fertigungsabläufe in Werkzeugmaschinen realitätsnah visualisiert werden. Durch die 3D-Abbildung des kompletten Arbeitsraums der Maschine mit Werkzeugen, Werkstück, der Bewegungen der Maschine, der Werkzeugbahnen und dem Materialabtrag ist es möglich, den Fertigungsprozess zu bewerten und zu optimieren, bevor die CNC-Programme an die Maschine übertragen werden **(Bild 3)**.

1 Drehmaschine mit Gegenspindel und Stangenlader

2 Stangenlader

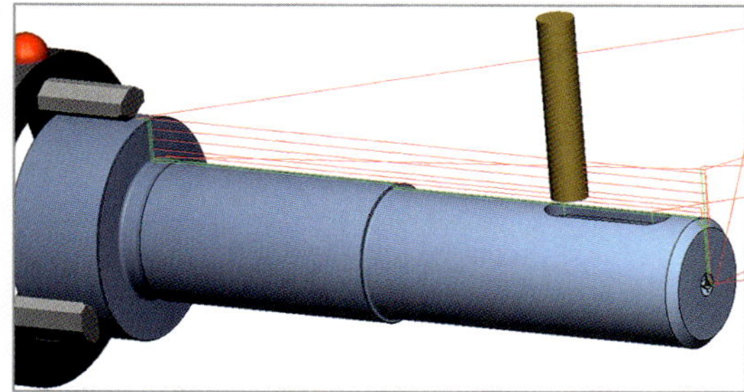

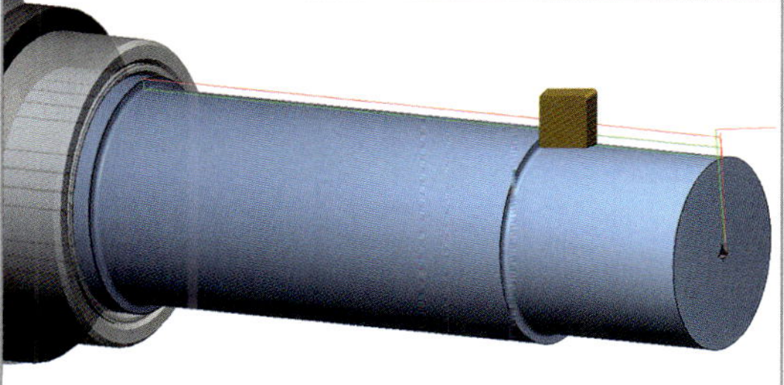

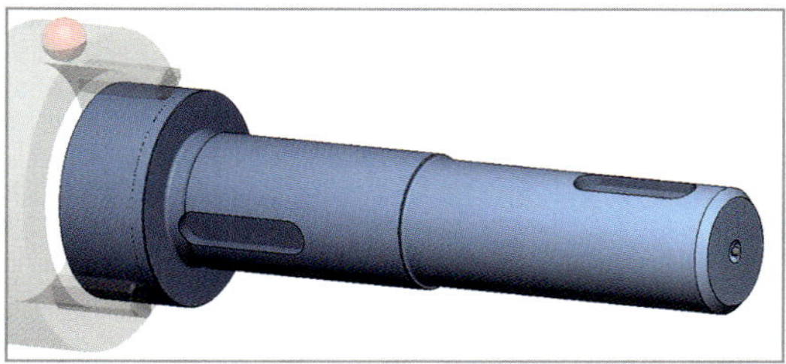

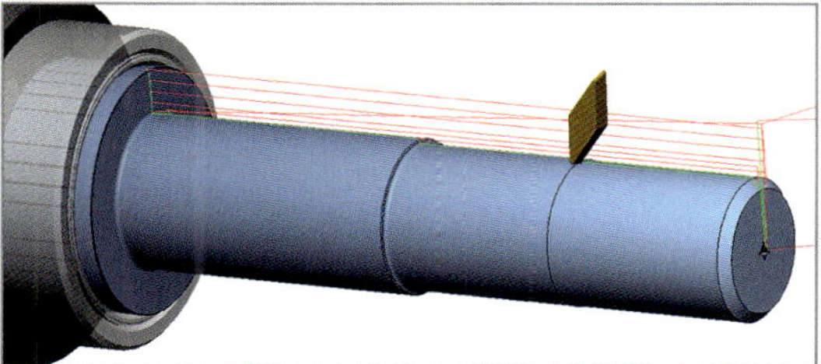

3 Programmsimulation mit Werkzeugbahnen und fertige rechte Werkstückseite

Die Drehmaschine hatte in der Vergangenheit immer wieder Probleme mit einem axialen Versatz der Gegenspindel. Deshalb wurde eine Überprüfung und Instandsetzung durchgeführt. In der jetzt folgenden **Qualitätsanalyse** soll eine **Maschinenfähigkeitsuntersuchung** (MFU) durchgeführt werden. Das festgelegte Prüfmerkmal „Koaxialität" soll geprüft und in einem digitalen Prüfprotokoll dokumentiert und ausgewertet werden (siehe unten).

Durch das Umspannen des Werkstücks von der Haupt- in die Gegenspindel entstehen zwei Bezugsachsen (A und B). Die Ortstoleranz Koaxialität definiert die Abweichung der Achse B von der Bezugsachse A, auf die sie ausgerichtet werden soll. Die Toleranzzone wird durch einen Zylinder mit einem Durchmesser $t = 0{,}02$ mm begrenzt.

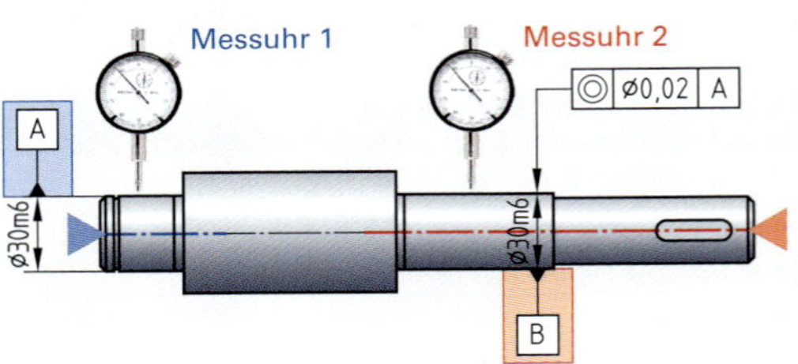

Das Werkstück wird in einer Prüfvorrichtung zwischen Spitzen fixiert. Die Messuhren werden jeweils mittig am Umfang und senkrecht zur Achse platziert. Beim Drehen des Werkstücks werden die maximalen und minimalen Rundlaufwerte an den Messuhren abgelesen. Die größte Differenz zwischen dem höchsten und dem niedrigsten Wert auf beiden Messuhren wird als Konzentrizität verwendet.

Beispiel:
Messuhr 1: max. 0,006 mm, min. 0,002 mm
Messuhr 2: max. 0,015 mm, min 0,006 mm
Max. Abweichung: 0,015 – 0,002 = 0,013 mm < 0,02 mm

1 Prüfen der Koaxialität

Prüfprotokoll

Nr.	Messwerte
1	0,017
2	0,012
3	0,016
4	0,012
5	0,011
6	0,009
7	0,012
8	0,008
9	0,012
10	0,013
11	0,012
12	0,013
13	0,01
14	0,013
15	0,012
16	0,015
17	0,012
18	0,016
19	0,014
20	0,014
21	0,013
22	0,014
23	0,012
24	0,011
25	0,013
26	0,012
27	0,01
28	0,016
29	0,013
30	0,012
31	0,017
32	0,012
33	0,016
34	0,012
35	0,011
36	0,012
37	0,014
38	0,015
83	0,016
83	0,013
41	0,012
42	0,014
43	0,011
44	0,013
45	0,012
46	0,014
47	0,013
48	0,013
49	0,015
50	0,01

Auswertung der Messergebnisse		
Anzahl der Messwerte	n	50
Höchstwert	xmax	0,017
Mindestwert	xmin	0,008
$\overline{x} = \frac{\sum x}{n}$	Mittelwert	0,01288
$s = \sqrt{\frac{\sum(x_i - \overline{x})^2}{n-1}}$	s	0,001986
$c_m = \frac{T}{6 \cdot s}$	cm	1,678
$C_{mku} = \frac{\overline{x} - UGW}{3s}$	cmku	2,16
$C_{mko} = \frac{OGW - \overline{x}}{3s}$	cmko	1,19
$C_{mk} = \min .(C_{mko}, C_{mku})$	cmk	1,195
Maschine ist nicht fähig		

Fähigkeitsbedingungen	
cm>=	1,67
cmk>=	1,67

cm in Ordnung

cmk nicht in Ordnung

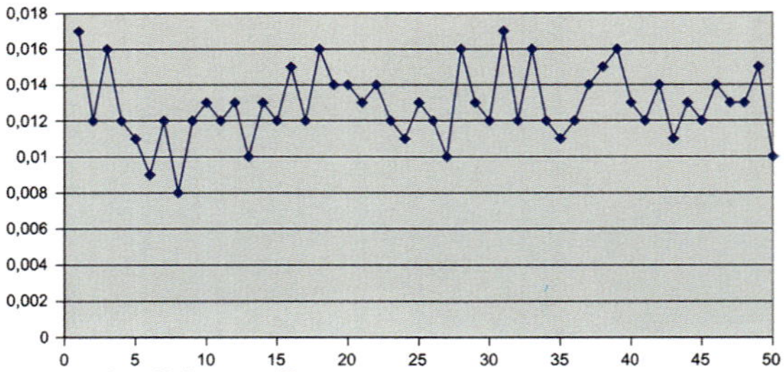

2 Qualitätsregelkarte

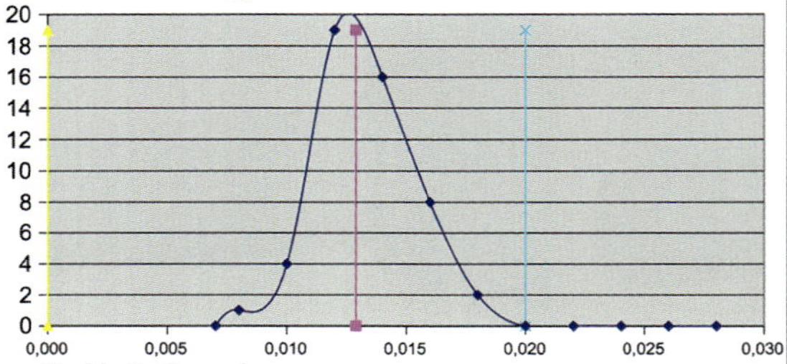

3 Verteilungskurve

Für die zulässige Abweichung (Toleranz = 0,02 mm) ist das untere Abmaß 0 und das obere Abmaß 0,02 mm. Die Forderung cm (Fähigkeitsindex für die Streuung der Messwerte) und cmk (Lage der Messwerte) ≥ 1,67.

Bei der Durchführung der MFU werden 50 aufeinanderfolgende Werkstücke, ohne Unterbrechung hergestellt und vermessen. Die 50 Messwerte sind in der linken Spalte eingetragen. Die Berechnung des cm- und des cmk-Wertes erfolgt mit den Formeln:

$$c_m = \frac{T}{6 \cdot s} \qquad c_{mk} = \frac{Z_{krit}}{3 \cdot s}$$

, Toleranz = 0,02 mm

s Standardabweichung in mm

Z_{krit} Abstand des Mittelwertes $\overline{x}$ zur kritischen Toleranzgrenze

In nebenstehendem **Bild 2** ist der Verlauf der 50 Messwerte in einer Qualitätsregelkarte dargestellt. Die Streuung der Messwerte (Range, Spannweite) beträgt $R = x_{max} - x_{min} = 0{,}009$ mm. Der damit verbundene cm-Wert ergibt sich zu 1,678 und liegt gerade an der zulässigen Grenze. Es ist aber zu erkennen, dass Messwerte insgesamt deutlich zur oberen Toleranzgrenze verschoben sind. Deshalb erfüllt der cmk-Wert die gestellte Forderung ≤ 1,67 nicht. In nebenstehendem **Bild 3** ist die Verteilungskurve dargestellt.

Ergebnis: Die Maschine erfüllt die gestellten Anforderungen nicht und muss nachjustiert werden!

F8 AUTOMATENDREHTECHNIK

Für einen störungsfreien und wartungsarmen Fertigungsablauf der Automatendrehtechnik sind im Vorfeld wichtige Fertigungskriterien zu beachten. Diese Fertigungskriterien können sich, abhängig von den Werkstückmerkmalen, von anderen Drehverfahren unterscheiden.

Fertigungskriterien

Stangenmaterial

Das Stangenmaterial wird zum überwiegenden Teil aus Automatenstählen und für spezielle Kundenwünsche aus C45 ... C60 verwendet. Die meist 3 m langen Stangen werden in der Wareneingangskontrolle nach DIN 10278 auf die geforderte Geradheit 0,5 mm/m und Außendurchmesser ∅D mit H9 bis H11 geprüft.

Die Lagerung und Bereitstellung der Stangen für die Fertigung erfordern geeignete Regale. Das Stangenende ist farblich markiert. Der Standort ist maschinengebunden **(Bild 1)**.

1 **Fertigungsgerechte Lagerung von Stangenmaterial**

Drehautomaten

Unterscheidung

Drehautomaten bearbeiten Werkstücke in großen Stückzahlen voll- oder teilautomatisch aus Stangen- oder Rohrmaterial. Mithilfe von Stangenlademagazinen, Haspeln, Robotern und Portalladern werden die Teile vollautomatisch zu- und abgeführt.

Realistische Genauigkeitsansprüche liegen mit IT 8 bei Werten bis 0,01 mm, sind jedoch vom Maschinentyp abhängig **(Bild 2)**.

Der Werkstoffumsatz mit ca. 50% Spänen, mit optimaler Spanform, sind verfahrenstypische Merkmale.

2 **Automatendrehteile**

Drehautomaten mit rotierenden Werkstücken

- Einspindeldrehautomaten
  - Kurzdrehautomaten mit stationärem Spindelstock — Kurzdrehautomaten ermöglichen das Drehen von Werkstücklängen bis ca. 2,5 × Durchmesser. Das Werkstück wird im Spannfutter ohne weitere Abstützung geführt. Die Werkzeuge führen die Vorschubbewegungen aus.
  - Langdrehautomaten mit Werkstückführung — Im Gegensatz zum Kurzdrehautomat wird der axiale Vorschub nicht vom Werkzeug, sondern von der Hauptspindel (Stangenmaterial) ausgeführt. Entscheidender Vorteil dabei ist, dass immer nahe an der Führungsbuchse gearbeitet wird. Die Führungsbuchse verhindert ein Wegdrücken des Materials durch die Zerspankraft des Werkzeuges.
- Mehrspindeldrehautomaten

Steuerung von Drehautomaten

Drehautomaten sind Werkzeugmaschinen, bei denen nach der Einstellung die nacheinander ablaufenden Fertigungsschritte automatisch ablaufen. Die wesentlichen Fertigungsverfahren an den Werkstücken sind Drehverfahren, deshalb werden die Maschinen als Drehautomaten bezeichnet. Neben den Drehwerkzeugen kommen z. B. auch Bohr- und Fräswerkzeuge zum Einsatz **(Tabelle 1)**.

Abhängig von der Werkstückgeometrie, der herzustellenden Stückzahl und der geforderten Genauigkeit kommen die Maschinentypen:

- Drehautomaten (CNC),
- Kurven-Mehrspindler,
- CNC-Mehrspindler.

zum Einsatz. Die Einsatzrichtwerte **(Tabelle 1)** und das Handlingsystem der drei Maschinentypen ist grundsätzlich verschieden.

Drehautomaten besitzen im Gegensatz zu CNC-Drehmaschinen **mechanische Steuerungen**. Aufgrund der aufwendigen Planung der Arbeitsvorgänge und des aufwendigen Einrichtens der Automaten werden Drehautomaten nur bei sehr großen zu fertigenden Stückzahlen eingesetzt.

Bei dem prinzipiellen Aufbau eines Drehautomaten **(Bild 1)** ist der Revolverschlitten für die Längsbewegung zuständig, die zwei Planschlitten führen die Querbewegung der jeweiligen Arbeitsgänge aus.

Die mechanische Steuerung der Drehautomaten erfolgt bei den meisten Maschinen über Kurvenscheiben **(Bild 2)**.

Dabei werden die Bearbeitungsschritte zur Fertigung eines Werkstückes in der Geometrie der Kurvenscheiben gespeichert.

Die Anfertigung der Kurvenscheibe wird durch die Arbeitsfolge des Arbeitsplanes bestimmt. Jede Kurvenscheibe steuert einen Schlitten **(Bild 2)**.

Bei Mehrspindeldrehautomaten sind mehrere Arbeitsspindeln gleichzeitig im Einsatz.

Im **Bild 1**, nachfolgende Seite, ist im Ausschnitt der Spindelblock eines Mehrspindeldrehautomaten dargestellt.

Mit den sechs Arbeitsspindeln, die über Getriebe von einer Zentralspindel angetrieben werden, können auf diesen Automaten sechs Werkstücke stufenweise gefertigt werden. Die sechs Arbeitsspindeln befinden sich in einem Spindelblock.

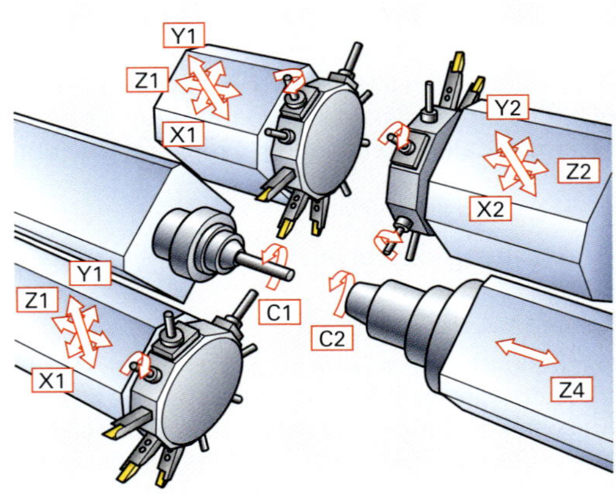

1 Grundaufbau von Drehautomaten

Tabelle 1

Drehautomatentyp	Kenngrößen
CNC-gesteuerte Einspindel-Kurzdrehautomaten	Maximaler Arbeitsspindeldurchlass, Drehzahlbereich, Antriebsleistung
Konventionelle Einspindeldrehautomaten (Langdrehautomaten)	Maximaler Arbeitsspindeldurchlass (max. Stangendurchmesser), Längsweg in Z-Richtung
CNC-gesteuerte Einspindeldrehautomaten (Langdrehautomaten)	Maximaler Arbeitsspindeldurchlass (max. Stangendurchmesser), Stangenvorschub, Anzahl der gesteuerten Achsen, Längsweg in Z-Richtung
Mehrspindeldrehautomaten	Maximaler Arbeitsspindeldurchlass, Anzahl der Arbeitsspindeln, Eilgang der Achsen, Achsbeschleunigungen, Spindelkreisdurchmesser, Stangenvorschub, Längsschlittenweg, Seitenschlittenweg, Kreuzschlittenweg

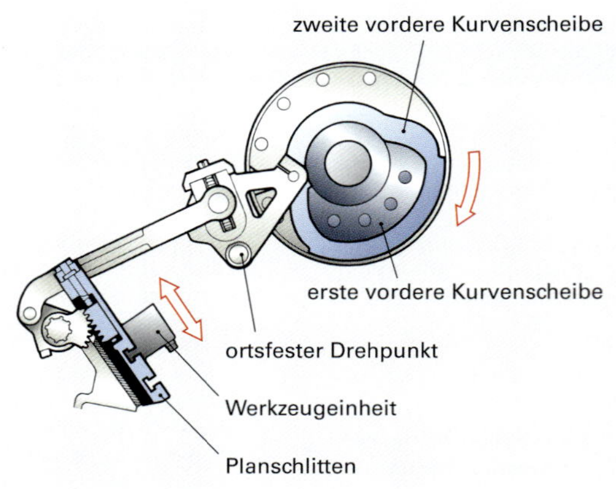

2 Kurvenscheiben für den Revolverschlitten

Nach jeder Fertigungsstufe dreht sich der Spindelblock um eine Position weiter. Jeder Arbeitsspindel stehen ein Planschlitten oder eine Bohreinheit zur Verfügung.

In der Mitte vor den Arbeitsspindeln befindet sich ein zentraler Langschlitten, auf dem sich die Werkzeuge für die stirnseitige Bearbeitung befinden. Die Steuerung der Schlitten erfolgt entweder mechanisch über mehrere Kurvenscheiben und -trommeln **(kurvengesteuerter Drehautomat)** oder über eine Teil- oder Voll-CNC-Steuerung.

Alle Werkzeuge können beim **Mehrspindeldrehautomat gleichzeitig** arbeiten. Nachdem das Stangenmaterial vorgeschoben und gespannt wurde, wird z.B. die Stange auf der ersten Bearbeitungsspindel längsgedreht und vorgebohrt. Währenddessen werden auf den weiteren Arbeitsspindeln die Folgeschritte ausgeführt **(Bild 1).**

Sobald die erste Arbeitsstufe erfolgt ist, dreht der Spindelblock die Arbeitsspindel um eine Position weiter.

Während auf der ersten Bearbeitungsspindel ein weiteres Werkstück längsgedreht und vorgebohrt wird, kann auf der zweiten Bearbeitungsspindel das Werkstück aufgebohrt und angefast werden.

Nach sechs Umdrehungen des Spindelblockes ist das Werkstück komplett fertiggestellt.

Der dargestellte **Mehrspindelautomat (Bild 2)** besitzt eine CNC-Steuerung. Aufgrund der computergestützten Steuerung ist der Rüstaufwand der Maschine wesentlich geringer als an kurvengesteuerten Automaten.

Wie beim kurvengesteuerten Drehautomaten wird an dieser Maschine eine Teilbearbeitung an jeder Spindel durchgeführt.

Nach jeder Arbeitsstufe dreht sich der Spindelblock um eine Position weiter.

Die Spindel- und Werkzeugeinheit eines Einspindeldrehautomaten ist im **Bild 3** ersichtlich. Zu erkennen sind acht Werkzeugschlitten. Jeder Schlitten kann sowohl radial als auch axial bewegt werden. Auf dem Schlitten können feste oder angetriebene Werkzeuge eingerichtet werden. Für das Spannen der Werkstücke auf der gegenüberliegenden Seite kann auf dem Schlitten eine mit der Antriebsspindel synchron laufende Spanneinheit installiert werden. Somit kann z.B. ein komplettes Abstechen des Werkstückes erfolgen, das anschließend auf der Rückseite weiter bearbeitet wird.

1 Mehrspindelautomat mit sechs Arbeitsspindeln

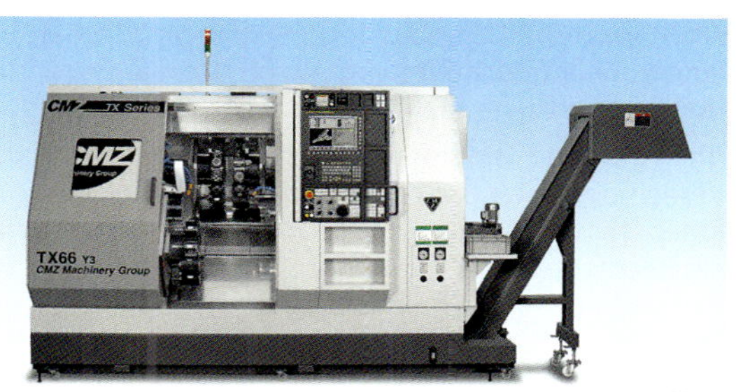

© CORZOSA

2 Mehrspindelautomat mit CNC-Steuerung

3 Spindel- und Werkzeugeinheit des Drehautomaten

F9 GEWINDEHERSTELLUNG

Gewindearten

Unterschieden werden Innengewinde (Muttergewinde) und Außengewinde (Bolzengewinde) **(Bild 1)**. Kennzeichnende Merkmale für die Gewinde sind die *Gewindeart*, der *Gewindenenndurchmesser* und die *Gewindesteigung P*. Als konstruktives Element erfüllen Gewinde entweder Befestigungs- oder Bewegungsaufgaben.

In der Fügetechnik werden vor allem das Metrische ISO-Gewinde in der Ausführung als Regelgewinde oder als Feingewinde mit kleinerer Steigung verwendet **(Bild 2)**. Befestigungsgewinde sind aufgrund der geringen Gewindesteigung selbsthemmend. Für dichtende Rohrverbindungen sind die kegeligen oder zylindrischen Rohrgewinde in Zollausführung geeignet.

Zum Übertragen größerer Axialkräfte sind wegen der stabilen Gewindeflanken und der großen Tragtiefe das Metrische ISO-Trapezgewinde oder das Sägengewinde als Bewegungsgewinde im Einsatz. Durch die große Gewindesteigung dieser Gewindearten wird die Übersetzung einer rotatorischen in eine translatorische Bewegung ohne erschwerende Reibungsverluste realisiert.

Mehrgängige Gewinde ermöglichen große axiale Verschiebungen bei geringen Verdrehwinkeln von Innen- bzw. Außengewinde. Die Regelgewinde sind als Rechtsgewinde (RH = Right Hand) ausgeführt. In einigen Anwendungsfällen ist die Umkehrung des Drehsinns erforderlich, hierfür werden Linksgewinde (LH = Left Hand) eingesetzt.

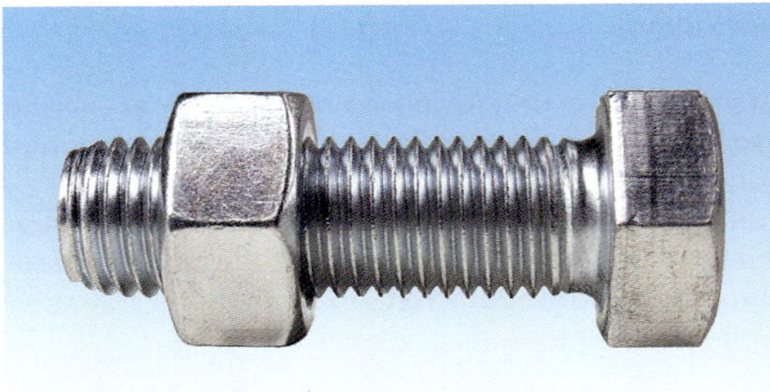

1 Innengewinde, Außengewinde (Mutter, Schraube)

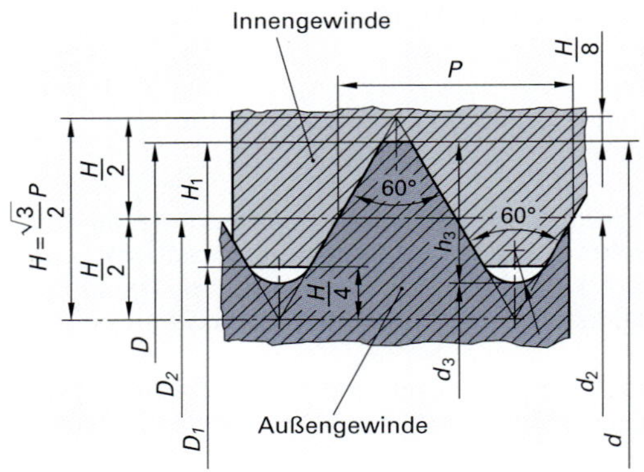

Gewinde-Nenndurchmesser	$d = D$
Steigung	P
Gewindetiefe des Außengewindes	$h_3 = 0{,}6134 \cdot P$
Gewindetiefe des Innengewindes	$H_1 = 0{,}5413 \cdot P$
Rundung	$R = 0{,}1443 \cdot P$
Flanken-ø	$d_2 = D_2 = d - 0{,}6495 \cdot P$
Kern-ø des Außengewindes	$d_3 = d - 1{,}2269 \cdot P$
Kern-ø des Innengewindes	$D_1 = d - 1{,}0825 \cdot P$
Flankenwinkel	$\beta = 60°$

2 Kenngrößen am ISO-Gewinde

Gewindeherstellverfahren

Bei der Gewindeherstellung kommen sowohl spanabhebende wie auch umformende Formgebungsverfahren zur Anwendung. Verschiedene Gewindebohrverfahren, Gewindefräsverfahren und Gewindedrehverfahren ermöglichen eine wirtschaftliche Herstellung von Innengewinden und von Außengewinden, nahezu unabhängig vom Werkstückwerkstoff und der Bauteilgeometrie (**Tabelle 1**).

Tabelle 1: Gewindeherstellverfahren

spanabhebend	umformend	abtragend
Gewindebohren	Gewindeformen	Erodieren
Gewindefräsen	Gewindewalzen	
Gewindedrehen	Gewinderollen	
Gewindedrehfräsen		
Gewindewirbeln		
Gewindeschleifen		

Gewindebohren

Beim Gewindebohren **(Bild 1, folgende Seite)** wird in einer bereits vorhandenen Kernlochbohrung durch das stufenförmige Aufeinanderfolgen der Schneiden am Gewindebohrwerkzeug (rotatorisches Räumen) in einem kontinuierlichen Schnitt der Materialabtrag in den Gewindegängen erzeugt.

Bei der Herstellung eines neuen Innengewindes, auch Mutterngewinde genannt **(Bild 1)**, muss man nicht nur den richtigen Kernlochbohrer auswählen, sondern auch einen Gewindebohrer, der dem entsprechenden Gewindetyp und der Gewindegröße entspricht.

Zur Herstellung des Gewindes M6 wird ein Arbeitsfolgeplan erstellt, in dem die notwendigen Fertigungsschritte mit den entsprechenden Werkzeugen in der richtigen Reihenfolge zusammengestellt werden **(Tabelle 1)**.

Im ersten Schritt ist das Kernloch zu bohren. Dabei ist darauf zu achten, dass der richtige Kernlochdurchmesser für das gewünschte Gewinde ausgewählt und die Bohrtiefe beachtet wird.

Der Durchmesser d_K der Kernlochbohrung für metrische ISO-Gewinde lässt sich mit folgender Formel festlegen:

$$d_K = D - P$$

Dabei ist D der Nenndurchmesser des Gewindes, bei M6 = 6 mm.

P ist die Gewindesteigung, für M6 ist P = 1,5 mm. Damit ergibt sich der Kernlochdurchmesser zu d_K = 6 mm – 1,0 mm = 5,0 mm **(Tabelle 2)**.

Der Arbeitsgang 6 nach dem Kernlochbohren ist das Senken der Bohrung. Hierfür benötigt man einen 90°-Grad Kegelsenker. Durch das Senken am oberen Rand des vorgebohrten Kernlochs erhält der Gewindebohrer einen Führungsansatz. Um die Senktiefe für die fertige Fase einzustellen, wird der Senker in die Kernlochbohrung eingeführt, bis er den Bohrungsrand berührt. Dann wird die Bohrtiefenskale an der Ständerbohrmaschine auf Null gestellt. Die Senktiefe ergibt sich aus der Differenz der Kernlochbohrung zum Nenndurchmesser des Gewindes plus die Größe der Fase (z. B. 1 x 45°).

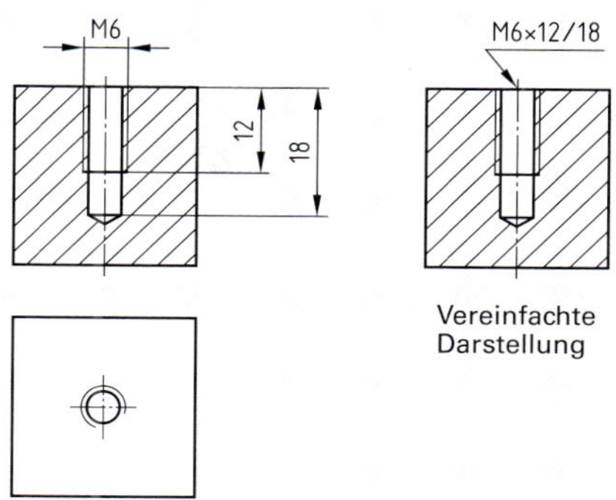

1 Gewindebohrung

Tabelle 1: Arbeitsfolgeplan/Werkzeugliste

Nr.	Arbeitsschritt	Werkzeug/Prüfmittel
1	Außenmaße prüfen	Messschieber
2	Anreißen der Bohrungsmittelpunkte	Höhenreißer
3	Körnen der Bohrungsmittelpunkte	Körner mit Schlosserhammer
4	Zentrierbohren	Zentrierbohrer 2,5/5,3
5	Kernloch bohren, auf Bohrtiefe achten	Spibo D 5,0 mm
6	Entgraten	90°-Kegelsenker
7	Gewindebohren	3-teiliger Handgewindebohrersatz oder Maschinengewindebohrer
8	Werkstück ausspannen	
9	Maße prüfen	Messschieber Gewindelehrdorn

Tabelle 2: Werkzeugliste

Arbeitsschritt	Bearbeitung	Werkzeug	Schnittgeschwindigkeit v_c in m/min	Drehzahl in 1/min
4	Zentrierbohren DIN 333_A 2,5x5,3	Zentrierbohrer	15	1909
5	Kernloch bohren	Spibo D 5 mm	30	1909
6	Senken	Kegelsenker 90°	30	
7	Gewindebohren	Maschinengewindebohrer M6	20	1061

Für den Arbeitsschritt 7 „Gewindebohren“ benötigt man entweder einen 3-teiligen Handgewindebohrersatz (ein Ring: Vorschneider, zwei Ringe: Mittelschneider, kein Ring: Fertigschneider, **Bild 1 und 2**) und ein entsprechendes Windeisen **(Bild 3)** oder einen Maschinengewindebohrer.

Je nach Ausführung der Gewindebohrung kommen unterschiedliche Maschinengewindebohrer zum Einsatz **(Bild 5)**.

Um die Reibung beim Gewindebohren zu verringern sollte der Vorgang mit Schneidöl durchgeführt werden. Der Gewindebohrer sollte im rechten Winkel zum Werkstück stehen. Das Windeisen sollte mit beiden Händen festgehalten werden um einen gleichmäßigen Schneidvorgang zu gewährleisten. Beim Handgewindebohren sollte der Gewindebohrer mit dem Windeisen alle ein bis drei Umdrehungen ein wenig zurückgedreht werden um die Späne zu brechen und damit das Schneidöl nachlaufen kann.

Für das Gewindebohren auf Ständerbohrmaschinen mit Handvorschub und ohne Spindelreversierung (ohne Umkehr der Drehrichtung) sollte ein Gewindeschneidapparat verwendet werden **(Bild 4).** Beim Einsetzen in die Bohrmaschine muss der Anschlagarm gegen Verdrehen gesichert werden. Durch das integrierte Wendegetriebe ist Gewindebohren ohne Spindelreversierung möglich (die Bohrspindel läuft immer im Rechtslauf). Durch Zurücknehmen der Vorschubbewegung oder nach Erreichen der Gewindetiefe schaltet der Apparat selbsttätig die Drehrichtung um (Linkslauf) und der Gewindebohrer dreht sich selbstständig aus der Bohrung. Der Umschaltvorgang erfolgt über ein internes Kugelgetriebe.

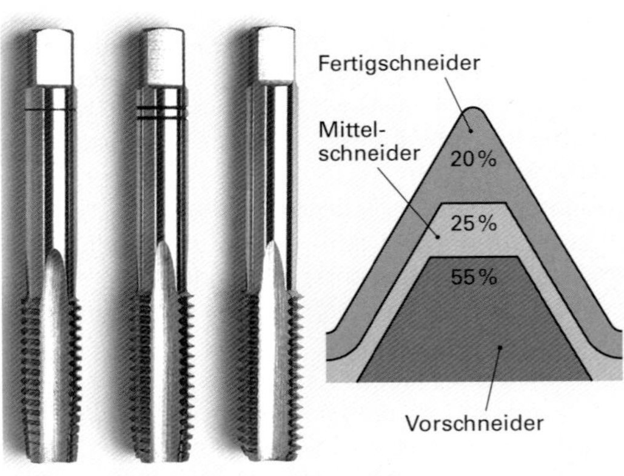

1 3-teiliger Gewindebohrersatz

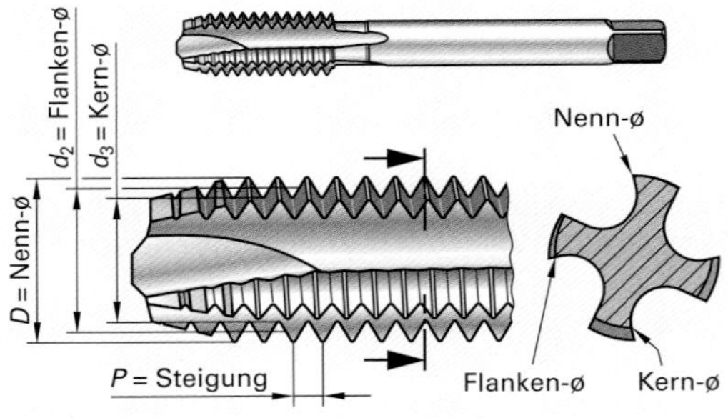

2 Kenngrößen am Gewindebohrer

3 Windeisen

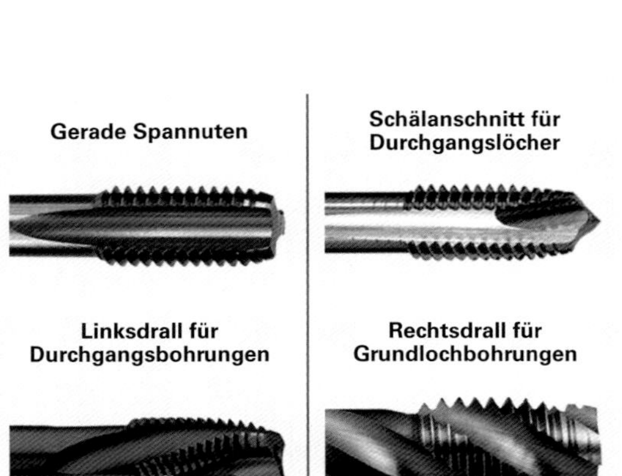

5 Ausführungen

4 Gewindeschneidapparat und Maschinengewindebohrer

Gewindeformen

Gewindeformer oder Gewindefurcher **(Bild 1)** sind Werkzeuge für die spanlose Herstellung von Innengewinden. Dabei wird der Werkstoff kalt umgeformt und die Gewindegänge werden durch die spezielle Geometrie des Werkzeuges „eingedrückt". Der „Faserverlauf" im Werkstoffgefüge wird nicht unterbrochen **(Bild 2).** Im Bereich der Gewindeflanken wird das Werkstoffgefüge verdichtet, dadurch kann das Gewinde hohen statischen und dynamischen Belastungen standhalten.

Der Vorbohrdurchmesser D_V wird mit folgender Formel bestimmt:

Vohrbohrdurchmesser

$$D_V = D - K \cdot P$$

D_V Vorbohrdurchmesser
D Nenndurchmesser
K Korrekturfaktor für Toleranzfeld
P Steigung in mm

Korrekturfaktor

Toleranz 6H: $K = 0{,}45$
Toleranz 6G: $K = 0{,}42$

Die Formgeschwindigkeiten und die Schnittgeschwindigkeiten bei einer vergleichbaren spanenden Anwendung sind ähnlich. Sie liegen abhängig vom Werkzeug im Bereich von v_c = 10 bis 70 m/min. Die Standzeiten der Gewindeformer sind deutlich höher als die von Gewindebohrern. Die Werkstoffe müssen eine plastische Verformungsfähigkeit aufweisen. Diese sollten eine Bruchdehnung von mehr als A = 8% haben und die Streckgrenze R_e sollte nicht über 1000 N/mm^2 liegen. Der Vorbohrdurchmesser D_V sollte in engen Toleranzen (H7) liegen, damit das Drehmoment beim Formvorgang nicht zu hoch ansteigt. Zum Einsatz kommt das Gewindeformen je nach Werkstoff bis M20.

Außengewinde handgeführt schneiden

Es gibt zwei Arten der Herstellung von Außengewinden. Die spanende, wie z.B. mit einem Schneideiseneinsatz oder durch Drehen, und die spanlose. Die spanlose Herstellung wird mit Walzen oder Rollen angefertigt. Für das Schneiden von Außengewinden braucht man einen Schneideiseneinsatz und einen Schneideisenhalter **(Bild 5).** Wie beim Gewindebohren sollte mit Schneidöl geschmiert werden. Nach einer vollen Umdrehung wird der Schneideisenhalter eine halbe Umdrehung zurückgedreht um die Späne zu brechen. Die Halterung muss mit beiden Händen gehalten und senkrecht zum Bolzen angesetzt werden. Für den Einsatz auf einer Drehmaschine kommt ein Schneideisenhalter für den Reitstock zum Einsatz **(Bild 4 und 5).**

1 Gewindeformer

Gewindebohren

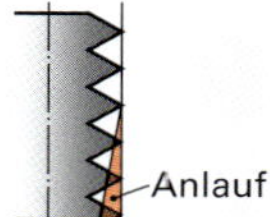

Gewindeformen

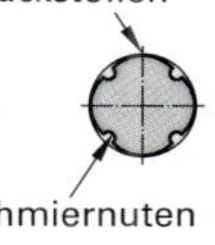

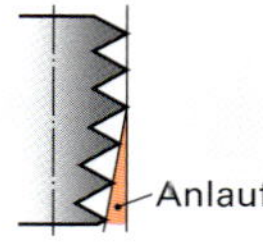

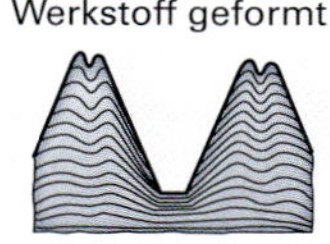

2 Verfahrensvergleich

3 Schneideisenhalter mit Schneideiseneinsatz

4 Schneideisenhalter für die Drehmaschine

5 Gewindeschneiden mit Schneideisen

Innengewindefräsen

Beim CNC-gesteuerten Fräsen von Innengewinden unterscheidet man

Gewindefräsen mit Kernloch:

- Konventionelles Gewindefräsen,
- Zirkulargewindefräsen,
- Stufenweises Gewindefräsen.

Bohrgewindefräsen (ohne Kernloch):

- Bohrgewindefräsen,
- Zirkulares Bohrgewindefräsen.

Beim Innengewindefräsen findet der kommaförmige Materialabtrag im unterbrochenen Schnitt durch die Überlagerung von rotatorischer und linearer Bewegung des Gewindefräswerkzeuges statt.

Die Helicoidal[1]-Interpolation ist eine CNC-Funktion für eine schraubenförmige Werkzeugbewegung **(Bild 1 und 2).** Die kreisförmige Bewegung vom Anfangspunkt zum Endpunkt in der x/y-Ebene wird durch die axiale Verschiebung in der z-Achse überlagert. Bei der Gewindefräsoperation (Bild 2) erzeugt die Kreisbewegung des Werkzeugs durch Hüllschnitte den Gewindedurchmesser und die simultane Bewegung in z-Richtung die Gewindesteigung *P*. Beim Bohrgewindefräsen **(Bild 3)** ist die Bohrungsherstellung und Gewindeherstellung, einschließlich der Senkung, in einem Arbeitsgang möglich.

[1] von griech. helikos = Windung, Spirale

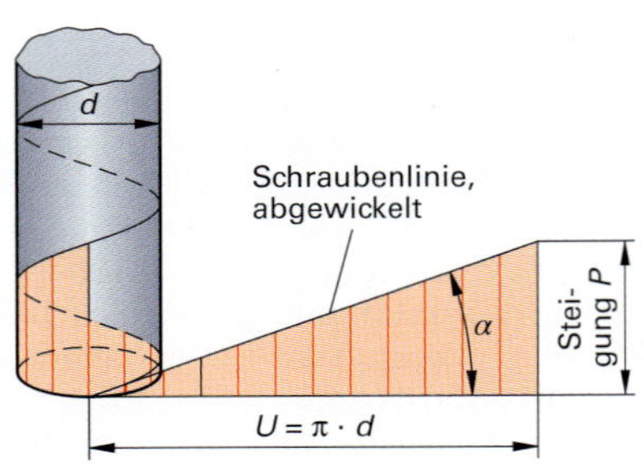

1 Abwicklung eines Gewindegangs

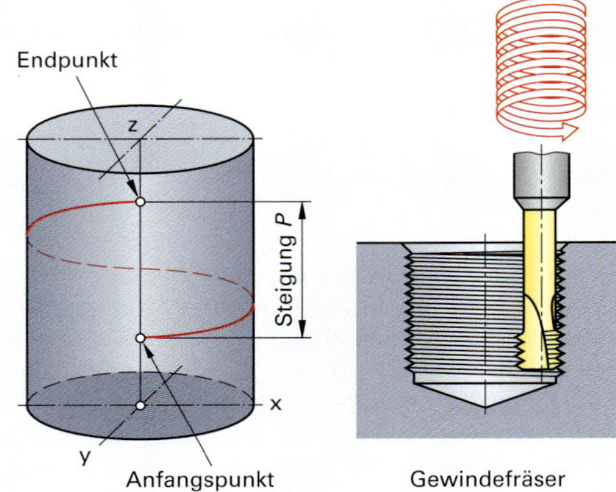

2 Helicoidal-Bewegung

Gewindefräsen Vorbearbeitung: Kernloch bohren			**Bohr-Gewindefräsen** keine Vorbearbeitung	
Konventionelles Gewindefräsen	Zirkular-Gewindefräsen	Stufenweises Gewindefräsen	Bohr-Gewindefräsen	Zirkulares Bohr-Gewindefräsen

3 Verfahren zum Innengewindefräsen

Da bei gefrästen Gewinden keine Spanwurzelreste am Bohrungsgrund zurückbleiben, entspricht die nutzbare Gewindetiefe der Bohrungstiefe. Dadurch kann die Kernbohrung um 4 bis 5 × *P* kürzer ausgeführt werden.

Mit den Gewindefräsverfahren **(Bild 1)** können maßgenaue und formgenaue Gewinde mit guten Oberflächenqualitäten in den Gewindeflanken in Grundlöchern und in Durchgangslöchern sowohl in Rechts- als auch in Linksausführung rationell hergestellt werden.

Die konstante Spindeldrehrichtung und die geringen Schnittkräfte ermöglichen auch bei dünnwandigen Bauteilen hohe Spindeldrehzahlen. Die Vollhartmetall-Gewindefräser **(Bild 2)** werden in der Qualität *Feinkorn-Hartmetall* hergestellt und sind für Stähle, Rostfreie Stähle, Gusseisenwerkstoffe, Titan, Aluminium bis hin zur Kunststoffbearbeitung einsetzbar. Je nach Werkstoff wird trocken, mit innerer Kühlschmierstoff-Zufuhr (IKZ) oder mit Minimalmengenschmierung (MMS) gearbeitet.

Die mehrschneidigen Gewindefräswerkzeuge haben je nach Durchmesser eine Zähnezahl von 2 bis 4. Bei Regelgewinden beträgt der Durchmesser des Fräsers maximal 2/3 des Gewindenenndurchmessers und bei Feingewinden maximal 3/4.

Da die Schnittgeschwindigkeit und der Vorschubwert unabhängig voneinander gewählt werden können, sind vielfältige Optimierungen hinsichtlich Spanbildung und Werkzeugbelastung möglich. Die sehr kurzen, kommaförmigen Späne bereiten bei der Spanabfuhr keine Probleme.

Das Profil des Gewindefräsers ist im Gegensatz zu einem Gewindebohrer oder Gewindeformer steigungsfrei, da die Gewindesteigung über die Werkzeugachse durch ein Zirkularprogramm erzeugt wird. Um eine Überbelastung des Werkzeuges zu vermeiden, muss beim Innengewindefräsen mit einer korrigierten Vorschubgeschwindigkeit gearbeitet werden **(Bild 3)**.

Durch die kreisförmige Bewegung des Werkzeugs ergeben sich an der Werkzeugschneide und in der Werkzeugachse unterschiedliche Vorschubgeschwindigkeiten. Bei der Linearbewegung des Werkzeugs ist die Vorschubgeschwindigkeit von Schneide und Werkzeugmittelpunkt gleich groß.

Da die Maschinensteuerung mit der Geschwindigkeit der Werkzeugachse rechnet, führt dies bei einer kreisförmigen Bewegung wegen des größeren Vorschubweges am Fräseraußendurchmesser zu überhöhten Vorschubwerten, die einen Bruch des Fräsers zur Folge haben können **(Bild 4)**.

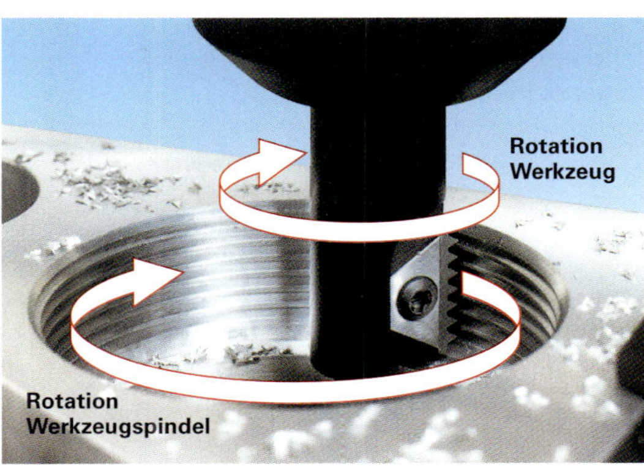

1 Gewindefräsen

2 Gewindefräser

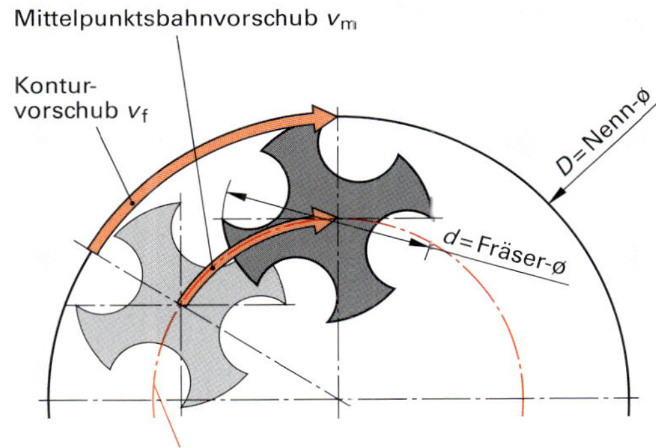

3 Korrigierter Werkzeugvorschub

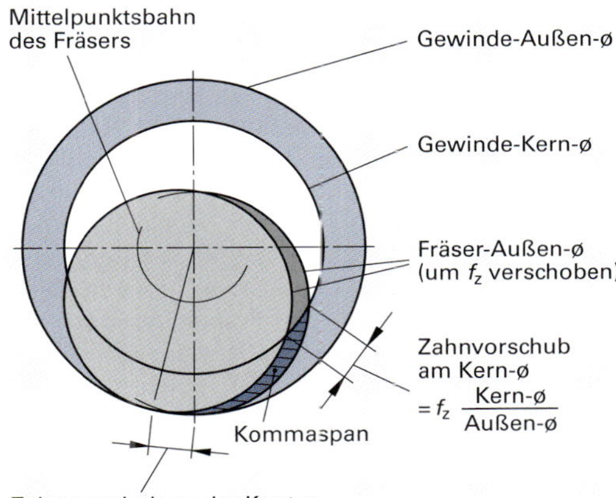

4 Spanbildung beim Zirkular-Gewindefräsen

Die Umrechnung auf den angepassten Vorschub der Mittelpunktsbahn erfolgt mittels Strahlensatz nach folgender Formel:

$$v_m = \frac{v_f \cdot (D - d)}{D}$$

v_m Vorschubgeschwindigkeit Mittelpunkt
v_f Vorschubgeschwindigkeit $v_f = n \cdot f = n \cdot f_z \cdot z$
D Gewindenenndurchmesser
d Werkzeugdurchmesser

Beim Innengewindefräsen muss die Vorschubgeschwindigkeit des Werkzeugs vermindert werden.

Gewindedrehfräsen

Zu den spanenden Gewindeherstellverfahren mit mehrschneidigen, rotierenden Werkzeugen gehört das Gewindedrehfräsen. Dabei besteht zwischen der linearen und der rotatorischen Bewegung des Werkzeuges bzw. des Werkstücks ein kinematischer Zusammenhang, der die Formgebung der Gewindesteigung und der Gewindeform sicherstellt.

Angewendet wird das Gewindedrehfräsen zum Fertigen von Außengewinden und teilweise auch zur Innengewindeherstellung. Je nach Werkzeugart und Länge des fertigen Gewindes unterscheidet man beim Gewindedrehfräsen:

- Kurzgewindefräsen,
- Langgewindefräsen,
- Gewindewirbeln.

Kurzgewinde-Drehfräsen

Beim Kurzgewinde-Drehfräsen **(Bild 1)** entspricht die Länge des mehrrilligen Gewindeform-Fräswerkzeuges annähernd der Länge des fertigen Gewindes. Die Werkstückachse und die Werkzeugachse sind parallel zueinander. Das Werkstück und das Werkzeug drehen sich gegenläufig mit unterschiedlichen Drehzahlen. Aus dem Drehzahlverhältnis ergibt sich der Werkzeugvorschub. Das Profil der Gewindeformrillen im Fräswerkzeug entspricht dem zu erzeugenden Gewindeprofil. Bei einer ganzen Werkstückumdrehung wird der Fräser während der Schnittbewegung in axialer Richtung um die Gewindesteigung P verstellt.

Bei Fräswerkzeugen, bei denen die Fräsrillen bereits im Steigungswinkel des zu fertigenden Gewindes, aber mit entgegengesetzter Steigungsrichtung, angeordnet sind, entfällt die axiale Werkzeugbewegung beim Gewindefräsvorgang.

Dadurch, dass das Gewinde in einem Arbeitsgang hergestellt wird, sind kurze Bearbeitungszeiten möglich. Die Aufteilung des Zerspanungsvolumens auf mehrere Schneiden und die kurze Eingriffszeit des Schneidkeils garantieren eine hohe Werkzeugstandzeit. Die Drehmomentaufteilung zwischen Werkzeugantrieb und Hauptspindelantrieb führt zu einer gleichmäßigen Leistungsverteilung auf Werkstück und Werkzeug.

Langgewinde-Drehfräsen

Beim Langgewinde-Drehfräsen **(Bild 2)** wird das zu fertigende Gewinde mit einem scheibenförmigen Vollhartmetall-Gewindeprofilfräser oder mit einem Gewindeprofilfräser mit Wendeschneidplatten hergestellt. Die Werkzeugachse ist gegenüber der Werkstückachse um den Gewindesteigungswinkel geneigt.

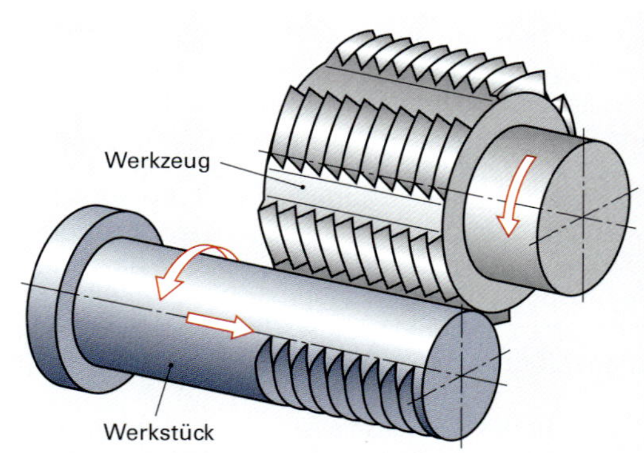

1 Kurzgewindefräsen

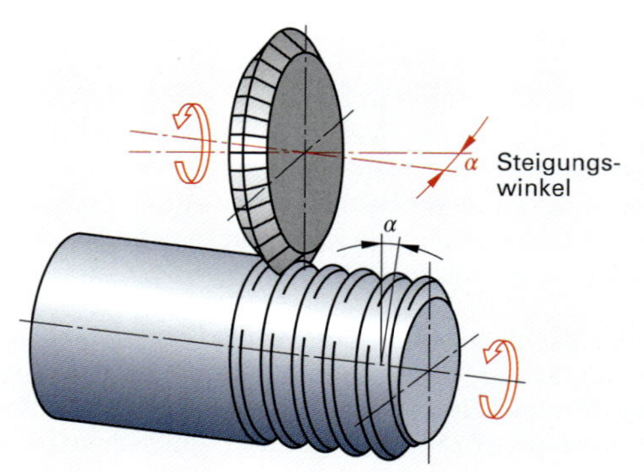

2 Langgewindefräsen

Bei Fräswerkzeugen, die eine Profilkorrektur aufweisen, entfällt die Werkzeugneigung, die Achsen von Werkzeug und Werkstück stehen dann parallel zueinander. Bei einer Werkstückumdrehung wird das Werkzeug gegenüber dem Werkstück um die Gewindesteigung axial zugestellt. Bei der Herstellung von Innengewinden ist dieses Verfahren identisch mit dem Innengewindewirbeln. Die Schnittbewegung des Fräsers kann im Gleichlauf oder im Gegenlauf erfolgen.

1 Bewegungsverhältnisse beim Gewindewirbeln

Gewindewirbeln

Beim Gewindewirbeln **(Bild 1)** erzeugt ein zur Werkstückachse exzentrisch angeordneter, rotierender Werkzeugträger mit innenliegenden Gewindeprofilschneiden durch Hüllschnitte die Gewindeform. Der Gewindefräsvorgang erfolgt an dem sich langsam drehenden Werkstück im Gleichlaufverfahren oder im Gegenlaufverfahren. Die Gewindetiefe wird durch die Exzentrität zwischen Werkstückachse und Werkzeugachse vorgegeben.

Die Gewindesteigung wird durch den axialen Vorschub des Wirbelkopfes und die gleichzeitige Rotation des Werkstückes erzeugt. Der Werkzeugträger ist um den Steigungswinkel des Flankendurchmessers geneigt. Bei paralleler Achsenstellung wird der Werkzeugträger mit profilkorrigierten Schneidplatten bestückt. Durch die große Rotationsbewegung des Wirbelkopfes ist der Werkzeugeingriff und damit die Kontaktzeit im Werkstückwerkstoff nur von kurzer Dauer **(Bild 2)**.

Der Spanungsquerschnitt wird auf die vier oder mehr aufeinanderfolgenden Schneiden (Flanken- und Tiefenschneider) aufgeteilt, um für die Zerspanung günstige Bedingungen und Spanquerschnittsformen zu erhalten. Es bilden sich längere, dünne Späne, die gleichmäßige Schnittkräfte und eine geringe elastische Verformung des Werkstückwerkstoffs verursachen. Die entstehende Zerspanungswärme wird hauptsächlich über die Späne abgeführt.

Mit dem Gewindewirbeln können neben Außengewinden auch Innengewinde (Innengewindewirbeln) mit geringen Steigungsfehlern und guter Oberflächenqualität hergestellt werden. Neben dem Gewindeschleifen wird dieses Verfahren insbesondere zur Herstellung von langen Gewindespindeln, von Extruderschnecken, von Kugelgewindespindeln und von Innenprofilen mit Steigungswinkeln bis zu 45° bei sehr hohen Genauigkeitsanforderungen eingesetzt.

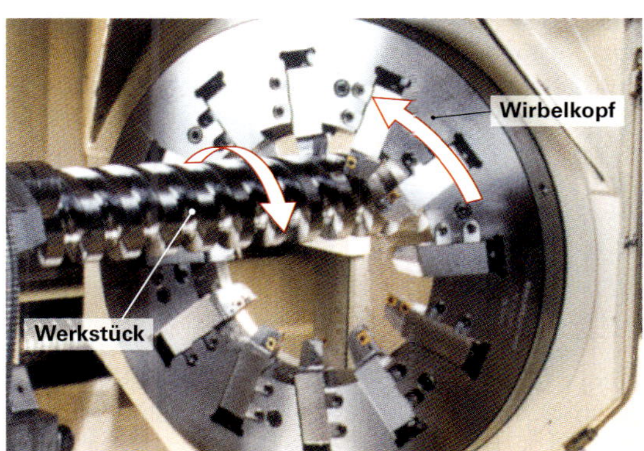

2 Gewindewirbeln im Gegenlaufverfahren

Gewindedrehen

Das Gewindedrehen ist sowohl für Innengewinde als auch für Außengewinde geeignet. Heute werden Gewinde meist mit standardisierten Profil-Wendeplattenwerkzeugen und NC-Gewindezyklen auf Bearbeitungszentren hergestellt.

Beim Gewindedrehen überlagert sich die rotatorische Bewegung des Werkstücks mit der translatorischen Vorschubbewegung des Werkzeugs. Der Steigungswert *P* des Gewindes muss dem Werkzeugvorschub entsprechen.

Das Gewindeschneiden von Außengewinden mit mehrschneidigen, selbstöffnenden Gewindeschneideisen an Revolver-Drehmaschinen und Automaten gehört nach DIN 8589 als Sonderverfahren zum Gewindedrehen.

Um Maß- und Formfehler zu verhindern, werden Gewindedrehwerkzeuge exakt auf Werkstückmitte gespannt. Wegen des hohen Verschleißes wird beim Gewindedrehen mit wesentlich geringeren Schnittgeschwindigkeiten gearbeitet als beim Außen-Längsdrehen. Dadurch verstärkt sich die Gefahr der Aufbauschneidenbildung. Auch deshalb ist der Einsatz von Kühlschmiermitteln unbedingt zu empfehlen.

Zur Herstellung von Links- oder Rechtsgewinden innen oder außen am Werkstück gibt es verschiedene Möglichkeiten der Kombination von Drehrichtung der Arbeitsspindel, Vorschubrichtung und Ausführung des Werkzeuges **(Tabelle 1)**.

Je nach Fertigungsaufgabe und zur Verfügung stehender Werkzeugmaschine wird die günstigste Variante ausgewählt. Die Bearbeitung erfolgt meist zum Spannfutter hin. Sie kann aber auch entgegengesetzt verlaufen. Dann müssen Drehrichtung der Arbeitsspindel und Einbaulage des Werkzeuges geändert oder für Rechtsgewinde Werkzeuge in Linksausführung – und umgekehrt – verwendet werden. Prinzipiell muss die Ausführung von Wendeschneidplatten und Haltern übereinstimmen.

Beim Gewindedrehen wird das Gewinde **nicht** in einem einzigen Durchlauf hergestellt.

Die erforderliche **Anzahl der Schnitte** ist von der Gewindesteigung und dem Werkstückwerkstoff abhängig **(Tabelle 2)**. Bei gleicher Steigung müssen für einen schwer zerspanbaren Werkstoff mehr Schnitte geplant werden als für einen leicht zerspanbaren. Die bei jedem Schnitt notwendige Zustellung kann radial, seitlich oder wechselseitig erfolgen (**Bild 1** der folgenden Seite).

Bei der **radialen Zustellung** entsteht ein V-förmiger Span, der vor allem bei größeren Steigungen schwer zu brechen ist. Dadurch können Vibrationen entstehen. Die Schneide wird relativ gleichmäßig an ihrer Spitze, jedoch mechanisch und thermisch hoch belastet.

Die radiale Zustellung wird hauptsächlich für Gewinde mit kleinen Steigungen und kurzspanende Werkstoffe verwendet. Sie ist auf konventionellen Drehmaschinen einfacher realisierbar als die seitliche Zustellung entlang der Gewindeflanke.

Bei dieser Art muss die Zustellung durch Planschlitten und Oberschlitten erfolgen. Der Zustellwert für den Oberschlitten muss berechnet werden. Auf CNC-Drehmaschinen lässt sich diese Zustellart programmieren.

1 Fertigen eines Außengewindes

Tabelle 1: Varianten zum Gewindedrehen (Ausw.)

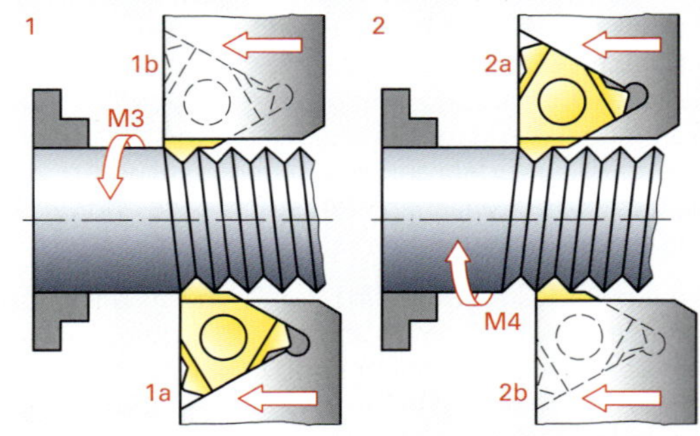

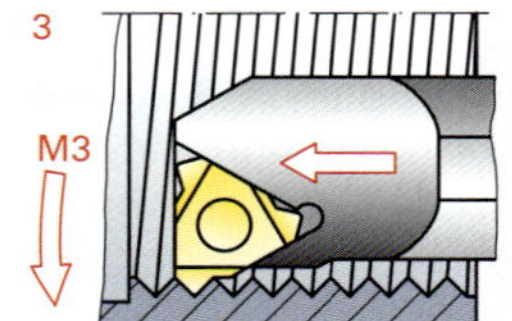

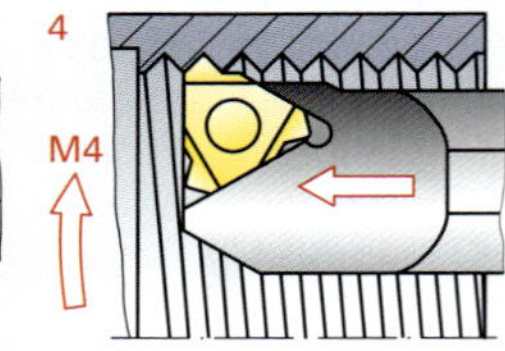

Gewinde	Klemmhalter und Platte	Drehsinn	Vorschub in Richtung	Beispiele
Außen rechts	rechts	M3	Futter	1a, 1b
Außen links	links	M4	Futter	2a, 2b
Innen rechts	rechts	M3	Futter	3
Innen links	links	M4	Futter	4

Tabelle 2: Anzahl der Schnitte

Steigung P in mm	1,0	1,5	2,0	2,5	3,0
Schnitte	4...8	6...10	7...12	8...14	10...16

Das **Gewindedrehen** mit wendeplattenbestückten Werkzeugen ist die häufigste Art der Gewindeherstellung. Bei diesem Verfahren entsteht das Gewinde durch eine exakte Vorschubbewegung des abhängig vom herzustellenden Gewindeprofil geformten Werkzeuges. Der Vorschub muss der Steigung des Gewindes entsprechen **(Bild 1)**.

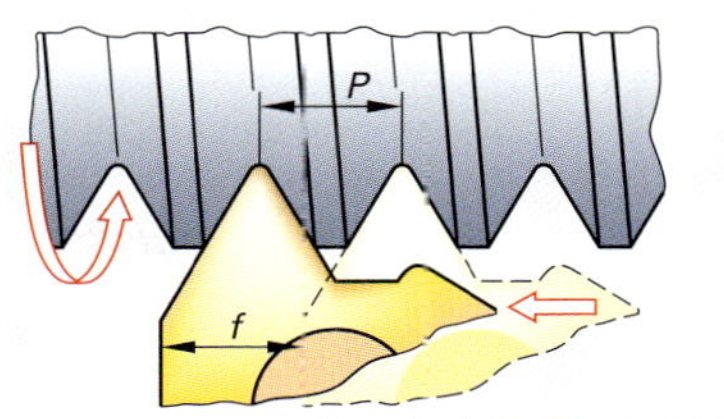

1 **Prinzip des Gewindedrehens**

Beim Gewindedrehen auf konventionellen Werkzeugmaschinen wird die Vorschubbewegung über Leitspindel und Schlossmutter realisiert. Die Bewegung der Leitspindel wird über ein Wechselrädergetriebe von der Bewegung der Arbeitsspindel abgegriffen **(Bild 2)**. Die Einstellung der notwendigen Gewindesteigung erfolgt über Schalthebel und falls erforderlich durch vorherigen Austausch der Wechselräder.

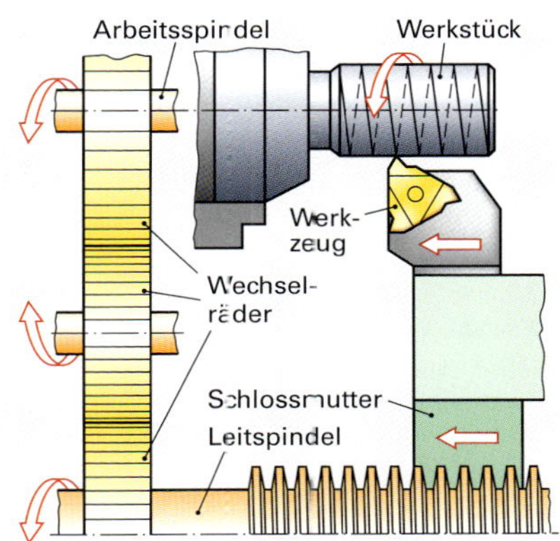

2 **Vorschubbewegung mit Leitspindel**

Beim Gewindedrehen auf CNC-Maschinen wird der Vorschub von der Steuerung aus Drehzahl und Gewindesteigung errechnet. Der Vorschubmotor bewegt dann den Werkzeugschlitten in der notwendigen Geschwindigkeit. Bei älteren Steuerungen muss dabei unbedingt eine konstante Drehzahl programmiert sein.

Die Auswahl von Typ und Form der Schneide des Gewindedrehmeißels wird hauptsächlich vom zu fertigenden Gewinde beeinflusst. Die Form der Wendeschneidplatte muss grundsätzlich dem herzustellenden Gewindeprofil entsprechen. Es können jedoch unterschiedliche Plattentypen eingesetzt werden **(Bild 3)**.

Bei Verwendung von **Vollprofil-Wendeschneidplatten** entsteht ein vollständiges Gewindeprofil, bei dem Gewindetiefe und Radien absolut normgerecht ausgeführt sind. Der Ausgangsdurchmesser wird während der Bearbeitung mit kalibriert. Eine solche Wendeschneidplatte kann nur für genau eine konkrete Gewindesteigung verwendet werden.

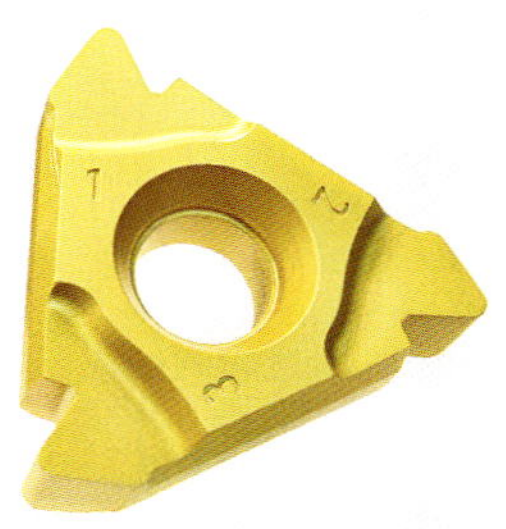

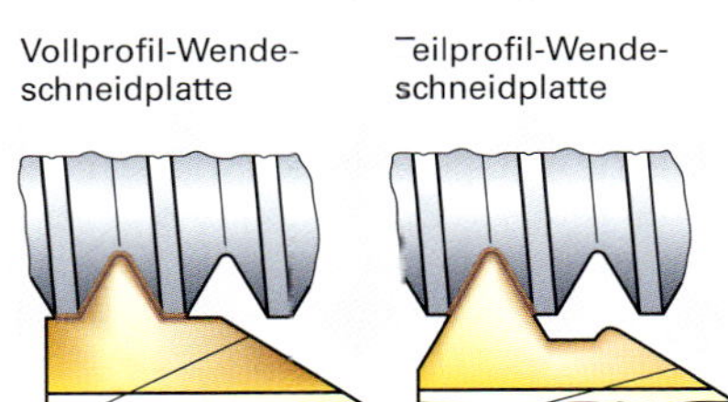

3 **Plattentypen zum Gewindedrehen**

Teilprofil-Wendeschneidplatten sind innerhalb eines kleinen Steigungsbereichs einsetzbar. Die Gewindemaße sind auf die kleinste Steigung innerhalb des Bereichs ausgelegt und der Ausgangsdurchmesser wird nicht bearbeitet. Daher weicht das entstehende Gewindeprofil geringfügig von der Norm ab. Um an beiden Gewindeflanken annähernd gleiche geometrische Bedingungen zu gewährleisten, muss der Neigungswinkel λ des Werkzeuges dem Steigungswinkel ρ des Gewindes entsprechen **(Bild 4)**.

Neigungswinkel der Gewindeschneidplatte

Damit wird ein einseitiger Freiflächenverschleiß verhindert und die Standzeit erhöht. Um Wendeplattenhalter zur Herstellung von Gewinden unterschiedlicher Steigung benutzen zu können, wird der Neigungswinkel durch entsprechende Zwischenlagen angepasst. Der notwendige Neigungswinkel des Werkzeuges wird berechnet oder aus einem Diagramm **(Bild 1,** nächste Seite**)** abgelesen.

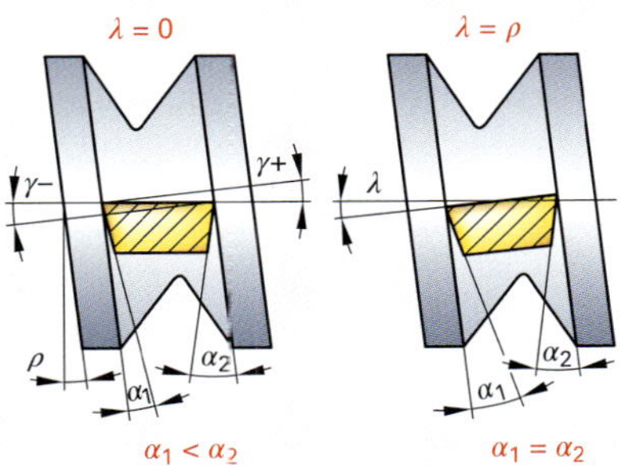

4 **Neigungswinkel am Werkzeug**

Durch Austausch der Zwischenlage kann der Neigungswinkel λ von +4 bis −2 gewählt werden. Für Rechts- und Linksgewinde sind die gleichen Auflageplatten einzusetzen. Das Maß der Spitzenhöhe bleibt immer konstant.

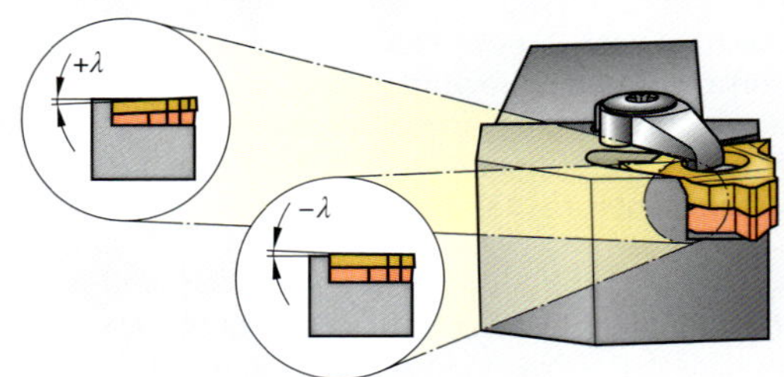

Neigungswinkel $$\lambda = \arctan \frac{P}{d_2 \cdot \pi}$$

Es gibt zwei Möglichkeiten zur Auswahl der richtigen Zwischenlage:

1. Mit Diagramm über die Gewindesteigung P und dem Gewindenenndurchmesser d
2. Neigungswinkel λ mit der Steigung P und dem Flankendurchmesser d_2 berechnen

Ablesebeispiel:

Klemmhalter rechte Ausführung, Vorschubrichtung in Richtung Spannfutter (Achsrichtung −Z) Rechtsgewinde, Steigung von 5 mm, Gewindenenndurchmesser 48 mm ⟹ 3°-Zwischenlage

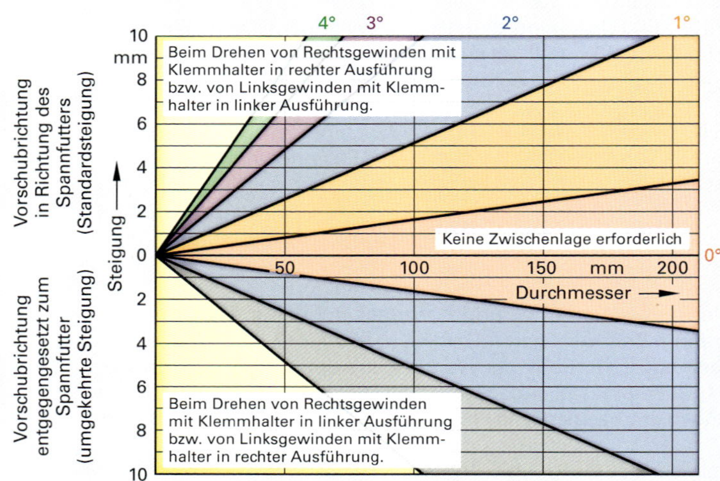

1 **Zwischenlage**

Bei der **seitlichen Zustellung** wird der Span besser gebildet und abgeführt. Dadurch verringert sich die Ratterneigung. Die Schneide wird geringer thermisch und mechanisch belastet als bei der radialen Zustellung. Die in Vorschubrichtung liegende Schneide leistet den Großteil der Zerspanungsarbeit **(Bild 2)**. Um die Oberflächengüte zu verbessern und übermäßigen Freiflächenverschleiß an der gegen die Vorschubrichtung liegenden Schneide zu verhindern, kann der Zustellwinkel etwas kleiner als der Flankenwinkel des Gewindes gewählt werden.

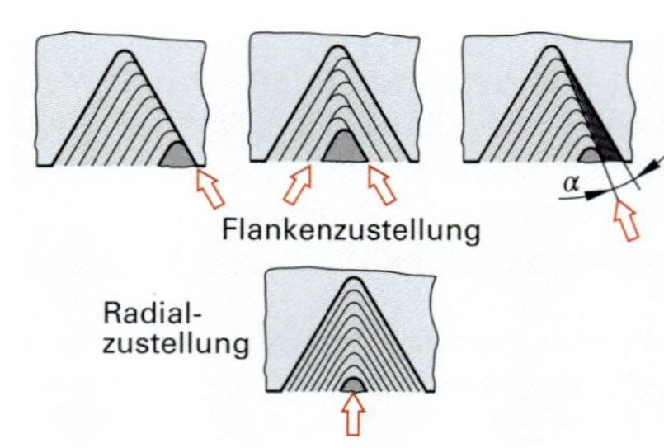

2 **Zustellmöglichkeiten**

Die seitliche Zustellung ist für langspanende Werkstoffe, labile Werkstücke und Innenbearbeitung vorteilhaft. Die wechselseitige Zustellung eignet sich besonders zur Herstellung großer Gewindeprofile. Die Wendeschneidplatte verschleißt gleichmäßig. Dadurch ergeben sich gute Standzeiten. Diese Zustellungsart lässt sich auf einer konventionellen Drehmaschine nur mit großem Aufwand realisieren. Sie wird deshalb hauptsächlich auf CNC-Maschinen verwendet.

Da der Spanungsquerschnitt je Zustellung ungefähr gleich bleiben soll, muss die radiale Zustellung kontinuierlich abnehmen. Es ist darauf zu achten, dass die zur einwandfreien Spanbildung notwendige Spanungsdicke nicht unterschritten wird. Zum Gewindedrehen gibt es unterschiedlichste, für konkrete Anwendungsfälle angepasste Werkzeuge **(Bild 3)**.

3 **Gewindedrehen**

Gewinderollen

Gewinde können auch mit Kaltwalzverfahren (Kaltfließpressen) durch Rollen oder Walzen hergestellt werden. Die verfahrenstechnischen Vorteile sind hohe Oberflächengüten, Festigkeitszunahme durch Kaltverfestigung, hohe Belastbarkeit durch angepassten Faserverlauf, kurze Prozesszeiten und hohe Reproduzierbarkeit bei hohen Stückzahlen, geringe Umformkräfte und gute Materialausnutzung gegenüber den spanenden Verfahren.

Zur Werkstückvorbereitung wird beim Gewinderollen vom Flankendurchmesser des fertigen Gewindes ausgegangen.

Axial-Gewinderollen. Beim Axial-Verfahren wird das Gewinde fortschreitend in axialer Richtung durch einen Axial-Gewinderollkopf mit 3 bis 6 steigungsfreien Gewindeprofilrollen erzeugt **(Bild 1)**. Durch die axiale Vorschubbewegung des Werkzeugs sind beliebig lange Gewinde möglich.

Die Profilrollen sind gegenüber der Werkstückachse um wenige Winkelgrade konisch nach außen geneigt, sodass sich bei einer vollständigen Werkstückrotation die gewünschte Gewindesteigung ergibt. Es kann sowohl mit stillstehendem Gewinderollkopf und mit rotierendem Werkstück, als auch umgekehrt gearbeitet werden.

Radial-Gewinderollen. Beim Radial-Verfahren **(Bild 2)** wird das Gewinde bei nur einer ganzen Werkstückumdrehung auf seiner ganzen Länge hergestellt. Es wird mit zwei oder drei Gewinderollen gearbeitet.

Da das Gewinde ohne axiale Verfahrbewegung durch Eintauchen in radialer Richtung erzeugt wird, ist die maximale Gewindelänge durch die Rollenbreite begrenzt. Durch die radiale Eintauchbewegung des Werkzeugs sind extrem kurze Gewindeausläufe möglich.

Tangential-Gewinderollen. Hierbei formen zwei Gewinderollen durch eine tangentiale Vorschubbewegung in mehreren Werkstückumläufen das Gewinde auf seiner gesamten Länge **(Bild 3)**. Stehen die Profilrollen senkrecht übereinander, ist der Vorgang beendet.

Gewindewalzen

Beim Gewindewalzen mit Flachbacken wird das Gewinde durch zwei gegenüberstehende Walzbacken, die das Profil des herzustellenden Gewindes haben, hergestellt. Dabei ist eine Walzbacke feststehend, während die andere durch einen Kurbeltrieb hin und her bewegt wird. Die Profilrillen in den Walzplatten sind mit dem Steigungswinkel das zu erzeugenden Gewindes angeordnet.

Angewendet wird das Verfahren bei der Herstellung von Schrauben.

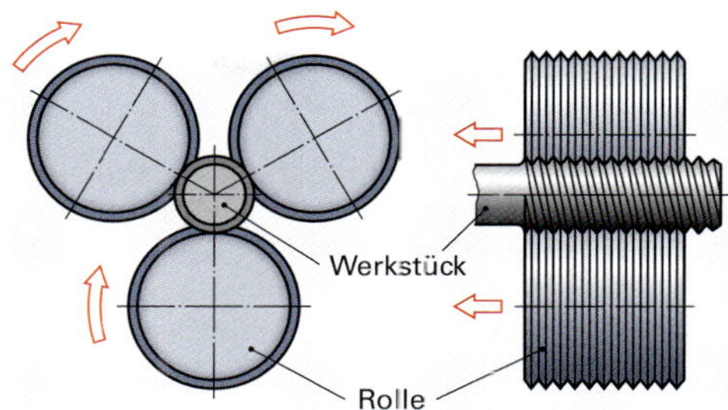

1 Axial-Gewinderollen

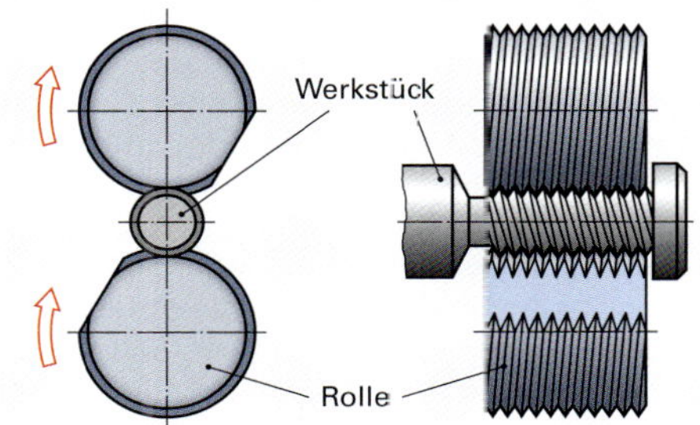

2 Radial-Gewinderollen

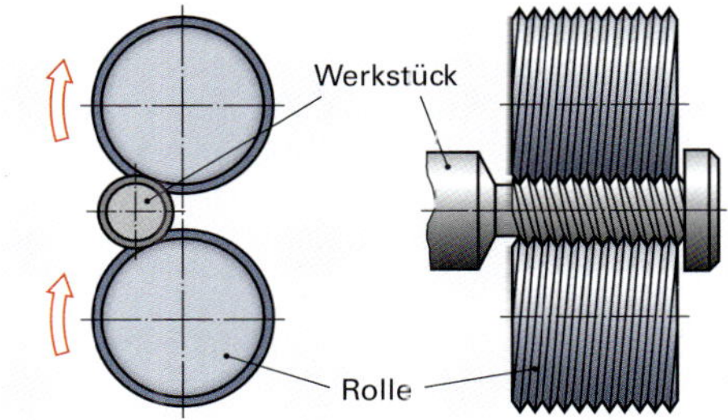

3 Tangential-Gewinderollen

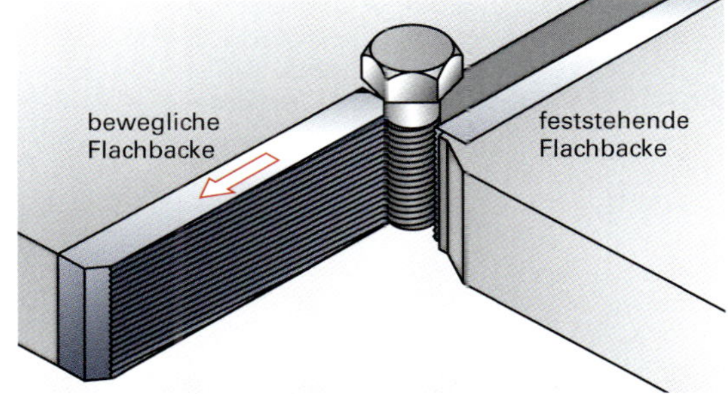

4 Gewindewalzen mit Flachbacken

F10 RÄUMEN, HOBELN UND STOSSEN

Räumen

Beim Räumen werden mehrzahnige Werkzeuge **(Bild 1)** eingesetzt, deren hintereinanderliegende Schneiden um jeweils die Spanungsdicke h versetzt in Eingriff kommen. Die zunehmende Höhe der Schneiden ersetzt über die translatorische oder rotatorische Schnittbewegung des Räumwerkzeugs eine zusätzliche Vorschubbewegung und erzeugt in einem Arbeitsgang die gewünschte Werkstückgeometrie. Je nach zu bearbeitender Werkstückkontur unterscheidet man zwischen Innenräumen und Außenräumen.

Räumwerkzeug. Räumwerkzeuge werden entweder in Schnellarbeitsstahl mit verschleißmindernden Hartstoffschichten (TiN, TiCN) oder mit Hartmetall-Wendeschneidplatten ausgeführt und werden meist mit ölhaltigen Kühlschmierstoffen bei geringen Schnittgeschwindigkeiten eingesetzt. Der Aufbau eines Räumwerkzeuges für die Innenbearbeitung (**Bild 2**, Räumnadel) teilt sich im Schneidenteil in drei Segmente auf, die durch unterschiedliches Steigungsmaß von Zahn zu Zahn gekennzeichnet sind. Das Steigungsmaß des Räumwerkzeugs entspricht der Spanungsdicke h, bzw. dem Vorschub pro Zahn f_z und wird mit *Schneidenstaffelung* bezeichnet **(Bild 3)**.

Spanungsgrößen. Beim Räumen sind bis auf die Schnittgeschwindigkeit v_c die Zerspanungsgrößen durch die konstruktiven Merkmale des Räumwerkzeuges vorgegeben. Die Gesamtzustellung a_p ist durch die Anzahl der Schneiden und die Schneidenstaffelung f_z festgelegt.

Entsprechend der Teilung t der Räumnadel ergibt sich die Gesamtschnittkraft F_c aus der im Eingriff befindlichen Schneiden z_e und der Schnittkraft F_{cz} je Schneide **(Bild 4)**:

$$F_c = F_{cz} \cdot z_e$$
$$F_{cz} = k_c \cdot b \cdot h$$

F_c Gesamtschnittkraft
k_c spezifische Schnittkraft
b Spanungsbreite
h Spanungsdicke

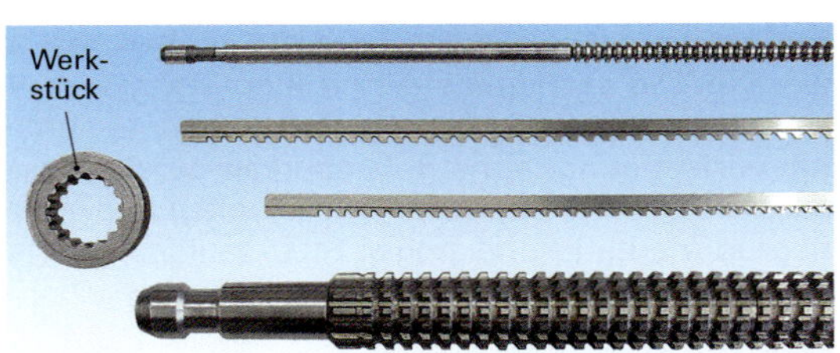

1 **Innenräumwerkzeuge (Beispiele)**

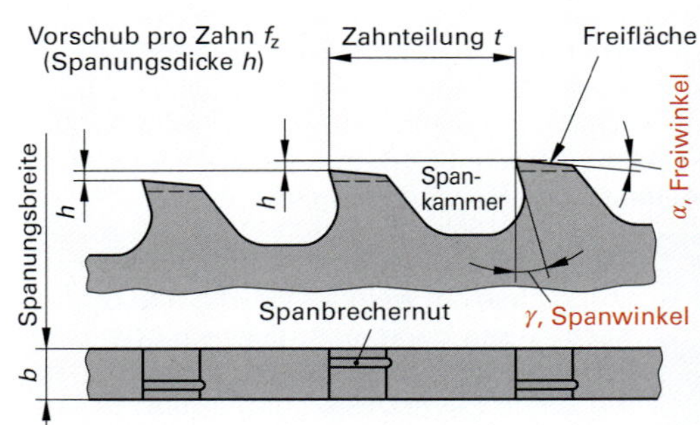

3 **Spanungsdicke**

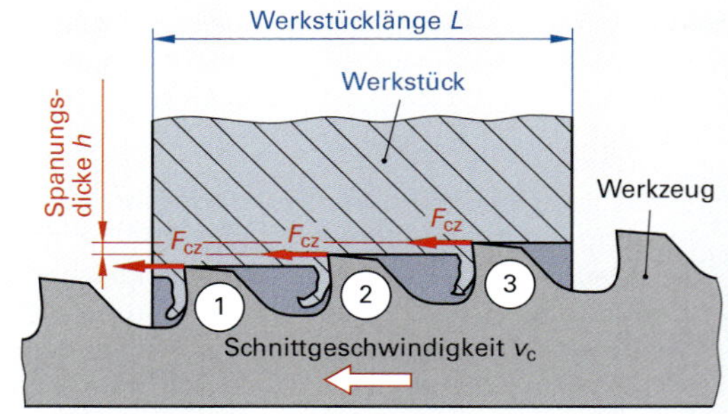

4 **Schnittkraft**

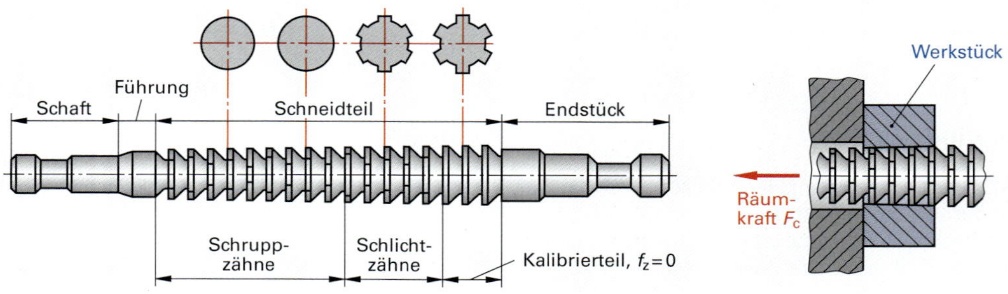

2 **Räumnadel**

Bei geradverzahnten Räumnadeln sollte das Verhältnis aus Werkstücklänge *L* und der Teilung *t* ganzzahlig und größer-gleich zwei sein, damit es nicht zu großen Schnittkraftschwankungen kommt. Bei nicht ganzzahligem Verhältnis *L*/*t* sollten Räumwerkzeuge mit schräger Schneidenanordnung zur Anwendung kommen. Diese verursachen geringere periodische Schnittkraftschwankungen als geradverzahnte Schneidenanordnung **(Bild 1)**.

Die Schnittleistung ergibt sich aus:

$$P_c = \frac{F_c \cdot v_c}{60\ \text{s/min}}$$

P_c Schnittleistung in Nm/s bzw. W
v_c Schnittgeschwindigkeit in m/min

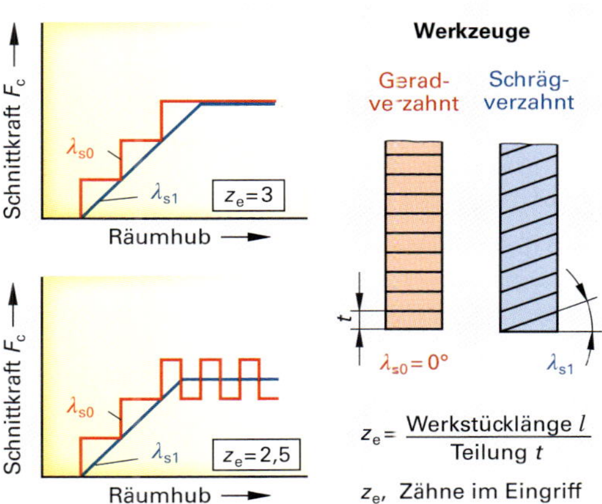

1 Schnittkraftverlauf

Werkzeugstandzeit

Die Werkzeugstandzeit hängt von vielen Einflussfaktoren ab. Bei gut zerspanbaren Werkstoffen sind Standwege (Räumweg) bis 250 m erreichbar. Der Werkzeugverschleiß hängt von folgenden Faktoren ab:

- **Werkstück:** Werkstoff, Gefüge, Festigkeit, Beschaffenheit der Oberflächenzone,
- **Werkzeug:** Schneidstoff, Härte, Zähigkeit, Schneidengeometrie, Schleifgüte, Räumweg,
- **Maschine:** Schnittgeschwindigkeit, Kühlung, Schwingungen.

Schnittgeschwindigkeit

Beim Räumen liegen die Schnittgeschwindigkeiten meist unter 30 m/min. In diesem Bereich werden Zerspanungstemperaturen von 200 °C bis 600 °C erreicht. Überwiegend werden für Räumwerkzeuge Schnellarbeitsstähle (HSS) verwendet. Durch Hartstoffbeschichtung oder bei Werkzeugen aus Hartmetall kann die Leistung des Verfahrens gesteigert werden. Schnittgeschwindigkeiten von über 100 m/min sind dann möglich.

Hohe Schnittgeschwindigkeiten erfordern hohe Antriebsleistungen zum Beschleunigen und Verzögern von Räumwerkzeug und Räumschlitten und eine stabile, schwingungsarme Maschinenkonstruktion.

Zur Kühlschmierung sowie zur Späneabfuhr werden vorwiegend Mineralöle verwendet. Neue Entwicklungen in der Beschichtungstechnik mit der Möglichkeit, mehrlagige Hartstoffschichten mit schmierstoffhaltigen Weichstoffschichten zu kombinieren, können zur Reduzierung des Kühlschmiermittels beitragen und bei geeigneten Werkstoffeigenschaften der Werkstücke Trockenbearbeitung ermöglichen.

Berechnungsbeispiel zum Räumen

In der Bohrung eines Zahnrades soll eine Passfedernut durch Räumen hergestellt werden:

Passfeder DIN 6885 - A -12 × 8 × 35

Werkstück:

Werkstoff 16MnCr5

Bohrungsdurchmesser $D = 40$ mm

Werkstücklänge $L = 40$ mm

Nutbreite $b = 12$ mm, Nuttiefe $T = 3{,}3$ mm

Werkzeug:

Teilung $t = 10$ mm

Schneidenstaffelung $f_z = h = 0{,}08$ mm

Schnittgeschwindigkeit $v_c = 10$ m/min

1. Zähne im Eingriff Z_e

$$z_e = \frac{L}{t} = \frac{40\text{ mm}}{10\text{ mm}} = 4 \text{ Zähne}$$

2. Schnittkraft pro Schneide F_{cz}

$$F_{cz} = b \cdot h \cdot k_c$$

$$F_{cz} = 12\text{ mm} \cdot 0{,}08\text{ mm} \cdot 3882{,}8 \cdot \frac{\text{N}}{\text{mm}^2}$$

$$F_{cz} = 3727{,}5\text{ N}$$

k_c spezifische Schnittkraft:

$$k_c = \frac{k_{c1.1}}{h_m{}^{mc}} \cdot 1{,}3 = \frac{1400}{0{,}08^{0{,}3}} \cdot 1{,}3 = 3882{,}8 \frac{\text{N}}{\text{mm}^2}$$

3. Gesamtschnittkraft F_c

$$F_c = F_{cz} \cdot z_e = 3727{,}5\text{ N} \cdot 4 = 14{,}9\text{ kN}$$

Drehräumen. Die kinematische Kombination der Fertigungsverfahren Drehen und Räumen ergibt in der Serienfertigung ein wirtschaftliches Verfahren zur Außenbearbeitung rotationssymmetrischer Werkstückgeometrien. Nach der Schnittbewegung des Werkzeuges unterscheidet man folgende Verfahrensprinzipien:

Linear-Drehräumen. Beim Linear-Drehräumen wird die translatorische Schnittbewegung des Räumwerkzeuges mit der Drehbewegung des Werkstücks überlagert. Das Räumwerkzeug wird am rotierenden Werkstück im konstanten Abstand vorbei geführt und entspricht in Aufbau und Wirkung der beim konventionellen Räumen eingesetzten Räumnadel. Die Gesamtzahl der Schneiden ergibt in einem Arbeitsgang entsprechend der Staffelung (Steigung, Vorschub pro Schneide f_z) die Gesamtzustellung a_p bzw. die Räumtiefe T.

Rotations-Drehräumen. Beim Rotations-Drehräumen **(Bild 1)** wird die rotatorische Schnittbewegung des scheibenförmigen Werkzeugträgers mit der Drehbewegung des Werkstücks im Gleichlauf überlagert. Der Abstand der Werkzeugachse und der Werkstückachse ist beim Bearbeitungsvorgang konstant. Dadurch wird die Spanabnahme über die spiralförmig am Umfang des Räumwerkzeuges liegenden, um den Vorschub pro Zahn gestaffelten Schneiden erreicht. Beim Drehwerkzeug werden die mit Wendeschneidplatten bestückten Kassettenmodule am Werkzeugträger angeschraubt.

1 Rotationsdrehräumen von Kurbelwellenlagerstellen

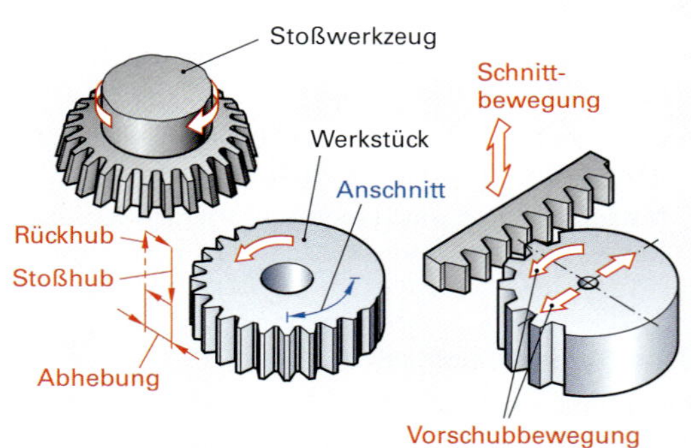

2 Wälzstoßen und Wälzhobeln

Hobeln und Stoßen

Beim Hobeln und beim Stoßen ist nur ein einschneidiges Werkzeug während des Arbeitshubes im Eingriff. Für den anschließenden Rückhub wird das Werkzeug abgehoben. Dann erfolgt ein Vorschubschritt und der Zyklus beginnt von Neuem.

> Beim Hobeln führt das Werkstück die Schnittbewegung und die Rückhubbewegung aus. Der Meißel wird um den jeweiligen Vorschubschritt einachsig für eine ebene Bearbeitungsfläche bewegt und zweiachsig für eine Profilfläche.

Beim Stoßen führt das Werkzeug die Schnittbewegung aus. Die Vorschubbewegung kann ein-, zwei- oder dreiachsig sein und wird vom Werkstück oder Werkzeug oder auf beide aufgeteilt ausgeführt. Während wegen der geringen Spanleistungen das Hobeln heute kaum noch Bedeutung hat, ist das kurzhubige Wälzstoßen für Evolventenverzahnungen immer noch ein angewandtes Verfahren.

Wälzstoßen, Wälzhobeln

Beim **Wälzstoßen** wälzen sich das Stoßwerkzeug und das Werkstück, wie die Zahnräder in einem Stirnradgetriebe, kontinuierlich aneinander ab. Gleichzeitig führt das Stoßwerkzeug eine Hubbewegung in Schnittrichtung aus. Bei Geradverzahnungen ist die Stoßbewegung parallel zur Achsrichtung des Werkstücks, bei Schrägverzahnungen wird entsprechend dem Schrägungswinkel eine schraubenförmige Stoßbewegung ausgeführt.

Beim **Wälzhobeln** wälzt sich das Werkstück während der Schnittbewegung mit dem Hobelwerkzeug (Hobelkamm) ab. Das Werkzeug führt die Schnittbewegung aus und wird beim Rückhub abgehoben. Nach Fertigstellung einer Zahnlücke dreht sich das Werkstück um die Zahnteilung weiter. Wegen der diskontinuierlichen Arbeitsweise ist das Wälzhobeln ein Teilwälzverfahren (**Bild 2**).

F11 SCHLEIFTECHNIK

Schleifen

Schleifen ist ein spanendes Fertigungsverfahren mit geometrisch unbestimmten Schneiden.

Mit dem Schleifen werden höhere Oberflächengüten, Maß- und Formgenauigkeiten erreicht, als mit spanenden Verfahren mit geometrisch bestimmter Schneide, wie z. B. Drehen und Fräsen. Erzielbare Maß- und Formgenauigkeiten beim Schleifen liegen je nach Verfahren (Flach-, Rundschleifen, **Bilder 1 und 2)** im Bereich der Toleranzklassen von IT4 bis IT8. Die erreichbaren Oberflächenqualitäten liegen im Bereich Rz 1 bis 6,3 µm, bzw. Ra 0,1 bis 1,6 µm. Mit besonderen Schleifverfahren und Schleifmitteln sind auch noch bessere Oberflächengüten machbar.

Beim Schleifen wird durch die große Reibung bei der Spanabnahme sehr viel Wärme erzeugt. Diese kann zu Wärmeausdehnungen am Werkstück oder zu Temperaturschäden, vor allem bei gehärteten Werkstückoberflächen, führen. Deshalb wird beim Schleifen mit Kühlschmiermittel die Prozesswärme reduziert. Bei keramisch gebundenen Korundschleifscheiben liegen die Schnittgeschwindigkeiten bei etwa v_c = 20 bis 40 m/s. Damit liegt die Schnittgeschwindigkeit etwa 15 bis 25-mal höher als z. B. beim Drehen.

Beim Schleifen mit CBN-Schleifwerkzeugen und beim Hochgeschwindigkeitsschleifen können Schnittgeschwindigkeiten von bis zu 85 m/s erreicht werden. Die Schnittgeschwindigkeiten von Diamantschleifscheiben z. B. beim Werkzeugschleifen liegen wegen der geringen Temperaturbeständigkeit des Diamants je nach Bindungsart bei etwa 10 bis 30 m/s **(Bild 3)**.

Das vielschneidige Werkzeug besteht aus einer großen Anzahl meist synthetisch hergestellter, gebundener Schleifkörner. Die Schleifscheibe rotiert mit hoher Drehzahl. Der tatsächliche Eingriffsbereich der Schleifscheibe beim Rundschleifen ist abhängig vom Verhältnis der Durchmesser von Werkstück und Scheibe **(Bild 4)**. Das Ergebnis der Schleifbearbeitung wird durch zahlreiche Einflussfaktoren bestimmt; die wichtigsten sind das Schleifmittel, der Werkstoff und die Bearbeitungsgeschwindigkeiten.

Das Schleifen wird hauptsächlich in der Feinbearbeitung eingesetzt. Typische Anwendungen sind Kugellagerlaufflächen, Lagersitze, Nockenwellen, Ventilstößel, Dichtungsflächen an Gehäusen und Getriebewellen sowie Verzahnungen.

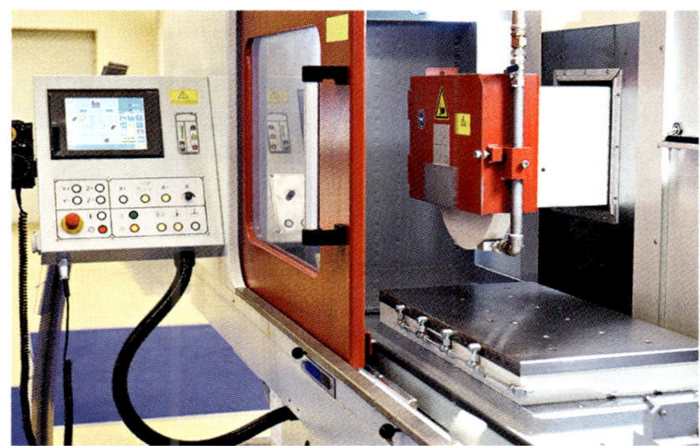

1 Flachschleifmaschine

2 Rundschleifen

3 Werkzeugschleifen

4 Schleifscheibe aus Edelkorund

Einteilung der Schleifverfahren

Je nach Vorschubrichtung, der im Eingriff stehenden Wirkfläche des Schleifwerkzeugs und der Geometrie und Lage der zu erzeugenden Werkstückoberfläche unterscheidet man verschiedene Schleifverfahren **(Übersicht):**

Beim **Außenrund-Längsschleifen** bewegt sich das Werkzeug mit einem axialen Längsvorschub am Werkstück entlang. Kürzere Werkstücklängen werden mit dem **Einstechschleifen** bearbeitet.

Bei dem in der Massenfertigung angewandten **Spitzenlosschleifen** liegt das zylindrische Werkstück auf einer Auflageschiene **(Bild 1).** Das Werkstück wird durch eine Regelscheibe abgestützt und angetrieben.

Beim **Flachschleifen** werden ebene, planparallele Flächen hergestellt. Es gibt verschiedene Prozessvarianten. Diese unterscheiden sich durch die Anordnung der Schleifkörperachse zur Bearbeitungsebene (Längs-, Einstech- und Plan-Seitenschleifen). Zahnräder werden an den gehärteten Zahnflanken durch **Profilschleifen** oder durch **kontinuierliches Wälzschleifen** geschliffen **(Bild 2).**

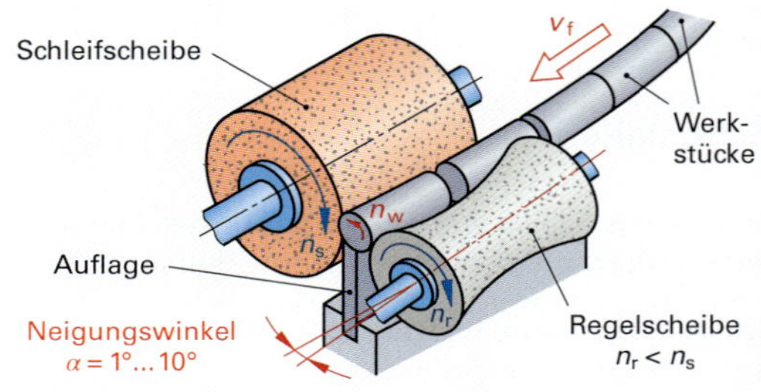

1 Spitzenloses Rundschleifen

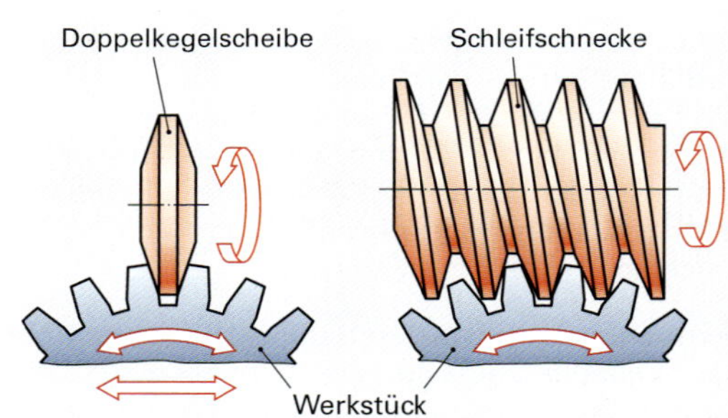

2 Zahnradschleifen

Übersicht der wichtigsten Schleifverfahren und ihrer Stellgrößen

	Planschleifen	Drehschleifen	Außenrundschleifen	Innenrundschleifen
Umfang-Querschleifen	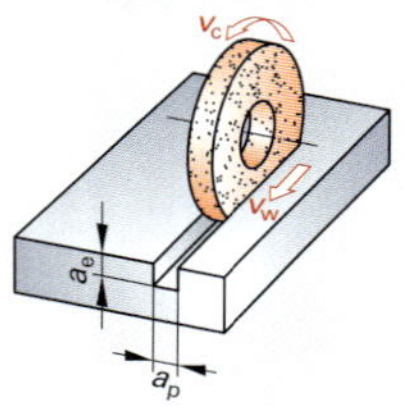	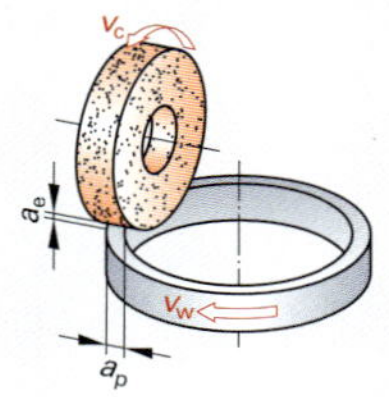	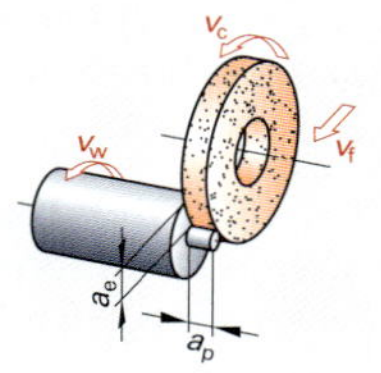	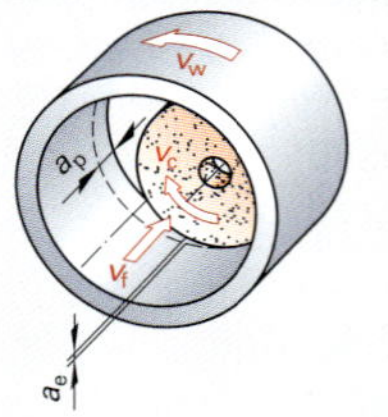
Umfang-Längsschleifen	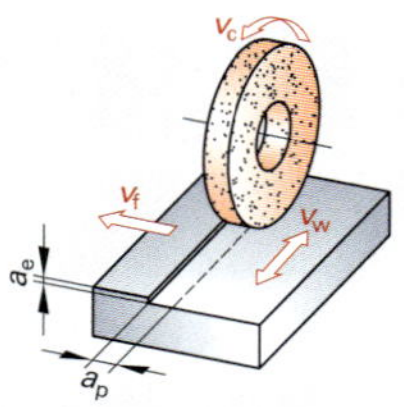	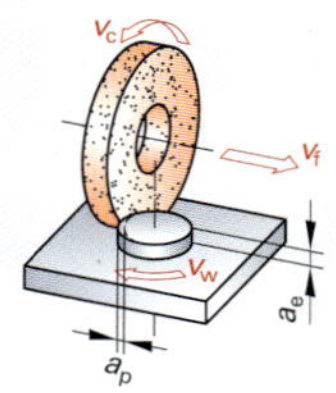	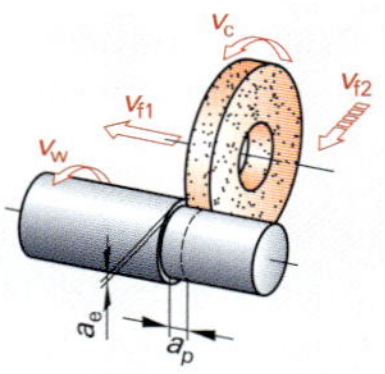	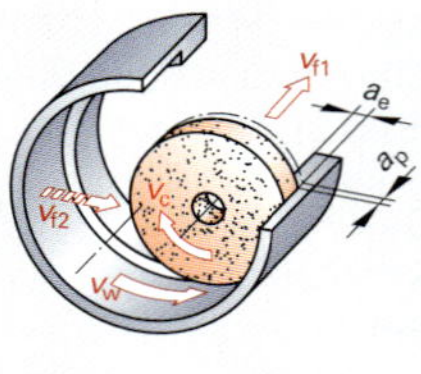
Seiten-Querschleifen	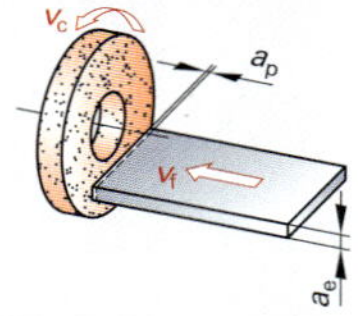	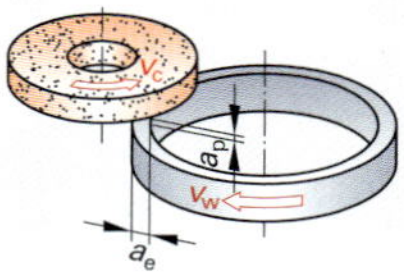	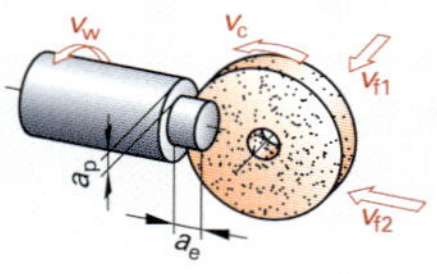	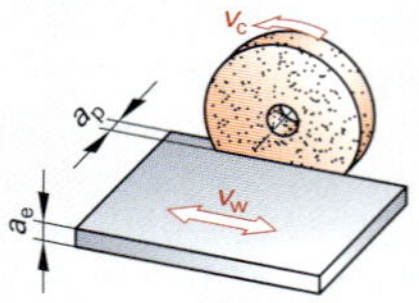
Seiten-Längsschleifen	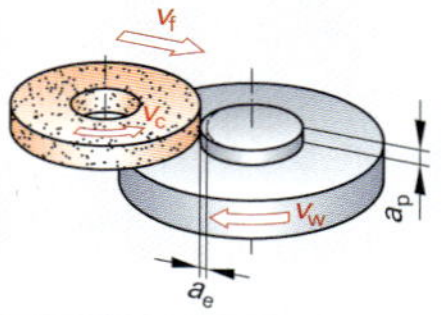	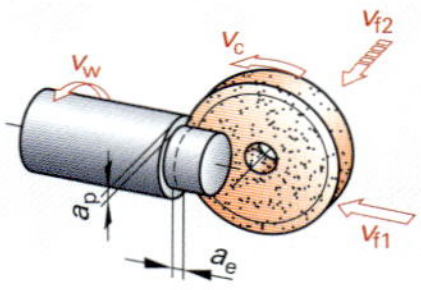		

a_p Schnittbreite bzw. -tiefe,
a_e Arbeitseingriff,
v_c Schnittgeschwindigkeit,
v_w Werkstückgeschwindigkeit,
v_f Vorschubgeschwindigkeit

Schleifprozess

Die Schleifkörner im Schleifwerkzeug sind nicht mit einer eindeutig beschriebenen Schneidengeometrie ausgestattet. Dies bedeutet, dass die Geometrie der materialabtragenden Schneidkeile über die Kornform und damit über das Bruchverhalten des verwendeten Schleifmittels bestimmt wird. Die unterschiedlichen Kornformen, von kubisch bis spitz, beeinflussen die Spanentstehung und den Materialabtrag beim Schleifprozess **(Bild 1)**.

Beim Eintritt des Korns in den Werkstoff verursacht die gerundete Oberflächenstruktur des Schleifkorns mit einem negativen Spanwinkel eine große Passivkraftkomponente in radialer Richtung auf die Werkstückoberfläche **(Bild 2)**. Hierbei verformt sich der Werkstoff elastisch und plastisch. Es kommt zu plastischen Materialaufwerfungen vor und neben dem Schleifkorn.

Bei großer Werkstoffstauchung geht die Verformung in die Werkstofftrennung über. Der mit der Spanabnahme verbundene Umformungsprozess und die hohen Schnittgeschwindigkeiten haben in der Wirkzone des Schleifkorns hohe Prozesstemperaturen mit Auswirkungen auf das Werkstoffgefüge und die Bindung der Schleifscheibe zur Folge. Die werkstückbezogenen Auswirkungen der freigesetzten Wärmemenge sind Anlaufen der Werkstückoberfläche, Brandflecken, Rissbildung, Härtesteigerung bzw. Härteminderung und Verzug.

Wärmequellen bei der Schleifzerspanung:

- Reibung im Span durch extreme Stauchung in der Scherzone,
- Reibung zwischen dem abfließenden Span und der Spanfläche,
- Reibung zwischen der Freifläche und der bearbeiteten Werkstückoberfläche durch elastische und plastische Verformung bzw. Rückverformung,
- elastische und plastische Deformation im Werkstoffgefüge (innere Reibung).

Um die große Prozesswärme aus dem Wirkbereich abzuführen, sind auch große Wärmeleitfähigkeiten des Schleifmittels, der Bindung und der Einsatz von Kühlschmiermittel erforderlich. Etwa 65 % der Zerspanungswärme beim Schleifen wird vom Kühlschmiermittel, die Restwärme wird über das Werkstück (ca. 12 %), die Späne (ca. 16 %), das Schleifwerkzeug (ca. 4 %) und an die Umgebung (ca. 3 %) abgeführt **(Bild 3)**.

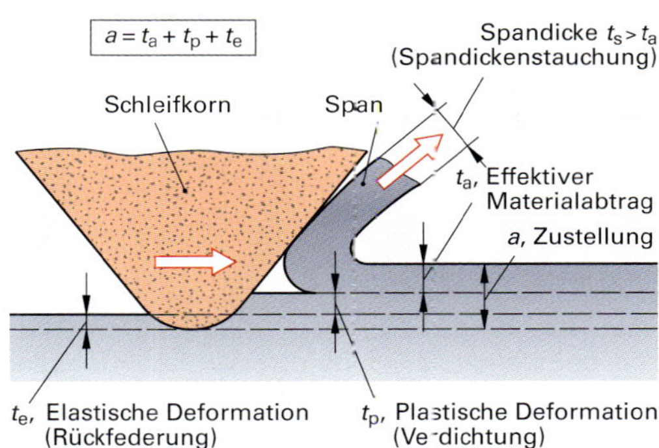

1 Die Spanentstehung beim Schleifen

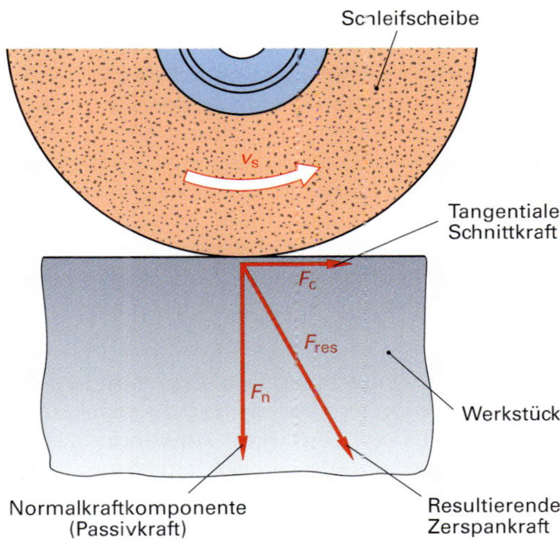

2 Werkstückbezogene Schnittkraftkomponenten beim Schleifprozess

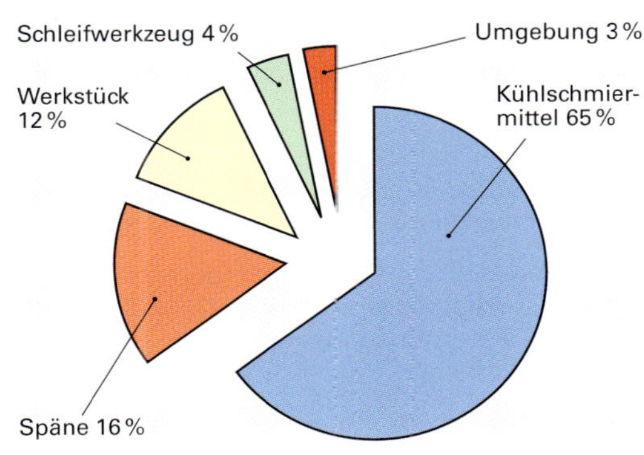

3 Wärmeverteilung im Schleifprozess

Kühlschmierung

Folgende Kühlschmierstoffsysteme werden mit prozessverbessernden Zusätzen verwendet:

- Schleiföle,
- Öl in Wasser-Emulsionen,
- wässrige Lösungen.

Schneidöle werden auf Mineralölbasis oder synthetisch hergestellt. Zwar ist die Wärmeleitfähigkeit gegenüber Wasser etwa 5 mal geringer, trotzdem hat Öl durch die hohe Schmierwirkung die bessere Wärmebilanz. Beim Nassschliff mit Schleiföl reduziert sich die tangentiale Schnittkraft F_c, während die in radialer Richtung wirksame Normalkraftkomponente F_n (Passivkraft) zunimmt **(Bild 1)**. Die reduzierte tangentiale Schnittkraft F_c erfordert bei gleichem Zeitspanvolumen eine geringere Antriebsleistung.

Die große Schmierwirkung des Schleiföls bewirkt ein Aufgleiten des Schleifkorns auf den Werkstoff. Es bildet sich ein Schmierkeil aus, der sich zwar verschleißmindernd und temperaturmindernd auf das Schleifkorn auswirkt, aber ein gegenseitiges Abdrängen von Werkzeug und Werkstück hervorruft. Der Einsatz von Schleiföl bedingt für den erfolgreichen Einsatz eine hohe Systemsteifigkeit der Maschine, der Werkstückaufnahme und Werkzeugaufnahme und vom Werkstück und dem Schleifwerkzeug selbst.

Wässrigen Lösungen oder Emulsionen haben eine gute Kühlwirkung und überdecken durch leistungssteigernde Zusätze ein breites Anwendungsspektrum. Die Anwendung von wässrigen Lösungen und Emulsionen machen auch Schleifprozesse mit geringerer Systemsteifigkeit möglich, fordern aber eine höhere spezifische Schleifenergie pro abgetragenen Werkstoffvolumen bei erhöhten Werkstücktemperaturen **(Bild 2)** und einen etwas größeren Werkzeugverschleiß.

Arten und Wirkungen von Kühlschmierstoffen

Die **erreichbare Schmierwirkung** eines Kühlschmierstoffes **(Übersicht 1)** ist für den praktischen Einsatz ausschlaggebend.

- **Lösungen** bestehen aus in Wasser gelösten anorganischen Stoffen, z. B. Soda. Sie besitzen eine sehr gute Kühlwirkung bei mäßiger Schmierwirkung.
- **Emulsionen** sind mit einem entsprechenden Mischungsverhältnis feinverteiltes Öl in Wasser. Sie besitzen eine gute Kühlwirkung, aber nur geringe Schmierwirkung.
- **Schleiföle** sind Öle mit polaren EP-Zusätzen. Sie besitzen gute Schmierwirkung, jedoch nur noch geringe Kühlwirkung.

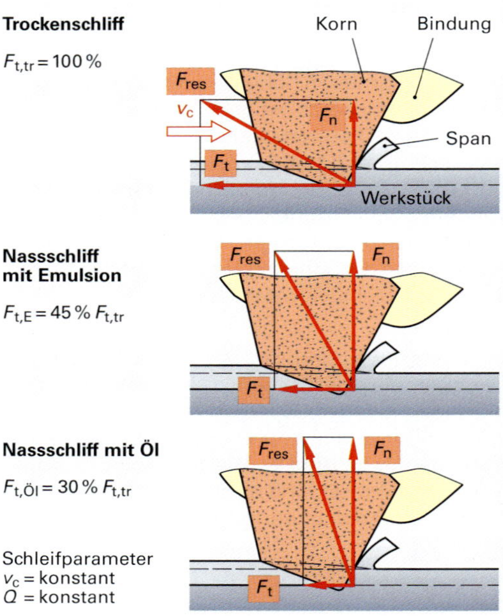

1 **Kräfte auf das Einzelkorn**

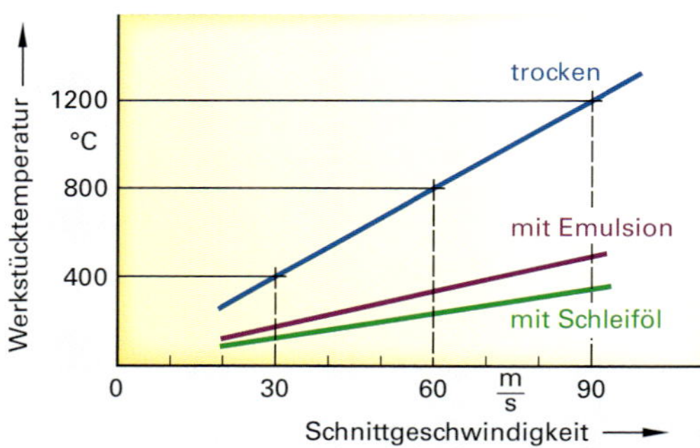

2 **Werkstückoberflächentemperatur**

Übersicht 1: Arten der Kühlschmierstoffe

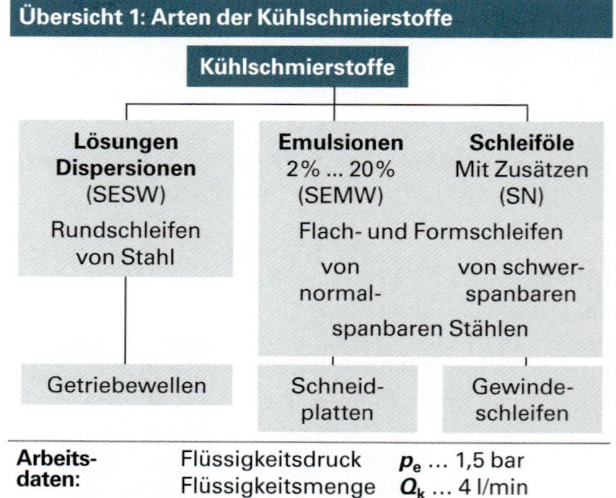

Zerspanungsvorgang und Zerspanungsgrößen

Schneidengeometrie

Schneidenform: Entsprechend der Einordnung der Schleifverfahren in die Gruppe der Fertigungsverfahren **Spanen mit geometrisch unbestimmten Schneiden** (DIN 8580) ergeben sich folgende Aussagen:

Bei Schleifwerkzeugen sind die Anzahl der **Schneiden,** die **Geometrie des Schneidkeils** und die **Lage der Schneiden zu den Werkstückflächen unbestimmt!**

Für den Schleifvorgang günstige Schneidenformen, d.h. das Größenverhältnis zwischen der Korngröße und dem Spitzenradius, erfüllen die Bedingungen:

- **negativer Spanwinkel** γ (– 80° ... – 60°),
- **Verhältnis** Korngröße: Spitzenradius 1 : 12 ...1 : 15.

Diese Vorgaben sind für **künstliche** und **natürliche Schleifmittel** anzustreben.

Für einen anschaulichen Vergleich zwischen einem Schneidkeil mit einer definierten Schneidengeometrie und der Schneidenform beim Schleifen ermittelt man mit statistischen Verfahren ein **mittleres Schneidenprofil** durch Abtasten der Schleifkörperoberfläche. Die Schneidenform (Schneidkeil) wird vorrangig durch den **Freiwinkel** α und den **negativen Spanwinkel** γ definiert **(Bild 1).**

Die **Verschleißfläche** A_{VK} ist mit der Freifläche am Drehmeißel vergleichbar.

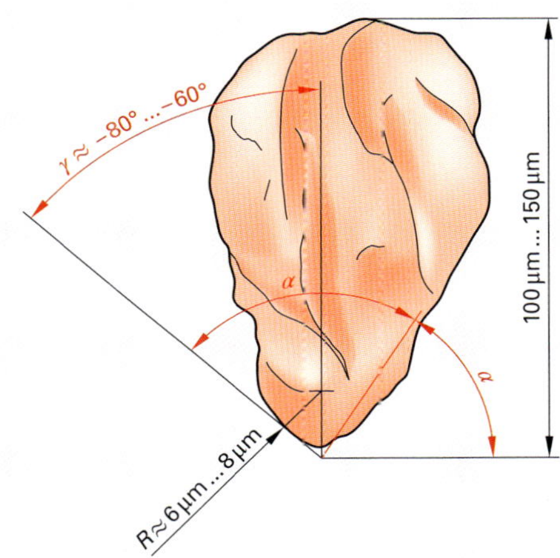

1 **Form und Schneidengeometrie eines idealen Schleifkorns**

Schneideneingriff

Die Bewegungsverhältnisse, Einstellwerte und die Scheidenform unterscheiden sich grundsätzlich von den Fertigungsverfahren mit geometrisch bestimmten Schneiden.

Die Spanabnahme ist gekennzeichnet durch:

- **Elastische** Werkstoffverformung beim Kontakt zwischen Schleifkorn und Werkstoffoberfläche.
- **Plastische** Werkstoffverformung mit zunehmender Eindringtiefe der Körner (Werkstoffstauchung).
- **Werkstofftrennung** in der Scherebene (Späne).
- Gleichzeitige **Werkstoffverfestigung** in seitlicher und radialer Richtung **(Bild 2).**

Diese Vorgänge überlagern sich mehrfach und führen somit zu einer kontinuierlichen Spanabnahme.

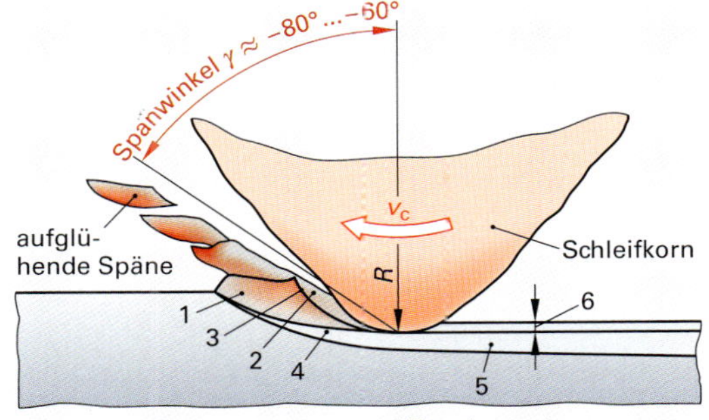

1 Vorlaufende Werkstoffstauchung
2 Abwandernder Werkstoffkeil
3 Werkstofftrennung in der Scherebene
4 Zunehmende Werkstoffverfestigung
5 Verfestigte Werkstoffschicht
6 Elastische rückgefederte Schicht

2 **Schneideneingriff**

Bei allen Schleifverfahren erfolgt der Werkstoffabtrag durch ein **vielschneidiges Werkzeug**. Die einzelnen gebundenen Körner mit ihrer unterschiedlichen Form und Lage und sich dadurch ständig ändernden Winkeln zum Werkstück erzeugen **unterschiedlichste Zerspanungsvorgänge.**

Die Spanbildung ist mit den allgemeinen Grundlagen der Zerspanungstheorie (Freiwinkel α, Keilwinkel β und negativer Spanwinkel $\gamma \approx -80° ... -60°$) der einzelnen Körner der Schleifscheibe erklärbar.

Spanbildung

Die **Zustellung a_e** und die **Relativbewegung** zwischen Werkstück und Werkzeug sowie die Schleifkornabstände sind die Ursachen für die Entstehung **minimaler kommaförmiger Späne (Bild 1)**.

Durch die Abtrennung von kontinuierlich entstehenden, zahlreichen Spanquerschnitten **AEE'** entsteht beim Schleifen zylindrischer Werkstücke allmählich ein Polygon als Werkstückquerschnitt.

Das entstehende Polygon besitzt umso mehr Ecken (Annäherung an die ideale Kreisform), je größer die Schnittgeschwindigkeit v_c im Verhältnis zur Werkstückgeschwindigkeit v_w ist. Die Schnittgeschwindigkeit v_c ist durch die Schleifscheibenstruktur begrenzt. Die farbliche Markierung der Schleifscheiben nach den Richtlinien des DSA und den Unfallverhütungsvorschriften kennzeichnen die zugelassenen maximalen Schnittgeschwindigkeitswerte.

Das Geschwindigkeitsverhältnis $$q = \frac{v_c}{v_w}$$

lässt sich am besten durch die Wahl der Werkstückgeschwindigkeit v_w erreichen **(Tabelle 1)**.

Darüber hinaus beeinflussen das Schleifverfahren, die Schleifart (Schruppen/Schlichten), der zu bearbeitende Werkstoff sowie das Gefüge, die Härte und die Körnung der Schleifscheibe das **Geschwindigkeitsverhältnis q (Tabelle 1)**.

Die möglichst stufenlose Einstellung der **Werkstückdrehzahl n_w** ist berechenbar aus den Einflussgrößen.

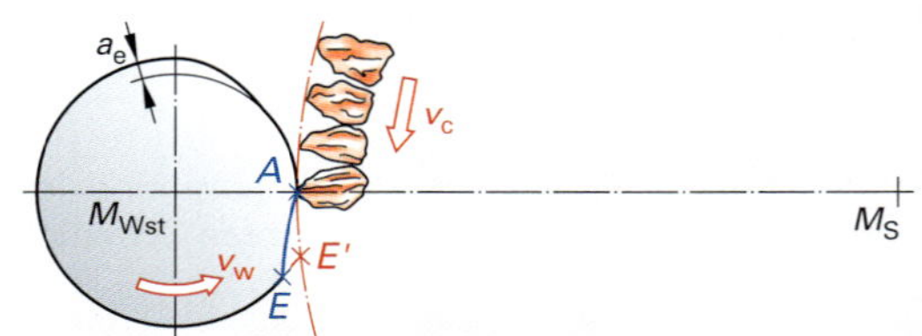

v_w – Werkstückgeschwindigkeit
v_c – Schnittgeschwindigkeit
a_e – Zustellung
M_{Wst}/M_S – Werkstück/Werkzeug-Mittelpunkte
AEE' – stark vergrößert dargestellte theoretische **Spanform**
A – Anfang der Spanabnahme durch ein Korn
E – Ende der Spanabnahme durch ein Korn
AE – Werkstück-Istoberfläche (Polygon)
EE' – entspricht dem Zahnvorschub f_z

1 Spanbildung beim Schleifen

Tabelle 1: Geschwindigkeitsverhältnis q (herkömmliches Schleifen)

Werkstoff	Planschleifen		Rundschleifen	
	Umfangs-schleifen	Seiten schleifen	außen	innen
Stahl	80	50	125	80
Gusseisen	65	40	100	65
Cu, Cu-Leg.	50	30	80	50
Leichtmetall	30	20	50	30

$$n_w = \frac{D \cdot n_1}{d \cdot q} \; (1/\text{min})$$

D – Schleifscheibendurchmesser (mm)
n_1 – Schleifscheibendrehzahl (1/min)
d – Werkstückdurchmesser (mm)
q – Geschwindigkeitsverhältnis

Hinweise für die praktische Arbeit:

- Eine **größere Geschwindigkeitsverhältniszahl q** ergibt eine **bessere Werkstückoberfläche**.
- Das **Zerspanvolumen nimmt** dabei **ab**, d. h. die Schleifbearbeitungszeit wird größer.
- **Brandflecke sind** durch die intensiveren Werkstück-Werkzeug-Kontakte **möglich**.

Der **Zahnvorschub f_z** wird aus dem Vorschubweg und der Summe der Schleifvorgänge je Werkstückumdrehung berechnet.

$$f_z = \frac{\pi \cdot d}{\pi \cdot q \cdot d / \lambda_{ke}} = \frac{\lambda_{ke}}{q} \; (\text{mm})$$

d – Werkstückdurchmesser (mm)
q – Geschwindigkeitsverhältniszahl
λ_{ke} – Effektiver Kornabstand (mm)

Der **Längsvorschub f_L** richtet sich nach dem zu schleifenden Werkstoff, der Schleifbreite, vorrangig aber nach der Schleifart.

$$f_L = \frac{1}{4} \ldots \frac{1}{3}\, b_s \text{ (mm) für Schlichten}$$

$$f_L = \frac{2}{3} \ldots \frac{3}{4}\, b_s \text{ (mm) für Schruppen}$$

b_s Schleifscheibenbreite (mm)

Die Maßhaltigkeit und die geometrische Werkstückform bearbeiteter Werkstücke kann durch ein zusätzliches Überschleifen ohne Zustellung – **Ausfeuern** – wesentlich verbessert werden.

Ausfeuerungshubzahlen der Praxis:

Werkstücke mit **IT 5**	**5 Ausfeuerungshübe**
Werkstücke mit **IT 6**	**3 Ausfeuerungshübe**
Werkstücke mit **IT 7**	**2 Ausfeuerungshübe**

Schleifmittel

Das Schleifkorn stellt das wichtigste Element des Schleifprozesses dar. Seine Eigenschaften bestimmen maßgebend die Wirtschaftlichkeit und das technische Ergebnis des Schleifvorgangs. Wegen des mechanischen, abrasiven Verschleißes des Schleifkorns wird eine hohe Härte sowie eine an das jeweilige Schleifproblem angepasste Korngröße und Kornform verlangt.

Die hohen Temperaturen in der Kontaktzone zwischen Schleifscheibe und Werkstoff beeinflussen die Eigenschaften der Schleifkörnung zusätzlich.

Die bei Raumtemperatur große Härtedifferenz zwischen Schleifmittel und Werkstoff verringert sich mit zunehmender Prozesstemperatur. Die Werte für die Bruchzähigkeit liegen für die Schleifmittel niedriger als die entsprechenden Werte der bearbeiteten Werkstoffe bzw. niedriger als bei Schneidstoffen, die mit definierter Schneidengeometrie angewendet werden. Gesinterte Korunde weisen bei gleicher Härte wie Schmelzkorunde eine höhere Zähigkeit auf. Eine gesteigerte Härte und Bruchzähigkeit besitzen Schleifkörner aus kubischem Bornitrid und synthetischem Diamant.

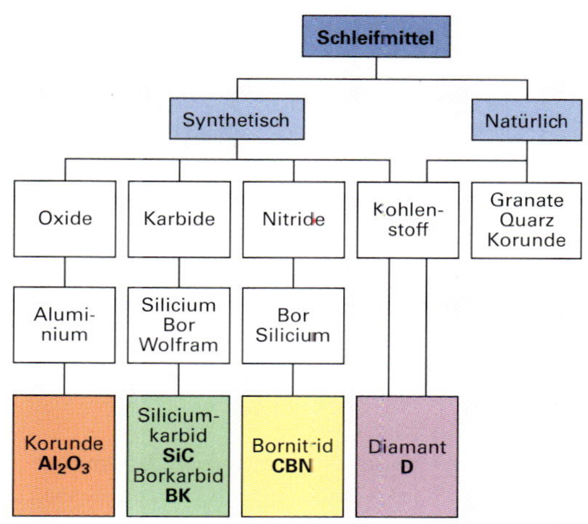

2 Schleifmittelarten

Ein ideales Schleifkorn müsste die Härte des Diamanten und die Bruchzähigkeit beispielsweise von Werkzeugstahl haben. Durch die hohen Prozesstemperaturen in der Kontaktzone ist es wichtig, die entstehende Wärmemenge schnell aus der Kontaktzone abzuführen **(Bild 1)**. Hierbei leistet die Kühlschmierung einen wichtigen Beitrag. Nicht unwesentlich ist eine hohe Wärmeleitfähigkeit des verwendeten Schleifmittels.

Bei Korunden ist die Wärmeleitfähigkeit geringer als bei Bornitridkörnern oder Diamantkörnern. Bei schmelztechnisch hergestellten Korunden, Siliziumkarbid, CBN und Diamant ist das Bruchverhalten des Schleifkorns ähnlich. Diese anisotropen Kristallstrukturen brechen großflächig, schollenartig entlang von Vorzugsebenen und verlieren damit mit jedem Bruch einen großen Teil ihrer nutzbaren Wirkoberfläche. Durch den mikrokristallinen Aufbau der Sinterkorunde entsteht ein Korn mit isotropen Eigenschaften, dem diese Vorzugsebenen zur Rissbildung fehlen. Es brechen nur kleine, abgestumpfte Kristallbereiche aus dem Schleifkorn aus und geben dadurch wieder neue, scharfe Schneidkanten frei.

Neben den natürlich vorkommenden Schleifmitteln wie Granate, Quarz oder Korund werden heute meistens künstlich hergestellte (synthetische) Schleifmittel eingesetzt **(Bild 2)**. Die Synthetischen Schleifmittel garantieren reproduzierbare Eigenschaften und unterschiedliche Schleifkorngeometrien mit spezifischen Schleifeigenschaften. In Schleifwerkzeugen werden hauptsächlich Edelkorund, Siliziumkarbid, Borkarbid, Bornitrid und Diamant verarbeitet.

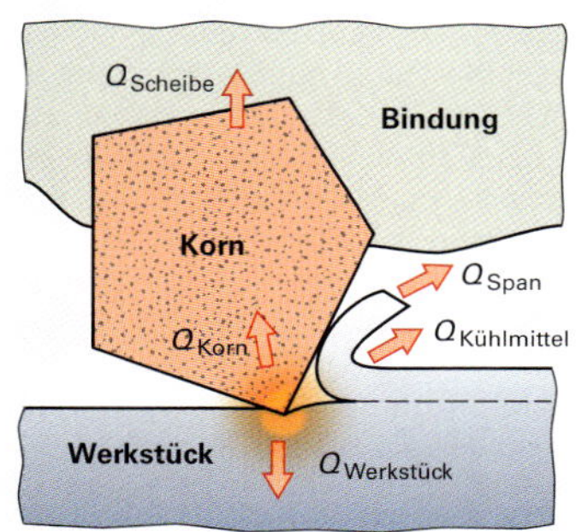

1 Wärmeeinfluss in der Schleifzone

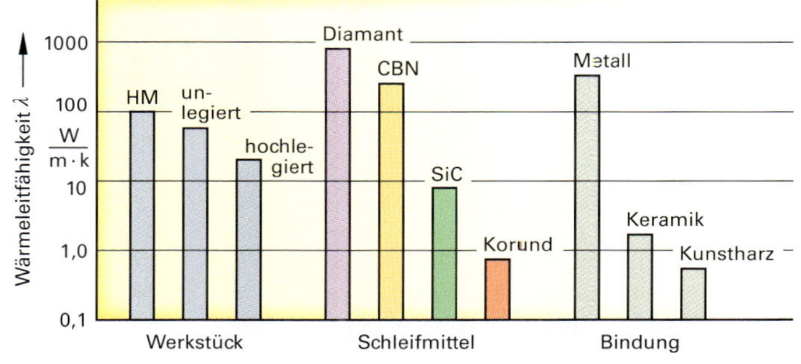

Herstellung der Schleifmittel

Synthetischer Korund, A

Der Ausgangsrohstoff für die Herstellung von Edelkorund ist Bauxit. Abgebaut wird Bauxit in Australien, Frankreich und Südafrika. Bauxit oder Tonerde enthält als wasserhaltiges Aluminiumoxid ca. 60 % bis 65 % Al_2O_3. Weitere Bestandteile sind:

- Eisenoxid mit 10 % bis 15 % Fe_2O_3,
- Kieselsäure, Quarz, Siliziumoxid 4 % bis 7 % SiO_2,
- Kristallwasser 14 % bis 18 % H_2O.

Der Edelkorund steht in enger Verwandtschaft zu den Edel- und Halbedelsteinen, da diese ebenfalls aus Verbindungen mit Aluminium und Silizium bestehen.

Die schmelztechnische Herstellung von Edelkorund

Bauxit, $Al_2O_3 + SiO_2 + Fe_2O_3$ (Tonerde) wird getrocknet, bis ca. 15 mm Korngröße zerkleinert, mit Reduktionskohle (C) gemischt und dem Lichtbogenofen zugeführt. Während des Schmelzprozesses bei ca. 2200 °C wird der Korund aus dem Bauxit erschmolzen. Während das Tonerdehydrat des Bauxit in Aluminiumoxid übergeht, werden die entstehenden Nebenprodukte abgestochen. Nebenprodukte sind hauptsächlich elementares Eisen und Eisen-Silizium-Verbindungen. Der freiwerdende Sauerstoff fördert die Verbrennung der Verunreinigungen. Durch die unterschiedlichen Dichten von Korund (3,75 g/cm^3 bis 4 g/cm^3) und Eisen (7,8 g/cm^3) separieren sich im Schmelzofen die Phasen und können leicht getrennt werden. Der erkaltete Korundblock wird für die Weiterverarbeitung grob gebrochen. Entsprechend dem Anteil metallischer Oxide wird zwischen Normal-, Halbedel- und Edelkorund unterschieden.

Synthetischer Korund, sintertechnisch hergestellt

Schmelztechnisch hergestellte Schleifkörner aus Korund weisen nur eine kleine Anzahl von Kristallen auf. Beim Schleifprozess bricht das Schleifkorn aufgrund des Anpressdruckes flach entlang der Kristallebene. Mit jedem dieser Kristallbrüche verliert das Schleifkorn einen Großteil seiner nutzbaren Wirkoberfläche und stumpft ab. Gesintertes Aluminiumoxid besitzt dagegen eine gleichmäßige mikrokristalline Struktur, die durch das stufenweise Ausbrechen der Mikro-Kristalle (Korngröße < 1 µm) einen Selbstschärfe-Effekt bewirkt. Zur Herstellung solcher Mikrokristallstrukturen werden aufgeschlämmte, mikroskopisch kleine Aluminiumoxidteilchen gepresst und einem Trockenvorgang unterzogen. Die getrocknete Masse wird zerkleinert, entsprechend der Korngrößen ausgesiebt und anschließend gesintert. Ein so hergestelltes Schleifkorn besitzt eine isotrope Kristallstruktur mit richtungsunabhängigen Eigenschaften und ist etwa 15 % härter als konventionell erzeugter Edelkorund. Beim Schleifprozess stehen ständig neue, scharfe Schneidkanten zur Verfügung, die die Wärmebelastung für das Werkstück reduzieren und die Schneidhaltigkeit des Werkzeugs erhalten. Das gesinterte Aluminiumoxid überbrückt den großen Leistungsunterschied zwischen dem Edelkorund- und dem Bornitridkorn (BN).

Die im Werkzeugbau häufig zu schleifenden hochlegierten Stähle erfordern extrem scharfe und widerstandsfähige Schleifmittel. Schleifwerkzeuge mit gesintertem Aluminiumoxid bringen bei diesen schwer zu schleifenden Werkstoffen, mit Härten bis zu 65 HRC, bei guten Standzeiten hohe Abtragsleistungen und einen kühlen Schnitt.

Siliziumkarbid, SiC

Siliziumkarbid ist ein elektrochemisches Produkt. Es wurde 1890 bei der Herstellung von synthetischem Diamant entdeckt. Die Dichte von Siliziumkarbid beträgt 3,2 g/cm^3 und ist damit leichter als Edelkorund. Ausgangsprodukt zur Herstellung von Siliziumkarbid ist Quarzsand, SiO_2. Im Gegensatz zu Edelkorund wird SiO_2 nicht erschmolzen, sondern bei ca. 2000 °C auskristallisiert. Die Kristalle wachsen um den Heizkern, Kohleelektroden mit einem halben Meter Durchmesser, über den elektrische Energie zugeführt wird. Um den Heizkern reichert sich das Siliziumkarbid stark mit Kohlenstoff an und erhält dadurch seine schwarze Farbe. Mit zunehmender Entfernung vom Heizkern verändert sich die Farbe von blaugrün bis grün. Das grüne Siliziumkarbid wird wegen seiner großen Härte überwiegend zum Präzisionsschleifen verwendet, während das schwarze SiO_2 für Schrupparbeiten mit grobkörnigen und kunstharzgebundenen Schleifscheiben eingesetzt wird.

Bornitrid, CBN

Bornitrid ist eine chemische Verbindung der Elemente Bor und Stickstoff und nach dem Diamant das zweithärteste Schleifmittel. Wegen des fehlenden Kohlenstoffs liegt seine Temperaturbeständigkeit über der des Diamanten, bei etwa 1200 °C. Das scharfkantige Schleifkorn aus CBN besitzt eine gute Wärmeleitfähigkeit und ist geeignet für harte, karbidbildende Werkstoffe wie harte Stahl- und Gusswerkstoffe, Nickellegierungen und Pulverstähle.

Diamant, D

Wegen seiner hohen Härte und seinem großen Verschleißwiderstand wird Diamant für harte, schwer zerspanbare Werkstoffe mit kurzen Spänen oder staubförmigem Abrieb wie z. B. Hartmetall, Glas, Keramik oder PKD eingesetzt. In der schleiftechnischen Anwendung wird in den meisten Fällen synthetisch hergestellter Diamant angewendet. Natürlicher Diamant wird manchmal in Abrichtwerkzeugen benutzt. Durch eine Metallummantelung der Diamantkörner werden in kunstharzgebundenen Schleifscheiben die Wärmeableitung und das Haftvermögen der Schleifkörner in der Bindung verbessert. Diamant- und BN-Schleifwerkzeuge bestehen aus einem metallischen Grundkörper mit hoher Präzision und dem darauf aufgebrachten Schleifbelag in Keramik- oder Metallbindung. Das Leistungspotenzial von Diamantscheiben hängt ganz entscheidend von der Konzentration, d. h. vom Volumenverhältnis Schleifkornanteil zu Bindemittelanteil ab. Definiert wird die Konzentration durch eine dimensionslose Kennzahl, die einer bestimmten Diamantmenge (Gewicht des Abrasivs) in Karat[1)] pro cm^3 Belagsvolumen entspricht.

[1)] 1 Karat = 0,2 g

Schleifkorngröße (Schleifmittelkörnung)

Neben der Schleifstoffqualität bestimmt die Korngröße weitgehend die Leistung der Scheibe, den zeitlichen Werkstoffabtrag, die Wirtschaftlichkeit des Schleifvorganges und die Güte der erzielten Schleifflächen. Zur Gewährleistung der Schneidhaltigkeit bei vorgeschriebener Rautiefe sind Korngrößen in enger Kalibrierung unerlässlich; sie werden durch Siebung oder Präzisionsschlämmung erzeugt. Mit großen Körnungen erzielt man einen größeren Materialabtrag, andererseits erhöhen kleinere Körnungen die Qualität der Werkstückoberfläche.

Die Schleifkörner werden auf Rüttelsieben auf die jeweilige Korngröße sortiert. Die Körnungskennzahl ist mit der Anzahl der Siebmaschen auf 1 Zoll Randlänge identisch. Eine kleine Zahl bedeutet wenig Maschen pro 1 Zoll und damit grobes Korn, eine große Kennzahl steht für kleine Siebmaschen und entsprechend feines Korn. Nach DIN liegen die Kennzahlen der Makrokörnungen von grob bis fein zwischen 4 und 220, die sehr feinen Mikrokörnungen von 230 bis 1200.

Während sonst bei Schleifscheiben die höheren Zahlenangaben für feinere Körnungen stehen, ist es bei Diamantscheiben und bei CBN-Scheiben umgekehrt **(Tabelle 1)**.

Bei CBN und Diamant gelten die Normen für Körnungen nach:

- **FEPA,** Verband Europäischer Schleifmittelhersteller (Federation of European Producers of Abrasives),
- **ISO,** International Standards Organization
- **Mesh,** Amerikanische Maßeinheit für Korngrößen (engl. mesh = (Sieb-)gitter) **(Tabelle 1)**.

Die Konzentration ist das Verhältnis des Diamant-Gewichts oder CBN-Gewichts in Karat (0,2 g) zu einem Kubikzentimeter Belagvolumen. Nach FEPA entspricht die Konzentration „100" einem Diamant-Inhalt von 4,4 Karat pro Kubikzentimeter Belagvolumen; alle anderen Konzentrationen sind proportional **(Tabelle 2)**. Die Konzentration beeinflusst das Schnittvermögen und die Standzeit der Scheibe stark; sie bestimmt aber auch weitgehend ihren Preis.

Die Oberflächenqualität hängt von der Korngröße, der Schleifoperation und damit auch vom Werkstoff ab. Die Richtwerte in **Tabelle 3** beziehen sich auf allgemeines Werkzeugschleifen mit Diamant und CBN in kunstharzgebundenen Topfscheiben auf der Hartmetallsorte K20 bzw. HSS. Um mit CBN eine gleichwertige Oberfläche zu erreichen, muss eine zweifach bis dreifach feinere Korngröße gewählt werden.

Tabelle 1: Körnungen für CBN-Werkzeuge und für Diamantschleifwerkzeuge (D)

Körnung	FEPA B/D	DIN ISO 6106	Mesh	mittlere Korngröße in µm	Anwendung
Ultrafein			1200	3/0,25	Polierschleifen
			1000	4,5	Feinschleifen
Sehr fein	7 15 30 46	7 15 30 35	325/400	44/37	
Fein	54 64 76 91	45 55 60 85	270/325 230/270 200/230 170/200	53/44 63/53 74/63 88/74	Fertigschleifen
Mittel	107 126	90 110	140/170 120/140	105/88 125/105	
Grob	151 181	120 180	100/120 80/100	149/125 177/149	Vorschleifen
Sehr grob	213 251	200 250	70/80 60/70	210/177 250/210	
Spezial	301 426	280 350	50/60 40/50	297/250 420/297	

Tabelle 2: Übliche Konzentration

Diamant	Karat/cm³	CBN	Karat/cm³
C50	$\geq 2{,}2$ ct/cm³	V120	$\geq 2{,}09$ ct/cm³
C75	$\geq 3{,}3$ ct/cm³	V180	$\geq 3{,}13$ ct/cm³
C100	$\geq 4{,}4$ ct/cm³	V240	$\geq 4{,}18$ ct/cm³
C125	$\geq 5{,}5$ ct/cm³	V300	$\geq 5{,}22$ ct/cm³

Tabelle 3: Richtwerte für mittlere Rautiefe Ra

Schleifvorgang	FEPA-Korngrößen		Mittl. Rauwert Ra (µm)	
	Diamant	CBM	Diamant	CBM
Schruppen	– – – – – – – – – – – – – – – – – –	B301 B251 B213 B181 B151 B126	– – – – – – – – – – – – – – – – – –	301 251 213 181 151 126
Grobschleifen	D181 D151 D126	B107 B91 B76	0,53 0,50 0,45	107 91 76
Vorschleifen	D107 D91 D76	B64 B54 B46	0,40 0,33 0,25	64 54 46
Feinschleifen	D64 D54 D46	– – – – – – – – –	0,18 0,16 0,15	– – – – – – – – –
Ultrafeinschleifen	MD25 MD20 MD10	– – – – – – – – –	0,12 0,05 0,025	– – – – – – – – –

Schleifmittelbindung

Die Bindung hat die Aufgabe, das Schleifkorn in der Schleifscheibe so lange festzuhalten, bis es abgenutzt ist. Danach soll das Schleifkorn durch die angestiegenen Schnittkräfte entweder brechen und damit neu scharfe Schneidkanten freigeben oder als Ganzes aus der Bindung ausbrechen und neuen Körnern Platz machen.

Die Scheibenleistung und die Wirtschaftlichkeit der Schleifoperation werden neben der Schleifstoffqualität, der Korngröße und der Arbeitsgeschwindigkeit **(Tabelle 1)** vor allem durch eine optimal gewählte Bindung bestimmt. Neben der Kornungsgröße und der Konzentration beeinflusst die Bindung auch selbst die Schleifleistung. Im Allgemeinen haben die Scheiben mit harter Bindung eine längere Lebensdauer. Der Scheibenquervorschub und die Lebensdauer der Scheibe stehen in einem umgekehrten Verhältnis zueinander. Je höher der Scheibenquervorschub wird, desto kürzer wird die Lebensdauer der Scheibe.

Die verschiedenen Bindungen unterscheiden sich durch die allgemeinen Eigenschaften **(Tabelle 2)**:

- Formbeständigkeit,
- Zähigkeit,
- Wärmeleitfähigkeit,
- Dämpfung **(Bild 1)**,
- Temperaturbeständigkeit,
- Profilierbarkeit bzw. Abrichtbarkeit.

Die wesentlichen Anforderungen an die Schleifmittelbindung sind:

- Festhalten der scharfen Schleifkörner beim Schleifprozess,
- Festhalten der abgestumpften Körner beim Nachschärfeprozess,
- Kornbruch durch Schleifkräfte, Selbstschärfung
- Kornbruch durch Werkzeuge, Abrichtprozess
- Freigabe der abgestumpften Restkörner,
- geringer Verschleiß der Abrichtwerkzeuges,
- angepasste mechanische Eigenschaften, Festigkeit, E-Modul, Dämpfung, Zähigkeit,
- thermische Beständigkeit,
- ausreichende Wärmeleitfähigkeit und geringe Wärmeübergangswiderstände zur Ableitung der Wärme aus dem Schleifkorn,
- Absorbieren der Stoßbeanspruchung,
- Abriebbeständigkeit gegen Späne und Schleifscheibenabrieb,
- Grenzschichtbildung durch chemische Reaktion mit dem Schleifkorn,
- keine chemischen und physikalischen Reaktionen mit dem Werkstückwerkstoff bzw. den Spänen,
- Beständigkeit gegen Kühlschmiermittel,
- gute Verarbeitbarkeit bei der Scheibenherstellung.

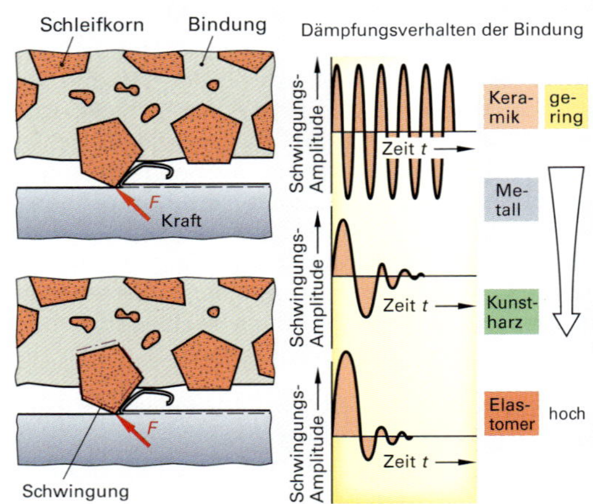

1 Dämpfungsverhalten der Bindung

Tabelle 1: Arbeitsgeschwindigkeiten für Diamantscheiben und für CBN-Scheiben

	Kunstharzbindungen		**Metallbindungen**	
Art des Schleifens	Nassschliff	Trockenschliff	Nassschliff	Trockenschliff
Diamant-Schleifscheiben				
Oberflächenschleifen	20 bis 30 m/s		15 bis 20 m/s	
Innenzylindrisches Schleifen	16 bis 25 m/s	15 bis 20 m/s	15 bis 20 m/s	10 bis 15 m/s
Außenzylindrisches Schleifen	20 bis 30 m/s		15 bis 25 m/s	
Werkzeugschleifen	18 bis 28 m/s	15 bis 20 m/s	15 bis 20 m/s	10 bis 15 m/s
CBN-Schleifscheiben				
Oberflächenschleifen	22 bis 35 m/s		20 bis 25 m/s	
Innenzylindrisches Schleifen	20 bis 30 m/s	18 bis 25 m/s	15 bis 25 m/s	15 bis 20 m/s
Außenzylindrisches Schleifen	22 bis 35 m/s		20 bis 25 m/s	
Werkzeugschleifen	20 bis 30 m/s	18 bis 25 m/s	15 bis 20 m/s	5 bis 25 m/s

Tabelle 2: Bindungseigenschaften

	Dämpfung	**Formbeständigkeit**	**Temperaturbeständigkeit**	**Wärmeleitfähigkeit**	**Abrichtbarkeit**
Kunstharz	gut	gut	gut	gut	sehr gut
Metall	gering	sehr gut	sehr gut	sehr gut	gut
Keramik	gering	gut	sehr gut	gering	sehr gut
Elastomer	sehr gut	gering	gering	gering	gut

Bindungen

Die Hauptgruppen mit Kennbuchstaben sind:

- V keramische Bindungen,
- B Kunstharzbindungen,
- M Metallbindungen,
- R Elastomerbindung.

Keramische Bindung (Kennbuchstabe V)

Die keramische Bindung setzt sich hauptsächlich aus Tonerde, Quarz und Feldspat zusammen. Durch das Brennen bei etwa 1000 °C bis 1400 °C umschließt die Bindung das Schleifkorn und bildet Bindungsbrücken von Schleifkorn zu Schleifkorn mit der gewünschten Porosität des Gefüges. Die Bindungskomponenten werden beim Brennvorgang in wärme- und chemisch beständiges, sprödes Glas bzw. Porzellan umgewandelt. Keramische Bindungen werden überwiegend zum Präzisionsschleifen von Stählen mit Korundscheiben oder Siliziumkarbidscheiben verwendet. Etwa 60 % der gesamten Schleifscheibenproduktion ist keramisch gebunden. Keramisch gebundene Schleifwerkzeuge zeichnen sich durch gute Kanten- und Formstabilität aus, sind temperaturbeständig und leicht abrichtbar.

Kunstharzbindung (Kennbuchstabe B)

Hierbei handelt es sich um Reaktionsprodukte von Phenol und Formaldehyd. Es bilden sich bei etwa 160 °C bis 180 °C sehr feste und hochelastische Phenolharze und Phenolplaste. Diese Eigenschaften erlauben den Einsatz in Abgratscheiben oder Trennscheiben, auch mit Gewebeverstärkung bei hohen Umfangsgeschwindigkeiten und das Profilschleifen harter Werkstoffe mit Bornitrid- und Diamantschleifscheiben.

Metallbindung (Kennbuchstabe M)

Diamantschleifwerkzeuge und Bornitridschleifwerkzeuge zum Profil- und Werkzeugschleifen werden häufig mit einer galvanisch oder gesinterten Metallbindung auf einen Tragkörper aus Stahl oder Aluminium aufgebracht. Die metallische Bindung besitzt eine ausgezeichnete Formbeständigkeit, Kornhaftung und Temperaturbeständigkeit, gute Zähigkeit und eine große Wärmeleitfähigkeit, während die Dämpfungseigenschaften und die Profilierbarkeit weniger stark ausgeprägt sind.

Elastomerbindung (Kennbuchstabe R)

Gummibindungen werden aus Naturgummi (Latex), der durch Vulkanisieren gehärtet wird, und aus synthetischem Gummi hergestellt. Elastomerbindungen besitzen eine hohe Dämpfung, Zähigkeit und gute Profilierungseigenschaften. Sie sind weniger formstabil und bei geringer Wärmeleitfähigkeit nicht öl- und temperaturbeständig. Elastomergebundene Schleifscheiben werden häufig in Verbindung mit feiner Körnung für höchste Oberflächengüten verwendet.

Härte und Gefüge

Der Härtebegriff ist in Bezug auf die Schleifscheibenhärte keine eindeutige Definition im physikalischen Sinne. Die Härte von Schleifscheiben wird ohne Angabe einer Dimension wie folgt definiert:

> Unter Schleifscheibenhärte versteht man den Widerstand gegen das Herauslösen von Schleifmittelkörnern aus dem Schleifkörper, der von der Haftfähigkeit der Bindung am Korn und von der Festigkeit der Bindungsbrücken abhängig ist.

Der Aufbau für ein Schleifwerkzeug ist dann optimal, wenn das abgestumpfte Korn nach der ihm zukommenden Zerspanungsarbeit von der Bindung ganz oder teilweise freigegeben wird. Bei einem Schleifwerkzeug mit einem bestimmten Bindungstyp wird die Härte von der relativen Bindungsmenge bestimmt.

Der Härtegrad ist keine Angabe der Schleifmittelhärte, sondern der Gebrauchsfestigkeit des Schleifwerkzeugs. Der Härtegrad einer Schleifscheibe wird mit einem Buchstaben von A (sehr weich) bis Z (äußerst hart) gekennzeichnet. Harte Schleifwerkzeuge erfordern in Verbindung mit feiner Körnung eine hohe Systemsteifigkeit und eine größere Antriebsleistung der Maschine.

Das Gefüge des Schleifwerkzeugs ist durch die Abstände zwischen den Schleifkörnern bestimmt und wird nach dem Volumengehalt des Schleifmittels im Schleifkörper gemessen **(Bild 1)**.

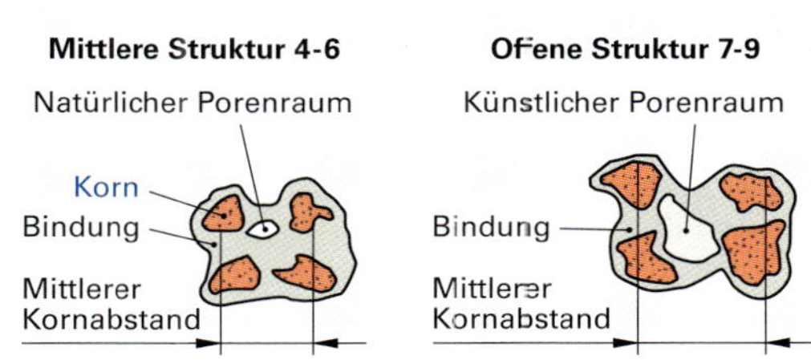

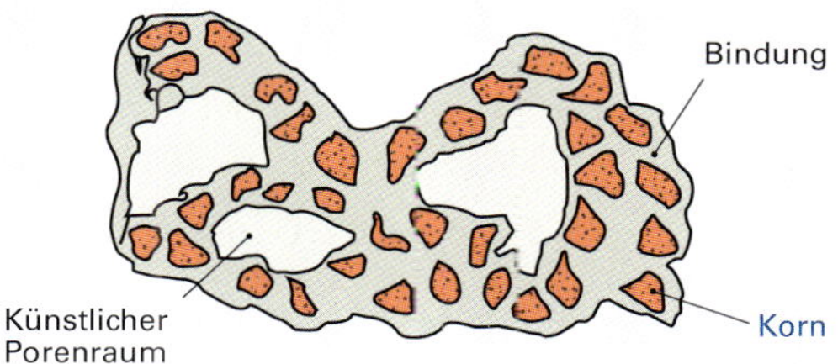

1 Gefügestruktur

Die schneidenden Schleifmittelkörner werden von der Bindung festgehalten und die restlichen Zwischenräume bilden die Poren in der Bindungsmatrix. Die Schleifscheiben mit dem dichtesten Gefüge enthalten über 60 Volumenprozent eng aneinanderliegender Schleifkörner und sind mit den Gefügestrukturzahlen 1 oder 2 bezeichnet **(Bild 1)**.

Bei größeren Abständen zwischen den Schleifkörnern hat die Bindungsmatrix ein offenes Gefüge. Schleifscheiben mit einem offenen Gefüge und entsprechend großer Gefügeporosität werden mit den Kennzahlen 15 oder höher gekennzeichnet **(Tabelle 1)**. Die Herstellung von keramisch gebundenen Schleifkörpern mit induzierter Porosität erfolgt durch die Zugabe von porenbildenden Stoffen. Während des Brennverfahrens verbrennt das Zusatzmittel und hinterlässt ein erweitertes Porenvolumen.

Diese Schleifscheiben werden immer dann angewendet, wenn verfahrensbedingt eine größere Kontaktfläche zwischen dem Schleifwerkzeug und dem Werkstück benötigt wird oder eine kühle Schneidfähigkeit erforderlich ist.

Schleiftechnisches Grundprinzip

Je größer der Berührungsbogen bzw. die Kontakt- oder die Eingriffslänge des Schleifwerkzeuges am Werkstück ist, desto härter, dichter und feiner ist die Wirkung.

Das bedeutet, die Schleifkörperstruktur muss mit größer werdendem Berührungsbogen gröber, weicher und offener gewählt werden, um eine thermische Schädigung der Werkstückoberfläche zu vermeiden (Innenrundschleifen).

Grobe Körnungen für große Eingriffsflächen, feine Körnungen für kleine Eingriffsflächen. Je kleiner die Eingriffsfläche, desto härter wählt man die Schleifscheibe.

Die Auswahl und die anteilmäßige Abstimmung der nachfolgenden Kenngrößen entscheiden über die Qualität und die Wirtschaftlichkeit des jeweiligen Schleifprozesses und dient der vollständigen Spezifikation von Schleifkörpern **(Bild 2)**:

- Schleifmittel,
- Korngröße,
- Härtegrad,
- Gefügeaufbau,
- Bindung.

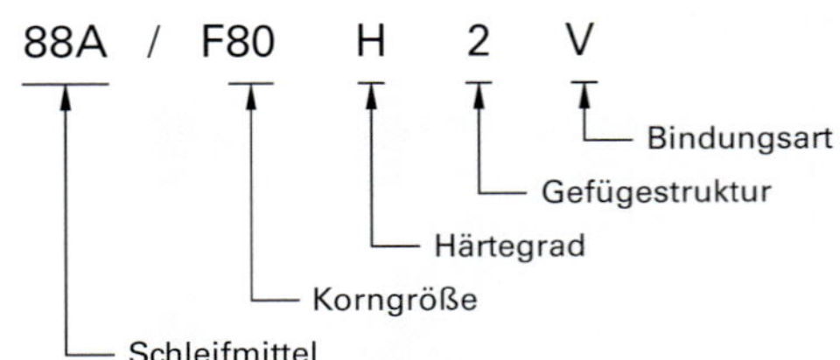

1 Spezifikation nach DIN ISO 525

Tabelle 1: Schleifmittelspezifikation nach DIN ISO 525

Schleifmittel			
A	= Normalkorund	13 A	= Sinterbauoxidkorund (Stäbchenkorund)
10A	= Normalkorund		
50A	= Halbedelkorund	21A	= Zirkonkorund
21A	= Zirkonkorund	28A	= Zirkonkorund
52A	= Halbedelkorund		
28A	= Zirkonkorund	C	= Siliziumkarbid
88A	= Edelkorund rosa	B	= Bornitrid
89A	= Edelkorund weiß	D	= Diamant
90A	= Spezialkorund		
91A	= Spezialkorund		
Korngröße F			
sehr grob:	8, 10, 12		
grob:	14, 16, 20, 24		
mittel:	30, 36, 45, 54, 60		
fein:	70, 80, 90, 100, 200		
sehr fein:	150, 180, 220, 240		
staubfein:	280, 320, 400, 500, 600, 900, 1000, 1200, 1600		
Härtegrad		**Gefügestruktur**	
sehr weich:	D, E, F, G	dicht:	0 bis 3
weich:	H, I, J, K	mittel:	4 bis 6
mittel:	L ,M, N, O	offen:	7 bis 9
hart:	P, Q, R, S	porös:	10 bis 12
sehr hart:	T, U, V, W	hoch porös:	bis 30
äußerst hart:	H, Y, Z		
Bindung			
Keramik	V	Gummi	R
Kunstharz	B	Metall	M

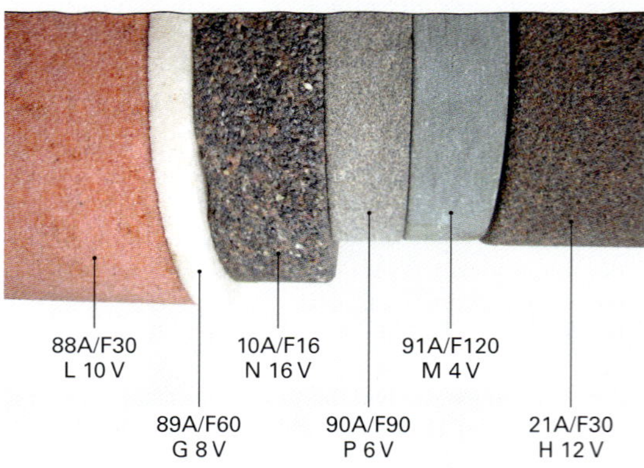

2 Schleifmittelspezifikationen

Schleifkörper aus gebundenem Schleifmittel nach ISO 603 (Auswahl)

Bildliche Darstellung (▶ Zeichen für die bevorzugte Wirkfläche)		Nennmaße
gerade Schleifscheiben		
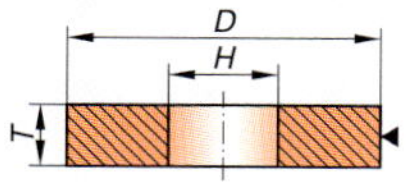	**ohne Aussparung**	D x T x H Beispiel: 300 x 20 x 127
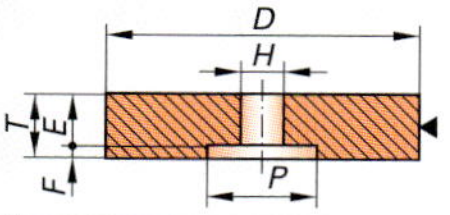	**einseitig ausgespart**	D x T x H – P … x F … Beispiel: 508 x 50 x 304,8 – P 390 x F 20
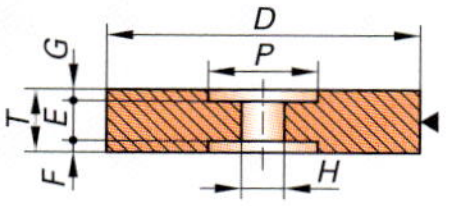	**zweiseitig ausgespart**	D x T x H – P … x F/G … Beispiel: 760 x 100 x 304,8 – P 410 x F 30/G 30
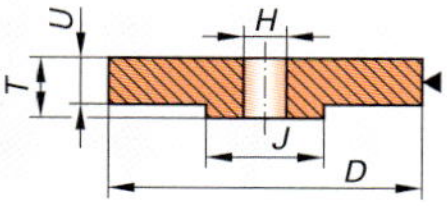	**einseitig abgesetzt**	D/J x T/U x H Beispiel: 610/390 x 32/20 x 304,8
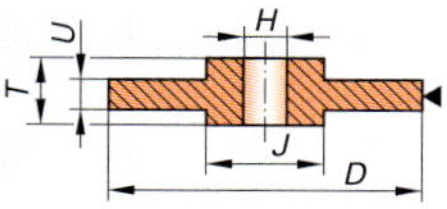	**zweiseitig abgesetzt**	D/J x T/U x H Beispiel: 610/390 x 32/20 x 304,8
konische und verjüngte Schleifscheiben		
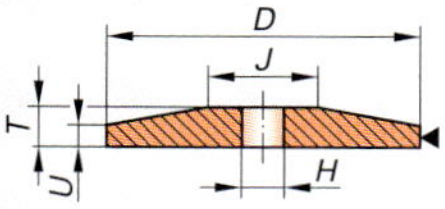	**einseitig konisch**	D/J … x T/U … x H Beispiel: 300/J 100 x 32/U 4 x 76,2
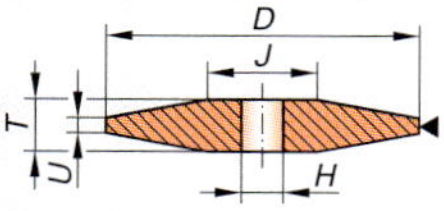	**zweiseitig konisch**	D … x T … x H Beispiel: 150 x 25 x 20
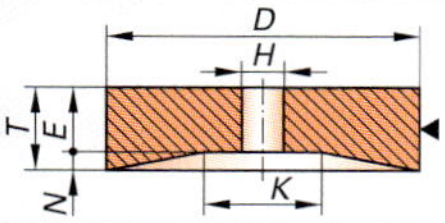	**einseitig verjüngt**	D/K … x T/N … x H Beispiel: 508/K 400 x 50/N 5 x 304,8

Bildliche Darstellung (▶ Zeichen für die bevorzugte Wirkfläche)		Nennmaße
Schleifscheiben mit Tragscheibe		
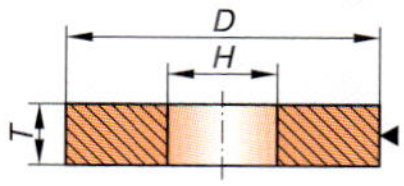	**Schleifscheibe mit Tragscheibe verklebt**	D x T x H Beispiel: 450 x 63 x 200
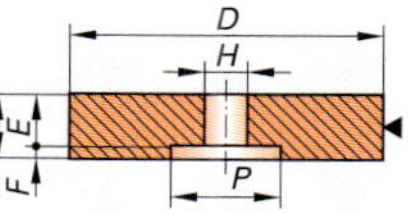	**Schleifscheibe mit Tragscheibe verschraubt**	D x T x H Beispiel: 600 x 70 x 20
Topf- und Tellerscheiben		
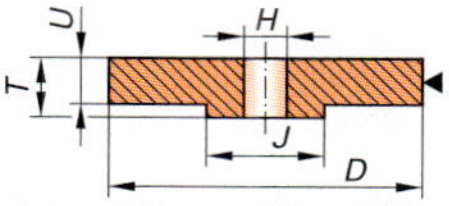	**zylindrischer Schleifkopf**	D x T x H – W … x E … Beispiel: 200 x 63 x 76,2 – W 20 x E 20
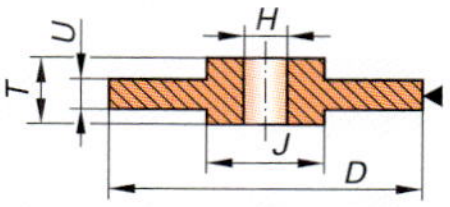	**kegliger Schleifkopf**	D/J … x T x H – W … x E … x K … Beispiel: 150/J 114 x 50 x 32 – W 10 X E 13 x K 96
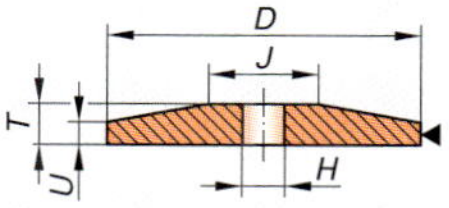	**Schleifteller**	D/J … x T/U x H – W … x E … x K … Beispiel: 200/J 92 x 32/U 3,2 x 32 – W 10 x E 12 x K 92
Schleifstifte		
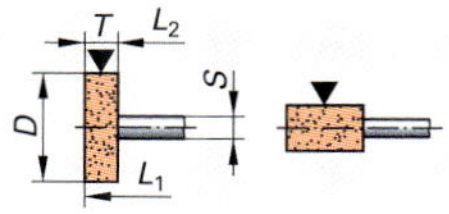	**Schleifstift** (Zylinderform ZY)	D x T x S Beispiel: 20 x 20 x 03

ISO-Formen für Diamant- und CBN-Schleifscheiben (Auswahl)

Außenrundschleifen	Innenrundschleifen	Planschleifen	Werkzeugschleifen
ISO-Form 1 A 1	ISO-Form 1 A 1 W	ISO-Form 11 A 2	ISO-Form 12 V 2

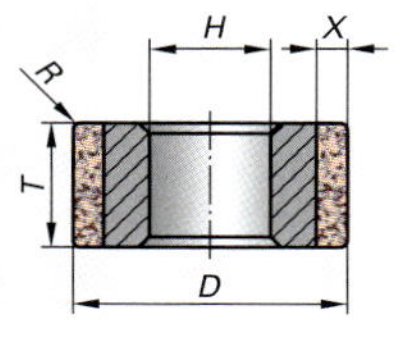

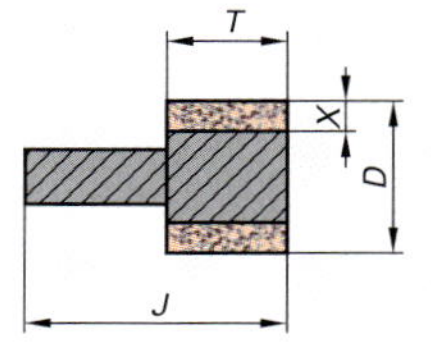

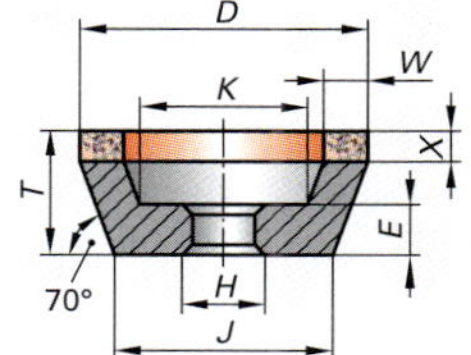

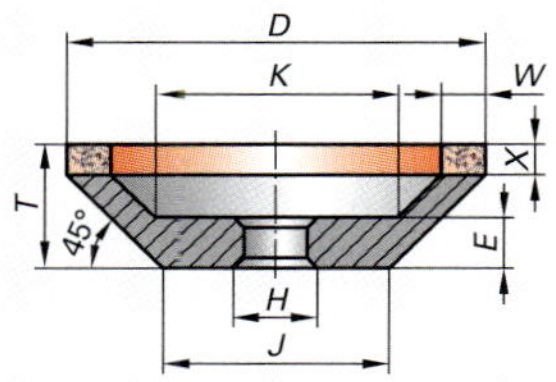

Schnittwerte beim Schleifen

Entsprechend dem Schleifwerkzeugdurchmesser und der eingestellten Drehzahl errechnet sich die Schnitt- oder Umfangsgeschwindigkeit v_c **(Bild 1)** der Schleifscheibe:

$$v_c = \frac{\pi \cdot d_s \cdot n}{1000 \frac{mm}{m} \cdot 60 \frac{s}{min}}$$

v_c Schnittgeschwindigkeit in m/s
d_s Durchmesser Schleifscheibe in mm
n Drehzahl in 1/min

Die für das Schleifwerkzeug zulässige Umfangsgeschwindigkeit v_{cmax} ist von der jeweiligen Bindungsart abhängig und durch einen diagonalen Farbstreifen auf dem Scheibenetikett angegeben.

Die Vorschubgeschwindigkeit v_f wird abhängig vom Schleifverfahren wie folgt bestimmt:

Umfangsplanschleifen

$$v_f = L \cdot n_H$$

L Vorschubweg
n_H Hubfrequenz in 1/min

Längsrundschleifen

$$v_f = \pi \cdot d_1 \cdot n$$

d_1 Werkstückdurchmesser
n Drehzahl des Werkstücks

Das dimensionslose Geschwindigkeitsverhältnis q ist vom zu schleifenden Werkstoff, dem Schleifverfahren bzw. von der sich damit ergebenden Eingriffslänge und von der speziellen Schleifscheibenspezifikation abhängig:

$$q = \frac{v_c}{v_f} = \frac{\text{Schnittgeschwindigkeit } v_c}{\text{Vorschubgeschwindigkeit } v_f}$$

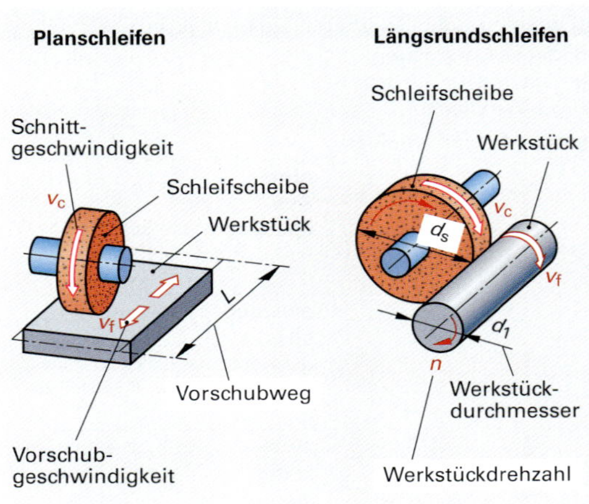

1 Schleifverfahren

Tabelle 1: Farbstreifen für höchstzulässige Umfangsgeschwindigkeiten

Farbstreifen	blau	gelb	rot	grün	grün + gelb	blau + rot	blau + grün
v_{cmax} in m/s	50	63	80	100	125	140	160
Farbstreifen	gelb + rot	gelb + grün	rot + grün	blau + blau	gelb + gelb	rot + rot	grün + grün
v_{cmax} in m/s	180	200	225	250	280	320	360

Klassifizierung der Stahlwerkstoffe in Schleifbarkeitsgruppen:

Gruppe 1, unlegierte, niedriglegierte, ungehärtete Stähle, z. B.: S235, 9S20k, 16MnCr5, C45, 100Cr6

Stähle in dieser Gruppe sind langspanend, setzen aber dem Schleifkorn einen relativ geringen Eingriffswiderstand entgegen. Geeignete Schleifrohstoffe sind unterschiedliche Korundsorten.

Gruppe 2, Hochlegierte, ungehärtete Stähle, z.B. X 12 Cr 13, X 2 CrNiMo18-15-4, X 39Cr 13

Auch diese Stähle sind langspanend und neigen zum Zusetzen der Schleifscheiben. Die Legierungsbestandteile verursachen hohe Schleifkräfte und erfordern hochwertige, harte Schleifmittel. Geeignete Schleifmittel sind einige Edelkorundsorten und Siliziumkarbid.

Gruppe 3, niedriglegierte, gehärtete Stähle, z.B. 16MnCr5, 100Cr6, C45, 34CrMo5

Wegen des martensitischen Härtegefüges und des geringen Anteils an Karbiden, neigen diese Stähle weniger zum Zusetzen der Schleifscheibenstruktur. Sie sind überwiegend mit Edelkorund gut schleifbar.

Gruppe 4, hochlegierte, gehärtete Warm- und Kaltarbeitsstähle, z.B.: X 155 CrMoV 12-1, X 210CrW 12, X 38CrMoV5-3

Durch den hohen Anteil der Karbidbildner Chrom, Molybdän, Vanadium u. Ä. setzen diese Stähle dem Schleifkorn einen großen Eindringwiderstand entgegen. Sie lassen sich wirtschaftlich nur mit sehr harten Schleifmitteln zerspanen. Geeignete Schleifmittel sind Kubisches Bornitrid, Siliziumkarbid und Einkristallkorund.

Gruppe 5, Schnellarbeitsstähle, z.B.: S 6-5-2-5, S 18-1-2-5

Für HSS-Werkstoffe gilt im Prinzip das Gleiche wie für die Stähle in Gruppe 4. Der Legierungsanteil starker Karbidbildner liegt jedoch deutlich höher, sodass die Schnittkräfte weiter ansteigen. Diesem Effekt begegnet man mit feinerer Körnung, damit sich der Widerstand auf viele Körner gleichmäßig verteilt. Geeignete Schleifmittel sind Kubisches Bornitrid, Siliziumkarbid und Diamant.

Schnittkraft und Schnittleistung beim Schleifen

Zum Berechnen der Schnittkräfte **(Bild1)** und der beim Schleifen erforderlichen Leistung bestimmt man zunächst die Eingriffsverhältnisse und die zwischen Werkstück und Schleifwerkzeuge wirkenden Kräfte. Neben dem rechnerischen Ermitteln der Kräfte und Leistungen gibt es auch vereinfachte grafische Lösungswege, die mithilfe des bezogenen Zeitspanvolumens Q_w' praxisnahe Ergebnisse bringen **(Bild 2)**.

Die mittlere Spanungsdicke h_m und der Eingriffswinkel φ_s errechnen sich aus dem effektiven Kornabstand λ_{ke}, dem Geschwindigkeitsverhältnis q_s, der Schnitttiefe a_e und dem Durchmesser der Schleifscheibe d_s. Der effektive Kornabstand kann aus dem Diagramm **(Bild 3)** bestimmt werden.

Für ebene Werkstückoberflächen (Bild 3, oben) gilt:

$$\cos\varphi = 1 - \frac{2 \cdot a_e}{d_s}$$

$$h_m = \frac{\lambda_{ke}}{q_s} \cdot \sqrt{\frac{a_e}{d_s}}$$

φ Eingriffswinkel
a_e Arbeitseingriff
d_w Durchmesser Schleifwerkzeug
d_w Durchmesser Werkstück
h_m Mittenspanungsdicke
λ_{ke} effektiver Kornabstand in mm
q_s Geschwindigkeitsverhältnis

Bei runden Werkstückoberflächen (Bild 3, unten) muss neben dem Werkzeugdurchmesser ds auch der Werkstückdurchmesser d_w berücksichtigt werden:

$$\varphi \approx \frac{360°}{\pi} \cdot \sqrt{\frac{a_e}{d_s \cdot (1 \pm \frac{d_s}{d_w})}}$$

$$h_m = \frac{\lambda_{ke}}{q_s} \cdot \sqrt{a_e \cdot \left(\frac{1}{d_s} \pm \frac{1}{d_w}\right)}$$

+ für Außenschleifen, – für Innenschleifen

Durch Einsetzen der schleifspezifischen Schnittkraft k_c in die Schnittkraftgleichung nach Kienzle ergibt sich die mittlere tangential wirksame Schnittkraft F_{ct}:

Spezifische Schnittkraft

$$k_{cm} = \frac{k_{c1.1}}{{h_m}^{mc}} \cdot K_s$$

Schneiden im Eingriff

$$z_e = \frac{\pi \cdot d_s \cdot \varphi}{\lambda_{ke} \cdot 360°}$$

Mittlere tangentiale Schnittkraft

$$F_{ctm} = b \cdot h_m \cdot k_{cm} \cdot z_e$$

$k_{c1.1}$ Hauptwert der spez. Schnittkraft in N/mm²
h_m mittlere Spanungsdicke
m_c Werkstoffkonstante
K_s Korrekturwert Schleifen
z_e Schneiden im Eingriff
φ Eingriffswinkel in Grad
F_{ctm} Mittlere tangentiale Schnittkraft in N
P_c Schnittleistung in W
b Wirksame Schleifbreite in mm

Aus dem Produkt der tangentialen Schnittkraft F_{ct} mit der Schnittgeschwindigkeit v_c kann die Schnittleistung P_c ermittelt werden:

Schnittleistung

$$P_c = v_c \cdot F_{ctm}$$

F_n Normalkraft in N/mm
F_{ct}' Tangentiale Schnittkraft in N/mm
Q_w' Bezogenes Zeitspanvolumen in mm³/mm · s

$$Q_w' = \frac{d_w \cdot \pi \cdot v_{fr}}{60}$$

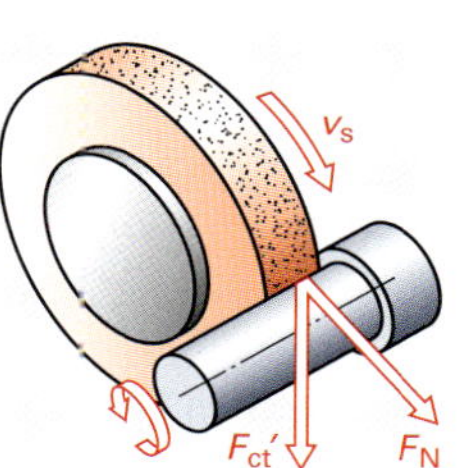

1 **Schnittkräfte beim Schleifen**

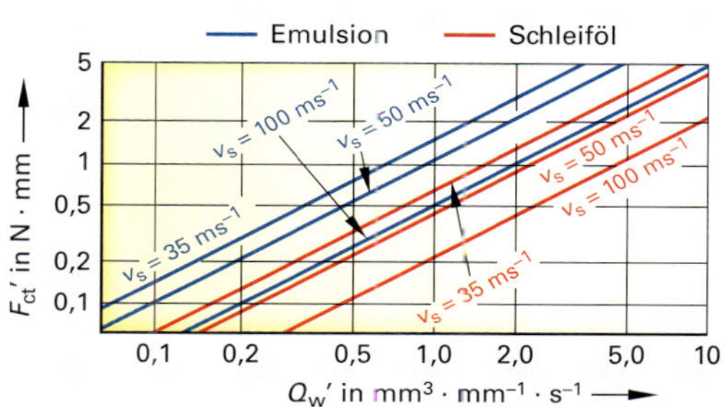

2 **Grafische Bestimmung der Schnittkraft**

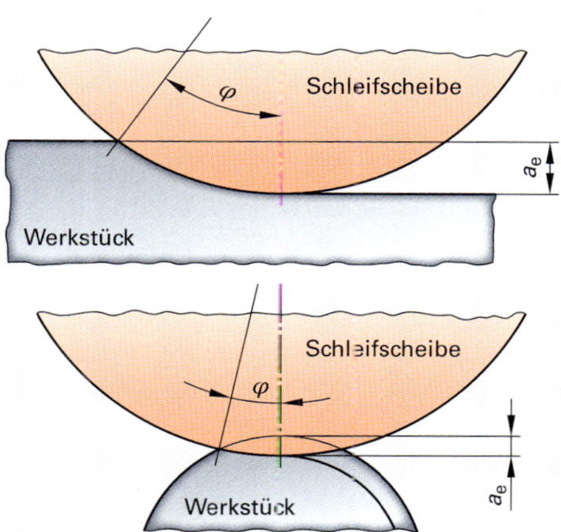

3 **Eingriffswinkel**

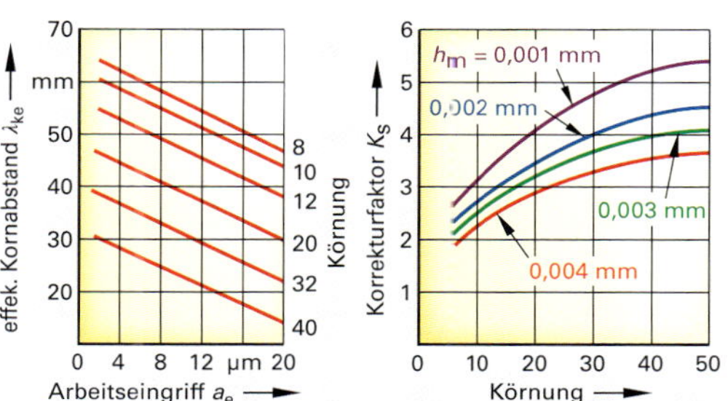

4 **Effektiver Kornabstand und Korrekturwert**

Werkzeugverschleiß beim Schleifen

Die Eigenschaften der verwendeten Schleifmittel, der Aufbau der Schleifkörper sowie weitere äußere Einflüsse sind für den Werkzeugverschleiß entscheidende Faktoren. In Abhängigkeit der Einflussfaktoren treten die definierten Verschleißformen vorwiegend einzeln oder in überlagerter Form auf.

Ursachen des Werkzeugverschleißes

Mikroverschleiß

Der Mikroverschleiß von Schleifkörpern ist von der thermischen und chemischen Beständigkeit abhängig. Der Kontakt des Schleifmittels mit dem Werkstoff, der Kühlschmierstoff- und Luftzutritt führen zu chemischen Reaktionen, der den Kornverschleiß begünstigt.

Mit steigenden Arbeitstemperaturen nimmt der Diffusionsverschleiß zu. Bei Verwendung von Diamantschleifkorn und Arbeitstemperaturen > 800 °C diffundieren Kohlenstoffatome aus dem Schleifmittel in das Stahlgefüge und bilden mit Eisen und bestimmten Legierungselementen Karbide, die die Ursache für den erhöhten Verschleiß sind. Die Absplitterung kleinster Schleifkornpartikel, die **Mikrosplitterung,** tritt besonders bei polykristallinem Korn und bei geringer Kornbelastung auf **(Tabelle 1)**.

Tabelle 1: Thermische und chemische Eigenschaften von Schleifmitteln

Schleifmittel	Chemische Reaktion	Wärmebeständigkeit	Wärmeleitfähigkeit
Korund	keine	beständig bei Schleiftemperatur	niedrig
Siliciumkarbid			hoch
Kubisches Bornitrid	mit Kühlwasser oberhalb 1050°C	ab 1200°C Zerfall	hoch
Diamant	ab 800°C Karbidbildung ab 1000°C CO_2-Bildung	ab 800°C weicher als CBN und Umwandlung in Graphit	sehr hoch

Makroverschleiß

Der Makroverschleiß entsteht durch die Belastung der Bindung und der einzelnen Körner der Schleifkörper durch die **Schnittkraft F_c (Bild 1)**.

Die Reibung in der Kontaktzone Werkstück – Schleifkörper verursacht zunächst eine Kornabsplitterung und danach erst bei steigenden Reibungswerten einen gesamten Kornausbruch (Bindungslockerung durch steigende Temperatur). Die darunter liegenden frei werdenden Körner können damit die Schleifarbeit voll funktionsfähig übernehmen (Selbstschärfeffekt).

Der Makroverschleiß von Schleifkörpern macht sich bemerkbar durch:

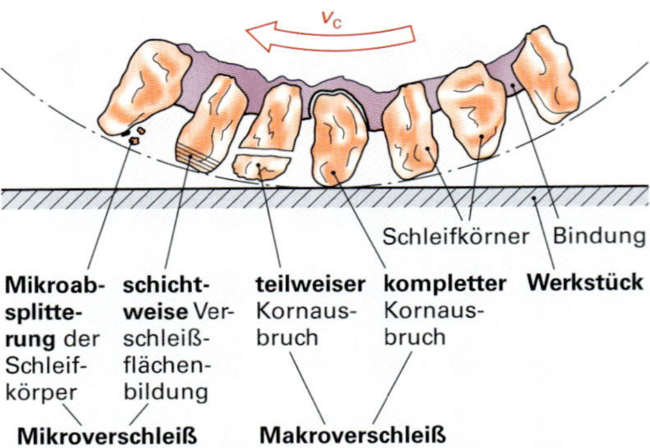

1 **Mikro- und Makroverschleiß an Schleifkörnern**

Kanten- oder Radienveränderung

Sie ist die Formabweichung in radialer und axialer Richtung der Schleifkörper (Welligkeit, Profilabweichung) **(Bild 2)**.

Ein **Maß** für die **Verschleißfestigkeit** von Schleifkörpern ist der **Schleifmittelabtrag** durch die auftretenden Mikro- und Makroverschleißformen.

In der technologisch begründeten Standzeit (Fertigungszeit zwischen zwei Abrichtvorgängen) muss der Schleifkörper eine vorgeschriebene Werkstückmenge in tolerierten Grenzen scharf bearbeiten.

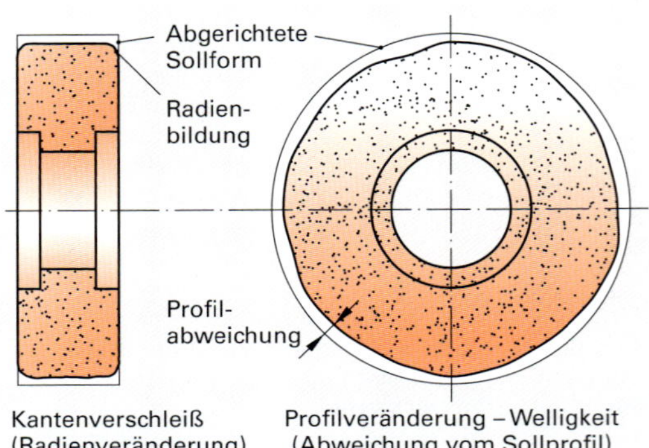

2 **Geometrischer Werkzeugverschleiß**

Abrichten von Schleifkörpern

Auch das beste Schleifwerkzeug unterliegt im Einsatz einem prozessbedingten Verschleiß. Die Folgen sind eine abnehmende Schnittleistung und Profilungenauigkeiten sowie ansteigende Schleifkräfte und Prozesstemperaturen. Beim Abrichtvorgang werden neue scharfe Schneidkanten erzeugt und die Profilgenauigkeit sichergestellt **(Tabelle 1).** Das Abrichten (profilieren, schärfen) erfolgt mit stehenden oder rotierenden bzw. bewegten Abrichtwerkzeugen im Gleichlauf oder im Gegenlauf **(Bild 1).**

Der Zweck des Abrichtens ist:

- Sicherstellen von Rundlauf und geometrischer Form des Schleifwerkzeuges,
- Sicherstellen der gewünschten Scheibentopographie zum Erreichen der geforderten Schnittleistung,
- Säuberung und Freilegen des Porenraumes.

Eine raue Schleifscheibe mit einer großen Wirkrautiefe ergibt eine hohe Zerspanungsleistung wie sie beim Schruppschleifen erforderlich ist. Eine hohe Oberflächengüte für das Schlichten und Feinschleifen ist mit Schleifkörpern mit geringen Wirkrautiefen möglich. Die richtige Wirkrautiefe des Schleifwerkzeuges ist durch einen geeigneten Abrichtprozess mit angepassten Abrichtparametern steuerbar **(Bild 2).** Es ist dabei möglich, mit demselben Schleifwerkzeug das Vorschleifen und das Fertigschleifen in einer Werkstückaufspannung durchzuführen. Die erzielbare Wirkrautiefe (R_{tso}) hängt von den Abrichtbedingungen ab. Hierbei spielt die Laufrichtung der Schleifscheibe und die der Abrichtrolle (Gleichlauf oder Gegenlauf), das Verhältnis (q_{abr}) der Umfangsgeschwindigkeiten von Rolle und Scheibe, die Abrichtzustellung q_{abr} und die Dauer des Abrichtvorganges eine wichtige Rolle **(Bild 3).**

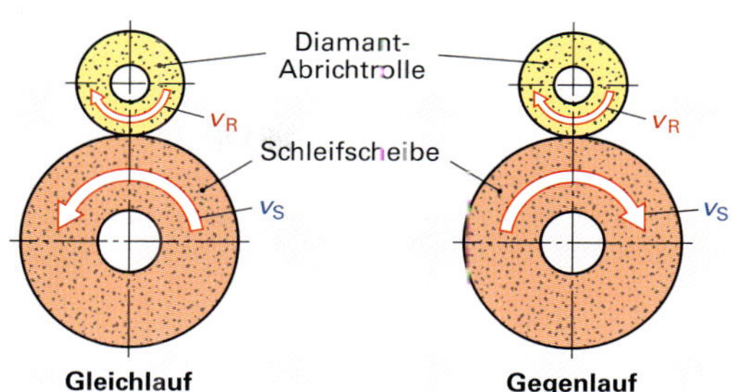

1 Abrichten im Gegenlauf und im Gleichlauf

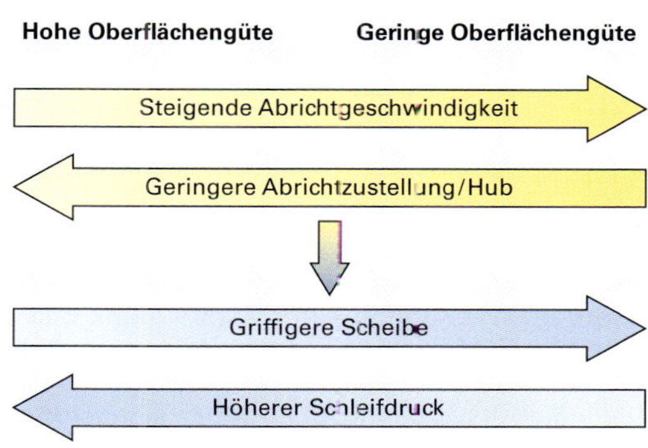

2 Beeinflussung der Werkstückoberfläche

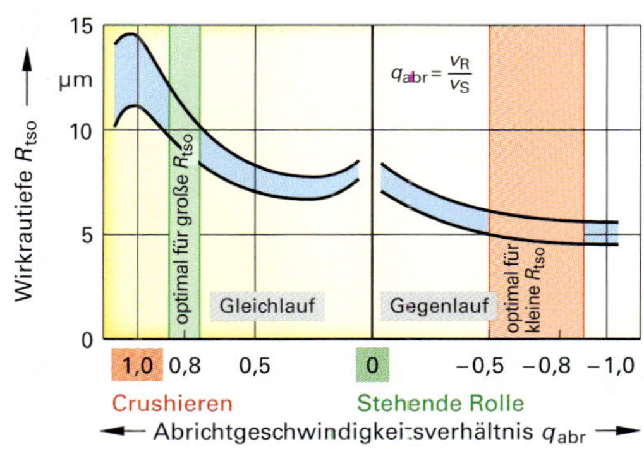

3 Erreichbare Wirkrautiefe R_{tso} beim Abrichten mit Diamantrollen

Das Abrichten mit einem stehenden Abrichtwerkzeug

Um beim Abrichten möglichst jedes Schleifkorn zu treffen, muss die Abrichtgeschwindigkeit v_{abr} der Schleifkorngröße angepasst sein. Für einen Abrichtvorgang mit einem stehenden Abrichtwerkzeug kann die zum Schleifscheibenprofil parallele Abrichtgeschwindigkeit nach folgender Formel näherungsweise bestimmt werden:

$$v_{abr} = \frac{\textit{mittlerer Korndurchmesser} \cdot n_s}{2} \cdot k$$

n_s Drehzahl der Schleifscheibe
k Korrekturfaktor für Abrichtbedingungen ($k = 1 \ldots 2$)

Tabelle 1: Abrichten und Reinigen

Abrichten		Reinigen
Profilieren:	**Schärfen:**	Spanräume säubern
Rundlauf erzeugen Profil erzeugen	Bildung zurücksetzen	

Das Abrichten mit einem rotierenden Abrichtwerkzeug

Abrichtwerkzeuge mit Diamantrollen richten mit einer Relativgeschwindigkeit ab, d.h., die Rolle hat eine schneidende Wirkung. Deshalb sollte die Schleifscheibenspezifikation um ca. ein Grad weicher gewählt werden als bei einem stehenden Abrichtwerkzeug.

Abrichtgeschwindigkeitsverhältnis

Die erzielbare Wirkrautiefe der Schleifscheibe bzw. die Oberflächengüte des zu schleifenden Werkstückes wird maßgeblich vom Geschwindigkeitsverhältnis q_{abr} beim Abrichtvorgang beeinflusst:

$$q_{abr} = \frac{\textit{Umfangsgeschwindigkeit Abrichtrolle}}{\textit{Umfangsgeschwindigkeit Schleifscheibe}} = \frac{v_R}{v_S}$$

Tauchen die Diamantkörner der Abrichtrolle mit einer größeren Geschwindigkeit in die Schleifwerkzeugoberfläche ein, so erhöht sich dessen Wirkrautiefe. Eine Erhöhung der Abrichtzustellung bewirkt eine nahezu lineare Zunahme der Wirkrautiefe. **Bild 3**, vorhergehende Seite, zeigt den Zusammenhang der Wirkrautiefe am Schleifwerkzeug und dem Geschwindigkeitsverhältnis q_{abr} für das Abrichten im Gleichlaufverfahren und im Gegenlaufverfahren.

Bewegte Abrichtwerkzeuge

Diamantprofilrolle. Der Abrichtvorgang des gesamten Profils erfolgt durch die Relativgeschwindigkeit zwischen Diamantprofilrolle **(Bild 1)** und Profilschleifscheibe. Die Zustellbewegung wird in radialer Richtung vom Abrichtwerkzeug ausgeführt.

Diamantformrolle. Mit der Diamantformrolle **(Bild 1)** werden gerade Schleifscheiben oder über eine CNC-Steuerung auch Profilscheiben abgerichtet. Die Abrichtformrolle ist in Bezug auf die Abrichtparameter mit einem stehenden Abrichtwerkzeug vergleichbar, sie rotiert jedoch noch zusätzlich im Gleichlauf bzw. im Gegenlauf. Die achsparallele Abrichtgeschwindigkeit v_{abr} wird wie bei einem stehenden Abrichtwerkzeug bestimmt. Der Korrekturfaktor k für die Abrichtbedingungen erhöht sich je nach Geschwindigkeitsverhältnis q_{abr} auf 3 bis 4.

Crushieren mit Stahlrolle. Das Crushieren[1] wird hauptsächlich bei Profilschleifscheiben eingesetzt und erfolgt ohne eigenen Antrieb des Abrichtwerkzeuges. Die Crushierrolle wird von der Schleifscheibe mitgenommen und rotiert mit ihrer durchmesserabhängigen Umfangsgeschwindigkeit. Der Verschleiß des Crushierwerkzeugs ist gering, da durch die fehlende Relativgeschwindigkeit keine Reibung zwischen Werkzeug und abzurichtender Schleifscheibe auftritt (q_{abr} = 1,0). Die Schleifkörner werden unter hohem Druck aus der Bindungsmatrix gebrochen.

CD-Abrichten, Continuous Dressing. Mit diesem Verfahren wird durch kontinuierliches Abrichten eine weitere Steigerung der Schleifleistung in der Massenfertigung erreicht. Die Schleifscheibe wird nicht zwischen den Schleifzyklen, sondern während des Schleifprozesses mit einer Diamantprofilrolle kontinuierlich abgerichtet. Die Zustellung beträgt pro Schleifscheibenumdrehung wenige Mikrometer. Sie muss so gewählt werden, dass sie größer als der natürliche Scheibenverschleiß ist. Das Verfahren hat Vorteile und auch Nachteile.

CD-Abrichten

Vorteile:

- keine zusätzliche Abrichtzeiten,
- keine Formfehler,
- geringe Gefahr der thermischen Werkstückschädigung,
- Schleifkräfte bleiben über den gesamten Schleifweg konstant,
- höhere Zerspanungsleistungen möglich.

Nachteile:

- höherer Schleifmittelbedarf,
- CNC-Maschine mit automatischer Abrichtkompensation ist erforderlich.

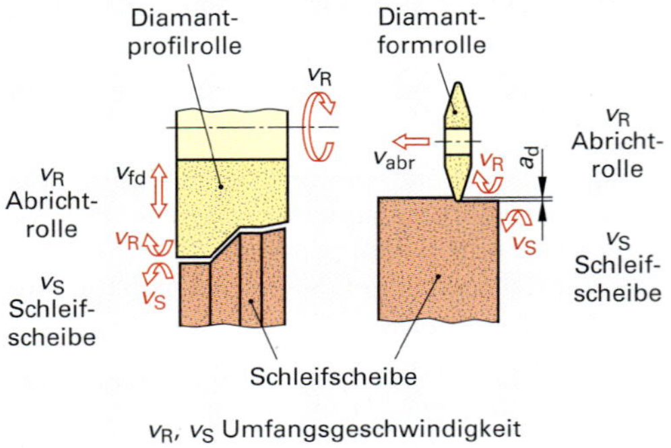

v_R, v_S Umfangsgeschwindigkeit

1 Abrichten mit Diamantenprofilrolle und mit Diamantformrolle

[1] engl.: to crush = zerstoßen, zermalmen

Auswuchten von Schleifkörpern

Die **Arbeitssicherheit** und die hohen Ansprüche an die **zu erreichenden Schleifqualitäten** (Lauf- und Ebenheitstoleranzen bis $t = 1$ µm und die Oberflächenrauheit bis zu Rz 0,1 µm) erfordern **vor Arbeitsbeginn** das Auswuchten der Schleifscheiben. Eine vorhandene **Unwucht von Schleifscheiben** führt bei steigenden Drehzahlen zu stark anwachsenden Fliehkräften, die folgende z. T. gefährliche Auswirkungen nach sich ziehen.

Die Unwuchtfaktoren **(Bild 1)** einer Schleifscheibe sind:

- Toleranz der Schleifscheibenbohrung (1.)
- Toleranz des Schleifscheibendorns
- Inhomogenität der Schleifscheibe (2.)
- Parallelität der Schleifscheibe (3.)
- Abnutzung der Schleifscheibe
- Konzentrizität der Schleifscheib (4.)
- Abrichten der Schleifscheibe
- Profilieren der Schleifscheibe

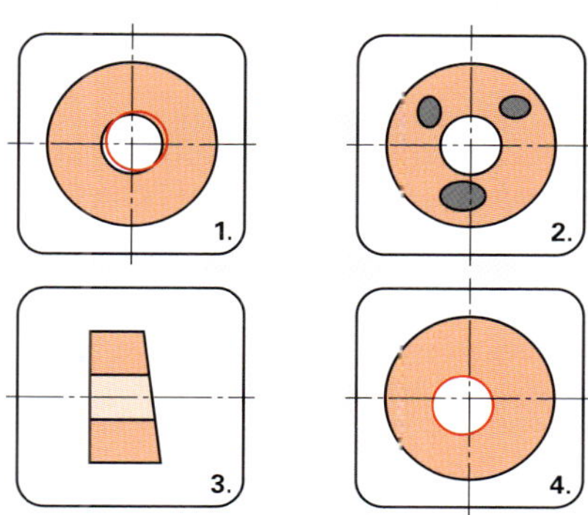

1 Unwuchtfaktoren

Die Folgen der Unwucht sind:

- Reduzierte Oberflächenqualität → Rattermarken
- Reduzierte Maßhaltigkeit am Werkstück → Kosten für das Abrichten steigen
- Extrem hoher Schleifscheiben-Verschleiss
- Verschleiß am Spindelstock
- Zerstörung des Schleifkörpers

2 Statisches Auswuchten

Auswuchtverfahren

- **Statisches** Auswuchten

Die aufgespannten Schleifkörper (d.h. mit Welle und Flansch) werden zunächst **ruhend** auf die Auswuchtwaage gelegt. Die vorhandene Unwucht erzeugt ein Drehmoment und dadurch ein **Abrollen** der auszuwuchtenden Schleifscheibe. Ein entsprechendes Verschieben von Ausgleichsmassen in den vorhandenen Ringnuten erzeugt ein Kräfte- bzw. Drehmomentengleichgewicht.

Die **ausgewuchteten** Schleifscheiben verharren in jeder Position **in Ruhe (Bild 2)**.

- **Dynamisches** Auswuchten

Schnelllaufende, größere Scheiben **(T > 1/6 · D)** müssen dynamisch mit festgelegten Drehzahlen (Herstellerdaten) ausgewuchtet werden.

Dazu sind die Schleifscheiben bereits auf der Schleifspindel montiert.

Als Zusatzeinrichtungen gehören dynamische Auswuchteinrichtungen zum Lieferprogramm von Schleifmaschinenherstellern **(Bild 3)**.

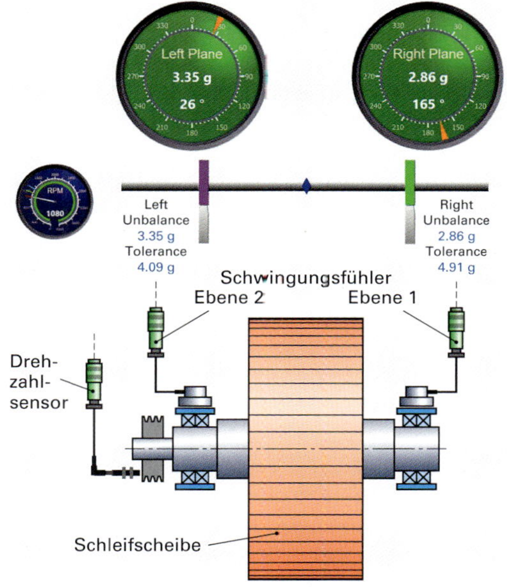

3 Dynamisches Auswuchten

Betriebssicherheit beim Schleifen

Die im Vergleich zu vielen anderen spanabhebenden Fertigungsverfahren höheren Schnittgeschwindigkeitswerte (**v_c bis 100 m/s**) erfordern wegen der erheblichen Unfallgefahren verschärfte Arbeitsschutzvorschriften. Durch die Einhaltung der verbindlichen **U**nfall**v**erhütungs**v**orschriften **UVV** der Eisen- und Metall-Berufsgenossenschaft und des Deutschen Schleifscheibenausschusses können die Unfallgefahren minimiert werden **(Bild 1)**.

Transport und Lagerung

Die unterschiedlichen Fertigungsaufgaben beim Schleifen verlangen sprödes bis elastisches Arbeitsverhalten der Schleifkörper.

Ausschlaggebend für das Verhalten der Schleifkörper ist das Bindemittel.

Dünne Schleifkörper (elastisch gebunden) müssen **liegend** und mit entsprechenden **Zwischenlagen** gelagert werden.

(Stapelhöhe = Außendurchmesser)

Ab **Außendurchmesser 300 mm** erfolgen der Transport und die Lagerung **stehend** in entsprechenden Gestellen (Bruchgefahr!).

Aufgeflanschte und **ausgewuchtete** Schleifscheiben sind **hängend** aufzubewahren (Unwucht).

Schleifstein verletzt 23-Jährigen tödlich

Aalen / Polizei 15.02.2018

Einen folgenschweren Arbeitsunfall gab es am Donnerstagmorgen in einem metallverarbeitenden Betrieb in Wasseralfingen. Ein Schleifstein fiel auf einen 23-Jährigen Arbeiter, der noch am Unfallort starb.

Im Zuge eines Arbeitsprozesses löste sich ein mehrerer hundert Kilo schwerer Schleifstein. Der zu Boden fallende Stein traf einen 23-Jährigen Arbeiter. Der Mann wurde dabei so schwer verletzt, dass er noch an der Unglückstelle verstarb. Die kriminalpolizeilichen Ermittlungen zum Vorfall dauern an.

1 Zeitungsbericht zu einem Arbeitsunfall

- Schleifkörper dürfen **nicht** in **feuchten Räumen** aufbewahrt werden!
- Größere Temperatur**schwankungen** sind zu **vermeiden**!
- **Chemisch aggressive Stoffe** sind **fernzuhalten**!

Überprüfung von Schleifscheiben

Die vorhandene Sprödigkeit der Schleifscheiben, vor allem die der keramisch gebundenen, macht diese sehr stoßempfindlich. Beschädigungen durch unsachgemäße Herstellung, Transport oder Lagerung führen unweigerlich zur Zerstörung der Schleifscheiben.

Akustische Härteprüfung

Das akustische Prüfverfahren ermöglicht die **zerstörungsfreie Härtemessung** keramisch gebundener Schleifscheiben **(Bild 2)**.

Dabei wird die **Eigenfrequenz** des Schleifkörpers ermittelt, die von dessen Geometrie und der Schallgeschwindigkeit in der Schleifscheibe bestimmt wird.

Die Schallgeschwindigkeit ist ein Maß für die Härte der Schleifscheibe (je höher, desto härter!).

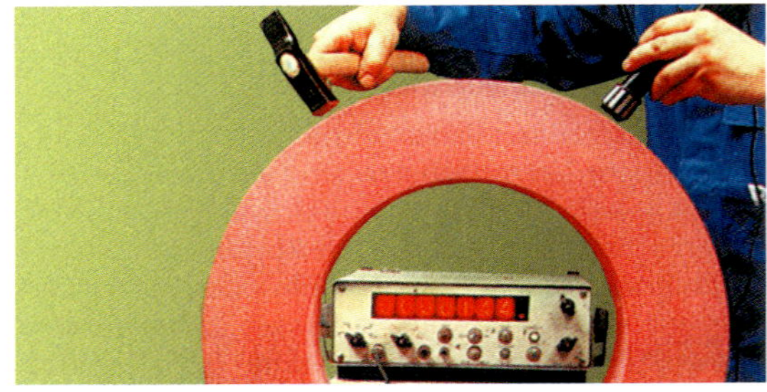

2 Härteprüfung einer Schleifscheibe

Aufspannen von Schleifscheiben

Die Form des Schleifkörpers und die auszuführende Fertigungsaufgabe bestimmen die Aufnahme bzw. Befestigung der Schleifscheiben.

Für die Befestigung mit Flanschen gilt:

- Spindeldurchmesser = Bohrungsdurchmesser H,
- Flanschwerkstoff: Stahl/Guss,
- Flanschdurchmesser = 1/3 · *D* (Scheibenaußendurchmesser mit Schutzhaube),
- Zwischenlagen aus elastischem Material.

(Flächenpressung) aus Gummi oder Leder **(Bild 3)**.

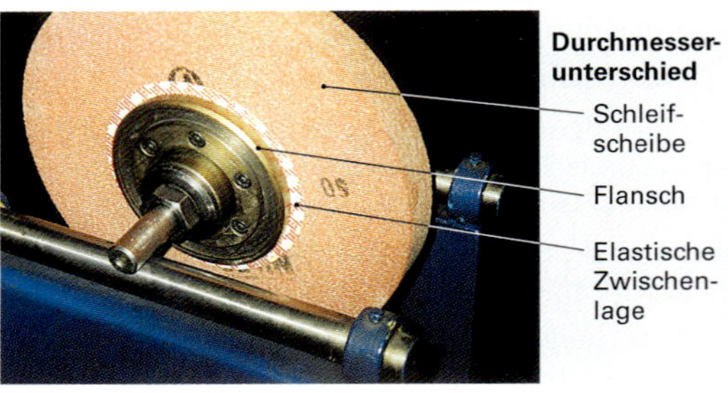

3 Aufgeflanschte Schleifscheiben

Rundschleifen

Rundschleifverfahren

Rundschleifverfahren erzeugen rotationssymmetrische Innen- und Außenflächen mit hochtourig rotierenden Umfangsschleifscheiben und langsam rotierenden Werkstücken. Radial- und Axialrundschleifverfahren unterscheiden sich durch die Vorschub- und Zustellbewegung **(Bild 1)** und den untenstehenden Parametern:

Werkzeugparameter

- b_s Scheibenbreite in mm
- d_s Scheibendurchmesser in mm
- v_c Scheibenumfangsgeschwindigkeit in m/s

Werkstückparameter

- b_w Werkstückbreite in mm
- d_w Werkstückdurchmesser in mm
- v_w Werkstückumfangsgeschwindigkeit in m/min

Schnittparameter

- v_{fr} Radiale Vorschubgeschwindigkeit in mm/min
- v_{fa} Axiale Vorschubgeschwindigkeit in mm/min
- v_{ft} Tangentiale Vorschubgeschwindigkeit in mm/min
- a_e Radiale Schnitttiefe (Zustelltiefe, z) in mm
- a_p Axiale Schnittiefe in mm

Eine Universalrundschleifmaschine **(Bild 2)** ist mit einem schwenkbaren Spindelstock für die Außen- und Innenbearbeitung geeignet **(Bild 3 und 4)**.

3 Außenrundschleifen

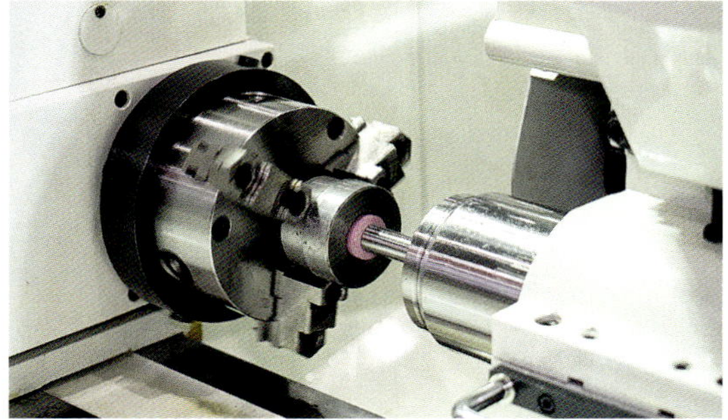

4 Innenrundschleifen

Außenrundschleifen	Innenrundschleifen

Umfangsquerschleifen

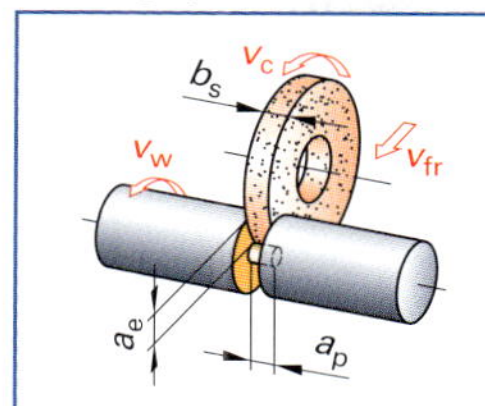

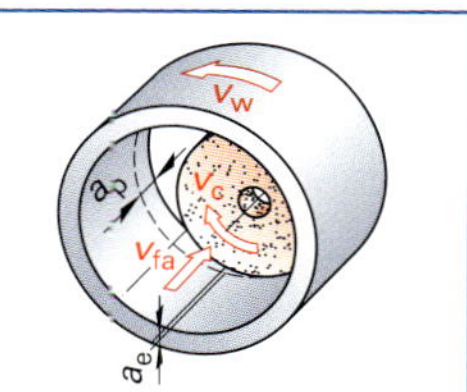

Umfangslängsschleifen

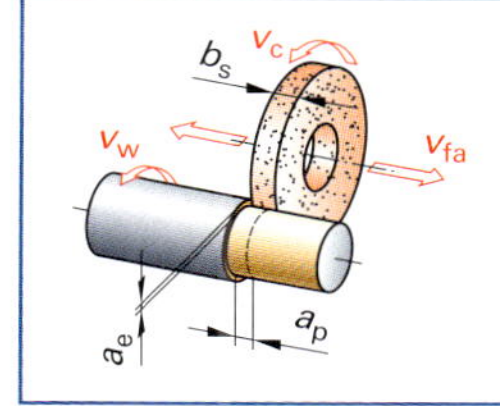

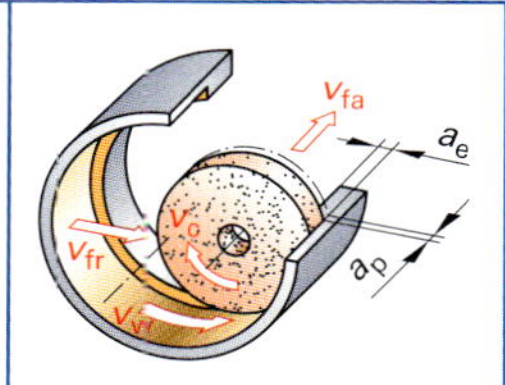

Seitenquerschleifen

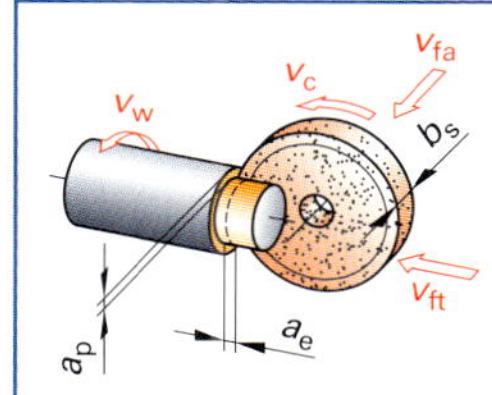

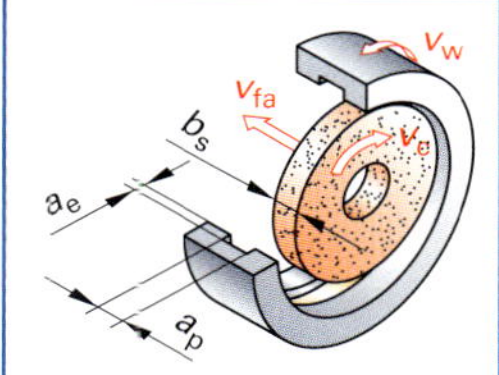

Seitenlängsschleifen

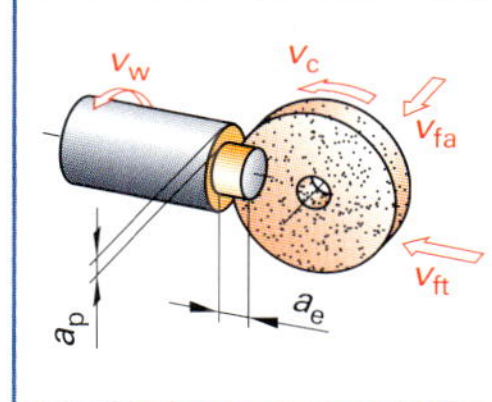

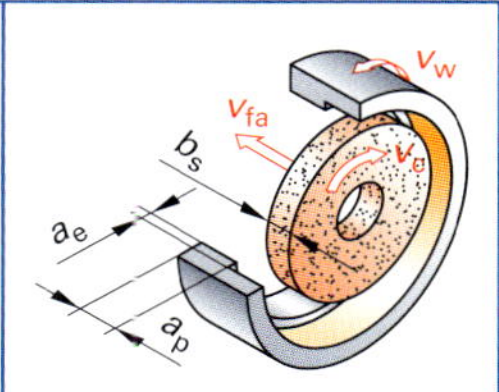

1 Rundschleifverfahren

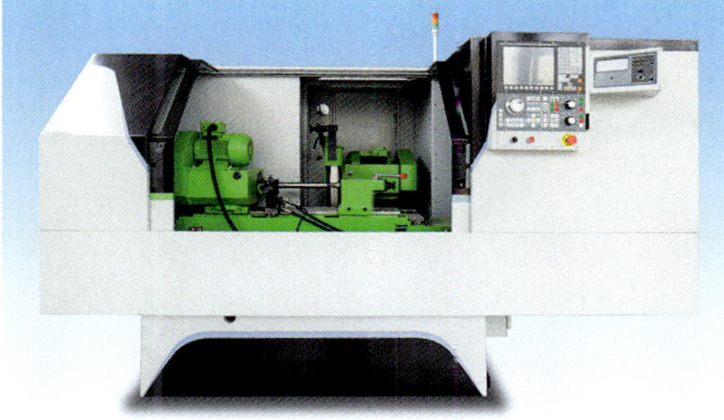

2 CNC-gesteuerte Rundschleifmaschine

Fertigungsbeispiel „Führungshülse“

Die gehärtete Führungshülse **(Bild 1)** aus dem Werkstoff 90MnCrV8 soll durch Rundschleifen fertiggestellt werden. Um den Fertigungsauftrag fachgerecht auszuführen sind eine Reihe von Planungsaufgaben erforderlich:

1. Zeichnungsanalyse

- Werkstoffanalyse
- Wärmebehandlung, Härten
- Fertigungsmaße und Toleranzen
- Werkstückoberflächen

2. Fertigungsplanung

- Arbeitsschritte, Schleifverfahren
- Werkzeugauswahl
- Schnittdaten
- Hauptnutzungszeit
- Antriebsleistung Schleifspindel

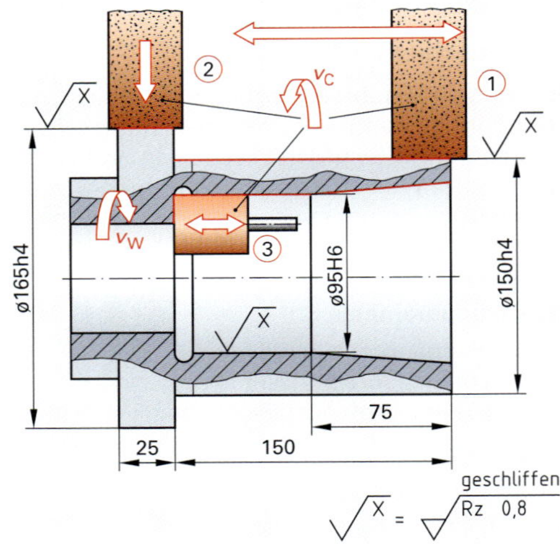

1 **Schleifwerkstück Fertigungszeichnung (Auszug)**

Beginnen wir mit der Werkstoffanalyse. Bei dem Werkstoff 90MnCrV8 handelt es sich um Kaltarbeitsstahl. Die chemische Zusammensetzung ist:

C 0,9% , Mn 2%, Cr < 0,3%, V < 0,1%.

Der Werkstoff wird für Dorne, Büchsen, kleine Drehteile, Kernstifte, Führungsstifte, Spiral- und Gewindebohrer, Stempel, Gravierwerkzeuge und Konstruktionsteile verwendet.

Gehärtet wird der Werkstoff bei Temperaturen von 810...840°C und abgeschreckt im Ölbad. Er erreicht eine Härte von 64 HRC, bei einer Anlasstemperatur **(Bild 2)** von 250°C eine Härte von 60 HRC (Rockwellhärte).

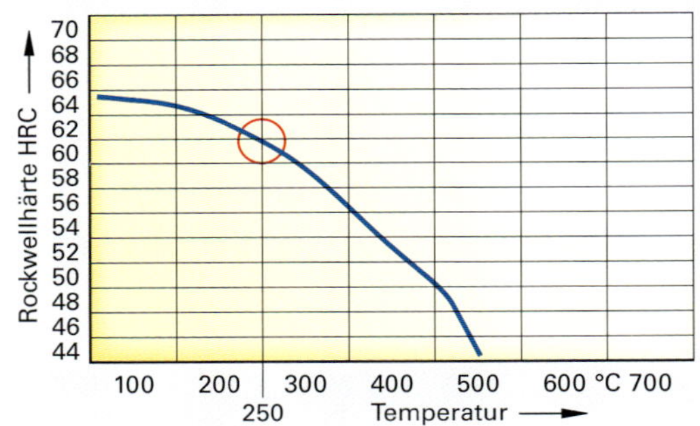

2 **Anlassschaubild**

Im nächsten Schritt sollen die Fertigungsmaße und Toleranzen für das Schleifen näher analysiert werden **(Tabelle 1)**.

Tabelle 1: Maß- und Toleranzangaben

Maß	Abmaße in µm	Höchstmaß/ Mindestmaß	Toleranz in mm	Toleranz-mitte in mm
Außenmaße/Welle				
∅150h4	0/–12	150/149,988	0,012	149,994
∅165h4	0/–12	165/164,988	0,012	164,994
Innenmaß/Bohrung				
∅95H6	+22/0	95,022/95	0,022	95,011

Die geforderte Mindestoberflächengüte Ra 0,8 µm ist bei der Auswahl der Schleifscheibenkörnung von Bedeutung.

In der nächsten Planungsphase sollen die Fertigungsschritte bzw. die erforderlichen Schleifverfahren, die Schleifwerkzeuge und die Schnittdaten festgelegt werden:

① Außenrundschleifen

② Einstechschleifen

③ Innenrundschleifen **(Bild 3)**

3 **Innenrundschleifen**

① Außenrundschleifen ⌀150h4

Wählen wir zunächst ein geeignetes Schleifwerkzeug aus. Als Schleifmittel eignet sich Korund (Kennbuchstabe **A**, **Tabelle 1**).

> Der weiße und der rosa gefärbte sowie der dunkelrote Korund bilden die Familie der Edelkorunde. Sie zeichnen sich durch einen kühlen Schliff aus. Sie sind für niedrig- bis mittellegierte Stähle und gehärtete Stähle, Kohlenstoffgehalt C > 0,5% und einer Werkstoffhärte bis über 62 HRC geeignet.

Der Zusammenhang zwischen der Korngröße und der Oberflächenrauheit ist in **Bild 1** dargestellt. Für den geforderten Ra-Wert 0,4 µm sind die Körnungen **F46** und **F60** geeignet.

> Mit Angabe der Körnung wird die Größe der Schleifmittelkörner nach FEPA-Standard F 8–F 1200 (Federation of European Producers of Abrasives) beschrieben. Die Bezeichnung, z.B. F 60, beschreibt die Maschenweite eines Siebes, angegeben in Maschenzahl pro Zoll Sieblänge (Mesh). Eine große Zahl beschreibt daher ein feines und eine kleine Zahl ein grobes Korn.

Unter der Schleifscheibenhärte versteht man den Widerstand gegen das Herausbrechen von Schleifkörnern aus dem Schleifkörper. Grundsätzlich gilt: „Je härter der zu schleifende Werkstoff, desto geringer sollte die Schleifscheibenhärte sein". Der Aufbau für ein Schleifwerkzeug ist dann optimal, wenn das abgestumpfte Korn aufgrund der zunehmenden Zerspanungskräfte von der Bindung freigegeben wird (Selbstschärfungseffekt). Für diese Schleifaufgabe wird eine weiche Scheibe mit dem Kennbuchstaben **K** gewählt.

Das Gefüge einer Schleifscheibe beschreibt die Schleifmittelkonzentration und die Verteilung von Schleifkorn, Bindung und Porenraum. Bei Schleifverfahren wie z.B. beim Außenrundschleifen mit kleinem Eingriffsbereich **(Bild 2)**. Mit dieser Schleifscheibe soll vor- und fertiggeschliffen werden, deshalb wird mittlere bis offene Gefügestruktur ausgewählt. Diese wird mit der Kennziffer **6** gekennzeichnet.

Für Korundscheiben kommt beim Schleifen von Stählen eine keramische Bindung mit dem Kennbuchstaben **V** infrage **(Bild 3)**.

Rauheit			Korngröße		
R_a in µm	R_z in µm	Klasse	36	46	60
1,6		N7			
1,5					
1,25	6				
1					
0,80		N6			
0,63	3				
0,5	2,5				
0,45	2,25				
0,40	2	N5			
0,35	1,36				
0,32					
0,3	1,6				
0,25	1,2				
0,20	1	N4			

1 Körnung für Korundscheiben

Tabelle 1: Spezifikation Schleifbelag

Schleifmittel	
A = Edelkorund	B = Bornitrid
C = Siliziumkarbid	D = Diamant
Korngröße F	
sehr grob: 8, 10, 12	
grob: 14, 16, 20, 24	
mittel: 30, 36, 45, 54, 60	
fein: 70, 80, 90, 100, 200	
sehr fein: 150, 180, 220, 240	
staubfein: 280, 320, 400, 500, 600, 900, 1000, 1200, 1600	
Härtegrad	**Gefügestruktur**
sehr weich: D, E, F, G	dicht: 0 bis 3
weich: H, I, J, K	mittel: 4 bis 6
mittel: L, M, N, O	offen: 7 bis 9
hart: P, Q, R, S	porös: 10 bis 12
sehr hart: T, U, V, W	hoch porös: bis 30
äußerst hart: H, Y, Z	
Bindung	
Keramik V	Gummi R
Kunstharz B	Metall M

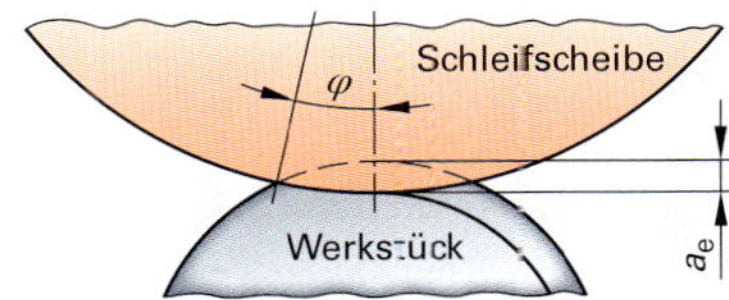

2 Eingriffsbereich beim Außenrundschleifen

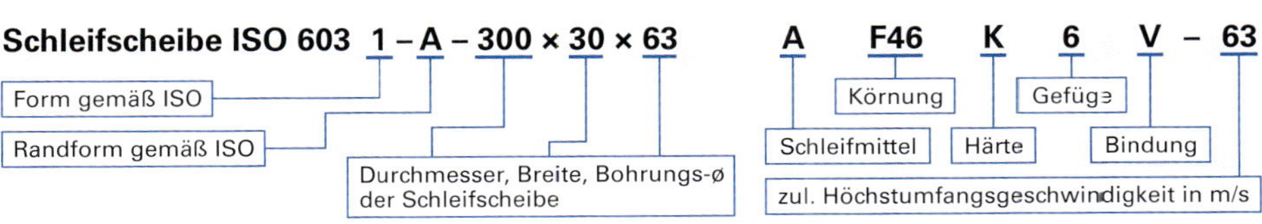

3 Schleifscheibenbezeichnung

Im nächsten Schritt werden die **Schleifparameter** bestimmt (siehe **Tabelle 1**).

$$v_c = 25\text{ m/s},\ q_s = 90,\ f_q = \frac{1}{3} \cdot b_s,\ a_e = 0{,}01\text{ mm}$$

Damit werden die einzustellenden Werte für die Maschine errechnet **(Bild 1):**

Schleifscheibendrehzahl

$$n_s = \frac{v_c \cdot 1000 \cdot 60}{d_s \cdot \pi}$$

$$n_s = \frac{25 \cdot 1000 \cdot 60\text{ mm/min}}{300\text{ mm} \cdot \pi}$$

$$\boldsymbol{n_s = 1591\text{ min}^{-1}}$$

Werkstückdrehzahl

$$n_w = \frac{n_s \cdot d_s}{q_s \cdot d_w}$$

$$n_w = \frac{1591\text{ 1/min} \cdot 300\text{ mm}}{90 \cdot 150\text{ mm}}$$

$$\boldsymbol{n_w = 35\text{ min}^{-1}}$$

Quervorschub

$$f_q = \frac{1}{3} \cdot b_s = \frac{1}{3} \cdot 30\text{ mm} = \mathbf{10\text{ mm/Umdr.}}$$

Um die Auftragszeit planen zu können soll die **Hauptnutzungszeit t_h** für das Außenrundschleifen **(Bild 2)** berechnet werden.

Vorschubweg

$$L_f = l - \frac{2}{3} \cdot b_s$$

$$L_f = 150\text{ mm} - \frac{2}{3} \cdot 30\text{ mm}$$

$$\boldsymbol{L_f = 130\text{ mm}}$$

Anzahl der Schnitte

$$i = \frac{\Delta d}{2 \cdot a_e} = \frac{z}{a_e}$$

$$i = \frac{0{,}2\text{ mm}}{0{,}01\text{ mm}}$$

$$\boldsymbol{i = 20\text{ Schnitte}}$$

Hauptnutzungszeit

$$t_h = \frac{L_f \cdot i}{f_q \cdot n_w}$$

$$t_h = \frac{130\text{ mm} \cdot 20}{10\text{ mm} \cdot 35\text{ min}^{-1}}$$

$$\boldsymbol{t_h = 7{,}43\text{ min}}$$

Jetzt bestimmen wir die tangentiale **Schnittkraft F_{ct}** zum Außenrundschleifen **(Bild 3):**

Dazu wird der **Eingriffswinkel φ (Seite 265, Bild 3)** benötigt.

$$\varphi = \frac{360°}{\pi} \cdot \sqrt{\frac{a_e}{d_s \cdot \left(1 \pm \frac{d_s}{d_w}\right)}}$$

+ für Außenschleifen
– für Innenschleifen

$$\varphi = \frac{360°}{\pi} \cdot \sqrt{\frac{0{,}01}{250 \cdot \left(1 + \frac{300}{150}\right)}} = 0{,}382°$$

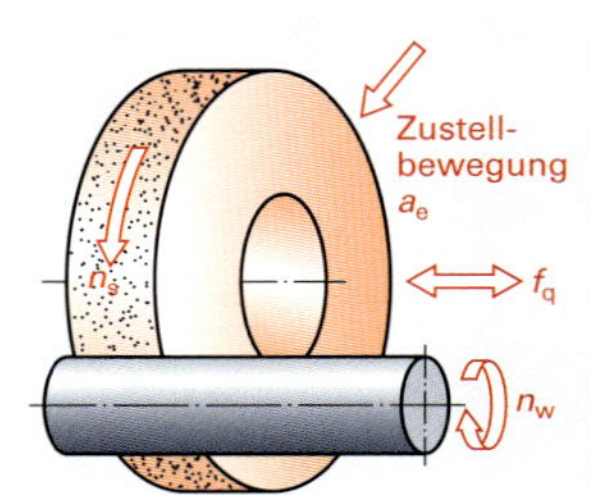

1 Schleifparameter

Tabelle 1: Schnittdaten

Außenrundschleifen	**Stahl**
v_c Scheibenumfangsgeschwindigkeit, Nassschliff in m/s	25…30
v_w Werkstückumfangsgeschwindigkeit in m/min	5…20
Geschwindigkeitsverhältnis q_s	80…125
Beispiel für Schleifbelag	A/F46 K 6 V
f_q Quervorschub in mm/Werkstückumdrehung	$\frac{1}{4} \cdot b_s$ bis $\frac{1}{3} \cdot b_s$
a_e Zustelltiefe in mm/Querhub	Schruppen: 0,02…0,1 Schlichten: 0,002…0,01

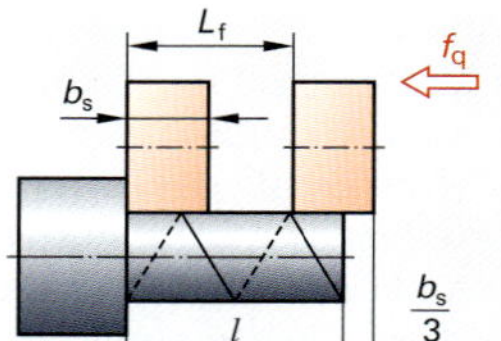

2 Berechnung der Hauptnutzungszeit

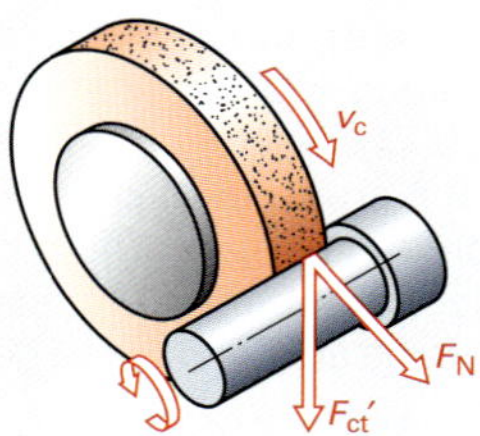

3 Tangentiale Schnittkraft

Die spezifische Schnittkraft k_c liegt wegen der geometrisch unbestimmten Schneiden mit meist stark negativen Spanwinkeln der Schleifkörner und der sehr kleinen Spanungsdicken $h < 0{,}005$ mm außerhalb der allgemeinen Gültigkeitsgrenzen. Über einen Korrekturfaktor K_s für das Schleifen kann der k_c-Wert mithilfe der mittleren Spanungsdicke hm und der Körnung näherungsweise bestimmt werden.

Im nächsten Schritt wird die mittlere Spanungsdicke h_m mit folgender Gleichung bestimmt:

$$h_m = \frac{\lambda_{ke}}{q_s} \cdot \sqrt{a_e \cdot \left(\frac{1}{d_s} \pm \frac{1}{d_w}\right)}$$

λ_{ke}, effektiver Kornabstand aus Diagramm, **Bild 1,** λ_{ke} = 22 mm

$$h_m = \frac{22}{90} \cdot \sqrt{0{,}01 \cdot \frac{1}{300} + \frac{1}{150}} = 0{,}0024 \text{ mm}$$

Jetzt wird mittlere **spezifische Schnittkraft k_{cm}** für den Werkstoff 90MnCrV8 aus dem Hauptwert $k_{c1.1}$, der mittleren Spanungsdicke h_m, der Werkstoffkonstanten m_c und einem Korrekturwert $K_s = 4{,}2$ **(Bild 2)** für das Schleifen ermittelt:

Spezifische Schnittkraft

$$k_{cm} = \frac{k_{c1.1}}{h_m^{\,mc}} \cdot K_S$$

$k_{c1.1} = 2300$ N/mm²
$m_c = 0{,}21$
$h_m = 0{,}0024$ mm
$K_s = 4{,}2$

$$k_{cm} = \frac{2300}{0{,}0024^{0{,}21}} \cdot 4{,}2 = 34287 \text{ N/mm}^2$$

Um die tangentiale Schnittkraft F_{ct} zu berechnen benötigt man noch die Anzahl der Schneiden z_e im Eingriff:

Schneiden im Eingriff

$$z_e = \frac{\pi \cdot d_s \cdot \varphi}{\lambda_{ke} \cdot 360°}$$

$d_s = 300$ mm
$\varphi = 0{,}382°$
$\lambda_{ke} = 22$ mm

$$z_e = \frac{\pi \cdot 300 \text{ mm} \cdot 0{,}382°}{22 \cdot 360°} = 0{,}045$$

Mittlere tangentiale Schnittkraft

$$F_{ctm} = b \cdot h_m \cdot k_{cm} \cdot z_e$$

b = Quervorschub f_q,

$$f_q = \frac{1}{3} \cdot b_s = \frac{1}{3} \cdot 30 \text{ mm} = \mathbf{10 \text{ mm}}$$

$$F_{ctm} = 10 \text{ mm} \cdot 0{,}0024 \text{ mm} \cdot 34287 \text{ N/mm}^2 \cdot 0{,}045$$

$$\mathbf{F_{ctm} = 37{,}4 \text{ N}}$$

Schnittleistung

$$P_c = v_c \cdot F_{ctm}$$

$$P_c = 25 \frac{\text{m}}{\text{s}} \cdot 37{,}4 \text{ N} = 935 \text{ W} = \mathbf{0{,}935 \text{ kW}}$$

Schleifspindel an der Maschine P = 5,6 kW (siehe **Tabelle 1**)

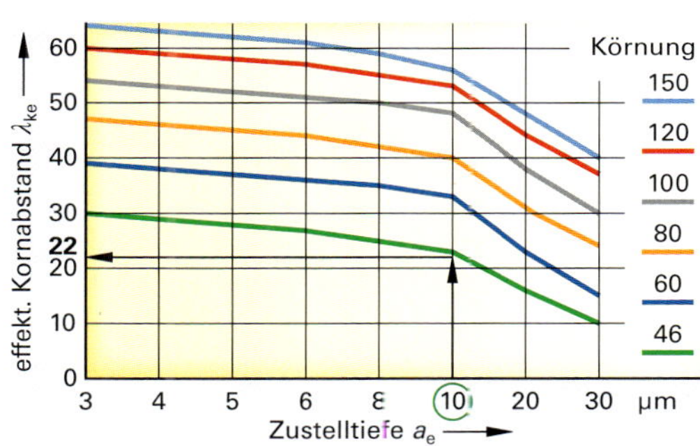

1 Effektiver Kornabstand λ_{ke}

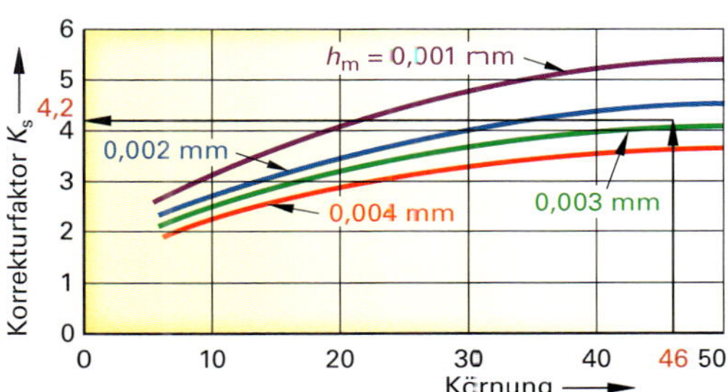

2 Korrekturwert K_S

Tabelle 1: Maschinendaten Rundschleifmaschine

Abmessungen
- Spitzenhöhe 155 mm
- Max. Schleifdurchmesser 300 mm
- Max. Abstand zwischen den Spitzen 600 mm
- Max. Schleiflänge 600 mm
- Max. Werkstückgewicht fliegend 45 kg
- Max. Werkstückgewicht zwischen Spitzen 100 kg

X-Achse
- Vorschub 0,001...1,5 m/min
- Kleinste Zustellung am Durchmesser 0,001 mm

Z-Achse
- Vorschub 0,001...2 m/min
- Kleinste Zustellung 0,001 mm

Schleifspindelstock
- Antriebsmotor 5,6 kW
- Schleifscheibe max. 400 x 50 x 127 mm
- Schnittgeschwindigkeit v_c = 35 m/s

Innenschleifeinrichtung
- Schleifspindelantrieb 1,5 kW
- Drehzahlbereich 20.000...40.000 1/min

Werkstückspindelstock
- Aufnahme Morse Kegel MK5
- Schwenkbarkeit +90°... –30° Grad
- Antriebsmotor 0,75 kW

Reitstock
- Spindelhub 25 mm
- Aufnahme Morse Kegel MK4

② Einstechschleifen ⌀165h4

Der ⌀165h4 soll durch Einstechschleifen fertiggestellt werden. Die Schleifscheibenbreite ist mit $b_s = 30$ mm breiter, als die zu schleifende Werkstückbreite. Damit bewegt sich die Schleifscheibe nur in radialer Vorschubrichtung **(Bild 1).** Da es in Längsrichtung, parallel zur Werkstückachse keine pendelnde Vorschubbewegung gibt, entsteht eine drallfrei geschliffene Oberflächenstruktur **(Bild 2).** Der Fertigungshinweis für die Oberflächenanforderung findet sich auf der Fertigungszeichnung mit dem entsprechenden Oberflächensymbol **(Bild 3).**

Legen wir jetzt die Schleifparameter fest.

$v_c = 25$ m/s, $q_s = 90$, $a_e = 0{,}005$ mm,
Radialvorschubgeschwindigkeit $v_{fr} = 1$ mm/min

Damit werden die einzustellenden Werte für die Maschine errechnet:

Schleifscheibendrehzahl

$$n_s = \frac{v_c \cdot 1000 \cdot 60}{d_s \cdot \pi} \qquad n_s = \frac{25 \cdot 1000 \cdot 60 \text{ mm/min}}{300 \text{ mm} \cdot \pi}$$

$\mathbf{n_s = 1591\ min^{-1}}$

Werkstückdrehzahl

$$n_w = \frac{n_s \cdot d_s}{q_s \cdot d_w} \qquad n_w = \frac{1591 \text{ 1/min} \cdot 300 \text{ mm}}{90 \cdot 165 \text{ mm}}$$

$\mathbf{n_w = 32\ min^{-1}}$

Um die Auftragszeit planen zu können soll die **Hauptnutzungszeit t_h** für das Einstechschleifen **(Bild 4)** berechnet werden.

Hauptnutzungszeit

$$t_h = \frac{L}{v_{fr}} = \frac{\Delta d}{2 \cdot a_e \cdot n_w}$$

Aufmaß (Bearbeitungszugabe)

$$z = \frac{\Delta d}{2} = 0{,}2 \text{ mm}$$

$$t_h = \frac{z}{a_e \cdot n_w} = \frac{0{,}2 \text{ mm}}{0{,}005 \text{ mm} \cdot 32 \text{ min}^{-1}}$$

$\mathbf{t_h = 1{,}25\ min}$

③ Innenrundschleifen ⌀95 h6

Zum Innenrundschleifen wählen wir zunächst die Abmessungen des Schleifwerkzeugs aus **(Bild 5).**

Verhältnis Schleifscheibe zu Bohrung

$$d_s = \frac{2}{3} \cdot d_w \text{ bis } \frac{4}{5} \cdot d_w$$

$d_w = 95$ mm
gewählt: $\mathbf{d_s = 60\ mm}$

Verhältnis Schleifscheibendurchmesser zu Schleifscheibenbreite

$$b_s = \frac{4}{5} \cdot d_s \text{ bis } 1 \cdot d_s$$

gewählt: $\mathbf{b_s = 50\ mm}$

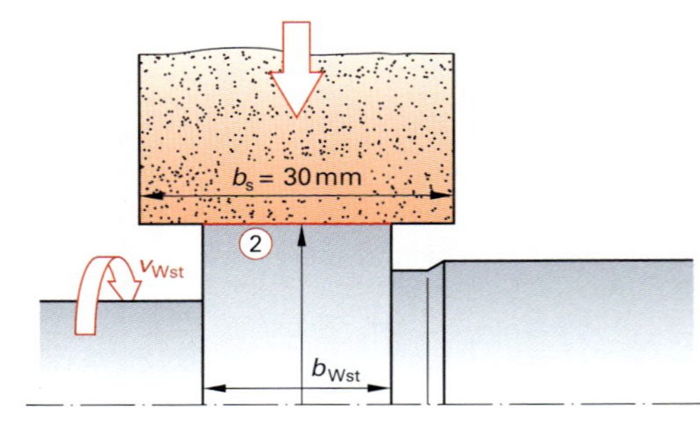

1 Einstechschleifen (Umfangsquerschleifen)

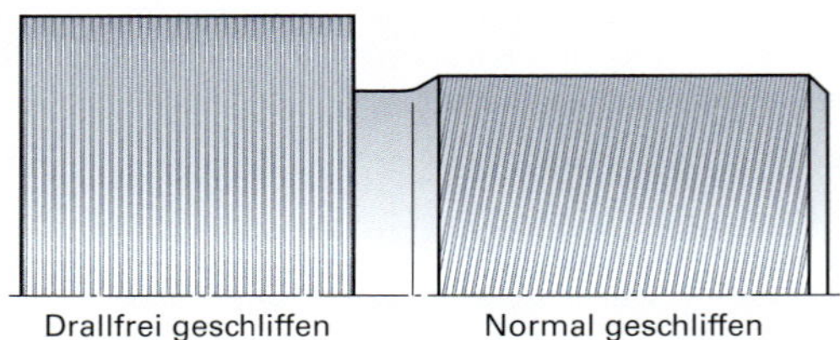

2 Oberflächenstruktur

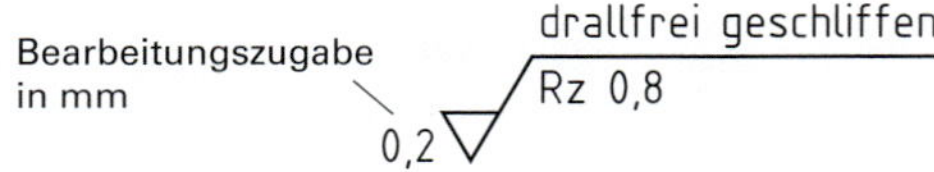

3 Oberflächenangabe

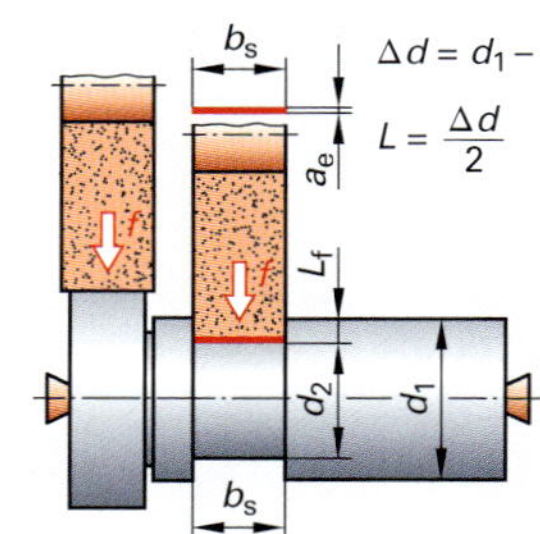

$\Delta d = d_1 - d_2$

$L = \frac{\Delta d}{2}$

t_h Hauptnutzungszeit in min
L_f Vorschubweg in mm
n_w Werkstückdrehzahl in min^{-1}
a_e Zustellung je Schnitt in mm
Δd Durchmesserdifferenz vor und nach dem Schleifen in mm
v_{fr} Radialvorschubgeschwindigkeit = 0,1 ... 2,5 mm/min

4 Schleifparameter Einstechschleifen

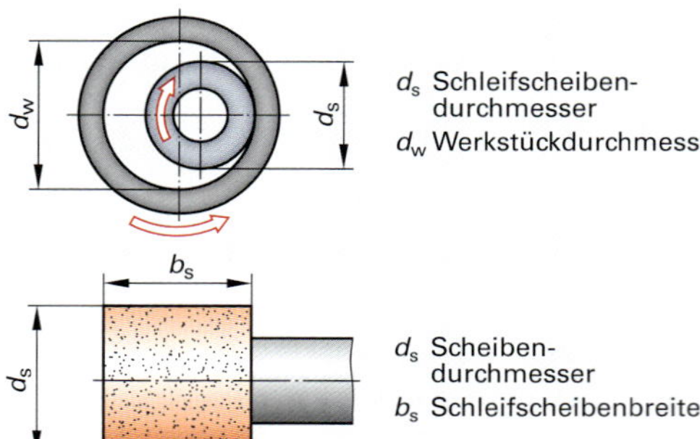

5 Werkzeugparameter Innenrundschleifen

Im nächsten Schritt wird der Schleifbelag für das Innenrundschleifen ausgewählt. Hierbei ist das schleiftechnische Grundprinzip zu berücksichtigen.

Je größer der Berührungsbogen bzw. die Kontakt- oder die Eingriffslänge des Schleifwerkzeuges am Werkstück ist, desto härter, dichter und feiner ist die Wirkung. Das bedeutet, für das Innenrundschleifen muss die Schleifkörperstruktur wegen des größeren Eingriffsbogens des Schleifkörpers gröber, weicher und offener gewählt werden, um eine thermische Schädigung der Werkstückoberfläche zu vermeiden **(Bild 1)**.

Die vollständige Schleifwerkzeugbezeichnung für einen geeigneten zylindrischen Schleiftopf **(Bild 2 und 3)** lautet:

Form und Abmessungen:
ISO 603 6 - A-1-60 x 50 x 20
Schleifbelag: **A/F60 H 8 V-50**

Im nächsten Schritt werden die **Schleifparameter** bestimmt (siehe **Tabelle 1**). Damit werden die einzustellenden Werte für die Maschine errechnet:

Schleifscheibendrehzahl

$$n_s = \frac{v_c \cdot 1000 \cdot 60}{d_s \cdot \pi}$$

$$n_s = \frac{18 \cdot 1000 \cdot 60 \text{ mm/min}}{60 \text{ mm} \cdot \pi}$$

$$\boldsymbol{n_s = 5730 \text{ min}^{-1}}$$

Werkstückdrehzahl

$$n_w = \frac{n_s \cdot d_s}{q_s \cdot d_w}$$

$$n_w = \frac{5730 \text{ 1/min} \cdot 60 \text{ mm}}{90 \cdot 95 \text{ mm}}$$

$$\boldsymbol{n_w = 40 \text{ min}^{-1}}$$

Quervorschub

$$f_q = \frac{1}{4} \cdot b_s = \frac{1}{4} \cdot 50 \text{ mm} = \textbf{12,5 mm/Umdr.}$$

Um die Auftragszeit planen zu können soll die **Hauptnutzungszeit t_h** für das Innenrundschleifen berechnet werden **(Bild 4)**.

Vorschubweg

$$L_f = l - \frac{2}{3} \cdot b_s$$

$$L_f = 75 \text{ mm} - \frac{2}{3} \cdot 50 \text{ mm}$$

$$\boldsymbol{L_f = 41{,}66 \text{ mm}}$$

Anzahl der Schnitte

$$i = \frac{\Delta d}{2 \cdot a_e} = \frac{z}{a_e}$$

$$i = \frac{0{,}2 \text{ mm}}{0{,}005 \text{ mm}}$$

$$\boldsymbol{i = 40 \text{ Schnitte}}$$

Hauptnutzungszeit

$$t_h = \frac{L_f \cdot i}{f_q \cdot n_w}$$

$$t_h = \frac{41{,}66 \text{ mm} \cdot 40}{12{,}5 \text{ mm} \cdot 40 \text{ min}^{-1}}$$

$$\boldsymbol{t_h = 3{,}33 \text{ min}}$$

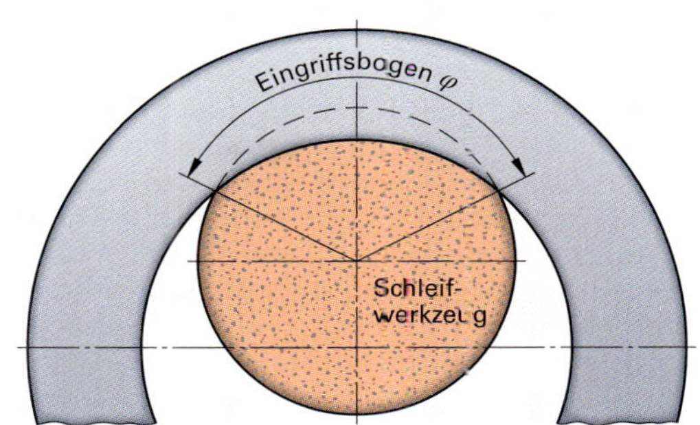

1 **Eingriffsbogen Innenrundschleifen**

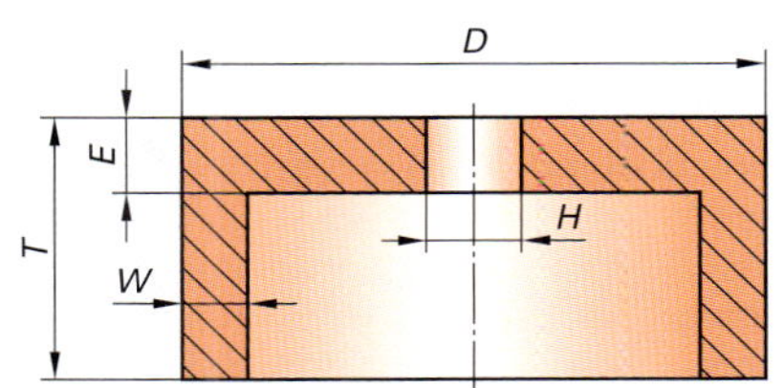

2 **Zylindrischer Schleiftopf**

3 **Zylindrische Topfschleifscheibe**

Tabelle 1: Schleifparameter

Schnittgeschwindigkeit	v_c = 18 m/s
Geschwindigkeitsverhältnis	q = 80
Zustelltiefe	a_e = 0,005 mm
Quervorschub	$f_q = \frac{1}{4} \cdot bs$

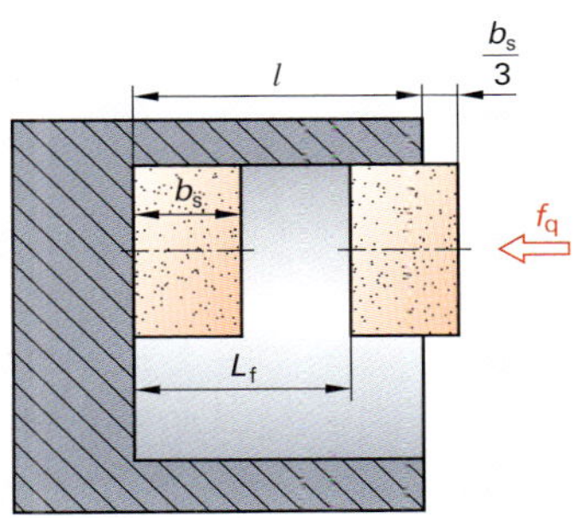

4 **Vorschubweg L_f Innenrundschleifen**

Fertigungsbeispiel „Grundplatte"

Die in **Bild 1** dargestellte Grundplatte aus dem Werkstoff E355 soll durch Flachschleifen fertiggestellt werden. Unter Flach- oder Planschleifen versteht man das Schleifen ebener Flächen. Das Werkzeug führt die Schnittbewegung (v_c) und das Werkstück die Vorschubbewegung (v_w) aus. Beim Umfangsschleifen wird der Schleifvorgang am Umfang des Schleifwerkzeuges durchgeführt. Die Schleifspindel der Flachschleifmaschine ist horizontal zum Maschinentisch angeordnet. Das Werkstück wird meist über einen Elektromagnet auf dem Maschinentisch festgehalten. Der Maschinentisch bewegt sich pendelnd geradlinig hin und her **(Bild 2).** Der seitliche Vorschub (Quervorschub f_q) wird üblicherweise vom Maschinentisch ausgeführt.

Schauen wir uns zuerst den Werkstoff an. Es handelt sich um einen Maschinenbaustahl mit der Werkstoffnummer 1.0060, die alte Normbezeichnung ist St60. Es ist ein unlegierter Baustahl mit hoher Festigkeit, der entsprechend seinen mechanischen Eigenschaften für Konstruktionsteile verwendet wird **(Tabelle 1).**

Die Grundplatte soll an der Unterseite mit dem Flachschleifverfahren

① Umfangslängsschleifen

und an der Oberseite die zwei Stege mit

② Umfangsquerschleifen

bearbeitet werden **(Bild 3).**

Im nächsten Schritt wird das Schleifwerkzeug ausgewählt. Die vollständige Schleifwerkzeugbezeichnung lautet:

Form und Abmessungen:
ISO 603 1-A-300 x 40 x 76
Schleifbelag: **A/F60 M 8 V-50**

Im nächsten Schritt werden die Schleifparameter bestimmt (Einsatzrichtwerte siehe **Tabelle 2**). Damit werden die einzustellenden Werte für die Maschine errechnet:

Schleifscheibendrehzahl

$$n_s = \frac{v_c \cdot 1000 \cdot 60}{d_s \cdot \pi}$$

$$n_s = \frac{25 \cdot 1000 \cdot 60 \text{ mm/min}}{300 \text{ mm} \cdot \pi}$$

$$\mathbf{n_s = 1600 \text{ min}^{-1}}$$

Werkstückvorschubgeschwindigkeit

$$v_w = \frac{v_c}{q}$$

$$v_w = \frac{25 \text{ m/s} \cdot 60 \text{ s/min}}{80}$$

$$\mathbf{v_w = 18{,}75 \text{ min}^{-1}}$$

Quervorschub

$$f_q = \frac{1}{4} \cdot b_s = \frac{1}{4} \cdot 40 \text{ mm} = \mathbf{10 \text{ mm/Hub}}$$

a_e Zustelltiefe $a_e = 0{,}01$ mm

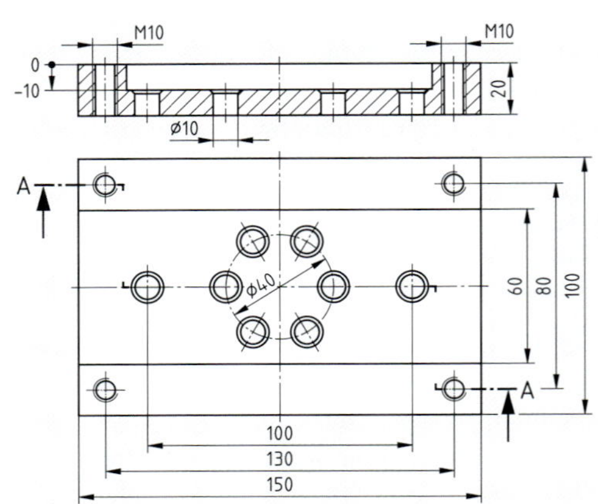

1 **Fertigungszeichnung Grundplatte**

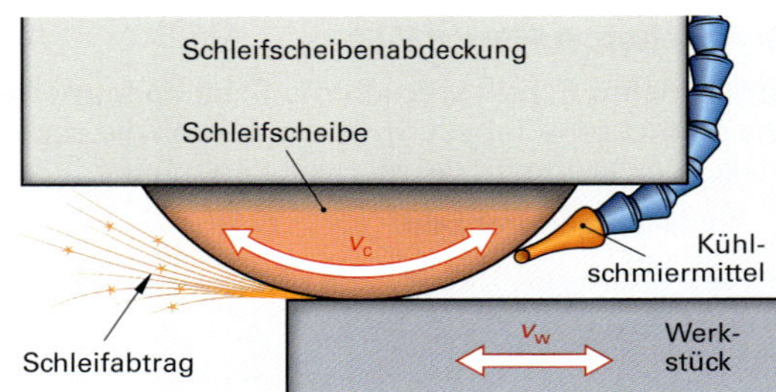

2 **Flachschleifen**

Tabelle 1: Mechanische Kennwerte

Werkstoff-Nr.	DIN-Bezeichnung	Streckgrenze R_e in N/mm²	Zugfestigkeit R_m in N/mm²	Bruchdehnung A_5 in %
1.0060	E335	335	570…710	16

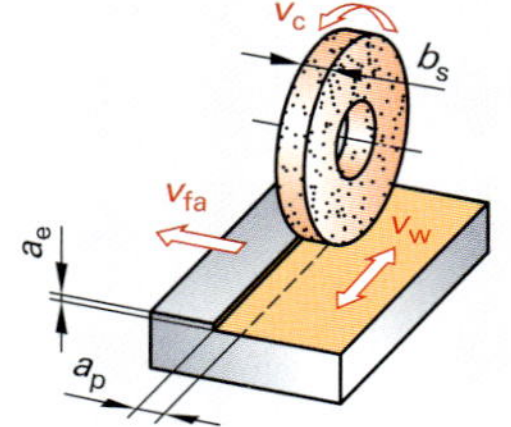

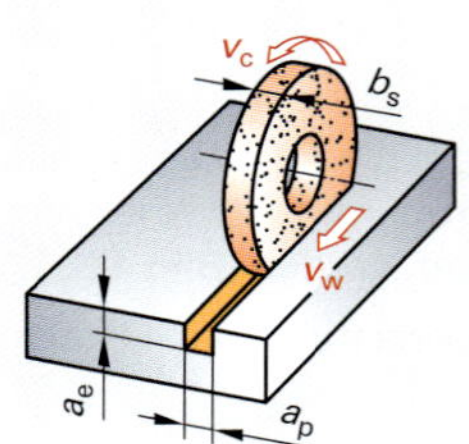

3 **Flachschleifverfahren**

Tabelle 2: Einsatzrichtwerte Flachschleifen

Planschleifen		Stahl
v_c	Scheibenumfangsgeschwindigkeit, Nassschliff in m/s	20…30
v_w	Werkstückvorschubgeschwindigkeit in m/min	5…20
Geschwindigkeitsverhältnis q_s		80
f_q	Quervorschub in mm/Hub	$\frac{1}{4} \cdot b_s$ bis $\frac{1}{3} \cdot b_s$
a_e	Zustelltiefe in mm	Schlichten: 0,002…0,01

Um die Auftragszeit planen zu können soll die **Hauptnutzungszeit t_h** berechnet werden.

① Umfangslängsschleifen

Unterseite: $l = 150$ mm, $b = 100$ mm **(Bild 1 und 2)**

Vorschubweg längs

$$L_f = l_a + l + l_u$$

$$l_a = l_u = \frac{1}{3} + d_s$$

$d_s = 300$ mm
$l_a = l_u = 100$ mm
$L_f = (200 + 150)$ mm
$\mathbf{L_f = 350\ mm}$

Vorschubweg quer

$$B = b_w - \frac{1}{3} \cdot b_s$$

$B = \left(100 - \frac{1}{3} \cdot 40\right)$ mm

$\mathbf{B = 86{,}66\ mm}$

Anzahl der Schnitte

$$i = \frac{z}{a_e}$$

$i = \frac{0{,}2\ \text{mm}}{0{,}01\ \text{mm}}$

$\mathbf{i = 20}$ **Schnitte**

Anzahl der Hübe

$$n_H = \frac{v_W}{L_f}$$

$n_H = \frac{18{,}75\ \text{m/min}}{0{,}35\ \text{m}}$

$\mathbf{n_H = 54}$ **Hübe**

Hauptnutzungszeit

$$t_h = \frac{B \cdot i}{f_q \cdot n_H}$$

$t_h = \frac{86{,}66\ \text{mm} \cdot 20}{10\ \text{mm} \cdot 54}$

$\mathbf{t_h = 3{,}21\ min}$

n_s Schleifscheibendrehzahl in min^{-1}
v_c Scheibenumfangsgeschwindigkeit in m/s Schnittgeschwindigkeit
d_s Schleifscheibendurchmesser
b_s Schleifscheibenbreite
v_w Werkstückvorschubgeschwindigkeit in m/min

1 Flachschleifen Unterseite

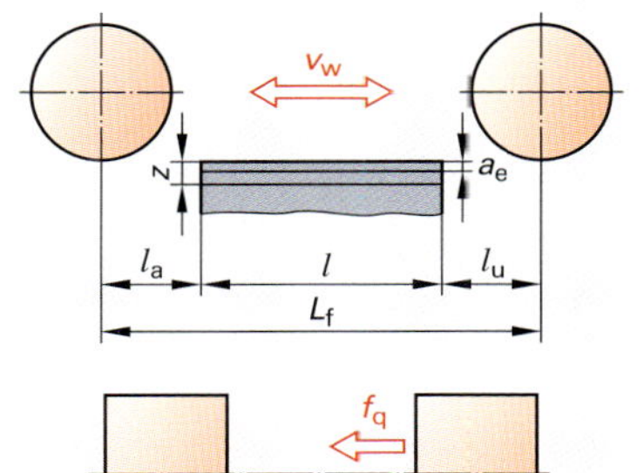

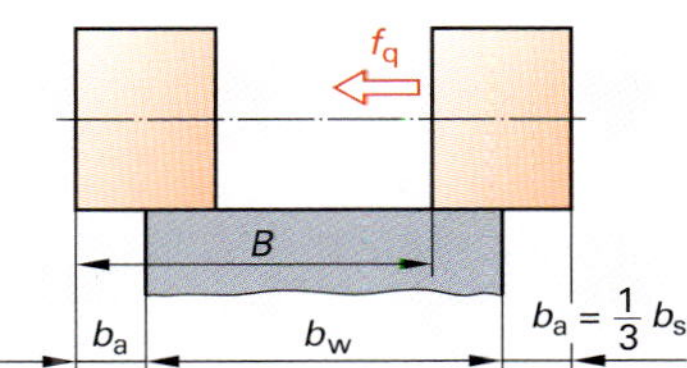

2 Hauptnutzungszeit beim Flachschleifen

② Umfangsquerschleifen

2 x Stege: $l = 150$ mm, $b = 20$ mm

$a_e = 0{,}005$ mm $\Rightarrow$ $i = 40$ Schnitte

Hauptnutzungszeit

$$t_h = \frac{L_f \cdot i}{v_W}$$

$t_h = \frac{0{,}350\ \text{m} \cdot 40}{18{,}75\ \text{m/min}}$

$\mathbf{t_h = 0{,}75}$ **min/Steg**

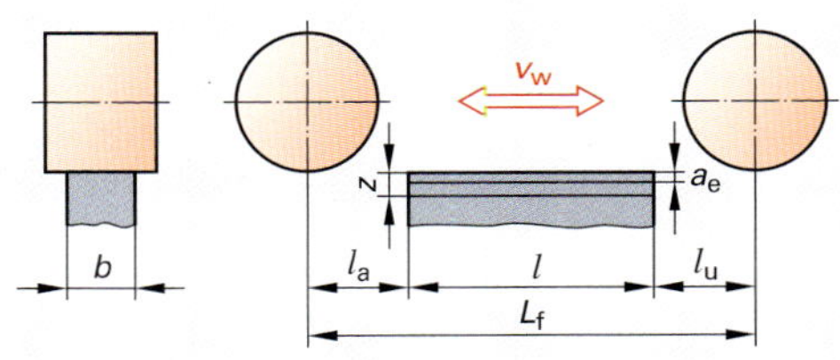

3 Umfangslängsschleifen Stege

Zeitspanvolumen Q

Jetzt sollen die verschiedenen Schleifverfahren aus den Fertigungsbeispielen Führungshülse und Grundplatte mit ihrem **Zeitspanvolumen Q_w** in mm^3/s verglichen werden.

Außenrundschleifen	$Q_W = \pi \cdot d_w \cdot v_{fa} \cdot a_e$ $v_{fa} = a_p \cdot n_w$	$\Rightarrow$ $Q_w = \pi \cdot 150\ \text{mm} \cdot 30\ \text{mm} \cdot \frac{35}{60\ \text{s}} \cdot 0.01\ \text{mm} =$ **82,46 mm³/s**
Innenrundschleifen	$Q_W = \pi \cdot d_w \cdot v_{fa} \cdot a_e$ $v_{fa} = a_p \cdot n_w$	$\Rightarrow$ $Q_w = \pi \cdot 150\ \text{mm} \cdot 30\ \text{mm} \cdot \frac{35}{60\ \text{s}} \cdot 0{,}01\ \text{mm} =$ **49,75 mm³/s**
Flachschleifen	$Q_W = a_p \cdot a_w \cdot v_w$	$\Rightarrow$ $Q_w = 40\ \text{mm} \cdot 0{,}01\ \text{mm} \cdot \frac{18750\ \text{mm}}{60\ \text{s}} =$ **125 mm³/s**

F12 FEINBEARBEITUNGSVERFAHREN

Viele Werkstücke müssen aus funktionellen Gründen oder wegen des Designs mit einer hohen Oberflächengüte sowie höchster Maß- und Formgenauigkeit hergestellt werden. Das wird sowohl durch eine Optimierung der herkömmlichen Fertigungsverfahren als auch durch spezielle Feinbearbeitungsverfahren wie **Walzen**, **Honen**, **Läppen** und **Erodieren** für die Herstellung bestimmter Produkte unverzichtbar. Technologien und Werkzeuge werden permanent weiterentwickelt und angepasst. Um Feinbearbeitung handelt es sich dann, wenn eine Oberflächengüte des Toleranzgrades IT 6 oder besser erreicht wird.

Feinbearbeitungsverfahren

Umformende Verfahren
- Glattwalzen
- Kalibrieren

Abtragende Verfahren
- elektrochemisches Abtragen
- Honen
- Läppen und Ultraschallschwingläppen
- Erodieren
- Schaben
- Schleifen
- High Speed Cutting

Strukturgebende Verfahren
- Laserhonen
- Laserstrukturieren
- Beschichten und Honen

Umformende Feinbearbeitungsverfahren

Besteht die Möglichkeit zur Anwendung, werden diese spanlosen Bearbeitungsverfahren bevorzugt genutzt. Bei Erreichen genauester Abmaße kann gleichzeitig die oftmals gewünschte Verfestigung der Oberfläche und eine Vergrößerung des Traganteils erreicht werden. Das geht schnell und benötigt wenig Energie. Die wichtigsten Verfahren sind Glattwalzen und Kalibrieren.

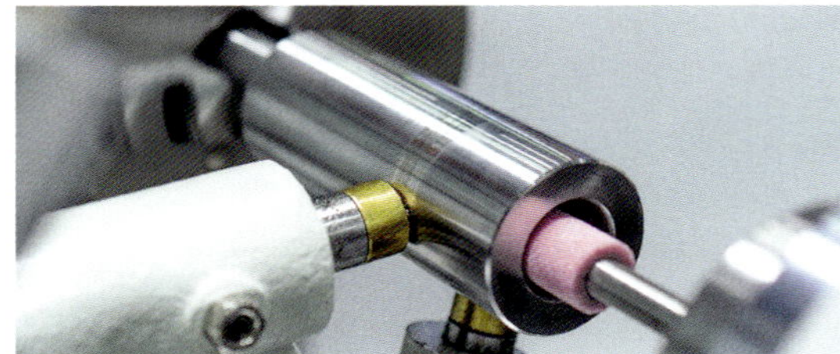

1 **Glattwalzen einer Welle**

Glattwalzen

Beim Glattwalzen wird in speziellen Glattwalzmaschinen oder auch auf herkömmlichen Dreh-, Fräs- oder Bohrmaschinen die Oberfläche des zylindrischen Werkstückes durch kräftiges Andrücken eines Glattwalzwerkzeuges geglättet **(Bild 1, 2)**. Dabei finden in der Werkstückoberfläche eine Kaltumformung sowie eine Materialverfestigung von bis zu 70 % statt. Gute Laufeigenschaften, größere Traganteile bei Lagerflächen und eine verbesserte Korrosionsbeständigkeit sind die Folge. Es werden dabei Rautiefen von unter $Rz = 0{,}5$ µm bis 0,1 µm erreicht **(Bild 1,** nächste Seite).

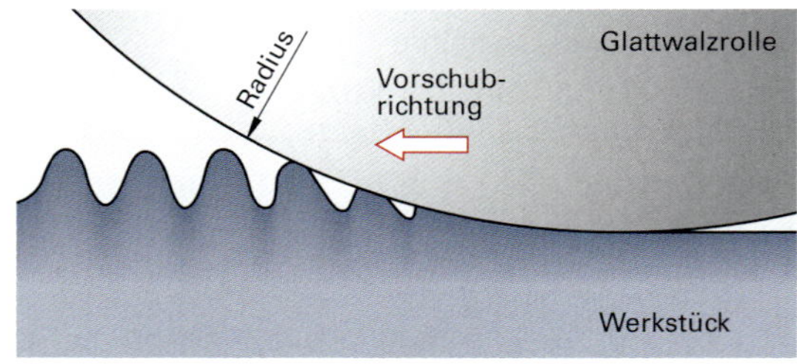

2 **Kaltumformung beim Glattwalzen**

Dieses Verfahren wird bei Kegeln, Wellen, Lagern, aber auch bei Bohrungen angewendet. Das Werkstück muss gereinigt werden und darf eine maximale Härte von 50 HRC (65 HRC mit Sonderwerkzeugen) und muss eine Mindestrautiefe von 10 µm (hochvergütete Stähle) bis 25 µm aufweisen. Der Einsatz von Kühlschmiermittel ist notwendig.

Beim Glattwalzen werden die Abmaße je nach Werkstoff und Vorbearbeitungsrautiefe unterschiedlich stark verändert. Aufmaß, Drehzahl und Vorschub des Werkzeugs **(Bild 3)** werden nach den Vorschlägen der Werkzeughersteller eingestellt.

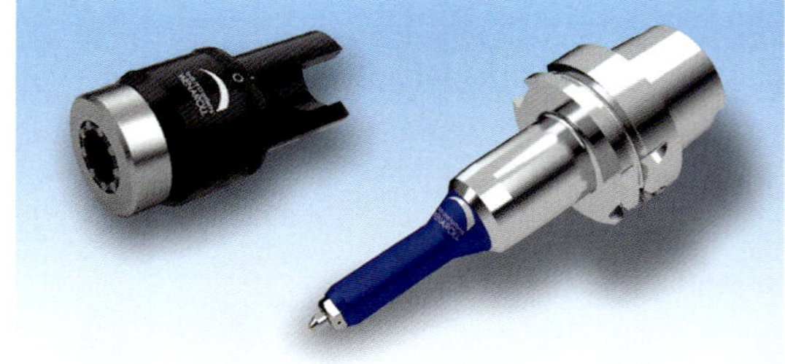

3 **Glattwalzwerkzeuge**

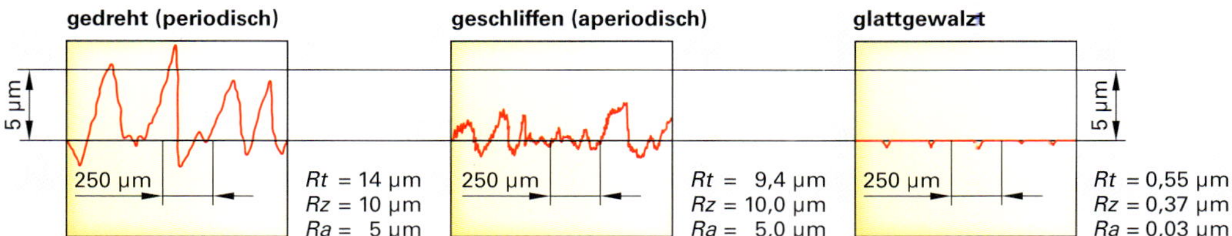

1 Erreichbare Rauigkeitswerte verschiedener Bearbeitungsverfahren

Kalibrieren

Das Feinbearbeitungsverfahren Kalibrieren wird aus unterschiedlichen Gründen angewendet.

Werden hohe Anforderungen an die Maßgenauigkeit gestellt, können manche Formteile nach dem Urformen nicht direkt verwendet werden, weil z.B. das Schwindmaß nicht exakt genug bestimmt werden kann. In diesem Fall wird das Werkstück ohne Erwärmung über einen Dorn (Bohrung, Fitting, Rohrstück) oder durch eine Matrize (formgenaues Gegenstück für Wellen oder Rohre) gezogen und erreicht damit genaueste Abmaße. Durch den hohen Druck auf die Werkstückoberfläche tritt außerdem eine meist gewünschte Kaltverfestigung auf.

Das Kalibrieren wird nur bei hohen Stückzahlen (z.B. Halbzeuge) angewendet, da spezielle Maschinen mit hoher Presskraft notwendig und die Werkzeuge (Matrizen) nicht universell einsetzbar sind.

Bei der Herstellung **gesinterter Formteile** hat der Kunde meist nicht nur besonders hohe Ansprüche an die Oberflächengüte sowie die Maß- und Formgenauigkeit der bestellten Ware, sondern auch hinsichtlich der Festigkeit. Durch Kalibrieren können diese Eigenschaften erreicht werden **(Bild 3).** Soll die Festigkeit erhöht werden, werden Sinterteile aus Stahlpulver einer Wärmebehandlung oberhalb der Rekristallisationstemperatur unterzogen und anschließend kalibriert. Wird dieses Verfahren mehrfach wiederholt, kann eine beträchtliche Erhöhung der Zug- und Druckfestigkeit erreicht werden.

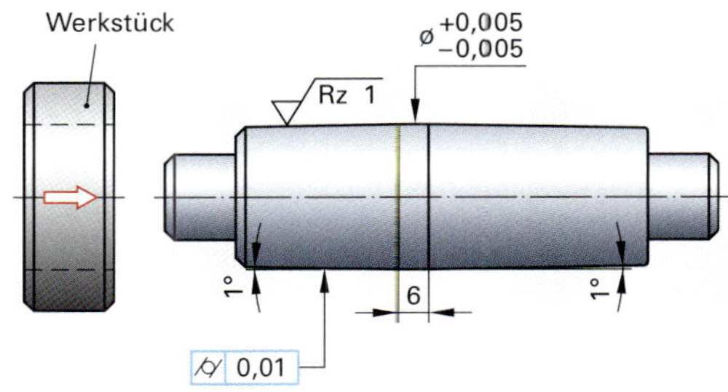

2 Kalibrierdorn

3 Kalibrierte Sinterteile

Abtragende Feinbearbeitung

Die Verfahren mit **geometrisch bestimmter Schneide** wie Feindrehen, Feinbohren oder Feinfräsen sind durch eine spezielle Schneidengeometrie sowie hohe Schnittgeschwindigkeit bei geringer Schnitttiefe und kleinem Vorschub gekennzeichnet **(Bild 1 und nebenstehende Tabelle)**. Erforderlich sind dabei Werkzeugmaschinen mit hoher Steifigkeit und eine kurze, starre Einspannung von Werkzeug und Werkstück. Das Schaben wird derzeit kaum noch angewendet, weil ähnliche Ergebnisse mit anderen Fertigungsverfahren schneller und kostengünstiger erreicht werden können.

Durch Feindrehen erreichbare minimale Rautiefen

Werkstoff	Schneidstoff	Rautiefe R_z
Stahl	HM, Cermet	3 µm
Grauguss	HM, Cermet	4 µm
Messing	HM	2,5 µm
	Diamant	0,2 µm
Aluminium	HM	0,5 µm
	Diamant	0,2 µm

Die geringsten Oberflächenrauheiten werden jedoch durch spanende Feinbearbeitung mit **geometrisch unbestimmter Schneide** erreicht. Wichtige Fertigungsverfahren mit geometrisch unbestimmter Werkzeugschneide bei gebundenem Korn sind neben dem Fein- und Schwingschleifen das Honen und Läppen. Beim elektrochemischen Abtragen ist **keine Werkzeugschneide** notwendig.

Elektrochemisches Abtragen

Besonders in der Lebensmittelindustrie, der Halbleiterherstellung (Reinraum) und im medizinisch-technischen Bereich werden an Geräte und Anlagen besondere Anforderungen gestellt, die nur durch eine chemische bzw. elektrochemische Oberflächenbehandlung erzielt werden können. Implantate und chirurgische Instrumente beispielsweise müssen besonders korrosionsbeständig und gut zu reinigen sein **(Bild 1)**.

Ist eine Oberfläche auch im Mikrobereich besonders glatt, finden Schmutzpartikel und Mikroben kaum Halt und können leicht entfernt werden. Diese und weitere Eigenschaften erreicht man durch das **Elektropolieren**. Es ähnelt beim Verfahren und der Anlage nach dem Galvanisieren.

Das Werkstück als Anode (Pluspol) und eine oder mehrere Elektroden als Kathode (Minuspol) werden in einen Behälter mit einer Strom leitenden Flüssigkeit (Elektrolytlösung) getaucht und an eine Gleichstromquelle angeschlossen **(Bild 2)**. Sobald Strom fließt, lösen sich Metallionen vom Werkstück und bewegen sich als Metallsalze auf die Kathode zu.

An mikroskopisch kleinen hervorstehenden Unregelmäßigkeiten oder Graten liegt eine erhöhte Stromstärke an. Dadurch erfolgt hier der Werkstoffabtrag etwas schneller. Die Rauigkeit wird im Mikrobereich (Mikrorauigkeit) verringert und die Oberfläche dadurch geglättet. Die abzutragende Menge an Metallionen kann über die Stromstärke, die Wahl des Elektrolyts und die Bearbeitungsdauer eingestellt werden. Üblich sind Bearbeitungszeiten von 2 bis 20 Minuten bei Stromdichten von 5 bis 25 Ampere/dm^3 und Temperaturen von 40 bis 75°C. Da die Elektrolytlösung oft aus Säuren besteht, müssen die Werkstücke in einem Abschlussbad mit z. B. Kalkmilch neutralisiert und mit Salpetersäure nachbehandelt werden **(Bild 3)**. Wird dies versäumt, sind Flecken an der Oberfläche durch Anätzungen die Folge.

Bei **nichtrostenden Stählen** nutzt man die unterschiedliche Geschwindigkeit, mit der die Legierungsbestandteile in Lösung gehen. Da sich Eisen und Nickel schneller aus dem Kristallgitter herauslösen als Chromatome, entsteht eine besonders chromreiche Oberfläche. Nicht alle Stahlsorten sind dafür geeignet!

Durch Elektropolieren lassen sich Werkstücke in fast allen Größen und Formen bearbeiten.

Vorteile gegenüber anderen Verfahren mit ähnlichem Ergebnis (z. B. dem Hochglanzpolieren) sind:

- keine Störstellen durch eingedrückte Poliermittelrückstände, Verunreinigungen oder mikroskopische Kratzer,
- keine thermische oder mechanische Belastung während der Bearbeitung,
- verzugsfreies Verfahren,
- vollständige Ausschöpfung der dem Werkstoff innewohnenden Korrossionsbeständigkeit.

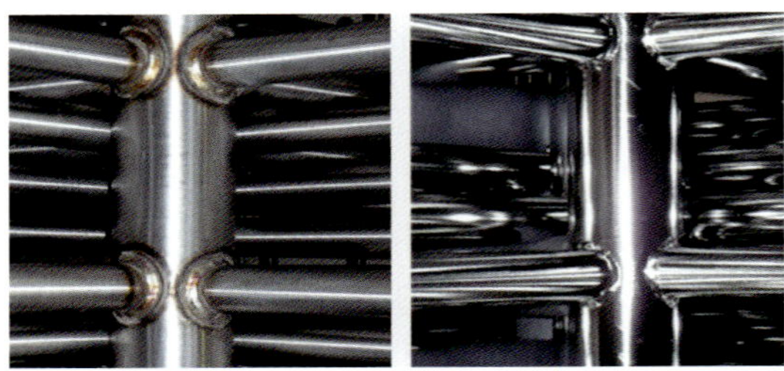

1 Elektropoliertes Produkt davor und danach

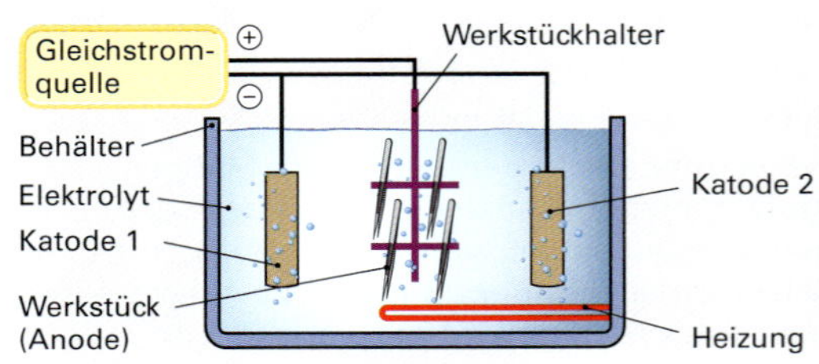

2 Verfahren Elektropolieren

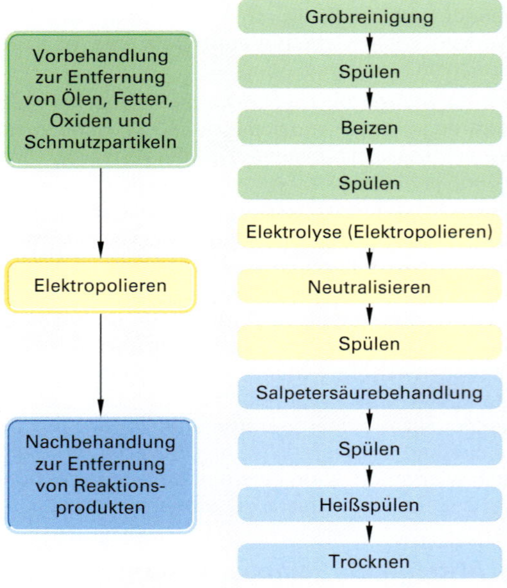

3 Verfahrensablauf Elektropolieren

Aufgabe

Ein Werkstück mit einem Durchmesser D = 250 mm soll fein bearbeitet werden. Ermitteln Sie die empfohlene Zuordnung von *Ra* und *Rz* zu IT 5 in µm und mm.

Honen

Honen ist ein Feinbearbeitungsverfahren mit geometrisch unbestimmten Schneiden.

Ähnlich wie beim Schleifen wird ein Werkzeug mit gebundenem Korn verwendet. Der Unterschied zum Schleifen liegt im geringeren Werkstoffabtrag und der Arbeitsweise des Schleifmittels. Durch mehrere Bearbeitungsstufen mit immer feineren Honsteinen, verringerter Flächenpressung bzw. höherer Schnittgeschwindigkeit lassen sich Rautiefen von $R_z = 0{,}2\ \mu m$ erreichen.

Typische gehonte Werkstücke sind Lagerbuchsen, Nockenwellen und Zylinderlaufbuchsen.

Bei Gleit- und Führungsflächen sind die beim Honen entstehenden Riefen nützlich, da dadurch dem Schmierfilm eine gute Haftfähigkeit gewährleistet wird.

Beim Honen wird die Schnittbewegung in zwei Richtungen ausgeführt **(Bild 1)**. Die Werkstückoberfläche wird dabei in erster Linie durch Anpressen und Verschieben des Werkstoffes geglättet und verfestigt. Mit der Verfestigung ist aber gleichzeitig eine Versprödung der Werkstoffoberfläche verbunden. Erst infolge der dadurch auftretenden Werkstoffermüdung findet ein Werkstoffabtrag durch die Schneidkörner statt. Zum Abspülen der abgetragenen Teilchen von Werkzeug und Werkstück kann Honöl verwendet werden.

Je nach Länge des Werkzeuges in einer der beiden Richtungen, dem Hub, wird in Langhubhonen und Kurzhubhonen unterschieden. Dadurch entstehen für diese Verfahren typische, mikroskopische Muster auf der Werkstückoberfläche **(Bild 2)**.

Das **Kurzhubhonen** ist auch als Super-Finish-Verfahren bekannt. Hier erstreckt sich ein Hub über nur wenige mm Länge. Die für das Honen typische Schnittbewegung in die andere Richtung führt das Werkstück aus **(Bild 3, 4)**. Kurzhubhonen wird vorwiegend zur Feinbearbeitung zylindrischer Flächen angewendet.

Der Honstein aus Edelkorund oder Siliciumkarbid wird im Hongerät festgeklemmt. Die Breite des Honsteines sollte etwa dem halben Werkstückdurchmesser entsprechen.

Honsteine sind ähnlich aufgebaut wie Schleifscheiben. Auch hier findet eine Selbstschärfung durch ab- und ausbrechendes Schleifmittel statt. In Abhängigkeit von der Schnittgeschwindigkeit (20 … 80 m/min) und dem Anpressdruck (20 … 400 N/mm²) fällt der Werkzeugverschleiß meist eher gering aus. Dadurch werden einzelne Körner stumpf, ohne rechtzeitig zu splittern, um neue Schneidkanten zu bilden. Das führt zu einem relativ schlechten Zerspanungsverhalten.

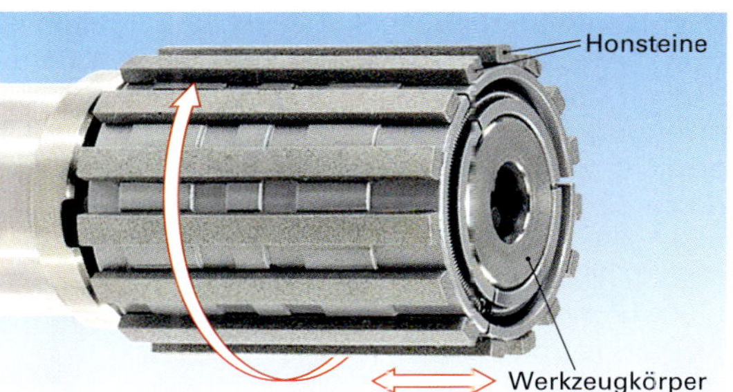

1 Schnittbewegung beim Innenhonen

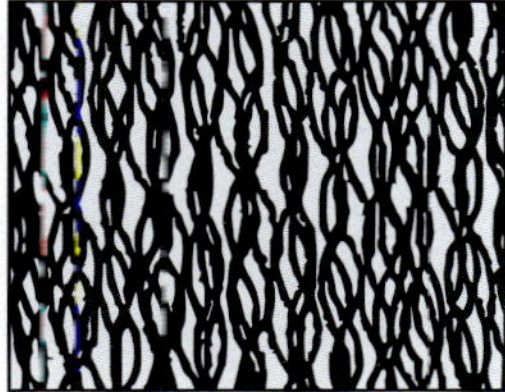

2 Werkstückoberfläche nach dem Honen

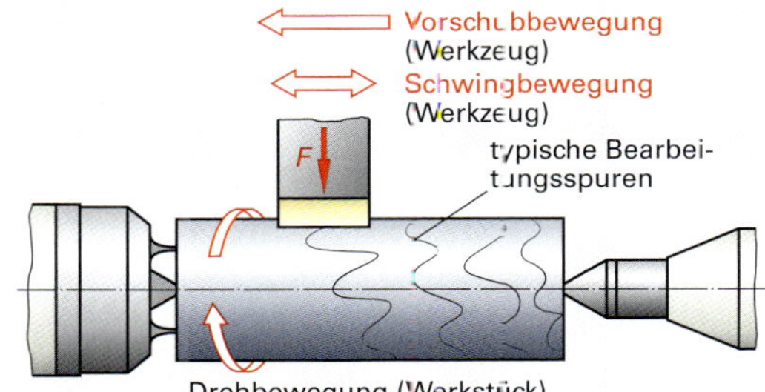

3 Bewegungen beim Kurzhubhonen

4 Zylinderfläche

Das Zerspanungsverhalten kann durch Richtungswechsel oder Überschleifen des Honsteines verbessert werden.

Das **Langhubhonen** (auch Ziehschleifen genannt) wird verwendet, um Bohrungen zu bearbeiten. Dabei können eine Formkorrektur, ein verbessertes Ölhaltevermögen sowie eine bessere Oberflächenqualität erreicht werden. Die Schnittbewegung entsteht durch die hin- und hergehende Hubbewegung und eine gleichmäßige Drehbewegung der Honahle **(Bild 1)**. Dadurch kommt das für dieses Verfahren typische Kreuzschliff-Bild der Oberfläche zustande **(vorherige Seite Bild 2)**.

Je länger die Bearbeitung erfolgt, umso größer wird der Werkstückdurchmesser.

Die **Honwerkzeuge** lassen sich am besten nach Anzahl und Form der Honleisten unterscheiden. **Honleisten** sind die Teile am Honwerkzeug, an denen das Schleifmittel, der Honstein, befestigt ist.

Honleisten sind oft verstellbar, damit der Verschleiß, der während der Bearbeitung an den Honsteinen auftritt, ausgeglichen werden kann. Außerdem kann so das Honwerkzeug genau dem gewünschten Durchmesser angepasst werden.

Die Verstellung der Honleisten erfolgt über den Zustellkonus, der durch die Honmaschine elektromechanisch oder hydraulisch bedient wird. Beim schnellen Zurückfahren können sie wiederum rückgestellt werden, sodass eine Beschädigung der eben bearbeiteten Fläche verhindert wird.

Die Honsteine sollen etwa ⅔ der Länge der zu bearbeitenden Bohrung besitzen. Der Hub muss so eingestellt werden, dass die Honsteine am unteren und oberen Umkehrpunkt ⅓ ihrer Länge über das Werkstück hinausragen. Dabei nutzt sich das Werkzeug gleichmäßig ab und die Bohrung erhält eine gute zylindrische Form **(Bild 2)**.

Durch die Verstellung des Überlaufes kann an bestimmten Stellen der Bohrung eine besonders große Ausarbeitung erreicht werden; je nachdem, wo der größte Anteil der Werkzeugfläche vorbeigeführt wird. Damit können z.B. Formfehler ausgeglichen, aber auch bewusst bestimmte Formen herausgearbeitet werden **(Bild 3)**.

Am unteren Ende von Sackbohrungen muss unbedingt ein Freistich mit ⅓ der Honsteinlänge angebracht werden, weil sonst ein bedeutender Formfehler entstehen kann.

Die wichtigsten Honmittel sind Diamantkorn und Bornitrid. Als Bindemittel werden meist Kunstharz oder Keramik verwendet.

Das **Flachhonen** ist ein dem Läppen **(s. folgende Seite)** sehr ähnliches Verfahren.

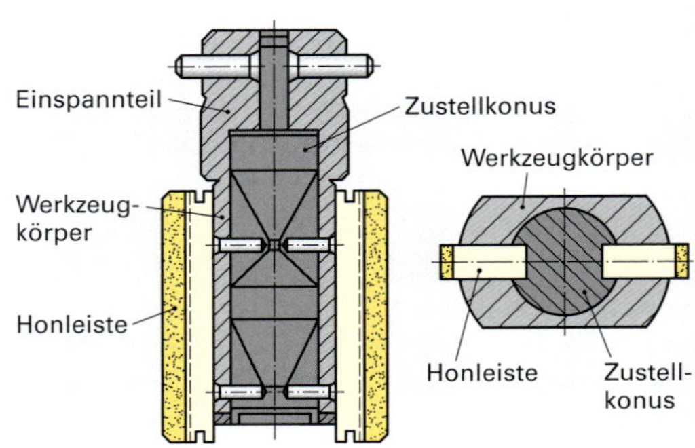

1 Honahle

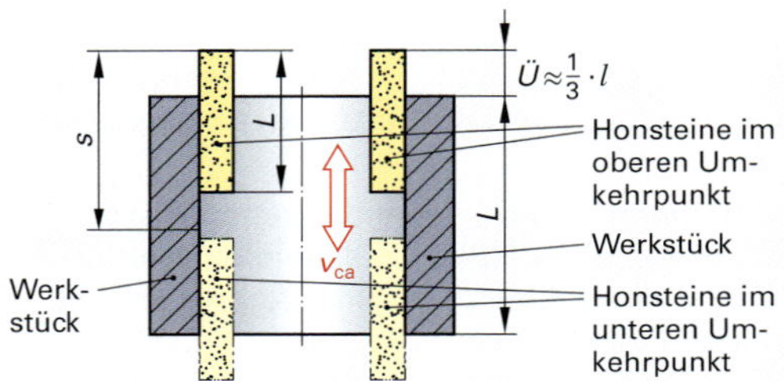

2 Überlauf bei einer Durchgangsbohrung

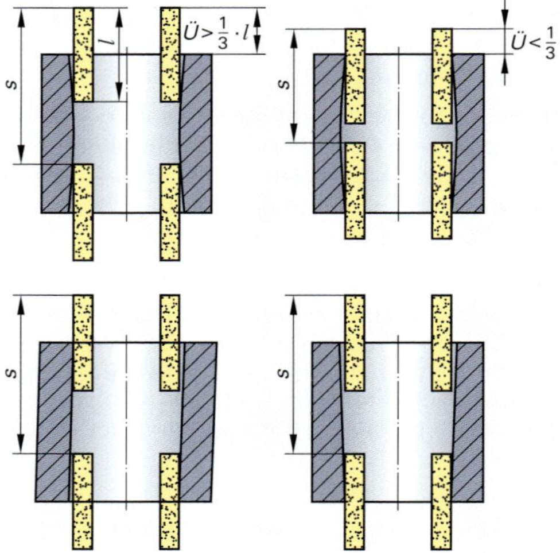

3 Möglichkeiten der Formkorrektur

Aufgaben

1 Welche Vorteile bietet das Honen gegenüber dem Schleifen?

2 Welches Honverfahren wird überwiegend zur Feinbearbeitung zylindrischer Außenflächen eingesetzt?

3 Wie kann ein stumpfes Honwerkzeug erneuert werden?

4 Was muss beim Langhubhonen alles beachtet werden?

Läppen

Eines der ältesten bekannten Oberflächen-Bearbeitungsverfahren ist das Läppen. Schon in der Steinzeit wurden mit etwas Sand, Wasser und einem Holzstück Oberflächen geglättet. Läppen ist heute ein hochentwickeltes Feinbearbeitungsverfahren. Am Verfahrensprinzip hat sich jedoch nichts geändert.

Läppen ist ein spanendes Verfahren, das mit losem Korn die Werkstückoberfläche abträgt.

Die losen Körner werden zusammen mit einer Flüssigkeit zwischen Werkzeug und Werkstück gebracht. Dabei kann höchste Oberflächengüte (bis unter $R_z = 0{,}05\ \mu m$) und Präzision erreicht werden **(Bild 1)**. Diese geringe Rautiefe wird erreicht, weil die Läppkörner zwischen Werkzeug und Werkstück abrollen und viele winzige Krater in die Oberfläche drücken.

Benutzt man ein hartes Läppwerkzeug (meist feinkörniges Gusseisen), rollen die Körner des Läppmittels gut ab. Dadurch kommt es wegen der auftretenden Verfestigung zum Ausbrechen von Werkstoffteilchen. Die Oberfläche sieht matt aus.

In einem weichen Läppwerkzeug (Aluminium, Kupfer) verhaken sich die Schleifkörner und wirken durch die Bewegung spanend. Es entsteht eine glänzende Oberfläche (Polierläppen).

Beim Läppmittel handelt es sich heute meist um ein Gemisch aus leichtem Mineralöl oder Wasser verbunden mit dem Läpppulver der gewünschten Korngröße. Das Läppmittel besteht meist aus Korund, Bornitrid, Siliciumkarbid oder Diamant mit Korngrößen von 5 µm ... 100 µm.

Die Flüssigkeit hat die Aufgabe, auch flachen Körnern ein Abrollen zu ermöglichen. Würden sie rutschen, wären Bearbeitungsriefen wie beim Schleifen die Folge. Außerdem dient sie zum Korrosionsschutz und befördert den abgetragenen Werkstoff und verschlissene Läppkörner nach außen.

Arbeitsregeln:

- Während des Läppens ist das Werkstück möglichst ungleichmäßig gerichtet gegen das Werkzeug zu bewegen, damit keine regelmäßigen Bearbeitungsspuren entstehen (unerwünscht).
- Mit sinkendem Anpressdruck verringert sich der Werkstoffabtrag. Die Oberfläche wird feiner.
- Soll eine ebene Oberfläche entstehen, muss auch das Werkzeug (die Läppscheibe) eben sein.
- Je weniger Läppkörner in der Läpppaste sind, umso geringer ist der Werkstoffabtrag.
- Die Werkstücke sollten immer breiter sein als hoch. Dadurch wird ein eventuelles Kippen vermieden.
- Durch gleichmäßigen Anpressdruck wird das Arbeitsergebnis erheblich verbessert.

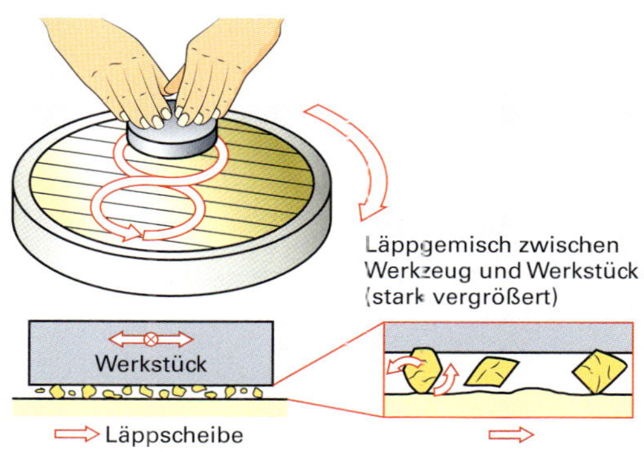

1 Prinzip des Läppens

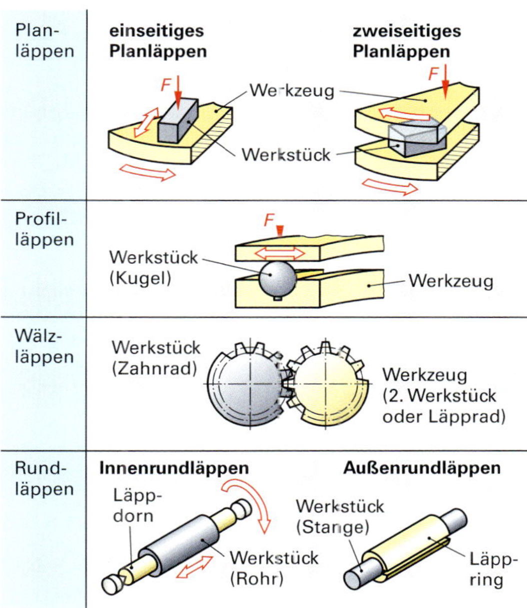

2 Die wichtigsten Läppverfahren

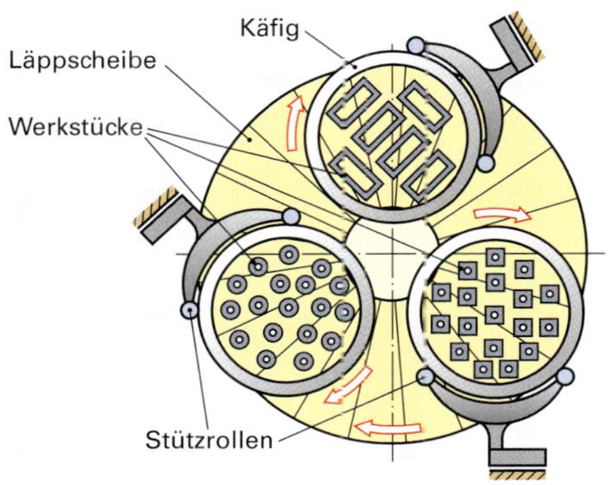

3 Planläppen mit Werkstücken in Käfigen

Läppen gehört zu den spanabhebenden Fertigungsverfahren mit geometrisch unbestimmter Schneide. Im Gegensatz zum Schleifwerkzeug ist das Läppkorn nicht in einer festen Matrix gebunden, sondern wird von der formgebenden Gegenform in einer Läppflüssigkeit oder Läpppaste als Läppfilm auf die Werkstückoberfläche aufgedrückt **(Bild 1).** Durch die Bewegung des Werkzeugkörpers (Läppscheibe, **Bild 2**) verändert das Läppkorn ständig seine Lage.

Die im Läppspalt zwischen Werkzeug und Werkstück abrollenden Läppkörner dringen mit ihren Schneidkanten in die Werkstückoberfläche ein und tragen ein geringes Werkstoffvolumen ab.

Mit dem zu den Feinstbearbeitungsverfahren zählenden Läppen lassen sich technische Oberflächen mit geringsten Rauigkeitwerten und Formgenauigkeiten herstellen (Gemittelte Rautiefe *Rz* von 10 µm bis 0,04 µm, Mittenrauigkeit *Ra* von 0,2 µm bis 0,006 µm, enge Maßtoleranzen bis IT1). Es können nahezu alle metallischen Werkstoffe, aber auch Glas und Keramik mit Läppen bearbeitet werden. Ausgenommen sind nur Werkstoffe, die ein sehr großes plastisches oder elastisches Verformungsvermögen aufweisen.

Der Werkstoffabtrag **(Bild 3)** wird im Wesentlichen von der Form und der Größe der Läppkörner und den Bewegungsvorgängen im Läppfilm bestimmt. In der Läppflüssigkeit stellt sich je nach Viskosität, Läppspaltdicke, Korngröße und Kornform ein meist mehrschichtig aufgebauter Läppfilm ein.

Die abrollenden Läppkörner erzeugen einen gleichmäßigen Werkstoffabtrag, ohne richtungsspezifische Bearbeitungsriefen wie sie z. B. beim Schleifen oder beim Honen entstehen.

Als Läppkörner werden Schleifmittel wie Elektrokorund, Siliziumkarbid, Bornitrid, Eisen-Chromoxid und Diamant in sehr feinen Körnungen eingesetzt **(Tabelle 1).**

Läppgeschwindigkeit

Im Vergleich zum Schleifen werden beim Läppen zwischen Werkzeug und Werkstück geringere Relativgeschwindigkeiten (Läppgeschwindigkeit) von 5 m/min bis 350 m/min angewendet. Durch die Abrollbewegung des Läppkorns im Läppspalt beträgt die effektive Korngeschwindigkeit (Schnittgeschwindigkeit, v_c) abhängig vom Aufbau des Läppfilms nur noch etwa 30% bis 50% der Geschwindigkeit des formgebenden Werkzeugkörpers.

Tabelle 1: Läppkorn und Trägermedium

Läppkorn		Trägermedium (Läppflüssigkeit)
Korund: (Al_2O_3): weiche Stähle und Gusswerkstoffe, Leichtmetalle	**Borkarbid B_4C** Hartmetall, Keramik	• Öle in unterschiedlichen Viskositäten • Emulsionen auf Wasserbasis • Paraffin • Vaseline • Petroleum
Siliziumkarbid, SiC: vergütete und legierte Stähle Grauguss, Glas, Porzellan	**Diamant** harte Werkstoffe Polieren	

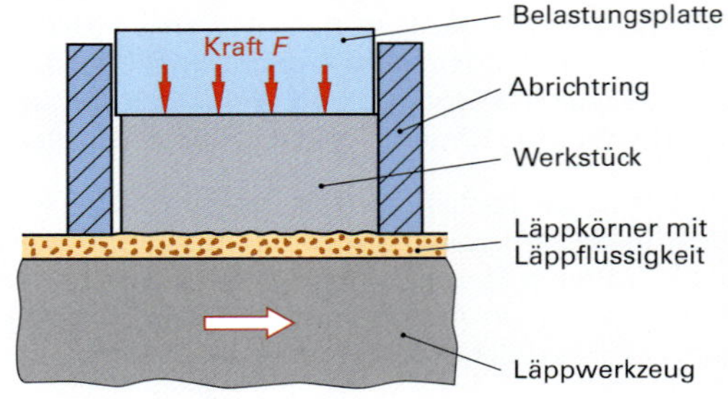

1 **Einseitiges Läppen**

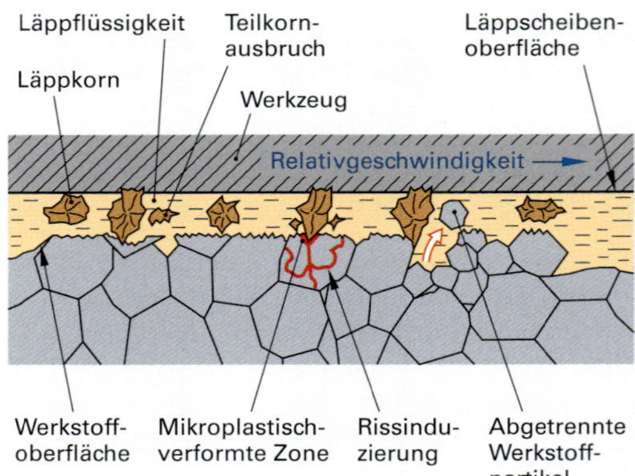

2 **Materialabtrag beim Läppvorgang**

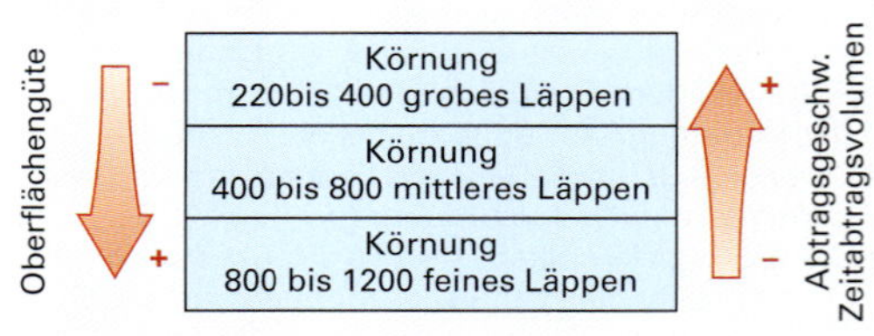

3 **Körnungen beim Läppen**

Ultraschallschwingläppen

Der Erfolg neuer Werkstoffe wie CFK oder spezieller Ingenieurkeramiken (Silicat-, Oxidkeramik) im Maschinenbau und Besonderheiten im Hochtechnologiebereich erschließt dem Ultraschallschwingläppen völlig neue Einsatzgebiete in der industriellen Fertigung. Es sind Werkstoffe, die sich mangels elektrischer Leitfähigkeit nicht durch Senkerodieren bearbeiten lassen. Wegen der großen Härte und Sprödigkeit der Oberflächen eignen sich herkömmliche spanende Verfahren wie Bohren oder Fräsen oftmals nicht.

Das Ultraschallschwingläppen, auch Ultraschallerosion genannt, dient nicht der Verbesserung von Oberflächenrauheiten, sondern der Erschaffung neuer Formen. Dementsprechend muss ein formideales Gegenstück, meist aus Stahl hergestellt, an der Sonotrode angebracht werden. Dieses Werkzeug wird in Schwingungen versetzt und auf die Werkstückoberfläche aufgelegt. Der optimale Anpressdruck wird am besten durch Versuche ermittelt.

Das eigentliche Werkzeug, eine Flüssigkeit mit kleinen Schleifmittelkörnern, wird in einem permanenten Schwall aufgebracht. Die Körner werden vom Formwerkzeug zum Schwingen gebracht und schlagen winzige Partikel aus der Werkstückoberfläche heraus. Durch die ständige Zuführung neuer Suspension werden abgetragene Werkstoffteilchen schnell entfernt. Nur so kann sich das Konturgegenstück in die Oberfläche einarbeiten **(Bild 1)**.

Abhebezyklen und die permanente Absaugung der Läppflüssigkeit beschleunigen die Fertigung. Falls ein Rotieren des Formwerkzeuges möglich ist, z. B. beim Bohren, kann damit der Werkstoffabtrag pro Zeiteinheit erheblich erhöht werden.

Beim Herstellen des Formwerkzeuges muss beachtet werden, dass es während der Bearbeitung auch auf seiner Oberfläche zu einem Werkstoffabtrag kommt. Es muss also entsprechend überdimensioniert werden.

Ultraschallschwingläppen ist nach DIN 8589 dem Läppen zugeordnet, gehört jedoch nicht zu den Feinbearbeitungsverfahren. Die erreichbare Oberflächenqualität bewegt sich zwischen Rz 5 µm bis 8 µm an der Mantelfläche und Rz 8 µm bis 12 µm am Bearbeitungsgrund.

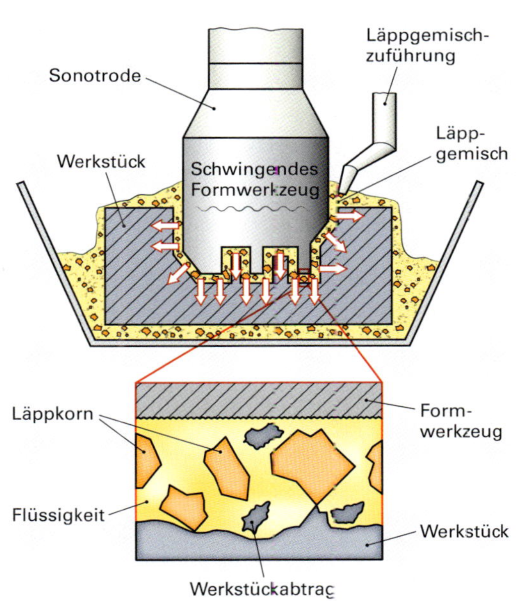

1 Ultraschallschwingläppen

Gerätetechnik

Ein piezokeramischer Schallwandler erzeugt hochfrequente (HF) mechanische Schwingungen, die der Frequenz des Wechselstromes entsprechen. Die HF-Wechselspannung (19 kHz bis 22 kHz) muss von einem Ultraschall-Generator erzeugt werden. Ein Schallwandler, der Amplitudentransformator und die Sonotrode (Bohrrüssel) verstärken die Schwingungsamplitude auf 20 µm bis 40 µm **(Bild 2)**.

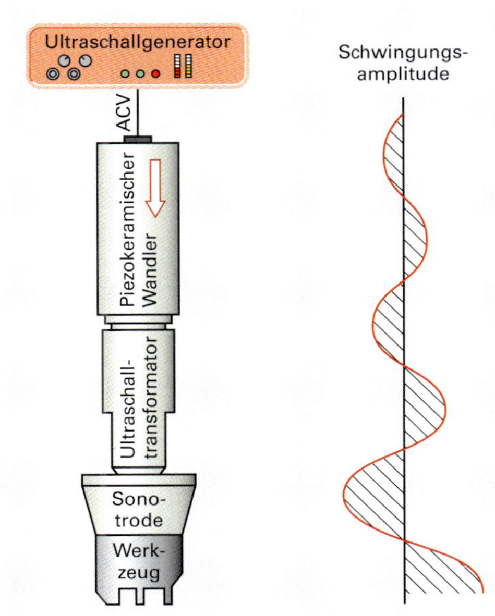

2 Gerätetechnik und Amplitudenverstärkung

Strukturgebende Verfahren

Insbesondere die immer höheren Anforderungen an Umweltschutz und Energieeffizienz im Motorenbau haben die Entwicklung strukturgebender Verfahren vorangetrieben. Forscher, die sich mit der Reibungslehre, der **Tribologie**, befassen, haben herausgefunden, wie Oberflächen bestenfalls beschaffen sein müssen, um

- hohe Tragfähigkeit der Laufflächen,
- geringen Schmiermittelverbrauch,
- geringen Verschleiß,
- optimierte Laufeigenschaften oder
- eine besondere Haftung

zu gewährleisten.

Geeignete Fertigungsverfahren sind:

- Laserhonen,
- Laserstrukturieren,
- Positionshonen,
- Formhonen,
- Beschichten und Honen.

Laserhonen

Bei diesem Feinbearbeitungsverfahren werden mit einem Laser kleine Taschen in die Lauffläche eines tribologischen Systems (z.B. Zylinder und Kolben) eingeschmolzen **(Bild 1)**. An den Vertiefungen bilden sich dadurch Schmelz- und Oxydaufwürfe, welche die Ränder unförmig gestalten. Durch anschließendes Entgraten und Honen wird eine Glättung erreicht **(Bilder 2 und 4)**.

Wegen der spezifischen Eigenschaften des Laserlichts und der kurzen Einwirkdauer erwärmt sich das Werkstück trotz der hohen Temperatur beim Verdampfen des Werkstoffs praktisch nicht. Eigenschaftsänderungen der Oberfläche durch Prozesswärme können damit bei diesem Verfahrensschritt nahezu ausgeschlossen werden. Am Ende der Bearbeitung sind sehr gute Gleitflächen mit einer Rauigkeit von $Rz = 1\ \mu m$ bis $2\ \mu m$ möglich.

Während beim einfachen Honen die Oberflächenstruktur durch die entstehenden Riefen eher zufällig entsteht und damit nicht optimal gestaltet werden kann, werden die Lage, Tiefe und Struktur der Taschen beim Laserhonen durch eine NC-Steuerung genau nach den technologischen Vorgaben hergestellt.

Weil sich in den Taschen der Schmierstoff ansammeln kann, erreicht man wesentlich bessere Gleiteigenschaften bei geringerem Verschleiß und eine höhere Lebensdauer durch eine deutliche Reduzierung der Reibkräfte zwischen den Gleitflächen.

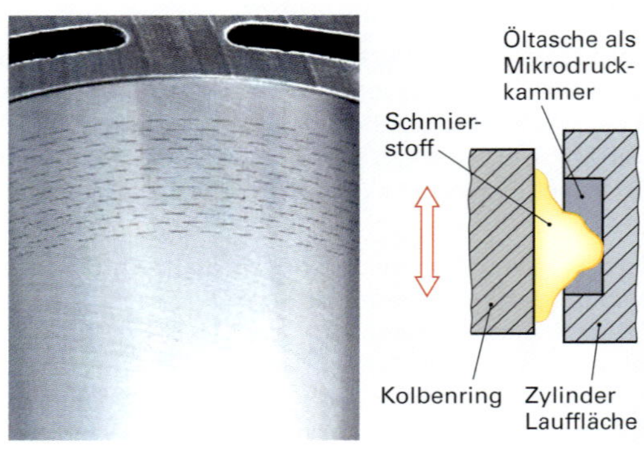

1 Lauffläche eines Zylinders nach dem Laserhonen

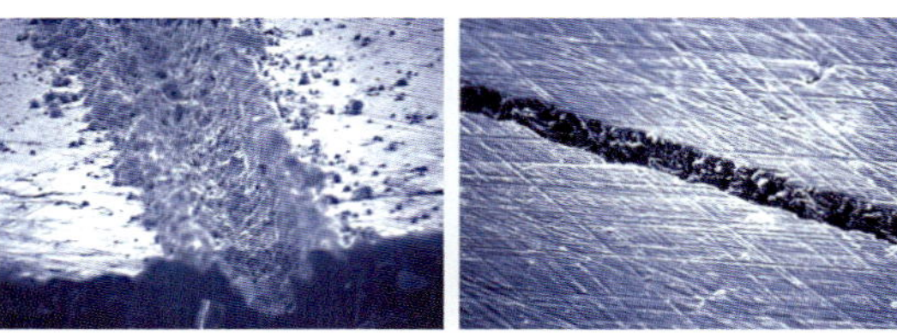

2 Oberflächenstruktur nach Laserbehandlung (links) und anschließendem Honen (rechts)

3 Laserbearbeitung eines Motorblocks

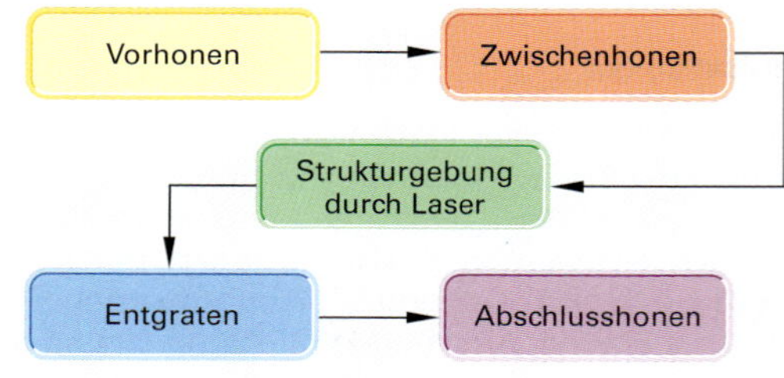

4 Verfahrensschritte beim Laserhonen

Abtragende Verfahren

Einteilung

Unter Abtragen versteht man nach DIN 8590 das Abtrennen von Stoffteilchen von einem festen Körper auf nichtmechanischem Wege. Dabei werden in der Oberflächenschicht des zu bearbeitenden Werkstücks Werkstoffpartikel durch thermische, chemische, kinematische und elektrochemische Energieumsetzung geschmolzen, gelöst, abgetragen oder verdampft. Demnach wird zwischen thermischen, chemischen, erosiven und elektrochemischen Abtragsverfahren unterschieden **(Bild 1)**.

Thermisches Abtragen

In der Fertigung werden neben den mechanischen Trennverfahren wie Stanzen und Zerspantechnik alternativ auch thermische Schneidverfahren angewendet.

Nach DIN 8590 **(Bild 2)** unterscheidet man:

- Thermisches Abtragen durch Gas,
- Thermisches Abtragen durch elektrische Gasentladung,
- Thermisches Abtragen durch Strahl.

Autogenes Brennschneiden

Das autogene Brennschneiden ist ein thermisches Schneidverfahren, bei dem der größte Teil der für den Prozessablauf notwendigen Energie aus der Verbrennung des zu schneidenden Werkstoffs stammt (exotherme Reaktion). Der manuell oder maschinell geführte Schneidbrenner besteht aus einer ringförmigen Heizdüse und einer, in derMitte des Rings liegenden Sauerstoffschneiddüse **(Bild 3)**. Das Prinzip des Brennschneidens beruht darauf, dass der zu trennende Werkstoff in einer Acetylen-Sauerstoff-Flamme auf Zündtemperatur (ca. 1200 °C) gebracht und dann mit Schneidsauerstoff verbrannt wird. Die Schnittfuge bildet sich, indem die entstehenden Oxide, zusammen mit der Schmelze durch die kinetische Energie des Schneidsauerstoffstrahls ausgeblasen werden **(Bild 4)**.

Folgende Voraussetzungen müssen erfüllt sein:

- Oxidierbarkeit der Metalle,
- Dünnflüssige Oxidschmelze,
- Geringe Wärmeleitfähigkeit des Werkstoffs,
- Zündtemperatur des Werkstoffs unter der Schmelztemperatur,
- Schmelztemperatur der Oxide niedriger als Schmelztemperatur des Metalls.

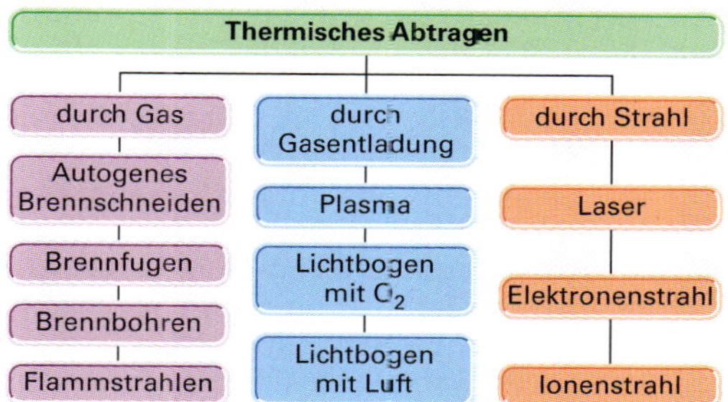

2 Thermische Abtragsverfahren nach DIN 8590

3 Brennschneiden

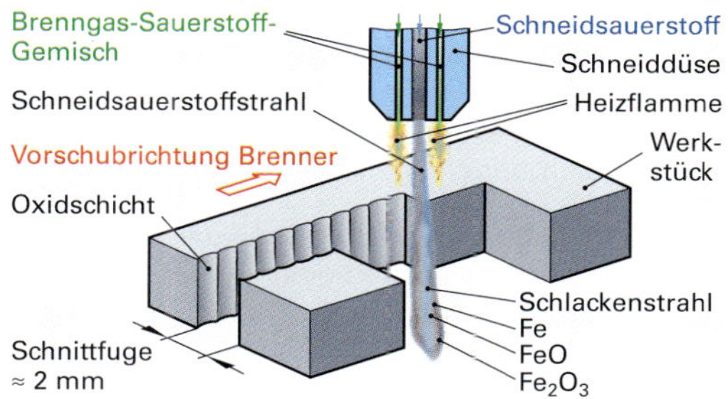

4 Autogener Brennschneidevorgang

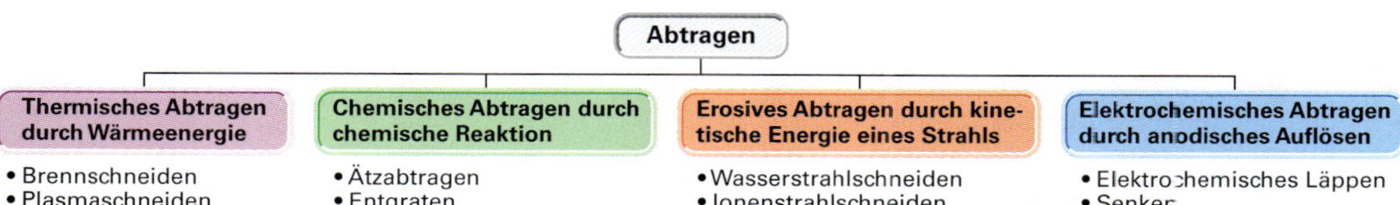

1 Einteilung der abtragenden Verfahren

Diese Bedingungen werden von unlegierten und von niedriglegierten Stählen erfüllt. Aufgrund der einfachen Anwendung, der hohen Schneidgeschwindigkeit bei großen Blechdicken **(Bild 1)** und des verhältnismäßig geringen Energiebedarfs ist das autogene Brennschneiden in der stahlverarbeitenden Industrie von besonderer Bedeutung. Je nach Blechdicke sind beim Schneiden von dicken Stahlblechen nur 10% der erforderlichen Energie zur Aufrecherhaltung des fortlaufenden Verbrennungsprozesses erforderlich. Die restliche Wärme entsteht durch die exotherme Reaktion des Sauerstoffs mit dem Stahlwerkstoff.

Das Prinzip des thermischen Trennens mit der Sauerstoff-Kernlanze **(Brennbohren, Brennhobeln)** beruht darauf, dass das Eisen in der Kernlanze in einem unter Druck zugführten Sauerstoffstrom verbrennt und die für den Trennprozess notwendige Energie liefert. Dabei entstehen Temperaturen von bis zu 2200°C.

Die Sauerstoff-Kernlanze besteht aus einem Mantelrohr und einer dem Innendurchmesser des Rohres angepassten Anzahl von Kerndrähten. Bei diesem Verfahren wird ohne Brenngas gearbeitet. Die Kernlanze wird an ihrem vorderen Ende mit einer externen Flamme auf Zündtemperatur gebracht und unter dosierter Zugabe von Sauerstoff verbrannt.

Plasmaschneiden

Das Plasmaschneiden wurde ursprünglich zum thermischen Trennen nicht brennschneidbarer metallischer Werkstoffe, wie z.B. hochlegierte Stähle, Kupfer und Aluminium eingesetzt. Heute wird es zunehmend auch zum Trennen dünnwandiger Bleche aus un- und niedriglegiertem Stahl verwendet **(Bild 2)**. Zum Schneiden metallischer, d.h. elektrisch leitfähiger Materialien, wird das Werkstück in den Stromkreis einbezogen und die Variante des übertragenen Lichtbogens genutzt **(Bild 3)**.

Der Plasmaschneidbrenner erzeugt einen Lichtbogen zwischen einer Wolframelektrode und dem Werkstück. Das Plasma ist ein elektrisch leitfähiges Gas mit einer Temperatur von etwa 30000°C.

Der Lichtbogen wird mit einer Hochfrequenzzündung gezündet und am Austritt durch eine isolierte, wassergekühlte Kupferdüse eingeschnürt. Durch die hohe Energiedichte des Lichtbogens und die kinetische Energie des Plasmagases schmilzt das Metall und wird durch einen Gasstrahl ausgeblasen. Die schneidbaren Werkstückdicken liegen werkstoffabhängig in einen Bereich von ca. 0,5 mm bis 160 mm. Charakteristisch für Plasmaschneidfugen ist eine Abrundung der Kante an der Eintrittsstelle. Das Verfahren zeichnet sich durch hohe erzielbare Schneidgeschwindigkeiten aus **(Bild 4)**.

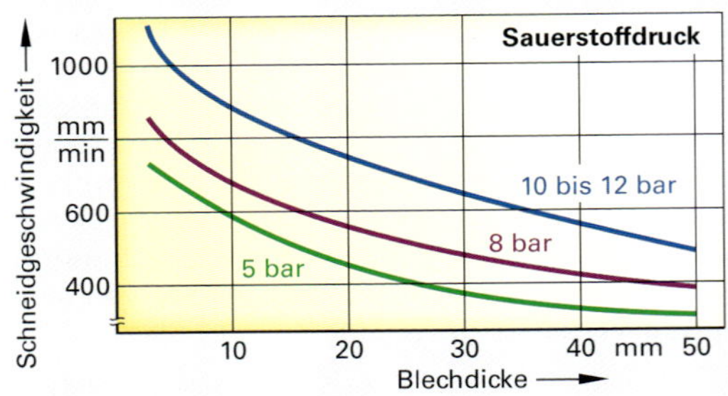

1 Schneidgeschwindigkeit

2 Plasmaschneiden

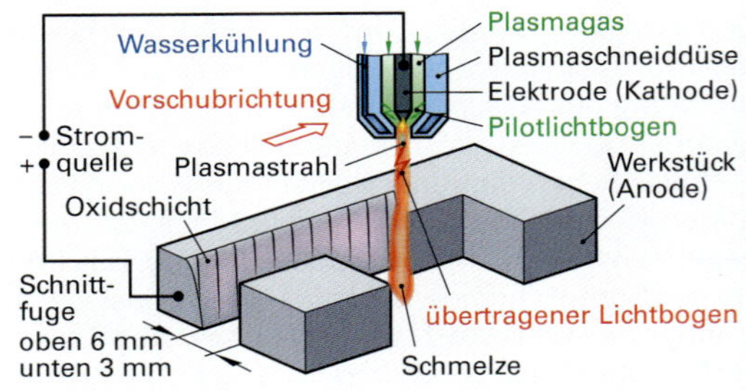

3 Plasmaschneiden mit übertragenem Lichtbogen

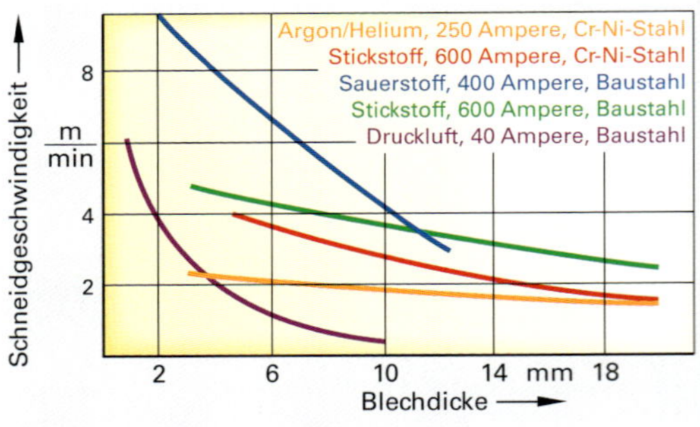

4 Schneidgeschwindigkeiten verschiedener Plasmaschneidverfahren

Laserstrahlschneiden

Mit der Entwicklung der Lasertechnik wurde die Möglichkeit geschaffen, auch dünne Bleche mit einem thermischen Trennverfahren zu schneiden. Das Laserschneiden ist ein Präzisionsschneidverfahren mit guter Schnittqualität **(Bild 1)**. Dazu wird die Laserstrahlung mit einer Linse oder einem Spiegel auf die Oberfläche des zu trennenden Werkstücks fokussiert. Je nach eingebrachter Strahlungsenergie schmilzt, verbrennt oder verdampft das Material. Die hohe Energiedichte des fokussierten Laserstrahls erzeugt durch Absorbtion und Energieumwandlung in Wärmeenergie im Werkstoff die notwendige Wärme um das zu schneidende Material aufzuschmelzen, zu verbrennen oder zu verdampfen.

Man unterscheidet folgende Verfahrensvarianten:

- Laser-Schmelzschneiden,
- Laser-Brennschneiden,
- Laser-Sublimierschneiden.

Die Schneidgeschwindigkeit ist weitgehend von der Laserleistung, der Leistungsdichteverteilung im Strahlquerschnitt (Mode), der Fokuslage und der Wärmeleitfähigkeit des Werkstoffs abhängig **(Bild 2)**. Bei filigranen Werkstückkonturen wird im Gegensatz zu geraden Schnitten nicht mit der Dauerleistung (cw, continous wave), sondern im gepulsten Betrieb (pw) gearbeitet. Durch Pulsen des Lasers können spitzwinklige Ausschnitte und schmale Stege ohne Anschmelzung und Gratbildung gefertigt werden.

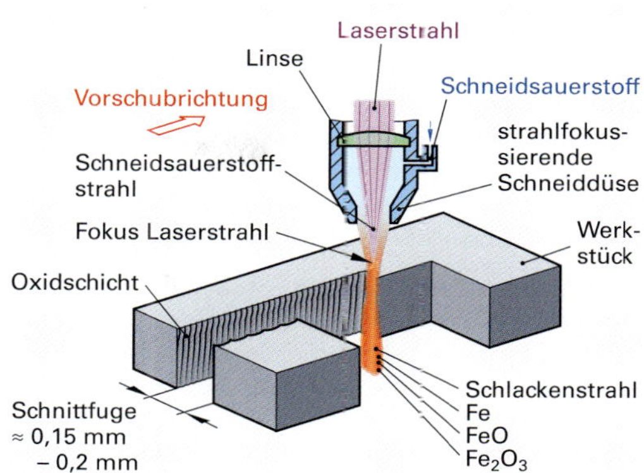

1 Laserstrahlschneiden

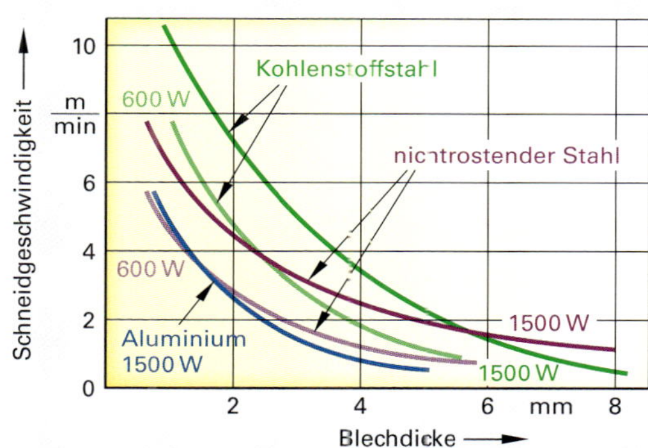

2 Schneidgeschwindigkeiten

Laser für die Materiabearbeitung.
Wegen des hohen Leistungsvermögen werden überwiegend der CO_2-Laser, der Nd: YAG-Laser und der Excimer-Laser verwendet. Zunehmend gewinnt auch der Hochleistungsdiodenlaser (HDL) an Bedeutung. CO_2-Laser und Excimer-Laser sind „Gaslaser": Beide benötigen technische Gase als Betriebsvoraussetzung.

CO_2-Laser.
CO_2-Laser erzeugen infrarote Laserstrahlung bei 10,6 µm Wellenlänge. Die Ausgangsleistungen betragen bis 20 kW. Der Betrieb ist kontinuierlich (cw) und gepulst (pw) möglich. Der Wirkungsgrad erreicht bis zu zwölf Prozent.

Excimer-Laser.
Excimer-Laser arbeiten im Pulsbetrieb bei einer mittleren Ausgangsleistung von maximal 200 W. Sie werden vorwiegend zur Feinbearbeitung und zur Mikrobearbeitung eingesetzt und können mit verschiedenen Edelgas-Halogen-Gemischen betrieben werden.

Das emittierte Licht liegt im UV-Wellenlängenbereich zwischen 190 µm und 350 µm. Der Wirkungsgrad beträgt maximal zwei Prozent.

Nd: YAG-Laser.
Nd: YAG-Laser sind Festkörperlaser. Das laseraktive Medium ist ein YAG-Kristall mit Nd-Ionen dotiert. Nd: YAG-Laser erzeugen Laserlicht mit einer Wellenlänge von 1,06 µm. Der Wirkungsgrad beträgt maximal drei Prozent. Die Verlustwärme wird durch eine Wasserkühlung abgeführt.

Yb:YAG-Scheibenlaser
Der yterbiumdotierte YAG-Laser hat den neodymdotierten YAG-Laser weitgehend abgelöst. Das laseraktive Medium ist eine etwa 200 µm starke YAG-Kristallscheibe mit einem Durchmesser von etwa 10 mm. Bei dieser Technologie werden etwa 70 % der Pumplichtenergie in Laserlicht mit einer Wellenlänge von 1030 nm umgewandelt. Vorteilhaft ist die Möglichkeit der Strahlweiterleitung über Glasfasern und die Verwendung von Glasoptiken.

Der kaskadierte Scheibenlaser ist ein Hochleistungslaser für die Materialbearbeitung mit Leistungen bis über 10 kW.

Funkenerosives Abtragen

Schaut man sich den Kolben eines alten Pkw-Motors mit hoher Laufleistung an, ist an der oberen Kolbenfläche eine starke Zerstörung der Oberfläche zu sehen, obwohl hier keinerlei Reibung stattfindet. Grund dafür ist das millionenfache Auftreffen des Zündfunkens während eines Motorlebens.

Dieser materialzerstörende Effekt wird beim funkenerosiven Abtragen sinnvoll genutzt. Mit diesem auch **Erodieren** genannten Fertigungsverfahren können alle elektrisch leitenden Werkstoffe geschnitten oder gesenkt werden. Es wird deshalb unterschieden in **funkenerosives Senken** und **funkenerosives Schneiden (Bild 3b)**. Funkenerosives Schneiden wird auch **Drahterodieren** genannt. Hier ist die Elektrode ein umlaufender Draht, meist aus einer Kupfer-Zink-Legierung. Damit können gehärtete Stähle, aber auch Hartmetalle sehr exakt geschnitten werden **(Bild 1)**.

Wie hart der zu bearbeitende Werkstoff oder wie gut dessen Spanbarkeit ist, spielt beim **Erodieren** keine Rolle.

An Werkstück und Werkzeug wird je nach Maschinenausführung eine pulsierende Gleichspannung von 20 V bis 150 V angelegt. Die beiden Metalle werden so zu Elektroden. Zwischen den Elektroden befindet sich eine elektrisch nicht leitende Flüssigkeit (Dielektrikum). Diese Flüssigkeit bewirkt, dass sich ein starkes elektrisches Feld bilden kann, ehe es zur kraftvollen Entladung in Form eines Funkens kommt. Bei dieser Entladung herrschen kurzfristig Temperaturen von bis zu 12000 °C und es werden von beiden Elektroden Werkstoffteilchen geschmolzen und verdampft **(Bild 2)**.

Im Werkstück entsteht allmählich eine Gegenform des Werkzeuges. Das Dielektrikum (Mineralöl, entsalztes Wasser) kühlt und spült Werkstoffteilchen davon **(Bild 3a)**. Die Stärke des Werkstoffabtrages kann durch Einstellen des Entladungsstromes (bis 100 A) geregelt werden. Je stärker die Stromstärke, umso schlechter wird jedoch die Oberflächengüte. Unter dem Mikroskop sind auf der erodierten Werkstückoberfläche viele kleine Krater zu erkennen. Das ermöglicht Schmierstoffen eine gute Haftung bei gleichmäßiger Oberflächengüte.

Die Nachteile des **Senkerodierens** liegen vor allem in den relativ hohen Werkzeugkosten. Da auch das Werkzeug zerstört wird, muss oft zum Schlichten ein zweites formideales Gegenstück gefertigt werden. Außerdem ist beim Schlichten die Abtragsleistung sehr gering. Wegen des großen Bearbeitungsaufwandes werden diese Verfahren besonders dort eingesetzt, wo die Oberflächenschichten eines Werkstückes möglichst nicht durch Bearbeitungswärme beeinflusst werden dürfen.

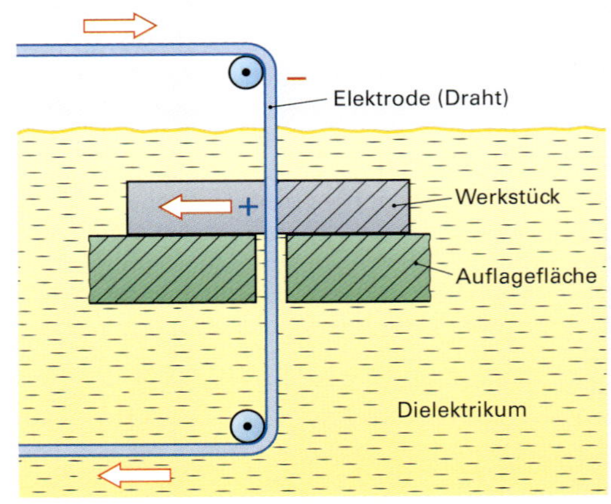

1 Prinzip des Drahterodierens

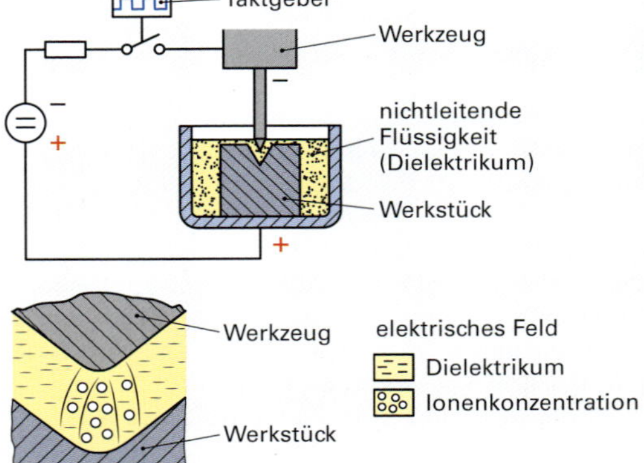

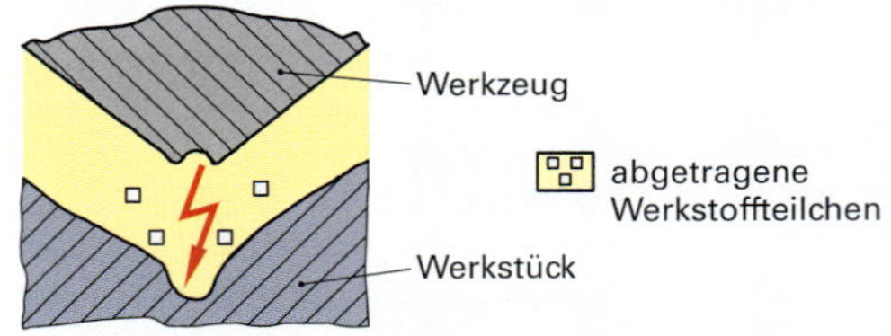

2 Funktionsweise des Erodierens (am Beispiel des funkenerosiven Senkens)

3a Senkerodieren

3b Messingdraht zum Drahterodieren

Erosives Abtragen durch Flüssigkeit

Das **Wasserstrahlschneiden** ist ein Kaltschneideverfahren, bei dem das Schneidwasser mit einem Druck von 2800 bar bis zu 6000 bar komprimiert und mittels einer Düse zu einem Strahl mit 0,1 bis 1 mm Durchmesser gebündelt wird. Der Schneidstrahl hat eine Strömungsgeschwindigkeit an der Düse von 300 m/s bis 700 m/s, das entspricht 1000 km/h bis 2500 km/h. Die Schneiddüse führt eine Relativbewegung zum ruhenden Werkstück aus und erzeugt mit dem ausströmenden Wasserstrahl den Schnitt. Zur Vernichtung der kinetischen Restenergie des Abrasivstrahls dient ein Strahlfänger (catcher), der unterhalb der Schneidebene angebracht ist **(Bild 1)**.

Durch die Zugabe von Abrasivmitteln (z.B. Granatsand, Korund, Glasperlen) wird die Mikrozerspanung am Werkstoff erhöht. In diesem Fall dient der Wasserstrahl lediglich zur Beschleunigung der Feststoffpartikel **(Bild 2)**.

Werkstoffe wie hochlegierte und verschleißfeste Stähle, Edelstahl, Aluminium, Titan, Keramik, (Panzer)glas, Granit, Marmor, CFK, GFK, Thermoplaste und Duroplaste, Faserverbundstoffe wie GFK und CFK, Hart- und Weichschaumstoffe, Dämm- und Isolierstoffe, Holz, Papier und Pappe, Gummi und Hartgewebe können ohne Gefügebeeinträchtigung verarbeitet werden. Das Wasserstrahlschneiden hat den Vorteil, dass es ohne Wärmeeinfluss in der Schneidzone, keine Randaufhärtung und keine Gefügeveränderung verursacht **(Bild 3)**.

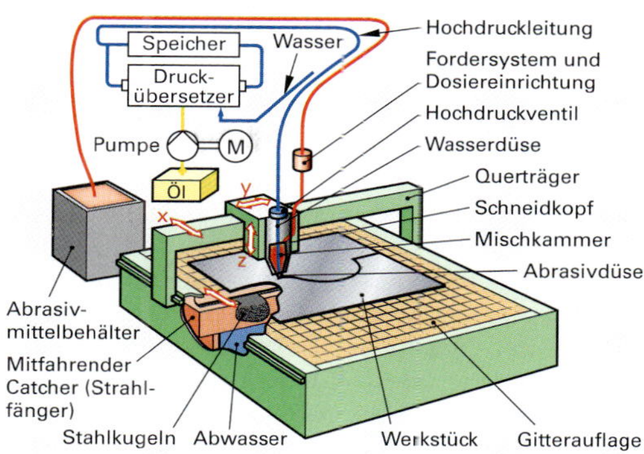

1 Wasserstrahlschneidanlage

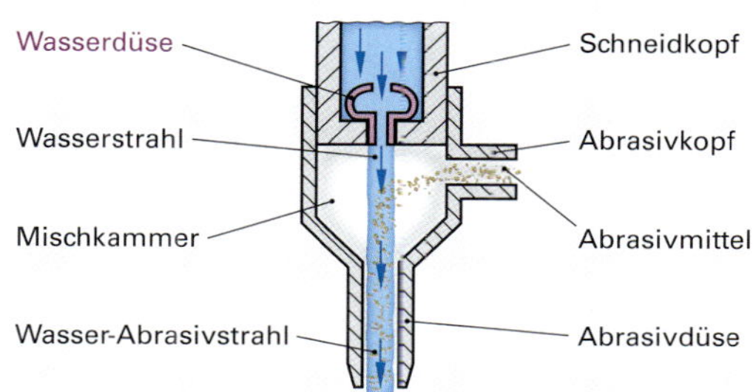

2 Schneiddüse mit Abrasivmittel

3 Wasserstrahlschneiden

Chemisches Abtragen

Beim chemischen Abtragen setzt sich der Werkstoff in einer chemischen Reaktion mit dem Wirkmedium zu einer Verbindung um. Diese kann entfernt werden.

Nach DIN 8550 wird das chemische Abtragen unterteilt in:

- Ätzabtragen,
- Thermisch-chemisches Entgraten,
- Chemisch-thermisches Abbrennen.

Elektrochemisches Abtragen (ECM)

Beim elektrochemischen Abtragen (Electro Chemical Machining, ECM) werden metallische Werkstoffe unter Einwirkung eines elektrischen Stromes und einer Elektrolytlösung (elektrisch leitende Flüssigkeit) anodisch aufgelöst. In der Praxis wird ein kathodisch gepoltes Formwerkzeug mit konstanter Vorschubgeschwindigkeit in ein anodisch gepoltes Werkstück eingesenkt **(Bild 4)**.

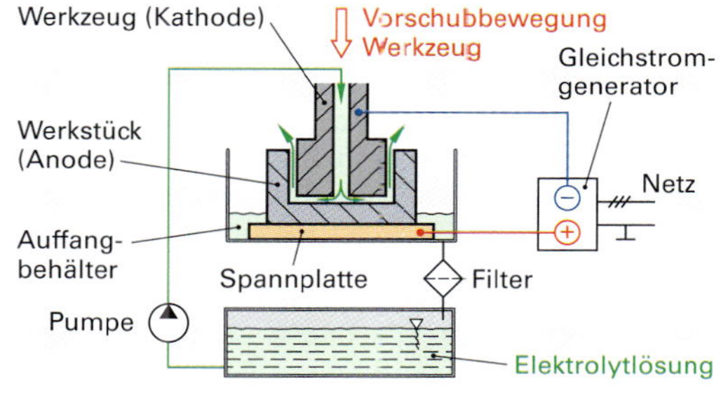

4 Prinzip des elektrochemischen Senkens

Beschichtungstechnik metallischer Oberflächen

Die Oberfläche eines Werkstückes kann durch Korrosion, mechanischen Abrieb, chemische Reaktionen oder hohe Temperaturen verändert oder zerstört werden. Durch Beschichten der Oberfläche kann die Funktionalität, die Optik und die Lebensdauer eines Werkstückes verlängert und die Bauteileigenschaften können verbessert werden. Durch thermisches Spritzen wird der Oberflächenbeschichtungs-Werkstoff angeschmolzen und mit Hochdruckgasen auf die Oberfläche aufgespritzt. Verfahren zum thermischen Spritzen sind das Hochgeschwindigkeits-Flammspritzen (HVOF von High-Velocity-Oxygen-Fuel), das Lichtbogenspritzen, das Drahtflammspritzen und das Pulverflammspritzen. Neben dem Feuerverzinken oder Schmelztauchen werden Oberflächen auch galvanisch beschichtet.

Hochgeschwindigkeits-Flammspritzen HVOF

Beim Hochgeschwindigkeits-Flammspritzen **(Bild 1)** wird der pulverförmige Spritzzusatz mit sehr hoher Geschwindigkeit auf den zu beschichtenden Grundwerkstoff gespritzt. Dies geschieht bei einer kontinuierlichen Gasverbrennung des Brenngas-Sauerstoff-Gemisches und unter hohem Druck. Die meisten Metalle und auch viele Keramiken können verspritzt werden, da die Brenntemperatur bis zu 3000 °C beträgt.

> Das HVOF-Beschichten ist ein Überschallprozess und erlaubt wegen der hohen Gasstrahl-Strömungsgeschwindigkeit von 300 m/s bis 600 m/s sehr dichte und extrem dünne Spritzschichten mit hoher Schichthaftung, mit niedriger Porosität und auch mit guter Maßgenauigkeit.

Lichtbogenspritzen

Beim Lichtbogenspritzen **(Bild 2)** werden zwei drahtförmige, elektrisch leitende Spritzwerkstoffe kontinuierlich unter einem bestimmten Winkel aufeinander zugeführt. Zwischen den Spritzdrähten (Elektroden) brennt nach dem Zünden ein Lichtbogen mit einer Temperatur von ca. 4000 °C und schmilzt den Spritzwerkstoff ab. Ein starker Druckluftstrom zerstäubt das Schmelzgut und beschleunigt die Spritzpartikel auf die Werkstückoberfläche.

> Beim Metallspritzen im Lichtbogenverfahren können fast alle Werkstoffe wie zum Beispiel Stahl, Stahlguss, Grauguss, Nichteisenmetalle und Kunststoffe beschichtet werden.

Flammspritzen

Das Flammspritzen wird überwiegend für die Reparatur von Maschinenteilen und Kleinserien eingesetzt. Beim **Pulverflammspritzverfahren** wird das Pulver mittels Druckluft oder Gas direkt in die Flamme geleitet. Das Pulver schießt mit dem Gas durch die Innendüse, wird mit Druckluft von den Außendüsen noch beschleunigt und trifft dann auf das Werkstück **(Bild 3)**.

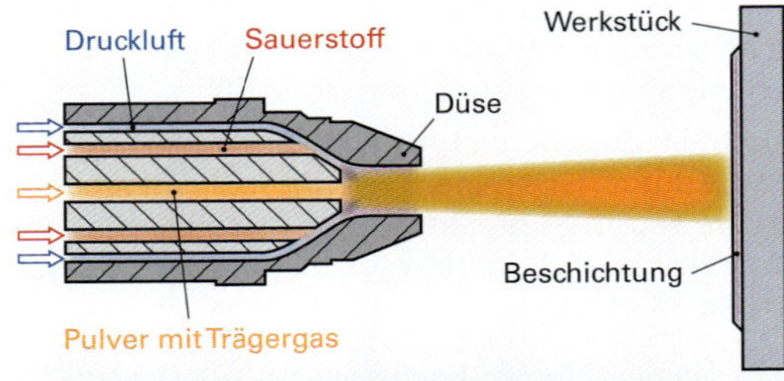

1 Hochgeschwindigkeits-Flammspritzen (HVOF)

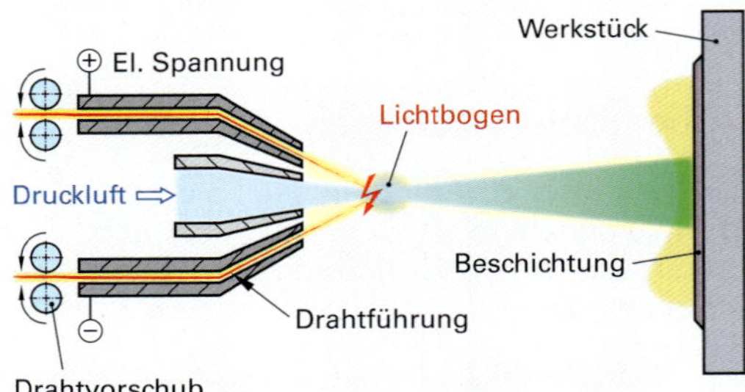

2 Lichtbogenspritzen

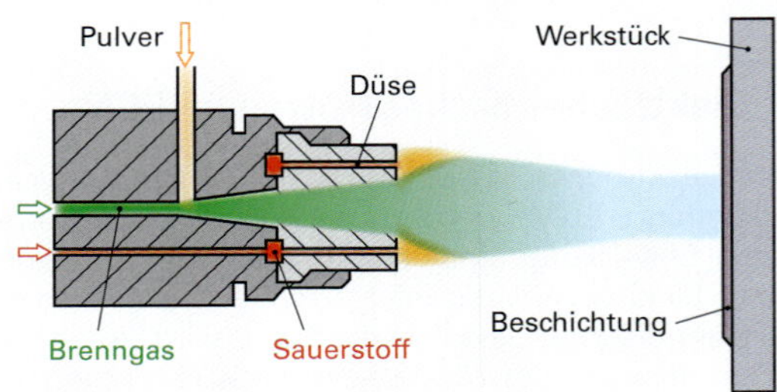

3 Pulverflammspritzverfahren

Beim **Draht-Flammspritzverfahren** werden der Drahtvorschub und die Flammeinstellung so eingestellt, dass ein kontinuierliches Schmelzen und damit ein feiner Strahl entsteht. Die Druckluft wird von den Außendüsen zentriert und beschleunigt das Spritzmaterial bis zum Aufprall auf den Grundwerkstoff **(Bild 1)**.

Beschichten von Schneidplatten

Die meisten Wendeschneidplatten zur Metallzerspanung werden durch einen Beschichtungsprozess mit Hartstoffschichten wie Titankarbid (TiC, grau), Titannitrid (TiN, goldgelb), Titankarbonnitrid (TiCN, grauviolett), Aluminiumoxid (Al_2O_3, schwarz) oder Titanaluminiumnitrid (TiAlN, schwarzviolett) mit Schichtdicken zwischen 2 µm bis 15 µm beschichtet. Durch diese Hartstoffschichten wird der Verschleiß im Vergleich zum unbeschichteten Hartmetall deutlich reduziert. Durch hochtemperaturbeständige Schichten lassen sich die Schnittwerte noch einmal steigern.

Die Beschichtung von Hartmetallen kann auf zwei grundsätzliche Arten geschehen:

CVD-Verfahren (Chemical-Vapour-Deposition)

Beim CVD-Verfahren wird unter Vakuumbedingungen und Temperaturen bis 1000 °C eine chemische Reaktion zwischen verschiedenen Prozessgasen ausgelöst. Als Reaktionsprodukte entstehen Hartstoffschichten, die sich auf dem zu beschichteten Substrat abscheiden **(Bild 2)**.

PVD-Verfahren (Physical-Vapour-Deposition)

Beim PVD-Verfahren wird je nach Verfahren das Beschichtungsmaterial in einer Vakuumkammer verdampft oder zerstäubt (sputtern) und durch eine, zwischen Target und Metallsubstrat angelegten Spannung auf der Oberfläche abgeschieden.

Beim Sputtern wird das Targetmaterial durch eine Glimmentladung abgetragen. Dieses wird durch Anlegen einer Gleichspannung zwischen dem kathodisch geschalteten Sputtertarget und den Kammerwänden abgeschieden **(Bild 3)**.

Auftragsschweißen

Beim Auftragsschweißen werden meist mehrere Schweißraupenlagen übereinander und nebeneinander gesetzt, auch um eine entsprechende Härte aufzubauen. Es dient vor allem der Reparatur von Verschleiß.

Feuerverzinken

Beim Feuerverzinken oder Schmelztauchen wird das Stahlbauteil nach dem Entfetten und Beizen in eine ca. 400 °C heiße Zinkschmelze eingetaucht und die Metalloberfläche wird dadurch beschichtet. Durch Bildung einer Eisen-Zink-Legierungsschicht ergibt sich ein dauerhafter Korrosionsschutz.

Galvanisieren

Beim Galvanisieren wird das Aufbringen metallischer Schichten, wie z. B. Nickel, Chrom und Zink in einem Elektrolysebad durchgeführt. Die Auftragsrate beim Galvanisieren ist sehr gering und liegt meist bei etwa 1/100 mm pro Stunde.

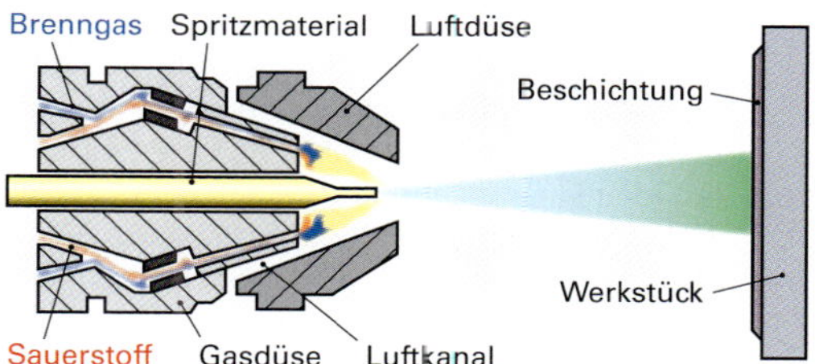

1 **Draht-Flammspritzverfahren**

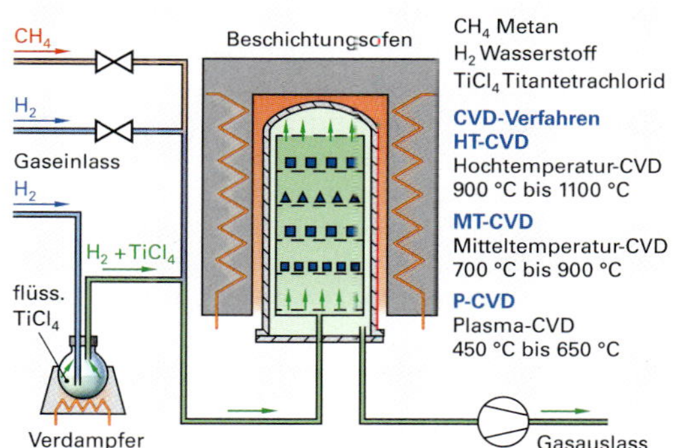

2 **CVD-Verfahren**

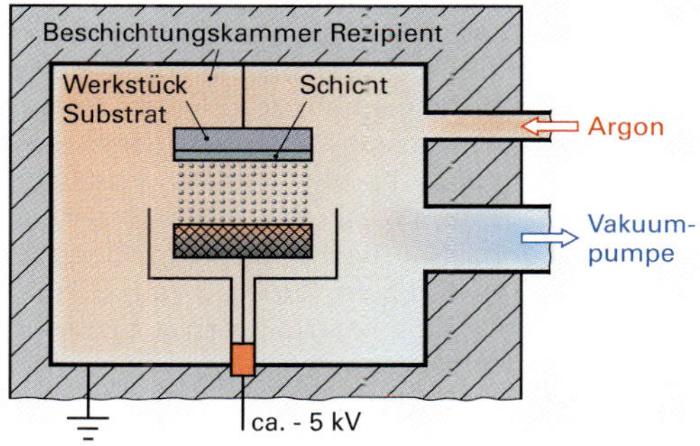

3 **PVD-Verfahren**

Blechbearbeitung

Die Blechbearbeitung wird in einzelne aufeinander folgende Bearbeitungsbereiche eingeteilt. Es beginnt mit dem Lochen und Ausschneiden des flachen Blechbandes, dann schließen sich die formgebenden Abkantprozesse und wenn erforderlich die mechanischen oder thermischen Fügetechniken an **(Bild 1)**. Vor dem Fertigungsprozess in der Blechbearbeitung erfolgt die CAD-Blechkonstruktion (computer aided design) und die NC-Programmierung der Schneid- und Umformbewegungen an der Werkzeugmaschine.

> Die Trennvorgänge in der Blechbearbeitung finden entweder durch mechanisches Scheren oder durch thermische Trennverfahren statt. Dies sind zum Beispiel das Scherschneiden, das Stanzen und Nibbeln, das Laserschneiden, das Plasmaschneiden sowie das Brennschneiden. Beim Zuschneiden wird das Blech gerade abgeschnitten. Dies wird auf Schlagscheren bzw. Tafelscheren durchgeführt.

Stanzen

Das Stanzen ist ein klassisches Trennverfahren in der Blechbearbeitung, bei dem durch den Hub einer Stanzmaschine ein Blech durchtrennt wird **(Bild 3)**. Beim Stanzen taucht der Stempel (Oberwerkzeug) in die Matrize (Unterwerkzeug) ein. Das ausgestanzte Teil wird nach unten ausworfen. Wenn es beim Stanzteil auf die Außenform ankommt, beispielsweise bei der Herstellung von Geldmünzen, so spricht man von Ausschneiden. Die Herstellung einer Innenform heißt Lochen. Stanzen gehört zu den Scherschneidverfahren.

Scherschneiden

Beim Scherschneiden befindet sich das Blech zwischen zwei Schneiden, die sich aneinander vorbei bewegen **(Bild 4)**. Hierdurch wird das Blech getrennt. Das Scherschneiden ist eine Kombination von umformendem Anteil und schneidendem Anteil. Beim Auftreffen des Stempels auf das Blech findet zuerst eine elastische Durchbiegung des Bleches statt, gefolgt von einer plastischen Verformung. Diese verursacht Risse, sodass es zur Trennung zwischen Schneidteil und dem restlichen Blech kommt. Die Ausprägung der Schnittfläche hängt zum Einen vom Blechmaterial ab und zum Anderen vom Schneidspalt. Die Fertigungsgenauigkeit verbessert sich bei einem engeren Schneidspalt.

Dagegen steigt die Verformung im Schneidspalt und führt zu einer stärkeren Kaltverfestigung und zu höheren Schneidkräften **(Bild 1, folgende Seite)**.

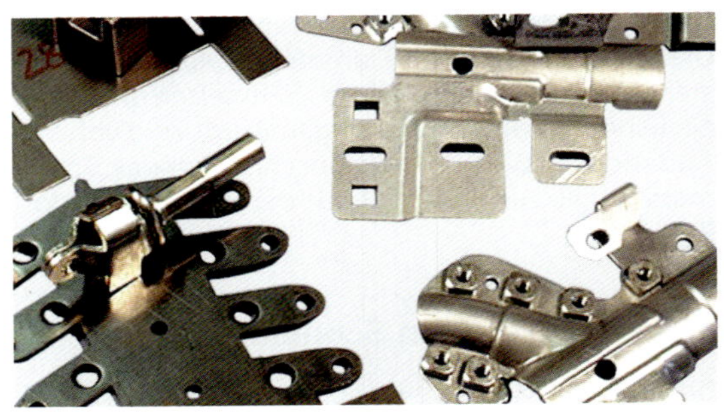

1 Blechteile

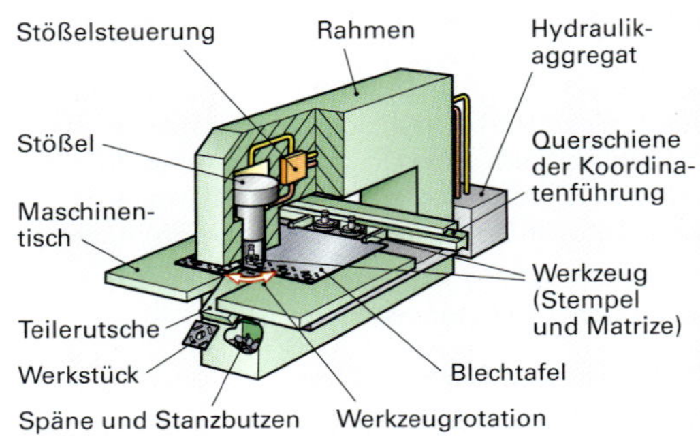

2 Schematische Darstellung Stanzmaschine

3 Stanzwerkzeug

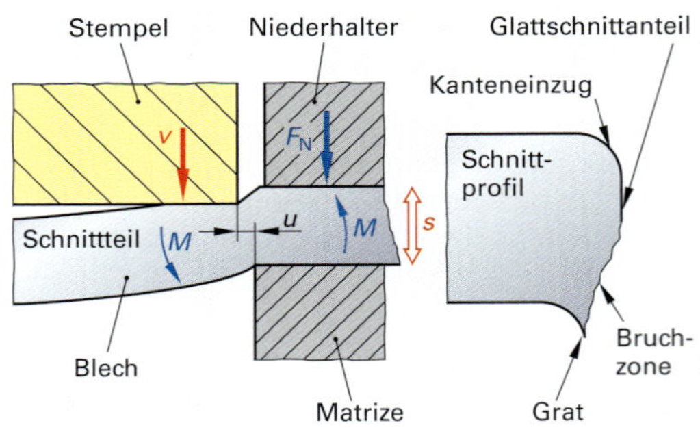

4 Scherschneiden

Nibbeln

Auf CNC-gesteuerten Stanz-/Nibbelmaschinen kann die Außenkontour häufig mit Stanz- oder Trennwerkzeugen im Nibbelbetrieb gestanzt werden.

Nibbeln oder Knabberschneiden ist laut DIN ein mehrmaliges Stanzen im gleichen Blech zum Ausschneiden von Teilen.

Auf modernen kombinierten Stanz-/Nibbelmaschinen kann zusätzlich auch umgeformt (beispielsweise Durchzüge, Sicken und Kiemen), graviert und gewindegeformt werden **(Bild 2)**. Damit können in der Blechbearbeitung Teile auf einer Maschine und mit einer Aufspannung vielseitig vorbearbeitet werden. Dies ist sehr vorteilhaft hinsichtlich Wirtschaftlichkeit und Präzision. Sehr sprödes oder sehr hartes Material kann allerdings nicht gestanzt werden. Dann kommen die thermischen Trennverfahren wie Laser-, Plasma- und Autogenschneiden in der Blechbearbeitung zum Einsatz.

Feinschneiden

Feinschneiden, auch Feinstanzen genannt, ist ein Fertigungsverfahren, bei dem in einem Arbeitsgang gratfreie Werkstücke aus Metall mit glatten, rechtwinkligen Schnittflächen hergestellt werden.

Da der Schneidenspalt nur 0,5% der Blechdicke betragen darf und bei dünnen Blechen sehr klein ist, sind zur Führung Säulengestelle erforderlich. Vor Beginn des eigentlichen Schneidens wird der Schnittstreifen durch eine bewegliche Pressplatte fest auf die Schneidplattenoberfläche gedrückt. Charakteristisch für dieses Verfahren ist eine keilförmige Ringzacke, die sich dabei allmählich in Schnittstreifen einpresst und den Werkstoff in der Scherzone festhält. Feinbleche bestehen meist aus Edelstahl, Aluminium und Kupfer. Aber auch Bleche aus Stahl (oder verzinkter Stahl) werden eingesetzt **(Bild 3)**.

Folgeschneiden

Schneidoperationen können auch als Folge ablaufen. Man spricht dann von Folgeschneidwerkzeugen. Sie vereinigen mehrere Schneidoperationen in einem Werkzeug, wobei die einzeln Arbeitsstufen hintereinander, waagerecht, in technologischer Arbeitsfolge angeordnet sind **(Bild 4)**.

Mit Folgeverbundwerkzeugen werden durch Schneid-, Stanz- und Umformtechniken komplexe Bauteile in großen Stückzahlen gefertigt. Mit hohen Hubzahlen, z.B. 200 Hübe/min und automatisiertem Werkzeugwechsel können die Stückkosten niedrig gehalten werden.

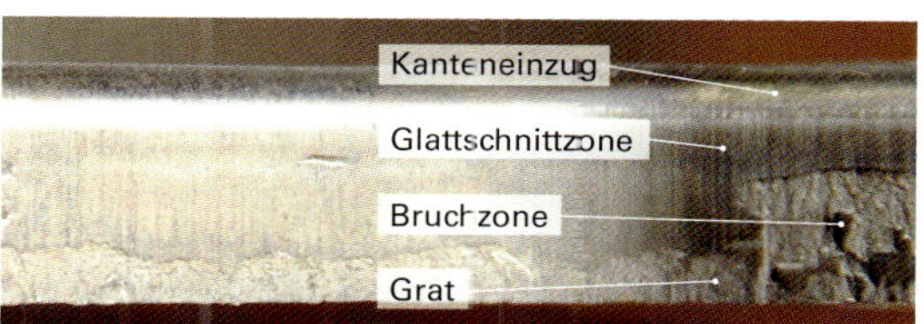

1 **Schnittzone**

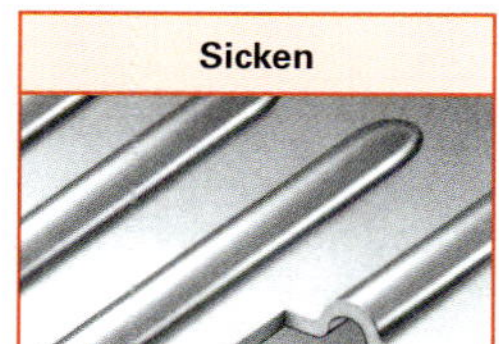

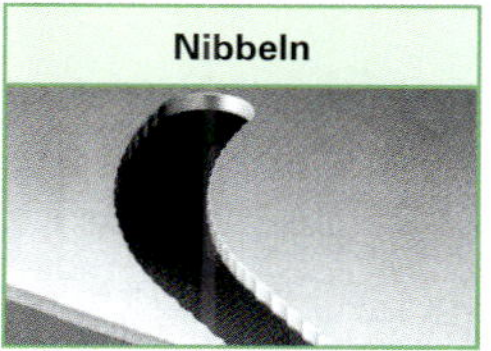

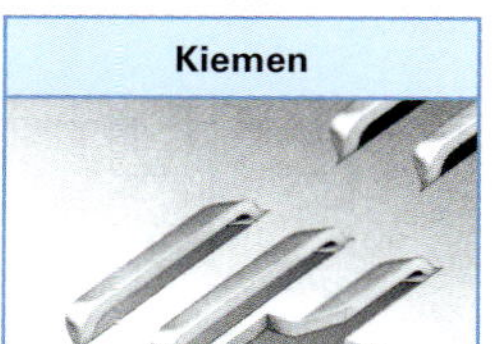

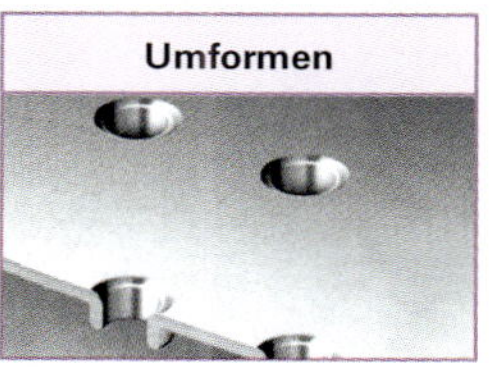

2 **Arbeitsverfahren auf Stanz-/Nibbelmaschinen**

3 **Feinschnitt-Formteile**

4 **Folgeschnittwerkzeug**

F13 FÜGEVERFAHREN

Maschinen, Vorrichtungen und Geräte bestehen aus verschiedenen Einzelteilen **(Bild 1)**. Bei der Herstellung bzw. bei der Montage werden die einzelnen Teile so miteinander verbunden, dass sich die geforderte Funktion ergibt. Das Verbinden von Einzelteilen zu Funktionseinheiten bezeichnet man als Fügen.

Gefügte Teile können Kräfte oder Drehmomente übertragen. So wird bei der Kreissägewelle **(Bild 1)** das Drehmoment von der Welle (Pos. 1) über die Passfeder (Pos. 2) auf die Anlage (Pos. 3) übertragen. Die auf das Pendelkugellager (Pos. 9) wirkenden Kräfte werden direkt über die Gehäusebohrung oder indirekt über den Deckel (Pos. 10) und die Sechskantschrauben (Pos. 11) auf das Lagergehäuse (Pos. 7) geleitet.

Das Verbinden von Einzelteilen nennt man Fügen. Durch Fügen wird der Zusammenhalt der Einzelteile an der Fügestelle hergestellt oder verstärkt.

Nach der Wirkungsweise unterscheidet man formschlüssiges, kraftschlüssiges, vorgespannt formschlüssiges und stoffschlüssiges Fügen.

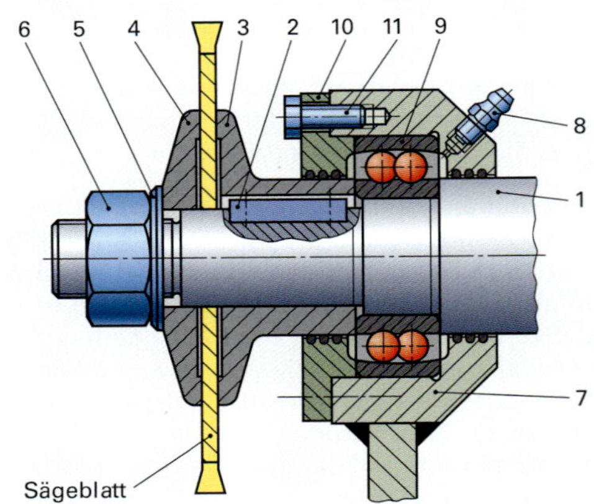

Pos.-Nr.	Menge Einheit	Benennung	Norm-Kurzbezeichnung bzw. Werkstoff	Bemerkung
1	1	Welle	E295	Rd 45
2	1	Passfeder	DIN 6885-A-8x7x30	
3	1	Anlage	S275JR	
4	1	Spannscheibe	S275JR	
5	1	Scheibe	ISO 7090-20-300 HV	
6	1	Sechskantmutter	ISO 8673-M20x1,5-8-LH	
7	1	Lagergehäuse	S275J2G3	
8	1	Schmiernippel	DIN 71412-AM6	
9	1	Pendelkugellager	DIN 630-2206 TV	
10	1	Deckel	S275JR	Rd 90 x 15
11	6	Sechskantschraube	ISO 4017-M6 x 16-8.8	

1 Kreissägewelle mit Lagerung

Formschlüssiges Fügen

Beim formschlüssigen Fügen sind die Werkstücke durch ineinander passende Formen miteinander verbunden. So überträgt z. B. die Passfeder (Pos. 2) das Drehmoment von der Welle (Pos. 1) auf die Anlage der Nabe (Pos. 3 – **Bild 1** und **Bild 2**).

Formschlüssige Verbindungen werden hergestellt mit

- Passfedern
- Keilwellen
- Passschrauben
- Stiften
- Bolzen
- Nieten

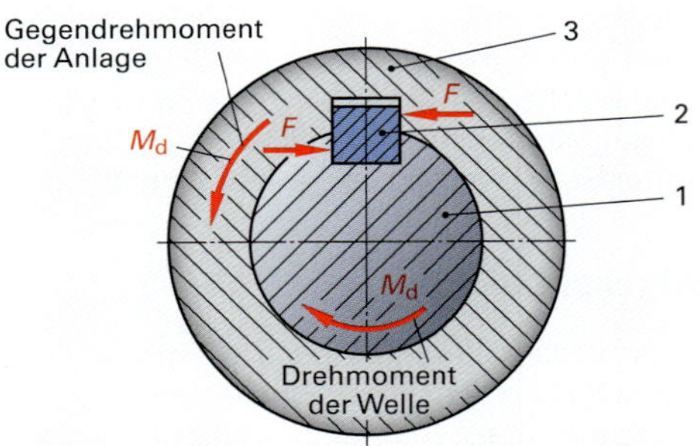

2 Drehmomentübertragung durch Formschluss

Kraftschlüssiges Fügen

Beim kraftschlüssigen Fügen werden Kräfte und Drehmomente durch Reibungskräfte übertragen, die durch das Aufeinanderpressen von Bauteilen entstehen **(Bild 3)**.

Bei der Kreissägewelle **(Bild 1)** z. B. wird beim Anziehen der Sechskantmutter (Pos. 6) das Sägeblatt zwischen der Anlage (Pos. 3) und der Spannscheibe (Pos. 4) verspannt. Die Reibungskräfte an den Berührungsstellen des Sägeblattes nehmen das Sägeblatt mit.

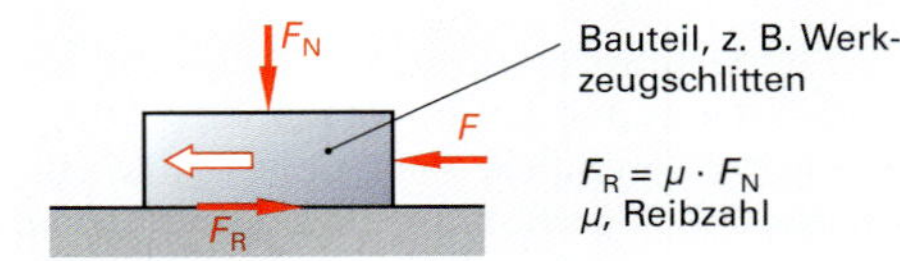

3 Reibungskraft F_R

Die Reibungszahl μ berücksichtigt

- die Oberflächenbeschaffenheit
- die Werkstoffpaarung
- den Schmierzustand
- die Art der Reibung

Bei gleicher Anpresskraft (Normalkraft) kann mit rauen Bauteiloberflächen mehr Kraft übertragen werden als mit glatten.

Zwischen geschmierten Oberflächen entsteht eine kleinere Reibungskraft als zwischen trockenen. Die Reibungskraft ist auch davon abhängig, ob sich die Bauteile aufeinander bewegen (Bewegungsreibung) oder ob sie sich auch unter Krafteinwirkung nicht gegeneinander verschieben (Haftreibung).

Die Reibungskraft wirkt immer der Bewegungsrichtung entgegen.

Kraftschlüssige Verbindungen sind

- Schraubenverbindungen
- Klemmverbindungen
- Kegelverbindungen
- Einscheibenkupplungen

Beispiel: Die Spannscheiben werden durch Anziehen der Sechskantmutter mit einer Kraft von 25 kN gegen das Sägeblatt gepresst **(Bild 1)**. Wie groß ist bei 2 Reibflächen und $\mu = 0{,}1$ die entstehende Reibungskraft F_R?

Lösung: $\mathbf{F_R} = \mu \cdot F_N \cdot 2 = 0{,}1 \cdot 25\,000\ \text{N} \cdot 2 = \mathbf{5000\ N}$

Vorgespannt formschlüssiges Fügen

Beim vorgespannt formschlüssigen Fügen erfolgt die Drehmomentübertragung zunächst kraftschlüssig. Eingetriebene Keile **(Bild 2)** verspannen Welle und Nabe, wobei der Keil seitlich in der Nabennut nicht anliegt. Beim Überschreiten der Reibungskraft wird das Drehmoment hauptsächlich formschlüssig übertragen, weil jetzt die Seitenflächen von Wellen- und Nabennut am Keil anliegen.

Vorgespannt formschlüssige Verbindungen sind

- Keilverbindungen
- Stirnzahnverbindungen
- Kegelverbindungen mit Scheibenfedern

Stoffschlüssiges Fügen

Beim stoffschlüssigen Fügen werden die Werkstücke durch Kohäsions- und Adhäsionskräfte zusammengehalten. So ist z. B. das Lagergehäuse **(Bild 1, vorherige Seite)** aus zwei Teilen zusammengeschweißt.

Stoffschlüssige Fügeverfahren sind

- Schweiß-, Löt- und Klebeverbindungen

Feste und bewegliche Verbindungen

Durch Fügen entstehen feste oder bewegliche Verbindungen **(Bild 3)**. Bei **festen** Verbindungen haben die Werkstücke stets die gleiche Lage zueinander. Bei **beweglichen** Verbindungen kann sich die Lage der gefügten Teile zueinander ändern, z. B. bei einem axial verschiebbaren Ritzel auf einer Keilwelle. Feste und bewegliche Verbindungen können lösbar oder unlösbar sein. Bei **lösbaren** Verbindungen können die zusammengebauten Teile ohne Zerstörung zerlegt werden **(Bild 4)**. Bei **unlösbaren** Verbindungen müssen zum Zerlegen Verbindungsstellen oder Bauteile zerstört werden **(Bild 5)**.

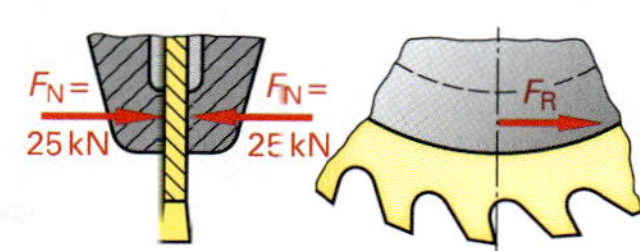

1 Sägeblatt

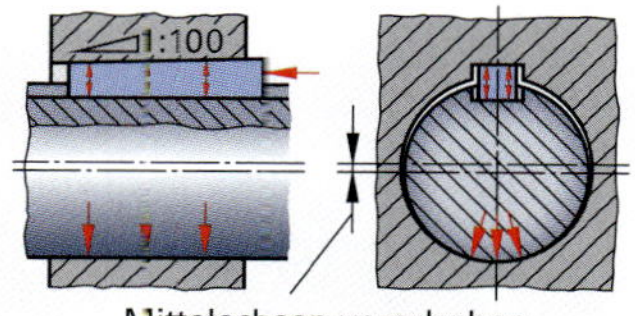

2 Keilverbindung

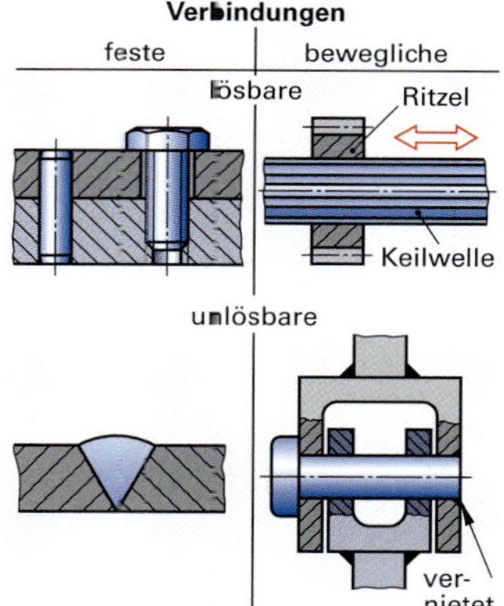

3 Feste und bewegliche Verbindungen

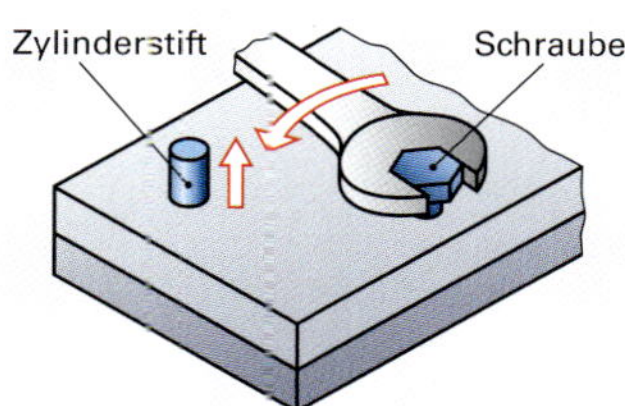

4 Lösbare Verbindungen

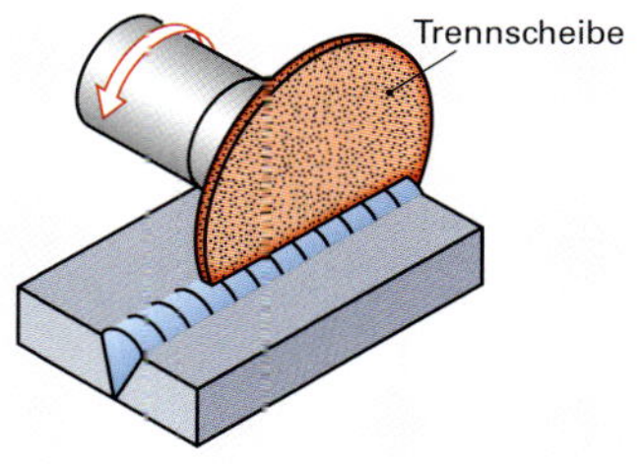

5 Trennen einer unlösbaren Verbindung

Tabelle 1: Übersicht über wichtige Fügeverfahren

Formschlüssiges Fügen durch ineinander passende Formen

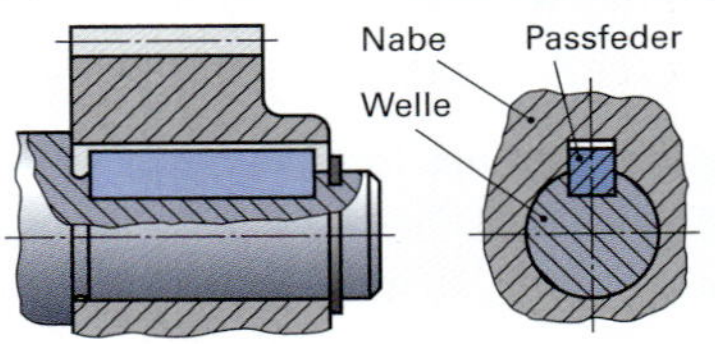

Passfederverbindung

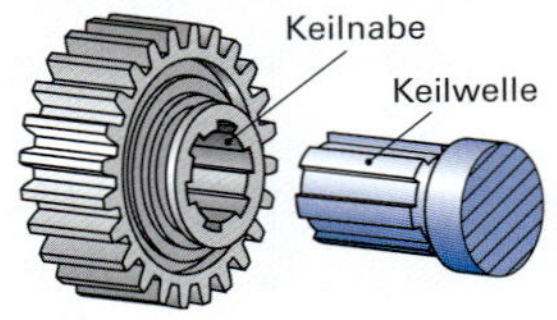

Keilwellenverbindung

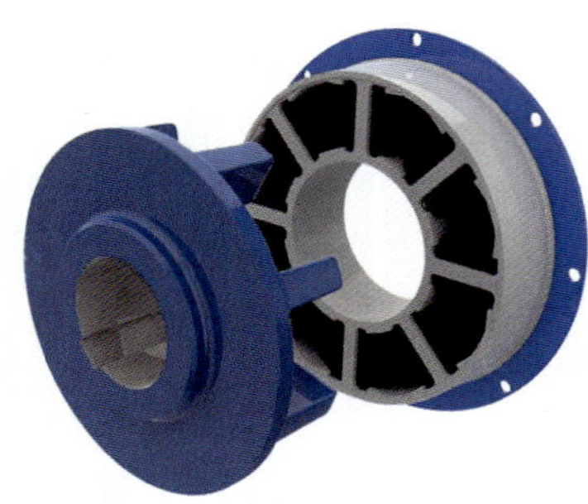

Kupplung mit Formschluss

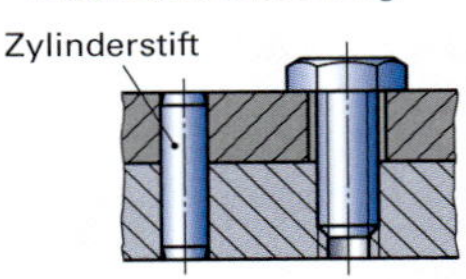

Kegelstift

Stiftverbindungen

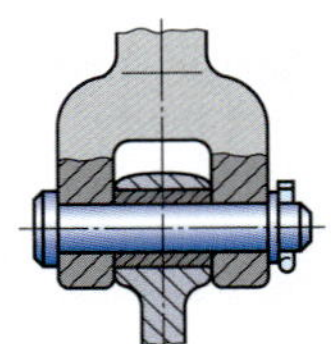

Bolzenverbindung

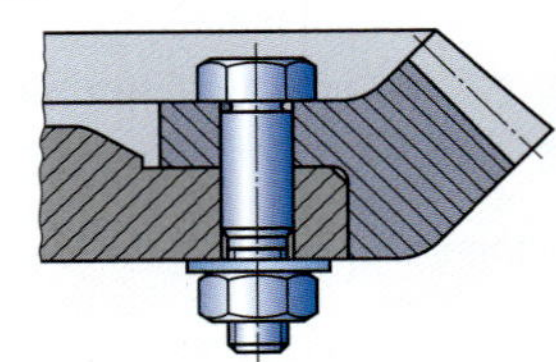

Passschraubenverbindung

Kraftschlüssiges Fügen durch Reibungskräfte

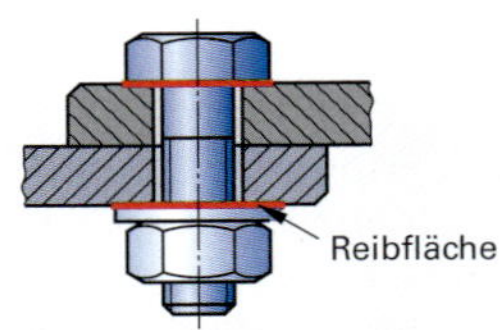

Schraubenverbindung

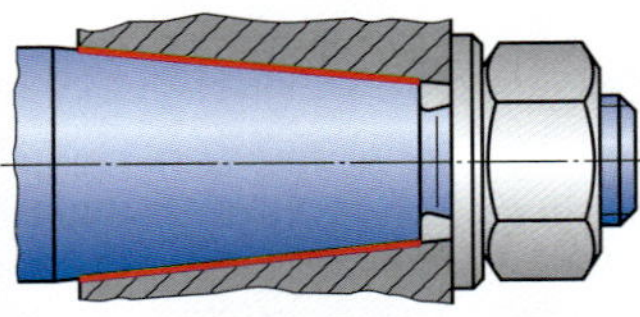

Kegelverbindung

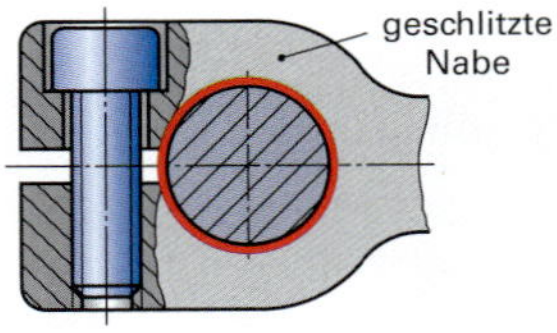

geschlitzte Nabe

Klemmverbindung

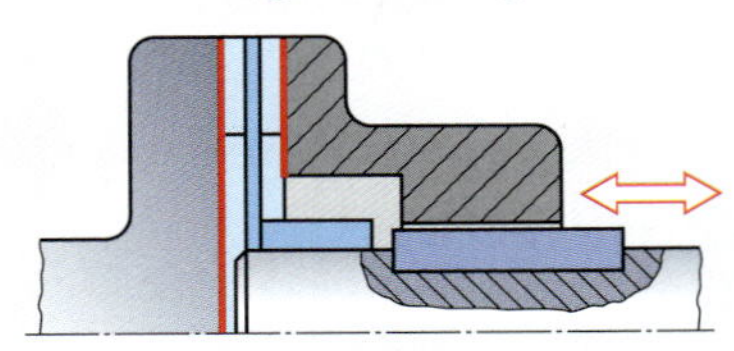

Einscheibenkupplung

Vorgespannt formschlüssiges Fügen durch Kraft- und Formschluss

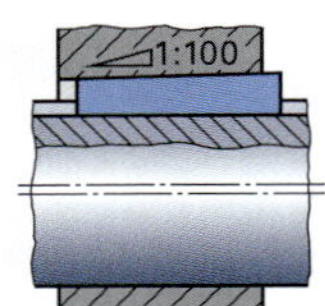

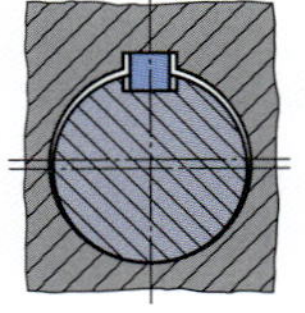

Keilverbindung

Scheibenfeder

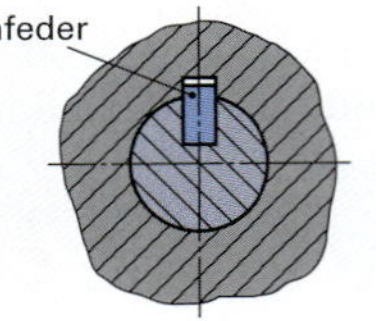

Kegelverbindung mit Scheibenfeder

Stoffschlüssiges Fügen durch Kohäsions- und Adhäsionskräfte

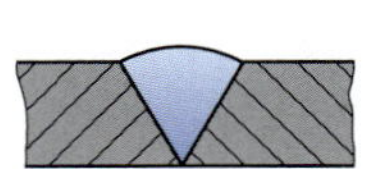

Schweißverbindung

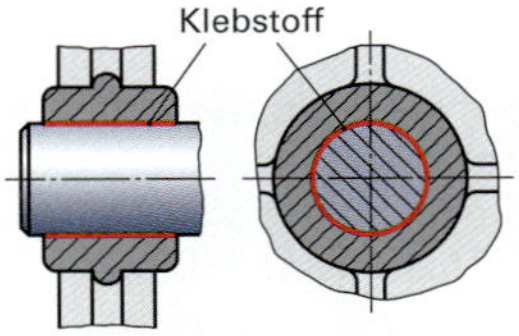

Klebstoff

Klebeverbindung

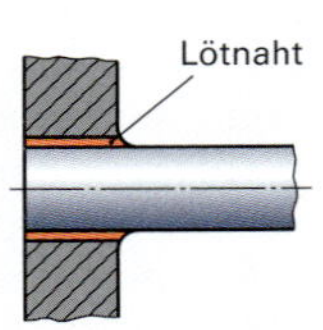

Lötverbindung

Press- und Schnappverbindungen

Pressverbindungen

Pressverbindungen entstehen, wenn beim Fügen von Bauteilen Übermaß zwischen den Passflächen vorhanden ist. Durch die auftretenden Presskräfte können Kräfte und Drehmomente ohne zusätzliche Verbindungselemente übertragen werden.

Pressverbindungen übertragen Kräfte und Drehmomente kraftschlüssig.

Pressverbindungen durch Längseinpressen

Beim Längseinpressen werden die Bauteile mithilfe einer Presse gefügt **(Bild 1)**. Weil scharfkantige Innenteile beim Einpressen die Rauheitsspitzen der Bohrungsfläche abschaben und damit den Bohrungsdurchmesser vergrößern und die Haftkraft verringern würden, erhält das Innenteil eine 2 bis 5 mm lange Einpressfase mit einem Winkel von maximal 5°. Das Einölen der Fügeflächen vor dem Einpressen verhindert das Festfressen der Bauteile.

Pressverbindungen durch Schrumpfen

Vor dem Fügen der Pressverbindung wird das Außenteil erwärmt und über das Innenteil geschoben. Beim Erkalten bildet sich die Pressverbindung durch Schrumpfen des Außenteils **(Bild 2)**.

Die Maßverkleinerung beim Abkühlen eines zuvor erwärmten Bauteiles mit Innenpassflächen bezeichnet man als Schrumpfen.

Zur Erwärmung werden z.B. induktive Anwärmgeräte, Ölbäder und Gasbrenner verwendet.

Arbeitsregeln

- Vorgeschriebene Anwärmtemperaturen sind genau einzuhalten, um Gefügeänderungen zu vermeiden.
- Große, sperrige Teile sind gleichmäßig zu erwärmen, da sie sich sonst verziehen.
- Wärmeempfindliche Teile, z.B. Dichtungen, müssen vor dem Erwärmen entfernt werden.

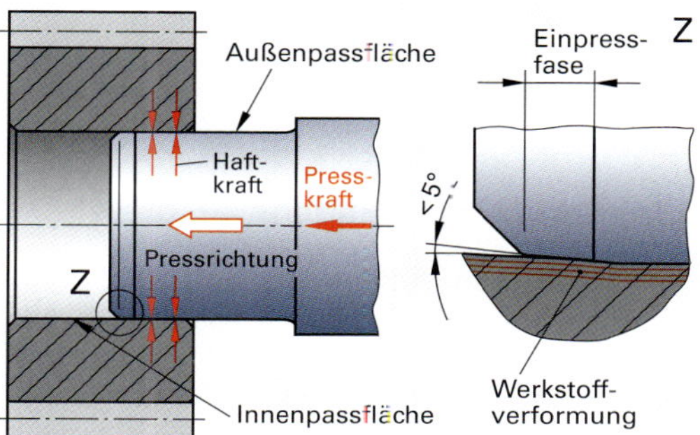

1 Pressverbindung durch Längseinpressen

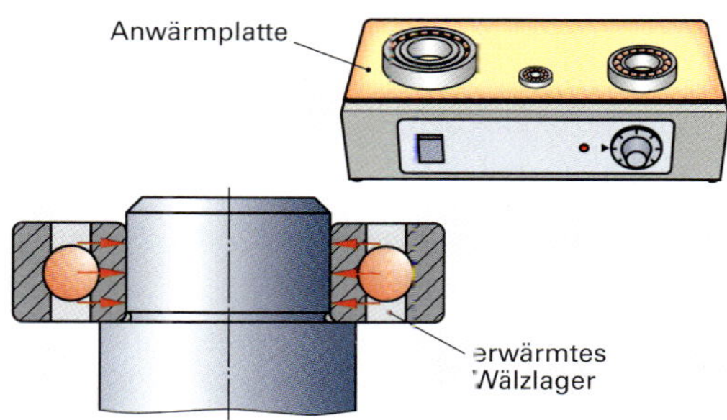

2 Pressverbindung durch Schrumpfen

Pressverbindungen durch Abkühlen

Können Außenteile wegen ihrer Größe, Form oder wegen möglicher Gefügeänderungen nicht erwärmt werden, kühlt man das Innenteil (Welle) soweit ab, bis es sich leicht in das Außenteil (Bohrung) fügen lässt **(Bild 3)**.

Als Kühlmittel dienen Trockeneis (festes Kohlendioxid, bis –79 °C) und flüssiger Stickstoff (bis –190 °C). Beim Wiedererwärmen dehnt sich das Innenteil und bildet mit dem Außenteil die Pressverbindung.

Bei allen Arbeiten mit Kühlmitteln sind die Unfallverhütungsvorschriften genau zu beachten.

Die Maßvergrößerung durch Erwärmen eines zuvor abgekühlten Bauteiles mit Außenpassflächen bezeichnet man als Dehnen.

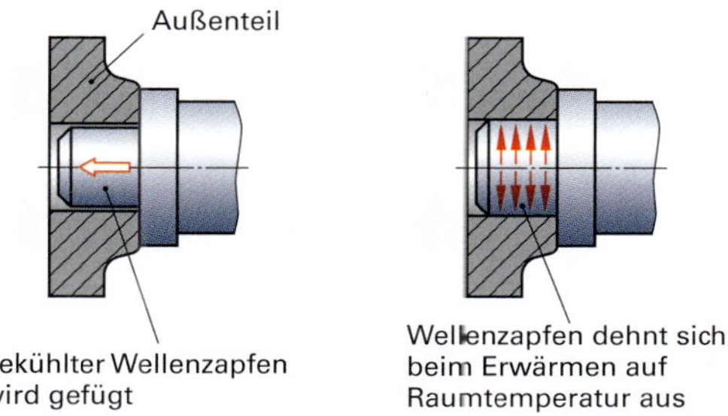

3 Pressverbindung durch Kühlen

Pressverbindungen mithilfe des Hydraulikverfahrens

Beim Hydraulikverfahren wird Maschinenöl durch eine in die Welle oder die Bohrung eingearbeitete Ringnut zwischen die Passflächen gepresst **(Bild 1)**. Die Bauteile verformen sich dabei elastisch und können mit geringem Kraftaufwand gegeneinander verschoben werden.

Bauteile mit kegeligen Passflächen können mit diesem Verfahren gefügt und getrennt werden. Zylindrische Bauteile werden meist durch Schrumpfen gefügt. Die Demontage kann mit dem Hydraulikverfahren erfolgen, solange z.B. die Wellen-Ringnut von der Nabe überdeckt wird **(Bild 1)**. Anschließend kann die Nabe, weil sich zwischen den Passflächen noch Öl befindet, mit verhältnismäßig geringem Kraftaufwand vollends demontiert werden.

Das Hydraulikverfahren wird hauptsächlich zur Montage und Demontage von großen Wälzlagern verwendet.

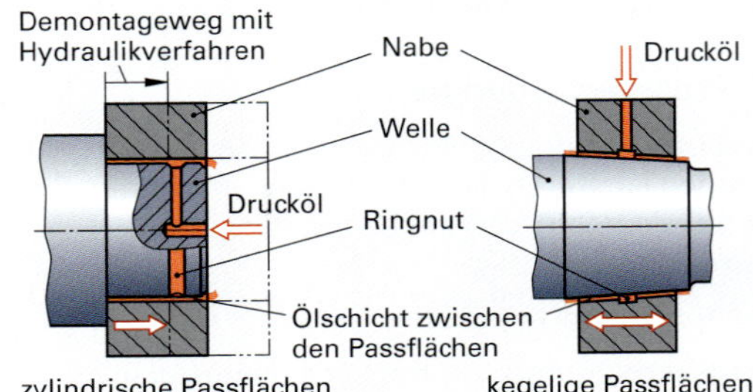

1 Hydraulisch hergestellte Pressverbindung

Schnappverbindungen

Bei den Schnappverbindungen wird die Elastizität der Werkstoffe, meist Kunststoffe oder Federstahl, für die Verbindung zweier Bauteile ausgenutzt.

Eine Kugel, ein Stirnwulst oder ein Haken greifen in die Hinterschneidung des anderen Teils ein und bilden eine formschlüssige Verbindung **(Bild 2)**.

Mindestens ein Teil der Verbindung muss aus elastischem Werkstoff sein, der sich beim Fügen oder Lösen um die Wulsthöhe verformen lässt.

Man unterscheidet unlösbare und lösbare Schnappverbindungen **(Bild 3)**. Unlösbare Verbindungen haben auf ihrer Innenseite eine Planfläche, die das Trennen der Teile verhindert. Bei lösbaren Verbindungen haben die Wülste in beiden Bewegungsrichtungen Schrägen.

> Bei Schnappverbindungen verformt sich ein Fügeteil elastisch und verhakt anschließend lösbar oder unlösbar.

Durch Schnappverbindungen mit zusätzlichen Befestigungselementen werden z.B. Zierleisten aus Kunststoff mit Pkw-Karosserieteilen gefügt.

Typische Befestigungselemente für Schnappverbindungen sind Klammern und Klipse, die geringe Fügekräfte benötigen und Fertigungsabweichungen in Bohrungen überbrücken können **(Bild 4)**.

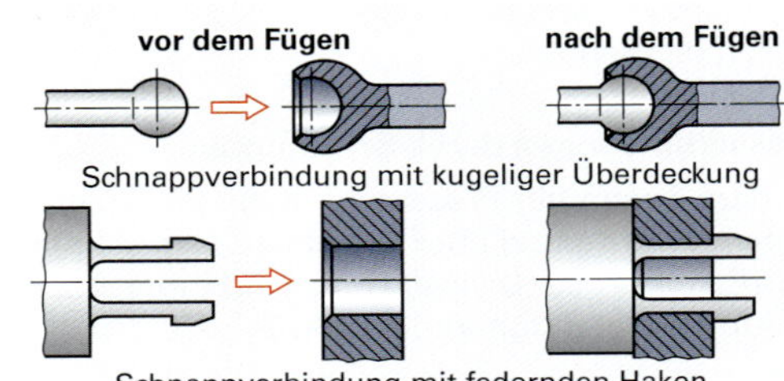

2 Bauformen von Schnappverbindungen

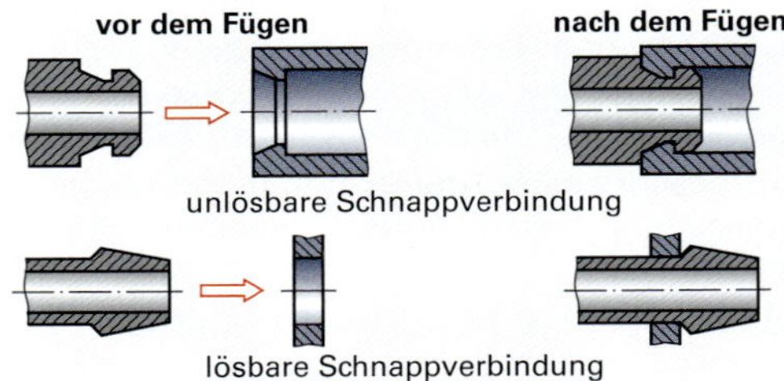

3 Arten von Schnappverbindungen

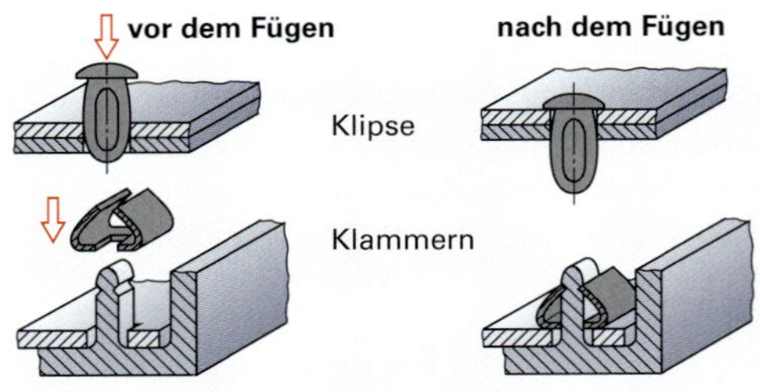

4 Schnappverbindungen mit Befestigungselementen

Aufgaben

1. Welche Arbeitsregeln sind beim Anwärmen von Werkstücken für eine Pressverbindung zu beachten?
2. In welchen Fällen werden Pressverbindungen durch Kühlen angewendet?
3. Wie wird eine kegelige Pressverbindung mithilfe des Hydraulikverfahrens hergestellt?
4. Wodurch unterscheiden sich lösbare und unlösbare Schnappverbindungen?

Kleben

Beim Kleben werden gleiche oder verschiedenartige Stoffe durch eine aushärtende Zwischenschicht stoffschlüssig miteinander verbunden.

Klebeverbindungen dienen vorwiegend zum

- **Verbinden** von Konstruktionsteilen,
- **Sichern** von Schrauben,
- **Dichten** von Fügeflächen.

Sie werden im Flug- und Fahrzeugbau für Aufbauten und Hauben, zum Befestigen von Bremsbelägen, im Maschinenbau zum Befestigen von Buchsen und Lagern, zum Sichern von Schrauben und zum Abdichten von Gehäusen verwendet **(Bild 1)**.

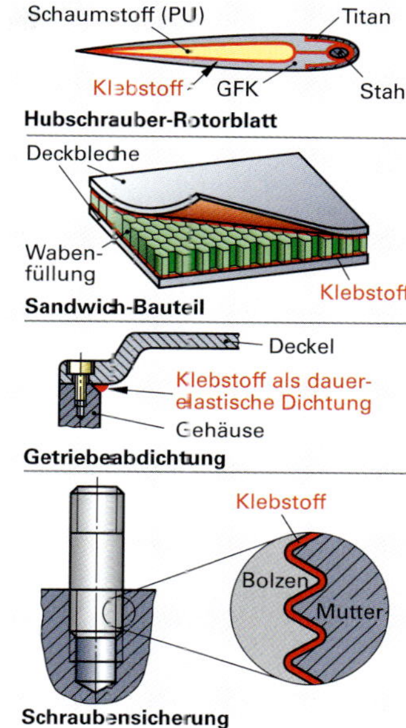

1 **Klebeverbindungen**

Eigenschaften von Klebeverbindungen

Vorteile	Nachteile
• Keine Gefügeänderung • Gleichmäßige Spannungsverteilung • Viele Werkstoffkombinationen • Dichte Verbindungen • Wenig Passarbeit erforderlich	• Große Fügeflächen nötig • Geringe Dauerfestigkeit • Geringe Warmfestigkeit • Teilweise lange und komplizierte Aushärtung

Grundlagen der Klebeverbindungen

Die Haltbarkeit einer Klebeverbindung hängt von der **Adhäsionskraft** des Klebstoffes an den Fügeflächen und der **Kohäsionskraft** im Inneren der Klebstoffschicht ab **(Bild 2)**. Eine hohe Adhäsionskraft lässt sich nur erreichen, wenn die Fügeflächen sauber, trocken und leicht aufgeraut sind. Durch den Aushärtevorgang entsteht aus dem dünnflüssigen Kleber ein fester Kunststoff. Um die Festigkeit der geklebten Metallteile voll zu nutzen, muss die Überlappungslänge etwa 5- bis 20-mal so groß sein wie die Blechdicke **(Bild 3)**.

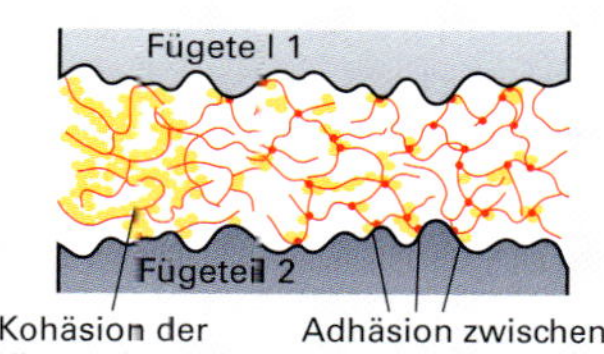

2 **Kräfte bei Klebeverbindungen**

Die Belastbarkeit einer Klebeverbindung hängt nicht nur von der Größe der Fügeflächen, sondern wesentlich auch von der Art der Beanspruchung ab. Klebeverbindungen sollen so ausgeführt werden, dass die Klebschicht vorwiegend auf Abscherung und nur in geringem Maß auf Zug beansprucht wird. Schälbeanspruchungen sind nicht zulässig, da sie leicht zum Aufreißen der Verbindung führen **(Bild 4)**. Sie müssen durch besondere Maßnahmen, z.B. durch Bördeln oder Nieten, verhindert werden.

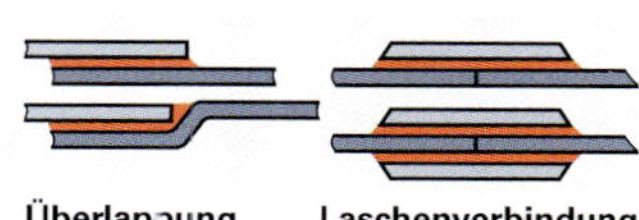

3 **Ausführung von Klebeverbindungen**

Klebeverbindungen müssen großflächig sein und dürfen nicht auf Abschälen beansprucht werden.

Klebstoffarten

Schmelzklebstoffe erstarren rein physikalisch durch Abkühlung.

Nassklebstoffe härten durch Verdunsten eines Lösungsmittels.

Reaktionsklebstoffe sind die am häufigsten verwendeten Klebstoffe für Metalle **(Tabelle 1, folgende Seite)**. Sie härten durch eine chemische Reaktion aus. Nach der Verarbeitungstemperatur werden sie in Warm- und Kaltkleber, nach der Zusammensetzung in Ein- und Zwei-Komponentenkleber unterteilt.

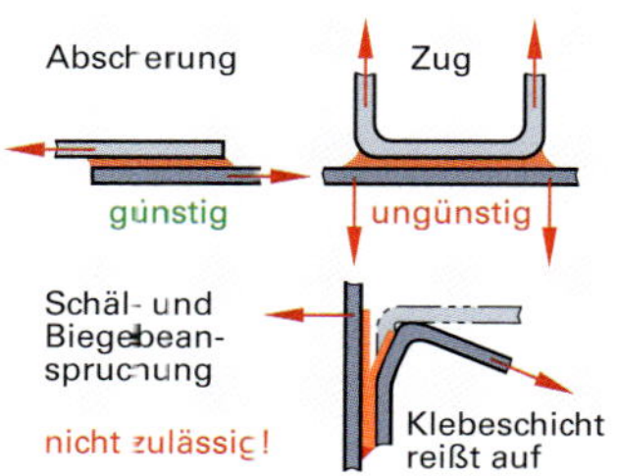

4 **Beanspruchung von Klebeverbindungen**

Tabelle 1: Reaktionsklebstoffe

	Klebstoff	Komponenten	Härtung °C	Härtung Dauer	Scherfestigkeit N/mm²	Einsatzbereich °C	Besondere Eigenschaften
Kaltkleber	Epoxidharz	2	20	48 h	bis 32	−60 … +80	Hohe Festigkeit und gute Elastizität, bei Erwärmung schnelle Härtung
Kaltkleber	Acrylat	2	20	10 min	8 … 20	bis +100	Kleber und Härter werden getrennt aufgetragen, die Härtung beginnt mit dem Fügen
Kaltkleber	Polyurethan	2	20	bis 80 h	7 … 15	−200 … +30	Die Aushärtezeit kann bis auf 0,5 h beschleunigt werden; Härtung ist auch mit Luftzutritt möglich
Kaltkleber	Cyanacrylat	1	20	3 … 180 s	bis 25	−40 … +120	Sehr kurze Härtung („Sekundenkleber"); Klebstoffschicht 0,2 mm; auch für Elastomere geeignet
Kaltkleber	Anaerobe Kleber	1	20	6 … 24 h	bis 40	−60 … +200	Härten bei Luftabschluss; vorwiegend zur Befestigung von Buchsen und als Schraubensicherung
Warmkleber	Epoxidharz	2	120	15 min	bis 40	−60 … +80	Hohe Festigkeit und Verformbarkeit; auch zum Füllen großer Zwischenräume
Warmkleber	Phenolharz	1	180	120 min	bis 40	−60 … +200	Hohe Festigkeit, hohe Wärmebeständigkeit, geringe Verformbarkeit; beim Härten Druck nötig
Warmkleber	Polymidklebstoffe	1	400	–	25	−60 … +200	Härtung in mehreren Stufen unter Luftabschluss und Druck; kurzzeitig bis 500 °C beständig

Vorbehandlung der Oberflächen

Die **mechanische Vorbehandlung** erfolgt durch Feinsandstrahlen oder durch Schleifen mit Schmirgelleinen. Das **Entfetten** ist nach der mechanischen oder vor der chemischen Vorbehandlung erforderlich. Es erfolgt durch Dampfentfetten, Tauchentfetten oder Abreiben mit einem sauberen, lösungsmittelgetränkten Lappen. Anstelle der mechanischen Vorbehandlung kann eine **chemische Vorbehandlung** durch Beizen erfolgen. Sie ist die wirkungsvollste Art der Vorbehandlung, da die Oberfläche gleichzeitig gereinigt und aufgeraut wird. Nach dem Beizen oder Entfetten muss sorgfältig getrocknet werden.

Klebeflächen müssen trocken, sauber, fettfrei und leicht aufgeraut sein.

Klebstoffverarbeitung

Zweikomponentenkleber müssen in der erforderlichen Menge und im richtigen Mischungsverhältnis unmittelbar vor dem Auftrag gemischt werden. Ihre Verarbeitungszeit (Topfzeit) ist begrenzt. Je nach Lieferform wird der Kleber mit der Spritzpistole, mit dem Pinsel oder der Spachtel oder durch Auflegen einer Klebefolie dünn und gleichmäßig aufgetragen.

Aushärten

Viele Klebstoffe, die während des Auftragens honigartig zäh sind, werden bei Aushärtungsbeginn dünnflüssig. Daher müssen die Fügeteile gegen Verschieben gesichert, bei einigen Klebstoffen zusätzlich gepresst werden. Zeit und Temperatur der Aushärtung richten sich nach der Klebstoffart und sind den Herstellervorschriften zu entnehmen.

Arbeitsregeln für die Herstellung einer Klebeverbindung

- Die Fügeflächen müssen trocken, sauber, fettfrei und leicht aufgeraut sein.
- Der Klebstoffauftrag soll unmittelbar nach der Oberflächenvorbehandlung erfolgen.
- Die Dicke der Klebstoffschicht soll 0,1 mm bis 0,3 mm betragen.
- Während der Aushärtung müssen die Teile gegen Verrutschen gesichert werden.
- Klebstoffe sollen im ungehärteten Zustand nicht mit der Haut in Berührung kommen.
- Die Arbeitsräume sind gut zu lüften, da gesundheitsschädliche Dämpfe auftreten können.

Aufgaben

1 Weshalb sind beim Kleben große Fügeflächen wichtig?

2 Wie müssen Klebeflächen vorbehandelt werden?

Löten

Löten ist ein stoffschlüssiges Fügen und Beschichten von Werkstoffen mithilfe eines geschmolzenen Zusatzmetalls, dem **Lot**. Die Schmelztemperatur des Lotes liegt unterhalb der Schmelztemperatur der zu verbindenden Grundwerkstoffe. Die Grundwerkstoffe werden vom Lot benetzt, ohne geschmolzen zu werden. Das Löten erfolgt vielfach unter Anwendung von Flussmitteln, Schutzgasen oder im Vakuum.

Durch das Löten entstehen unlösbare, stoffschlüssige Verbindungen, die fest, dicht und leitfähig für Wärme und elektrischen Strom sind **(Bild 1)**. Die zu verbindenden Grundwerkstoffe können sehr unterschiedliche Eigenschaften und Zusammensetzung haben, sofern das Lot sich mit beiden Stoffen verbindet. So können z.B. Hartmetall-Schneidplatten auf Drehmeißelschäfte aus Baustahl gelötet werden.

> Durch Löten lassen sich gleiche oder verschiedenartige metallische Werkstoffe fest, dicht und leitfähig verbinden.

1 **Löten eines Zahnsegments**

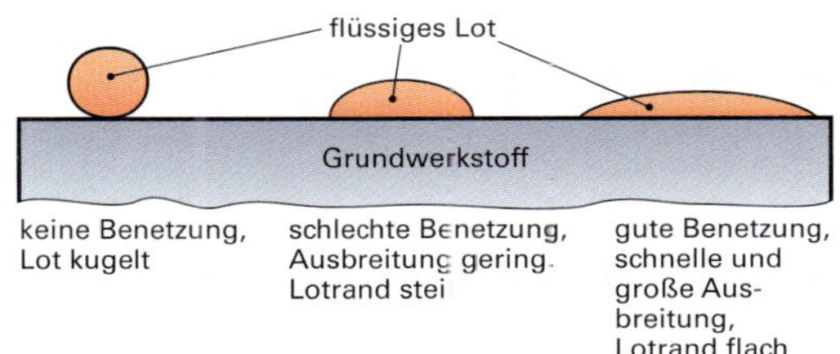

2 **Benetzungsformen beim Löten**

Grundlagen des Lötens

Benetzungsvorgang

Voraussetzung für eine Lötverbindung ist, dass das flüssige Lot den Grundwerkstoff benetzt. Dabei kommt es zu einer raschen Ausbreitung des flüssigen Lotes auf der Werkstückoberfläche **(Bild 2)**. Das Lot dringt in das Gefüge des Grundwerkstoffes, löst einen Teil davon und bildet eine Legierung **(Bild 3)**. Diesen Vorgang der gegenseitigen Durchdringung nennt man **Diffusion**.

Eine gute Benetzung wird nur erreicht, wenn

- der Grundstoff mit dem Lot eine Legierung bilden kann,
- die Lötstelle metallisch rein ist,
- Werkstücke und Lot genügend erwärmt werden.

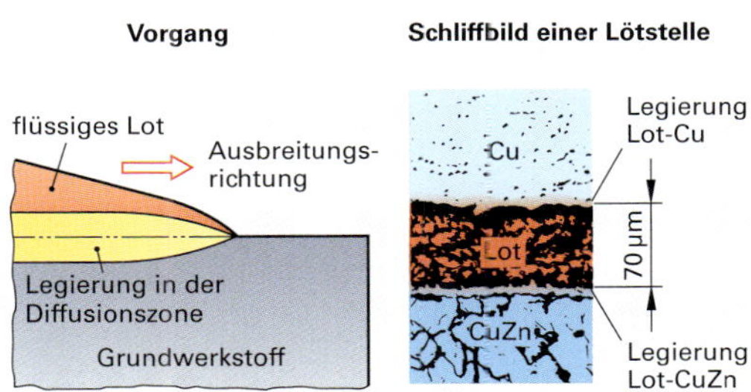

3 **Legierungsbildung durch Diffusion**

Lötspalt und Lötfuge

Der Abstand der beiden Fügeflächen ist von besonderem Einfluss auf den Lötvorgang. Einen Zwischenraum von weniger als 0,25 mm bezeichnet man als **Lötspalt**. Ist der Zwischenraum größer, so wird er als **Lötfuge** bezeichnet **(Bild 4)**. Durch die beiden dicht gegenüberliegenden Flächen des Lötspaltes wird die Adhäsion zwischen Werkstück und Lot größer als die Kohäsion im flüssigen Lot. Durch diese **Kapillarwirkung** wird das Lot in den Lötspalt hineingezogen.

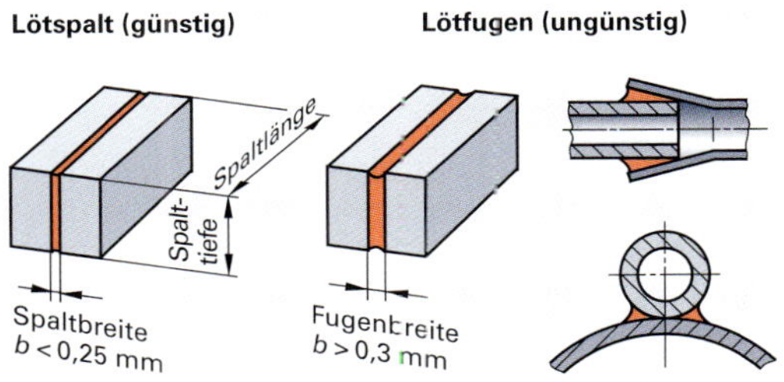

4 **Lötspalt und Lötfuge**

Die Kapillarwirkung ist umso größer, je geringer die Lötspaltbreite ist. Bei richtig bemessener Lötspaltbreite entsteht ein Fülldruck, der das Lot auch gegen die Schwerkraft in den Lötspalt zieht **(Bild 1)**.

Ist die Lötfuge breiter als 0,3…0,5 mm, so wird das Lot nicht genügend in die Lötfuge hineingezogen **(Bild 2)**. Auch ein zu enger Lötspalt wird ungenügend gefüllt, da er nicht ausreichend Flussmittel zum Entfernen der Oxidhaut aufnimmt.

Der Lötspalt soll 0,05 mm bis 0,2 mm breit sein.

Lötspalttiefen über 15 mm sollten vermieden werden, da sie meist nur ungenügend gefüllt werden. Bei richtiger Bemessung des Lötspaltes und richtiger Wahl des Lotes erreichen die Lötverbindungen die gleiche Belastbarkeit wie die Grundwerkstoffe.

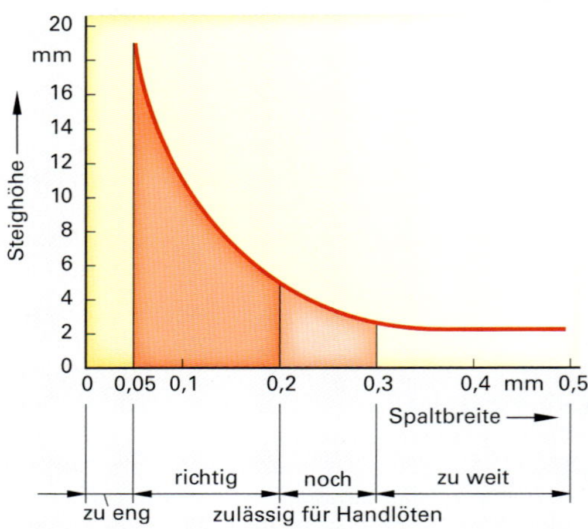

1 **Steighöhe des Lotes in Abhängigkeit von der Breite des Lötspaltes**

Temperaturen beim Löten

Reine Metalle und Zweistofflegierungen mit eutektischer Zusammensetzung besitzen einen festen **Schmelzpunkt**. Dabei liegt der Schmelzpunkt der eutektischen Legierung niedriger als die einzelnen Schmelzpunkte der reinen Grundmetalle. So schmilzt z.B. reines Zinn bei 232 °C, reines Blei bei 327 °C, eine Legierung aus 63 % Zinn und 37 % Blei dagegen bei 183 °C **(Bild 3)**.

Legierungen, die keine eutektische Zusammensetzung besitzen, haben keinen festen Schmelzpunkt, sondern einen **Schmelzbereich**.

Eutektische Legierungen besitzen einen Schmelzpunkt, andere Zusammensetzungen einen Schmelzbereich.

Erwärmt man z.B. eine Legierung aus 30 % Zinn und 70 % Blei, so schmelzen nur einzelne Kristalle bei 183 °C. Mit zunehmender Erwärmung werden immer mehr Kristalle geschmolzen. Erst beim Erreichen der Linie a–b im Schaubild ist die Legierung vollständig geschmolzen. Im Schmelzbereich zwischen 183 °C und 260 °C liegt dagegen ein breiiges Gemisch aus Schmelze und Kristallen vor **(Bild 3)**.

Beim Erstarren wird das flüssige Lot zunächst wieder breiig und anschließend fest. Erschütterungen während des Erstarrens vermindern den Zusammenhang des Lotes und verringern damit wesentlich die Festigkeit der Lötverbindung.

Lot muss erschütterungsfrei erstarren.

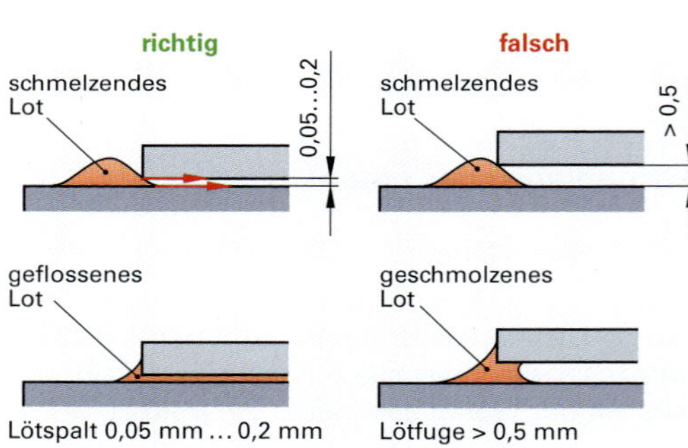

2 **Kapillarwirkung beim Löten**

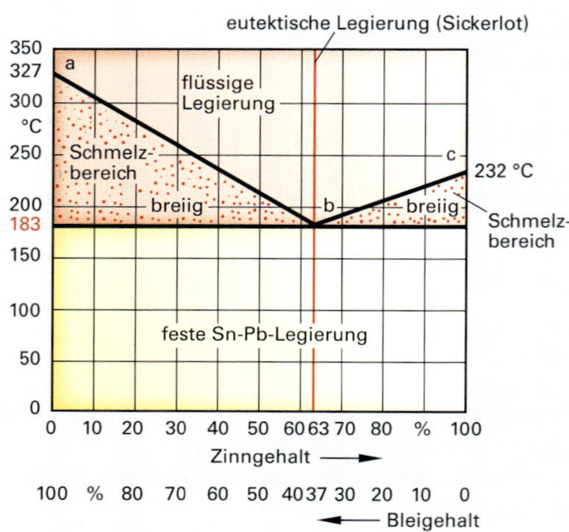

3 **Zinn-Blei-Zustandsschaubild**

Die **Arbeitstemperatur** eines Lotes ist die niedrigste Oberflächentemperatur des Werkstückes, bei der das Lot **benetzt, fließt und legiert**.

Bei Temperaturen unterhalb der Arbeitstemperatur erfolgt keine Verbindung zwischen Lot und Grundwerkstoff („kalte Lötstelle"). Lot und Lötstelle müssen mindestens die Arbeitstemperatur erreichen **(Bild 1)**. Beim Überschreiten der **maximalen Löttemperatur** verzundert das Werkstück und das Lot versprödet. Der **Wirktemperaturbereich** ist der Bereich, in dem das Flussmittel das Benetzen des Werkstückes durch das Lot ermöglicht **(Bild 1)**.

Arbeitsregeln

- Werkstück und Lot sollen rasch und gleichmäßig erwärmt werden.
- Arbeitstemperatur und maximale Löttemperatur begrenzen den Löttemperaturbereich.
- Der Wirktemperaturbereich des Flussmittels muss größer sein als der Löttemperaturbereich.

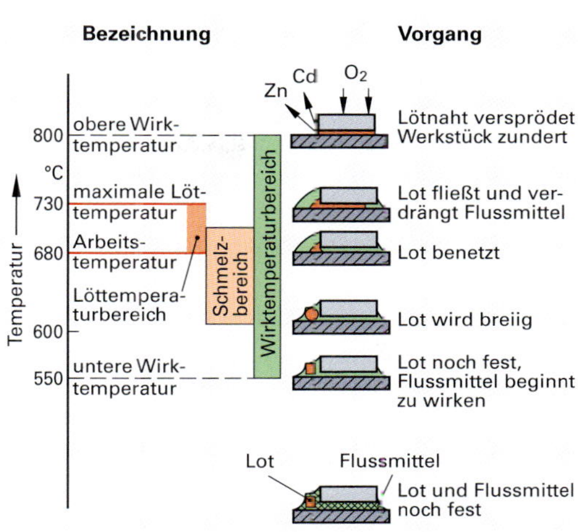

1 Wichtige Löttemperaturen für das Lot L-Ag30Cd und das Flussmittel FH10

Lötverfahren

Einteilung der Lötverfahren nach der Arbeitstemperatur (Tabelle 1)

Beim **Weichlöten** liegt die Arbeitstemperatur **unter 450 °C**. Das Weichlöten wendet man an, wenn dichte oder leitfähige Verbindungen erforderlich sind und an die Belastbarkeit keine hohen Ansprüche gestellt werden oder wenn die zu lötenden Bauteile wärmeempfindlich sind. Durch formschlüssige Gestaltung kann die Belastbarkeit der Weichlötstelle erhöht werden **(Bild 2)**.

Beim **Hartlöten** liegt die Arbeitstemperatur **über 450 °C**. Hartlötverbindungen können als Stumpfstoß ausgeführt werden; eine Vergrößerung der Spalttiefe erhöht die Festigkeit **(Bild 2)**.

Hochtemperaturlöten ist ein Löten unter Schutzgas oder im Vakuum mit Loten, deren Arbeitstemperatur **über 900 °C** liegt.

Einteilung nach der Lotführung

Beim **Löten mit angesetztem Lot** werden die Werkstücke an der Lötstelle auf Löttemperatur erwärmt. Danach wird das Lot durch Berühren mit dem Werkstück zum Fließen gebracht.

Beim **Löten mit eingelegtem Lot** werden die Werkstücke zusammen mit einer abgestimmten Lotmenge (Lotformteil) auf Löttemperatur erwärmt.

Beim **Tauchlöten** werden die Werkstücke in einem Bad aus flüssigem Lot auf Löttemperatur erwärmt, wobei das geschmolzene Lot den Lötspalt ausfüllt.

Tabelle 1: Lötverfahren und Arbeitstemperatur

Weichlöten	Hartlöten	Hochtemperaturlöten
unter 450 °C	**über 450 °C**	**über 900 °C**
mit Flussmittel	mit Flussmittel, unter Schutzgas oder im Vakuum	unter Schutzgas oder im Vakuum

Art der Lötstelle	Lötspalttiefe gering	Lötspalttiefe vergrößert	zusätzliche Erhöhung der Festigkeit
Blechnaht gerade			
Blechnaht T-förmig			Schweißpunkt
Rundteil mit Flachteil			Kerbverzahnung eingepresst
Rohrverbindung			gebördelt, aufgeweitet
Eignung zum Weichlöten	ungeeignet	gut geeignet	sehr gut geeignet
Eignung zum Hartlöten	möglich	sehr gut geeignet	unnötiger Aufwand

2 Lötverfahren und Form der Lötstelle

Energiezufuhr beim Löten

Nach dem **Energieträger zum Erwärmen** unterscheidet man

- Löten durch Gas (Flammlöten, Ofenlöten),
- Löten durch feste Körper (Kolbenlöten, Blocklöten),
- Löten durch Flüssigkeiten (Lotbadlöten, Tauchlöten),
- Löten durch Strahlen (Laserstrahllöten),
- Löten durch elektrischen Strom (Widerstandslöten, Induktionslöten).

Beim **Flammlöten** werden die zu verbindenden Teile mit einer Gasflamme erwärmt. Das Lot wird erst zugeführt, wenn die Lötstelle die Arbeitstemperatur erreicht hat. Werden Lotformteile eingelegt, so muss die zugeführte Wärme über das Werkstück zum Lot fließen, andernfalls würde das Lot überhitzt **(Bild 1)**.

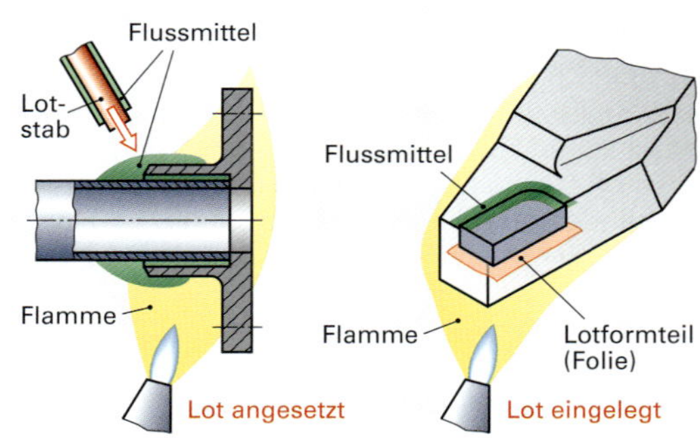

1 Flammlöten

Beim **Kolbenlöten** werden die Werkstücke an der Lötstelle durch einen Lötkolben erwärmt **(Bild 2)**. Kolbenlöten ist nur zum Weichlöten geeignet. Der Lötkolben wird elektrisch oder mit Gas beheizt. Temperaturgeregelte Lötkolben sind besonders bei längeren Arbeitsunterbrechungen oder zum Löten von wärmeempfindlichen Bauelementen vorteilhaft.

Die Spitze des Lötkolbens besteht aus Kupfer oder einer Kupferlegierung. Die erwärmte Lötkolbenspitze muss vor Beginn der Lötarbeit von Oxiden gereinigt und durch Lotzugabe verzinnt werden.

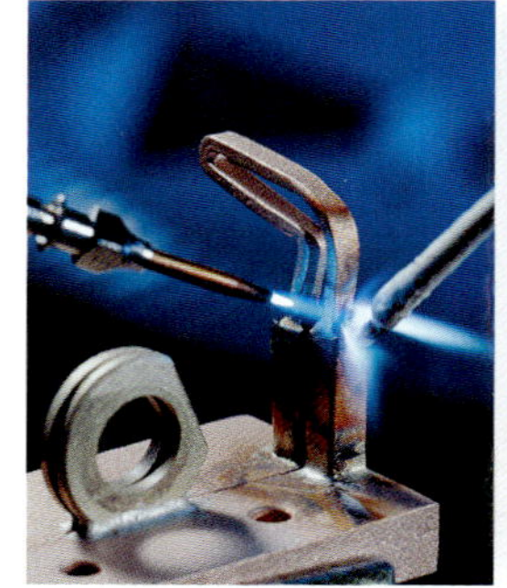

2 Kolbenlöten

Lote

Als Lote werden Legierungen, seltener reine Metalle, verwendet, deren Schmelzpunkt unter dem Schmelzpunkt der zu verbindenden Metalle liegt. Die Lote werden unterteilt in Weichlote, Hartlote, Hochtemperaturlote und Lote für Aluminium-Werkstoffe. Die Lote werden in Blöcken, Bändern, Folien, Stangen, Drähten, Fäden, als Lotformteile sowie in Pulver- und Pastenform geliefert **(Bild 3)**.

Weichlote für Schwermetalle sind in Gruppen eingeteilt **(Tabelle 1)**.

3 Lötdrahtspule aus Zinn-Blei-Legierung

Tabelle 1: Weichlote für Schwermetalle (Beispiele)

Gruppe	Leg.-Nr.	Legierungs-Kurzzeichen	Schmelz-temperatur	Hinweise für die Verwendung
Zinn-Blei	1	S-Sn63Pb37	183°C	Feinwerktechnik, Elektrotechnik, Elektronik
	3	S-Pb50Sn50	183…215°C	Elektroindustrie, Verzinnung
	10	S-Pb98Sn2	320…325°C	Kühlerbau
Zinn-Blei-Kupfer	24	S-Sn97Cu3	230…250°C	Elektrogerätebau, Feinwerktechnik
	26	S-Sn50Pb49Cu1	183…215°C	
Zinn-Blei-Silber	28	S-Sn96Ag4	221°C	Kupferrohrinstallation, Edelstahl
	34	S-Pb93Sn5Ag2	304…365°C	Für hohe Betriebstemperaturen

Hartlote für Schwermetalle werden nach ihrer Zusammensetzung, ihrer Verwendung und ihrer Arbeitstemperatur unterteilt **(Tabelle 1)**. Zum Hochtemperaturlöten werden Hartlote von großer Reinheit verwendet, vorwiegend Nickel-Chromlegierungen oder Silber-Gold-Palladium-Legierungen.

Tabelle 1: Hartlote für Schwermetalle (Beispiele)

Gruppe	Kurzzeichen		Schmelz-temperatur	Hinweise für die Verwendung
	EN 1044	DIN EN ISO 3677		
Kupferlote	CU 104	B-Cu100(P)-1085	1083°C	Stähle, Hartmetall-Schneidplatten
	CU 303	B-Cu50Zn 870/900	870...900°C	Stahl, Cu, Ni und deren Legierungen
Silberhaltige Hartlote	AG 207	B-Cu48ZnAg 800/830	800...830°C	Stahl, Cu, Ni und deren Legierungen
	AG 203	B-Ag44CuZn-675/735	675...735°C	
	AG 304	B-Ag40ZnCdCu 595/630	595...630°C	
Phosphorhaltige Hartlote	CP 105	B-Cu92PAg 650/810	650...810°C	Kupfer und nickelfreie Legierungen, **nicht** für Stahl oder Nickelwerkstoffe

Kupferlote bestehen aus sauerstofffreiem Kupfer oder Kupferlegierungen mit Zink und Zinn. Sie werden zum Hartlöten von Eisen-, Kupfer- und Nickelwerkstoffen verwendet. Die Arbeitstemperaturen liegen zwischen 825°C und 1100°C.

Silberhaltige Hartlote besitzen niedrigere Arbeitstemperaturen als Kupferlote. Die niedrigste Arbeitstemperatur ist mit cadmiumhaltigen Loten zu erreichen. Da Cadmium sehr giftig ist, ist die Verwendung von cadmiumhaltigen Loten nur in begründeten Ausnahmefällen und mit entsprechenden Sicherheitsvorkehrungen zulässig.

Cadmiumhaltige Lote können, besonders bei Überhitzung, giftige Dämpfe entwickeln.

Flussmittel

Erwärmte Metalle verbinden sich rasch mit Sauerstoff und bilden eine Oxidschicht. Diese verhindert das Benetzen durch das Lot **(Bild 1)**. Zum Lösen der Oxidschicht und zur Verhinderung weiterer Oxidation verwendet man beim Löten Flussmittel. Eine Oxidation kann auch durch Löten unter Schutzgas oder im Vakuum verhindert werden.

Flussmittel lösen Oxide und verhindern weitere Oxidation.

Die Auswahl des Flussmittels richtet sich nach dem zu lötenden Grundwerkstoff und dem Lötverfahren, vor allem aber nach der Arbeitstemperatur des verwendeten Lotes. Die Wirkung des Flussmittels muss unterhalb der Arbeitstemperatur einsetzen und über die maximale Löttemperatur hinaus reichen. Flussmittel werden daher nach ihrem **Wirktemperaturbereich** eingeteilt.

Um ein sicheres Löten der gesamten Fügefläche zu erreichen, werden die flüssigen oder pastenförmigen Flussmittel meist kurz vor dem Zusammensetzen der Teile auf den Lötbereich aufgetragen. Nach dem Löten müssen die Reste der Flussmittel von der Lötstelle entfernt werden, da sonst Korrosion entstehen kann.

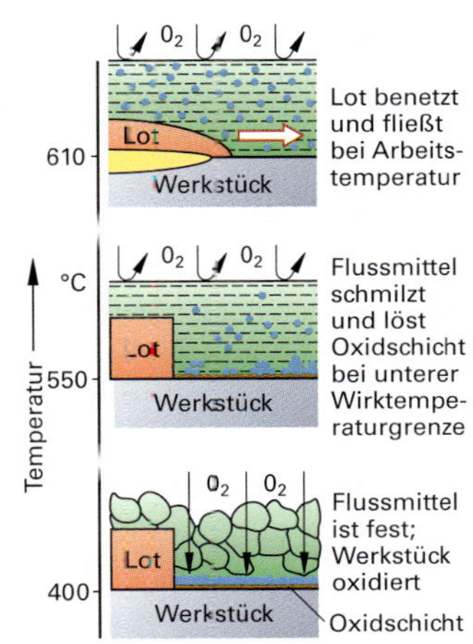

1 **Wirkungsweise des Flussmittels FH10**

Arbeitsregeln

- Lötstelle vor dem Löten gründlich reinigen und mit Flussmittel bestreichen.
- Nach dem Löten sind die Flussmittelreste von der Lötstelle zu entfernen.
- Flussmittel sollen nicht mit der Haut in Berührung kommen.
- Der Arbeitsplatz ist ausreichend zu lüften.

Thermisches Fügen

Durch thermische Fügeverfahren werden unlösbare, stoffschlüssige Verbindungen von Bauteilen, unter Anwendung von Wärmeenergie, mit oder ohne Zusatzwerkstoff, hergestellt. Zum Schweißen nach DIN 1910 gehören sowohl das Fügen als auch das Beschichten von Werkstoffen in flüssigem oder in plastischem Zustand.

Die Schweißverfahren werden nach ihrer Charakteristik in die Gruppen *Schmelzschweißverfahren* und *Pressschweißverfahren* eingeteilt **(Tabelle 1)**.

Die weiteren Unterscheidungsmerkmale von Schweißverfahren sind die Methoden, die zur Erzeugung der Schweißwärme verwendet werden **(Tabelle 2)** und wie der Zusatzwerkstoff der Schweißstelle zugeführt wird. Die Wahl eines geeigneten Schweißverfahrens hängt von den zu verschweißenden Werkstoffen, von der Werkstückdicke, der gewünschten Wirtschaftlichkeit und der erforderlichen Schweißnahtqualität ab.

Pressschweißen

Bei den Pressschweißverfahren **(Bild 1)** erfolgt die Verbindung unter äußerer Krafteinwirkung. Die Werkstoffe werden an den Verbindungsstellen nicht aufgeschmolzen sondern bleiben in einem plastischen Zustand. Ohne die Zugabe von Schweißzusatzstoffen werden die Werkstoffe dann durch Zusammenpressen miteinander verbunden.

Elektrisches Widerstandspressschweißen

Die Elektroden bestehen wegen der sehr guten Leitfähigkeit für Strom und Wärme in fast allen Fällen aus Kupfer. Der für die Umsetzung der Wärmeenergie notwendige Übergangswiderstand der Elektroden ist etwa fünfmal höher als der Widerstand im Werkstückwerkstoff selbst.

Pressstumpfschweißen. Die Bauteile, auch aus verschiedenen Werkstoffen, werden an der Fügefläche aufeinander gepresst. Durch den fließenden Strom wird die Fügestelle bis zum Aufschmelzen erhitzt und die Bauteile werden durch eine Vorschubbewegung der Elektroden fest aufeinandergestaucht **(Bild 2)**.

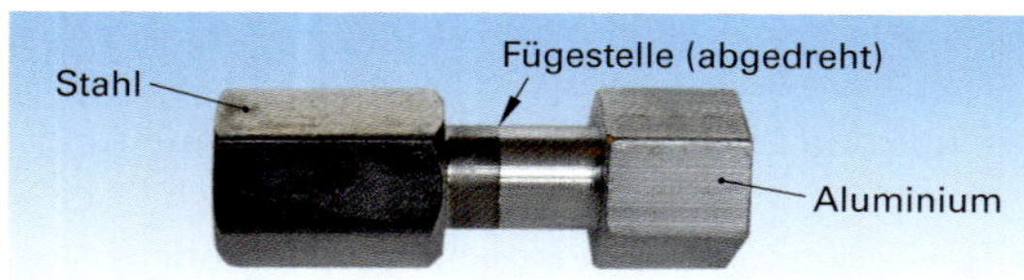

2 Pressstumpfschweißen

Tabelle 1: Einteilung der Schweißverfahren

Gesichtspunkt	Schweißverfahren
Art des Werkstoffes	Schweißverfahren für Metalle, Schweißverfahren für Kunststoffe, Schweißverfahren für andere Werkstoffe
Zweck des Schweißens	Verbindungsschweißen = Fügen von Bauteilen, Auftragsschweißen = Beschichten von Werkstoffen
Art der Fertigung	Handschweißverfahren, teil-/ vollmechanische Schweißverfahren, automatisierte Schweißverfahren
Charakteristik des Schweißverfahrens	Schmelzschweißverfahren, Pressschweißverfahren

Tabelle 2: Press-Verbindungsschweißverfahren

Verfahren	Erwärmung
Widerstandspressschweißen	durch elektrischen Übergangswiderstand
Induktives Pressschweißen	durch elektrischen Wirbelstrom
Reibschweißen	durch rotierende Stoßflächen
Ultraschallschweißen	durch Molekular- und Grenzflächenreibung
Lichtbogenpressschweißen	durch elektrische Lichtbogen

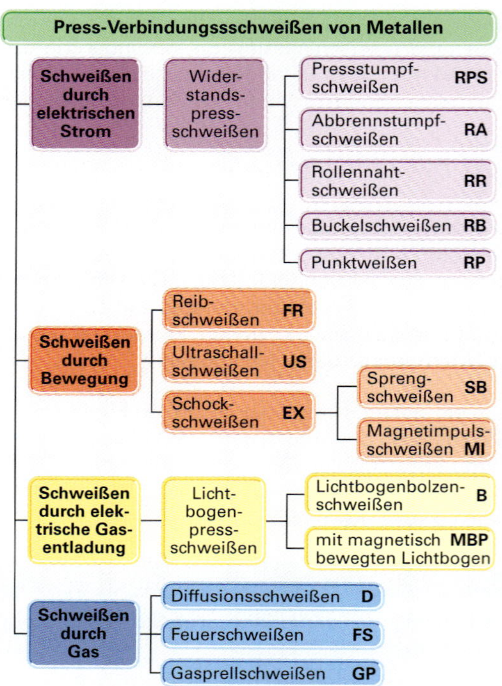

1 Pressschweißverfahren

Abbrennstumpfschweißen

Abbrennstumpfschweißen erfolgt durch wiederholtes Berühren und Trennen der unter Strom stehenden Werkstücke. Dadurch schmelzen die Werkstücke an der Stoßstelle auf. Beim Erreichen der erforderlichen Temperatur wird der Stromzufluss unterbrochen und die Werkstücke mit Axialkraft aufeinandergepresst. Die Bauteile brennen an der Verbindungsstelle teilweise ab. Dadurch werden auch Verunreinigungen an der Schweißstelle beseitigt. An der Verbindungsstelle entsteht oft ein Grat, der durch Nacharbeit entfernt werden muss **(Bild 1)**.

1 Abbrennstumpfschweißen

Punktschweißen

Das Punktschweißen ist ein Widerstandsschweißverfahren zum Verschweißen von Blechen und wird vor allem im Karosserie- und Fahrzeugbau eingesetzt **(Bild 2)**. Die Bleche werden dabei durch zwei gegenüberliegende Kupferelektroden an einem Punkt zusammengepresst.

Durch die Elektroden wird der Schweißstrom in das Blech eingeleitet. Das Aufschmelzen des Grundwerkstoffes erfolgt an der Stelle des größten elektrischen Widerstandes, d. h. in der Regel am Übergang zwischen den Blechen. Die Presskraft wird über die Elektroden von einer Punktschweißzange aufgebracht **(Bild 3)**.

2 Automobilfertigung

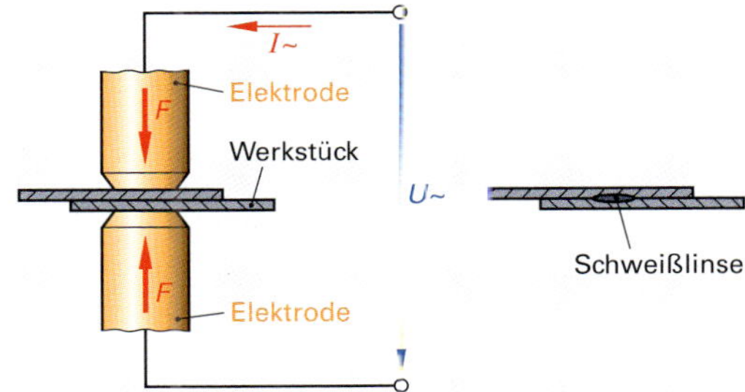

3 Widerstandspunktschweißen

Buckelschweißen

Das Buckelschweißen ist mit dem Punktschweißen vergleichbar. Am Werkstück werden ein oder mehrere Erhöhungen, sogenannte Schweißbuckel eingebracht. Durch die Geometrie des Buckels ist der Bereich des Stromübergangs genau definiert. Während des Stromflusses schmilzt der Buckel teilweise auf und geht mit dem zu verschweißenden Werkstück unter Druckkraft eine Verbindung ein.

Die Elektroden in Form von Kupferplatten haben einen geringen Elektrodenverschleiß. Durch Schweißroboter können mehrere Schweißbuckel gleichzeitig verschweißt werden. Wegen der Aufteilung des Schweißstroms ist aber ein höherer Schweißstrom erforderlich **(Bild 4, rechts)**.

Rollennahtschweißen

Beim Rollennahtschweißen werden Elektroden in Form von zwei sich drehenden Kupferelektroden eingesetzt. Die Rollenelektroden bewegen sich mit gleichbleibender Vorschubgeschwindigkeit. Die Schweißpunkte werden durch Stromimpulse gesetzt. Dabei sind kontinuierliche Dichtnähte bei meist höherer Schweißgeschwindigkeit als beim Punktschweißen möglich **(Bild 4, links)**.

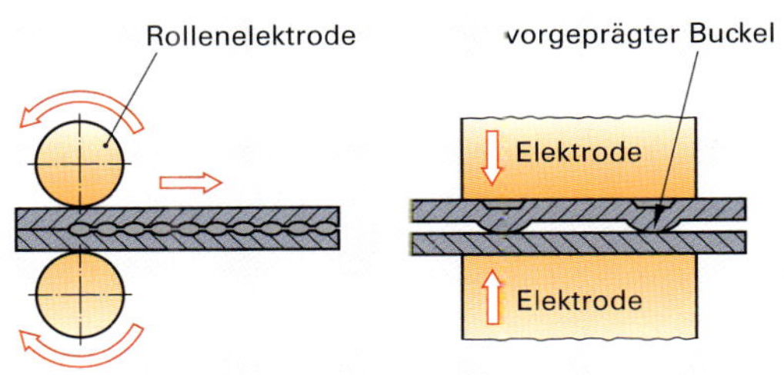

4 Rollennahtschweißen, Buckelschweißen

Pressschweißen durch Bewegungsenergie

Reibschweißen

Beim Rotationsreibschweißen wird das eine Werkstück in eine schnelle Rotation versetzt, das andere Werkstück steht still. Durch die Reibungswärme schmelzen beide Werkstücke auf. Die Verschweißung erfolgt beim axialen Aufeinanderpressen mit hoher Krafteinwirkung **(Bild 1)**.

Der Aufbau einer Reibschweißanlage ist mit dem einer Drehmaschine vergleichbar. Eine rotierende Spindel und ein auf einem axial verstellbaren Schlitten nicht rotierendes Gegenstück. Dieses wird auf das rotierende Teil aufgedrückt. Mit Rotationsreibschweißen können verschiedenste Werkstoffe mit hohen Schweißgeschwindigkeiten wirtschaftlich verbunden werden **(Bild 2)**.

Ultraschallschweißen

Beim Schweißen mit Ultraschall wird mithilfe von hochfrequenten, mechanischen Schwingungen zwischen Sonotrode und Amboss geschweißt. Wie beim Widerstandsschweißen führt Ultraschall zum Aufschmelzen des Werkstoffgefüges mit einer anschließenden stoffschlüssigen Verbindung.

> Beim Schweißen mit Ultraschall wird die notwendige Wärmeenergie durch Molekular- und Grenzflächenreibung in den Bauteilen erzeugt.

Damit gehört das Ultraschallschweißen zu der Gruppe der Reibschweißverfahren. Die lokal begrenzte, geringe Wärmeentwicklung in der Schweißzone ermöglicht kurze Schweißzeiten und eine hohe Wirtschaftlichkeit des Prozesses. Das Ultraschallschweißen wird zum Fügen von Metallen wie Kupfer und Aluminium sowie thermoplastischen Kunststoffen verwendet. Auch das Fügen von unterschiedlichen Werkstoffen ist möglich **(Bild 3)**.

Sprengschweißen

Durch das Sprengschweißverfahren können nicht schweißbare Werkstoffe verbunden werden. Dabei werden die beiden Schweißflächen, durch Zünden von Sprengstoff aufeinander beschleunigt. Die Bewegungsenergie verdichtet in der festen Phase die zu verbindenden Werkstoffe bis zur atomaren Ebene, sodass auch die interkristalllinen Gitterkräfte wirksam werden. In der Verbindungszone werden die jeweiligen Schmelztemperaturen nicht erreicht. Deshalb findet keine Legierungsbildung statt. Anwendung findet dieses Verfahren bei auf konventioneller Weise nicht schweißbaren Metallwerkstoffen und beim Plattieren **(Bild 4)**.

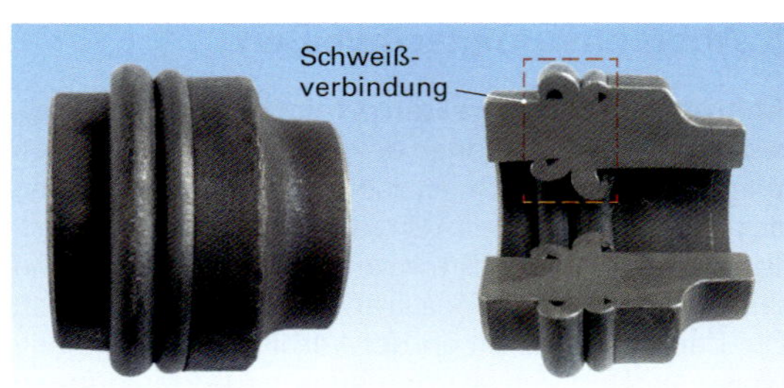

1 Rotationsreibschweißteile

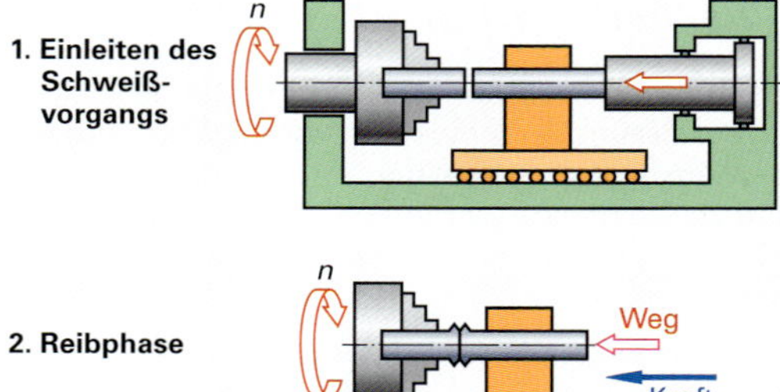

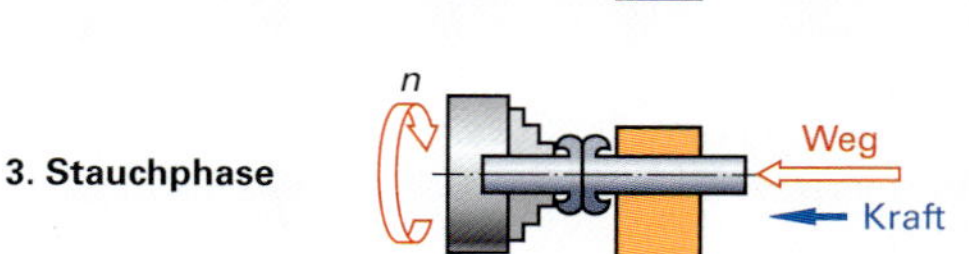

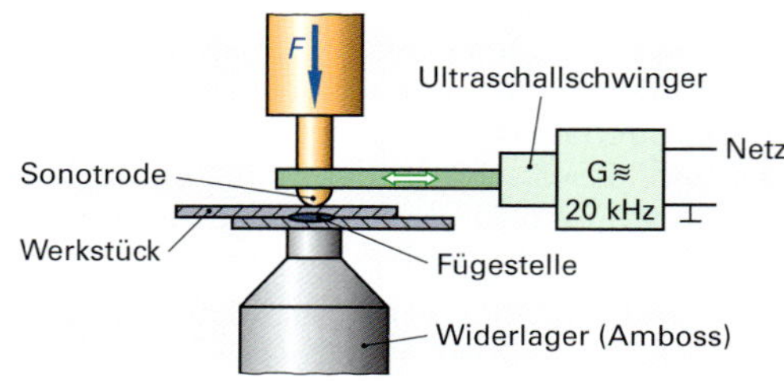

2 Prinzip Rotationsreibschweißen

3 Ultraschallschweißen

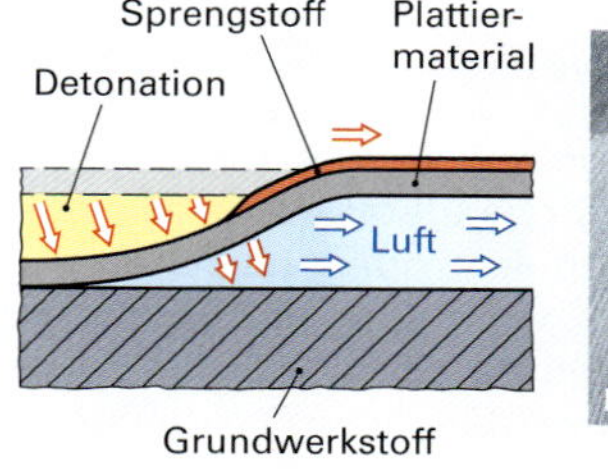

4 Plattieren durch Sprengschweißen

Magnetimpulsschweißen

Beim Magnetimpulsschweißen wird die Wirkung magnetischer Käfte zur Verschweißung rohrförmiger Bauteile genutzt. Die erforderliche Fügekraft wird durch impulsartige elektromagnetische Induktion erzeugt.

Pressschweißen durch elektrische Gasentladung

Ein elektrischer Lichtbogen, der zwischen einer Elektrode und dem Werkstück brennt, wird als Wärmequelle zum Schweißen genutzt. Durch die hohe Temperatur des Lichtbogens wird der Werkstoff an der Schweißstelle aufgeschmolzen.

Lichtbogenbolzenschweißen

Das Lichtbogenbolzenschweißen dient zur Herstellung von stoffschlüssigen Verbindungen zwischen Bauteil und Vollquerschnittselementen wie Bolzen und Stifte. Dieses Verfahren ist sehr wirtschaftlich, da der Lichtbogen direkt zwischen dem Werkstück und dem Bolzen gezündet wird. Dabei werden die Ein- und Austrittsfläche des Lichtbogens aufgeschmolzen **(Bild 1)**.

Schmelz-Verbindungsschweißen

Bei den Schmelzschweißverfahren **(Bild 2 und Tabelle 1)** erfolgt die Verbindung ohne äußere Kraft. Die meist artgleichen Metalle werden an der Verbindungsstelle aufgeschmolzen und erstarren in einem gemeinsamen Kristallgitter **(Bild 1, folgende Seite)**.

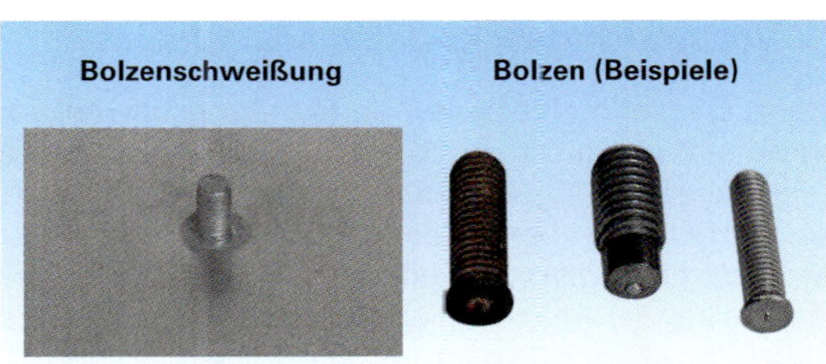

1 Lichtbogenbolzenschweißen (Beispiel)

Tabelle 1: Energiequellen der Schmelz-Verbindungsschweißverfahren

Verfahren	Erwärmung
Gasschmelzschweißen	Verbrennungswärme
Plasmaschweißen	heißes, ionisiertes Plasmagas mit Lichtbogen
Schutzgasschweißen	elektrischer Lichtbogen mit Schutzgas
Unterpulverschweißen	elektrischer Lichtbogen unter Pulver
Lichtbogenschweißen	Elektrode mit Umhüllung und elektrischem Lichtbogen
Elektronenstrahlschweißen	kinetische Energie beschleunigter Elektronen
Laserstahlschweißen	Absorption und Umwandlung von Lichtenergie in Wärmeenergie

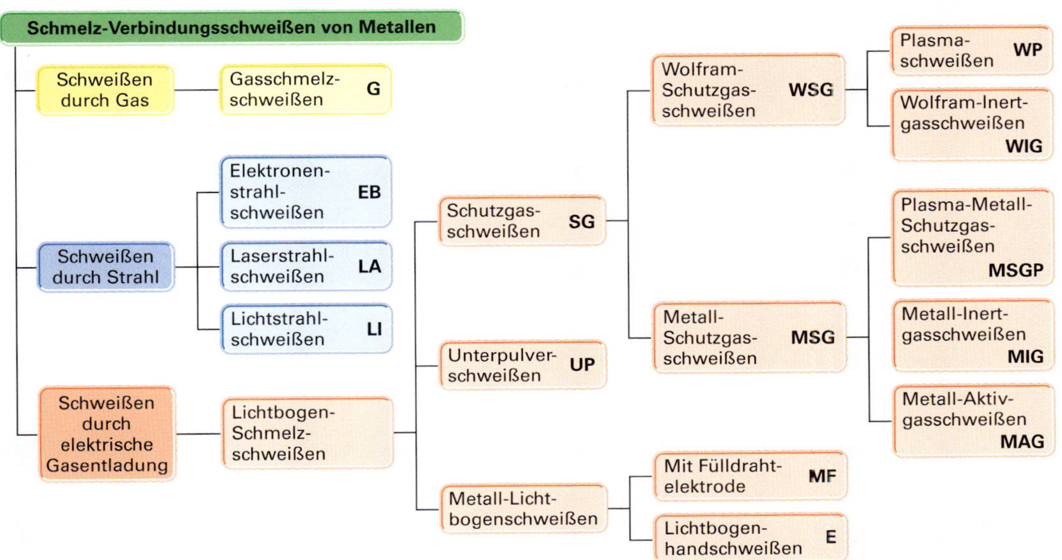

2 Schmelz-Verbindungsschweißverfahren

Verbindungsschweißen durch Gas

Beim **Gasschmelzschweißen** (Autogenschweißen) werden Werkstücke durch die Verbrennungswärme einer Acetylen-(C_2H_2) Sauerstoffflamme (O_2) erhitzt und direkt oder aber mit einem Schweißzusatzwerkstoff miteinander verbunden. Bei einem Mischverhältnis von 1:1 wirkt die Flamme reduzierend, sodass kein Luftsauerstoff an die Verbindungsstelle kommt.

Das Acetylen-Sauerstoff-Gemisch verbrennt in der ersten Stufe durch eine unvollständige Verbrennung. Die dadurch entstandenen Gase Kohlenmonoxid und Wasserstoff verbrennen in der zweiten Stufe der umgebenden Luft. Es bildet sich eine sauerstofffreie Zone bis etwa 5 mm vor dem Flammenkegel. In dieser Schweißzone herrscht die höchste Temperatur der Flamme mit etwa 3200 °C **(Bild 2)**.

1 **Verbindungsschweißen, Schweißnaht**

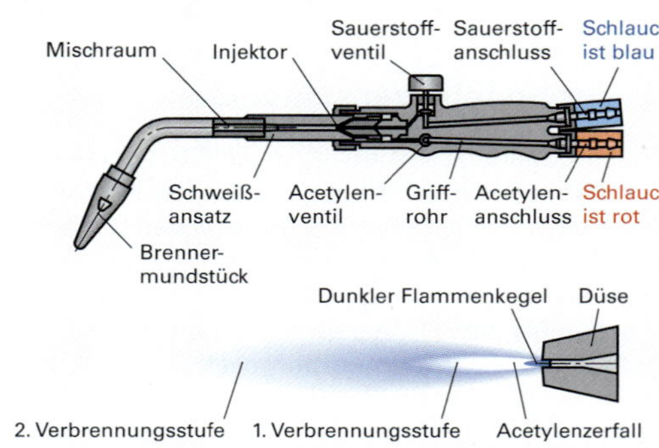

2 **Gasschmelzschweißen**

Verbindungsschweißen durch elektrische Gasentladung

Wolfram-Schutzgasschweißen

Plasmaschweißen (WP). Im Plasmabrenner wird durch Hochfrequenzimpulse das durchströmende Plasmagas (Argon) ionisiert. Der für das Schweißen verwendete übertragene Lichtbogen brennt zwischen der negativ gepolten Wolframelektrode und dem plusgepoltem Werkstück **(Bild 3)**. Als Schutzgas wird ein Gasgemisch aus Argon und Wasserstoff verwendet.

Durch die hohe Konzentration der Energie können hohe Schweißgeschwindigkeiten erreicht werden. Mit dem Mikroplasmaschweißverfahren können Bleche mit 0,1 mm noch verzugsfrei geschweißt werden.

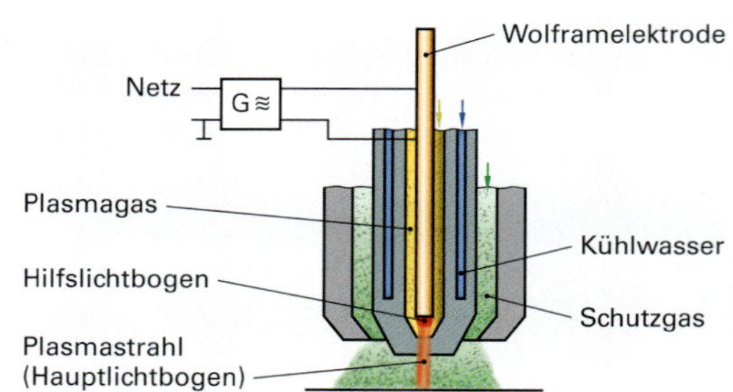

3 **Wolfram-Schutzgasschweißen**

Wolfram-Inertgasschweißen (WIG)

Geschweißt wird mit Gleichstrom oder mit Wechselstrom. Der Lichtbogen brennt zwischen dem Werkstück und der nicht abschmelzenden Wolframelektrode. Als Schutzgase werden Helium oder Argon verwendet. Das inerte (reaktionsarme) Schutzgas bildet die Schutzhülle für den Schweißprozess. Das Verfahren ist für dünne Bleche und Aluminium geeignet **(Bild 4)**.

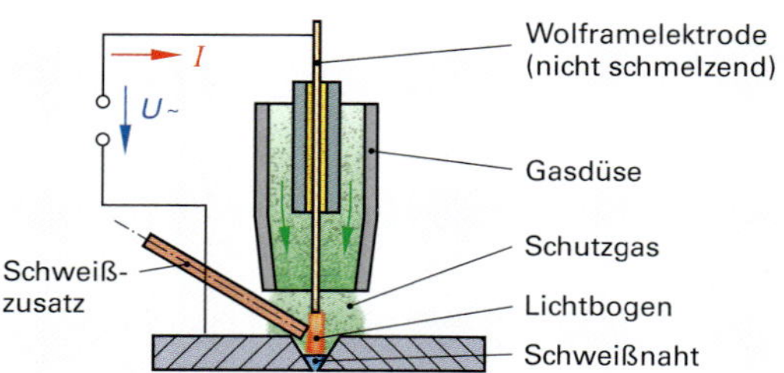

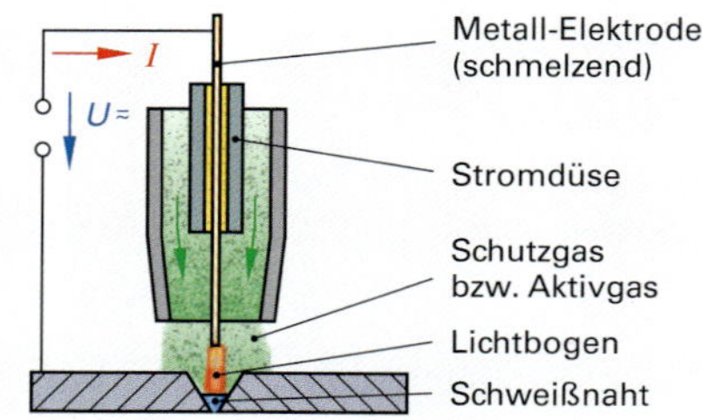

4 **WIG-, MIG- und MAG-Schweißen**

Metall-Schutzgasschweißen

Beim **MIG-/MAG-Verfahren** (MIG=Metall-Inert-Gas/MAG=Metall-Aktiv-Gas) brennt der elektrische Lichtbogen zwischen der abschmelzenden, automatisch zugeführten Schweißdrahtelektrode und dem Werkstück. Das über die Brennerdüse zugeführte Gas schützt den Lichtbogen und die Schweißzone vor dem Zutritt der Außenluft. Als inerte Schutzgase werden bei MIG Helium oder Argon verwendet. Als aktives Schutzgas werden bei MAG CO_2 oder ein Gemisch aus Argon mit CO_2 und O_2 verwendet **(Bild 1)**.

1 **Metall-Schutzgasschweißen**

Unterpulverschweißen (UP)

Beim Unterpulverschweißen brennt der Schweißlichtbogen zwischen einer abschmelzenden Drahtelektrode und dem Werkstück **(Bild 2)**. Der Lichtbogen und das Schmelzbad sind durch ein mineralisches Schweißpulver abgedeckt. Durch die Wärme bildet das Pulver eine Schlacke, die das Schmelzbad vor dem Einfluss der Atmosphäre schützt. Ein hoher thermischer Wirkungsgrad führt zu einer hohen Abschmelzleistung im Vergleich zu anderen Schweißverfahren.

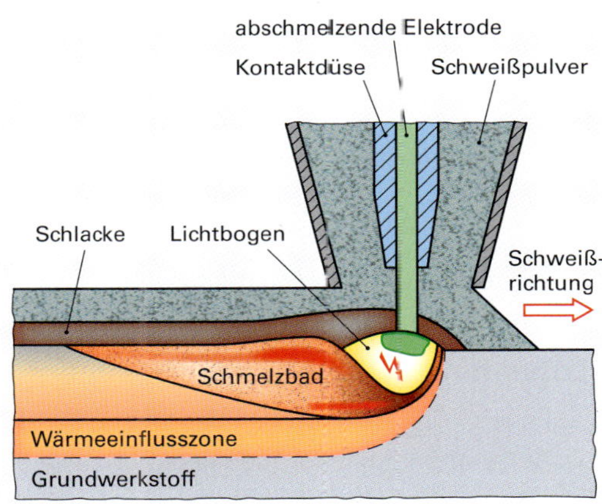

2 **Unterpulverschweißen**

Metall-Lichtbogenschweißen

Der elektrische Lichtbogen brennt zwischen dem Werkstück und der abschmelzenden Elektrode. Die Elektrode liefert damit gleichzeitig den Zusatzwerkstoff **(Bild 3)**. Die Stabelektrode wird in einen Elektrodenhalter eingespannt und vom Schweißer mit der Hand geführt. Bei den Stabelektroden schmilzt die Umhüllung ebenfalls ab und schützt durch freiwerdende Gase und als Schlacke das Schmelzbad und den Lichtbogen vor dem Zutritt der Atmosphäre. Nach dem Erkalten des Schmelzbades wird die Schlacke entfernt **(Bild 4)**.

4 **Schweißraupe mit Schlackendecke**

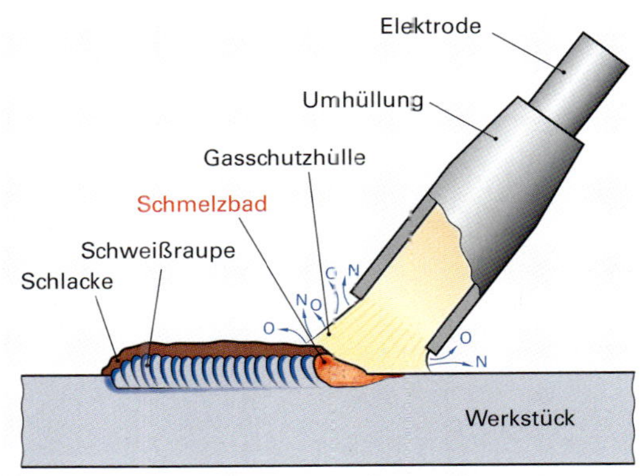

3 **Metall-Lichtbogenschweißen**

Verbindungsschweißen durch Strahl

Mithilfe von Laserstrahlung oder mittels Elektronenstrahl können Werkstoffe lokal erhitzt werden und so können Teile miteinander verschmelzen. Bei beiden Verfahren muss sehr aufwendig die Strahlung fokussiert werden.

Elektronenstrahlschweißen

Ein Elektronenstrahl trifft in einer Vakuumkammer **(Bild 1)** auf das zu verschweißende Werkstück. Schweißzusätze werden dabei nicht verwendet. Durch das Vakuum ist kein Schutz gegen Oxidation notwendig. Bei einer hohen Schmelzleistung sind verzugsfreie Schweißungen möglich.

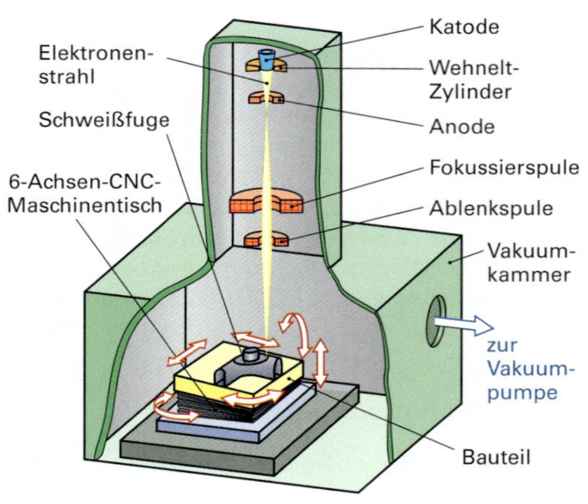

1 Elektronenstrahlschweißen

Laserschweißen

Energiequelle ist ein CO_2-Laser oder ein Festkörperlaser. Die Laserstrahlung wird durch eine Optik auf den Brennfleck fokussiert. Durch Absorption der Lichtenergie und Energieumwandlung erfolgt an dem Fugenstoß der zu verschweißenden Bauteile ein extrem schneller Temperaturanstieg über die Schmelztemperatur der Metalle hinaus. Es ist möglich ohne Zugabe von Schweißzusatzwerkstoff schmale Präzisonsschweißnähte bei geringem thermischem Verzug herzustellen **(Bild 2)**.

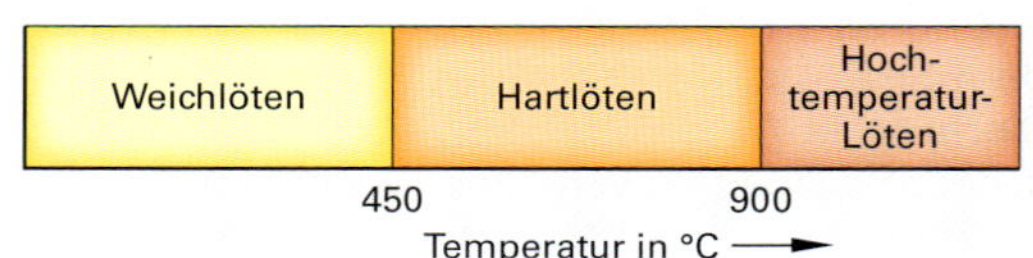

3 Einteilung nach der Schmelztemperatur

Lötverbindungen

Zur Einteilung der Lötverfahren **(Bild 3 und 4)** wird die Arbeitstemperatur zugrunde gelegt. Das ist die niedrigste Oberflächentemperatur, bei der das Lot fließt und sich an der Oberfläche des Werkstückes bindet.

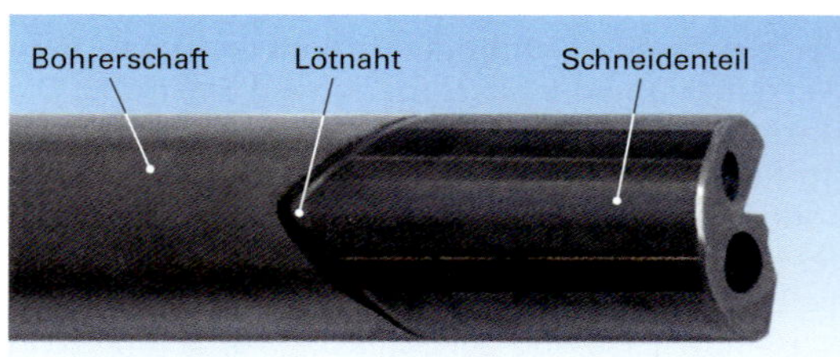

4 Aufgelöteter Schneidenteil an einem Tiefbohrwerkzeug

Das **Weichlöten** wird zum Verbinden von mechanisch nicht hoch belasteten Verbindungen bei gleichzeitiger Funktion der elektrischen Leitung oder des Dichtens der Verbindungen eingesetzt. Das **Hartlöten** wird zum Verbinden höher belasteter Verbindungen eingesetzt. Das **Hochtemperaturlöten** kommt bei thermisch und mechanisch höher belasteten Verbindungen zur Anwendung. Es ist ein flussmittelfreies Löten, das im Vakuum oder unter Schutzgas durchgeführt wird.

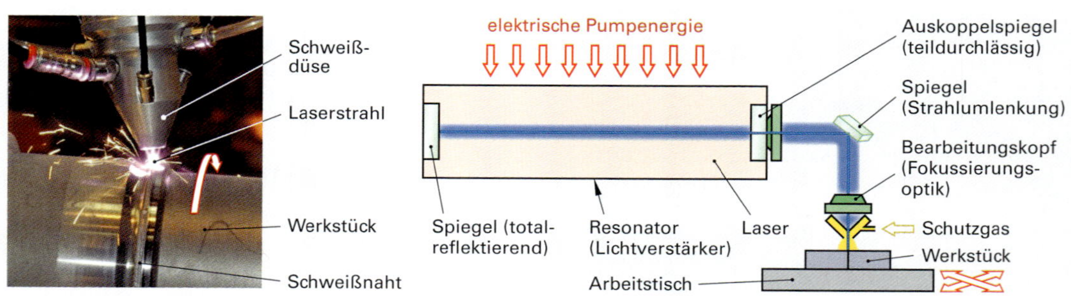

2 Laserstrahlschweißen

Verfahrensvergleich

Die Schweißverfahren stehen in Konkurrenz zu den anderen Füge- und Fertigungsverfahren **(Tabelle 1)**. Die Eignungsbeurteilung und die Auswahl eines geeigneten Schweißverfahrens hängen von den Werkstoffeigenschaften und von der Materialdicke der Fügeteile ab. Werkstoffe mit hoher Wärmeleitfähigkeit und Werkstücke mit geringer Materialstärke sind nur mit Schweißverfahren mit niedriger spezifischer Wärmeeinbringung verzugsfrei schweißbar **(Bild 1)**. Die Wärmeeinflusszone ist bei den Schmelzschweißverfahren sehr unterschiedlich. Werkstoffe mit hoher Wärmeleitfähigkeit erfordern Schweißverfahren mit hoher spezifischer Energiedichte um mit ausreichend großer Vorschubgeschwindigkeit schweißen zu können.

Ein großer Vorteil lasergeschweißter Bauteile ist der durch den im Vergleich zu anderen Schweißverfahren geringere, konzentrierte Energieeintrag in das Werkstück **(Bild 2)**.

Die Folge ist u. a. geringerer thermisch bedingter Verzug. Zum Elektronenstrahlschweißen eignen sich fast alle Metalle und auch eine große Zahl von Metallkombinationen. Ausnahmen sind Legierungen, die Elemente mit relativ niedriger Verdampfungstemperatur enthalten und poröse Werkstücke. Das WIG-Schweißen wird überwiegend für Blech- und Wanddicken in unterschiedlichen Stoßarten von 0,5 mm bis 6,0 mm eingesetzt. Daraus ergibt sich die Anwendung zum Verbindungsschweißen mit verschiedenen Stoßarten im Fahrzeug- und Apparatebau an größeren Wanddicken sowie für das Reparaturschweißen **(Tabelle 2)**. Mit MIG-Schweißen werden legierte Stähle und NE-Metalle geschweißt. Zum MAG-Schweißen sind je nach Schutzgas alle unlegierten Baustähle sowie einige legierte Stähle geeignet.

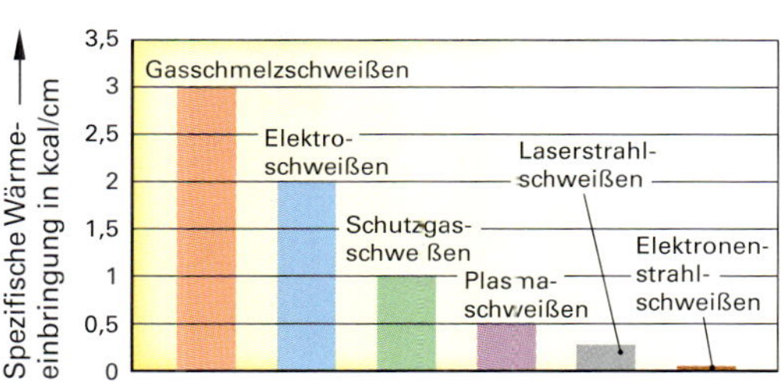

1 Spezifische Wärmeeinbringung

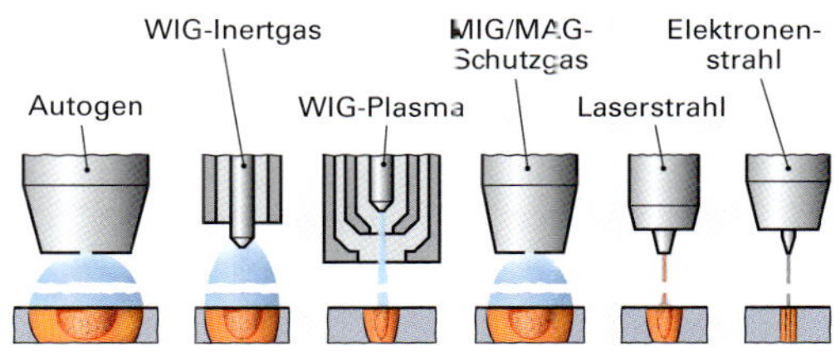

2 Wärmeeinflusszone

Tabelle 2: Stoßarten (Auswahl)

Stoßart	Beschreibung
Stumpfstoß	Diese Teile liegen in einer Ebene und berühren sich stirnseitig.
Überlappstoß	Die Teile liegen überlappt und flächig aufeinander.
Parallelstoß	Die Teile liegen überlappt und breitflächig aufeinander.
T-Stoß	Die Teile sind so plaziert, dass das eine Teil senkrecht mit der Stirnseite auf das andere Teil stößt.
Eckstoß	Zwei Teile stoßen mit ihren Enden unter einem Winkel gegeneinander.
Mehrfachstoß	Mehrere Teile stoßen mit ihrer Stirnseite gegeneinander.
Schrägstoß	Ein Teil stößt mit seinem Ende schräg gegen ein anderes.

Tabelle 1: Schweißen in Konkurrenz zu anderen Fertigunsverfahren

Verfahren	Vorteil Schweißen	Nachteil Schweißen
Gießen	Gewichtseinsparung, Gestaltungsfreiheit, höhere Bauteilfestigkeit, Verbundkonstruktionen, große Werkstoffauswahl	Viele Einzelteile notwendig, Verzugsneigung
Schmieden	Gewichtseinsparung, Gestaltungsfreiheit, Verbundkonstruktionen, große Werkstoffauswahl, kurze Lieferzeit	Viele Einzelteile notwendig, Verzugsneigung, geringe Bauteilfestigkeit
Zerspanen	Materialeinsparung, geringe Wanddicken, Verbundkonstruktionen	Thermische Gefügeänderungen, begrenzte Werkstoffauswahl, höheres Gewicht
Nieten	Geringes Gewicht, Korrosionsbeständigkeit, Steifigkeit der Konstruktion, günstiger Kraftfluss, weniger Einzelteile	Thermische Gefügeänderungen, Eigenspannungen
Löten	Höhere Festigkeit, geringe Korrosionsneigung, kein Flussmittel, Stumpfstoß	Hohe Arbeitstemperatur, keine Kapillarentwicklung
Kleben	Hohe Prozesssicherheit, Stumpfstoß, günstiger Kraftfluss, alterungsbeständig, hohe Einsatztemperaturen	Höheres Gewicht, nur artgleiche Werkstoffe, größere Wanddicken, nicht schwingungsdämpfend, korrosionsanfällig

F14 ZERSPANUNGSTECHNOLOGIE

Die moderne Zerspanungstechnik wird durch zwei zentrale Zielvorgaben bestimmt:

- hohe Werkstückqualität
- große Wirtschaftlichkeit

Qualitätskriterien wie Oberflächengüte und Maßgenauigkeit konnten in den vergangenen Jahren immer weiter gesteigert werden. Möglich wird dies durch Verbesserungen in den prozessbestimmenden Parametern **(Bild 1)**.

Eingangsparameter
- Bearbeitungsverfahren
- Werkzeug
- Werkzeugmaschine
- Werkstoff
- Kühlschmierstoff
- Werkstückgeometrie

Prozessparameter
- Schnittkräfte
- Schnittleistung
- Zerspanungstemperatur
- Bearbeitungsstabilität

Beurteilungsparameter
- Qualitative Merkmale
- Maßgenauigkeit
- Oberflächengüte
- Technologische Merkmale
- Werkzeugverschleiß
- Wirtschaftliche Merkmale
- Fertigungskosten

Produkt

1 Prozessparameter

Fertigungstechnische Entwicklungstrends

Moderne Dreh- und Fräsbearbeitungszentren mit hohen Spindelfrequenzen und großer Dynamik in den Linearachsen sowie automatischen Werkzeugwechselsystemen und Werkstückhandhabungseinrichtungen reduzieren die Fertigungszeiten, die Span-zu-Span-Zeit und damit die Fertigungskosten eines Produkts.

Schwingungsdämpfende Konstruktionsprinzipien mit hoher Maschinensteifigkeit erlauben bei entsprechender Spindelleistung hohe Vorschubgeschwindigkeiten der Werkzeuge. Die Kompensation des Temperaturganges der Werkzeugmaschine über die Steuerung entkoppelt den Fertigungsprozess von äußeren Einflüssen und garantiert bei entsprechenden Maschinenlaufzeiten hohe Prozesssicherheit.

2 Zerspanungswerkzeuge

Weiter verbesserte oder neuartige Schneidstoffe und Hartstoffschichten ermöglichen Zerspanungsanwendungen, die vor wenigen Jahren in dieser Form noch nicht möglich waren. Schwer zu zerspanende Werkstoffe, wie z. B. gehärteter Stahl, werden heute mit polykristallinem kubischem Bornitrid unter Anwendung hoher Schnittwerte erfolgreich zerspant. Hierbei ergänzt die Zerspanung mit geometrisch bestimmter Schneide den klassischen Schleifprozess **(Bild 2)**.

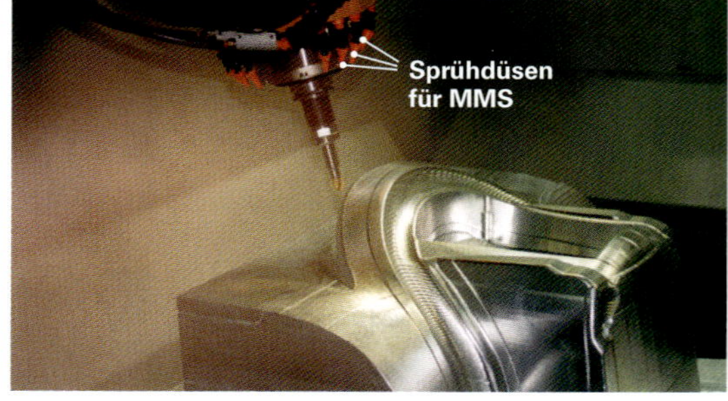

3 Minimalmengenschmierung beim Fräsen

Mit optimierten Schneidstoffsorten kann die Nassschmierung häufig durch eine prozesssichere und wirtschaftlichere Trockenbearbeitung ersetzt werden. Dort, wo die Trockenbearbeitung Probleme bereitet, führt häufig die Minimalmengenschmierung (MMS) zum Erfolg **(Bild 3)**.

Hochgeschwindigkeits-bearbeitung – HSC

Die permanente Forderung an die Fertigung nach Verkürzung der Bearbeitungs- und Durchlaufzeiten bei gleichzeitig hoher Maß- und Formgenauigkeit sowie Oberflächenqualität macht die Einführung neuer Produktionstechnologien notwendig **(Bild 1)**. Der steigende Wettbewerb auf den globalisierten Märkten und die Entwicklung leistungsfähiger Fertigungsverfahren zwingen Werkzeug- und Maschinenhersteller, aber auch den Anwender, ständig die Effektivität der etablierten Produktionstechniken zu überdenken. Durch innovative Weiter- und Neuentwicklungen ist die Wirtschaftlichkeit und Qualität des Prozesses sicherzustellen oder besser noch zu steigern. Eine Entwicklungsstrategie zur Erfüllung dieser Anforderungen ist die **Hochgeschwindigkeitsbearbeitung – High speed cutting – HSC.**

Bereits 1931 wurde ein deutsches Patent zur „Hochgeschwindigkeitsbearbeitung" erteilt. Allerdings scheiterte die praktische Umsetzung in der Fertigung an den damaligen Möglichkeiten der Maschinen- und Werkzeughersteller. Wissenschaftliche Untersuchungen brachten aber grundlegende Erkenntnisse über die Auswirkungen hoher Schnittgeschwindigkeiten auf den Zerspanungsvorgang **(Bild 2)**.

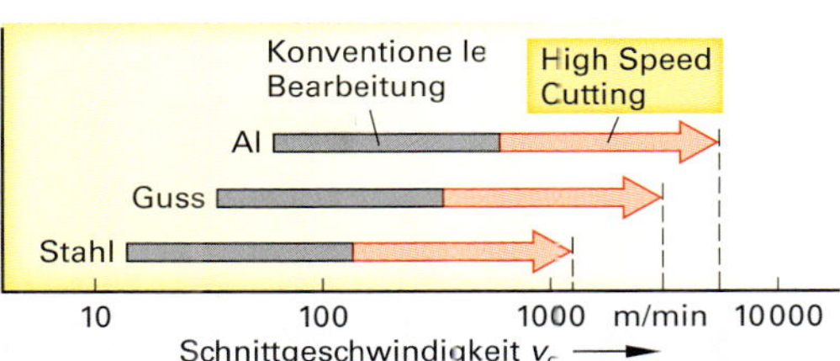

1 Schnittgeschwindigkeitsbereiche

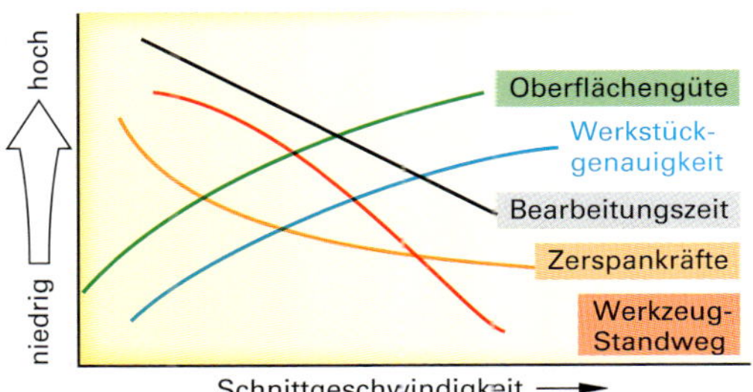

2 Einfluss der Schnittgeschwindigkeit

Merkmale der HSC-Technologie

Eine eindeutige, allgemeingültige Abgrenzung der Hochgeschwindigkeitsbearbeitung gegenüber der Normalbearbeitung ist aufgrund der unterschiedlichen Anwendungsbereiche, Werkstoffe und Bearbeitungsstrategien schwierig. Je nach Zerspanungsphilosophie wird der Begriff unterschiedlich definiert:

- Zerspanung mit hoher Schnittgeschwindigkeit,
- Zerspanung mit hoher Spindeldrehzahl *n*,
- Zerspanung mit hohen Vorschüben f, f_z,
- Zerspanung mit hoher Schnittgeschwindigkeit und großem Vorschub bei geringen Schnitttiefen.

Bestimmend für die Entwicklung und Einführung einer modernen HSC-Technologie waren die Anforderungen des Werkzeugbaus mit der Fräsbearbeitung von gehärteten Werkzeugstählen bei Spritzgussformen und Umformgesenken **(Bild 3, 4)**. Auch die Komplettbearbeitung weicherer Werkstoffe wie Graphit in der Elektrodenherstellung für das Senkerodieren gehört zum Aufgabenspektrum eines leistungsfähigen Werkzeugbaus.

3 Formenfräsen mit HSC

4 Fräsbearbeitung im Werkzeugbau

Um ein hohes Rationalisierungspotenzial zu erzielen, ist eine ganzheitliche Betrachtung des Fertigungsprozesses nötig. Dies ist bei Schruppoperationen mit hoher Zerspanungsleistung und mittleren Zerspanungsgeschwindigkeiten genauso wichtig wie bei der Schlicht- und Feinschlichtbearbeitung mit hohen Zerspanungsgeschwindigkeiten bei geringeren Schnitttiefen im Gesamtprozess **(Bild 1)**. Durch die je nach Werkstoff 5- bis 10-fach höhere Schnittgeschwindigkeit als bei der konventionellen Bearbeitung verbessern sich die Oberflächengüten bis zu einer Schleifqualität und die Fertigungszeit reduziert sich erheblich.

Die Steigerung der Schnittgeschwindigkeit gegenüber den konventionellen Werten kann entweder durch Erhöhung der Rotationsgeschwindigkeit der Werkzeugachse oder bei konstanter Drehzahl durch die Vergrößerung des Werkzeugdurchmessers erfolgen. Werkzeuge mit kleinem Durchmesser benötigen sehr hohe Spindeldrehzahlen, um im echten HSC-Bereich arbeiten zu können **(Bild 2)**.

Entsprechend diesen Voraussetzungen ergeben sich zwei grundsätzliche Zerspanungsstrategien:

HSC (High speed cutting)

Fräsbearbeitung mit sehr hoher Schnitt- und Vorschubgeschwindigkeit bei geringen axialen und radialen Schnitttiefen im Bereich kleiner bis mittlerer Zerspanungsleistungen. Überwiegend Schlichten von Leichtmetalllegierungen, Kupfer, Graphit und gehärteten Stahlwerkstoffen.

HPC (High performance cutting)

Bearbeitung mit Zerspanungsgeschwindigkeiten, die in dem Übergangsbereich zwischen den konventionellen und den HSC-Werten liegen. Ziel ist, mit einem hohen Spindeldrehmoment bei mittleren Spanungsdicken ein großes Zeitspanvolumen zu erreichen **(Bild 3)**.

Technologischer Hintergrund

Reduzierte Schneidkantentemperatur

Erhöht man, ausgehend von den konventionellen Schnittwerten, die Schnittgeschwindigkeit, so beobachtet man, dass die Temperatur an der Werkzeugschneide bis zu einem Maximalwert zunimmt. Eine weitere Schnittgeschwindigkeitszunahme bewirkt die Abnahme der Zerspanungstemperatur.

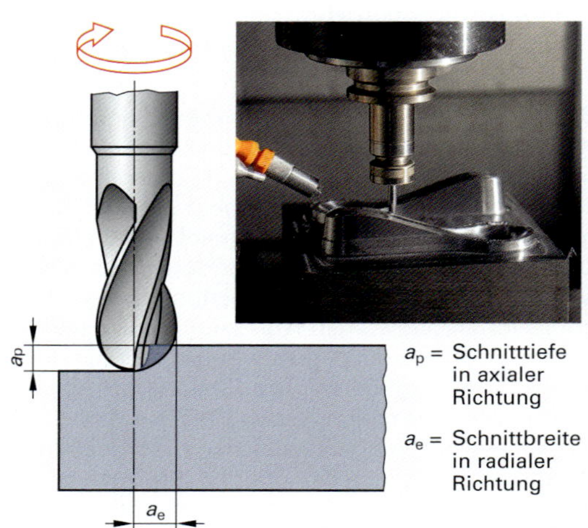

1 Schnitttiefen beim HSC-Fräsen

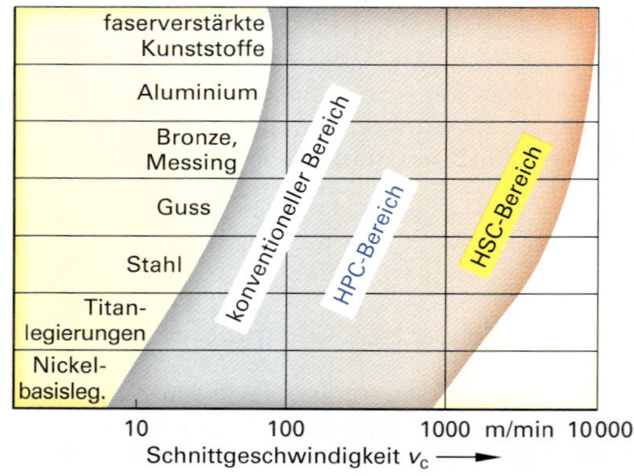

2 Bereiche unterschiedlicher Schnittgeschwindigkeiten beim Zerspanen

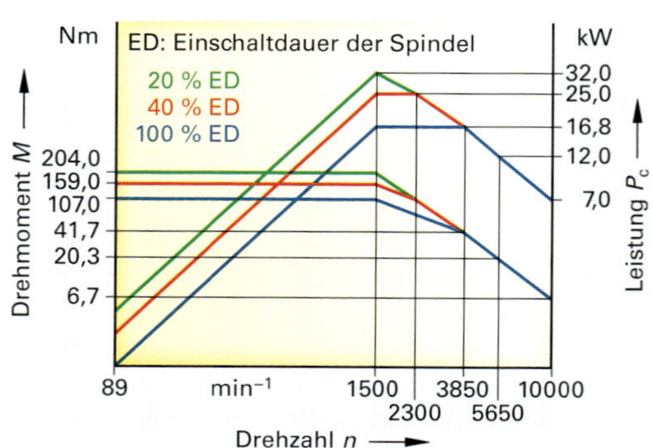

3 Drehzahl-Drehmoment-Leistungsdiagramm (Spindel: 16.000 min^{-1})

Bei der Zerspanung von Eisenwerkstoffen fällt der Temperaturabfall bei erhöhter Schnittgeschwindigkeit an der Schneide geringer aus als bei Aluminiumlegierungen **(Bild 1)**. Die bei der HSC-Bearbeitung typische geringe Schnitttiefe in Verbindung mit hoher Vorschubgeschwindigkeit und Spindeldrehzahl reduziert die Eingriffs- bzw. Kontaktzeit der Schneidkante. Die in der Scherzone entstehende **Zerspanungswärme** benötigt für die Wärmeübertragung zum Schneidstoff eine Mindestkontaktzeit. Steht diese Zeit für den Wärmeübergang nicht zur Verfügung und hat der Schneidstoff eine geringe Wärmeleitfähigkeit, so bleibt die entstehende Zerspanungswärme zum größten Teil im Span und wird mit diesem abgeführt **(Bild 2)**.

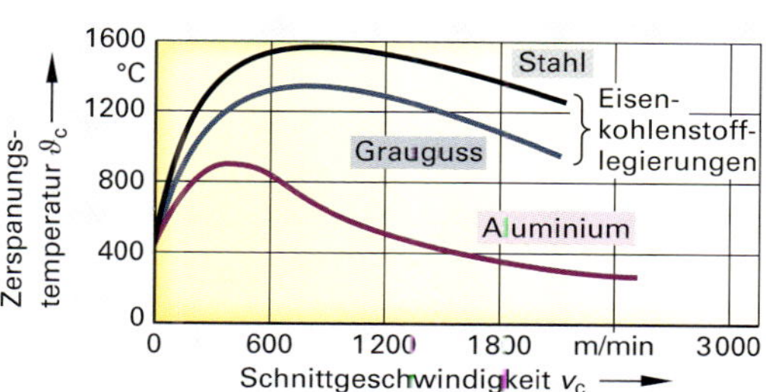

1 Abhängigkeit der Zerspanungstemperatur von der Schnittgeschwindigkeit

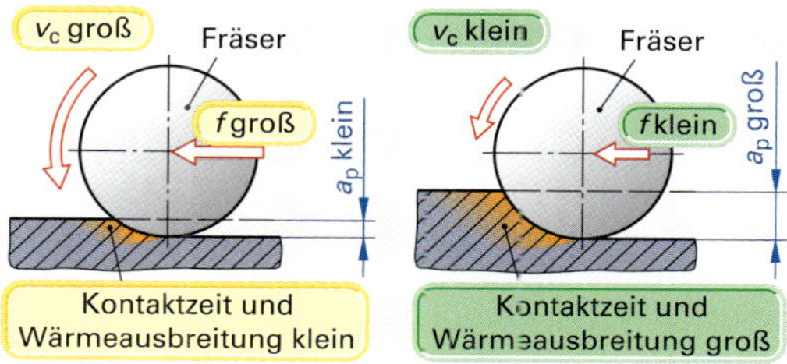

2 Kontaktzeit bei HSC und konventioneller Bearbeitung

Reduzierte Schnittkräfte

Die hohen Zerspanungsgeschwindigkeiten bei der HSC-Bearbeitung setzen in der Scherzone des Werkstoffs kurzzeitig große Energiemengen in Form von Wärme frei. Dadurch reduziert sich in dem Scher-, Stauchungs- und Umformungsbereich des Spanes mit zunehmender Schnittgeschwindigkeit die spezifische Schnittkraft k_c des Werkstoffs. Die Zerspanungskräfte und die notwendige Zerspanungsleistung nehmen ebenfalls ab **(Bild 3)**. Die geringer wirkenden Radial- und Axialkräfte auf das Werkstück und das Werkzeug erlauben den Einsatz längerer Werkzeuge bei geringerem Vibrationsrisiko. Eine schwingungsarme Bearbeitung mit niedrigen Schnittkräften ermöglicht im Werkzeugbau die Herstellung form- und maßgenauer, dünnwandiger Werkstückwände, die bisher nur mit der Funkenerosion erzeugt werden konnten.

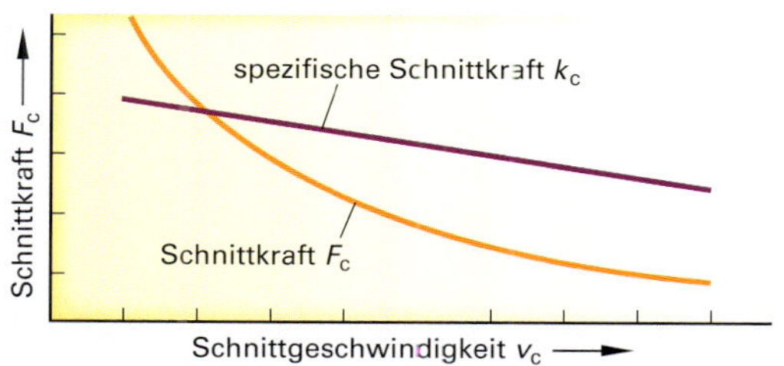

3 Verringerung der Schnittkraft mit zunehmender Schnittgeschwindigkeit

Bearbeitungsstrategien

Die HSC-Fräsbearbeitung **(Bild 4)** von vergüteten und gehärteten Werkzeugstählen im Formenbau beinhaltet ein erhebliches Rationalisierungspotenzial. Dies erfordert aber eine „Fräsintelligenz", die angepasste Bearbeitungsstrategien integriert. Die Programmiersoftware in der CAD-CAM-Prozesskette muss an die speziellen Erfordernisse beim HSC-Fräsen angepasst werden. Bei konvex und konkav gekrümmten Werkzeugbahnen oder bei sehr engen Fräsbahnradien ergeben sich abhängig vom Werkzeugdurchmesser unterschiedliche Schneidkantenlängen im Eingriff, die stark schwankende Kräfte, Momente und elastische Werkzeugauslenkungen hervorrufen **(Bild 4)**.

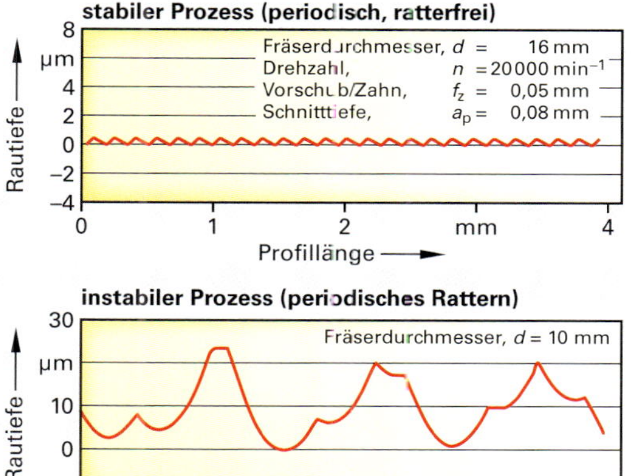

4 Rautiefe der Werkstückoberfläche bei unterschiedlichen Eingriffsbedingungen der Schneide

Bei der **HSC-Schruppbearbeitung** wird das zu zerspanende Material in konstante Schnitte aufgeteilt. Für das nachfolgende Schlichten wird ein annähernd gleichmäßiges Aufmaß mit konstanten Spanungsquerschnitten erzeugt. Damit der Schruppfräser kontinuierlich im Gleichlauf arbeiten kann, wird die Werkstückkontur umrissförmig programmiert.

Der Eingriffswinkel φ_s (Umschlingungswinkel) des Werkzeugs wird von der Bearbeitungsstrategie beeinflusst:

- von innen nach außen oder
- von außen nach innen.

Taucht das Werkzeug rampenförmig in das Werkstück ein und fräst die Kontur dann umrissförmig von außen nach innen ab, ist der abzutragende Werkstoff immer innenliegend. Diese Bearbeitungsstrategie ergibt Werkzeugeingriffswinkel zwischen φ_s = 90° bis 180°. Nachteilig ist die erste Bahn mit 180° = Eingriffswinkel **(Bild 1)**.

Die umgekehrte Strategie von innen nach außen ergibt in den Innenecken ungünstige Eingriffswinkel von bis zu 270° (75 % vom Werkzeugumfang), da der Werkstoff immer außen an der Kontur steht.

Die Restrauigkeit aus der Schruppbearbeitung entsteht durch die radiale Zustellung (Zeilensprung a_e = 35 % bis 40 % des Fräserdurchmessers). Die entstehenden Stufen bzw. Werkstoffspitzen müssen in einem Vorschlichtprozess abgetragen werden, um für die eigentliche Schlichtbearbeitung ein gleichmäßiges Aufmaß mit geringen Schnittkraftschwankungen zu erzielen **(Bild 2)**.

Hauptanwendungsbereich für die HSC-Technologie ist die Herstellung von Druckguss-, Spitzguss- und Tiefziehformen für die Blechumformung sowie Schmiedegesenken für die Warm- und Kaltumformung aus Qualitäts- und Werkzeugstählen mit hohen Werkstoffhärten **(Tabelle 1)**.

Für die meist stark gekrümmten Freiformflächen kommt das sonst zur Schlichtbearbeitung übliche achsparallele oder pendelförmige Abscannen der gesamten Geometrie nicht infrage. Wie bei der Schruppbearbeitung sollte eine konturbezogene Umrissbahn programmiert werden. Die Größe des Zeilensprungs (radiale Zustellung a_e) richtet sich nach der gewünschten Restrauigkeit der Oberfläche.

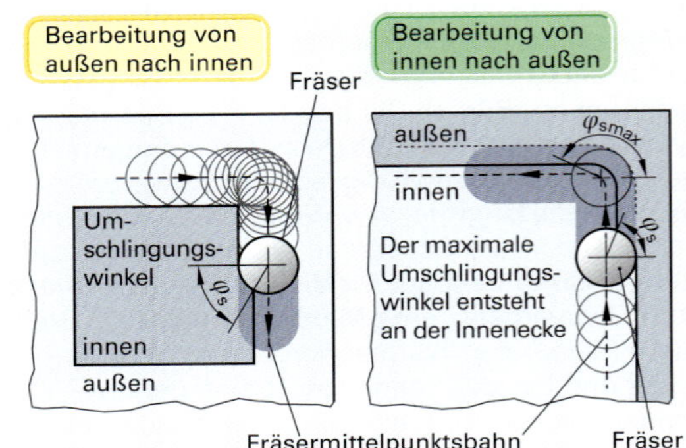

1 Bearbeitung von außen nach innen und von innen nach außen

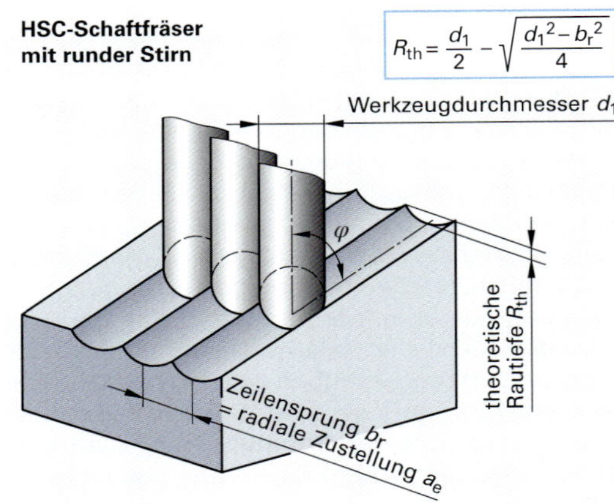

2 Berechnung der Restrauigkeit

Tabelle 1: Typische Schnittdaten im Werkzeugbau

Gültig für Hartmetall-Schaftfräser mit TiCN oder TiALN-Beschichtung bei der Bearbeitung von gehärtetem Stahl:

Schruppen:

Echte v_c	80 m/min bis 110 m/min
a_p	6 % bis 8 % des Fräserdurchmessers,
a_e	25 % bis 40 % des Fräserdurchmessers,
f_z	0,05 mm bis 0,15 mm

Vorschlichten:

Echte v_c	100 m/min bis 130 m/min
a_p	3 % bis 4 % des Fräserdurchmessers,
a_e	10 % bis 25 % des Fräserdurchmessers,
f_z	0,05 mm bis 0,20 mm

Schlichten und Feinschlichten:

Echte v_c	130 m/min bis 180 m/min
a_p	0,1 % bis 0,2 % des Fräserdurchmessers,
a_e	0,1 % bis 0,2 % des Fräserdurchmessers,
f_z	0,02 mm bis 0,20 mm

Bei der **HSC-Schlichtbearbeitung** von horizontal liegenden Konturflächen schneidet der Kugelkopierfräser wegen der geringen axialen Zustellung nur im unteren achsnahen Zentrumsbereich **(Bild 1)**. Da sich die Schnittgeschwindigkeit hier stark verringert, verschlechtern sich die Zerspanungsbedingungen und damit auch die Werkzeugstandzeit.

Ein schräges Anstellen des Werkzeugs auf horizontal liegenden Werkstückflächen verbessert die Situation, vorausgesetzt die Werkzeugmaschine lässt diese Möglichkeit zu. Hierbei kommt der Führung des Werkzeuges **(Bild 2)** eine besondere Bedeutung zu. Die Fräseranstellrichtung (in oder quer zur Vorschubrichtung), der Anstellwinkel der Fräserachse, die Schnittrichtung (Zieh- oder Bohrschnitt) und das Bearbeitungsverfahren (Gleich- oder Gegenlauf) beeinflussen den Werkzeugstandweg, die Bauteilqualität und die Prozesssicherheit.

Unabhängig von der Werkzeuganstellung erfolgt die Spanabnahme bei Kugelkopffräsern immer auf der stirnseitigen Kugelkalotte **(Bild 3)**. Bei sich verändernder Werkstückkontur ergeben sich bei gleichem Anstellwinkel der Werkzeugachse unterschiedliche Kontakt- und Eingriffsbedingungen. Gute Zerspanungsbedingungen für die Werkzeugschneide ergeben sich bei einem Anstellwinkel β von 10°...20° in Vorschubrichtung (Ziehschnitt/ längs). Bei Kippwinkeln der Werkzeugachse unter 10° nehmen wegen der geringen Schnittgeschwindigkeit zur Werkzeugmitte hin die Reib- und Quetschvorgänge zu. Dies führt zu höheren Prozesstemperaturen und zur Bildung von Aufbauschneiden. Bei Kippwinkeln über 20° führt die zunehmende Eingriffslänge der Schneide (Schnittlänge) zu erhöhter Schneidenbelastung.

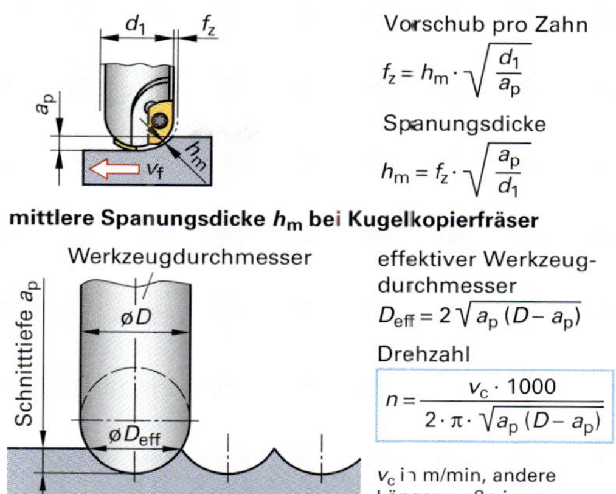

1 Eingriffsbedingungen am Kugelkopierfräser

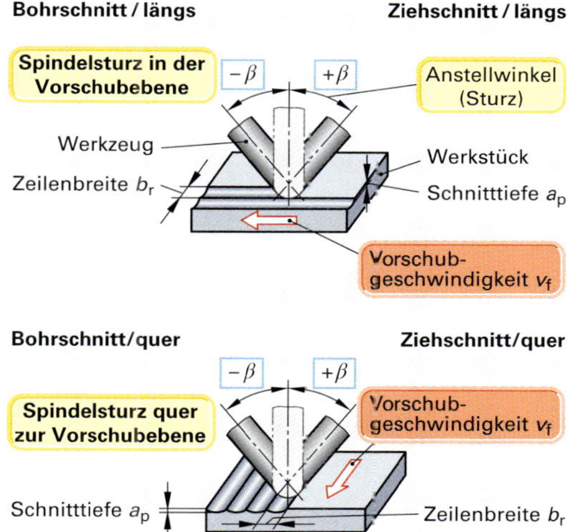

2 Frässtrategien und Anstellwinkel

Maschinentechnologie

Die Technologie der Hochgeschwindigkeitsbearbeitung erfordert neben einer hohen Umdrehungsfrequenz der Spindel und hohen Vorschubgeschwindigkeiten auch eine entsprechende Zerspanungsleistung an der Werkzeugschneide. Um bei großen Spindelfrequenzen eine unter optimalen Zerspanungsbedingungen echte Produktivitätssteigerung realisieren zu können, sind in den Vorschubachsen enorme Beschleunigungs- und Verzögerungswerte notwendig.

Durch einwechselbare Motorspindeln mit unterschiedlichen Leistungskenndaten besteht die Möglichkeit, in einer Aufspannung mit hohem Spindeldrehmoment bei geringerer Drehfrequenz (z.B. $P_e = 25$ kW, n bis 14.000 $^1/_{min}$) größere Spanungsquerschnitte, wie sie bei der Schruppbearbeitung notwendig sind, zu bearbeiten. Die Schlichtbearbei-

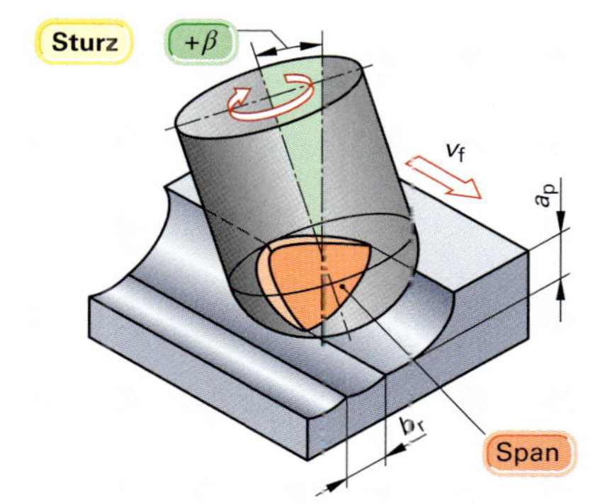

3 Schnittbedingungen an der Kugelkalotte

tung erfolgt mit hohen Spindelfrequenzen in einem reduzierten Leistungsbereich (z.B. P_e = 7 kW, n bis 30.000 $^1/_{min}$). Die Maschine kann so in kürzester Zeit für unterschiedliche Zerspanungsaufgaben umgerüstet werden.

Antriebskonzepte

Wegen der großen Dynamik in den Rotations- und Linearachsen sind leistungsfähige Antriebskonzepte erforderlich.

Um entsprechend große Beschleunigungswerte sowie Vorschub- und Eilganggeschwindigkeiten in den translatorischen Achsen realisieren zu können, werden zwei verschiedene Antriebstechniken eingesetzt:

- digitalgeregelter Antrieb über Kugelrollspindel,
- Linearmotoren (Transfer – Direkt – Drive).

Beim **Linearantrieb** erzeugen flache Drehstrom-Linearmotoren **(Bild 1)** direkt eine Linearbewegung. Die Motoren bestehen aus dem stationären Primärteil (Stator) und einem beweglichen Sekundärteil (Läufer).

Die im Primärteil befindliche Drehstromwicklung erzeugt ein magnetisches Wanderfeld. Der bewegliche Sekundärteil ist mit einer Reihe von Permanentmagneten bestückt. Das magnetische Wanderfeld des Stators induziert im Läufer durch magnetische Kräfte eine gerichtete Schubkraft. Die Kraftrichtung und die Bewegungsrichtung des Sekundärteils werden von der Bewegungsrichtung des Wanderfeldes im Primärteil bestimmt.

Dieses Antriebskonzept kommt beim Transrapid zum Einsatz.

Das im Motoraufbau integrierbare Messsystem kann als analoges Linearpotentiometer oder als digitales Auflichtmesssystem mit Glasmaßstab ausgeführt werden **(Bild 2)**.

Durch das Fehlen von Spiel in den mechanischen Übertragungseinheiten und die starre Verbindung des Läufers mit dem zu bewegenden Teil der Maschine sind bei großen Verfahrensgeschwindigkeiten präzise Regelvorgänge möglich.

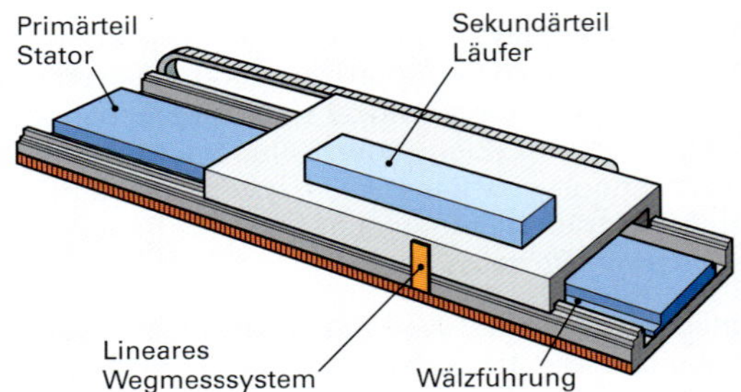

1 Aufbau eines Linearantriebs

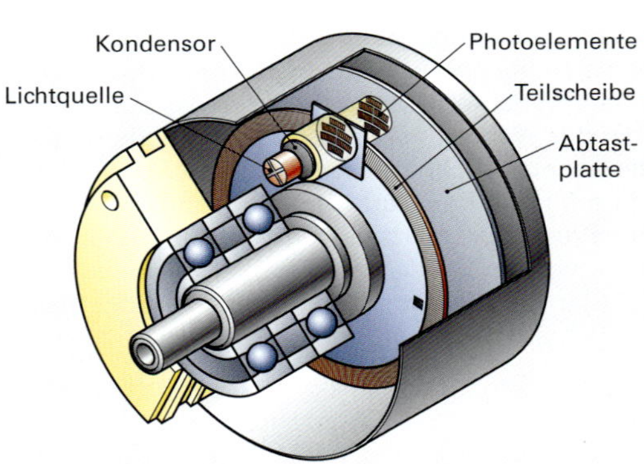

2 Schematischer Aufbau eines Drehgebers

Tabelle 1: Vergleich von Linearmotor und Kugelgewindetrieb

Kriterium	Linearmotor	Kugelgewindetrieb
Geschwindigkeit	sehr hoch, begrenzt durch den Linearmaßstab und die Linearführung	hoch, begrenzt durch Reibungsverluste und Verschleißverhalten sowie kritischer Eigenfrequenz der Spindel
Beschleunigung	bis 120 m/s² (Eigenbeschleunigung)	bis 30 m/s² begrenzt durch Massenträgheitsmomente
Vorschubkräfte	durch Schaltung mehrerer Motoren fast unbegrenzt	sehr hoch durch Untersetzung
Antriebskühlung	unbedingt erforderlich	bei sehr hoher Eilganggeschwindigkeit Kühlung der Gewindespindel erforderlich
Verschleiß	gering, die Linearführung ist das einzige Verschleißteil	hoch, insbesondere für höhere Eilgänge

HSC-Werkzeuge

Im Werkzeug- und Formenbau werden bevorzugt Schaftfräserwerkzeuge mit gerader Stirn, Radius- oder Kugelkopffräser eingesetzt. Die unterschiedlichen Werkzeugformen bestimmen abhängig von der radialen Eingriffsbreite a_e neben der Oberflächenqualität auch die Bearbeitungszeit des Werkstückes **(Bild 1)**.

Bei vorgegebener Rautiefe ermöglicht der **Schaftfräser** mit gerader Stirn die größte Zeilenbreite, wobei sich aber die Schneidenecke des Fräsers im Oberflächenprofil der bearbeiteten Fläche abbildet.

Mit dem **Radiusfräser** sind im Vergleich zum Kugelkopffräser bei gleich guter Oberflächengüte größere Zeilenbreiten möglich, da der Schaftfräser mit Eckenradius kleinere Restaufmaße hinterlässt. Neben diesen geometrischen Vorteilen bietet der Radiusfräser auch in technologischer Hinsicht Vorteile. Ein Schnittgeschwindigkeitsabfall im Zentrum des Werkzeugs bis auf null ist nicht vorhanden. Dadurch lassen sich auch hochharte und temperaturbeständige Schneidstoffe wie z. B. PKD und CBN einsetzen.

Bei der Bearbeitung von gehärtetem Stahl ist der klassische **Kugelkopffräser** gut geeignet, da er mit seinem großen Radius die Schnittkräfte und die Zerspanungswärme besser aufnehmen kann.

Eine für die Bearbeitung gehärteter Stähle notwendige Schneidkantenstabilität und Verschleißfestigkeit ist bei konventionellen Hartmetallen, vor allem bei sehr hohen Schnittgeschwindigkeiten, nur bedingt vorhanden. Für den HSC-Einsatz vorgesehene Schneidplatten und Vollhartmetallwerkzeuge werden deshalb aus Feinstkornhartmetall der Anwendungsgruppe K hergestellt **(Bild 2)**. Mit abnehmender Wolframkarbid-Korngröße < 1 µm nehmen sowohl Härte und Kantenstabilität als auch Biegebruchfestigkeit zu.

Durch Hartstoffbeschichtungen wird die Verschleißfestigkeit des Feinkornsubstrats weiter verbessert. Als Hartstoffschichten werden TiN, TiCN, Al_2O_3 und TiAlN in Einlagen- oder Mehrkomponenten-Beschichtung eingesetzt. Mehrlagenschichten (Multilayer) bieten bei gleicher Schichtdicke wie Einlagenschichten (Monolayer) bessere Schichthaftung und größere Sicherheit gegen die Ausbreitung von Rissen, wobei die Dicke der einzelnen Schicht unter 0,2 µm liegt. Bei HSC-Werkzeugen ist die Schichtdicke der Hartstoffschicht wegen der hohen Schnittkräfte auf max. 10 µm begrenzt.

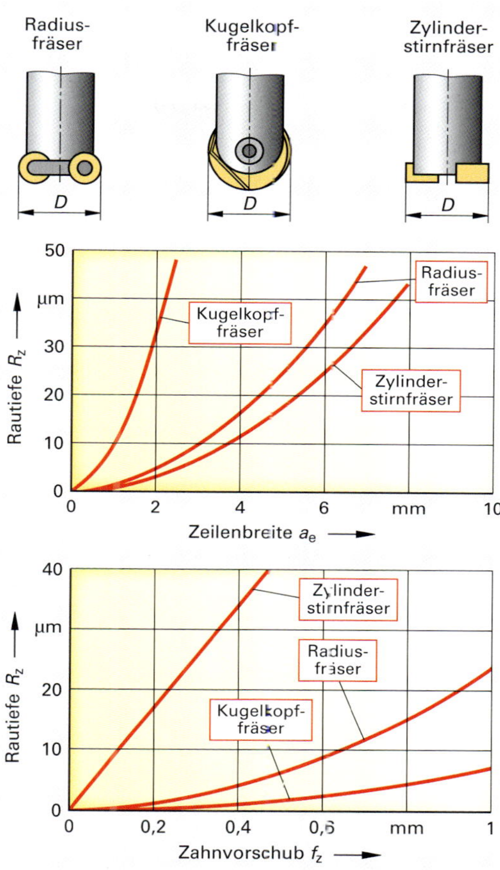

1 Einfluss unterschiedlicher Werkzeuggeometrien auf die Rautiefe und die Zeilenbreite

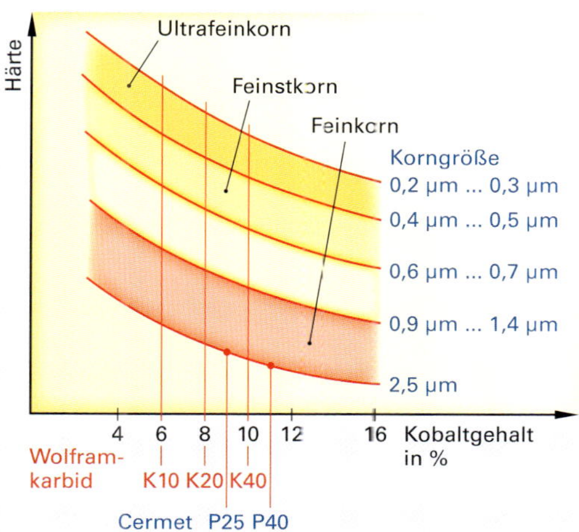

2 Korngrößen bei Hartmetallwerkzeugen

Werkzeugaufnahme

Für den Einsatz in der HSC-Technologie geeignete Werkzeugspannsysteme müssen sich durch besondere Merkmale auszeichnen:

- hohe Wechselgenauigkeit,
- hohe Rundlaufgenauigkeit,
- große Übertragungsmomente bei hoher Drehzahl,
- hohe Radialsteifigkeit,
- geringe Unwucht,
- werkstattgerechte Handhabung.

Normale Spannmittel können diese Anforderungen nur teilweise erfüllen. Für die HSC-Technologie besonders gut geeignet sind **(Bild 1)**:

- Warmschrumpffutter,
- Kraftspannfutter,
- Hydrodehnspannfutter.

Warmschrumpffutter

Schrumpffutter sind einteilige Werkzeugaufnahmen mit einer sehr genauen zentrischen Aufnahmebohrung. Die rotationssymetrische Bauform des Spannfutters erreicht wegen der gleichmäßigen Massenverteilung höchste Wuchtgüten. Die Rundlaufgenauigkeit zwischen Aufnahmekegel und Werkzeugaufnahmebohrung ist besser als 3 µm, bezogen auf einen Messdorn mit 3*d* Ausspannlänge.

Beim thermischen Schrumpfspannen wird das Spannfutter auf etwa 200 °C erwärmt. Hierbei vergrößert sich der Durchmesser der Aufnahmebohrung im Futter und das Werkzeug kann eingefügt werden. Nach Abkühlung erzielt diese Einspannung eine sehr große Festigkeit.

Kraftschrumpffutter

Bei Kraftschrumpfsystemen wird das Drehmoment durch die elastischen Rückverformungskräfte der Werkzeugaufnahmebohrung übertragen. Im Ursprungszustand ist die Werkzeugaufnahmebohrung nicht exakt rund, sondern entspricht einem verrundeten gleichseitigen Dreieck, einem Polygon **(Bild 2)**. Durch das Aufbringen von Radialkräften mit einer hydraulischen Spannvorrichtung wird die Aufnahmebohrung im Spannfutter kreisrund verformt.

Nach der Aufnahme des Werkzeugs wird das Spannmittel entlastet und die Aufnahmebohrung verformt sich wieder elastisch zurück.

Hydrodehnspannfutter

Bei der Hydrodehn-Spanntechnik wird das Prinzip der gleichmäßigen Druckverteilung in Flüssigkeiten in einem geschlossenen System genutzt.

Über eine Spannschraube mit Anschlag wird ein Kolben betätigt. Durch das Eindrehen der Schraube steigt der Druck des Hydrauliköls im Kammersystem des Spannfutters an. Dabei verformt sich eine dünnwandige Dehnbüchse in der Werkzeugaufnahmebohrung auf der ganzen Länge gleichmäßig zur Mittelachse der Aufnahmebohrung. Nach der Druckentlastung geht die Dehnbüchse wieder in ihren Ausgangsdurchmesser zurück **(Bild 3)**.

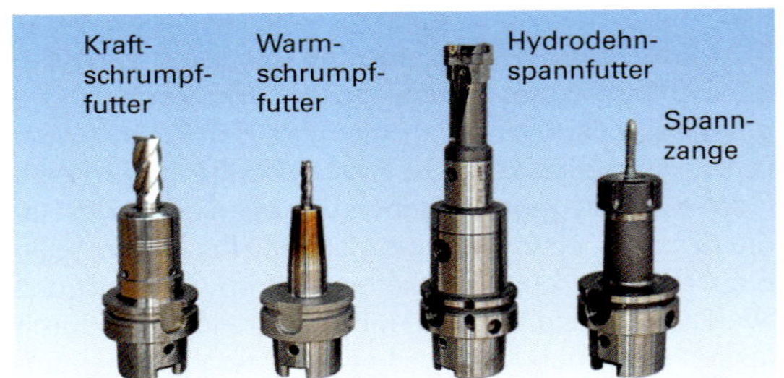

1 Werkzeugaufnahmen

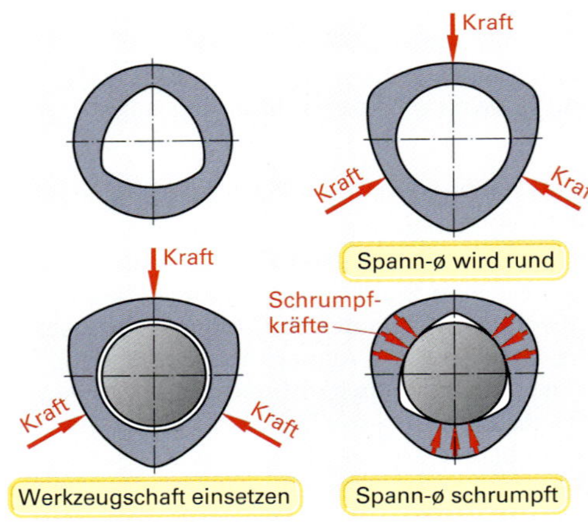

2 Kraftschrumpftechnik

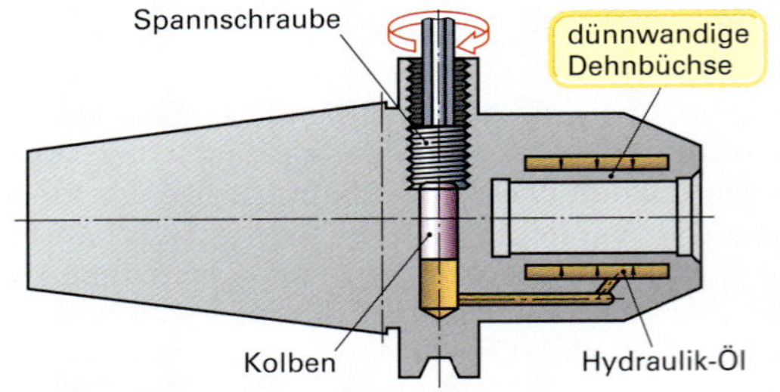

3 Funktion eines Hydrodehnspannfutters

Unwucht rotierender Systeme

Werkzeugmaschinen mit hochdrehenden Spindelantrieben benötigen Werkzeugaufnahmen und Werkzeuge mit geringstmöglicher Unwucht. In Bezug auf die Rotationsachse verursachen schon sehr kleine ungleiche Massenverteilungen Schwingungen und Rundlauffehler im Spannfutter und im Werkzeug, die auf die Spindellagerung, Oberflächengüte und Werkzeugstandzeit negative Auswirkungen haben. Aus diesem Grund werden Werkzeugkomponenten ausgewuchtet und nach VDI-Richtlinie 2060 in entsprechende Wuchtgüteklassen (G0,4...G80) klassifiziert **(Tabelle 1, Bild 1)**.

Unwucht

Man unterscheidet drei Arten der Unwucht:

- **Statische Unwucht:** Der Schwerpunkt eines rotierenden Systems liegt außerhalb der Hauptträgheitsachse.
- **Momentenunwucht:** Die Schwerpunktachse eines rotierenden Systems liegt nicht parallel zur Hauptträgheitsachse.
- **Dynamische Unwucht:** Kombination aus statischer und Momentenunwucht **(Bild 2)**.

Die Unwucht erzeugt in einem rotierenden System durch die Trägheitskraft der Masse eine nach außen gerichtete **Fliehkraft**, die den Rotationskörper in radialer Richtung auslenkt und die Laufruhe beeinträchtigt. Die Fliehkraft wächst linear mit der Unwucht U und quadratisch mit der Winkelgeschwindigkeit ω (Omega) bzw. mit der Drehzahl n:

$$F = U \cdot \omega^2$$

F = Fliehkraft in N
U = Unwucht in gmm
ω = Winkelgeschwindigkeit in $^1/_s$
$\omega = \frac{2\pi \cdot n}{60\ ^s/_{min}}$
n = Drehzahl in $^1/_{min}$

Die Unwucht U gibt an, wie viel unsymmetrisch verteilte Masse in radialer Richtung von der Rotationsachse entfernt ist.

Die Unwucht wird in Grammmillimeter (g mm) angegeben.

$$U = m \cdot e$$

U = Unwucht in gmm
m = Gesamtmasse
e = Schwerpunktabstand

Durch die Unwucht wird der Schwerpunkt von der Rotationsachse um den **Schwerpunktsabstand *e*** in Richtung der Unwucht verlagert **(Bild 3)**.

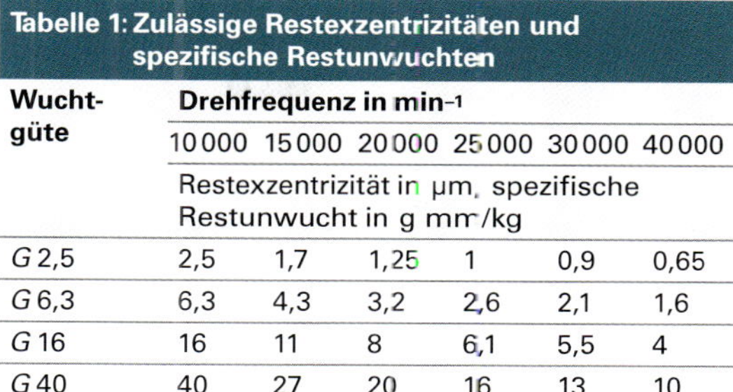

Tabelle 1: Zulässige Restexzentrizitäten und spezifische Restunwuchten

Wuchtgüte	Drehfrequenz in min⁻¹					
	10 000	15 000	20 000	25 000	30 000	40 000
	Restexzentrizität in µm, spezifische Restunwucht in g mm/kg					
G 2,5	2,5	1,7	1,25	1	0,9	0,65
G 6,3	6,3	4,3	3,2	2,6	2,1	1,6
G 16	16	11	8	6,1	5,5	4
G 40	40	27	20	16	13	10

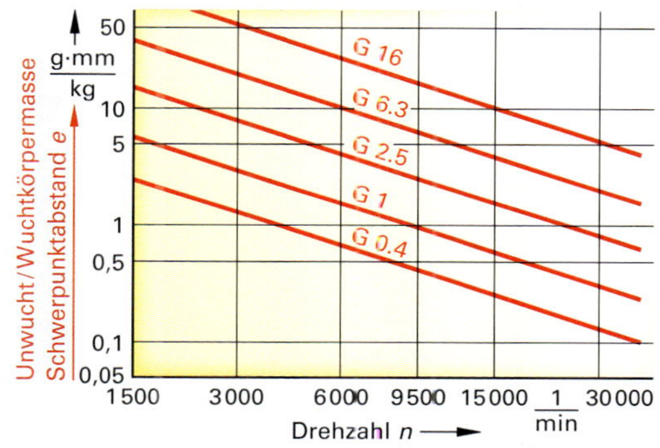

1 Auswucht-Gütestufen nach DIN ISO 1040

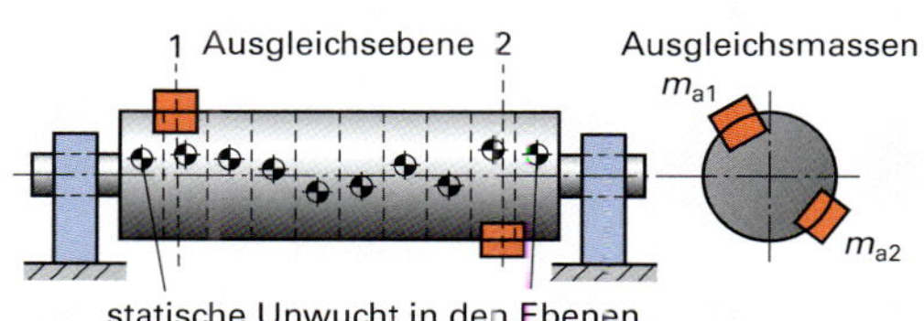

2 Dynamische Unwucht

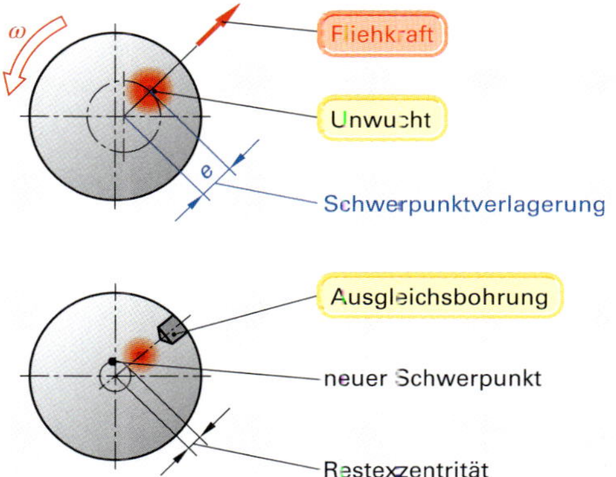

3 Schwerpunktverlagerung durch Unwucht

Um die erforderliche symmetrische Massenverteilung wieder herzustellen und die asymmetrischen Fliehkräfte auszugleichen, wird beim Auswuchten durch Ausgleichsbohrungen bzw. -flächen der Schwerpunktsabstand und damit die Unwucht verringert. Innerhalb technisch machbarer Grenzen ergibt sich dann eine tolerierbare Restexzentrizität (*e* zulässig), die eine Restunwucht erzeugt.

Wuchtgüte

Die Wuchtgüte *G* entspricht der zulässigen Umfangsgeschwindigkeit v_{zul} des Schwerpunktes um das Rotationszentrum.

Z.B. bedeutet *G* 2,5 $v_{zul} = 2{,}5$ mm/s **(s. Bild 1 der vorigen Seite)**.

$$G = e \cdot \omega$$

G = Wuchtgüte in mm/s
e = Schwerpunktabstand in mm
ω = Winkelgeschwindigkeit in 1/s

Setzt man in die Gleichung $G = e \cdot \omega$ den Schwerpunktsabstand mit $e = U/m$ ein, so lässt sich bezüglich der Wuchtgüte *G* folgender Zusammenhang ableiten:

$$G = U/m \cdot \omega$$

Ein Körper mit großer Unwucht kann bei geringer Drehfrequenz die gleiche Wuchtgüte haben, wie ein Körper mit geringer Unwucht bei hoher Drehfrequenz!

Ein Körper mit einer bestimmten Unwucht hat bei einer geringeren Drehfrequenz eine bessere Wuchtgüte als der gleiche Körper bei einer hohen Drehfrequenz. *G* ist umgekehrt proportional zur Wuchtkörpermasse *m*.

Bei gleicher Drehfrequenz hat ein Körper mit geringerer Masse aber großer Unwucht die gleiche Wuchtgüte, wie ein Körper mit geringerer Unwucht aber großer Masse!

Mithilfe der angestrebten Wuchtgüte lässt sich die **zulässige Restunwucht** bestimmen:

$$U_{zul} = G \cdot m/\omega$$
$$U_{zul} = \frac{G \cdot m}{2 \cdot \pi \cdot n}$$

U_{zul} = Restunwucht in gmm
G = Wuchtgüte in mm/s
m = Wuchtkörpermasse in g
n = Drehzahl in 1/60 s

Zur Bestimmung der Gesamtrestunwucht werden die Teilunwuchten addiert:

$$U_{ges} = U_{spindel} + U_{Werkzeugaufnahme} + U_{Werkzeug}$$

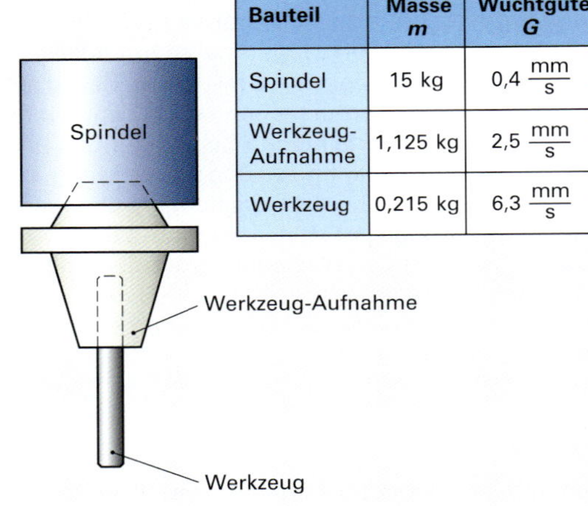

Bauteil	Masse m	Wuchtgüte G
Spindel	15 kg	0,4 $\frac{mm}{s}$
Werkzeug-Aufnahme	1,125 kg	2,5 $\frac{mm}{s}$
Werkzeug	0,215 kg	6,3 $\frac{mm}{s}$

1 Gesamtsystem: Spindel, Aufnahme, Werkzeug

Beispiel:

Berechnung der Restunwucht für $n = 30\,000$ 1/min

$$U = \frac{G}{2 \cdot \pi \cdot n} \cdot m$$

$$U_{Spindel} = \frac{0{,}4\ ^{mm}/_{s} \cdot 15\,000\ g}{2 \cdot \pi \cdot 30\,000\ ^{1}/_{min} \cdot {}^{1\,min}/_{60\,s}} =$$

$$U_{Spindel} = \mathbf{1{,}910\ gmm}$$

$$U_{Aufnahme} = \frac{2{,}5\ ^{mm}/_{s} \cdot 1125\ g}{2 \cdot \pi \cdot 30\,000\ ^{1}/_{min} \cdot {}^{1\,min}/_{60\,s}} =$$

$$= \mathbf{0{,}895\ gmm}$$

$$U_{Werkzeug} = \frac{6{,}3\ ^{mm}/_{s} \cdot 215\ g}{2 \cdot \pi \cdot 30\,000\ ^{1}/_{min} \cdot {}^{1\,min}/_{60\,s}} =$$

$$= \mathbf{0{,}431\ gmm}$$

$$m_{ges} = \mathbf{16\,340\ g}$$
$$U_{ges} = \mathbf{3{,}236\ gmm}$$

Berechnung der Gesamtwuchtgüte G_{ges}

$$G = U_{ges} \cdot \frac{2 \cdot \pi \cdot n}{m_{ges}}$$

$$G = 3{,}236\ gmm \cdot \frac{2 \cdot \pi \cdot 30\,000\ ^{1}/_{min} \cdot {}^{1\,min}/_{60\,s}}{16\,340\ g} =$$

$$G = \mathbf{0{,}62\ mm/s}$$

Bearbeitung harter Werkstoffe

Bauteile werden aufgrund hoher Einsatzbelastungen häufig in einem Wärmebehandlungsprozess gehärtet. Die konventionelle, zeit- und kostenintensive Prozesskette, ausgehend vom Halbzeug bis zum Fertigteil, ist durch das Spanen mit geometrisch bestimmter Schneide, dem nachfolgenden Härtungsvorgang und einer Endbearbeitung durch Schleifen gekennzeichnet.

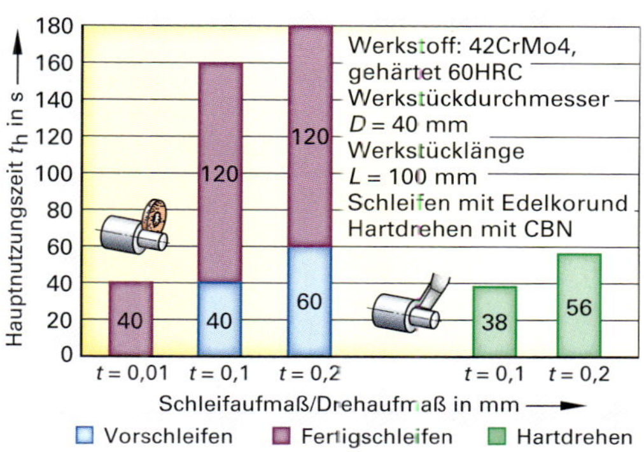

1 Vergleich der Hauptnutzungszeiten

Hartzerspanung durch Drehen und Fräsen

Weil für alle Schleifverfahren geometrische Einschränkungen und geringe Zeitspanvolumina sowie hoher Kühlschmierstoffeinsatz gelten, wird angestrebt, die Prozesskette durch Hartzerspanung zu verkürzen **(Bild 1)** und den spezifischen Energiebedarf zu verringern **(Tabelle 1)**. Hierbei ist die Verfügbarkeit von leistungsfähigen und verschleißbeständigen Werkzeugen eine wesentliche Voraussetzung. Für die Hartzerspanung von Bauteilen, die im letzten Arbeitsgang bislang ausschließlich durch Schleifen oder Honen fertigbearbeitet werden konnten, werden beschichtete Hartmetalle, Mischkeramiken und Schneidplatten mit polykristallinem kubischem Bornitrid (PCBN) eingesetzt. Diese Schneidstoffe erfüllen Anforderungen wie Diffusions- und Wärmebeständigkeit und besitzen eine ausreichende Druck- und Kantenfestigkeit. Die Schneidplatten mit einer gelaserten Spanleitgeometrie haben eine für die Hartzerspanung optimierte Mikrogeometrie an der Schneidkante **(Bild 2)**.

Tabelle 1: Vergleich des spezifischen Energiebedarfs

Prozess	Benötigte Energie zur Spanbildung (J = Joule)	
Drehen, Fräsen, Bohren	1..3	J/mm³
Schleifen	30..60	J/mm³
Hartdrehen	**6..10**	**J/mm³**
Zum Vergleich:		
Funkenerosion	100..200	J/mm³
Elektroerosion	200..500	J/mm³

2 Hartbearbeitung

Ultraschallzerspanung

Moderne Hochleistungswerkstoffe, wie technische Keramiken, faserverstärkte Kunststoffe oder technische Gläser, bilden in vielen Industriebereichen die Grundlage für technologische Innovationen. Die Anwendung dieser Werkstoffe hängt im besonderen Maße von den Fertigungsmöglichkeiten ab. In der Hartzerspanung erschließen Läppverfahren, die mit ultraschallfrequent schwingenden Werkzeugen arbeiten, völlig neue Bearbeitungsmöglichkeiten. Während das konventionelle Läppen nur zur Feinbearbeitung und zum Polieren von Oberflächen eingesetzt werden kann, ermöglicht das ultraschallunterstützte Läppen die formgebende Hartbearbeitung. Ursache hierfür sind lose Läppkörner, die in einer Flüssigkeit gleichmäßig verteilt sind. Das Werkzeug schwingt in jeder Sekunde mit 20.000 Schwingungen. Dabei werden die Läppkörner in die Werkstückoberfläche gehämmert. In der Randzone entstehen mikroskopische Risse und der Werkstoff wird abgetrennt **(Bild 3)**.

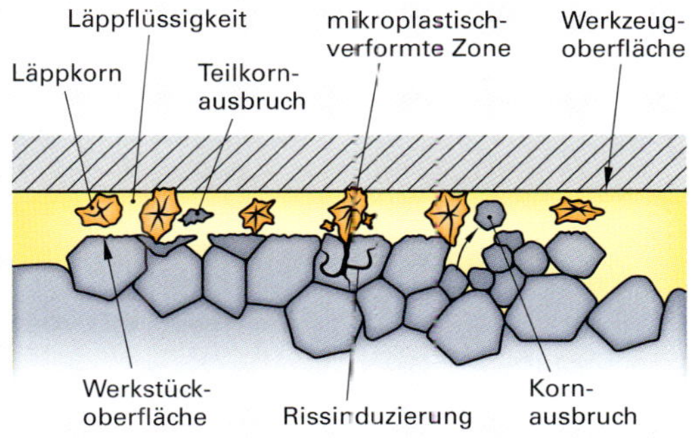

3 Hartbearbeitung durch Ultraschallzerspanung

Schneidstoffe zur Hartbearbeitung

Bei der Hartzerspanung kommen **Feinstkorn-Hartmetalle** des ISO-Anwendungsbereiches K05 bis K20 zum Einsatz. Die Korngröße liegt unter 0,7 µm und der Wolframgehalt bei über 90%. Sie zeichnen sich durch eine hohe Schneidkantenstabilität und bei einer TiAlN-Beschichtung bzw. TiCN-Beschichtung durch ausreichende Warmhärte aus.

Die Verwendung von Schneidstoffen mit hoher thermischer Stabilität wie Schneidkeramiken und kubisches Bornitrid ermöglichen bei geringem Verschleiß große Schnittgeschwindigkeiten. Durch die geringe Wärmeleitfähigkeit dieser Schneidstoffe bleibt die entstehende Zerspanungswärme in der Scherzone und wird zum größten Teil mit den Spänen abgeführt.

Diesen extremen mechanischen und thermischen Beanspruchungen können Al_2O_3-TiC- bzw. TiCN-basierte Mischkeramiken und **polykristalline kubische Bornitride (PCBN)** standhalten. PCBN besitzt gegenüber den Mischkeramiken eine höhere Bruchdehnung und ist deshalb für größere Schnitttiefen und bei unterbrochenen Schnitten einsetzbar. PCBN-Schneidstoffe werden in solche mit niedrigem und mit hohem CBN-Anteil klassifiziert. **Bild 1** zeigt die Einteilung und die Anwendungsbereiche.

Mischkeramiken haben feinstkörniges Gefüge mit Korngrößen kleiner als 1 µm. Die Grundmatrix besteht aus Al_2O_3 und ZrO_2 verstärkt mit TiC, TiCN oder mit SiC als Whisker (**Bild 2**). Wegen der geringeren Zähigkeit kommen Mischkeramiken für die Schlichtbearbeitung mit kleinen Spanungsdicken ($h < 0{,}1$ mm) bei kontinuierlichen Schnitten zum Einsatz. Die Kosten sind gegenüber Werkzeugen mit PCBN-Schneiden geringer.

Der Standwegevergleich beim Hartfräsen mit den verschiedenen Schneidstoffen zeigt deutliche Unterschiede im Leistungspotenzial. Die erreichbaren Standzeiten sind nicht nur von den Schnittgeschwindigkeiten abhängig, sondern auch sehr wesentlich von der Zusammensetzung des Schneidstoffes **(Bild 3)** und von der jeweils zu bearbeitenden Werkstoffart. Mit polykristallinem, kubischem Bornitrid lassen sich vor allem mit Schneidstoff-Qualitäten die einen hohem Anteil an kubischem Bornitrid haben bei der Bearbeitung von gehärtetem Stahl große Standwege erzielen **(Bild 4)**.

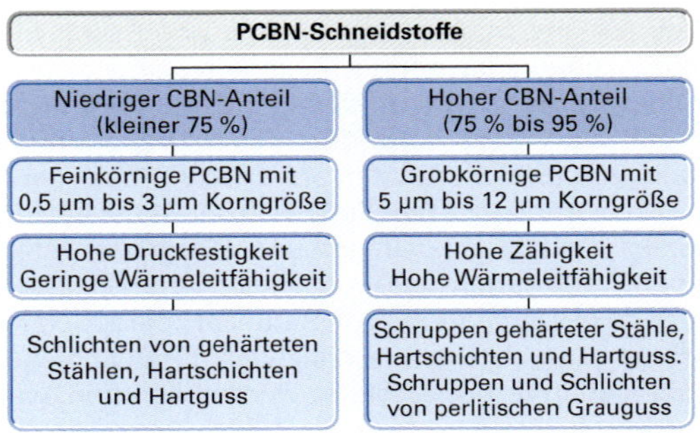

1 Einteilung der PCBN-Schneidstoffe

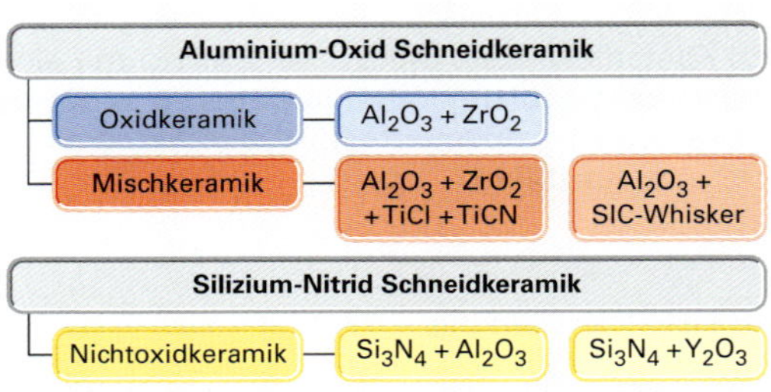

2 Schneidkeramiken

Technologie $a_p = 5$ mm, $a_e = 0{,}1$ mm, $f_e = 0{,}1$ mm
Werkstück 100Cr6, 62 HRC Gegenlauf trocken
Werkzeug Mischkeramik, Fase 0,2 x 20°
$a = 40$ mm, $\alpha = 10°$, $\gamma = -10°$, $\nu = 1{,}2$ mm

3 Einfluss der Schnittgeschwindigkeit beim Hartfräsen mit verschiedenen Mischkeramiken

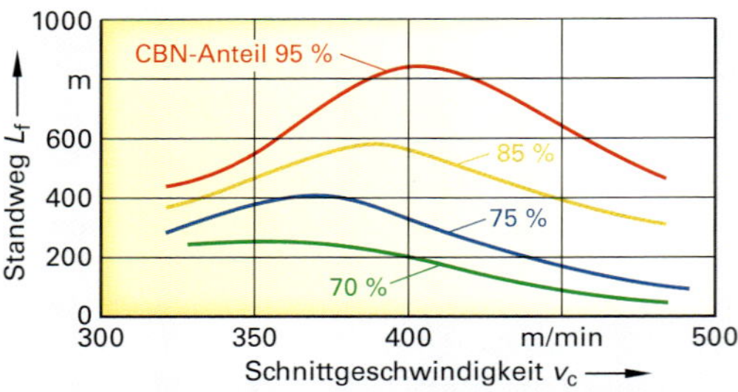

Technologie $a_p = 2{,}5$ mm, $a_e = 0{,}1$ mm, $f_e = 0{,}1$ mm
Werkstück 100Cr6, 62 HRC Gegenlauf trocken
Werkzeug PCBN $a = 16$ mm, $\alpha = 10°$, $\gamma = 0°$, $\nu = 1{,}2$ mm

4 Einfluss der Schnittgeschwindigkeit beim Hartfräsen mit PCBN

Fertigungsbeispiel

„Hartfräsen statt Schleifen"

Durch Hartfräsen soll an einem gehärteten Werkstück eine vorgearbeitete Nut fertigbearbeitet werden **(Bild 1)**.

Werkzeug: Feinstkornhartmetall-Schaftfräser
TiCN-Monolayer-Beschichtung
Durchmesser $d = 10$ mm
Zähnezahl $z = 6$ **(Bild 2)**

2 TiCN-beschichteter Schaftfräser zum Hartfräsen

Werkstoff: X153CrMoV12 (1.2379)

Schnittparameter:
Vorschub /Zahn $f_z = 0{,}07$ mm
Schnitttiefe $a_p = 10$ mm
Schnittbreite $a_e = 0{,}2$ mm

1. In einem Zerspanungsversuch wird der Standweg in Abhängigkeit von der Schnittgeschwindigkeit untersucht **(Bild 3)**.

   Wie groß ist die maximale Standmenge N?

   $$N = \frac{L}{l} = \frac{\text{Standweg}}{\text{Vorschubweg}} = \frac{32000\text{ mm}}{200\text{ mm}} = 160$$

2. Vergleich der Hauptnutzungszeiten beim Hartfräsen und Seitenschleifen.

   Bearbeitungszugabe je Seite $f = 0{,}2$ mm

Hartfräsen:

Drehzahl: $n = \frac{v_c}{\pi \cdot d} = \frac{70\text{ m/min}}{\pi \cdot 0{,}01\text{ m}} = 2228\text{ min}^{-1}$

Vorschub: $f = f_z \cdot z = 0{,}07\text{ mm} \cdot 6 = 0{,}42\text{ mm}$

beidseitige Bearbeitung der Nut, Schnitt $i = 2$

Vorschubweg $L = l_a + l + l_u$
$= 100\text{ mm} + 2\text{ mm} + 2\text{ mm}$

Hauptnutzungszeit $t_h = \frac{L \cdot i}{n \cdot f}$

$$t_h = \frac{104\text{ mm} \cdot 2}{2228\text{ min}^{-1} \cdot 0{,}42\text{ mm}} = 0{,}22\text{ mm}$$

Hauptnutzungszeit Hartfräsen t_h = 13,3 s

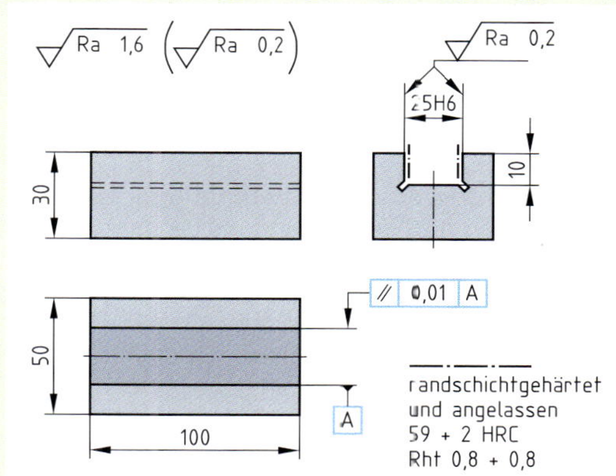

1 Hartfräsen einer Nut

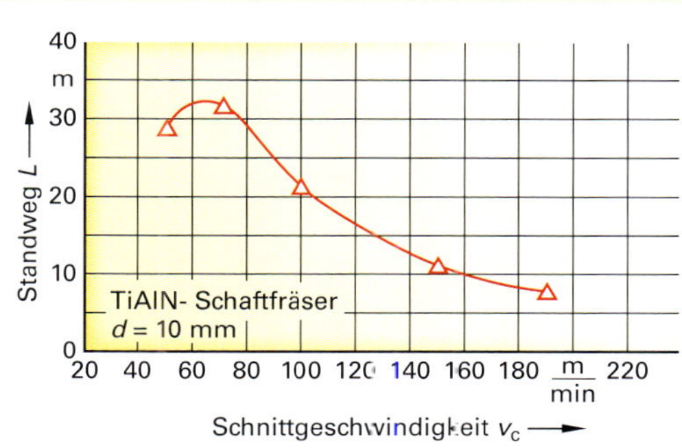

3 Standweg in Abhängigkeit von der Schnittgeschwindigkeit

Seitenschleifen:

Scheibendurchmesser: $D = 200$ mm
Zustelltiefe: $a_e = 0{,}04$ mm / Hub
Vorschubweg: $L = l + l_a + l_u$
eine Nutseite

$L = 100\text{ mm} + 45\text{ mm} + 45\text{ mm} = 190\text{ mm}$

Schleifaufmaß $z = 0{,}2\text{ mm} = B$

Hubzahl $n_H = \frac{v_f}{L} = \frac{20\text{ m/min}}{0{,}19\text{ m}} = 105\text{ Hub/min}$

Anzahl der Schnitte $i = \frac{z}{a_e} + 2 = \frac{0{,}2\text{ mm}}{0{,}04\text{ mm}} + 2 = 7$

Hauptnutzungszeit t_h

$$t_h = \frac{B \cdot i}{a_e \cdot n_H} = \frac{0{,}2\text{ mm} \cdot 7}{0{,}04\,\frac{\text{mm}}{\text{Hub}} \cdot 105\,\frac{\text{Hub}}{\text{min}}}$$

eine Nutseite $t_h = 0{,}33$ min

Hauptnutzungszeit Seitenschleifen

t_h = 0,66 min = 40 s

Minimalmengenschmierung

Bei der konventionellen Zerspanung metallischer Werkstoffe mit Vollkühlung beträgt der werkstückbezogene Anteil der Kosten für Kühlschmierstoffe (KSS) an den Fertigungskosten bis zu 16 %. Hierin enthalten sind die Kosten für Beschaffung, Aufbereitung, Wartung und Entsorgung. Es ist zu erwarten, dass die Entsorgungskosten sowie der Aufwand zur Späne- und Werkstückreinigung noch steigen werden. Deshalb ist es aus betriebswirtschaftlichen, aber auch aus ökologischen Gesichtspunkten heraus überlegenswert, den Werkstoff ganz ohne KSS, d. h. als absolute Trockenzerspanung, zu bearbeiten.

Die dabei auftretenden hohen Zerspanungstemperaturen führen aber in vielen Anwendungsfällen zu Nachteilen wie geringer Werkzeugstandzeit, Aufbauschneidenbildung, thermischer Gefügebeeinflussung in der Randschicht des Werkstoffs, eingeschränktem Spänetransport oder Maß- und Formungenauigkeiten wegen mangelnder Kühlung des Werkstücks.

Quasi-Trockenbearbeitung

Die Minimalmengenschmierung (MMS) oder Quasi-Trockenbearbeitung vermindert weitgehend die Nachteile der reinen Trockenbearbeitung und reduziert die betrieblichen Stoffumläufe.

Bei der MMS wird eine geringe Menge Öl mit Druckluft zerstäubt und mittels einer Zuführeinrichtung auf die Werkstück- bzw. Werkzeugoberfläche aufgesprüht. Die Tröpfchengröße des Schmiermittels im Luftstrom beträgt hier etwa 0,5 µm bis 2 µm. Bei der konventionellen Vollkühlung werden ca. 20 l/h bis 100 l/h Kühlschmierstoff in einem überwachten Kreislaufsystem umgesetzt, während im Vergleich bei der MMS weniger als 50 ml/h Schmierstoff verbraucht werden **(Bilder 2 und 3)**.

Diese kleinsten Mengen an Schmierstoff reichen aus, um die Reibungsvorgänge merklich zu reduzieren und dadurch Verschweißungen auf der Spanfläche bzw. in den Spanräumen des Werkzeugs zu verhindern.

Der Schmierstoff verbraucht sich während des Bearbeitungsprozesses vollständig (Verlustschmierung). Die im Wirkbereich einbezogenen Objekte und die anfallenden Späne tragen im Allgemeinen nur unbedenkliche Rückstände. Der Anteil der Ölrückstände auf den Spänen liegt unter der Grenze von 0,3 Gewichtsprozent, was ein Wiedereinschmelzen ohne vorherige Reinigung erlaubt.

1 Minimalmengenschmierung mit äußerer Zufuhr

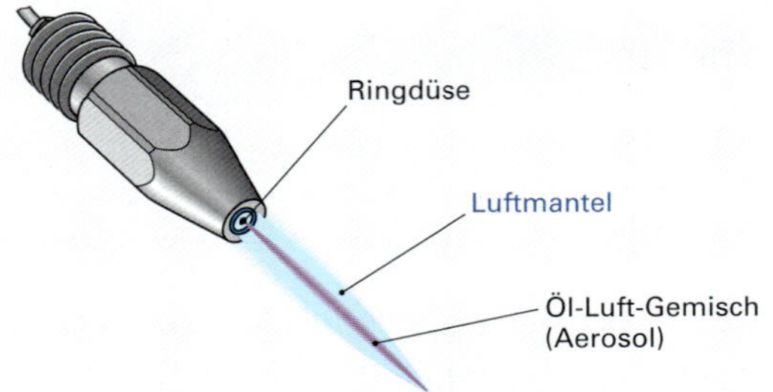

2 Äußere MMS-Zufuhr über eine Ringdüse

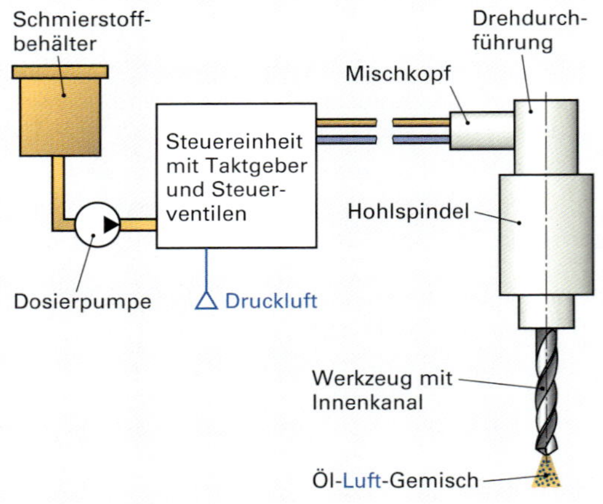

3 MMS mittels innerer Zufuhr

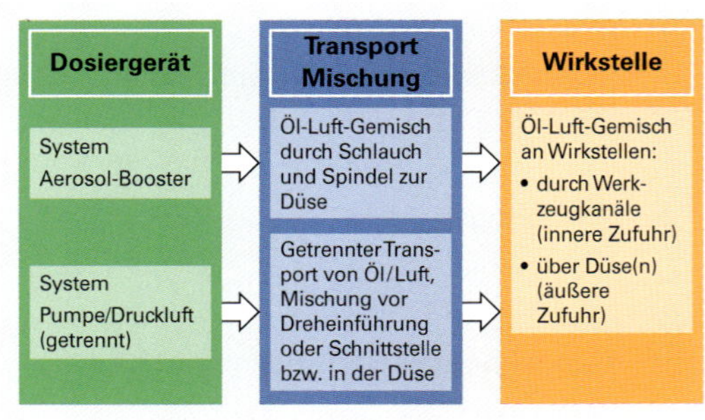

4 Prinzipieller Aufbau der MMS-Technik

Dosiersysteme und Zuführung

Ein vollständiges MMS-System besteht aus den Baugruppen Dosiereinrichtung, Mischsystem und Zuführsystem.

Zur Erzeugung eines Aerosols ist das exakte Mischen von Schmierstoff und Druckluft notwendig. Grundsätzlich kommen hierbei zwei Funktionsprinzipien zum Einsatz **(Bild 1)**:

Bei dem **Einkanalprinzip** entsteht das Öl-Luft-Gemisch in einem Aerosol-Erzeuger (Aerosol-Booster). Der druckbeaufschlagte Schmierstoff wird mit Druckluft zerstäubt und durch eine Zuleitung zum Werkzeug befördert.

Bei dem **Zweikanalprinzip** entsteht das Aerosol in einem Mischkopf erst dicht vor dem Werkzeug. Die Stoffströme (Luft und Schmierstoff) werden in zwei getrennten Leitungen zur Zweistoffdüse geführt.

Unabhängig von der Art der Dosiereinrichtung ist die Steuerung der Schmierstoffzuführung an die Maschinensteuerung gekoppelt, damit bei einem Werkzeugwechsel die Druckluft- und die Schmierstoffzufuhr reduziert bzw. abgestellt werden.

Die Zuführung des Öl-Luft-Gemisches zur Wirkstelle kann entweder durch außenliegende Düsenanordnungen oder durch innenliegende Kanäle in der Maschinenspindel und im Werkzeug erfolgen.

Schmiermittel

In den MMS-Systemen werden gesundheitlich unbedenkliche Schmierstoffe wie native Öle (z. B. Rapsöl), Fettalkohole oder synthetische Fettstoffe (Ester) verwendet, die sich durch gute Benetzungseigenschaften und geringe Verharzungsneigung auch bei hohen Temperaturen auszeichnen.

Die Preise für diese Schmierstoffe übersteigen das Preisniveau der herkömmlichen Schmiermittel. Aufgrund des sehr geringen Schmiermittelverbrauches fallen die höheren Anschaffungskosten bei einer Gesamtkostenrechnung nicht ins Gewicht.

Vorteile der Minimalmengenschmierung

Durch den Wegfall nahezu sämtlicher Ver- und Entsorgungstechnik für den Kühlschmierstoff entstehen große **Einsparungspotenziale**. Es sind bei optimierten Prozessen mit MMS höhere Standzeiten als bei der Trockenbearbeitung möglich und in Einzelfällen lässt sich die Prozessdauer um bis zu 30% reduzieren. Die Kosten für Kauf, Lagerung und Transport sowie Entsorgung des KSS werden stark reduziert bzw. fallen weg. Der Aufwand für Prüfen und Pflegen des KSS entfällt. Je nach Anwendung können aufwendige Folgeprozesse für das Reinigen der Werkstücke reduziert oder eingespart werden. Die trockenen Späne können als Recycling-Material verkauft werden, während nasse Späne als Sondermüll entsorgt werden müssen. **Ökologische Vorteile** ergeben sich, da keine umweltschädlichen Altemulsionen anfallen. Im **Gesundheitsschutz** werden durch Kühlschmierstoff verursachte Erkrankungen z. B. im Bereich der Atemwege und allergische Hautreaktionen vermieden.

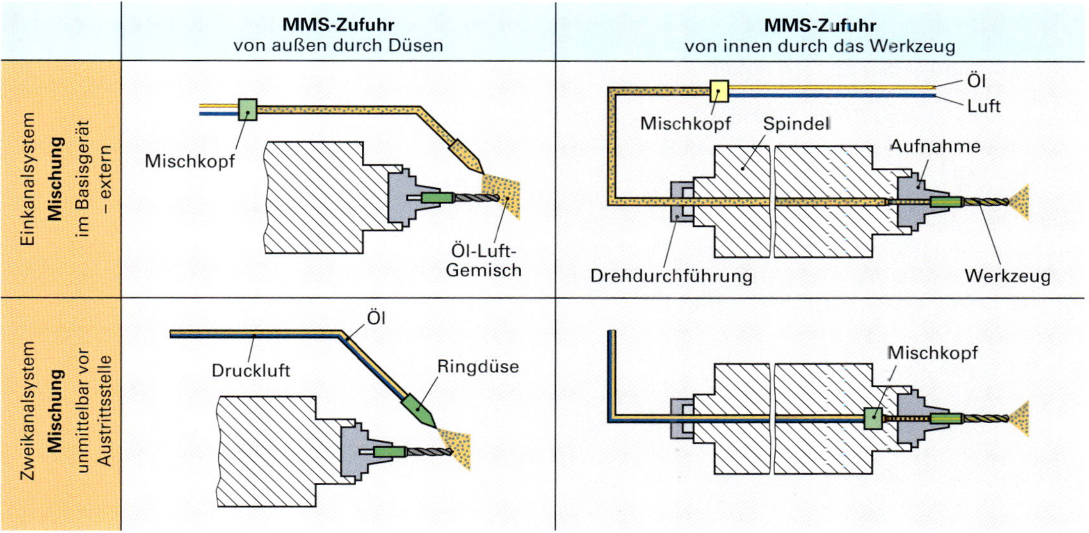

1 MMS-Zuführsysteme

Trockenbearbeitung

Um einen Bearbeitungsprozess aus wirtschaftlicher **(Bild 1)** und technologischer Sicht „trocken" zu legen, genügt es nicht, einfach die Kühlschmiermittelzufuhr abzustellen. Bei der Trockenzerspanung fehlen die primären Funktionen des Kühlschmierstoffs wie Schmieren, Kühlen und Spülen. Dies bedeutet für alle am Zerspanungsprozess beteiligten Komponenten eine geänderte Aufgabenverteilung und eine höhere thermische Belastung von Werkstoff und Schneidstoff.

Für ein großes Spektrum an Werkstoffen, wie z. B. Vergütungsstahl, Aluminium und Grauguss, wird die Trockenbearbeitung bzw. MMS bereits prozesssicher beherrscht. Problematisch ist jedoch nach wie vor die Zerspanung hochlegierter Stähle. Hier kommt es aufgrund der hohen spezifischen Zerspankräfte einerseits und des hohen Legierungsgehalts andererseits zu fest anhaftenden Materialablagerungen (Aufbauschneide) an der Werkzeugschneide **(Bild 2)**.

Vollschmierung kontra Trockenbearbeitung

Betrachtet man im Falle der Vollkühlung die freiwerdende Wärme in der Umgebung der Scherzone, so ergibt sich, dass über 70 % der Wärme mit dem ablaufenden Span und dem KSS abgeführt werden. Weniger als 10 % verbleiben im Werkstück und weniger als 20 % im Werkzeug. Bei Vollkühlung entsteht zwischen der Spanober- und Spanunterseite ein größerer Temperaturunterschied, der das Spanbruchverhalten und damit die Entstehung kürzerer Spanformen günstig beeinflusst **(Bild 3)**. Die Verteilung der Wärmeströme ist bei der Trockenbearbeitung ähnlich, jedoch sind die Temperaturen in der Scherzone und in den Spänen höher.

Wegen der höheren Prozesstemperaturen bei der Trockenzerspanung erhöht sich die Spanablaufgeschwindigkeit v_{sp} gegenüber der vergleichbaren Nassbearbeitung, da die Spandicke h_1 wegen der geringeren Umformungskräfte bei der Spanbildung geringer eingestellt wird. Die Spandickenstauchung λ_h (Lambda), das Verhältnis von Spanungsdicke h zu Spandicke h_1, wird kleiner **(Bild 4)**:

$$\lambda_h = h_1 / h \qquad \lambda_h < 1$$

Die Spangeschwindigkeit v_{sp} ergibt sich zu:

$$v_{sp} = v_c / \lambda_h$$

v_{c1} Schnittgeschwindigkeit

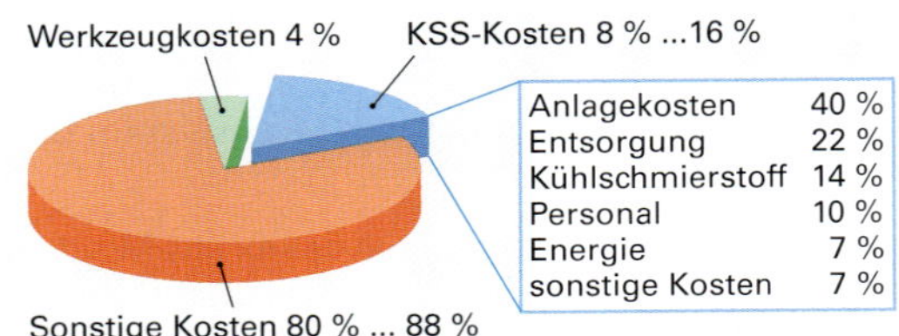

1 Anteil der Kühlschmierstoffkosten an den Fertigungskosten

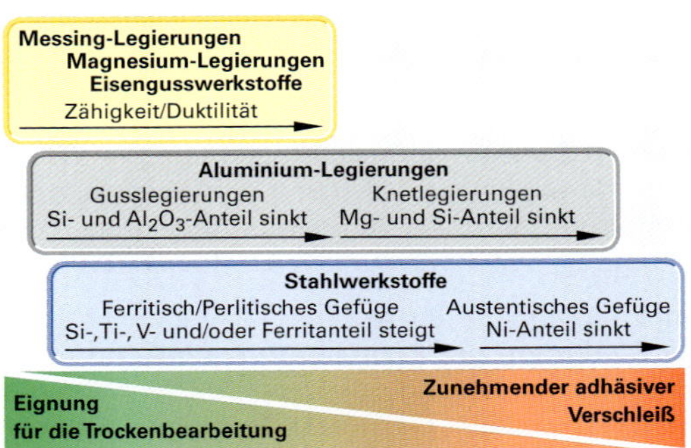

2 Werkstoffe für die Trockenbearbeitung

3 Trockenbearbeitung beim Drehen

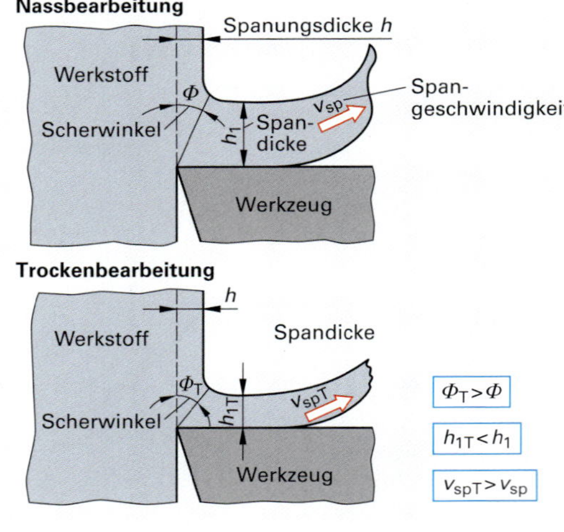

4 Vergleich von Nass- und Trockenbearbeitung

Je geringer die Spandickenstauchung λ_h ausfällt, desto größer kann die Geschwindigkeit des ablaufenden Spans werden. In direktem Zusammenhang mit der Spandickenstauchung steht der Scherwinkel Φ (Phi):

$$\tan \Phi = \frac{\cos \gamma}{\gamma_h - \sin \gamma}$$

Φ = Scherwinkel
γ = Spanwinkel (Gamma)

Wird die Spandickenstauchung geringer, so wird die Neigung der Scherebene zur Bearbeitungsebene in Form des Scherwinkels Φ größer, damit verlagert sich der für die Spanfläche des Werkzeugs stark belastende Kontaktbereich mit dem Werkstück mehr in Richtung der vorderen Schneidkante.

Kontaktzeit

Steigert man bei der Bearbeitung den Vorschub f bzw. die Schnittgeschwindigkeit v_c, so verringert sich die Kontaktzeit zwischen Werkzeug und Werkstück. Dies führt zu einer abnehmenden Werkstücktemperatur bei nahezu konstanter Werkzeugtemperatur. Infolge der Verringerung der Kontaktzeit steht für den Wärmeübergang aus der Scher- und Umformungszone in das Werkstück weniger Zeit zur Verfügung. Mehr Wärme bleibt im Span und wird mit diesem abgeführt.

Zerspanungsverfahren mit offener Schneide, bei denen die Späne ungehindert abgeführt werden können, wie z. B. beim Drehen und Fräsen von Stählen, Gusseisenwerkstoffen und Aluminiumlegierungen, sind für die Trockenbearbeitung besonders geeignet. Bei den hohen Zerspanungstemperaturen in der Kontaktzone werden Schneidstoffe bzw. Hartstoffschichten mit hoher Warmhärte und geringer Wärmeleitfähigkeit wie beschichtete Hartmetalle, Cermets, Schneidkeramiken und Bornitrid prozesssicher und wirtschaftlich eingesetzt **(Bild 1)**.

Hartstoffschichten wie TiN, TiAlN, TiCN und Al_2O_3 isolieren wegen der geringen Wärmeleitfähigkeit thermisch das darunterliegende Grundsubstrat und sind zur Beschichtung von Werkzeugen für die Trockenbearbeitung besonders geeignet. Sie bilden ein Hitzeschild zwischen Werkzeug und Werkstück, sodass die Wärmeenergie zum größten Teil mit den Spänen abgeführt und nicht von der Werkzeugschneide aufgenommen wird **(Tabelle 1)**.

Die Späne erzeugen durch die trockene Flächenpressung in der Kontaktzone der Spanfläche zusätzlich Wärme. Um diese Wärmeentwicklung durch einen reibungsarmen und schnellen Spanabfluss möglichst gering zu halten, ist die Spanfläche des Werkzeugs im Kontaktzonenbereich in einer guten Oberflächengüte auszuführen.

Besonders kritische Zerspanungsverhältnisse herrschen beim Trockenbohren, insbesondere bei Bohrungstiefen $L > 4d$, da die Späne ohne Unterstützung eines Kühlmittelstrahls über die Spannuten des Werkzeugs aus der Bohrung abtransportiert werden müssen. Abhilfe bringen vergrößerte Spannuten des Bohrwerkzeugs mit darauf aufgebrachten Gleit- und Schmierschichten, die den Späneabtransport aus den Spankammern verbessern. Häufig kommt hier die Minimalmengenschmierung zur Anwendung.

Tabelle 1: Eigenschaften von Hartstoffschichten

Merkmal	TiN	TiAlN	TiCN
Struktur	mono	mono	multi
Layer	1	1	bis 7
Farbe	Gold	Schwarz-Violett	Violett
Dicke in µm	1,5 bis 3	1,5 bis 3	4 bis 8
Härte HV 0,05	2300	3300	3000
Reibungskoeffizient, Stahl	0,4	0 3	0,35
Wärmeübertragung	0,07 kW/mK	0 05	0,1
Max. Anwendungstemperatur	600 °C	800 °C	450 °C

TiN, Titannitrid: Allroundschicht, für Stähle und Gusseisen

TiCN, Titankarbonitrid: für schwer zu bearbeitende Stahllegierungen und Gusseisenwerkstoffe

TiAlN: Titanaluminiumnitrid: für Hartmetall und HSS-Werkzeuge, Bearbeitung von Aluminium- und Nickellegierungen, Gusseisenwerkstoffe, geeignet für die Hochgeschwindigkeits- und MMS-Bearbeitung

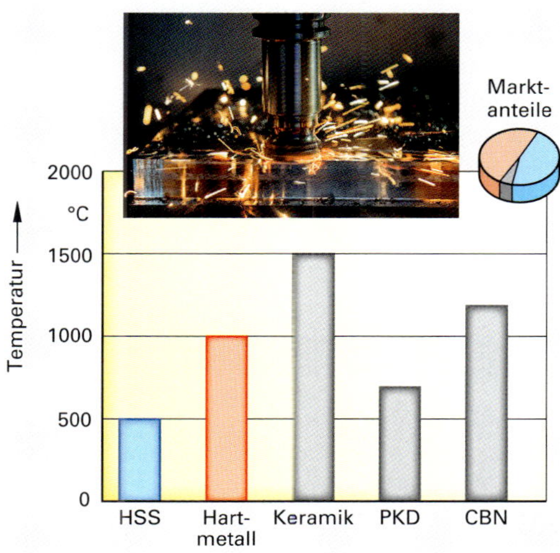

1 Maximale Einsatztemperaturen bei unterschiedlichen Werkzeugschneiden

F15 FERTIGUNGSVERFAHREN

Gliederung der Fertigungsverfahren

Sämtliche Fertigungsverfahren dienen zur Herstellung von festen Körpern. Die Gliederung der Fertigungsverfahren (DIN 8580) erfolgt nach dem Zusammenhalt von Teilchen fester Körper und der Formänderung.

Hauptgruppen der Fertigungsverfahren:
Urformen **(Hauptgruppe 1)**,
Umformen **(Hauptgruppe 2)**,
Trennen **(Hauptgruppe 3)**,
Fügen **(Hauptgruppe 4)**,
Beschichten **(Hauptgruppe 5)**,
Änderung der Stoffeigenschaften **(Hauptgruppe 6)**.

In erster Linie wird danach unterteilt, ob die Form eines Werkstücks **geschaffen** (Urformen), **geändert** (Umformen, Trennen, Fügen) oder **beibehalten** (Beschichten, Anderung der Stoffeigenschaften) wird **(Tabelle 1)**. Zusätzlich richtet sich die Gliederung nach dem Zusammenhalt des Werkstoffes. Beim Urformen wird der Zusammenhalt erst geschaffen, beim Umformen beibehalten, bei dem Trennen verkleinert und beim Fügen als auch beim Beschichten vergrößert. Bei der Änderung der Stoffeigenschaften kann der Zusammenhalt beibehalten, verkleinert oder aber auch vergrößert werden. Hieraus ergibt sich die Einteilung dieser sechs Hauptgruppen der Fertigungsverfahren **(Tabelle 2)**:

Die Auswahl eines Fertigungsverfahrens

Die Auswahl eines Fertigungsverfahrens liegt im Bereich von betrieblichen Entscheidungen und bestimmt die Produktionsabläufe **(Bild 1)** für eine Fertigungsaufgabe. Sie bezieht sich damit sowohl auf die Art der Inanspruchnahme im Betrieb bereits vorhandener, wie auch auf die optionale Einbeziehung alternativer Produktionsfaktoren. Während es sich im ersten Fall um eine betriebliche Problemstellung in der Ablauforganisation handelt, erweitert sich diese im zweiten Fall um Investitions- und Organisationsaufgaben.

1 Beispiel für einen Produktionsablauf

Tabelle 1: Systematisierung

Fertigungshauptgruppen	Zusammenhalt	Form	Beispiele
1. Urformen	schaffen	schaffen	Gießen, Pressen, Spritzgießen, Sintern
2. Umformen	beibehalten	ändern	Schmieden, Walzen, Tiefziehen, Biegen
3. Trennen	vermindern	ändern	Scherschneiden, Fräsen, Drehen, Schleifen
4. Fügen	vermehren	ändern	Schrauben, Kleben, Löten, Schweißen, Nieten
5. Beschichten	vermehren	beibehalten	Aufdampfen, Sputtern, Plasmaverfahren, Lackieren, Tauchen, Galvanisieren, Flammspritzen
6. Stoffeigenschaft ändern	vermehren, vermindern, beibehalten	beibehalten	Härten, Anlassen, Glühen, Tempern

Tabelle 2: Hauptgruppen der Fertigungsverfahren

	Zusammenhalt schaffen	Zusammenhalt beibehalten	Zusammenhalt vermindern	Zusammenhalt vermehren	
Änderung der Form	**Hauptgruppe 1**	**Hauptgruppe 2** Umformen	**Hauptgruppe 3** Trennen	**Hauptgruppe 4** Fügen	**Hauptgruppe 5**
Änderung der Stoffeigenschaften	Urformen (Formschaffen)	**Hauptgruppe 6** Stoffeigenschaften ändern durch			Beschichten
		Umlagern von Stoffteilchen	Aussondern von Stoffteilchen	Einbringen von Stoffteilchen	

Als generelle Einflussgrößen können externe und interne Bedingungen **(Bild 1)** unterschieden werden. Während externe Bedingungen durch qualitative und wirtschaftliche Produktparameter gekennzeichnet sind, betreffen die internen Bedingungen im wesentlichen die technologischen, zeitlichen und kostenmäßigen Produktionsparameter der realisierten und zur Wahl stehenden Fertigungsverfahren und Abläufe. Obwohl die qualitativen, zeitlichen und quantitativen Merkmale der verschiedenen Fertigungsverfahren vielfach bei den Überlegungen zur Verfahrenswahl ausgeschlossen werden, müssen diese Größen bei einer vollständigen Bewertung mit einbezogen werden.

Dies führt dann häufig zu komplexen Modellen von alternativen Produktionsabläufen und Prozessketten **(Bild 2)**.

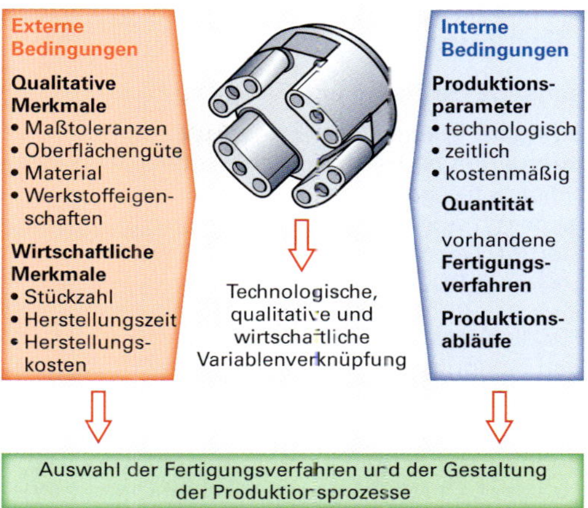

1 Externe und interne Bedingungen

Ausgangsmaterial	Prozesskette	Schritte					Ergebnis
Halbzeug	Prozesskette Zerspanung konventionell	Sägen	Drehen	Fräsen, Bohren, Gewinde	Wärmebehandlung	Schleifen	Bauteil/Produkt
Halbzeug (Stangenmaterial)	Prozesskette Zerspanung komplett	Drehen, Fräsen, Bohren, Gewinde	Wärmebehandlung	Schleifen oder Hartdrehen			Bauteil/Produkt
Schmelze	Prozesskette Maschinenformgießen	Formherstellung	Gussnachbearbeitung	Drehen, Fräsen, Bohren, Gewinde	Wärmebehandlung	Schleifen	Bauteil/Produkt
Sinterpulver	Prozesskette Pulvermetallurgie, Sintern	Pressen Grünling	Sintern	Kalibrieren, Gewinde	Wärmebehandlung	Schleifen	Bauteil/Produkt
Halbzeug	Prozesskette Warumumformen, Schmieden	Erwärmen	Schmieden	Drehen, Fräsen, Bohren, Gewinde	Wärmebehandlung	Schleifen	Bauteil/Produkt
Halbzeug	Prozesskette Abtragen, Erodieren	Sägen	Erodieren	Drehen, Bohren, Gewinde	Wärmebehandlung	Schleifen	Bauteil/Produkt

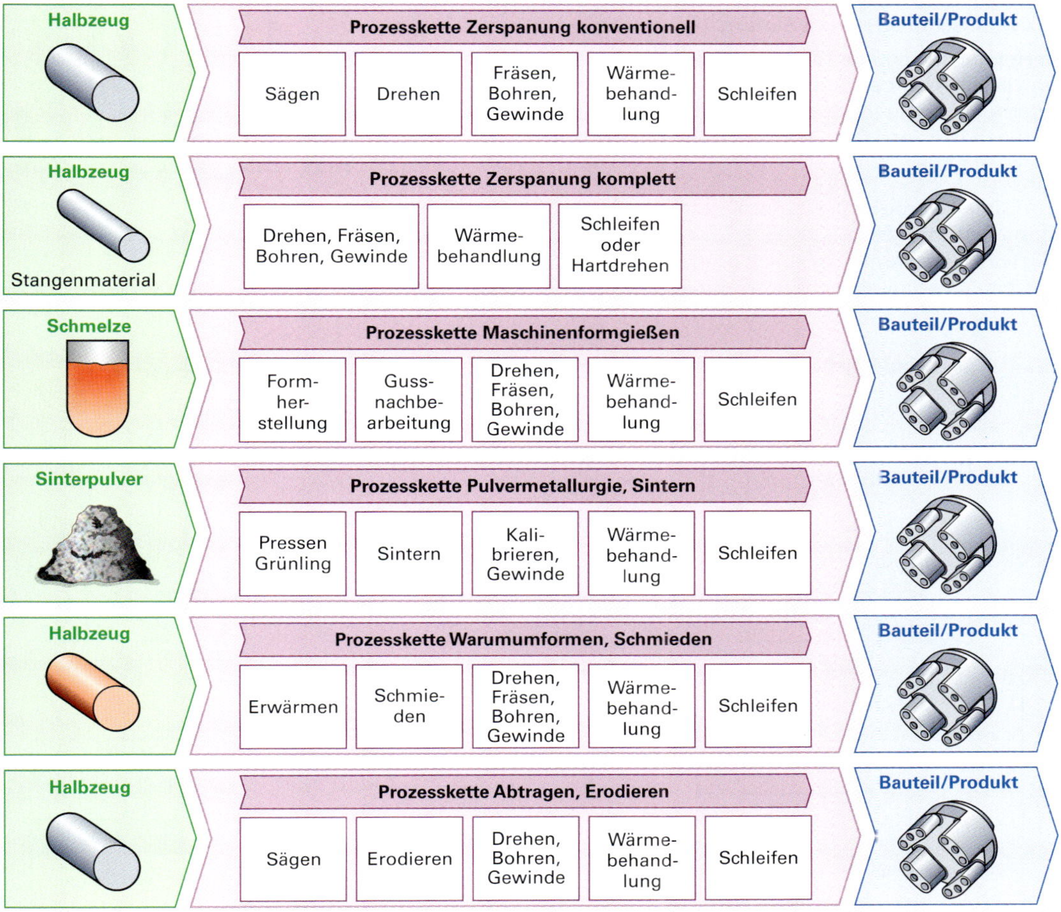

2 Prozessketten

Die Optimierung von Fertigungsabläufen

Spanende Fertigung und Feinguss

Das in **Bild 1** dargestellte Feingussteil stellt hohe Anforderungen an Geometrie, Maßgenauigkeit, Oberflächengüte und Werkstoffeigenschaften. Es wurde bisher mit spanabhebenden Fertigungsverfahren gefertigt. Der schwer zerspanbare Werkstoff erforderte erhebliche Werkzeugkosten und Fertigungszeit.

Für die Auswahl eines geeigneten Werkstoffs für den Feinguss musste die geforderte Verschleißfestigkeit berücksichtigt werden. Es wurde eine hochverschleißfeste Hartlegierung gewählt, die bereits im Gusszustand eine ausreichende Härte aufweist. Durch die geometrischen Gestaltungsmöglichkeiten im Feinguss konnte die Bauteilmasse um 38 %, die Fertigungszeit um 22 % und die Herstellkosten um 58 % gesenkt werden **(Bild 2)**. Bis auf das Schleifen fallen keine weiteren spanabhebende Bearbeitungen an.

Präzisionsschmieden und Sintern

Zur Herstellung geometrisch komplexer Bauteile stehen vor allem in der Serienfertigung die Verfahren Sintern, Gießen und Massivumformverfahren, wie z. B. das Präzisionsschmieden in ständiger Konkurrenz zueinander.

Ein Bauteil wurde bisher durch Gesenkformen des Rohlings und anschließender Zerspanung hergestellt. Insgesamt waren eine große Anzahl von einzelnen Fertigungsschritten notwendig.

Bei einer Fertigungsoptimierung wurde in Abhängigkeit der Losgröße geprüft, ob sich durch eine Umstellung des Fertigungslayouts auf Präzisionsschmieden oder Sintern wirtschaftliche Vorteile ergeben **(Bild 3)**.

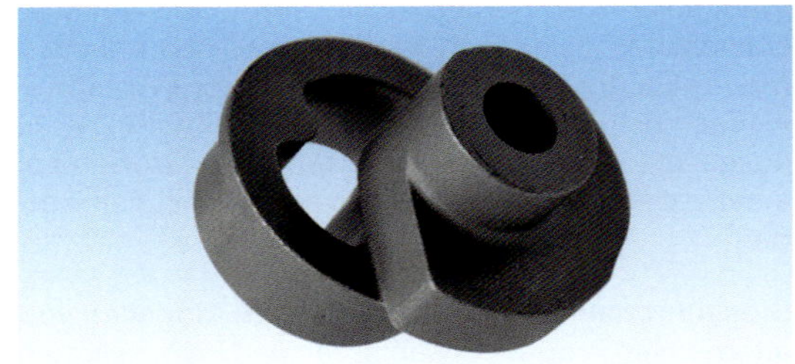

1 Feingussteil

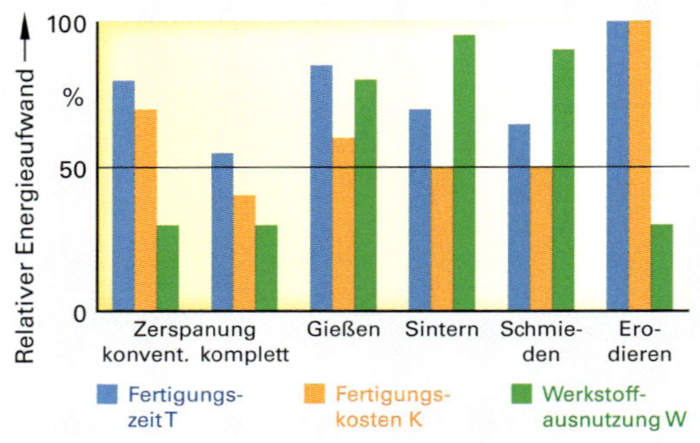

2 Produktionsverfahren im Vergleich

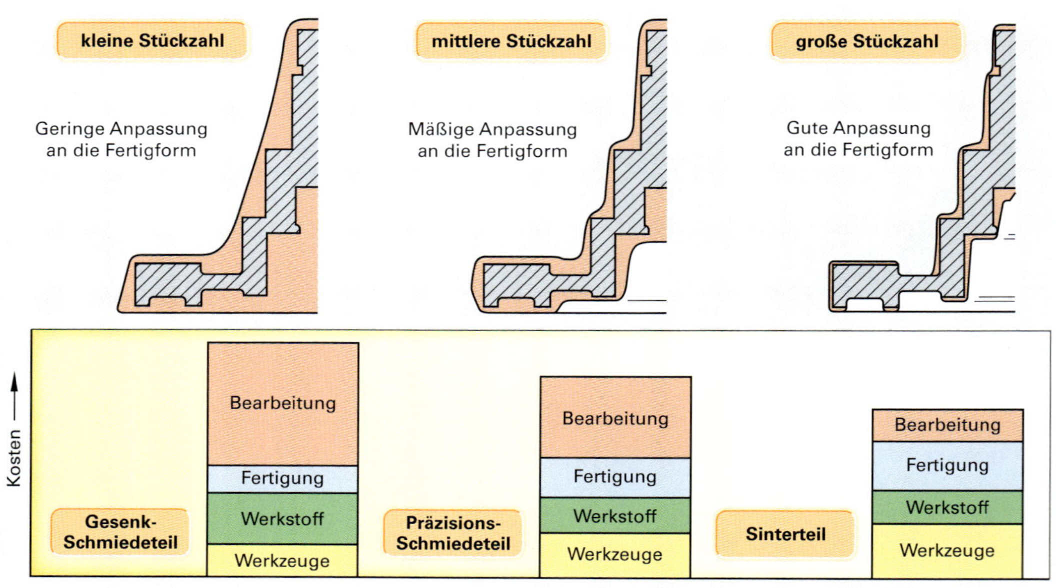

3 Abhängigkeit der Kosten vom Herstellungsverfahren und von der Stückzahl

Rundkneten und spanende Fertigung

Der in **Bild 1** dargestellte Steuerkolben mit Innenverzahnung für eine hydraulische Lenkung soll alternativ zur spanenden Fertigung durch das Umformverfahren Rundkneten gefertigt werden.

Das Rundkneten gehört zu den Net-Shape-Forming-Verfahren, die sich dadurch auszeichnen, dass die Endkontur der umgeformten Werkstücke ohne oder mit nur minimaler spanender Bearbeitung erreicht wird. Beim Rundkneten sind die Umformwerkzeuge (Knetbacken) konzentrisch um das Werkstück angeordnet **(Bild 2)**. Die Knetbacken oszillieren hochfrequent mit geringem Hub und üben so auf das umschlossene Werkstück radiale Druckkräfte aus. In den meisten Fällen besteht ein Werkzeugsatz aus vier Knetbacken, es können aber je nach Anwendung auch zwei bis acht Backen eingesetzt werden.

Die Innengeometrie **(Bild 3)** wird mit einem Rundknetdorn hergestellt. Dieser Dorn ermöglicht so die Herstellung von zylindrischen oder kegeligen Bohrungen, aber auch die Herstellung von Innenprofilen, wie z. B. Verzahnungen, Innensechskant und Drallprofilen mit enger Toleranz. Die erreichbaren Toleranzen sind mit der spanenden Bearbeitung vergleichbar. Abhängig vom Umformgrad, sowie der Beschaffenheit der Werkzeuge liegen sie je nach Werkstückdurchmesser im Bereich von ± 0,01 mm bis ± 0,1 mm.

Neben einer Reduzierung der Stückkosten um 40 % **(Bild 4)** bietet das Rundknetverfahren alle Vorzüge der Kaltumformung wie kurze Bearbeitungszeit, enge Toleranzen, nicht unterbrochener Faserverlauf, hohe Oberflächenqualität und Materialersparnis.

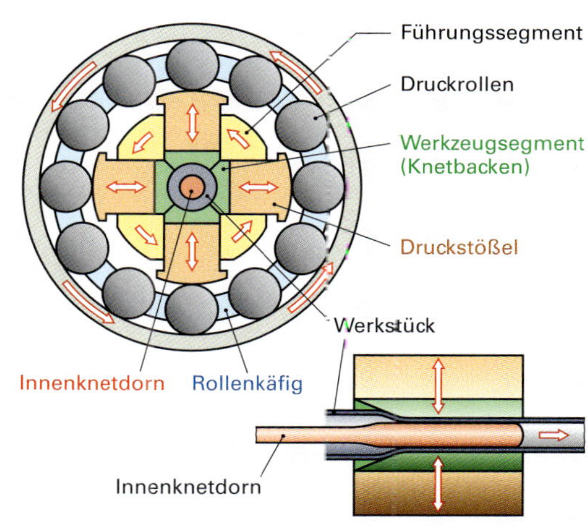

2 Prinzip Rundkneten

3 Umformstufen beim Rundkneten

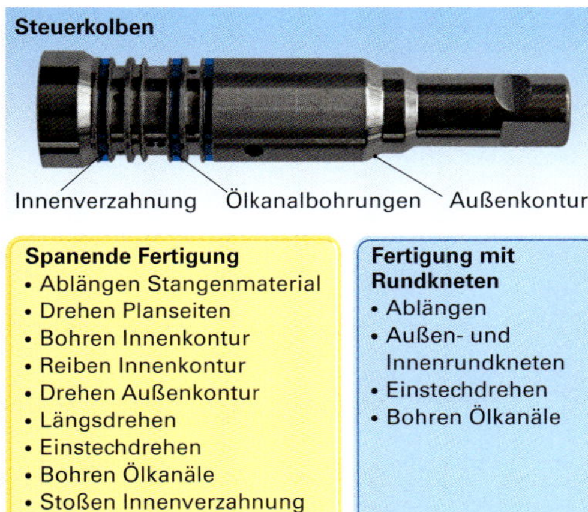

Spanende Fertigung	Fertigung mit Rundkneten
• Ablängen Stangenmaterial • Drehen Planseiten • Bohren Innenkontur • Reiben Innenkontur • Drehen Außenkontur • Längsdrehen • Einstechdrehen • Bohren Ölkanäle • Stoßen Innenverzahnung • Fräsen	• Ablängen • Außen- und Innenrundkneten • Einstechdrehen • Bohren Ölkanäle

1 Verfahrensvergleich

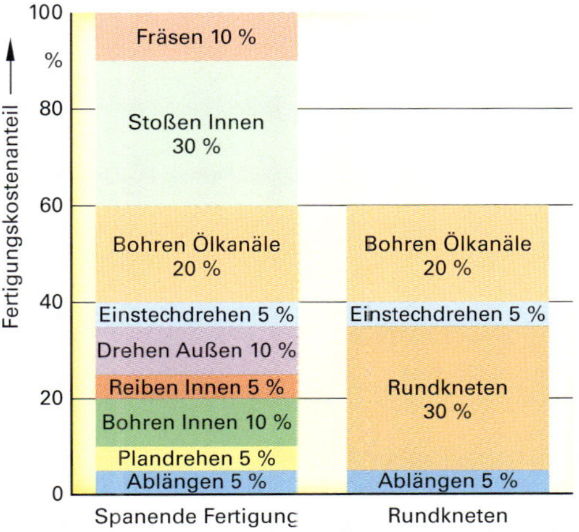

4 Reduzierung der Werkstückkosten

Urformen

Unter Urformen vorsteht man, gemäß DIN 8580, das Fertigen eines festen Körpers aus einem formlosen Stoff durch Schaffen eines Zusammenhalts. Als formlose Stoffe werden Gase, Flüssigkeiten, plastifizierte Materialien und Stoffe mit körnigem oder pulverförmigem Ausgangszustand bezeichnet **(Bild 1)**.

2 **Keltischer Armring (Bronze, etwa nat. Größe)**

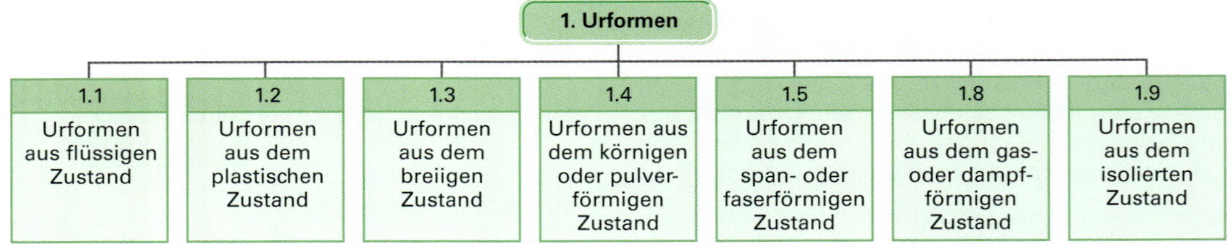

1 **Urformen, Unterteilung nach DIN 8580**

Urformen mit formgebendem Werkzeug aus dem flüssigen Zustand, Gießen

Beim Gießen wird schmelzflüssiger Werkstoff in eine Form gegossen und erstarrt dort zu einem Gussstück. Das Gießen ist eines der ältesten uns bekannten Fertigungsverfahren. Ausgrabungen belegen, dass seit der frühen Menschheitsgeschichte vor allem Schmuck **(Bild 2)**, religiöse Gegenstände und Waffen gegossen werden.

Durch Gießen werden Komponenten aus Gusseisen, Nichteisenmetallen und deren Legierungen, wie z. B. Kupfer, Zinn, Blei, Nickel, sowie Leichtmetalllegierungen mit Aluminium, Magnesium und Titan, für alle Industriezweige hergestellt **(Bild 3)**.

Die zu fertigenden Gussteile werden computergestützt konstruiert und optimiert. Der Gießprozess und die Gussprodukte unterliegen einer aufwendigen prozessbegleitenden Prüfung und Qualitätskontrolle **(Bild 4)**.

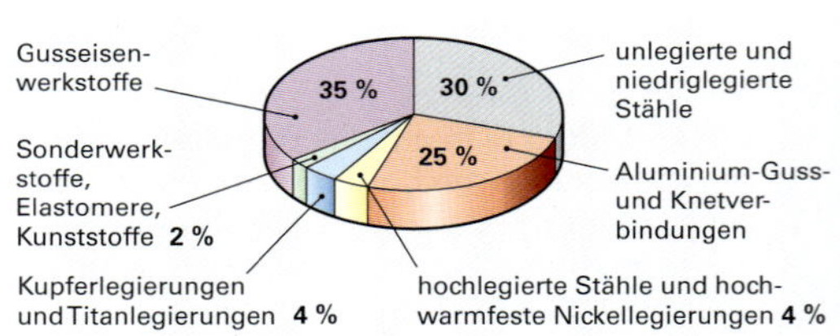

3 **Anteil Gusswerkstoffe**

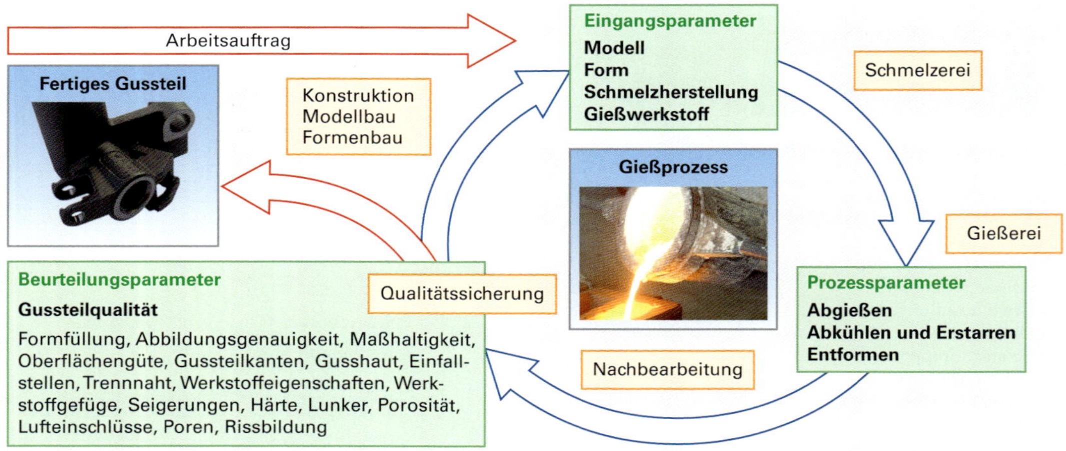

4 **Gießprozess**

Der prinzipielle Verfahrensablauf beim Gießen

Zur Erzeugung eines fertigen Gussteils **(Bild 1)** muss bei den meisten Verfahren zuerst ein Modell hergestellt werden. Dieses Modell wird in einem formgebenden Stoff, z. B. Formsand in zwei Formhälften abgeformt. Enthält das Bauteil Hohlräume, müssen Kerne für diese Hohlräume angefertigt werden und beim Zusammenbau der Form mit eingelegt werden.

Der Gusswerkstoff wird in der richtigen Zusammensetzung gemischt (Gattierung) und verflüssigt. Dann erfolgt der eigentliche Gießvorgang. Nach dem Abkühlen und Erstarren der Schmelze in der Form wird das Gussteil entformt. Abschließend werden Anguss und Steiger entfernt und das Teil nachbearbeitet.

Erstarrungsvorgänge

Die bei der Abkühlung flüssiger und fester Stoffe auftretende temperaturabhängige Volumenverringerung wird als **Schwindung** bezeichnet. Beim Abkühlen eines Gussteils von Gießtemperatur auf Raumtemperatur ist eine Schwindung in drei Stufen zu beobachten **(Bild 2)**.

Schwindungsarten:

- die Flüssigkeitsschwindung, im Bereich zwischen Gieß- und Liquidustemperatur,
- die Erstarrungsschwindung während des Übergangs vom flüssigen in den festen Zustand, in der die Lunker entstehen,
- die feste Schwindung, welche durch die Zugabe von Schwindmaß bei Modellen und Dauerformen berücksichtigt wird.

Das **Schwindmaß** ist ein prozentuales Übermaß bei Modellen, verlorener Formen und Dauerformen, das die Schwindung eines Gussteils beim Abkühlen von der Soliduslinie auf Raumtemperatur berücksichtigt. Die Schwindung ist werkstoffabhängig **(Tabelle 1)** und wird bei allen Maßen am Modell und den gussstückbildenden Konturen der Dauerform berücksichtigt.

Tabelle 1: Schwindmaße

Werkstoff	Lineares Schwindmaß in Prozent		
	Sandguss	Kokillenguss	Druckguss
Stahlguss	1,5 bis 2,5		
Temperguss, weiß	0,6 bis 1,0		
Gusseisen, lamellar	0,7 bis 1,3		
Gusseisen, globular	0,8 bis 1,6		
Al-Legierungen	1,5 bis 2,0		
AlSi	0,9 bis 1,1	0,6 bis 0,8	0,5 bis 0,8
AlMg	1,0 bis 1,5	0,5 bis 0,9	0,6 bis 1,0
MgAl-Legierungen	1,0 bis 1,4	0,8 bis 1,2	0,8 bis 1,2
Cu-Legierungen	1,8 bis 2,2	1,5 bis 1,9	
CuSn	1,2 bis 1,8	1,0 bis 1,4	
CuZn	0,8 bis 1,6	0,8 bis 1,2	0,7 bis 1,2
CuAl	1,8 bis 2,2	1,4 bis 2,0	
ZnAl	1,0 bis 1,5	0,6 bis 1,0	0,4 bis 0,6

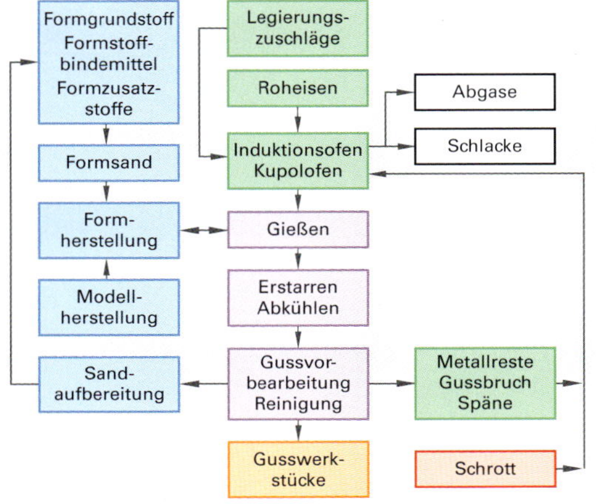

1 **Der Weg zum fertigen Gussbauteil**

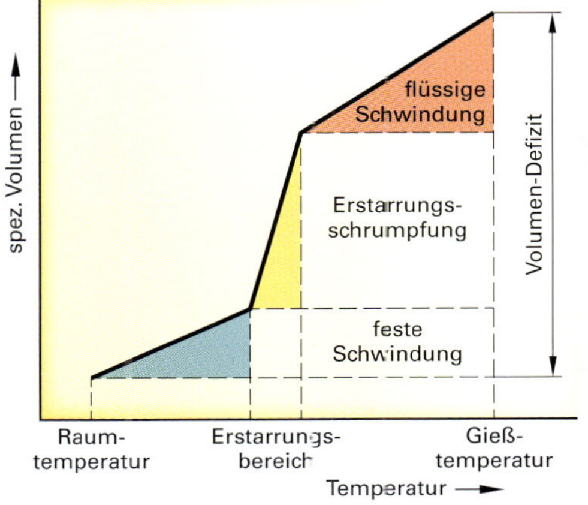

2 **Erstarrungsbereiche**

Gießverfahren

Die Herstellung von Gussteilen erfordert eine Gussform. Der Hohlraum dieser Form entspricht dem negativen Abbild der Gussteilgeometrie. Die verwendeten Formstoffe sind auf das jeweilige Gießverfahren abgestimmt. Grundsätzlich unterscheidet man zwischen Gießen in verlorenen Formen und Gießen in Dauerformen **(Tabelle 1)**.

Gießen in verlorenen Formen

Als Gießverfahren mit verlorenen Formen werden Gießverfahren bezeichnet, bei denen zur Entnahme des abgegossenen Gussteils die Gussform zerstört werden muss und damit nur einmalig verwendet werden kann. Als Formstoffe kommen tongebundene, chemisch gebundene und physikalisch gebundene Sande, sowie Keramik zur Anwendung **(Bild 1)**.

Formherstellung mit Dauermodellen. Dauermodelle werden nach der Formherstellung aus meist geteilten Gießformen entnommen und werden wieder verwendet. Werkstoffe für Dauermodelle sind Metalle, Modellholz, Kunststoff und Gips **(Tabelle 2)**.

Formherstellung mit verlorenen Modellen. Wird bei der Gussteilherstellung sowohl die Form als auch das Modell zerstört, spricht man von Verfahren mit verlorenen Modellen. Mit einem Modell lässt sich nur eine Gießform erstellen und damit nur ein Gussteil abgießen. Modellwerkstoffe für verlorene Modelle sind Wachs, Thermoplaste, Polystyrol und niedrigschmelzende Metalllegierungen. Der Vorteil liegt darin, dass das Modell komplett eingeformt werden kann und die Form damit nicht geteilt werden muss. Beim Abgießen der Gießform verbrennt, verdampft oder schmilzt der Modellwerkstoff. Beim Entformen des Gussstückes wird die Gussform zerstört.

Gießen mit Dauerformen

Mit Dauerformen, die aus metallischen Werkstoffen wie z. B. Stahl oder Gusseisen hergestellt sind, können ohne Modell eine größere Anzahl von Gusswerkstücken abgeformt werden **(Bild 2)**.

Mithilfe von kennzeichnenden Merkmalen lassen sich die Gießverfahren charakterisieren:

- Form, Modell,
- Verfahrensprinzip,
- Anzahl der Abgüsse,
- Toleranzen am Gussstück,
- Gusswerkstoffe, Gussstückgewicht.

Tabelle 2: Farbliche Kennzeichnung von Dauermodellen aus Holz für das Handformgießen

Stahl	Gusseisen mit Kugelgraphit	Gusseisen mit Lamellengraphit	Temperguss	Leichtmetallguss
blau	violett	rot	grau	grün

1 **Verlorene Gießform (Maskenform)**

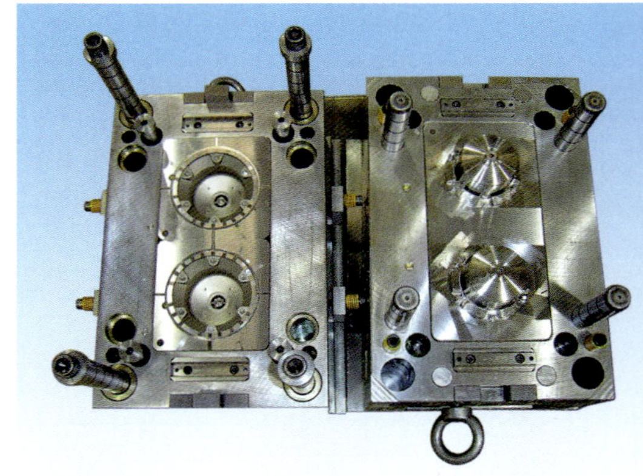

2 **Dauerform**

Tabelle 1: Überblick Gießverfahren

Gießen in verlorenen Formen		Gießen in Dauerformen		
mit Dauermodell	mit verlorenen Modellen	ohne Modell		
Gießen mit Schwerkraft		Gießen mit Schwerkraft	Gießen mit Druckkraft	Gießen mit Zentrifugalkraft
Handformen	Feingießen	Kokillengießen	Druckgießen	Schleudergießen
Maschinenformen	Vollformgießen	Stranggießen		
Maskenformen	Magnetformen			
Vakuumformen	Keramikformen			
Saugformen				

Gießen in verlorenen Formen,

Handformgießen und Maschinenformgießen. Als Formstoff wird Formsand mit Binder verwendet. Die Herstellung der Form erfolgt mit Modellen aus Modellholz oder Kunststoffen von Hand oder maschinell. Das **Modell** erzeugt im Formstoff die Außenkontur des Gussteils. Hohlräume im Gussstück entstehen durch die, in die Form eingelegten, Kerne aus Formsand **(Bild 1)**.

Als **Gusswerkstoffe** kommen alle gießbaren Metalle und Legierungen zum Einsatz. Das Handformen ist für die **Einzelfertigung** und kleine Serien geeignet. Die **Toleranzen** am Gussstück liegen bei 2,5 % bis 5 % der Bauteilabmessungen.

Saugformen. Als Formstoff wird synthetischer Nassgusssand verwendet. Die Herstellung der Form erfolgt mit **Modellen** aus Modellholz, Kunststoff oder Metall. Das **Verfahrensprinzip** ist gekennzeichnet durch einen Luftentzug des Formraumes und des Formsandes, sodass ein Vakuum entsteht **(Bild 2)**.

Als **Gusswerkstoffe** kommen Gusseisenwerkstoffe und Aluminium zum Einsatz. Die **Gussstückgewichte** liegen bei 0,1 kg bis 120 kg. Das Saugformen ist für kleinere, mittlere und Großserien geeignet. Die **Toleranzen** am Gussstück liegen bei 1,5 % bis 3 % der Bauteilabmessungen.

Vakuumformen. Die nach der Modellkontur vakuumumgeformte Folie wird mit feinkörnigem, binderfreiem Quarzsand hinterfüllt. Zur Erhaltung der Formstabilität wird jeweils ein Unterdruck an die Formhälften angelegt. Nach dem Auflegen einer Deckfolie wird die Luft aus dem Sand evakuiert und die Form damit verfestigt **(Bild 3)**.

Als **Gusswerkstoffe** kommen alle gießbaren Metalle und Legierungen zum Einsatz. Das Vakuumformen ist für kleinere, mittlere und Großserien geeignet. Die **Toleranzen** am Gussstück liegen bei 0,3 % bis 0,6 % der Bauteilabmessungen.

Maskenformen. Die **Form (Bild 4)** besteht aus einem Sand-Kunstharzgemisch. Als **Modell** werden beheizbare Metallmodelle benutzt.

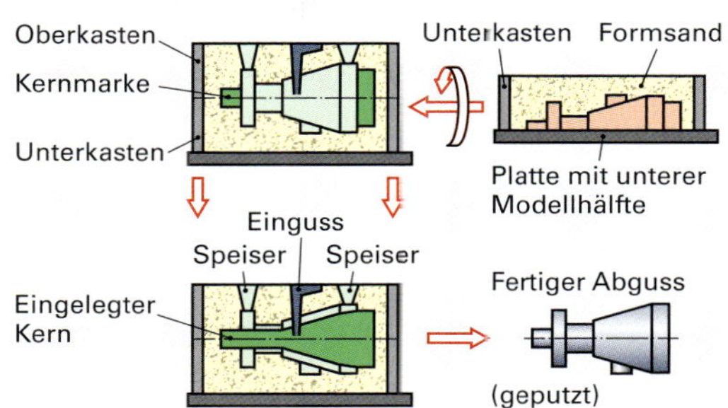

1 Verfahrensprinzip Handformen

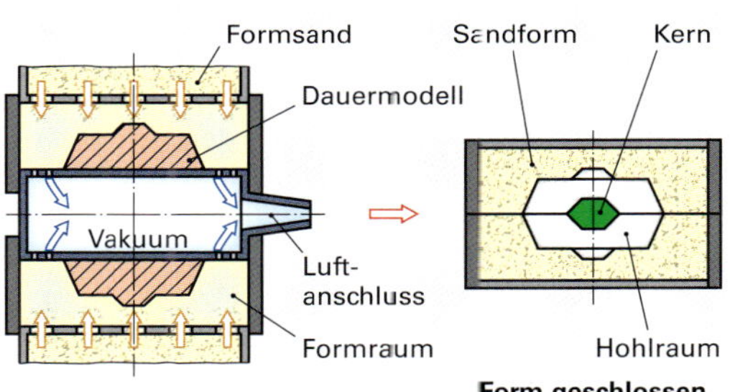

2 Saugformen

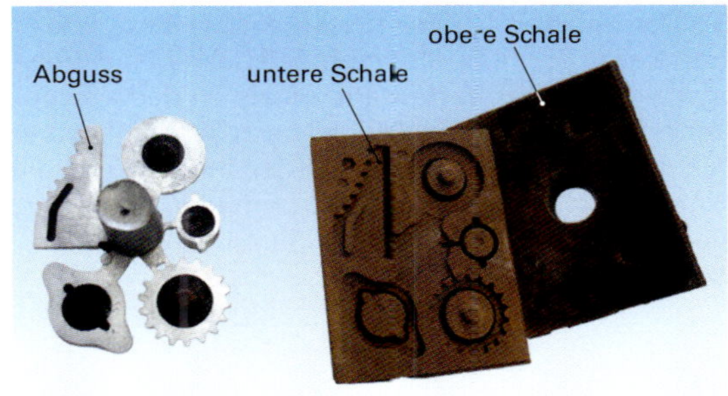

4 Maskenform

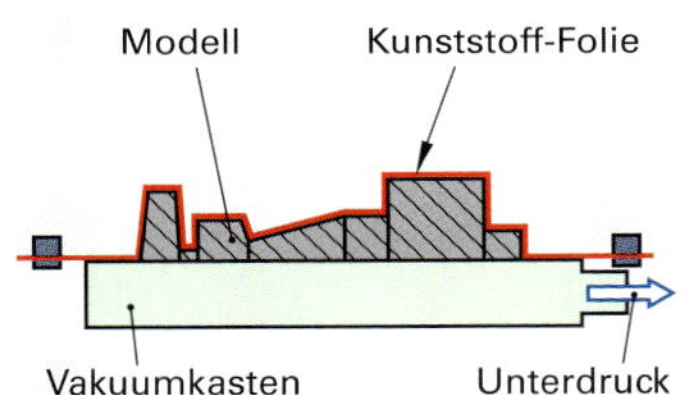

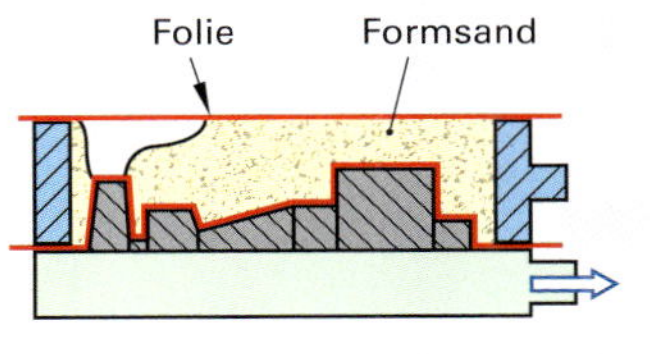

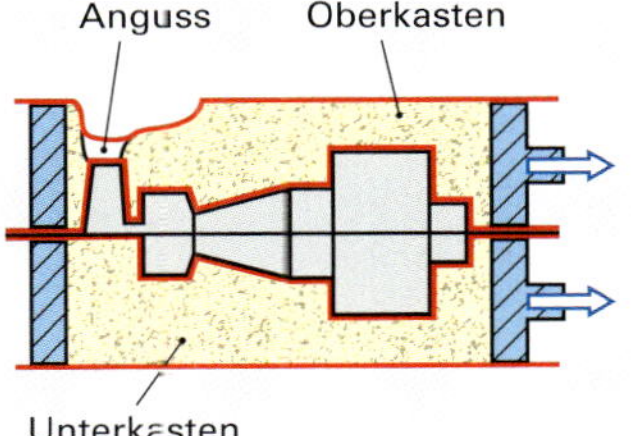

3 Vakuumformen

Das **Verfahrensprinzip** ist dadurch gekennzeichnet, dass der Formstoff auf das beheizte Metallmodell aufgeschüttet wird **(Bild 1)**. Dabei härten die im Formstoff enthaltenen Kunstharze aus und verfestigen die Form. Es entsteht eine formstabile, selbsttragende Maskenform. Nach Einlegen der Kerne werden beide Formhälften zusammengeklebt.

Als **Gusswerkstoffe** kommen alle gießbaren Metalle und Legierungen zur Anwendung. Die **Gussstückgewichte** liegen bei maximal 150 kg. Das Maskenformverfahren ist für mittlere und große Serien geeignet. Die **Toleranzen** am Gussstück liegen bei 1 % bis 2 % der Bauteilabmessungen.

Magnetformen. Die **Form** besteht aus Eisengranulat, das **Modell** besteht aus Schaumstoff. Das **Verfahrensprinzip** ist dadurch gekennzeichnet, dass aus Schaumstoff vorgefertigte Gießeinheiten mit einer feuerfesten Keramik überzogen werden. In einem Formkasten werden sie dann mit rieselfähigem Eisengranulat hinterfüllt. Durch Anlegen eines Magnetfeldes verfestigt sich das Eisenpulver und hinterstützt so die Gießeinheit. Nach dem Gießen und Erstarren des Metalls wird das Magnetfeld abgeschaltet, wodurch das Eisengranulat wieder rieselfähig wird **(Bild 2)**.

Als **Gusswerkstoffe** kommen alle gießbaren Metalle und Legierungen zur Anwendung. Das Magnetformverfahren ist für Einzelteile und kleine Serien geeignet. Die **Toleranzen** am Gussstück liegen bei 3 % bis 5 % der Bauteilabmessungen.

Vollformgießen. Die **Form** besteht aus einem selbsthärtenden Formstoff. Das **Modell** besteht aus Polystyrol (EPS). Das **Verfahrensprinzip** ist dadurch gekennzeichnet, dass das Modell nach dem Einformen nicht aus der Form entfernt werden muss. Durch die Hitze der in die Vollform einströmenden Schmelze, vergast das Modell und wird durch Gießmetall ersetzt **(Bild 3)**.

2 Magnetformen

Als **Gusswerkstoffe** kommen alle gießbaren Metalle und Legierungen zur Anwendung. Das Vollformgießen ist für Einzelteile und kleine Serien geeignet. Die Gussstückgewichte sind großvolumige Teile. Die **Toleranzen** am Gussstück liegen bei 3 % bis 5 % der Bauteilabmessungen.

Feingießen. Die **Form** besteht aus feuerfester Keramik, das **Modell** meist aus Spezialwachs, das im Spritzguss-Verfahren hergestellt wird. Das **Verfahrensprinzip** ist gekennzeichnet durch die einteilige Gießform und das Abgießen in die heiße Form, bei Stahl ca. 900 °C **(Bild 2, folgende Seite)**.

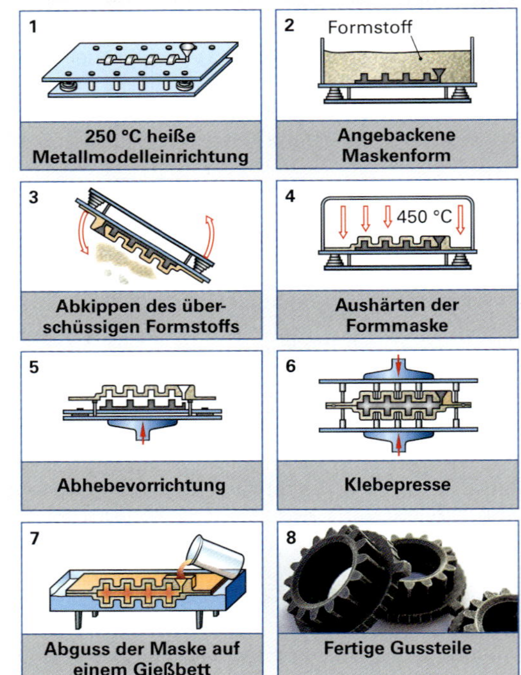

1 Maskenformen

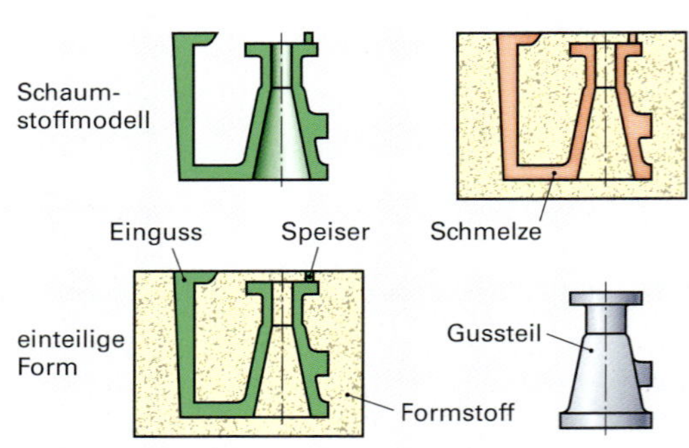

3 Vollformgießen

Die Modelle werden mit dem Gießsystem zu sogenannten Trauben zusammengefügt. Diese Trauben erhalten dann einen zähflüssigen, keramischen Überzug, der durch eine chemische Reaktion aushärtet **(Bild 1)**. Nach dem Ausschmelzen werden die so entstandenen einteiligen Gießformen gebrannt. Anschließend wird in die vom Brennvorgang noch heiße Form die Gussschmelze eingegossen, damit auch enge Querschnitte und feine Konturen vollständig auslaufen.

Als **Gusswerkstoffe** kommen alle gießbaren Metalle und Legierungen auf Eisen-, Nickel-, Aluminium-, Kobalt-, Titan-, Kupfer-, Magnesium oder Zirkonium-Basis zur Anwendung. Die **Gussstückgewichte** liegen ab 0,001 kg bis 50 kg, je nach Fertigungseinrichtung auch bis zu 150 kg. Das Feingießen ist für kleinere bis Großserien geeignet. Die **Toleranzen** am Gussstück liegen je nach Stückgröße bei 0,3 % bis 0,7 % der Bauteilabmessungen.

Gießen mit Dauerformen und ohne Modell

Kokillengießen. Die Dauerform besteht aus Gusseisen oder Stahl. Da die **Form** als formgebendes Werkzeug dient, ist kein **Modell** erforderlich. Entsprechend dem **Verfahrensprinzip** wird die Metallschmelze unter Wirkung der Schwerkraft oder mit Niederdruck **(Bild 3)** in die Dauerform (Kokille) eingegossen. Diese Formen sind zur Entnahme des fertigen Gussteils zwei- oder mehrteilig ausgeführt. Durch die hohe Wärmeleitfähigkeit der Kokille gegenüber Formsand erfolgt eine beschleunigte Abkühlung der erstarrenden Schmelze. Daraus resultiert ein verhältnismäßig feinkörniges, gas- und flüssigkeitsdichtes Gefüge mit guten Festigkeitseigenschaften.

Als **Gusswerkstoffe** kommen Kupfer-, Aluminium-Legierungen und Gusseisen zur Anwendung. Die **Gussstückgewichte** liegen bis 100 kg, je nach Fertigungseinrichtung auch bis zu 20 t. Das Kokillengießen ist für größere Serien geeignet. Die **Toleranzen** am Gussstück liegen je nach Stückgröße bei 0,3 % bis 0,8 % der Bauteilabmessungen.

Stranggießen. Die Dauerform besteht aus wassergekühltem Gusseisen, Stahl oder Graphit **(Bild 4)**. Da die **Form** (Kokille) als formgebendes Werkzeug dient, ist kein **Modell** erforderlich. Entsprechend dem **Verfahrensprinzip** ist die ein- oder mehrteilige Kokille in einen Kühlmantel eingebaut. Die Abmessungen der Kokille entsprechen in Form und Maß dem Strangprofil. Dieser Strang wird kontinuierlich aus der Kokille entformt, wobei flüssige Schmelze ständig in die Kokille nachströmt und so einen endlosen Strang bildet, der in beliebiger Länge abgelängt bzw. weiterverarbeitet werden kann.

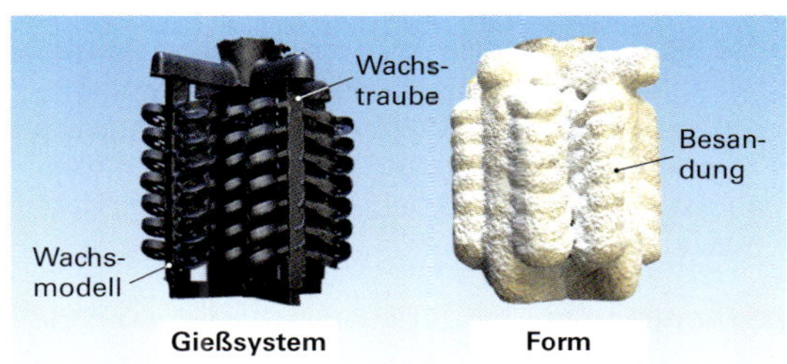

1 Feingusstraube mit Gießform

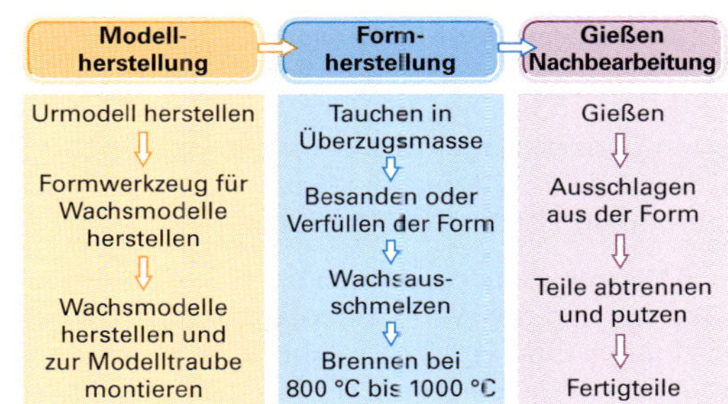

2 Verfahrensablauf Feingießen

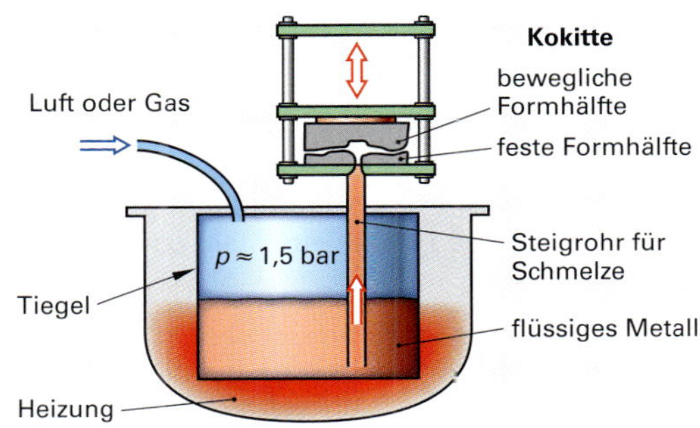

3 Niederdruck-Kokillengießen

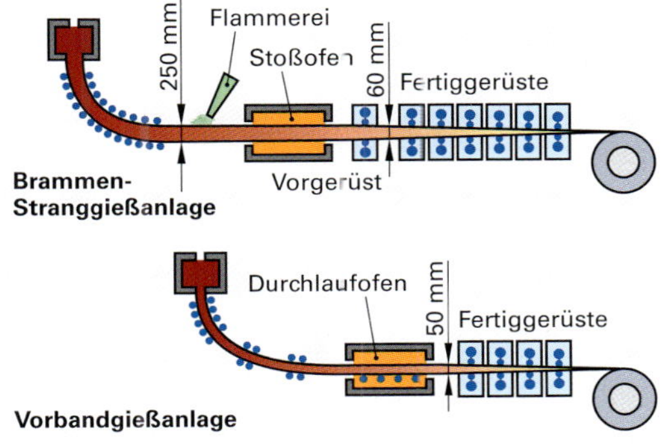

4 Stranggießen

Als **Gusswerkstoffe** kommen Nichteisenmetalllegierungen, insbesondere Aluminiumlegierungen und Eisenwerkstoffe zur Anwendung. Die **Toleranzen** am Gussstück liegen je nach Profilabmessungen bei 0,3 % bis 0,6 % der Bauteilabmessungen.

Druckgießen. Im Druckgießverfahren lassen sich dünnwandige und geometrisch komplizierte Gussteile mit hoher Maßhaltigkeit und Oberflächengüte herstellen. Die Dauerform besteht aus Warmarbeitsstahl. Da die **Form** als formgebendes Werkzeug dient, ist kein **Modell** erforderlich. Entsprechend dem **Verfahrensprinzip** wird die Metallschmelze **(Bild 1)** in einer Druckgießmaschine unter hohem Druck und mit großer Geschwindigkeit in die zweiteilige, vortemperierte Dauerform gedrückt. Bei den Druckgießmaschinen unterscheidet man zwischen Warmkammer- und Kaltkammermaschinen.

Beim **Warmkammerverfahren** bilden die Druckgießmaschine und der Warmhalteofen für die Schmelze eine Einheit **(Bild 2)**. Das Gießaggregat befindet sich in der Schmelze. Bei jedem Gießvorgang wird genau ein vorbestimmtes Volumen an Schmelze durch einen Kolben in die Form gedrückt. Dort erstarrt das schmelzflüssige Metall unter Druck. Nach dem Erstarren öffnet sich die Form und das Gussteil wird durch die Auswerfereinheit entfernt. Das Warmkammer-Druckgieß-Verfahren eignet sich vor allem für die Werkstoffe Blei, Magnesium, Zink, Zinn und deren Legierungen. Für Aluminium, Kupfer und deren Legierungen ist das Warmkammerverfahren ungeeignet, da diese Werkstoffe im schmelzflüssigen Zustand das Gießaggregat aus Stahl chemisch angreifen.

Beim **Kaltkammerverfahren** sind die Druckgießmaschine und der Warmhalteofen für die Schmelze getrennt **(Bild 3)**. Die Schmelze wird mit einer Schöpfeinrichtung in die Druckkammer gefüllt und über einen gekühlten Kolben in die Form gedrückt. Die Druckkammer ist direkt an die eingussseitige Formhälfte angebaut. Dieses Verfahren eignet sich bevorzugt für Legierungen auf Kupfer und Aluminiumbasis. Kaltkammer-Druckgießmaschinen erreichen verfahrensbedingt nicht die Stückleistungen von Warmkammer-Maschinen.

Die **Gussstückgewichte** liegen je nach Fertigungseinrichtung bei Leichtmetalllegierungen bis 45 kg, bei anderen Gusswerkstoffen bis 20 kg. Das Druckgießen ist für große Serien geeignet. Die **Toleranzen** am Gussstück liegen bei 0,1 % bis 0,4 % der Bauteilabmessungen.

1 Metallschmelze

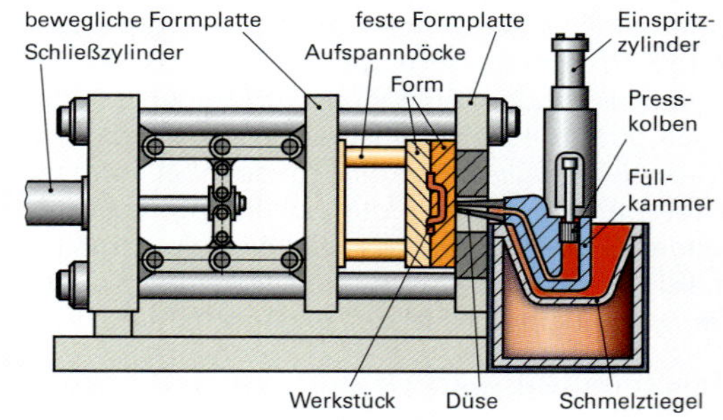

2 Warmkammer-Druckgießmaschine

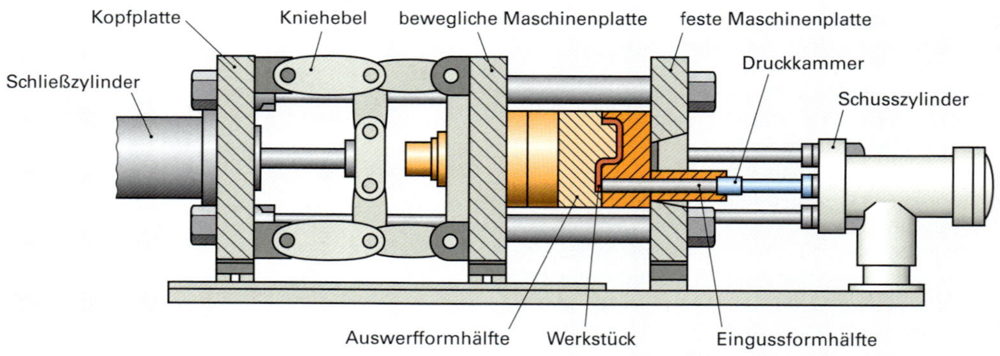

3 Kaltkammer-Druckgießmaschine (Prinzip)

Schleudergießen. Die Dauerform besteht aus einer Gusseisen- oder Stahlkokille. Da die **Form** als formgebendes Werkzeug dient, ist kein **Modell** erforderlich. Entsprechend dem **Verfahrensprinzip** werden im Schleudergießverfahren Hohlkörper, die einen rotationssymmetrischen Hohlraum haben und deren Achse mit der Drehachse der Schleudergießeinrichtung zusammenfällt, hergestellt. Die Außenform des Gussstücks wird durch die Kokillenform bestimmt. Die Innenform bildet sich unter Einwirkung der Fliehkraft der rotierenden Form. Die Wanddicke des Gussstücks wird bestimmt von der Menge des zugeführten schmelzflüssigen Metalls **(Bild 1)**.

Geeignete Werkstoffe sind vor allem Gusseisen, Stahlguss, Schwer- und Leichtmetalllegierungen. Die **Gussstückgewichte** gehen bis 5000 kg. Das Schleudergießen ist für größere Serien geeignet. Die **Toleranzen** am Gussstück liegen je nach Stückgröße bei ca. 1 % der Bauteilabmessungen.

Urformen mit formgebendem Werkzeug aus dem breiigen Zustand

Thixoforming

Ein Verfahren zwischen Ur- und Umformtechnik ist das Thixoforming **(Bild 2)**. Dieses Verfahren vereinigt in sich das Gießen von schmelzflüssigem Werkstoff und das Gesenkschmieden in festem Werkstoffzustand. Das Verfahren gehört zu den Formgebungsverfahren von Werkstoffen im teilflüssigen Zustand (**Semi-Solid-Metalforming**, SSM). Beim Thixoforming erfolgt die Formgebung des Werkstoffs im Temperaturbereich zwischen der Solidus-Temperatur und der Liquidus-Temperatur, wobei das Prozessfenster nach Möglichkeit so gewählt wird, dass der Anteil fester Phasen ca. 60 % und der Anteil flüssiger Schmelze ca. 40 % beträgt. In diesem Zustand kann das Rohteil in ein Formwerkzeug eingelegt werden. Die Formgebung erfolgt in einem einzigen Formgebungsschritt entweder durch Einpressen in ein geschlossenes Formwerkzeug oder zwischen zwei bewegten Formhälften **(Bild 3)**.

Grundsätzlich sind nur solche Werkstoffe verarbeitbar, die ein ausreichendes Erstarrungsintervall bilden **(Bild 4)**. Weiterhin muss die bei der Formgebung feste Phase von einer niedrigschmelzenden Flüssigphase umgeben sein. Dies kann entweder ein aufgeschmolzenes Eutektikum sein, oder durch eine gezielt eingestellte Kornseigerung kann ein definiertes Aufschmelzen der Primärphase erreicht werden.

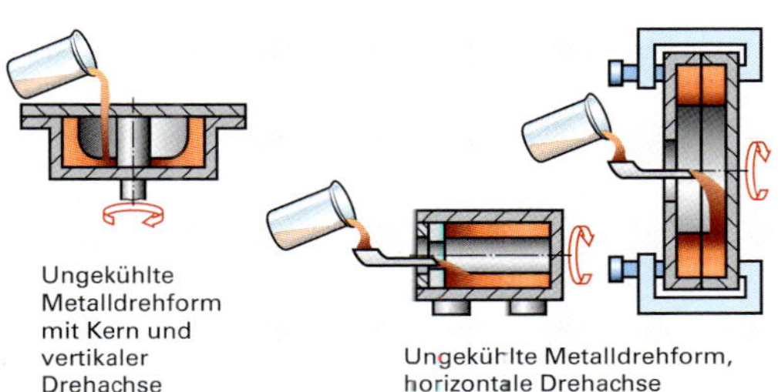

1 Schleudergießen

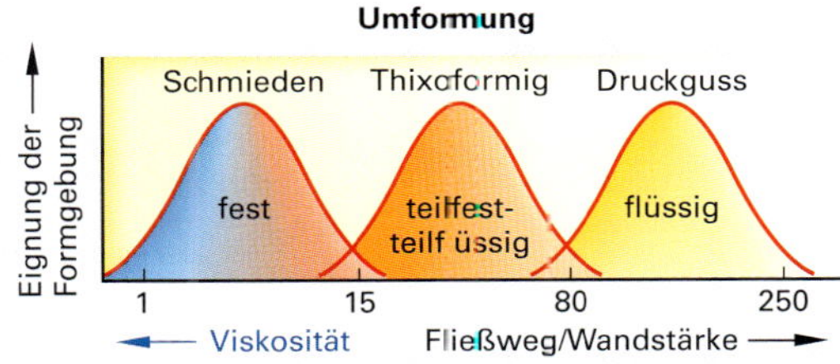

2 Formgebungsverfahren

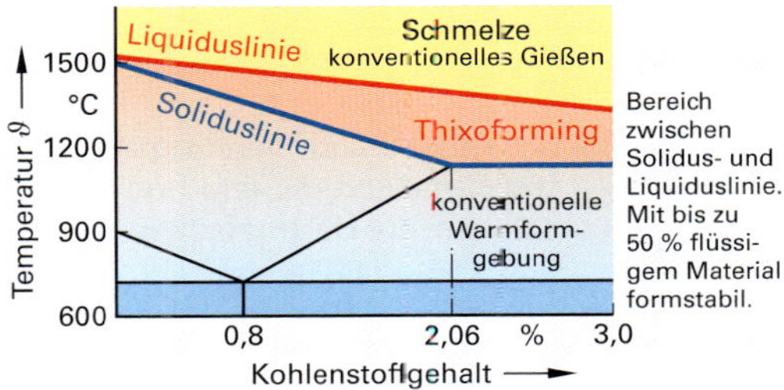

4 Formgebungsbereiche

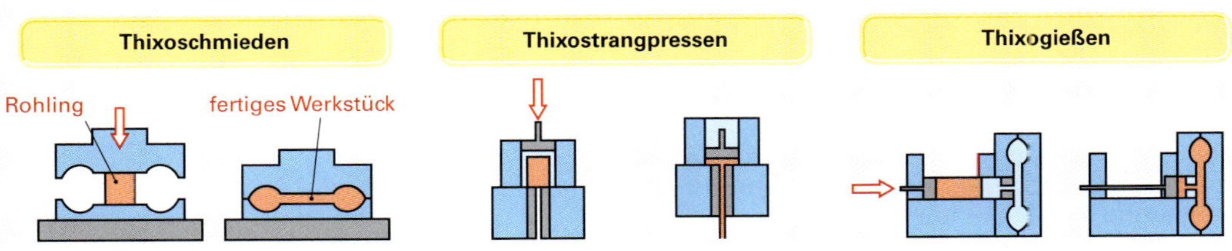

3 Verfahren beim Thixoforming

Urformen mit formgebendem Werkzeug aus dem pulverförmigen Zustand

Pulvermetallurgie (Sintern)

Der Begriff „Pulvermetallurgie" umfasst die Erzeugung metallischer (Feinst-) Pulver sowie die mechanische Verdichtung dieser Pulver **(Bild 1)** in Formwerkzeugen mit anschließender Sinterung bei hohen Temperaturen zu Fertigteilen (**Bild 2** und **Bild 3**).

Bei konventionellen Sinterverfahren werden aus den verschiedenen Pulvern, z. B. Kupfer, Zinn, Eisen, Wolfram, Wolframkarbid oder Mischungen aus Legierungen verschiedenster Zusammensetzung (z. B. Chrom-/Nickel-), Formteile über einen vertikal Pressvorgang mit anschließender Sinterung unter Schutzgas oder im Vakuum gefertigt. Dabei kann ein bestimmter Porositätsgrad der Teile bis zu theoretisch dichten Körpern erreicht werden. Der Vorteil pulvermetallurgisch erzeugter Teile gegenüber z. B. gegossenen oder geschmiedeten Produkten liegt vor allem darin, dass die PM-Teile in vielen Fällen ohne eine mechanische Nachbearbeitung in hohen Stückzahlen auch bei komplexer Geometrie hergestellt werden können.

Bevorzugte Einsatzfelder sind daher für die Sintertechnik Bauteile mit komplexen Geometrien. Gerade hier kann durch Wegfall mehrerer mechanischer Bearbeitungsoptionen eine Kostenersparnis bis zu 50 % erreicht werden.

Weitere **Anwendungsbeispiele** der Pulvermetallurgie sind Schneidwerkzeuge zum Zerspanen auf Werkzeugmaschinen und im Werkzeugbau wie z. B. Schneid- und Wendeplatten, Gewindebohrer und Schneideisen, Umformwerkzeuge und Trennwerkzeuge.

Verwendete Werkstoffe sind Wolframkarbide, Titankarbide und Tantalkarbide und hochlegierter Werkzeugstahl. Bei der Hartmetallherstellung wird das Bindemetall (Kobalt) beim Sintern flüssig und bildet in der Gefügematrix mit den Karbiden eine Legierung. Sind beim Sintern ein oder mehrere Bestandteile schmelzflüssig, so spricht man vom Sintern mit flüssiger Phase, Flüssigphasensintern.

Durch Sintern werden Bauteile im Maschinen- und Fahrzeugbau, in der Elektro-, Haushalts- und Gerätetechnik aus den Werkstoffen Sintereisen, unlegierte, niedriglegierte und hochlegierte Sinterstähle, Friktionsteile zur Lagerung und Führung im Maschinen- und Fahrzeugbau wie Gleitlager, Führungsringe, Stoßdämpferkolben und Kolbenringe aus porösem Sinterwerkstoff und aus Eisen- und Nichteisenpulvern hergestellt **(Bild 4)**.

1 **Sinterpulver**

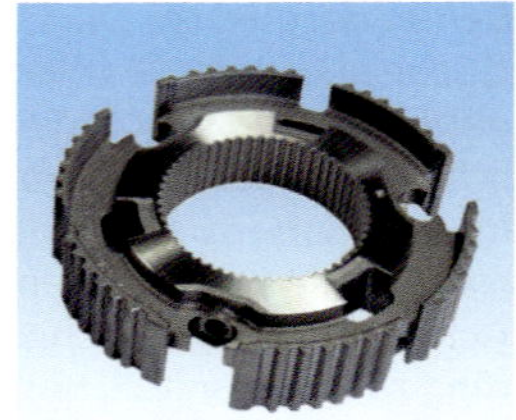

4 **Sinterteil**

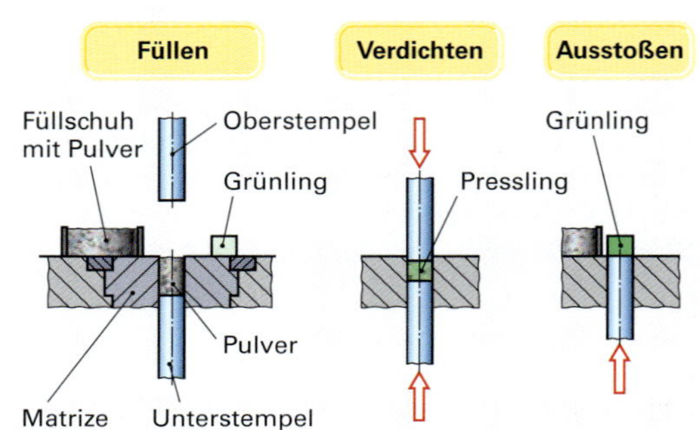

2 **Pressvorgang**

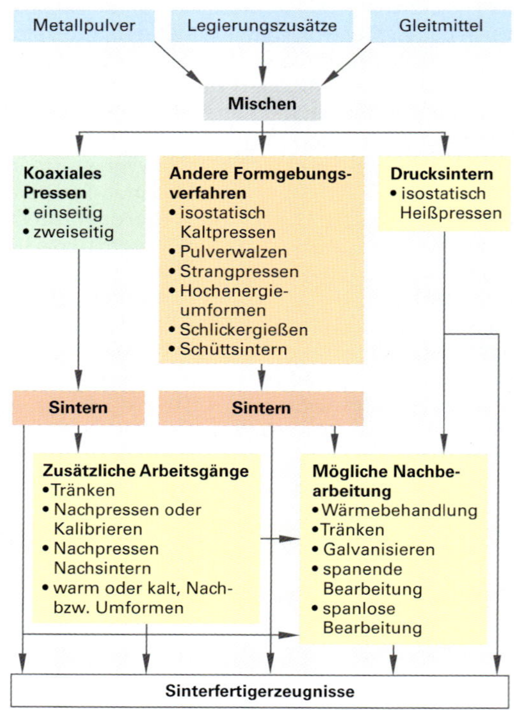

3 **Verfahrensschritte Sinterprozess**

Pulverschmieden

Die Vorteile der Pulvermetallurgie und die guten mechanischen Eigenschaften geschmiedeter Werkstücke werden beim Pulverschmieden vereinigt. Die Kaltverfestigung des Materials, die beim Nachpressen dem Pressdruck einen erheblichen Widerstand entgegensetzt, verhindert die völlige Verdichtung des Werkstoffs. Durch Druckeinwirkung bei gleichzeitiger Erwärmung oberhalb der Rekristallisationstemperatur ist diese Begrenzung überwindbar.

In **Bild 1** ist die erreichbare Dichte pulvergeschmiedeter Bauteile im Vergleich zur konventionellen Sintertechnik und zur Schmelzmetallurgie dargestellt. Man erkennt, dass dieses Verfahren die Lücke zwischen den beiden Herstellungsverfahren schließt. Durch Pulverschmieden können Bauteile mit einer Zugfestigkeit von mehr als 1600 N/mm^2 bei einer Werkstoffdichte von 99,7 % erreicht werden.

Die Verfahrensschritte beim Pulverschmieden im Vergleich zu verschiedenen Sinterverfahren zeigt **Tabelle 1**. Die ersten drei Verfahrensschritte sind beim Pulverschmieden identisch mit denen der herkömmlichen Sintertechnik.

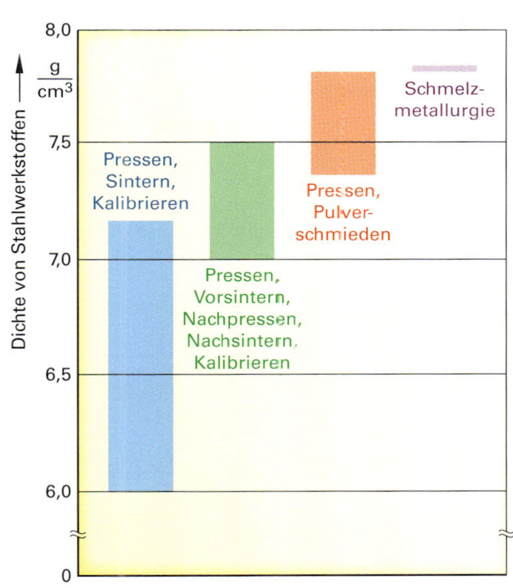

1 **Dichte von Stahlwerkstoffen in Abhängigkeit der Prozesskette**

Tabelle 1: Verfahrensschritte

Schüttsintern	Einfach-Sintern	Zweifach-Sintern	Punktverschmieden	Infiltrieren von Sinterteilen
SINT - AF	SINT - AF, SINT - A SINT - B, SINT - C	SINT - D SINT - E	SINT - F SINT - S	SINT - G
	Pulvermischen	Pulvermischen	Pulvermischen	Pulvermischen
Schütten	Pressen	Pressen	Pressen	Pressen
Sintern	Sintern	Vorsintern	Vorsintern	Sintern
Kalibrieren	Kalibrieren	Nachpressen	Schmieden	Infiltrieren
Ölträn ken	Ölträn ken	Nachsintern	Nachsintern	Nachbehandlung
 Filter	 Drehlager	Kalibrieren	Nachbehandlung	 Zahnrad
		Nachbehandlung		

Umformtechnik

Mit **Umformverfahren** werden Fertigungsverfahren bezeichnet, in denen Bauteile aus Rohteilen durch eine plastische Formänderung erzeugt werden. Das Volumen des Rohteils entspricht dem Volumen des Fertigteils. Die Masse und die Eigenschaften des Werkstoffs werden bei der Umformung weitgehend beibehalten. In der Einteilung der Fertigungsverfahren nach DIN 8580 steht das **Umformen** an zweiter Stelle.

Nach dem Urformen können Werkstoffe durch Umformen zu Blechen, Drähten, Profilen und fertigen Produkten weiter verarbeitet werden. Man nennt diese Vorprodukte Halbzeuge. Für die Fertigung von Massenprodukten ist die weitere Umformung der Halbzeuge meist das wirtschaftlichste Verfahren.

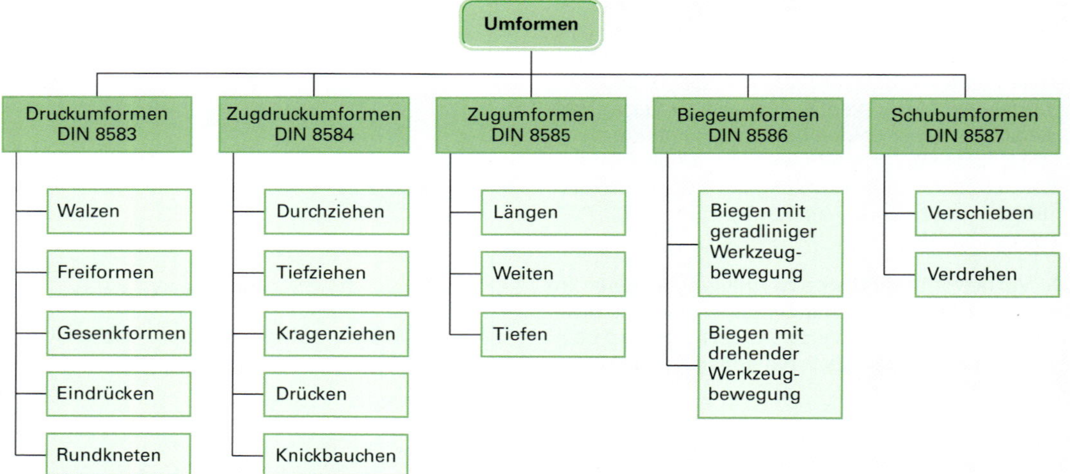

1 Umformverfahren nach DIN 8582

Beim **Druckumformen** wird das gesamte Werkzeug in Richtung der Kraft gestaucht. Die Teilchen des Werkstücks verschieben sich so gegeneinander, dass es breiter wird (Beispiel: Walzen von Blech, **Bild 2**).

Beim **Zugdruckumformen** wird das Werkstück so geführt, dass Teile des Werkstücks gestaucht und andere gedehnt werden (Beispiel: Tiefziehen).

Beim **Zugumformen** wird das gesamte Werkstück in Zugrichtung gedehnt. Die Teilchen des Werkstoffs verschieben sich in Zugrichtung (Beispiel: Drahtziehen).

Beim **Biegeumformen** wird eine gedachte Achse des Werkstücks um einen bestimmten Winkel abgebogen (Beispiel: Walzenbiegen, Gesenkbiegen, **Bild 3**).

Beim **Schubumformen** werden zwei benachbarte Querschnitte des Werkstücks gegeneinander parallel oder in einem Winkel zueinander verschoben (Beispiel: Verdrehen).

2 Stahlblech, Coils

3 Gesenkbiegen

Verhalten der Werkstoffe beim Umformen

Bei allen Umformverfahren werden Werkstücke durch plastisches Verformen eines Ausgangsteiles hergestellt. Viele Werkstückformen können durch Umformen kostengünstiger als mit anderen Fertigungsverfahren hergestellt werden **(Bild 1)**. Außerdem werden meist die mechanischen Eigenschaften, wie z.B. die Dauerfestigkeit, gegenüber dem Ausgangszustand verbessert.

durch Umformen hergestellte Kurbelwelle

Rohteil

1 Plastische Verformung beim Umformen

Vorteile des Umformens sind:

- nicht unterbrochener Faserverlauf
- verbesserte Festigkeit
- auch schwierige Formen herstellbar
- gute Maß- und Formgenauigkeit
- kein Werkstoffverlust
- kostengünstig bei hohen Stückzahlen

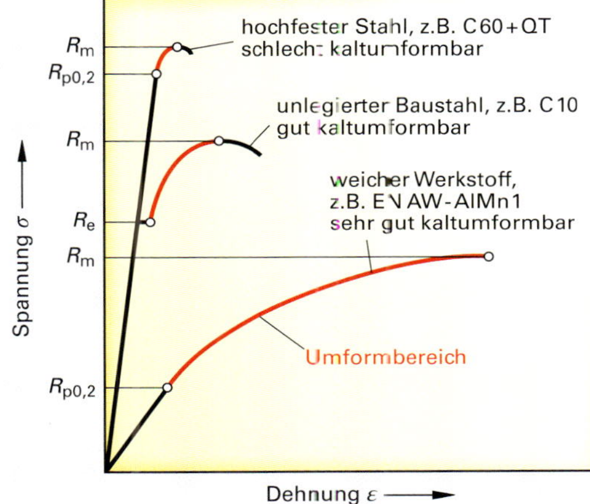

2 Umformbereiche im Spannungs-Dehnungs-Diagramm

Notwendige Eigenschaften der Werkstoffe

Nur Werkstoffe mit ausreichender Zähigkeit sind umformbar. Aufschluss über die Eignung gibt das Spannungs-Dehnungs-Diagramm **(Bild 2)**. Das Umformen erfolgt in dem plastischen Bereich zwischen der Streckgrenze R_e bzw. der Dehngrenze $R_{p0,2}$ und der Zugfestigkeit R_m. Werkstoffe mit großer plastischer Dehnung lassen sich gut umformen und federn nur wenig zurück. Unlegierte Stähle und Aluminium-Legierungen eignen sich deshalb besonders gut zum Umformen. Die Umformbarkeit hängt aber auch von der Temperatur ab.

Kalt- und Warmumformen

Kaltumformen erfolgt bei Raumtemperatur. Dabei verfestigt sich der Werkstoff. Diese Kaltverfestigung muss durch Zwischenglühen beseitigt werden, um die Versprödung zu beseitigen und der Rissbildung vorzubeugen.

Warmumformen erfolgt über der Rekristallisationstemperatur. Die Werkstoffe lassen sich durch die geringeren Umformkräfte leichter als beim Kaltumformen verformen. Auch die Neigung zur Rissbildung und Versprödung ist kleiner.

Die Umformverfahren können nach der Art und der Richtung der Kräfte und der verwendeten Werkzeuge in die Hauptgruppen Biegeumformen, Zug-Druck-Umformen, Druckumformen und Zug-Umformen eingeteilt werden **(Bild 3)**.

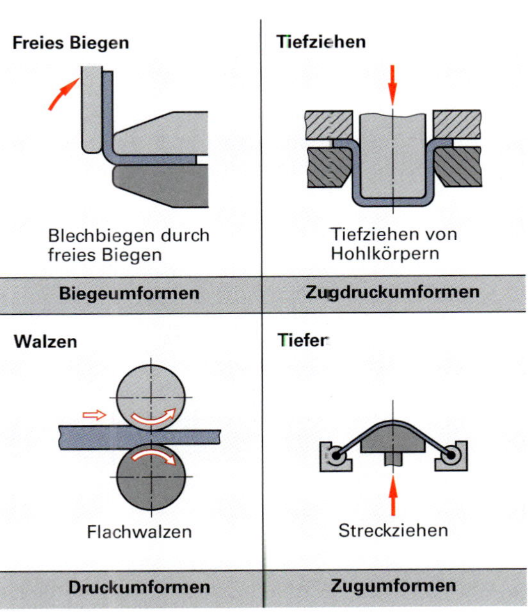

3 Umformverfahren (Beispiele)

Druckumformen

Bei allen Druckumformverfahren wird während der Umformung mit einer Druckkraft gearbeitet **(Bild 1)**. Das Werkzeug erzeugt im Werkstück eine Druckspannung und verformt somit bleibend seine ursprüngliche Gestalt.

Innerhalb des Druckumformens gibt es unterschiedliche Massivumformverfahren. Dies sind das Walzen, das Schmieden (Freiformen, Gesenkformen), das Fließpressen, das Strangpressen und das Gewindeformen.

1 Schmieden

Walzen

Beim Walzen wird der Werkstoff in einem Walzgerüst zwischen mehreren beweglichen Walzenkörpern verformt **(Bild 2)**. Es wird zwischen Warmwalzen und Kaltwalzen unterschieden **(Bild 3)**. Warmwalzen ist eines der Umformverfahren, das sich dem Urformen (Blockguss, Strangguss) anschließt. Dabei wird das Walzgut auf Temperaturen von etwa 1250 °C erwärmt und oberhalb der Rekristallisationstemperatur im Walzspalt eines Warmwalzwerkes durch Druck auf die vorgegebene Dicke reduziert.

Beim Kaltwalzen wird warmgewalztes Band bei Raumtemperatur weiter in der Dicke reduziert und die gewünschte Verarbeitungseigenschaften eingestellt.

> Kaltgewalztes Feinblech ist aufgrund seiner mechanisch-technologischen Eigenschaften der ideale Werkstoff für die Massenproduktion in der Fahrzeugindustrie und im Bauwesen.

Walzerzeugnisse wie kaltgewalztes Feinblech werden in Dicken von 0,4 mm bis 3,0 mm und in Breiten bis zu 2000 mm hergestellt **(Bild 4)**.

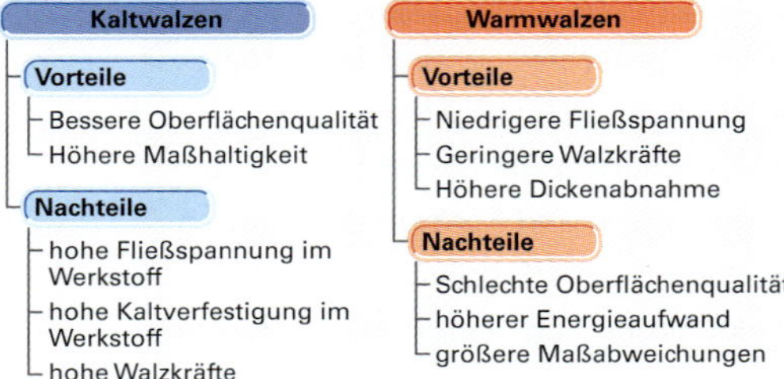

3 Vergleich Kaltwalzen und Warmwalzen

4 Walzstraße

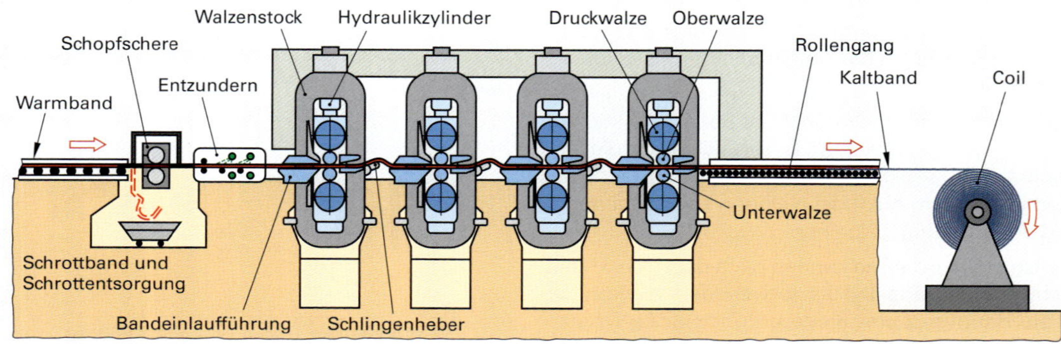

2 Walzgerüst, schematisch dargestellt

Schmieden

Schmieden ist ein Massivumformverfahren, das sich ebenfalls dem Urformen (Blockguss, Strangguss) anschließt. Man unterscheidet zwischen Freiformen und Gesenkformen **(Bild 1)**. Zum Schmieden wird der Rohling erwärmt und oberhalb der Rekristallisationstemperatur durch Aufbringen von Druckkräften verformt. Zum Schmieden stehen Freiformschmiedepressen und Gesenkschmiedepressen sowie Schmiedemaschinen zur Verfügung.

Schmiedemaschinen dienen zur Herstellung von runden und rechteckigen Stäben.

Schmiedeteile werden wegen ihrer guten Werkstoffeigenschaften und der hohen Prozesssicherheit bei der Herstellung häufig in Bereichen eingesetzt, bei denen die Bauteile besondere Anforderungen an Sicherheit, Zuverlässigkeit und Lebensdauer erfüllen.

Das **Freiformen** erfolgt mithilfe von Schmiedehämmern, Schmiedepressen oder Schmiedemaschinen. Bei den Schmiedehämmern wird der Hammerbär durch sein Eigengewicht oder durch Dampf- bzw. Luftdruck oder durch Federwirkung auf das Werkstück getrieben, das durch den hohen Pressdruck umgeformt wird.

Unter wiederholtem Wenden erfolgen die Durcharbeitung des Materials und die gewünschte Formgebung. Es werden Schmiedehämmer bis 300 kN Schlagkraft und 600 kg Bärgewicht eingesetzt.

Bei sehr großen Werkstücken verwendet man hydraulische Freiformschmiedepressen, mit denen Umformkräfte mit bis zu 150 MN auf das Werkstück ausgeübt werden können. Die Schmiedestücke werden unter der Presse oder den Schmiedehämmern mithilfe von Manipulatoren, die das Werkstück in Zangen halten, oder auch von Hebezeugen mit Wendeketten bewegt.

Schmiedestücke werden vor allem im Fahrzeugbau, in Windkraftanlagen, im Flugzeugbau und der Raumfahrt, im Kunststoffpressenbau, im Schiffsbau, im Chemieanlagenbau und im Kraftwerksmaschinenbau eingesetzt **(Bild 2)**.

Im Gegensatz zum Freiformen wird beim **Gesenkformen** der erwärmte Rohling komplett oder auch nur teilweise von zwei sich gegeneinander bewegenden Werkzeughälften, dem Schmiedegesenk, umgeben und in mehreren Schlägen vom Untergesenk und vom Obergesenk geformt. Das Schmiedegesenk entspricht in seiner Negativform mit den Bearbeitungsaufmaßen der späteren Endkontur des Werkstücks. Nach dem Abschluss des Verformungsprozesses gibt das Gesenk das Werkstück wieder frei.

Das Gesenkformen eignet sich wegen der hohen Stückzahlen und Taktzahl bei guter Präzision für Serienteile **(Bild 3)**.

1 Gesenkformen mit hydraulischem Schmiedehammer

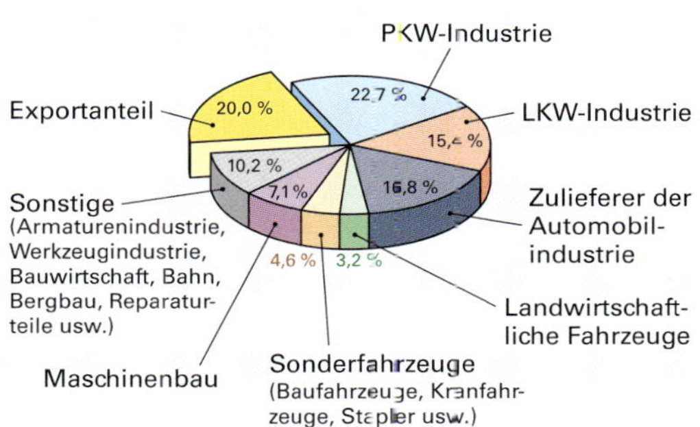

2 Abnehmerbereiche für Schmiedeteile

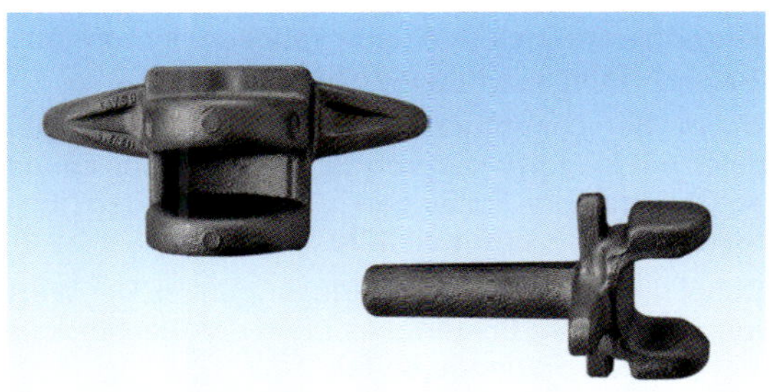

3 Gesenkschmiedeteile

Biegeumformen

Beim Biegen werden die Werkstücke aus Werkstoffabschnitten mithilfe von Biegewerkzeugen plastisch umgeformt. Gebogen werden Bleche, Rohre, Profile und Drähte **(Bild 1)**.

1 **Aus Biegeteilen hergestelltes Werkstück**

Festlegung der gestreckten Länge

Beim Biegen werden die äußeren Bereiche des Werkstückes gestreckt, die inneren dagegen gestaucht **(Bild 2)**. Zwischen beiden befindet sich ein Werkstoffbereich, dessen Länge sich beim Biegen nicht ändert. Dieser Bereich wird als **neutrale Faser** bezeichnet.

Die gestreckte Länge von Biegeteilen entspricht der Länge der neutralen Faser.

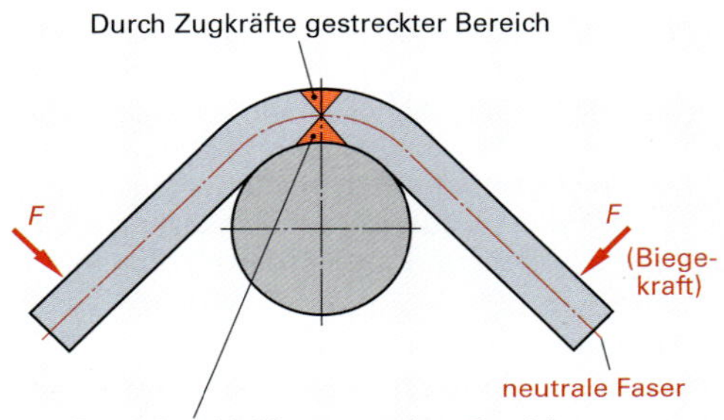

2 **Neutrale Faser beim Biegen**

Gestreckte Länge bei Biegeteilen mit großen Biegeradien

Die gestreckte Länge L setzt sich aus den Teillängen l_1, l_2, l_3 ... des Biegeteiles zusammen.

Gestreckte Länge $L = l_1 + l_2 + l_3 + ... + l_n$

Beispiel: Wie groß ist die gestreckte Länge des Hakens **(Bild 3)**?

Lösung: $L = l_1 + l_2 + l_3$ $l_1 = 30\ \text{mm}$ $l_3 = 50\ \text{mm}$

$$l_2 = \frac{\pi \cdot d \cdot \alpha}{360°} = \frac{\pi \cdot 114\ \text{mm} \cdot 150°}{360°} = 149\ \text{mm}$$

$L = 30\ \text{mm} + 149\ \text{mm} + 50\ \text{mm} = \mathbf{229\ mm}$

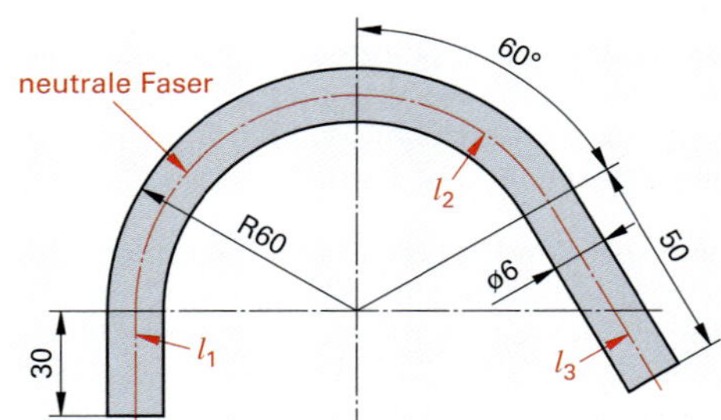

3 **Berechnung der gestreckten Länge bei großen Biegeradien**

Gestreckte Länge bei Biegeteilen mit kleinen Biegeradien

Beim Biegen mit kleinen Biegeradien liegt die neutrale Faser nicht mehr in der Mitte des Querschnittes. Sie wird aus der Mitte auf die Innenseite des Bleches verschoben, da der Werkstoff außen mehr gestreckt als innen gestaucht wird. Bei der Berechnung der gestreckten Länge wird dies im Ausgleichswert v berücksichtigt. Der Ausgleichswert wurde durch Versuche ermittelt und kann Tabellen entnommen werden **(Tabelle 1, folgende Seite)**.

Um die Berechnung zu vereinfachen, wird bei Biegeteilen mit Biegewinkeln von 90° die gestreckte Länge aus den geraden Teillängen l_1, l_2, l_3 ... und dem Korrekturwert $n \cdot v$ ermittelt **(Bild 4)**.

Dabei gibt n die Anzahl der Biegungen an. Der Wert für v hängt vom Biegeradius r und der Blechdicke s ab **(Tabelle 1, folgende Seite)**.

Gestreckte Länge $L = l_1 + l_2 + l_3 + ... + l_n - n \cdot v$

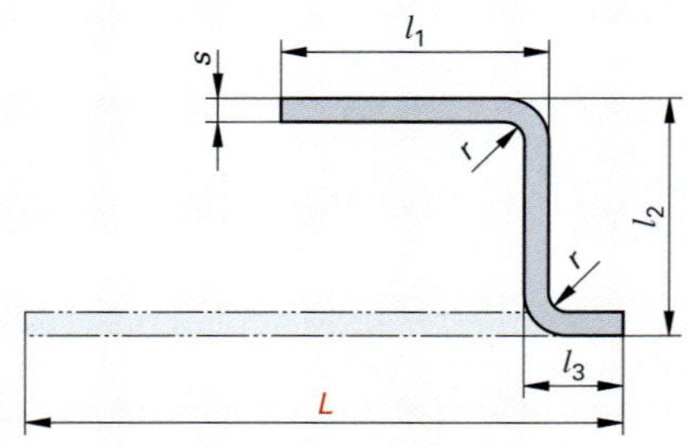

4 **Berechnung der gestreckten Länge bei kleinen Biegeradien**

Beispiel: Aus einem Blechstreifen der Dicke s = 1 mm wird ein Halter gebogen **(Bild 1).**

Wie groß ist die gestreckte Länge für dieses Biegeteil?

Lösung: Die Ausgleichswerte für die 90°-Biegungen werden der **Tabelle 1** entnommen:

r = 1 mm ⇒ v_1 = 1,9 mm

r = 1,6 mm ⇒ v_2 = 2,1 mm

$L = l_1 + l_2 + l_3 - n \cdot v_1 - n \cdot v_2$

$= (40 + 60 + 30 - 1 \cdot 1{,}9 - 1 \cdot 2{,}1)$ mm

= 126 mm

Tabelle 1: Ausgleichswerte v für Biegewinkel α = 90°

Biegeradius r in mm	Ausgleichswert v je Biegestelle in mm für Blechdicke s in mm						
	0,4	0,6	0,8	1	1,5	2	2,5
1	1,0	1,3	1,7	1,9	–	–	–
1,6	1,3	1,6	1,8	2,1	2,9	–	–
2,5	1,6	2,0	2,2	2,4	3,2	4,0	4,8
4	–	2,5	2,8	3,0	3,7	4,5	5,2
6	–	–	3,4	3,8	4,5	5,2	5,9
10	–	–	–	5,5	6,1	6,7	7,4
16	–	–	–	8,1	8,7	9,3	9,9
20	–	–	–	9,8	10,4	11,0	11,6

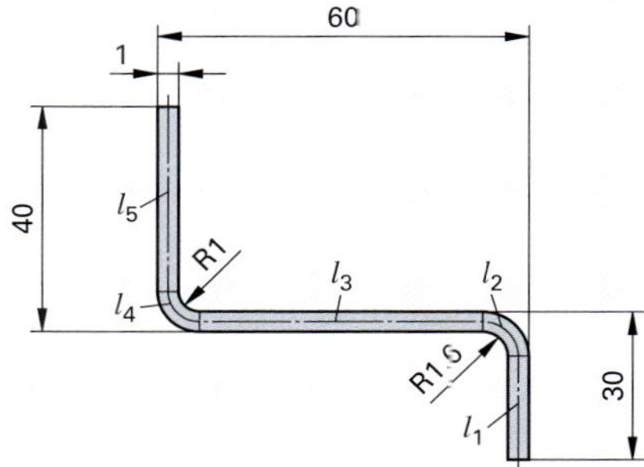

1 **Halter**

Biegeradius

Mindestbiegeradius beim Biegen

Als Biegeradius bezeichnet man den an der Innenseite des Biegeteiles liegenden Radius nach dem Biegen. Um Risse und Querschnittsänderungen in der Biegezone zu verhindern, darf ein Mindestbiegeradius nicht unterschritten werden. Der Mindestbiegeradius ist vom Werkstoff und von der Blechdicke abhängig **(Tabelle 2).**

- Beim Biegen darf der Biegeradius nicht beliebig klein gewählt werden.
- Bleche sollten möglichst quer zur Walzrichtung gebogen werden.

Tabelle 2: Mindestbiegeradien

Werkstoff	Blech	Rohr
Stahl	1 x Blechdicke	1,5 x Rohr-∅
Kupfer	1,5 x Blechdicke	1,5 x Rohr-∅
Aluminium	2 x Blechdicke	2,5 x Rohr-∅
Cu-Zn-Legierung	2,5 x Blechdicke	2 x Rohr-∅

Festlegung des Biegestempelradius r_1 und des Biegewinkels α_1 am Biegewerkzeug

Nach dem Biegevorgang federn die Werkstücke etwas zurück. Deshalb muss das Werkstück überbogen und der Stempelradius etwas kleiner gewählt werden als der Radius am fertigen Werkstück **(Bild 2).**

Der Stempelradius r_1 hängt vom Radius r_2 des Werkstückes, der Blechdicke s und dem Rückfederungsfaktor k_R ab **(Tabelle 1, folgende Seite).**

Stempelradius $$r_1 = k_R \cdot (r_2 + 0{,}5 \cdot s) - 0{,}5 \cdot s$$

Der Rückfederungsfaktor k_R wurde durch Versuche ermittelt. Er hängt vom Werkstoff und dem Verhältnis Biegeradius r_2 zur Blechdicke s ab.

Der Überbiegungswinkel α_1 wird ebenfalls mit dem Rückfederungsfaktor k_R berechnet.

Überbiegungswinkel $$\alpha_1 = \frac{\alpha_2}{k_R}$$

Beim Biegen muss das Werkstück um die Größe der elastischen Rückfederung nach dem Biegen überbogen werden.

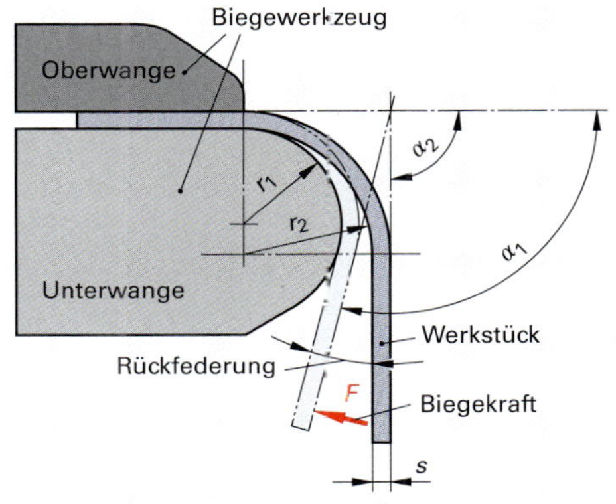

2 **Biegestempelradius und Überbiegungswinkel**

Additive Fertigungsverfahren

Bei den *Additiven Fertigungsverfahren* entsteht das Bauteil durch Aneinanderfügen (Addition) von Volumenelementen, in aller Regel von Schichten.

Die Additiven Fertigungsverfahren (Normbegriff: VDI 3405:2012) werden auch **Rapid-Prototyping-Verfahren** genannt, da ihre ursprüngliche Anwendung auf das Prototyping begrenzt war.

Die Additiven Fertigungsverfahren sind das Bindeglied zwischen dem Entwurf und der Produktion. Dabei werden vor dem eigentlichen Fertigungsprozess die 3D-Geometriedaten einer CAD-Zeichnung in viele horizontale Schichten zerlegt (Slice-Prozess). Diese Schichten dienen den unterschiedlichen Verfahren **(Bild 1)** als Fertigungsinformation. Danach werden die einzelnen Querschnitte durch eines der unten aufgeführten Verfahren in reale Schichten zusammengesetzt **(Bild 2)**. Dabei baut sich Schicht für Schicht ein vollständig generiertes Modell der CAD-Daten auf. Es lassen sich auf diese Weise die kompliziertesten Konturen und räumliche Geometrien in kürzester Zeit realisieren.

Die einzelnen Rapid Prototyping Verfahren unterscheiden sich in der Art der Schichtgenerierung, in dem Material, aus dem das Bauteil gefertigt wird, in der Art der Verbindung aufeinander folgender Schichten und darin, wie komfortabel der gesamte Prozess per CAD und Steuerungsrechner bedient werden kann. Weltweit gibt es mehr als 30 erprobte Verfahren. Davon befinden sich im Wesentlichen die folgenden 6 Verfahren im industriellen Einsatz **(Bild 1)**.

Unterschieden werden die additiven Verfahren nach der Art und Weise der Materialaddition, die den Bauprozess bestimmt. Klassifiziert werden sie nach dem Ausgangszustand des Materials vor dem Bauprozess:

- **Flüssig:** Stereolithographie, Solid Ground Curing,
- **Pulver:** Selective Laser Sintering, 3D-Printing,
- **Feststoff:** Fused Deposition Modelling, Laminated Object Manufacturing.

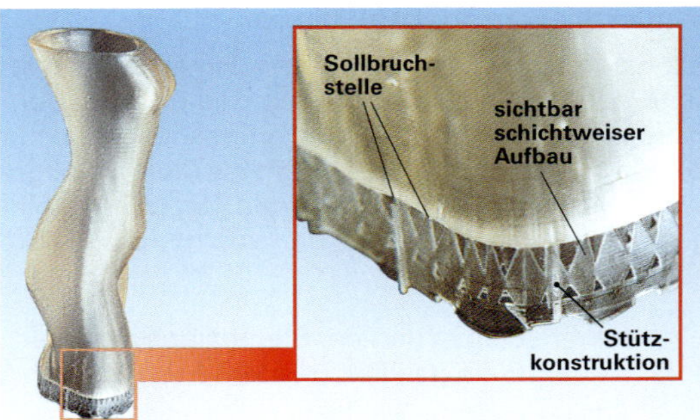

2 Schichtweiser Aufbau (Stereolithographie)

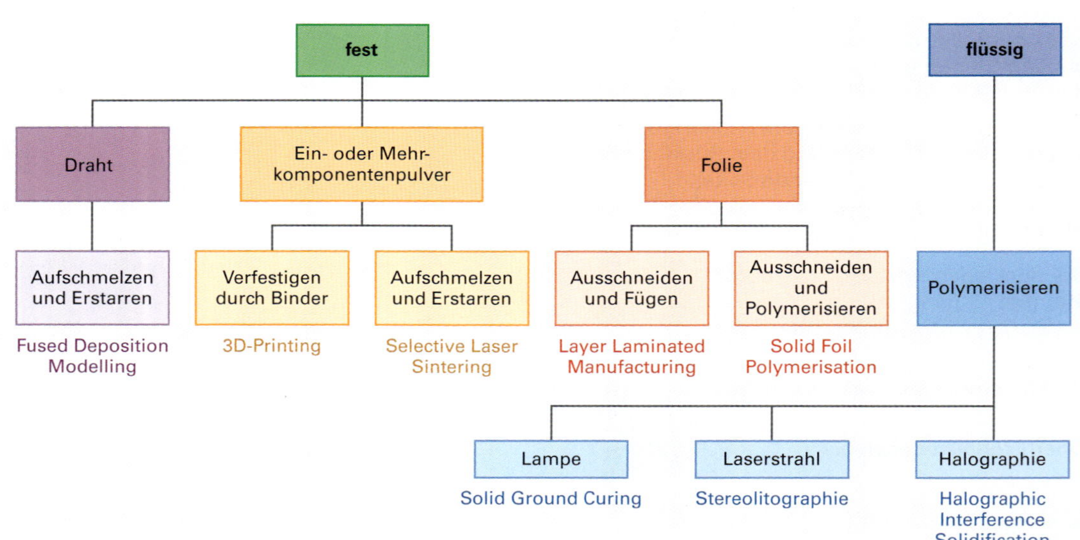

1 Additive Fertigungsverfahren

Stereolithographie (SL)

Bei der Stereolithographie **(Bild 1)** wird das Modell schichtweise mit flüssigem Harz aufgebaut. Durch den Einsatz von UV-Licht wird das verwendete Harz (Photopolymer, **Tabelle 1**) vernetzt und die Bauteilgeometrie härtet Schicht für Schicht aus. Nach der Belichtung einer Schicht wird die Bauteilplattform um eine Schichtdicke in den Harzbehälter abgesenkt.

Um eine glatte Oberfläche des Harzes zu erreichen, wird die Oberfläche mithilfe eines Wischervorganges geglättet. Nun kann die nächste Schicht ausgehärtet werden. Die so hergestellten Teile **(Bild 2, vorhergehende Seite)** sind allerdings nur gering belastbar.

Sie dienen z.B. als erstes Einbaumuster oder als Urmodell für das Vakuumgießen **(Bild 3, folgende Seite)**.

Tabelle 1: Verfahrensmerkmale der Stereolithographie

Verfahren	Lokale Verfestigung von flüssigem Monomer durch UV Strahlung (Laser, Lampe), Stützen oder Stützmaterial erforderlich.
Materialien	Epoxydharze, Acrylate.
Vorteile	Hoher Detaillierungsgrad, sehr gute Oberflächen.
Nachteile	Geringere mechanische und thermische Belastbarkeit als Lasersintern und Extrusionsverfahren, Spezialharze für höhere Temperaturen verfügbar.

Solid Ground Curing (SGC)

Das Modell wird auf einer Bauteilplattform aufgebaut **(Bild 2)**. Zuerst wird eine dünne Schicht des Photopolymers aufgetragen. Danach wird eine Maske, die den Bauteilquerschnitt abbildet, durch ein elektronisches Verfahren generiert. Durch diese Maske wird mithilfe einer UV-Lampe das Photopolymer belichtet und härtet aus. Nach Wegnahme der Maske wird das noch flüssige Harz, das nicht belichtet wurde, abgesaugt und die entstehenden Zwischenräume mit flüssigem Wachs ausgegossen. Das Wachs wird mittels einer Kühlplatte zum Erstarren gebracht. Danach wird das Bauteil auf die gewünschte Schichtdicke gefräst.

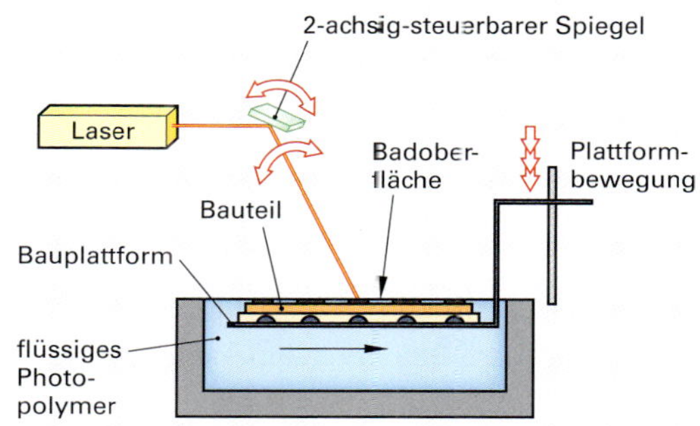

1 Verfahrensprinzip der Stereolithographie

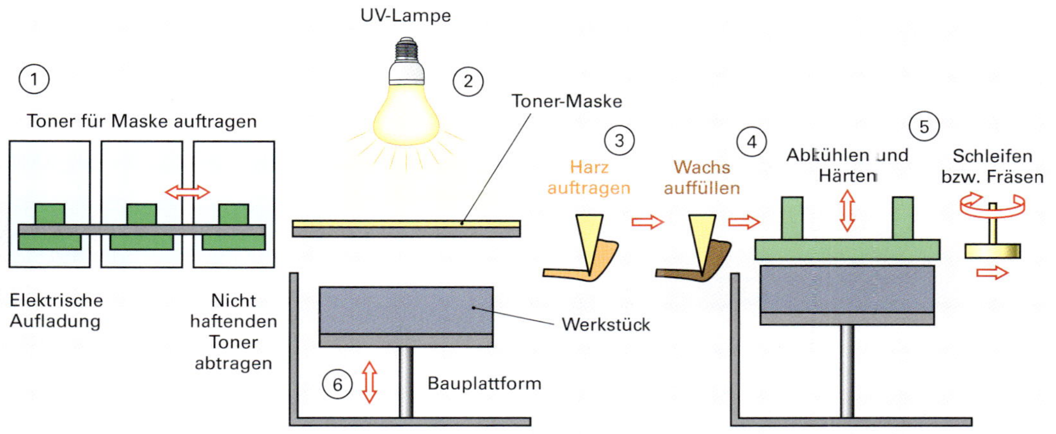

2 Verfahrensprinzip SGC

Selective Laser Sintering (SLS)

Beim Verfahren des Selective-Laser-Sintering **(Bild 1)** wird pulverförmiges Material (Nylon, Polykarbonat, Polyamid, Polystyrol) mit einer Rolle auf eine Bauteilplattform mit einer Schichtdicke von 0,1 mm bis 0,3 mm aufgebracht. Danach wird die Prozesskammer bis knapp unterhalb des Schmelzpunktes des eingesetzten Pulvers erhitzt. Ein Laser überstreicht hierbei die zu bauende Kontur und erhitzt das Pulver dabei lokal auf Sintertemperatur und die Bauteilkontur verschmilzt in dieser Ebene. Nun wird die Bauteilplattform um eine Schichtdicke abgesenkt, durch die Rolle neues Pulver aufgebracht und der Prozess kann von neuem beginnen bis zur Fertigstellung des kompletten Bauteils. Es sind keine Stützen erforderlich **(Tabelle 1)**. Es entstehen gebrauchsfertige Teile **(Bild 2)**.

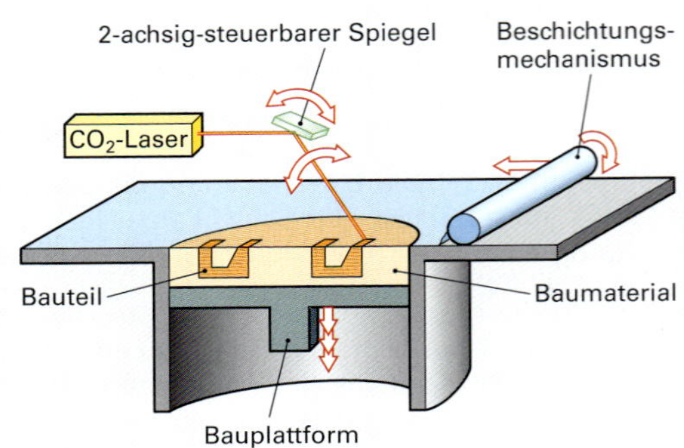

1 Verfahrensprinzip SLS

2 SLS-Bauteil

3 LS-Bauteil

3D-Printing (3DP)

Das 3D-Printing-Verfahren ist ein Pulver-Binderverfahren. Mithilfe eines Druckkopfes wird flüssiger Binder in ein Pulverbett eingespritzt und so die aktuelle Schicht des Modells selektiv verfestigt **(Bild 4)**. Durch entsprechende Wahl der Pulver-Binder-Kombination lassen sich eine Vielzahl von Werkstoffen, so zum Beispiel neben Kunststoffen auch Keramiken, Sand **(Bild 5)** oder Metalle verarbeiten. Die Modelle können nach dem Bau durch Infiltration (meist mit Epoxydharz) nachbehandelt werden. Das Verfahren arbeitet in den meisten Fällen kalt **(Tabelle 2)**.

Tabelle 1: Verfahrensmerkmale SLS

Verfahren	Lokales Aufschmelzen von pulverförmigem thermoplastischem Material, Schichtbildung nach Erstarrung. Keine Stützen erforderlich
Materialien	Kunststoffe (Polyamid, Polystyrol), Metalle, Sande, Keramiken
Vorteile	Kunststoff: Höhere mechanische und thermische Belastbarkeit als Stereolithographie

Tabelle 2: Verfahrensmerkmale 3DP

Verfahren	Einspritzen von Binderflüsigkeit in ein Pulverbett. Mechanische Belastbarkeit durch Infiltrieren. Keine Stützen erforderlich
Materialien	Stärke/Wasser, Gips-Keramik/Wasser, Metall
Vorteile	Schnell und preiswert, kalter Prozess, farbige Modelle möglich

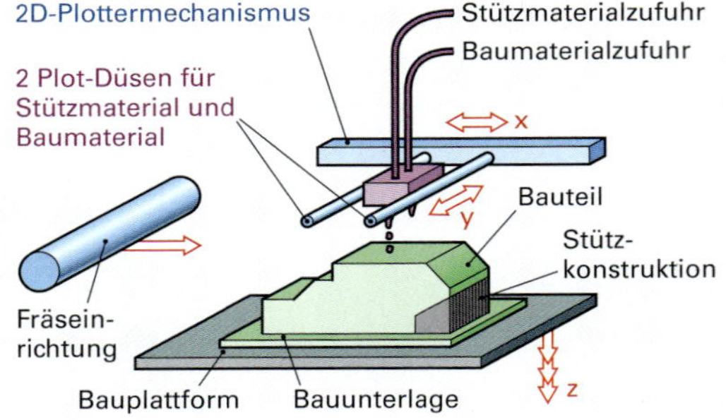

4 Verfahrensprinzip 3DP

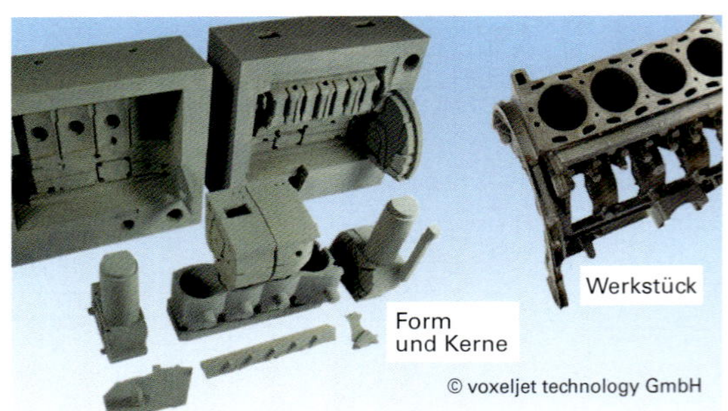

5 3DP-Sandgussform und Gussteil

Fused Deposition Modelling (FDM)

Bei diesem Verfahren wird drahtförmiges Material in einer beheizbaren Extruderdüse aufgeschmolzen **(Bild 1)**. Der Düsenkopf bewegt sich durch einen 2D-Mechanismus in X-Y-Richtung und hinterläßt Material entlang der Bauteilgeometrie. Danach wird die Bauteilplattform um eine Schichtdicke abgesenkt und die nächste Schicht wird erzeugt. Mit dieser Technologie können Bauteile innerhalb kürzester Zeit produziert werden. Das äußerst feste Bauteil kann danach für Einbau- und Funktionsversuche verwendet werden **(Tabelle 1)**.

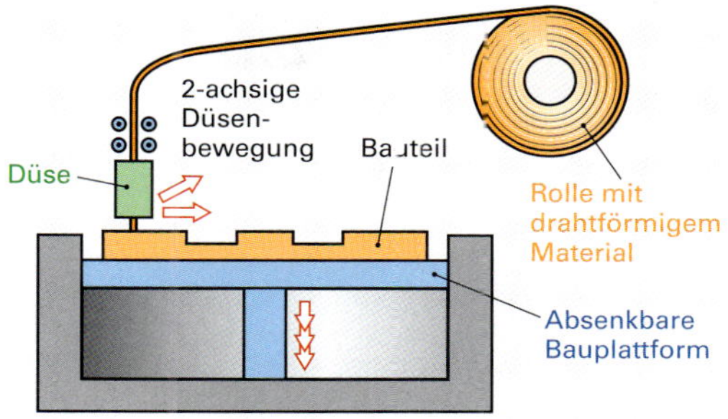

1 Verfahrensprinzip FDM

Layer Objekt Manufacturing (LOM)

Das Modell wird auf einer Bauteilplattform aufgebaut **(Bild 2)**. Hierzu schneidet ein CO_2-Laser entlang der Bauteilkontur das folienförmige Material (Papier, Kunststoffe und Keramiken in Folienform) aus. Der Laser wird hierbei durch einen 2D-Mechanismus in X-Y-Richtung geführt. Durch eine beheizbare Rolle erfolgt die Aktivierung des auf die Folie einseitig aufgebrachten Klebstoffes und verbindet so die Schichten miteinander. Die Bauteilplattform wird danach um eine Schichtdicke abgesenkt und eine neue Folienschicht wird aufgebracht. Der Prozess beginnt von neuem bis zur Fertigstellung des kompletten Bauteils **(Tabelle 2)**.

Tabelle 1: Verfahrensmerkmale FDM	
Verfahren	Aufschmelzen von festen Kunststoffen (Draht oder Block) in einer beheizten Düse. Schichtaufbau durch Extrusion. Verfestigung durch Abkühlung. Stützen erforderlich.
Materialien	Unterschiedliche Kunststoffe, z. T. nominell serienidentisch (ABS, PPSF).
Vorteile	Höhere mechanische und thermische Belastbarkeit als Stereolithographie

Abformverfahren und Folgeprozesse

Additive Fertigungsverfahren führen in aller Regel auf ein Bauteil aus prozessspezifischem Werkstoffen. Bereits im Rahmen der konstruktiven Optimierung von Bauteilen werden meistens mehrere Prototypen aus seriennahem oder serienidentischem Material benötigt. Ein Weg zur Kleinserie von seriennahen Kunststoffteilen wird mit Vakuumgießen und Gießharzwerkzeugen beschritten. Die Verfahren werden auch als Rapid Tooling bezeichnet.

> Das **Rapid Tooling** erzeugt Werkzeuge, z. B. Gießformen, und ermöglicht so die schnelle Herstellung von Bauteilen mit üblichen Eigenschaften wie Stückzahl, Farbe, Transparenz und mit den gewünschten mechanischen Eigenschaften.

Beim Vakuumgießen wird das Urmuster in Silikon eingeformt. Aus der so entstehenden Form können je nach Geometrie geometrisch identische Prototypen aus einer Vielzahl vergießbarer PU-Harze gefertigt werden. Anstelle von Silikon können auch aluminiumgefüllte Epoxydharze verwendet werden. Sie führen zu vergleichsweise harten Werkzeugen, mit denen mehrere hundert Prototypen aus Serienmaterial mit Serienparametern abgespritzt werden können.

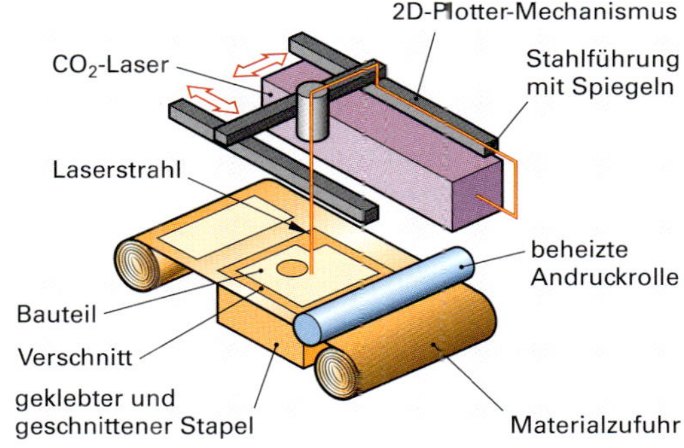

2 Verfahrensprinzip LOM

Tabelle 2: Verfahrensmerkmale LOM	
Verfahren	Ausschneiden von Konturen aus Folien oder Platten mittels Laser oder Messer. Verbinden der Schichten vorzugsweise durch Kleben
Materialien	Papier, Kunststoff, (Keramik), (Metall)
Vorteile	Papier: Hohe Druckbelastung, geringe Materialpreise.

B1 WARTUNG UND INSTANDHALTUNG

Die Instandhaltung soll den sicheren und störungsfreien Fertigungsablauf gewährleisten.

Sie besteht aus den Elementen Wartung, Inspektion, Instandsetzung und Verbesserung, wobei die Instandsetzung nur ausnahmsweise zum Aufgabengebiet eines Zerspanungsmechanikers gehören kann. Die sinnvoll geplante und nach betrieblich festgelegten Plänen durchgeführte Wartung und Inspektion gewährleisten die Qualitätssicherung über den gesamten Fertigungsprozess. Es wird dabei auch zwischen vorbeugender und vorausschauender Instandhaltung unterschieden **(Tabelle 1)**.

Tabelle 1: Maßnahmen der Instandhaltung (DIN 31051)

Maßnahmen zur Bewahrung, Feststellung und Wiederherstellung des Sollzustandes einer Maschine			
Wartung	Inspektion	Instandsetzung	Verbesserung
Maßnahmen zur Bewahrung des Sollzustandes	Maßnahmen zur Feststellung des Istzustandes	Maßnahmen zur Wiederherstellung des Sollzustandes	Maßnahmen zur Optimierung der Funktionssicherheit einer Anlage

Vorbeugende Instandhaltung fasst die geplanten Tätigkeiten zur Beseitigung der Ausfallursachen der Anlagen zusammen. Dazu werden nach Erfahrungswerten z. B. Austauschzyklen einzelner Aggregate festgelegt, um dem Ausfall der Maschine vorzubeugen und Stillstandszeiten zu vermeiden.

Unter **vorausschauender Instandhaltung** versteht man Tätigkeiten, die auf die Vermeidung potenzieller Ausfälle der Fertigungseinrichtung abzielen. Beide Tätigkeiten werden abgeleitet aus den laufenden Prozessdaten und der fortschreitenden Entwicklung des Produktionsprozesses. Alle **Instandhaltungsmaßnahmen** werden dokumentiert und ausgewertet. Aus diesen Daten lassen sich Schlussfolgerungen für die Optimierung der zukünftigen Maßnahmen ableiten. Ziel ist die ständige Verbesserung der Effizienz der Fertigungseinrichtungen und des Fertigungsprozesses.

Die Organisation muss die Ressourcen für die Instandhaltung bereithalten und ein System für die **Instandhaltungsplanung** aufbauen. Hierzu zählen die geplanten Instandhaltungsmaßnahmen, die Lagerung der Prüf- und Betriebsmittel sowie die Dokumentation und Bewertung der Instandhaltungsaufgaben.

Wartung

Die Wartung umfasst alle Tätigkeiten, die dem Erhalt des Sollzustandes des technischen Systems dienen.

Die regelmäßige und effiziente Wartung hat das Ziel, den bestmöglichen technischen Zustand zu sichern, mindestens jedoch die unvermeidliche Abnutzung zu verzögern. Der vorhandende **Abnutzungsvorrat** soll so langsam wie möglich abgebaut werden. Unter Abnutzungsvorrat versteht man die Lebensdauer eines Bauteils bis zum Erreichen der Abnutzungsgrenze aufgrund des Verschleißes. Die durchzuführenden Wartungsarbeiten hängen weitgehend von den Vorgaben des Herstellers ab, werden jedoch aufgrund betrieblicher Untersuchungen und Einsatzbedingungen zum Teil erweitert und konkretisiert **(Bild 1, Tabelle 2)**.

Um **Zuverlässigkeitsaussagen** für die Werkzeugmaschine bzw. einzelne Bauteile und Aggregate treffen zu können, werden die Ausfälle protokolliert und statistisch ausgewertet. Aus diesen Ergebnissen werden vielfach betriebsspezifische Wartungsvorschriften erarbeitet, die die Wartungspläne der Hersteller ergänzen. Wartungsarbeiten als werterhaltende Maßnahmen lassen sich in mehrere Bereiche unterteilen.

Tabelle 2: Maßnahmen der Wartung

Tätigkeit	Beispiel
Reinigen	Späne und Hilfsstoffe entfernen
Auffüllen	Kühlschmierstoff, Getriebeöl
Schmieren	Laufbahnen, Getriebe, Spindeln
Auswechseln	Leuchtmittel, Filter
Nachstellen	Justierschrauben, Anschläge, Maschinenuhr

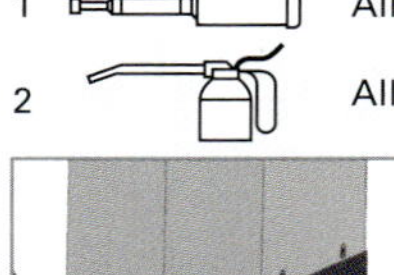

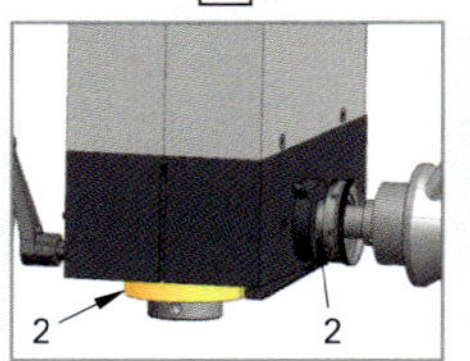

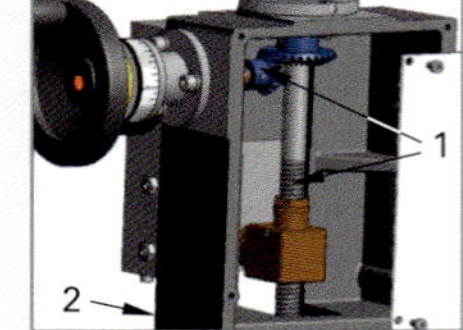

Das Abschmieren der **Bohrspindel** und **Spindellager** ist nicht erforderlich, da die Kugellager eine geschlossene Bauform haben und die Lager werkseitig für die Lebensdauer der Maschine mit Fett versehen wurden.

1 Wartungsmaßnahme „Schmieren"

Wartungs- und Instandsetzungsarbeiten dürfen nur von Personen ausgeführt werden, die dafür ausgebildet und autorisiert sind.

Die durchzuführenden Maßnahmen hängen von dem zu wartenden Gegenstand und den konkreten Einsatzbedingungen ab. In der Regel gelten die vom Hersteller vorgegebenen Pläne. Die **Wartungspläne** der Hersteller beinhalten mindestens die Beschreibung der Wartungseinheit, die durchzuführenden Wartungsmaßnahmen, die Wartungsstellen und Wartungszeiten sowie die zu verwendenden Hilfsmittel und Schmierstoffe. Vielfach wird unterschieden in Maschinenschmierplan mit Schmiervorschrift nach DIN 8659 **(Bilder 1 bis 3)** und Wartungsplan **(Bild 4)**.

Angegebene **Wartungsintervalle** gelten meist für den Einschichtbetrieb und müssen dementsprechend der betrieblichen Wirklichkeit angepasst werden.

Ähnliche Wartungspläne werden vom Hersteller auch für Pneumatik- und Hydraulikeinheiten sowie für alle weiteren Peripheriegeräte und -anlagen erstellt. Darüber hinausgehende Wartungsarbeiten sowie Instandsetzungsarbeiten und Maßnahmen an sicherheitsrelevanten Bauteilen werden an speziell dafür ausgebildete Dienstleistungsfirmen oder betriebsinterne Instandhaltungsabteilungen per Wartungsauftrag übergeben.

Da nicht alle **Wartungstätigkeiten** vom Zerspanungsmechaniker ausgeführt werden dürfen, legt der Hersteller die durchzuführenden Tätigkeiten fest und unterscheidet dabei je nach Qualifikation darüber, ob der Maschinenbediener, ausgebildetes Personal der Organisation, ein autorisierter Dienstleister oder nur der Hersteller selbst die jeweilige Instandhaltungsmaßnahme durchführt **(Bild 5)**.

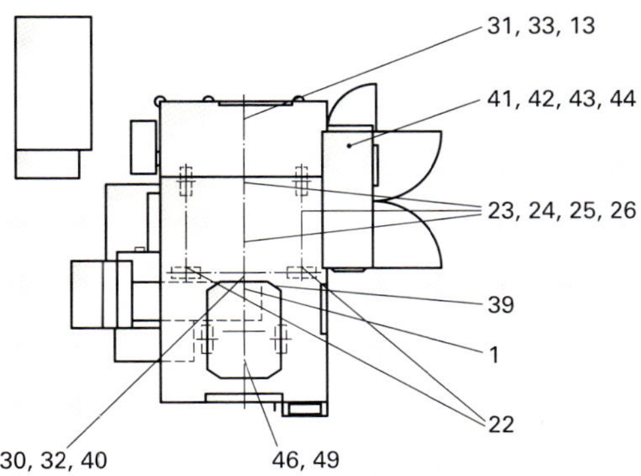

4 Schmier- und Wartungspunkte an einem Bearbeitungszentrum (Auszug)

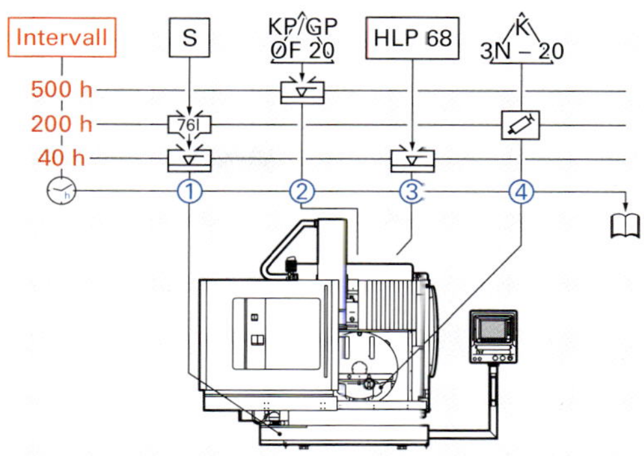

1 Schmierplan

- Ölstand kontrollieren, nachfüllen
- Schmierstoff wechseln, Mengenangabe
- Mit Fett abschmieren
- Mit Öl abschmieren
- Filter wechseln
- HLP 68 – Schmierstoff nach DIN 51 502

2 Symbole im Schmierplan

Intervall in Stunden	Pos	Eingriffstelle	Tätigkeit	Symbol
40	1	Kühlschmierstoffbehälter	Füllstand kontrollieren, nachfüllen (möglichst voll halten)	
	3	Nebelöler	Füllstand kontrollieren, nachfüllen (ca. 0,2 l)	
200	1	Kühlschmierstoffbehälter	Bei Bedarf: Entleeren, reinigen, neu füllen (ca. 76 l)	
	4	Rundtisch	Mit Fett abschmieren	
500	2	Zentralschmieraggregat	Füllstand kontrollieren, nachfüllen	

3 Schmiervorschrift

Ausführung der Wartungstätigkeit durch:
A = Einrichte- oder Bedienpersonal des Kunden
B = geschultes Servicepersonal des Kunden
C = Servicepersonal des Herstellers/der Vertretung (lt. Wartungsvertrag)

Position	Tätigkeiten	8h	40h	200h	1000h
22	Überprüfen der Führungsabdeckungen auf Beschädigung	A			
23	Überprüfen von Umkehrspiel und Referenzpositionen aller Achsen			B	
24	Überprüfen der Achsmotoren und -antriebe (Kabelanschlüsse)			C	
26	Austausch der Fettpakete an den Führungsschuhen der Achsen				C
30	Säubern des Spindelkonus	A			
31	Sichtkontrolle und Reinigen der Magazinglieder		A		
33	Sichtkontrolle der Kunststoffrollen der Magazinkette		B		

5 Auszug aus einer Wartungsanleitung

Inspektion

Ziel der Inspektion ist die regelmäßige Überprüfung der Maschinen und Zusatzaggregate zur Früherkennung von Abnutzungserscheinungen und zur Gewährleistung der geforderten Qualität. Nur dann können rechtzeitig entsprechende Maßnahmen getroffen werden. Zur Gewährleistung der Regelmäßigkeit werden die Inspektionen in vorgeschriebenen Intervallen durchgeführt, bei Fertigungseinrichtungen in der Regel auf der Basis von Betriebsstunden und dem jeweiligen Einsatzfall.

Tabelle 1: Elemente der Inspektion

Inspektion		
Maßnahmen zur Feststellung des Istzustandes		
Ermittlung und Analyse des Istzustandes	Analyse der Verschleißursachen und weiterer störender Einflüsse	Ermittlung und Einleitung geeigneter Gegenmaßnahmen

Die Ermittlung und Analyse des Istzustandes erfolgt durch **Sinneswahrnehmung** oder mithilfe von **Geräten und Prüfmitteln**.

Tabelle 2: Inspektion durch Sinneswahrnehmung

	Sehen	Hören	Riechen	Fühlen
Unregelmäßigkeit	z. B. • Feuchtigkeit • Rauchbildung • Risse	z. B. • Knirschen • Quietschen • Rattern	z. B. • verschmutztes Kühlmittel • Schmoren von Leitungen	z. B. • Vibrationen • Temperatur • gelöste Verbindung
Ursache	defekter Kühlmittelbehälter	Trockenlauf einer Antriebsspindel	Kühlmittel zu spät gewechselt	Arbeitsspindel schlägt
Gegenmaßnahme	Hersteller zwecks Austausch informieren	Fetten der Antriebsspindel	sofortiger Austausch	Einstellwert überprüfen und justieren

Geräte und Prüfmittel (Bild 1) als Hilfsmittel bei Inspektionen sind genauer, ergeben häufig konkrete Messergebnisse und können durch die Objektivität des Ergebnisses exakter bewertet werden. Gemessen werden z. B. Frequenzen von Antriebssträngen und Lagern, Temperaturen von Lagern und Motoren, Ölstände und -drücke oder Anzugsmomente von Schraubverbindungen.

Zu den elementaren Aufgaben des Zerspanungsmechanikers gehört die regelmäßige Untersuchung des **Kühlschmierstoffes (KSS)**. Dabei ist zu beachten, dass beim Umgang mit KSS durch Hautkontakt oder Einatmen gesundheitsschädigende Gefahren bestehen.

> KSS sind gemäß der Gefahrstoffverordnung als krebserzeugend anzusehen, wenn der Massengehalt an krebserzeugenden N-Nitrosodiethanolamin (NDELA) gleich oder größer als 0,0005% beträgt.

Schon aus Gründen der Betriebssicherheit, aber insbesondere auch des Gesundheitsschutzes müssen KSS inspiziert, gereinigt und gepflegt werden. So schreibt die TRGS 611 (Technische Regeln für Gefahrstoffe) die regelmäßige Überwachung vor.

Dazu gehören z. B. die Bestimmung der Gebrauchskonzentration mittels Handrefraktometer **(Bild 2)**, die Kontrolle des pH-Wertes mit pH-Testpapier, die Bestimmung des Nitritgehaltes mittels Teststäbchen sowie die Kontrolle der Temperatur.

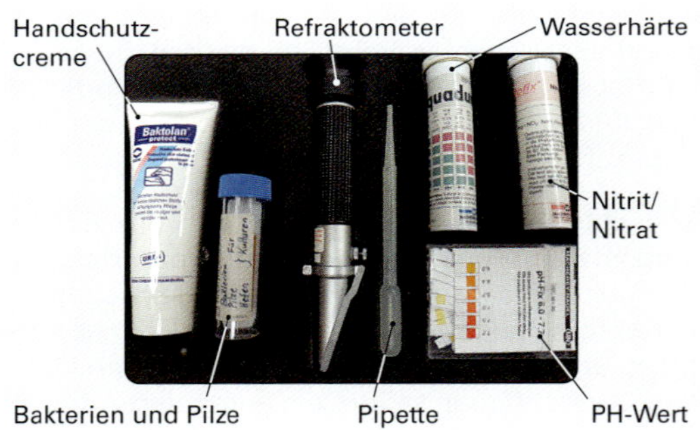

1 Prüfkoffer zur Untersuchung von KSS

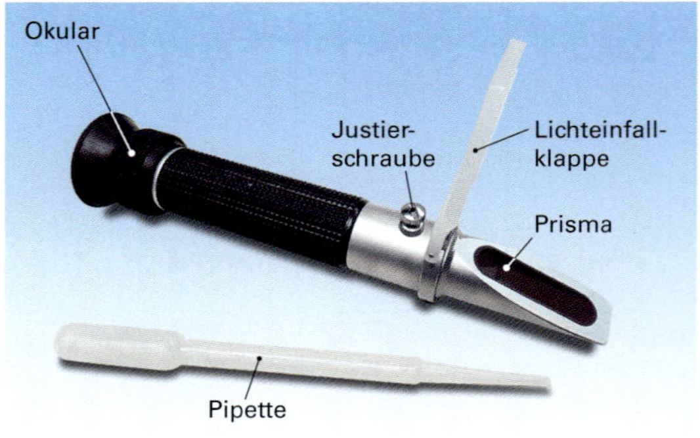

2 Handrefraktometer

Die Kontrolle von Maschinen, in denen der gleiche KSS eingesetzt wird und die unter gleichen oder ähnlichen Bearbeitungs- und Einsatzbedingungen laufen, kann durch Stichprobenmessungen bei repräsentativen Maschinen durchgeführt werden, um der vorgenannten Messverpflichtung zu entsprechen. In jedem Fall ist die Untersuchung des KSS schriftlich zu dokumentieren **(Bild 1)** und archivieren, um Veränderungen im eingesetzten KSS erkennen zu können und um den Einfluss einer optimalen Kühlung und Schmierung auf die Qualität des Produktes nachweisen zu können.

Prüfung	Grenzwerte/ Soll-Bereich	Prüfmethode, z B.	Zeitraum
Nitratgehalt im Ansetz- bzw. Nachfüllwasser	≤ 50 mg/l (möglichst < 25 mg/l)	Teststäbchen, Analyse vom Wasserwerk	von Zeit zu Zeit
Gebrauchskonzentration	nach Herstellerangabe	Handrefraktometer	Neuansatz und je nach Erfordernis (zeitliche Veränderung)
Nitritgehalt im KSS	≤ 20 mg/l	Teststäbchen	wöchentlich[1]
pH-Wert im KSS	ca. 8 < pH < 9,5 Vermeidung eines erheblichen ph-Wert-Abfalls	Teststäbchen, pH-Meter	wöchentlich
Temperatur im KSS	nach Herstellerangabe, ≤ 40°C bei Zerspanungsoperationen	Thermometer, Thermoelement	regelmäßig (Stichprobe)

1 Übersicht Prüfung KSS

Zur Durchführung der **KSS-Untersuchung** und **-Pflege** ist der jeweilige Maschinenführer verpflichtet, darüber hinaus empfiehlt es sich, einen **sachkundigen KSS-Beauftragten** zu benennen.

Warnhinweise

Gefahr bedeutet, dass ein Zustand oder eine Situation vorliegt, **die zum Tod oder zu schweren Verletzungen führt,** wenn die Anweisungen nicht befolgt werden.

GEFAHR: Kein Schritt, Gefahr von Stromschlag, Verletzung oder Beschädigung der Maschine. Nicht auf diesen Bereich klettern oder darauf stehen.

Warnung bedeutet, dass ein Zustand oder eine Situation vorliegt, **die zu mittelschweren Verletzungen führt,** wenn die Anweisungen nicht befolgt werden.

WARNUNG: Niemals die Hände zwischen Werkzeugwechsler und Spindelkopf stecken.

Achtung bedeutet, dass **leichte Verletzungen oder Beschädigungen der Maschine auftreten können,** wenn Anweisungen nicht befolgt werden. Eventuell müssen Sie auch ein Verfahren von vorne beginnen, wenn Sie nicht die Anweisungen in einem Warnhinweis befolgen.

ACHTUNG: Maschine abstellen, bevor Wartungsarbeiten durchgeführt werden.

Instandsetzung

Die Instandsetzung gehört in der Regel nicht zu den Aufgaben eines Zerspanungsmechanikers. Seine Aufgabe besteht meist darin, einen Instandsetzungsauftrag auszulösen. Die Durchführung eines Instandsetzungsauftrages findet im Gegensatz zur Wartung und Inspektion in vielen Fällen nicht aufgrund eines Zeit- oder Wartungsplanes statt, sondern wird häufig durch **Inspektionsbefunde** ausgelöst.

Die Instandsetzung umfasst alle Maßnahmen, die dazu dienen, den Sollzustand der Werkzeugmaschine wieder herzustellen. Die Einsatzfähigkeit der Maschine kann z. B. durch Nachstellen, Reparieren oder Austauschen von Bauteilen erreicht werden.

Die Instandsetzung kann nach unterschiedlichen **Instandhaltungskonzepten** erfolgen, die in intervallabhängige (vorbeugende), zustandsbedingte, ausfallbedingte und qualitätssichernde (vorausschauende) Instandhaltung eingeteilt werden.

Tabelle 1: Instandhaltungskonzepte

	intervallabhängig	zustandsbedingt	ausfallbedingt	qualitätssichernd
Durchführung	unabhängig vom Zustand der Maschine nach festgelegter Laufzeit.	laufende, messende Überwachung der Maschine, Instandsetzung bei Überschreitung von bestimmten Maßen.	bei Störungen oder Ausfall der Maschine oder einzelner Bauteile.	auf Basis der Auswertung der Dokumentationen der Instandhaltungstätigkeiten.
Vorteile	gute Planbarkeit, hohe Zuverlässigkeit der Maschinen, Personalbedarf gut planbar.	maximale Nutzung der Lebensdauer der Bauteile, Zuverlässigkeit gesichert.	Ausnutzung des Abnutzungsvorrats geringer Planungsaufwand.	höchstmögliche Verfügbarkeit der Maschine, Sicherung der Produktionsqualität.
Nachteile	Abnutzungsvorrat nicht ausgenutzt, Ersatzteilbedarf hoch, hohe Instandhaltungskosten.	hoher Messaufwand, erhöhter Planungs- und Kostenaufwand, Personalbedarf schlechter planbar.	Maschinenausfälle, höhere Kosten für Beschaffung oder Lagerung von Ersatzteilen, ggf. Fertigungsausfall.	Planung etwas aufwendiger, da zum Teil für jede Maschine einzeln notwendig.

Verbesserung

Die Verbesserung umfasst alle Maßnahmen, die der Optimierung der Funktionssicherheit einer Anlage dienen.

Grundlage der Verbesserungsmaßnahmen an einer Werkzeugmaschine sind die Dokumentationen der durchgeführten Wartungs-, Inspektions- und Instandsetzungstätigkeiten. Aus diesen Dokumentationen lassen sich häufig „Schwachstellen" an der Maschine ableiten.

Auch das Aufrüsten der Maschine kann zur Verbesserung führen. So führt beispielsweise das Nachrüsten eines modernen Wegemesssystems und einer aktuellen Steuerung zur Qualitätssteigerung und zur Verbesserung der Wiederholgenauigkeit in der Fertigung. Diese Maßnahmen werden häufig unter dem Begriff Retrofit (engl. für nachrüsten, umrüsten) zusammengefasst.

Ein anderes Beispiel ist der Präzisionsschliff an Werkzeugaufnahmen, die durch Abnutzung das Werkzeug nicht mehr exakt führen. So führen nach dem Nachschleifen vergrößerte Traganteile an Werkzeugaufnahmekegeln zu einer höheren Einzugskraft und zu einer stark verbesserten Rundlaufgenauigkeit. Somit erhöhen sich durch Maßnahmen zur Verbesserung der Werkzeugmaschinen z.B. die Maßgenauigkeit der gefertigten Teile, die Arbeitssicherheit oder der Bedienkomfort **(Bild 1)**. Weiterhin dienen diese Maßnahmen dazu, die auftretende Abnutzung zu kompensieren, bzw. den Abnutzungsvorrat bestmöglich auszunutzen.

1 Kontrolle einer Verbesserungsmaßnahme

Abnutzungsvorrat

Fertigungsmaschinen und Werkzeuge sind Investitionsgüter, die nicht z.B. wie Roh-, Hilfs- und Betriebsstoffe verbraucht werden. Allerdings werden Maschinen und Werkzeuge über den Nutzungszeitraum abgenutzt und geschädigt. Die Nutzung führt zur gleichmäßigen oder ungleichmäßigen Abnutzung, überschreitet die Abnutzung eine zweckabhängige Abnutzungsgrenze, ergibt sich eine Schädigung bis zum Ausfall. Um einen Betriebsausfall zu vermeiden, muss die Abnutzung durch eine Instandsetzungsmaßnahme rechtzeitig rückgeführt werden. Durch vorbeugende Instandhaltung kann die Nutzungszeit verlängert werden **(Bild 2)**.

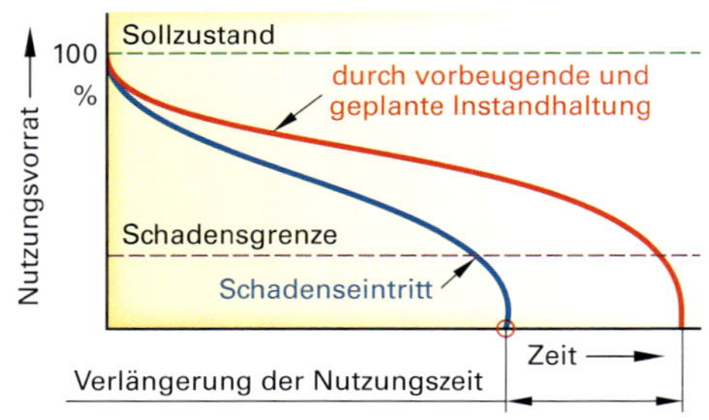

2 Nutzungszeit

Die Badewannenkurve

beschreibt in einer grafischen Darstellung die Zuverlässigkeit, bzw. die Häufigkeit der Ausfälle einer Anlage oder eines technischen Betriebsmittels über einen längeren Zeitraum.

Der zeitliche Verlauf ähnelt der Querschnittsform einer Badewanne **(Bild 3)**. Der Produktlebenszyklus lässt sich in drei Phasen unterteilen:

Phase 1, Frühausfälle: Verursacht durch Konstruktions-, Produktions-, Materialfehler oder durch fehlerhafte Bedienung.

Phase 2, Normalbetrieb: Gelegentliche Ausfälle, die meist auf Zufälle zurückzuführen sind.

Phase 3, Verschleißphase: Vermehrte Ausfälle aufgrund von Alterung und Verschleiß.

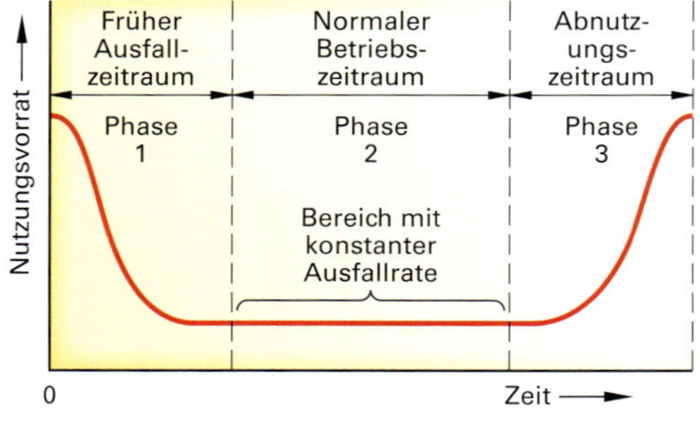

3 Badewannenkurve

Steigerung der Qualitätsfähigkeit

Mit den ständig steigenden Anforderungen an die Genauigkeit der gefertigten Teile wächst auch die Notwendigkeit, die Fähigkeit der Maschinen und des Prozesses in standartisierten Messzyklen genaueren Untersuchungen zu unterziehen und Verbesserungen vorzunehmen.

Die Genauigkeit der Maschinenbewegungen bestimmt im Wesentlichen das Bearbeitungsergebnis einer Werkzeugmaschine. Für die Präzisionsbearbeitungen ist es deshalb wichtig, die Positionsabweichungen zu erfassen und gegebenenfalls zu kompensieren. Durch die hohen Beschleunigungen moderner Maschinen sind für das Bearbeitungsergebnis aber zunehmend auch die dynamischen Bahnabweichungen mitbestimmend. Beide Abweichungen können z. B. mit einem Kreuzgitter-Messgerät ermittelt werden.

Genauigkeitsmessung

Die Bearbeitungsergebnisse einer Maschine, wie die Toleranzhaltigkeit von Werkstücken oder die Oberflächengüte, wird wesentlich durch die statische und dynamische Genauigkeit der Maschinenbewegungen beeinflusst. Für Präzisionsbearbeitungen ist es daher wichtig, die Bewegungsabweichungen zu erfassen und zu kompensieren. So geht die Tendenz zu Messgeräten, die dynamische und statische Abweichungsanteile direkt erfassen und mithilfe von PC-Auswerte-Software aufnehmen und auswerten. Bei diesen Prüfmethoden liegt der Vorteil gegenüber der alleinigen Kontrolle des Bearbeitungsergebnisses in der Trennung der Technologieeinflüsse von den Maschineneinflüssen.

1 **Kreisformtest mit Kreuzgitter – Messgerät**

Ein Beispiel für diese Messungen ist der **Kreisformtest** mit Kreuzgitter-Messgeräten **(Bild 1)**, bei dem die tatsächlich gefahrene Kreisbahn der Spindeln von CNC-Maschinen aufgenommen und mithilfe der Software die Abweichung zur idealen Kreisbahn ermittelt wird. Die ermittelten Daten ermöglichen Rückschlüsse auf die Ursachen, wie z. B. Kippen der Maschinenachsen oder unterschiedliche Wärmeausdehnung der Maschinenkomponenten.

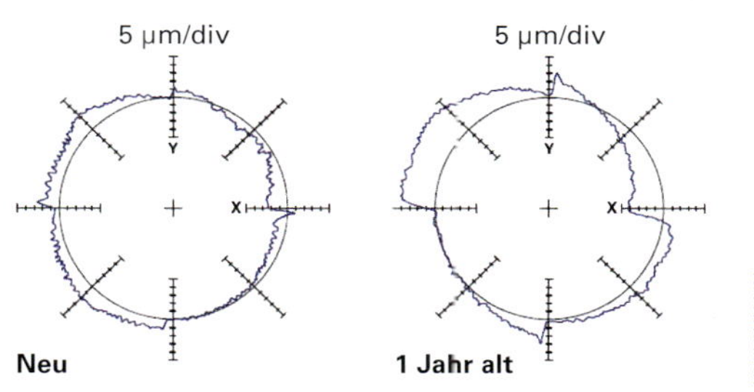

2 **Kreisformtest eines Bearbeitungszentrums**

Wenn durch die Genauigkeitsmessung solche Ergebnisse wie in **Bild 2** festgestellt werden, ist die Fähigkeit einer Werkzeugmaschine, ein gewünschtes Bearbeitungsergebnis zu erreichen, nicht mehr gegeben. Hier werden in zunehmendem Maße konstruktive Maßnahmen wie z. B. der Einbau von Längenmessgeräten vorgenommen.

Die Genauigkeit von Werkzeugmaschinen hängt insbesondere von der Fähigkeit ab, wechselnde Einsatzbedingungen zu kompensieren. So verändern sich beim Übergang von der Schruppbearbeitung zum Schlichten beispielsweise die mechanischen und thermischen Belastungszustände. Von besonderer Bedeutung sind hier insbesondere die Vorschubantriebe. Sie werden durch hohe Vorschubgeschwindigkeiten und Beschleunigungen stark beansprucht und erzeugen viel Wärme. Die Temperaturverteilungen in den Kugelgewindespindeln ändern sich dadurch sehr schnell, wodurch es innerhalb von kurzer Zeit zu Positionierfehlern bis zu 100 µm kommen kann. Die Maßhaltigkeit der Werkstücke ist somit nicht mehr gegeben. Um diese Fehler zu vermeiden, ist eine geeignete Positionsmesstechnik notwendig. Hier gibt es unterschiedliche Strategien, z. B. die Erfassung der Position einer Vorschubachse über die Kugelgewindespindel mithilfe eines Drehgebers. Allerdings wird hier die Antriebsposition nur über die Spindelsteigung ermittelt und verschleiß- oder temperaturbedingte Veränderungen nicht berücksichtigt. Mit dem Einsatz von Längenmessgeräten können diese Fehlerquellen unterdrückt werden.

Durch Verwendung von Längenmessgeräten zur Erfassung der Schlittenposition wird die gesamte Vorschubmechanik durch die Positionsregelschleife erfasst **(Bild 1)**. Bei dieser Variante haben Spiel und Ungenauigkeiten in den Übertragungselementen keinen Einfluss auf die Positionserfassung. Die Genauigkeit der Messung hängt nur von Präzision und Einbauort des Längenmessgerätes ab. Weitere Fehlerquellen wie Positionierfehler durch Erwärmung der Kugelumlaufspindel, Umkehrfehler oder Fehler durch Verformung der Antriebselemente durch Bearbeitungskräfte werden ausgeschlossen.

Neben dem beschriebenen Kreuzgitter-Messgerät gibt es von verschiedenen Herstellern weitere Messgeräte und Prüfmethoden, um die Erfassung von Maschinengenauigkeiten und den Einfluss von steigenden Bearbeitungsgeschwindigkeiten nachzuweisen. Dazu zählen z.B. der Freiformtest oder der Step-Response-Test, der Auskünfte über den Einfluss der Haftreibung bei Umkehrbewegungen und darüber, wie genau Positionen eingehalten werden können, gibt. Diese Tests werden durchgeführt bei Maschinen, die bei hochpräzisen Bearbeitungen 0,1 μm bis 0,01 μm Maßgenauigkeit einhalten müssen **(Bild 2)**.

Die aufgrund dieser **Genauigkeitsmessungen** mögliche korrekte Einstellung der Werkzeugmaschine bzw. die Kompensierung der Ergebnisse ermöglicht vielfach erst die Fertigung in einer geforderten Qualität mit ausreichender Wiederholgenauigkeit.

Parallelität der Aufspannfläche zu den Schlittenbewegungen in Längsebene (x-Achse) und Querebene (y-Achse).

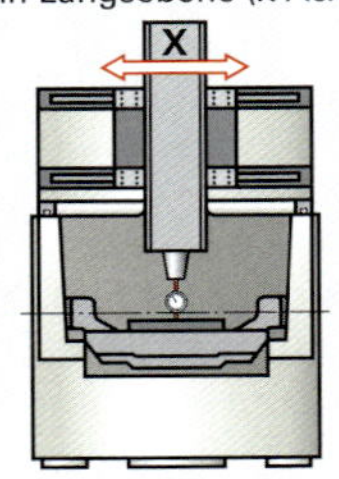

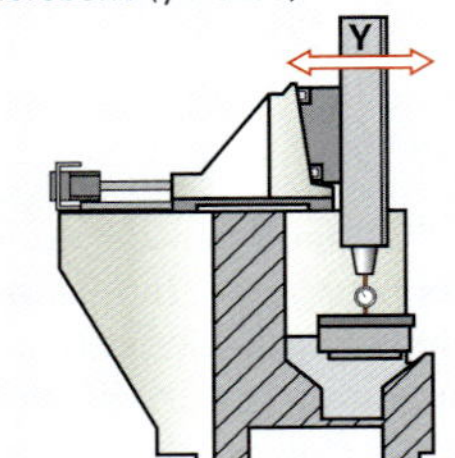

1 Geometrietest

© Renishaw

2 Kreisformtest

Ferndiagnose

Mit der Diagnose von Fehlern über größere Entfernungen ist eine weitere Entwicklungsrichtung vorgegeben, wie Teleservice durch den Maschinenhersteller oder im Intranet der Organisation. Teilweise sind hierbei die Maschinensteuerungen online fernbedienbar, ohne jedoch Maschinenbewegungen auslösen zu können. Die Probleme und Störungen an Werkzeugmaschinen, die den Fertigungsprozess negativ beeinflussen oder sogar zum Fertigungsstillstand führen können, sind so schneller zu analysieren und zu beheben.

Aus diesen Entwicklungen ergeben sich veränderte Anforderungen im Geschäftsprozess des Zerspanungsmechanikers.

Dazu zählen:

- Die Fähigkeit, sich selbstständig in neue Fertigungs- und Prüftechnologien einarbeiten zu können.
- Eine vollständige gedankliche Durchdringung des Fertigungsprozesses.
- Ein sicherer Umgang mit digitaler Diagnosetechnik.
- Das Erkennen und die präzise Beschreibung auftretender Fehler an der Werkzeugmaschine, ggf. in englischer Sprache.

Optimierung von Effizienz und Präzision

Steigende Anforderungen an Maßgenauigkeiten, Oberflächengüten und kurze Bearbeitungszeiten stellen häufig Zielkonflikte dar. Namhafte Hersteller von Messsystemen, Tastsystemen und numerischen Steuerungen bieten Anwendungssoftware (application software, kurz App) an, die einzeln oder kombiniert bestehende Steuerungen optimieren. Solche Apps bieten z.B. eine aktive Ratterunterdrückung in der Schwerzerspanung, eine adaptive Vorschubregelung, eine aktive Schwingungsdämpfung oder die Kompensation beschleunigungsabhängiger Positionsabweichungen. Der Einsatz solcher Apps kann das Zeitspanvolumen optimieren, Standzeiten maximieren, Maschinenbelastungen verringern, die Werkstückgenauigkeiten verbessern und die Prozesssicherheit durch Werkzeugüberwachung erhöhen.

B2 BETRIEBSSTOFFE

Hilfs- bzw. Betriebsstoffe sind gezielt eingesetzte **Zusatzstoffe,** die bei der spanenden Fertigung für die angestrebten Arbeitsergebnisse erforderlich sind, am Werkstück jedoch nach der Bearbeitung **nicht** mehr vorhanden sind **(Bild 1)**.

Als Zusatzstoffe in der Spanungstechnik kommen zum Einsatz:

- **Schmierstoffe,**
- **Kühlschmierstoffe,**
- **Schleif- und Poliermittel,**
- **Reinigungsmittel.**

1 Vollstrahlkühlung beim Werkzeugschleifen

Schmierstoffe

Zwischen aneinander gleitenden Flächen an Werkzeugmaschinen entsteht **unerwünschte Reibung,** die einen erhöhten Leistungsbedarf erfordert. Ein gezielter Schmierstoffeinsatz beeinflusst das Verhältnis zwischen P_{zu} und der **erforderlichen Zerspanungsleistung** durch verminderten Verschleiß positiv.

F_N (Normalkraft)
Bewegungsrichtung
F (Kraft)
F_R (Reibungskraft)

2 Grundprinzip der Reibung

Tabelle 1: Reibungszahlen

Werkstoffpaarung	Haftreibungszahl μ_H	Gleitreibungszahl μ_G	
	trocken	trocken	geschmiert
Stahl auf Gusseisen	0,2	0,18	0,09
Stahl auf Stahl	0,2	0,15	0,07
Stahl auf CuSn-Leg.	0,2	0,1	0,04
Stahl auf Reibbelag	0,6	0,5	0,25

Physikalische Grundlagen

Die bei Bewegung entstehende **Reibungskraft F_R** wirkt der Bewegungsrichtung entgegen **(Bild 2)** Die Größe der Reibungskraft ist dabei abhängig von:

- **Normalkraft F_N Werkstoffpaarung Schmierung,**
- **Oberflächengüte der Gleitflächen Reibungsart.**

Außer der **Normalkraft F_N** werden alle Einflussfaktoren in der **Reibungszahl μ** zusammengefasst **(Tabelle 1)**.

Berechnungsgrundlage für die Reibungskraft: $F_R = \mu \cdot F_N$

Ist die Verschiebekraft $F < F_R = \mu \cdot F_N$, d.h. es erfolgt **keine Bewegung,** dann herrscht **Haftreibung.**

Bei der Bedingung $F > F_R$ erfolgt eine Bewegung, es liegt **Bewegungsreibung (Gleitreibung)** an **(Bild 2)**.

Bestimmte Betriebszustände, wie z.B. sehr große Normalkräfte, ungünstige Werkstoffpaarungen und Geschwindigkeitsverhältnisse, besonders bei kleinen Drehzahlen, beeinflussen die Reibung in den Lagern negativ **(Bild 3)**.

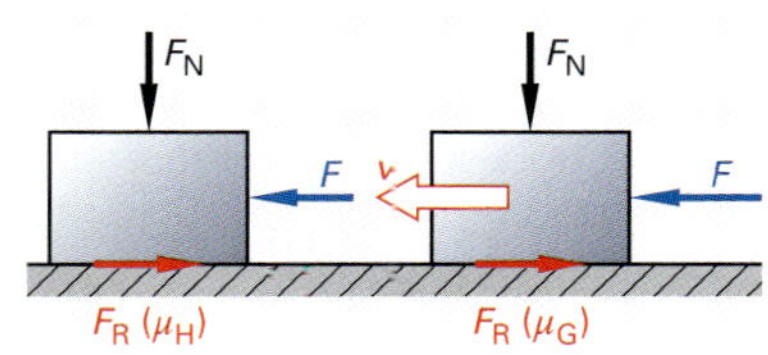

3 Haft- und Bewegungsreibung

Trockenreibung

Ein unmittelbarer Bauteilkontakt bewirkt erhöhte Erwärmung und Verformung des Oberflächenprofils. Zunehmender Verschleiß und verschweißen der Gleitflächen, das gefürchtete **„Fressen an den Gleitflächen"**, können entstehen **(Bild 4)**.

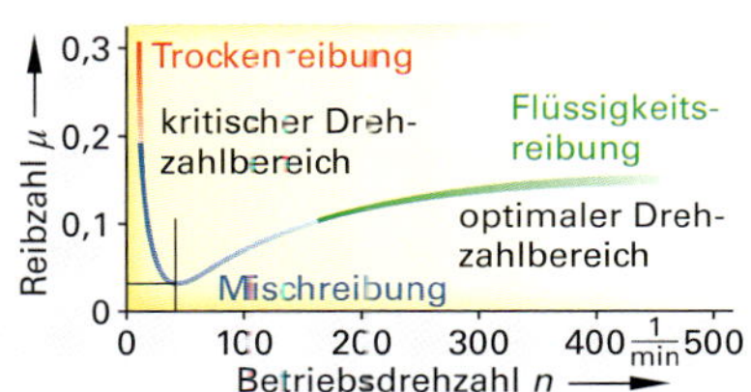

4 Drehzahlabhängige Reibwerte

Mischreibung

Bei Bewegungsbeginn oder unzureichender Schmierung kommt es noch zu einer **punktuellen Berührung** der Gleitflächen. Die Reibung und der Verschleiß sind geringer als bei der Trockenreibung, trotzdem diesen Drehzahlbereich meiden!

Flüssigkeitsreibung

Eine ausreichende Flüssigkeitsmenge verhindert die Berührung der Gleitflächen. Die verbleibende Reibung entsteht durch die **Gleitbewegung der Schmierstoffmoleküle (Bild 1)**.

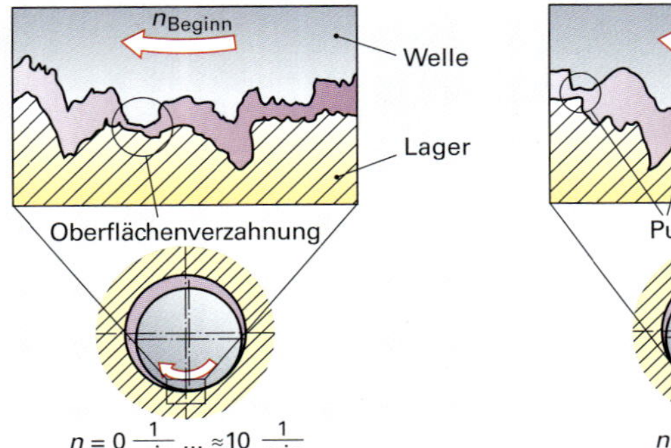

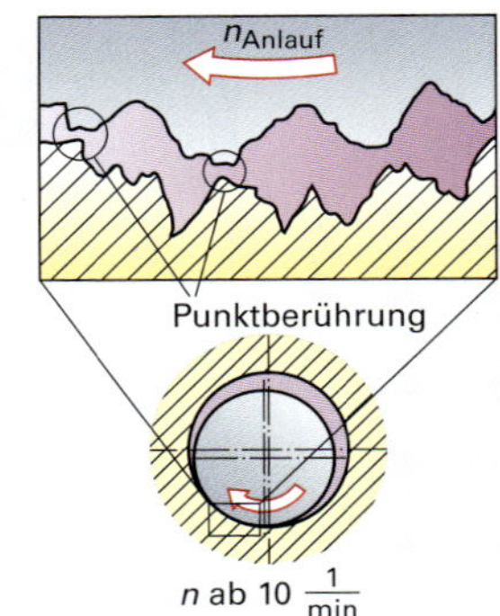

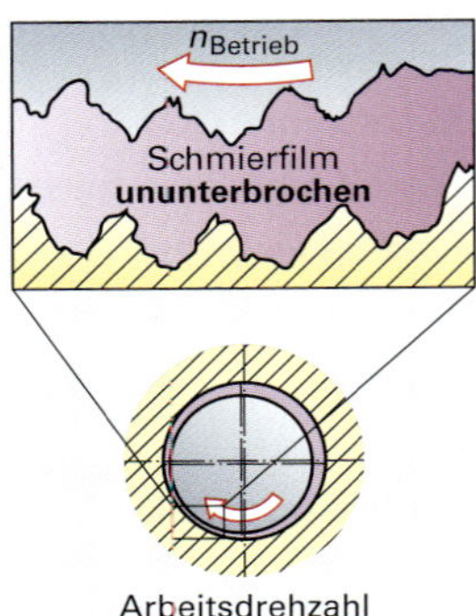

1 Reibungszustände bei Trocken-, Misch- und Flüssigkeitsreibung

Schmierstoffarten

Aus den physikalischen Grundlagen und den technischen Anforderungen lassen sich die realisierbaren Aufgaben an die Schmierstoffe ableiten.

Schmierstoffe bewirken Verminderung der Reibung, Wärmetransport und Beseitigung des Abriebes aus der Kontaktzone, Dämpfung von Stößen und Schwingungen sowie Korrosionsschutz.

Die drei Schmierstoffarten **(Tabelle 1)** werden mithilfe von charakteristischen Kenngrößen definiert.

Die wichtigste Kenngröße ist die **Viskosität** (Zähigkeit). Darunter ist der Verschiebewiderstand zweier benachbarter Flüssigkeitsschichten (innere Reibung) zu verstehen. Die Temperatur, die einen Schmierstoff nicht mehr fließen lässt, heißt **Stockpunkt** (unter 0 °C). Bei höheren Temperaturen entweichen den Schmierstoffen brennbare Gase, der Beginn wird als **Flammpunkt** bezeichnet.

Tabelle 1: Schmierstoffarten

Zustand der Schmierstoffe		
fluid	**plastisch**	**fest**
Öle	Fette	Festschmierstoffe
SAE 10W – 30	K 3 N – 20	Grafit

Schmierstoffe, die in der Zerspantechnik verwendet werden, müssen die folgenden Eigenschaften besitzen: **großen Temperaturbereich, geringe Viskosität und Viskositätsänderung bei Temperaturwechsel, haftbeständig und druckfest, alterungsbeständig, hoher Flamm- und niedriger Stockpunkt.**

Schmierfette

Schmierfette sind durch feinste Verteilung von Seifen in Mineral- oder Syntheseölen pastenförmige Schmierstoffe **(Bild 2)**. Barium-, Natrium- oder Lithiumseifen beeinflussen nachhaltig die Schmierfetteigenschaften.

2 Struktur von Schmierfetten

Spezifische Kenngrößen klassifizieren die Schmierfettarten und bestimmen somit deren Verwendung nach DIN ISO 2137 **(Tabelle 1)**.

Tabelle 1: Klassifizierung von Schmierfetten nach DIN ISO 2137

Konsistenzklasse NLGI-Klassen	Walkpenetration bei 25 °C in 1/10 mm		Konsistenz		Verwendung
000	445...475		ähnlich sehr dickem Öl		
00	400...430	↑	halb fließend	↓	
0	355...385		sehr weich		Getriebefette
1	31...340		weich		
2	265...295	zunehmend	salbenartig	zunehmend	
3	220...250		beinahe fest		
4	175...205		fest		Wälzlagerfette Gleitlagerfette
5	130...160		sehr fest		
6	85...115		sehr fest		Blockfette

Kennzeichnung:

Die symbolhafte Darstellung soll dem Anwender als zweifelsfreie Richtlinie in der praktischen Arbeit dienen **(Bild 1)**.

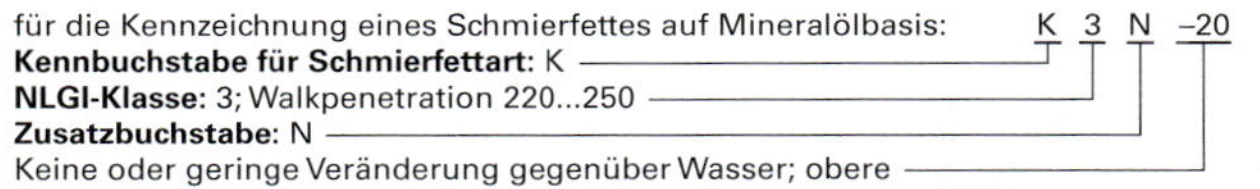

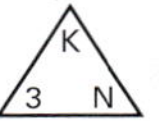

1 Kennzeichnung Schmierfett

Schmieröle

Schmieröle sind flüssige Schmierstoffe auf Mineral- oder Syntheseölbasis. Die wichtigste Kenngröße ist die Viskosität, die nach DIN 51777 in Viskositätsklassen von ISO VG 2 (dünnflüssig) bis ISO VG 3200 (zähflüssig) eingeteilt wird.

Mineralöle

Sind Destillationsprodukte der Erdölchemie, deren Eigenschaften gezielt durch Zusätze beeinflusst werden, z.B. Schmierwirkung, Druckfestigkeit, Temperaturbereich usw.

Syntheseöle

Gleiche Kohlenwasserstoffe ergeben bei der Synthese bessere Schmieröle in Bezug auf Alterungsbeständigkeit und vor allem im Viskositäts-Temperatur-Verhalten **(Tabelle 2)**.

Tabelle 2: Schmieröle Auszug aus DIN 51 502

Stoffgruppe Symbol	Kennbuchstabe	DIN-Nr.	**Schmierstoffart** Eigenschaften, Anwendung
Mineralöle	AN	51501	• Normalschmieröle ohne Zusätze, Öltemperatur bis 50 °C, Umlaufschmierung
	C	51517-3	• Schmieröle ohne Zusätze, alterungsbeständig, Umlaufschmierung bei Gleit- und Wälzlager
	CG	8659 T2	• Mineralöle mit Wirkstoffzusatz, Verschleißminderung bei Mischreibung, z.B. Führungsbahnen
	L	–	• Öle zur Wärmebehandlung
Syntheseöle	E		• Esteröle, geringe Viskositätsänderung, Lagerstellen mit großen Temperaturschwankungen
	PG	–	• Polyglykolöle, hohe Alterungsbeständigkeit, gutes Mischreibungsverhalten, teilweise wasserabweisend
	SI	–	• Silikonöle, hohe Alterungsbeständigkeit, stark wasserabweisend, Einsatz bei großen Temperaturschwankungen

Festschmierstoffe

Extreme Betriebsbedingungen, z.B. geringe Gleitgeschwindigkeit, zu hohe oder niedrige Betriebstemperaturen, beeinflussen nachhaltig die Ausbildung eines funktionsfähigen Schmierfilmes aus Ölen bzw. Fetten.

Die Blättchenstruktur der Festschmierstoffe **Graphit**, **PTEE** und **MoS_2** erzeugen eine höhere Adhäsionskraft zu den Schmierflächen, d.h. ein Verdrängen des Schmierstoffs aus den Unebenheiten des Schmierspaltes wird verhindert.

Bei einsetzender Bewegung richten sich die Blättchen **bewegungsorientiert** aus und gleiten aufeinander ab **(Bild 1)**.

Festschmierstoffe sollten nur dann eingesetzt werden, wenn eine Flüssigkeitsreibung nicht erreichbar ist, z.B. bei hohen Betriebstemperaturen und bei stoßartigen Schmierfilmbelastungen. Oft erfüllen Festschmierstoffe die Funktion als **Notlaufschmierstoff (Tabelle 1)**.

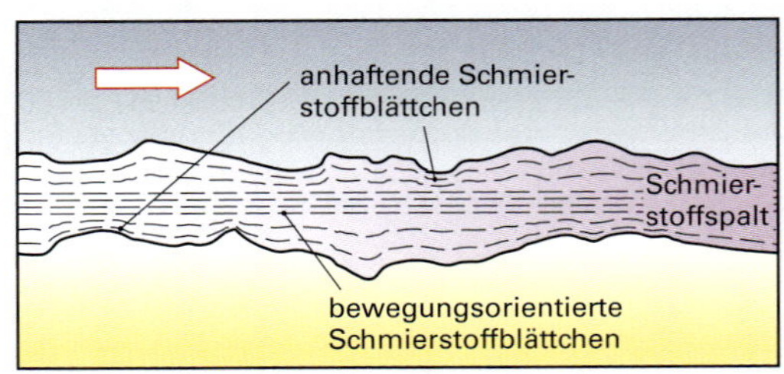

1 Schmierspaltbildung

Tabelle 1: Festschmierstoffe

	Farbe	Betriebstemperatur °C	Beständigkeit gegen Chemikalien	Beständigkeit gegen Korrosion	Reibungszahl μ
Graphit	grauschwarz	–18 bis +450	sehr gut	gut	0,1 bis 0,2
Molybdändisulfid	grauschwarz	–180 bis +400	gut	schlecht	0,04 bis 0,09
PTFE	weiß bis transparent	–250 bis +260	gut	gut	0,04 bis 0,09

Kühlschmierstoffe KSS

Der **Werkzeugverschleiß** ist direkt abhängig von der Zerspanungstemperatur. Der optimalen Wahl eines Kühlschmierstoffes kommt entsprechend den Zerspanungsbedingungen größte Bedeutung zu.

Je höher die Schnittgeschwindigkeit, je größer die Zerspankraft, je zäher der Werkstoff, je ungünstiger die Schneidengeometrie, je schlechter die Wärmeleitfähigkeit des Werkstoffs und je geringer die Kühlschmierwirkung ist, desto höher wird die **Zerspanungstemperatur**.

Daraus leiten sich die Anforderungen bzw. die Aufgaben an die Kühlschmierung ab. Alle Kühlschmierstoffe nach DIN 51385 unterliegen der Tatsache, dass die Kühlwirkung auf Kosten der Schmierwirkung in Abhängigkeit der zugesetzten Mengen von Additiven (Emulgatoren und EP-Zusätzen) abnimmt **(Bild 2)**.

Die aufgeführten **Anforderungen** an die **Kühlschmierstoffe** sind vom Anwender bei der Auswahl auf die spezifischen Betriebsbedingungen abzuwägen:

- **Kühl- und Schmierfähigkeit,**
- **Druckaufnahmefähigkeit, Viskosität,**
- **Spülvermögen, Korrosionsschutz,**
- **alterungsbeständig, benetzend,**
- **geruchsfrei, gesundheitsverträglich,**
- **abbaubar, umweltverträglich,**
- **schwer entflammbar .**

Die stetige Weiterentwicklung der Werkzeugmaschinen, der Einsatz von verbesserten und neu entwickelten Werkzeugen verlangt angepasste KKS. Die Kosten für die KKS, die Einsatzdauer und -menge, die optimierte Aufbereitung sowie die Umweltverträglichkeit sind zentrale Punkte für die Entwicklung und Bereitstellung zukunftsorientierter KKS.

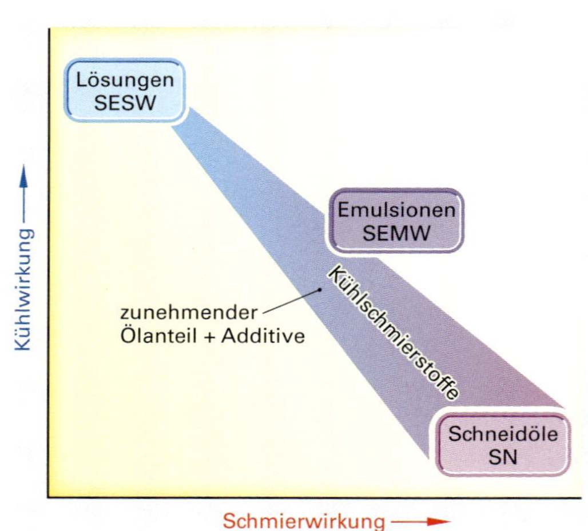

2 Wechselwirkung von Kühl- und Schmierwirkung

Aufgaben der Kühlschmierstoffe

Bei allen spanabhebenden Fertigungsverfahren entstehen im Kontaktbereich zwischen Werkzeug und Werkstoff hohe Zerspanungstemperaturen. Reibungskräfte am Schneidkeil, Abtrennung des Spanes und Umformvorgänge im ablaufenden Span wandeln die aufgewendete Energie in **frei werdende Wärme** um.

Moderne Schneidstoffe verfügen zwar über optimierte Schneideigenschaften, jedoch über keine guten Wärmeleitfähigkeiten, sodass bis zu 80 % der umgesetzten Wärmeenergie über die ablaufenden Späne abgeführt wird **(Bild 1)**.

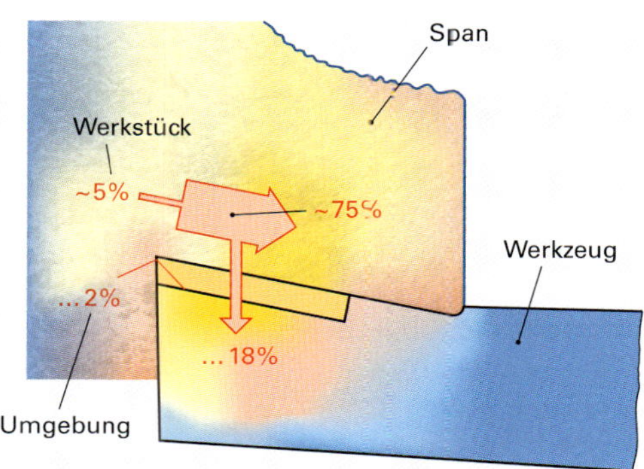

1 Wärmeverteilung in der Scherzone

Hauptaufgaben der Kühlschmierstoffe

- Verminderung der Gleitreibung im Kontaktbereich zwischen Werkzeugoberfläche und dem ablaufenden Span durch einen Schmierstofffilm.
- Ableiten der Reib- und Umformungswärme aus der Scherzone.
- Reduzierung der thermischen Gefügeveränderungen in der Randschicht des Werkstückes.
- Begünstigte Späneabfuhr und Korrosionsschutz.

Die verfahrensspezifisch verwendeten Kühlschmierstoffe beeinflussen nachweisbar den Vorgang und die Ergebnisse des Zerspanungsprozesses (Bild 2).

- Spürbare Reduzierung der Zerspanungstemperatur.
- Optimierte Erhöhung der Schnittwerte und Standzeit der Werkzeuge.
- Verbesserte Oberflächengüte und Maßhaltigkeit.

2 Kühlschmierung

Einteilung der Kühlschmierstoffe

Die prinzipielle Unterscheidung erfolgt in **nichtwassermischbare** und **wassermischbare** Kühlschmierstoffe nach DIN 51385 **(Tabelle 1)**.

Tabelle 1: Kühlschmierstoffe

Kennbuchstaben	Benennung	Eigenschaften	Kennbuchstaben	Benennung	Eigenschaften
S	Kühlschmierstoff	Stoff, der beim Trennen und teilweise beim Umformen von Werkstoffen zum Kühlen und Schmieren eingesetzt wird	SES	Wasserlöslicher Kühlschmierstoff	Kühlschmierstoff, der mit Wasser gemischt Lösungen ergibt
SN	Nichtwassermischbarer Kühlschmierstoff	Kühlschmierstoff, der für die Anwendung nicht mit Wasser gemischt wird	SEW	Wassergemischter Kühlschmierstoff	Mit Wasser gemischter Kühlschmierstoff (wassermischbarer Kühlschmierstoff im Anwendungszustand)
SE	Wassermischbarer Kühlschmierstoff	Kühlschmierstoff, der von seiner Anwendung mit Wasser gemischt wird	SEMW	Kühlschmieremulsion (Öl-in-Wasser)	Mit Wasser gemischter emulgierbarer Kühlschmierstoff (gebrauchsfertige Mischung)
SEM	Emulgierbarer Kühlschmierstoff	Wassermischbarer Kühlschmierstoff, der die diskontinuierliche Phase einer Öl-in-Wasser bilden kann	SESW	Kühlschmierlösung	Mit Wasser gemischter wasserlöslicher Kühlschmierstoff (gebrauchsfertige Mischung)

Nichtwassermischbare Kühlschmierstoffe

Bestehen im Wesentlichen aus mineralischen Ölen **mit Zusätzen** (Additive) zur Bildung von haftfähigen und druckfesten Ölfilmen auf metallischen Oberflächen. Die schlechtere Wärmeleitfähigkeit der Öle begünstigt die Verwendung bei Spanungsverfahren mit geringen Schnittwerten **(Tabelle 1)**.

Tabelle 2: Kühlwirkung von Öl und Wasser

Kühlwirkung	Kenngröße	Öl	Wasser
Wärmeabfuhr	spez. Wärme in J/gK	1,8	4,2
Wärmeleitung	Wärmeleitfähigkeit in W/mK	0,13	0,6
Verdampfung	Verdampfungswärme in kJ/g	0,2	2,3

Wassermischbare Kühlschmierstoffe

Die **entstandene** Prozesswärme in der Scherzone entzieht das Wasser durch seine gute Wärmeleitung und die Verdampfungswärme. Die Kühlung bei den spanenden Fertigungsverfahren mit hohen v_c-Werten ist optimal. Durch Zusätze (Additive) werden die Schmiereigenschaften und die Korossionsschutzeigenschaften optimiert **(Tabelle 1)**.

Tabelle 1: Kühlschmierstoff – Emulsionen

Tröpfchengröße	Emulsion	Farbe
1 µm bis 10 µm	grobdisperse	milchig weiß
0,01 µm bis 1 µm	feindisperse	opaleszierend
0,001 µm bis 0,01 µm	kolloid disperse	transparent

Inhaltsstoffe der Kühlschmierstoffe

Spezielle Anforderungen an die KKS werden z. B. durch Antischaumadditive und Antinebeladditive erfüllt. Biozide dämmen die Bildung von Mikroorganismen, Schimmel- und Hefepilzen ein. Besondere Schmiereffekte werden durch die Verwendung von EP-Additiven erzielt **(Tabelle 2)**.

Tabelle 2: Die wichtigsten Arten von Inhaltsstoffen

Inhaltsstoffe	Aufgaben	Inhaltsstoffe	Aufgaben
Mineralöl, pflanzliches und synthetisches Öl	Basisflüssigkeit, Schmierwirkung	Polarer Schmierstoff	Erhöhung der Schmierwirkung
		EP-Wirkstoff	Erhöhung der Schneidleistung bei schweren Zerspanungsoperationen
Emulgatoren	Ermöglichen die Bildung von Öltröpfchen, die im Wasser schweben	Entschäumer	Reduziert die Schaumbildung, z. B. bei hohen KSS-Drücken
Korrosionsinhibitor	Verstärkung des Korrosionsschutzes für Maschinen und Werkstücke durch Bildung eines schützenden Films auf der Metalloberfläche	Biozid Hemmstoff	Reduzierung bzw. Hemmung des mikrobiellen Befalls (Bakterien, Hefen, Pilze) in der Emulsion

Temperatureinsatzbereiche der KSS-Zusätze

Die **Schmierwirkung** von KSS wird durch **polare Zusätze** und **EP-Additive** nachweislich erhöht. Eine sich bildende Reaktionsschicht begünstigt die Verminderung der Reibungskoeffizienten, der wiederum von der Materialpaarung an den Kontaktstellen und der einwirkenden Kräfte abhängig ist.

Abhängig von den zu wartenden Betriebsbedingungen ist eine sorgfältige Auswahl des geeignetsten KSS plus Zusatz auszuwählen **(Tabelle 3)**. Eine prozessgesteuerte Temperaturüberwachung ist unumgänglich.

Tabelle 3: Temperatureinsatzbereiche von KSS-Zusätzen (Additiven)

Additiv	Wirkstoffart	Temperaturbereich bis
Schmierungsverbessernde Zusätze	Fettöle (tierisch, pflanzlich)	120 °C
	Synthetische Fettstoffe (Ester)	180 °C
EP-Zusätze	Chlorhaltige Verbindungen	400 °C
	Phosphathaltige Verbindungen	600 °C
	Schwefelhaltige Verbindungen	800 °C
	Freier Schwefel	1000 °C

Einfluss vermindernde Additive

Polare Wirkstoffe der KSS werden aufgrund von Adsorptionsvorgängen an die Metalloberflächen gebunden. Durch Überschreitung der Schmelztemperatur des polaren Wirkstoffes der Metallseifen wird bei ca. 150 °C die Wirkung aufgehoben.

EP-Additive reagieren erst bei höheren Temperaturen ab ca. 600 °C mit den Metalloberflächen. Schwefel- und phosphorhaltige Additive erreichen durch Ausbildung einer Eisensulfidschicht Maximalwerte. Der Reibungskoeffizient bei Stahl kann von 0,78 bis auf 0,39 absinken **(Bild 1)**.

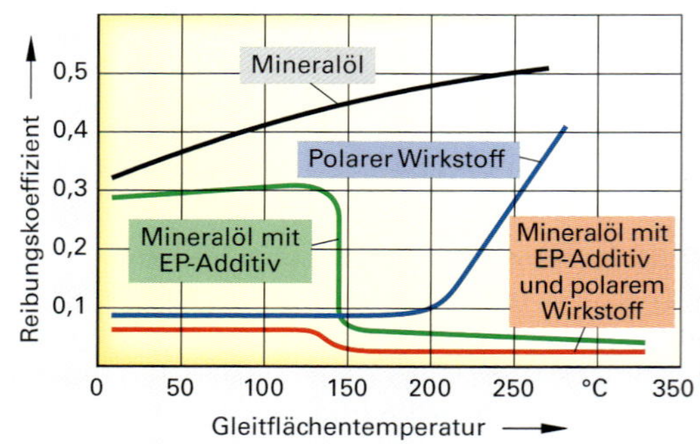

1 Einfluss von Additiven auf die Reibungswerte

Kühlschmierstoff-Lösungen

Anorganische und/oder organische Stoffe sind die Ausgangsprodukte für wasserlösliche KSS. Sind diese synthetisch hergestellt, werden sie den synthetischen KSS zugeordnet. Wird auf den Zusatz von Mineralölen verzichtet, wird dies den vollsynthetischen KSS zugeordnet. Die Verteilung der Bestandteile ist feiner als bei Emulsionen, die Farben sind transparent. Die Zerspanungswärme wird sehr gut abgeführt, die Schmierwirkung ist im Vergleich zu anderen KSS geringer.

Aufbereitung und Entsorgung von Kühlschmierstoffen

Alle Kühlschmierstoffe unterliegen beim Einsatz in den verschiedenen Fertigungsverfahren unterschiedlichen Einflüssen, welche die ursprünglichen Eigenschaften nachhaltig beeinflussen. Die Verwendungszeit ist deshalb verfahrensspezifisch begrenzt.

Bei **wassermischbaren KSS** wirken sich hohe Betriebstemperaturen auf die Konzentration durch Verdunstung des Wassergehaltes aus. Eingedrungenes Lecköl in den Kreislauf des KSS begrenzt die Standzeit nachhaltig.

KSS-Emulsionen sind gegen Mikroorganismen, Pilzen und Algen anfälliger und werden somit stärker verunreinigt, als nichtwassermischbare KSS. Zur Gewährleistung des Arbeitsschutzes durch belastete KSS, sind regelmäßige Kontrollen, ständige Aufbereitung bzw. Erneuerung zwingend notwendig **(Bild 1)**.

Die Verwendung in der Fertigung von KSS wird durch Verordnungen, technische Vorschriften und Gesetze verbindlich vorgeschrieben. Aus der Verfahrensübersicht **(Bild 2)** sind die Abläufe zur Beseitigung von belasteten KSS ersichtlich.

- **Siebfiltration** durch Absieben großer Partikel aus dem KSS-Kreislauf
- **Sedimentation** durch Absetzen größerer Späne im Absetzbecken
- **Flotation** der an der Oberfläche schwimmenden Phasen
- **Zentrifugalabscheidung** des Dünnschlammes aus der KSS-Lösung
- **Magnetabscheidung** von verschleiß- und fertigungstechnischen Mikroteilen

1 Aufbereitungsanlage für Kühlschmierstoffe

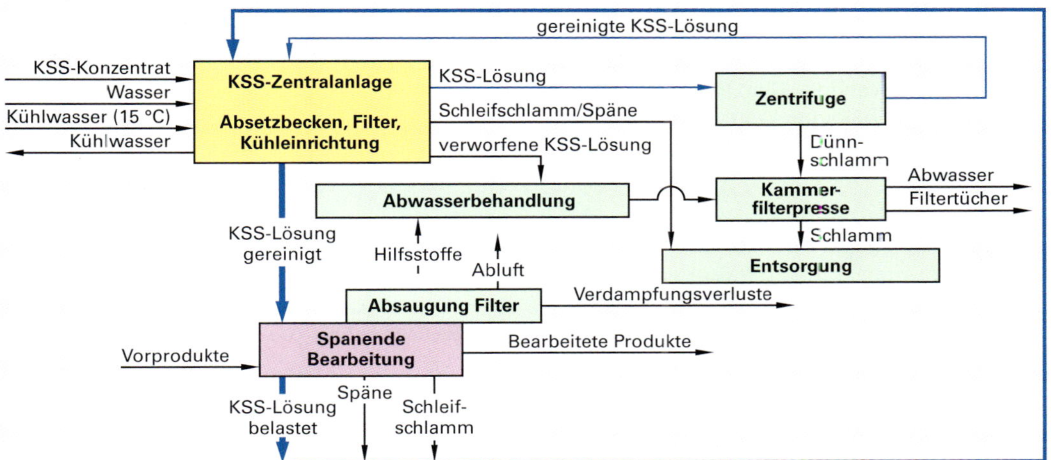

2 Zentralanlage zur Aufbereitung von Kühlschmierstoffen

Stark verschmutze und verbrauchte KSS müssen aus dem Fertigungskreislauf durch autorisierte Entsorgungsbetriebe entfernt werden.

B3 WERKZEUGMASCHINEN

Die Werkzeugmaschine als technisches System und Produktionsfaktor

Werkzeugmaschinen besitzen als **Produktionsfaktor** in der industriellen Produktion einen wesentlichen Anteil. Sowohl die **Qualität** der fertigen Produkte als auch die **Wirtschaftlichkeit** der Produktion hängen vom technischen Stand und der ständigen Weiterentwicklung der Werkzeugmaschinen ab.

Bild 1 zeigt die ersten **Mechanisierungsschritte** an einer Drehmaschine (Drehbank). Während bei der manuellen Fertigung der Drehmeißel noch von der Hand gehalten und geführt werden musste, wurde mit der ersten Weiterentwicklung der Maschine eine Mechanisierung der Werkzeugbewegung in axialer Richtung erreicht.

Um die Funktion und Wirkungsweise einer Werkzeugmaschine zu erkennen, kann man sie verallgemeinernd als **technisches System** betrachten, dem **Energie, Stoff** und **Information** zugeführt werden. Diese Eingangsgrößen werden in der Werkzeugmaschine umgesetzt und verlassen die Maschine als veränderte Ausgangsgröße **(Bild 2)**.

Mechanische Energie wird in potenzielle Energie (Energie der Lage) und kinetische Energie (Bewegungsenergie) unterteilt. **Elektrische Energie** ist im elektrischen Strom gespeichert und kann z.B. die Welle des Antriebsmotors einer Drehmaschine in Bewegung versetzen **(Bild 3)**. **Wärmeenergie** liegt in erwärmten Körpern vor. Durch die Drehung des Antriebsmotors wird neben der beabsichtigten Bewegungsenergie ein Teil der elektrischen Energie in Wärme umgewandelt. Die Ursache hierfür ist hauptsächlich die Reibung. Wärmeenergie wird im System „Werkzeugmaschine“ als eine Verlustenergie betrachtet, da sie technisch nicht genutzt wird.

Stoffe (Bild 4) werden im System „Werkzeugmaschine“ mithilfe der Energie entweder von einem Ort zu einem anderen transportiert (Stofftransport) oder in eine andere Form gebracht (Stoffumformung).

Informationen müssen der Maschine mitgeteilt werden, damit das gewünschte Arbeitsergebnis bezüglich der geometrischen Form und der geforderten Toleranzen erreicht wird. Die Informationen werden bei konventionellen Maschinen durch den Menschen und Hilfsmittel, z.B. Fertigungszeichnungen, gespeichert und übermittelt. Bei CNC-Maschinen werden die Informationen z.B. auf Festplatten oder Speicherkarten abgelegt und über Datenleitungen an die Maschinensteuerung weitergegeben **(Bild 5)**.

1 Einfache Drehbank um 1900

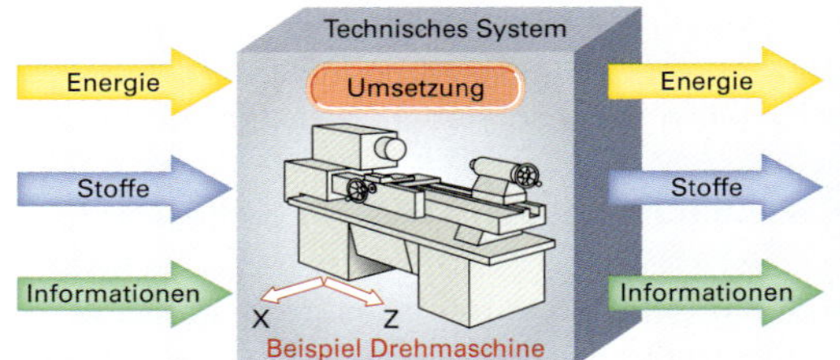

2 Technisches System „Maschine“

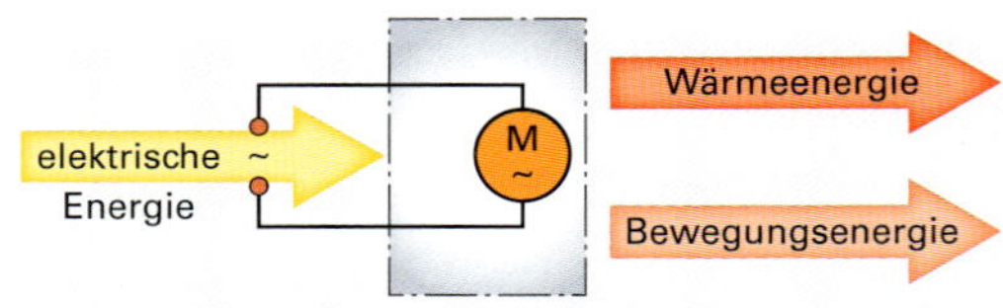

3 Energiefluss beim System „Motor“

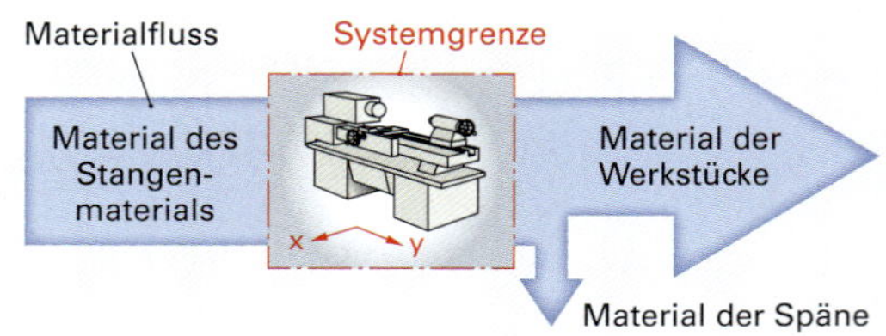

4 Materialfluss beim System „Maschine“

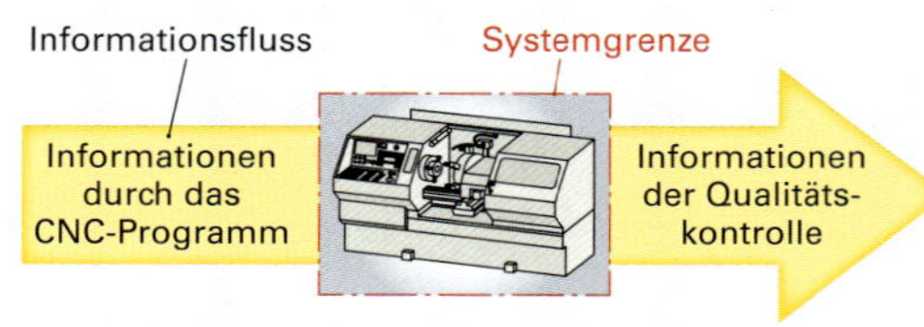

5 Informationsfluss an einer Maschine

Einteilung der Werkzeugmaschinen nach den Fertigungsverfahren

Durch die Vielfalt der fertigungstechnischen Probleme hat sich ein breites Spektrum an unterschiedlichen Werkzeugmaschinen herausgebildet. Exemplarisch sind im **Bild 1 und 2** zwei unterschiedliche Werkzeugmaschinen zum Umformen und Trennen aufgeführt. Zum Verständnis der Vielzahl der Fertigungsverfahren wird eine systematische Einteilung der Werkzeugmaschinen und Fertigungsanlagen durchgeführt (DIN 8580).

Bild 3 zeigt die Zuordnung der Werkzeugmaschinen für die Metallbearbeitung zu den Hauptfertigungsverfahren. Eine Werkzeugmaschine wird hierbei als eine **mechanisierte** oder **automatisierte Fertigungseinrichtung** betrachtet, mit der eine vorgegebene Form oder Veränderung am Werkstück erzeugt wird. Dieser Vorgang erfolgt durch eine relative Bewegung zwischen Werkzeug und Werkstück.

Der Begriff der **Werkzeugmaschine** beschränkt sich in der Regel auf die Fertigungsverfahren **Umformen**, **Trennen** und **Fügen**.

Fertigungsanlagen zum **Urformen**, **Beschichten** oder zur **Änderung der Stoffeigenschaften** (z.B. Vergüten, Einsatzhärten, Aufkohlen) werden nicht der Gruppe der Werkzeugmaschinen zugeordnet.

1 **Arbeiten an der Drehmaschine**

2 **Bandstahlherstellung**

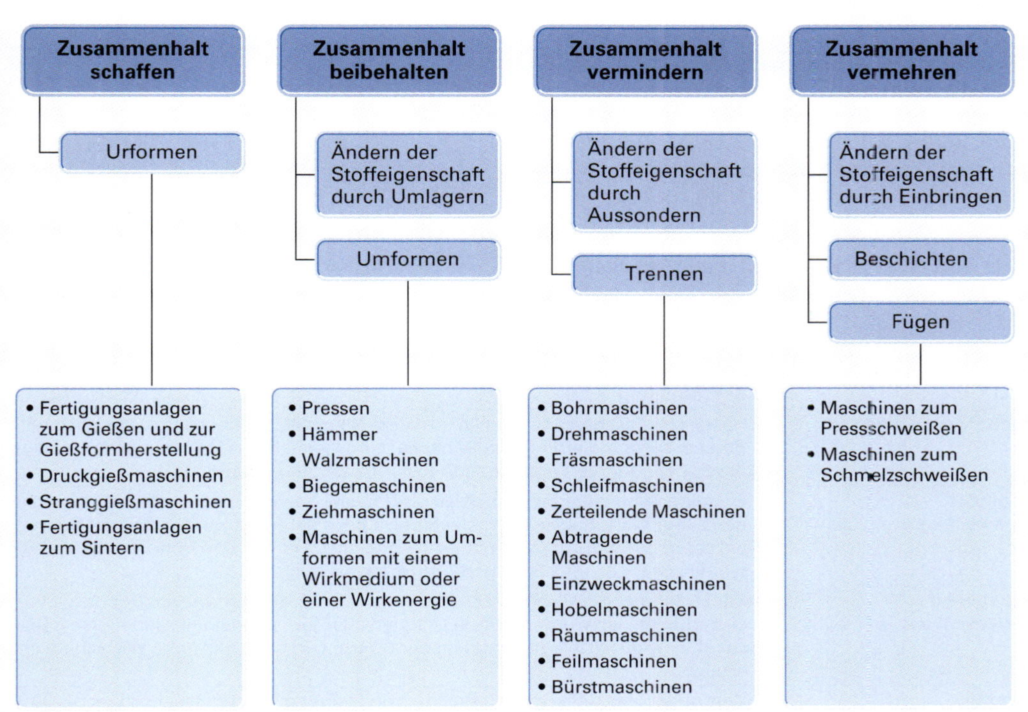

3 **Zuordnung der Werkzeugmaschinen**

Bohrmaschinen

Bohrmaschinen charakterisieren sich dadurch, dass auf allen Maschinen beliebige Bohrverfahren, wie z.B. das Bohren mit Spiral- und Hartmetallbohrern, das Senken, Reiben oder Gewindeschneiden, ausgeführt werden können.

> Bohrmaschinen sind spanende Werkzeugmaschinen für rotatorische bewegte Werkzeuge mit geometrisch bestimmter Schneide. Hierbei wird die vom Werkzeug ausgeführte Schnittbewegung durch eine axiale Vorschubbewegung des Werkzeugs oder auch des Werkstücks überlagert.

Bei der in **Bild 1** dargestellten **Säulenbohrmaschine** lassen sich Gewinde mithilfe von Gewindeschneidköpfen schneiden. Der Vorschub wird bei dieser Maschine überwiegend von Hand oder durch den vom Hauptantrieb abgezweigten **Vorschubantrieb** ausgeführt. Je nach Werkstückgröße lässt sich der Tisch von Hand in die entsprechende Höhenlage justieren.

Größere Werkstücke können auf **Auslegerbohrmaschinen (Bild 2)** gefertigt werden. Die auch als **Radialbohrmaschinen** bezeichneten Maschinen besitzen einen schwenkbaren Ausleger, der um eine Säule um 360° geschwenkt werden kann. Der **Ausleger** trägt einen horizontal verfahrbaren **Bohrschlitten** mit dem entsprechenden Werkzeug.

Müssen größere Bohrungen gefertigt werden, so können die auftretenden **Bearbeitungskräfte** durch einen stabilen kastenförmigen Ständer aufgefangen werden. Bohrmaschinen in der **Zweiständer-Ausführung** werden als **Portalbohrmaschinen** oder **Lehrenbohrwerke** bezeichnet. Sie dienen zur Herstellung von Bohrungen mit höchster Maßgenauigkeit.

Zu den Bohrmaschinen zählen die in **Tabelle 1** aufgeführten Maschinenarten.

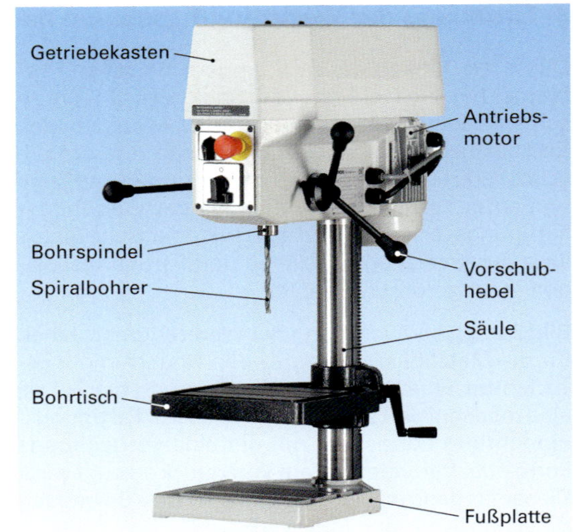

1 Säulenbohrmaschine

2 Arbeiten an einer Auslegerbohrmaschine

Tabelle 1: Bohrmaschinenarten

Maschinenart	Beschreibung
Handbohrmaschine	Handbohrmaschinen werden im privaten Haushalt, aber auch im gewerblichen Bereich aufgrund ihrer hohen Mobilität eingesetzt. Dabei kommen elektrische oder durch Druckluft verwendete Antriebseinheiten zur Anwendung.
Einspindel-bohrmaschinen	Einspindelbohrmaschinen werden als Säulen-, Ständer oder Auslegerbohrmaschinen ausgeführt. Säulenbohrmaschinen sind in der Regel nur für kleinere Bohrungen bis ca. 30 mm Bohrungsdurchmesser geeignet. Für größere Bohrungsdurchmesser werden Ständer- und Auslegerbohrmaschinen eingesetzt.
Mehrspindel-bohrmaschinen	Zur Fertigung von Werkstücken, bei denen eine große Anzahl von Bohrungen einzubringen ist, werden Bohrmaschinen mit Mehrspindelbohreinheiten eingesetzt. Durch eine gleichzeitige Fertigung der Bohrungen wird eine hohe Wirtschaftlichkeit erreicht.
Tiefbohr-maschinen	Bohrungen, bei denen das Verhältnis von Länge zu Durchmesser größer als 20 ist, werden auf eigens hierfür entwickelten Tiefbohrmaschinen gefertigt. Spezielle Werkzeuge werden hierbei mit Hochdruckspülungen beaufschlagt.

Drehmaschinen

Drehmaschinen **(Bild 1)** zeichnen sich durch die drehende Bewegung des Werkstücks aus, während das Werkzeug (Drehmeißel) nicht rotiert.

Drehmaschinen sind spanende Werkzeugmaschinen zur Herstellung rotationssymmetrischer Werkstücke, die in der Grundausführung mit nicht angetriebenen Werkzeugen bearbeitet werden. Während das Werkstück die Schnittbewegung ausführt, wird die Vorschubbewegung über das Werkzeug erzeugt. Die Schneiden am Werkzeug sind geometrisch bestimmt. In der erweiterten Ausführung besitzen die Drehmaschinen heute vielfach angetriebene Werkzeuge.

Die Bezeichnung der Drehmaschinen orientiert sich an der jeweiligen Bettform der Maschine und an der Lage der Hauptantriebsspindel zum Fundament.

Flachbettdrehmaschinen

Bei Flachbettdrehmaschinen befinden sich der Längs- und Planschlitten in einer waagerechten Lage **(Bild 2)**. Diese Drehmaschinen besitzen eine hohe Steifigkeit des Maschinengestells und werden deshalb zur Bearbeitung hochgenauer Werkstücke bevorzugt verwendet. Flachbettdrehmaschinen werden oft als handbediente **Universaldrehmaschinen** eingesetzt. Das Werkzeug befindet sich, wie in **Bild 1** zu erkennen ist, vor der Drehmitte und ermöglicht eine gute Sicht für die Handbedienung der Maschine. Eingespannt wird das Werkzeug z. B. in einfache Meißelhalter oder Schnellwechselhalter.

Schrägbettdrehmaschinen

CNC-gesteuerte Drehmaschinen werden häufig mit der Schrägbett-Bauweise ausgeführt. Hierbei befindet sich das Werkzeug hinter der Drehmitte. Die erwärmten Späne fallen somit nicht auf das Werkzeug und können mit dem Kühlschmiermittel durch das schräge Maschinenbett schnell abtransportiert werden. Die Gefahr einer thermischen Belastung der Maschine wird somit gegenüber anderen Bauweisen deutlich reduziert. Die in **Bild 3** skizzierte **Schrägbettdrehmaschine** besitzt für die Werkzeugaufnahme einen Trommelrevolver. Durch den automatischen Werkzeugwechsel ist die Komplettbearbeitung in einer Aufspannung möglich.

Frontalbettdrehmaschinen

Die Frontalbettdrehmaschine zeigt bei der automatisierten Bearbeitung von kurzen Werkstücken ihre Vorteile gegenüber anderen Bauformen. Die gute Zugänglichkeit zum Einspannfutter ermöglicht einen schnellen automatischen Werkstückwechsel. Die in **Bild 4** verdeutliche Anordnung von zwei parallelen Spindelstöcken ermöglicht die gleichzeitige Bearbeitung von zwei identischen Werkstücken.

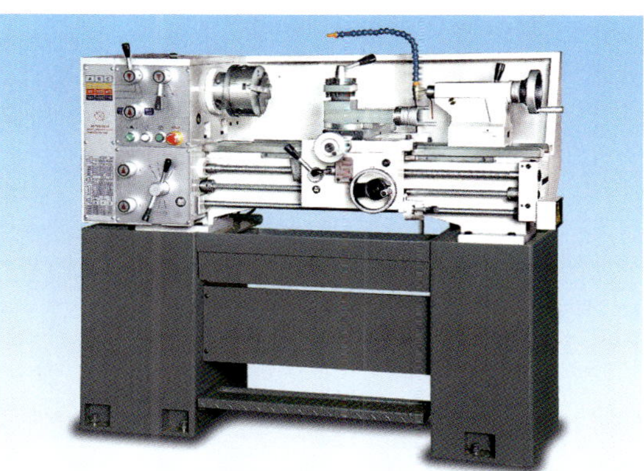

1 Universaldrehmaschine

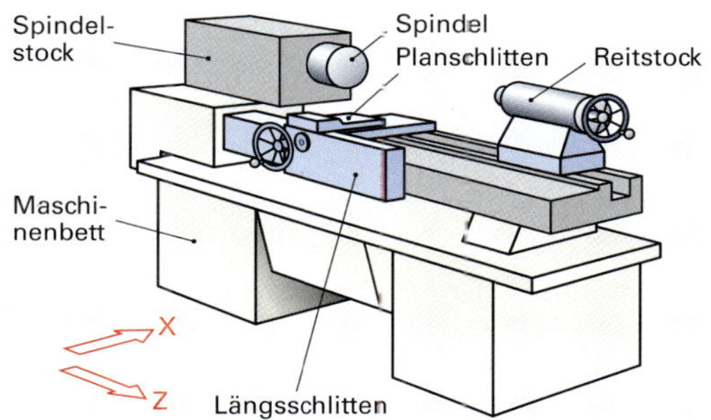

2 Flachbettdrehmaschine

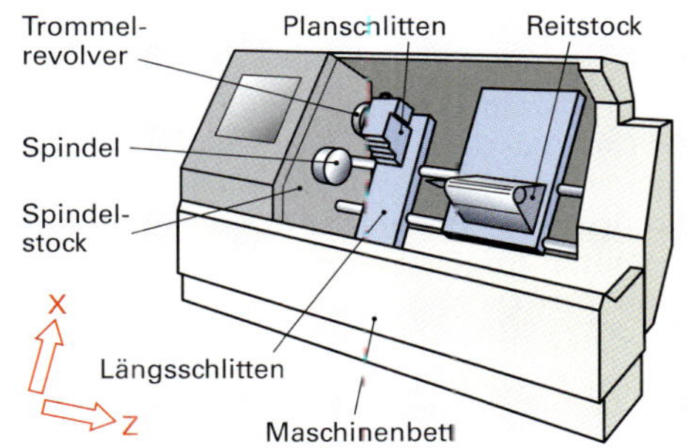

3 Schrägbettdrehmaschine

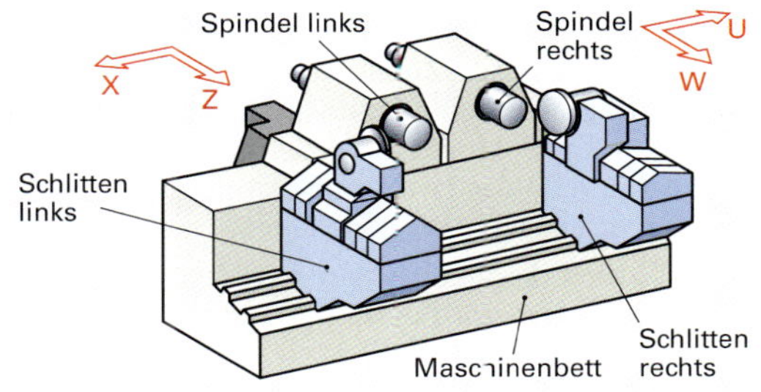

4 Frontalbettdrehmaschine

Konventionelle Drehmaschinen

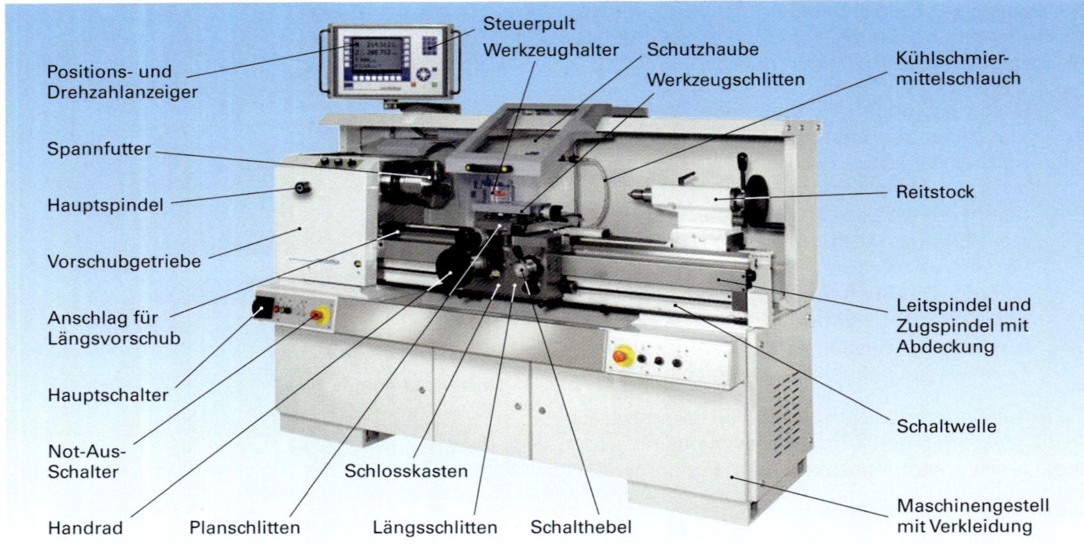

1 Konventionelle Drehmaschine

Konventionelle Drehmaschinen (Bild 1) werden vorwiegend in der Einzel- und Kleinserienfertigung eingesetzt. Der Vorteil dieser Maschinen liegt in der Flexibilität. Der Einsatzbereich von konventionellen Maschinen ist hinsichtlich der Werkstückform aber stark eingeschränkt, da nur eine **achsparallele Steuerung** (Streckensteuerung) der Schlitten vorhanden ist. Somit können keine Schrägen und Radien mit der Werkzeugbewegung am Werkstück erzeugt werden.

Bild 2 beschreibt den **Energiefluss** der konventionellen Drehmaschine. Im Unterschied zu CNC-Drehmaschinen werden konventionelle Drehmaschinen in der Regel nur mit **einem Antriebsmotor** (Drehstrommotor) für alle Schnitt- und Vorschubbewegungen ausgestattet. Hinter dem Antriebsmotor erfolgt die Drehzahlregelung des Spannfutters über ein Schieberadgetriebe.

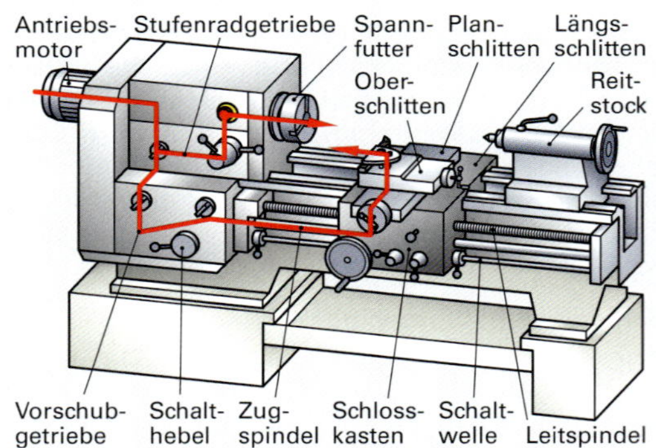

2 Energiefluss an der Drehmaschine

Bei neueren Maschinen ist eine stufenlose Drehzahleinstellung des Antriebsmotors möglich. Hierbei wird mit einem Frequenzumrichter die Drehfrequenz des Asynchronmotors verändert. Hierdurch entfällt das Schieberadgetriebe.

Der Energiefluss verzweigt sich nach dem Antriebsmotor auch zum Vorschubgetriebe. Über den Schalthebel am Vorschubgetriebe wird die Zugspindel oder Leitspindel aktiviert. Während beim Längs- und Plandrehen der Vorschub über die **Zugspindel** ausgeführt wird, muss beim Gewindedrehen die **Leitspindel** eingeschaltet werden. Mit dem **Schlossmutterhebel** kann der Werkzeugschlitten in Bewegung gesetzt werden. Vorher muss aber am Schlosskasten der Vorschub für den Längs- oder den Planschlitten bestimmt werden. Der Drehvorgang beginnt mit der Betätigung der **Schaltwelle**. Hierbei wird für das Spannfutter auf Rechtslauf, Linkslauf oder Stillstand geschaltet.

Der **Reitstock** dient zur Abstützung langer Werkstücke und zur Aufnahme von Bohrwerkzeugen. Bei langen Werkstücken wird in dem Reitstock eine mitlaufende **Zentrierspitze** eingesetzt. Bei Werkstücken, die ausschließlich zwischen Spitzen gespannt werden, wird eine zweite Zentrierspitze in die Arbeitsspindel eingespannt. Hierdurch wird das Werkstück zentrisch geführt. Die Drehbewegung der Arbeitsspindel auf das Werkstück wird mit einem **Drehherz** oder einem **Stirnseiten-Mitnehmer** übertragen.

CNC-Drehmaschinen

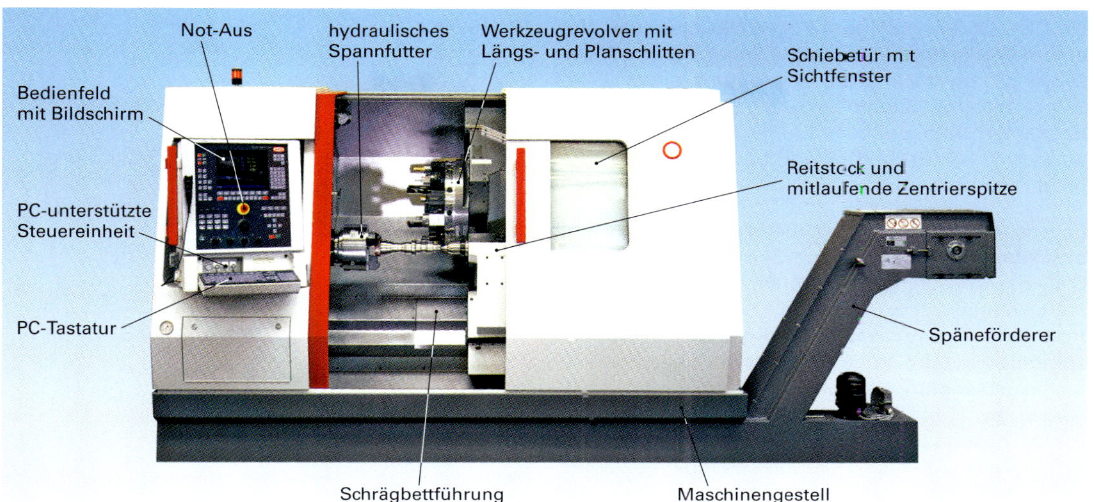

1 CNC-Drehmaschine

Die CNC-Drehmaschine **(Bild 1)** ist eine automatisierte Werkzeugmaschine mit einer **computerunterstützten numerischen Steuerung**. Eingesetzt wird sie in der Fertigung bei kleinen und mittleren Serien sowie in der Einzelteilfertigung von Werkstücken mit aufwendigen Konturen. Ziel des Einsatzes von CNC-Maschinen ist die Steigerung der Produktivität, Flexibilität sowie der Wirtschaftlichkeit bei einer hohen Fertigungsqualität.

Die CNC-Drehmaschine besitzt eine **Bahnsteuerung**, die eine Fertigung von Drehteilen mit beliebigen Konturen (Radien, Schrägen) ermöglicht. Sowohl die Schnittbewegung der Hauptantriebsspindel als auch die Vorschubbewegungen des Planschlittens in X-Richtung und des Längsschlittens in Z-Richtung werden durch getrennt gesteuerte Antriebsmotoren realisiert. **Bild 2** verdeutlicht den Energiefluss ausgehend von den jeweiligen Motoren.

Im Gegensatz zu konventionellen Maschinen können bei der CNC-Maschine mehrere Werkzeugbewegungen mit unterschiedlichen Werkzeugen nacheinander ohne manuellen Eingriff abgefahren werden.

Die Arbeits- und Werkzeugbewegungen an der Maschine werden über CNC-Programme satzweise abgearbeitet. Die Eingabe der Programme erfolgt entweder am Bedienfeld der Maschine oder an externen Computern. Unterstützt wird die **CNC-Programmierung** durch grafische Darstellungen. Mit der in **Bild 3** gezeigten **Benutzeroberfläche** kann nach der Programmerstellung eine **Simulation** der Bearbeitung durchgeführt werden. Hierdurch können eventuelle **Programmierfehler** und **Kollisionen** der Werkzeuge vermieden werden.

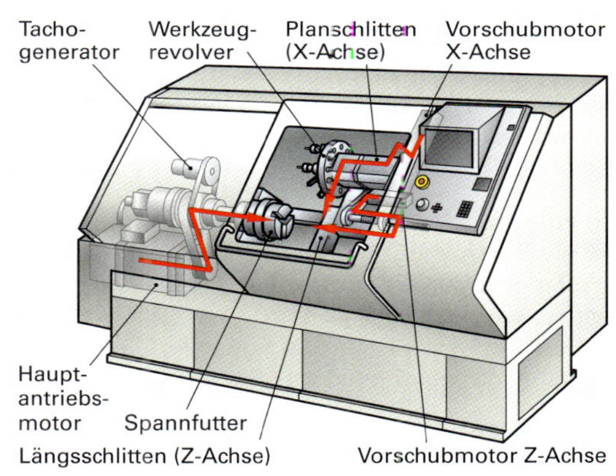

2 Energiefluss an der CNC-Drehmaschine

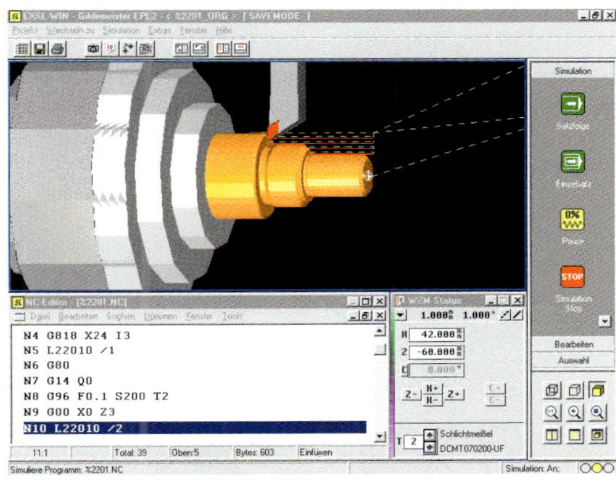

3 Benutzeroberfläche zur CNC-Programmierung

Ausbaustufen von CNC-Drehmaschinen

Die **CNC-Drehmaschine mit einer Hauptspindel und einem Werkzeugrevolver ohne angetriebene Werkzeuge** ermöglicht nur die Bearbeitung eines Werkstücks mit einer rotationssymmetrischen Geometrie. Passfedernuten, seitliche Löcher oder Bohrungen außerhalb der Drehmitte sind bei dieser Maschine nicht herstellbar.

Für die wirtschaftliche Drehbearbeitung von **Werkstücken mit komplexen Geometrien** können CNC-Drehmaschinen in unterschiedlichen Ausbaustufen eingesetzt werden. **Bild 1** zeigt die CNC-Drehmaschine mit einer **Hauptspindel** und einer **Gegenspindel** sowie drei Werkzeugrevolvern bestückt mit festen und angetriebenen Werkzeugen. Die Spindeln können synchron oder mit unterschiedlichen Drehzahlen geschaltet werden. Die **Werkzeugrevolver** können sich in X- und Z-Richtung beliebig bewegen.

Die **Bilder 2 bis 4** verdeutlichen die verschiedenen Möglichkeiten für den Einsatz der CNC-Drehmaschine in der Ausbaustufe. Mit der Verwendung von zwei Werkzeugrevolvern kann das Werkstück gleichzeitig mit dem **Revolver 1** längsrund gedreht werden und mit dem **Revolver 2** gebohrt werden. Durch den **angetriebenen Bohrer** können **unterschiedliche Schnittgeschwindigkeiten**, angepasst an die Werkzeuge, realisiert werden.

Ein **außermittiges Bohren** wird in **Bild 3** durch den **Revolver 2** ausgeführt. Währenddessen kann eine **Passfedernut** über den **Revolver 1** in das Werkstück gefräst werden. Hierbei wird die Spindel in eine vorbestimmte Winkelstellung gestellt. Die Revolver enthalten angetriebene Werkzeuge.

Bild 4 zeigt ein Beispiel für die Verwendung der **Gegenspindel**. Nach dem Querplandrehen der rechten Seite wird das Werkstück von der **synchron** drehenden Gegenspindel aufgenommen und von zwei Werkzeugen gleichzeitig bearbeitet.

Nach dem Abstechen kann das Werkstück auf beiden Spindeln getrennt mit **unterschiedlichen Drehzahlen** gefertigt werden. Der zweite Werkzeugrevolver ist mit einer **mitlaufenden Zentrierspitze** ausgestattet und stützt das längere Werkstück ab.

1 CNC-Drehmaschine in der Ausbaustufe

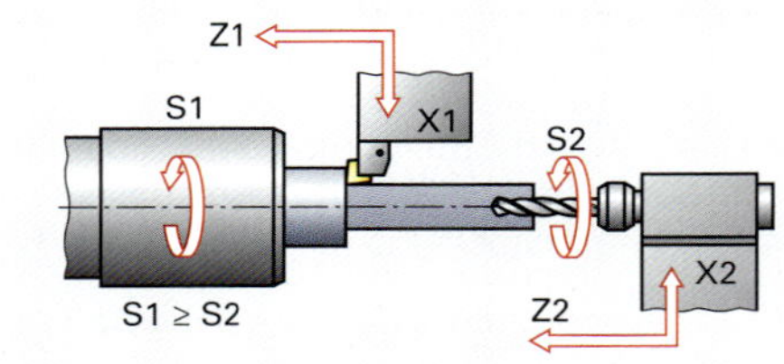

2 Konturdrehen und Bohren

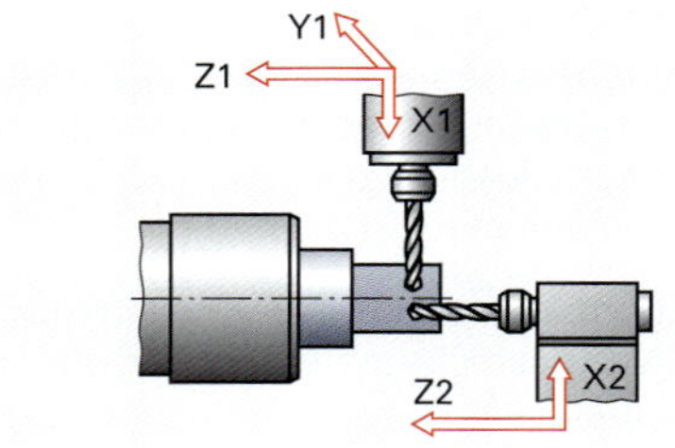

3 Axiales und außermittiges Bohren

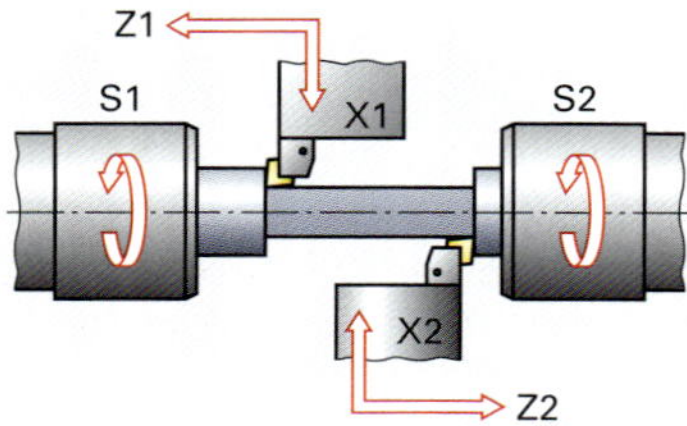

4 Drehen mit der Haupt- und Gegenspindel

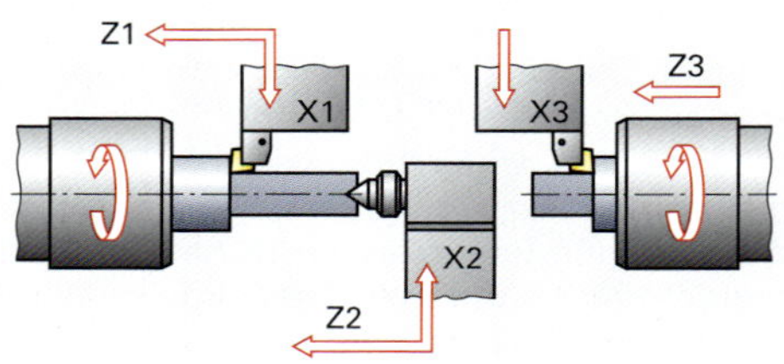

Fräsmaschinen

Fräsmaschinen sind spanende Werkzeugmaschinen mit Werkzeugen, die eine rotatorische Schnittbewegung ausführen. Die Werkzeugschneiden sind geometrisch bestimmt.

Die Vorschubbewegung wird je nach Fräsmaschine über das Werkzeug oder durch die Bewegung des Werkstücks ausgeführt. Hauptsächlich findet eine Vorschubbewegung senkrecht zur Achsrichtung der Hauptantriebsspindel statt.

Fräsmaschinen werden nach der Anordnung der Schlitten, der Lage der Arbeitsspindel oder der Art der Bearbeitungsauflage bezeichnet.

Nach der Anordnung der Schlitten wird grundsätzlich zwischen der Konsolfräsmaschine **(Bild 1)** sowie der Bettfräsmaschine **(Bilder 2 und 3)** und der Portalfräsmaschine **(Bild 1**, folgende Seite**)** unterschieden.

Wird eine Bezeichnung nach der **Lage der Arbeitsspindel** durchgeführt, so spricht man von einer **Waagerecht-** oder einer **Senkrechtfräsmaschine**. Ist die Arbeitsspindel je nach Bearbeitungsaufgabe in die senkrechte oder waagerechte Lage umschwenkbar, so spricht man von einer **Universalfräsmaschine (Bild 1)**.

Zweckgebundene Fräsmaschinen werden nach der Art der **Bearbeitungsaufgabe** eingeteilt. So besitzen z.B. **Kopierfräsmaschinen** parallel zum Werkzeug einen Fühler, der die Aufgabe hat, ein Modell abzutasten. Das Werkstück wird entsprechend der Abtastung gefräst.

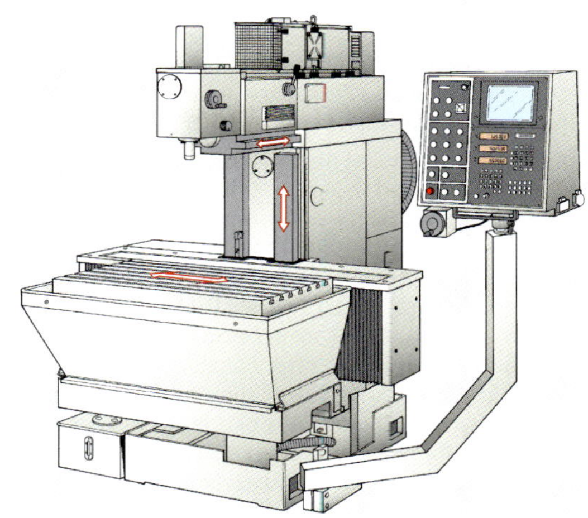

1 Universalfräsmaschine

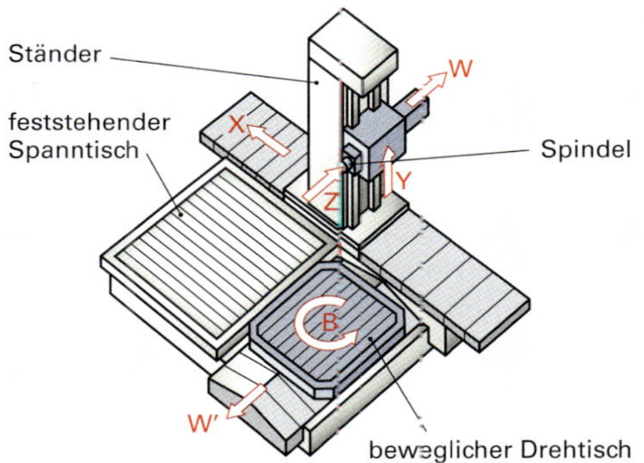

2 Bettfräsmaschine in Kreuztischbauweise

Bettfräsmaschinen

Das hier eingespannte Werkstück kann nicht wie bei der Konsolfräsmaschine **(Bild 1)** in der Höhe verfahren werden. Das findet nur durch den Fräskopf statt. Diese Bauart ermöglicht eine Bearbeitung schwerer Werkstücke. Je nach Maschinentyp kann die Querbewegung durch den Fräskopf erfolgen. In diesem Fall wird von einer **Kreuzbettbauweise (Bild 2)** gesprochen. Wird die Vorschubbewegung in der Querrichtung durch den mit dem Werkstück aufgespannten Querschlitten ausgeführt, so handelt es sich um eine **Kreuztischbauweise**. Wird die Vorschubbewegung in allen Achsen durch den Ständer bzw. dem Fräskopf betätigt, so liegt eine **Feststănderbauweise** vor **(Bild 3)**.

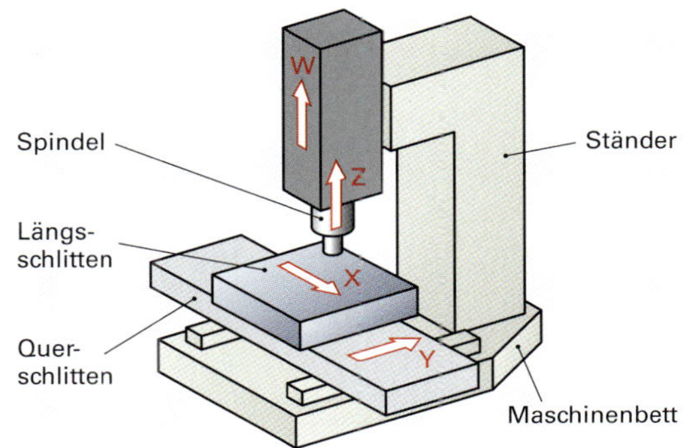

3 Bettfräsmaschine in Ständerbauweise

Universalfräsmaschinen

Bei Fräsmaschinen wird die **Hauptantriebsspindel** entweder in waagerechter oder in senkrechter Lage eingebaut. Während es sich in **Bild 2** um eine **Waagerechtfräsmaschine** handelt, ist in **Bild 3** eine **Senkrechtfräsmaschine** abgebildet. Bei der in **Bild 1** gezeigten **Universalfräsmaschine** befindet sich die Arbeitsspindel in senkrechter Lage. Mittels eines aufgesetzten schwenkbaren Fräskopfes wird das Werkzeug in die waagerechte oder eine beliebige schräge Lage gedreht.

Portalfräsmaschinen

Besonders großflächige Werkstücke können auf den bisher betrachteten Fräsmaschinen nicht gefertigt werden. Bei diesen Werkstücken kommen die **Portalfräsmaschinen** zum Einsatz.

Das Werkzeug wird bei der Portalfräsmaschine durch das **Maschinenportal** in der Höhe zugestellt und in der Querrichtung bewegt. Bei der in **Bild 1** gezeigten **Tischbauweise** wird der Vorschub in Längsrichtung durch die Bewegung des Tisches mit dem aufgespannten Werkstück ausgeführt. Der Platzbedarf dieser Maschine ist entsprechend groß. Bei der in **Bild 2** dargestellten Portalfräsmaschine wird der **Vorschub in Längsrichtung** durch die Verfahrbewegung des gesamten Maschinenportals realisiert. Die Bauform dieser Maschine wird als **Gantrybauweise** beschrieben. Bei dieser Bauweise wird weniger Platz benötigt und es können schwerere Werkstücke als bei der Tischbauweise bearbeitet werden. Nachteilig ist die geringere Stabilität durch das in Längsrichtung verfahrende Portal.

Konsolfräsmaschinen

Die in **Bild 3** dargestellte Konsolfräsmaschine besitzt eine in der Höhe verfahrbare Konsole. Durch das Auf- und Abfahren der Konsole wird die **Zustellbewegung** in Y-Richtung realisiert. Die **Vorschubbewegung** der Konsolfräsmaschine erfolgt über die gleichzeitige Verfahrbewegung des Längsschlittens in X-Richtung, an dem sich die Konsole befindet, und der Querbewegung des Fräskopfes in Z-Richtung. Die Konsole ist schwenkbar und besitzt einen Drehtisch. Somit ist die Bearbeitung von Werkstücken in mehreren Bearbeitungsebenen möglich, ohne das Werkstück umzuspannen.

1 **Portalfräsmaschine in Tischbauweise**

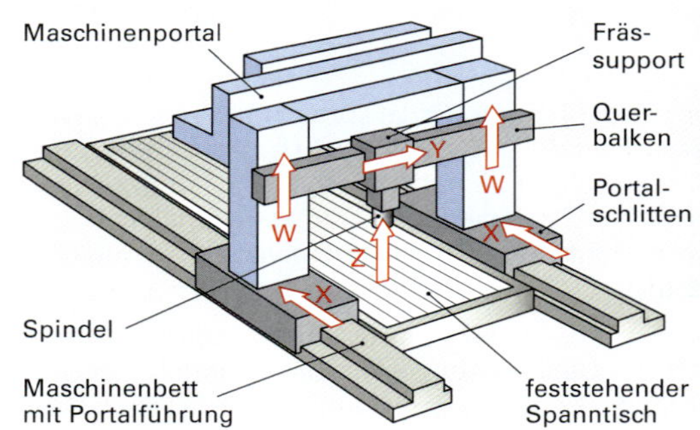

2 **Portalfräsmaschine in Gantrybauweise**

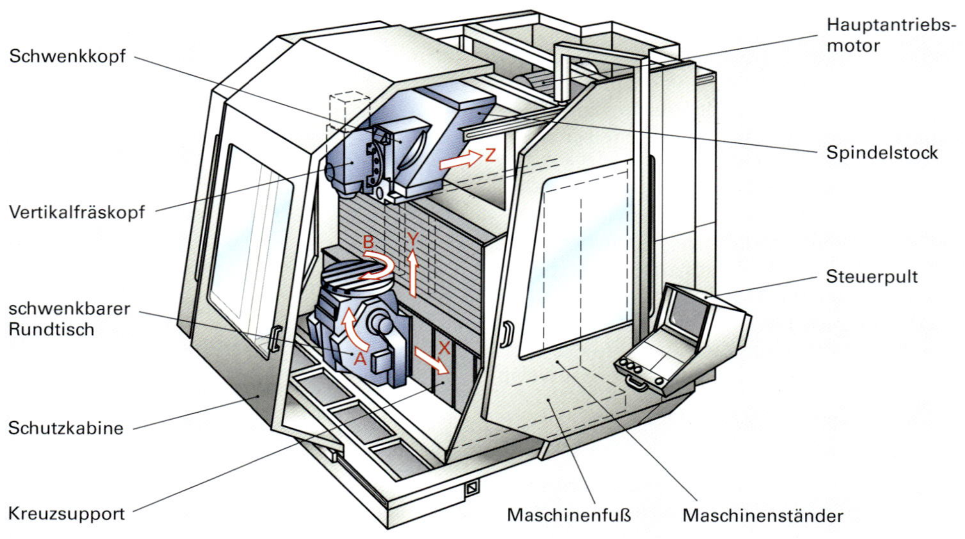

3 **Konsolfräsmaschine mit Schwenk- und Rundtisch**

Hochgeschwindigkeits-Fräsmaschinen

Hochgeschwindigkeitsfräsen (HSC-Fräsen) erfolgt mit wesentlich höheren Schnittgeschwindigkeiten als das übliche CNC-Fräsen. Die Schnittgeschwindigkeit liegt hierbei 5- bis 10-mal höher. Gleichzeitig wird der Vorschub erhöht, die radiale Schnitttiefe a_e aber verringert. Bevorzugt wird HSC-Fräsen beim Hartfräsen von gehärteten Stählen oder Schnellarbeitsstählen eingesetzt. Aufgrund der hohen Schnittgeschwindigkeiten ist eine gute Oberflächengüte erreichbar.

Typische Anwendungsbereiche:

- Bearbeitung von Plattenmaterial,
- Fräsen von Frontplatten und Gehäusen,
- Profilbearbeitung,
- Erodier-Elektroden (Kupfer und Graphit),
- Gravuren, Stempel, Reliefs, Prägewerkzeuge,
- Formenbau,
- allgemeine CNC-Bearbeitung,
- Dentalanwendungen,
- Bearbeitung von NE-Metallen und Kunststoffen,
- 3D Rapid Prototyping.

Unterschied zwischen der konventionellen und der CNC-Fräsmaschine

Beim Vergleich zwischen der konventionellen und der CNC-Fräsmaschine können grundsätzliche Unterschiede festgestellt werden. Die konventionelle Fräsmaschine **(Bild 2)** besitzt lediglich eine Steuerung. Für die Schnitt- und Vorschubbewegungen wird nur ein Antriebsmotor eingesetzt. Die notwendigen Drehbewegungen für die Fräs- und Vorschubspindeln werden über ein Getriebe eingestellt. Das Beenden der Vorschubbewegung für den Längs- und Querschlitten wird durch verstellbare Anschläge erreicht. Die Bewegung der Schlitten kann zusätzlich über Handräder manuell erfolgen.

Die CNC-Fräsmaschine besitzt eine Regelung mit einer Bahnsteuerung. Je nach Ausführung können zwei, drei oder mehrere Achsen gleichzeitig verfahren werden. Die Schnittbewegung wird von dem Hauptantriebsmotor, die Vorschubbewegungen werden von den jeweiligen Vorschubmotoren erzeugt. Die in **Bild 3** abgebildete CNC-Fräsmaschine besitzt keine Handräder mehr. Jede Schlittenbewegung kann nur noch über das Bedienpult getätigt werden.

Nach dem Einrichten der Maschine wird in der Regel ein komplettes CNC-Programm abgefahren. Hierbei wird die vollständige Kontur eines Werkstücks gefertigt, ohne dass der Maschinenbediener eingreifen muss. Die in **Bild 3** gezeigte CNC-Fräsmaschine besitzt kein Werkzeugmagazin. Ist ein Werkzeugwechsel erforderlich, so muss der Maschinenbediener den Wechsel durchführen. CNC-Fräsmaschinen mit einem Werkzeugwechsler und einem Werkzeugmagazin ermöglichen den automatisierten Werkzeugwechsel.

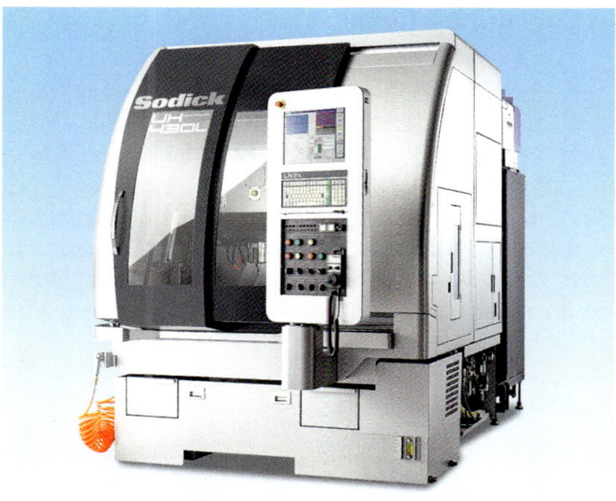

1 **Hochgeschwindigkeits-Fräsmaschine**

2 **Konventionelle Fräsmaschine**

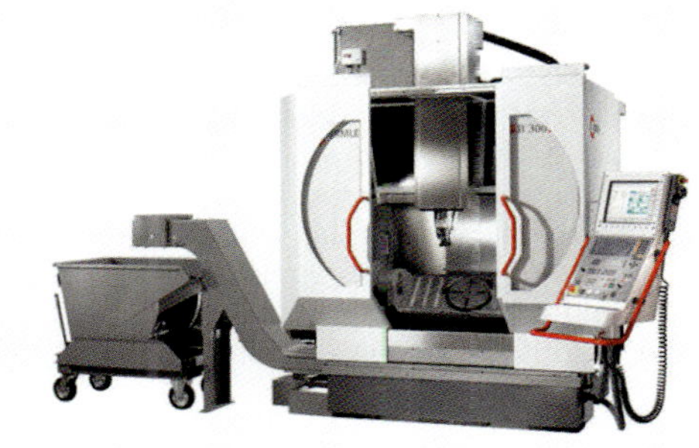

3 **CNC-Fräsmaschine**

Schleifmaschinen

Schleifmaschinen besitzen meist ein zylindrisches Werkzeug, das die Schnittbewegung durch Rotation ausführt. Die Schnittbewegung wird durch eine oder mehrere Vorschubbewegungen des Werkstücks und Werkzeugs sowie eine Zustellbewegung des Werkzeugs überlagert.

Beim Schleifen sind die Aufgaben und Anforderungen an die Schleifmaschinen je nach Werkstückform und Werkstoff sehr unterschiedlich. Dementsprechend gibt es vielfältige Bauformen von Schleifmaschinen.

Rundschleifmaschinen

Rundschleifmaschinen zeichnen sich dadurch aus, dass eine Vorschubbewegung durch das rotierende Werkstück ausgeführt wird. Eine zweite Vorschubbewegung entsteht durch die Längsbewegung des Werkzeuges. Gleichzeitig kann in radialer Richtung das Werkzeug zugestellt werden.

Die **Außen-Rundschleifmaschine (Bild 1)** ist ausschließlich für die Außenbearbeitung konzipiert. Die angetriebene Schleifscheibe kann sich längs und quer zum Werkstück bewegen. Das Werkstück wird in zwei Zentrierspitzen geführt. Die Übertragung der Drehbewegung auf das Werkstück erfolgt auf der treibenden Seite durch einen Stirnseitenmitnehmer. Auf der anderen Seite wird das Werkstück in eine mitlaufende Zentrierspitze gespannt.

Das Werkzeug, die **Schleifscheibe**, wird auf einem Schleifspindelsupport angetrieben. Sie ist bei dieser Maschine nur in radialer Richtung zum Werkstück verfahrbar. Schrägschleifvorgänge können bei dieser Maschine durch Schwenken des gesamten Support durchgeführt werden. Die Zustellung des Werkstückes in Längsrichtung übernimmt bei der in **Bild 1** dargestellten Maschine der gesamte Werkstücktisch.

Bei der **Spitzenlos-Rundschleifmaschine (Bild 2)** wird das Werkstück zwischen der Schleifscheibe und einer Regelscheibe lose hindurchgeführt. Damit das Werkstück nicht zwischen beiden Scheiben durchrutscht, wird es durch eine Auflagschiene gehalten. Die langsam umlaufende Regelscheibe veranlasst beim Werkstück den Rundvorschub. Eine leichte Neigung der Regelscheibe fördert das Werkstück langsam aus dem Arbeitsbereich heraus.

Werkzeugschleifmaschinen (Bild 3) werden zum Scharfschleifen von Dreh- und Hobelmeißeln, Bohrern, Fräsern, Messerköpfen und Sägeblättern verwendet. Bei der skizzierten Werkzeugschleifmaschine können spiralige und geradnutige Werkzeuge bearbeitet werden. Die Vorschub- und Schnittbewegungen erfolgen CNC-gesteuert. Hierdurch können komplizierte Werkzeugformen vollautomatisch geschliffen werden.

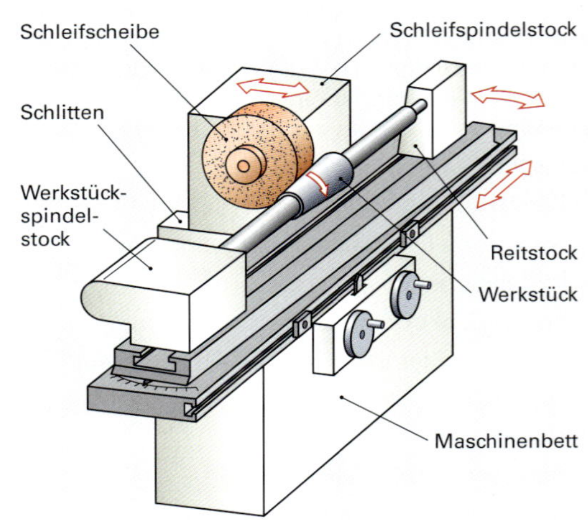

1 Außen-Rundschleifmaschine

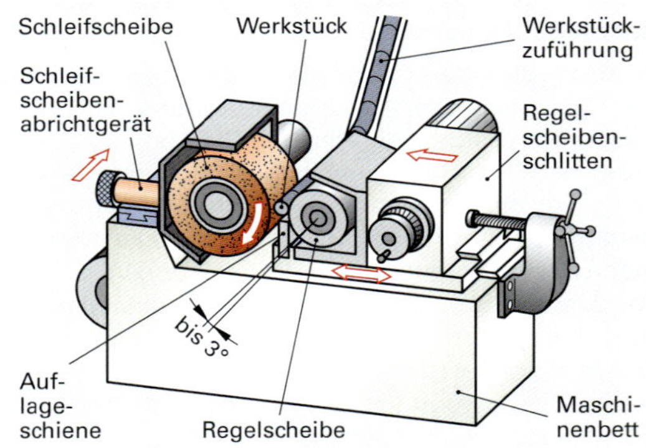

2 Spitzenlos-Rundschleifmaschine

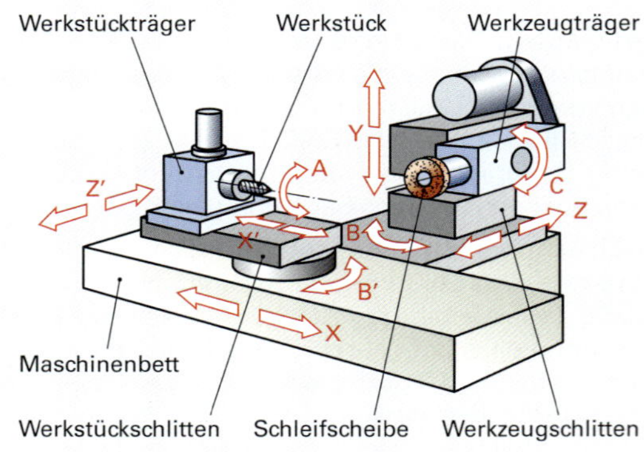

3 Werkzeugschleifmaschine

Die **Universal-Rundschleifmaschine (Bild 1)** unterscheidet sich von der normalen Rundschleifmaschine nur dadurch, dass sie zusätzlich eine Innenschleifeinrichtung besitzt. Mit dieser Einrichtung können Bohrungen ausgeschliffen werden. Die Innenschleifeinrichtung besteht aus einem Kreuzschlitten für die Aufnahme der Innenschleifspindel. Über den Kreuzschlitten wird somit der Längs- und Quervorschub realisiert.

Die Außenschleifeinrichtung besitzt wie die Innenschleifeinrichtung einen weiteren Kreuzschlitten. Auf diesem Schlitten ist die Schleifspindel schwenkbar angeordnet. Beim Längsschleifen übernimmt die Z-Achse den Vorschub und die X-Achse die schrittweise Zustellung. Beim Querschleifen sind Vorschub und Zustellung vertauscht. Schrägschleifen ist bei der Universal-Rundschleifmaschine über eine entsprechende Schrägstellung der Schleifspindel und dem gleichzeitigen Verfahren der X- und Z-Achse möglich.

1 Universal-Rundschleifmaschine

Planschleifmaschinen

Mit der **Planschleifmaschine (Bild 2)** werden ebene Flächen erzeugt. Mit dieser Maschine können die Schleifverfahren Umfangs- und Seitenschleifen angewendet werden. Die Arbeitsspindel in der Planschleifmaschine hat eine waagerechte Lage. Das Werkstück wird auf einem Langtisch, der eine Vorschubbewegung in Längsrichtung erzeugt, aufgespannt.

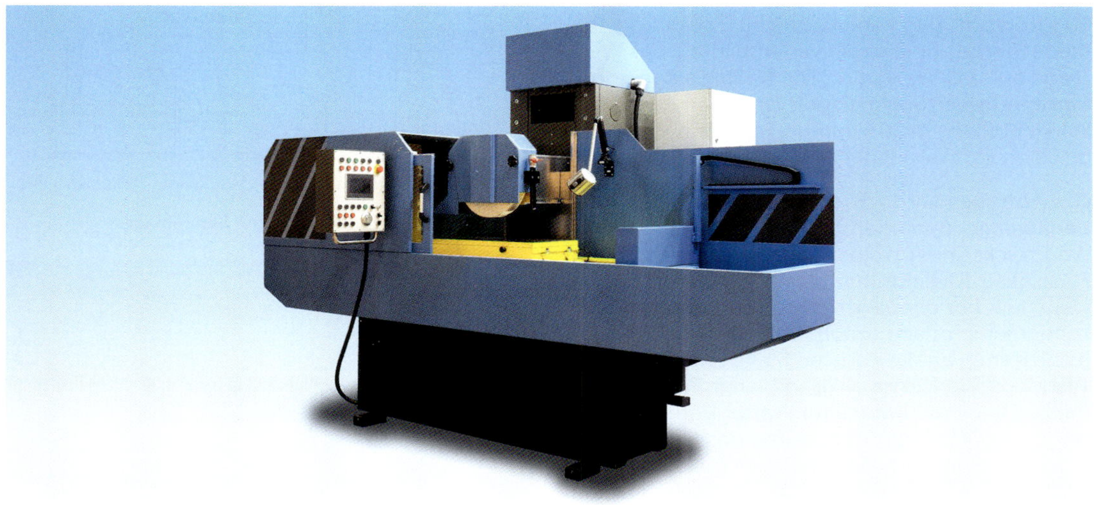

2 Planschleifmaschine

Sondermaschinen

Zweckgebundene Werkzeugmaschinen sind nur für eine spezielle Bearbeitungsaufgabe konzipiert. Sie müssen häufig besondere kinematische Funktionen zur Fertigung des entsprechenden Werkstücks ausführen.

Aus der Vielzahl der **Sondermaschinen** wird exemplarisch die **Wälzfräsmaschine** vorgestellt. Das Werkzeug der Wälzfräsmaschine stellt aus geometrischer Sicht eine Getriebeschnecke dar. Während der Bearbeitung wälzen das **Werkzeug als Schnecke** und das zu fertigende **Zahnrad als Schneckenrad** aufeinander ab. Bei der in **Bild 1 und 2** dargestellten Wälzfräsmaschine werden die aufeinander abgestimmten **Vorschubbewegungen** und **Wälzbewegungen** des Werkstücks und Werkzeugs über einen geschlossenen Getriebezug realisiert. Bei **CNC-Wälzfräsmaschinen** wird die **kinematische Kopplung** der **Wälzachsen** durch einen elektronischen **Wälzmodul** realisiert.

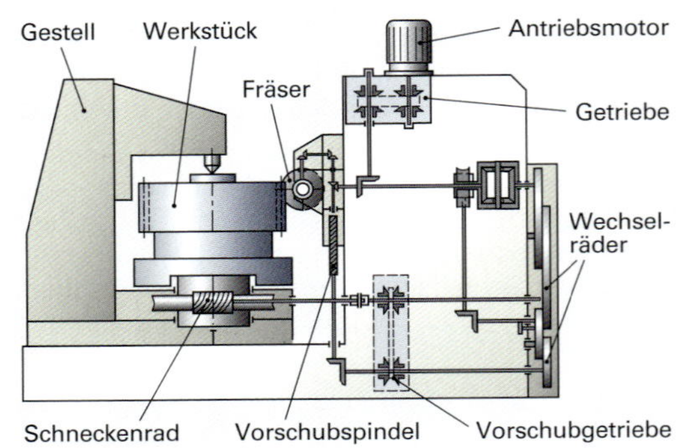

1 **Wälzfräsmaschine**

2 **Wälzfräsen**

Abtragende Maschinen

Abtragende Maschinen bewirken die Trennung von Materialpartikeln an einem Werkstück durch eine chemische, elektrochemische oder thermische Einwirkung auf das Werkstück.

Während das **chemische Abtragen** durch Ätzanlagen erfolgt, beruht das **elektrochemische Abtragen** auf dem Ladungsaustausch zwischen der **Anode als Werkstück** und der **Kathode als Werkzeug** in einem **Elektrolyten**. Das kontinuierliche Senken der Kathode führt zu einer negativen Abbildung des Werkzeugs auf das Werkstück. Die hierfür eingesetzten **funkenerosiven Senkanlagen** verhindern durch eine starke Spülung die Ablagerung der vom Werkstück gelösten Partikel auf der Kathode.

Das **Abtragen** wird z. B. mit der in **Bild 3** gezeigten **Senkanlage** durchgeführt. Die Bearbeitung des Werkstücks findet in einer elektrisch **nicht-leitenden Flüssigkeit (Dielektrikum)** statt. Das Werkzeug bewegt sich bei der elektrochemischen Senkanlage kontinuierlich nach unten. Die Abtragung erfolgt **punktförmig** an der engsten Stelle zwischen Werkstück und Werkzeug aufgrund einer **Funkenentladung**. Der vom **Impulsgenerator** bereitgestellte Strom bewirkt beim Abschalten des Impulses ein Zusammenbrechen des **Entladekanals,** was eine implosionsartige Abtragung der Schmelze erzeugt. Um Konturen herzustellen werden Drahterodiermaschinen eingesetzt **(Bild 4)**.

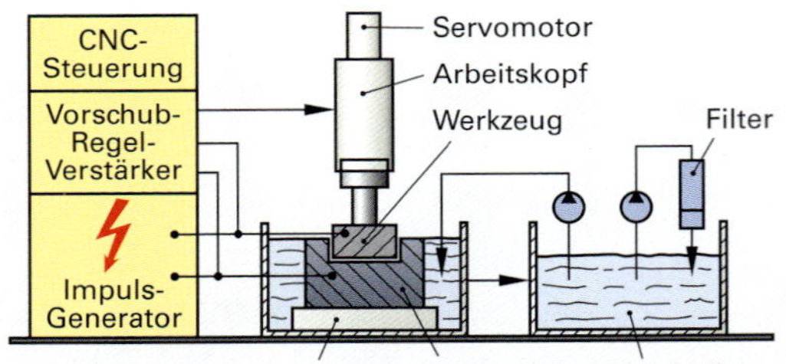

3 **Aufbau einer funkenerosiven Senkanlage**

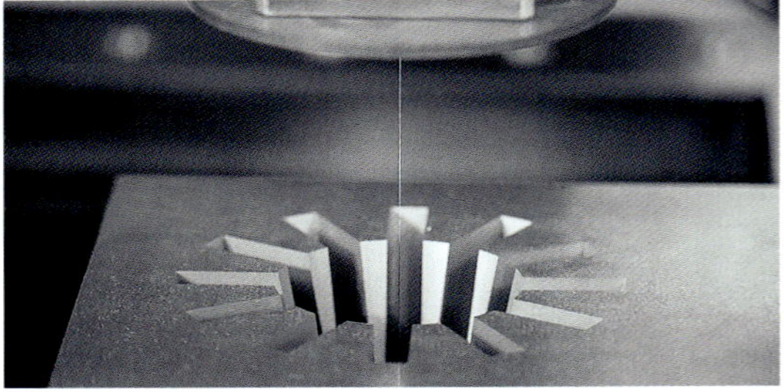

4 **Drahterodieren**

Funktionseinheiten einer Werkzeugmaschine

Der Aufbau von Werkzeugmaschinen wird in Baugruppen eingeteilt, die den Funktionseinheiten der Maschine entsprechen. Die Funktionseinheiten sind üblicherweise:

- Antriebseinheiten,
- Stütz- und Trageinheiten,
- Verbindungseinheiten,
- Energieübertragungseinheiten,
- Mess-, Regel- und Steuerungseinheiten
- und die Arbeitseinheiten.

Zu den **Antriebseinheiten** einer Werkzeugmaschine gehören die für die Maschinenachsen notwendigen Vorschubantriebe und der Hauptspindelantrieb. Die Antriebseinheiten sind gekennzeichnet durch das Anlauf- und Bremsverhalten, die Leistungs- und Drehmomentabgabe und die Regeltechnik für einen präzisen Fertigungsprozess. Es werden unterschiedliche Antriebsarten für Vorschub- und Hauptspindelantriebe verwendet. Vorschubantriebe sind Servomotoren, die eine geradlinige oder rotatorische Bewegung der Maschinenachsen (X, Y, Z, A, B, C) ermöglichen. Dieser Antriebstyp wird häufig als Drehstrom-Synchronmotor oder als Schrittmotor ausgeführt. Die Drehzahl und die Drehrichtung werden über ein elektronisches Steuergerät mittels veränderbarer Spannung und Frequenz geregelt. Vorschubantriebe benötigen unter allen Fertigungsbedingungen eine konstante Drehmomentabgabe, variable Drehzahlen für unterschiedliche Vorschubgeschwindigkeiten, schnelle Eilgangbewegungen sowie kurze Beschleunigungs- und Abbremszeiten.

Hauptspindelantriebe sind meistens Drehstrom-Asynchronmotoren. Die Hauptspindel wird entweder direkt oder über einen Keilriemen angetrieben. Der Hauptspindelantrieb ist innerhalb eines breiten Drehzahlbereichs mit weitgehender konstanter Leistungs- und Drehmomentabgabe steuerbar.

Die Energieeffizienz einer Antriebskomponente ist abhängig vom Verhältnis der abgegebenen Leistung P_{ab} zur aufgenommenen Leistung P_{zu} und wird im Wirkungsgrad η (Eta) ausgedrückt. Die Antriebskomponenten einer Werkzeugmaschine setzen elektrisch aufgenommene Leistung in abgegebene mechanische Leistung um. Zu den Antriebseinheiten gehören neben den Motoren auch elektrische Versorgungs-, Steuerungs- und Regelungskomponenten, die ebenfalls elektrische Energie benötigen.

Zu den **Energieübertragungseinheiten** an einer Werkzeugmaschine gehören die Baugruppen, die bei der Übertragung von elektrischer und mechanischer Energie beteiligt sind **(Bild 1)**. Bei der Antriebseinheit wird elektrische Energie in mechanische Energie in Form von Bewegungsenergie umgewandelt. Als Bauteile für die mechanische Energieübertragung werden Kupplungen, Getriebe, Riemen, Zahnräder, Wellen und Spindeln eingesetzt.

Die **Arbeitseinheiten** bestehen bei Dreh- und Fräsmaschinen aus der Arbeitsspindel, einer Spanneinrichtung für das Werkzeug, einer Werkstückspanneinrichtung (Spannfutter, Maschinenschraubstock oder Spannvorrichtung) und einem Werkzeugmagazin.

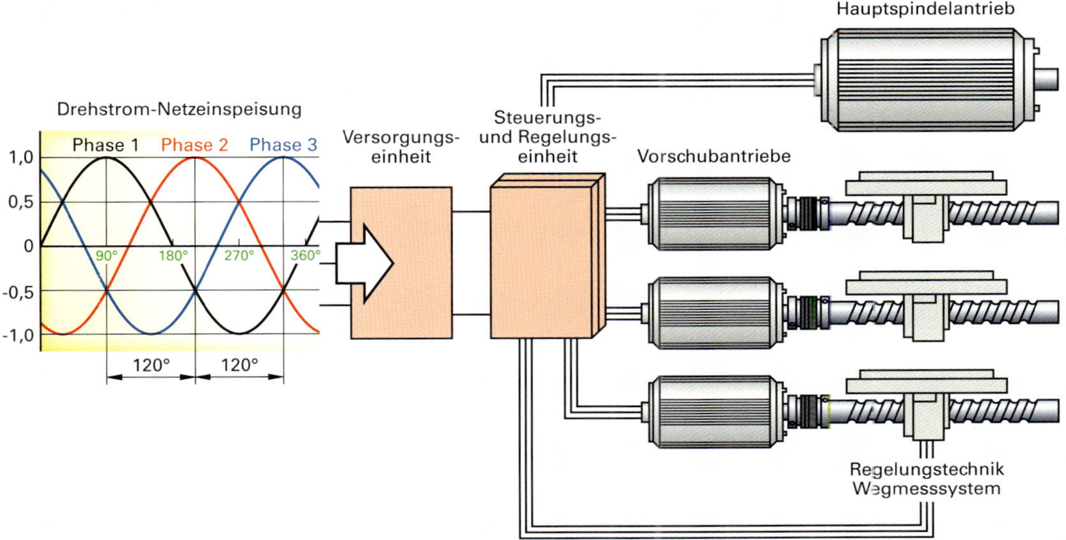

1 Energieübertragungseinheiten einer Werkzeugmaschine

Antriebseinheiten einer Werkzeugmaschine

Die Antriebseinheiten einer Werkzeugmaschine bestehen aus der Hauptantriebseinheit und der Vorschubantriebseinheit der jeweiligen Achsen.

Während die **Hauptantriebseinheit** die Teilfunktion der Erzeugung einer Schnittbewegung erfüllt, soll die **Vorschubantriebseinheit** für jede Achse Vorschubbewegungen erzeugen.

Eine vollständige Hauptantriebseinheit besteht aus dem Elektromotor, der Energieübertragungseinheit sowie der Regeleinheit.

Elektromotor der Hauptantriebseinheit

Die Hauptantriebseinheit wandelt elektrische Energie in mechanische Energie um und stellt somit Bewegungsenergie für die Hauptarbeitsbewegung der Werkzeugmaschine zur Verfügung.

Diese Bewegungen sind bei Dreh-, Fräs-, Bohr-, Schleif- oder Sägemaschinen Hauptspindelbewegungen, bei Pressen und Stoßmaschinen sind es Bewegungen des Stößels und bei Hobelmaschinen die Tischbewegung.

Der Hauptantriebsmotor einer Werkzeugmaschine kann durch zwei unterschiedliche Prinzipien realisiert werden, dem **elektrischen und hydraulischen Motor (Bild 1)**.

Die meisten Werkzeugmaschinen für die spanende Formgebung zeichnen sich durch einen elektrischen Hauptantriebsmotor aus, der eine rotatorische (drehende) Bewegung erzeugt. Der Grund hierfür liegt in dem hohen Wirkungsgrad und der geringen Wärmeentwicklung eines Elektromotors.

Hydraulische Motoren werden aufgrund ihrer hohen Krafterzeugung vielfach bei Pressen eingesetzt.

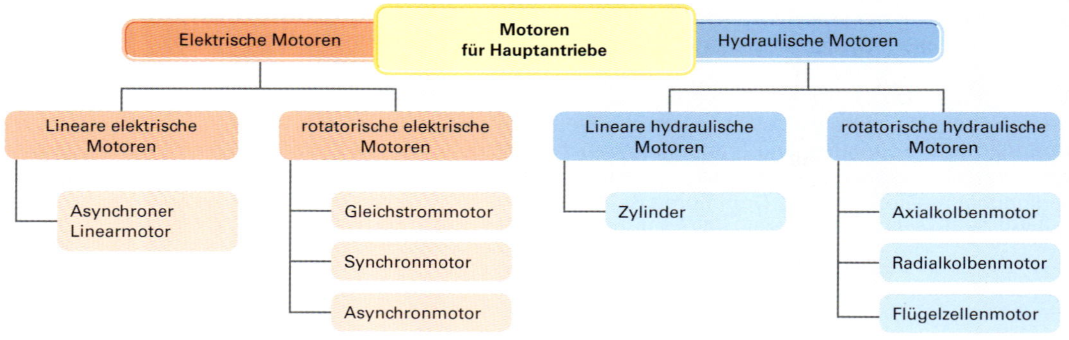

1 Gliederung der Motoren für Hauptantriebe

Stromarten

Beim Antrieb von Elektromotoren werden zwei unterschiedliche Stromarten eingesetzt:

- **Gleichstrom** Kennzeichen: – oder DC (= Direct Current),
- **Wechselstrom** Kennzeichen: ~ oder AC (= Alternating Current).

Ein Strom, der seine Richtung nicht ändert, heißt **Gleichstrom**. Diese Stromart wird durch eine Gleichspannung verursacht. Gleichstrom liefern z. B. Batterien oder Akkumulatoren. Aus dem Stromnetz kann man nur indirekt den Gleichstrom über Gleichrichter gewinnen.

Ein Strom, der seine Richtung ändert, heißt **Wechselstrom**. Dieser Strom wird durch eine Wechselspannung verursacht. Der Wechselstrom und damit auch die Wechselspannung ändert ständig die Richtung und Stärke. Hierbei pendelt der Strom zwischen einem positiven und negativen Höchstwert.

Ein vollständiger Wechsel zwischen positivem und negativem Höchstwert wird als eine **Periode** bezeichnet. Im europäischen Stromnetz beträgt die periodische Schwingung des Wechselstroms 50 Hz, d.h., der Strom wechselt 50 mal pro Sekunde seinen Höchstwert. Im Stromnetz werden drei zeitlich versetzte Wechselstromphasen bereitgestellt. Nutzt man alle drei Wechselstromphasen gleichzeitig, so erhält man einen **Drehstrom**.

Gleichstrommotoren

Gleichstrommotoren bieten gegenüber den Synchron- und Asynchronmotoren den wesentlichen Vorteil einer relativ **einfachen Drehzahlsteuerung**.

Betrachtet man den Aufbau des Gleichstrommotors **(Bild 1)**, so besteht er aus einem drehbaren **Anker** mit seiner **Ankerwicklung** und einem **Dauermagneten,** der am Ständer des Motors befestigt ist. Der Dauermagnet erzeugt ein permanentes **Erregerfeld,** das **Ankerfeld** wird erst bei Stromzufuhr der Ankerwicklung erzeugt.

Die drehbar gelagerte **Ankerwicklung (Bild 2)** befindet sich zwischen dem Nord- und Südpol des **Dauermagneten**. Die Ankerwicklung wird über die **Kohlebürsten** und den **Kollektor** von einer **Gleichstromquelle** gespeist. Die nun stromdurchflossene Ankerwicklung baut ein Magnetfeld um ihre eigene Wicklung auf. Somit befindet sich wie bei dem Dauermagneten an dem einen Ende der Ankerwicklung der Nordpol und an dem anderen Ende der Wicklung der Südpol des Magnetfeldes.

Die Pole zwischen dem Dauermagneten und der Ankerwicklung ziehen sich an bzw. stoßen sich ab und führen somit zu einer **Drehbewegung** der Ankerwicklung. Erreicht die Ankerwicklung eine vermeindlich stabile Lage, so findet durch den Kollektor eine **Stromumkehr** in der Ankerwicklung statt. Diese Stromumkehr bewirkt auch eine Umkehr der Pole an der Ankerwicklung und führt zu einem Weiterdrehen des Ankers.

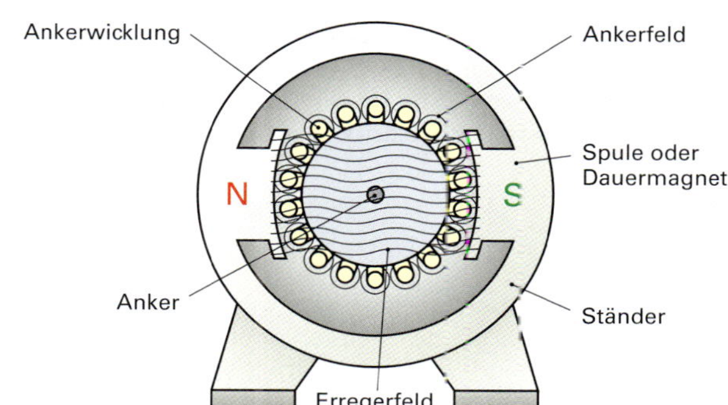

1 Aufbau und magnetische Felder des Gleichstrommotors

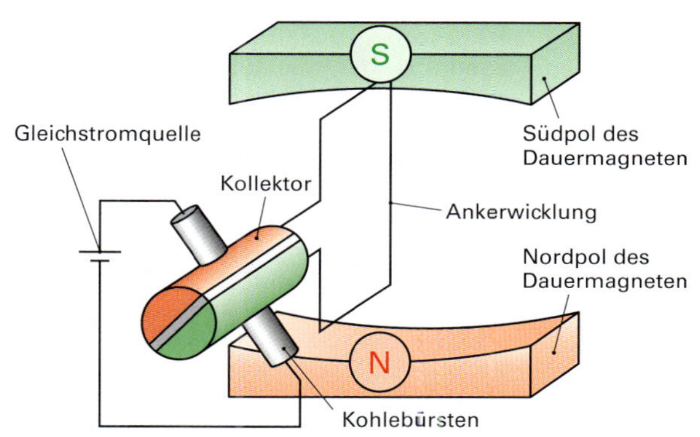

2 Bauteile des Gleichstrommotors (Prinzipdarstellung)

Drehstrommotoren

Beim Drehstrommotor **(Bild 3)** werden drei um 120° versetzte Spulen an einen Stromkreis mit Drehstrom angeschlossen. In jeder Spule entsteht ein Magnetfeld durch den jeweils an einer Spule anliegenden Wechselstrom. Als Drehstrom sind die Wechselstromphasen zeitlich versetzt. Der Wechselstrom an den einzelnen Spulen bewirkt den Aufbau eines Magnetfeldes, das aber wiederum durch den Drehstrom mit jeder Spule zeitlich versetzt an den hintereinander folgenden Spulen aufgebaut wird. Die Stärke des Magnetfeldes wandert mit jeder Spule weiter. Da die drei Spulen kreisförmig angeordnet sind, bildet sich im Motorständer ein drehendes Magnetfeld. Befindet sich nun in der Mitte des Ständers ein Läufer, der ein konstantes Magnetfeld hat, dreht sich der Läufer mit dem drehenden Magnetfeld der Ständerspulen.

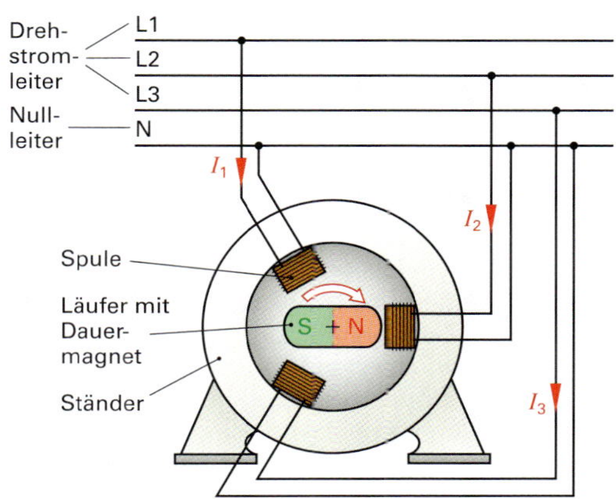

3 Aufbau eines Drehstrommotors

Je nachdem, ob der Läufer sich synchron oder nicht synchron mit den Magnetfeldern der Ständerspulen dreht, wird von einem Synchronmotor oder Asynchronmotor gesprochen. Die Drehzahl beider Motoren wird über die Stromfrequenz mit einem Frequenzumrichter verändert.

Elektrische Antriebe für Werkzeugmaschinen

Die Antriebe von Werkzeugmaschinen **(Bild 1)** beeinflussen durch ihre technischen Leistungsdaten das Anlauf- und Bremsverhalten von Hauptspindel- und Vorschubantrieben, die Regelbarkeit, die Leistungsabgabe und den Drehmomentverlauf. Die Wirtschaftlichkeit der Fertigung und die Bauteilqualität sind letztendlich von der Präzision der Antriebe abhängig.

1 **Hauptspindelmotor einer Werkzeugmaschine**

Vorschubantrieb

Grundsätzlich sind zwei Antriebsarten zu unterscheiden: Vorschubantriebe und Hauptspindelantriebe. Vorschubantriebe sind Servomotoren. Sie werden zur Bewegung der Werkzeugachsen (X, Y, Z, A, B und C) eingesetzt, damit die gewünschte Kontur des Werkstücks erstellt werden kann. Dieser Antriebstyp ist meist als bürstenloser, permanenterregter **Drehstrom-Synchronmotor** ausgeführt **(Bild 2)**. Das Steuergerät regelt über die Spannung und die Frequenz die Drehzahl und die Drehrichtung des Motors. Der Drehstrom-Asynchronmotor kann auch als Schrittmotor zur Positionierung eingesetzt werden. Vorschubantriebe benötigen ein konstantes Drehmoment für gleichmäßigen Vorschub, eine variable Drehzahl für die Vorschubbewegung und schnelle Reaktion auf Drehzahländerungen durch geringes Trägheitsmoment und kurze Beschleunigungs- und Bremswege. Der Drehzahlbereich reicht bei 6-poligen Motoren bis 10000 1/min. Diese Motorbauart hat die bis in die 90er-Jahre üblichen Gleichstrommotoren abgelöst. Sie sind:

- Reaktionsschnell (Zeitkonstante Tm $<$ 10 ms),
- Voll gekapselt (bis IP 68),
- Hohe Überlastfähigkeit,
- Hohe Rundlaufgenauigkeit.

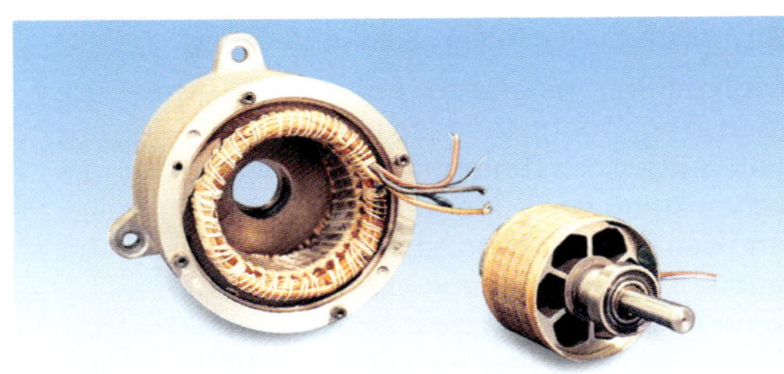

2 **Drehstrom-Synchronmotor**

3 **Drehstrom-Asynchronmotor**

Hauptspindelantrieb

Als Hauptspindelantriebe **(Bild 5)** werden meistens **Drehstrom-Asynchronmotoren** eingesetzt **(Bild 3)**. Die Hauptspindel wird entweder über einen Keilriemen, über ein Zwischengetriebe oder direkt von dem an der Spindel montierten Motor angetrieben **(Bild 4)**. Neben einem über einen großen Drehzahlbereich konstanten Drehmoment wird beim Hauptspindelantrieb ein hoher Drehzahlstellbereich bei konstanter Leistungsabgabe gefordert. Dies erfordert eine elektronische Ansteuerung des Antriebes. Im unteren Drehzahlbereich erreicht man das Maximalmoment. Im oberen Drehzahlbereich erreicht der Motor die Bemessungsleistung. Der Motor erbringt abhängig von der Umrichter-Spannung und -Drehstromfrequenz Bemessungsdrehzahlen von 400 min^{-1} bis 6000 min^{-1} und Maximaldrehzahlen bis 20000 min^{-1}.

4 **Motorspindel**

5 **Hauptspindelantrieb**

Der Arbeitspunkt des Drehstrom-Asynchronmotors ist durch den Bereich der Bemessungsspannung und der zugehörigen Frequenz beschrieben (z.B. 400 V/50 Hz). Die Drehzahl *n* wird dabei durch die Frequenz *f* des speisenden Netzes bestimmt ($n \sim f$). Drehzahl ist lastabhängig und wird nur so lange beibehalten, wie das Motormoment und das Lastmoment gleich groß sind. Die elektrischen und mechanischen Bemessungsdaten des Arbeitspunktes müssen im Leistungsschild des Motors dokumentiert sein **(Bild 1)**.

Im Anlauf hat der Drehstrom-Asynchronmotor ein relativ geringes Drehmoment, das bis zur Kippdrehzahl n_K ansteigt. Der Drehzahlbereich für den Nennbetrieb liegt auf der Kennlinie **(Bild 2)** immer rechts des Kipppunktes. Dort lässt sich das typische Belastungsverhalten des Motors erkennen. Bei steigendem Lastmoment sinkt die Drehzahl. Steigt die Last über den Wert des Kippmomentes M_K, ist der Motor überlastet, wird langsamer und bleibt schließlich stehen.

Bei Synchronmotoren, ist eine Leistungsabgabe nur bei einer ganz bestimmten Drehzahl möglich, die durch die verwendete Netzfrequenz und die Polzahl des Motors bestimmt ist. Bei **Asynchronmotoren** ist der Betrieb in einem weiten Drehzahlbereich möglich, jedoch ist das Drehmoment knapp unterhalb der Synchrondrehzahl maximal, verschwindet jedoch beim Erreichen der Synchrondrehzahl **(Bild 2)**. Bei der Motordrehzahl, bei der das maximale Drehmoment erreicht wird, ist die erzeugte Leistung noch nicht maximal. Die Drehzahl kann noch gesteigert werden, zunächst ohne dass das Drehmoment schon wesentlich abfällt. Erst bei deutlich höheren Drehzahlen fällt das Drehmoment so stark ab, dass auch die Leistung absinkt **(Bild 3)**.

Elektromotoren können über den gesamten Drehzahlbereich ungefähr dasselbe Drehmoment erzeugen. Beim Betrieb mit konstanter elektrischer Spannung ergibt sich ein etwa linearer Abfall des Drehmoments mit zunehmender Drehzahl, weil die bezogene Stromstärke aufgrund der zunehmenden Induktionsspannung abnimmt.

Linearmotor

Der Linearmotor **(Bild 4)** ist abgeleitet vom Torque-Motor. Die Drehstromwicklung (Primärteil) befindet sich auf der Seite des Vorschubschlittens und die Bahn der Dauermagnete (Sekundärteil) auf der Seite des Maschinenbetts. Die Vorschubkräfte werden direkt erzeugt, sodass mechanische Übertragungselemente entfallen. Linearantriebe zeichnen sich besonders durch ein hohes Beschleunigungsvermögen aus. Die Magnetbahn muss gegen Späne abgedeckt sein.

1	Motorenwerke ACME	**IE3**	7
2	ASM **100L-2**	**0123456**	8
3	**400/660** V	**5.76** A	9
4	**3** kW	cosφ **0.86**	10
5	**2890** U/min	**50** Hz	11
6	Isol. Kl. **F**	IP **44**	12

Die einzelnen Eintragungen bedeuten:

1 Hersteller
2 Typbezeichnung
3 Nennspannung
4 Nennleistung
5 Nenndrehzahl
6 Isolationsklasse, Temperaturfestigkeit der Wicklung
7 Energieeffizienzklasse
8 Seriennummer
9 Nennstrom
10 Leistungsfaktor
11 Nennfrequenz
12 Schutzklasse

1 Leistungsschild

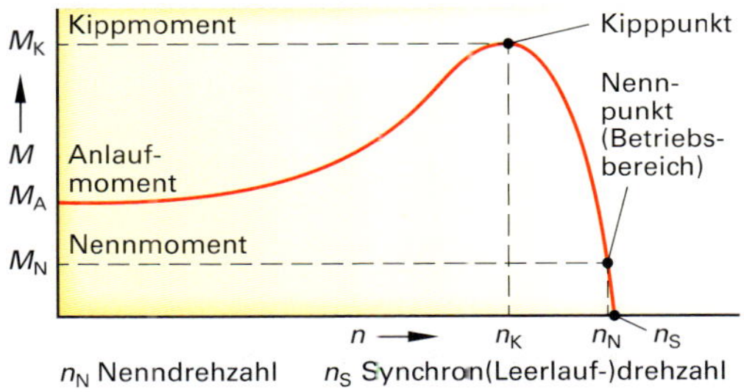

2 Drehzahl-Drehmoment-Kennlinie

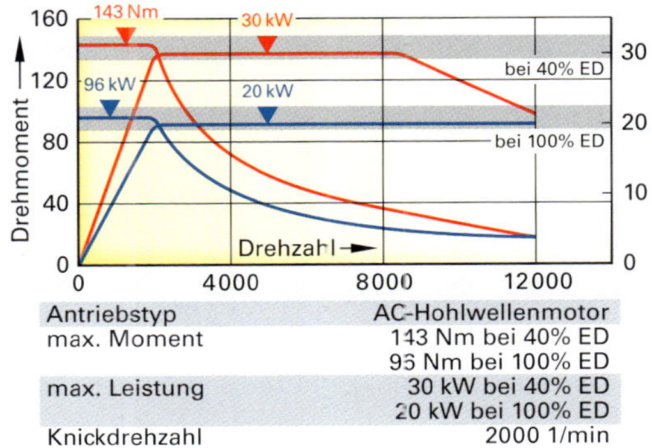

Antriebstyp	AC-Hohlwellenmotor
max. Moment	143 Nm bei 40% ED 96 Nm bei 100% ED
max. Leistung	30 kW bei 40% ED 20 kW bei 100% ED
Knickdrehzahl	2000 1/min

3 Leistungs-Drehmoment-Diagramm

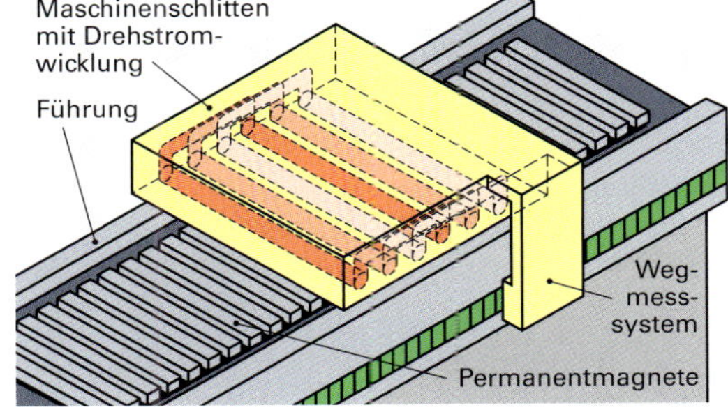

4 Linearmotor

Energieübertragungseinheit (Getriebe)

Bild 1 zeigt die schematische Darstellung des **Schieberadgetriebes der Hauptantriebseinheit**. Zwischen dem Antriebsmotor und der Antriebswelle befindet sich eine nicht-schaltbare Wellenkupplung. Hierbei werden zwei Scheiben durch Schraubenverbindungen fest miteinander verbunden. Die Lagerung der Antriebs-, Ritzel- und Abtriebswelle erfolgt bei diesem Getriebe durch ein- oder zweireihige Kugellager.

Der **Schieberadblock** kann durch das Schaltgestänge axial zur Abtriebswelle bewegt werden **(Bild 2)**. Das Schalten ist jedoch nur im Stillstand möglich. Die Übertragung des Drehmomentes zwischen dem Schieberadblock und der Antriebswelle erfolgt über eine Passfeder. Das Getriebe hat zwei Übersetzungsstufen. Während die erste Übersetzung vom Motor zum Getriebe nicht verändert werden kann, wird die Drehzahl an der Antriebswelle in der zweiten Übersetzungsstufe durch Verschieben des Schieberadblocks erhöht oder verringert. Die Zahnräder z_1 und z_2 sind bei diesem Getriebe dauerhaft im Eingriff. Je nach Stellung des Schieberadblockes sind folgende Zahnradpaarungen im Eingriff:

z_3 und z_4

z_5 und z_6 (derzeitige Stellung)

z_7 und z_8

In der nachfolgenden Berechnung erfolgt eine Auslegung des Schieberadgetriebes. Für die Auslegung müssen sowohl die fehlenden Zahnradgrößen als auch die einzustellenden Abtriebsdrehzahlen bestimmt werden. Folgende Größen des Schieberadgetriebes sind bekannt:

Zähnezahlen der 1. Getriebestufe:
$z_1 = 20 \quad z_2 = 32$

Zähnezahlen der Zahnräder auf der Ritzelwelle:
$z_3 = 55 \quad z_5 = 36 \quad z_7 = 19$

Achsabstand zwischen der Ritzel- und Abtriebswelle:
$a = 86$ mm

Modul der geradverzahnten Stirnräder:
$m = 2$ mm

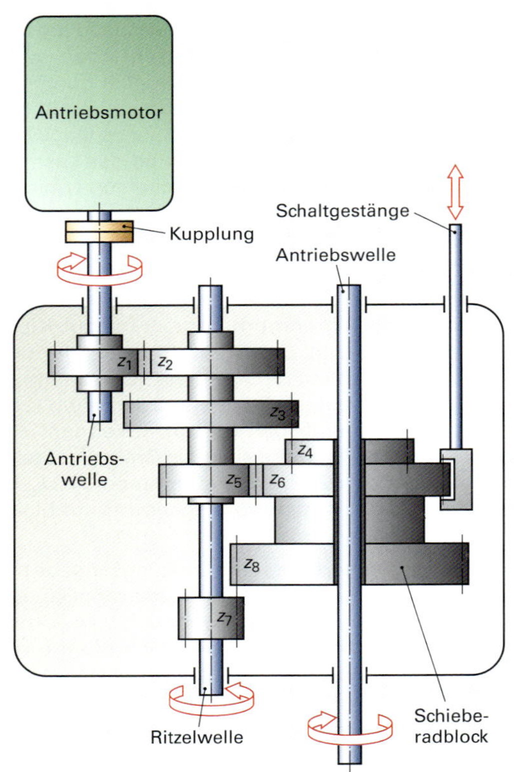

1 **Schieberadgetriebe der Hauptantriebseinheit**

2 **Getriebe**

Ermittlung der jeweiligen Abtriebsdrehzahlen

Die Drehzahl am Antriebsmotor des in **Bild 1** gezeigten Schieberadgetriebes beträgt $n_1 = 2000\ ^1/_{min}$. Durch die Verschiebung des Schieberadblockes können an der Abtriebswelle drei verschiedene Drehzahlen eingestellt werden, die nachfolgend berechnet werden:

Drehzahl der Ritzelwelle: Durch die Zahnradpaarung z_1 und z_2 wird die Drehzahl zwischen Antriebswelle und Ritzelwelle verringert und kann nicht verändert werden. Es ergibt sich aufgrund der unterschiedlichen Zähnezahl an dieser Zahnradpaarung folgende Drehzahl an der Ritzelwelle:

$$n_2 \cdot z_2 = n_1 \cdot z_1 \qquad n_2 = \frac{n_1 \cdot z_1}{z_2} = \frac{2000\ ^1/_{min} \cdot 20}{32} = 1250\ ^1/_{min}$$

Da sich jedes Zahnrad auf der Ritzelwelle mit der gleichen Drehzahl bewegt, sind die Drehzahlen der Zahnräder z_2, z_3, z_5, z_7 identisch: $n_2 = n_3 = n_5 = n_7 = 1250\ ^1/_{min}$.

Zur Bestimmung der jeweiligen Abtriebsdrehzahlen müssen die Zähnezahlen der fehlenden Zahnräder festgelegt werden. Die Zähnezahl des 4., 6. und 8. Zahnrades lässt sich über den gegebenen Achsabstand zwischen der Ritzel- und Abtriebswelle bestimmen:

$$a = \frac{m \cdot (z_3 + z_4)}{2} \qquad z_4 = \frac{2 \cdot a}{m} - z_3 = \frac{2 \cdot 86\ \text{mm}}{2\ \text{mm}} - 55 = 3 \qquad z_8 = \frac{2 \cdot a}{m} - z_7 = \frac{2 \cdot 86\ \text{mm}}{2\ \text{mm}} - 19 = 67$$

$$z_6 = \frac{2 \cdot a}{m} - z_5 = \frac{2 \cdot 86\ \text{mm}}{2\ \text{mm}} - 36 = 50$$

Drehzahlen der Abtriebswelle: Durch Verschieben des Schieberadblockes können an der Abtriebswelle drei unterschiedliche Dehzahlen eingestellt werden. Die momentane Stellung des Schieberadblockes verbindet die Zahnräder z_5 und z_6 miteinander. Es ergibt sich an der Abtriebswelle folgende Drehzahl n_{ab}:

$$n_6 \cdot z_6 = n_5 \cdot z_5 \qquad n_6 = \frac{n_5 \cdot z_5}{z_6} = \frac{1250\ ^1\!/\!_{\text{min}} \cdot 36}{50} = 900\ ^1\!/\!_{\text{min}}$$

$$n_{ab} = n_6 = 900\ ^1\!/\!_{\text{min}}$$

Wird der Schieberadblock so verschoben, dass die Zahnräder z_3 und z_4 verbunden sind, ergibt sich für die Abtriebswelle folgende Drehzahl:

$$n_{ab} = n_4 = 2240\ ^1\!/\!_{\text{min}}$$

Werden die Zahnräder z_7 und z_8 zusammengeführt, so dreht die Abtriebswelle mit der Drehzahl:

$$n_{ab} = n_8 = 355\ ^1\!/\!_{\text{min}}$$

Betrachtet man die drei errechneten Drehzahlen der Abtriebswelle n_8, n_6 und n_4, so kann eine geometrisch gestufte Drehzahlreihe festgestellt werden. Der Stufensprung dieser Reihe beträgt q = 2.48.

Es wurde somit jede 8. Drehzahl aus der geometrischen Grundreihe abgeleitet. Entsprechend wird die abgeleitete Reihe des berechneten Stufenradgetriebes mit R 20/8 bezeichnet.

Energieübertragungseinheit Vorschubantrieb

Die mit dem Vorschubmotor erzeugte Drehbewegung muss als lineare Vorschubbewegung an das Werkstück übertragen werden. **Bild 1** zeigt die **Vorschubeinheit einer CNC-Fräsmaschine**. Hierbei wird die Drehbewegung des Vorschubmotors in die lineare Bewegung des Querschlittens umgewandelt. Auf dem Querschlitten befindet sich die Vorschubeinheit des Längsschlittens. Auf dem Längsschlitten wird die Spanneinheit mit dem Werkstück befestigt.

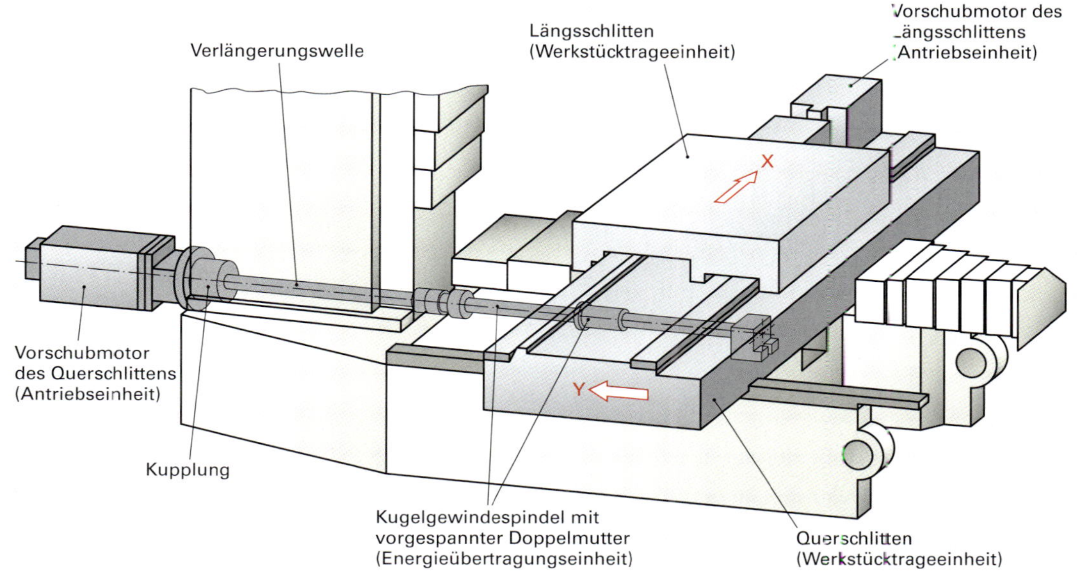

1 Vorschubeinheit der CNC-Fräsmaschine

Die **Vorschubeinheit** besteht aus der Antriebs-, Energieübertragungs- und Werkstücktrageeinheit. Die wichtigsten **Übertragungselemente** der Vorschubeinheit sind:

- **Kupplung,**
- **Spindel-Mutter-System mit seiner Lagerung,**
- **Führungen,**
- **Längs- und Querschlitten,**
- **Verlängerungswelle.**

Bild 1 zeigt das **Spindel-Mutter-System** mit seiner Lagerung. Die Kugelgewindespindel wird hierbei direkt über die Verlängerungswelle und die Kupplung vom Vorschubmotor angetrieben. Die Lagerung der Kugelgewindespindel erfolgt durch Kugellager, die mit Spannmuttern gegen die Kugelgewindespindel verspannt sind. Auf der Spindel befindet sich eine vorgespannte Doppelmutter, die an dem Querschlitten befestigt ist.

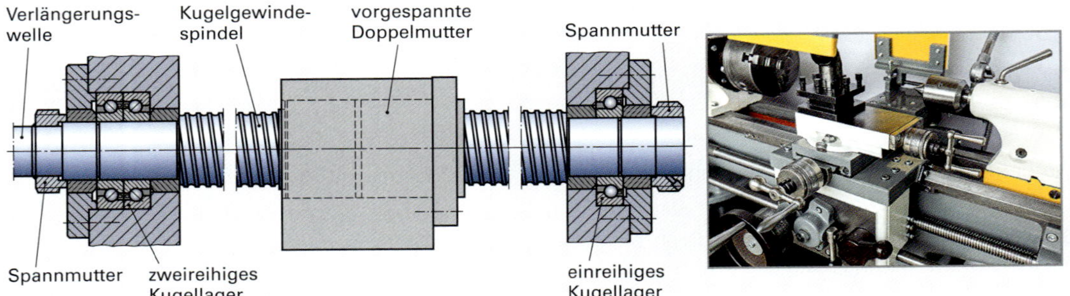

1 Übertragungselement Spindel-Mutter-System

Damit der Querschlitten schnell und genau bewegt werden kann, muss die Umwandlung der kreisförmigen in eine geradlinige Bewegung möglichst **spielfrei und reibungsarm** sein.

Konventionelle Werkzeugmaschinen besitzen häufig einen Trapezgewindeantrieb. Wegen der hohen Gleitreibung und des relativ großen Umkehrspiels ist dieser Antrieb jedoch für CNC-Werkzeugmaschinen nicht geeignet. Daher wird für den Schlittenantrieb der CNC-Fräsmaschine eine **Kugelgewindespindel mit vorgespannter Doppelmutter** verwendet **(Bild 2)**.

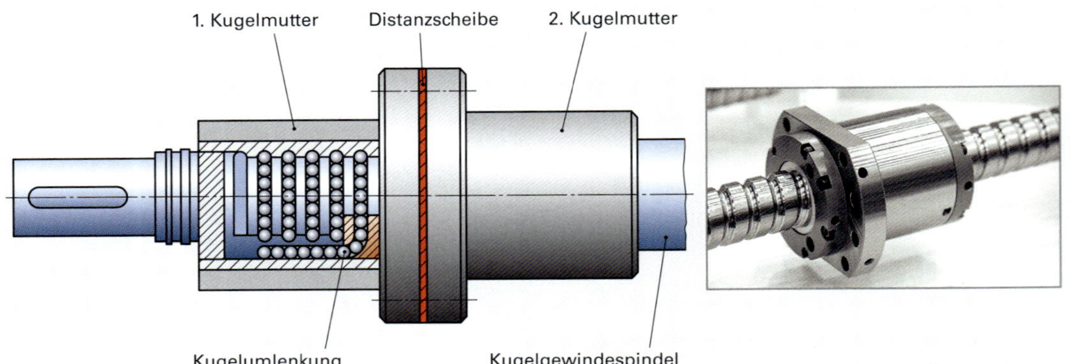

2 Kugelgewindespindel mit vorgespannter Doppelmutter

Zur Reduzierung der Reibung befinden sich zwischen der Spindel und der Mutter Kugeln. Die Reibung nimmt damit nur noch den Wert der **Rollreibung** an. Würde sich auf der Spindel nur **eine Kugelmutter** befinden, so wäre das **Umkehrspiel** immer noch zu groß. Um das Umkehrspiel zu verringern, werden bei der Kugelgewindespindel **zwei Kugelmuttern** gegeneinander verspannt. Die Verspannung erreicht man durch das Auseinanderziehen oder Zusammendrücken der Kugelmuttern.

Schlittenführungen der Vorschubeinheit

Zur Erzielung der geforderten Werkstückkontur müssen die Schlitten der CNC-Fräsmaschine genau geführt werden. In **Bild 1** ist die **Schlittenführung** des Längsschlittens verdeutlicht. Hierbei befinden sich zwei Führungsleisten auf dem Querschlitten. Der Querschlitten wird wiederum durch eine Führungseinheit auf dem Maschinenbett geführt. Der Querschlittenantrieb wird zum Schutz vor herabfallenden Spänen und Verschmutzung mit einer Teleskopabdeckung verkapselt. Die Führung der im **Bild 1** dargestellten CNC-Fräsmaschine wird als Flachführung bezeichnet.

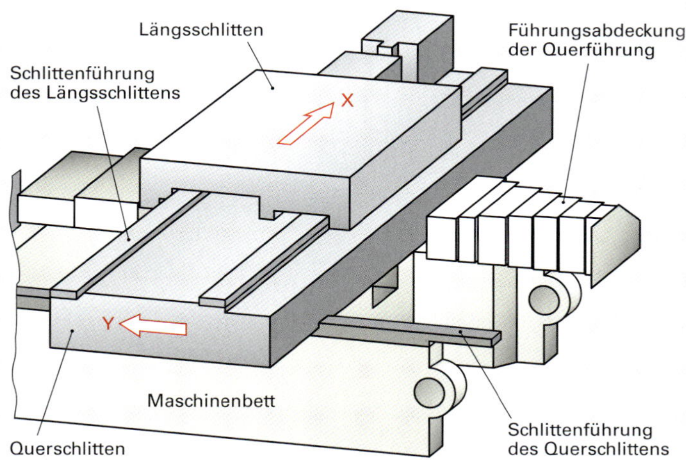

1 Schlittenführung der CNC-Fräsmaschine

Für Werkzeugmaschinen werden neben dieser Flachführung häufig auch Prismen-Flach- und Schwalbenschwanz-Führungen eingesetzt, die in den folgenden Bildern dargestellt sind. Die verschiedenen Konstruktionen der Führungen beruhen darauf, dass unterschiedliche **Anforderungen** an Führungen gestellt werden:

- Das Spiel der Führung darf nur gering sein, damit die Führung sich sehr exakt bewegt.
- Das Spiel darf sich bei größerer Erwärmung des Schlittens (z.B. durch warme herabfallende Späne) nur geringfügig vergrößern.
- Die Führung braucht eine ausreichende Steifigkeit und Schwingungsdämpfung, damit die auftretenden Bearbeitungskräfte und Schwingungen von der Führung aufgenommen werden.
- Die Reibung zwischen den Führungsflächen sollte möglichst gering sein.
- Die Führungen sollten so gebaut sein, dass die Späne und der Schmutz die genaue Bewegung des Schlittens nicht behindern.

Eine der heute gebräuchlichsten Führungsformen ist die **Flachführung (Bild 2)**. Sie ist einfach zu bearbeiten und hat eine sehr hohe Steifigkeit. Zur einwandfreien seitlichen Führung des Schlittens besitzt die Flachführung eine zusätzliche Schmalführung. Falls sich der Schlitten aufgrund von Erwärmung ausdehnt, wird durch die Schmalführung das Spiel trotzdem gering gehalten. Gegen das Abheben befinden sich an dem Schlitten Passleisten.

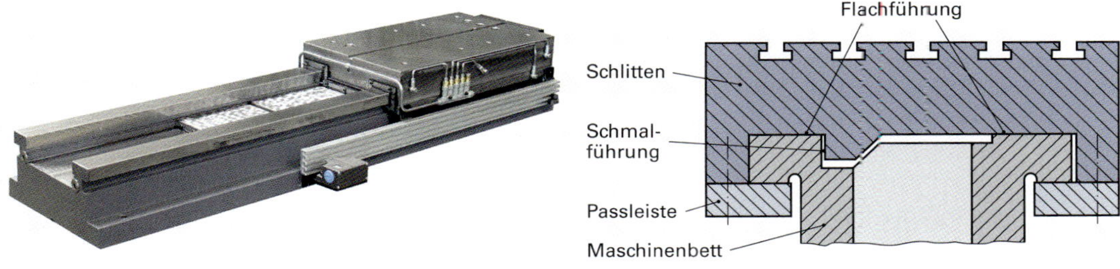

2 Flachführung

Stütz- und Trageeinheit

Das Maschinengestell bildet die Stütz- und Trageeinheit. Es besteht aus verschiedenen Bau- und Funktionselementen, die in ihrer Größe und Gestalt durch die jeweiligen Aufgaben der Maschine festgelegt sind.

Bild 1 zeigt das **Maschinengestell einer CNC-Fräsmaschine** als Stütz- und Trageeinheit. Das Maschinengestell unterteilt sich hierbei in Maschinenbett und Maschinenständer. Der Maschinenständer dient zur Aufnahme des Arbeitskopfes mit der Hauptantriebseinheit und dem Werkzeug. Der gesamte Arbeitskopf kann in vertikaler Richtung (z-Richtung) verfahren werden.

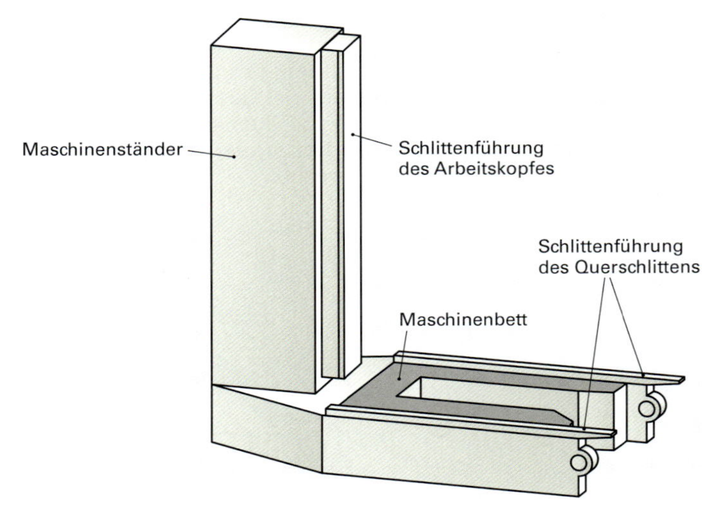

1 Maschinenbett und -ständer einer CNC-Fräsmaschine

Auf dem Maschinenbett liegt die Vorschubeinheit mit dem Längsschlitten (x-Richtung) und dem Querschlitten (y-Richtung).

Das **Maschinengestell** muss hauptsächlich folgende Funktionen übernehmen:

- Aufnehmen und Weiterleiten der Gewichts- und Bearbeitungskräfte,
- Dämpfung auftretender Schwingungen,
- Schutz vor Verschmutzung,
- Weiterleiten der erzeugten Wärmeenergie.

Je nach Bauform gibt es große Unterschiede in der Art des Maschinengestells. Prinzipiell können zwei mögliche Bauformen von CNC-Werkzeugmaschinen am Beispiel von Fräsmaschinen unterschieden werden **(Bild 2)**.

Während das **Maschinengestell der Bettfräsmaschine** aus Maschinenständer und -bett besteht, hat die Konsolfräsmaschine lediglich einen Maschinenständer mit einem Maschinenfuß.

Das Maschinenbett der Bettfräsmaschine ist eine wesentlich kompaktere Einheit als der **Maschinenfuß der Konsolfräsmaschine**. Verantwortlich hierfür ist der auf dem Maschinenbett aufliegende Quer- und Längsschlitten. Diese Maschine ist für größere Werkstücke konzipiert. Das Maschinenbett kann somit hohe Gewichtskräfte durch das auf dem Schlitten liegende Werkstück aufnehmen.

Der Maschinenfuß der Konsolfräsmaschine sorgt lediglich für einen stabilen Stand der Maschine und dient als Auffangeinheit für Späne und Kühlschmiermittel.

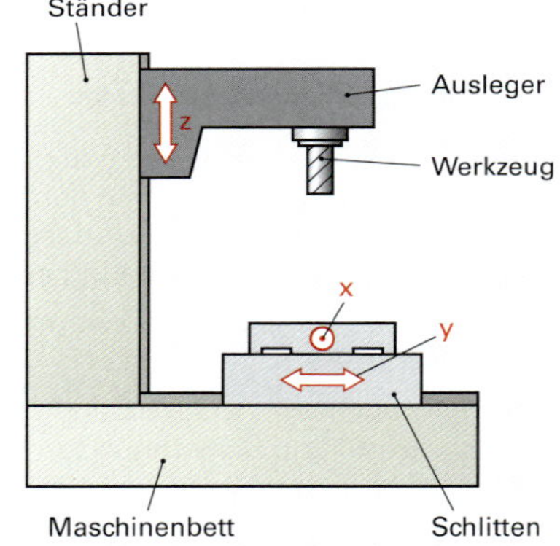

Bettfräsmaschine

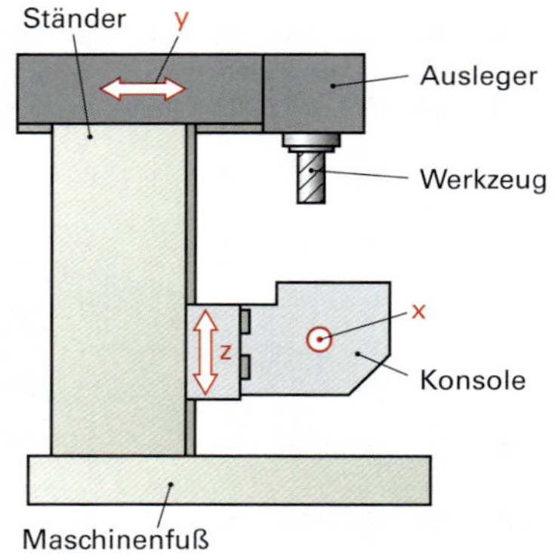

Konsolfräsmaschine

2 Bauformen von CNC-Fräsmaschinen

Sicherheitseinrichtungen an einer Werkzeugmaschine

In den Sicherheitsbestimmungen für den Betrieb einer Werkzeugmaschine werden folgende Maßnahmen festgelegt:

- **Maßnahmen, die dem Schutz des Maschinenbedieners dienen.**
- **Maßnahmen, die unsere Umwelt vor Beeinträchtigungen schützen.**
- **Maßnahmen, die den Werterhalt der Werkzeugmaschine ermöglichen.**

Schutz des Maschinenbedieners

Eine Werkzeugmaschine muss so gebaut werden, dass von ihr keine Gefahr ausgeht. Die **Einhausung einer CNC-Werkzeugmaschine** dient zum Schutz des Maschinenbedieners **(Bild 1)**. Sie schützt den Maschinenbediener nicht nur vor beweglichen Maschinenteilen, sondern verhindert auch das Austreten von Spänen und Kühlschmierstoff. Ohne die Verkapselung gelangen Kühlmittelspritzer in die gesamte Umgebung der Maschine.

Der **Sicherheitsschalter** an der Schiebetür verhindert das Arbeiten an der Maschine bei offener Tür. Der **Fußschalter** setzt die Sicherheitsverriegelung beim Einrichten außer Kraft. Diese Arbeit darf nur von erfahrenen Fachkräften durchgeführt werden.

Größere Maschinenanlagen, z. B. flexible Fertigungszellen, werden neben der Verkapselung der einzelnen Maschine außerdem mit **Schutzgittern** ausgerüstet. Hierdurch wird z. B. der Arbeitsbereich einer Handhabungseinrichtung gesperrt.

Ein weiterer Schutz für den Maschinenbediener stellt der **Not-Aus**-Schalter dar **(Bild 2)**. Dieser Schalter dient dem sofortigen Stillstand der Maschine bei auftretender Gefahr. Weitere Sicherheitseinrichtungen der Werkzeugmaschine sind z.B. Kontrolllampen, Störungsanzeigeleuchten, Zweihandschalter, Lichtschranken oder Schlüsselschalter.

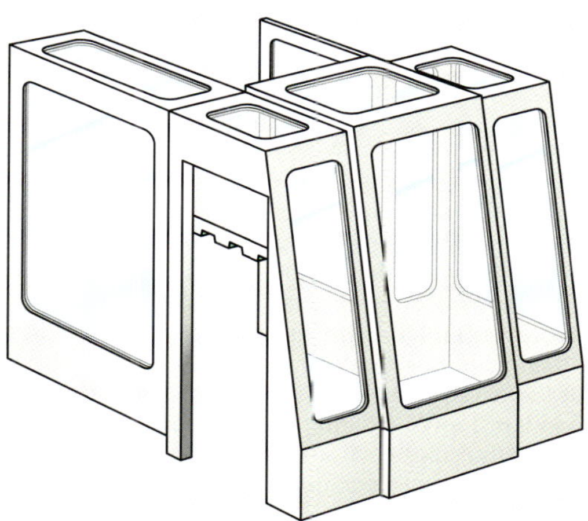

1 Einhausung der CNC-Werkzeugmachine

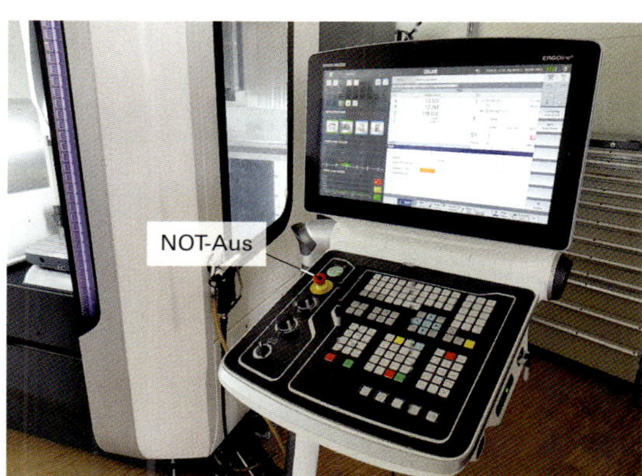

2 Bedienfeld der CNC-Werkzeugmaschine

Betriebssicherheit von Werkzeugmaschinen

Die rechtzeitige Beseitigung von **Störstellen** führt zur Betriebssicherheit von Werkzeugmaschinen. Werden Störstellen nicht frühzeitig beseitigt, so können infolge des Sachschadens Personen gefährdet werden. Zudem können sich Produktionsausfälle ergeben. Der Bediener der Werkzeugmaschine hat zum Auffinden von Störstellen folgende Möglichkeiten:

- **Geräuscherkennung** – Es wird auf ungewöhnliche Maschinengeräusche geachtet. Treten neue Geräusche auf, so werden sie lokalisiert und die Ursachen ermittelt.
- **Sichtprüfung** – Die auftretende Verschmutzung der Kontakte, Dichtungen, Führungsbahnen u.a. durch Späne und Schmiermittel wird beobachtet. Es besteht z.B. die Möglichkeit, dass sich Späne zwischen Schlitten und Führungsbahn einklemmen.
- **Wärmeprüfung** – Verschiedene Bauteile der Maschine werden regelmäßig auf ihre Wärmeentwicklung beobachtet. So kann z.B. durch vorsichtiges Fühlen mit der Hand eine Überhitzung am Lagergehäuse festgestellt werden.
- **Überprüfung der Hydraulik** – Regelmäßige Kontrolle der Manometer zur Überprüfung des Arbeitsdrucks.
- **Überprüfung der elektrischen Versorgung** – Regelmäßige Sichtung der Kontakte und Steckverbindungen.

B4 SPANNTECHNIK

Maschinenschraubstock

Zum Einspannen von Werkstücken wird z. B. bei Bohr- oder Fräsmaschinen ein Maschinenschraubstock benötigt. Dieser ist mit geschliffenen Führungen und Kraftübertragungselementen ausgestattet, damit er für die höheren Anforderungen hinsichtlich Präzision und Spannkraft besser geeignet ist **(Bild 1)**. Maschinenschraubstöcke gibt es in mechanisch-hydraulischen oder -pneumatischen Ausführungen. Sie sind mit einer hydraulischen Kraftverstärkung, einer Spannkraftvoreinstellung in mehreren Stufen ausgerüstet. Über diese Voreinstellung ist die Wiederholgenauigkeit der Spannkräfte gewährleistet.

Schraubstöcke mit Trapezspindel und Spindelmutter, wie sie in der Werkstattfertigung verwendet werden, können diese Anforderungen mit ihrem einfachen Aufbau nicht erfüllen **(Bild 2)**.

1 Maschinenschraubstock

2 Werkstattschraubstock

Spannmittel für Werkzeuge

Aufnahme Spindel

- Morsekegel,
- Steilkegelschaft (SK),
- Hohlkegelschaft (HSK),
- Polygonschaft.

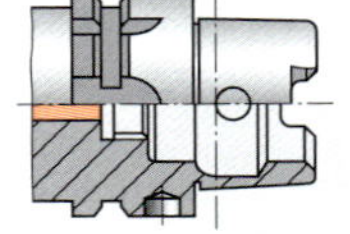

Aufnahme Werkzeug

- Dreibacken-Bohrfutter,
- Schnellspann-Bohrfutter,
- Spannzangenfutter,
- Aufsteckfräsdorn,
- Einschraubfräseraufnahme,
- Zylinderschaftaufnahme,
- Gewindebohreraufnahme.

Spannmittel für Werkstücke

Mechanische Spannmittel

- Spannelemente,
- Schraubstöcke,
- Spannvorrichtungen.

Hydraulische Spannmittel

- hydraulischer Kompaktspanner,
- hydraulische Spannpratzen.

Magnetische Spannmittel

- Elektromagnete,
- Permanentmagnete.

Vakuum-Spannmittel

- Vakuum-Spannplatte,
- Vakuum-Spannvorrichtung.

Ausricht-Einheit

- Sinustisch.

Werkzeugspanntechnik

Spiralbohrer mit einem Durchmesser, der kleiner als 10 mm ist, besitzen in der Regel einen zylindrischen Bohrerschaft. Zum Spannen dieser Bohrer wird das **Dreibacken-Bohrfutter (Bild 3)** benötigt. An dem Bohrfutter befindet sich ein Kegeldorn, der durch eine selbsthaltende Kegelaufnahme in der Pinole der Werkzeugmaschine festgehalten wird. Das Spannen der Werkzeuge erfolgt im Dreibacken-Bohrfutter über einen Zahnkranz, der mit einem Bohrfutterschlüssel gedreht wird. Zahnkranz und Schlüssel sind genormt, damit eine Austauschbarkeit gewährleistet ist.

3 Dreibacken-Bohrfutter

Während beim Dreibacken-Bohrfutter das Festspannen des Bohrers mit einem passenden Schlüssel erfolgt, kann das **Schnellspann-Bohrfutter** mit der Hand angezogen werden **(Bild 1)**. Größere Spiralbohrer besitzen in der Regel einen kegeligen Schaft mit einem **Morsekegel** unterschiedlicher Größe und werden direkt in die Spindel aufgenommen. Durch den Kegel wird die Zerspankraft kraftschlüssig übertragen. Kleine Kegel am Bohrer können durch Aufstecken entsprechender **Reduzierhülsen** dem Innenkegel der Spindel angepasst werden. Da der Morsekegel eine Selbsthaltung in der Spindel besitzt, muss er axial mit einem Keil ausgetrieben werden **(Bild 2)**.

Der Morsekegel ist für einen schnellen und automatischen Werkzeugwechsel nicht geeignet. Daher wurden für CNC-Werkzeugmaschinen und Bearbeitungszentren **Kegelschäfte** zum Einspannen der Werkzeugaufnahme in der Spindel entwickelt, die **keine Selbsthaltung** besitzen. Am Ende des Kegelschafts ist der entsprechende **Aufnahmeschaft** für die zu spannenden Werkzeuge.

Bild 3 zeigt **Steilkegelschäfte (SK)** nach DIN 69871 und DIN 2080. An der Stirnseite des jeweiligen Steilkegelschafts befindet sich eine innen liegende Gewindebohrung. Hierdurch wird ein axiales Spannen des Steilkegelschafts mit der Maschinenspindel ermöglicht. Die Spannkräfte führen zu einer **kraftschlüssigen Verbindung** zwischen dem Kegelschaft und der Kegelaufnahme in der Spindel. Wird der Steilkegel nicht mehr an die Spindel gezogen, geht die kraftschlüssige Verbindung verloren, da durch den Steilkegel keine Selbsthaltung erfolgt. Im Gegensatz zum Morsekegel sind beim Steilkegelschaft kürzere Spannzeiten zu verzeichnen.

Die **Mitnehmernut** am Ende des Steilkegelschafts nach DIN 2080 führt zu einer zusätzlich **formschlüssigen Verbindung**. Hierdurch werden ruckartige Bewegungen aufgefangen. Der Steilkegelschaft nach DIN 69871 wird mit einer Ringnut ausgeführt. Hierdurch kann ein sicheres Greifen des Werkzeugs für den automatisierten Werkzeugwechsel erfolgen.

Eine weiter entwickelte Variante des Steilkegelschafts stellt der **Hohlschaftkegel (HSK)** dar **(Bild 4)**. Mit seinem Einsatz kann ein einfacher und schneller Werkzeugwechsel automatisiert ausgeführt werden. Im unteren Teil von **Bild 4** wird die **Funktionsweise des Hohlschaftkegels** verdeutlicht. Dieser ist am Außendurchmesser kegelförmig ausgeführt. In der Innenbohrung des Hohlschaftkegels befindet sich eine schrägwandige Nut.

Die Spindel ist mit einer **Kegelaufnahme**, einem **Schieber** und einem **Spannkeil** versehen. Vor der Einspannung befindet sich der Spannkeil flach auf dem Schieber. Wird der Schieber zur Spindelseite (**im Bild** nach rechts) angezogen, so drückt er den Spannkeil in die innen liegende Nut des Hohlschaftkegels. Hierdurch wird der Hohlschaftkegel axial an die Spindel gedrückt. Es erfolgt eine kraftschlüssige Verbindung an den kegeligen Anlageflächen. Zusätzlich wird eine formschlüssige Verbindung durch die stirnseitige Mitnehmernut gewährleistet.

Der Hohlschaftkegel ist besonders für hohe Drehzahlen geeignet, da durch die **Zentrifugalkraft** der Spannkeil weiter nach außen gedrückt wird und sich somit die Spannkraft erhöht.

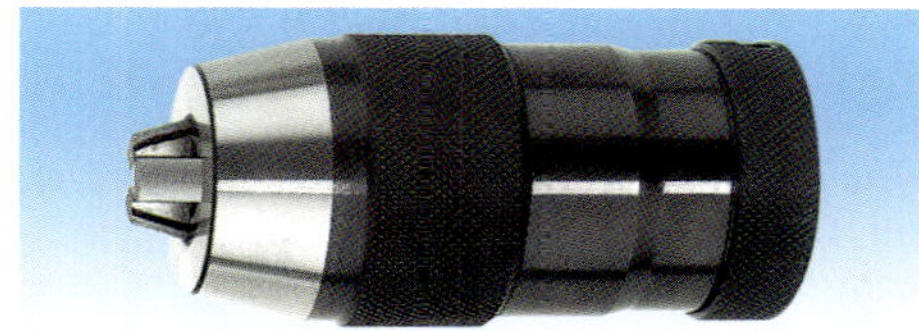

1 **Schnellspann-Bohrfutter**

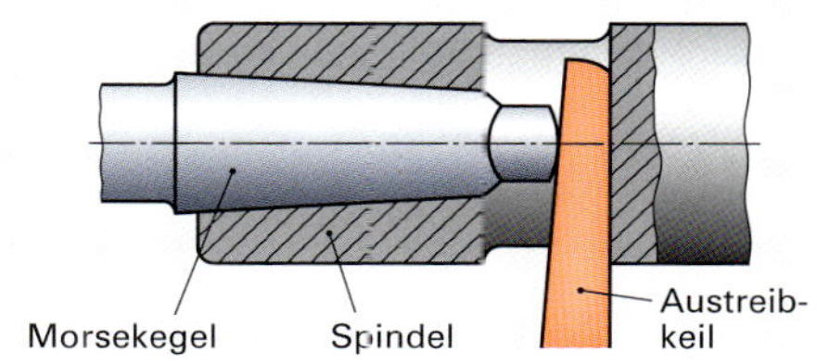

2 **Morsekegel mit Austreibkeil**

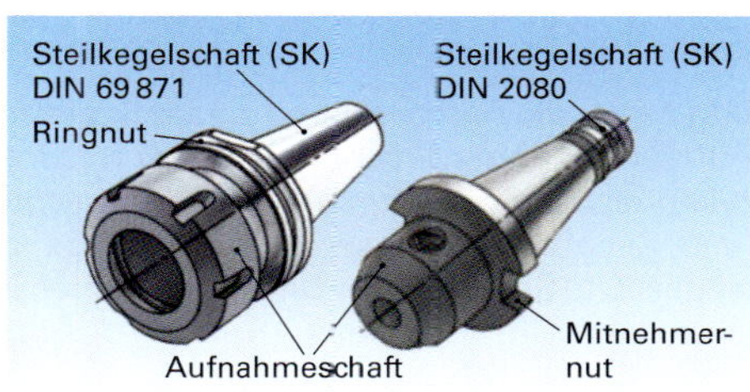

3 **Werkzeugaufnahmen mit Steilkegelschaft**

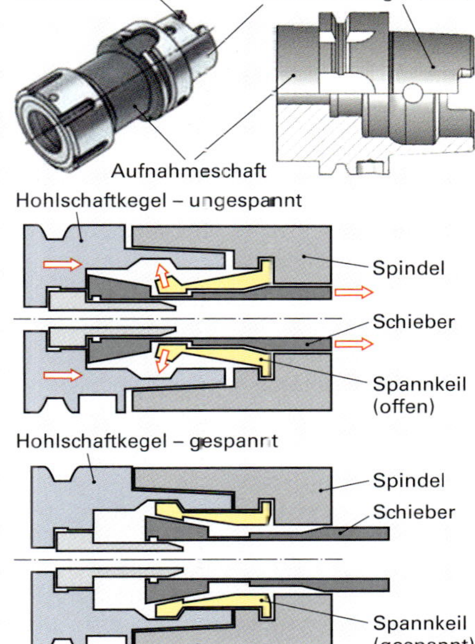

4 **Hohlschaftkegel (DIN 69063)**

Mit dem **Polygonschaft (Bild 1)** findet eine formschlüssige Verbindung zwischen der Spindelaufnahme und dem Werkzeughalter statt. Diese Verbindung ermöglicht ein schnelles und automatisiertes Wechseln der Werkzeughalter. Die axiale Sicherung des Polygonschafts gegen das Herausrutschen wird über einen seitlich eingesetzten Stift durchgeführt, der sich mit dem Spannvorgang in die Bohrung des Schafts setzt.

In der Innenbohrung des Polygonschafts können sich **Kühlwasserbohrungen** befinden. Hierdurch kann das Kühlwasser direkt über die Spindel durch den Polygon- und Aufnahmeschaft zum Werkzeug gelangen. Das Kühlwasser wird dann am Außendurchmesser des Werkzeuges und bei Vorhandensein einer Kühlwasserbohrung im Werkzeug auch direkt zur Schneide geführt.

Sowohl beim Kegelschaft als auch beim Polygonschaft befindet sich am gegenüberliegenden Ende der Aufnahmeschaft mit der jeweils ausgeführten Aufnahme für das Werkzeug.

Bild 2 zeigt die Aufnahme mit einem Spannfutter. Mit dieser Aufnahme können Fräser und Bohrer mit unterschiedlichen zylindrischen Schaftdurchmessern eingespannt werden. Je nach Schaftdurchmesser des Werkzeugs muss das innen eingesetzte **Spannzangenfutter** ausgewechselt werden. Das Werkzeug wird durch das Anziehen der Spannmutter mit einem **Hakenschlüssel** gespannt.

Zur Aufnahme des Messerkopfs oder eines Walzenfräsers dient die in **Bild 3** dargestellte Aufnahme mit dem **Aufsteckfräsdorn**. Hierbei wird der Fräser auf den Dorn geschoben und mit der Anzugsschraube axial gesichert. Die formschlüssige Kraftübertragung erfolgt über Nutsteine, die sich an der Stirnseite der Aufnahme befinden. An dem Fräser befindet sich die entsprechende Quernut, in der die Nutsteine eingesetzt werden.

Messerköpfe mit einem kleineren Durchmesser werden, wie in **Bild 4** verdeutlicht, direkt auf den **Gewindedorn der Aufnahme** geschraubt. Entsprechende Werkzeuge werden als **Einschraubfräser** bezeichnet.

Die axiale Sicherung des eingesetzten Bohrers oder Fräsers erfolgt über die seitliche **Klemmschraube**. Im Gegensatz zum Spannzangenfutter können bei der Zylinderschaftaufnahme hohe Drehzahlen eingestellt werden. Die Kraftübertragung ist bei dieser Aufnahme kraftschlüssig durch die Reibungskräfte zwischen der Aufnahme und dem Werkzeug gegeben.

Der Einsatz eines Gewindebohrers ist über die in **Bild 5** gezeigte Aufnahme möglich. In dieser **Gewindebohreraufnahme** sind eine **Rutschkupplung** und ein **Längenausgleich** eingearbeitet. Der Gewindebohrer wird mit seinem zylindrischen Schaft in die Bohrung der Aufnahme eingesetzt und mit den seitlichen Klemmschrauben fixiert.

Mit der Rutschkupplung kann das maximal genutzte Drehmoment für den Gewindebohrer eingestellt werden. Übersteigt das Drehmoment z.B. durch ein Verklemmen des Bohrers den eingestellten Wert, so rutscht die Kupplung automatisch durch. Gleichzeitig wird über den Längenausgleich ein Bruch des Bohrers vermieden. Die Gewindebohreraufnahme ist nur für Werkzeugmaschinen mit **Drehrichtungsumkehr** geeignet.

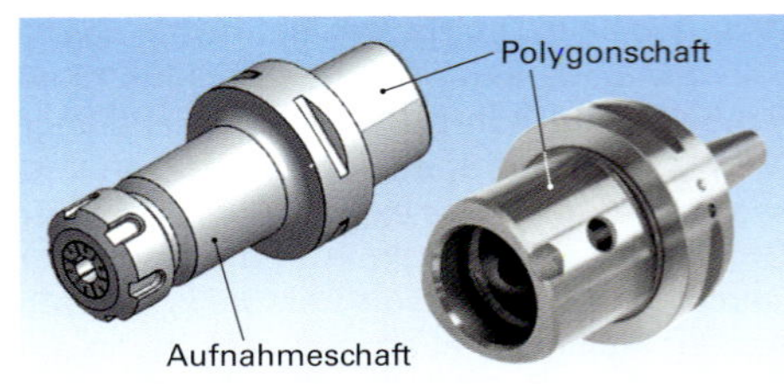

1 Polygonschaft

2 Aufnahme mit Spannzangenfutter

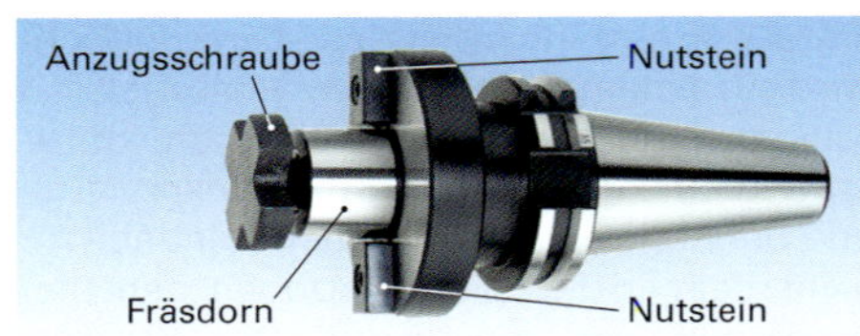

3 Aufnahme mit Aufsteckfräsdorn

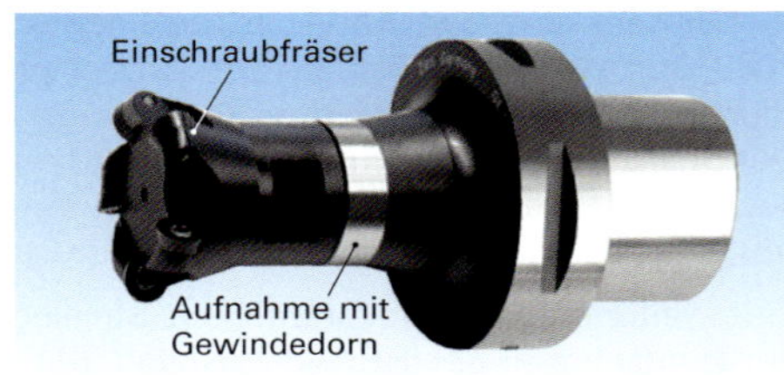

4 Aufnahme für Einschraubfräser

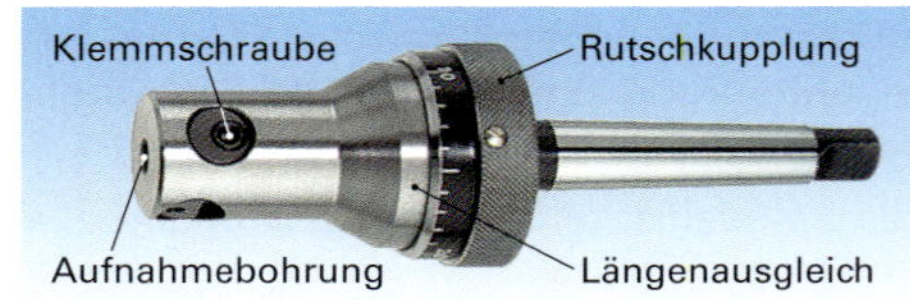

5 Gewindebohreraufnahme

Kraftspannfutter. Bei Kraftspannsystemen wird das Drehmoment durch die Reibung zwischen Werkzeugaufnahmebohrung und Werkzeugschaft übertragen. Im Ursprungszustand ist die Werkzeugaufnahmebohrung nicht exakt rund, sondern entspricht einem verrundetem gleichseitigem Dreieck (Polygon). Durch das Aufbringen von drei definierten Radialkräften mittels einer hydraulischen Spannvorrichtung wird die Aufnahmebohrung im Spannfutter kreisrund verformt.

Nach dem Fügen des Werkzeugs wird das Spannmittel entlastet und die Aufnahmebohrung versucht sich wieder in die ursprüngliche Polygonform elastisch zurückzuverformen. Dadurch wird der zylindrische Werkzeugschaft ausschließlich über die Rückstellkräfte des Werkstoffs gespannt **(Bild 1)**.

Das Kraftspannfutter ist komplett aus einem Stück und kommt ohne zusätzliche mechanische Teile aus. Der Spannvorgang unterliegt keinem Verschleiß und garantiert dem Anwender Rundlaufgenauigkeiten von < 0,003 mm **(Bild 2)**. Die übertragbaren Drehmomente liegen im Bereich des Warm-Schrumpffutters bzw. der Hydrodehnspanntechnik.

Hydrodehnspannfutter. Bei der Hydrodehnspanntechnik wird das physikalische Prinzip der gleichmäßigen Druckverteilung in Flüssigkeiten, die sich in einem eingeschlossenen Kammersystem befinden, hier Hydrauliköl, technisch angewendet **(Bild 3)**. Über eine Spannschraube mit Anschlag wird ein Kolben betätigt. Dadurch steigt der Druck des Hydrauliköls im Kammersystem des Spannfutters an und verformt eine dünnwandige Dehnbüchse in der Werkzeugaufnahmebohrung.

Die Membrane der Dehnbüchse verformt sich auf der ganzen Länge gleichmäßig, zylindrisch und zentrisch zur Mittelachse der Aufnahmebohrung. Nach der Druckentlastung geht die Dehnbüchse wieder in ihren Ausgangsdurchmesser zurück. Durch die schwingungsdämpfenden Eigenschaften des Öls, werden Schwingungen während des Bearbeitungsprozesses gedämpft. Dadurch werden Mikroausbrüche an der Werkzeugschneide verringert. Die Standzeit des Werkzeugs und die Oberflächengüte des Werkstücks werden verbessert.

Die HSC-Bearbeitung erfordert eine besondere Werkzeugspanntechnik

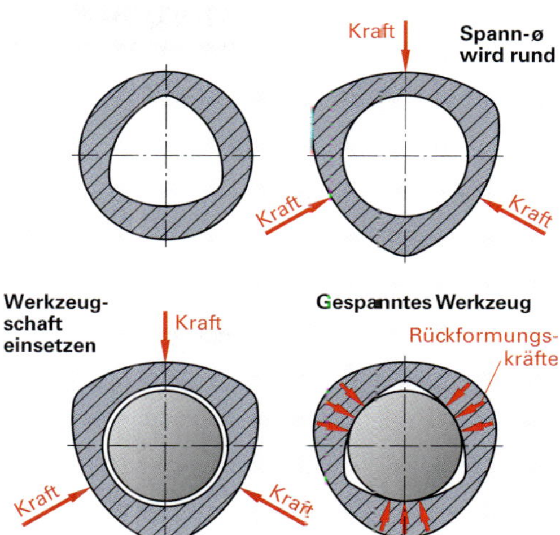

1 **Kraftspanntechnik**

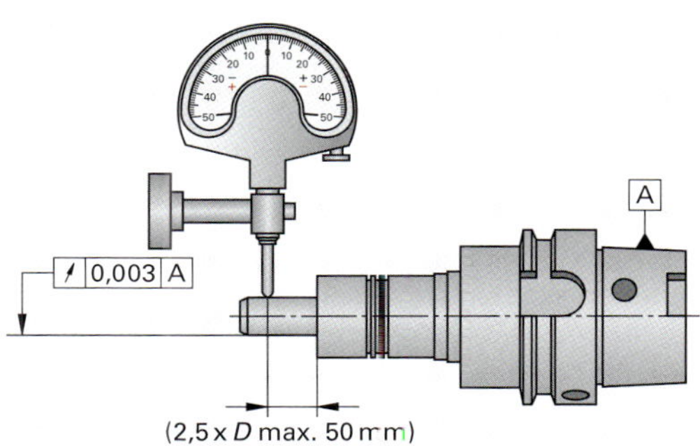

2 **Messung der Rundlaufgenauigkeit**

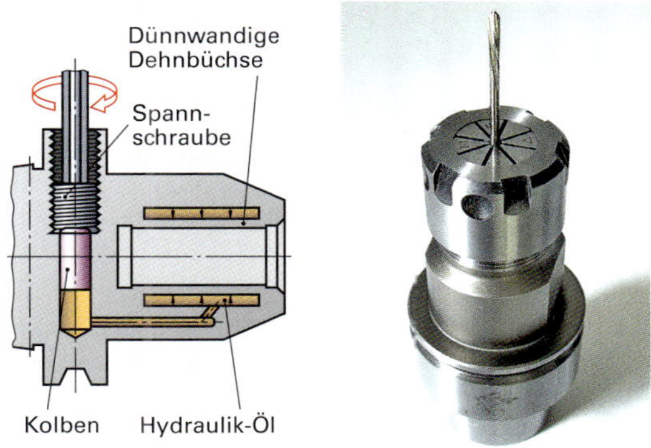

3 **Hydrodehnspannfutter**

4 **Spannzangen-Spannfutter**

Spannfutter mit Spannzangensystem

Hochgeschwindigkeitstaugliche Spannzangenfutter **(Bild 4)** werden mit speziellen Spannmuttern ausgerüstet, die bei den hohen Rotationsfrequenzen bzw. abrupten Geschwindigkeitsänderungen gegen selbstständiges Lösen gesichert sind. Durch die Vielzahl der mechanischen Bauteile im Innern des Spannfutters bauen Spannzangenfutter im Vergleich zu der Hydrodehnspannzangentechnik bzw. Schrumpfspanntechnik relativ breit und schwer.

Die entstehenden Störkonturen sind beim Eintauchen in tiefe Kavitäten des Werkstücks oft hinderlich. Die Radialsteifigkeit und die übertragbaren Drehmomente (je nach Einspanntiefe und Werkzeugdurchmesser bis zu 3000 Nm) sind aufgrund des stabilen Konstruktionsprinzips sehr hoch **(Bild 1)**.

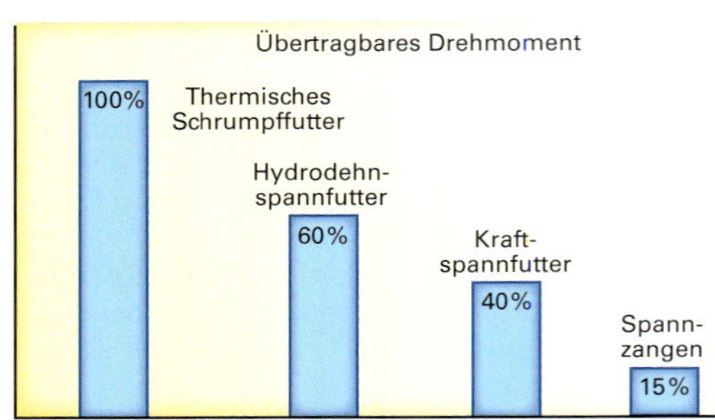

1 Übertragbare Drehmomente im Vergleich

Hohlschaftkegel (HSK). Beim Hochschaftkegel handelt es sich um ein Spannmittel mit kegliger Außenkontur (1:10), das im Inneren hohl ist **(Bild 2)**. Es hat bei der spanenden Bearbeitung eine weite Verbreitung gefunden. Bei modernen Bearbeitungszentren wird die HSK-Schnittstelle gegenüber dem Steilkegel aufgrund verschiedener Vorteile bevorzugt eingesetzt:

- Steifigkeit (durch Plananlage) 5 bis 7 mal höher als bei Steilkegel (SK)-Aufnahmen,
- Eignung für hohe Drehzahlen,
- hohe Wechselgenauigkeit und exakte Positionierung durch Plananlage,
- kein Abzugsbolzen,
- schnellerer Werkzeugwechsel durch kürzere Baulängen,
- hohe Drehmomentübertragung.

Die Drehmomentübertragung wird formschlüssig über zwei gleichbreite und unterschiedlich tiefe Mitnehmernuten am Schaftende und kraftschlüssig durch das Übermaß zwischen Aufnahme und Spindel realisiert. Die Plananlage dient zur axialen Fixierung der HSK-Schnittstelle an der Aufnahme und zum Steifigkeitsgewinn bei der Biegebelastung. Der kegelige Hohlschaft fixiert die Schnittstelle radial und bietet Platz für das innenliegende Spannsystem. Der Bunddurchmesser bestimmt die HSK-Größe (z.B. HSK 63).

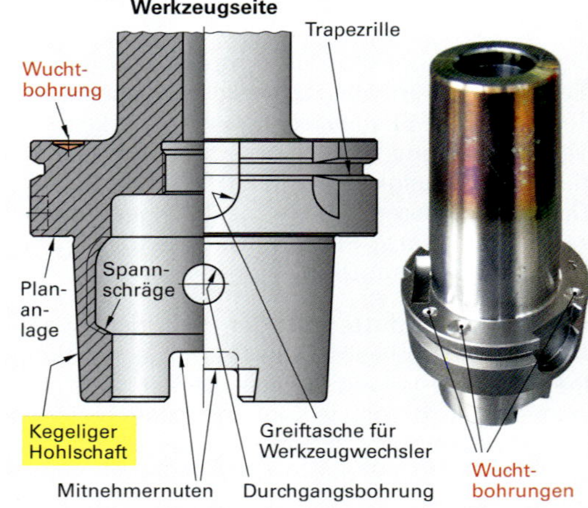

2 HSK-Werkzeugaufnahme

Warmschrumpffutter. Schrumpffutter sind einteilige Werkzeugaufnahmen mit hochgenauer zentrischer Aufnahmebohrung. Die rotationssymmetrische Bauform des Spannfutters erreicht durch eine gleichmäßige Massenverteilung höchste Wuchtgüten.

Da der Werkzeugschaft in der Aufnahmebohrung ohne bewegliche Teile bzw. Zwischenelemente direkt gespannt wird, verfügen Schrumpffutter über eine hohe Radialsteifigkeit und können hohe Drehmomente sicher übertragen.

Beim thermischen Schrumpfspannen wird das Spannfutter entweder mit Heißluft oder induktiv auf etwa 200 °C bis 400 °C erwärmt **(Bild 3)**. Hierbei vergrößert sich der Durchmesser der Aufnahmebohrung im Futter und das Werkzeug kann gefügt werden. Zum Lösen des Werkzeugschaftes macht man sich das unterschiedliche Ausdehnungsverhalten der verschiedenen metallischen Werkstoffe zunutze.

3 Warmschrumpfeinrichtung

Werkstückspanntechnik

Während der Bearbeitung muss das Werkstück auf der Werkzeugmaschine in einer möglichst starren Lage auf dem Maschinenschlitten bzw. -tisch eingespannt sein. Das Werkstück darf sich durch die Spanneinheit nicht verspannen. Die Bearbeitungskräfte müssen von der Spanneinheit aufgenommen werden und die Oberfläche des Werkstücks darf nicht beschädigt werden.

Zum Spannen können mechanische, hydraulische, magnetische oder Vakuum-Spannmittel verwendet werden.

Mechanische Spannmittel

Im Unterschied zu den Spanneinheiten an Drehmaschinen (z. B. Drehmaschinenfutter) besteht die Spanneinheit der Fräsmaschine oft aus einzelnen Bauteilen, die in einem kompletten Baukastensystem in verschiedenen Größen zusammengefasst sind. Der Baukasten kann unterschiedliche Spannpratzen, Spannunterlagen und Spannschrauben enthalten.

Bei der **Spannpratze mit Treppenbock** hat die Spannpratze die Aufgabe, die Spannkraft über das Werkstück auf den Maschinenschlitten bzw. -tisch zu übertragen. Der Treppenbock bildet hierbei ein gestuftes Gegenstück zum Werkstück **(Bild 1)**. Ist die Spannpratze auch mit einer Treppenstufe versehen, kann eine feiner gestufte Höheneinstellung erfolgen.

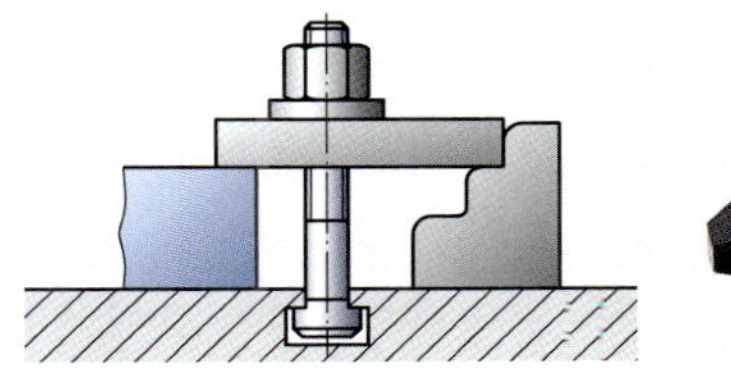

1 Spannpratze mit Treppenbock

Für feinere Abstufungen ist die in **Bild 2** dargestellte **Spannpratze ohne Treppenstufe mit verstellbarer Spannunterlage** geeignet. Die Höheneinstellung der Spannunterlage wird durch zwei fein gestufte Keile erreicht, die aufeinander versetzt werden können. Als verstellbare Spannunterlagen sind verschiedene Größen aus einem Baukastensystem einzusetzen.

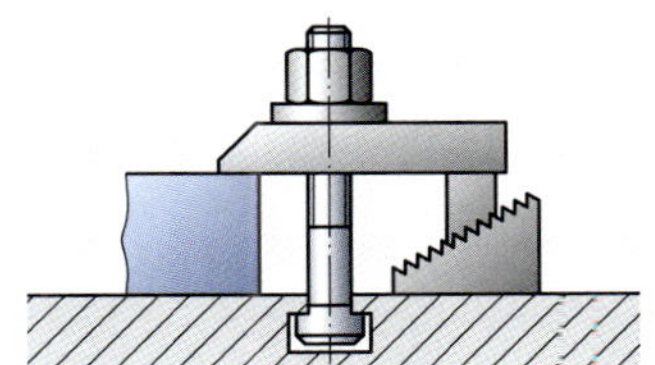

2 Spannpratze mit verstellbarer Spannunterlage

Eine **stufenlose Verstellung** kann mit der in **Bild 3** gezeigten Spannpratze mit Schraubbock ausgeführt werden. Der Schraubbock kann über eine Schraube in seiner Höhe genau eingestellt werden. Durch die stufenlose Verstellung der Spannunterlage kann die Höhe der Spannpratze genau an das Werkstück angepasst werden. Je nach Ausführung kann die Spannpratze gekröpft oder flach geformt sein.

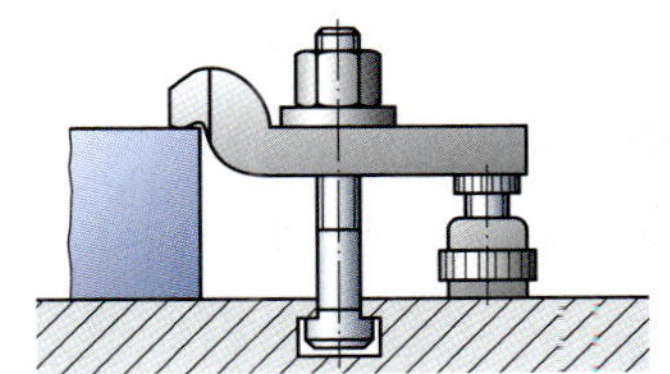

3 Spannpratze mit Schraubbock

Ein direktes Spannen ohne Spannunterlage wird durch die Spannschraube mit **Kugelscheibe** und **Kugelpfanne** ermöglicht **(Bild 4)**. Hierbei befinden sich die Spannschrauben in bereits eingearbeiteten Bohrungen des Werkstücks. Die Kugelpfanne und die Kugelscheibe dienen zum Ausgleich von Schrägen und Unebenheiten auf der Werkstückoberfläche.

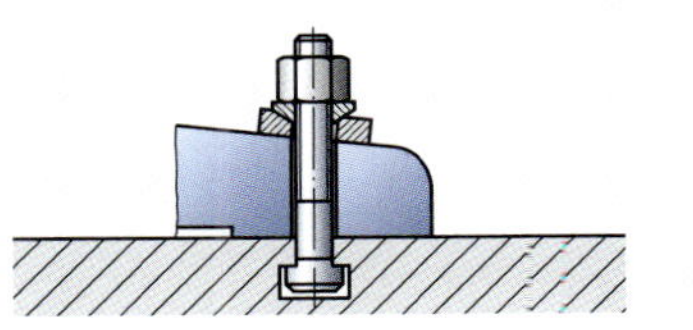

4 Spannschraube mit Kugelscheibe und Kugelpfanne

Bei großen Stückzahlen ist ein schnelles Spannen des Werkstücks erforderlich. Hierbei kann die in **Bild 5** dargestellte Schnellspannpratze verwendet werden. Schnellspannpratzen haben keine losen Teile und können daher mit wenigen Handgriffen eingerichtet werden. Weitere Vorteile der Schnellspannpratze sind der geringe Platzbedarf und die schnelle Anpassung der Spannpratze auf die jeweilige Werkstückhöhe.

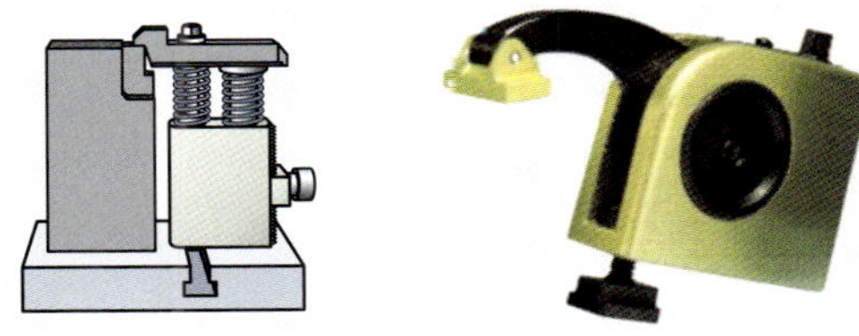

5 Schnellspannpratze

Bild 1 zeigt den Einsatz einer **Tiefenspannbacke**. Durch dieses Spannelement können niedrige Werkstücke gespannt werden. Der Einsatz einer Tiefenspannbacke ermöglicht ein völliges Freihalten der zu bearbeitenden Oberfläche. Die Tiefenspannbacke wird im gelösten Zustand an das Werkstück angelegt und auf dem Maschinenschlitten befestigt. Durch das Anziehen der seitlichen Backenschraube kann das Werkstück gespannt werden.

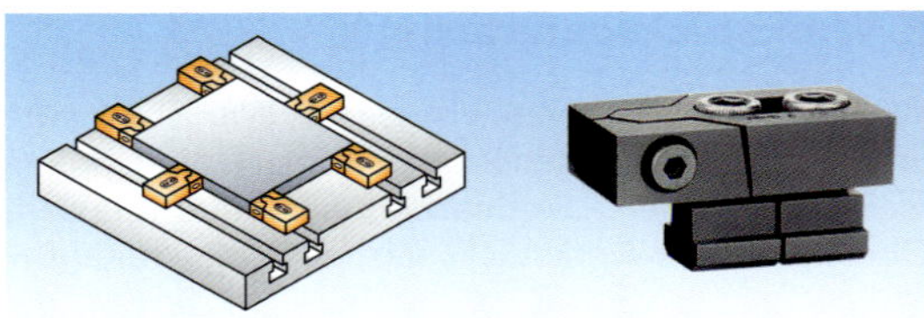

1 Tiefenspannbacke

Der **Maschinenschraubstock (Bild 2)** wird zum Spannen kleinerer Werkstücke verwendet. Als Universal-Maschinenschraubstock kann er je nach Bearbeitungsvorgang geschwenkt und gedreht werden. Wird die feste Backe des Schraubstocks parallel zur Maschinentischführung ausgerichtet, kann die Einrichtarbeit des Spannens wesentlich erleichtert werden.

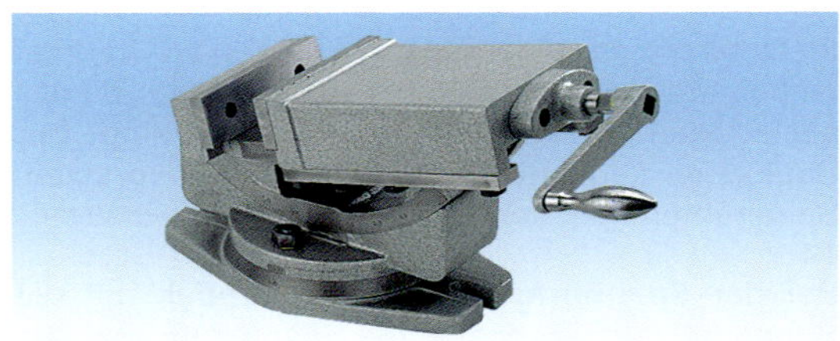

2 Maschinenschraubstock

Mit dem **Präzisions-Maschinenschraubstock (Bild 3)** können flache Werkstücke genau eingespannt werden. Der Schraubstock ist modular aufgebaut, d.h. sämtliche Bauelemente sind austauschbar und können somit für die jeweilige Spannaufgabe angepasst werden. Durch die kompakte Bauweise hat der Präzisions-Maschinenschraubstock eine hohe Steifigkeit.

3 Präzisions-Maschinenschraubstock

Der **Doppel-Maschinenschraubstock (Bild 4)** ermöglicht das parallele Einspannen von zwei Werkstücken. In der Mitte des Schraubstocks befindet sich eine feste Spannbacke. Die Spannbacken an den Enden des Schraubstocks werden gleichzeitig durch die Hebeldrehung zueinander bewegt und ermöglichen ein paralleles Spannen der Werkstücke.

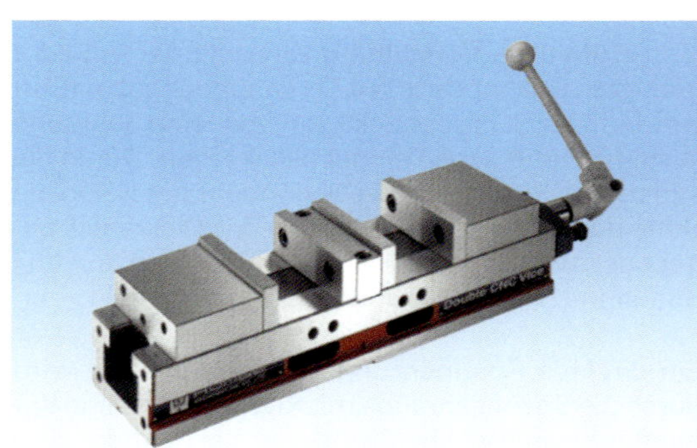

4 Doppel-Maschinenschraubstock

Der in **Bild 5** gezeigt **CNC-Maschinenschraubstock** ist besonders für das Einspannen von unterschiedlichen Werkstückgrößen beim Einsatz von CNC-Fräsmaschinen geeignet. Die hintere Spannbacke ist bei diesem Schraubstock fest angeordnet. Mit dem seitlichen Steckbolzen kann die vordere lose Spannbacke (im **Bild 5** rechts) verschoben und somit auf die Werkstückgröße angepasst werden. Der Spannvorgang wird beim CNC-Maschinenschraubstock hydraulisch ausgeführt. Durch die Kombination zwischen Steckbolzen und hydraulischer Bewegung der losen Backe wird von einer **mechanisch-hydraulischen Ausführung** gesprochen.

Je nach Werkstückgeometrie können die einzelnen Backen oder die gesamte Spannbackeneinheit ausgetauscht werden. Auf der Oberseite der festen und der beweglichen Spannbacke befinden sich Nuten und Gewindebohrungen. Dies ermöglicht eine Befestigung von Aufsatzbacken, mit denen der Spannbereich des Schraubstocks erweitert werden kann.

Mit den seitlichen Richtnuten kann der CNC-Maschinenschraubstock auf dem Nutentisch der Werkzeugmaschine sehr präzise positioniert werden.

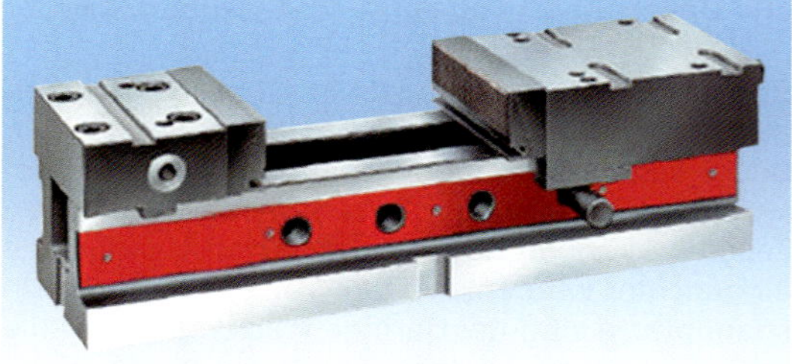

5 CNC-Maschinenschraubstock

Der **Spannwürfel (Bild 1)** ermöglicht ein gleichzeitiges Einspannen von vier Werkstücken. Der Spannwürfel besteht aus einer Grundplatte und einer Tragsäule, an der vier gleichartige Maschinenschraubstöcke senkrecht befestigt sind. Wegen der senkrechten Lage können bei diesem Spannmittel die vier Werkstücke nur in vertikaler Richtung bearbeitet werden.

Alternativ zum Spannwürfel können **modulare Vorrichtungselemente (Bild 1)** verwendet werden. Sie dienen zum schnellen und genauen Spannen von Werkstücken und bieten einen flexiblen Einsatz für die unterschiedlichsten Spannaufgaben. Das Bohrungssystem besteht aus Gewindebohrungen. Werkstücke können hierbei beliebig angeschraubt oder durch Spannelemente befestigt werden.

Mit dem **CNC-Rundtisch (Bild 2)** können Winkelschrittbewegungen ausgeführt werden. Hierdurch wird die Bearbeitung eines Werkstückes von verschiedenen Seiten in einer Aufspannung ermöglicht. Der CNC-Rundtisch ist in horizontaler oder vertikaler Richtung einsetzbar.

Mit dem **Universal-Teilapparat (Bild 3)** erfolgt die Drehung des Werkstückes manuell. Der Antrieb des Teilapparates kann auch durch den Maschinentisch erreicht werden. Mit dem Teilapparat können Werkstücke gespannt werden, die z.B. am Umfang verteilte oder kreisförmige An- oder Ausfräsungen (Sechskant, Keilwelle u.a.) erhalten sollen. Durch den Universal-Teilapparat besteht die Möglichkeit, direktes und indirektes Teilen sowie Differentialteilen durchzuführen.

Das **direkte Teilen** erfolgt über eine 24er-Raster-Teilscheibe. Hierbei wird das Werkstück direkt ohne ein zwischengeschaltetes Getriebe angetrieben.

Beim **indirekten Teilen** wird die Drehung des Werkstückes über ein Schneckengetriebe ermöglicht. Angetrieben wird das Werkstück mit einer Kurbel, hinter der sich eine auswechselbare Lochscheibe befindet.

Beim **Differentialteilen** können über die Wechselräder Teilungen vorgenommen werden, für die keine Lochscheiben vorhanden sind.

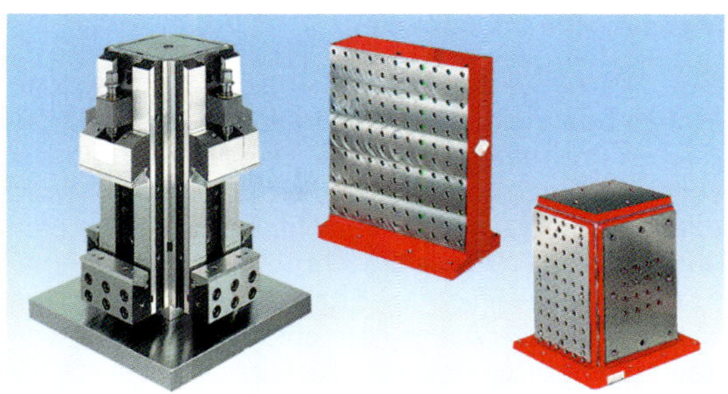

1 **Spannwürfel und modulare Vorrichtungselemente**

2 **CNC-Rundtisch**

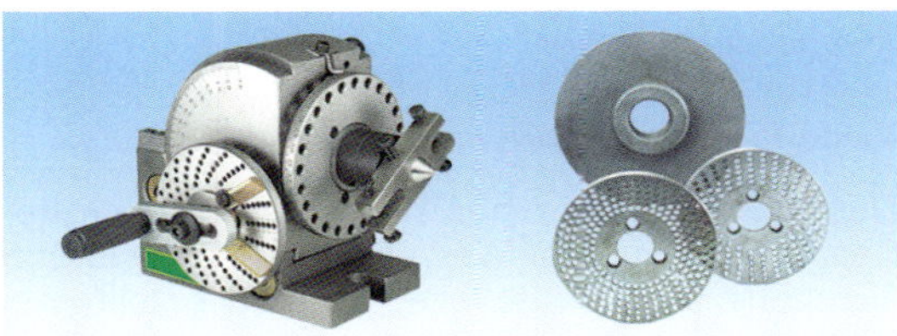

3 **Universal-Teileapparat**

4 **Hydraulischer Kompaktspanner**

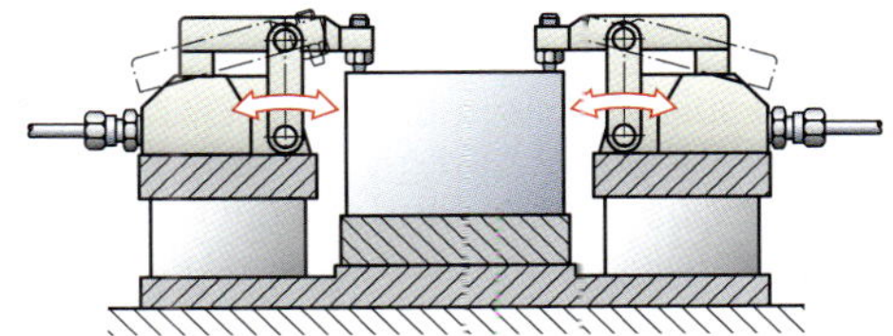

5 **Hydraulische Spannpratzen**

Hydraulische Spannmittel

Da das mechanische Spannen von Werkstücken hohe Nebenzeiten erfordert, werden in der Serienfertigung häufig hydraulische Spanneinrichtungen verwendet. Durch den Einsatz eines **hydraulischen Kompaktspanners (Bild 4)** können sehr hohe Spannkräfte schnell erreicht werden. Der hydraulische Kompaktspanner bietet durch die schnelle Bewegung der Spannbacken den Vorteil, dass die Werkstücke in einer kurzen Zeit gespannt werden können.

Hydraulische Spannpratzen (Bild 5) werden direkt am Maschinentisch befestigt. Über Steuerventile können sehr große Spannkräfte auf das Werkstück ausgeübt werden. Hydraulische Spannpratzen schwenken sich nach Betätigung direkt über die Spannstelle und pressen das Werkstück an den Schlitten.

Magnetische Spannmittel

Eine Alternative zu den mechanischen und hydraulischen Spanneinrichtungen bieten die in **Bild 1** gezeigten **Permanentmagnete**. Das Magnetfeld der aufgeführten Spannplatte und des Spannblocks wird durch ein mechanisches Verschieben des Magneten unterbrochen. Durch die Kombination der Legierungselemente Neodym, Eisen und Bor werden zurzeit die stärksten Dauermagnete hergestellt. Es werden Haltekräfte bis zu 180 N/cm² erreicht. Diese Magnete können auch bei der Zerspanung mit hohen Bearbeitungskräften eingesetzt werden.

Bei den **Elektromagneten (Bild 2)** wird das Magnetfeld über eine Spule und einen Eisenkern mittels eines hohen Stromflusses aufgebaut. Die Größe des Magnetfeldes kann über den Stromfluss gesteuert werden. Durch den Widerstand des Stromleiters kann sich der Elektromagnet aufwärmen. Um die Wärmeentwicklung zu verringern, werden daher häufig Elektromagnete mit dem gleichzeitigen Einbau von Permanentmagneten kombiniert. Der Eisenkern des Elektromagneten muss nach der Bearbeitung mit einer entsprechenden Steuerung entmagnetisiert werden.

Vakuum-Spannmittel

Durch die Bildung eines Vakuums zwischen der Spannplatte und der Werkstückoberfläche lassen sich hohe Spannkräfte erzeugen. **Bild 3** stellt zwei Prinzipien von Vakuum-Spannplatten dar. Bei der **Vakuum-Raster-Spannplatte** wird das Vakuum zwischen den Rasterflächen erzeugt. Je nach Größe des Werkstückes wird die nicht verwendete Spannfläche mit Dichtschnüren in den Rasterschlitzen abgedichtet. Das Werkstück wird auf die Dichtschnüre gelegt, wobei sich an der Spannfläche keine Schnüre befinden.

Bei der **Vakuum-Schlitz-Spannplatte** wird das Vakuum in den Längsschlitzen erzeugt. Zum Spannen muss die Werkstückspannfläche die gesamte Platte überdecken. Ist das Werkstück kleiner als die Spannplatte, können Abdeckmatten eingesetzt werden. Die Werkstückspannfläche muss beim Einsatz dieses Spannmittels eben und glatt sein. Die Vakuum-Schlitz-Spannplatte wird bei leichten Zerspanungsarbeiten (Gravieren, Bohren von Leiterplatinen u.a.) eingesetzt. Hierbei können sehr kleine Werkstücke mit komplizierten Werkstückformen gespannt werden.

Ausrichteinheit

Zum Ausrichten einer Spanneinheit (Schraubstock, Permanentmagnet u.a.) kann der **Sinustisch** eingesetzt werden. Der Sinustisch kann um die Längs- und Querachse geschwenkt werden. Unter jeder Platte befindet sich ein Endmaß. Der Neigungswinkel wird durch die Größe des Endmaßes nach dem Sinusprinzip berechnet **(Bild 4)**.

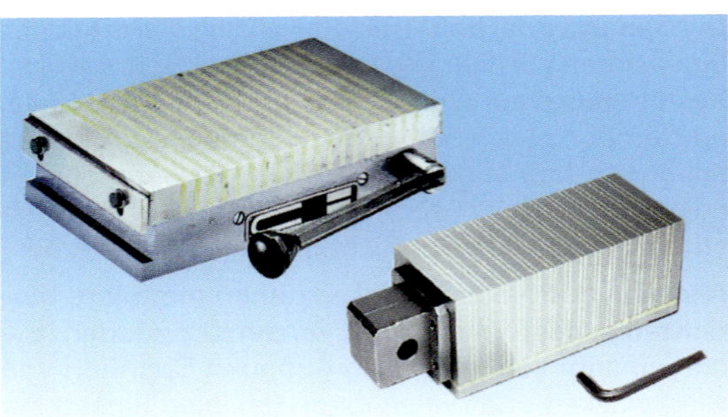

1 Permanentmagnete

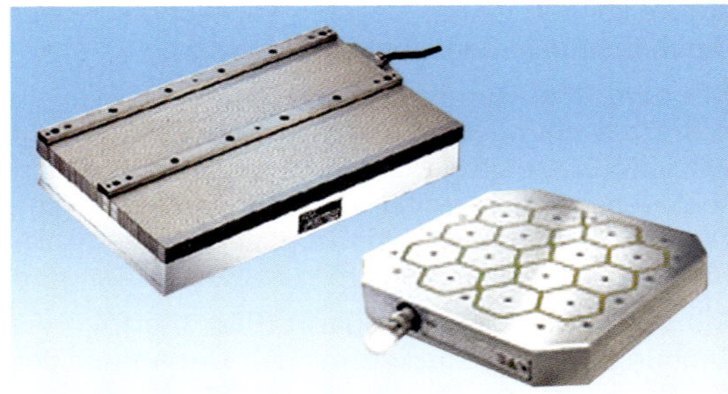

2 Elektromagnete

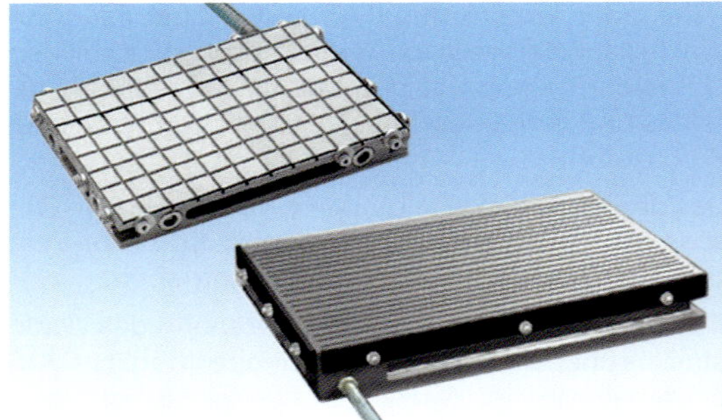

3 Vakuum-Spannplatte

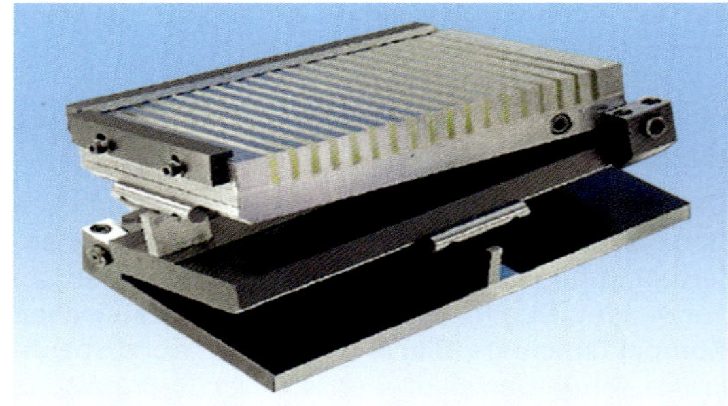

4 Sinustisch

Spannmittel zum Drehen

Der in **Bild 1** aufgeführte **Schnellwechselhalter** erlaubt ein Ausrichten des Drehmeißels außerhalb der Drehmaschine. Bei diesem Wechselhalter bleibt der Schaft des Drehmeißels im Schnellwechselhalter eingespannt und kommt beim Wiedereinspannen genau in die gleiche Lage, in der er vorher war. Das Einstellen des Drehmeißels auf die richtige Höhe erfolgt mithilfe einer Stellschraube. Für die Bearbeitung wird der Schnellwechselhalter auf den Stahlhalterkopf geschoben. Der **Stahlhalterkopf** befindet sich auf dem Werkzeugschlitten der Maschine. Durch die Betätigung des Spannhebels wird der Schnellwechselhalter gespannt. Zwischen dem Schnellwechselhalter und dem Stahlhalterkopf erfolgt eine formschlüssige Kraftübertragung.

Beim Einsatz von CNC-Drehmaschinen mit einem Werkzeugrevolver wird eine schnelle und hohe Wechselgenauigkeit für die Einspannung des Drehwerkzeugs gefordert. Der in **Bild 2** aufgeführte **VDI-Werkzeughalter nach DIN 69880** ermöglicht die genaue Positionierung des Werkzeughalters in die Aufnahme des Werkzeugrevolvers der Drehmaschine. Die Verbindung zum Werkzeugrevolver erfolgt hierbei formschlüssig.

Die Verwendung eines **Schaftdrehmeißels (Bild 2)** führt zu einer geringen Wechselgenauigkeit. Für eine genauere Fixierung des Werkzeugs eignet sich der Werkzeughalter mit einer **Polygonbuchse (Bild 3)**. Am Werkzeug oder an eine weitere Aufnahme für das Werkzeug befindet sich ein **Polygonschaft** (vgl. S. 405), durch den eine formschlüssige Verbindung mit dem Werkzeughalter erreicht wird. Der Polygonschaft wird axial durch eine seitliche Schraube in der Aufnahmebuchse gehalten.

Für den Einsatz automatischer Werkzeugwechselsysteme eignet sich besonders das **Schneidkopf-System**. Der auszuwechselnde Drehmeißel besteht hierbei nur noch aus einem kleinen Schneidkopf, der auf dem Werkzeughalter mittels einer Kupplung befestigt wird **(Bild 4)**.

Drehmaschinenfutter dienen zum raschen und zentrischen Spannen verschieden geformter Werkstücke. Bei zylindrischen Teilen (oder regelmäßig geformten 3-, 6- oder 12-kantigen Werkstücken) werden Drehmaschinenfutter mit drei Backen verwendet **(Bild 5)**. Bei formgenauen 4- oder 8-kantigen Werkstücken werden Vierbackenfutter eingesetzt. Der Spannvorgang erfolgt mechanisch **(Bild 5)**. An CNC-Drehmaschinen werden die Backen hydraulisch betätigt. Die Spannkraft des Drehmaschinenfutters muss groß genug sein, um das erforderliche Drehmoment übertragen zu können.

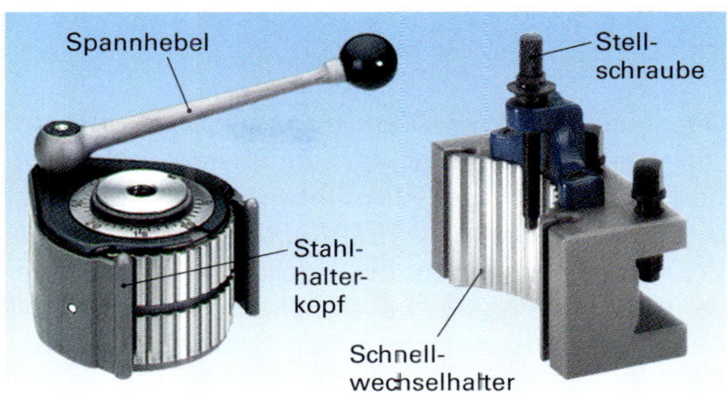

1 Stahlhalterkopf mit Schnellwechselhalter

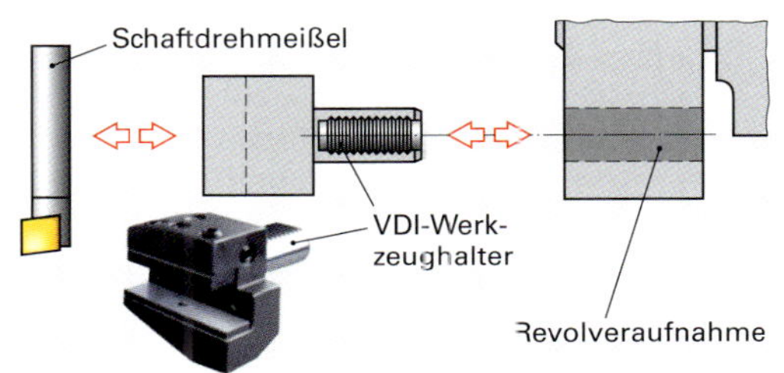

2 VDI-Werkzeughalter

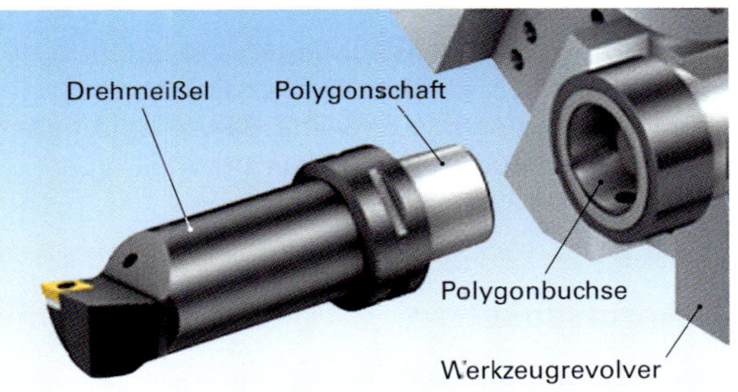

3 Werkzeughalter mit Polygonbuchse

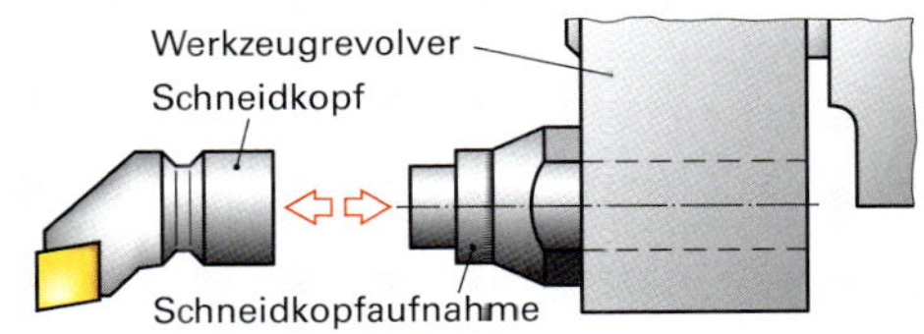

4 Schneidkopf-System

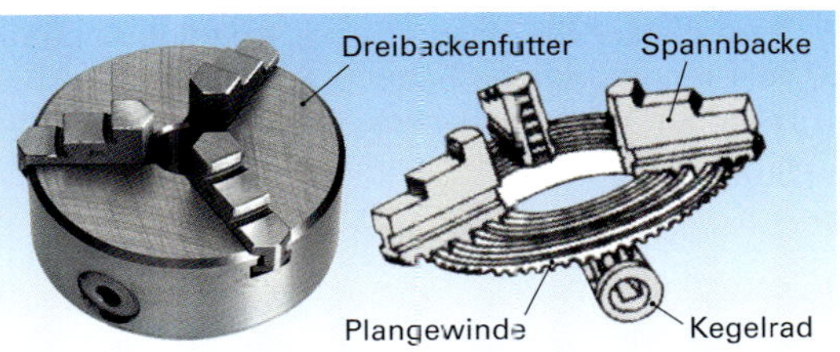

5 Drehmaschinenfutter

B5 ANSCHLAGMITTEL

Der Transport der Werkzeugmaschine und der schweren Gegenstände, die zum Rüsten der Maschine benötigt werden (Vorrichtungen, Spannmittel u.a.) erfolgt mit einem Hebezeug, z.B. einem Kran. Wo immer Lasten gehoben oder zum Transport bewegt werden, nutzt man **Anschlagmittel**. Sie sind die Verbindung zwischen dem Hebezeug und der Last.

> Unter dem Anschlagen von Lasten versteht man die sichere Befestigung von Lasten zum Heben und Transportieren. Die hierfür eingesetzten **Anschlagmittel** sind beim Einsatz eines Krans die Ketten, Seile, Hebebänder oder Rundschlingen. An ihnen können entsprechende **Lastaufnahmemittel** (z.B. Lasthaken, Schäkel u.a.) vorhanden sein.

Bild 1 zeigt eine Übersicht von unterschiedlichen Anschlagmitteln. Als **Anschlagketten** werden Rundstahlketten mit entsprechenden Güteklassen eingesetzt. Das **Anschlagseil** besteht aus einem Verbund von verdrehten Stahldrähten mit einer hohen Festigkeit.

Hebebänder und **Rundschlingen** bestehen in der Regel aus flach gewebten Chemiefasern. Rundschlingen sind endlos gewebte Bänder und haben häufig eine schützende Außenummantelung.

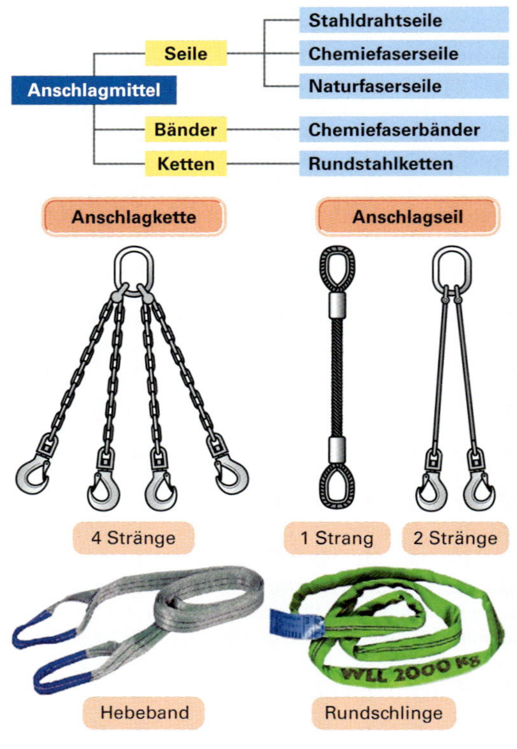

1 **Übersicht der Anschlagmittel**

Anschlagketten

Anschlagketten stellen die Verbindung zwischen dem Hebezeug und der Last dar. Sie müssen sowohl die Vorschriften der Berufsgenossenschaft zum Betreiben von Arbeitsmitteln (BGR 500) als auch die Anforderungen nach EN 814-4 erfüllen.

Anschlagketten dürfen nur zum Heben und Transportieren von Lasten eingesetzt werden. An allen Anschlagketten ist ein Kennzeichnungsanhänger montiert. Der in **Bild 2** gezeigte Anhänger wird für Ketten mit der Güteklasse 8 verwendet. Alle Anschlagketten mit dieser Güteklasse erhalten einen roten achteckigen Anhänger mit folgenden Angaben:

- Tragfähigkeit (bei einem Strang – direkte Angabe, bei mehrsträngigen Ketten – Angabe für den Bereich des Neigungswinkels,
- Strangzahl,
- Nenndicke der Kette in mm,
- Herstelldatum,
- Herstellerangabe,
- CE-Zeichen.

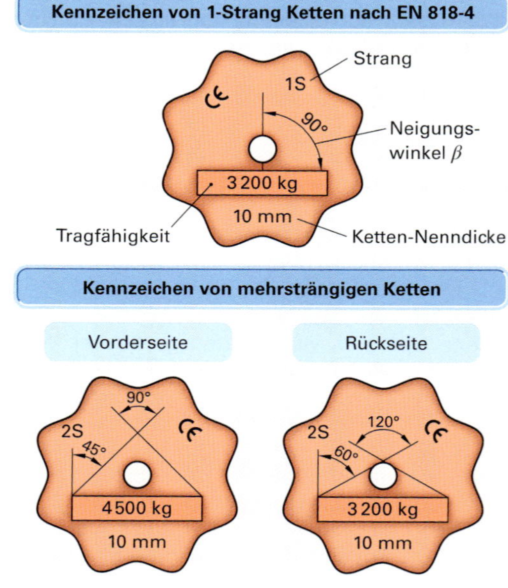

2 **Kennzeichnungsanhänger Güteklasse 8**

Bild 1 zeigt einen Überblick der Güteklassen von Anschlagketten. Die Anhänger der Güteklasse 10 sind nicht genormt. Die Farben und Formen der Anhänger dieser Sondergüteklasse werden vom Hersteller festgelegt.

Güteklasse	**2**	**5**	**8**	**Sondergüte**
Norm	DIN 32891	DIN 5687 Teil 1	DIN 5687 Teil 3 DIN EN 818	
Bruchspannung	250 N/mm²	500 N/mm²	800 N/mm²	> 940 N/mm²
Werkstoff DIN EN 10027	Unlegierter Baustahl	Edelstahl	Edelstahl	Ni 0,7% Cr 0,4% Mo 0,15%
Verhältnis von Tragfähigkeit zu Prüfkraft zu Bruchkraft	1 : 2 : 4		1 : 2,5 : 4	
Kennzeichnung Form und Farbe	farblos	grün	rot	pink

1 Kettennormen und Güteklassen

Tragfähigkeit von Anschlagketten

Die Auswahl der geeigneten Anschlagkette hängt von dem anstehenden Transport ab **(Bild 2)**. Sie müssen von ihrer Art und Länge sowie für die einzusetzende Befestigungsmethode an der Last geeignet sein. Durch eine falsche Auswahl kann ein Bruch der Anschlagkette verursacht werden.

2 Lastaufnahme

Anschlagketten dürfen niemals über ihre Tragfähigkeit hinaus belastet werden.

Je nach Lastaufnahme werden Anschlagketten mit einem bis vier Strängen eingesetzt **(Bild 3)**. Werden **mehrsträngige Anschlagketten** verwendet, wird die Tragfähigkeit in Abhängigkeit des Neigungswinkelbereichs von 0° bis 45° und von 45° bis 60° angegeben.

Ist eine **ungleichmäßige Lastverteilung** von 3 oder 4 Ketten vorhanden, darf nur die Tragfähigkeit einer 2-Strang-Anschlagkette zugrunde gelegt werden. Hierbei muss von dem größten Neigungswinkel ausgegangen werden. Bei einer ungleichmäßig belasteten 2-Strang-Kette **(Bild 4)** wird die Tragfähigkeit der 1-Strang-Kette genommen.

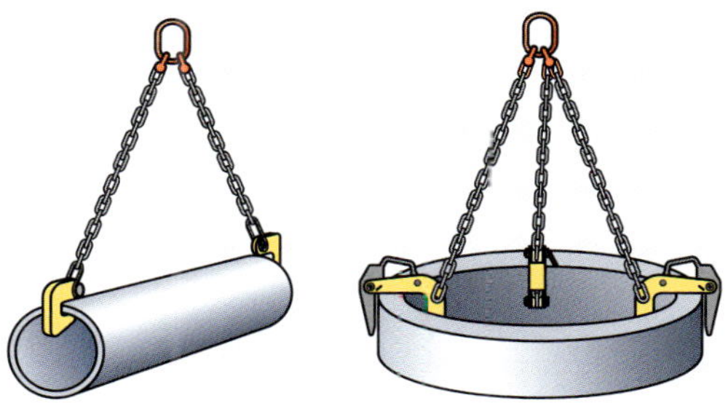

3 Lastaufnahme mit einer mehrsträngigen Anschlagkette

Neigungswinkel

Die Belastbarkeit wird dabei umso kleiner, je größer der Neigungswinkel wird. Daher muss bei größer werdendem Neigungswinkel ein stärkeres Anschlagmittel verwendet werden. Mit Neigungswinkel wird der Winkel bezeichnet, der gebildet wird aus der Richtung eines Stranges des Anschlagmittels und einer gedachten Lotrechten. Er lässt sich auch bei mehrsträngigen Seilen, Ketten oder Hebebändern gut messen, weil er von außen zugänglich ist (siehe Tabelle, nächste Seite).

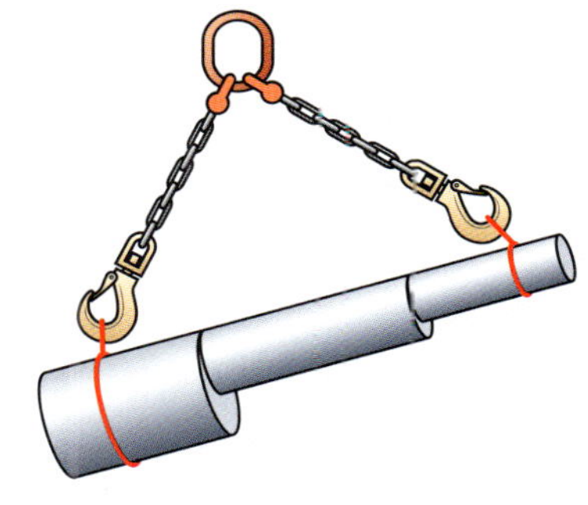

4 Lastaufnahme mit ungleichem Neigungswinkel

Neigungswinkel	Tragfähigkeit jedes Stranges im Zweistranggehänge	Tragfähigkeit des Zweistranggehänges
0°	100 %	2 × 1,0 (100 %)
bis 45°	70 %	2 × 0,7 (70 %)
45°…60°	50 %	2 × 0,5 (50 %)
über 60°	Verwendung unzulässig	

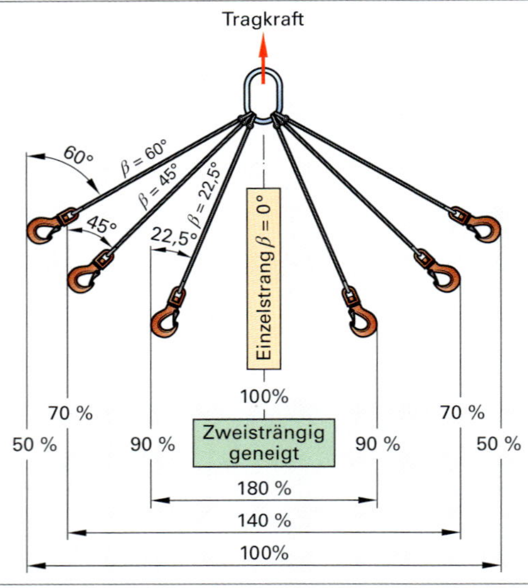

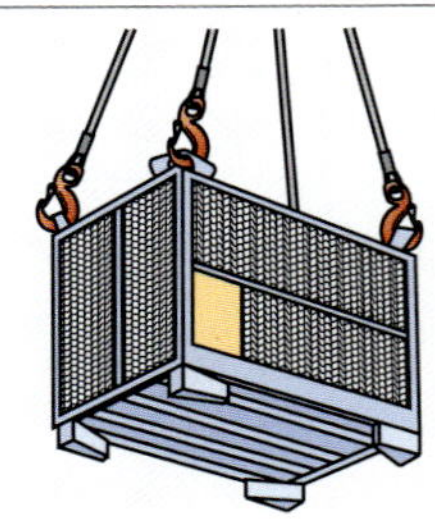

Beispiele:
Transportieren eines Werkstückkorbs

Anschlagmittel:
4 Stränge, Neigungswinkel $\beta = 45°$
Stahldrahtseil 12 mm mit Lasthaken
Gesucht: Maximal zulässige Last
Max. Tragfähigkeit m = **3200 kg**
Wegen ungleicher Lastverteilung im Korb werden nur 2 Stränge als tragend berücksichtigt:
$m = 2 \cdot 0{,}7 \cdot 1500$ kg = **2100 kg**

Nenngröße	**1-Strang direkt**	**2-Strang direkt**		**3- und 4-Strang direkt**		**endlos geschnürt**
	Neigungswinkel β					
(mm)	0°	bis 45°	45° bis 60°	bis 45°	45° bis 60°	0°
6	1.120	1.600	1.120	2.360	1.700	1.800
8	2.000	2.800	2.000	4.250	3.000	3.150
10	3.150	4.250	3.150	6.700	4.750	5.000
13	5.300	7.500	5.300	11.200	8.000	8.500
16	8.000	11.200	8.000	17.000	11.800	12.500
18	10.000	14.000	10.000	21.200	15.000	16.000
19	11.200	16.000	11.200	23.600	17.000	18.000
20	12.500	17.000	12.500	26.500	19.000	20.000
22	15.000	21.200	15.000	31.500	22.400	23.600
26	21.200	30.000	21.200	45.000	31.500	33.500
Anschlagfaktoren	1,0	1,4	1,0	2,1	1,5	1,6

1 Tragfähigkeit von hochfesten Anschlagketten der Güteklasse 8

Bild 1 gibt die **Tragfähigkeit in kg** für ein- und mehrsträngige Anschlagketten der **Güteklasse 8** bei verschiedenen Neigungswinkeln und bei einer symmetrischen Belastung der Stränge wieder. Bei einem Temperaturbereich außerhalb –40°C bis +200°C muss mit einer reduzierten Tragfähigkeit gerechnet werden.

Anschlagseile

Anschlagseile werden in der Fördertechnik vielfältig eingesetzt. Im Gegensatz zu Ketten besitzen die Seile ein geringeres Eigengewicht, eine höhere Elastizität und können mit höheren Fördergeschwindigkeiten beaufschlagt werden. Nachteilig sind die geringere Tragfähigkeit der Anschlagseile gegenüber den Ketten und die schlechtere Beständigkeit gegen Korrosion.

Zusammengesetzt sind die **Anschlagseile** aus dünnen Drahtseilen, die schraubenförmig zu Litzen gebündelt werden. Mehrere Litzen werden wiederum um eine Kerneinlage im Gleichschlag oder Kreuzschlag schraubenförmig gedreht **(Bild 1)**. Der Kern besteht aus einer Fasereinlage. Das gesamte Gebinde ergibt den Nenndurchmesser des Anschlagseils.

Die **Enden der Anschlagseile** werden zu Schlaufen oder Kauschen mit **Aluminiumklemmen** gepresst oder als Spleiß verbunden **(Bild 2)**. **Schlaufen** werden für das direkte Anschlagen in größere Aufnahmen (z. B. Kranhaken) eingesetzt. Durch die große Schlaufenöffnung kann das andere Ende des Seils durchgesteckt und somit die Anschlagart im Schnürgang ausgeführt werden. Wird anstatt der starren Aluminiumpressklemme eine Verspleißung angewendet, so ist das Seil an jeder Stelle auf Biegung beanspruchbar.

Die nach Euro-Norm geformte **Kausche** stellt ein zusätzliches Bauteil in der Seilendverbindung dar. Durch die Kausche wird das Seil vor den einliegenden Beschlagteilen geschützt.

Bild 3 zeigt den Einsatz verschiedener **Beschlagteile** verbunden mit der Kausche. Für das obere Seilende werden zur Verbindung mehrerer Stränge **Aufhängegarnituren** verwendet. Zum Einhängen in den Kranhaken kann bei einem einsträngigen Seil ein **Aufhängering** mit der Kausche umschlossen werden. Am unteren Seilende können an die Kausche **Haken** oder **Schäkel** angebracht werden.

Welche **Kombinationen in der Ausführung der Seilenden** möglich sind, wird durch **Bild 4** verdeutlicht. Bei der Kombination Schlaufe und Kausche ohne Beschlagteile kann an dem oberen Seilende der Kranhaken eingehängt werden. An dem unteren Seilende kann z. B. eine Verbindung mit dem Schäkelbolzen genutzt werden. Das Anschlagseil mit dem Haken in der Kausche an dem unteren Seilende und der gepressten Schlaufe an dem oberen Ende bietet die Möglichkeit, Lasten direkt oder mit Lastaufnahmemitteln am Kranhaken zu transportieren. Anschlagseile mit **Seilgleithaken** können für selbstzuziehende Schnürverbindungen verwendet werden. Hierbei wird der Haken in die Kausche gehängt.

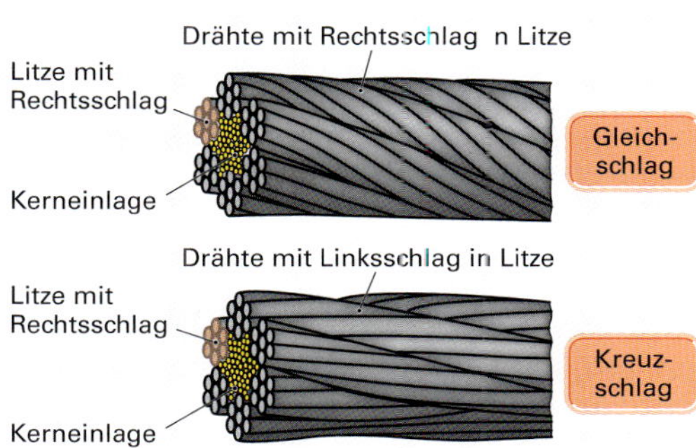

1 Seilschlagarten

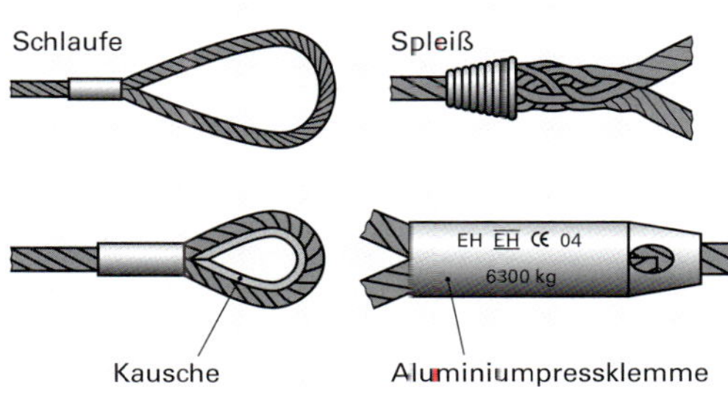

2 Enden der Anschlagseile

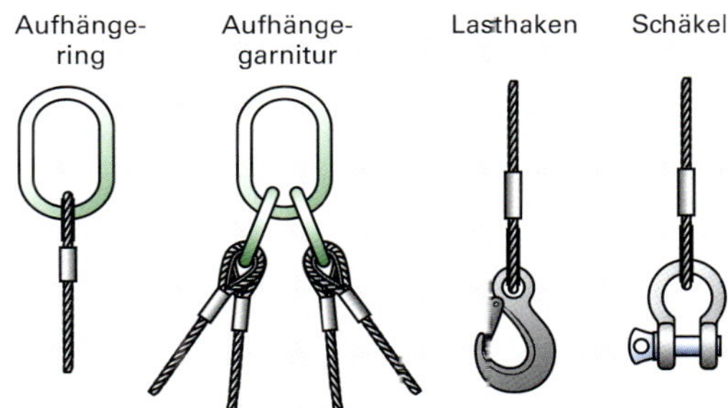

3 Beschlagteile in der Kausche

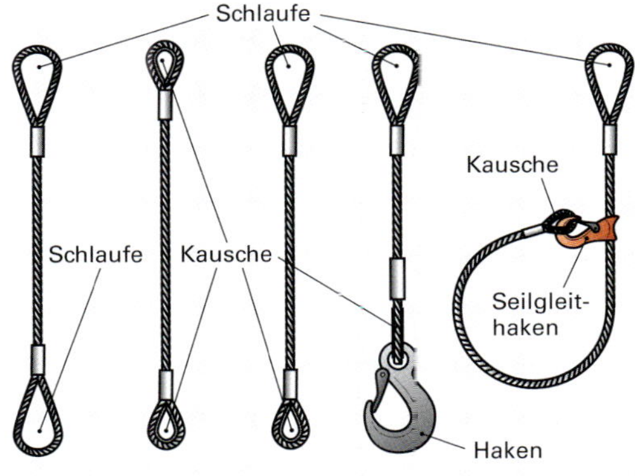

4 Kombination in der Ausführung der Seilenden

Tragfähigkeit von Anschlagseilen

Anschlagseile aus Stahldraht sind gemäß Euro-Norm auf der **Aluminiumpressklemme** oder bei einem Drahtseilgehänge auf einem fest angebrachten **Tragfähigkeitsanhänger (Bild 1)** zu kennzeichnen. Der Anhänger beinhaltet die zulässige **Tragfähigkeit WLL** (Working Load Limit) in kg.

Der **Mindestdurchmesser** eines Anschlagseils beträgt 8 mm. **Bild 2** verdeutlicht Möglichkeiten der Beschädigung von Anschlagseilen. Treten diese Beschädigungen auf, müssen die Anschlagseile ausgesondert werden, es wird von einer **Ablegereife** gesprochen.

Bei einzelnen **Drahtbrüchen** muss das Seil erst bei einer bestimmten Anzahl von sichtbaren Brüchen auf einer auf den Durchmesser bezogenen Länge ausgesondert werden. Bei einem Litzenseil dürfen nicht mehr als 4 Brüche auf einer Länge von 3 d zu sehen sein. Bei einer Länge von 6 d dürfen 6 Brüche, bei einer Länge von 30 d dürfen maximal 16 Brüche sichtbar sein.

Treten an einer Stelle des Anschlagseils **Litzenbrüche**, **Quetschungen** oder **Knickungen** sowie **Klanken** oder **Aufdoldungen** auf **(Bild 2)**, so hat das Seil seine Ablegereife erreicht. Sind starke **Korrosionserscheinungen** zu erkennen oder findet eine **Berührung des Seils mit einem spannungsführenden Teil** statt, so muss das Seil auch ausgesondert werden.

Bild 3 gibt die **Tragfähigkeit WLL** in kg für Anschlagseile in Abhängigkeit von der Strangzahl und der Anschlagart wieder. Bei der Anschlagart unterscheidet man zwischen einer direkten oder einer geschnürten Aufhängung.

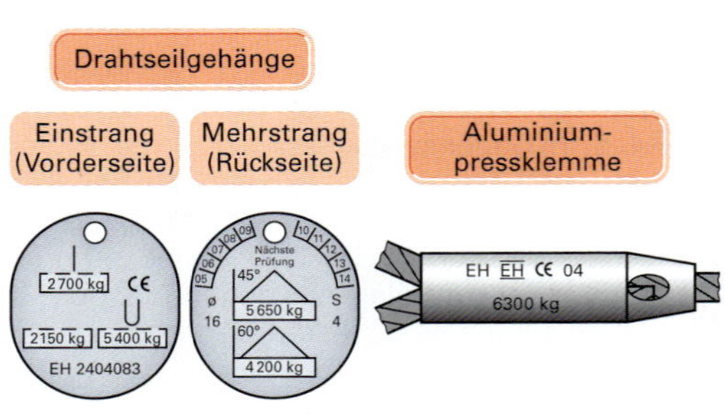

1 Kennzeichnung von Anschlagseilen

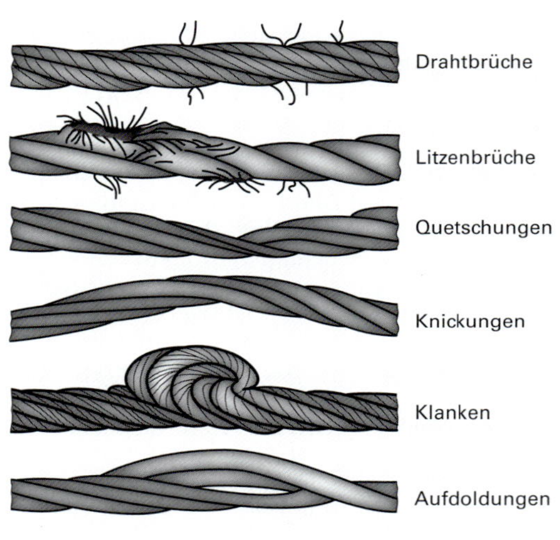

2 Ablegereife von Anschlagseilen

Seil-∅	1-Strang		2-Strang				3- und 4-Strang	
	direkt	geschnürt	direkt		geschnürt		direkt	
	Neigungswinkel β							
(mm)	0°	0°	bis 45°	45° bis 60°	bis 45°	45° bis 60°	bis 45°	45° bis 60°
8	700	560	950	700	770	560	1.500	1.050
10	1.050	840	1.500	1.050	1.150	840	2.250	1.600
12	1.550	1.240	2.120	1.550	1.700	1.240	3.300	2.300
14	2.120	1.690	3.000	2.120	2.330	1.690	4.350	3.150
16	2.700	2.150	3.850	2.700	2.950	2.150	5.650	4.200
18	3.400	2.700	4.800	3.400	3.700	2.700	7.200	5.200
20	4.350	3.450	6.000	4.350	4.750	3.450	9.000	6.500

3 Tragfähigkeiten WLL in kg für Anschlagseile nach EN 13414, Teil 1

Hebebänder und Rundschlingen

Hebebänder sind flach gewebte Chemiefasern aus Polyester (PES), Polyamid (PA) oder Polypropylen (PP). **Rundschlingen** bestehen aus dem gleichen Bandmaterial, sind aber endlos gewebt und haben zum Schutz vor Abrieb und Beschädigung häufig eine Außenummantelung. **Bild 1** zeigt eine Auswahl von Hebebändern und Rundschlingen.

Nach EN 1492 haben Rundschlingen und Hebebänder einen **Aufnäher**, dessen Farbe den Werkstoff des Bandmaterials kennzeichnet (**PES – blau, PA – grün, PP – braun**). Die Farbe der Rundschlinge oder des Hebebandes gibt Aufschluss über die Tragfähigkeit des Einzelbandes **(Tabelle 1)**.

Bei Beschädigung eines Bandes oder einer Schlinge muss es ausgesondert werden. Die **Ablegereife (Bild 2)** ist gegeben bei:

- einer Beschädigung der Webkanten,
- einer starken Verformung des Band- oder Schlingenprofils,
- einem Einschnitt im Bandgewebe,
- einer Schlaufen- oder Maschenbildung,
- einer beschädigten Ummantelung der Schlinge,
- einer Beschädigung der tragenden Nähte.

Die **Verwendung von Hebebändern und Rundschlingen** erfordert einen sachgemäßen Umgang. Folgende Punkte müssen dabei beachtet werden:

- Hebebänder und Rundschlingen dürfen nicht über scharfkantige oder raue Oberflächen gezogen werden.
- Lasten dürfen nie auf einem Hebeband oder einer Rundschlinge abgesetzt werden. Die Last darf auch niemals über den Boden gezogen werden.
- Hebebänder oder Rundschlingen dürfen nicht verknotet oder verdreht werden. Ist ein axiales Verdrehen der schwebenden Last möglich, so muss die Last zusätzlich mit einer Sicherungsleine geführt werden.

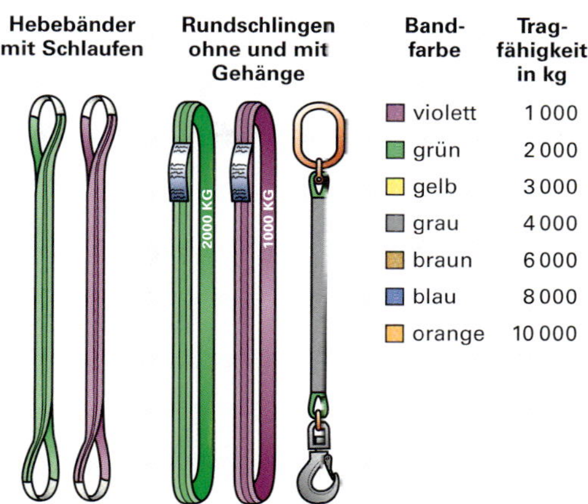

Bandfarbe	Tragfähigkeit in kg
violett	1 000
grün	2 000
gelb	3 000
grau	4 000
braun	6 000
blau	8 000
orange	10 000

1 **Hebebänder und Rundschlingen und deren Bandfarbe mit der jeweiligen Tragfähigkeit**

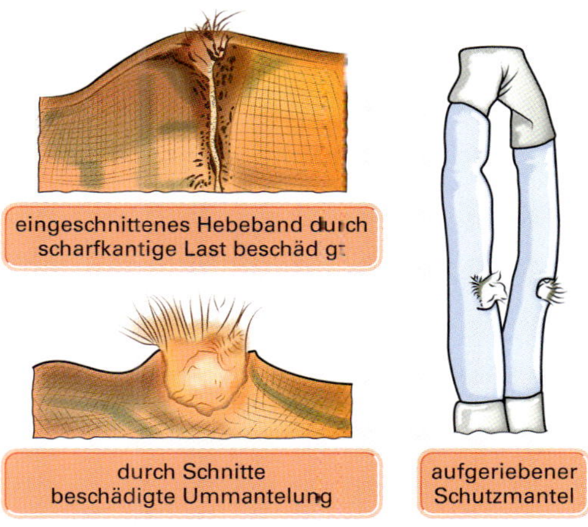

2 **Ablegereife von Hebebändern und Rundschlingen**

Tabelle 1: Endloshebebänder aus Chemiefasern (Auswahl)

Tragfähigkeit in kg und Farbcodierung für Endloshebebänder aus Chemiefasern der Form A nach DIN EN 1492-1 und für Rundschlingen aus Chemiefasern nach DIN EN 1492-2 (siehe Tabellenbuch Zerspantechnik).

	Direkt	Schnürgang	Umgelegt			Zweisträngiges Hebeband		Drei- und viersträngiges Hebeband	
			Parallel	β 0° ... 45°	β 45° ... 60°	β 0° ... 45°	β 45° ... 60°	β 0° ... 45°	β 45° ... 60°
violett	1000	800	2000	1400	1000	1400	1000	2100	1500
grün	2000	1600	4000	2800	2000	2800	2000	4200	3500
gelb	3000	2400	6000	4200	3000	4200	3000	6300	4500
grau	4000	3200	8000	5600	4000	5600	4000	8400	6000

Q1 PRODUKTIONSPLANUNG UND PRODUKTIONSSTEUERUNG

Die in **Bild 1** dargestellte Keilprofilwelle soll in Serie gefertigt werden. Die Keilprofilwelle wird hierbei in unterschiedlichen Varianten und Baugrößen für verschiedene Erzeugnisse benötigt.

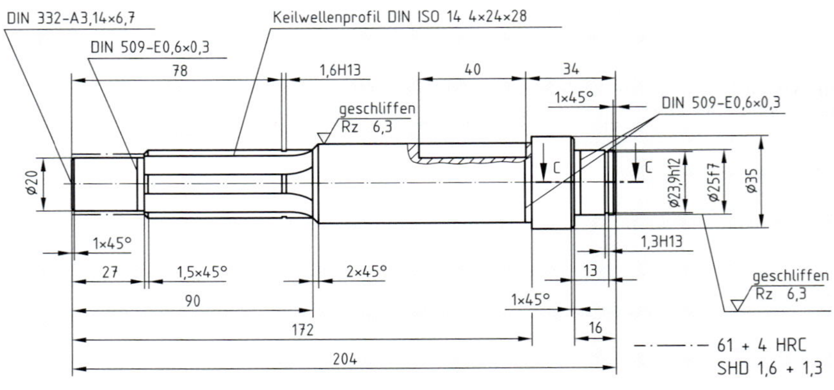

1 Keilprofilwelle

Der erste Schritt der Produktionsplanung und -steuerung besteht darin, den Produktionsprozess und geeignete Fertigungssysteme und Materialflusssysteme zur Produktion der Keilprofilwelle zu analysieren. Kenntnisse über betriebliche Kennzahlen sollen eine Bewertung der Produktionsprozesse ermöglichen.

Planung des Produktionsprozesses

Die Planung des Produktionsprozesses umfasst den gesamten Produktionsbereich des Unternehmens. Die Produktionsbereiche Konstruktion, Arbeitsvorbereitung, Fertigung und Montage sowie die Qualitätssicherung stehen in ständiger Wechselwirkung miteinander.

Die Planung der Produktionsprozesse zwischen diesen Bereichen lässt sich heute zum größten Teil nur durch den Einsatz von **computerunterstützten Systemen** ermöglichen. **Bild 2** verdeutlicht die Vernetzung der verschiedenen Bereiche eines Unternehmens. Der **Informationsfluss** der Unternehmensbereiche beginnt mit der Angebotsbearbeitung und führt letztendlich zur Planung und Steuerung der Produktion.

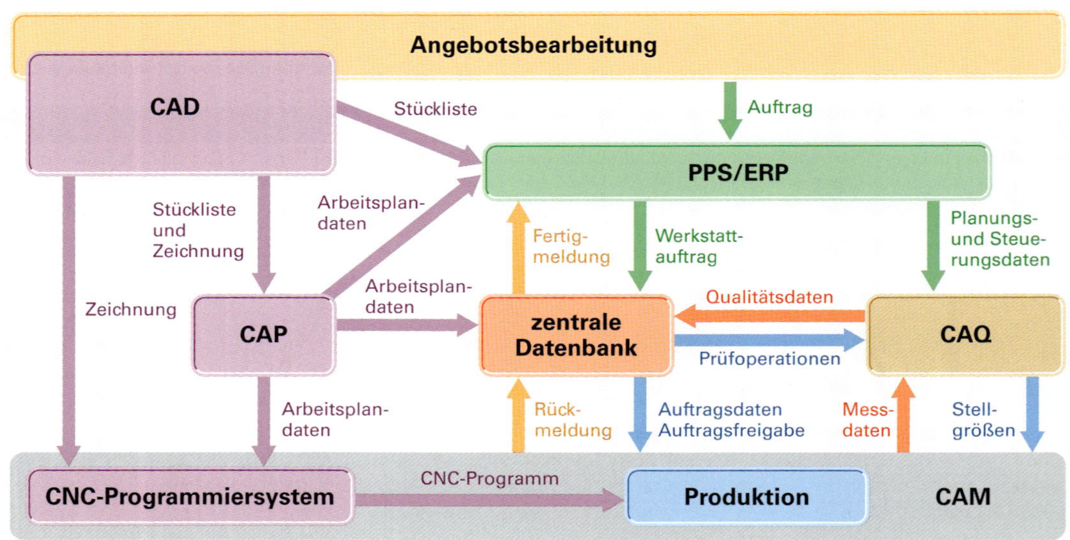

2 Datenaustausch in einem Unternehmen

Grundlage der **Angebotsbearbeitung** sind Informationen aus der Konstruktion. Hier werden Zeichnungen und Stücklisten erstellt. Aufgrund der vorliegenden Zeichnungsdaten können CNC-Programme generiert werden. Die rechnerunterstützte Konstruktion wird als **CAD** (Computer Aided Design) bezeichnet.

Anhand der **Konstruktionsunterlagen** aus der CAD-Abteilung können Arbeitspläne für die Produktion angefertigt werden. Erfolgt die Arbeitsplanung computerunterstützt, so wird vom **CAP** (Computer Aided Planning) gesprochen. Hier werden die jeweiligen Arbeitsschritte für die Fertigung und Montage von Bauteilen, Baugruppen und Erzeugnissen festgelegt. Weiterhin wird die Dauer der einzelnen Arbeitsschritte bestimmt. Die Arbeitspläne werden einerseits für die Erstellung von CNC-Programmen benötigt, andererseits dienen sie als Grundlage für die Produktionsplanung und -steuerung.

Die **Produktionsplanung und -steuerung (PPS)** unterstützt die gesamte Auftragsabwicklung von der Angebotsbearbeitung bis hin zum Versand. Grundlegendes Modul der Produktionsplanung und -steuerung ist die Fertigungsplanung und die Fertigungssteuerung. Die rechnerunterstützte Produktionsplanung und -steuerung bietet eine Oberfläche für die Verwaltung einer zentralen Datenbank, in der alle Daten des Produktionsprozesses zusammenfließen **(Bild 1)**.

PPS-Systeme, die ihre Funktionen auf alle Unternehmensbereiche erweitern, werden als **ERP**-Systeme bezeichnet (Enterprise Resource Planning – unternehmensübergreifende Ressourcenplanung). **Bild 1** zeigt die Module des ERP-Programms „PMS-ERM". Deutlich wird, dass verschiedene Unternehmensbereiche (Einkauf, Verkauf, Fertigung, Lager, Kalkulation) und Unternehmensdaten (Teile, Stücklisten, Arbeitsplätze, Arbeitspläne, Personal) in diesem Programm verwaltet werden.

Der **CAQ**-Bereich (Computer Quality Assurance) ist für die computerunterstützte **Qualitätssicherung** zuständig. Zur Festlegung der Prüfmerkmale bedient sich der CAQ-Bereich aus der zentralen Datenbank.

Die rechnerunterstützte Produktion (Computer Aided Manufacturing – **CAM**) erhält vom PPS- bzw. ERP-System den Werkstattauftrag. Die mit dem PPS- bzw. ERP-System durchgeführte Fertigungssteuerung ermittelt, welcher Arbeitsplatz zu welcher Zeit für die Produktion eingeplant wird. Nach Beendigung des Werkstattauftrags erfolgt vom jeweiligen Arbeitsplatz eine Fertigmeldung.

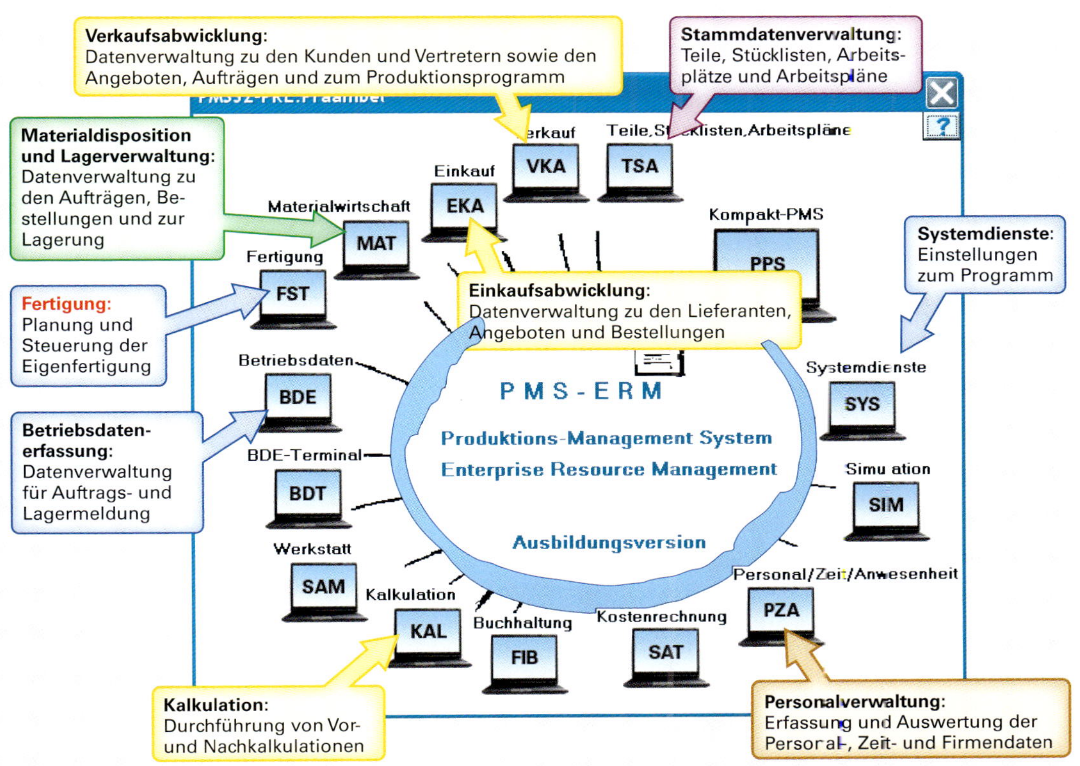

1 **Module des ERP-Programms „PMS-ERM"**

Fertigungsplanung

Die Fertigungsplanung eines Unternehmens bezieht sich auf die Gesamtheit der zu produzierenden Erzeugnisse. Mit der Fertigungsplanung wird festgelegt, wie der Ablauf der Produktion für die jeweiligen Erzeugnisse ausgeführt werden soll. Die **Ablaufplanung** orientiert sich an den Grobplänen der Erzeugnisse. Der in **Bild 1** aufgeführte **Grobplan** der Keilprofilwelle beschreibt die **Reihenfolge** der **Arbeitsplätze** mit Angabe der Produktionszeiten für jeden Arbeitsplatz.

Die **Fertigungszeiten** (Rüst- und Stückzeiten bzw. Zeiten je Einheit) für die Produktion werden mit der **Feinplanung** ermittelt. Hierbei werden die Arbeitsvorgänge in Fertigungsfolge für den jeweiligen Arbeitsplatz detailliert aufgeführt. Anschließend werden die Hauptnutzungszeiten und Nebenzeiten für den entsprechenden Arbeitsvorgang bestimmt. Die Summe aller Hauptnutzungszeiten und Nebenzeiten werden mit einem Zuschlag als Stückzeit bzw. Zeit je Einheit zusammengefasst.

Blatt	Bearbeiter	Datum	Start-Termin	End-Termin
1 von *1*				

Plan-Nr.	Klassifizierungs-Nr.	Benennung	Werkstoff/Abmessungen
1 0 0 0 0 1	*B M B * * A C * A E **	*Keilprofilwelle*	*ø80 × 26 S235JR*

Pos.Nr.	Platz-Nr.	Platzbezeichnung	Lohnart	Überlappungsmenge	Splittungsfaktor	Rüstzeit	Zeit je Einheit	Zwischen Zeit	Zusatz-Zeit	Bezugs-Menge	Kurztext
110	*501001*	*Lager/Bereitst.*						*25,0*			*Bereitstellen*
			Text: Material aus dem Lager holen								
120	*100401*	*Kreissäge klein*	*ZL*	*1*	*1*	*23*	*3,4*				
			Text: Kreissäge einrichten,								
130	*100501*	*CNC-Drehmasch.*									
			Text: Drehmaschine einrichten								
140	*100604*	*Nutenfräsmasch.*									
			Text: Fräsmaschine einrichten, Nuten fräsen								
150	*101001*	*Werks./Bereits.*									*Bereitstellen*
			Text: Material transportieren und bereitstellen								

Grobplanung
Planung der Arbeitsplätze in der Fertigungsreihenfolge mit Angabe der Produktionszeiten für jeden Arbeitsplatz

Blatt	Benennung	Feinplanung
1 von 1	*Antriebswelle*	

Plan-Nr.	Pos.Nr.	Platz-Nr.	Platzbezeichnung
1 0 0 0 0 1	*120*	*100401*	*Kreissäge klein*

Stückzahl	Werkstoff	Rüstzeit	Stückzeit (Zeit je Einheit)
	S235JR	t_r *23*	t_e *3,4*

AVG-Nr.	Arbeitsvorgangsbeschreibung	Rüstgrundzeit t_r	Hauptzeit t_h	Nebenzeit t_n
10	*Säge einrichten*			
20	*Stangenmaterial spannen*			
30	*Rundeisen sägen*		*1, 7*	

Feinplanung
Planung der Arbeitsschritte für den jeweiligen Arbeitsplatz und Ermittlung der Fertigungszeiten

1 Ausschnitt eines Grob- und Feinplanes

Sind die Grobpläne für das zu produzierende Spektrum an Erzeugnissen angefertigt, so kann nun mit der Ablaufplanung der **Material- und Informationsfluss** festgelegt werden. Die Grobpläne dienen als Grundlage für die Gestaltung des Arbeitsprozesses in der Produktion.

Die **Arbeitsmittelplanung** ergibt sich aus der Ablaufplanung. Mit dieser Planung werden alle benötigten Maschinen, Vorrichtungen, Werkzeuge u. a. für die entsprechenden Arbeitsplätze bestimmt.

Für die Arbeitsplätze werden **Arbeits- und Pausenzeiten** definiert. Ebenso wird festgelegt, an welchen Tagen im Unternehmen gearbeitet wird. Nur die Tage, an denen gearbeitet wird, werden in einem **Betriebskalender** ausgewiesen. Der Betriebskalender hat somit eigene Betriebskalendertage und ist für eine Fertigungsplanung unverzichtbar.

Mit der **Arbeitskostenplanung** werden die grundsätzlichen Arbeitskosten eines Arbeitsplatzes ermittelt. Wesentlicher Bestandteil der Arbeitskostenplanung ist die Festlegung der **Lohnkosten** und der **Maschinenstundensätze** sowie der **Gemeinkostenzuschläge** pro Arbeitsplatz.

Fertigungssteuerung

Die Fertigungssteuerung findet anhand der vorliegenden Kundenaufträge statt. Sie spiegelt den maßgeblichen **Informationsfluss** vom Auftragseingang bis zur Auslieferung der Erzeugnisse wieder. Grundlage der Fertigungssteuerung ist die zentrale Datenbank, in der alle Informationen über die Erzeugnisse (Arbeitspläne, Stücklisten u.a.) und die Daten über die Arbeitsplätze gespeichert sind.

Mit der **Produktionsprogrammplanung** als erste Aufgabe der Fertigungssteuerung wird die Art und Menge der herzustellenden Erzeugnisse bestimmt. Einerseits werden bei dieser Planung konkrete Kundenaufträge einbezogen, andererseits wird ein möglicher Absatz prognostiziert und somit eine kundenneutrale Produktion durchgeführt. Welche Menge produziert wird, hängt auch davon ab, welche Produkte bereits im Lager vorhanden sind und welche Ressourcen (Arbeitsplätze) für die Produktion zur Verfügung stehen. Die Produktionsprogrammplanung erfolgt in enger Abstimmung zwischen dem Vertrieb und der Produktion. Ergebnis der Planung ist das **Produktionsprogramm**.

Ist bekannt, welches Erzeugnis in welchem Zeitraum und in welcher Menge produziert werden soll, kann nun die Mengenplanung durchgeführt werden. Mit der **Mengenplanung** wird aus dem Bedarf an Erzeugnissen der Bedarf an Eigenfertigungsteilen und Fremdbezugsteilen bestimmt. Aus der Mengenplanung gehen die Fertigungs- und Montageaufträge für die jeweiligen Arbeitsplätze hervor. Ergebnis der Mengenplanung ist somit das **Fertigungsprogramm**.

Die **Terminplanung** stellt die zeitlichen Zusammenhänge zwischen den Fertigungsaufträgen her. Hierbei wird ermittelt, welche Arbeitsvorgänge für einen konkreten Auftrag hintereinander und welche Arbeitsvorgänge gleichzeit durchgeführt werden können. Für jeden Arbeitsvorgang werden Anfangs- und Endzeiten sowie mögliche Pufferzeiten bestimmt.

Mit der **Kapazitätsplanung** werden aufgrund der festgelegten Anfangs- und Endzeiten die Arbeitsplätze festgelegt, auf denen die Arbeitsvorgänge durchgeführt werden sollen. Je nach Auftragsgröße können für einen Arbeitsvorgang durchaus mehrere Arbeitsplätze in Anspruch genommen werden. Das Ergebnis der Termin- und Kapazitätsplanung ist das **Werkstattprogramm**.

Nach der Verfügbarkeitsprüfung der Arbeitsplätze werden die Werkstattaufträge zur Bearbeitung in der Produktion freigegeben. Mit der **Auftragsfreigabe** erfolgt eine Belegerstellung der Arbeitszuteilung.

Mit der Auftragsfreigabe setzt auch die **Auftragsüberwachung** ein. Hier wird eine ständige Überwachung des freigegebenen Auftrages im Hinblick auf die geforderte Menge und den einzuhaltenden Fertigungstermin durchgeführt. Bei festgelegten Soll-Ist-Abweichungen werden von der Auftragsüberwachung entsprechende Gegenmaßnahmen eingeleitet. Nach Fertigstellung des Auftrages erfolgt eine **Rückmeldung** an die Auftragsüberwachung.

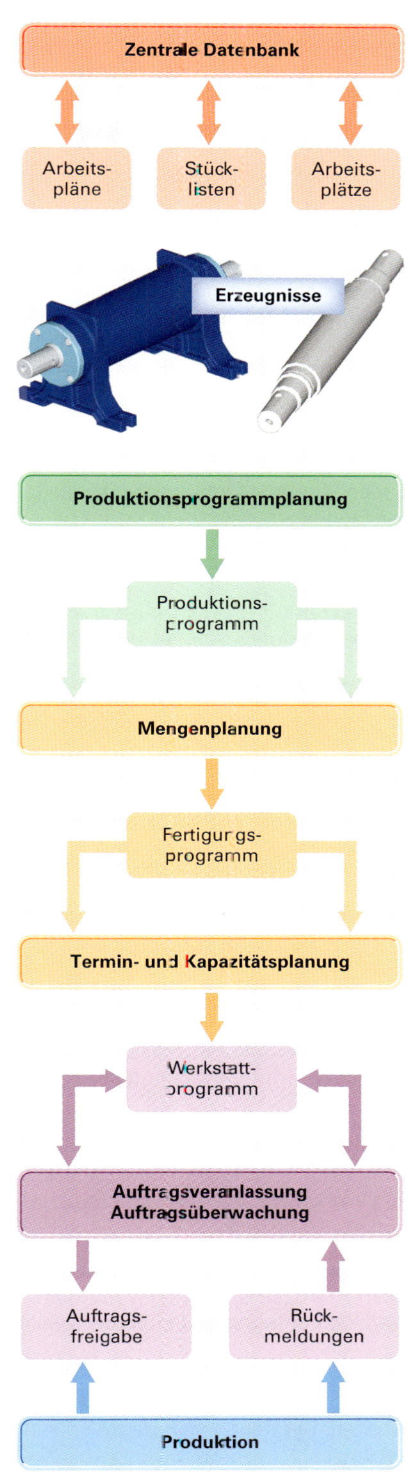

1 **Informationsfluss der Fertigungssteuerung**

Ermittlung der Auftragszeit

Zur Berechnung der Lohneinzelkosten und der anfallenden Maschinenkosten ist die Ermittlung der **Auftragszeit (Bild 1)** notwendig. Die Auftragszeit ist immer auf einen Arbeitsplatz bezogen. Hierbei kann es sich sowohl um einen manuellen als auch um einen maschinellen Arbeitsplatz handeln.

Handelt es sich um einen manuellen Arbeitsplatz, so wird zu der **Grundzeit** (Arbeitszeit) ein Erhol- und Verteilzeitzuschlag gewährt. Bei einem automatisierten Arbeitsplatz wird nur ein **Verteilzeitzuschlag** zur Grundzeit hinzugefügt. Die Auftragszeit enthält keine Liege- und Transportzeiten (Zwischenzeiten bzw. Übergangszeiten) des Materials.

Die Auftragszeit bestimmt sich aus der **Rüstzeit t_r** und **der Zeit je Einheit t_e** multipliziert mit der zu produzierenden Menge je Einheit pro Auftrag (Losgröße). Besteht eine Einheit aus einem Werkstück oder einer Baugruppe, so wird die Zeit je Einheit auch als **Stückzeit**, die Menge je Einheit als **Stückzahl** bezeichnet.

Die **Rüstzeit** t_r ist die Zeit, die zur Vorbereitung und Nachbereitung einer Bearbeitungsaufgabe benötigt wird. Tätigkeiten wie z.B. Zeichnungslesen, CNC-Programmierung, Werkzeuge einrichten oder Maschinen anlaufen lassen werden der Rüstzeit zugeordnet. Die Rüstzeit wird nur einmal für einen Auftrag (Los) gezählt, unabhängig davon, wie groß die Stückzahl des Auftrages ist. Während das eigentliche Einrichten des Arbeitsplatzes oder der Maschine der Rüstgrundzeit angerechnet wird, werden Vorgänge wie z.B. das Anlaufen der Maschine mit der Rüstverteilzeit verrechnet.

Die **Zeit je Einheit t_e** gibt die Bearbeitungszeit an einem Arbeitsplatz an. Sie wird genauso wie die Rüstzeit in die Grundzeit und die Verteil- und Erholungszeit aufgeteilt. Die Grundzeit t_g ergibt sich bei Fertigungsprozessen aus der Summe der Hauptnutzungszeiten und den Nebenzeiten. Bei Montageprozessen wird die Grundzeit für den jeweiligen Montagevorgang direkt angegeben.

Die **Hauptnutzungszeit** ist die Zeit, in der eine Arbeitsbewegung des Werkzeugs stattfindet. Bei der Zerspanung befindet sich das Werkzeug in dieser Zeit im Eingriff mit dem Werkstück bzw. das Werkzeug ist kurz vor oder hinter dem Werkstück.

Die **Nebenzeit** setzt sich aus verschiedenen Zeitanteilen zusammen. Zur Nebenzeit werden bei der maschinellen Bearbeitung folgende Zeiten berücksichtigt:

- Zeiten zum Einspannen, Umspannen und Ausspannen des Werkstücks,
- Zeiten, bei denen sich das Werkzeug im Eilgang bewegt,
- Zeiten zum Prüfen des Werkstücks,
- Zeiten, die für den Werkzeugwechsel benötigt werden.

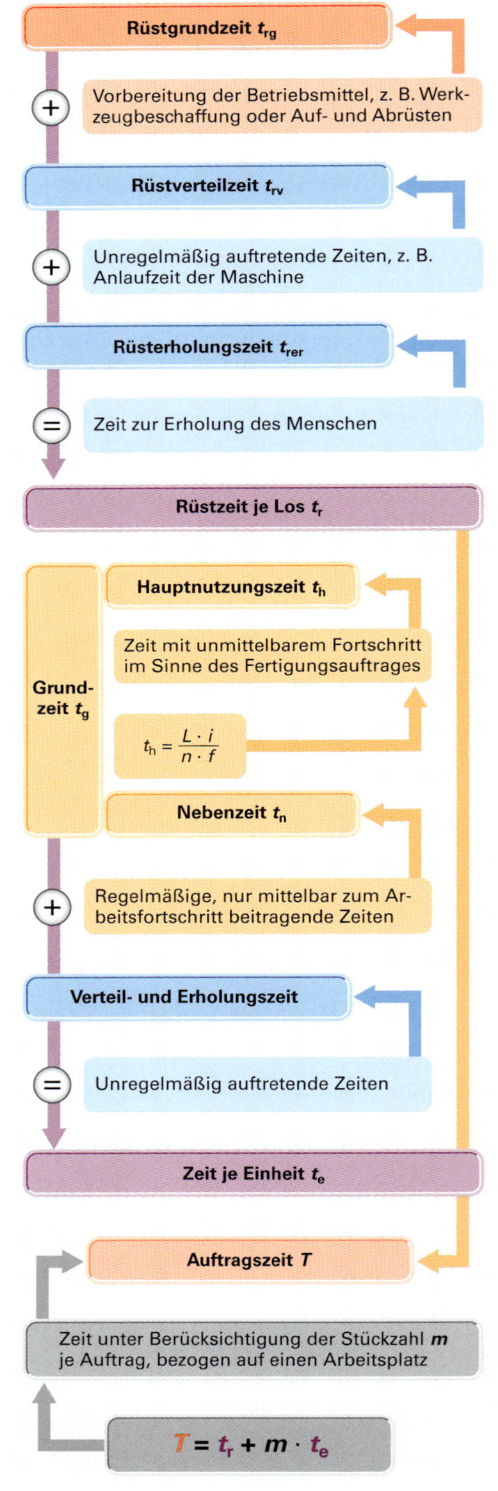

1 Ermittlung der Auftragszeit

Kostenrechnung

Durch das betriebliche Rechnungswesen wird das betriebliche Geschehen zahlenmäßig erfasst und dokumentiert. Hierbei wird jeder Geschäftsvorgang, der eine Mengen- oder Wertebewegung zum Inhalt hat, erfasst, verrechnet und ausgewertet. **Bild 1** verdeutlicht die Einteilung des betrieblichen Rechnungswesens in Kostenrechnung und Finanzbuchhaltung. Während die Kostenrechnung eine nach innen gerichtete (interne) Aufgabe des betrieblichen Rechnungswesens darstellt, ist die Finanzbuchhaltung eine nach außen gerichtete (externe) Aufgabe.

Die Kostenrechnung beschränkt sich als interne Aufgabe des betrieblichen Rechnungswesens auf die richtige Erfassung und Verrechnung aller im Unternehmen anfallenden Kosten. Dabei wird die Kostenrechnung in den drei Teilgebieten Kostenarten-, Kostenstellen- und Kostenträgerrechnung eingeteilt **(Bild 1)**.

Die **Kostenartenrechnung** ist der erste Schritt im Kostenrechnungssystem. Mit ihr werden alle im Verlauf einer Abrechnungsperiode angefallenen Kosten erfasst und getrennt nach Arten, wie z.B. Personalkosten, Materialkosten, Energiekosten oder Vertriebskosten gegliedert.

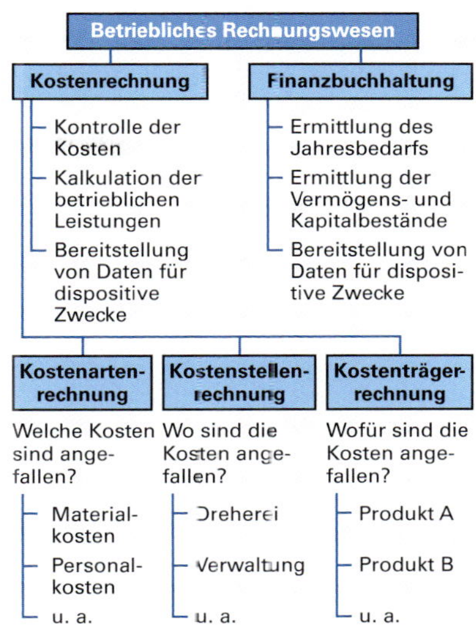

1 **Kostenrechnung als interne Aufgabe des Betrieblichen Rechnungswesens**

Kostenstellenrechung

Im zweiten Schritt werden mit der **Kostenstellenrechnung** die Kosten auf die erzeugten Produkte und erbrachten Dienstleistungen aufgeteilt. Alle betrieblichen Bereiche werden in verschiedenen Kostenstellen aufgeteilt. Bei den Kostenstellen wird zwischen Endkostenstellen und Vorkostenstellen unterschieden **(Bild 2)**.

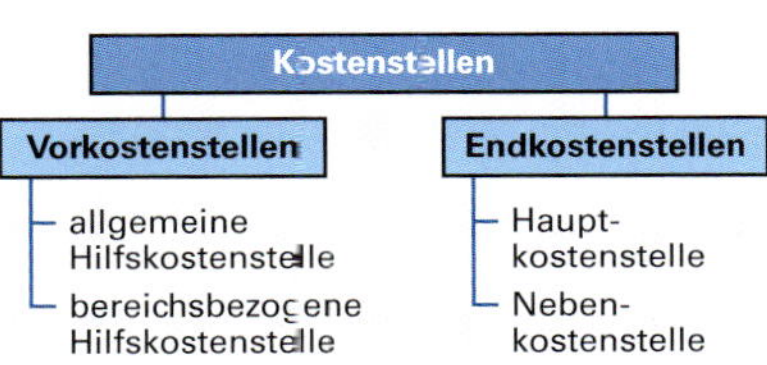

2 **Unterteilung der Kostenstellen**

Als **Endkostenstellen** bezeichnet man die Kostenstellen eines Unternehmens, die mit der Herstellung und dem Verkauf des Hauptproduktes (z.B. Getriebewelle) oder eines Nebenproduktes (z.B. Vorrichtung zum Bohren) befasst sind. Entsprechend spricht man von Hauptkostenstellen und Nebenkostenstellen. Zu den Hauptkostenstellen gehören die Bereiche Material, Fertigung und Montage sowie Verwaltung und Vertrieb. Die Nebenkostenstelle ist z.B. der Vorrichtungsbau.

Unter **Vorkostenstellen** werden Kostenstellen verstanden, die für die Endkostenstellen Leistungen erbringen. Sie dienen als Hilfskostenstellen, deren Kosten auf die Hauptkostenstellen nach definierten Verteilungsschlüsseln verteilt (umgelegt) werden. Vorkostenstellen sind z.B. der Energieversorgungsbereich oder die Reparaturwerkstatt.

Für die Fertigung z.B. einer Getriebewelle können sowohl die Materialkosten als auch die Maschinen- und Lohnkosten direkt dem Produkt zugeordnet werden. Sie werden bei der Kalkulation als Einzelkosten für das Produkt angegeben. In der Kostenstellenrechnung werden die gesamten Lohn-, Maschinen- und Materialkosten aller produzierten Erzeugnisse für einen festgelegten Zeitraum den Hauptkostenstellen zugeordnet. Entsprechend werden für den gleichen Zeitraum die gesamten Verwaltungskosten und Vertriebskosten zusammengefasst und den beiden Hauptkostenstellen aufgeschlagen.

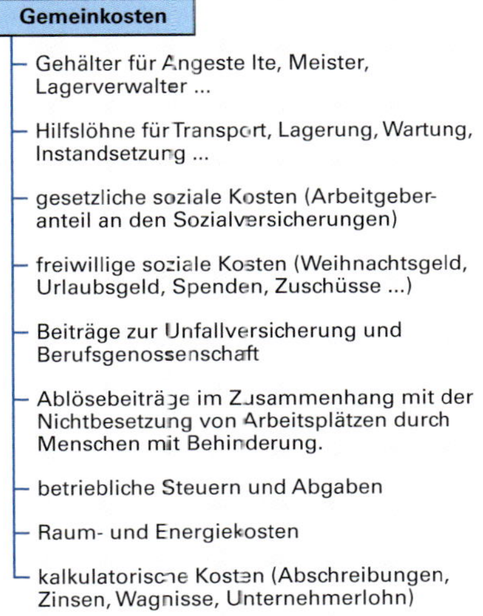

3 **Gemeinkosten**

Alle übrigen Kosten sind keine direkt zuordbaren Kosten und werden als Gemeinkosten **(Bild 3)** bezeichnet. Sie werden in einem Betriebsabrechnungsbogen (BAB) erfasst und auf die Vorkostenstellen und Hauptkostenstellen verteilt.

Die Kostenstellenrechnung gibt somit auch eine Antwort darauf, wo die Kosten, die dem Produkt nicht direkt zugeordnet werden können, angefallen sind und wie sie dann auf das Produkt aufgeteilt werden.

Betriebsabrechnungsbogen (BAB)

Der Betriebsabrechnungsbogen **(Bild 1)** dient dazu, alle Gemeinkosten zu sammeln und auf alle Kostenstellen aufzuteilen. Anschließend werden für jede Kostenstelle die Gemeinkosten addiert. Die Gemeinkosten der Vorkostenstellen (z.B. Energieversorgung) werden dann auf die Gemeinkosten der Hauptkostenstellen (Material, Fertigung, Verwaltung und Vertrieb) nach einem festgelegten Verteilungsschlüssel aufgeschlagen.

Sind alle Gemeinkosten der Vorkostenstellen auf die Hauptkostenstellen umgelegt, so werden dann Gemeinkostenzuschläge für die Hauptkostenstellen berechnet. Als Bezugsgrundlage für den Materialgemeinkostenzuschlag werden die Materialkosten aus der Kostenartenrechnung herangezogen. Für die Gemeinkostenzuschläge der Fertigungskostenstellen werden die Lohnkosten der einzelnen Hauptkostenstellen als Bezugsgrundlage verwendet.

Als Bezugsgrundlage für die Ermittlung der Verwaltungs- und Vetriebsgemeinkostenzuschläge werden die gesamten Herstellkosten genommen. Diese ergeben sich aus den Lohnkosten, Lohngemeinkosten, Materialkosten und Materialgemeinkosten der Hauptkostenstellen.

Betriebsabrechnungsbogen (BAB)

Gemeinkostenarten	Energieversorgung	Fertigung	Material	Verwaltung u. Vertrieb
1. Hilfsstoffe				
2. Werkzeuge				
3. Hilfslöhne				
4. Gehälter				
5. freiwillige Sozialkosten				
6. Versicherungen				
7. kalkulatorische Kosten				
8. Summe der Gemeinkosten				
9. Umlage Energieversorgung				
10. Summe der Gemeinkosten mit Umlage				
11. Bezugsgrundlage für Zuschläge				
12. entstandene Gemeinkostenzuschläge				

1 Formular für einen Betriebsabrechnungsbogen (BAB)

Anwendungsbeispiel Betriebsabrechnungsbogen

Die Fa. Maier GmbH hat für den Monat September die angefallenen Kosten aufgestellt und im Kostenartenplan **(Bild 2)** eingetragen. Zur Ermittlung der Gemeinkostenschläge sind folgende Daten der Fa. Maier GmbH bekannt:

Kostenstelle – Anzahl der Beschäftigten / Flächenbedarf
Energieversorgung – 2 Hilfskräfte / 25 m^2
Fertigung – 5 Fachkräfte und 1 Meister / 70 m^2
Material – 1 Hilfskraft / 28 m^2
Verwaltung und Vertrieb – 3 Angestellte / 42 m^2

Kostenartenplan Zeitraum: September

Nr.	Bezeichnung	Angefallene Kosten in €
401	Fertigungslöhne	15.500 €
403	Fertigungsmaterial	35.000 €
433	Gehälter	16.000 €
434	freiwillige Sozialkosten	6.000 €
447	kalkulatorische Kosten	5.900 €

2 Kostenartenplan

Für die Kostenstellen Energieversorgung und Material fallen pro Hilfskraft 2500 € Hilfslöhne an. Die Gehälter werden gleichmäßig auf die Anzahl der Personen verteilt. Der Verteilungsschlüssel für die freiwilligen Sozialkosten ist die Anzahl der beschäftigten Personen. Zur Umlegung der Gemeinkosten der Energieversorgung wird der Flächenbedarf herangezogen.

Die Gemeinkostenarten Hilfsstoffe, Werkzeuge, Versicherungen und kalkulatorische Kosten sind bereits im Betriebsabrechnungsbogen **(Bild 3)** verteilt worden.

Für die Hilfslöhne ergeben sich folgende Gemeinkosten:

Energieversorgung – 2 Hilfskräfte · 2500 € = 5000 €
Material – 1 Hilfskraft · 2500 € = 2500 €

Die Gehälter aus dem Kostenartenplan **(Bild 2)** werden gleichmäßig auf den Meister und die Angestellten verteilt:

Fertigung – 16000 € · 1/4 = 4000 €
Verwaltung und Vertrieb – 16000 € · 3/4 = 12000 €

Bei den freiwilligen Sozialkosten ergibt sich der Verteilungsschlüssel durch die Anzahl der Beschäftigten pro Kostenstelle bezogen auf alle 12 Beschäftigten:

Energieversorgung – 6000 € · 2/12 € = 1000 €
Fertigung – 6000 € · 6/12 € = 3000 €
Material – 6000 € · 1/12 = 500 €
Verwaltung und Vertrieb – 6000 € · 3/12 € = 1500 €

Betriebsabrechnungsbogen (BAB)

Gemeinkostenarten	Energieversorgung	Fertigung	Material	Verwaltung u. Vertrieb
1. Hilfsstoffe	260 €	1.200 €	400 €	900 €
2. Werkzeuge	100 €	2.200 €	–	–
3. Hilfslöhne	5.000 €	–	2.500 €	–
4. Gehälter	–	4.000 €	–	12.000 €
5. freiwillige Sozialkosten	1.000 €	3.000 €	500 €	1.500 €
6. Versicherungen	110 €	430 €	160 €	210 €
7. kalkulatorische Kosten	1.100 €	2.400 €	700 €	1.700 €
8. Summe der Gemeinkosten	**7.570 €**	**13.320 €**	**4.260 €**	**16.310 €**
9. Umlage Energieversorgung				
10. Summe der Gemeinkosten mit Umlage				
11. Bezugsgrundlage für Zuschläge				
12. entstandene Gemeinkostenzuschläge				

3 Gemeinkosten im Betriebsabrechnungsbogen

Nachdem alle Gemeinkosten auf die vier Kostenstellen im Betriebsabrechnungsbogen aufgeteilt wurden, erhält man die Summe der Gemeinkosten für die jeweiligen Kostenstellen.

Als nächster Schritt werden die summierten Gemeinkosten der Energieversorgung auf die übrigen Kostenstellen umgelegt (**Bild 1**, Zeile 9). Hierfür werden die Flächen der Kostenstellen summiert und das Verhältnis der Einzelflächen zur summierten Fläche gebildet.

- Gesamtfläche der Kostenstellen Fertigung, Material, Verwaltung und Vertrieb:
  $70\ m^2 + 28\ m^2 + 42\ m^2 = 140\ m^2$
- Umlage Energieversorgung auf Fertigung:
  $(70\ m^2 / 140\ m^2) \cdot 7570\ € = \mathbf{3785\ €}$
- Umlage Energieversorgung auf Material:
  $(28\ m^2 / 140\ m^2) \cdot 7570\ € = \mathbf{1514\ €}$
- Umlage Energieversorgung auf Verwaltung und Vertrieb:
  $(42\ m^2 / 140\ m^2) \cdot 7570\ € = \mathbf{2271\ €}$

Die Summen der Gemeinkosten mit Umlage werden in Zeile 10 des Betriebsabrechnungsbogens gebildet.

Die Bezugsgrundlagen für die zu ermittelnden Gemeinkostenzuschläge (**Bild 1**, Zeile 11) können für die Kostenstellen Fertigung und Material aus dem Kostenartenplan entnommen werden.

- Für die Kostenstelle Fertigung werden die Löhne aus dem Kostenartenplan herangezogen (15500 €).
- Für die Kostenstelle Material werden die Materiakosten entnommen (35000 €).

Die Bezugsgrundlage für die Kostenstelle Verwaltung und Vertrieb sind die Herstellkosten, die sich aus den summierten Gemeinkosten von Fertigung und Material und den Lohnkosten sowie den Kosten für das Fertigungsmaterial ergeben.

- Herstellkosten:
  17015 € + 5774 € + 15500 € + 35000 € = 73289 €

Als letzter Schritt werden die Gemeinkostenzuschläge berechnet **(Bild 2)** und in den Betriebsabrechnungsbogen eingetragen (**Bild 1**, Zeile 11).

Betriebsabrechnungsbogen (BAB)

Gemeinkostenarten	Energieversorgung	Fertigung	Material	Verwaltung u. Vertrieb
1. Hilfsstoffe	260 €	1.200 €	400 €	900 €
2. Werkzeuge	100 €	2.200 €	–	–
3. Hilfslöhne	5.000 €	–	2.500 €	–
4. Gehälter	–	4.000 €	–	12.000 €
5. freiwillige Sozialkosten	1.000 €	3.000 €	500 €	1.500 €
6. Versicherungen	110 €	430 €	160 €	210 €
7. kalkulatorische Kosten	1.100 €	2.400 €	700 €	1.700 €
8. Summe der Gemeinkosten	**7.570 €**	**13.320 €**	**4.260 €**	**16.310 €**
9. Umlage Energieversorgung		3.785 €	1.514 €	2.271 €
10. Summe der Gemeinkosten mit Umlage		**17.015 €**	**5.774 €**	**18.581 €**
11. Bezugsgrundlage für Zuschläge		15.500 €	35.000 €	73.289 €
12. entstandene Gemeinkostenzuschläge		**109 %**	**16,5 %**	**25,4 %**

1 Betriebsabrechnungsbogen mit Gemeinkostenzuschlägen

Gemeinkostenzuschlag

$$= \frac{\text{Summe der Gemeinkosten mit Umlage}}{\text{Bezugsgrundlage für Zuschläge}} \cdot 100\ \%$$

$$\text{Gemeinkostenzuschlag für Fertigung} = \frac{17.015\ €}{15.500\ €} \cdot 100\ \% \quad \mathbf{= 109\ \%}$$

$$\text{Gemeinkostenzuschlag für Material} = \frac{5.774\ €}{35.000\ €} \cdot 100\ \% \quad \mathbf{= 16{,}5\ \%}$$

Gemeinkostenzuschlag für Verwaltung und Vertrieb

$$= \frac{18.581\ €}{73.289\ €} \cdot 100\ \% \mathbf{= 25{,}4\ \%}$$

2 Berechnung der Gemeinkostenzuschläge

Kostenträgerrechnung

Mit der Kostenträgerrechnung werden die Kosten für das einzelne Produkt ermittelt. Durch die in **Bild 3** aufgeführte **Zuschlagskalkulation** können die Selbstkosten und der Verkaufspreis des Produktes kalkuliert werden. Die Zuschlagskalkulation zeichnet sich durch die Aufteilung der Einzelkosten und der Gemeinkosten aus. Hier werden die Materialeinzelkosten durch den Einkauf festgelegt. Die Lohnkosten und Maschinenkosten werden über die Auftragszeit und den Lohn- bzw. Maschinenstundensatz eines Arbeitsplatzes berechnet. Während die Lohnkosten direkt als Einzelkosten aufgeführt werden können, müssen die Maschinenkosten den Fertigungsgemeinkosten zugerechnet werden.

Die Gemeinkosten berechnet man durch die Multiplikation des Gemeinkostenzuschlages **(Bild 2)** mit den jeweiligen Einzelkosten.

Die gesamten **Materialkosten** und **Fertigungskosten** werden als **Herstellkosten** bezeichnet. Werden die Entwicklungs- und Verwaltungskosten sowie die Vertriebskosten hinzugefügt, erhält man die **Selbstkosten** für ein Produkt. Mit dem Gewinnzuschlag wird der **Verkaufspreis** des Produkts festgelegt.

	Materialeinzelkosten
+	Materialgemeinkosten
=	**Materialkosten**
	Lohneinzelkosten
+	lohnabhängige Fertigungsgemeinkosten
+	maschinenabhängige Fertigungsgemeinkosten
=	**Fertigungskosten**
	Materialkosten
+	Fertigungskosten
+	Sondereinzelkosten der Fertigung
=	**Herstellkosten**
+	Entwicklungs- und Konstruktionseinzelkosten
+	Verwaltungs- und Vertriebsgemeinkosten
+	Sondereinzelkosten des Vertriebs
=	**Selbstkosten**
+	Gewinnzuschlag
=	**Verkaufspreis**

3 Zuschlagskalkulation

Fertigungsbeispiel

„Herstellung eines Komplettbearbeitungswerkzeugs"

Kundenauftrag

Getriebegehäuse für PKW **(Bild 1)** werden aus Aluminium-Druckguss in sehr großen Stückzahlen hergestellt. Die zerspanende Bearbeitung erfolgt hauptsächlich auf verketteten Bearbeitungszentren. Bei dieser Fertigungsart handelt es sich um eine Folgefertigung bei der sich die Gesamtbearbeitungszeit aus der Summe aller Haupt- und Nebenzeiten ergibt. Aus der geplanten Produktionsmenge und der geplanten oder vorhandenen Maschinenkapazität ergibt sich eine vom Kunden geforderte Taktzeit pro Werkstück. Außerdem müssen alle vorgeschriebenen Toleranzen am Werkstück in der Serienfertigung prozesssicher eingehalten werden. Um mehrstufige Lagerbohrungen erfolgreich herstellen zu können, kommen zur Bearbeitung Komplettbearbeitungswerkzeuge zum Einsatz. Diese Werkzeuge bearbeiten alle Durchmesser, Fasen und Planflächen der Bohrung in einem Schritt **(Bild 2)**.

Dadurch wird eine exakte Koaxialität gewährleistet. Durch das Zusammenfassen vieler Arbeitsgänge in ein Werkzeug entfallen auch Werkzeugwechselzeiten die beim Einsatz mehrerer Werkzeuge notwendig wären, also weniger Nebenzeiten. Zudem ermöglicht der Einsatz hochharter Schneidstoffe wie PKD (Polykristalliner Diamant) hohe Schnittgeschwindigkeiten und damit kürzere Hauptzeiten. Durch den Einsatz von Komplettbearbeitungswerkzeugen wird somit die Werkstückqualität gesteigert und die Bearbeitungszeiten werden gesenkt. Diese Taktzeitverkürzung führt zu einer höheren Produktivität und reduziert gleichzeitig den Energiebedarf pro Werkstück.

1 Getriebegehäuse

2 Werkzeug

Projektierung

Einzelne Sonderwerkzeuge kommen besonders effektiv zum Einsatz, wenn sie im Rahmen der Planung des kompletten Fertigungsprozesses ausgelegt werden. Dazu wird bereits bei der Anfragebearbeitung in enger Abstimmung mit den Kundenanforderungen die Bearbeitungsfolge und Einzelwerkzeuge festgelegt **(Bild 3)**.

Systemanbieter erbringen darüber hinaus weitere Leistungen, die vom Bereitstellen der Vorrichtung, über das Erstellen des NC-Programmes bis zum Einfahren und Betreuen des Fertigungsprozesses beim Kunden reichen. Der Ablauf des entsprechenden Anfrageprozesses richtet sich dabei nach dem gewünschten Angebotsumfang.

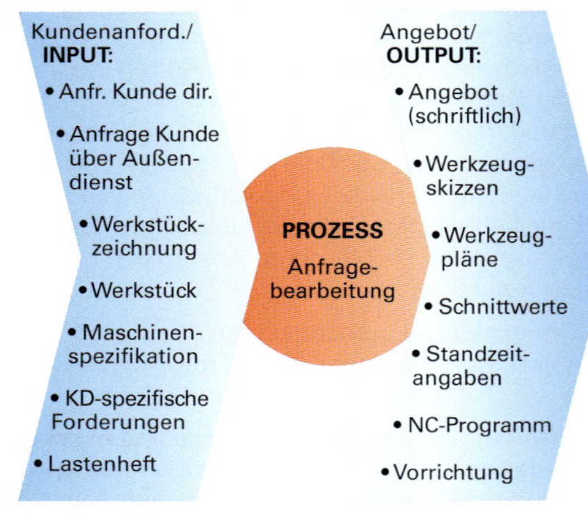

3 Anfragebearbeitung

Betriebliche Leistungsprozesse

Kundenauftrag

Die Bestellung des Kunden prüft der Vertrieb technisch und kaufmännisch. Mit einem Konstruktionsauftrag wird die Konstruktion mit der Erstellung des 3D-Werkzeugmodells und der Zeichnung beauftragt **(Bild 1)**. Nach Anlage des Materialstamms **(Bild 2)** erfasst der Vertrieb den Kundenauftrag im PPS-System. Aus der Grobplanung, der Kapazitätssteuerung und der Fertigungssteuerung ist für den Vertrieb ersichtlich, zu welchem Liefertermin der benötigte Werkzeugumfang geliefert werden kann. Dies wird dem Kunden in der Auftragsbestätigung mitgeteilt.

Konstruktionsprozess

Die Konstruktion erstellt das 3D-Modell des Werkzeugs und leitet daraus eine Fertigungszeichnung mit den erforderlichen Toleranzen ab **(Bild 3)**. Auf Kundenwunsch werden weitere Files, z. B. für die Werkzeugverwaltung generiert.

Materialbedarfsplanung

Aufgabe der Materialbedarfsplanung ist es, die notwendigen Aktivitäten zur Sicherstellung der Materialverfügbarkeit zu ermitteln. Im PPS-System (Produktions-Planung und Steuerung) werden dazu für alle Materialien die Bestands-/Bedarfssituation ermittelt und entsprechende Beschaffungsvorschläge erstellt. Für den Einkauf werden bei Fremdbeschaffung Bestellanforderungen, bei Eigenfertigung werden Auftragsvorschläge, sogenannte Planaufträge, generiert.

Arbeitsvorbereitung

Die Arbeitsvorbereitung erstellt die Stammdaten für den weiteren Auftragsabwicklungsprozess. Von zentraler Bedeutung sind die Stückliste und der Arbeitsplan. Basis zur Erstellung dieser Stammdaten ist die Konstruktionszeichnung.

Die **Stückliste** enthält die zur Produktion des Werkzeugs erforderlichen Komponenten. Die Komponenten sind darin mit Materialnummer und der erforderlichen Menge erfasst. Über die Stückliste wird in der Materialbedarfsplanung der Komponentenbedarf ermittelt. In der Erzeugniskalkulation des Endprodukts fließen über die Auflösung der Stückliste die Kosten der Komponenten ein **(Bild 4)**.

Im **Arbeitsplan** sind die zur Fertigung des Werkzeugs erforderlichen Arbeitsschritte beschrieben. Es ist außerdem definiert an welchem Arbeitsplatz der Arbeitsschritt ausgeführt wird.

Entsprechend den Anforderungen auf der Konstruktionszeichnung, wie z. B. erforderliche Toleranzen, werden vom Arbeitsplaner der individuelle Arbeitsablauf des Werkzeugs und die durchzuführenden Qualitätsprüfungen festgelegt. Zusätzlich sind für jeden Arbeitsgang die Rüst- und die Stückzeiten zu ermitteln. Hierzu wird die CAP-Planzeitermittlung eingesetzt.

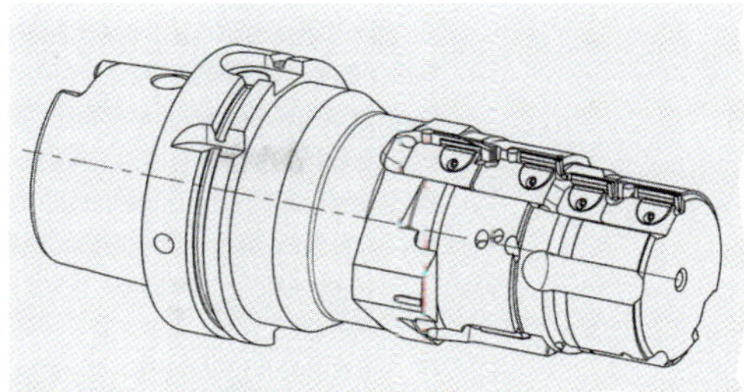

1 **3D-Modell**

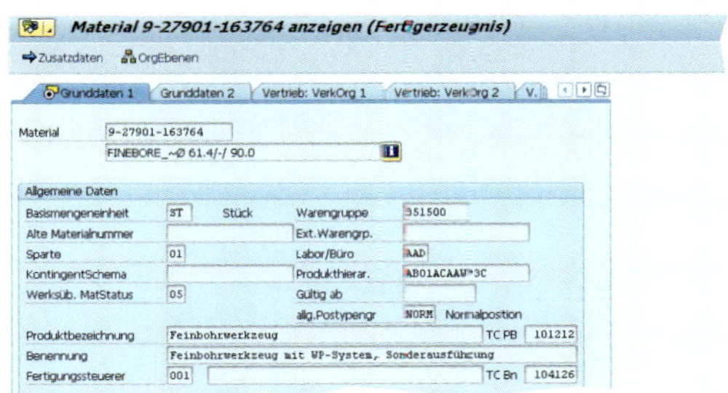

Material 9-27901-163764 anzeigen (Fertigerzeugnis)

Zusatzdaten | OrgEbenen

Grunddaten 1 | Grunddaten 2 | Vertrieb: VerkOrg 1 | Vertrieb: VerkOrg 2 | V.

Material: 9-27901-163764
FINEBORE_~Ø 61.4/-/ 90.0

Allgemeine Daten

Basismengeneinheit	ST	Stück	Warengruppe	351500
Alte Materialnummer			Ext.Warengrp.	
Sparte	01		Labor/Büro	AAD
KontingentSchema			Produkthierar.	AB01ACAAW*3C
Werksüb. MatStatus	05		Gültig ab	
			allg.Postypengr	NORM Normalposition

Produktbezeichnung: Feinbohrwerkzeug — TC PB 101212
Benennung: Feinbohrwerkzeug mit WP-System, Sonderausführung
Fertigungssteuerer: 001 — TC Bn 104126

2 **Materialstamm (Auszug)**

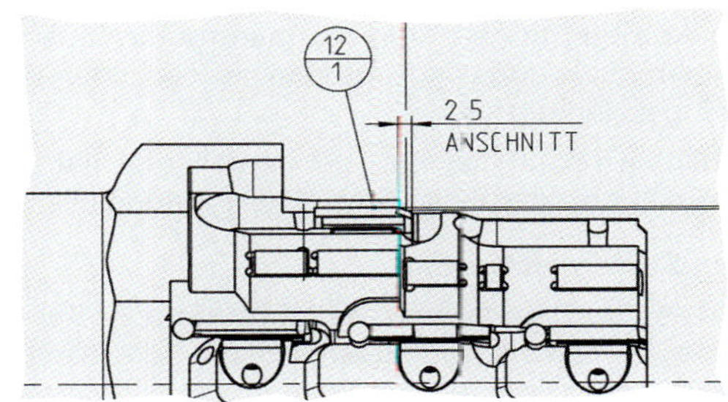

3 **Fertigungszeichnung (Detail)**

Pos.	Komponentennummer	Komponentenkurztext	Menge	ME
0010	MN5587-10-130	SEMIARBOR~MN5587-10-130 HSK-A100x250mm	1	ST
0020	10056292	SEMIPARTM~MN200-20-B 15x5.9x2.5 K10	2	ST
0030	10056291	SEMIPARTM~MN200-20-B 10x5.9x2.5 K10	2	ST
0040	10056289	SEMIPARTM~MN200-20-B 5x5.9x2.5 K10	1	ST
0050	10056317	SEMIPARTM~MN200-20-R 10x2.4x1.3 K10	2	ST
0060	30026296	PARTMECH_~GR-2N	1	ST
0070	30026298	PARTMECH_~GR-3N	8	ST
0080	10036725	SCREW_____~MN 618-A M4x0.5LH/RHx9	9	ST
0090	K595-544	PARTMECH_~Ø3.20x4.00x35.00°	12	ST
0100	K595-804	PARTMECH_~Ø3.20x4.00x20.00°	2	ST
0110	K595-1934	PARTMECH_~Ø3.20x4.00x40.00°	2	ST
0120	30026263	PARTMECH_~MN 619 GE-1	2	ST
0130	10036747	SCREW_____~MN 620-A M3x6	2	ST
0140	10036754	SCREW_____~MN 620-A M4x6	2	ST

4 **Stückliste (Auszug)**

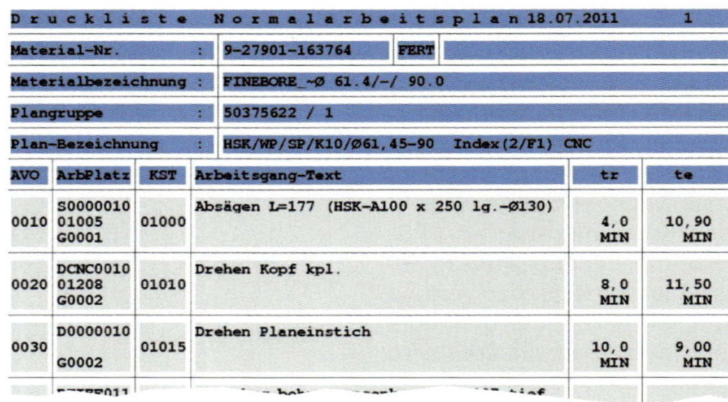

D r u c k l i s t e N o r m a l a r b e i t s p l a n 18.07.2011					1
Material-Nr. :	9-27901-163764	FERT			
Materialbezeichnung :	FINEBORE_~Ø 61.4/-/ 90.0				
Plangruppe :	50375622 / 1				
Plan-Bezeichnung :	HSK/WP/SP/K10/Ø61,45-90 Index(2/F1) CNC				
AVO	**ArbPlatz**	**KST**	**Arbeitsgang-Text**	**tr**	**te**
0010	S0000010 01005 G0001	01000	Absägen L=177 (HSK-A100 x 250 lg.-Ø130)	4,0 MIN	10,90 MIN
0020	DCNC0010 01208 G0002	01010	Drehen Kopf kpl.	8,0 MIN	11,50 MIN
0030	D0000010 G0002	01015	Drehen Planeinstich	10,0 MIN	9,00 MIN

1 Arbeitsplan (Auszug)

Prüfplan anzeigen: Merkmalsübersicht

FHM Merkmale übernehmen ... Spez.Prüfmerkmalsvorgaben

Material 9-27901-163764 FINEBORE_~Ø 61.4/-/ 90.0 PlGrZ. 1

Vorgang 0030 Vorkontrolle 10 Stufen

Quan.Daten | Kataloge | Stichprobe | Steuerkennzeichen...

Prüfmerkmale

M...	Q.	Q.	Stammprüfmerkmal	W..	Ver...	Stichp...	V	Kurztext Prüfmerkmal	T...	Metho...	W..	Ver...	P..	Basi...	D.	P...	T.	N	Maß
10	☐	☑	MA-01	0001	9	100%		Messerabnahme		AUSFÜHR	0001	1	ST	1,00			0		
20	☑	☐	BDM-S01	0001	5	100%		Bearbeitungsdurchmesser 1. Stufe		MASSPRÜF	0001	1	ST	1,00			0	3	mm

2 Prüfplan (Auszug)

Mittels **REFA-Zeitaufnahmen** und anschließender Regressionsanalyse generiert die Zeitwirtschaft entsprechende Planzeitformeln. Diese Formeln ordnet der Arbeitsplaner den Arbeitsvorgängen zu.

Zusammen mit den Werkzeugparametern aus den Klassifizierungsdaten des Materialstamms wie z. B. Durchmesser und Länge werden die Planzeiten t_r (Rüstzeit) und t_e (Zeit je Einheit) errechnet und im Arbeitsplan gespeichert.

Arbeitspläne mit den oben genannten Informationen sind eine wichtige Grundlage für Fertigungsaufträge, die Erzeugniskalkulation und die Ermittlung des Kapazitätsbedarfs **(Bild 1)**.

Plan-Kosten/Ist-Kosten

Mittels der Stammdaten Materialstamm, Stückliste und Arbeitsplan können zusammen mit den Kostenstellen-Tarifen die Plan-Herstellkosten/Selbstkosten des Auftrages ermittelt werden. Über die Buchung der tatsächlichen Materialbezüge und der benötigten Ist-Zeiten auf die Fertigungsaufträge ergeben sich die Ist-Kosten. Mit diesen Daten kann das Controlling Abweichungsanalysen Plan/Ist erstellen, die erzielten Deckungsbeiträge ermitteln und bei Bedarf zusammen mit den Fertigungsverantwortlichen entsprechende Korrekturmaßnahmen einleiten.

Prüfplanung QS

Im Prüfplan werden durch die Qualitätssicherung die erforderlichen Prüfvorgänge für Zwischenprüfungen und die Endkontrolle festgelegt **(Bild 2)**. In den Prüfvorgängen sind die Prüfmerkmale wie z. B. Maßtoleranzen, Form- und Lagetoleranzen und Oberflächengüten erfasst. Auf Basis der Verknüpfung zwischen Prüfplan und Arbeitsplan wird bei der Freigabe des Fertigungsauftrags ein Prüflos erzeugt. In diesen Prüflosen protokolliert die jeweilige Prüfstelle die entsprechenden Ergebnisse. Die Ergebnisse werden bei Bedarf den Kunden in Form eines Prüfprotokolls **(Bild 3)** zur Verfügung gestellt.

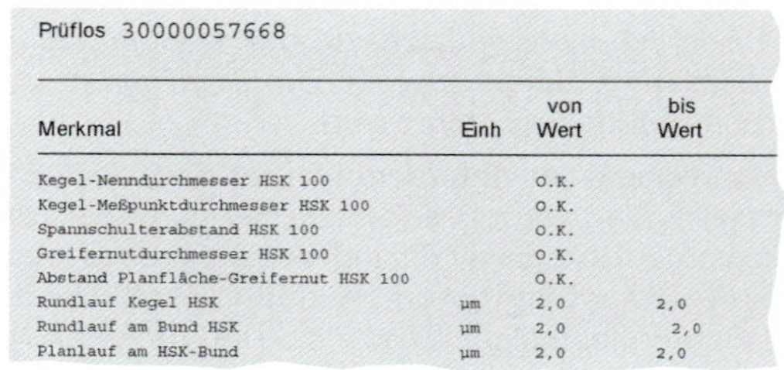

Prüflos 30000057668

Merkmal	Einh	von Wert	bis Wert
Kegel-Nenndurchmesser HSK 100		O.K.	
Kegel-Meßpunktdurchmesser HSK 100		O.K.	
Spannschulterabstand HSK 100		O.K.	
Greifernutdurchmesser HSK 100		O.K.	
Abstand Planfläche-Greifernut HSK 100		O.K.	
Rundlauf Kegel HSK	µm	2,0	2,0
Rundlauf am Bund HSK	µm	2,0	2,0
Planlauf am HSK-Bund	µm	2,0	2,0

3 Prüfprotokoll (Auszug)

Freigabe Fertigungsaufträge

Die im Betrieb zu erbringenden Leistungen werden über Fertigungsaufträge beauftragt. Als Grundlage hierfür dienen die erstellten Stammdaten.

Die Arbeitsvorgänge des Arbeitsplans und die Stücklistenkomponenten werden in den Fertigungsauftrag übernommen. Ausgehend vom Liefertermin ermittelt die Fertigungsauftragsterminierung rückwärts die Endtermine für jeden Fertigungsschritt.

Wesentliche Parameter für die Terminierung sind die zu produzierenden Mengen, die durchschnittlichen Wartezeiten pro Arbeitsplatz und die Rüst/Stückzeiten. Über den in der Materialbedarfsplanung generierten Planauftrag wird ein Fertigungsauftrag eröffnet. Wenn die Komponentenverfügbarkeit gegeben und der terminierte Auftragsstart erreicht ist, wird der Fertigungsauftrag freigegeben und die Fertigungsunterlagen gedruckt **(Bild 1)**.

Damit ist über den Fertigungsauftrag festgelegt, welches Werkzeug an welchem Arbeitsplatz zu welchem Termin zu fertigen ist. Die für den Fertigungsauftrag erforderlichen Komponenten werden dem Lager entnommen und auf den Fertigungsauftrag abgebucht, anschließend wird die Fertigungsdurchführung mit dem ersten Arbeitsvorgang gestartet.

APO	Arb.Platz	KST	End-Termin	tr[min]	Menge x te[min]	Rückmeldenummer	Gutstück / Ausschuß	Datum / Name
Arbeitsvorgangstext								
0010	S0000010	1000	27.05.11	4,0	21,[illegible]	0028022740		
Absägen L=177 (HSK-A100 x 250 lg.-Ø130) Lagerort: 0500								
0020	DCNC0010	1010	30.05.11	8,0	23,[illegible]	0028022741		
Drehen Kopf kpl.								
0030	D0000010	1015	31.05.11	10,0	18,[illegible]	0028022742		
Drehen Planeinstich								
0040	BTIEF011	1000	01.06.11	7,0	10,[illegible]	0028022743		
KM-Bohrg.bohr.u.ansenk. Ø12 x 207 tief								
0050	KODRE010	1015	01.06.11	4,0	1,[illegible]			

1 **Fertigungsauftrag (Auszug)**

```
(BAHNKORREKTUR: KONTUR -RADIUS- )
(H148  D32X3.0 SCHEIBENFR./15 GRAD / MESSERSCHLITZ D154 )

N101 (SCHWENKEN)G65P8999B90.
N102 (DREHEN)M21(N1/360./.0)

N103M6
(T1/ 20. SCHRUPPFR./VHM)
N104G0G54G90X71.6Y-45.036M8T2
N105G43Z96.5S1910M3H176
N106G1Z46.5F3000
N107( FREIFRAESUNG SCHRUPPEN )
N108Y27.964F477
N109X88.6
N110Y-32.036
N111Z96.5F3000
N112G0X73.6Y-56.036
N113G1Z36.5
```

2 **NC-Programm (Auszug)**

Fertigungsdurchführung

Bei der computergestützten Fertigung erfolgt die Herstellung des Produkts auf computergesteuerten (CNC, computerized numeric control) Maschinen und Fertigungsbereichen. Das in der CAD-Software integrierte NC-Programmiersystem übernimmt die CAD-Daten der Konstruktion und erzeugt die erforderlichen NC-Daten zur Maschinensteuerung (CAD-CAM-Kopplung) **(Bild 2)**.

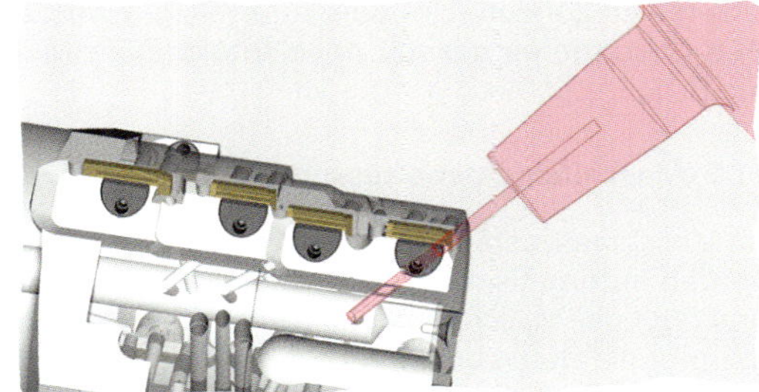

3 **Simulation des Fertigungsprozesses**

Der Programmierer ergänzt die zum Fertigungsprozess erforderlichen Technologie- und die Werkzeugdaten, optimiert die Verfahrwege in Bezug auf mögliche Kollisionen im Arbeitsraum und simuliert den Fertigungsablauf **(Bild 3)**. Die Vorteile sind ein geringerer Programmieraufwand, durchgängige Geometriedaten, Variantenkonstruktionen und Änderungen sind schnell realisierbar und eine Verringerung der Fertigungszeiten und Rüstzeiten.

Ausgehend von einem auf Länge vorgefertigten Rohling wird durch Längs- und Plandrehen die Werkzeugkontur vorgearbeitet **(Bild 4)**. Nach dem Härten und Sandstrahlen des Rohlings wird durch Vorschleifen die HSK-Aufnahme bearbeitet.

4 **Rohling nach der Drehbearbeitung**

Durch Fräsen und Bohren auf einem CNC-gesteuerten Bearbeitungszentrum werden die Aufnahmen für die Führungsleisten und die Schneidplatten gefräst **(Bild 1)**.

Durch Hartlöten werden die Führungsleisten eingelötet. Nach dem Sandstrahlen und dem Nacharbeiten des axialen Zentrums wird das Werkstück durch Feinwuchten bei einer Nenndrehzahl von 3000 min^{-1} auf eine Wuchtgüte G 6,3 gewuchtet.

Anschließend wird durch Brünieren auf die Oberfläche ein Korrosionsschutz aufgebracht und die Durchflussmenge an Kühlschmierstoff durch die Bohrungen geprüft. Die geforderten Werkzeugmaße werden innerhalb der Toleranzen durch Feinbearbeitungsverfahren wie Schleifen, Läppen und Erodieren erzeugt. Nach der Montage der Schneidplatten **(Bild 2)** wird die Werkzeugausnahme fertiggeschliffen und das Werkzeug mit Laser beschriftet. Abschließend erfolgt die Endkontrolle mit Dokumentation im Prüfprotokoll.

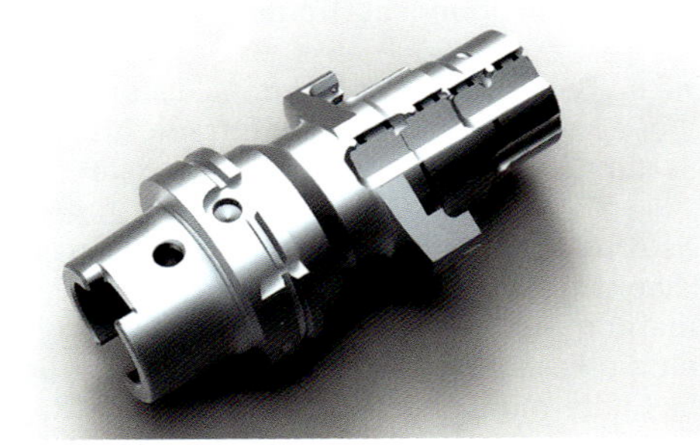

1 Werkstück nach dem Fräsen

Subsystem MES (Manufacturing Execution System)

In einer Fertigung mit kapitalintensiven Betriebsmitteln ist es wichtig, die Maschinennutzung zu maximieren, um möglichst niedrige Maschinenstundensätze zu realisieren. Dazu ist es wichtig Transparenz über die Maschinenlaufzeiten und Störzeiten zu haben, um entsprechende Verbesserungsmaßnahmen einleiten zu können. Um dies zu erreichen werden MES-Systeme eingesetzt mit den Modulen MDE und BDE.

2 Werkzeug mit montierten Schneidplatten

3 Barcode auf der Laufkarte

MDE (Maschinendatenerfassung)

Die Maschinenzustände (Produktivzeit und Störung) werden automatisch erfasst. Eine externe SPS ist direkt mit der Maschinensteuerung verbunden und übergibt die Daten an die MDE-Software. Im Nachgang bewerten die Werker die Stillstandszeit mit einem Stillstandsgrund. Diese Daten können mit einer Reporting-Funktion direkt ausgewertet werden.

BDE (Betriebsdatenerfassung)

Mit dem BDE-System werden durch die Werker die Beginn- und Endezeitpunkte pro Arbeitsvorgang im Fertigungsauftrag erfasst. Diese Auftragszeiten verrechnet das System mit den MDE-Stillstandszeiten und übergibt die Daten Istzeit, Ist-Gutmenge und Ist-Ausschuss über eine Schnittstelle an den Fertigungsauftrag im PPS-System. Im PPS-System ist damit der Auftragsfortschritt zeitaktuell ersichtlich.

Zur Erfassung mittels Barcode-Scanner am BDE-Terminal **(Bild 4)** dient die Rückmeldenummer des Arbeitsvorgangs auf der Laufkarte **(Bild 3)**.

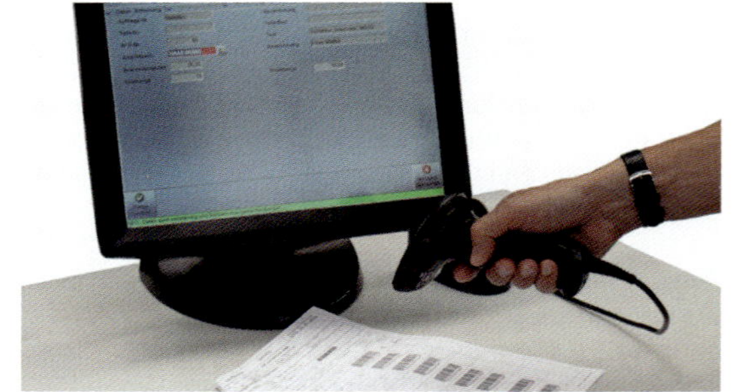

4 BDE-Terminal

Fertigungssteuerung

Die Ziele der Fertigungssteuerung sind:

- Hohe Liefertermintreue,
- Kurze Durchlaufzeiten,
- Niedrige Umlaufbestände,
- Hohe Kapazitätsnutzung,
- Große Flexibilität,
- Niedrige Rüstzeiten durch rüstoptimale Reihenfolgen.

Dies kann realisiert werden mit einer zentralen Grobplanung und einer dezentralen Feinsteuerung. Die zentrale Grobplanung erzeugt z.B. die Kapazitätsgrobplanung mittels derer der Vertrieb die machbaren Liefertermine bestimmt. Die dezentrale Feinsteuerung wird üblicherweise von den Fertigungsmeistern durchgeführt. Diese Tätigkeit umfasst die aufgabenoptimierte Feinplanung, Überwachung der Auftragsdurchführung und Sicherstellung der Liefertermine. Durch die Verlagerung der Feinsteuerung in unmittelbare Produktionsnähe wird ein erheblicher zentraler Koordinierungsaufwand vermieden. In kleinen Regelkreisen kann direkt in der Produktion auf Störgrößen reagiert werden und so können die Ziele der Fertigungssteuerung sichergestellt werden.

Lagerzugang, Kommissionierung, Versand, Faktura

Nach Endrückmeldung des Fertigungsauftrags erfolgt die Zugangsbuchung an das Fertigwarenlager. Die Versandabteilung kommissioniert die Werkzeuge und bucht die Entnahme aus dem Fertigwarenlager. Im Anschluss werden die Werkzeuge verpackt, die Lieferung im ERP-System angelegt und der Lieferschein gedruckt. Abschließend wird das Paket der Spedition übergeben und die Rechnung für den Kunden erstellt.

Eine Übersicht über den gesamten betrieblichen Leistungsprozess zeigt **Bild 1**.

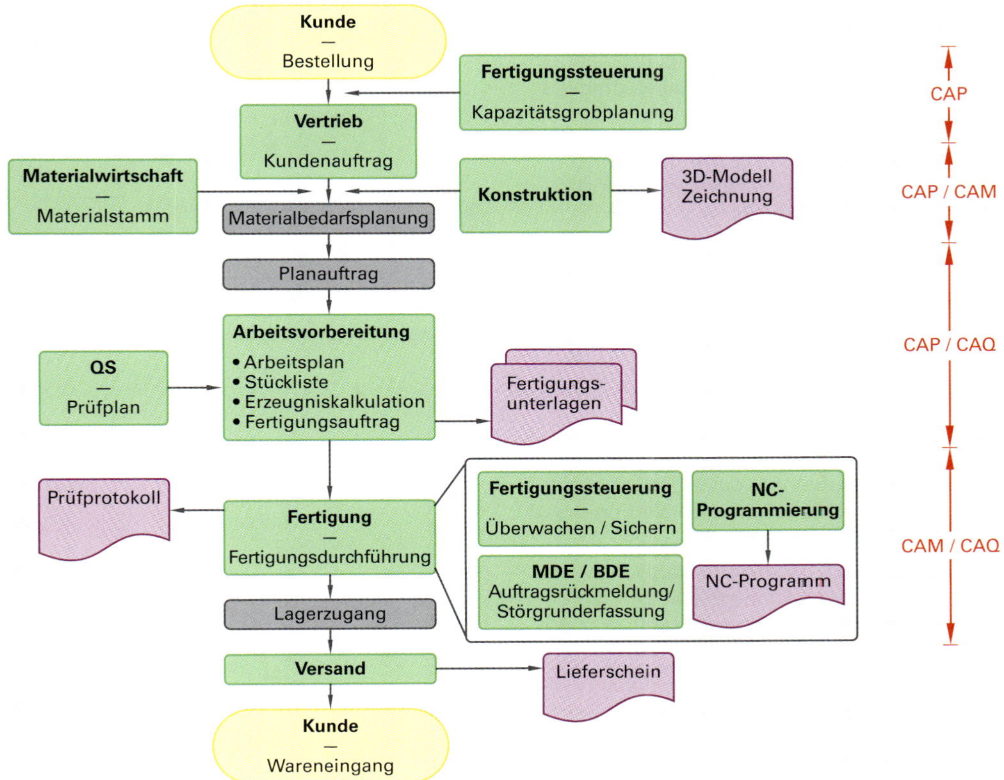

1 **Betrieblicher Leistungsprozess**

Q2 QUALITÄTSMANAGEMENT

Zielsetzung

Wer für den Markt produziert und seine Produkte an Kunden verkaufen will, muss die geforderten Eigenschaften des Produktes erfüllen. Bei bestimmten Produkten sind das die Funktion, die Neuartigkeit oder die abwechslungsreiche Gestaltung. Solche Eigenschaften unterliegen der subjektiven Betrachtung, der Mode und der Manipulation. Der Zerspanungsmechaniker ist solchen willkürlichen Betrachtungsweisen weniger ausgesetzt. Er bekommt konkrete Anforderungen über Größe, Lage und Beschaffenheit der Oberfläche seiner Werkstücke vorgegeben. Dies kann geprüft und meistens auch gemessen werden **(Bild 1).**

Unter den heutigen Produktionsbedingungen wird es meist nicht mehr einem Facharbeiter überlassen, wie und wie oft er zu prüfen hat. Die Prüfung wird geplant.

Um Fehlerquellen auszuschalten, wird abgesichert, dass die Maschinen und Prüfmittel und der gesamte Fertigungsprozess die geforderte Qualität beständig ermöglichen.

All diese Tätigkeiten sind zu dokumentieren, damit festgestellt werden kann, ob an jedem Arbeitsplatz entsprechend der Qualitätsanforderungen gehandelt wurde. Dafür ist insbesondere das Qualitätsmanagement zuständig.

Das Qualitätsmanagement beinhaltet die Gesamtheit aller qualitätsbezogenen Tätigkeiten und Zielsetzungen **(Bild 3).**

Über die Kunden bzw. direkten Nutzer der Produkte hinaus müssen zunehmend die Interessen der gesamten Gesellschaft berücksichtigt werden. All dies fließt in den sogenannten Qualitätskreis ein (**Bild 2** und **Bild 1,** folgende Seite).

Qualität

Qualität ist die Beschaffenheit einer Einheit bezüglich ihrer Eignung, die Qualitätsanforderungen zu erfüllen.

Unter „Einheiten“ werden sowohl Waren wie eine gefertigte Welle als auch Dienstleistungen, zu denen das Kundengespräch und der gesamte Service gehören, verstanden.

Die Qualitätsanforderungen teilen sich dabei in die konkreten Anforderungen, wie sie z. B. aus der Zeichnung ersichtlich sind, als auch Erwartungen des Kunden an Liefertermin, Kundendienst und den Preis und eventuell verbesserte Qualität, die er aber nicht zusätzlich vergüten will **(Bild 4).**

quantitative	Länge, Durchmesser, Rundheit, Rundlauf, Rauheit, Ebenheit, Parallelität, Winkligkeit, Formen wie Gewinde und Zahnräder	maßlich prüfbar
qualitative	Sauberkeit, Oberflächenglanz, Dichtheit, Korrosionsfreiheit, Funktionsfähigkeit, ästhetische Gestaltung	nicht maßlich prüfbar

1 Qualitätsmerkmale

Kundeninteressen	Herstellerinteressen	öffentliche Interessen
günstiges Preis-Leistungs-Verhältnis Zuverlässigkeit des Produktes leistungsfähiger Kundenservice	Marktakzeptanz durch gute Qualität und Service hohe Gewinne durch geringe Kosten und/oder hohe erzielte Preise Imagegewinn	Umweltverträglichkeit in der Produktion, beim Gebrauch und bei der Lagerung ungefährlicher Umgang allgemeine Interessen, z. B. einheimische Produktion

2 Berücksichtigung unterschiedlicher Interessen in der modernen Fertigung

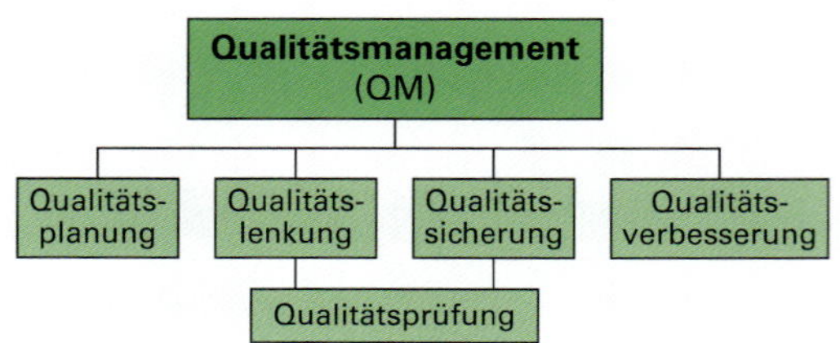

3 Qualitätsmanagement, Bereiche

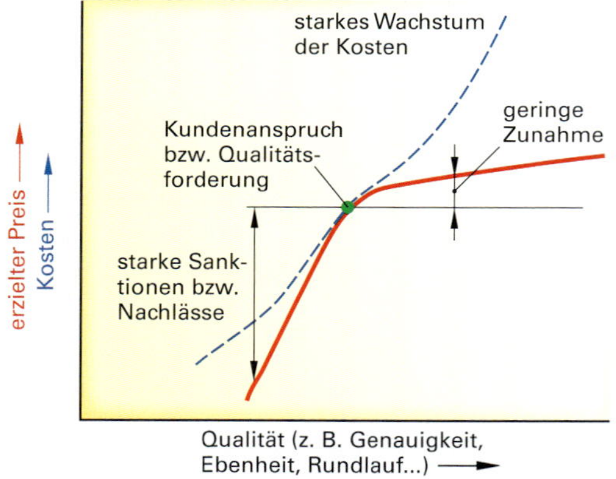

4 Zusammenhang zwischen Qualität, Preis und Kosten

Qualitätskreis

Die Qualitätspolitik einer Organisation sichert durch Qualitätsplanung, Qualitätslenkung und Qualitätssicherung das Zusammenwirken aller Abteilungen, um die Erfüllung aller Qualitätsanforderungen zu gewährleisten.

Im Qualitätskreis wird dieser Zusammenhang veranschaulicht. Ausgangs- und Endpunkt des Qualitätskreises sind die Forderungen und Erwartungen der Kunden. Daraus werden die Qualitätsanforderungen abgeleitet **(Bild 1)**.

Die **Qualitätsanforderung** an das Produkt ist die geforderte Beschaffenheit. Dazu gehören:

- Zuverlässigkeit (Funktionsfähigkeit, Instandhaltbarkeit, Verfügbarkeit),
- Sicherheit bei der Handhabung,
- Austauschbarkeit,
- Umweltverträglichkeit,
- Wirtschaftlichkeit,
- ästhetische Gestaltung.

1 Qualitätskreis

Wirtschaftlichkeit

Um ein Produkt qualitätsgerecht und wirtschaftlich herzustellen, muss im gesamten Qualitätskreis bzw. in allen Phasen des Qualitätsmanagements die Einhaltung der Qualitätsanforderungen im Mittelpunkt stehen. Dabei gilt:

Fehler vermeiden ist kostengünstiger als Fehler suchen und beseitigen **(Bild 2)**.

Die Möglichkeit, Kosten zu sparen, ist besonders hoch in der Konzeptions- und Entwicklungsphase; die Beseitigung von Fehlern wiederum kostet besonders viel, wenn das Produkt schon beim Kunden ist.

Hier kostet es neben Geld auch noch Ansehen und führt zu einem Imageverlust, der meist schwer revidierbar ist. Um diese Verluste zu verhindern, ist die intensive Kommunikation zwischen den einzelnen Abteilungen notwendig. Ohne Rückmeldungen können die jweils vorherigen Abteilungen im Qualitätskreis nicht auf die Fehler reagieren. Hier hat sich die **F**ehler-**M**öglichkeits- und **E**influss-**A**nalyse (FMEA) als hilfreich erwiesen, durch die Fehler frühzeitig erkannt und vermieden werden können (siehe Tabellenbuch Zerspantechnik).

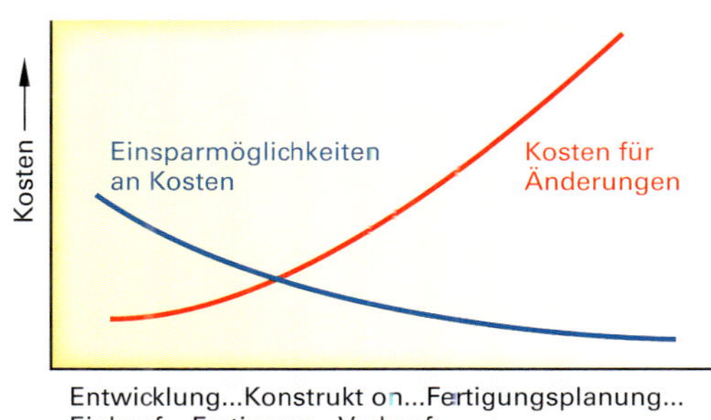

2 Kosten der Fehlerbeseitigung im Qualitätskreis

Fehler und Mängel am Produkt			
Produkte, die vom Kunden abgelehnt werden, können fehler- oder mangelhaft sein.			
Fehler = Nichterfüllung einer exakt festgelegten Forderung	Fehler	objektiv feststellbar	behebbar
Mangel = Nichterfüllung einer festgelegten Forderung oder einer angemessenen Erwartung (z.B. Aussehen, Neuartigkeit, Bedienerfreundlichkeit)	Mangel	objektiv/subjektiv feststellbar	teilweise behebbar Vergleich nötig
Deshalb: Durch Marktforschung Erwartungen der Kunden ermitteln!			

Qualitätsmanagementsysteme

Die Einhaltung geforderter Eigenschaften eines Produktes wird in den meisten Unternehmen durch ein Qualitätsmanagementsystem (QM-System) realisiert. Die Einführung eines QM-Systems führt nicht zu höherwertigen Produkten, sondern zur Erreichung der vorgegebenen Qualität. Bekannte QM-Systeme basieren auf dem EFQM-Modell (European Foundation for Quality Management) oder auf der ISO 9001. Beide Systeme dienen der Sicherung der Prozessqualität. Bei beiden Systemen wird mithilfe von Audits untersucht, ob die festgelegten Anforderungen an das QM-System erfüllt werden. Die Durchführung der Audits durch autorisierte Institutionen kann bei positivem Ergebnis zu Zertifizierungen führen. Im Folgenden wird näher auf Vorgaben der ISO 9001 eingegangen.

Prozessorientierung

Die Normenreihe ISO 9001 ist grundsätzlich prozessorientiert aufgebaut und regelt, welche Prozesse in einer Organisation offengelegt werden müssen und wie diese beschrieben werden. Die Beschreibung erfolgt meist in einem Qualitätshandbuch (Q-Handbuch). Die ISO 9001 legt die Mindestanforderungen an ein QM-System fest, die die Organisation erfüllen muss, um Produkte und Dienstleistungen zu erzeugen, die auf dem Markt bestehen können **(Bild 1)**.

Der prozessorientierte Ansatz des Qualitätsmanagements basiert auf dem nach William Edwards Deming benannten Demingkreis (engl. PDCA).

Der PDCA-Kreis besteht aus den vier Elementen **P**lan – **D**o – **C**heck – **A**ct. Man versteht darunter, dass jeder Prozess vor seiner eigentlichen Umsetzung geplant und getestet werden muss. Wenn im Unternehmen Verbesserungspotenzial erkannt wird (Plan), werden neue Konzepte mit schnell realisierbaren, einfachen Mitteln getestet, z.B. an einem Arbeitsplatz (Do). In der Phase Check werden der getestete Prozessablauf und seine Resultate sorgfältig überprüft und bei Erfolg für die Umsetzung als Standard freigegeben. Dieser neue Standard wird für den gesamten Bereich eingeführt, festgeschrieben und regelmäßig auf Einhaltung überprüft (Act).

Die Verbesserung dieses Standards beginnt wiederum mit der Phase Plan.

Elementare Grundsätze des QM-Systems

- Kundenorientierung
- Verantwortlichkeit der Leitung
- Einbeziehung aller Mitarbeiter
- Prozessorientierung
- Kontinuierlicher Verbesserungsprozess (KVP)
- optimale Lieferantenbeziehungen

1 Prozessorientierung nach ISO 9001

Entsprechend der Prozessorientierung nach ISO 9001 lassen sich vier entscheidende Prozesse ableiten.

Verantwortlichkeit der Leitung	Ressourcen-management	Produktherstellung	Messung und Analyse
• Erarbeitung und Umsetzung eines Q-Leitbildes • Festlegung der Strategie zur Kundenorientierung • Umsetzung eines QM-Systems	• Personalbefähigung • Bereitstellung aller benötigten materiellen Ressourcen • Realisierung des Informationsflusses • Finanzen	• Erfassung der Kundenanforderungen • Produktentwicklung • Kontrolle und Sicherstellung der Produktfertigung • Produktprüfung	• Erfassung der Kundenzufriedenheit • Definition von Erfolgskenngrößen • Erfassung und Korrektur von Fehlern

Ein dauerhafter Erfolg am Markt lässt sich in der Regel nur durch kontinuierliche Verbesserung ausgehend von der Erfassung veränderter Kundenanforderungen und durch die Erfassung der Kundenzufriedenheit realisieren.

Komponenten des Qualitätsmanagements

Das **Q-Handbuch** ist das zentrale Element der Qualitätsdokumentation eines Unternehmens. Es beinhaltet in der Regel mindestens die Festlegungen zur Qualitätspolitik, die Qualitätsziele, die angewandte Norm, Aufbau- und Ablauforganisation des Unternehmens und den Aufbau des QM-Systems.

Unter der Qualitätspolitik versteht man die Zielsetzungen des Unternehmens zum Umgang mit den Anforderungen und Bedürfnissen aller Interessenspartner. Die wichtigsten Interessenspartner sind die Kunden, die Lieferanten und die Mitarbeiter, darüber hinaus Teile der Gesellschaft wie Bürger und Institutionen oder auch Partnerunternehmen.

Die Qualitätsziele und -aufgaben eines Unternehmens unterteilen sich in die Komponenten Qualitätsplanung, Qualitätslenkung, Qualitätssicherung und Qualitätsverbesserung. Eine übergeordnete Zielstellung besteht in der zunehmenden und dauerhaften Zufriedenheit des Interessenspartners.

Qualitätsmanagement		
Qualitätsplanung • Planung der Qualitätsanforderung, d.h. die Forderungen an die Beschaffenheit des Produkts • Festlegung der Qualitätsmerkmale • Klassifizieren und Gewichten der Qualitätsmerkmale	**Qualitätslenkung** Vorbeugende, überwachende und korrigierende Tätigkeiten beim Herstellen des Produkts, d.h. Beseitigung von Ursachen von vorhandenen oder möglichen Fehlern oder Mängeln, um die Qualitätsanforderungen zu erfüllen	**Qualitätsprüfung (Qualitätssicherung)** Feststellen, ob das Produkt die Qualitätsanforderungen erfüllt. Die Prüfung kann sich auf eine Forderung oder auf alle Qualitätsanforderungen an das Produkt beziehen. Prüfungen erfolgen vom Einkauf über die Fertigung bis zum Verkauf.
Qualitätsförderung (Qualitätsverbesserung) Alle Maßnahmen, die auf die Erhöhung der Fähigkeit zur Erfüllung der Qualitätsanforderungen gerichtet sind. Dazu gehören Maßnahmen sowohl im technischen und organisatorischen Bereich als auch im Bereich der Mitarbeiter. Qualitätsorientiertes Denken und Handeln ist Ziel dieser Maßnahmen. Dazu gehören Arbeit mit Verbesserungsvorschlägen, Anerkennung der Leistungen der Mitarbeiter, Mitarbeit in Qualitätsteams, die Information aller Mitarbeiter über die Ziele des Qualitätsmanagements und ihre Umsetzung. Bei veränderten Kundenanforderungen oder bei neuen technischen Standards muss die Produktqualität angepasst werden.		

Qualitätsplanung

Die Qualitätsplanung beinhaltet alle Planungstätigkeiten, die vor Beginn der Produktion auf die Einhaltung der Qualitätsanforderungen gerichtet sind. Hierbei sind von den Erwartungen des Kunden ausgehend alle Phasen des Qualitätskreises im Blick zu behalten. Für die spanende Fertigung leiten sich daraus folgende Überlegungen ab:

Der Qualitätskreis zeigt, dass alle Abteilungen des Betriebes Einfluss auf die Qualität des Produktes nehmen. Der eindeutige Durchlauf des Produktes entspricht aber nicht einem ebenso einseitigen Ablauf der Entscheidungen. Bei der Qualitätsplanung und Qualitätslenkung arbeiten alle Abteilungen zusammen. Beim Bestimmen der Qualitätsanforderungen und der Auswahl der Qualitätsmerkmale ist bereits zu bedenken:

- Welche Maschinen stehen für die Fertigung zur Verfügung? Welche Qualität ist auf diesen Maschinen erreichbar?
- Welches Facharbeiterpotenzial ist vorhanden? Sind bestimmte Qualitätsanforderungen durchsetzbar? Unter welchen Bedingungen sind sie durchsetzbar (Lehrgänge u.a.)?
- Welche Prüfmittel sind vorhanden? Lassen sich die Qualitätsmerkmale damit prüfen?

Nach diesen Überlegungen kommt es auch zu Entscheidungen, ob bestimmte Einzelteile in Eigenfertigung produziert werden oder als Kaufteile erworben werden.

In vielen Betrieben werden zwischen den Abteilungen Marktbedingungen hergestellt. Die Abteilung „Spanende Fertigung" tritt so im Wettbewerb mit fremden Firmen gegenüber der eigenen Montageabteilung wie ein Verkäufer auf. Der Kunde Montageabteilung entscheidet, bei wem er seine Einzelteile kauft.

Die Abteilung „Spanende Fertigung" wird dadurch gezwungen, hohe Qualität bei niedrigen Preisen zu liefern. Das erfordert höchste Produktivität bei fehlerfreier Produktion.

Qualitätssicherung (Qualitätsprüfung)

Die Qualitätsprüfung ist ein Teil des Qualitätsmanagements. Sie umfasst alle geplanten und systematischen Tätigkeiten, um die Produktqualität und damit die Kundenanforderungen zu erfüllen.

Die Qualitätssicherung hat das Ziel, eine gleichbleibende und wiederholbare Produktqualität zu gewährleisten. Hierzu wird in der **Prüfplanung** festgelegt, welche Merkmale des Werkstückes geprüft werden, mit welcher Methode und welchen Mitteln dies geschieht, wer prüft und wie häufig geprüft wird. Nach diesen Vorgaben und allgemeinen Hinweisen zum Prüfen erfolgt die **Prüfdurchführung**. Die Ergebnisse der Prüfung werden in einem **Prüfprotokoll** festgehalten.

Anschließend werden in der Prüfdatenverarbeitung die ermittelten Daten ausgewertet, protokolliert und ggf. weiterverarbeitet. Um die Rückverfolgbarkeit bei Ausschuss zu gewährleisten und Folgeschäden zu vermeiden, erfolgt eine **Prüfdokumentation** und **Datensicherung**.

Der Einsatz des „richtigen" Prüfmittels ist entscheidend für die Richtigkeit des Prüfergebnisses. Dies bedeutet, dass sowohl das passende Prüfmittel ausgewählt werden muss, als auch, dass dieses Prüfmittel fähig sein muss, ein korrektes Ergebnis zu liefern. Um ein sicheres Ergebnis zu erzielen, sollte die Messgenauigkeit etwa ein Zehntel höher sein als das zu prüfende Maß. Außerdem sollte die Messunsicherheit maximal ein Zehntel der zu prüfenden Toleranz betragen. Die Aufgabe der **Prüfmittelüberwachung** (PMÜ) besteht darin, dieses zu gewährleisten.

Alle Qualitätsmanagementsysteme, wie zum Beispiel ISO 9001 und ISO/TS 16949, fordern, dass für jede Art von Messsystem statistische Untersuchungen zur Analyse der Streuung der Messergebnisse durchgeführt werden. Für diese **Prüfmittelfähigkeitsanalysen (PMFA)**, englisch **Measurement System Analysis (MSA)** sind in Abhängigkeit von der Art des Prüfmittels und der durchzuführenden Prüfung unterschiedliche Maßnahmen vorgeschrieben. Die Anforderungen an die Produktqualität und die internationale Rechtsprechung bezüglich der Produkthaftung zwingen die Unternehmen, Nachweise über die getroffenen Maßnahmen zur Sicherung der Produktqualität zu erbringen.

Eichen	Kalibrieren	Justieren
Amtliche Prüfung und Kennzeichnung eines Prüfmittels entsprechend der Eichvorschrift	Feststellung der systematischen Messabweichung, ohne Veränderung des Prüfmittels	Minimierung der systematischen Messabweichung durch Veränderung (Einstellung) des Prüfmittels

Zur Überwachung der Prüfmittel existieren verschiedene Institutionen. Wie viele andere Industrienationen verfügt auch die Bundesrepublik Deutschland über ein staatlich überwachtes Messwesen. Die Physikalisch-Technische Bundesanstalt (PTB) ist ein ingenieurwissenschaftliches Staatsinstitut und die oberste Behörde der Bundesrepublik Deutschland für das Messwesen und die physikalische Sicherheitstechnik.

Der Deutsche Kalibrierdienst (DKD) ist ein Gremium der Physikalisch-Technischen Bundesanstalt. Er sichert die Zusammenarbeit von akkreditierten (staatlich anerkannten) Laboratorien mit der PTB. Diese Laboratorien müssen im Rahmen der Akkreditierung ihre personelle und messtechnische Kompetenz nachweisen, damit sie dann von zertifizierten Unternehmen eingesetzt werden können.

Eichungen werden von amtlichen Eichbehörden und öffentlich rechtlichen Anstalten vorgenommen.

Die Entscheidung, ob ein Prüfmittel geeicht oder kalibriert wird, liegt nicht allein beim Anwender. Messgeräte in Unternehmen, die z.B. nach ISO 9001 oder ISO TS 16949 zertifiziert sind, dürfen nur von autorisierten Kalibrierstellen kalibriert werden. Hingegen werden für Messungen im öffentlichen Warenverkehr, z.B. Heizöl, Zapfsäulen oder auch bei der Lebensmittelkontrolle, ausschließlich geeichte Messgeräte verwendet.

Prüfmittelüberwachung

Alle Prüfmittel, die direkten Einfluss auf die Qualität der Produkte haben, sind zu überwachen und in regelmäßigen Abständen zu kalibrieren.

Ziele der Prüfmittelüberwachung (PMÜ)

- Sicherung der Genauigkeit der Prüfmittel,
- Sicherung der Verfügbarkeit der Prüfmittel,
- Sicherung der Vergleichbarkeit der Messergebnisse im Unternehmen und beim Kunden **(Bild 1)**,
- Nachweispflicht bei Produzentenhaftung,
- dauerhafte Sicherung der geforderten Fertigungsqualität.

Die meisten Prüfmittel unterliegen in ihrem Lebenszyklus einem gewissen Verschleiß. Dazu reagieren viele Prüfmittel auf veränderte Umweltbedingungen, wie z. B. Temperatur, Luftfeuchtigkeit oder Erschütterungen. Darum sind die Überprüfung der Prozessfähigkeit der eingesetzten Prüfmittel vor erstmaligem Einsatz und die regelmäßige Kalibrierung zwingend notwendig **(Bild 2)**.

2 Prüfplakette

Elemente der PMÜ

Prozessfähigkeitsuntersuchung für das Prüfmittel:

- beim erstmaligen Einsatz eines neuen Prüfmittels ist durch ein geeignetes Verfahren zu überprüfen und sicherzustellen, dass das Prüfmittel unter den gegebenen Einflüssen am Einsatzort die geforderte Genauigkeit einhält.

Aufnahme des Prüfmittels in die Prüfmitteldatenbank:

- Erstellung einer Prüfmittelstammkarte mit zulässigen Grenzwerten der Umweltfaktoren **(Bild 3)**.

Festlegung des Überwachungsintervalls:

- entsprechend den Herstellervorgaben und den Einsatzbedingungen.

Übergabe des Prüfmittels:

- Festlegung des Verantwortlichen,
- Übergabe der Prüfmittelstammkarte.

Überprüfen des Prüfmittels nach Ablauf des Überwachungsintervalls:

- Prüfen durch eine autorisierte Stelle,
- bei ungewöhnlich hohem Verschleiß des Prüfmittels Überwachungsintervall korrigieren.

Prüfprotokoll

Auftragsnummer:		Datum: Zeit: Blatt:

Prüfmitteldaten:
Inventarnummer:
Bezeichnung: Ausschuss-Lehrdorn
Kostenstelle:
Einsatzort: Warenannahme
Nenndurchmesser: 12,0 mm
Toleranzfeld: H7
OGW: 12,018 mm
UGW: 12,0 mm

Prüfungsdaten:
Prüfer:
Prüfdatum:
Messraumtemperatur: 10,0°C
Prüfintervall: 12Monate
Nächster Üb.-Termin:

Kennwerte

Merkmal	Nennmaß	zulässige Toleranz	Prüfergebnis	Einheit	Urteil
Temperaturmessung	20,0000	19,0 / 21,0	20,0000	°C	i.O.
Außendurchmesser Ausschussseite	12,0000	12,0165 .. 12,0195	12,0170	mm	i.O.
Zylinderform	0,0000	0,0 / 0,002	0,0012	mm	i.O.

Außendurchmesser Ausschussseite	Sollwert	Istwert	UGW … OGW
Vorn –0°	12,0000	12,0170 mm	
Vorn –90°	12,0000	12,0175 mm	
Hinten –90°	12,0000	12,0176 mm	
Hinten –0°	12,0000	12,0170 mm	

Beanstandungen bei der Sicht- und Funktionsprüfung

Bemerkungen
Prüfplan: Ausschuss-Lehrdorn-Vollprofil Prüfung: nach VDI/VDA/DGQ 2618 Blatt 2

1 Prüfprotokoll

Prüfmittelstammkarte	Prüfmittel-ID: BMS MDC – 25 MJ Code – Nr. 293 - 230
Prüfmittel: Bügelmessschraube digital	
Messbereich: 0 mm – 25 mm Messgenauigkeit: 0,01 mm Messabweichung: max. ± 0,001 mm	
Standort: Ha. 1 Drehtechnik	Prüfmittelwart: Herr Müller
Temperaturbereich: + 17 °C ... + 24 °C	
Luftfeuchtigkeit: max. 60 %	
Prüfmittelüberwachung: Abteilung QS	
Datum: 16.02.2023 Signum: Müller	Datum: 13.09.2023 Signum: Müller
Datum: Signum:	Datum: Signum:

3 Prüfmittelstammkarte

Prüfplanung

Am Beispiel der Welle **(Bild 1)** wird auszugsweise die Prüfplanung dargelegt. Dem Zerspanungsmechaniker/der Zerspanungsmechanikerin wird mit dem Arbeitsplan der Prüfplan **(Bild 2)** übergeben. Hier sind alle Merkmale (Längen, Durchmesser, Winkel, Rundlauf usw.) angeführt. Diese sind mit Maßen und Toleranzen versehen. Es sind die Prüfmittel vorgegeben sowie der vom Zerspanungsmechaniker/von der Zerspanungsmechanikerin zu erfüllende Prüfumfang. Es ist ebenso festgelegt, welche Prüfungen das Qualitätswesen zusätzlich noch vornimmt. Dem Prüfplan sind auch Aussagen zur Prüfmittelfähigkeit und den Maschinenfähigkeitsuntersuchungen zu entnehmen.

Bei der Prüfplanung wird auch festgelegt, wie später die Auswertung der Daten erfolgt.

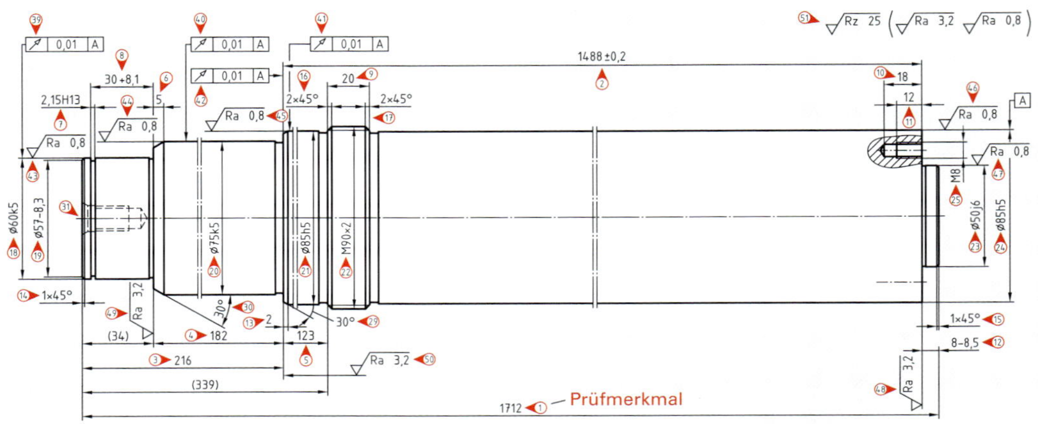

1 Welle

VA51/21
QRLFZ038

Qualitätsformular
Qualitätsformular
Prüfplanung MRO-Teile

Sachnummer: **30.96811-0034** 011 P 0118 30	Benennung: **Welle**	Losgröße :	Bearbeiter: Lanitz, Lars	Dateiname: Welle110034_Plan.doc

Merkmalnr.	Merkmal	Nennmass	Untere Tol.	Obere Tol.	Prüfmittel Werker	Prüfmittelfähigkeit	Prüfumfang Werker %	Prüfmittel QS	Prüfumfang QS	Bemerkung
1	Länge	1712	1,2	+1,2	Messschieber	ja	1	Messschieber	1	
2	Länge	1488	0,2	+0,2	Messschieber	ja	25	Messschieber	1	
3	Länge	216	0,5	+0,5	Tiefenmessschieber	ja	1	Tiefenmaß	1	
18	Durchmesser	60 k5	+0,002	+0,015	FeinzeigerMessschraube	ja	100	Marameter	25	
19	Durchmesser	57	0,3	+0	Messschieber	ja	1	Messschieber	1	
20	Durchmesser	75 k5	+0,002	+0,015	FeinzeigerMessschraube	ja	100	Marameter	25	
21	Durchmesser	85 h5	0,015	+0	FeinzeigerMessschraube	ja	100	Marameter	25	
22	Durchmesser	M90x2			Gewindelehrring	ja	25	Gewindelehrring	10	
23	Durchmesser	50 j6	0,007	+0,012	FeinzeigerMessschraube	ja	100	Marameter	25	
24	Durchmesser	85 h5	0,015	+0	FeinzeigerMessschraube	ja	100	Marameter	25	
39	Rundlauf zu A	0,01			Feinzeiger	ja	100	Feinzeiger	25	
40	Rundlauf zu A	0,01			Feinzeiger	ja	100	Feinzeiger	25	
41	Rundlauf zu A	0,01			Feinzeiger	ja	100	Feinzeiger	25	
42	Planlauf zu A	0,01			Feinzeiger	ja	100	Feinzeiger	25	
55	Signierung					ja	100			Sichtprüfung
Prozessverantwortlicher: Herr Prüfer										

2 Prüfplan (Auszug)

Prüfdokumentation und Datensicherung

In einem **Prüfprotokoll** werden die Ergebnisse der Prüfung festgehalten. Der Werker trägt die gefertigten und geprüften Maße **(Bild 1)** in das Prüfprotokoll ein. Von der Werkstatt geht das Protokoll zum Qualitätsbeauftragten, der das Protokoll bestätigt. Das Protokoll wird aufbewahrt und entsprechend der betrieblichen Regeln archiviert. Zudem dient es als Unterlage für statistische Auswertungen.

Bezug auf Prüfplan _038

Qualitätsformular
Prüfprotokoll
Fertigungsprüfung

Sachnummer:	Benennung	Werk-Nr.:	Stückzahl: gesamt:	geliefert:	Protokolltyp:	Prüfumfang:	Ident-Nr.: Protokolle pro Los
30.96811-0034	**Welle**	**1 080 002**			**Schleifen**		**Seite:** **von:**

Merkmalsnr.	Merkmal	Nennmass	Untere Tol.	Obere Tol.	Teil-Nr.: 1	Teil-Nr.: 2	Teil-Nr.: 3	Teil-Nr.: 4	Teil-Nr.: 5	Teil-Nr.:	Teil-Nr.:	Teil-Nr.:	Teil-Nr.:	Teil-Nr.:	Teil-Nr.:
18	Durchmesser	60 k5	+0,002	+0,015	+0,009	+0,014	+0,010	+0,011	+0,006						
39	Rundlauf zu A	0,01			0,003	0,004	0,008	0,003	0,002						
20	Durchmesser	75 k5	+0,002	+0,015	+0,012	+0,010	+0,008	+0,007	+0,006						
40	Rundlauf zu A	0,01			0,002	0,004	0,006	0,004	0,003						
21	Durchmesser	85 h5	−0,015	+0	−0,002	−0,008	−0,007	−0,009	−0,013						
41	Rundlauf zu A	0,01			0,006	0,005	0,007	0,004	0,003						
23	Durchmesser	50 j6	−0,007	+0,012	−0,004	+0,007	+0,009	+0,009	0						
41	Rundlauf zu A	0,01			0,003	0,003	0,005	0,002	0,005						
24	Durchmesser	85 h5	−0,015	+0	−0,008	−0,006	−0,009	−0,007	−0,007						
41	Rundlauf zu A	0,01			0,004	0,003	0,003	0,005	0,004						
42	Planlauf zu A	0,01			0,002	0,001	0,003	0,002	0,003						
Unterschrift Werker:															
Bemerkung:															

Bestätigung des Qualitätsbeauftragten:	Freigabe: ☐ ☐	Datum / Name / Unterschrift:

1 Prüfprotokoll Schleifen

Der Begriff **Dokumentation** (lat. documentum) wird im juristischen Sprachgebrauch als Beweismittelsammlung verwendet. Da aus dem **Produkthaftungsgesetz** sowie dem Produktsicherheitsgesetz (ProdSG) ernsthafte Konsequenzen bei nachweisbar fehlerhaften Produkten für die Organisation erwachsen, kommt der Prüfdokumentation und Datensicherung eine bedeutsame Rolle zu. Diese Dokumentationen können in schriftlicher Form (z. B. Prüfprotokolle), körperlicher Form (z. B. Erstmuster für die Erteilung von Serienaufträgen) oder, zunehmend, in digitaler Form (z. B. digitale Messergebnisse, die direkt auf Datenträgern intern in der Maschine oder extern auf Servern gespeichert werden) vorliegen. Es besteht zwar rechtlich keine Pflicht zur Dokumentation, aber die ISO 9001 unterstützt in mehreren Abschnitten ausdrücklich die Forderung nach lückenloser Dokumentation. Außerdem bestehen in vielen Bereichen, in denen Zerspanungsunternehmen Lieferanten sind, weiterführende Forderungen bezüglich der Rückverfolgbarkeit, wie in den normativen Dokumenten der Automobilindustrie oder in Normen zu Medizinprodukten.

Wie viele Jahre Dokumente aufzubewahren sind, ist gesetzlich nicht geregelt, viele Organisationen orientieren sich an Verjährungsfristen **(Tab. 1)**. Die Dokumentation beschränkt sich nicht nur auf den Nachweis der Erfüllung von Qualitätsmerkmalen, sondern umfasst alle Produktlebensphasen. Dazu zählen in der Herstellung bei der Beschaffung z. B. der Nachweis der Rohteilqualität, bei der Fertigungsüberwachung die Produktionsdatenerfassung, bei der Endprüfung die Prüfnachweise sowie bei Lagerung und Versand die Verpackungs- und Transportvorschriften.

Tabelle 1: Richtwerte für Aufbewahrungszeiten

Dokumentation	Beispiel	Jahre
Erstmuster	Serienfertigung von Pumpengehäusen	mindestens 10 Jahre
Nullserienprüfdokumente	Antriebswelle für Getriebe von Getränkelaufbändern	mindestens 10 Jahre
Prüfberichte und Messprotokolle von Serienteilen	Zahnstange für Fahrstuhlantrieb (langlebiges Produkt mit hoher Sicherheitsrelevanz)	30 Jahre (und Mitgabe der Originaldokumente an den Kunden)
Personalakte	Für Werker im sicherheitsrelevanten Tätigkeitsbereich	30 Jahre

Kundenorientierung

Für jedes Unternehmen gilt der Grundsatz, sich optimal den Wünschen und Anforderungen des Kunden anzupassen, wenn der Erfolg am Markt dauerhaft gewährleistet sein soll. Der Kunde hat oftmals eine große Auswahl an Lieferanten, daher wird er sich für denjenigen entscheiden, der beim gewünschten Produkt die beste Qualität zu einem optimalen Preis-Leistungs-Verhältnis anbieten und garantieren kann. Entscheidend für die Erteilung eines Auftrages ist somit die positive Außendarstellung der Organisation, z. B. durch nachgewiesene Zertifizierungen oder Referenzaufträge. Bei Aufträgen in der Serienfertigung erfolgt in der Regel eine Betriebsführung mit dem Kunden, bei der sich dieser überzeugen kann, wie vor Ort die Einhaltung der geforderten Qualität gewährleistet wird **(Bild 1)**. Hier geht es nicht ausschließlich um die reine Fertigung, sondern um den Nachweis, dass der gesamte Prozess durch ein effektives Qualitätsmanagementsystem betreut und abgesichert wird.

Vor Beginn der Produktion werden die Zulieferer z. B. von Rohteilen, Hilfsstoffen oder Halbzeugen untersucht und der Nachweis von deren Qualitätsfähigkeit archiviert und dem Kunden vorgestellt.

Während der Produktion werden die festgelegten Maße und Oberflächengüten geprüft. Um die Einhaltung der geforderten Qualität zu gewährleisten, werden die Prüfmittel in festgelegten Abständen kalibriert, auch hierfür werden die entsprechenden Nachweise gesichert und dem Kunden dokumentiert **(Bild 2)**.

Ein weiteres wichtiges Element der **Kunden-Lieferanten-Beziehung** besteht in der Betreuung des Kunden über die Lieferung hinaus. Durch das Qualitätsmanagement werden geeignete Instrumentarien der Kundenbetreuung entwickelt und die zeitliche Abfolge sowie die Art und Weise der Durchführung verbindlich im QM-Handbuch festgelegt. Ein typisches Verfahren ist hierbei die **Kundenzufriedenheitsanalyse**, die z. B. durch den Außendienst bei regelmäßigen Besuchen des Kunden durchgeführt werden kann **(Bild 3)**.

Nur durch die effiziente Pflege der Beziehungen zum Kunden, organisiert und verantwortet vom Qualitätsmanagement und umgesetzt von jedem einzelnen Mitarbeiter, kann das Unternehmen langfristig am Markt bestehen und erfolgreich sein.

1 Betriebsführung bei einem Lieferanten für Getriebeteile

[DE] QS Kalibrationsdaten für: 102H7GRLD/402

Kopfdaten zu 102H7GRLD/402	
Prüfmittelstatus	FREIGEGEBEN
nächste Prüfung	17.03.2023
Prüfmitteluntergruppe	Lehren ISO 286 T1/
Prüfmittelbezeichnung	DIN 7163/7164
Prüfmittelbezeichnung	Grenzlehrdorn
Prüfintervall	1 Jahr
Details 1	Nennmaß 102.
Details 2	Toleranzfeld H7
Details 3	
Details 4	

2 Kalibrierungsprotokoll für Grenzlehrdorn (Auszug)

Kundenzufriedenheitsanalyse

VEL MECHANIK GmbH

Firma: __________
VEL-Mitarbeiter: __________
Datum: __________

Untersuchungsgegenstand	Bewertung				
	5 Punkte	4 Punkte	3 Punkte	2 Punkte	1 Punkt
Qualität der Produkte					
Maßhaltigkeit					
Oberflächengüte					
Äußerer Zustand					
Erfüllung aller weiteren Vorgaben					
Produktpalette					
Auftragsbearbeitung					
Bearbeitungszeiten (Auftragsabwicklung)					
Flexibilität (kurzfristige Wünsche)					
Lieferzeiten					
Liefertreue (Lieferzustand)					
Unternehmen allgemein					
Betreuung durch Außendienst					
Kooperationsbereitschaft					
Bearbeitung von Beanstandungen					
Image					

Was kann die VEL GmbH in Zukunft verbessern?

Haben Sie weitere Anreungen zur Optimierung der Zusammenarbeit?

Kunde: __________

3 Kundenzufriedenheitsanalyse

Qualitätssicherung in der Fertigung

Unternehmen der Zerspantechnik sind überwiegend in der Zuliefererindustrie angesiedelt. Lieferanten müssen gewährleisten, dass die Qualitätsanforderungen des Kunden bei jedem Bauteil eingehalten werden. Der Kunde legt fest, welche Normen durch den Zulieferer einzuhalten sind **(Bild 1)**. Typische Normen sind z. B. die DIN ISO 9000 ff. oder bei Unternehmen der Automobilindustrie die ISO/TS 16949. In vielen Fällen wünscht der Kunde aber auch unabhängig von genormten Qualitätssicherungsverfahren den Nachweis, dass alle Anforderungen an das Bauteil in der Fertigung eingehalten werden. Der Lieferant steht in der Pflicht, die geforderte Qualität lückenlos zu fertigen und jederzeit nachweisen zu können **(Bild 2)**.

Die Bezeichnung der einzelnen Glieder der Lieferkette entspricht der Internationalen Norm nach DIN EN ISO 9001 **(Bild 3)**. Die Lieferkette kann betriebsextern – Übergabe des Fertigteils an einen Kunden außerhalb des eigenen Betriebes – oder betriebsintern – Übergabe des Fertigteils an eine andere Abteilung innerhalb des Betriebes – bestehen. Im Folgenden werden einzelne Elemente dargestellt, die in der Fertigung zur Qualitätssicherung dienen. Der grundsätzliche Ablauf besteht in der Untersuchung der Maschinen- und Prozessfähigkeit vor dem Start einer Serienfertigung. Ist diese nachgewiesen, wird der Prozess kontinuierlich mithilfe statistischer Methoden überwacht.

1 Zertifikat

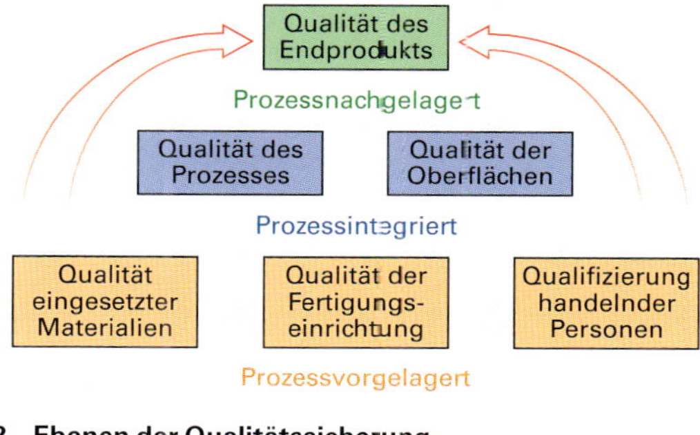

2 Ebenen der Qualitätssicherung

3 Bezeichnung der Lieferkette nach DIN EN 9001

Untersuchung der Maschinenfähigkeit

Die Begriffe Maschinen- und Prozessfähigkeit wurden in der Automobilindustrie mit dem Ziel entwickelt, ein einheitliches Werkzeug für die Sicherung der Qualitätsfähigkeit von Prozessen zu schaffen. Für das Erreichen hoher Fähigkeitskennwerte ist es notwendig, in sichere und beherrschte Produktionsprozesse zu investieren. Die Grundidee ist es, Fehler zu vermeiden, nicht zu beseitigen, da die Beseitigung eines Fehlers in der jeweils nächsten Produktionsstufe ein Vielfaches an Kosten (etwa das Zehnfache) verursacht.

Voraussetzung für die Fertigung in der gewünschten Qualität mit einer beherrschten Technologie sind Fertigungsanlagen, die es der Organisation ermöglichen, bei Einhaltung aller relevanten Bearbeitungsparameter im ständigen Konkurrenzkampf auf dem Weltmarkt zu bestehen. So werden an die Werkzeugmaschinen stetig steigende Anforderungen zur Effizienz- und Leistungssteigerung gestellt. Durch immer höhere Fertigungsparameter wie Schnitt- und Vorschubgeschwindigkeiten werden die Bearbeitungszeiten fortlaufend reduziert bei gleichzeitig zunehmenden Anforderungen an die Genauigkeit durch immer engere Tolerierung der Werkstücke.

Konkret geht es bei der Maschinen- und Prozessfähigkeit um die Ausführungsqualität industrieller Erzeugnisse, die sich durch Übereinstimmung mit vorgegebenen technischen Normen überprüfen lässt. Ein Produkt oder der Prozess werden als fehlerhaft angesehen, wenn die Abweichung außerhalb eines zulässigen Toleranzbereiches liegt.

Die **Maschinenfähigkeitsuntersuchung (MFU)** dient zur Untersuchung der Fähigkeit einer Fertigungseinrichtung, bestimmte Toleranzen, Bearbeitungsgeschwindigkeiten, Wiederholgenauigkeiten und andere festgelegte Parameter einzuhalten. Langzeit- und Umgebungseinflüsse werden dabei nicht betrachtet.

Vor Beginn einer Serienfertigung sowie bei der Abnahme werden alle Maschinen einer MFU unterzogen. Hierzu wird festgelegt, welche Parameter die Maschine mit ihrer gesamten Peripherie (Handhabungs- und Zuführsysteme, Spannmittel, Messmaschine usw.) erfüllen muss. Dieses wird in den **Abnahmebedingungen** festgeschrieben.

Vor Auftragserteilung legt in der Regel der Kunde konkrete Anforderungen an z.B. Maßgenauigkeiten und Oberflächengüten fest, die dann Bezug nehmend auf ein bestimmtes Produkt untersucht werden. Nach Auswahl des Bauteils werden die Taktzeiten einschließlich der Nebenzeiten, wie z.B. die Beladevorgänge, verankert und dokumentiert. Konkrete Randbedingungen für die MFU sind eine betriebswarme Maschine, ein definiertes Werkzeug und eine festgelegte Rohteilcharge.

1 **Durchführung einer Maschinenfähigkeitsuntersuchung**

Ablauf der MFU

- Es werden 50 Teile hintereinander gefertigt.
- Die Bauteile werden in der gefertigten Reihenfolge gemessen und die Messergebnisse in Urwertkarten dokumentiert.
- Sollte der Messwert eines Teils außerhalb der Toleranz liegen, wird der Prozess gestoppt, die entsprechenden Parameter verändert und von vorn begonnen.
- Standardabweichung und Mittelwert werden berechnet.
- Fähigkeitsindizes c_m (Capability – Maschinenfähigkeit) und c_{mk} (kritische Maschinenfähigkeit) werden berechnet.

Der Start wird auf einem Merkblatt mit Uhrzeit und Stückzählerstand der Maschine vermerkt. Alle Eingriffe an der Maschine während der MFU, wie z.B. Werkzeugverschleiß, Fehlermeldungen, verwendetes Kühlschmiermittel usw., werden auf dem Merkblatt notiert. Nach dem letzten Teil werden wieder die Uhrzeit sowie die tatsächliche Taktzeit aus der Maschinenuhr dokumentiert.

Die **Auswertung der MFU** erfolgt anhand der aufgenommenen Messreihen und zeigt, ob die Maschine fähig ist. Dies ist der Fall, wenn die Messreihen keine „Ausreißer" haben, d.h., dass die Messwerte sich um den Mittelwert normal mit einer geringen Streuung verteilen. Zum Nachweis der Maschinenfähigkeit sollen mindestens 99,994% der gefertigten Teile innerhalb der Toleranz liegen. Die Ergebnisse werden in einem Abnahmeprotokoll festgehalten und erst nach erfolgreicher MFU wird die Maschine für die Fertigung freigegeben **(Bild 2)**.

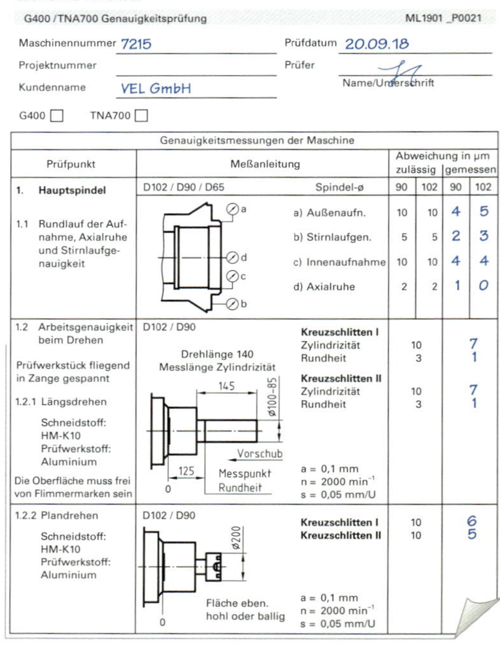

MASCHINENPROTOKOLLE
GEOMETRIEPROTOKOLL

G400 / TNA700 Genauigkeitsprüfung — ML1901 _P0021

Maschinennummer 7215 — Prüfdatum 20.09.18
Projektnummer — Prüfer
Kundenname VEL GmbH — Name/Unterschrift

G400 ☐ TNA700 ☐

Prüfpunkt	Meßanleitung		zulässig		gemessen	
			Abweichung in µm			
1. **Hauptspindel**	D102 / D90 / D65	Spindel-ø	90	102	90	102
1.1 Rundlauf der Aufnahme, Axialruhe und Stirnlaufgenauigkeit		a) Außenaufn.	10	10	4	5
		b) Stirnlaufgen.	5	5	2	3
		c) Innenaufnahme	10	10	4	4
		d) Axialruhe	2	2	1	0
1.2 Arbeitsgenauigkeit beim Drehen Prüfwerkstück fliegend in Zange gespannt 1.2.1 Längsdrehen Schneidstoff: HM-K10 Prüfwerkstoff: Aluminium Die Oberfläche muss frei von Flimmermarken sein	D102 / D90 Drehlänge 140 Messlänge Zylindrizität 145, ø100–85, Vorschub, 125, Messpunkt Rundheit, 0	**Kreuzschlitten I** Zylindrizität Rundheit **Kreuzschlitten II** Zylindrizität Rundheit a = 0,1 mm n = 2000 min⁻¹ s = 0,05 mm/U	 10 3 10 3		 7 1 7 1	
1.2.2 Plandrehen Schneidstoff: HM-K10 Prüfwerkstoff: Aluminium	D102 / D90 ø200 Fläche eben, hohl oder ballig 0	**Kreuzschlitten I** **Kreuzschlitten II** a = 0,1 mm n = 2000 min⁻¹ s = 0,05 mm/U	10 10		6 5	

2 **Maschinenabnahmeprotokoll**

Ermittlung der Maschinenfähigkeit

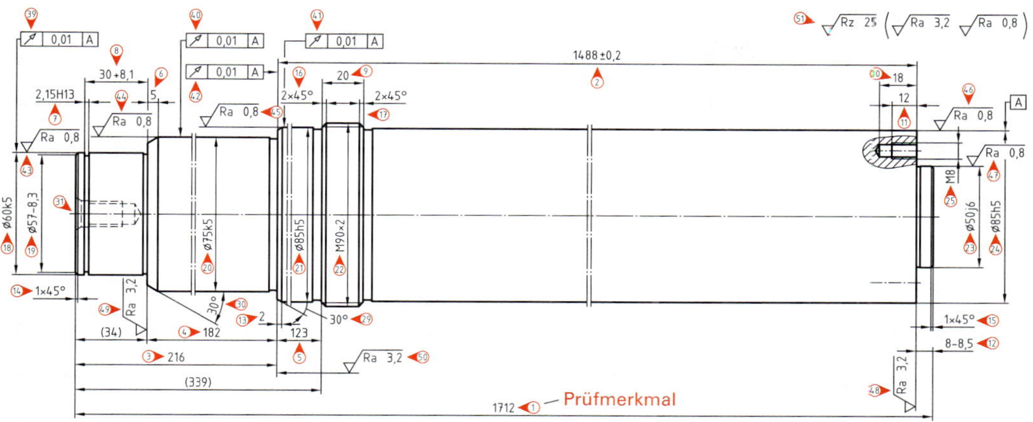

1 Getriebewelle

Die Getriebewelle **(Bild 1)** soll als Serienfertigung für einen Kunden in einer Losgröße von 10.000 Stück hergestellt werden. Das Maß 85h5 ist für die Funktion des Getriebes von besonderer Bedeutung; daher verlangt der Kunde, eine MFU für dieses Maß durchzuführen. Der Kunde fordert Fähigkeitskennwerte von $c_m \geq 1{,}67$ und $c_{mk} \geq 1{,}33$.

Der Stichprobenumfang soll $n = 5$ Teile betragen und die Anzahl der Stichproben $m = 10$. Die Teile werden in der gefertigten Reihenfolge mit einer Bügelmessschraube mit Feinzeiger geprüft und die Maße in einer Urwertliste **(Tabelle 1)** dokumentiert. Anschließend wird für jede Stichprobe der arithmetische Mittelwert $\bar{x}$ und die Spannweite R ermittelt.

Tabelle 1: Urwertliste

Stichprobe	1	2	3	4	5	6	7	8	9	10
x1	84,991	84,991	84,993	84,994	84,993	84,994	84,992	84,991	84,990	84,993
x2	84,991	84,993	84,991	84,990	84,994	84,992	84,991	84,989	84,991	84,991
x3	84,993	84,994	84,992	84,993	84,991	84,991	84,993	84,989	84,993	84,992
x4	84,994	84,992	84,991	84,990	84,991	84,994	84,993	84,990	84,992	84,990
x5	84,995	84,993	84,992	84,991	84,994	84,991	84,991	84,998	84,989	84,991
Σ x	424,964	424,963	424,959	424,958	424,963	424,962	424,960	424,947	424,955	424,957
$\bar{x}$	84,9928	84,9926	84,9918	84,9916	84,9926	84,9924	84,9920	84,9894	84,9910	84,9914
R	0,004	0,003	0,002	0,004	0,003	0,003	0,002	0,003	0,004	0,003

Nun folgen die Berechnungen für die Erstellung des **Histogramms**. Das Histogramm dient der grafischen Darstellung der Häufigkeitsverteilung der Messwerte in Form von Säulen, deren Höhe den relativen Anteil der Werte in einer Klasse darstellt. Die Lage und Streuung der Messwerte lassen sich somit gut abschätzen. Die entsprechenden Gesetzmäßigkeiten sind leicht erkennbar.

Zunächst werden die Spannweite und die Anzahl der Klassen berechnet. Im nächsten Schritt wird die Klassenbreite ermittelt. Die Klassenuntergrenze der ersten Klasse beginnt bei x_{min}, durch die Addition der Klassenbreite wird die Klassenobergrenze ermittelt. Dies erfolgt für alle gewählten 7 Klassen.

$$R = x_{max} - x_{min} = 84{,}995\ \text{mm} - 84{,}988\ \text{mm} = 0{,}007\ \text{mm}$$

$$k = \sqrt{50} = 7{,}07 \quad \text{(gewählt 7 Klassen)}$$

$$w \approx \frac{R}{K} \approx \frac{0{,}007\ \text{mm}}{7} \approx 0{,}001\ \text{mm}$$

Im Histogramm werden die 7 Klassen eingetragen, die Messwerte ausgezählt und den entsprechenden Klassen zugeordnet. Die absolute und relative Häufigkeit der Verteilung der Messwerte auf die einzelnen Klassen werden ermittelt.

Klassen	**Strichliste und Histogramm**		
von ... bis		n_j absolute Häufigkeit	h_j in % relative Häufigkeit
84,988 ... 84,989	|	1	2
84,989 ... 84,990	|||	3	6
84,990 ... 84,991	|||||	5	10
84,991 ... 84,992	||||| ||||| ||||| |	16	32
84,992 ... 84,993	||||| ||	7	14
84,993 ... 84,994	||||| |||||	10	20
84,994 ... 84,995	||||| |||	8	16

Bei der Auswertung des Histogramms lässt sich feststellen, dass die gemessenen Werte normal verteilt sind mit leichter Tendenz in Richtung Höchstmaß. Die sich ergebende Vermutung, dass die Maschinenfähigkeit gewährleistet ist, wird im Anschluss rechnerisch überprüft.

Bei der Berechnung der Maschinenfähigkeit c_m kann bei $n =$ 5 Stichproben auch mit dem Schätzwert für die Standardabweichung $\hat{\sigma}$ gerechnet werden.

$\overline{R} = 0{,}0031$

$\hat{\sigma} = 0{,}43 \cdot \overline{R} = 0{,}001333$

$$c_m = \frac{0{,}0015\ \text{mm}}{6 \cdot 0{,}001333\ \text{mm}} = \underline{\underline{1{,}875}}$$

$z_{krit1} =$ Höchstmaß – Gesamtmittelwert

$z_{krit1} = 85{,}000\ \text{mm} - 84{,}9917\ \text{mm} = 0{,}0083\ \text{mm}$

$z_{krit2} =$ Gesamtmittelwert – Mindestmaß

$z_{krit2} = 84{,}9917\ \text{mm} - 84{,}9850\ \text{mm} = 0{,}0067$

Da z_{krit2} der kleinere Abstand zur Toleranzgrenze ist, wird dieser eingesetzt.

$$c_{mk} = \frac{0{,}0067\ \text{mm}}{3 \cdot 0{,}001333\ \text{mm}} = \underline{\underline{1{,}675}}$$

$$c_m = \frac{T}{6 \cdot \hat{\sigma}}$$

$\hat{\sigma}$ = Schätzwert für Standardabweichung

$\overline{R}$ = mittlere Spannweite aus m Stichproben

$$\overline{R} = \frac{R1 + R2 + R3 + \ldots Rm}{m}$$

$$c_{mk} = \frac{z_{krit}}{3 \cdot \hat{\sigma}}$$

z_{krit} = kleinster Abstand des Gesamtmittelwertes zur Toleranzgrenze

Die Werte für die Maschinenfähigkeit und für die kritische Maschinenfähigkeit erfüllen die Vorgaben des Kunden. Sowohl die Streuung der Messwerte als auch ihre Lage innerhalb der Toleranz genügen den Anforderungen. Damit ist nachgewiesen, dass die Maschine fähig ist, die Werkstücke in der geforderten Qualität und Wiederholgenauigkeit zu fertigen.

Untersuchung der Prozessfähigkeit

Auch wenn alle verwendeten Maschinen ihre Fähigkeit laut MFU nachgewiesen haben, können im Prozess Fehler auftreten, z.B. durch häufiges Umspannen, innerbetrieblichen Transport und Lagerung oder veränderte Umwelteinflüsse. Daher muss der gesamte Prozess vom Wareneingang bis zum Kunden untersucht und optimiert werden, bis die Wiederholgenauigkeit in der geforderten Qualität erreicht ist.

Die **Prozessfähigkeitsuntersuchung (PFU)** dient zur Untersuchung der Fähigkeit des gesamten Fertigungsprozesses, ein Produkt in der geforderten Qualität zu fertigen. Hierbei werden alle Langzeit- und Umgebungseinflüsse mit betrachtet.

Bei der PFU ist der Beweis zu erbringen, dass die Fertigung und somit die Qualität des Produktes jederzeit wiederholbar ist. Ziel ist der Nachweis fähiger Fertigungsprozesse in der laufenden Serienfertigung. Neben exakten Festlegungen für alle vorgelagerten betrieblichen Abteilungen und Abläufe werden in der Regel in einer laufenden Fertigung Stichproben entnommen, da die große Menge an Produkten bei hochproduktiven Anlagen die Prüfung jedes Teils nicht zulässt, die Prüfung selbst oft zeitaufwendig ist und die dadurch entstehenden Kosten sich auf den Preis des Produktes niederschlagen würden.

Ab ca. 125 Stichproben geht man bei normalverteilten Werten in einer Serienfertigung davon aus, dass die Untersuchungsergebnisse genügend Aussagekraft besitzen, um eine Grundgesamtheit genügend genau zu beschreiben. Die Anzahl der zu entnehmenden Stichproben pro Losgröße unterliegt der Entscheidung der Organisation, abhängig vom jeweiligen Fertigungsauftrag, und wird als **Prüfniveau** festgelegt **(Tabelle 1)**.

Tabelle 1: Stichprobenanzahl nach Prüfniveau

Losgröße	Prüfniveau		
	1	2	3
bis 15	2	3	4
16 ... 25	3	4	5
26 ... 50	5	7	9
51 ... 100	9	13	17
101 ... 150	13	19	25
151 ... 300	17	21	27
ab 301	7,5 %	10 %	12,5 %

Ablauf der PFU

- 20 bis 25 Stichproben zu je 5 Teilen werden aus der laufenden Fertigung entnommen.
- Die vom Kunden festgelegten Merkmale werden gemessen und die Ergebnisse in Regelkarten festgehalten.
- Besondere Störeinflüsse werden auf der Regelkarte vermerkt.
- Die Standardabweichung und der Mittelwert der Stichproben werden berechnet.
- Fähigkeitsindizes c_p (Prozessfähigkeit) und c_{pk} werden berechnet (vgl: Tabellenbuch Zerspantechnik).

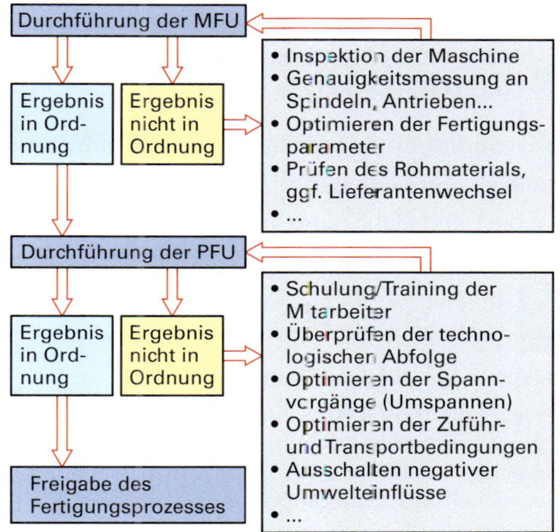

1 **Fähigkeitsuntersuchungen zur Freigabe des Fertigungsprozesses**

Der Fertigungsprozess gilt in der Regel als fähig, wenn mindestens 99,73 % der gefertigten Teile innerhalb der Toleranzgrenzen liegen. Die tatsächlich geforderten Werte können hiervon abweichen und werden vom Kunden festgelegt (vgl. Kundenorientierung).

Erst wenn der gesamte Prozess sicher und beherrscht die geforderten Bedingungen erfüllt, wird die Fertigung freigegeben. Alle prozessbeeinflussenden Größen wie die Fertigungsparameter, die Spannung von Werkzeugen und Werkstücken oder andere Bedingungen im Umfeld werden dokumentiert und archiviert und der Nachweis der Einhaltung der geforderten Parameter wird dem Kunden übergeben **(Bild 1)**.

Statistisches Qualitätsmanagement

Das statistische Qualitätsmanagement umfasst die qualitätsbezogenen Aktivitäten eines Betriebes, bei denen statistische Methoden eingesetzt werden, z. B. die kontinuierliche Überwachung des Fertigungsprozesses.

Diese Methoden werden sowohl in der Qualitätsplanung als auch in der Qualitätslenkung und -prüfung eingesetzt.

Zunehmend werden die statistischen Methoden in der Qualitätsplanung vor Aufnahme der Fertigung angewandt (**Preline-Qualitätsmanagement**).

Bereits durchgesetzt hat sich die Anwendung statistischer Methoden während der Fertigung (**Online-Qualitätsmanagement**).

Die Qualitätssicherung nach der Fertigung (**Postline-Qualitätssicherung**) wird dadurch eine geringere Bedeutung erhalten.

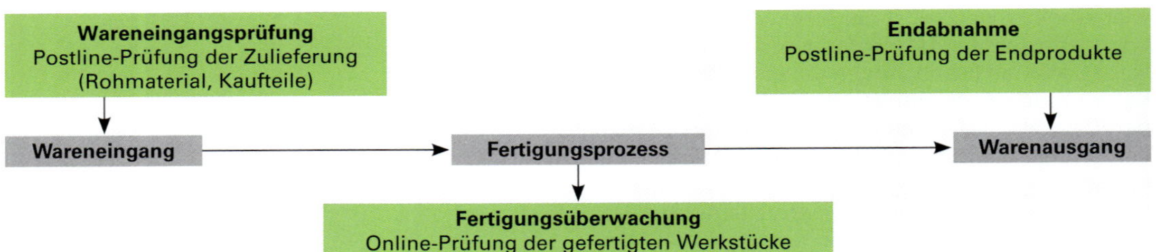

Für die spanende Fertigung steht heute die Fertigungsüberwachung, d. h. die Online-Prüfung der laufenden Produktion im Mittelpunkt. Für Fertigungsüberwachung wird auch die Abkürzung SPC (**S**tatistical **P**rocess **C**ontrol) verwendet.

Ziel der Fertigungsüberwachung:

- Qualitätsmängel während der Fertigung feststellen
- durch Gegenmaßnahmen Mängel beseitigen

Der Einsatz statistischer Methoden setzt die Kenntnis einiger Begriffe und Zusammenhänge voraus:

Grundlagen des statistischen Qualitätsmanagements

Zufällige und systematische Einflüsse

Auf die Herstellung eines Werkstückes haben sehr viele innere und äußere Bedingungen Einfluss. Sie alle bewirken, dass das Werkstück niemals ideal den Qualitätsmerkmalen entsprechen kann.

Zufällige Einflüsse bewirken zufällige Abweichungen (Fehler), systematische Einflüsse bewirken systematische Abweichungen (Fehler).

Beispiele für zufällige Einflüsse:

- wechselnde Werkstoffzusammensetzung,
- wechselnde Spanungsbedingungen,
- wechselnde Spannung (Spannkraft, Ausrichtung),
- wechselnde Prüfbedingungen,
- Verschleiß des Werkzeuges,
- wechselnde äußere Bedingungen (Licht u. a.).

Beispiele für systematische Einflüsse:

- eine deutlich abweichende Werkstoffzusammensetzung,
- abweichende Rundlaufgenauigkeit der Spindel,
- Prüfmittelfehler,
- ständig andere Temperatur zu einer bestimmten Zeit.

Die Ursachen für systematische Einflüsse können ermittelt und abgestellt werden. Die zufälligen Einflüsse können nur berücksichtigt werden.

Wahrscheinlichkeit P (Probability)

Die Wahrscheinlichkeit für das Eintreffen eines Ereignisses ist gleich dem Verhältnis der günstigen (gewollten) Fälle zu allen möglichen Fällen.

$$P = \frac{\text{Anzahl der günstigen Fälle}}{\text{Anzahl der möglichen Fälle}}$$

Zur Veranschaulichung:
Die Wahrscheinlichkeit, eine „6“ zu würfeln, ist 1/6, d. h., bei 600-mal Würfeln wird man wahrscheinlich 100-mal eine „6“ würfeln. Je häufiger gewürfelt wird, desto sicherer wird die Aussage.

Normalverteilung

Der Mathematiker C.F. Gauß hat entdeckt, dass bestimmte Merkmalswerte durch zufällige Einflüsse immer um einen Mittelwert schwanken. Das von ihm aufgestellte **Fehlerverteilungsgesetz** ergibt grafisch eine Glockenkurve **(Bild 1)**.

Beispiel: Ohne das Auftreten von systematisch bedingten Einflüssen werden Wellen, die einen Durchmesser von 25 mm haben sollen, zufällig um diesen Wert schwanken.

Um in der Fertigung von vergleichbaren Daten ausgehen zu können, wird mit standardisierten Werten gearbeitet **(Bild 2)**:

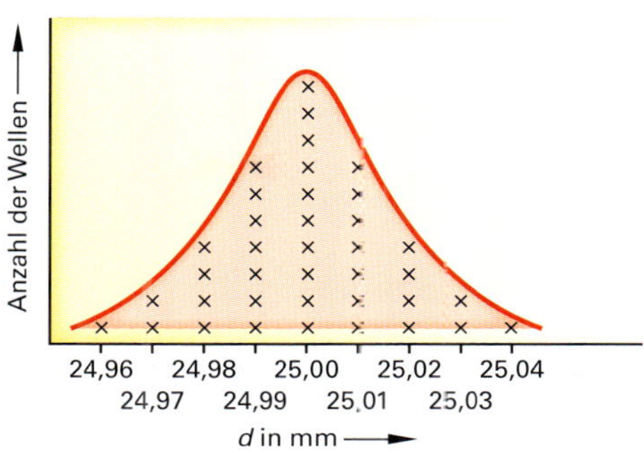

1 Gaußsche Glockenkurve

Mittelwert $\overline{x}$

Der Mittelwert $\overline{x}$ ist das arithmetische Mittel aller Einzelwerte aus der Stichprobe.

$$\overline{x} = \frac{x_1 + x_2 + x_3 + \ldots + x_n}{n}$$

Stichproben Wellendurchmesser (in mm)
25,01; 25,02; 25,04; 24,99; 24,98; 25,00; 24,97

$$\overline{x} = \frac{25{,}01 + 25{,}02 + \ldots + 24{,}97}{7} = 25{,}0014 \text{ mm}$$

$$\tilde{x} = 25{,}00 \text{ mm}$$

2 Vergleich Mittelwert und Median

Median $\tilde{x}$

Der Median $\tilde{x}$ ist ein Zentralwert, auf beiden Seiten von ihm liegt eine gleiche Anzahl von Messwerten.

Standardabweichung *s* und Spannweite *R*

R und *s* sind Maße für das Abweichen vom Mittelwert.

Die Standardabweichung *s* (auch σ) ist der Abstand vom Mittelwert zum Wendepunkt der Glockenkurve. Die Spannweite *R* ist die Differenz aus dem größten und kleinsten Messwert der Stichprobe. *R* und *s* ergeben Aussagen über die Form der Glockenkurve (schlank, breit) und damit über die Streuung der Messwerte **(Bild 3)**.

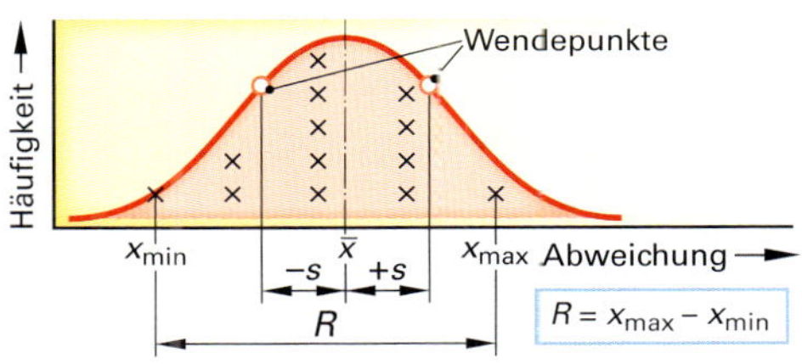

3 Standardabweichung und Spannweite

Qualitätsregelkarten als Instrumente der Fertigungsüberwachung

Eine Qualitätsregelkarte (QRK) dient dem Zweck, ein Qualitätsmerkmal (z.B. eine Länge, einen Winkel) während der laufenden Produktion zu überwachen und Störungen zu ermitteln.

Mit der QRK sollen die zufälligen Schwankungen erfasst und die systematischen Störungen entdeckt werden. Der Prozess soll immer unter statistischer Kontrolle sein; ist er außer statistischer Kontrolle, muss eingegriffen werden. Auf die Kostenentwicklung hat es großen Einfluss, dass bei wirklichen Störungen eingegriffen wird, übervorsichtiges Agieren ist genauso falsch wie sorgloses.

Der **Fertigungsprozess** kann sich nur in zwei Zuständen befinden: **gestört** oder **ungestört.** Der Bediener oder der Rechner kann dazu jeweils zwei Entscheidungen treffen: **eingreifen** oder **nicht eingreifen.**

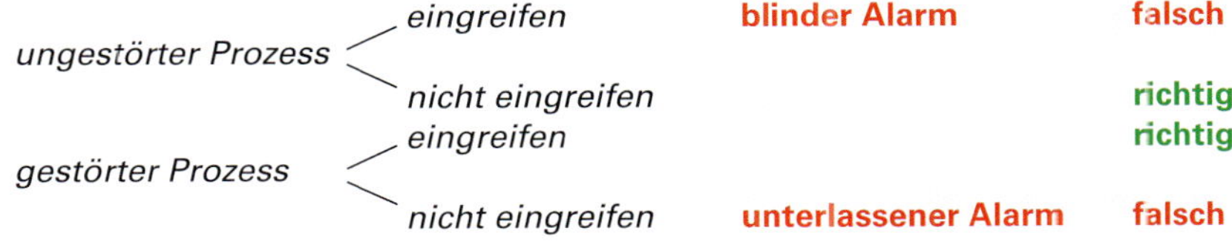

Konstruktion der Qualitätsregelkarten (QRK)

Um möglichst wenig Fehler zuzulassen, werden die QRK so konstruiert, dass sie auf Störungen hinweisen.

Bei der Konstruktion der QRK ist festzulegen:

- Stichprobenumfang,
- zeitlicher Abstand der Stichproben,
- Eingriffsgrenzen **(Bild 1)**.

Die **Eingriffsgrenzen** (einseitig oder zweiseitig) sind Grenzen, bei deren Überschreiten (obere Eingriffsgrenze) oder Unterschreiten (untere Eingriffsgrenze) ein festgelegter Eingriff erfolgen muss.

Es sind z. B. alle Teile seit der letzten Stichprobe nachzumessen (Urwertkarte, **Bild 2**).

Die Eingriffsgrenzen werden berechnet.

Werden die Eingriffsgrenzen zu eng an die Mittellinie gelegt, werden schon bei zufälligen Abweichungen blinde Alarme ausgelöst.

Werden die Eingriffsgrenzen zu weit gezogen, kann der Eingriff zu spät erfolgen.

Oftmals werden zusätzliche **Warngrenzen** gezogen (95%-Grenze). Auch hier werden festgelegte Schritte eingeleitet, z. B.: Verschleißprüfung an der Werkzeugschneide.

In die QRK können die gemessenen Werte oder die berechneten bzw. ermittelten Werte wie Mittelwert, Median, Standardabweichung oder Spannweite eingetragen werden. Deshalb gibt es auch verschiedene QRK. Teilweise werden die Karten zusammen eingesetzt, wie die $\tilde{x}$-R-Karte oder die $\tilde{x}$-s-Karte.

Aus den QRK lassen sich viele Störungen bzw. Einflüsse auf den Fertigungsprozess erkennen.

- alle Werte pendeln um die Mittelachse: *beherrschte Fertigung,*
- die Mittelwerte bzw. Mediane driften in eine Richtung: *Trend,* die Ursache kann gleichmäßiger Verschleiß sein **(Bild 3),**
- die Mittelwerte oder Mediane liegen über sieben Stichproben hinweg auf einer Seite der Mittellinie: *Run,* die Ursache können Werkzeugwechsel, Werkzeugbruch, neues Material sein **(Bild 4),**
- die Werte liegen weiter auseinander als vorher: *Streuungszunahme,* die Ursache kann ein allgemeiner Verschleiß der Maschine sein,
- die Messwerte liegen außerhalb der Eingriffsgrenzen: die Ursache können ein Messfehler, eine zufällige Abweichung oder eine grundlegende Störung sein.

Die durchzuführenden Maßnahmen werden betriebsintern festgelegt.

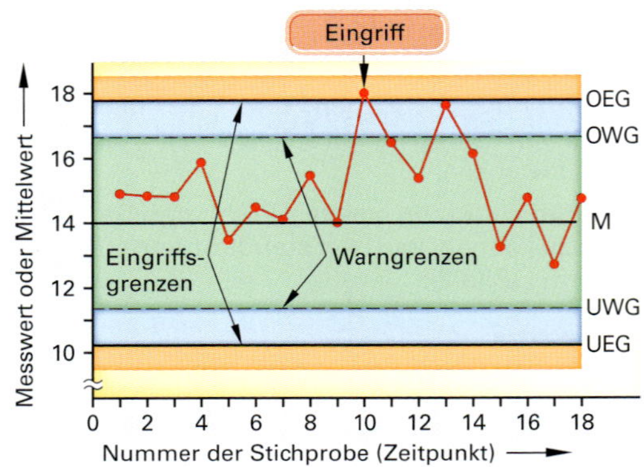

1 Qualitätsregelkarte (allgemeiner Aufbau)

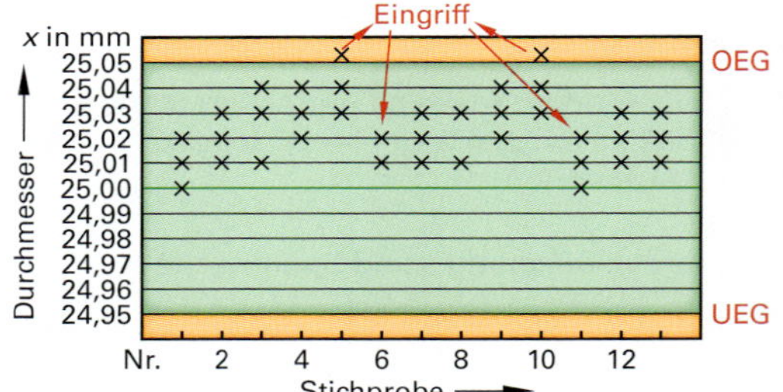

2 Qualitätsregelkarte (Urwertkarte)

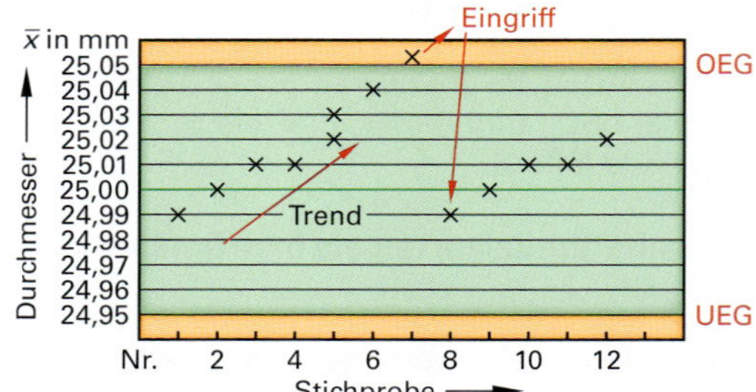

3 Qualitätsregelkarte $\tilde{x}$-Karte, mit Trend

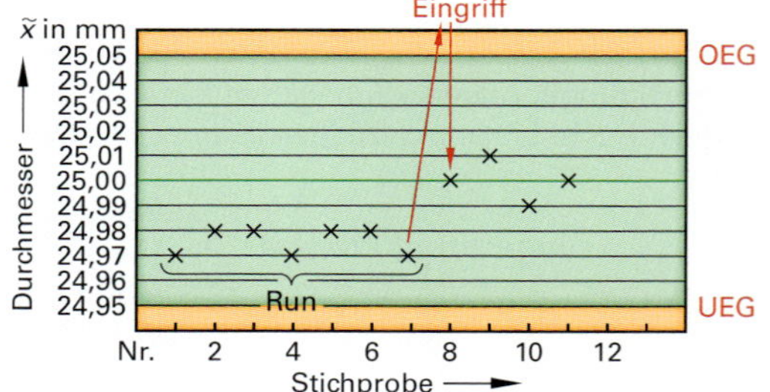

4 Qualitätsregelkarte $\tilde{x}$-Karte, mit Run

R-Karten und *s*-Karten

Um die Streuung der Messwerte und damit der Fertigung zu dokumentieren, eignen sich besonders die Spannweitenkarte (*R*-Karte) und die Standardabweichungskarte (*s*-Karte). Die Werte für die Standardabweichung haben darüber hinaus Bedeutung für die Maschinenfähigkeit und Prozessfähigkeit **(Bild 1)**.

Beim Einsatz der QRK hat es sich als günstig erwiesen, dass die *R*-Karte und die *s*-Karte jeweils mit einer der Mittelwertskarten in Kombination eingesetzt werden. Mit dieser Kombination sind auf einen Blick die Lage und die Streuung der Messwerte zu erfassen.

Wenn es darum geht, mit relativ geringem Aufwand von Hand die Streuung zu bestimmen, hat sich die Kombination Medianwert (Zentralwert)-Spannweiten-Karte ($\tilde{x}$-*R*-Karte) durchgesetzt. Wenn die Streuung genauer verdeutlicht werden soll, ist der Einsatz der Mittelwert-Standardabweichungs-Karte ($\tilde{x}$-*s*-Karte) notwendig.

Die Empfindlichkeit der $\bar{x}$-*s*-Kombination ist größer. Allerdings erfordert der Einsatz der $\tilde{x}$-*s*-Karte, dass das Berechnen und Auswerten der Werte für die QRK elektronisch erfolgt **(Bild 2)**.

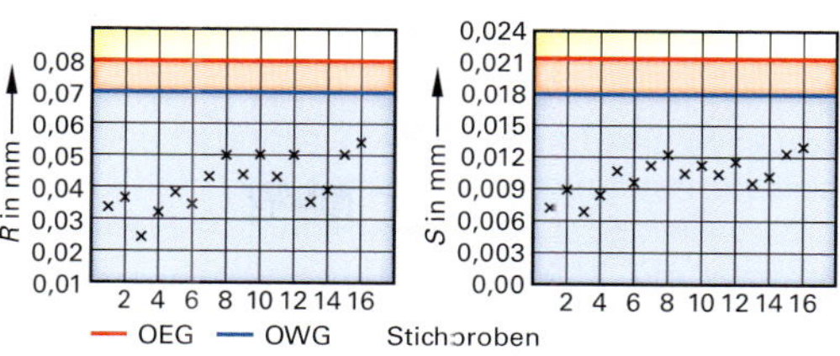

1 *R*-Karte und *s*-Karte

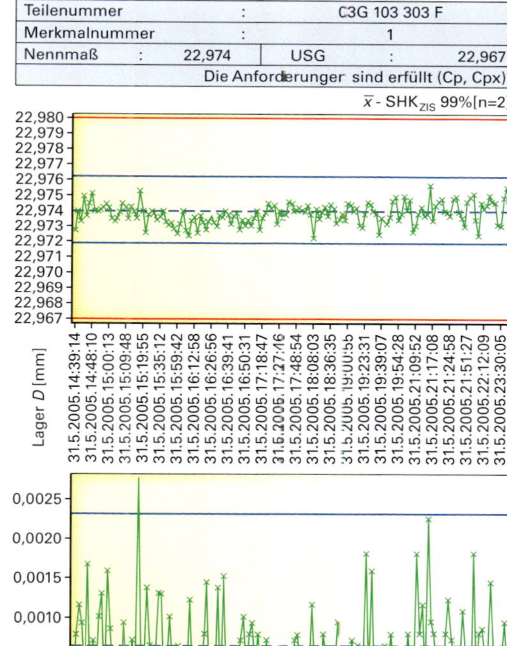

2 $\bar{x}$-*s*-Karte am Monitor

Einsatz der elektronischen Datenverarbeitung

Das schnelle und präzise Verarbeiten großer Datenmengen erfolgt in der modernen Fertigung in der Regel computerunterstützt. Die Verläufe der gemessenen oder berechneten Werte werden hierbei auf einem Monitor abgelesen und auf geeigneten Medien gespeichert (z.B. Server). Die Speicherung der Werte entspricht den Forderungen des Qualitätsmanagements und dient als Nachweis der qualitätsgerechten Fertigung.

Pre-Control Regelkarte

1/4T
1/4T
1/4T
1/4T
OGW
UGW

Basis der Pre-Control Regelkarte ist ein zweiseitig toleriertes Qualitätsmerkmal. Die Prozessfähigkeit sollte ausreichend gegeben sein (C_p, $C_{pk} > 2{,}0$). Der Toleranzbereich wird geviertelt.

Die beiden mittleren Viertel bilden die grüne Zone.
Die beiden außen liegenden Viertel bilden die gelbe Zone.
Die Bereiche außerhalb der Toleranz bilden die rote Zone.

1. Teil	2. Teil	Maßnahme
grün	grün	Prozess ohne Eingriff bis zur nächsten Stichprobe weiterlaufen lassen.
grün	gelb	
gelb	grün	
gelb	gelb	Prozess unterbrechen, Maschine nachstellen, Startbedingungen wiederholen.
rot	rot	

Startprozedur: Nach dem Einrichten der Maschine werden fünf aufeinanderfolgende Teile geprüft. Alle müssen im grünen Bereich liegen. Ist das nicht der Fall, muss die Maschine korrigiert werden.

Laufbedingungen: Es müssen 2-er Stichproben entnommen werden. Die Probenentnahme erfolgt im zeitlichen Abstand von 1/6 der Zeit zwischen zwei Nachstellungen.

Robuste Prozesse

Nachdem in den vorigen Abschnitten die Qualitätssicherung in der Fertigung dargestellt wurde, sollen im Folgenden weitere Elemente des Qualitätsmanagements beleuchtet werden, die zum dauerhaften Markterfolg des Unternehmens sowie insgesamt zur Stärkung der Position des Unternehmens auf dem Markt beitragen können. Hierzu zählen insbesondere die Elemente Kontinuierlicher Verbesserungsprozess, Auditierung und Zertifizierung, Managementprozesse zur Umweltpolitik, zur Produktsicherheit, zur Arbeitssicherheit und zum Notfallmanagement.

Kontinuierlicher Verbesserungsprozess

Der Kontinuierliche Verbesserungsprozess (**KVP**) ist ein unverzichtbarer Bestandteil der ISO 9001. Eine Organisation, welche ein Qualitätszertifikat nach ISO 9001 erhalten will, muss z. B. nachweisen, welche organisatorischen Maßnahmen sie festgelegt hat, damit KVP geplant und durchgeführt wird. Die Durchführung dieser Maßnahmen und die Ergebnisse sind zu dokumentieren. KVP ist somit ein elementarer Bestandteil im genormten Qualitätsmanagement für alle Unternehmensbereiche und auch das Managementsystem selbst.

Eine vergleichbare Philosophie ist die japanische **KAIZEN** (japanisch Kai = Veränderung; Zen = zum Besseren). Beide Begriffe werden meist synonym verwendet. KVP verfolgt mehrere Ziele. Vordergründig wird eine höhere Kundenzufriedenheit angestrebt. Um Kundenzufriedenheit zu gewährleisten, werden Kostensenkung, Qualitätssicherung und Schnelligkeit (Zeiteffizienz) in der Problembehandlung als besonders wichtige Ziele angesehen. Grafisch wird der KVP oft im Fischgrätendiagramm nach Ishikawa dargestellt **(Bild 1)**.

KVP und KAIZEN beruhen auf der Annahme, dass jeder gegenwärtige Zustand verbesserungswürdig ist und man daran arbeiten muss, ihn zu verbessern. Des Weiteren ist Optimierung im Bereich der Mitarbeiter erwünscht. So soll deren Engagement durch ständige Weiterbildung gewährleistet werden, innerbetriebliche Hierarchien sind dabei so zu gestalten, dass jeder Mitarbeiter ein Mitspracherecht bei Veränderungen hat. Die Vorgehensweise beim KVP sollte gezielt erfolgen **(Bild 1)**. Wenn ein Mitarbeiter in seinem Arbeitsbereich Verbesserungspotenzial erkennt, wird auf seinen Hinweis hin in einer Arbeitsgruppe oder einem Q-Zirkel das konkrete Problem beschrieben, die Wichtigkeit bewertet und die Problemanalyse durchgeführt.

Anschließend werden Lösungsideen gesammelt, entsprechende Maßnahmen abgeleitet und nach Klärung der notwendigen Ressourcen diese Maßnahmen vereinbart, umgesetzt und z. B. im Q-Handbuch dokumentiert. Durch den KVP werden z. B.:

- Kundenzufriedenheit und Produktqualität verbessert,
- Kosten verringert,
- Ressourcen besser ausgenutzt,
- Synergieeffekte entdeckt und genutzt,
- Arbeitsabläufe und Prozesse optimiert,
- Motivation und Fähigkeit der Mitarbeiter erhöht,
- die Unternehmenskultur verbessert, sodass sich alle Mitarbeiter mit dem Unternehmen identifizieren können (Corporate Identity).

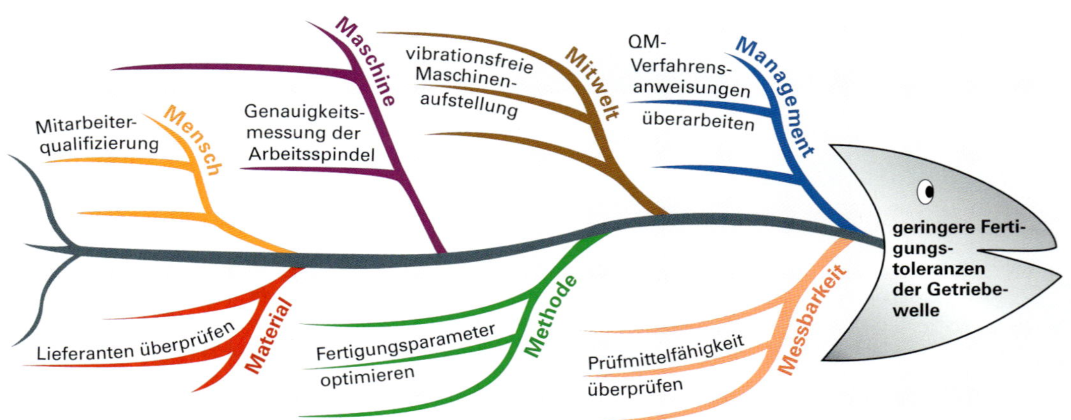

1 Kontinuierlicher Verbesserungsprozess der Fertigung einer Getriebewelle, dargestellt als Ishikawa-Diagramm

In den QM-Systemen stehen unterschiedliche Methoden zur Verfügung. Ursprünglich aus dem KAIZEN stammt das **Ishikawa-Diagramm**. Hierbei handelt es sich um ein Ursache-Wirkungs-Diagramm. Es ist wie ein Fischskelett aufgebaut, wird daher auch Fischgrätendiagramm genannt. Der Fischkopf stellt das Problem bzw. das zu verbessernde Element dar und die sieben „M" die wichtigsten Faktoren, die immer wieder überprüft und kontinuierlich verbessert werden müssen. Im konkreten Beispiel auf S. 440 soll die Fertigungstoleranz der Getriebewelle auf Wunsch des Kunden verringert werden, um den Einbau in das Getriebe zu erleichtern und die Getriebegeräusche zu verringern.

Gewünschte Ziele

Betriebliche Anordnung

Praktische Umsetzung

Untersuchung 1: Sind die Festlegungen zur Zielumsetzung geeignet?

Untersuchung 2: Entspricht die Umsetzung der betrieblichen Anordnung?

1 Untersuchungen bei einem Audit

Zertifizierung als ein Ziel des Qualitätsmanagements

Das **Audit** (lateinisch Auditio = Anhörung) ist ein Soll-Ist-Vergleich, um zu überprüfen, ob festgelegte Forderungen eingehalten werden **(Bild 1)**. Dabei wird untersucht:

- ob Festlegungen eingehalten werden,
- ob diese Festlegungen geeignet sind, die gewünschten Ziele zu erreichen.

Ein Audit ist ein systematischer, unabhängiger und dokumentierter Prozess, um Nachweise zu erlangen, inwieweit bestimmte Qualitätsanforderungen erfüllt sind. Es dient dazu, Fehlerquellen und Verbesserungsmöglichkeiten aufzudecken. In diesem Sinne erfüllt es eine prophylaktische Funktion. Das Audit ist aber auch ein Führungsinstrument, das zur Vorgabe von Zielen und zur Information des Managements über die Zielerreichung eingesetzt werden kann **(Bild 2)**.

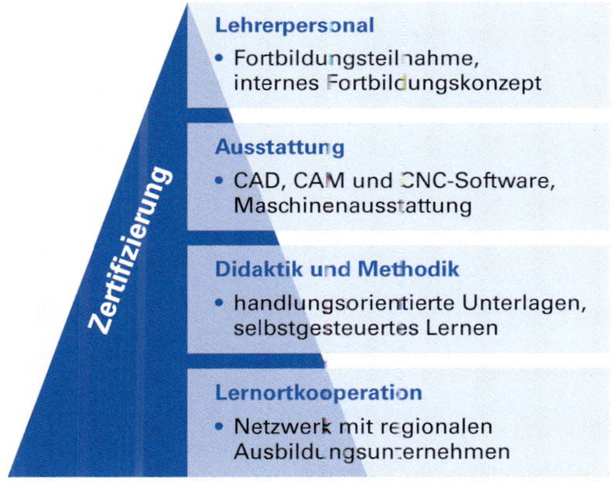

2 Zertifizierung der CNC-Ausbildung in der beruflichen Bildung

Nach ISO 9001 muss in regelmäßigen Abständen die Wirksamkeit des Managementsystems durch Audits nachgewiesen werden. Dabei ist zwischen **internen und externen Audits** zu unterscheiden. Interne Audits dienen meist der Erkennung von Schwachstellen oder systematischen Fehlern innerhalb der Organisation. Externe Audits werden in der Regel mit dem Ziel der Zertifizierung durchgeführt.

Ein Leitfaden für Audits von QM- und/oder Umweltmanagementsystemen ist mit der ISO 19011 vorgegeben.

Arten von Audits	Lieferantenaudit	Produktaudit	Prozessaudit	QM-Systemaudit
Durchführung	extern Kunde bei seinem Lieferanten	intern/extern Stichprobenprüfung von Qualitätsmerkmalen	intern/extern systematische Prüfung der QS, der Fertigungsprozesse, organisatorischer Abläufe	intern und extern Soll-Ist-Vergleich der Forderungen und Festlegungen des Q-Handbuches mit dem betrieblichen Ablauf
Ziele/Ergebnisse	Beurteilung der Qualitätsfähigkeit und Zuverlässigkeit des Lieferanten – Lieferantenaudit	Erkennen von systematischen Fehlern und Trends – Abgleich mit den Kundenerwartungen	Erkennen von Defiziten in Fertigungsprozessen, Überprüfung der Wirksamkeit organisatorischer Abläufe	intern: Überprüfung, ob alle Regelungen eingehalten werden und sinnvoll sind extern: Zertifizierung des Unternehmens

Die **Zertifizierung** (lateinisch „certe“ = bestimmt, gewiss, und „facere“ = machen, schaffen) ist ein Verfahren, mit dessen Hilfe die Einhaltung bestimmter Anforderungen nachgewiesen wird **(Bild 1).** Es gibt zwar keine Rechtsvorschrift, die einem Unternehmen vorschreibt, sein QM-System zertifizieren zu lassen, aber nach DIN 9001, Kapitel 4 „Anforderungen“ ist der Kunde, der ein entsprechendes QM-System unterhält, verpflichtet, die Qualitätsfähigkeit und Zuverlässigkeit seiner Lieferanten zu beurteilen und zu überwachen. Da die Unternehmen der Zerspantechnik in der Regel Lieferanten sind, ist also eine Zertifizierung sinnvoll und meist „lebensnotwendig“, um am Markt bestehen zu können.

Um einem QM-Zertifikat nach ISO 9001 internationale Anerkennung zu verleihen, müssen die Forderungen nach ISO 19011 eingehalten werden. Die Zertifizierung darf nur durch eine akkreditierte (staatlich anerkannte) Stelle durchgeführt werden. In der Bundesrepublik Deutschland ist der Deutsche Akkreditierungsrat (DAR) für die Zulassung und Registrierung von Zertifizierungsunternehmen zuständig.

Beurteilt wird zur Zertifizierung die Umsetzung und Aufrechterhaltung der dokumentierten QS-Forderungen laut Q-Handbuch. Das Zertifikat bescheinigt die angemessene Erfüllung der genannten QS-Norm mit einer Gültigkeit von drei Jahren.

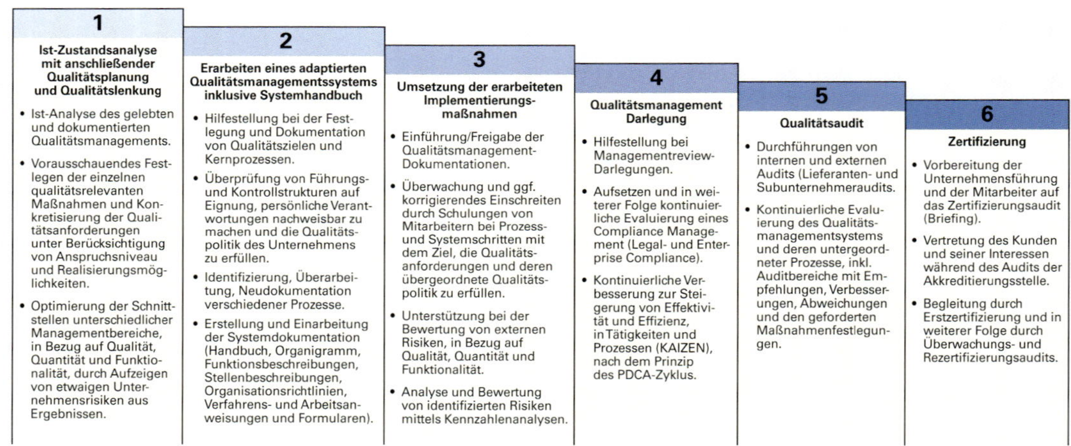

1 Ablauf einer Zertifizierung

Umweltmanagement

Die international gültige Norm ISO 14001 legt die Anforderungen an ein Umweltmanagementsystem fest. Die Nonn ist in der „High Level Structure“ (HLS) aufgebaut, die nach einem Beschluss der ISO für alle neuen Managementsystem-Normen (so auch ISO 9001) gilt. Die Norm legt einen Schwerpunkt auf einen kontinuierlichen Verbesserungsprozess als Mittel zur Erreichung der festgelegten „Umweltziele“. Dieser KVP beruht auf der PDCA-Methode.

Ressourcensparendes, nachhaltiges Wirtschaften ist ein Gebot der Vernunft und ein nicht unbedeutender Kostenfaktor. Viele Unternehmen lassen sich ihr Umweltmanagementsystem zertifizieren, entweder nach ISO 14001 oder nach EMAS (**E**co-**M**anagement and **A**udit **S**cheme, auch bekannt als EU-Öko-Norm). Eine solche Zertifizierung gilt im internationalen Wettbewerb zunehmend als Erfolgsfaktor. Durch die Zertifizierung verbessern die Unternehmen ihr Image bei Kunden, Partnern und in der Öffentlichkeit. In vielen Unternehmen, z.B. bei Automobilherstellern ist der Nachweis der Zertifizierung Voraussetzung für Verträge mit Zulieferern. Die positiven Aspekte für das Unternehmen bestehen u.a. in der Reduzierung von Emissionen, Abfall und Abwasser. Durch den gezielten Umgang mit den Ressourcen wird Geld gespart und das umweltbewusste Verhalten der Mitarbeiter gefördert. Betriebsübergreifende Vorteile einer Umweltzertifizierung sind:

- Die internationale Anerkennung des Umweltmanagementsystems,
- die erhöhte Motivation und Qualifikation der Mitarbeiter,
- das Erkennen von Rationalisierungs- und Einsparpotential,
- Wettbewerbsvorteile durch das international anerkannte Zertifikat.

Q3 PRÜFTECHNIK

Prüfen ist eine qualitätssichernde Maßnahme des Herstellers zur Gewährleistung der geforderten Eigenschaften von Produkten.

Die Entwicklung der Prüftechnik

Die Möglichkeiten, Produkte anzubieten, die den Forderungen der Kunden entsprechen, haben sich in dem Maß verbessert, in dem sich die Qualitätsanforderungen überprüfen ließen. Dies wiederum war von der Entwicklung von Mitteln zum Prüfen, den Prüfmitteln oder allgemein der Prüftechnik abhängig. Die Entwicklung von Prüfmitteln lässt sich über einen Zeitraum von mehreren Jahrtausenden verfolgen, wobei die stürmischste Entwicklung in den vergangenen Jahrzehnten mit der Anwendung der Rechentechnik auf die Auswertung der Prüfergebnisse einsetzte.

Das grundsätzliche Anliegen, Kunden eine zugesicherte Qualität zu liefern, ist schon mehrere Tausend Jahre alt. So sind bereits aus dem alten Ägypten und aus Mesopotamien geeichte Messmittel nachweisbar **(Bild 1)**. Die Hersteller versahen ihre Waren mit Siegeln oder Zeichen. Diese Marken waren ein Symbol der Garantie für die Produkte. Sie waren die Vorläufer der heutigen Markenartikel.

In **Bild 2** zeigen die Winkel und Zirkel den Stand der Prüfmittel im antiken Griechenland. Diese Prüfmittel dienten auch als Qualitätsmarken.

Im Mittelalter dienten als Grundlage für die Maßverkörperungen die Körperteile der Landesfürsten, ihre Füße, Ellen, Arme oder ihr Schrittmaß. Mit dem Meter sollten die vielen verschiedenen Maße überwunden werden. Das Meter wurde 1795 vom Erdumfang abgeleitet **(Bild 3)**. Es sollte der 40-millionste Teil des Erdumfanges sein. Seit 1983 wird das Meter durch die Länge der Strecke definiert, die das Licht im Vakuum während der Zeit von 1/299792458 Sekunden durchläuft. Damit ist das Meter als SI-Einheit jederzeit reproduzierbar. Dies ist die Grundlage des Messens und der Entwicklung überall einsetzbarer Messmittel **(Bild 4)**.

Mit dem Prozess der Industrialisierung setzte eine zeitweilige Krise des Prüfens und der Qualitätssicherung ein. Es bestand die Annahme, dass durch die maschinelle Fertigung auch eine gleichmäßige Fertigung abgesichert ist. Die Sicherung der Qualität wurde durch das Aussondern der offensichtlich fehlerhaften Produkte (= Ausschuss) angestrebt. Dies erwies sich als ein zu kostenträchtiger Weg.

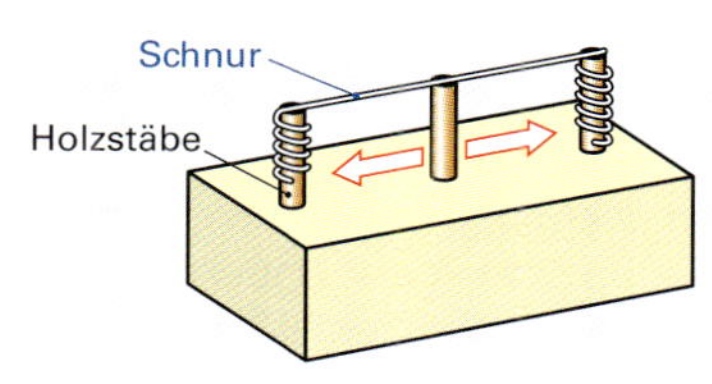

1 Prüfen der Ebenheit (altes Ägypten)

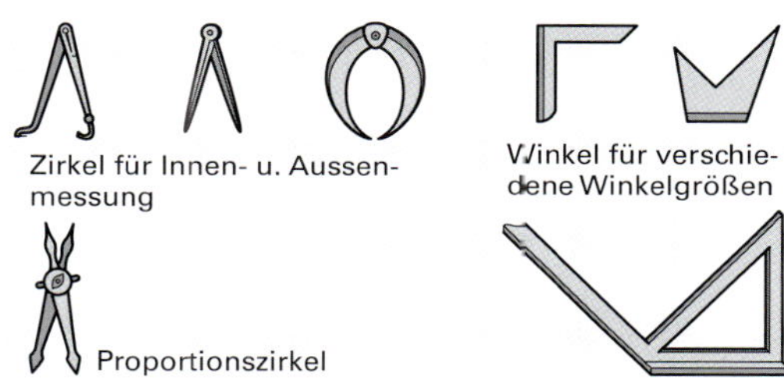

2 Zirkel und Winkel (antikes Griechenland)

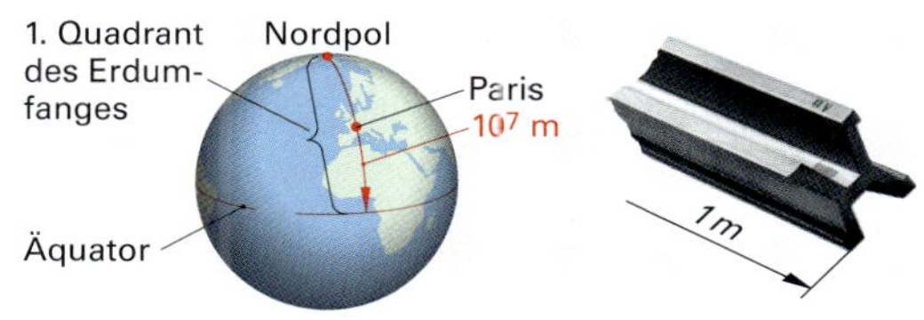

3 a) Ableitung des Meters **b) Urmeter**

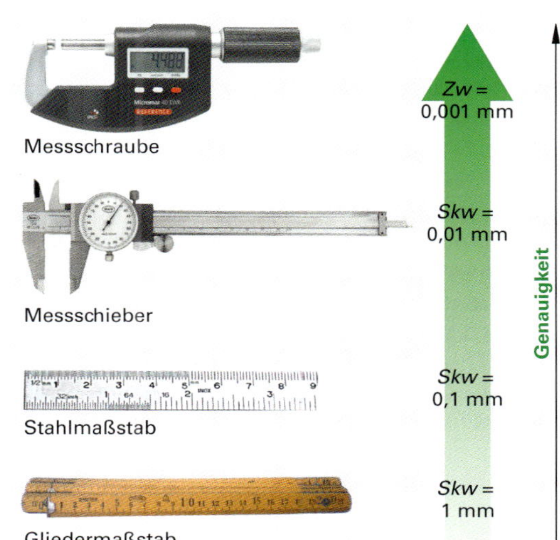

4 Entwicklung der Messmittel

Abhilfe geschaffen wurde durch zwei Entwicklungen, die bis in die Gegenwart fortgeführt werden:

1. Es wurden immer genauere Messmittel entwickelt, d.h. mit einer höheren Auflösung.
2. Es wurden die Erkenntnisse der Statistik beim Prüfen genutzt.

Die Entwicklung der Mess- und Reglungstechnik und die Verbesserungen der Werkzeugmaschinen und Werkzeuge ermöglichen eine immer präzisere Fertigung. Diese wird allerdings mit zunehmender Genauigkeit teurer. Dabei ist es so, dass die Kostensteigerung für eine genauere Fertigung größer ist als für das genauere Prüfen. In der modernen Fertigung gilt daher der Grundsatz:

Die Toleranz gehört der Fertigung.

TU — Werkstücktoleranz $T = 25$ µm — TO

Unsicherer Bereich	Sicherer Bereich	Unsicherer Bereich
$U = 8{,}5$ µm ≙ (34 %)	8 µm ≙ (32 %)	$U = 8{,}5$ µm ≙ (34 %)
$U = 2{,}1$ µm (8,4 %)	20,8 µm ≙ (83,2 %)	$U = 2{,}1$ µm (8,4 %)
Unsicherer Bereich	Sicherer Bereich	Unsicherer Bereich

1 Reduzierung der Fertigungstoleranzen

Es muss also gesichert sein, dass ungenaue Messungen während der Fertigung nicht die vorgegebene Toleranz schmälern **(Bild 1)**.

Um die teuren Fertigungsinvestitionen sinnvoll zu gestalten, müssen die Funktionsgrenzen der Werkstücke bestmöglich bekannt sein. Die Ermittlung dieser Funktionsgrenzen erfordert eine höchstgenaue und reproduzierbare Analyse der Werkstücke.

Durch die geforderte Genauigkeit der immer präziser arbeitenden Automobilbranche und anderer Industriezweige werden konventionelle Prüfmittel und manuelle Messmittel mehr und mehr von Koordinatenmessmaschinen **(Bild 2)** verdrängt. Koordinatenmessgeräte sind höchstgenau und messen ähnlich wie CNC-Maschinen mit einem Programm automatisch und bei hoher Geschwindigkeit. Zunehmend werden diese Messmaschinen auch direkt in der Fertigung eingesetzt. Durch ihre speziellen Konstruktionen und temperaturresistenten Werkstoffe kann dort gemessen werden, wo gefertigt wird. Messlabore werden entlastet und die einstmals langen Wartezeiten bis zur Vorlage der Ergebnisse entfallen. Damit ist die **real-time-Prozessüberwachung** umgesetzt. Die Qualität liefern allerdings nicht nur die Maschinen alleine, sondern auch die Anwendungstechniker, die die Maschine bedienen oder Programme dafür schreiben.

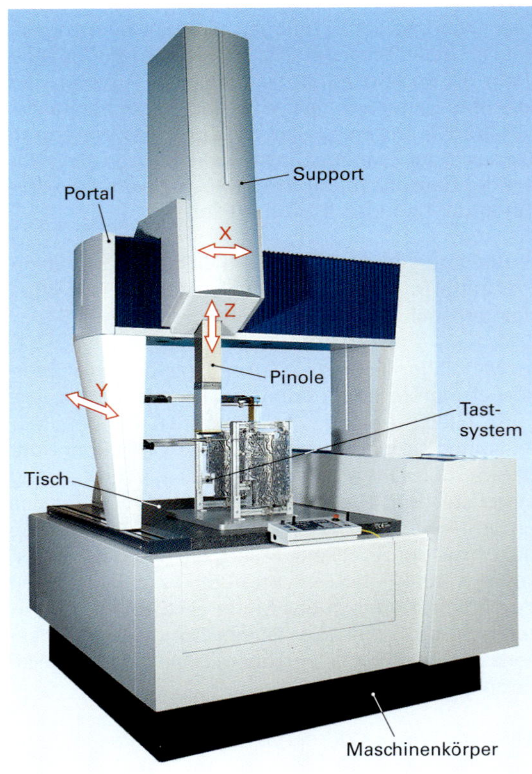

2 Koordinatenmessmaschine zum Messen komplexer Werkstücke

Zertifizierte Koordinatenmesstechniker tragen zur hohen Qualität der Messergebnisse bei und sparen somit unnötige Kosten und Zeit.

Begriffe der Messtechnik

Messgerät Ein Messgerät ist ein Gerät, das allein oder mit anderen Einrichtungen zusammen für die Messung einer Messgröße vorgesehen ist **(Bild 1)**.

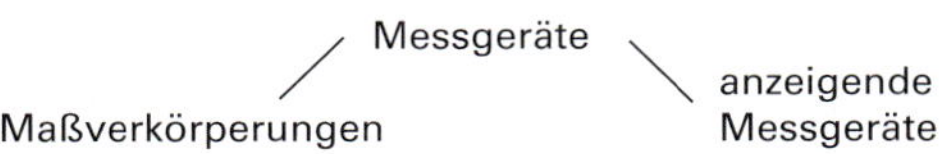

Messgröße *M* Die Messgröße ist eine physikalische Größe, die durch die Messung erfasst werden soll. Messgrößen können sein: Länge, Masse, Kraft.

Der Träger der Messgröße ist das **Messobjekt (Bild 2)** (z.B. ein prismatisches Werkstück).

Messgrößenaufnehmer Der Aufnehmer ist der Teil des Messgerätes, der auf die Messgröße unmittelbar anspricht.

Der Aufnehmer wandelt die im Werkstück gespeicherte Größe (die Länge) in ein Signal um. Die Messwertaufnahme kann mechanisch, elektrisch, pneumatisch oder optisch erfolgen. Ein Beispiel ist der bewegliche Bolzen an der Messuhr **(Bild 2)**.

Messgrößenwandler Der Messgrößenwandler wandelt die Messgröße um, damit diese besser verglichen und bewertet werden kann. Längen können so in Kräfte, elektrische Widerstände oder Kapazitäten umgewandelt werden.

Messgrößenverstärker Der Verstärker verstärkt ein Signal so, dass kleine Änderungen der Messgröße übertragen und angezeigt werden können. Ein einfacher Verstärker kann eine Zahnradübersetzung wie bei der Messuhr sein.

Messwertausgeber Der gemessene Wert der Messgröße **(Messwert)** wird über Skalen oder Ziffernanzeige ausgegeben.

Der Messwert kann auf unterschiedliche Weise gewonnen werden.

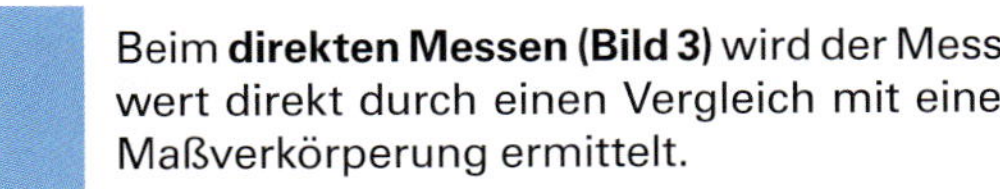

Beim **direkten Messen (Bild 3)** wird der Messwert direkt durch einen Vergleich mit einer Maßverkörperung ermittelt.

Das kann als unmittelbares Messen erfolgen, bei dem eine Maßverkörperung benutzt wird, deren Wertevorrat bei Null beginnt und über den Wert der Messgröße hinausgeht.

Dies kann auch als Unterschiedsmessen erfolgen. Hier wird der Unterschied zwischen der Messgröße und einer Maßverkörperung direkt gemessen. Die Maßverkörperung ist hier nahezu so groß wie der Wert der Messgröße. Der Messwert wird nach dem Messvorgang berechnet.

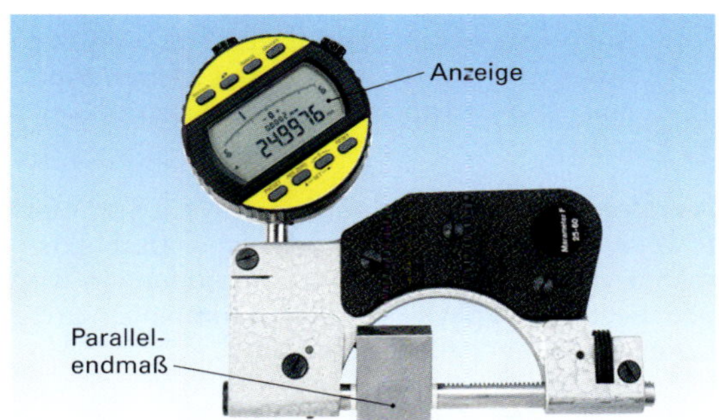

1 **Anzeigendes Messgerät und Maßverkörperungen**

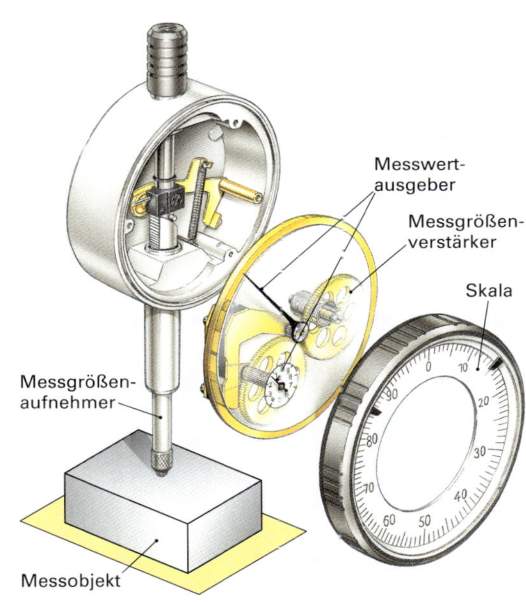

2 **Aufbau einer Messuhr**

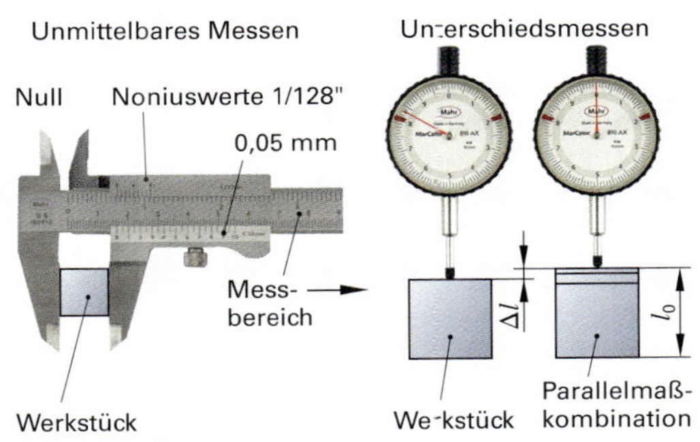

3 **Direktes Messen**

Beim **indirekten Messen (Bild 1)** wird der Messwert einer Messgröße aus Messwerten einer anderen physikalischen Messgröße ermittelt.

Aus der Veränderung einer Induktivität von elektrischen Messanordnungen oder einer Durchflussmenge von pneumatischen Messanordnungen wird über bestehende physikalische Zusammenhänge die Länge eines Werkstückes ermittelt.

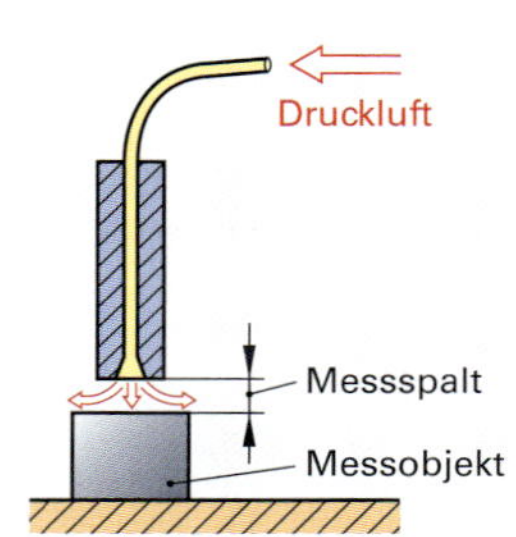

Zusammenhänge:

Messspalt: Durchfluss

Durchfluss: anhängig von der Höhe des Messobjektes

indirektes Bestimmen der Höhe

1 Indirektes Messen

Begriffe (Bild 2):

Anzeige A_z Die Anzeige ist die unmittelbar mit den menschlichen Sinnen erfassbare Information über den Messwert (***Mw***).

Skalenanzeige Eine Skalenanzeige ist der an einer Strichskala ablesbare Stand einer Marke.

Ziffernanzeige Eine Ziffernanzeige ist die Anzeige in Form einer Ziffernfolge, die den Messwert diskontinuierlich darstellt.

Skalenteilungswert *Skw* Der Skalenteilungswert ist die Änderung des Wertes der Messgröße, die eine Änderung der Anzeige um einen Skalenteil bewirkt. Der Skalenteilungswert wird in der Einheit der Messgröße angegeben.

Ziffernschritt *Zst* Der Ziffernschritt ist die Differenz zweier aufeinander folgender Ziffern.

Ziffernschrittwert *Zw* Der Ziffernschrittwert einer Ziffernskala ist die Änderung des Wertes der Messgröße, die eine Änderung der Anzeige um einen Ziffernschritt bewirkt.

Empfindlichkeit *E* Bei Messgeräten mit Skalenanzeige ist die Empfindlichkeit *E* gleich dem Verhältnis der Anzeigeänderung *L* zu der sie verursachenden Änderung *M* der Messgröße. Bei Messgeräten mit Ziffernanzeige ist die Empfindlichkeit *E* gleich dem Verhältnis der Anzahl *Z* der Ziffernschritte zu der sie verursachenden Änderung *M* der Messgröße.

Anzeigebereich *Azb* Der Anzeigebereich ist der Bereich zwischen der größten und kleinsten Anzeige eines Messgerätes.

Messbereich *Meb* Der Messbereich eines anzeigenden Messgerätes ist derjenige Bereich von Messwerten, in dem vorgegebene Fehlergrenzen nicht überschritten werden. Der Messbereich ist kleiner oder gleich dem Anzeigebereich.

Messspanne *Mes* Die Messspanne ist die Differenz zwischen dem Endwert und Anfangswert des Messbereiches.

Messkraft Die Messkraft ist die Kraft, die von der Messeinrichtung auf den Prüfgegenstand beim Messen ausgeübt wird.

A_z = 9,86 mm
Mw = 9,86 mm
Skw = 0,01 mm

A_z = 25,100 mm
Mw = 25,100 mm
Zw = 0,001 mm

Empfindlichkeit *E*

$$E = \frac{\Delta L}{\Delta M}$$

$$E = \frac{Z}{\Delta M}$$

E der Messuhr

$$E = \frac{1\text{ mm}}{0{,}01\text{ mm}} = 100$$

E der digitalen Messuhr

$$E = \frac{1\text{ mm}}{0{,}001\text{ mm}} = 1000$$

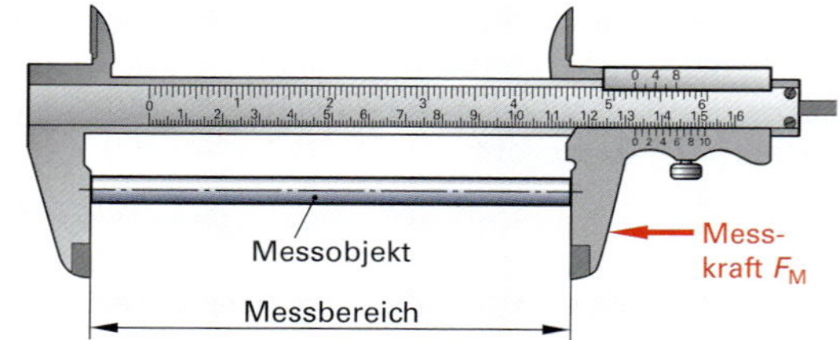

2 Begriffe der Messtechnik

Messanordnungen

Mechanische Messanordnung

Bei mechanischen Messanordnungen wird die mechanische Veränderung am Messgegenstand vom Messgrößenaufnehmer aufgenommen und über Übersetzungsglieder auf einen Zeiger übertragen. In den gesamten Vorgang sind nur mechanische Bauglieder einbezogen.

Eine typische Anwendung der mechanischen Messanordnung ist der mechanische Feinzeiger **(Bild 1)**.

Ein Mangel der mechanischen Messanordnung ist der begrenzte Messbereich, da auf mechanischem Weg nicht beliebig übersetzt werden kann. Da dieser Messbereich teilweise nur 0,05 mm beträgt, werden diese Geräte vor allem zu Unterschiedsmessungen verwendet. Sie dienen auch zum Bestimmen von Parallelität und Ebenheit von Flächen oder zum Rundlauf von Wellen.

Der **Vorteil der mechanischen Messanordnung** besteht darin, dass sie von der Zufuhr anderer Energiequellen unabhängig ist.

Elektrische Messanordnung

Bei der elektrischen Messanordnung wird die durch den Messgrößenaufnehmer aufgenommene Längenänderung durch Messgrößenwandler in elektrische Größen **(Bild 2)** umgewandelt.

Beim induktiven Messtaster ist der Taster **(Bild 2)** mit dem Eisenkern verbunden, der innerhalb zweier Spulen beweglich angeordnet ist. Die Bewegung des Tasters und damit die des Eisenkerns verändert die Spannung in den Spulen. Das elektrische Signal wird verstärkt und angezeigt.

Die **Vorteile der elektrischen Messanordnung** sind

- der große Messbereich,
- die hohe Messgenauigkeit,
- die leichte Erfassung und Nutzung der Daten in Rechnern bzw. Steuerungen.

Pneumatische Messanordnung

Bei der pneumatischen Messanordnung werden die Längenänderungen in Druckdifferenzen oder die Veränderung einer durchfließenden Volumenmenge umgewandelt.

Nach dem angewendeten Messprinzip wird zwischen Differenz- oder Druckmessverfahren bzw. Volumenmessverfahren unterschieden **(Bild 3)**.

Druckmessverfahren

Abhänging von der Werkstückgröße ändert sich die Größe des Messspaltes. Die entstehende Druckänderung wird im Manometer in eine Längenanzeige umgewandelt. Gerätejustierung vor jeder Prüfung.

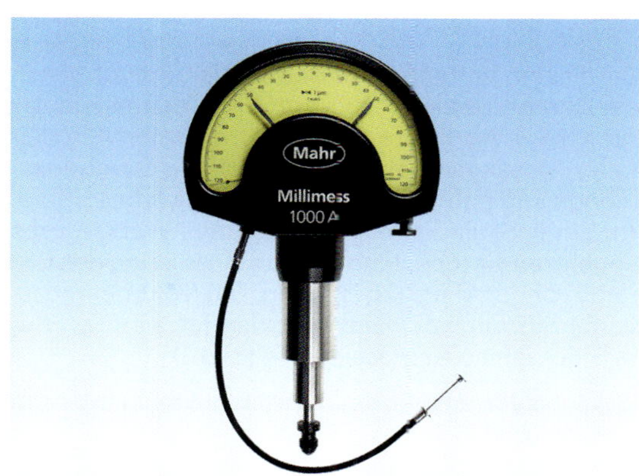

1 Millimess-Feinzeiger

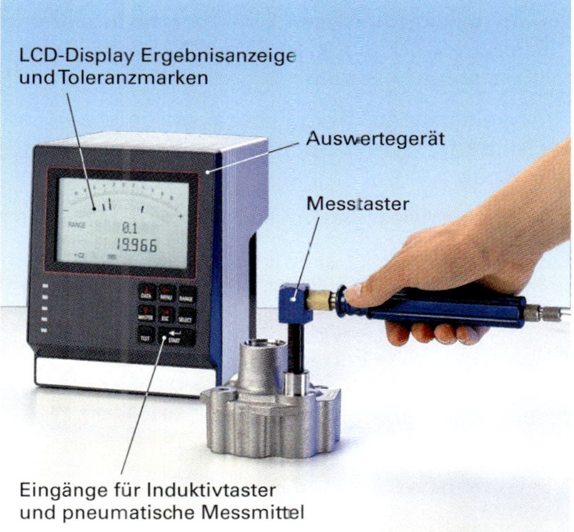

2 Elektronisches Messgerät mit induktivem Messtaster

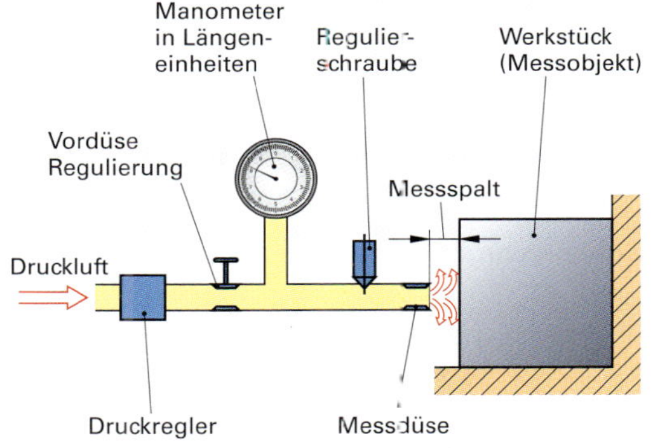

3 Druckmessverfahren

Volumenmessverfahren

Bei diesem Verfahren werden die Veränderungen in der Durchflussmenge, die durch die Abstandsänderung Düse-Werkstück entstehen, registriert. Ein kleinerer Messspalt bewirkt eine kleinere Durchflussmenge und damit ein Senken des Schwebekörpers. An einer Skala kann die Größe des Werkstückes abgelesen werden. Eine genaue Einstellung des Gerätes vor der Messung ist nötig. Das Volumenmessverfahren wird vor allem angewendet, wenn größere Stückzahlen zu messen sind **(Bild 1)**.

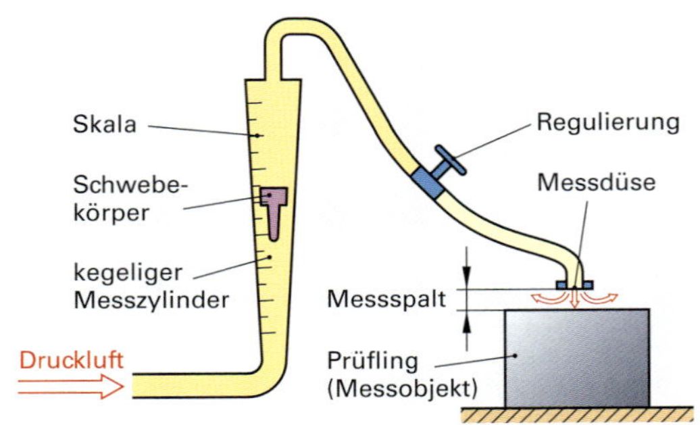

1 **Volumenmessverfahren**

Es kann auch an mehreren Messpunkten gemessen werden **(Bild 2)**.

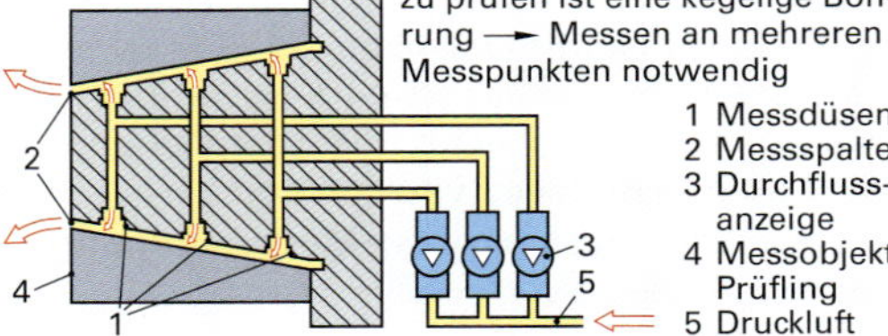

2 **Messen an mehreren Messpunkten**

Das **Druckmessverfahren** erlaubt demgegenüber größere Messbereiche und höhere Messdrücke.

Die **Vorteile der pneumatischen Messanordnung** liegen in

- dem berührungslosen oder berührungsarmen Messen, wodurch es zu keinen Beschädigungen (Kratzer u. a.) kommt,
- der reinigenden Wirkung der ausströmenden Luft (Schmutz, Öl und Spanpartikel werden weggeblasen),
- der hohen Messgenauigkeit.

Der Messbereich ist allerdings sehr klein (0,01 mm bis 1 mm), deshalb erfolgt nur Unterschiedsmessung.

Das Messen kann berührungslos oder über mechanische Berührung erfolgen **(Bild 3)**. Das berührungslose Messen erfolgt in der Regel nur bis zu einer Oberflächenrauheit von 3 µm.

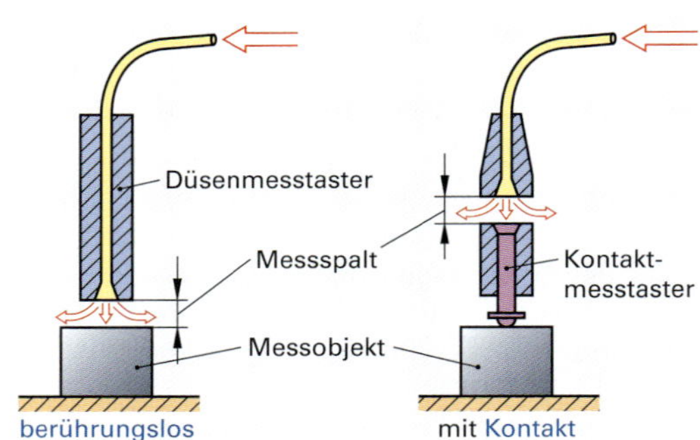

3 **Messgrößenaufnehmer**

Die Vorteile des *berührungslosen Messens* sind:

- es entstehen keine Beschädigungen am Werkstück,
- Späne und Verunreinigungen werden weggeblasen.

Beim *Kontaktmessen* wird das Werkstück berührt.

Es muss angewendet werden, wenn größere Rauigkeiten (> 3 µm) am Werkstück vorliegen.

Optische Messanordnung

Optische Messanordnungen werden an CNC-Maschinen in den Wegmesssystemen verwendet.

Koordinatenmessmaschinen

Wenn komplizierte Werkstücke mit einfachen Messmitteln nicht mehr gemessen werden können, kommen Koordinatenmessmaschinen zum Einsatz. Sie messen in drei Achsen und arbeiten wie CNC-Maschinen **(Bild 4)**. Das Werkzeug wird durch einen Taster ersetzt, der die Messwerte aufnimmt und an den Rechner weiterleitet.

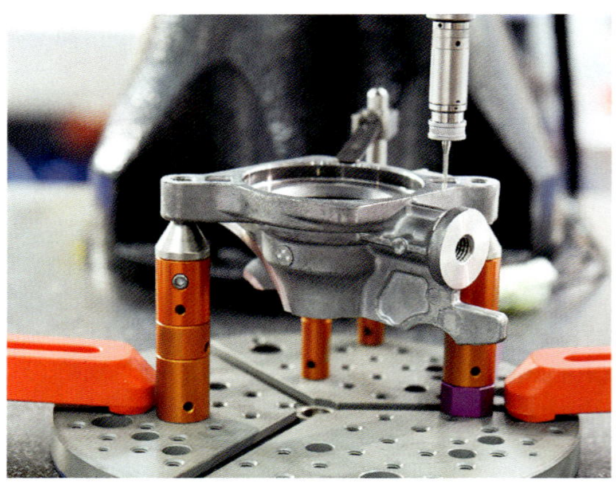

4 **Koordinatenmesstechnik**

Messabweichungen

Das Messergebnis wird nie genau der tatsächlichen Größe des zu messenden Gegenstandes entsprechen. Es treten **Messabweichungen** (Fehler) auf. Diese können unterteilt werden in:

systematische und zufällige Messabweichungen

Systematische Messabweichungen treten regelmäßig und in gleicher Größe auf. Das Messergebnis ist unrichtig, die Abweichungen kann man aber **berücksichtigen**.

Ursachen für systematische Messabweichungen:

Fehler in den Messgeräten, z.B. Abweichungen in der Steigung der Gewindespindel der Messschraube, Abnutzung der Messflächen beim Messschieber **(Bild 1)**.

Umweltbedingungen: Die Maßverkörperungen sind auf 20 °C geeicht. Auch für die Prüflinge wird von einer Messbezugstemperatur von 20 °C ausgegangen. Alle Abweichungen davon verfälschen das Messergebnis.

Persönliche Fehler beim Messen: Persönliche Fehler, die immer in der gleichen Weise begangen werden, können berücksichtigt werden, z.B. wenn die Messkraft konstant zu groß ist.

Zufällige Messabweichungen treten unregelmäßig auf, sie machen das Messergebnis unsicher. Die Abweichungen können **nicht berücksichtigt** werden.

Ursachen für zufällige Messabweichungen:

Fehler in den Messgeräten, z.B. Abnutzung der Führungen (Spiel).

Mängel am Prüfling: Schmutz, Grat oder Unregelmäßigkeiten in der Form des Prüflings führen zu zufälligen Messabweichungen **(Bild 2)**.

Umweltbedingungen: Schwankende Umwelteinflüsse führen zu schwankenden Messergebnissen.

Persönliche Fehler beim Messen: Unkonzentriertes Messen, unterschiedliche Messkraft, Verkanten des Messgerätes oder Ablesefehler führen zu zufälligen Abweichungen. Zufällige Fehler können nur durch mehrmaliges Messen und das Bilden von Mittelwerten eingegrenzt werden **(Bild 3)**.

Das **Abbesche Komparatorprinzip** ist ein grundlegendes Prinzip, nach dem Längenmessgeräte aufgebaut sein sollten, um eine hohe Messgenauigkeit zu erreichen. Liegen die am Werkstück zu messende Strecke und der Maßstab des Messgerätes nicht auf der gleichen Achse, tritt im Messgerät ein Kippfehler auf. Die Größe der Messabweichung hängt vom Spiel der beweglichen Teile des Messgerätes ab. Sind die zu messende Strecke und der Maßstab des Messgerätes, wie bei der Messschraube, auf einer hintereinanderliegenden Strecke angeordnet, wirkt sich ein möglicher Kippfehler aber kaum auf das Messresultat aus.

Messabweichung = gemessener Wert – tatsächlicher Wert

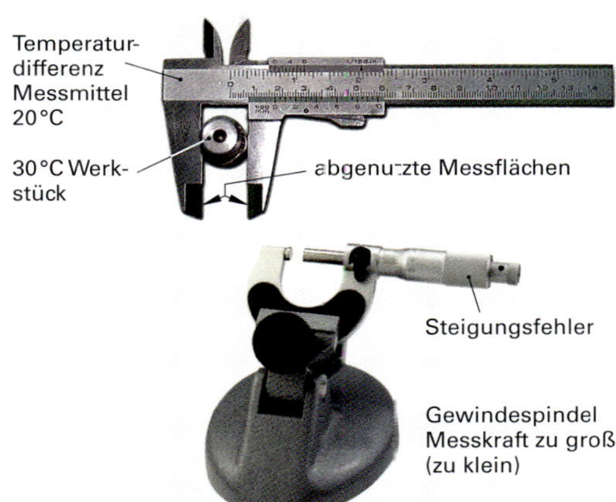

1 Beispiele für systematische Messabweichungen

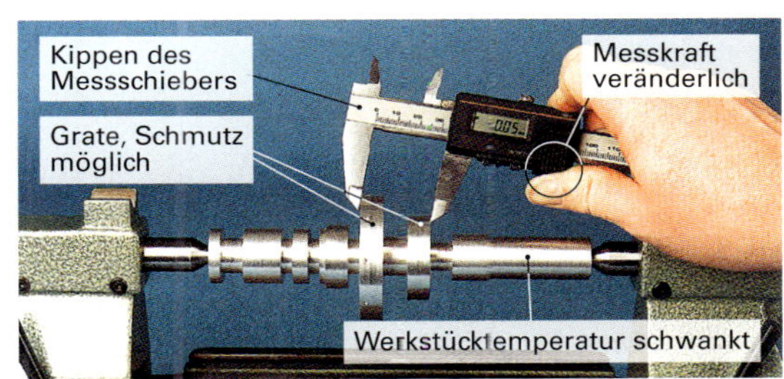

2 Beispiele für zufällige Messabweichungen

$$\bar{x} = \frac{\sum_{i=1}^{n} x_i}{n} = \frac{x_1 + x_2 + x_3 + x_4 + x_5}{5}$$

Messung n	Messwert x_i
1	60,001 mm
2	60,003 mm
3	59,995 mm
4	59,999 mm
5	60,002 mm
$\bar{x}$	60,000 mm

Mit der Zahl der Messungen wird das Ergebnis weniger unsicher, die systematischen Abweichungen bleiben erhalten.

3 Arithmetischer Mittelwert

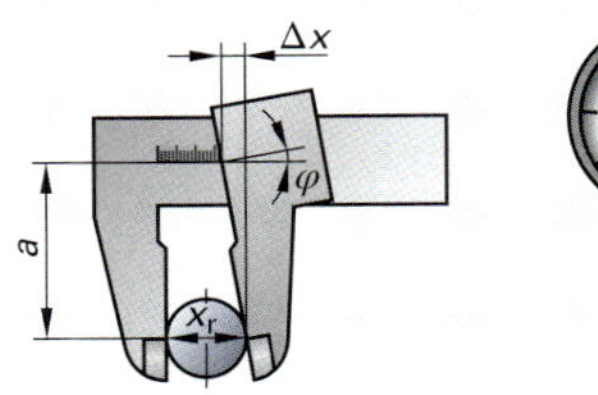

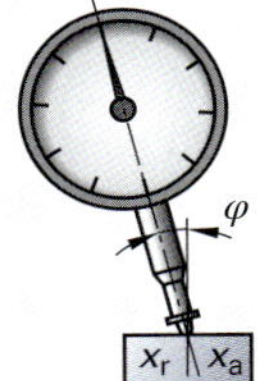

4 Messabweichungen

Prüfen von Maßen, Formen und Lagen

Während und nach der Fertigung von Werkstücken sind entweder deren Maße, die Einhaltung von vorgegebenen Toleranzen oder auch die Lage einzelner Bezugsflächen zueinander zu prüfen.

Für das Messen von Längenmaßen kommen die mechanische, die elektrische, die pneumatische und die optische Messanordnung in Betracht. Die Auswahl der Messgeräte hängt von der konkreten Messaufgabe ab. Dabei ist die geforderte Genauigkeit oft bestimmend.

Mechanische Messmittel

Der Messschieber

Für viele Messaufgaben, bei denen es nicht auf höchste Genauigkeit ankommt, ist der Messschieber ein bewährtes Messgerät. Mit ihm lassen sich Innen-, Außen- und Tiefenmessungen **(Bild 1)** durchführen.

Durch das Aufbringen des Nonius ist es möglich, Messwerte mit einer Genauigkeit von 0,1 mm bis 0,02 mm abzulesen.

Das Prinzip des Nonius (von none = neun) beruht darauf, dass 9 mm in 10 Abschnitte (oder 49 mm in 50 Abschnitte) geteilt werden. Die entsprechenden Skalenteile sind so um 0,1 mm kleiner als auf dem Strichmaßstab des Messschiebers. Der Strich des Nonius, der mit einem Strich des Strichmaßstabes in einer Flucht liegt, zeigt die 1/10 mm, 1/20 mm oder 1/50 mm an **(Bild 2)**.

Messschieber werden zunehmend mit einer elektronischen Ziffernanzeige angeboten. Ablesefehler entfallen hier. Die Ziffernanzeige kann meist wahlweise in Millimeter oder Zoll erfolgen. Regeln zum Umgang mit dem Messschieber hängen meist in den Werkstätten aus.

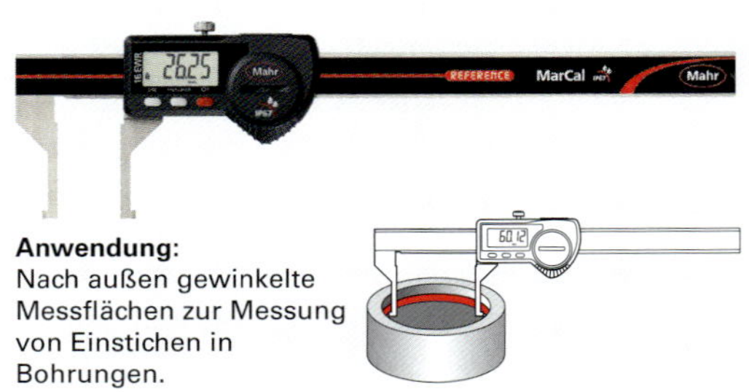

1 Innenmessen mit dem Sondermessschieber

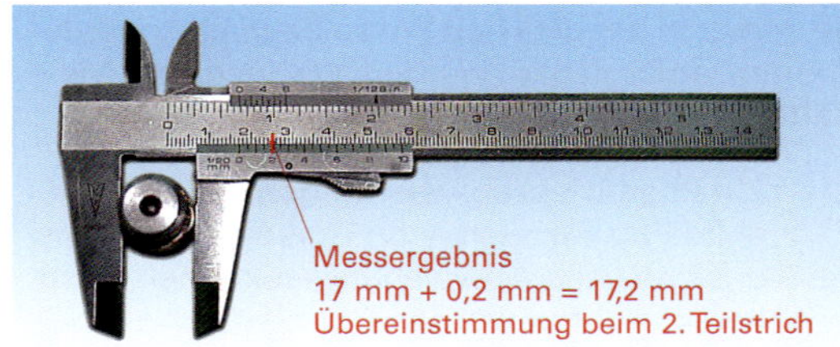

2 Ablesen des Nonius

Messschrauben

Messschrauben werden angewendet, wenn durch unmittelbares Messen auf 0,01 mm genau gemessen werden soll **(Bild 3)**.

Als Maßverkörperung dient bei den Messschrauben eine Messspindel (Gewindespindel). Diese hochgenaue, gehärtete und geschliffene Spindel hat meist eine Steigung von 0,5 mm. Die um die Messspindel liegende Skalentrommel ist mit 50 Teilstrichen versehen, eine Längenänderung von 0,01 mm wird durch das Nachstellen der Messspindel um einen Teilstrich auf der Skalentrommel registriert. Durch das Addieren der ganzen und halben Millimeter von der Skalenhülse mit den hundertstel Millimetern von der Skalentrommel wird das exakte Messergebnis ermittelt. Messschrauben werden auch für das Innenmessen verwendet. Wegen des schwierigen Messens und um Messfehler zu vermeiden werden selbstzentrierende Messschrauben verwendet **(Bild 4)**.

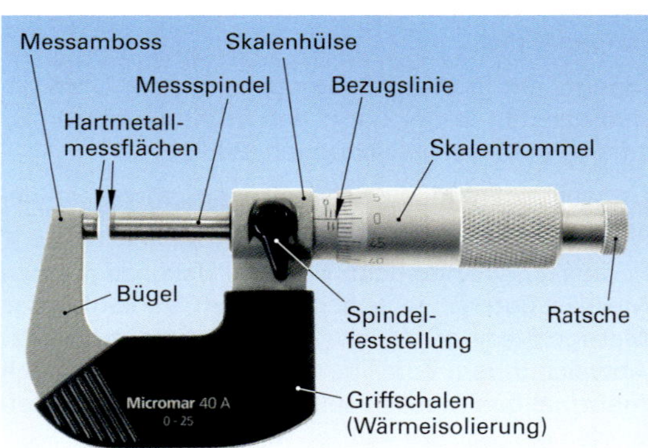

3 Bügelmessschraube für Außenmessung

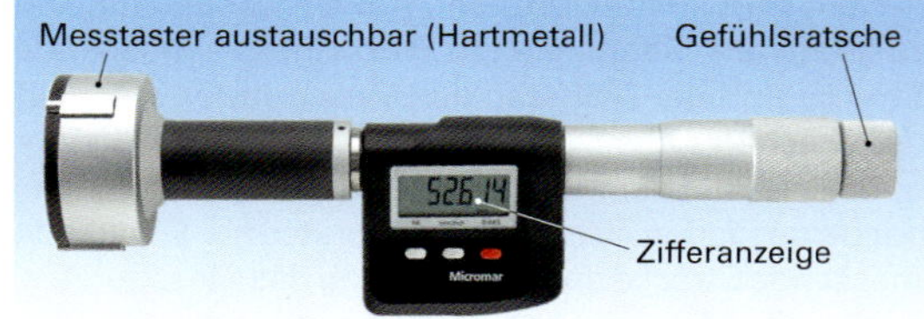

4 Innenmessschraube mit elektronischer Ziffernanzeige

Messschraube mit Feinzeiger

Für höhere Ansprüche an die Genauigkeit sind die Messschrauben mit Feinzeigern versehen.

Damit kann bei Serienteilen die Einhaltung der Toleranzen festgestellt werden. Der Messbereich des Feinzeigers liegt allerdings meist bei 50 µm **(Bild 1)**.

Deshalb ist das Unterschiedsmessen anzuwenden. Die Messschraube wird mit Parallelendmaßen eingestellt. Dann kann die Differenz des Maßes des Werkstückes mit dem voreingestellten Maß ermittelt werden. Toleranzmarken, die die erlaubten Höchst- und Mindestmaße repräsentieren, machen das genaue Ablesen des Messwertes überflüssig.

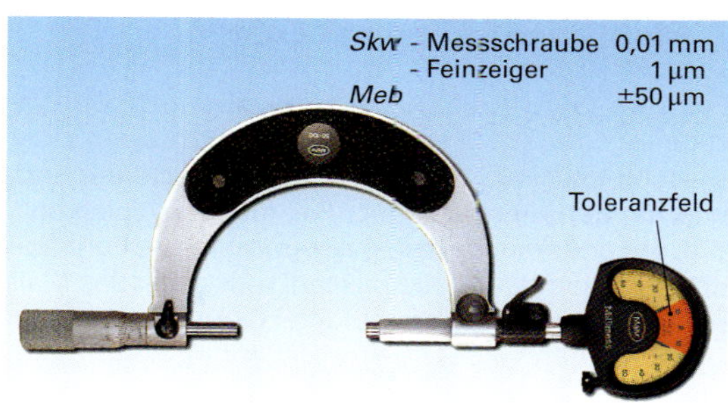

1 Messschraube mit Feinzeiger und Toleranzfeld

Die Messuhr

Bei der Messuhr wird der durch die Längenänderung am Werkstück hervorgerufene Weg des Messbolzens über ein Übersetzungssystem vergrößert.

Sie enthält keine absoluten Maßverkörperungen wie der Messschieber oder die Messschraube. Für das Messen wird immer eine Bezugsbasis benötigt, z.B. Parallelendmaße. Über Unterschiedsmessen wird das Maß des Messobjektes ermittelt. Auf zwei getrennten Skalen lassen sich ganze und Hundertstel mm ablesen. Digitale Messuhren erleichtern auch hier das Messen **(Bild 2)**.

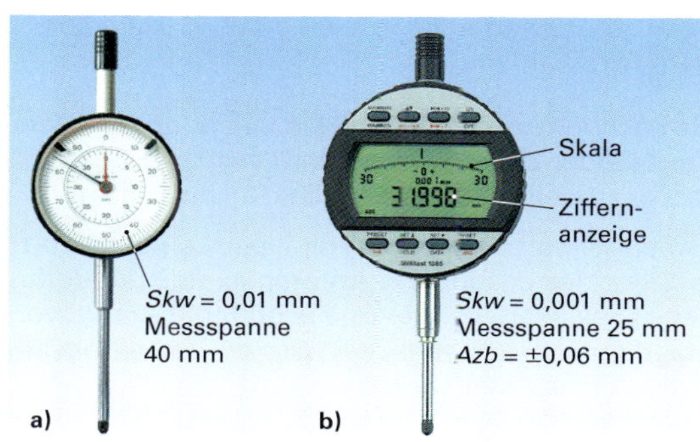

2 a) Langweg-Messuhr mit großem Messbereich
b) Digitale Messuhr mit Ziffern- und Skalenanzeige

Die Feinzeiger

Die genauesten mechanischen Messgeräte sind die Feinzeiger.

Die unter den verschiedensten Firmennamen angebotenen Feinzeiger können sogar auf weniger als ein Tausendstel Millimeter genau messen (Skw bis 0,5 µm) **(Bild 3)**. Diese hohe Genauigkeit wird durch ein Übersetzungsverhältnis aus Hebeln und Zahnrädern erreicht. Daraus ergeben sich sehr kleine Anzeige- und Messbereiche.

Messuhren und Feinzeiger dienen auch zum Feststellen von Form- und Lageabweichungen.

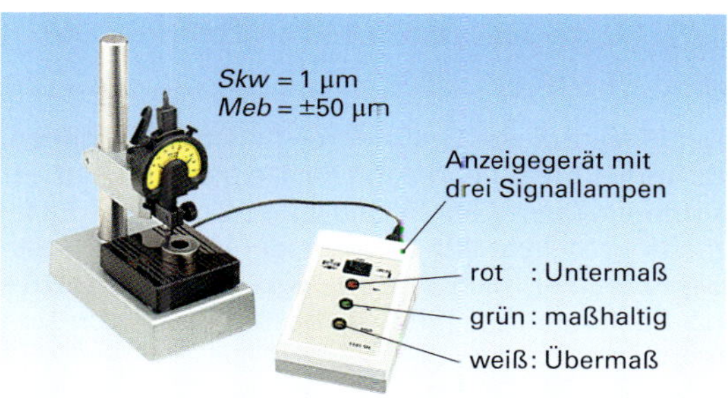

3 Feinzeiger mit zwei Grenzkontakten

Elektronische Messmittel

Die elektronischen Messgeräte, die meist mit dem induktiven Messsystem arbeiten, sind in unterschiedlichen Messverfahren einzusetzen. Für die Längenmessung sind interessant:

Einzelmessung: Ein einzelner Messtaster wird wie eine Messuhr zur Längen-(Dicken-)messung genutzt.

Summenmessung: Aus der Summe der von zwei Messtastern gemessenen Werte wird der Messwert ermittelt. Messfehler werden so eingegrenzt **(Bild 4)**.

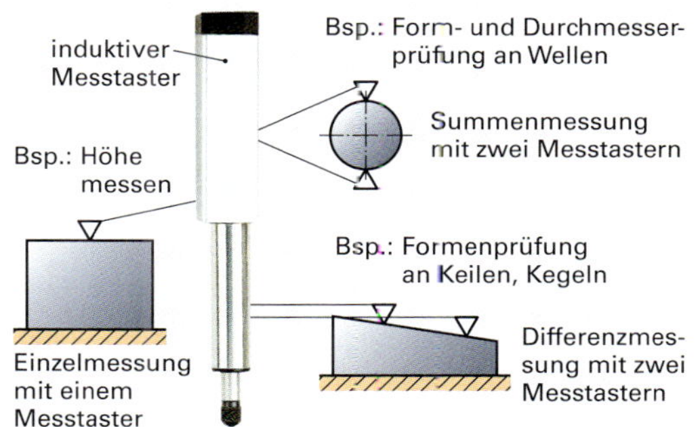

4 Messen mit elektronischen Messgeräten

Maßliches Prüfen mit Lehren

Für sehr viele Werkstücke, die keine fertigen Einzelteile, sondern Elemente von Baugruppen oder Maschinen sind, ist nicht so sehr entscheidend, wie ihr genaues Maß ist. Sie müssen **„passen"**, d. h. mit anderen Bauteilen zusammen eine Funktion erfüllen. Damit die Teile passen, muss sich das Maß innerhalb bestimmter geduldeter Grenzen bewegen. Das Einhalten solcher Grenzmaße wird sehr häufig mit Lehren überprüft.

Beim **Lehren** wird festgestellt, ob das Werkstück „gut" ist, d. h. zwischen den erlaubten Grenzwerten liegt, oder ob es zu klein oder groß ist.

Je nachdem, ob am Bauteil ein Innen- oder Außenmaß **(Bilder 1** und **2)** geprüft wird, zeigt das „zu groß" oder „zu klein" Ausschuss oder Nacharbeit an.

So vorteilhaft das Prüfen mit einer Lehre ist, setzt es aber das gesonderte Anfertigen einer Lehre für jedes Passmaß voraus. Eine bestimmte Anzahl von zu prüfenden Werkstücken ist also die Voraussetzung für den Einsatz von Lehren.

Die Messflächen der **Gutseite** der Lehren sind länger, da mit der Gutseite der Lehre zugleich die Form des Werkstückes mit geprüft wird.

Die **Ausschussseite (rot)** der Lehre repräsentiert nur das Maß.

Der Einsatz dieser Grenzlehren dürfte zurückgehen, da immer mehr Lehren mit Feinzeigern zum Einsatz kommen. Diese Lehren sind auf verschiedene Passmaße einstellbar und zeigen zudem konkrete Messwerte an. Für höchste Genauigkeiten sind Elektronik-Rachenlehren **(Bild 3)** mit Skw bzw. Zw von 0,1 µm erhältlich.

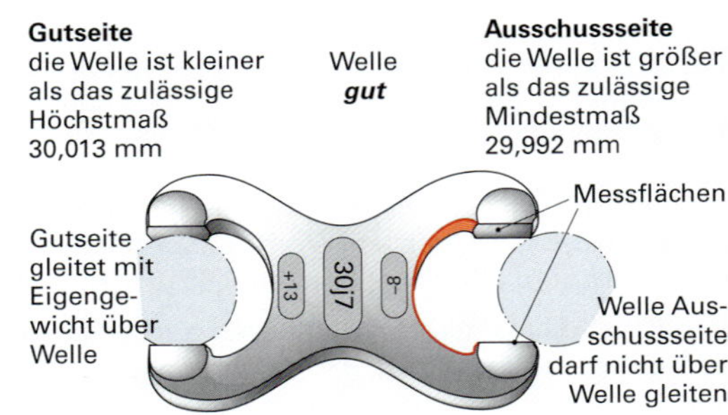

1 Grenzrachenlehre zum Passmaß 30j7

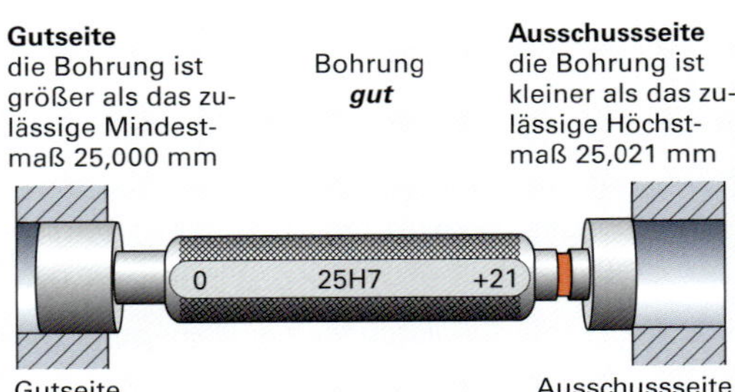

2 Grenzlehrdorn zum Passmaß 25H7

3 Feinzeigerrachenlehre im Einsatz

Einteilung des Prüfens

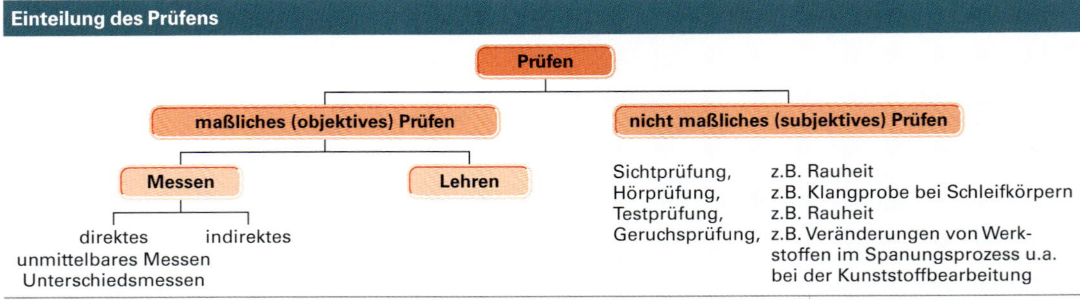

Beim **Prüfen** wird festgestellt, ob der Prüfgegenstand vereinbarte, vorgeschriebene oder erwartete Bedingungen erfüllt. Vor allem wird ermittelt, ob vorgegebene Toleranzen oder Fehlergrenzen eingehalten werden.

Beim **subjektiven Prüfen** werden mithilfe der Sinnesorgane qualitative Merkmale erfasst.

Beim **objektiven Prüfen** wird das Prüfen durch Prüfmittel (Messgeräte, Lehren) unterstützt.

Form- und Lagetoleranzen

Werkstücke lassen sich hinsichtlich ihrer Maße **nicht absolut genau fertigen**, auch die geometrische Form der Werkstücke und die Lage einzelner Flächen zueinander lassen sich **nicht nach der Idealform** eines Kreises oder anderer geometrischer Figuren herstellen. Deshalb müssen auch die Formen und Lagen und ihre Abweichungen von den vorgeschriebenen Werten geprüft werden.

Form- und Lagetoleranzen sind genormt und in DIN ISO 1101 aufgeführt **(Tabelle 1)**.

Eine Form- und Lagetoleranz eines Elementes definiert die Zone, innerhalb der jeder Punkt dieses Elementes liegen muss, wenn das Werkstück die Anforderungen erfüllen soll.

Als Elemente werden Flächen, Achsen u.a. bezeichnet.

Toleranzzonen können z.B. sein:

- die Fläche innerhalb eines Kreises,
- die Fläche zwischen zwei parallelen Geraden,
- die Fläche zwischen zwei konzentrischen Kreisen,
- der Raum zwischen zwei koaxialen Zylindern.

In der technischen Zeichnung wird das Symbol für die jeweilige Form- und Lagetoleranz und ein Toleranzwert angegeben. Ein Pfeil gibt den Bezug zur Achse oder Fläche an, für die die Toleranz gilt.

Tabelle 1: Übersicht über Form- und Lagetoleranzen (nach DIN ISO 1101) Auswahl

Formtoleranzen			
Geradheit	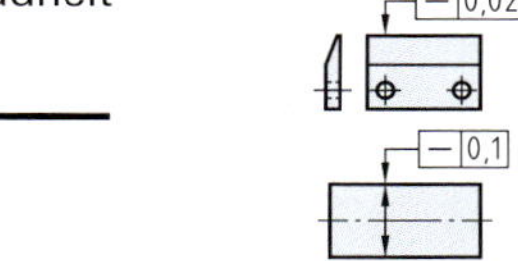	Die Kante muss zwischen zwei parallelen Ebenen mit dem Abstand $t = 0,02$ mm liegen. Die Mittelachse des Zylinders muss innerhalb eines Zylinders des Durchmessers $t = 0,1$ mm liegen.	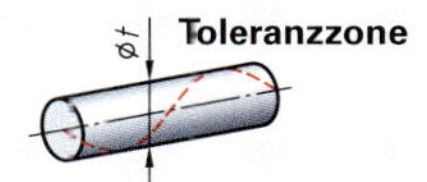 **Toleriertes Element:** Achse, Gerade **Bezug:** keiner
Ebenheit	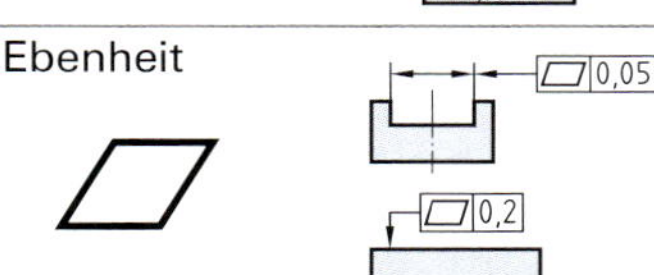	Die Mittelebene muss zwischen zwei parallelen Ebenen mit dem Abstand $t = 0,05$ mm liegen. Die Ebene muss zwischen zwei parallelen Ebenen mit dem Abstand $t = 0,2$ mm liegen.	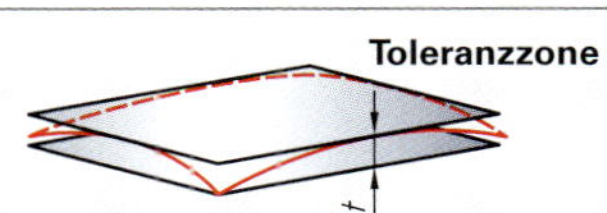 **Toleriertes Element:** Ebene **Bezug:** keiner
Rundheit	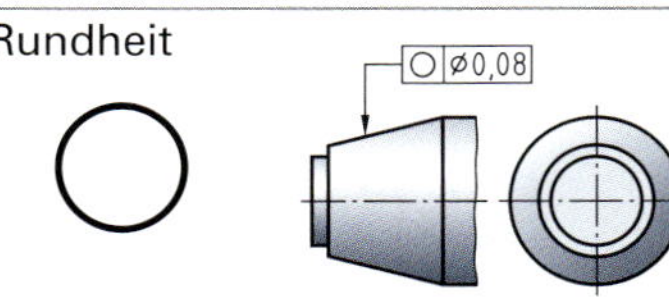	Die Mantellinie jedes Querschnitts des Kegels muss zwischen zwei und derselben Ebene liegenden konzentrischen Kreisen mit dem Abstand $t = 0,08$ mm liegen.	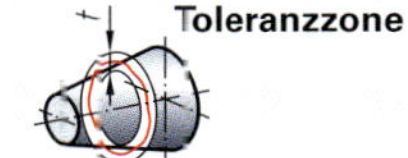 **Toleriertes Element:** Umfangslinie **Bezug:** keiner
Zylinderform 	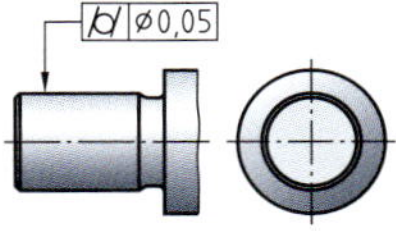	Die tolerierte Zylindermantelfläche muss zwischen zwei koaxialen Zylindern mit dem Abstand $t = 0,05$ mm liegen.	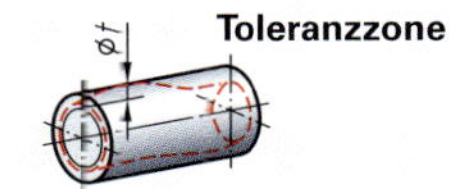 **Toleriertes Element:** Zylindermantelfläche **Bezug:** keiner
Linienprofiltoleranz 	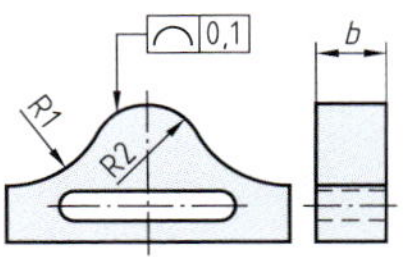	Die Profillinie muss an jeder Stelle der Werkstückdicke b zwischen zwei Hülllinien liegen, deren Abstand durch Kreise vom Durchmesser $t = 0,1$ begrenzt ist. Die Mittelpunkte der Kreise befinden sich dann auf einer Linie der geometrisch idealen Form.	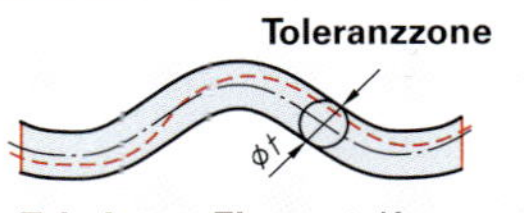 **Toleriertes Element:** Kurve **Bezug:** keiner, Gerade
Flächenprofiltoleranz 	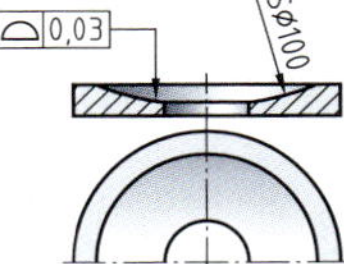	Die Kugelfläche muss sich zwischen zwei Hüllflächen befinden, deren Abstand $t = 0,03$ mm durch Kugeln gebildet wird. Die Mittelpunkte der Kugeln liegen auf der geometrisch idealen Fläche.	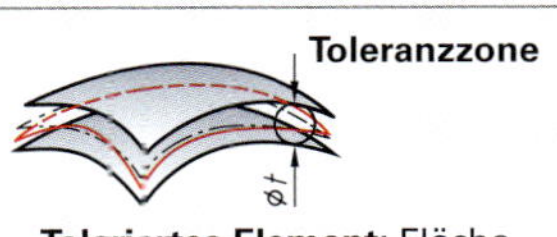 **Toleriertes Element:** Fläche **Bezug:** keiner, Ebene

Richtungstoleranzen

Parallelität

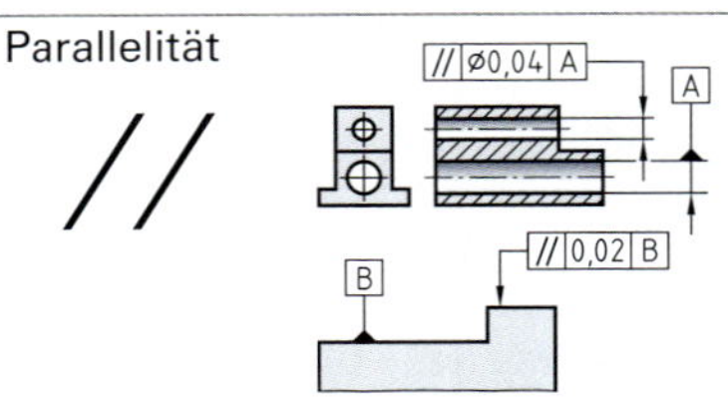

Die Mittelebene muss innerhalb eines Zylinders mit dem Durchmesser t = 0,04 mm liegen, dessen Achse parallel zur Bezugsachse A ist.

Die tolerierte Fläche muss zwischen zwei, zur Bezugsebene B parallelen Ebenen mit dem Abstand t = 0 2 mm liegen.

Toleranzzone

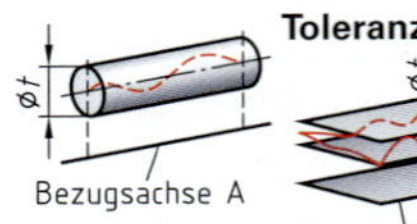

Toleriertes Element: Achse, Ebene
Bezug: Achse, Ebene

Rechtwinkligkeit

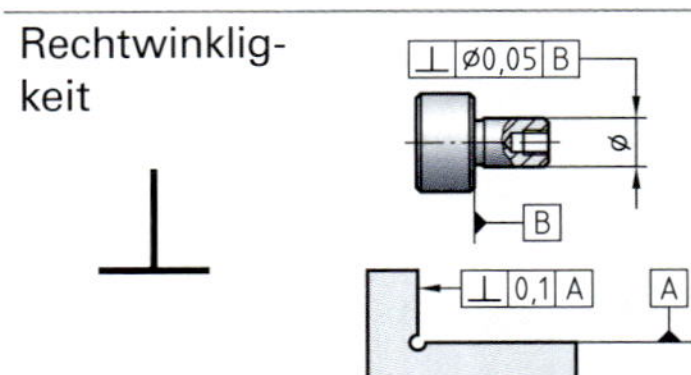

Die Mittelachse muss innerhalb eines zur Bezugsachse B rechtwinkligen Zylinder mit dem Durchmesser t = 0,05 mm liegen.

Die tolerierte Fläche muss zwischen zwei, zur Bezugsgeraden A rechtwinkligen Ebenen mit dem Abstand t = 0,1 mm liegen.

Toleranzzone

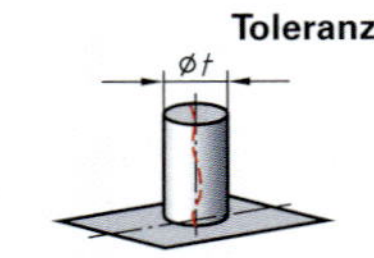

Toleriertes Element: Gerade, Ebene
Bezug: Gerade, Ebene

Neigung

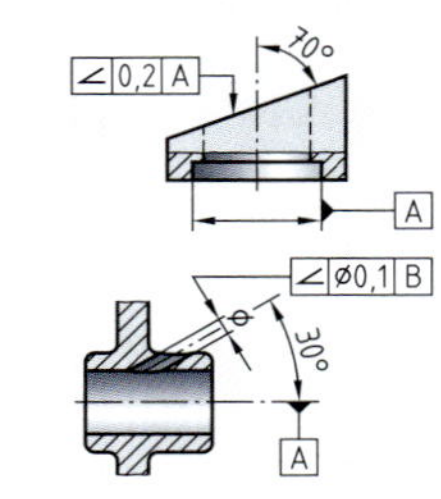

Die tolerierte Fläche muss zwischen zwei parallelen Ebenen mit dem Abstand t = 0,2 mm liegen, die im theoretisch genauen Winkel zur Bezugsachse geneigt sind.

Die Mittelachse der Bohrung muss innerhalb eines Zylinders mit dem Durchmesser t = 0,01 mm liegen. Die Zylinderachse und die Bezugsachse liegen in einer Ebene und bilden einen theoretisch genauen Winkel.

Toleranzzone

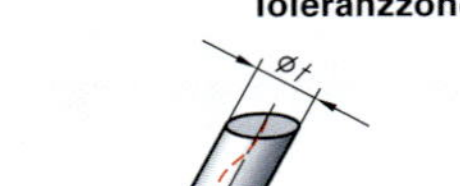

Toleriertes Element: Gerade, Ebene
Bezug: Gerade, Ebene

Ortstoleranzen

Rundlauf-, Planlauftoleranz

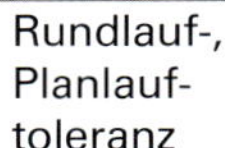

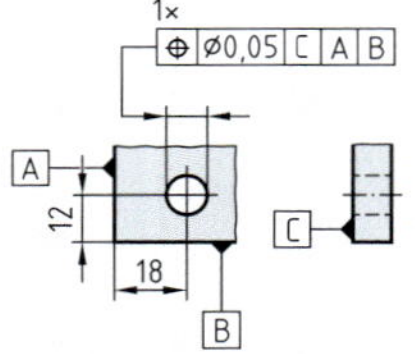

Die Mittelachse der Bohrung muss innerhalb eines Zylinders mit dem Durchmesser t = 0,05 mm liegen. Die Zylinderachse muss an dem geometrisch genauen Ort bezogen auf die Bezugsebenen A, B und C liegen.

Die Reihenfolge der Wichtigkeit der Bezugsebenen ist C, A und dann B.

Toleranzzone

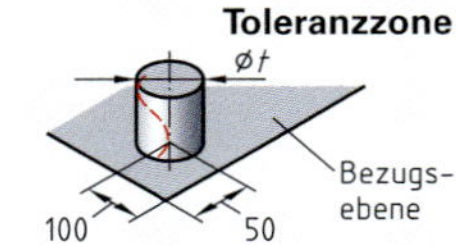

Toleriertes Element: Gerade, Ebene
Bezug: Gerade, Ebene

Lauftoleranzen

Symbol

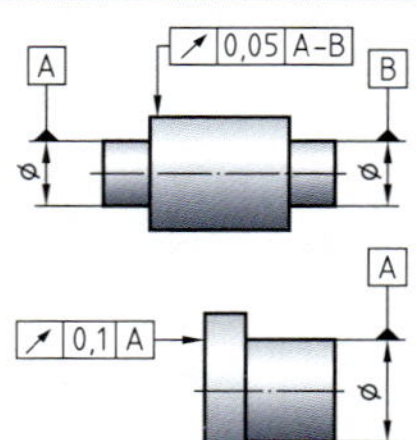

Bei einer Drehung um die Bezugsachse A-B muss die in jeder dazu senkrechten Maßebene liegende Umfangslinie zwischen zwei konzentrischen Kreisen mit dem radialen Abstand t = 0,05 mm liegen.

Bei einer Drehung um die Bezugsachse A-B muss die Umfangslinie an jedem Durchmesser der Planfläche zwischen zwei Kreisen liegen, die einen axialen Abstand von t = 0,1 mm haben.

Toleranzzone

Rundlauf Planlauf

Toleriertes Element: Umfangslinie, Kreislinie
Bezug: Achse

Gesamtrund- und -planlauf

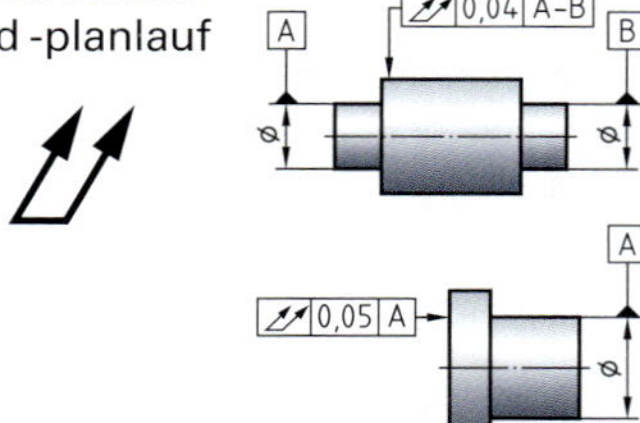

Bei mehrmaliger Drehung um die Achse A-B und axialer Verschiebung der Messvorrichtung muss die Mantelfläche zwischen zwei koaxialen Zylindern mit dem Abstand t = 0,04 mm liegen.

Bei mehrmaliger Drehung um die Achse A und radialer Verschiebung der Messvorrichtung muss die Planfläche zwischen zwei parallelen, zur Bezugsachse A rechtwinkligen Ebenen mit dem Abstand t = 0,05 mm liegen.

Toleranzzone

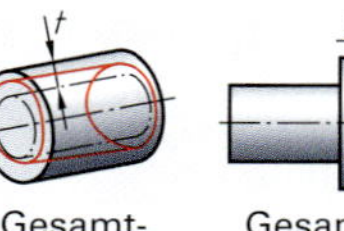

Toleriertes Element: Mantelfläche, Stirnfläche
Bezug: Achse

Prüfen von Geradheit, Ebenheit und Parallelität

Eine sehr einfache Prüfung der **Geradheit** eines Werkstückes ist die mit einem Haarlineal. Dies ist in jeder Werkstatt möglich. Je nach der geforderten Genauigkeit genügt schon die Sichtprüfung (bis 1 µm genau), oder es werden Fühllehren oder Feinzeiger zu Hilfe genommen **(Bild 1)**.

Die **Ebenheit** kann wie die Geradheit mit einem Haarlineal geprüft werden. Allerdings ist das Haarlineal dazu an verschiedenen Stellen und in verschiedenen Richtungen aufzulegen.

Das Prüfen der Ebenheit ist auch mit anzeigenden Messgeräten möglich **(Bild 2)**.

Die **Parallelität** wird mit anzeigenden Messgeräten geprüft. Die Messplatte oder ein Messtisch dienen als Bezugsbasis. Die Ebenheit dieser Flächen wird vorausgesetzt **(Bild 3)**.

Für das Prüfen der Parallelität langer Nuten oder Führungen gibt es Sonderprüfvorrichtungen.

Prüfen von Neigungen und Winkeln

Neigungen unterscheiden sich von Winkeln dadurch, dass die Bezugsfläche für Neigungen immer eine horizontale oder vertikale Ebene ist.

Eine Neigung bedeutet immer eine Abweichung von der Horizontalen oder Vertikalen.

Das Prüfen der Neigung verfolgt zwei Ziele:

a) Feststellen, ob ein Bauteil geneigt ist – und dies gegebenfalls beseitigen, z. B. bei Maschinenbetten.

b) Die Größe der Neigung feststellen.
Die Neigung wird mit Richtwaagen **(Bild 4)** ermittelt.

Bei der **Winkelprüfung** wird die Lage von Kanten und Flächen festgestellt, wobei diese Kanten und Flächen eine beliebige Lage einnehmen können.

Ein besonderes Winkelmessgerät ist das Sinuslineal, mit dem auch Kegel gemessen werden. Mit dem Sinuslineal können Winkel eingestellt oder geprüft werden **(Bild 5)**.

$$\sin \alpha = \frac{E}{L} \Rightarrow E = L \cdot \sin \alpha$$

Entweder wird vom bekannten Winkel aus über die Endmaßkombination die Lage des Teils eingestellt oder die notwendige Endmaßkombination dient zur Berechnung des Winkels **(Bild 5)**.

Mit modernen Präzisions-Kontroll-Sinus-Winkeleinstellgeräten können Winkel und Neigungen bis auf 2 Bogensekunden genau eingestellt und gemessen werden **(Bild 6)**.

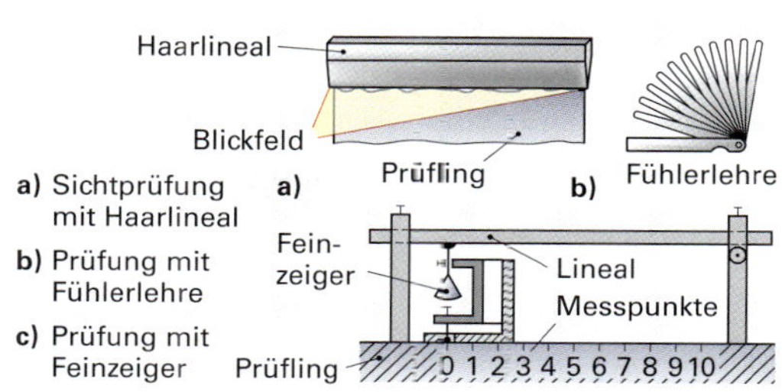

1 **Prüfen der Geradheit**

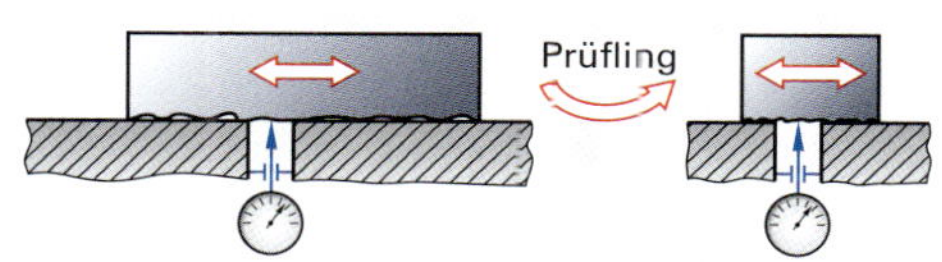

2 **Prüfen der Ebenheit mit der Messuhr**

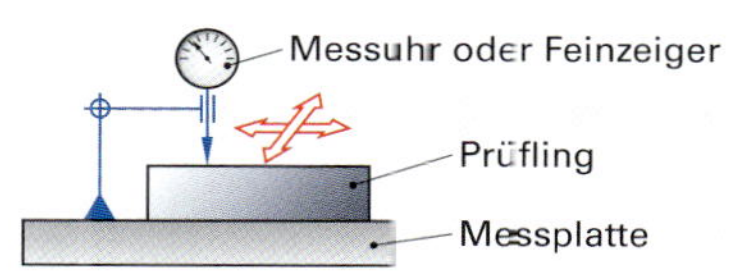

3 **Prüfen der Parallelität**

4 **Richtwaage für Neigungsprüfung**

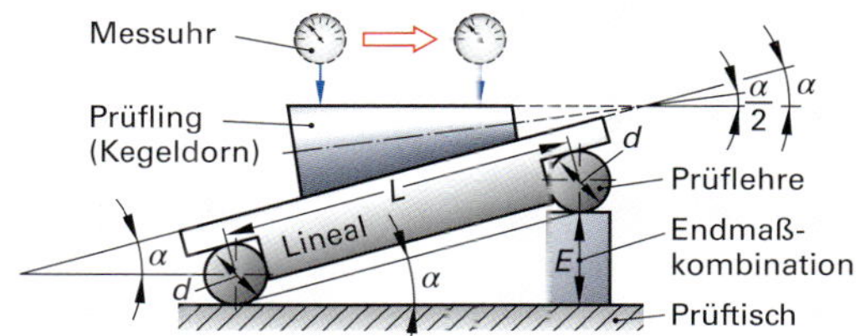

5 **Sinuslineal**

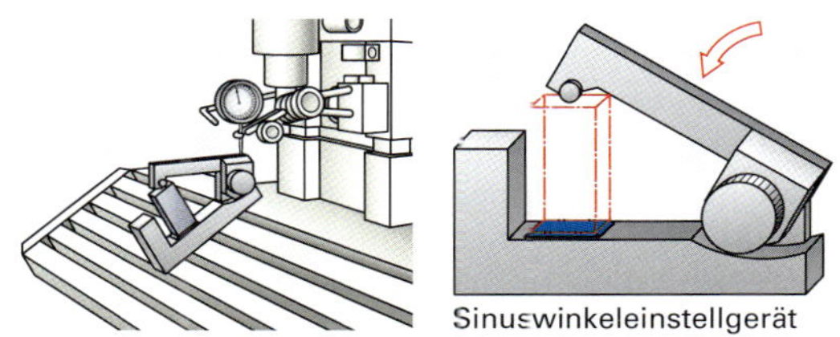

6 **Einstellung einer Tischneigung mit einem Sinus-Winkeleinstellgerät**

Prüfen von Rundheit und Zylindrizität

Rundheit und **Zylindrizität** lassen sich am günstigsten in der Messmaschine prüfen.

Aber auch mit einfachen Mitteln kann über Zwei- und Dreipunktmessungen die Rundheit bestimmt werden. Es ist allerdings zu beachten, dass die oft beim spitzenlosen Schleifen entstehenden Gleichdicke mit der Zweipunktmessung nicht ermittelt werden. Auch Ellipsen lassen sich so nicht immer feststellen **(Bild 1)**.

Bei der Dreipunktmessung in Prismen mit 108° Öffnung wird die Rundheit näherungsweise richtig angezeigt.

In Formprüfgeräten mit sich drehendem Prüfling oder drehendem Feinzeiger kann die Kreisform auch exakt ermittelt werden **(Bild 2)**.

> Bei der Prüfung der Zylindrizität muss neben der Prüfung der Kreisform auch noch die Geradheit und Parallelität der Mantellinien geprüft werden.

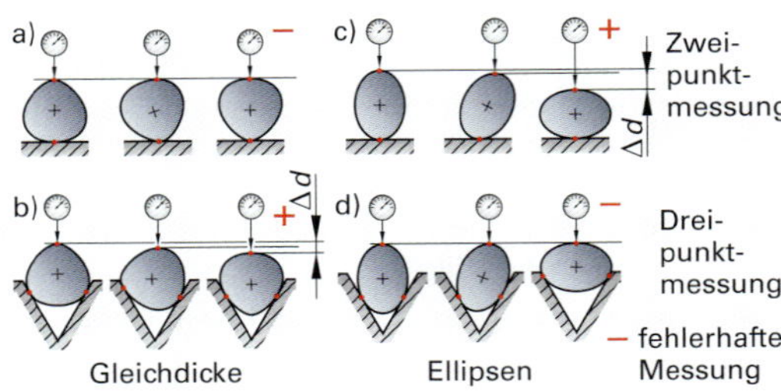

1 **Gleichdicke und Ellipsen bei der Rundheitsprüfung**

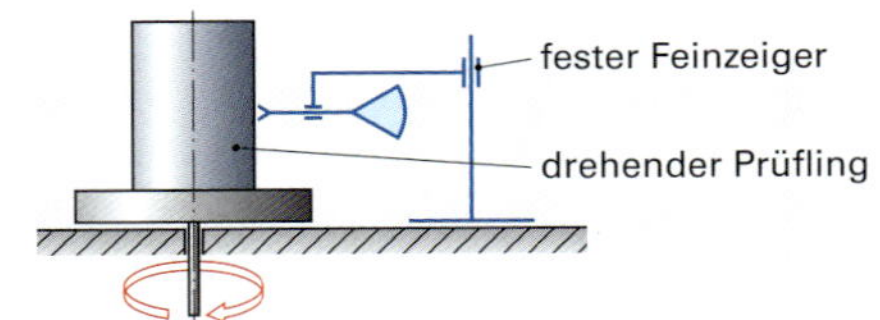

2 **Prüfen der Rundheit mit Formprüfgerät**

Prüfen von Rundlauf und Planlauf

Rundlauf und **Planlauf** lassen sich relativ einfach mit einer Messuhr oder einem Feinzeiger prüfen.

> Die Abweichungen im Rundlauf beruhen auf Mängeln der Rundheit oder der Koaxialität.
>
> Die Toleranzen für den Rundlauf grenzen damit auch Abweichungen der Rundheit oder der Koaxialität mit ein.

Eine Prüfung wie in **Bild 3** ermittelt allerdings nur den Rundlauffehler insgesamt, nicht seine Ursachen.

Der Planlauf ist stark von der Ebenheit der Planflächen abhängig.

3 **Prüfen des Rundlaufs**

Prüfen von Konzentrizität und Koaxialität

Abweichungen von der Konzentrizität und Koaxialität spielen bei allen Bauteilen mit Bohrungen eine Rolle.

Konzentrizität bezieht sich auf mehrere Kreise um einen Mittelpunkt, z. B. den Umfangskreis einer Welle oder Scheibe und einer Bohrung darin.

Koaxialität bezieht sich auf die Achsen von hintereinanderliegenden Bohrungen oder Wellen.

Bei einfachen Messungen ist Rundlauf- und Koaxialitätsabweichung nicht zu unterscheiden. Dazu sind genaue Analysen mit rechnergestützter Auswertung nötig.

Moderne **Formtester (Bild 4)** sind stationär und mobil mit einem Laptop zu betreiben.

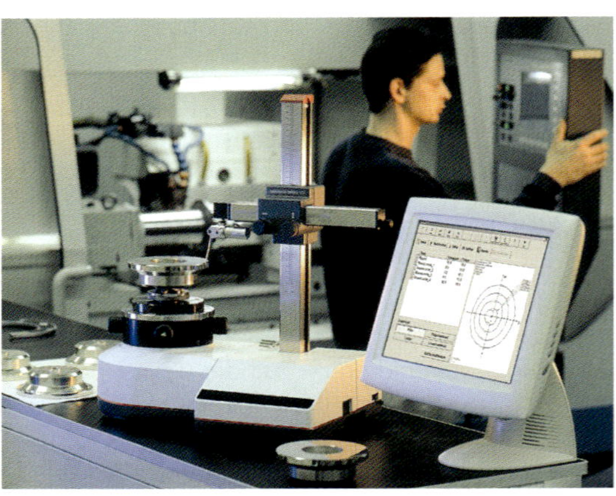

4 **Formtester für Rundlauf, Planlauf, Planparallelität, Konzentrizität, Koaxialität, Rundheit, Ebenheit und Welligkeitsanalyse**

Prüfen von Gewinden

Gewinde lassen sich mit anzeigenden Messgeräten und mit Lehren prüfen.

Wenn nur die Passfähigkeit von Innen- und Außengewinde von Bedeutung ist, genügt das Prüfen mit Lehren **(Bild 2)**.

Durch das Zusammenschrauben von Mutter und Bolzen und die feststellbare **Leicht**-Gängigkeit ist eine Gewähr für Funktionstüchtigkeit gegeben.

Sind allerdings die einzelnen Bestimmungsgrößen **(Bild 3)** am Innen- und Außengewinde exakt zu ermitteln, sind anzeigende Messgeräte zu verwenden. Hierfür ist ein umfangreiches Sortiment an Prüfmitteln vorrätig. Über Einsätze **(Bild 1)** in Gewindemessschrauben oder Gewinde-Rachenlehren **(Bild 4)** lassen sich für beliebige Flankenwinkel und Steigungen die Flanken-, Kern- und Außendurchmesser ermitteln.

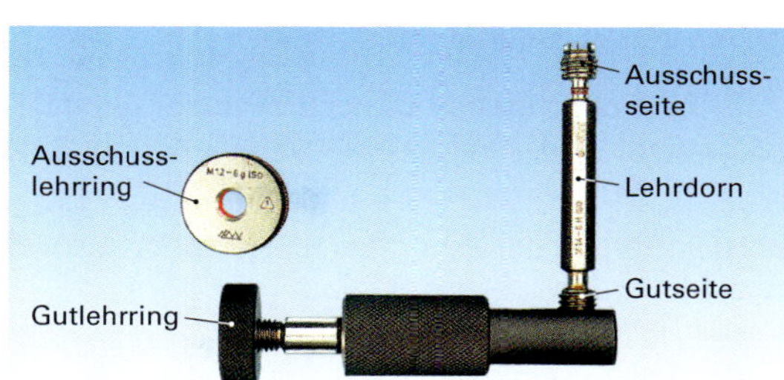

2 Gewindelehren für Innen- und Außengewinde

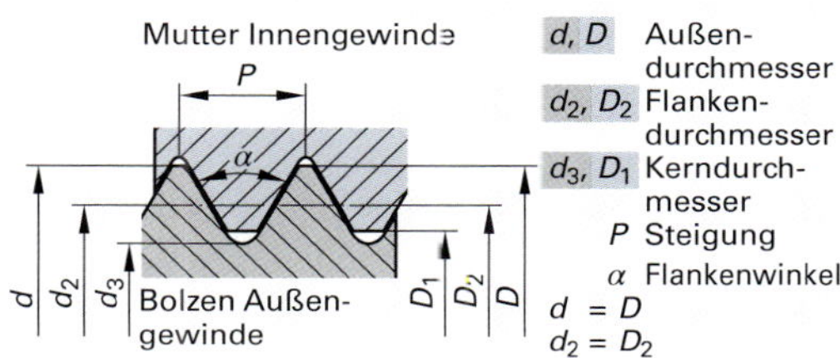

3 Bestimmungsgrößen am Gewinde

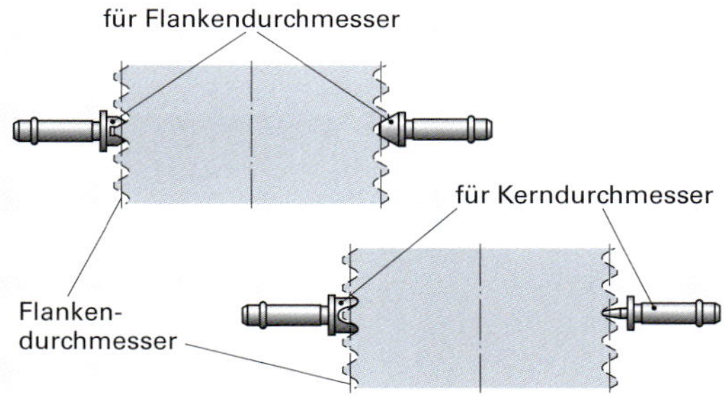

1 Einsätze für Gewindemessung

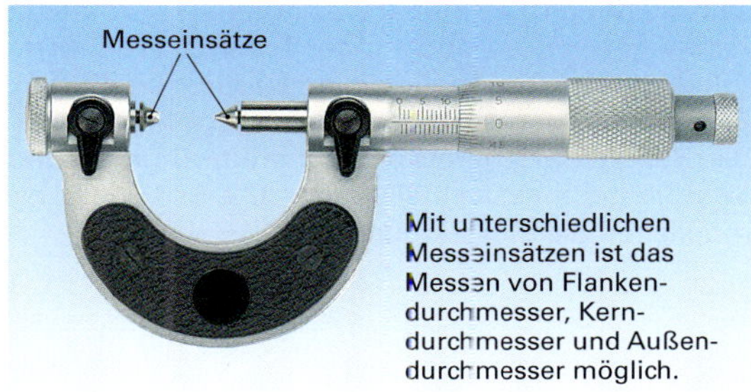

4 Gewindemessschraube

Mit der **Dreidrahtmessmethode** lässt sich der Flankendurchmesser des Gewindes berechnen.

Dabei werden drei Prüfstifte bekannten Durchmessers in die Gewindelücken gelegt und der **Messbolzenabstand *M*** gemessen. Über eine Rechnung oder Tabellen erhält man d_2 **(Bild 5)**.

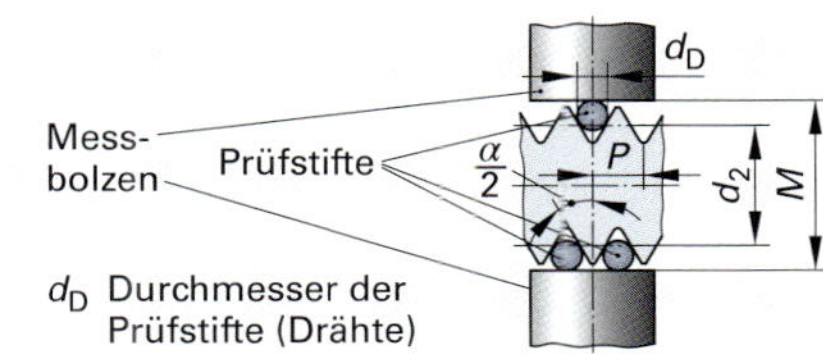

5 Gewindeprüfung mit der Dreidrahtmethode

Gewindesteigungsprüfung

Für viele Bauteile mit Gewinden, z.B. Antriebsspindeln, ist die Steigung von besonderer Bedeutung. Die Steigung eines Gewindes ist der achsparallele Abstand zweier benachbarter, zum selben Gewindegang gehörender, gleichgerichteter Flanken.

Ganz einfach mit dem Messschieber (Messen des Abstandes mehrerer Gänge und Teilen durch die Anzahl der Gänge) oder genauer mit Gewindesteigungsprüfern lässt sich die Größe und Konstanz der Steigung prüfen **(Bild 6)**.

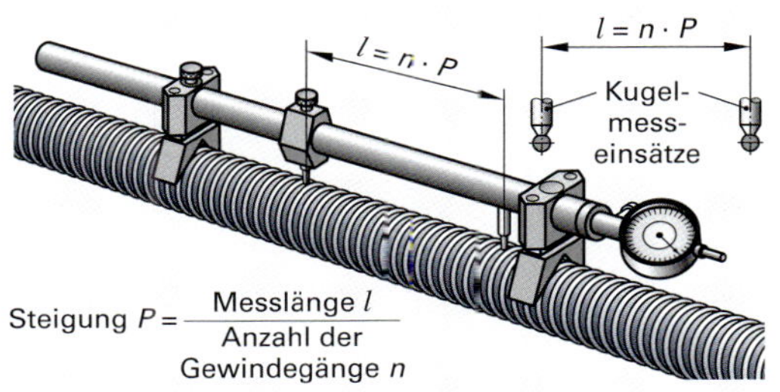

6 Gewindesteigungsprüfer für Spindeln

Prüfen von Verzahnungen

Zahnräder greifen immer ineinander. Ein störungsfreier Lauf setzt passende Zahnräder voraus.

Bei der Prüfung der Zahnräder gibt es grundsätzlich zwei Methoden:

- die Erfassung der Einzelabweichungen der einzelnen Bestimmungsgrößen oder
- die Erfassung der Sammelabweichungen (Gesamtabweichungen).

Die Prüfung auf Gesamtabweichung kann durch Aufnahme des Tragbildes, durch Geräuschprüfung oder durch die Einflanken- und Zweiflanken-Wälzprüfung erfolgen.

Bei der am häufigsten angewandten **Zweiflanken-Wälzprüfung (Bild 3)** werden zwei Zahnräder spielfrei aufeinander abgewälzt. Aus der Veränderung des Achsabstandes wird auf die Fehler geschlossen.

Bei Präzisionszahnrädern oder bei der Fehlersuche sind allerdings die Einzelabweichungen zu ermitteln: Zahnweite, -dicke und -höhe, Teilung, Profilform, Rundlauf und Flankenlinie sind zu messen **(Bild 4)**. Zahnweiten-Messschrauben, Zahndickenmessschieber, Rundlaufprüfgeräte und Zahnradprüfgeräte und Koordinatenmesstechnik **(Bilder 1, 2, 5, 6 und 7)** ermöglichen die Messungen.

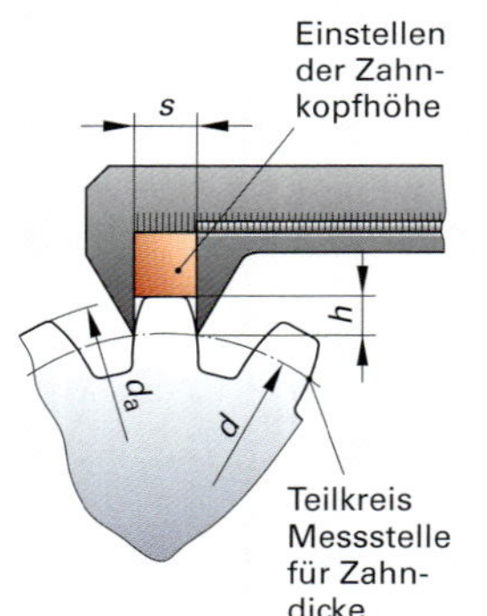

1 Zahndickenmessschieber

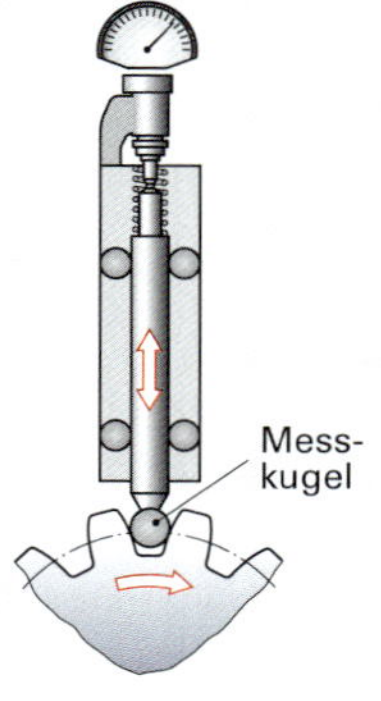

2 Messung der Rundlaufabweichung

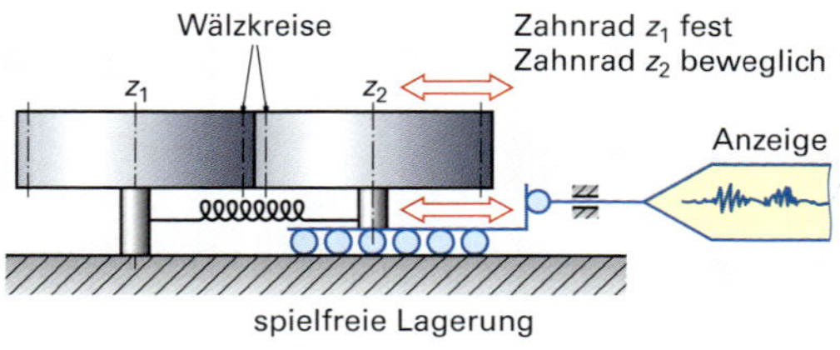

3 Zweiflanken-Wälzprüfung

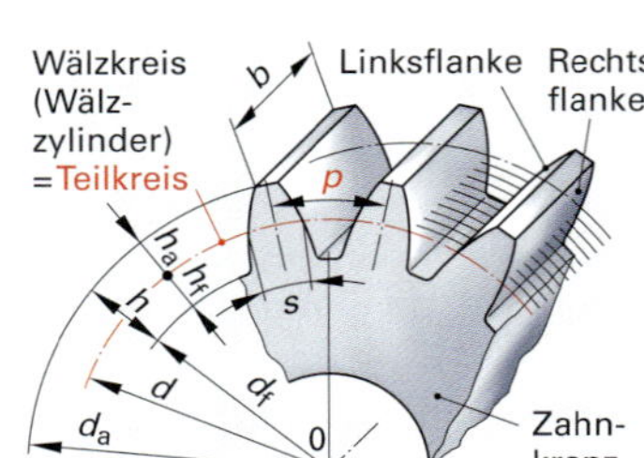

4 Wichtige Bestimmungsgrößen am Stirnrad

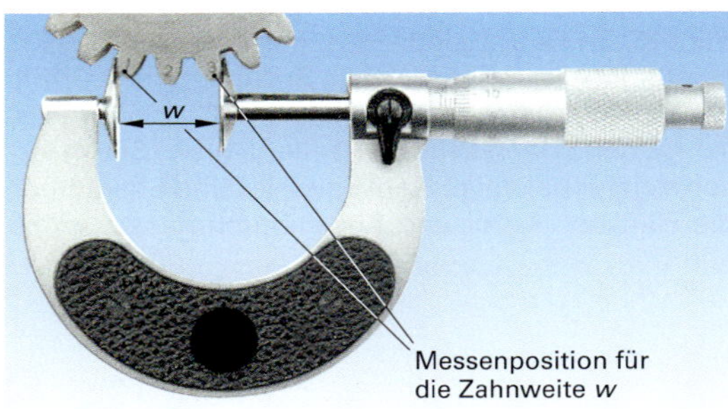

5 Zahnweiten-Messschraube

6 3D-Koordinatenmessung

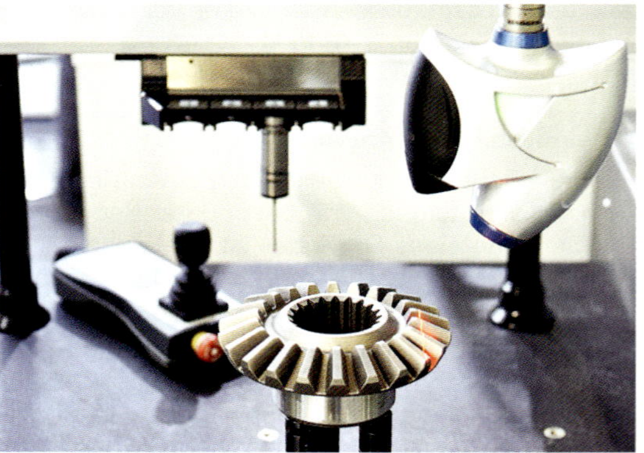

7 Kegelrad-Messung der Verzahnung

Prüfen von Oberflächen

Die hergestellten Werkstückoberflächen unterscheiden sich aufgrund der verschiedenen spanabhebenden Fertigungsverfahren und der zu bearbeitenden Werkstoffe in vielen Merkmalen. Dabei weicht die tatsächliche Werkstückoberfläche von der völlig glatten und geometrisch definierten Idealoberfläche (Zeichnungsvorgabe, Bild 1) ab. Besonders bei bewegten Teilen von Baugruppen ist jedoch die Oberflächenqualität ein wesentlicher Faktor für die Betriebssicherheit und Lebensdauer. Die praxisorientierte Prüfung festgelegter Toleranzen wie z.B. Form, Welligkeit, Rauheit usw. sichern die Funktionsfähigkeit der Bauteile.

Um Oberflächenkennwerte zu bestimmen werden taktile und optische Messgeräte eingesetzt. Bei taktilen Geräten wird die Oberfläche mit einer Diamantspitze abgefahren. Im Gegensatz dazu arbeiten optische Messgeräte berührungslos. In den meisten Fällen können optische Messgeräte eine Oberfläche wesentlich besser auflösen. Zudem werden die Amplituden nicht durch die Geometrie der Tastspitze beeinflusst. Aufgrund dieser Effekte können sich Messergebnisse, die an verschiedenen Geräten aufgenommen wurden, unterscheiden.

1 Ist- und Solloberfläche

Grundbegriffe

Solloberfläche – durch normgerechte Zeichnungsangaben vorgeschriebene Werkstückoberfläche.

Istoberfläche – messtechnisch erfassbare durch die Fertigung entstandene Werkstückoberfläche **(Bild 1)**.

Istprofil (P-Profil) – ungefilterte Gesamtheit der erfassten Oberflächenstruktur. Die vom Messgerät gebildete Mittellinie liegt in der Mitte der Flächeninhalte der Erhebungen und Vertiefungen **(Bild 2)**.

Welligkeitsprofil (W-Profil) – Durch die Ausfilterung der Rauheit entsteht die Welligkeit des dargestellten Werkstücks.

Rauheitsprofil (R-Profil) – Die Ausfilterung der Welligkeit durch das Messgerät ergibt das gerichtete Profil **(Bild 3)**.

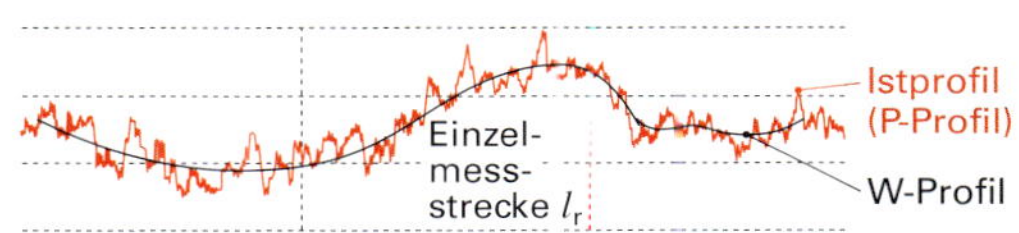

2 Ist- und Welligkeitsprofil

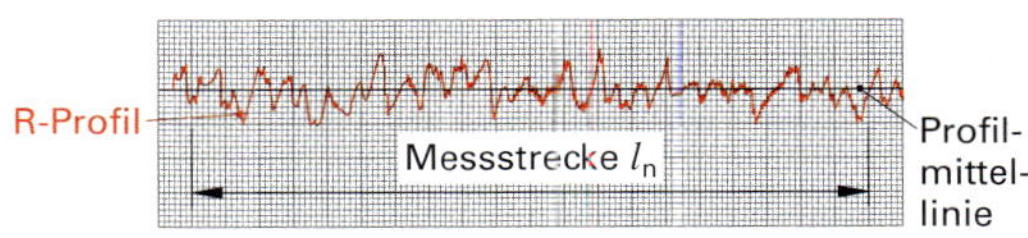

3 Rauheitsprofil

Gestaltabweichungen

Die Summe aller möglichen Abweichungen der Istoberflächen, die während der Fertigung auftreten können, werden nach DIN 4760 als **Gestaltabweichung** bezeichnet und in sechs Ordnungen eingeteilt.

Tabelle 1: Gestaltabweichungen nach DIN 4760

Ordnung	Darstellung	Bezeichnung	mögliche Ursachen	Beeinflussbarkeit durch Zerspanungsmechaniker
1.		Formabweichung	Zerspanungskräfte z.B. F_P	Spanungswerte, Führungselemente
2.		Welligkeit	Maschinen- und Wz-**schwingung**.	Werkzeugeinspannung, Fertigungsparameter
3.	Vergrößerung	Rauheit (Rillen)	Vorschub f, v_f Wz-**schneide**	Schneidengeometrie
4.		Rauheit (Riefen)	**Span**bildung	Schneidengeometrie
5.		Gefügeaufbau	**Kristallisations**vorgänge	Arbeitstemperatur zwischen Werkzeug und Werkstoff
6.		Gitteraufbau	**Ent**kohlen od. **Ent**härten	

Rauheitsmessgrößen

Alle **Rauheitsangaben** in den Dokumentationsunterlagen werden aus dem Istprofil der Werkstückoberflächen messtechnisch erfasst und in der **Maßeinheit µm** angegeben.

Primärprofil (Istprofil; P-Profil)

Das ungefilterte Primärprofil ist die Grundlage für die Berechnung der Kenngrößen des Primärprofils und die Ausgangsbasis für das Welligkeit- und Rauheitsprofil. Die Gesamthöhe des Profils ***Pt*** ist die Summe aus der Höhe der **größten Profilspitze *Zp*** und der Tiefe des größten **Profiltales *Zv*** innerhalb der Messstrecke l_n **(Bild 1)**.

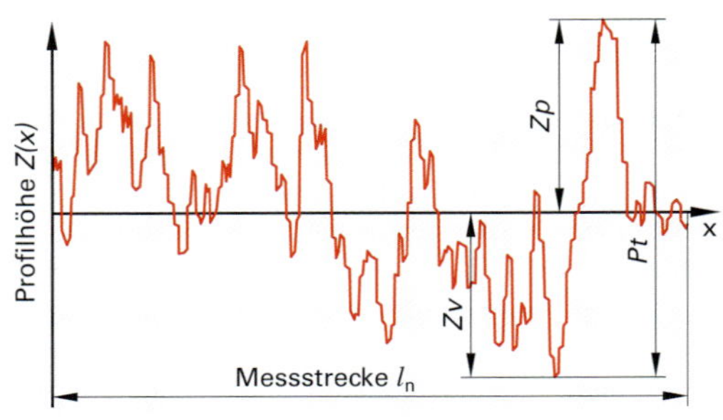

1 Primärprofil (Ist-Profil; P-Profil)

Rauheitsprofil (R-Profil)

Arithmetischer Mittenrauwert *Ra*. Die Messwerte für *Ra* und *Rz* werden aus dem R-Profil eines Werkstücks ermittelt.

Ausgehend von der Mittellinie ist aus der errechneten Flächengleichheit (Rechteckfläche = Flächen ober- und unterhalb des P-Profils) die Höhe $h = Ra$.

Gemittelte Rautiefe *Rz*. Die definierte Messstrecke l_n wird im Regelfall in fünf Einzelmessstrecken unterteilt. Der arithmetrische Mittelwert der Profilordinaten *Ra* ist der arithmetrische Mittelwert der Beträge aller Ordinatenwerte $Z(t)$ innerhalb einer Einzelmessstrecke l_r. Die größte Höhe des Profils *Rz* ist die Summe aus der Höhe der größten Profilspitze *Zp* und der Tiefe des größten Profiltales *Zv* innerhalb der Einzelmessstrecke l_r **(Bild 2)**.

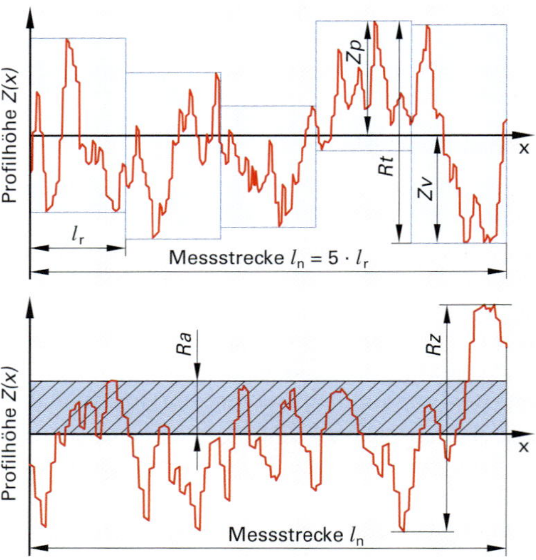

2 Rauheitsprofil (R-Profil)

Oberflächenprüfverfahren

Die Wahl der Oberflächenprüfverfahren ist maßgeblich von den betrieblichen Möglichkeiten bzw. von den messtechnischen Erfordernissen abhängig. Dabei reicht die Palette der Möglichkeiten von einfachsten handwerklichen Verfahren bis zu hochempfindlichen elektronischen Geräten mit Computerauswertung.

Sichtprüfung (subjektive Methode)

Durch wechselweises Überstreichen der Werkstücke und der Oberflächenvergleichsnormale mit einem Fingernagel lassen sich mit einiger praktischen Erfahrung typische Oberflächenfehler (Rillen, Risse und Kratzer) mit **Rauheitsunterschieden bis 2 µm** ertasten.

Die unterschiedlichen spanabhebenden Fertigungsverfahren erzeugen aufgrund der spezifischen Schneidengeometrie der Werkzeuge sowie deren Bewegungen verfahrenstypische Oberflächenstrukturen, deshalb muss für jedes Verfahren eine entsprechende Oberflächenverkörperung zugänglich sein.

3 Werkstückprüfung mit Vergleichsnormalen

Hinreichend genaue und wirtschaftliche Prüfergebnisse bringen diese Oberflächenvergleichsnormale, wo keine errechneten Messwerte laut Zeichnungsvorlagen toleriert sind **(Bild 3)**.

Tastschnittverfahren

Die **mechanisch** arbeitenden **Oberflächenmessgeräte tasten** die Gestaltabweichungen der Werkstücke in einem Profilschnitt ab. Dabei wird ein Tastsystem mit 0,5 mm/s in Vorschubrichtung über eine definierte Taststrecke bis 12,5 mm gezogen. Der Taster (meist eine Diamantspitze mit 2 µm ... 5 µm Spitzenradius) erfasst durch eine Prüfkraft von $F = 0{,}7$ mN das Istprofil. Die Auslenkungen der Tastspitze entsprechen den Gestaltabweichungen gegenüber dem Tastsystem, werden in elektrische Signale umgewandelt und somit im Anzeigegerät verwertbar gemacht **(Bild 1)**.

Gefilterte Profile des Tastschnittverfahrens

Durch die fertigungsbedingten Überlagerungen der Gestaltabweichungen 1. bis 4. Ordnung sind die Grenzen der einzelnen Einflussfaktoren nicht deutlich sichtbar. Durch Filterung des Istprofils mittels geeigneter technischer Zusatzeinrichtungen ist eine Trennung der einzelnen Gestaltabweichnungen möglich. Die grafische Darstellung der charakteristischen Profilarten gestattet die eindeutige Auswertung.

P-Profil (ungefiltert). Das P-Profil (Istprofil) wird messtechnisch erfasst analog übertragen und aufgezeichnet, d. h. die gezeichnete Profilkurve ist identisch mit dem Istprofil **(Bild 2)**.

R-Profil (gefiltertes Rauheitsprofil). Durch die gerätetechnische Verbindung zwischen Kufe und Messstreifen werden die Wellen der Werkstückoberfläche nicht erfasst. Das Profil wird demzufolge gerichtet aufgezeichnet **(Bild 3)**.

W-Profil (gefiltertes Welligkeitsprofil). Die Kufe unterdrückt das Rauheitsprofil, sodass nur die Wellen der Werkstückoberflächen dargestellt werden können **(Bild 4)**.

Optischer Mikrotaster

Der optische Mikrotaster arbeitet nach dem Prinzip der dynamischen Fokussierung. Als Lichtquelle dient eine in das Gehäuse eingebaute Laserdiode. Das Licht wird in einem Kollimator zu einem parallelen Strahlengang zusammengefasst und über ein Prisma zum Mikroobjektiv geführt. Durch ein weiteres Prisma tritt das Licht nach unten aus dem Messhebel aus. Das Objektiv bündelt den Lichtstrahl, sodass er 0,9 mm unter der Austrittsöffnung einen Fokus bildet. Im gleichen Strahlengang gelangt das von der Oberfläche reflektierte Licht in das optische System zurück und wird auf den Fokusdetektor gelenkt. Ein induktives Wegmesssystem wandelt die Bewegungen des Messhebels in ein elektrisches Signal um **(Bild 5)**.

1 **Tastschnittgerät**

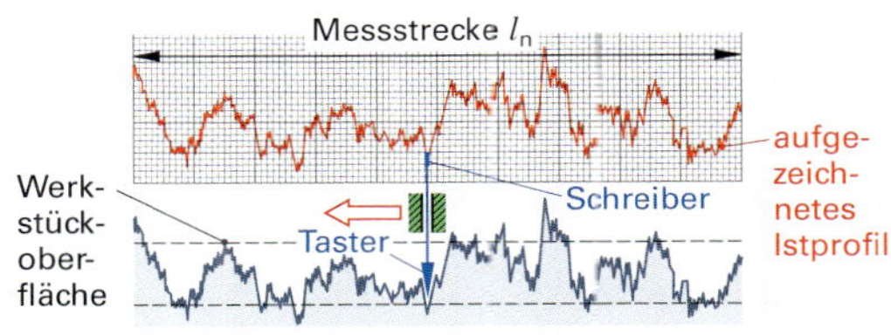

2 **P-Profil**

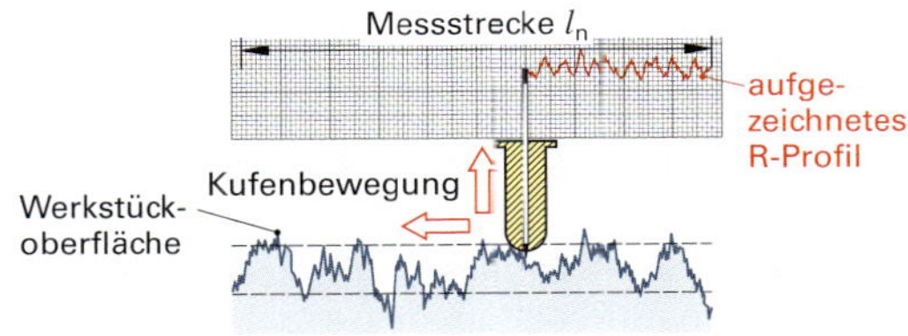

3 **R-Profil**

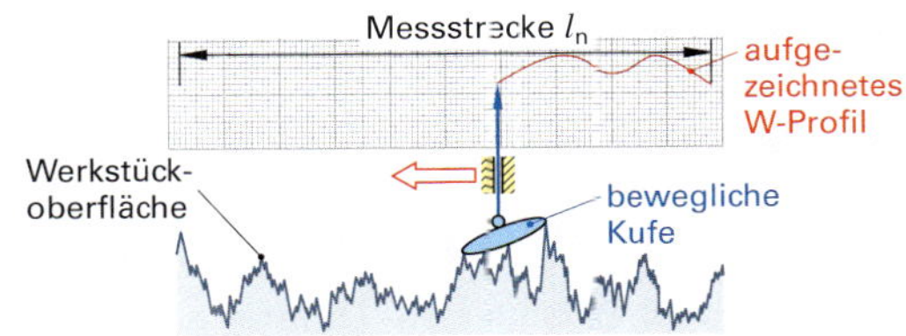

4 **W-Profil**

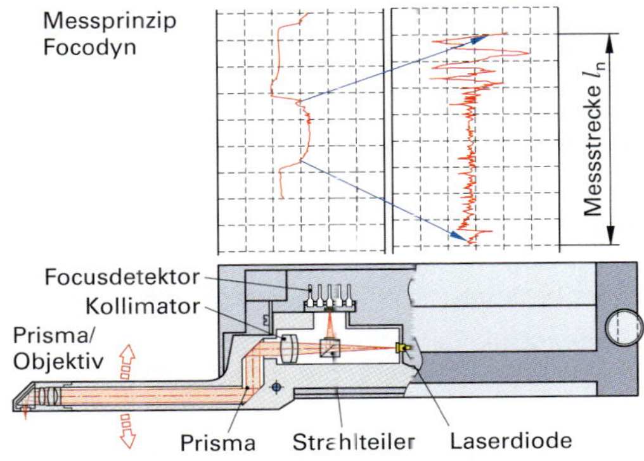

5 **Messprinzip des optischen Messtasters**

Toleranzen und Passungen

Alle Werkstücke unterscheiden sich verfahrensbedingt in der Herstellungsgenauigkeit (**Istmaße**) von den vorgegebenen Zeichnungsangaben (**Sollmaße**). Die aus Fertigungs- und Kostengründen geduldete (**tolerierte**) Abweichnung der Werkstücke ist die **Toleranz**. Damit ein Werkstück seine Aufgaben erfüllen kann, müssen seine Istwerte innerhalb definierter Bereiche liegen. Die Größe der **Maßtoleranz** sowie der **Form-** und **Lagetoleranzen** sind abhängig von der Funktion der Werkstücke in den Baugruppen. Durch passend gefügte Werkstücke (**Passungen**) können folgende Aufgaben realisiert werden:

- **Führungsaufgaben** (Welle-Nabe),
- **Austauschbau** (Austausch von Einzelteilen),
- **Maßverkörperung** (Messmittel).

Grundbegriffe

Nennmaß *N*: Gemeinsames Zeichnungsmaß (z.B. von Welle und Nabe), wobei die Grenzabmaße die Fertigungstoleranz der Einzelteile bestimmen. Das Nennmaß wird als Längenmaß dargestellt **(Bild 1)**.

Istmaß: Gemessenes Werkstückfertigmaß (z.B. ∅ 14,8 mm).

Toleriertes Maß: Ist eine Maßangabe bestehend aus:
- Nennmaß + Grenzabmaße (z.B. 14,3 + 0,1)
- Nennmaß + Toleranzklasse (z.B. 1,1 H13).

Grenzmaße:

Höchstmaß G_o: Zugel. Werkstückgrößtmaß.

Mindestmaß G_u: Zugel. Werkstückkleinstmaß.

Grenzabmaße:

Oberes Abmaß *ES, es*: Ist die Differenz zwischen Höchst- und Nennmaß.

Unteres Abmaß *EI, ei*: Ist die Differenz zwischen Mindest- und Nennmaß.

Grundabmaß: Vorhandener Minimalwert zwischen oberem bzw. unterem Abmaß und der Nulllinie, d.h. Bestimmung der Lage der Toleranz zur Nulllinie.

Maßtoleranz *T*: Differenz zwischen oberem und unterem Abmaß bzw. zwischen Höchst- und Mindestmaß **(Bild 2)**.

Toleranzintervall: Grafische Darstellung von Toleranzen, d.h. Bereich zwischen Höchst- und Mindestmaß.

Toleranzklasse: Angabe der Kombination eines Grundabmaßes mit einem Toleranzgrad (H7).

Toleranzgrad: Zahlenangabe des Grundtoleranzgrades.

Passung: Zahlen- bzw. wertmäßiger Ausdruck der Fügeverhältnisse von Bohrung und Welle.

Passung = Innenpassmaß – Außenpassmaß.

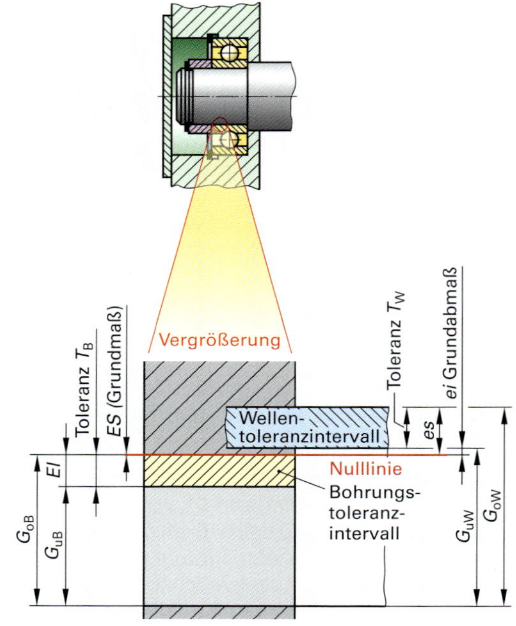

1 Grundbegriffe

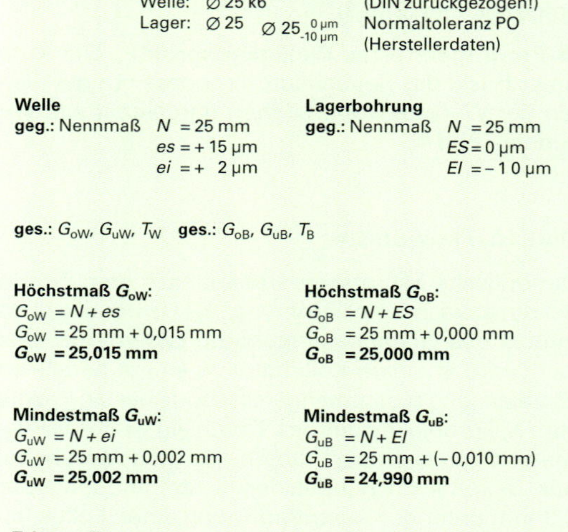

Berechnung zum Bild 1:

Allg. Hinweis: Empfohlene Toleranzfelder lt. DIN 5425
Welle: ∅ 25 k6 (DIN zurückgezogen!)
Lager: ∅ 25 $\varnothing\,25_{-10\,\mu m}^{\;0\,\mu m}$ Normaltoleranz PO (Herstellerdaten)

Welle
geg.: Nennmaß $N = 25$ mm, $es = +15$ µm, $ei = +2$ µm

Lagerbohrung
geg.: Nennmaß $N = 25$ mm, $ES = 0$ µm, $EI = -10$ µm

ges.: G_{oW}, G_{uW}, T_W **ges.:** G_{oB}, G_{uB}, T_B

Höchstmaß G_{oW}:
$G_{oW} = N + es$
$G_{oW} = 25$ mm $+ 0{,}015$ mm
$\mathbf{G_{oW} = 25{,}015}$ **mm**

Höchstmaß G_{oB}:
$G_{oB} = N + ES$
$G_{oB} = 25$ mm $+ 0{,}000$ mm
$\mathbf{G_{oB} = 25{,}000}$ **mm**

Mindestmaß G_{uW}:
$G_{uW} = N + ei$
$G_{uW} = 25$ mm $+ 0{,}002$ mm
$\mathbf{G_{uW} = 25{,}002}$ **mm**

Mindestmaß G_{uB}:
$G_{uB} = N + EI$
$G_{uB} = 25$ mm $+ (-0{,}010$ mm$)$
$\mathbf{G_{uB} = 24{,}990}$ **mm**

Toleranz *T*:
$T_W = G_{oW} - G_{uW} = es - ei$
$T_W = 25{,}015$ mm $- 25{,}002$ mm $= 0{,}015$ mm $- 0{,}002$ mm
$\mathbf{T_W = 0{,}013}$ **mm**

$T_B = G_{oB} - G_{uB} = ES - EI$
$T_B = 25{,}000$ mm $- 24{,}990$ mm $= 0{,}000$ mm $- (-0{,}010)$ mm
$\mathbf{T_B = 0{,}010}$ **mm**

2 Berechnungsbeispiel von Grenzmaßen und Toleranzen

Lage der Toleranzintervalle zur Nulllinie

Die Lage eines Toleranzintervalls ist an die konkreten Aufgaben und Funktionen eines Bauteils gebunden. Aus den technischen Unterlagen wird durch die Angabe des Nennmaßes mit den Grenzabmaßen bzw. durch die Passungsangabe die Lage des Toleranzintervalls zum Nennmaß (Nulllinie) erkennbar. Es ergeben sich damit grundsätzlich fünf verschiedene Toleranzintervalllagen **(Tabelle 1)**.

Tabelle 1: Toleranzintervalllagen

Praktisches Beispiel	Beschreibung	Symbolische Darstellung
Laufrad auf Welle ø20r6	Ø20r6 $^{+41}_{+28}$ Das Toleranzintervall liegt **über** der Nulllinie – ***es, ei*** sind positiv, G_{oW}, $G_{uW} > N$ – ***ei*** ist das Grundabmaß – Istmaß > Nennmaß	
Säulenführung ø40H7 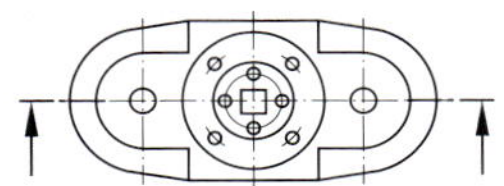	Ø = 40 $^{+0,025}_{0}$ Das Toleranzintervall liegt **oberhalb** und an der Nulllinie **an** – ***ES*** ist positiv, *EI* = 0 – $G_{oB} > N$, $G_{uB} = N$ – ***EI*** ist das Grundmaß – Istmaß > Nennmaß	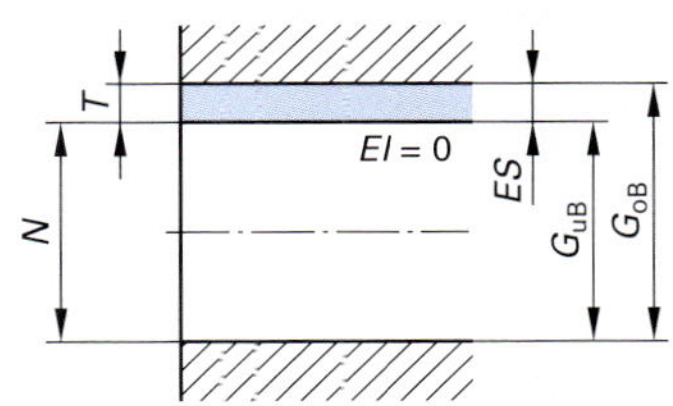
Nabennutbreite b 8JS9	$Ø_B$ = 18 +/– 0,1 bzw 8JS9 $^{+18}_{-18}$ $Ø_B$ = 18j6 $^{+8}_{-3}$ Das Toleranzintervall liegt **beiderseits** der Nulllinie (gleich bzw. ungleich) – ***ES*** ist positiv, ***EI*** ist negativ – $G_{oB} > N$, $G_{uB} < N$ – das kleinere Maß ist das Grundabmaß – Istmaß > Nennmaß < Nennmaß	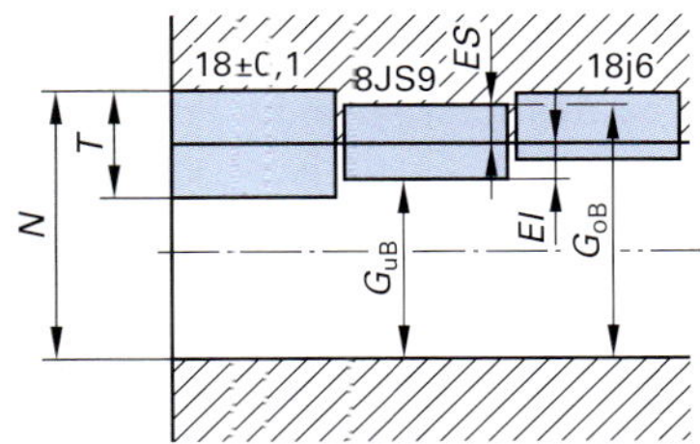
Keilwelle ø36h7 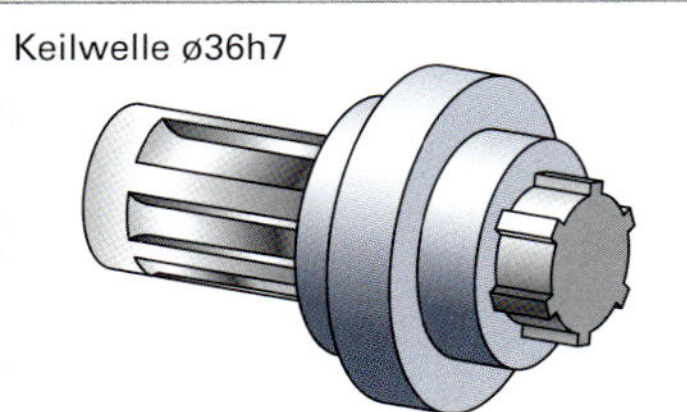	Ø = 36h7 $^{0}_{-25}$ Das Toleranzintervall liegt **an** und **unterhalb** der Nulllinie – ***es*** = 0, ***ei*** ist negativ – $G_{oW} = N$, $G_{uW} < N$ – ***es*** ist das Grundabmaß – Istmaß < Nennmaß	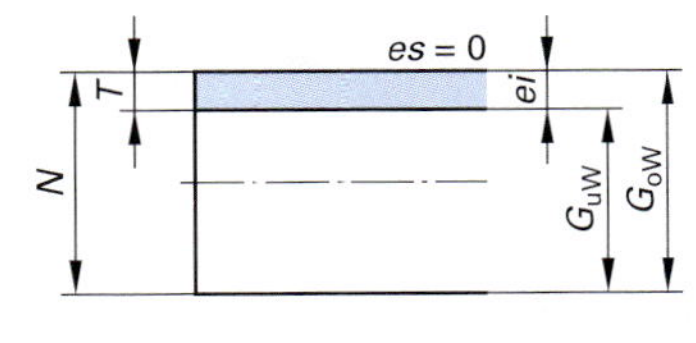
Passfederverbindung 6 P9  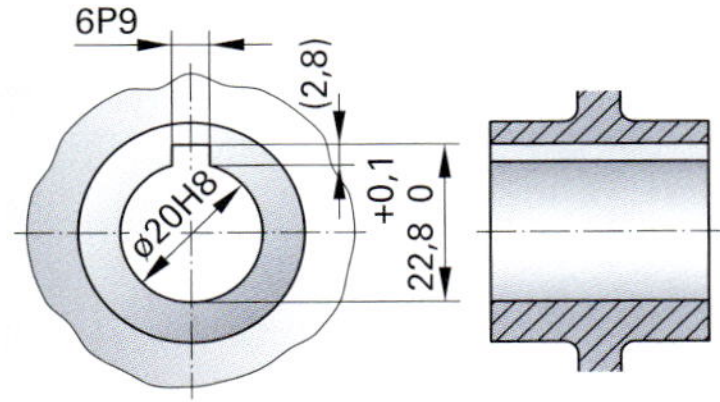	6P9 $^{-12}_{-42}$ Das Toleranzintervall liegt **unterhalb** der Nulllinie – ***ES, EI*** sind negativ, G_{oB}, $G_{uB} > N$ – ***ES*** ist das Grundabmaß – Istmaß < Nennmaß	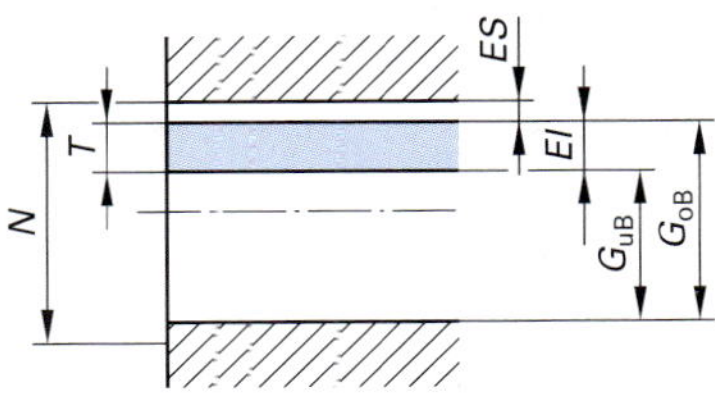

Allgemeintoleranzen

Für alle nichttolerierten Werkstückmaße (Freimaße) sind die Allgemeintoleranzen zu verwenden. Die Einteilung erfolgt nach gestaffelten **Nennmaßbereichen** und in die **Toleranzklassen** fein, mittel, grob und sehr grob **(Tabellen 1, 2, 3)**. Allgemeintoleranzen sind zahlenmäßig gleichgroße **Plus-Minus-Toleranzen**, die durch Normhinweise nach DIN 2768 Teil 1 in Zeichnungen angegeben werden.

Allgemeintoleranzen für Längenmaße:

Sie gelten für Werkstücke mit typischen rotationssymmetrischen und prismatischen Formen (Bohrungen, Nuten usw.). Ausgenommen sind Werkstückmaße, die durch andere Abmaße bestimmt sind, wie z.B. Montagemaße von Baugruppen, Bemaßung von Schmiede- und Gussstücken sowie Winkelmaße bei Werkstückteilungen.

Allgemeintoleranzen für Rundungshalbmesser und Fasenhöhen:

Werden angewendet für bearbeitete Werkstückkanten durch Radien und Fasen.

Allgemeintoleranzen für Winkelmaße:

Das kürzere Schenkelmaß der Werkstückform ist das Nennmaß für die Winkelbemaßung.

Beispiel: Schenkelmaße 75 mm und 55 mm, Toleranzklasse mittel:

oberes Abmaß: + 20′ unteres Abmaß: – 20′ und damit die Toleranz $T = 40'$.

Allgemeintoleranzen für Form und Lage

Durch die Buchstaben H, K und L werden die Toleranzklassen für Form- und Lageabweichungen beschrieben.

Maßtoleranzen

Für eine kostengünstige Montage von Werkstücken und die Funktion von Baugruppen sind alle Einzelteile in **tolerierten Maßen** herzustellen. Besondere Bedeutung erlangt diese Forderung bei der Reparatur von Baugruppen (Einbau von Ersatzteilen ohne Nacharbeit – **Austauschbau**!) Vom Konstrukteur kann aus konstruktiven Gründen bei der Angabe der Grenzabmaße von Passmaßen zwischen **Zahlen mit Vorzeichen** und **ISO-Toleranzkurzzeichen** gewählt werden **(Bild 1)**.

Tabelle 1: Allgemeintoleranzen für Längenmaße

Toleranzklasse	Grenzabmaße in mm für Nennmaßbereich in mm					
	0,5 bis 3	über 3 bis 6	über 6 bis 30	über 30 bis 120	über 120 bis 400	über 400 bis 1000
f fein (f)	±0,05	±0,05	±0,01	±0,15	±0,2	±0,3
m mittel (m)	±0,1	±0,1	±0,2	±0,3	±0,5	±0,8
c grob (g)	±0,2 (0,15)	±0,3 (0,2)	±0,5	±0,8	±1,2	±2

Tabelle 2: Allgemeintoleranzen für Rundungshalbmesser und Fasenhöhen

Toleranzklasse	Grenzabmaße in mm für Nennmaßbereich in mm		
	0,5 bis 3	über 3 bis 6	über 6
f fein (f) **m** mittel (m)	±0,2	±0,5	±1
c grob (g) **v** sehr grob (sg)	±0,4 (0,2)	±1	±2

Tabelle 3: Allgemeintoleranzen für Winkelmaße

Toleranzklasse	Grenzabmaße in Winkeleinheiten für Länge des kürzeren Schenkels in mm			
	bis 10	über 10 bis 50	über 50 bis 120	über 120 bis 400
f fein (f) **m** mittel (m)	±1°	±30′	±20′	±10′
c grob (g)	±1° 30′	±1° (50′)	±30′ (25′)	±15′

Tabelle 4: Allgemeintoleranzen für Form und Lage

Toleranzklasse	Toleranzen in mm für Geradheit/Ebenheit — / ▱			Rechtwinkligkeit ⊥	Symmetrie ⌯	Lauf ↗
	bis 10	über 10 bis 30	über 30 bis 100	bis 100	bis 100	
H	0,02	0,05	0,1	0,2	0,5	0,1
K	0,05	0,1	0,2	0,4	0,6	0,2
L	0,1	0,2	0,4	0,6	0,6	0,5

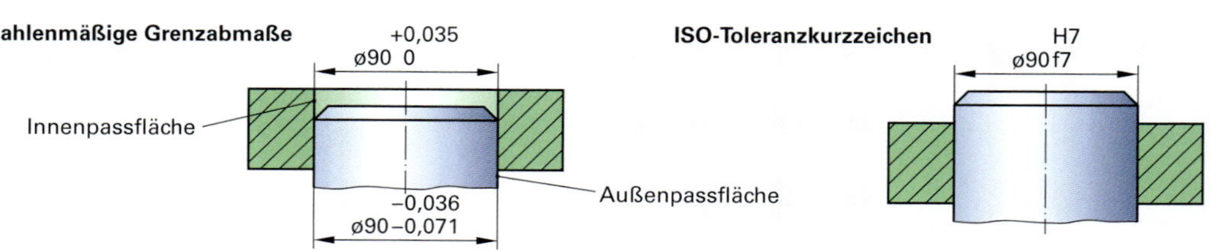

1 Maßtoleranzen

ISO-Toleranzen

Das ISO-Toleranzsystem verwendet für die Angabe der Grenzabmaße von Passmaßen aller möglichen Toleranzintervalllagen **Buchstaben** und **Zahlen (Bild 1)**.

> Die Buchstaben für das Grundabmaß geben die Lage der Toleranz zur Nulllinie an.
>
> Die Zahlen des Toleranzgrades sind Kennzahlen für die Größe der Toleranz.

Aus einer ISO-Toleranzangabe lassen sich somit Aussagen über die Nennmaßgröße, Toleranzintervallgröße und die Lage der Toleranzintervalle zur Nulllinie ableiten.

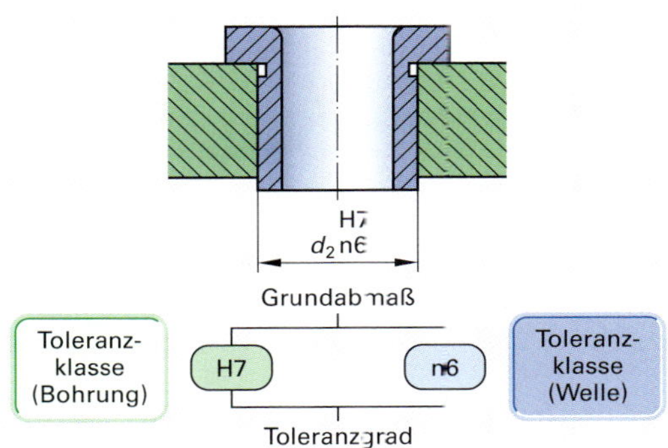

1 ISO-Toleranzangabe

Informationsgehalt der ISO-Toleranzangabe aus Bild 1:

Zeichnungsangabe	Bedeutung (Bohrung)		Zeichnungsangabe	Bedeutung (Welle)	
⌀18H7	Passmaß		⌀18n6	Passmaß	
⌀	Kreisform		⌀	Kreisform	
18	Nennmaß N = 18 mm		18	Nennmaß N = 18 mm	
H	Toleranzintervalllage (Innenpassfläche)		n	Toleranzintervalllage (Außenpassfläche)	
7	Toleranzklasse 7		6	Toleranzklasse 6	
ES	oberes Grenzabmaß	= + 18 µm	*es*	oberes Grenzabmaß	= + 23 µm
EI	unteres Grenzabmaß	= 0 µm	*ei*	unteres Grenzabmaß	= + 12 µm
G_{oB}	Höchstmaß	= 18,018 mm	G_{oW}	Höchstmaß	= 18,023 mm
G_{uB}	Mindestmaß	= 18,000 mm	G_{uW}	Mindestmaß	= 18,012 mm
T_B	Toleranz	= 0,018 mm	T_W	Toleranz	= 0,011 mm

Größe der Toleranzfelder (ISO-Qualitäten)

Die Größe der Toleranzintervalle ist abhängig vom **Toleranzgrad** und von der **Größe des Nennmaßes *N*** der Werkstücke. Für eine Unterteilung der **Grundtoleranzgrade** werden mit den Buchstaben **IT** (**I**nternationale **T**oleranzen) die Zahlen **01, 0, 1, ..., 18** (20 Toleranzgrade) verwendet **(Bild 2)**.

Die Qualität 01 kennzeichnet somit innerhalb eines bestimmten Nennmaßbereichs die kleinste und die Qualität 18 die größte Toleranz. Die Toleranzgröße steigt innerhalb eines Nennmaßbereichs um den **Faktor 1,6**. Die zulässige Toleranz eines bestimmten Toleranzgrades ist weiterhin vom Nennmaß abhängig.

Aus Fertigungs- und Kostengründen haben größere Nennmaße größere Toleranzen. Die Nennmaße sind in bestimmte **Nennmaßbereiche** abgestuft: Insgesamt 21 Nennmaßbereiche für Werkstückgrößen zwischen 1 mm...3150 mm.

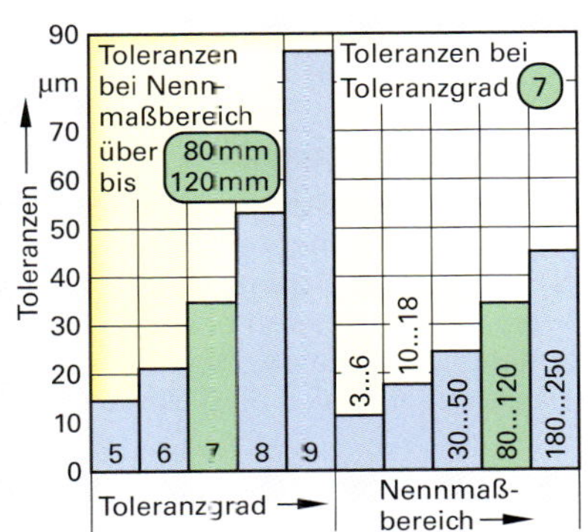

2 Zusammenhang zwischen Toleranzgrad und Nennmaßbereich

Ein bestimmter Toleranzgrad (01...18) ist in Abhängigkeit von der erforderlichen Werkstückgenauigkeit auszuwählen. Die Wahl eines geeigneten Fertigungsverfahrens ist somit abhängig von der **Maßstreuung** bei der Herstellung (Toleranzgrade 01, 0: kleine Streuung, 16, 17, 18: große Streuung **(Tabelle 1)**.

Tabelle 1: Anwendungsgebiete der Toleranzgrade

ISO-Toleranzgrade	01 0 1 2 3 4	5 6 7 8 9 10 11	12 13 14 15 16 17 18
Anwendungsgebiete	Prüfmittel, Arbeitslehren	Werkzeugmaschinen, Maschinen und Fahrzeugbau	Halbfabrikate, Gussteile, Konsumgüter
Fertigungsverfahren	Feinbearbeitung Läppen, Honen	Reiben, Drehen, Fräsen, Schleifen, Feinwalzen	Walzen, Schmieden, Pressen

Lage der Toleranzintervalle zur Nulllinie

Die fünf grundsätzlichen Toleranzintervalllagen sind für die unterschiedlichen praktischen Anforderungen nicht ausreichend. Durch das ISO-Toleranzsystem werden deshalb **24 Grundtoleranzintervalle** (plus 4 Sondertoleranzintervalle) festgelegt. Die Lage aller Toleranzintervalle zur Nulllinie wird durch das **Grundabmaß** (Minimalwert zur Nulllinie) festgelegt **(Bild 1)**.

Grundabmaße für Bohrungen (*ES*, *EI*) werden mit **großen Buchstaben von A ... ZC**, **Grundabmaße für Wellen** (*es*, *ei*) werden mit **kleinen Buchstaben von a ... zc** bezeichnet.

Besonderheiten der Toleranzintervallbezeichnung

- Die Buchstaben **I**, **L**, **O**, **Q** und **W** (in Groß- und Kleinbuchstaben) werden nicht verwendet, um Verwechslungen auszuschließen.
- Dafür wurden für die häufiger angewendeten **Toleranzgrade 6 ... 11** die **Z-Toleranzen** für Bohrungen um die Toleranzintervalle **ZA**, **ZB**, **ZC** und die **z-Toleranzen** für Wellen um die Toleranzintervalle **za**, **zb**, **zc** erweitert.
- Die Nennmaßbereiche **bis 10 mm** besitzen **zusätzlich** die Bohrungstoleranzintervalle **CD**, **EF**, **FG** und die Wellentoleranzintervalle **cd**, **ef**, **fg**. Mit gleichen symmetrisch zur Nulllinie liegenden **Plus-Minus-Toleranzen** für die Sondertoleranzintervalle **„JS, js"**.

Der Abstand eines Toleranzintervalls von der Nulllinie ist umso größer, je weiter der betreffende Buchstabe im Alphabet von **H**, **h** entfernt ist.

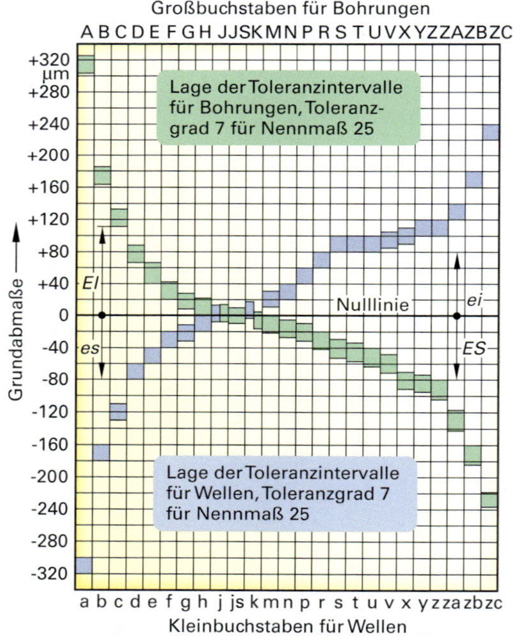

1 Lage der Toleranzintervalle zur Nulllinie

Toleranzintervalllagen H, h

Bei Bohrungen sowie weiteren nichtzylindrischen **inneren Formelementen** ist das **Mindestmaß „*EI*"** bei **H-tolerierten** Maßen **gleich** dem **Nennmaß *N***. Bei Wellen sowie weiteren nichtzylindrischen **äußeren Formelementen** ist das **Höchstmaß „*es*"** bei **h-tolerierten** Maßen gleich dem **Nennmaß *N***.

Für alle Werkstücke mit inneren und äußeren Formelementen mit ISO-Toleranzen gilt **(Bild 2)**:

Je größer die Kennzahl des Toleranzgrades ist, **desto größer ist die Toleranz.**

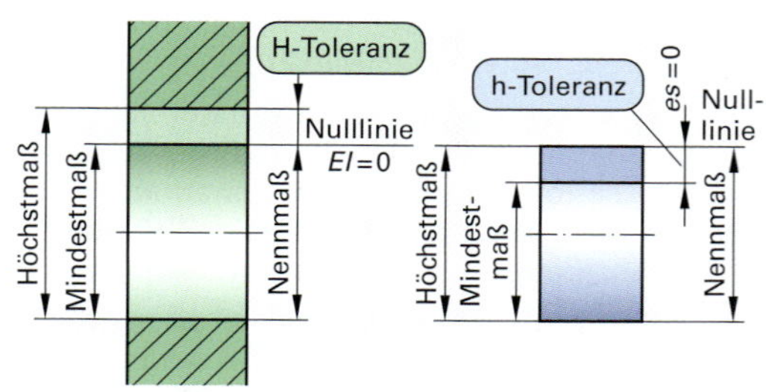

2 Lage der Toleranzintervalle H und h

Passungsarten

Bei allen Werkstücken finden sich fertigungsbedingte Maßstreuungen. Sollen zylindrische oder nicht-zylindrische Einzelteile (**Passteile** mit Innen- und Außenpassflächen) zu Baugruppen gefügt werden, garantiert das ISO-Toleranzsystem durch die Maßtoleranzen die Erfüllung der geforderten Aufgaben.

Unter Passung versteht man die Differenz zwischen Bohrungs- und Wellenmaß vor dem Zusammenbau bei gleichen Nennmaßen der Passteile.

Aus den theoretischen Kombinationsmöglichkeiten von Innen- und Außenpassflächen und deren Höchst- und Mindestmaßen ergibt sich beim Zusammenbau **Spiel „P_s"** oder **Übermaß „$P_ü$" (Bild 1)**.

Damit lassen sich zwei **Grenzpassungen** definieren.

Höchstpassung: „P_{SH}"	Höchstmaß der Innenpassfläche – Mindestmaß der Außenpassfläche
Mindestpassung: „$P_{ÜM}$"	Mindestmaß der Innenpassfläche – Höchstmaß der Außenpassfläche

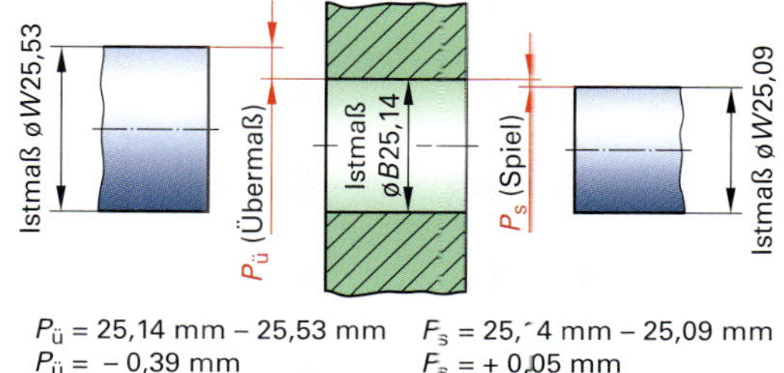

1 Passungen

G_{oB} = Höchstmaß der Innenpassfläche
G_{uB} = Mindestmaß der Innenpassfläche
G_{oW} = Höchstmaß der Außenpassfläche
G_{uW} = Mindestmaß der Außenpassfläche

Die Maßunterschiede der Grenzpassungen können **positiv** (Spiel), **negativ** (Übermaß) und im Sonderfall **Null** sein.

Grenzpassungen werden unterteilt in

Spielpassungen **Übergangspassungen** **Übermaßpassungen**

Spielpassungen (positive Passung) entstehen, wenn sich die Toleranzfelder der Innenpassflächen (Bohrung) und der Außenpassflächen (Welle) bei jeder möglichen Istmaßgröße innerhalb der Grenzmaße **nicht berühren** (Spiel). Die Spielgröße ist von der Toleranzfeldlage und -größe abhängig. Dies gilt für folgende Bedingungen **(Bild 2)**:

Höchstspiel $P_{SH} = G_{oB} - G_{uW} > 0$
Mindestspiel $P_{SM} = G_{uB} - G_{oW} > 0$

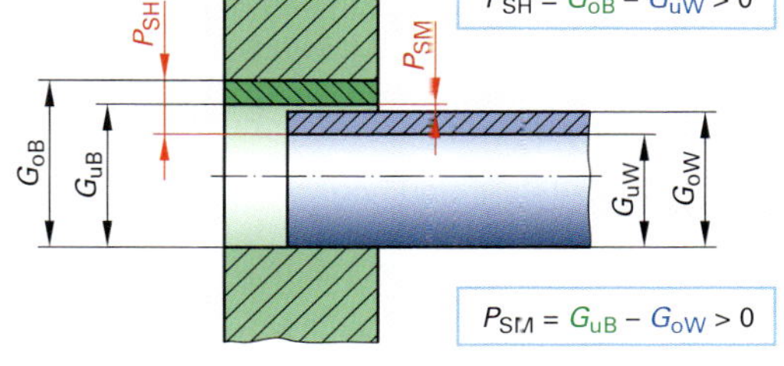

2 Spielpassung

Berechnungsbeispiel:

Welche Höchst- und Mindestspielpassung ergibt sich für die im **Bild 3** abgebildete Passung des Schieberadgetriebes?

∅ 30 H7/g6:	G_{oB}	= 30,021 mm
H7: +21/ 0	G_{uB}	= 30,000 mm
g6: –7/–20	G_{oW}	= 29,993 mm
	G_{uW}	= 29,980 mm

$P_{SH} = G_{oB} - G_{uW}$ = 30,021 mm – 29,980 mm
$\mathbf{P_{SH}}$ **= + 0,041 mm**
$P_{SM} = G_{uB} - G_{oW}$ = 30,000 mm – 29,993 mm
$\mathbf{P_{SM}}$ **= + 0,007 mm**

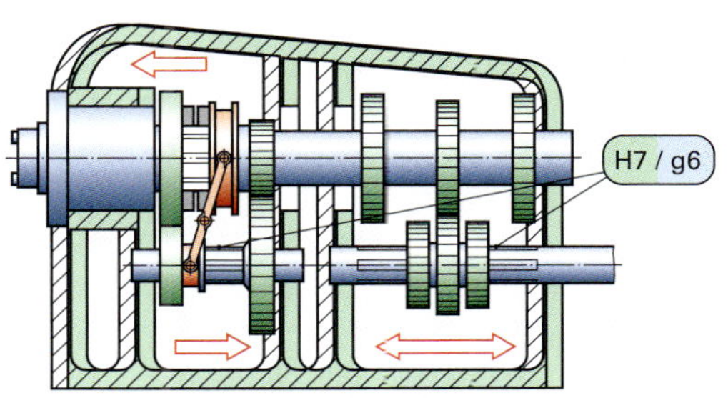

3 Schieberadgetriebe

Übergangspassungen (positive oder negative Passung) entstehen, wenn sich die **Toleranzfelder** der Innenpassflächen (Bohrung) und der Außenpassflächen (Welle) bei jeder möglichen Istmaßgröße innerhalb der Grenzmaße **teilweise überschneiden (Bild 1)**.

Dies gilt für folgende Bedingung:

Höchstspiel $P_{SH} = G_{oB} - G_{uW} > 0$

Höchstübermaß $P_{ÜH} = G_{uB} - G_{oW} < 0$

Berechnungsbeispiel:

Welche Höchst- und Mindestpassung ergibt sich für die im **Bild 2** abgebildete Passung der Bohrbuchse der Bohrvorrichtung DIN 172 – A – 26 x 36?

∅ 26	H7/n6:	G_{oB} = 26,021 mm
	H7: +21/ 0	G_{uB} = 26,000 mm
	n6: +28/+15	G_{oW} = 26,028 mm
		G_{uW} = 26,015 mm

$P_{SH} = G_{oB} - G_{uW}$ = 26,021 mm – 26,015 mm

P_{SH} = **+ 0,006 mm**

$P_{ÜH} = G_{uB} - G_{oW}$ = 26,000 mm – 26,028 mm

$P_{ÜH}$ = **– 0,028 mm**

(Übermaß wahrscheinlicher als Spiel!)

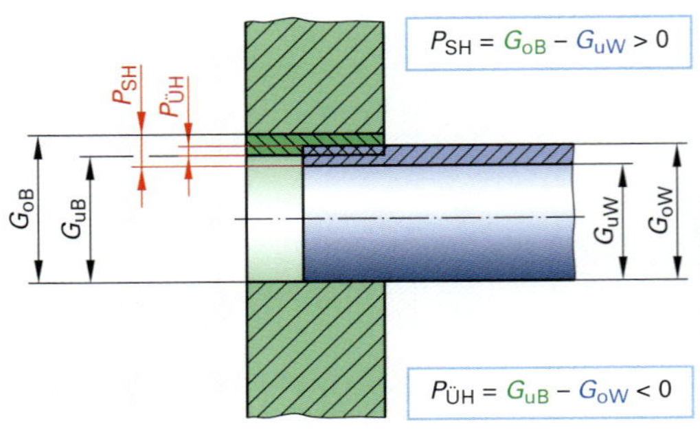

1 Übergangspassung

2 Schnellspann-Bohrvorrichtung nach DIN 6348

Übermaßpassung (negative Passung) entsteht, wenn die **Toleranzfelder** der Innenpassflächen (Bohrung) und der Außenpassflächen (Welle) so liegen, dass das Istmaß der Welle in keinem Fall **kleiner** als das Istmaß der Bohrung ist **(Bild 3)**.

Dies gilt für folgende Bedingung:

Höchstübermaß $P_{ÜH} = G_{uB} - G_{oW} < 0$

Mindestübermaß $P_{ÜM} = G_{oB} - G_{uW} < 0$

Berechnungsbeispiel:

Welche Höchst- und Mindestpresspassung ergibt sich für die im **Bild 4** abgebildete Passung der Führungssäule?

∅ 40	R6/ h3:	G_{oB} = 39,966 mm
	R6: –34/ –50	G_{uB} = 39,950 mm
	h3: –4/ 0	G_{oW} = 40,000 mm
		G_{uW} = 39,996 mm

$P_{ÜH} = G_{uB} - G_{oW}$ = 39,950 mm – 40,000 mm

$P_{ÜH}$ = **– 0,050 mm**

$P_{ÜM} = G_{oB} - G_{uW}$ = 39,966 mm – 39,996 mm

$P_{ÜM}$ = **– 0,030 mm**

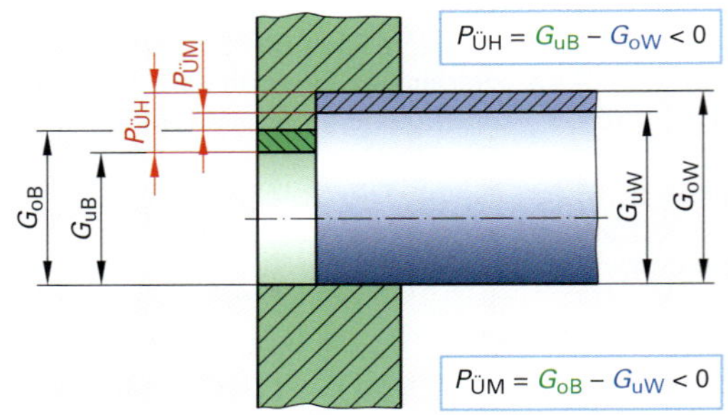

3 Übermaßpassung

4 Eingeschrumpfte Führungssäule

Die Funktion von Baugruppen wird wesentlich von gefügten Passteilen beeinflusst. Eine Kombination bestimmter Istmaße führt daher in der Praxis zu Spiel- oder Übermaßpassungen. Durch die Sonderstellung der Übergangspassung (Überlagerung der Toleranzintervalle) können nach dem Fügen, abhängig von den Istmaßen der Passteile ebenfalls nur Spiel- oder Presspassungen entstehen **(Bild 1)**.

Die entstandenen Passungen schwanken innerhalb bestimmter Toleranzintervalle, weil die verschiedenen Istmaße der Innen- und Außenpassflächen innerhalb zulässiger Grenzen hergestellt wurden. Diese Passungen sind von P_H und P_M abhängig und werden als **Passtoleranz P_T** bezeichnet **(Bild 2)**.

Passtoleranz = Höchstpassung – Mindestpassung

$$P_T = P_H - P_M$$

Das ISO-Toleranzsystem legt für die Innen- und Außenpassflächen **28 verschiedene Toleranzintervalllagen** (A ... ZC, a ... zc) fest. Für jedes Toleranzintervall gibt es **20 Toleranzgrade** (IT 01 ... 18). Somit könnten z.B. für ein Nennmaß 28 x 20 = **560** verschiedene Toleranzintervalle gebildet werden. Bei der Kombination aller möglichen Innen- und Außenpassflächen entsteht somit die Zahl von **313600 Passtoleranzintervallen**. Der erforderliche Werkzeug- und Prüfmittelbedarf wäre dabei aus Kostengründen nicht vertretbar, deshalb wurden die anzuwendenden Passtoleranzintervalle sinnvoll eingeschränkt. Die ISO-Normung schreibt vor, dass wahlweise eines der beiden Passteile mit den Toleranzintervallen „H" bzw. „h" herzustellen ist. Das erforderliche Passtoleranzintervall mit Spiel oder Pressung erhält man durch die Festlegung eines bestimmten Toleranzintervalls für das Gegenstück. Die Auswahlreihen der Passtoleranzintervalle erfüllen in einem wirtschaftlich vertretbaren Rahmen alle Anforderungen der Praxis.

1 **Lage der Passtoleranzintervalle**

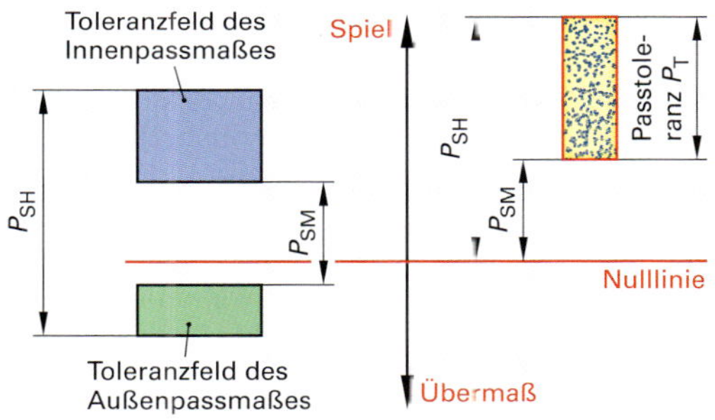

2 **Passtoleranz P_T**

Passungssysteme

Beim ISO-Passungssystem **Einheitsbohrung EB** nach ISO 286-1 erhalten alle Innenpassmaße das **Toleranzintervall „H"**. Die gewünschte Passung (Spiel- oder Übermaßpassung) erhält man, indem den Außenpassflächen geeignete Toleranzintervalle zugeordnet werden **(Bild 3)**.

Merkmale:

- Bohrungsmindestmaß G_{uB} = Nennmaß N
- Unteres Bohrungsabmaß $EI = 0$

Die festgelegte Lage des Bohrungstoleranzintervalls „H" und die verschiedenen Lagen der Wellentoleranzfelder „a ... zc" ergeben drei charakteristische Passtoleranzfeldlagen.

EB-Toleranzintervall **H**	**Gewähltes** Toleranzintervall der Welle	**Entstehende** Passtoleranz
H	a ... h	Spielpassung
H	j ... n	Übergangsp.
H	p ... zc	Übermaßpassung

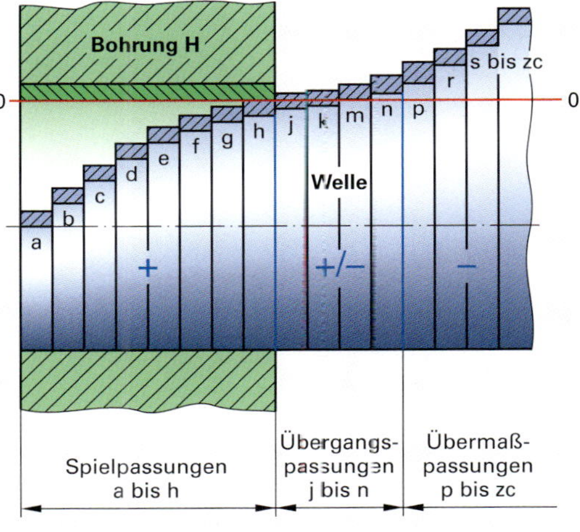

3 **ISO-Passungssystem Einheitsbohrung**

Beim ISO-Passungssystem **Einheitswelle „EW"** nach ISO 286-1 erhalten alle Außenpassflächen das **Toleranzintervall „h"**. Um die gewünschte Passung (Spiel- oder Übermaßpassung) zu erhalten, werden den Innenpassflächen geeignete Toleranzintervalle zugeordnet **(Bild 1)**.

Merkmale:

- Wellengrößtmaß G_{oW} = Nennmaß N
- Oberes Wellenabmaß $es = 0$

Die festgelegte Lage des Wellentoleranzintervalls „h" und die unterschiedlichen Lagen der Bohrungstoleranzintervalle „A ... ZC" ergeben drei charakteristische Passtoleranzintervalllagen.

EW-Toleranzintervall **h**	**Gewähltes** Toleranzintervall der Bohrung	**Entstehende** Passtoleranz
h	A ... H	Spielpassung
h	J ... N	Übergangsp.
h	P ... ZC	Übermaßpassung

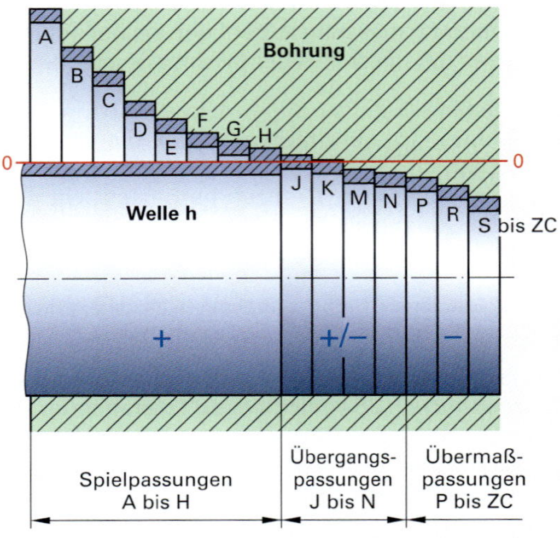

1 **ISO-Passungssystem Einheitswelle**

Anwendung der Passungssysteme „EB; EW"

Für die Fertigung **größerer Stückzahlen** ist das System **Einheitswelle vorteilhaft**. Der Fertigungsaufwand entfällt bei der Verwendung blankgezogener Wellen (h9 ... h11). Der Einbau ist ohne Nacharbeit möglich, z.B. im Textil- und Landmaschinenbau. Bei kleineren Stückzahlen wird die Anwendung von Einheitswellen unwirtschaftlich wegen des höheren Kostenfaktors für Werkzeuge und Messgeräte.

Außenmaße mit geforderten Passmaßen lassen sich grundsätzlich leichter fertigen und prüfen als Innenpassmaße. Deshalb wird das System **Einheitsbohrung** vorwiegend im allgemeinen Maschinen- und Fahrzeugbau kostengünstig angewendet. Eine Übersicht typischer Anwendungsbeispiele von Passtoleranzfeldlagen (Spiel-, Übergangs- und Übermaßpassungen) der Systeme Einheitsbohrung und Einheitswelle zeigt die **Tabelle 1**.

Tabelle 1: Passtoleranzfelder im System Einheitsbohrung und Einheitswelle

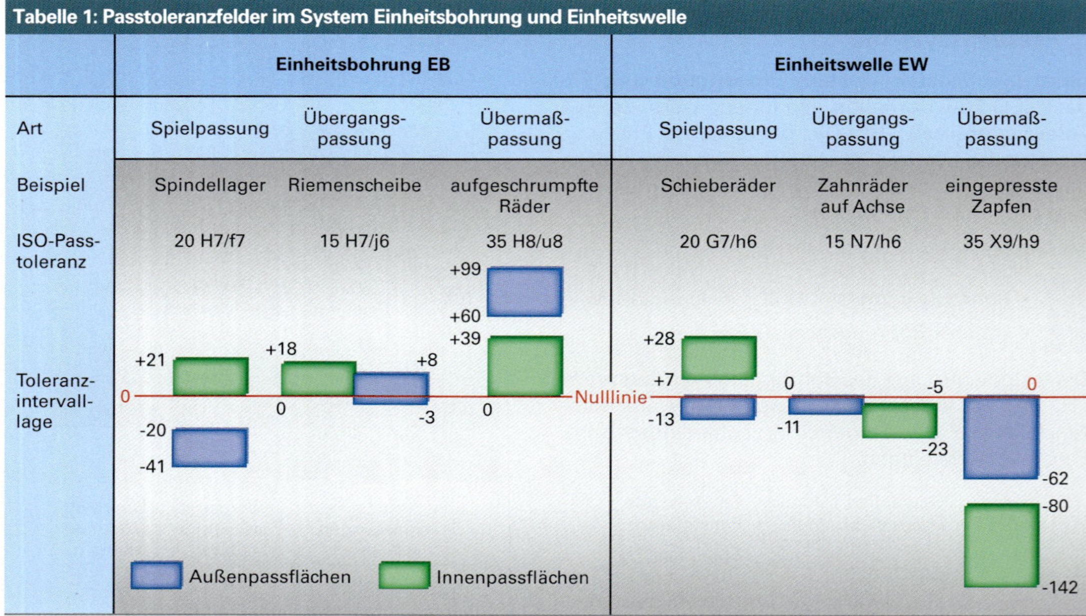

	Einheitsbohrung EB			**Einheitswelle EW**		
Art	Spielpassung	Übergangspassung	Übermaßpassung	Spielpassung	Übergangspassung	Übermaßpassung
Beispiel	Spindellager	Riemenscheibe	aufgeschrumpfte Räder	Schieberäder	Zahnräder auf Achse	eingepresste Zapfen
ISO-Passtoleranz	20 H7/f7	15 H7/j6	35 H8/u8	20 G7/h6	15 N7/h6	35 X9/h9
Toleranzintervalllage						

Geometrische Produktspezifikation ISO-GPS

Im Maschinen- und Anlagebau werden die Anforderungen an ein Bauteil bezüglich Funktion, Fertigung und Qualitätsanforderungen in einer technischen Produktspezifikation festgelegt. Technische Produktspezifikationen setzen sich aus unterschiedlichen Arbeitsdokumenten zusammen. Dazu gehören die technischen Zeichnungen, Stücklisten, Arbeitspläne, Montage- und Prüfpläne.

Fertigungsbedingt entstehen Abweichungen von den idealen geometrischen Eigenschaften einer Bauteilgeometrie. Die zulässigen Maß-, Form- und Lageabweichungen werden in einer genormten Symbolsprache durch Toleranzen festgelegt. Durch unvollständige und fehlerhafte Zeichnungsangaben und ungeeignete Prüfmethoden entscheiden oft die Subjektivität und Erfahrungen der handelnden Personen in der Qualitätskontrolle über die Konformität des Bauteils.

Mit der geometrischen Produktspezifikation werden die an ein Bauteil gestellten geometrischen Anforderungen eindeutig und vollständig beschrieben. Internationale Normen bilden die Basis des GPS-Systems. Im GPS-System werden dafür eine symbolisierte Sprache und Regeln benutzt, die die Kommunikation zwischen den Kunden, der Konstruktion, Fertigung und der Qualitätsprüfung verbessern.

DIN EN ISO 8015:2011 – GPS-Konzepte, -Prinzipien, -Regeln

In der Zuordnung im ISO-GPS-System gehört die DIN EN ISO 8015 zu den „fundamentalen" Grundnormen und beeinflusst damit alle anderen Normen im ISO-GPS-System.

Wie Zeichnungsangaben **(Bild 1)** einzutragen sind, wird in Normen, die den fundamentalen GPS-Normen ISO 8015 und ISO 14638 untergeordnet sind, geregelt. Wie z.B.:

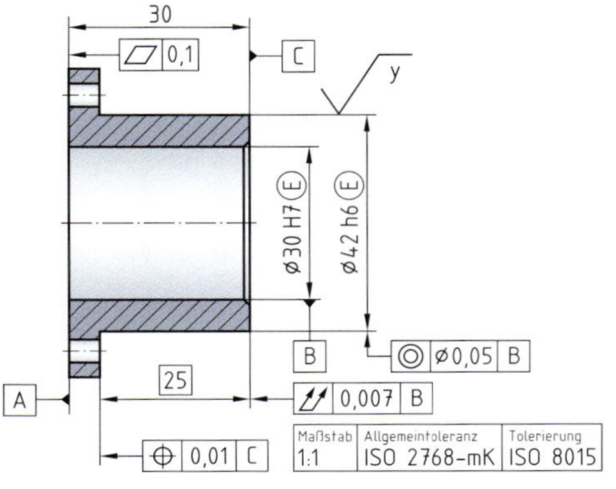

1 Zeichnungseintragungen

- ISO 2768 für Allgemeintoleranzen,
- ISO 1101 für geometrische Tolerierung,
- ISO 1302 für Oberflächenbeschaffenheit,
- ISO 286 Passungen,
- ISO 14405-1 Lineare Größenmaße,
- ISO 14405-3 Winkelgrößen

Grundsätze von DIN EN ISO 8015:2011

1. Grundsatz des Aufrufens
Die Verwendung eines Teils des GPS-Systems führt automatisch zur Gültigkeit des gesamten GPS-Systems.

2. Grundsatz der GPS-Normenhierarchie
Die GPS-Normen unterliegen einer GPS-Normenhierarchie.

3. Grundsatz der bestimmenden Zeichnung
Nur Forderungen, die auf einer technischen Zeichnung festgelegt sind, können geltend gemacht werden.

4. Grundsatz des Geometrieelementes
Ein Werkstück besteht aus Geometrieelementen, die voneinander abgegrenzt sind und eine Beziehung zueinander haben.

5. Grundsatz der Unabhängigkeit
Die Eigenschaften eines Geometrieelements oder eine Beziehung zwischen den Geometrieelementen sind unabhängig von anderen Anforderungen.

6. Grundsatz der Dezimaldarstellung
Nicht angegebene Dezimalstellen in Normen oder auf technischen Zeichnungen müssen als Nullen interpretiert werden.

7. Grundsatz der Standardfestlegung
Mit der GPS-Grundspezifikation wird ein vollständiger Spezifikationsoperator festgelegt.

8. Grundsatz der Referenzbedingungen
Alle GPS-Spezifikationen gelten bei den im GPS-System festgelegten Referenzbedingungen.

9. Grundsatz des starren Werkstücks
Das Werkstück muss so starr sein, dass keinerlei Verformungen angenommen werden. Alle GPS-Spezifikationen beruhen auf diesem Zustand.

10. Grundsatz der Dualität
Der Spezifikationsoperator wird unabhängig von Messverfahren und Messgeräten und dem Verifikationsoperator festgelegt.

11. Grundsatz der Funktionsbeherrschung
Die Funktion kann mit dem Spezifikationsoperator nicht vollständig nachgebildet werden. Somit ist immer eine Mehrdeutigkeit in der Spezifikation im Vergleich zur Funktion vorhanden.

12. Grundsatz der allgemeinen Spezifikation
Eine allgemeine GPS-Spezifikation gilt nur für ein Geometrieelement oder eine Beziehung zwischen den Elementen, wenn keine individuelle GPS-Spezifikation angegeben wurde.

13. Grundsatz der Verantwortlichkeit
Der Konstrukteur ist verantwortlich für die Festlegung des Spezifikationsoperators und den Grad der Mehrdeutigkeit.

Unabhängigkeitsprinzip

Verdeutlichen wir uns die Problemstellungen anhand einiger Beispiele.

Das **Unabhängigkeitsprinzip als Tolerierungsgrundsatz** hebt den Zusammenhang zwischen der Maßtoleranz und der Formtoleranz auf. Jede einzelne Maß-, Form- oder Lageanforderung an einem Geometrieelement muss unabhängig erfüllt sein. Das Maß ist unabhängig von der Form zu bewerten **(Bild 1)**.

Bei einer Rechtwinkligkeits-Allgemeintoleranz nach ISO 2768-mK für den Nennmaßbereich bis 100 mm ist die zulässige Toleranz 0,4 mm und die zulässige Maßtoleranz für den Nennmaßbereich bis 30 mm ±0,2 mm. Dabei sind bei dieser rechtwinkligen Aussparung große Winkelabweichungen zulässig, die unter Umständen bei Funktion und/oder Montage zu Problemen führen. Deshalb muss die Aussparung mit der Lagetoleranz „Rechtwinkligkeit" entsprechend toleriert werden. Das gleiche Problem liegt bei der Rechtwinkligkeit einer Bohrungsachse zu einer Basisfläche vor **(Bild 2)**.

In der gleichen Toleranzklasse K ist die Symmetrie-Allgemeintoleranz den Nennmaßbereich bis 100 mm 0,6 mm. Am Beispiel der Passfedernut 12P9 wird ohne Einschränkung der Symmetrietoleranz deutlich, dass die zulässige Abweichung bei Funktion und/oder Montage zu Problemen führt. Dieselbe Problematik liegt bei zwei zylindrischen Bohrungen vor. Die Zylinderachsen können eine zulässige Abweichung von 0,6 mm haben **(Bild 3)**.

Bei einem Flanschring mit 5 Bohrungen auf einem Lochkreis soll die Verteilung 5×72° gleichmäßig sein. Die zulässige Abweichung für Winkelmaße nach ISO 2768-mK beträgt für den Teilkreisradius $R = 30$ mm ±0°30′ min. Dass der Flanschring passt, wenn bei den Bohrungen die Durchmessertoleranz (±0,1 mm) und die jeweils zulässige Winkeltoleranz von ±0,5° in die entgegengesetzte Richtung ausgeschöpft werden, ist nicht sicher. Mit dieser Überlegung ist es angebracht, die Bohrungsmittelpunkte über eine Positionstoleranz zu bemaßen **(Bild 4)**.

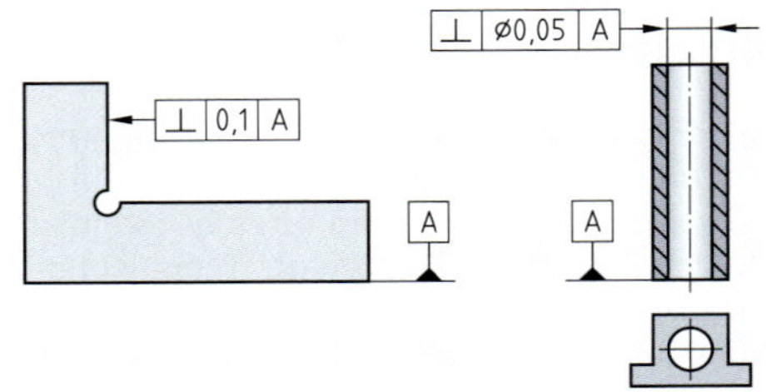

2 Rechtwinkligkeit

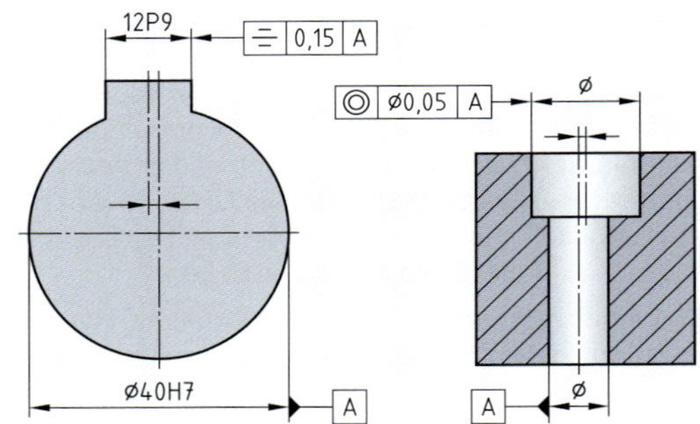

3 Symmetrie und Koaxialität

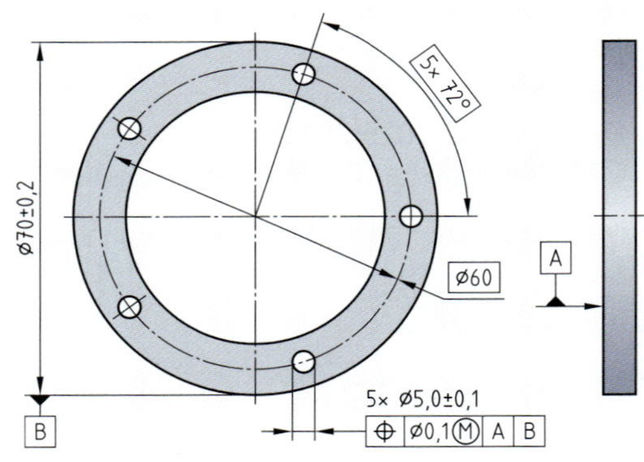

4 Positionen Lockkreis

Maß-, Form- und Lagetoleranzen am selben Geometrieelement dürfen unabhängig voneinander auftreten. Jede Toleranz wird für sich einzeln geprüft und bewertet. Sie darf jeweils voll ausgenutzt werden.

Das Unabhängigkeitsprinzip gilt, wenn mindestens eine der folgenden Angaben in der Zeichnung steht:

- Keine Angabe im Schriftfeld (ab Januar 2012)
- ISO 14405
- ISO 2768-mK
- Angaben im Schriftfeld ISO 8015-1 oder ISO 14405 ohne Ⓔ
- Die Maßtoleranz enthält nur Maßabweichungen

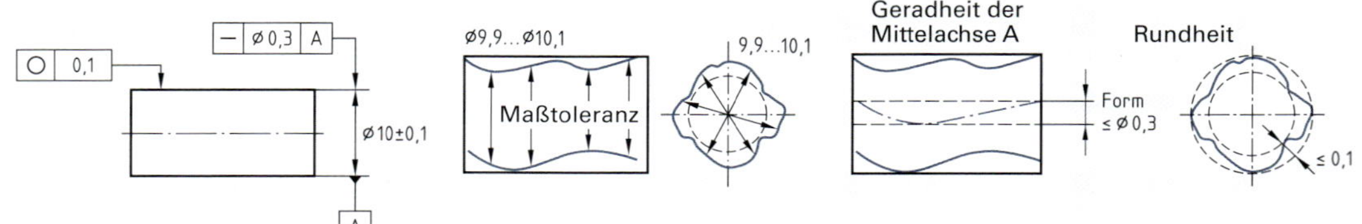

1 Unabhängigkeitsprinzip

Hüllprinzip

Im Jahr 2011 wurde die DIN 7167 zurückgezogen und durch die EN ISO 14405 ersetzt. Diese beschreibt, dass das Hüllprinzip immer nur dann angewendet werden darf, wenn dazu ein entsprechender Zeichnungseintrag vorliegt.

Und zwar erfolgt die Eintragung der Tolerierung durch das angehängte Ⓔ.Es weist auf die Tolerierung nach dem Hüllprinzip hin. Fehlt dieser spezielle Eintrag, so gilt nach dem aktuell gültigen Standard das Unabhängigkeitsprinzip.

Mit dem Hüllprinzip als Tolerierungsgrundsatz gibt es zwei Bedingungen, die von den tolerierten Geometrien erfüllt sein müssen. Die „Hüllbedingung" und das/die „Zweipunktmaß(e)". In Bezug auf die Zweipunktmaße bedeutet dies, dass bei der Zweipunktmessung das zulässige Höchstmaß nicht überschritten (bei Innenmaßen) bzw. das Mindestmaß nicht unterschritten (bei Außenmaßen) werden darf. **Die geometrische Form und die Maßtoleranz definieren die Hülle.**

Bei Innenmaßen wie z. B. Bohrungen beschreibt der Pferchzylinder das Mindestmaß und das Zweipunktmaß das Höchstmaß **(Bild 1)**.

Bei Außenmaßen wie z. B. Wellen beschreibt die Hülle das Höchstmaß und das Zweipunktmaß das Mindestmaß **(Bilder 2 und 3)**.

Da an realen Werkstücken Form-, Lage- und Maßabweichungen gleichzeitig auftreten können und sich überlagern, wird durch das Hüllprinzip die zur Verfügung stehende Maßtoleranz eingeschränkt.

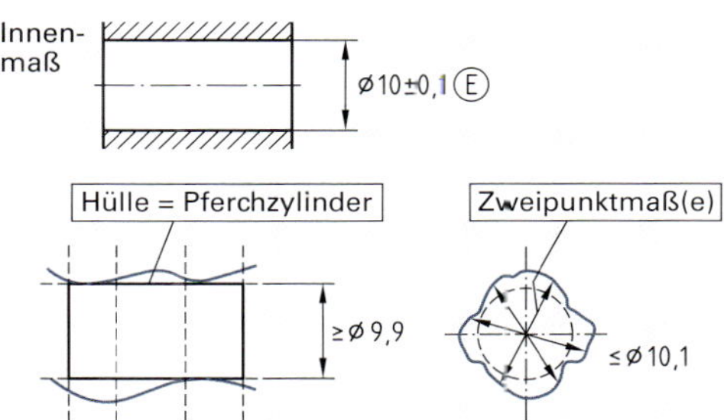

1 Hüllprinzip Innenmaß

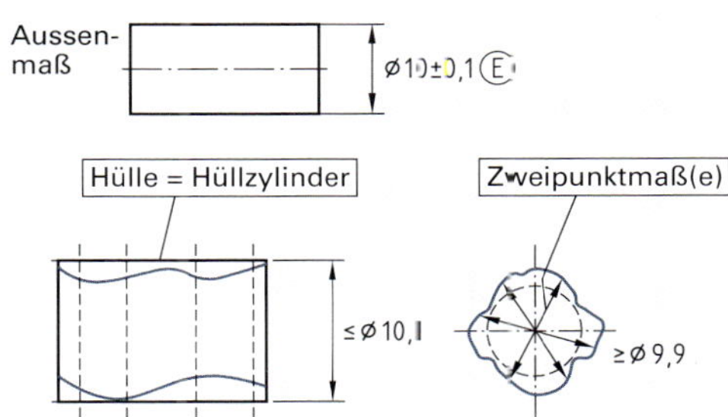

2 Hüllprinzip Außenmaß

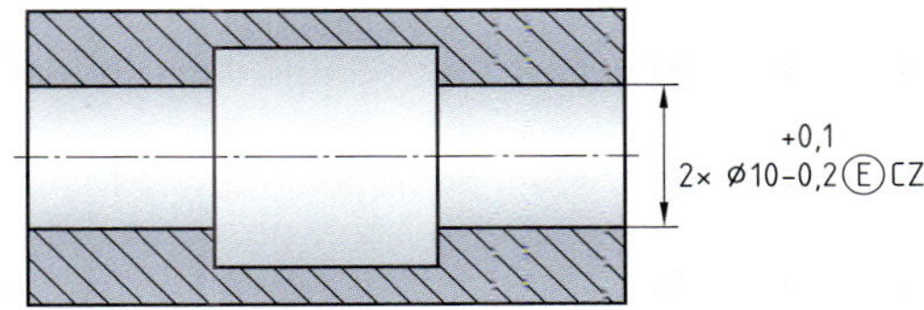

4 Kombinierte Toleranzzone

Die Hüllbedingung gilt für das gemeinsame zylindrische Maßelement. Beide Zylinder mit ⌀ 20 müssen mit dem Maß des größten einschreibbaren Zylinders fügefähig sein. Falls beide Zylinder am Mindestmaß liegen (⌀ 19,8), müssen sie daher koaxial liegen. Eine Zweipunktmessung muss absichern, dass das Zweipunktmaß jedes einzelnen Zylinders das Maximalmaß von 20,1 nicht überschreitet.

Kennzeichnung der Toleranzzone: **CZ kombinierte Zone**

Das Hüllprinzip gilt, wenn eine der folgenden Angaben in der Zeichnung steht:

- Keine Angabe im Schriftfeld (bis Dezember 2011)
- ISO 14405 im Schriftfeld und Maßangaben mit Ⓔ
- ISO 2768-mK-Ⓔ im Schriftfeld
- ISO 14405 Ⓔ im Schriftfeld
- ISO 8015 im Schriftfeld und Maßangaben mit Ⓔ

Bei einer Bohrung-Wellen-Passung wird der Durchmesser mit einem Messschieber oder einer Mikrometerschraube (Zweipunktmessung), mit Grenzlehrdorn oder einer Grenzrachenlehre (Pferch/Hülle) gemessen.

Das bedeutet, dass bei der Bohrung die untere Toleranzgrenze mit einem Grenzlehrdorn und die obere Toleranzgrenze mit Zweipunktmaß (Bild 1) und bei der Welle umgekehrt gemessen wird (Bild 2). Gleichzeitig gilt dann die Toleranz als Zylinderform.

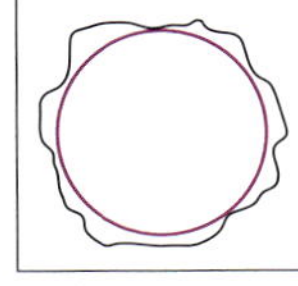

Pferch

Hülle

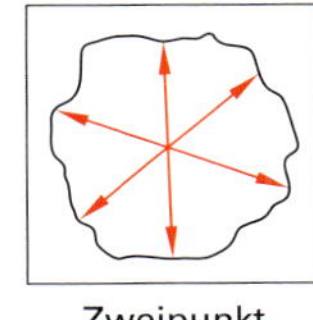

Zweipunkt

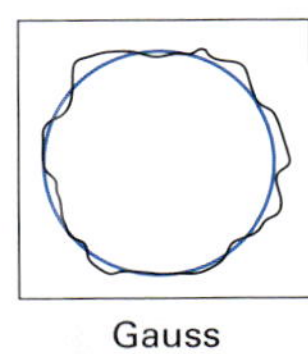

Gauss

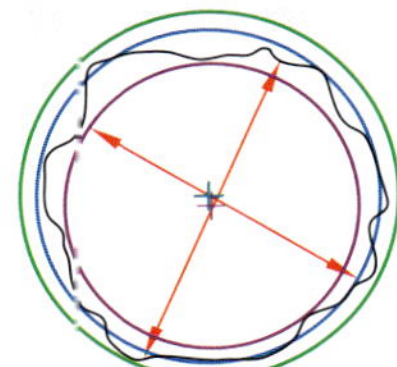

3 Globale Maße und Auswertemethoden

Dimensionelle Tolerierung

Im April 2011 wurde die DIN 7167 durch die DIN EN ISO 14405 als die gültige Zeichnungsnorm für Längenmaße ersetzt. In der ISO 14405 ist das Unabhängigkeitsprinzip als Grundsatz festgelegt. Abweichungen von diesem Grundsatz (Hüllprinzip) müssen in den Fertigungsdokumenten ausdrücklich vermerkt sein.

DIN EN ISO 14405-1 legt Spezifikationsoperatoren (Tolerierungs- und Auswerteregeln) für lineare Größenmaße fest. Lineare Größenmaße sind die Maße von Geometrieelementen wie:

- Durchmesser von Zylindern
- Durchmesser von Kugeln
- Abstand gegenüberliegender paralleler Flächen
- Geraden

DIN EN ISO 14405-2 legt Spezifikationsoperatoren für nichtlineare Maße fest. Nichtlineare Maße sind z.B.:

- Lineare oder winklige Mittenabstände
- Stufenmaße
- Radien
- Maße zur Bestimmung von Profilformen

DIN EN ISO 14405-3 legt Eintragungsregeln für Winkelgrößenmaße fest.

An den bisher üblichen Eintragungen von Maßen und Maßtoleranzen hat sich nichts geändert **(Tabelle 1)**.

Örtliches oder lokales Maß

Für die Geometrieelemente sind Maßmerkmale definiert. Dabei wird zwischen globalen und lokalen Maßen unterschieden. Die im Rundrahmen gesetzten Modifikationssymbole können den Maßangaben auf den technischen Zeichnungen zugeordnet werden.

Ein örtliches oder lokales Maß ist ein Maßmerkmal, das kein eindeutiges Ergebnis der Auswertung entlang eines Maßelements oder um ein Maßelement herum besitzt. **Diese Merkmale werden beim Messen ermittelt, indem die die Maße beeinflussenden Form- oder Lageabweichungen nicht eliminiert werden.** Das führt zur Streuung der örtlichen Maße über die Längenausdehnung eines Maßelementes. In DIN EN ISO 14405-1 ist das Zweipunktmaß als örtliches Maß beschrieben.

(LP) **Zweipunktmaß** örtliches Längenmaß, festgelegt als der Abstand zwischen zwei einander gegenüberliegenden Punkten auf einem (zylindrischen) Maßelement **(Bild 1)**.

Messtechnisch kommen zur Ermittlung von Zweipunktmaßen alle klassischen mechanischen, pneumatischen oder optischen Zweipunktmessverfahren infrage. Es ist der GPS-Standardspezifikationsoperator für Maßelemente. Das bedeutet, Maßangaben ohne Modifikationssymbole sind immer als örtliche Zweipunktmaße festgelegt. Das Modifikationssymbol (LP) muss daher nur verwendet werden, wenn davon abgewichen werden soll.

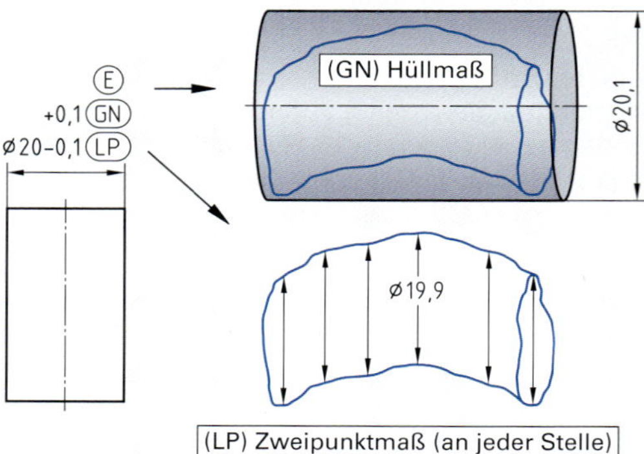

1 Zweipunktmaß

Tabelle 1			
GPS-Zeichnungseintragung für das Maßelement	**Beispiele**		
Nennmaß ± Grenzabmaße N± es/ei für Außenmaße, N± ES/EI für Innenmaße	$80^{+0,05}_{-0,02}$	$⌀\,25^{+0,1}_{-0,1}$	12 ± 0,1
Nennmaß mit einer Toleranzkodierung nach ISO 286-1 (Angabe einer ISO-Toleranzklasse, mit der die Grenzabmaße ES, EI, es, ei indirekt festgelegt sind)	⌀ 72 H7	⌀ 30 f6	⌀ 16 s6
Wert des Höchstmaßes (max oder **ULS** upper limit size) Wert des Mindestmaßes (min oder **LLS** lower limit size)	80,05 max 79,98 min	25,1 24,9	12,1 11,9

Globales Maß

Ein globales Maß ist ein Maßmerkmal, das ein eindeutiges Messergebnis für ein Geometrieelement besitzt. **Es wird beim Messen ermittelt, indem die beeinflussenden Form- oder Lageabweichungen eliminiert werden.** Die Kriterien für globale Maße sind wie folgt festgesetzt:

(GX) Größtes einbeschriebenes Maß

Maß des zugeordneten Geometrieelements, das aus dem erfassten Geometrieelement durch das Kriterium des größten einbeschriebenen Elements ermittelt wird (Pferchelement, **Bild 1**). Dieses Maßelement entspricht der mechanischen Verkörperung eines zulässigen Grenzwertes (Grenzlehrdorn).

(GN) Kleinstes umschriebenes Maß

Maß des zugeordneten Geometrieelements, das aus dem erfassten Geometrieelement durch das Kriterium des kleinsten umschriebenen Elements ermittelt wird (Hüllelement, **Bild 2**).

(GG) Maß nach der Methode der kleinsten Quadrate

Maß des zugeordneten Geometrieelements, das aus dem erfassten Geometrieelement durch vollständigen Ausgleich nach der Methode der kleinsten Quadrate nach Gauß ermittelt wird. Ermittelt wird dieses Maß mit dem 3D-Messverfahren und Berechnung **(Bild 3)**.

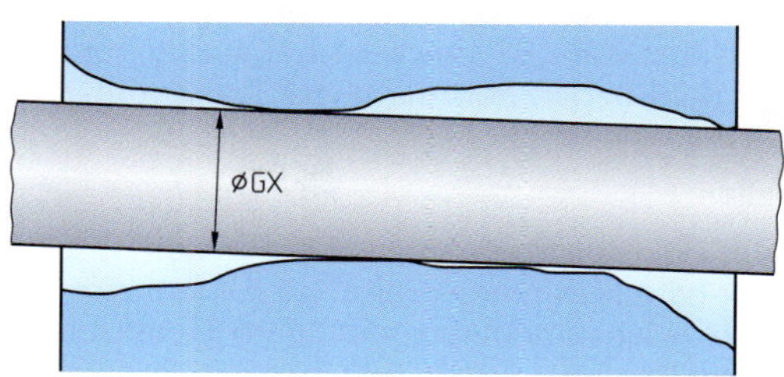

1 Größtes einbeschriebenes Maß

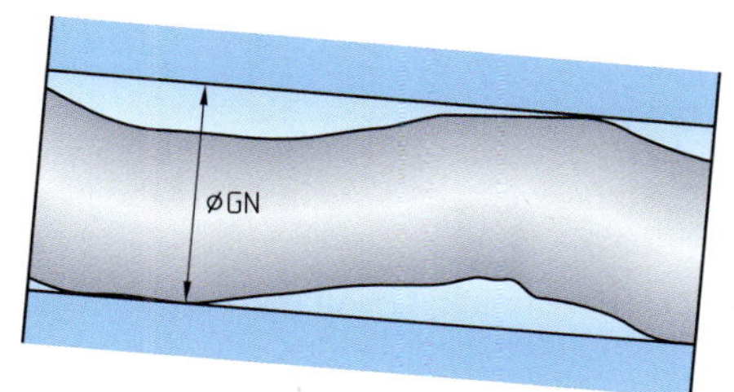

2 Kleinstes umschriebenes Maß

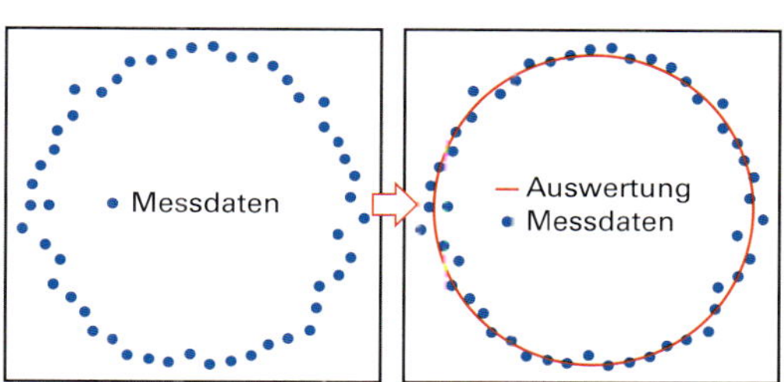

3 Methode der kleinsten Quadrate

Statistische Maße

Um mit der Zweipunktmessung eine globale Bewertung eines Maßelementes vornehmen zu können, legt die Norm Definitionen für sogenannte **indirekte globale Maße** fest. Das können berechnete Maße (Calculatet) oder mit statistischen Methoden berechnete Kennwerte (Rangordnungsmaße, **Tabelle 1**) sein. Rangordnungsmaße werden durch Berechnungen aus einer Anzahl von örtlichen Maßen berechnet. Sie ermöglichen es, mit dem relativ einfachen Messverfahren der Zweipunktmessung eine globale Bewertung eines Maßelementes vorzunehmen.

Ein GPS-Spezifikationsoperator für Maßangaben ist durch den Verweis auf DIN EN ISO 14405 im Schriftfeld ergänzt mit dem auf dieser Zeichnung anzuwendenden Modifikationssymbol anzugeben **(Bild 4)**.

Tabelle 1: Rangordnungsmaße

(SX)	größtes Maß	(SN)	kleinstes Maß
(SA)	mittleres Maß (Arithmetischer Mittelwert)		
(SM)	Median (Zentralwert einer Anzahl von der Größe nach sortierten Stichprobenwerten)		
(SD)	Intervallmitte (Mittelwert aus größtem und kleinstem Wert der Stichprobe)		
(SR)	Spanne oder Spannweite (Differenz aus größtem und kleinstem Wert der Stichprobe		

für alle Maßelemente gilt das Maß nach der Methode der kleinsten Quadrate

Maße ISO 14405 (GG)

Allgemeintoleranzen		Oberflächen	Maßstab
			Werkstoff
	Datum	Name	Bezeichnung
Bearb.			
Gepr.			
Norm.			

4 Spezifikationsoperator für Maßangaben

Durch die **Hüllbedingung** wird das Fügen von Maßelementen wie z. B. von Welle in Bohrung sichergestellt **(Bild 1)**. Die Grenzmaße des Toleranzintervalls ergeben sich bei

Wellen:

- das kleinste umschriebene Maß für den Vergleich mit dem Maximum-Grenzmaß (**ULS,** upper limit size, Höchstmaß) entspricht dem Modifikationsoperator (GN).
- das Zweipunktmaß (LP) für den Vergleich mit dem Minimum-Grenzmaß (LLS).

Bohrungen:

- das größte einbeschriebene Maß für den Vergleich mit dem Minimum-Grenzmaß (**LLS,** lower limit size, Mindestmaß) entspricht dem Modifikationsoperator (GX).
- das Zweipunktmaß (LP) für den Vergleich mit dem Maximum-Grenzmaß (ULS).

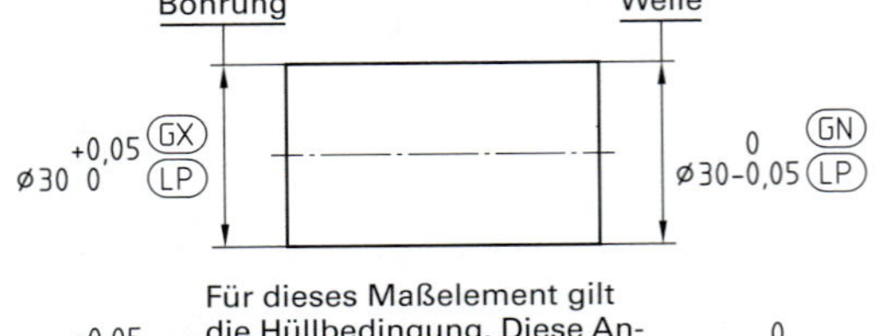

1 Modifikationssymbole

Tabelle 1: Symbole für Form- und Lagetoleranzen			
—	Geradheit	//	Parallelität
▱	Ebenheit	⊥	Rechtwinkligkeit
○	Rundheit	∠	Neigung
⌭	Zylindrizität	⌖	Position (Lage, Ort)
⌒	Linienprofil	⌯	Symmetrie
⌓	Flächenprofil	◎	Konzentrizität (für Mittelpunkte) Koaxialität (für Mittellinien)
↗			Rundlauf (Kreisförmige Lauftoleranz „radial") Planlauf (Kreisförmige Lauftoleranz „axial")
			Rundum (Profil), Konturlinien der Querschnitte, Oberflächen von geschlossenen Geometrieelementen
▱ 0,15			Toleranzindikator, Kennzeichnung des tolerierten Geometrieelements ohne Bezugsangabe
⊥ 0,15 B			Toleranzindikator, Kennzeichnung des tolerierten Geometrieelements mit Bezugsangabe

Geometrische Tolerierung

Die DIN EN ISO 1101 enthält grundlegende Informationen für die geometrische Tolerierung von Werkstücken. Dazu gehören die Definitionen der Form- und Lagetoleranzen, Symbole und Zeichnungsangaben zu Toleranzen wie z. B. Geradheit, Zylinderform oder Parallelität. Die bekannten Symbole für die Toleranzarten Form-, Richtungs-, Orts- und Lauftoleranzen haben sich nicht geändert **(Tabelle 1)**.

Es wurden aber zusätzliche Symbole zur Eintragung von Toleranzen in 2D- und 3D-Modellen eingeführt **(Tabelle 2)**.

Tabelle 2: Spezifikationen in 2D- und 3D-Ansichten	
◁ // A	Schnittebenen-Indikator
◁ // A ▷	Orientierungsebenen-Indikator
○ ⊥ B	Kollektionssebenen-Indikator
← ⊥ A	Richtungselement-Indikator Richtungsgeometrieelement

Soll eine Toleranz nur im Schnitt eines Bauteils gelten, ist der **Schnittebenen-Indikator** anzuwenden. Dies wird insbesondere bei Geradheit und Linienprofil verwendet. Das Symbol des Schnittlinien-Indikators hat links ein Dreieck, in der Mitte ein Richtungssymbol (parallel, rechtwinklig, geneigt oder symmetrisch) und einen Bezugsbuchstaben **(Bild 2)**.

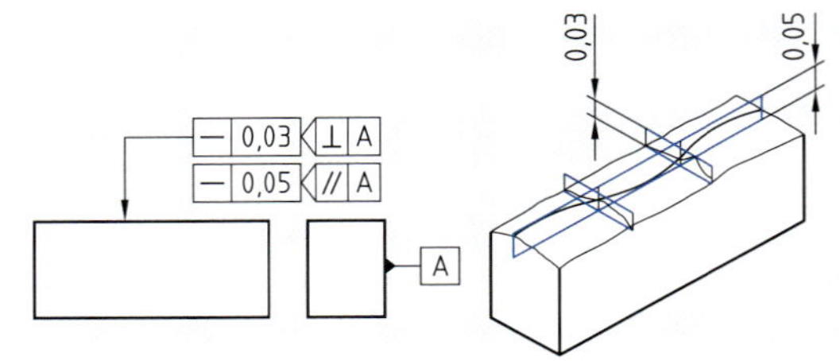

2 Schnittebenen-Indikator

Bei tolerierten Mittellinien wird der **Orientierungsebenen-Indikator** angewendet. Er legt die Orientierung der Ebenen fest, die die Toleranzzone begrenzen. Aus einer zylindrischen Toleranzzone mit dem ∅-Symbol wird durch die Verwendung des Orientierungsebenen-Indikators eine Toleranzzone mit zwei Begrenzungsebenen (**Bild 1**, nächste Seite).

Bezüge und Bezugssysteme

Die Basis für die Bemaßung und der Lagetolerierungen von geometrischen Elementen und für deren Prüfung ist der Bezug bzw. das Bezugssystem. In der Norm **DIN EN ISO 5459:2013-05 (GPS) – Geometrische Tolerierung – Bezüge und Bezugssysteme** sind die geltenden Regeln enthalten.

- Einzelbezüge, gemeinsame Bezüge, Bezugssysteme
- Kennzeichnung der Bezugselemente **(Tabelle 1)**
- Symbole für Bezugsstellenangaben
- Modifizierersymbole
- Eintragungsregeln
- Messtechnische Zuordnung von Bezügen

Als Bezugsebene kann eine gesamten Ebene, ein Teil einer Ebene oder eine Fläche definiert werden. Ein Bezugssystem wird aus zwei oder drei Bezügen aufgebaut, die nicht gleichberechtigt sind. Jeder dieser Bezüge kann ein Einzelbezug oder ein gemeinsamer Bezug sein.

Die Reihenfolge der Bezüge | A | B | C | hat Auswirkungen auf das Messergebnis. Zum Beispiel besteht ein Bezugssystem aus drei Bezugsebenen **(Bilder 1 und 2)**:

Als Primärbezug A sollte das Geometrieelement gewählt werden, welches die Lage des Werkstücks wesentlich bestimmt. Dies kann beispielsweise eine für die Fertigung wichtige Spannfläche oder eine für die Funktion bedeutsame Auflagefläche sein.

Tabelle 1: Kennzeichnung der Bezugselemente

Symbol	Bedeutung
A (Bezugsdreieck)	Kennzeichnung des Bezugselementes, Bezugselement-Indikator, (Datum Feature Indicator)
Ø1 / A1	Bezugsstellenrahmen für einzelne Bezugsstellen, Bezugsstellenindikator
B1	Bezugsstellenrahmen für bewegliche Bezugsstellen, Bezugsstellenindikator
// | 0,02 | A	Einzelbezug
◎ | Ø0,02 | A–B	Gemeinsamte Bezug
⌖ | 0,01 | A | C | B	Vollständiges „hierarchisches“ Bezugssystem

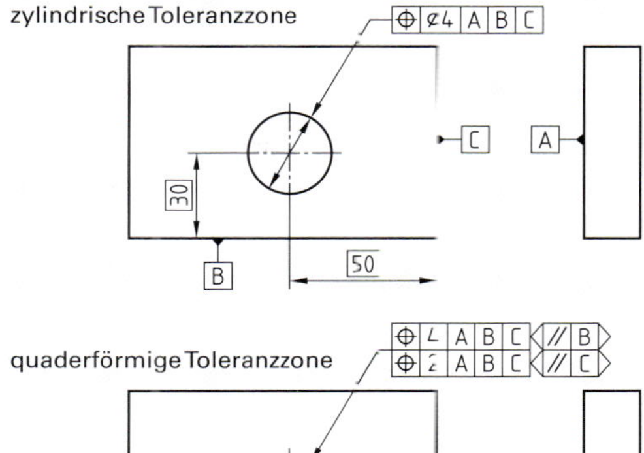

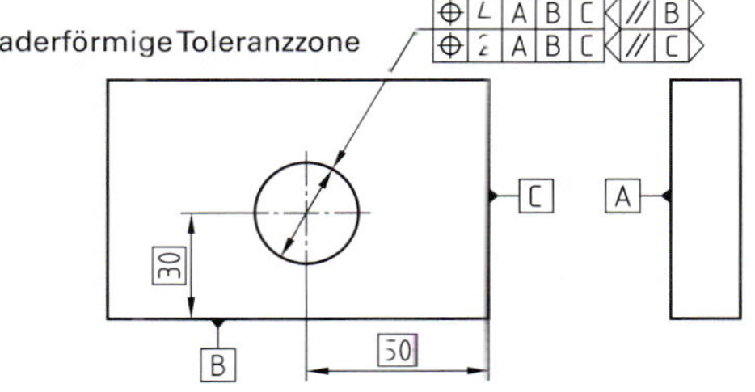

1 Orientierungsebenen-Indikator

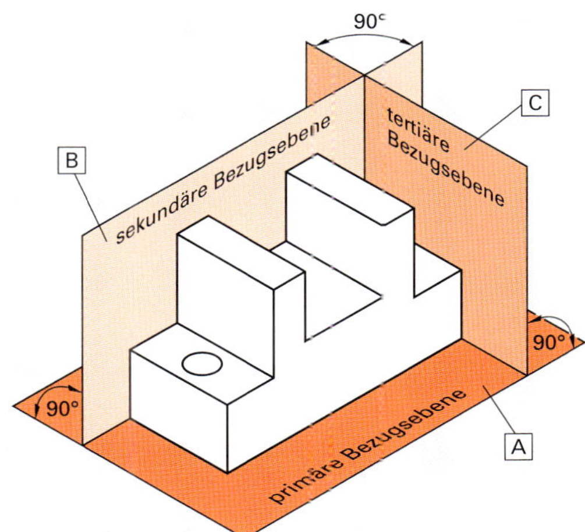

2 Bezugsebenen

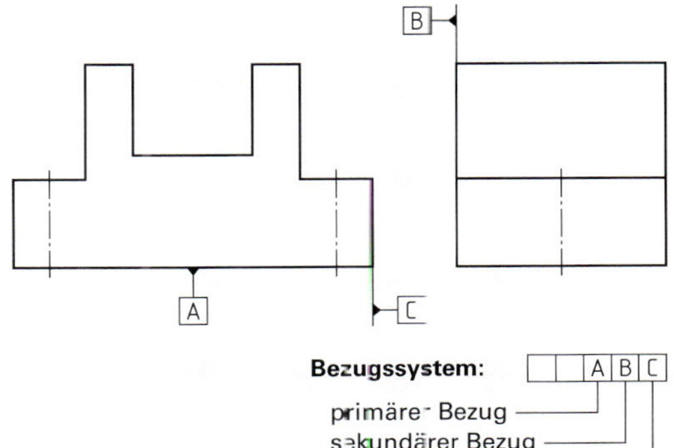

3 Bezugssystem

Begriffe für Form- und Lagetoleranzen

Spezifikation durch eine Lehre

Maximum-Material-Grenzmaß „MMS“

Entspricht dem Grenzmaß, das ein Maximum an Materialvolumen ergibt. Bei Außenmaßen (Wellen) ist es das Höchstmaß GoW oder ULS upper limit size, bei Innenmaßen (Bohrungen) das Mindestmaß GuB oder LLS lower limit size. Bei Abstandsmaßen kann kein Maximum-Material-Grenzmaß definiert werden.

Minimum-Material-Grenzmaß „LMS“

Entspricht dem Grenzmaß, das ein Minimum an Materialvolumen ergibt. Bei Außenmaßen (Wellen) ist es das Mindestmaß, bei Innenmaßen (Bohrungen) das Höchstmaß. Abstandsmaße besitzen kein Minimum-Material-Grenzmaß **(Bild 1)**.

MMVS Wirksames Maximum-Material-Größenmaß (Virtual Size)

Entspricht dem wirksamen Grenzmaß eines Werkstücks, das sich aus dem Maximum-Material-Grenzmaß und der geometrischen Toleranz t des Geometrieelements ergibt. Bei Außenmaßen wird es aus der Summe gebildet MMS + t **(Bild 2)**, bei Innenmaßen aus der Differenz MMS – t.

Maximum-Material-Bedingung

Ist das Symbol Ⓜ hinter dem Bezugsbuchstaben im Toleranzrahmen angegeben, und liegen die Größenmaße unter ihrem jeweiligen Maximum MMS, können die einzelnen geometrischen Toleranzen bis zum wirksamen Maximum-Material-Größenmaß MMVS ohne Einfluss auf die Fügbarkeit überschritten werden.

Die **wirksame Maximum-Material-Bedingung MMVS** eines geometrisch idealen Gegenstücks ist der Zustand, mit dem sich das Geometrieelement gerade noch ohne Spiel fügen lässt. Formabweichungen bewirken, dass das wirksame Istmaß vom gemessenen Istmaß abweicht. Bei einem Bolzen ist das wirksame Istmaß der Durchmesser einer spielfrei sitzenden Hülse, bei einer Bohrung der Durchmesser eines Bolzens, der gerade noch eingepasst werden kann **(Bild 3)**. Bei parallelen Flächen ist das wirksame Istmaß der Abstand zweier anliegender paralleler Ebenen.

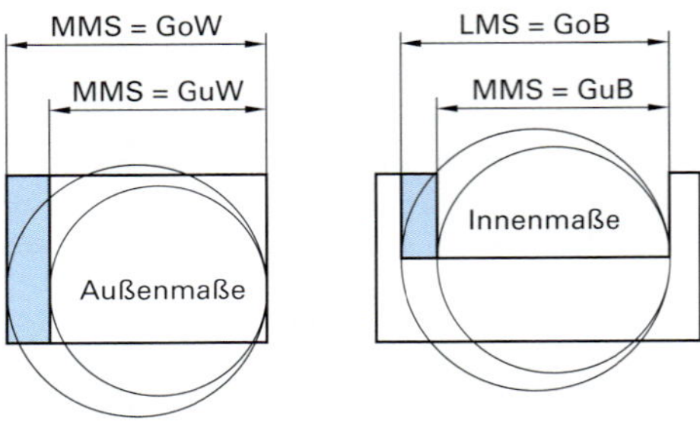

1 **MMS, LMS**

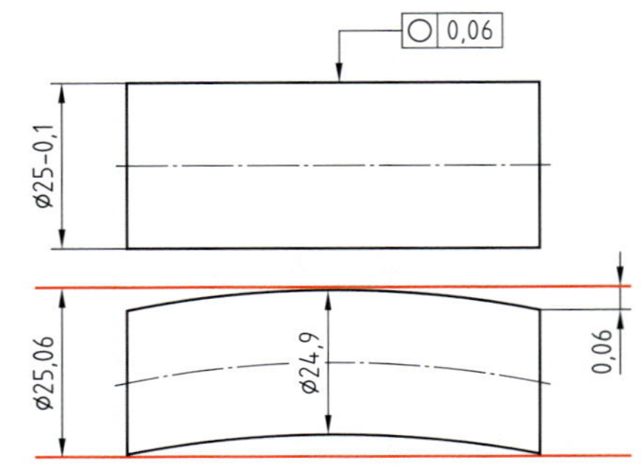

2 **MMVS bei einer Welle**

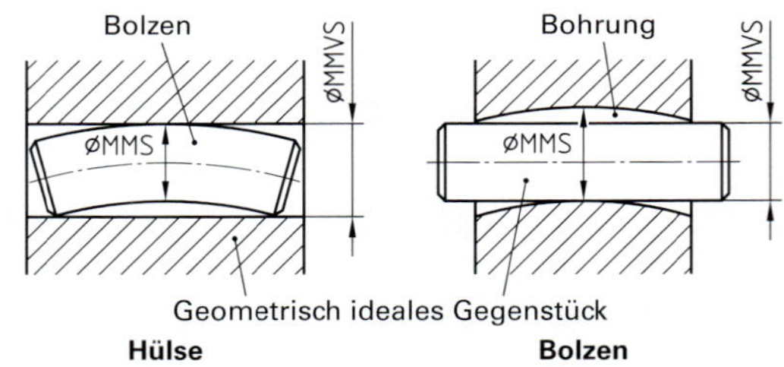

3 **Wirksames Istmaß MMVC**

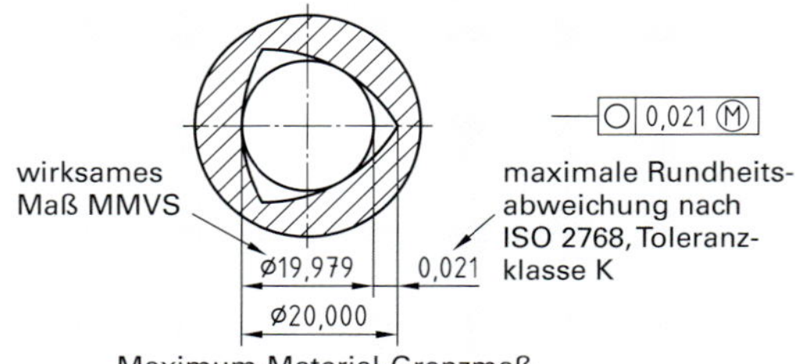

4 **Beispiel zu MMVS**

Für das Beispiel in **Bild 4** könnte sich für eine Bohrung folgende Situation ergeben. Das Merkmal ∅ 20 H7 (+21 µm/0 µm) hat eine Maßtoleranz von 21 µm, das Maximum-Material-Grenzmaß (Mindestmaß, MMS) beträgt 20,000 mm.

Durch Bezug auf ISO 2768-mK darf die Rundheitsabweichung dieses Zylinders so groß sein wie die Maßtoleranz, also 21 µm. Das MMVS, Wirksames Maximum-Material- Größenmaß (Fügemaß) kann also im ungünstigsten Fall 19,979 mm (20,000 mm–0,021 mm) betragen.

S1 AUTOMATISIERUNG DURCH STEUERN UND REGELN

Seit Beginn der Industrialisierung im 18. Jahrhundert hat sich das Leben der Menschen in den industrialisierten Ländern fundamental geändert. Im Bereich der Technik geschah dies vor allem durch eine permanente Steigerung der Produktivität. In den letzten Jahrzehnten erfolgte dies durch die weitgehende Automatisierung der Fertigung mithilfe der Steuerungs- und Regelungstechnik.

Automatisierung der Fertigung

Am Beginn der Entwicklung der Menschheit stand als erstes Werkzeug der Faustkeil. Schon damals kamen Grundprinzipien zur Geltung, die noch heute Anwendung finden. Der Mensch musste Informationen darüber haben, wie der Werkstoff zu bearbeiten ist und wie das Fertigteil aussehen soll. Auch bei den ersten Drehmaschinen, von denen wir aus dem Mittelalter wissen, wurden alle Bewegungen durch den Energieaufwand des Menschen durchgeführt. Erst nach der Erfindung der Dampfmaschine konnte die menschliche Energie durch maschinell umgewandelte Bewegungsenergie ersetzt werden. Diese wurde über eine Hauptwelle und Transmissionsriemen zur Einzelmaschine geleitet. Zuerst wurde die Schnittbewegung, später über Getriebe und Spindeln auch die Vorschubbewegung durch einen Elektromotor bewirkt. Am Computer erstellte Programme ersetzten am Ende der Entwicklung dann auch die direkte Eingabe von Informationen durch den Menschen **(Bild 1)**.

Automatisierung der Fertigung bedeutet, mithilfe des Einsatzes technischer Mittel den Produktionsprozess weitgehend selbstständig ablaufen zu lassen.

Das wesentliche Mittel dafür ist die computergestützte Anwendung der Steuerungs-, Regelungs- und Leittechnik bei der Durchführung von Produktionsverfahren **(Bild 2 und 3)**.

Steuern

Am Beispiel eines einfachen Gleichstrommotors ist das Prinzip des Steuerns erkennbar: Die Ankerspannung bewirkt eine bestimmte Drehfreqenz **(Bild 4)**. Wird eine schnellere oder langsamere Drehbewegung benötigt, muss sie über die Änderung der Ankerspannung eingestellt werden.

Beim Härteofen wird die benötigte Temperatur über die Menge des zuströmenden Brenngases gesteuert **(Bild 5)**.

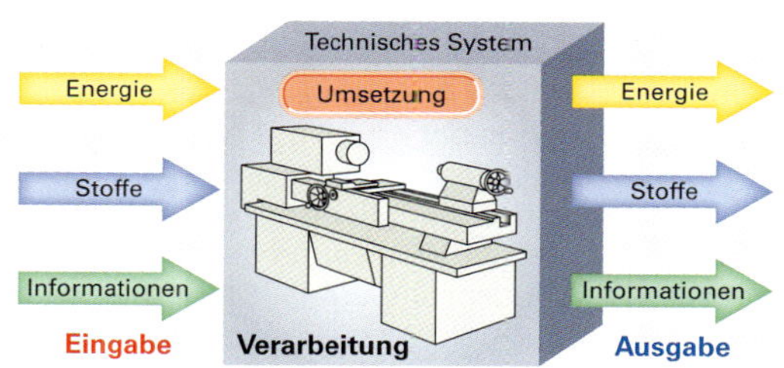

1 Technisches System

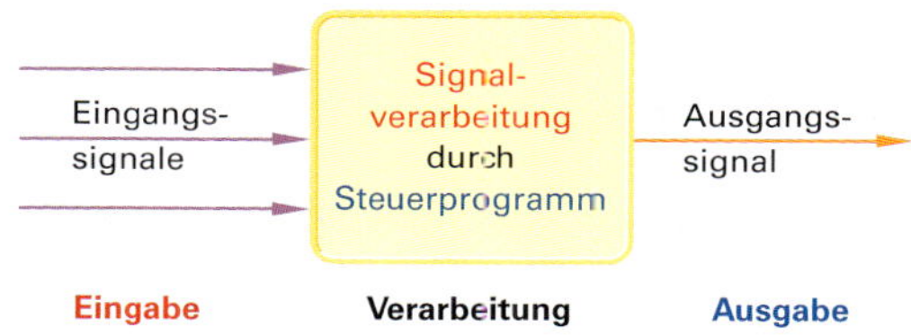

2 Funktionsprinzip des Steuerns

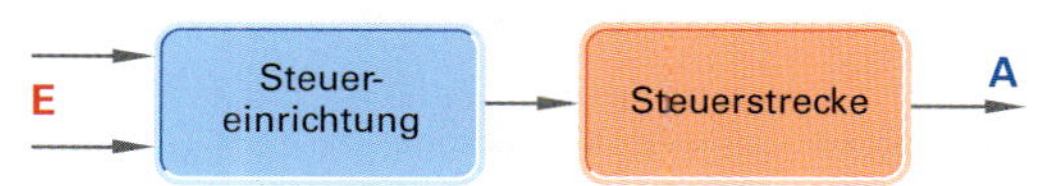

3 Blockschaltbild einer Steuerung

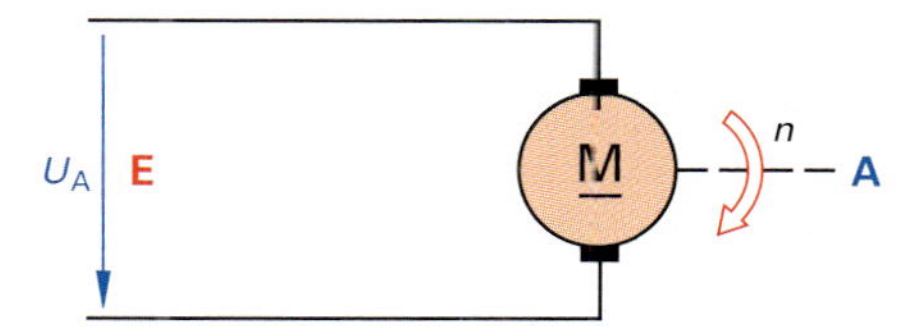

4 Drehzahlgesteuerter Gleichstrommotor

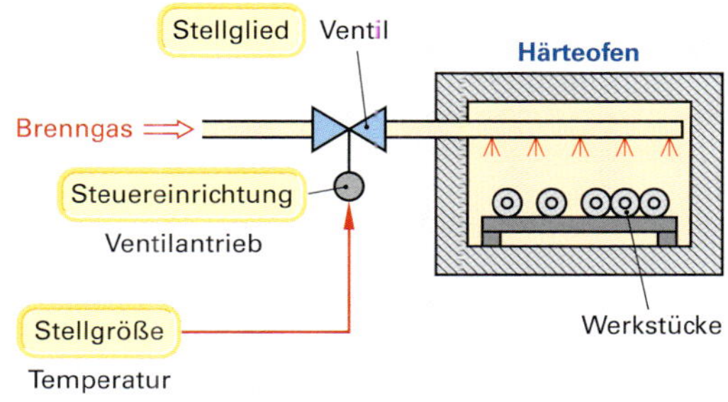

5 Härteofen mit Temperatursteuerung

Trotz der vielfältigen Aufgaben kann man bei allen Steuerungen eine ähnliche Struktur feststellen. Die Teile mit gleichen Funktionen werden als Ebenen bezeichnet **(Bild 1)**. In der Eingabeebene werden die Signale der Steuerung zugeleitet. In der Verarbeitungsebene werden die Signale so verknüpft, dass die Bedingungen der Aufgabenstellung erfüllt werden. In der Ausgabeebene wird das Ausgangssignal der Verarbeitungsebene in eine Form gebracht, die zur Ansteuerung des **Stellgliedes** geeignet ist. Dabei können z.B. bei einer Werkzeugmaschine die Spanungsgrößen eingestellt werden. Das **Arbeitsglied** kann der Antrieb einer Werkzeugmaschine sein.

Steuern bedeutet die Beeinflussung von Ausgangsgrößen durch Eingangsgrößen in einem System, dessen Gesetzmäßigkeiten dem Ziel des Vorgangs entsprechen.

Häufig bewirken mehrere Eingangsgrößen eine oder mehrere Ausgangsgrößen. Gleichfalls kann innerhalb der Steuerstrecke das Signal durch weitere Steuerglieder geändert werden. Zur Wiederholung eines Arbeitsvorgangs löst ein Rücksignal von Neuem das Eingangssignal aus.

Regeln

Wird ein Vorgang durch äußere Einwirkungen, **Störgrößen** genannt, beeinflusst, kann das richtige Ergebnis nicht mehr durch eine Steuerung bewirkt werden. Um das beabsichtigte Ziel zu erreichen, ist eine ständige Anpassung durchzuführen, sodass die Störgrößen das Ergebnis nicht beeinträchtigen. Das geschieht durch die Regelung des Vorgangs.

Unter Regeln versteht man ein Vorgehen, durch das eine Ausgangsgröße trotz der Einwirkung von Störgrößen auf dem beabsichtigten Sollwert gehalten wird.

Der Wirkungsablauf findet hier in einem Regelkreis statt **(Bild 2)**. Der **Istwert**, die **Regelgröße**, muss ständig von einem Messglied erfasst werden. Weicht er vom **Sollwert**, der **Führungsgröße**, ab, muss die **Regeldifferenz** im Regler zur neuen **Stellgröße** führen.

Die Fliehkraftregelung des in **Bild 3** dargestellten Gleichstrom-Nebenschlussmotors ändert den Erregerstrom, wenn die Drehzahl infolge unterschiedlicher Belastung vom Sollwert abweicht.

Typisch für den Einsatz von Regeleinrichtungen ist die Temperaturregelung eines Härteofens (**Bild 4**). Ändert sich infolge äußerer Einflüsse die Innentemperatur des Ofens, wird mithilfe des Ventils die Brenngaszufuhr vergrößert oder verkleinert.

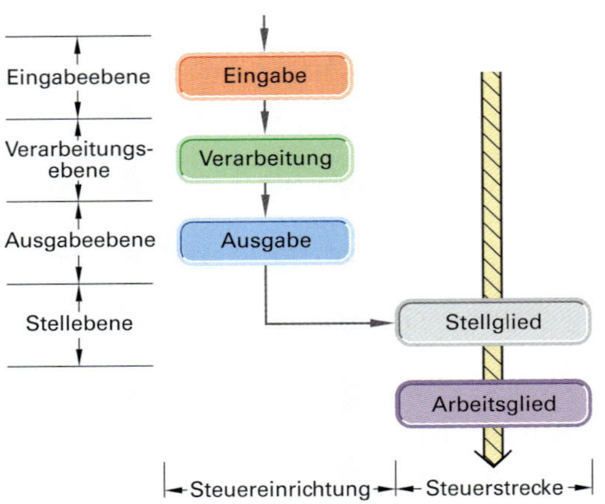

1 Steuerungsstruktur

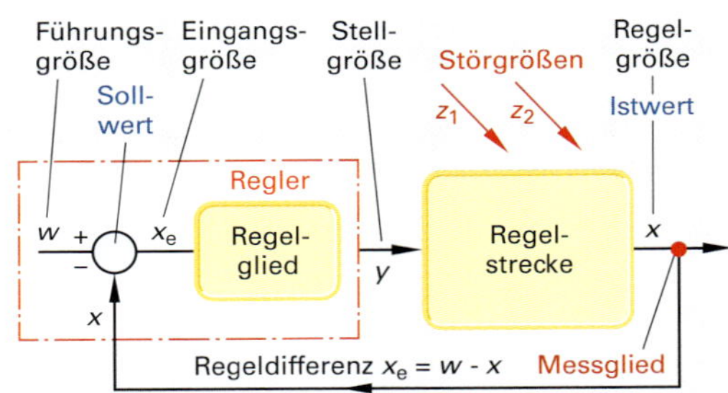

2 Regelkreis

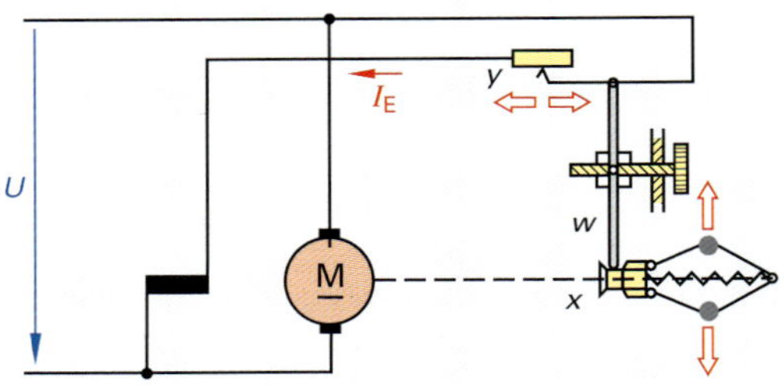

3 Drehzahlregelung eines Elektromotors

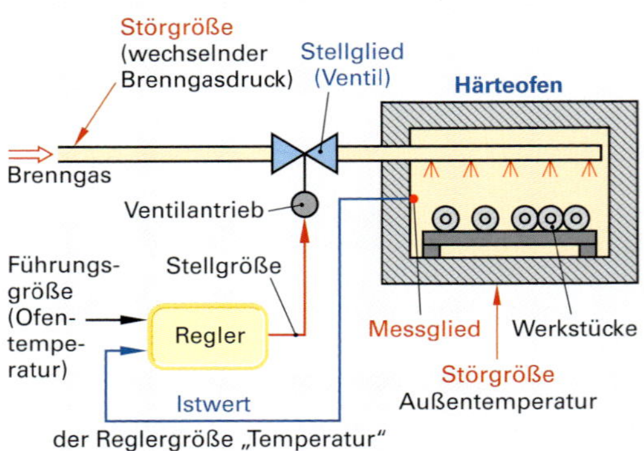

4 Härteofen mit Temperaturregelung

Steuerungsarten

Steuerungen lassen sich nach verschiedenen Gesichtspunkten unterscheiden. Es hängt davon ab, ob die Art der Signale, die Verarbeitung der Signale oder der Energieträger beim Entwurf maßgeblich sind **(Bild 1)**. Diese drei Arten können dann noch weiter eingeteilt werden.

Betrachtet man die **Signalart**, so lassen sich analoge von binären und digitalen Steuerungen unterscheiden **(Bild 2)**.

Analoge Steuerungen verarbeiten analoge Signale. Diese wirken stetig und ändern sich innerhalb der vorgegebenen Grenzen proportional zur Messgröße **(Bild 3)**. Analoge Signale sind anschaulich und lassen sich mit einfachen technischen Mitteln erzeugen.

Beispiel: Flüssigkeitsthermometer stellen den Wert der Messgröße Temperatur mit einer entsprechenden Höhe der Flüssigkeitssäule dar, Analoguhren geben die Zeit über die Winkelstellung der Zeiger an.

Weitere Beispiele für analoge Steuerungen sind Helligkeitseinstellungen von Beleuchtungen mittels Dimmer oder Drehzahlvorgaben von Elektromotoren mittels Stelltransformatoren.

Binäre Steuerungen verarbeiten Zweipunktsignale. Die Signale können zwei unterschiedliche (diskrete) Werte bzw. Zustände annehmen, z.B. „1" oder „0" bzw. „Ein" oder „Aus" **(Bild 4)**.

Beispiel: Der Vorschubtisch einer Schleifmaschine soll ständig aus seinen Endlagen heraus eine Vor- und Zurückbewegung ausführen **(Bild 5)**.

Digitale Steuerungen arbeiten mit verschlüsselten (codiert) Signalen. Mehrere binäre Signale werden in der Weise zusammengefasst, dass ein Zahlenwert dargestellt wird. Die Zuordnung binärer Signale zu Zahlenwerten erfolgt nach dem binären Zahlensystem.

Beispiel: Die digitale Steuerung einer Verpackungsanlage von ungeordneten Teilen (z.B. Muttern) arbeitet mit binären Signalen. Die Muttern passieren einzeln auf einem Förderband eine Lichtschranke. Jede Unterbrechung des Lichtstrahls erzeugt ein binäres Signal. Nach Erreichen der vorgegebenen Stückzahl beendet die Steuerung den Abfüllvorgang der Packungseinheit, der nächste Zählvorgang beginnt.

> In technisch ausgeführten Steuerungen werden vorwiegend binäre und digitale Signale verarbeitet.

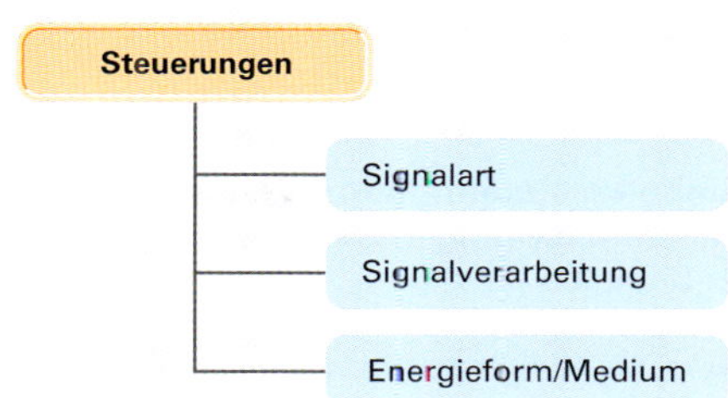

1 Einteilung von Steuerungen nach der Steuerungsart

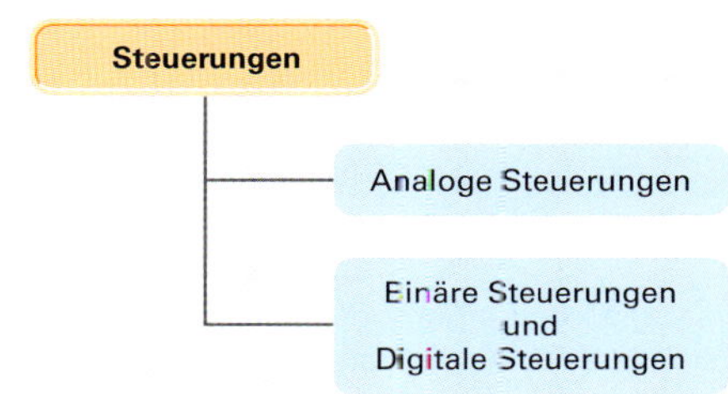

2 Einteilung von Steuerungen nach ihrer Signalart

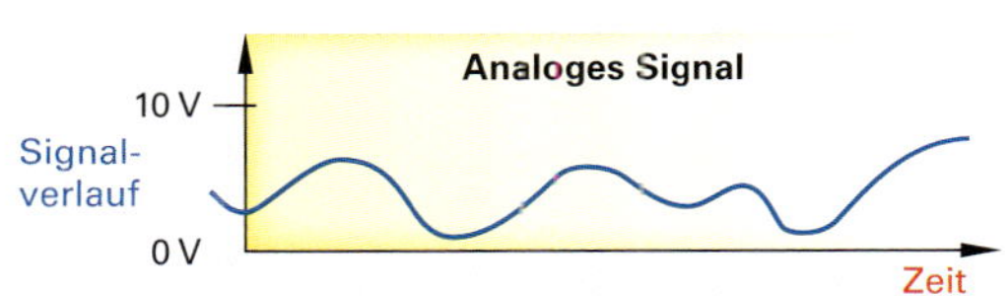

3 Zeitverlauf eines analogen Signals

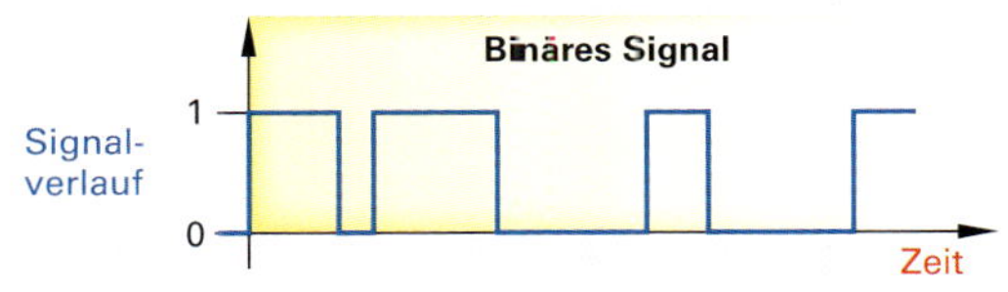

4 Zeitverlauf eines binären Signals

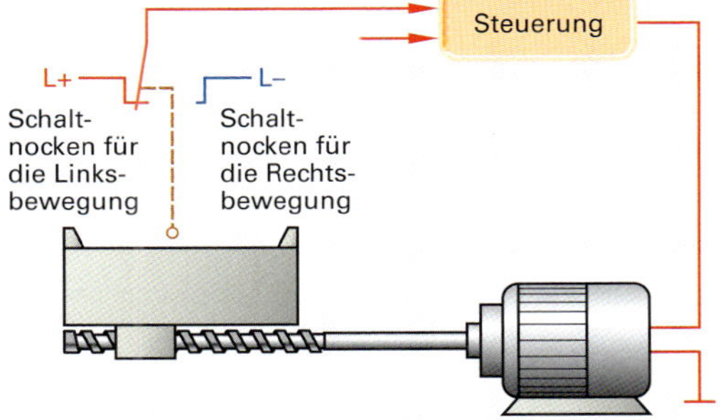

5 Binäre Steuerung

Nach der Art der **Signalverarbeitung** lassen sich Verknüpfungssteuerungen von Ablaufsteuerungen **(Bild 1)** unterscheiden.

Verknüpfungssteuerungen erzeugen Stellbefehle aus der Verknüpfung mehrerer, zeitgleich anliegender Signale.

Beispiel: Das Sicherheitsventil eines Behälters soll öffnen, wenn mindestens zwei von drei Drucksensoren zeitgleich ansprechen.

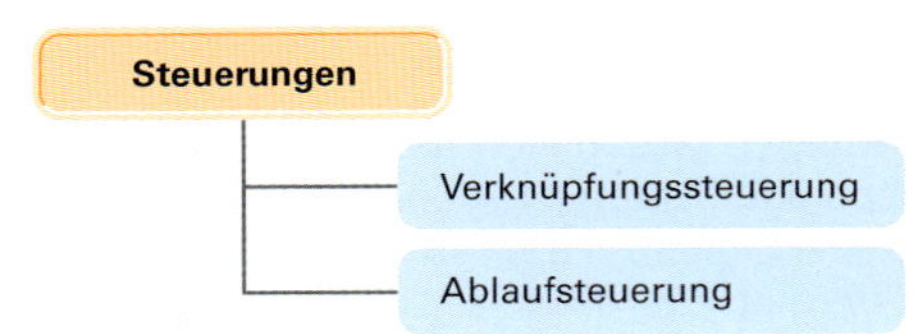

1 Einteilung von Steuerungen nach der Signalverarbeitung

Ablaufsteuerungen automatisieren Arbeits- und Produktionsvorgänge, die in einer fest vorgegebenen Schrittfolge ausgeführt werden. Das Weiterschalten in der Prozesskette zum Folgeschritt erfolgt entweder zeitabhängig (z.B. durch ein Zeitrelais oder einen Taktgeber) oder prozessabhängig (z.B. durch Betätigung von Grenztastern).

Ablaufsteuerungen automatisieren Prozesse, die schrittweise ablaufen. Ablaufsteuerungen arbeiten seriell als Zeitplansteuerung oder Wegplansteuerung.

Eine weitere Einteilungsmöglichkeit für Steuerungen ergibt sich aus der Art der eingesetzten **Energieform** oder des **Mediums (Bild 2)**.

Häufig kommt es vor, dass Steuerungsaufgaben in der betrieblichen Praxis durch den parallelen Einsatz mehrerer Energieformen ausgeführt werden: Erfolgen zum Beispiel die Signaleingabe und die Signalverarbeitung elektrisch und wird die Befehlsumsetzung mit Druckluft erreicht, handelt es sich um eine **elektropneumatische Steuerung**.

Anlagen, in denen große Kräfte erzeugt werden, besitzen häufig **hydraulische Steuerungen**. Hydraulische Steuerungen lassen sich sinnvoll mit elektrischen Steuerungen zu **elektrohydraulischen Steuerungen** kombinieren.

Hydraulische Steuerungen besitzen gegenüber pneumatischen Steuerungen u.a. den Nachteil der Umweltgefährdung durch Hydrauliköl-Leckagen!

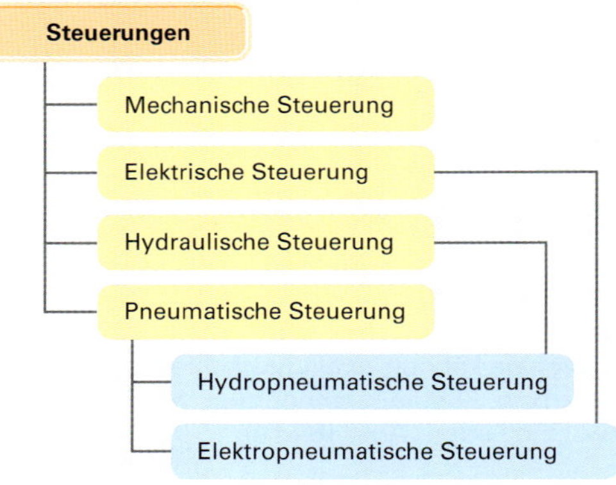

2 Einteilung von Steuerungen nach der verwendeten Energieform

Mechanische Steuerungen werden seit der Frühphase der Industrialisierung verwendet. Sie stellen heute bei der Automation von Produktionsprozessen keine Alternative mehr zu modernen Steuerungen dar. Der Aufwand für mechanische Steuerungen dort ist wirtschaftlich nicht mehr vertretbar.

Mechanische Steuerungen können sinnvoll eingesetzt werden, wenn

- exakte Verstellwege,
- mit hoher Stellgeschwindigkeit,
- verzögerungsfrei,
- über einen großen Einsatzzeitraum benötigt werden.

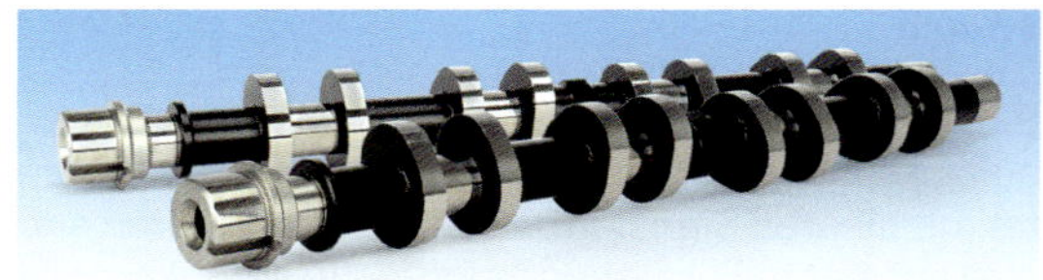

3 Nockenwellen

Als Beispiel sei die Ventilsteuerung im Verbrennungsmotor durch die Nockenwelle angeführt **(Bild 3)**.

Bei der Entscheidung für die Energieform muss neben dem apparativen Aufwand (z.B. Art und Anzahl der Bauteile) die Einbindungsmöglichkeit in bestehende Systeme und die Energieeffizienz berücksichtigt werden. Ebenso sind Sicherheitsaspekte wie Zuverlässigkeit der Steuerung und von ihr ausgehende Zündgefahren bei elektrischen Steuerungen in explosionsgefährdeten Arbeitsbereichen zu prüfen.

Entwurf einer Steuerung

Der Weg vom Automatisierungswunsch bis zur Umsetzung umfasst Planungsschritte, die anhand einer Biegevorrichtung auf den folgenden Seiten erläutert werden. Zum Verständnis des Aufbaus und der Funktionsweise einer Steuerung und deren Bauteile werden zunächst die logischen Grundfunktionen dargestellt. Durch den planmäßigen Einsatz dieser Grundfunktionen lassen sich in Folgeschritten komplexere Steuerungen zusammenstellen.

1 Vollautomatisierte Biegevorrichtung

Logische Grundschaltungen

Mit Ausnahme der nicht binären, der analogen Steuerungen, erfolgen in Steuerungen die Eingabe, Verarbeitung und Ausgabe von Signalen mit dem Zahlensystem auf der Basis der Zahl 2, dem binären Zahlensystem. Dies gilt unabhängig davon, ob die Steuerung als Speicherprogrammierbare Steuerung (SPS), pneumatische oder hydraulische Steuerung ausgeführt wird.

Die binären Ein- und Ausgangssignale einer Steuerung nehmen ausschließlich die Zustände 0 oder 1 an:

1 steht für **Signal gesetzt** — **0** steht für **Signal nicht gesetzt**

Weitere mögliche Formulierungen
für **1**: true / betätigt / geschaltet / liegt an / an / richtig
für **0**: false / nicht betätigt / nicht geschaltet / liegt nicht an / aus / falsch

Die Signalverknüpfung in der Steuerung erfolgt nach den Regeln der Bool'schen Algebra. Diese baut auf den logischen Grundfunktionen GLEICH, UND, ODER sowie NICHT auf.

Weitere Bool'sche Funktionen, z. B. die NOR (NICHT-ODER)-Funktion, die NAND (NICHT-UND)-Funktion lassen sich aus den Grundfunktionen ableiten.

Diese Grundfunktionen lassen sich anschaulich darstellen mit

- Logiksymbolen,
- Funktionstabellen,
- Pneumatikventilen **(Bild 2)**,
- Hydraulikventilen **(Bild 3)**,
- elektrischen Kontakten oder
- Programmen.

2 Pneumatikventil

3 Hydraulikventil

Funktionstabelle

Zur tabellarischen Beschreibung von Schaltfunktionen eignen sich **Funktionstabellen**. In einer Wahrheitstabelle werden systematisch die möglichen Kombinationen der Signalzustände der Eingänge erfasst. Für jede Signalbelegung der Eingänge wird der Zustand des Ausgangs der Steuerung notiert.

Die Anzahl der Zeilen in einer Wahrheitstabelle richtet sich dabei nach der Anzahl der Eingänge (n). Es ergeben sich 2-zeilige Wahrheitstabellen für den Fall, dass die Steuerung lediglich einen einzigen Eingang besitzt, 4-zeilige bzw. 8-zeilige Wahrheitstabellen ergeben sich für Steuerungen mit 2 bzw. 3 Eingängen. Die Anzahl der Zeilen z einer Wahrheitstabelle ergibt sich mit $z = 2^n$.

GLEICH-Funktion (Identität)

Beispiel: Rufsignal. Ein akustisches oder optisches Signal – zum Beispiel zur Anforderung von Hilfestellung an einem Arbeitsplatz innerhalb einer Fließfertigung – soll bei Betätigung eines Tasters gesendet werden.

Elektrische Realisierung: Zur Darstellung der GLEICH-Funktion wird der Taster als „Schließer" ausgeführt. Der Stromfluss zum Ausgang A (elektrischer Verbraucher, z. B. eine Leuchte) erfolgt bei Betätigung.

Pneumatische Realisierung: Bei Betätigung eines ebenfalls als Schließer ausgeführten Pneumatikventils wird Druckluft zum Arbeitselement, z. B. einem Signalhorn, geleitet **(Bild 1,** nächste Seite).

Logiksymbol	Funktionstabellle	pneumatische Realisierung	elektrische Realisierung	Programm Anweisungsliste (AWL)
E — 1 — A **Schaltalgebra** A = E	Eingang Ausgang E | A 0 | 0 1 | 1	E, A	+, E, A, −	UE = A

1 **GLEICH-Funktion (Identität)**

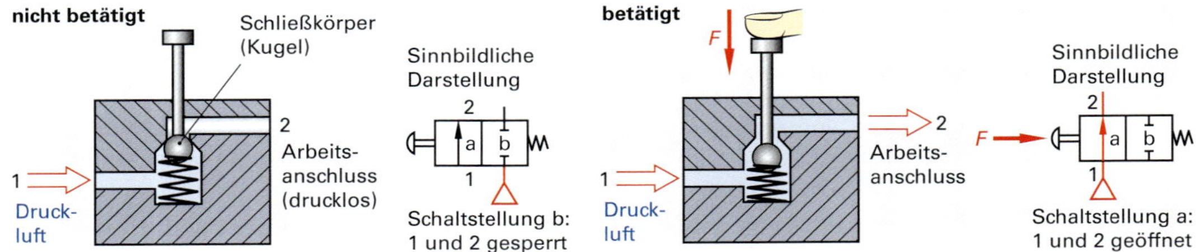

2 **GLEICH-Funktion mit 2/2-Wegeventil**

NICHT-Funktion (Negation)

Beispiel: Stummschaltung: Ein Verbraucher, z. B. ein akustischer Melder, soll bei Betätigung eines Tasters verstummen **(Bild 3)**.

Elektrische Realisierung: Zur Darstellung der NICHT-Funktion wird der Taster zur Signaleingabe als „Öffner" ausgeführt:

Der Stromfluss zum Ausgang A (elektrischer Verbraucher, z. B. ein Summer) wird bei Betätigung des Tasters unterbrochen.

Pneumatische Realisierung: Das Eingangssignal E wird der Steuerung durch ein als Öffner ausgeführtes Pneumatikventil übermittelt. Das Ventil leitet im nicht geschalteten Zustand z. B. Druckluft zum Horn.

Logiksymbol	Funktionstabellle	pneumatische Realisierung	elektrische Realisierung	Programm Anweisungsliste (AWL)
E —○ 1 — A **Schaltalgebra** A = $\overline{E}$	Eingang Ausgang E | A 0 | 1 1 | 0	E, A	+, E, A, −	UN E = A

3 **NICHT-Funktion (Negation)**

UND-Funktion (Konjunktion)

Beispiel: Zweihandsteuerung: Eine Fertigungsmaschine soll ausschließlich unter der Voraussetzung eine Arbeitsbewegung ausführen, dass der Bediener beidhändig die Signale E1 und E2 erteilt.

Elektrische Realisierung: Im Steuerteil werden zur Darstellung der UND-Funktion zwei Taster zur Eingabe von E1 und E2 in Reihe geschaltet. Erst bei zeitgleicher Betätigung der Schließkontakte E1 und E2 entsteht Stromfluss zum Ausgang A, einem Relais. Das Relais K schaltet z. B. im Leistungsteil der Steuerung einen Motor ein.

Pneumatische Realisierung: Die Eingangssignale werden der Steuerung durch Wegeventile übermittelt. Die Signalglieder zur Eingabe von E1 und E2 werden im einfachsten Fall in Reihe geschaltet. Bei zeitgleicher Erteilung von E1 und E2 strömt Druckluft zum Ausgang A (**Bilder 1 und 2** der folgenden Seite).

Logiksymbol	Funktionstabelle	pneumatische Realisierung	elektrische Realisierung	Programm Anweisungsliste (AWL)
E1, E2 — & — A	(siehe Tabelle unten)	E2, E1, A	+, E1, E2, A, –	U E1 U E2 = A
Schaltalgebra				
A = E1∧E2				

E2	E1	A
0	0	0
1	0	0
0	1	0
1	1	1

1 UND-Funktion (Konjunktion)

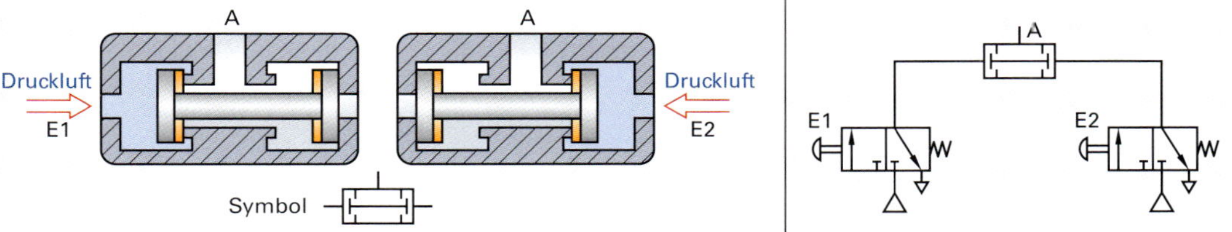

2 UND-Funktion mit Zweidruckventil

Anmerkung: Statt der Reihenschaltung der Signalglieder wird in der Pneumatik die UND-Funktion durch den Einsatz von Zweidruckventilen realisiert **(Bild 2)**.

ODER-Funktion (Disjunktion)

Beispiel: Rufsignal: Das Rufsignal zur Anforderung von Hilfestellung (s. GLEICH-Funktion) soll sich von zwei Bedienstellen aus betätigen lassen. Das Rufsignal soll erteilt werden, wenn mindestens eins von zwei Signalgliedern bedient wird **(Bild 3)**.

Elektrische Realisierung: Zur Darstellung der ODER-Funktion werden E1 und E2 parallel geschaltet. Bereits bei der Betätigung eines Schließkontaktes entsteht Stromfluss durch den elektrischen Verbraucher, den Ausgang A.

Pneumatische Realisierung: Bild 4 stellt die Verschaltung der Signalglieder E1 und E2, hier ausgeführt als 3/2-Wegeventile, dar.

Logiksymbol	Funktionstabelle	pneumatische Realisierung	elektrische Realisierung	Programm Anweisungsliste (AWL)
E1, E2 — ≥1 — A	(siehe Tabelle unten)	E2, E1, A	+, E1, E2, A, –	U E1 O E2 = A
Schaltalgebra				
A = E1∨E2				

E2	E1	A
0	0	0
1	0	1
0	1	1
1	1	1

3 ODER-Funktion (Disjunktion)

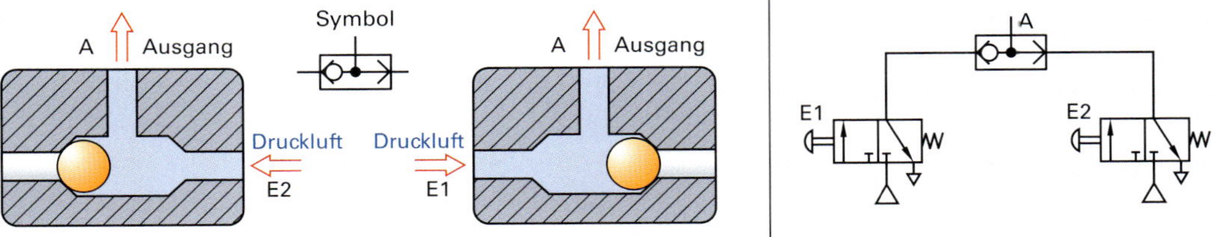

4 ODER-Funktion mit Wechselventil

Anmerkung: In der Pneumatik werden zur Darstellung der ODER-Funktion die Ausgänge der Signalglieder auf ein Wechselventil gelegt.

Darstellung der Steuerung

Für die Planung einer Prozess- oder Anlagensteuerung ist neben der Beschreibung des gerätetechnischen Aufbaus der Steuerung die Beschreibung der Steueraufgabe bzw. der Funktion der Steuerung zweckmäßig. Der Übersichtlichkeit und Verständlichkeit halber werden diese Darstellungen grafisch angelegt.

Als leicht nachvollziehbares Verständigungsmittel zwischen dem oftmals mit der Steuerungstechnik wenig vertrauten Anwender und dem beauftragten Entwickler der Steuerung eignen sich **Funktionspläne**. Sie werden unabhängig von der verwendeten Gerätetechnik erstellt und können die Schaltfunktionen von Verknüpfungs- und Ablaufsteuerungen darstellen.

Verknüpfungssteuerungen

werden grafisch mit den Symbolen der logischen Grundfunktionen dargestellt.

Beispiel: Teilautomatisierte Biegevorrichtung

Ein Zylinder soll ein von Hand vorgelegtes Blech gegen einen Anschlag schieben, um dieses für die anschließende Bearbeitung (Biegen) zu positionieren **(Bild 1)**.

Das Biegewerkzeug wird über einen handbetätigten Hebel abgesenkt.

Der Positionierzylinder fährt aus, wenn der Bediener der Anlage durch Betätigung mindestens eines der Signalglieder E1 oder E2 den Startbefehl erteilt. Voraussetzung für den Start des Arbeitsprozesses ist, dass der Kolben des Positionierzylinders eingefahren ist (Signal E3).

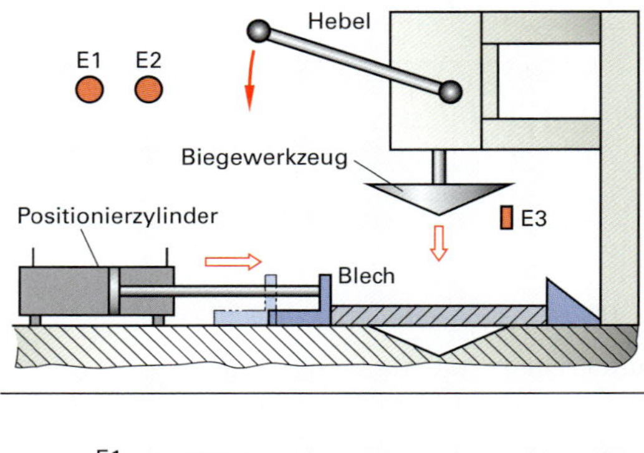

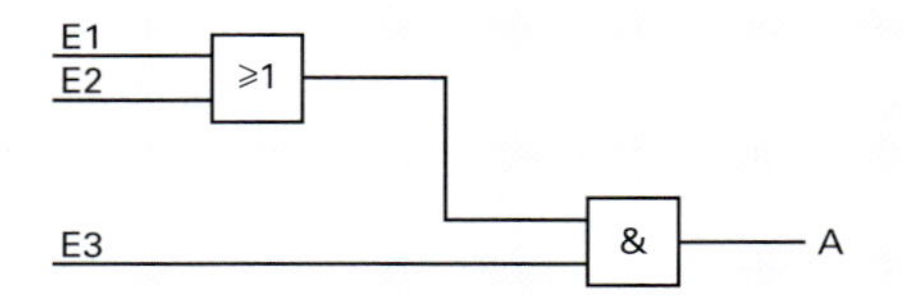

1 Teilautomatisierte Biegevorrichtung

Ablaufsteuerungen

Funktionspläne für Ablaufsteuerungen stellen den Prozessablauf in definierten (in abgegrenzten, genau beschriebenen) Einzelschritten dar, die nacheinander gesetzt und ausgeführt werden. Zu beachten ist, dass der Befehl eines gesetzten Schrittes bestehen (gespeichert) bleibt, bis dieser durch einen Gegenbefehl aufgehoben wird.

Häufig werden noch Funktionspläne für Ablaufsteuerungen genutzt,weil sie anschaulich sind. Die Norm DIN EN 60848 ersetzt seit 2005 den „alten" Funktionsplan mit dem Nachfolger „GRAFCET".

GRAFCET ist ein Kunstwort und wurde aus dem Französischen **GRA**phe **F**onctionnel de **C**ommande **E**tape **T**ransition" abgeleitet und bedeutet in der deutschen Übersetzung: „Darstellung der Steuerungsfunktion mit Schritten und Weiterschaltbedingungen".

Weil zahlreiche Anlagensteuerungen bis zum Jahr 2005 mit Funktionsplänen dokumentiert wurden, soll nachfolgend die Struktur des Funktionsplans dargestellt und am Beispiel einer Biegevorrichtung vertieft werden **(Bild 1)**.

Anschließend werden Unterschiede des Funktionsplans mit GRAFCET dargestellt.

Die wesentlichen Elemente im Funktionsplan für Ablaufsteuerungen sind das Schritt- und das Befehlssymbol **(Bild 2)**.

Schrittsymbol:

Jeder Schritt erhält neben der Schrittnummer einen erklärenden Text in Kurzform.

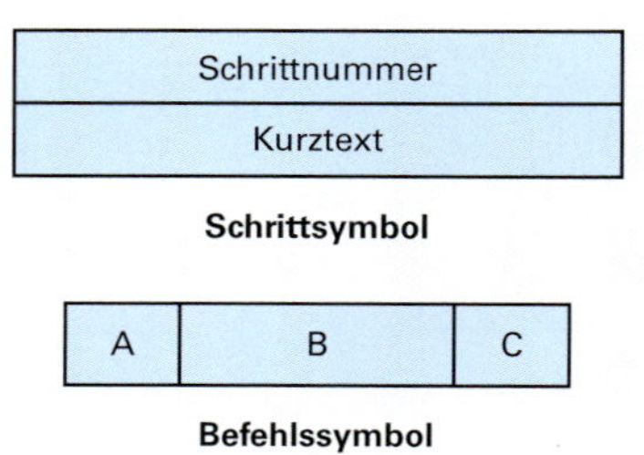

2 Schrittsymbol und Befehlssymbol im Funktionsplan

Befehlssymbol:

Feld A beschreibt die Art des Befehls,
Feld B die Wirkung des Befehls,
Feld C gibt die Abbruchbedingung für den gesetzten Schritt an.

Folgende Befehlsarten sind u.a. für das Feld A des Befehlssymbols definiert:

S = speichernd
NS = nicht speichernd
D = verzögert
T = zeitlich begrenzt

Wirkungslinien verbinden die Schrittsymbole und verdeutlichen die Reihenfolge der Programmschritte bzw. den Signalfluss **(Bild 1)**.

In der Ablaufkette wird der Folgeschritt gesetzt, wenn die **Weiterschaltbedingung** erfüllt ist.

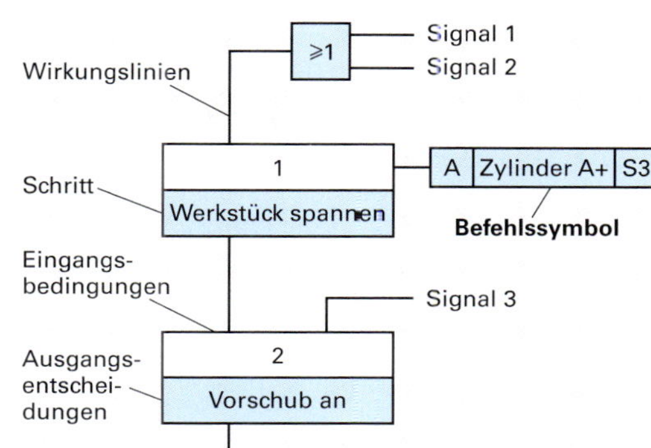

1 Symbole des Funktionsplans (Ablaufsteuerungen)

Beispiel: Vollautomatisierte Biegevorrichtung (Bild 2)

Ein vorgelegtes Werkstück (Blech) soll nach Erteilung des Startbefehls (E1 oder E2) mit einem Kolben gegen einen Anschlag in der Arbeitsstellung positioniert werden. Der Kolben des Biegewerkzeugs verformt danach das Blech. Der Kolben des Positionierzylinders fährt in seine Grundstellung zurück. Danach fährt das Biegewerkzeug in die Ausgangsstellung zurück. Das bearbeitete Werkstück wird manuell entnommen.

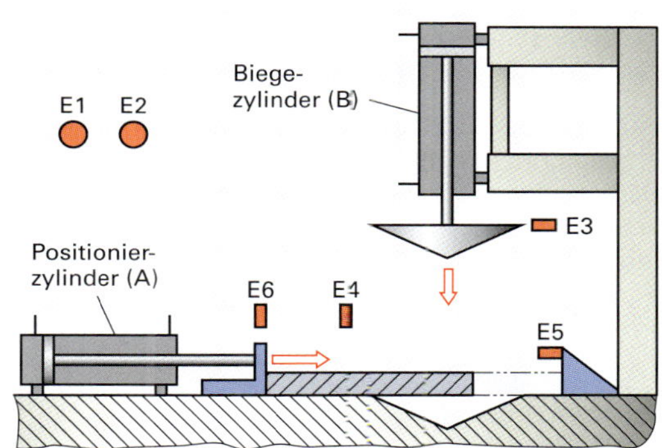

2 Vollautomatisierte Biegevorrichtung

Setzbedingungen für Schritt 1:

- Der Kolben des Biegewerkzeugzylinders ist eingefahren (Signal auf E3) und
- Starttaster E1 betätigt (**Bild 3**).

Sind diese Bedingungen erfüllt, wird Schritt 1 gesetzt und ausgeführt: Der Kolben des Positionierzylinders fährt aus.

Setzbedingungen für Schritt 2:

- Vorbereitungssignal von Schritt 1 liegt an,
- Positionierzylinder ausgefahren (Signal auf E4).

Sind diese Bedingungen erfüllt, wird Schritt 2 gesetzt: Der Kolben des Biegezylinders senkt sich und formt das Werkstück.

Setzbedingungen für Schritt 3:

- Vorbereitungssignal von Schritt 2 liegt an,
- Kolben des Biegezylinders in unterer Endlage (Signal auf E5).

Sind diese Bedingungen erfüllt, wird Schritt 3 gesetzt: Der Kolben des Positionierzylinders fährt ein.

Setzbedingungen für Schritt 4:

- Vorbereitungssignal von Schritt 3 liegt an,
- Kolben des Positionierzylinders ist eingefahren (Signal auf E6).

Sind diese Bedingungen erfüllt, wird Schritt 4 gesetzt: Der Kolben des Biegezylinders fährt ein. Die Grundstellung ist erreicht. Ein neuer Programmdurchlauf kann gestartet werden.

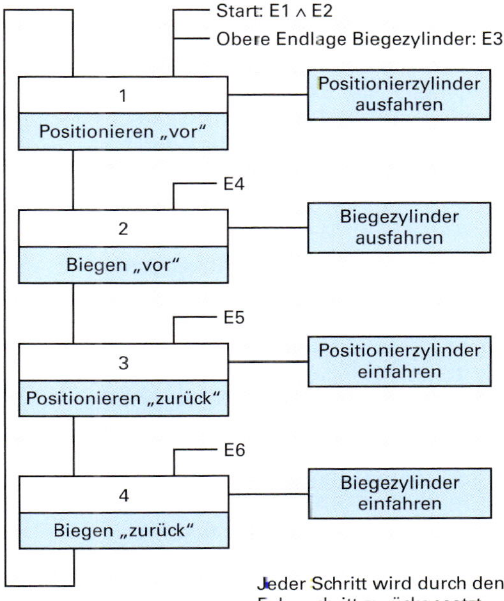

3 Funktionsplan der Biegevorrichtung (vereinfacht)

GRAFCET

Mit der Weiterentwicklung der Automatisierungstechnik erkannte man die Grenzen der Möglichkeiten des Funktionsplans zur Beschreibung von Ablaufsteuerungen:

- GRAFCET eignet sich zur Darstellung von Steuerungen mit Hierarchie-Ebenen. Moderne, flexibel produzierende Anlagen und Maschinen verfügen über mehrere unterschiedliche Betriebsarten, die bezüglich ihrer Hierarchie aufeinander abgestimmt werden müssen. Die oberste Priorität besitzt die NOT-AUS-FUNKTION. Mit Erteilung des NOT-AUS-Befehls verlässt die Steuerung die gültige Ablaufkette und wechselt umgehend in das Ablaufprogramm, das die Anlage bzw. Maschine in einen sicheren Betriebszustand überführt.
- Gegenüber dem Funktionsplan lässt sich eine in GRAFCET beschriebene Steueraufgabe eindeutiger in moderne SPS-Programmiersprachen übersetzen.
- Die Darstellung der Befehle und Schritte in GRAFCET wurde gegenüber dem Funktionsplan optimiert. Sie ist übersichtlicher und eindeutiger.

Eine weitgehende Übereinstimmung von GRAFCET mit dem Funktionsplan ist erkennbar, wenn wir den grundsätzlichen Aufbau betrachten. So hat sich die Darstellung einer Ablaufsteuerung in GRAFCET durch eine Schrittkette mit ihren möglichen Verzweigungen, Zusammenführungen, Sprüngen und Schleifen gegenüber dem Vorgänger, dem Funktionsplan, nicht grundlegend geändert.

Abläufe in GRAFCET werden wie im Funktionsplan für Ablaufsteuerungen in **Schritte** unterteilt. Die Schrittkette beginnt mit dem **Anfangsschritt**. Die Steuerung befindet sich dabei in ihrer Grundstellung. Dies ist der Zustand, den die Steuerung unmittelbar nach dem Einschalten annimmt. Schritte werden durch Quadrate wiedergegeben. In der oberen Hälfte des Quadrats kennzeichnet ein alphanumerisches Zeichen, meistens eine Ziffer, den Schritt. Der Startschritt erhält gewöhnlich die Bezeichnung „1" und wird optisch durch ein mit doppelter Umrisslinie gezeichnetes Quadrat hervorgehoben. Kommentare zu den Schritten dürfen frei formuliert werden, müssen aber in Anführungszeichen rechts neben dem Schrittsymbol angeordnet sein.

Aktionen beschreiben, was mit einer Ausgangsvariablen beim Setzen des zugehörigen Schrittes geschehen soll. Sie beschreiben somit die Wirkung des gesetzten Schrittes. Aktionen werden in GRAFCET in Rechtecken beschrieben, die rechtsstehend auf Höhe des zugehörigen Schrittes angeordnet sind. Die Höhe des Rechtecks sollte der des Schrittsymbols entsprechen, die Breite des Rechtecks ist abhängig vom Platzbedarf der formulierten Aktion. Es dürfen mehrere Aktionen pro Schritt beschrieben werden.

Der Ablaufpfad in der Schrittkette zum Folgeschritt wird durch **Wirkverbindungen** dargestellt. Diese Linien verlaufen senkrecht und legen den Ablauf der Schritte in der Richtung von oben nach unten fest. Programmverzweigungen in die Waagerechte sind erlaubt. Pfeile in den Wirkverbindungen werden gesetzt, wenn die Konvention (Abmachung) über die Leserichtung des GRAFCET-Plans nicht eingehalten werden kann (siehe **Bild 1**).

Der Programmablauf wird zum Folgeschritt weitergeschaltet, wenn die Übergangsbedingung, die **Transition**, erfüllt ist.

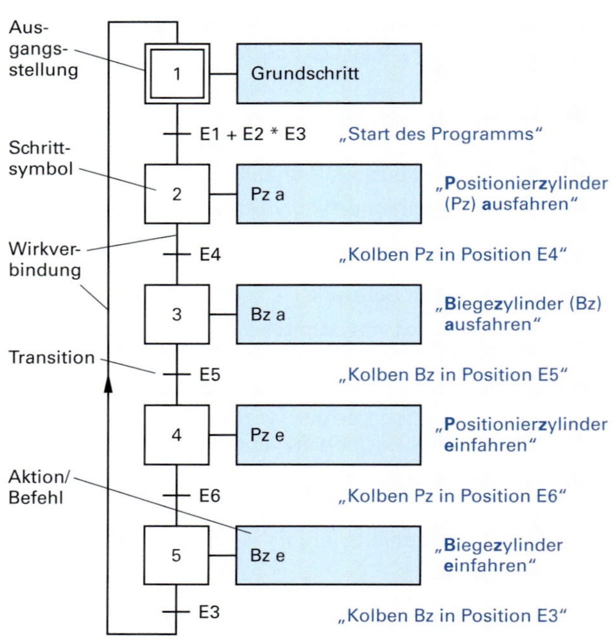

1 Darstellung eines Arbeitszyklus (Biegevorrichtung) mit GRAFCET

Die **Transition** wird in GRAFCET durch einen kurzen waagerechten Strich auf der senkrechten Wirkverbindung dargestellt. Die Weiterschaltbedingung steht rechts vom waagerechten Strich und wird mit der „Bool"schen Algebra formuliert. Ein „Punkt" bzw. „Stern" legt eine UND-Verknüpfung der Variablen fest, das Plus-Zeichen steht für die ODER-Verknüpfung und der „Strich" beschreibt die NICHT-Funktion.

Neben den logischen Operationen können vom Anwender zum Beispiel **Transitionsbedingungen** formuliert werden, die zeitliche Verzögerungen im Steuerprogramm festlegen.

Transitionen dürfen mit einem erklärenden Kurztext ergänzt werden. Dieser muss in Anführungszeichen stehen, um Missdeutungen und Verwechslungen zu vermeiden.

Zustandsdiagramme

Zustandsdiagramme beschreiben grafisch die Lage (hier: „Zustand" genannt) und die Bewegung („Zustandsänderung") ausgewählter Bauelemente einer Steuerung. Zustandsdiagramme eignen sich zur Darstellung des Bewegungsablaufs der Arbeitselemente mechanischer, pneumatischer, hydraulischer und elektrischer/elektronischer Steuerungen.

Das Zustandsdiagramm ist eine 2-dimensionale Darstellung: Auf der vertikalen (senkrechten) Achse wird der Zustand des betrachteten Arbeitselementes in Abhängigkeit von dem auf der horizontalen (waagerechten) Achse gezählten Arbeitsschritt bzw. von der gemessenen Zeit dargestellt. Die Bewegung des Arbeitselementes wird über eine breite Volllinie beschrieben.

Signallinien (schmale Volllinien) zeigen, wo Signale erfasst werden und auf welche Bauteile der Steuerung die Signale wirken.

Zustandsdiagramme, die den Zustand (die Lage) des Arbeitselementes in Abhängigkeit vom Arbeitsschritt darstellen, werden als **Weg-Schritt-Diagramme** bezeichnet.

Weg-Zeit-Diagramme stellen den Zustand (die Lage) des Arbeitselementes in Abhängigkeit von der Zeit dar.

Beispiel: Biegevorrichtung mit automatischer Werkstückpositionierung.

Das Weg-Schritt-Diagramm im **Bild 1** zeigt den Bewegungsablauf der Arbeitselemente „Positionierzylinder" (Zylinder A) und „Biegewerkzeug" (Zylinder B).

Der Zustand „1" besagt, dass der Zylinderkolben ausgefahren ist.

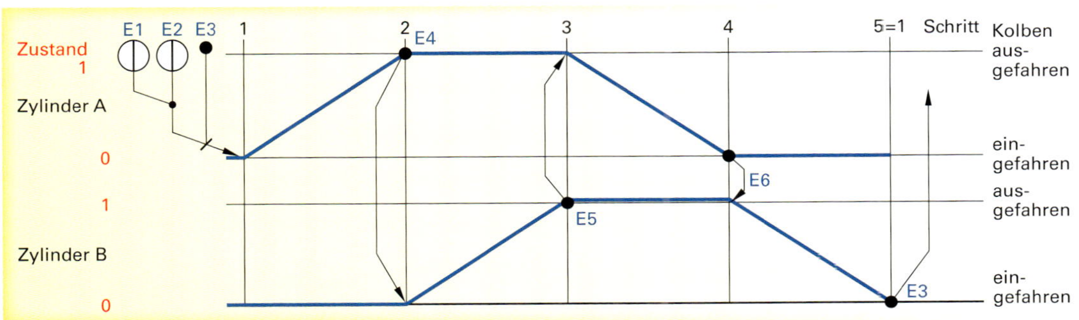

1 Weg-Schritt-Diagramm der vollautomatischen Biegevorrichtung

Die VDI-Norm 3260 gibt für Zustandsdiagramme die zur Betätigung der Steuerung verwendeten Symbole für Signale, Signalverknüpfungen und Bewegungen der Arbeitselemente an **(Bild 2)**.

Signalglieder

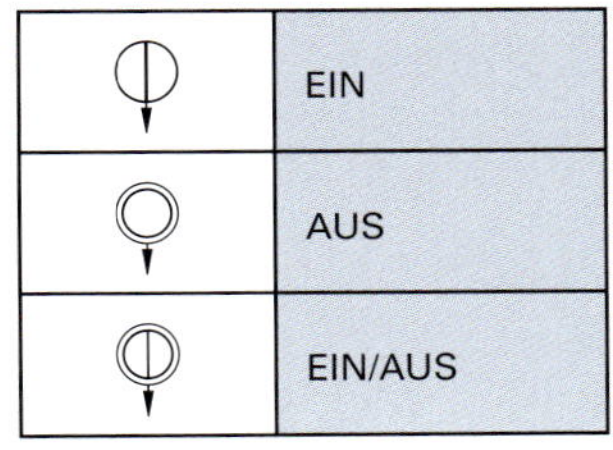

Symbol	Signalglieder
	EIN
	AUS
	EIN/AUS

Signalverknüpfungen

Symbol	Signalverknüpfungen
	ODER-Bedingung
	UND-Bedingung

Arbeitsbewegungen

Symbol	Arbeitsbewegungen
	geradlinige Bewegung
	Drehbewegung EIN

2 Symbole in Funktionsdiagrammen

Technische Ausführung einer Steuerung

Ist die zur Automation einer Anlage erforderliche Steueraufgabe beschrieben, kann die Planung des apparativen Aufbaus der Steuerung erfolgen. Jetzt muss sich der Anwender auf die Gerätetechnik (Pneumatik, Hydraulik, elektrische Steuerung, SPS, ...) festlegen. Geeignete Darstellungsmittel für den hardwaremäßigen Aufbau von Steuerungen sind Schaltpläne oder am Computer erstellte Programme.

Aufbau pneumatischer Steuerungen

Der grundsätzliche gerätetechnische Aufbau einer pneumatischen Steuerung folgt der Systematik der **Steuerkette** nach VDI 3260 **(Bild 1)**. Die Steuerung einer Anlage besteht in den meisten Fällen aus mehreren, parallel zueinander angeordneten Steuerketten. Jede einzelne Steuerkette umfasst das Arbeitselement und die für die Steuerung des Arbeitselementes notwendigen Bauteile.

Bei pneumatischen Steuerungen dient die Druckluft sowohl der **Energieversorgung** als auch als Informationsträger. Die Energieversorgung mit Druckluft ist daher die notwendige betriebliche Voraussetzung. Durch die Betätigung von **Signalgliedern/Eingabeelementen** wird der Arbeitsvorgang (im Beispiel Biegevorrichtung: „Positionieren und Biegen eines Werkstücks“) gestartet.

Steuerelemente verarbeiten die Signale der Eingabeelemente bzw. der Signalglieder. Aus Sicherheitsgründen soll der Start des Arbeitsvorgangs erst dann wirksam werden, wenn Signalglieder die Startvoraussetzung für den Arbeitsprozess (z. B.: Kolben im eingefahrenen Zustand) melden. Die Steuerelemente bilden das „Rechenwerk“ der Steuerung.

Die Ausgänge der Steuerelemente wirken auf das **Stellglied**. Zur Betätigung des Stellgliedes reicht die kurzzeitige impulsartige Belüftung über einen der Steuereingänge. Das Stellglied wechselt in die neue Schaltstellung und behält diese auch nach Wegnahme des Belüftungsimpulses bei. Mithilfe von Stellgliedern lassen sich in Ablaufsteuerungen Schaltzustände speichern.

Der Ausgang des Stellgliedes wird zum **Arbeitselement** geführt und schaltet dieses. Das Arbeitselement (im Beispiel: Positionierzylinder) leistet mechanische Arbeit und setzt die Befehle in dem zu steuernden Prozess um.

Die Steuerkette stellt den prinzipiellen Aufbau einer pneumatischen Steuerung dar. Soll der technische Aufbau einer mit Druckluft betriebenen Steuerung exakt dokumentiert werden, nutzt man den **pneumatischen Schaltplan**.

Dieser Schaltplan stellt sämtliche Bauteile der Steuerung symbolisch dar. Durch Linien, die Rohrleitungen für Druckluft darstellen, werden die Verknüpfungen der Bauteile beschrieben (**Bild 2**).

Der Anwender entnimmt dem pneumatischen Schaltplan neben dem technischen Aufbau auch die Funktionen der Bauteile und der Steuerung.

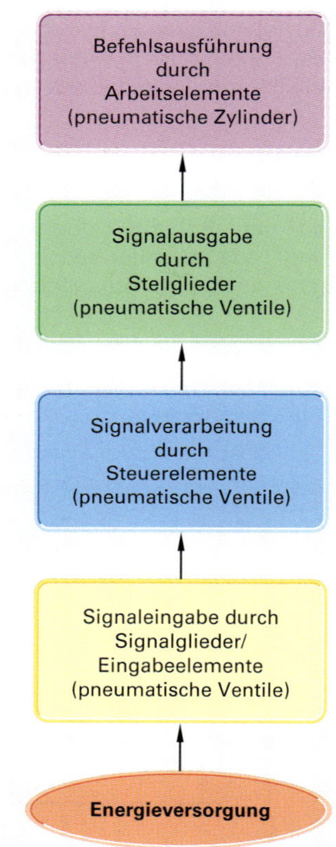

1 Steuerkette einer pneumatischen Steuerung

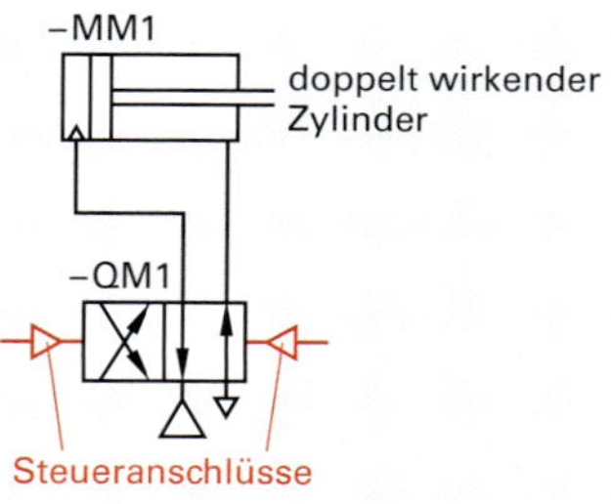

2 Impulsventil als Stellglied

Hinweise zur Schaltplanerstellung:

- Die Bauteile der Steuerung sind nach Möglichkeit in Reihenfolge des Bewegungsablaufes nebeneinander von unten nach oben in Richtung des Energieflusses zu zeichnen.
- Leitungen zwischen den Bauteilen sollen geradlinig in vertikaler oder horizontaler Richtung gezeichnet werden.
- Die Leitungen kreuzungsfrei zu ziehen verbessert die Übersichtlichkeit.
- Der pneumatische Schaltplan wird in der Ausgangsstellung dargestellt. Darunter wird die Schaltstellung verstanden, aus der heraus das vorgesehene Schaltprogramm startet.

Kennbuchstaben und Komponenten (DIN EN 81346) in pneumatischen Anlagen (Auswahl)

Kennbuchstaben	Komponente	Kennbuchstaben	Komponente
AZ	Wartungseinheit	MM	Pneumatikzylinder, Pneumatikmotor
BG	Näherungsschalter, Endschalter	PG	Anzeigeinstrument, z.B. Manometer
BP	Druckschalter	QM	Wegeventil, Schnellentlüftungsventil
GQ	Druckluftquelle, Kompressor	QN	Druckreduzierventil
GS	Drucklufttöler (Injektorprinzip)	RP	Schalldämpfer
HQ	Filter (hier mit manuellem Ablass)	RZ	Drossel-Rückschlagventil
KH	Signalverknüpfung, UND, ODER, Zeitglied	SJ	handbetätigtes Ventil (pneum. Signal)

Beispiel einer Benennung im Schaltplan: – S J 2

Aspekt (Sichtweise)	Hauptklasse	Unterklasse	Zählnummer
Das Vorzeichen definiert die Kennbuchstaben als: – Produkt, Komponente + Einbauort = Funktion	**1. Kennbuchstabe:** S → „Handbetätigung in anderes Signal wandeln"	**2. Kennbuchstabe:** J → „anderes Signal ist fluidtechnisch oder pneumatisch"	**Fortlaufende Nummer** für gleichartige Bauteile, z. B. –SJ1, –SJ2
	Im Beispiel steht die Bezeichnung –SJ für ein handbetätigtes Pneumatik- oder Hydraulikventil **(Bild 1)**.		–SJ2

Beispiel: Biegevorrichtung

Bild 1 stellt den pneumatischen Schaltplan der vollautomatisierten Biegevorrichtung für die Arbeitselemente „Positionierzylinder A" (Bezeichnung im Plan: –MM1) und „Biegewerkzeugzylinder B" (Bezeichnung im Plan: –MM2) dar (Seite 493). Der Schaltplan zeigt zwei Steuerketten.

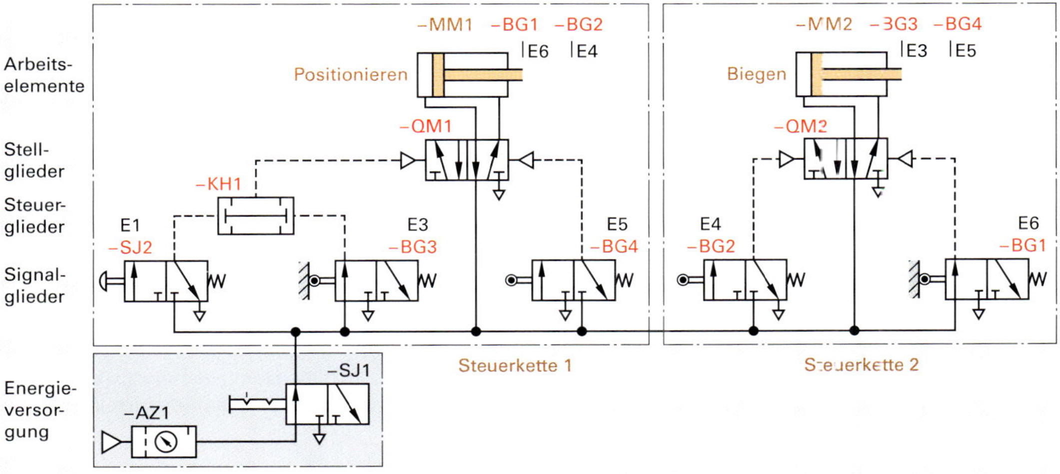

1 Pneumatischer Schaltplan der Biegevorrichtung

Taktstufensteuerungen

Sie stellen eine Alternative und Ergänzung zur pneumatischen Wegplansteuerung dar. Mit Taktstufensteuerungen **(Bild 1)** lassen sich die in Funktionsplänen dargestellten Schritte von Ablaufsteuerungen direkt umsetzen. Der folgerichtige Ablauf der Schritte (Takte) wird durch ein Vorbereitungssignal des vorausgehenden Taktes und durch ein Löschsignal des nachfolgenden Taktes gewährleistet **(Bild 1, nächste Seite)**.

Dass die Steuerung als Ablaufkette vorliegt und die Steuerung die Befehle schrittweise ausführt, erleichtert die Fehlersuche.

Taktstufensteuerungen besitzen den Nachteil einer hohen Anzahl an Bauteilen. Der Markt bietet aber auch standardisierte Taktstufenbausteine an, die in sich die Bauteile für mehrere Taktstufen kompakt integrieren.

In Taktstufensteuerungen wird der gewünschte Ablauf der Takte durch ein Vorbereitungssignal des vorhergehenden Taktes und durch ein Löschsignal des Folgetaktes abgesichert.

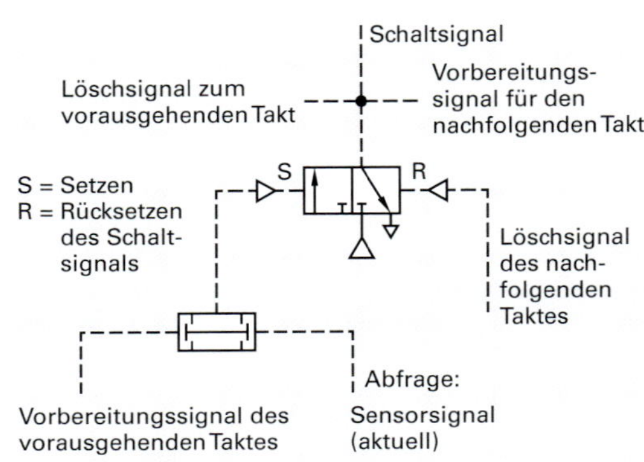

1 **Taktstufenbaustein**

X +	Zylinderkolben X fährt aus
X –	Zylinderkolben X fährt ein

2 **Kurzbeschreibung von Zustandsänderungen für Arbeitselemente**

Beispiel: Biegevorrichtung optimieren

Im betrieblichen Einsatz erwies sich der Bewegungsablauf der Arbeitselemente als ungünstig. Vereinzelt ergaben sich Ausfallzeiten der Biegevorrichtung durch Verrutschen des Blechs, wenn der Positionierzylinder nicht genau sichert. Es wurde der Verbesserungsvorschlag formuliert, die Arbeitselemente die Bewegungsfolge A+B+B–A– (–MM1+; –MM2+; –MM2–; –MM1–) ausführen zu lassen (Kurzzeichen im **Bild 2**).

Diese Maßnahme soll sicherstellen, dass der Positionierzylinder das Blech während der Biegebearbeitung gegen Verrutschen des Blechs sichert.

Taktstufensteuerungen eignen sich für Steueraufgaben mit **Signalüberschneidung**.

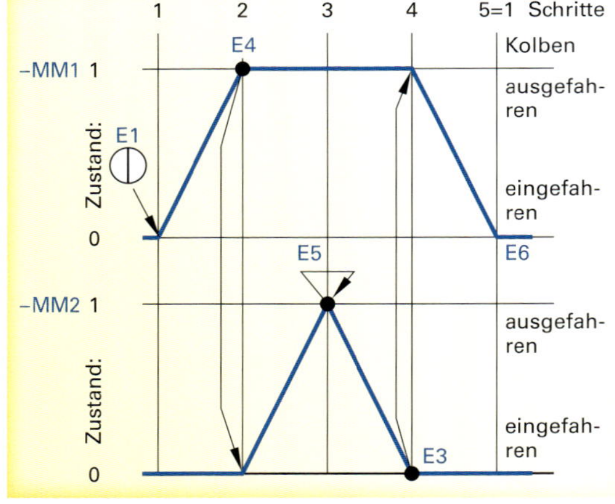

3 **Weg-Schritt-Diagramm mit Signalüberschneidung**

Die Signalüberschneidung im Beispiel zeigt **Bild 3**: Nach Ablauf des Schrittes 2 wird das Signalglied E4 von Zylinder -MM1 betätigt und bleibt in diesem Zustand bis zum Ende des 4. Schrittes.

Zylinder -MM2 gibt am Ende des 3. Schrittes ein Signal über das Signalglied E5.

Die Folge ist, dass die Signalglieder E4 und E5 zu Beginn des 3. Schrittes gleichzeitig anstehen: Ihre Signale stehen sich am Stellglied gegenüber, das steuerungstechnisch folgerichtige Schalten des Stellgliedes ist nicht gewährleistet!

Die Aufgabe für den Entwickler der Steuerung besteht darin, technische Maßnahmen zur kurzfristigen Abschaltung der anliegenden Signale von E4 und E6 zu treffen.

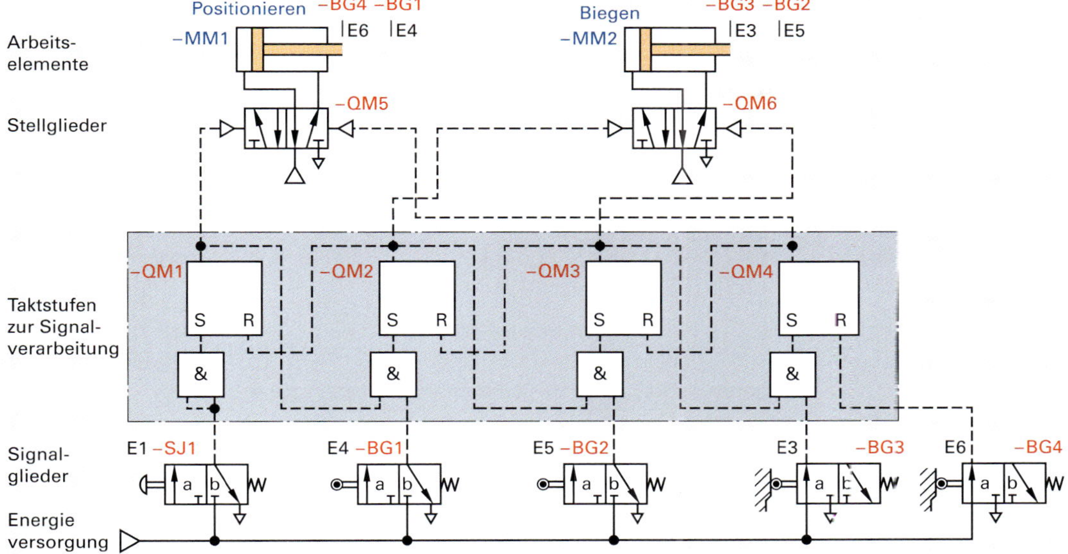

1 Taktstufensteuerung verhindert Signalüberschneidung

Tastrollen, z.B. mit **Leerrücklauf (Bild 2)**, erlauben die Beibehaltung der gewohnten Schaltplan-Struktur. Der Einsatz dieser Bauteile ist jedoch sicherheitstechnisch bedenklich, da Störungen durch Klemmen der Schaltklinken, speziell in staubiger Umgebung, auftreten können.

Nachteile von Wegeventilen mit Leerrücklaufrolle bzw. Rollenhebel:

- Klemmgefahr der Klinke bei Verschmutzung,
- Einbau des Ventils in der Endlage des Kolbens nicht möglich,
- Großer Betätigungsweg erforderlich,
- Bei hoher Kolbengeschwindigkeit ist der Druckluftstrom sehr kurzzeitig geschaltet.

Die Signalabschaltung mit zeitverzögernd schaltenden Ventilen – **Verzögerungsventilen** – (**Bild 1**, nächste Seite) erlaubt einen sicheren Ablauf des Arbeitsablaufs selbst bei schnellen Bewegungen der Bauteile.

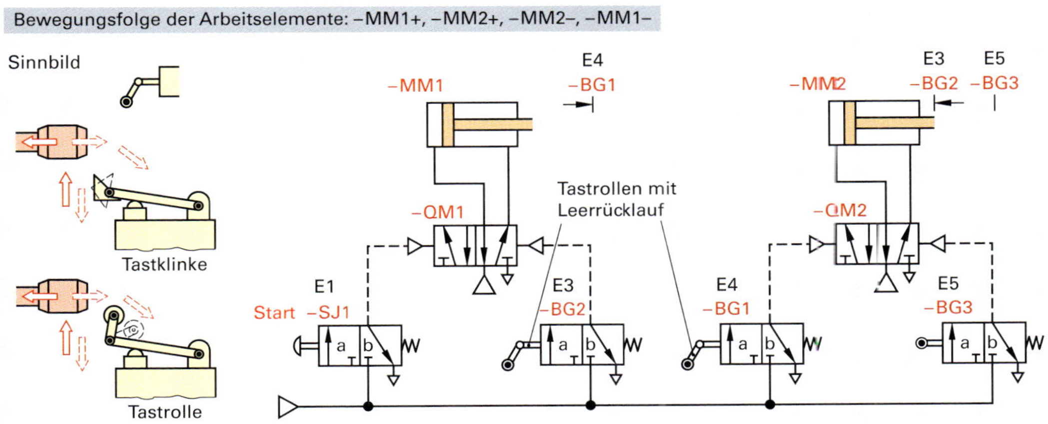

2 Biegevorrichtung (Signalüberschneidung, Signalabschaltung durch Leerrücklaufrollen)

Ein erneuter Arbeitsablauf der Zylinder –MM1 und –MM2 lässt sich dann ausschließlich starten, wenn die Steuerleitung 14 des Impulsventils –QM1 entlüftet ist. Diese Schaltvoraussetzung zum Neustart wird technisch durch den Einsatz des Verzögerungsventils –QM2 geschaffen: Mit Erreichen des Systemdrucks im Druckluftspeicher wechselt –QM2 verzögert in die Schaltstellung ‚a' und sperrt den Druckluftstrom nach –QM1.

Das Zeitverzögerungsventil –BG1 ermöglicht die impulsartige Belüftung zum Schalter des Stellgliedes –QM4. Das schnelle Schalten des Verzögerungsventils –QM3 wird durch das weit geöffnete Drosselventil erzielt.

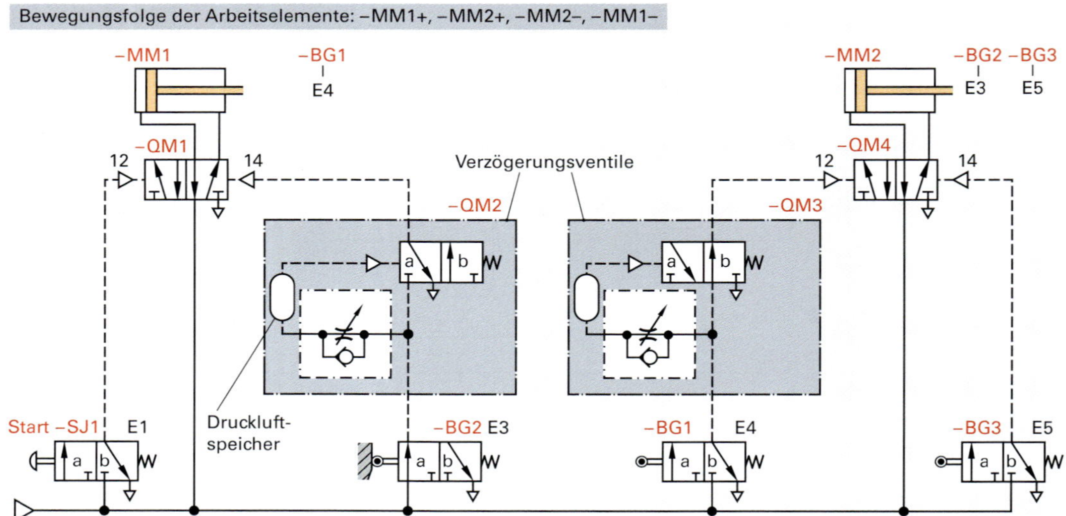

1 Biegevorrichtung (Signalabschaltung durch Verzögerungsventile)

Auch **Umschaltventile** ermöglichen eine sichere Abfolge der Schaltschritte **(Bild 2)**.

Dieses Steuerungskonzept bezeichnet man als **Kaskadensteuerung**. Die Signalabschaltung wird dabei durch die wechselnde Umschaltung des Druckluftstromes zwischen den Strängen I und II erreicht. Die Aufgabe des Umschaltventils erfüllt das Impulsventil –QM1, das dauerhaft mit Druckluft aus dem Netz versorgt wird.

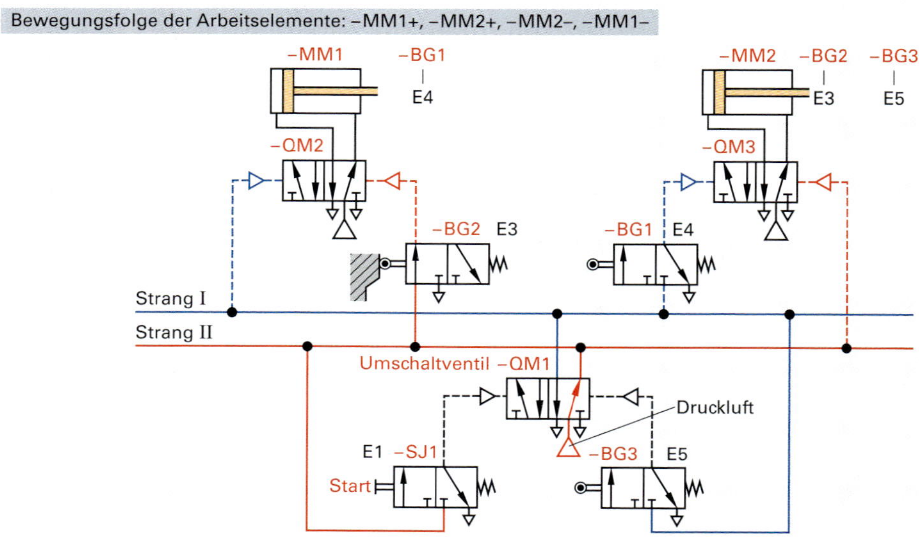

2 Biegevorrichtung (Signalabschaltung durch Umschaltventile)

Bauteile pneumatischer Steuerungen

Zur Übermittlung von Signalen und zur Erzeugung von mechanischer Arbeit verbrauchen pneumatische Steuerungen Druckluft. Diese wird im Produktionsbetrieb von einer Druckluftanlage erzeugt und verteilt. Eine Druckluftanlage besteht aus den Einheiten Drucklufterzeugung, Druckluftaufbereitung und Druckluftverteilung **(Bild 1)**.

Die Bildzeichen zur sinnbildlichen Darstellung der Anlagenbauteile und deren Benennung gibt die DIN EN 81346-1, -2 vor.

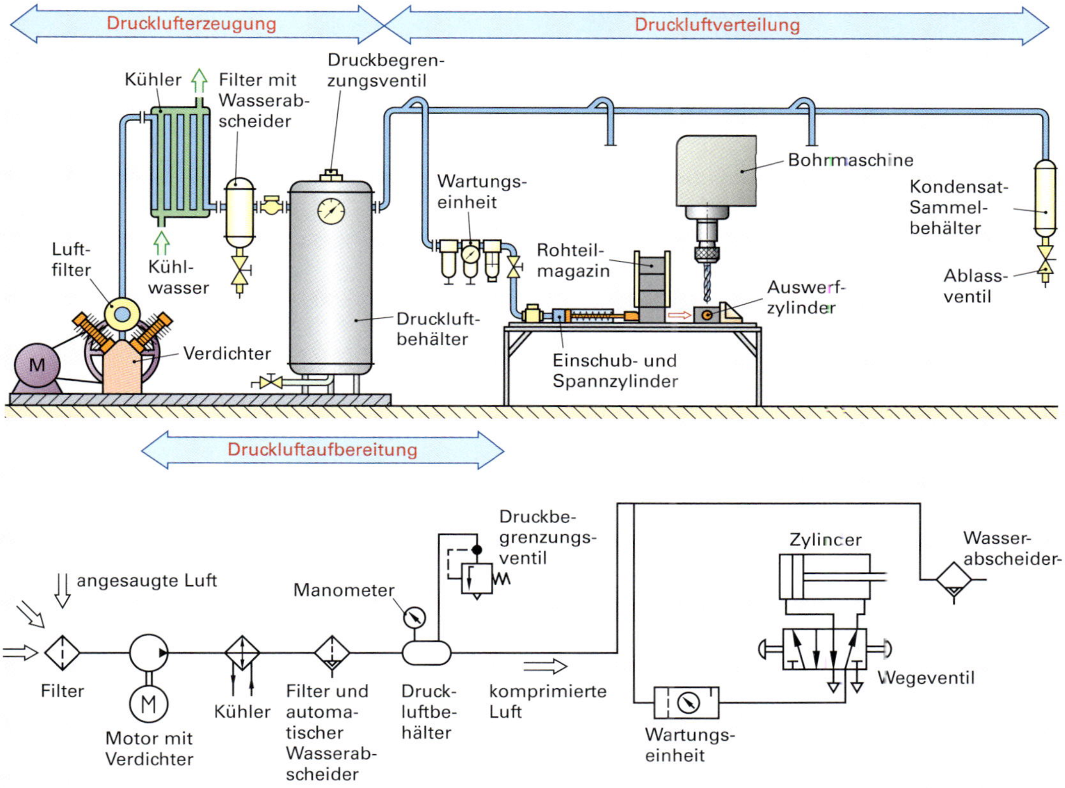

1 Druckluftanlage und Fertigungsbeispiel – Aufbau und symbolische Darstellung

Drucklufterzeugung

Zur Erzeugung der Druckluft werden Verdichter benötigt. Diese werden als Kolben-, Membran- oder Schraubenverdichter ausgeführt **(Bild 2)**.

Der **Kolbenverdichter** saugt im ersten Arbeitstakt – Herabfahren des Kolbens – über das Saugventil gefilterte Luft an, um sie im zweiten Arbeitstakt – bei geschlossenem Saug- und geöffnetem Druckventil – zu verdichten.

Die Funktionsweise des **Membranverdichters** entspricht der des Kolbenverdichters. Da die bewegten Massen geringer als beim Kolbenverdichter sind, läuft der Membranverdichter schneller und gleichmäßiger. Die im Membranverdichter verdichtete Luft ist ölfrei.

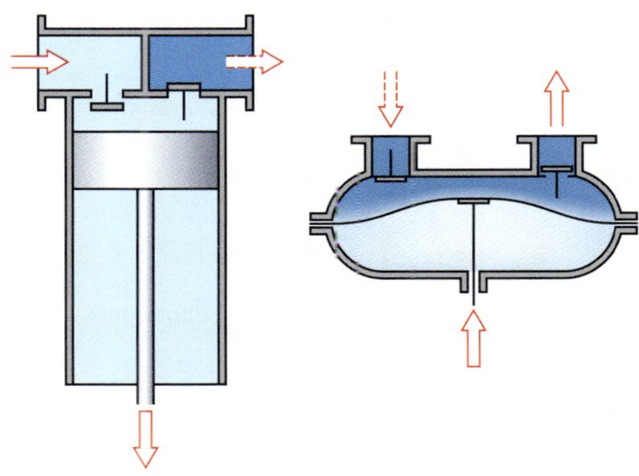

2 Kolben- und Membranverdichter – Schema

Im **Schraubenverdichter (Bild 1)** drehen sich ineinander greifende gegenläufige Schraubenwellen. Die Luftkammern um die Schraubenwellen verkleinern sich stetig bis zur Austrittsöffnung des Verdichters, so dass das Volumen der Luft sinkt und der Druck der Luft steigt.

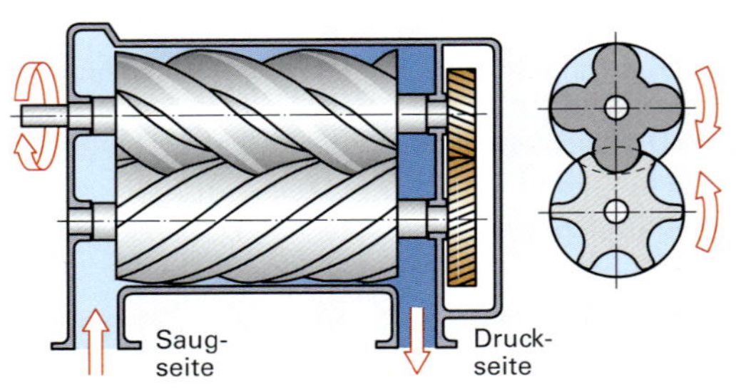

1 Schraubenverdichter

Druckluftaufbereitung und Druckluftverteilung

Verdichter saugen staubhaltige Umgebungsluft mit Umgebungstemperatur und einer gewissen, vom Wetter abhängigen Feuchte an. Sie wird gefiltert. Durch das Verdichten (Komprimieren) der Luft entsteht Wärme, die die Temperatur der Luft stark ansteigen lässt. Zur Vermeidung von Wasser-Kondensation an den Verbraucherstellen wird die verdichtete Luft im **Nachkühler** gekühlt, häufig bis auf eine Temperatur von 4 °C herab. Dadurch entsteht Kondenswasser (Kondensat), das sich im Wasserabscheider sammelt. Da im Kondensat organische Verunreinigungen, zum Beispiel Ölspuren, zu erwarten sind, muss das Kondensat fachgerecht entsorgt werden.

Zur Speicherung der Druckluft und zur Vergleichmäßigung des Netzdrucks (Ausgleich von Druckschwankungen beim Einsatz eines Kolbenverdichters) dient der **Druckluftbehälter**. Von dort aus erfolgt die Verteilung der Druckluft über das **Druckluftnetz (Bilder 2, 3)** zu den Verbrauchsstellen.

Um Kondensationswasser gezielt abzuleiten, werden die Druckluftleitungen mit einem Gefälle in Richtung zur Kondensatableitung verlegt.

Den pneumatischen Steuerungen vorgeschaltet sind zusätzlich **Wartungseinheiten (Bild 4)**. Diese scheiden Staub bzw. Kondensat ab und erlauben eine Feineinstellung des Arbeitsdruckes der Druckluft. Sie beaufschlagen die Druckluft gegebenenfalls mit Ölnebel (Schmierfähigkeit der Druckluft).

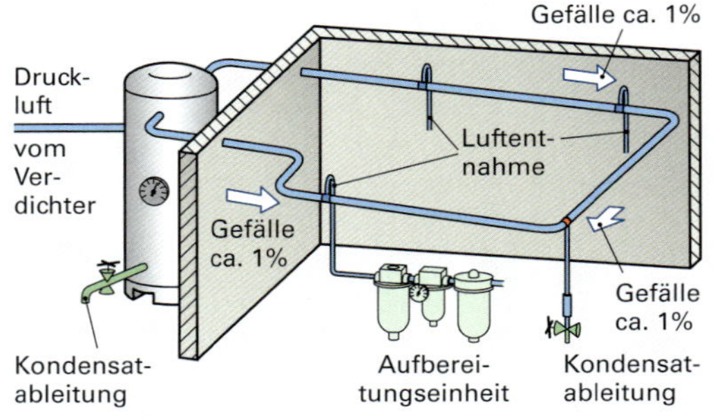

2 Druckluftnetz

3 Drucklufterzeugungsanlage

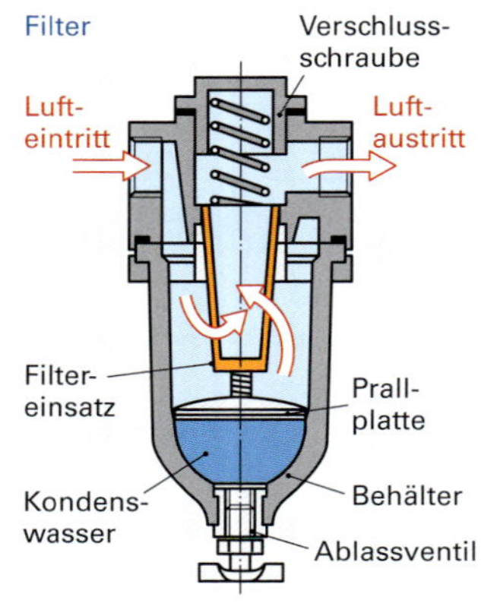

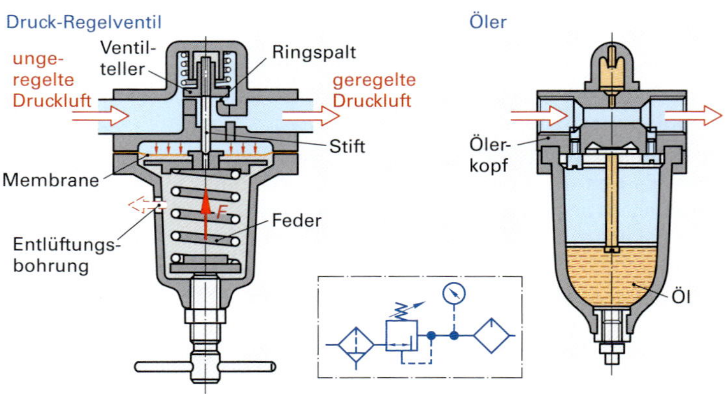

4 Wartungseinheit

Arbeitselemente

Arbeitselemente leisten mechanische Arbeit. Die dazu erforderliche Energie wird ihnen über die Druckluft zugeführt. Als Arbeitselemente finden häufig **Druckluftzylinder** ihren Einsatz **(Bild 1)**. Über die Kolbenstange überträgt der Druckluftzylinder die ihm zugeführte Energie in geradliniger Bewegung auf den zu steuernden Prozess. Dabei wird mechanische Arbeit verrichtet.

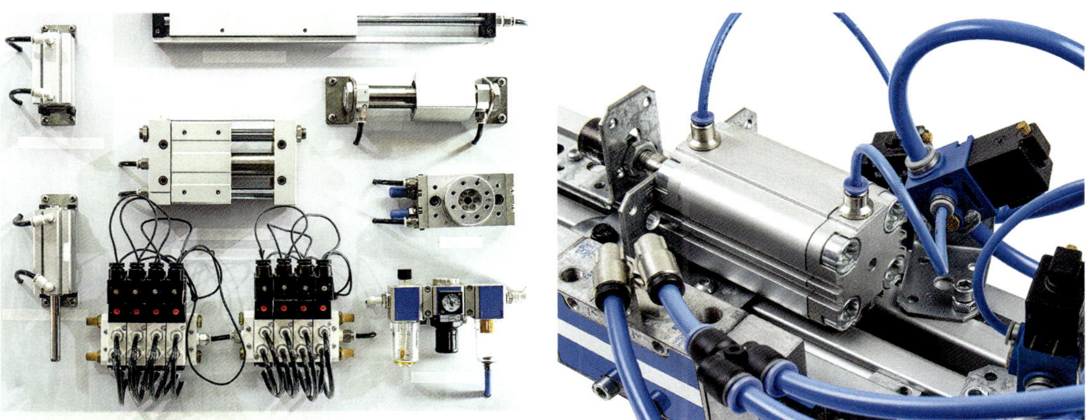

1 Komponenten einer Pneumatikanlage und eines Pneumatikzylinders

Der Druckluftzylinder der automatischen Werkstückzufuhr-/Spannvorrichtung der Biegevorrichtungen führt das zu bearbeitende Werkstück aus dem Magazin in die Bearbeitungsposition. Dann übt der Kolben in der ausgefahrenen Endlage Haltekräfte auf das Werkstück aus. Der Zylinder leistet nur Arbeit in eine Richtung.

Nach Verrichtung der Transport- und Haltearbeit soll die Kolbenstange in die Ausgangslage zurückkehren. Für die Rückführung sind Kräfte nötig. Wäre der Zylinder senkrecht eingebaut, ließe sich zur Rückstellung die Gewichtskraft des Kolbens nutzen. Unabhängig von der Einbaulage des Zylinders funktioniert die federbetätigte Rückstellung des Kolbens **(Bild 2)**.

Einfachwirkende Zylinder verrichten Arbeit in nur eine Richtung. Zur Rückführung des Zylinderkolbens in die Ausgangslage ist eine äußere Kraft notwendig.

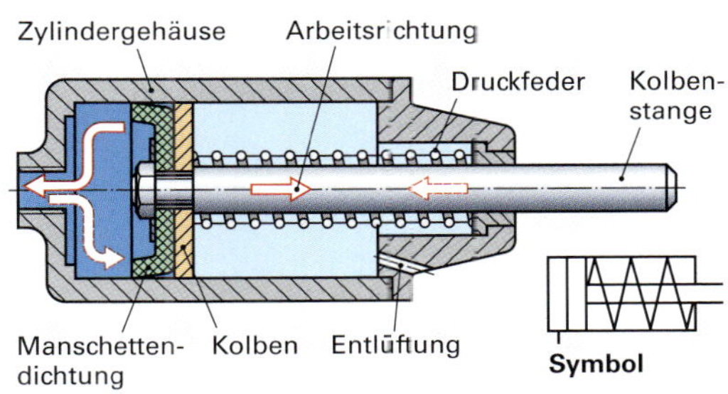

2 Einfachwirkender Zylinder

Die wirksame **Kolbenkraft** F des Arbeitselements Druckluftzylinder lässt sich aus den geometrischen Daten des Zylinders, dem Arbeitsdruck der Druckluft und dem Wirkungsgrad η des Zylinders ermitteln:

Kolbendurchmesser $d = 100$ mm

Arbeitsdruck $p_e = 6 \text{ bar} = 60 \frac{\text{N}}{\text{cm}^2}$

Wirkungsgrad $\eta = 85\ \%$

$$\boldsymbol{F} = p_e \cdot A \cdot \eta = p_e \cdot \frac{\pi \cdot d^2}{4} \cdot \eta$$

$$\boldsymbol{F} = 60 \frac{\text{N}}{\text{cm}^2} \cdot \frac{\pi \cdot (10 \text{ cm})^2}{4} \cdot 0{,}85 = \mathbf{4006\ N \mathrel{\hat{=}} 4\ kN}$$

Bei der Ermittlung der Spannkraft kann der Wirkungsgrad η vernachlässigt werden, da sich der Kolben nicht bewegt.

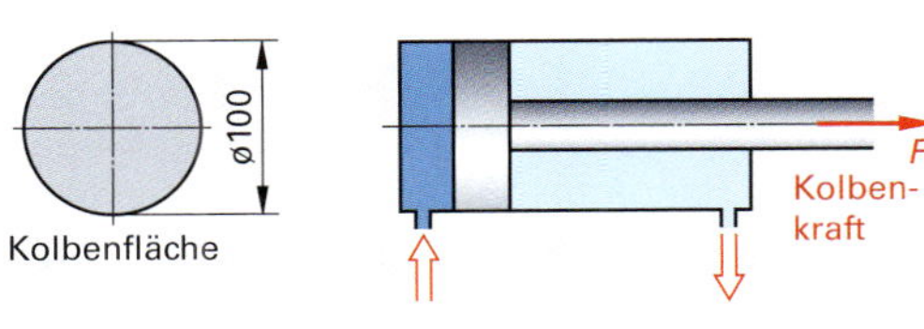

$p_e = 6 \text{ bar} = 60 \frac{\text{N}}{\text{cm}^2}$

Wirkungsgrad: $\eta = 0{,}85$

3 Bestimmung der Kolbenkraft

Nach der Werkstückbereitstellung in der Biegevorrichtung soll nun der Biegvorgang mit der Auf- und Abbewegung der Zylinderkolbenstange automatisiert werden. Dazu eignet sich ein **Doppeltwirkender Zylinder (Bild 1)**, da Bewegungen in zwei Richtungen (Vorschub und Rückstellung) zu steuern sind. Im doppeltwirkenden Zylinder werden die Zylinderräume links und rechts des Kolbens wechselweise mit Druckluft beaufschlagt bzw. entlüftet. Der Kolben bewegt sich in die gewünschte Richtung, wenn der nicht druckluftbeaufschlagte Raum entlüftet wird.

Beim doppeltwirkenden Zylinder lassen sich Einfahr- und Ausfahrbewegung als Arbeitsbewegung nutzen.

Durch Umkehrung der Druckluftbeaufschlagung fährt der Zylinderkolben in die Ausgangslage zurück.

Die **Endlagendämpfung** beginnt, sobald der Dämpfungszapfen an der Kolbenstange in die Bohrung am Zylinderboden (oder Deckel) eintaucht und verhindert das schnelle Ausströmen der restlichen Luftmenge aus dem Raum zwischen Kolben und Boden **(Bild 1)**. Diese Luftmenge wird durch den Kolben verdichtet und bremst ihn kurz vor dem Hubende ab. Dann wird das Luftpolster über eine Drosselbohrung und ein Drosselrückschlagventil langsam entlüftet. Zum Anfahren in Gegenrichtung hat die Druckluft freien Durchgang durch das Drosselrückschlagventil.

Zylinder ohne Dämpfung sollten ausschließlich bei geringen Kolbengeschwindigkeiten und geringen Massen verwendet werden. Andernfalls besteht die Gefahr von Schlägen in den Zylinderendlagen.

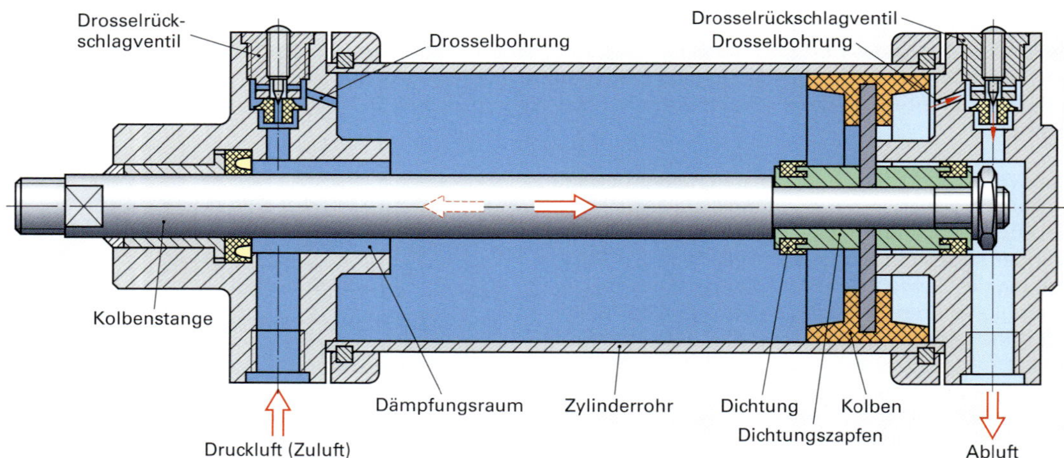

1 Doppeltwirkender Zylinder mit Endlagendämpfung

In der Fertigung finden außer den Druckluftzylindern **Druckluftmotoren** als Arbeitselemente Verwendung.

Druckluftmotoren erzeugen eine drehende Arbeitsbewegung und treiben z.B. Druckluftwerkzeuge (Schrauber, Handschleifgeräte) und Hebezeuge an. Sie werden als Kolbenmotoren und Zahnradmotoren gebaut, am häufigsten jedoch als Druckluft-Lamellenmotor mit radial in Schlitzen verschiebbaren Lamellen **(Bild 2)**.

Gegenüber Elektromotoren besitzen sie u.a. den Vorteil des niedrigen Leistungsgewichts.

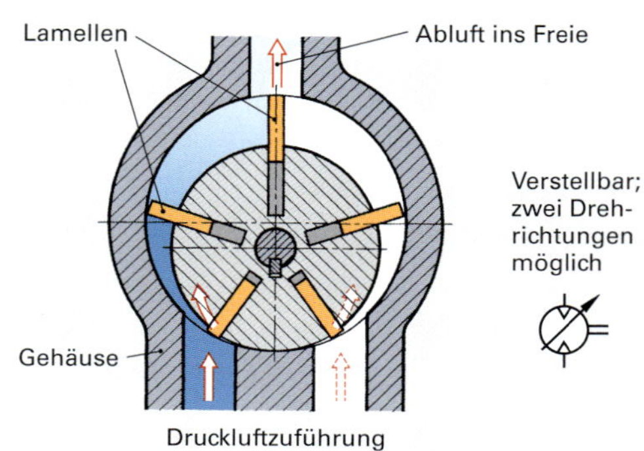

2 Druckluft-Lamellenmotor

Signalverarbeitung

In pneumatischen Steuerungen dient Druckluft auch als Medium (Mittel) zur Signaleingabe, Signalverarbeitung und Signalausgabe. Dazu müssen Richtung, Start und Stop, Druck sowie Durchflussmenge der Druckluft beeinflusst werden. Diese Aufgabe erfüllen in den pneumatischen Steuerungen die Ventile.

Wegeventile:

Bild 1 zeigt eine einfache Schaltung zur Betätigung eines pneumatischen Arbeitselements. Bei einer Bohrvorrichtung zum Beispiel wie auf Seite 515 könnte es sich hier um einen pneumatisch betätigten Ausstoßzylinder handeln, der das fertig bearbeitete Werkstück auf Tastendruck aus der Bohrvorrichtung entfernt.

Das Wegeventil wechselt bei Betätigung von Schaltstellung **a** über in die Schaltstellung **b**. Druckluft vom Druckluftanschluss **1** strömt durch das Ventil und gelangt über die Arbeitsleitung **4** in das Arbeitselement, den doppeltwirkenden Zylinder. Der Kolben fährt aus.

Zur Rückstellung des Zylinderkolbens muss das Wegeventil zurück in die Schaltstellung **a** geführt werden. Dann strömt die Druckluft aus dem Anschluss **1** über die Arbeitsleitung **2** in die rechte Kammer des Zylinders, der Kolben fährt ein.

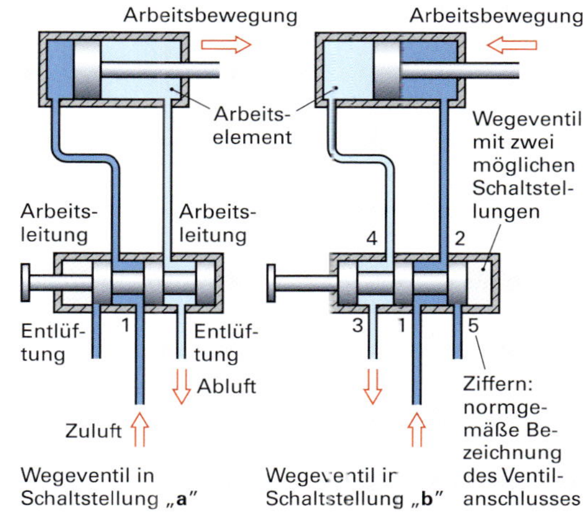

1 Wegeventil

Wegeventile steuern Start und Stop des Druckluftstroms sowie seine Richtung.

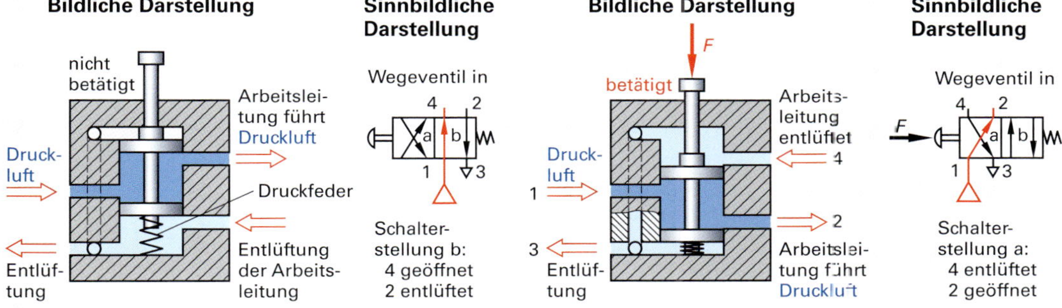

2 4/2-Wegeventil

In der **sinnbildlichen Darstellung** in den Schaltplänen geht die Anzahl der möglichen Schaltstellungen eines Wegeventils aus der Anzahl der Felder (Rechtecke) hervor. Anschlüsse der Ventile werden als Linien an die Felder gezeichnet, Linien innerhalb eines Feldes symbolisieren Leitungswege der Druckluft. Pfeile geben die Durchflussrichtung an, Querstriche innerhalb der Felder stehen für Absperrungen der Druckluft. In der **Kurzbezeichnung** werden Wegeventile nach der Anzahl der gesteuerten Anschlüsse und nach Anzahl ihrer möglichen Schaltstellungen bezeichnet **(Bild 3)**.

Kennzeichnung der Anschlüsse

Anschluss	alte Norm	DIN-ISO 5599
Druckversorgung	P	1
Arbeitsleitung	A	4
Arbeitsleitung	B	2
Entlüftung	R	3
Entlüftung	S	5
Steueranschluss	Z	14
Steueranschluss	Y	12

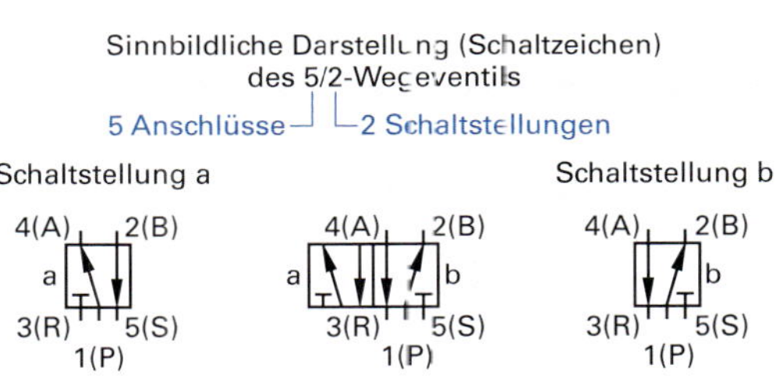

3 Darstellung von Wegeventilen (Beispiel)

Die Sinnbilder für die **Betätigung** von Ventilen stehen außerhalb der Felder **(Bild 1)**.

1 **Betätigungsarten von Ventilen – Symbole nach DIN ISO 1219**

Stromventile

Damit lässt sich der Volumenstrom (Durchflussmenge) der Druckluft in einer Steuerung einstellen. In der Pneumatik wird hauptsächlich das **Drosselventil (Bild 2)** zur Veränderung des Volumenstroms verwendet.

Die Drosselwirkung des Ventils wird durch eine Verengung des Strömungsquerschnitts erzeugt. Drosselventile mit verstellbarer Verengung haben sich gegenüber Ausführungen mit konstanter, fest vorgegebener Verengung weitgehend durchgesetzt.

Stromventile beeinflussen den Volumenstrom der Druckluft in beide Strömungsrichtungen.

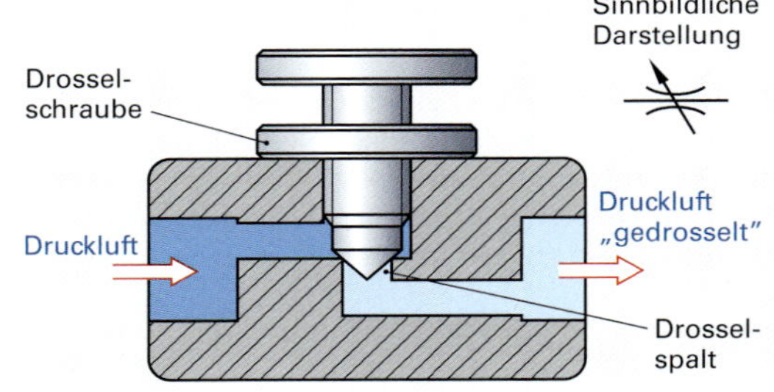

2 **Drosselventil**

Drosselrückschlagventile

Sie drosseln die Druckluft nur in einer Strömungsrichtung **(Bild 3 und 4)**. In Gegenrichtung passiert die Druckluft ein Drosselrückschlagventil ungehindert über ein Rückschlagventil. Dieses sperrt den Durchfluss der Druckluft in einer Richtung und gibt ihn in der entgegengesetzten frei. Rückschlagventile besitzen als Sperrkörper häufig Kugeln oder Kegel.

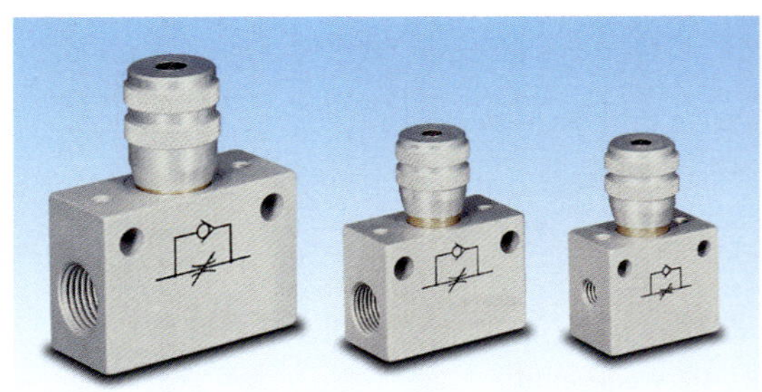

3 **Drosselrückschlagventile**

Einstellen der Kolbengeschwindigkeit: Aus technischen Gründen ist es nicht möglich, dass die Druckluftzylinder in Bruchteilen von Sekunden ihren Arbeitshub verrichten. Deshalb werden zur Einstellung der Kolbengeschwindigkeit den Arbeitselementen Drosselrückschlagventile vorgeschaltet.

Beim doppeltwirkenden Zylinder soll dessen Kolben-Ausfahrgeschwindigkeit in Anfahr-Richtung einstellbar sein. Das bewirkt eine **Abluftdrosselung**. Sie besitzt den Vorteil, dass die auf das Arbeitselement geschaltete Druckluft ohne Verzögerung am Kolben anliegt und sich die Bewegung des Kolbens gleichmäßig und ruckfrei vollzieht.

Falls der Zuluftstrom in das Arbeitselement gedrosselt wird, handelt es sich um eine Zuluftdrosselung.

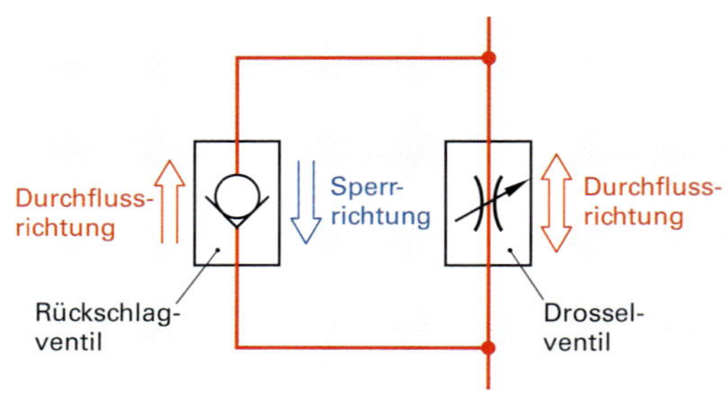

4 **Drosselrückschlagventil**

Sperrventile

Rückschlagventile gehören zu den Sperrventilen. Hierzu zählen auch **Wechselventile** und **Zweidruckventile (Bild 1)**. Wechselventile erfüllen in pneumatischen Steuerungen die **ODER-Funktion**, Zweidruckventile werden zum Aufbau von **UND-Funktionen** verwendet.

> Sperrventile „sperren" den Durchfluss der Druckluft in einer Richtung.
>
> In entgegengesetzter Richtung strömt das Druckmittel ungehindert.

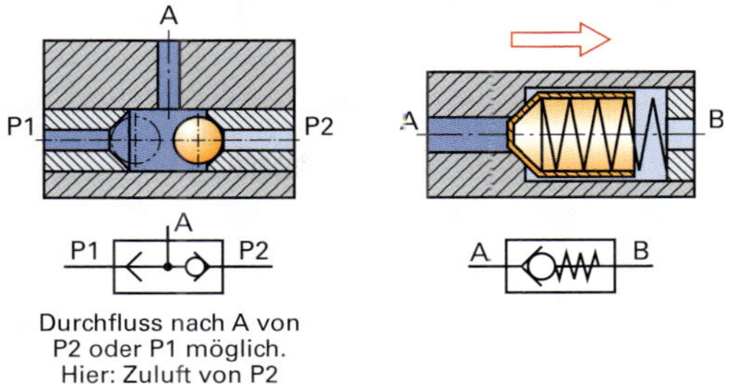

A
P1 P2
A
P1 P2
Durchfluss nach A von P2 oder P1 möglich. Hier: Zuluft von P2

A B
A B

1 Wechselventil/Rückschlagventil

Druckventile

Zu dieser Gruppe zählen die **Druckregelventile**, die zur Vergleichmäßigung des Arbeitsdrucks eingesetzt werden. Druckregelventile dienen in der Aufbereitungseinheit der Druckluft zur Konstanthaltung des Arbeitsdrucks in der Steuerung.

Als Sicherung gegen unzulässige Drücke, z.B. in Behältern oder Apparaten, können **Sicherheitsventile** eingesetzt werden **(Bild 2 und 3)**. Sie schützen bei Abweichungen vom bestimmungsgemäßen Betrieb – in der Regel in Gefahrsituationen – gegen gefährliche Über- oder Unterdrücke, die letztlich zur Zerstörung der Behälter oder Apparate führen würden. Sicherheitsventile sind somit **Druckbegrenzungsventile**.

Spricht ein Sicherheitsventil auf einen unzulässigen Druck im zu schützenden Apparat oder Behälter an, reißt die Versiegelung (Plombe) (**Bild 2**, rechts oben). Das Sicherheitsventil muss danach ausgetauscht werden.

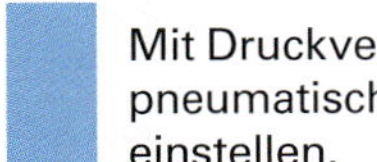

> Mit Druckventilen lässt sich der Druck in der pneumatischen Steuerung beeinflussen bzw. einstellen.

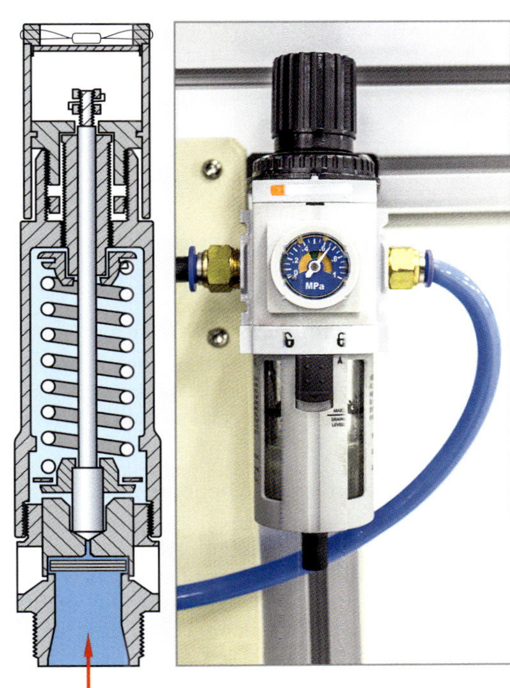

2 Sicherheitsventil

3 Druckbegrenzungsventil

Aufgaben

1. Wann benötigt man bei doppeltwirkenden Zylindern eine Endlagendämpfung und wie funktioniert sie?
2. Besteht in der geplanten Steuerung Signalüberschneidung?
3. Wie lassen sich die Geschwindigkeiten der Arbeitszylinder einstellen?
4. Wodurch entsteht Kondensat in Druckluftnetzen?
5. Wozu wird der Druckluftbehälter in Druckluftnetzen benötigt?

Elektrische Steuerungen

Pneumatische Steuerungen werden vorzugsweise zur Automation „einfacher" Funktionen eingesetzt. Bei aufwendigeren Fertigungsprozessen werden (vorzugsweise) elektrische Steuerungen verwendet, weil diese kompakter gebaut werden können als pneumatische Steuerungen und weniger wartungsintensiv sind. Zudem lassen sich die elektrischen Signale der Steuerung zum Zwecke der Prozessbeobachtung und -dokumentation aufbereiten.

Über Sensoren, Taster und/oder Schalter werden einer elektrischen Steuerung Signale zugeführt. Das Steuerprogramm gibt die Anweisungen zur Signalverarbeitung vor. Die Umsetzung der Befehle auf die Anlage (auf den zu steuernden Prozess) erfolgt über Aktoren (Arbeitselemente).

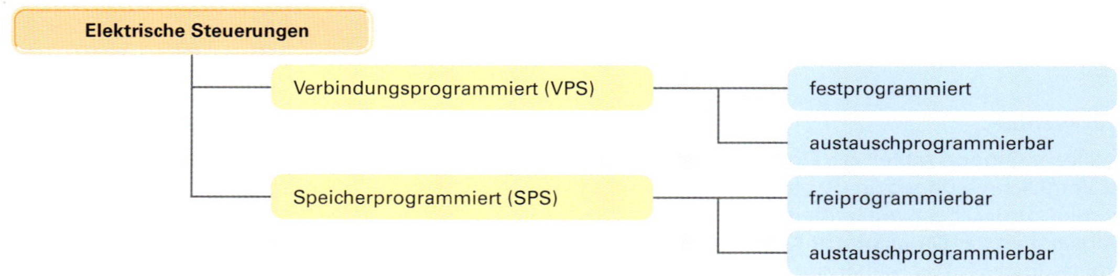

1 Einteilung elektrischer Steuerungen nach der Technik der Signalverarbeitung

Verbindungsprogrammierbare Steuerung

Die Bauelemente der VPS sind durch Leitungen fest untereinander verbunden. Ist die VPS aufgebaut, lassen sich Änderungen in der Schaltung nur mit hohen Aufwand realisieren. Nachträgliche, geringfügige Anpassungen der Steuerung lassen sich durch Verwendung von Wahlschaltern oder Kreuzschienenverteilern ausführen.

Speicherprogrammierbare Steuerungen

Sie sind frei- oder austauschprogrammierbar. Freiprogrammierbarkeit bedeutet, dass sich bei einer Änderung der Steuerungsaufgabe das vorhandene Steuerprogramm in Teilen oder vollständig umschreiben lässt. Ein mechanischer Eingriff wie bei der VPS ist nicht nötig. Die Änderung des Steuerprogramms in einer austauschprogrammierbaren SPS erfordert den Ersatz des Programmspeichers **(Bild 2)**.

2 SPS

Entwicklung der SPS und VPS

Als die Informationstechnik so weit entwickelt war, dass Schaltvorgänge durch elektronische Bauteile realisiert werden konnten, fand man einen Ersatz für die aufwendigen Schütz- bzw. Relaissteuerungen – die SPS. Zum Standard jeder modernen SPS gehört heute das Ausführen von Rechen-, Zeit- und Zählfunktionen.

Leistungsfähigere SPS bieten zudem die Möglichkeit, Prozessabläufe zu visualisieren (grafisch darzustellen), regelungstechnische Aufgaben zu erfüllen und als Leitrechner in informationsmäßig vernetzten Produktionsbetrieben eingesetzt zu werden.

Die VPS haben ihre Bedeutung in der Automatisierung von Produktionsprozessen verloren. Weil sie eine lange Gebrauchsdauer besitzen, werden sie auch noch heute benutzt. Der Einsatz einer VPS bleibt wirtschaftlich und technisch dann sinnvoll, sofern einfache Prozesse mit nur wenigen Signalverarbeitungsschritten gesteuert werden sollen. Beispiel: Anfahrschaltung eines größeren Elektromotors.

Tabelle 1: Vor und Nachteile elektrischer Steuerungen (Auswahl)

	Vorteile	Nachteile
VPS	• störunempfindlich, robust • niedrige Kosten bei einfachen Steueraufgaben • niedrige Kosten bei hohen Stückzahlen • parallele Signalverarbeitung	• hoher Platzbedarf • verarbeitet ausschließlich binäre Signale • Änderung des Steuerprogramms aufwendig • Erhöhter Aufwand für Wartungsarbeiten (Verschleiß, Korrosion)
SPS	• geringer Platzbedarf • hohe Zuverlässigkeit wegen kontaktloser Bauelemente • Überwachung des Programmablaufs und des Steuerprozesses möglich • Fehlersuche durch Programmtests • Programmänderung durch Softwareaustausch	• hoher gerätetechnischer Aufwand schon bei einfachen Steuerungsaufgaben • oft zusätzliche Technik notwendig (Programme, Programmiergeräte ...) • anfällig bei Stromausfall • qualifiziertes Personal erforderlich

Aufbau und Bauteile der verbindungsprogrammierbaren Steuerung (VPS)

Die **Signaleingabe** erfolgt über Hand-, Grenz- oder Endtaster sowie Schalter, die als Öffner oder Schließer ausgeführt werden.

Die **Signalverarbeitung** innerhalb einer verbindungsprogrammierten Steuerung erfolgt mit Relais oder Schütz. Diese Bauteile erlauben das Leiten und das Sperren elektrischer Signale.

In **Ablaufsteuerungen** erfüllt das Relais bzw. das Schütz die Funktion eines Speichers für binäre Signale.

Ein **Schütz** wird zum Schalten großer Ströme eingesetzt.

Das **Relais (Bild 1)** ist nicht auf das Schalten hoher elektrischer Leistungen ausgelegt. Es wird zur Signalverarbeitung in Schaltungen eingesetzt. Im Gegensatz zum Schütz besitzt ein Relais mehrere Ausgänge und bietet daher die Möglichkeit der Signalvervielfachung.

In einer **elektropneumatischen Steuerung** schaltet das Stellglied „Magnetventil" einen Pneumatikzylinder: Liegt eine Spannung am elektrischen Eingang des Magnetventils an, erzeugt die Spule des Ventils ein Magnetfeld. Die Kraft des Magnetfeldes sperrt oder öffnet das Ventil für den Durchfluss der Druckluft zum Arbeitselement.

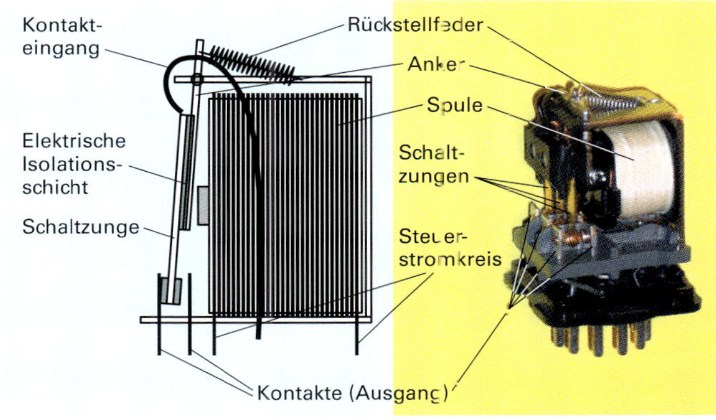

1. Ziffer:
Aufsteigende Durchnummerierung der Kontaktbahnen

2. Ziffer:
Kennzeichnung Schließerkontakt 3 4
Kennzeichnung Öffnerkontakt 1 2
Kennzeichnung Wechslerkontakt 2 4 1
Der „Wechsler" vereint die Schaltfunktion des „Öffners" mit der des „Schließers".

1 Aufbau eines Relais

Stromlaufplan

Die Anordnung der Bauelemente einer VPS, häufig auch als „Schütz- oder Relaissteuerung" bezeichnet, geht aus dem Stromlaufplan hervor. Der Stromlaufplan gliedert sich in den aus Sicherheitsgründen mit niedriger Spannung (24 V) versorgten Steuerungsteil und den mit höherer Spannung betriebenen Leistungsteil.

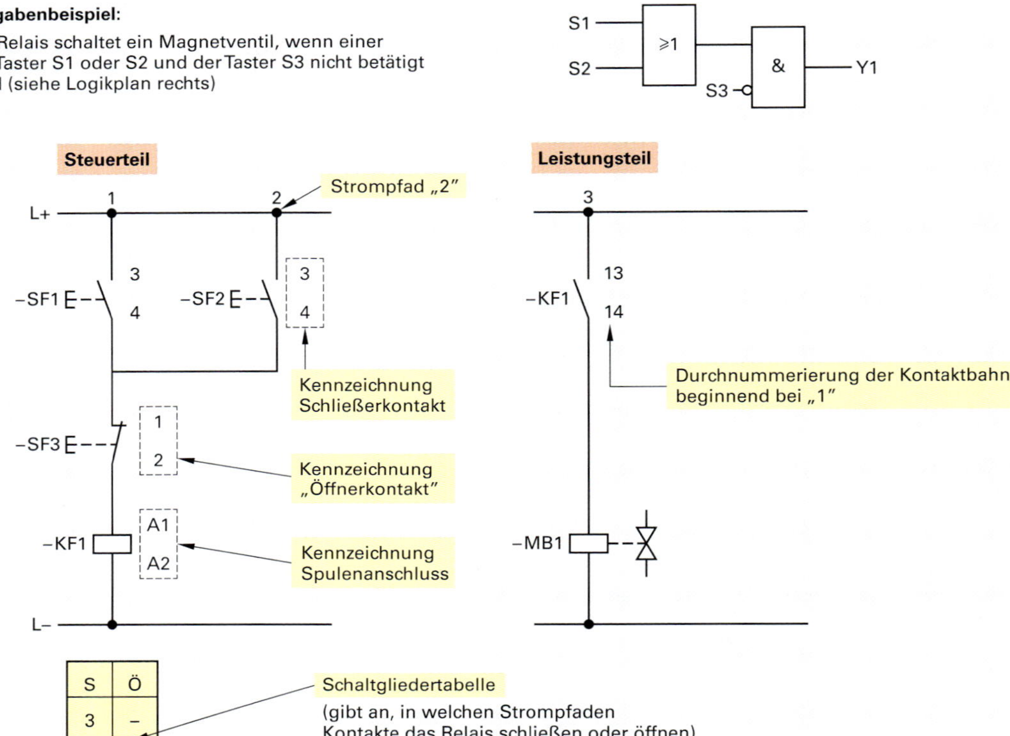

1 Beispiel des Stromlaufplans einer VPS-Steuerung

Regeln, die beim Zeichnen von Stromlaufplänen zu beachten sind:

- Der Steuerteil (Steuerstromkreis) gibt die Bauteile für die Signaleingabe und -verarbeitung.
- Der Leistungsteil (Hauptstromkreis) zeigt die Bauteile zur Steuerung der Arbeitselemente.
- Die Betriebsmittel/Bauteile der Steuerung werden fortlaufend durchnummeriert.
- Die Schaltzeichen der Bauteile werden in der Reihenfolge des Stromdurchgangs in senkrecht verlaufenden Strompfaden gezeichnet.
- Die Strompfade werden links beginnend nach rechts fortlaufend durchnummeriert.
- Die tatsächliche Lage/Position eines Bauteils in der Steuerung kann dem Stromlaufplan nicht entnommen werden.
- Die Kontakte eines Relais (Schützes) erhalten die Kennzeichnung der Antriebsspule.
- Öffnerkontakte erhalten die Kennzeichnung: 1 / 2
- Schließerkontakte erhalten die Kennzeichnung: 3 / 4
- Wechslerkontakte erhalten die Kennzeichnung: 2 4 / 1
- Die Schaltgliedertabelle zeigt die Nummer des Strompfades/der Strompfade an, in denen das Relais eine Schaltfunktion ausübt.

Kennbuchstaben und Komponenten (DIN EN 81346) in elektropneumatischen Anlagen			
Kennbuchstabe	Komponente	Kennbuchstabe	Komponente
BG	Näherungssensor, Endschalter usw.	TB	Gleichrichter, Netzteil
FC	elektrische Sicherung	WC	Sammelschiene (Verteilung el. Energie)
KF	Relais, Zeitrelais	WD	Leitung, Kabel (Energietransport)
MB	Ventilmagnet	WG	Leitung, Steuerkabel (Signaltransport)
PF	Meldelampe	WN	Schlauch
SF	Taster, Wahlschalter (elektrisches Signal)	XF	Netzwerkswitch

Selbsthalteschaltung

In vielen Steuerungsaufgaben muss das Ausgangssignal eines zuvor betätigten Bauteils gespeichert werden, bis es durch einen Gegenbefehl aufgehoben wird. In VPS-Steuerungen erfordert dies den Aufbau einer Selbsthalteschaltung im Steuerteil: Ein zum Eingabeelement parallel geschalteter Kontakt des Relais –KF1 zieht nach Betätigung des Tasters –SF1 (Schließer) an und hält den Spulenstrom auch dann aufrecht, wenn das Tastersignal –SF1 nicht mehr gegeben wird.

Das durch den Taster –SF1 kurzzeitig gegebene Signal wird gehalten (gespeichert), bis durch Betätigung eines Öffners (hier: –SF2) der Stromfluss durch die Spule des Relais (–KF1) unterbrochen wird **(Bild 1)**.

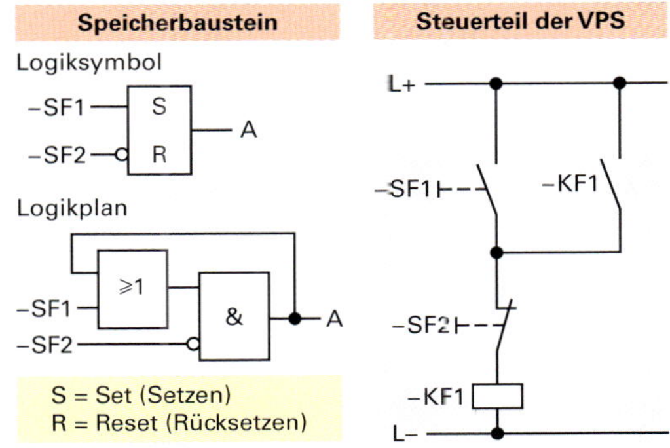

1 Speichern von Signalzuständen

Beispiel Biegevorrichtung:

Die Kolben der Arbeitselemente (doppeltwirkende Pneumatikzylinder) sollen nach Erteilung des Startbefehls in der Reihenfolge –MM1+; –MM2+; –MM2–; –MM1– aus- bzw. einfahren. Stellglieder der Zylinder sind impulsgeschaltete Magnetventile, die im Leistungsteil einer VPS-Steuerung angeordnet sind **(Bild 2)**.

Die VPS soll als löschende Taktkette aufgebaut werden. Das heißt, dass der jeweils gesetzte Schritt den Folgeschritt vorbereitet und gesetzt bleibt, bis dieser vom erfolgreich gesetzten Folgeschritt gelöscht wird.

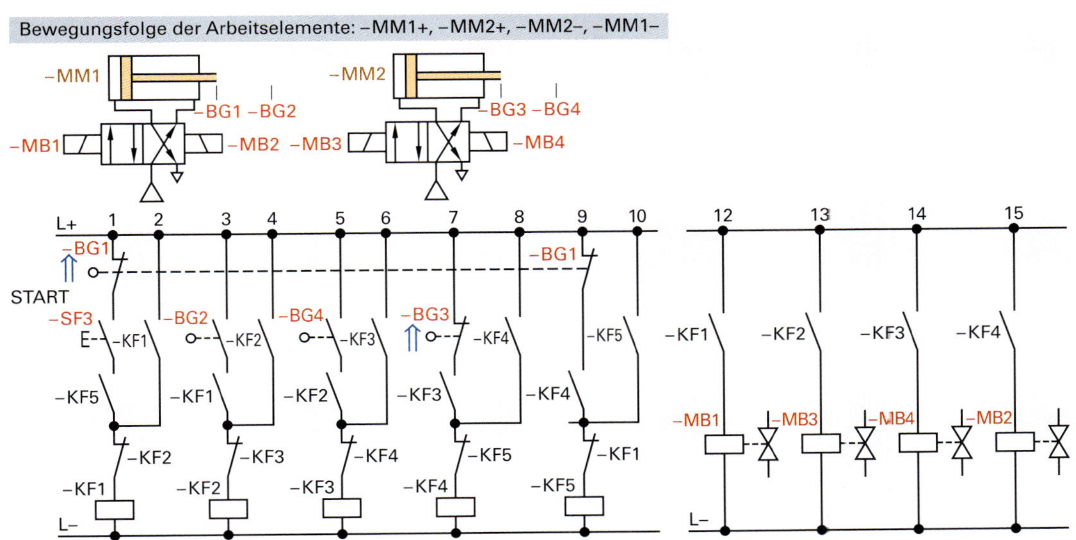

2 Stromlaufplan einer VPS mit Selbsthalteschaltung

Speicherprogrammierbare Steuerungen (SPS)

Eine speicherprogrammierbare Steuerung (SPS) mit ihren zugehörigen Peripheriegeräten (Netzteil, Bediengerät, Monitor, ...) kann als ein speziell auf Steuerungsaufgaben zugeschnittener Computer betrachtet werden. Eine SPS besitzt eine Eingabeebene, eine Verarbeitungsebene und eine Ausgabeebene für elektrische Signale **(Bild 1)**.

Aufbau der SPS

Die **Eingabeebene** besteht aus Sensoren und der Eingabebaugruppe der SPS. Die Eingabebaugruppe bildet die Schnittstelle zwischen der Anlage und der Steuerung.

In der **Verarbeitungsebene** befindet sich das „Herz" der SPS, der Mikroprozessor (CPU). Er ist das Rechenwerk der SPS und führt die logischen Verknüpfungen der Eingangssignale gemäß den Softwareanweisungen aus.

Das **Steuerungsprogramm** enthält die Anweisungen, welche Befehle in welcher Folge die SPS ausführt. Der Programmierer nutzt zur Eingabe der einzelnen Befehlsschritte in die SPS ein Programmiergerät. Die **Firmware** (als Teil der Software) stellt der Hersteller der SPS bereit. Zur Firmware zählt das Betriebssystem. Zum Produktschutz, aber auch als Schutz vor Störungen, absichtlichen oder irrtümlichen Manipulationen, wird die Firmware in Nur-Lesespeichern abgelegt, häufig in **ROM**-Speicherbausteinen.

Die **Ausgabeebene** setzt über die Ausgabebaugruppe und die Aktoren die Befehle der SPS in der Anlage um.

Ist ein SPS-Programm erfolgreich ausgetestet, muss das Programm vor Eingriffen geschützt werden. Dazu wird das SPS-Programm in ein **EPROM** übertragen. Das in den EPROM „gebrannte" Programm ist gegen Datenverlust bei Spannungsausfall geschützt. Man spricht von einem remanenten Speicherverhalten.

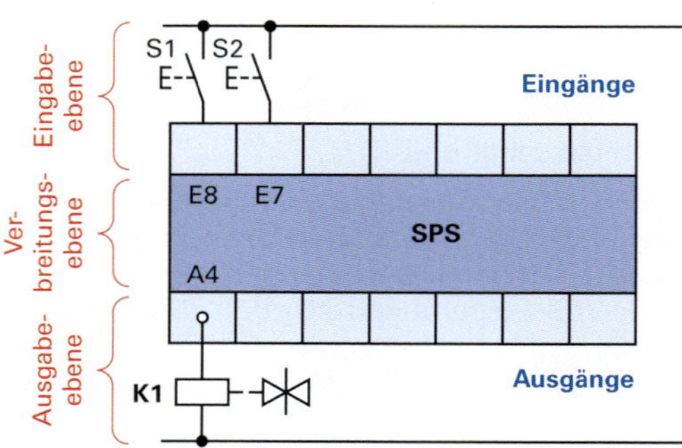

1 **Baugruppen der SPS**

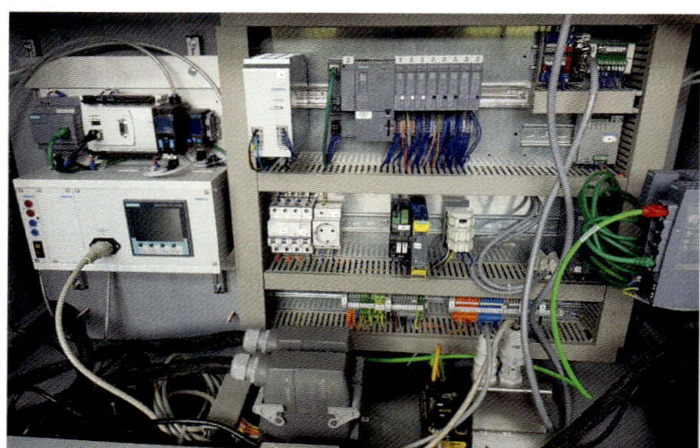

2 **Anlagensteuerung mit SPS**

Da die SPS in Wechselwirkung mit der zu automatisierenden Anlage **(Bild 2)** und dem Bediener steht, besitzt eine SPS Bausteine zur Speicherung flüchtiger Daten: **RAM**-Speicher eignen sich als Arbeitsspeicher zur Aufnahme von Daten, die fortlaufend überschrieben bzw. geändert werden. Im Gegensatz zu einem Magnetspeicher (z. B. Festplatte) sind die Zugriffszeiten der CPU auf ein RAM extrem kurz.

Integrierte Speicherbausteine

Bezeichnung	Eigenschaft
RAM (**R**andom **A**ccess **M**emory)	Schreib-/Lesespeicher: Der Inhalt des Speichers (Daten, Programme) kann beliebig oft gelöscht oder überschrieben werden. Kein remanenter (flüchtiger) Speicher! Folge: Verlust der gespeicherten Daten bei Spannungsausfall.
ROM (**R**ead **O**nly **M**emory)	Nur-Lese-Speicher: Die Programmierung des Bausteins erfolgt beim Hersteller, remanenter Speicher.
PROM (**P**rogrammable **ROM**)	Nur-Lese-Speicher: Die Programmierung des Bausteins erfolgt einmalig durch den Anwender.
EPROM (**E**rasable **PROM**)	Nur-Lese-Speicher: Inhalt (Programm) des Bausteins lässt sich mit UV-Licht löschen.

Die Kommunikation zwischen den Speicherbausteinen und der CPU erfolgt über elektrische Leitungen, die als „Busse“ **(Bild 1)** bezeichnet werden.

Adressbus: Spricht gezielt den Baustein an, aus dem gelesen oder in den geschrieben wird.
Datenbus: Transportiert die gelesenen bzw. zu schreibenden Informationen/Daten in den adressierten Baustein.
Steuerbus: Bestimmt, ob aus einem Baustein Informationen gelesen oder in ihn geschrieben werden.

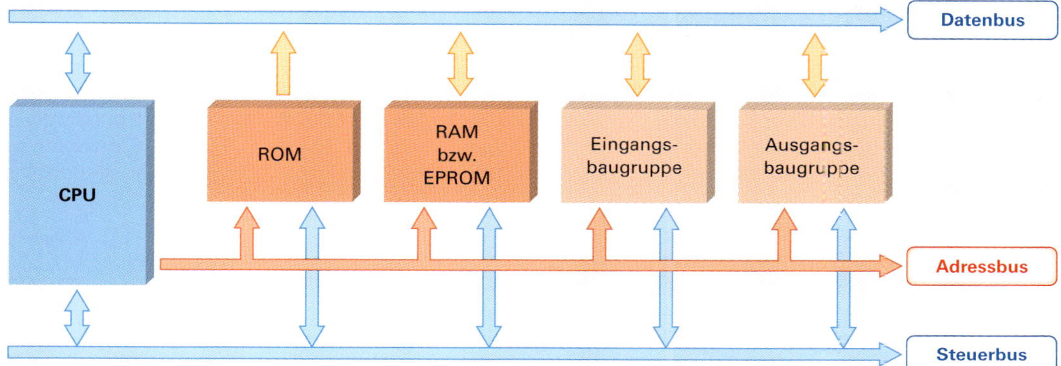

1 **Busstruktur in einer SPS**

Arbeitsweise der SPS

Die Befehle, die die Steuerung ausführt, sind im Programmspeicher abgelegt. Sie werden entsprechend ihrer aufsteigenden Adresse aus dem Programmspeicher gelesen und ausgeführt. Dabei ist die Geschwindigkeit der Befehlsverarbeitung sehr hoch. Ein Durchlauf des Steuerprogramms dauert nur wenige Millisekunden! Durch einen unbedingten Sprungbefehl in der letzten Zeile des Steuerprogramms kehrt das Steuerprogramm nach jedem Durchlauf sofort zum Programmanfang zurück.

Wegen der zyklischen (das Programm in einer Schleife durchlaufenden) Arbeitsweise der SPS und der geringen Zeit des einzelnen Programmdurchlaufs lassen sich Arbeitsprozesse kontinuierlich steuern.

SPS-Steuerprogramme werden fortwährend in einer Schleife mit sehr hoher Geschwindigkeit abgearbeitet.

Programmierung

Zur Erleichterung der SPS-Programmierung wurden anwendungsorientierte Programmiersprachen, wie z. B.

- die Anweisungsliste (AWL) und
- der Kontaktplan (KOP)

entwickelt **(Bild 2)**.

Diese **Programmiersprachen** erfüllen unterschiedlichste branchenspezifische Anforderungen und besitzen daher unterschiedliche Funktionalitäten.

Handelt es sich bei der Programmiersprache „Anweisungsliste“ um eine reine „Textsprache“, basiert die Programmiersprache „KOP“ auf grafischen Elementen. Trotz ihrer Unterschiede lassen sich die Sprachen vom Anwender miteinander kombinieren, sodass sich innerhalb größerer SPS-Programmpakete die Vorteile der einzelnen Sprachen nutzen lassen.

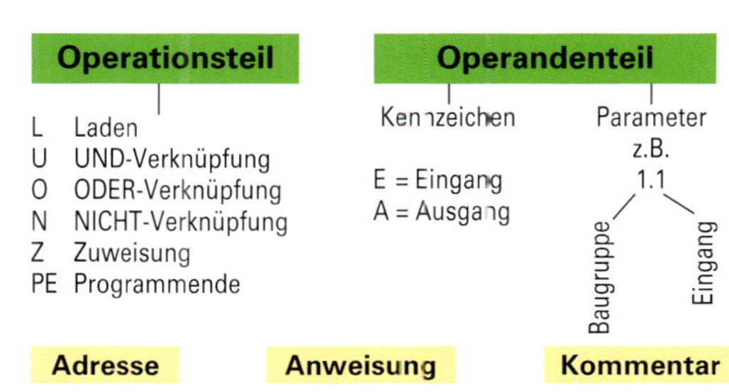

- Der Operationsteil bestimmt die Art des Befehls, der ausgeführt wird: „Was ist zu tun?“
- Der Operandenteil gibt an, welche Ein- und Ausgänge an der Befehlverarbeitung beteiligt sind: „Wer ist beteiligt?“

Beispiel: UND-Funktion als AWL

Adresse	Anweisung	Kommentar
000	U E 1.0	Abfrage Eingang S1
001	U E 1.1	Abfrage Eingang S2
002	U E 1.2	Abfrage Eingang S3
003	= A2.0	Ausgang A
004	PE	Programmende

2 **SPS-Programmierung mit der AWL**

Die **Anweisungsliste** (AWL) ist eine textuelle Programmiersprache für SPS-Steuerungen und besteht aus einer Folge von Steuerungsanweisungen bzw. Befehlen (**Bild 2** der vorigen Seite).

Unter Beachtung der Reihenfolge der Befehlsausführung schreibt der Anwender mithilfe eines Programmiergerätes das Programm in Befehlszeilen in den Programmspeicher.

Die Befehle der AWL bestehen aus einem **Operationsteil** und einem **Operandenteil**. Sie werden in abgekürzter Form eingegeben. Das **Bild 1** der vorigen Seite zeigt die AWL für ein SPS-Programm, das die Eingänge S1, S2 und S3 mit der UND-Funktion verknüpft. Die SPS-Steuerung übersetzt das Steuerungsprogramm in die Maschinensprache und arbeitet die Befehle nach ihrer aufsteigenden Adresse ab.

Zur Erleichterung des Programmverständnisses bietet die AWL die Möglichkeit, einzelne Programmzeilen mit kurzen, frei formulierbaren Texten zu ergänzen. In der Kommentarzeile im Beispiel von **Bild 2** wird die Zuordnung der Signalbezeichnungen zu den Ein- und Ausgängen der SPS dokumentiert. Übersichtlicher für den Anwender ist jedoch die Zuordnung in einer getrennt geführten Tabelle. Sollten die Bezeichnungen der Ein- und Ausgänge modifiziert werden, bleibt das SPS-Programm von den Änderungen ausgenommen.

Der **„Kontaktplan"** (KOP) wurde in den USA („ladder diagram") aus dem Stromlaufplan direkt verdrahteter Relaissteuerungen entwickelt. Dadurch, dass die einzelnen Strompfade im Kontaktplan nicht senkrecht, sondern waagerecht geführt werden, können zur grafischen Darstellung von Leitungen und Schalterelementen (z. B. Schließer und Öffner) in Steuerungen die Zeichensätze von Schreibmaschinen eingesetzt werden.

Schließer Öffner Ausgang

1 Symbole im KOP

Die einzelnen Strompfade werden im Kontaktplan parallel zueinander angeordnet. In der Leserichtung von links nach rechts gehen die Strompfade von einer senkrechten Linie, der Spannungsquelle, aus. Die Ausgänge der Steuerung werden zum Schließen des Stromkreises auf eine rechtsseitig senkrecht gezeichnete Stromschiene gelegt.

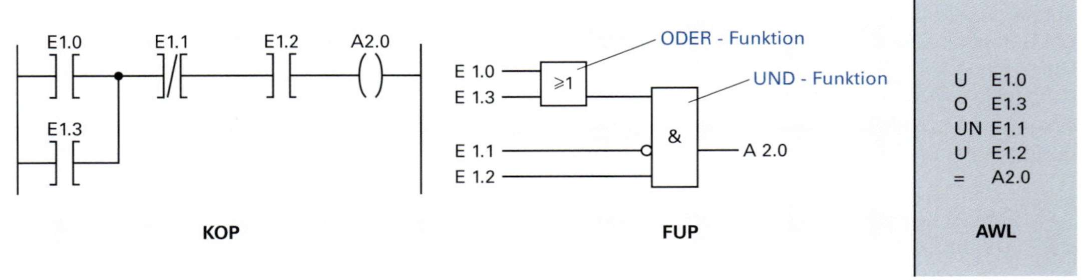

2 Beschreibung einer Steuerung durch KOP, FUP und AWL

Weitere SPS-Programmiersprachen:

Zur Vollständigkeit seien noch der **Strukturierte Text** (ST) und die **Ablaufsprache** (AS) aufgeführt.

ST ist eine an die Hochsprache „Pascal" angelehnte Textsprache und besteht aus Anweisungen und Ausdrücken wie z. B. „IF", „THEN", „ELSE", „FOR". ST wird vorzugsweise zur Programmierung von z. B. Algorithmen (Rechenoperationen) in Steuerungen genutzt.

AS wird zum Entwurf und zur Strukturierung von Ablaufsteuerungen eingesetzt. AS stellt dabei die Steueraufgabe in Schritten, die Bearbeitungszustände darstellen, dar. Ein Schritt besteht aus Aktionen. Da sich die Aktionen wiederum durch weitere untergeordnete Aktionen beschreiben lassen, besitzt der Anwender mit der Programmiersprache AS die Möglichkeit eine hierarchische Struktur in seiner Steuerung zu programmieren.

Aufgaben zur Bohrvorrichtung, nachfolgende Seite

1 Entwickeln Sie den Schaltplan für die pneumatische Steuerung der Bohrvorrichtung. Die Ausführung der Steuerung (Wegplansteuerung, Taktstufensteuerung oder Kaskadensteuerung) wählen Sie aus.

2 Erstellen Sie den FUP, den KOP und die AWL für die Abfrage, ob im Werkstückmagazin der Bohrvorrichtung noch mindestens ein Werkstück enthalten ist.

Projekt Bohrvorrichtung

Die Firma VEL-Mechanik GmbH baut an eine vorhandene Bohrvorrichtung **(Bild 1)** eine zusätzliche Funktion:

Nach der spanenden Bearbeitung in der Bohrvorrichtung wird das Werkstück nicht mehr händisch entnommen, sondern mithilfe eines doppelwirkenden Zylinders ausgeschoben. Auch die entstandenen Metallspäne sollen bei diesem Ausschiebevorgang mit abgeführt werden.

Ausschußteile ergeben sich, wenn die Folgewerkstücke nicht mehr exakt positioniert werden, z.B. wegen der Ansammlung von Restspänen vor dem Anschlagwinkel.

Um dieses Problem zu vermeiden fährt der Schiebezylinder zuerst komplett aus (–BG3) und führt über eine vom Anwender vorgegebene Zeit kurze Reinigungszyklen durch (zwischen –BG3 und –BG2). Damit wird sichergestellt, das alle Restspäne entfernt wurden.

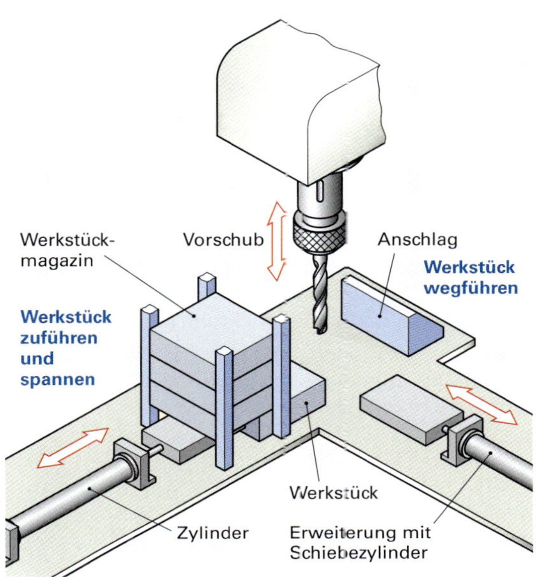

1 Planungsskizze einer automatisierten Bohrvorrichtung

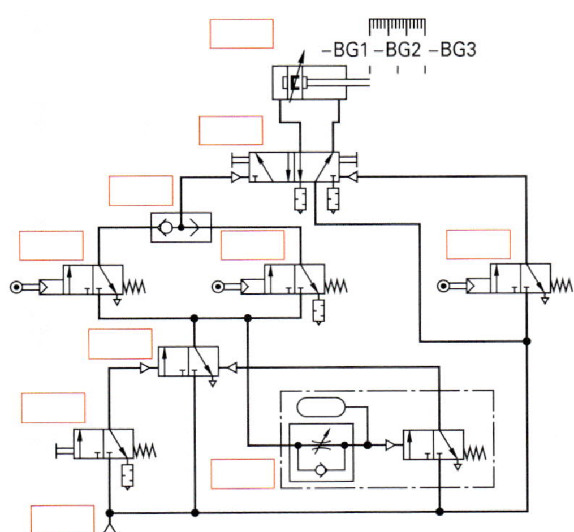

2 Pneumatischer Schaltplan des Schiebezylinders

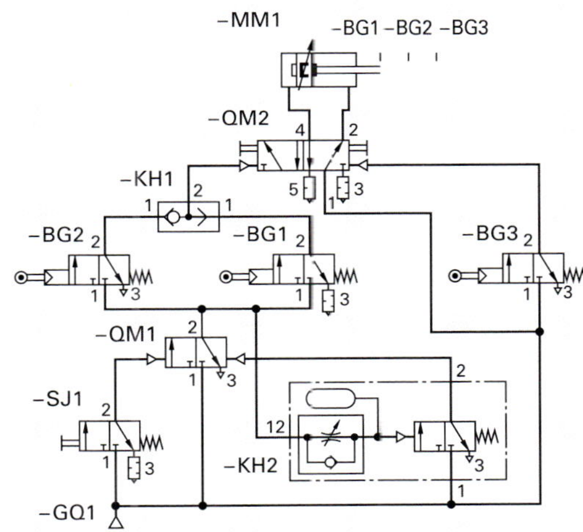

3 Lösung Aufgabe 1

Aufgaben

1. Ergänzen Sie im pneumatischen Schaltplan **(Bild 2 und 3)** die fehlenden Bezeichnungen der Signalglieder und simulieren Sie das Programm mithilfe einer Software.
2. Das Verzögerungsventil wird auf eine Zeit von 13 Sekunden eingestellt. Bestimmen Sie die Anzahl der kurzen Reinigungshübe für den Fall, dass für das vollständige Aus- und Einfahren des Kolbens vier Sekunden und für eine Kurzbewegung zwei Sekunden angesetzt werden.
3. Zeichnen Sie das Weg-Schritt-Diagramm zur Beschreibung des Bewegungsablaufs des Zylinders **(Bild 4)**.

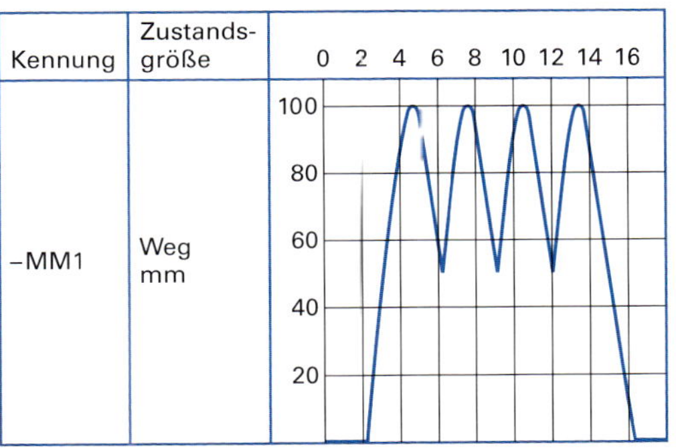

4 Lösung Aufgabe 3

Projekt Schutztür

Die Schutztür für eine hydraulische Presse **(Bild 1)** soll mithilfe eines pneumatischen Zylinders geschlossen und geöffnet werden können.

Geforderte Funktionen der Schutztür

Durch Betätigen des Tasters „Zu" am Bedienpult kann die Türe geschlossen werden. Die Tür soll sich auch schließen, wenn sie sich gerade öffnet. Sie soll also ihre Bewegungsrichtung ändern. Dabei ist darauf zu achten, dass nie beide Magnete des Ventils gleichzeitig betätigt sind, da es sonst zu keiner Veränderung der Bewegungsrichtung kommen kann.

Dieselben Funktionen gelten ebenso für das Öffnen der Tür. Die Türbewegung soll bei Erreichen der Endschalter (Öffner) gestoppt werden.

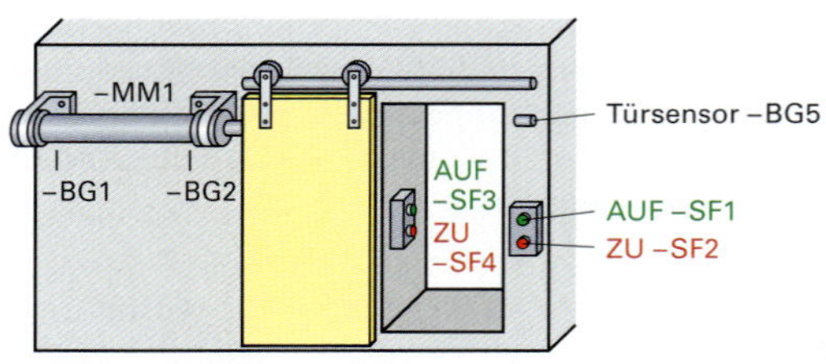

1 Schutztür

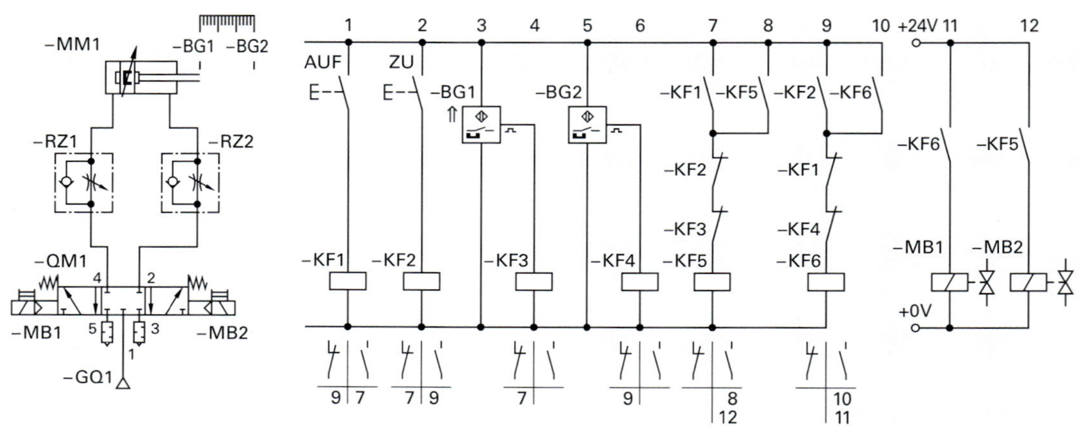

2 Pneumatischer Schaltplan **3 Elektropneumatische Steuerungg**

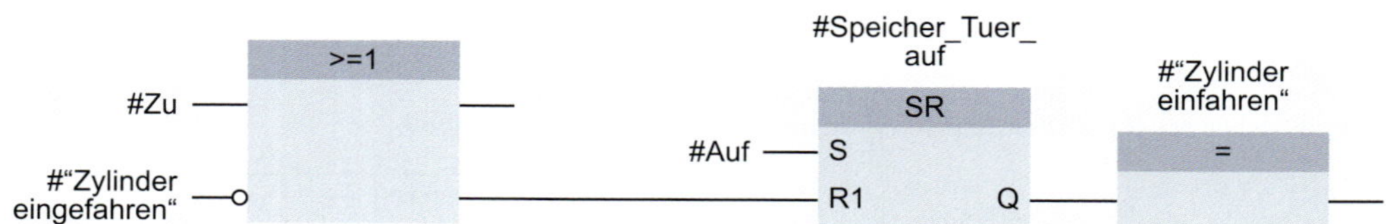

4 SPS-Programm Tür öffnen

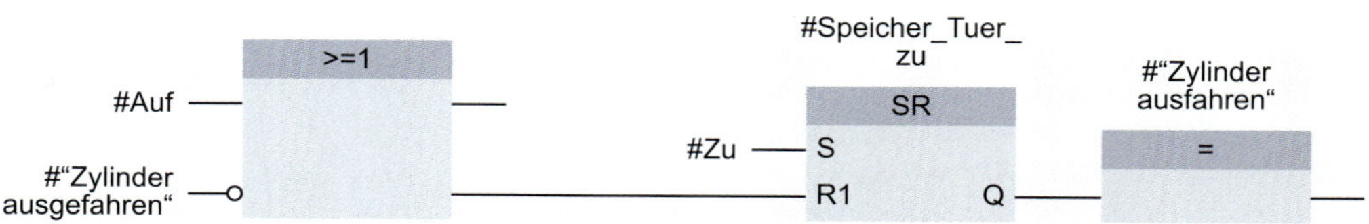

5 SPS-Programm Tür schließen

Energieeffizienz in der Pneumatik

Der Energieverbrauch in pneumatischen Komponenten wird hauptsächlich durch den Luftverbrauch bestimmt. Der Luftverbrauch kann in den **Aktoren**, **Ventilen**, **Druckluftaufbereitung** und der **Ansteuerung** vermindert werden. Einen weiteren sehr großen Einfluss auf den Verbrauch hat die **Leckage** in Druckluftnetzen. Nachfolgendes Beispiel soll eine wesentliche Energieeinsparung zeigen, die nur über einfache unterschiedliche Auslegungen der Ansteuerung resultieren.

Beispiel/Information: Verschiebeeinheit

Bild 1 stellt den pneumatischen Schaltplan einer Verschiebeeinheit dar, bei dem unterschiedlich schwere Werkstücke auf eine Rollenbahn geschoben werden. Der Systemdruck wird durch die notwendige Verschiebekraft des schweren Werkstückes ermittelt.

Bei leichteren Werkstücken wird mit dem gleichen Systemdruck gearbeitet.

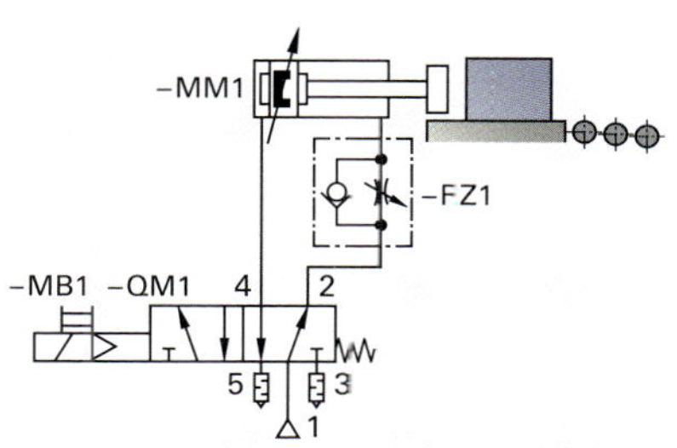

1 Pneumatischer Schaltplan der Verschiebeeinheit

Verringerung der Luftmenge mit einem Druckregelventil (Energiesparventil)

Niedrigerer Druck bedeutet Kosteneinsparung. Die notwendigen Drücke können mithilfe eines Druckregelventiles individuell manuell angepasst werden. Zum Einfahren des Zylinders reicht ein geringerer Druck. Um dennoch die Rücklaufgeschwindigkeit nicht zu verringern, kann zusätzlich ein Schnellentlüftungsventil –QM3 eingebaut werden. In **Bild 2** wurde der geringere Druck zum Einfahren des Verschiebezylinders mit einem Druckregelventil –QM2 (Energiesparventil) eingestellt. Zusätzlich könnte auch der Systemdruck mit einem Druckregelventil auf den Mindestdruck zum Ausfahren eingestellt werden.

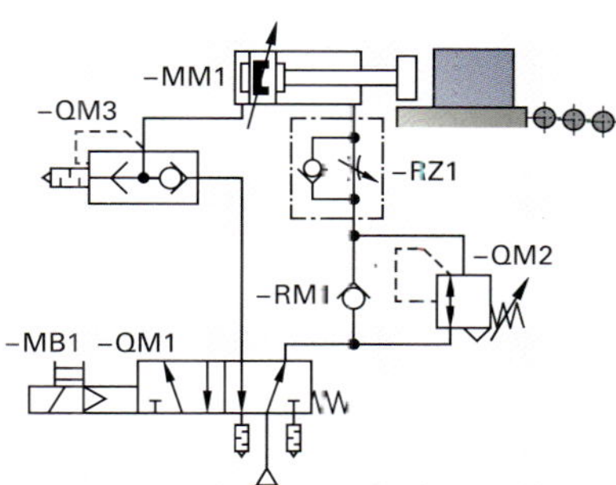

2 Pneumatischer Schaltplan der Verschiebeeinheit mit einem Druckminderventil

Verringerung der Luftmenge mit einem Proportional-Druckregelventil

Ein Proportional-Druckregelventil dient zum Regeln eines Druckes proportional zu einem vorgegebenen Sollwert. Dieser Sollwert kann über eine SPS vorgegeben werden. Der integrierte Drucksensor nimmt den Druck am Arbeitsanschluss auf und vergleicht diesen mit dem Sollwert. Bei Soll-Ist-Abweichung regelt das Ventil so lange nach, bis am Ausgang der Sollwert erreicht ist.

Werden zum Beispiel unterschiedlich schwere Werkstücke ausgeschoben, kann man mithilfe eines proportionalen Druckregelventiles den jeweils benötigten Druck komplett individuell anpassen **(Bild 3)**.

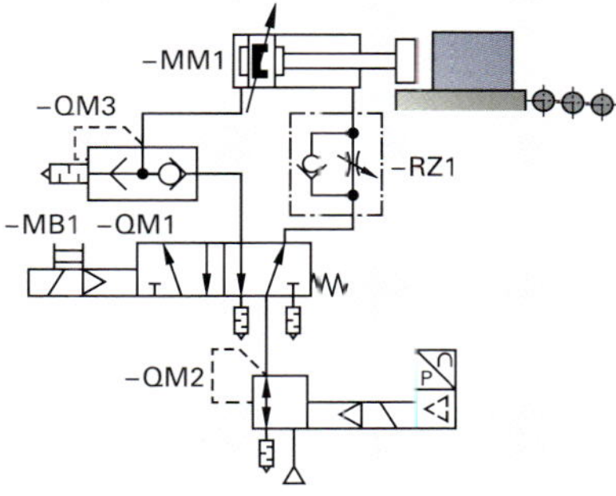

3 Pneumatischer Schaltplan der Verschiebeeinheit mit einem Proportional-Druckregelventil

Aufgaben

Eine Verschiebeeinheit mit einem Pneumatikzylinder (Kolbendurchmesser 32 mm) benötigt zum Verschieben von schweren Werkstücken 5,3 bar und zum Verschieben von leichten Werkstücken 2,5 bar Druck. Der Verschiebeweg beträgt 220 mm.

Der Verschiebezylinder könnte mit einem Druck von 2,5 bar eingefahren werden. Die Einheit verschiebt 20 Teile/min, wobei 50% davon leichte Werkstücke sind. Dies erfolgt 20 Stunden/Tag und 340 Tage/Jahr. Der Systemdruck beträgt 6 bar.

1. Wie hoch ist der jährliche Luftverbrauch gemäß dem pneumatischen Schaltplan in **Bild 1**?
2. Wie hoch ist der jährliche Luftverbrauch bei dem Einsatz eines Druckminderventils zum Einfahren gemäß **Bild 2**?
3. Wie hoch ist der jährliche Luftverbrauch, wenn die Drücke mit einem Proportional-Druckregelventil individuell angepasst werden **(Bild 3)**?

Hydraulik

Hydraulik[1] ist eine Technologie, bei der meist durch Öl selten durch Wasser gesteuert und geregelt wird. Der Einsatz ist im Schwermaschinenbau, im Pressenbau, bei Werkzeugmaschinen und in der Mobiltechnik.

Die Eigenschaften der Hydraulik sind:

- hohe Leistungsdichte, deshalb sehr kompakte Bauweise,
- schnelle, feinfühlige und stufenlos verstellbare Bewegungen,
- Übertragung hoher Kräfte,
- überlastsicher durch Druckbegrenzung.

Die Energieübertragung erfolgt durch ruhende Flüssigkeit (Hydrostatik) und durch strömende Flüssigkeit (Hydrodynamik).

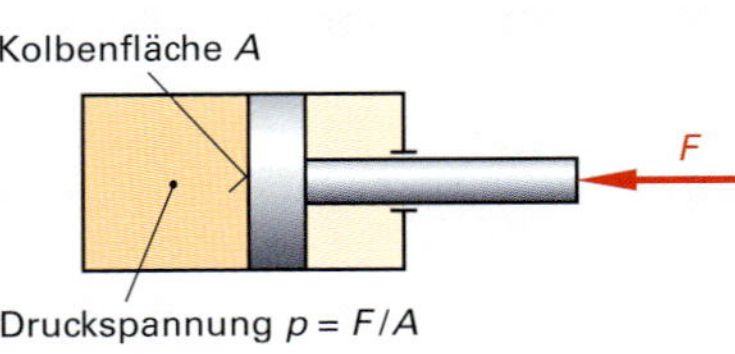

1 Hydraulischer Druck

Physikalische Grundlagen

Hydrostatik

Wird eine ruhende Flüssigkeit mit einer Kolbenkraft beaufschlagt, dann entsteht ein Druck **(Bild 1).** Dieser Druck ist an jeder Stelle im System gleich groß.

$$p = \frac{F}{A}$$

p Druck
F Kraft
A Kolbenfläche

Die Einheit des Drucks ist das *Bar*, bar (1 bar = 10 N/cm^2) oder das *Megapascal*, MPa (1 MPa = 10 bar).

Der Bodendruck **(Bild 2)** ist:

$$p_{Boden} = \varrho \cdot g \cdot h$$

ϱ Dichte
g Erdbeschleunigung
h Höhe

Der Bodendruck ist unabhängig von der Fläche. Er ist nur abhängig von der Höhe und der Dichte der Flüssigkeitssäule (Pascal'sches Paradoxon[2]) **(Bild 3).**

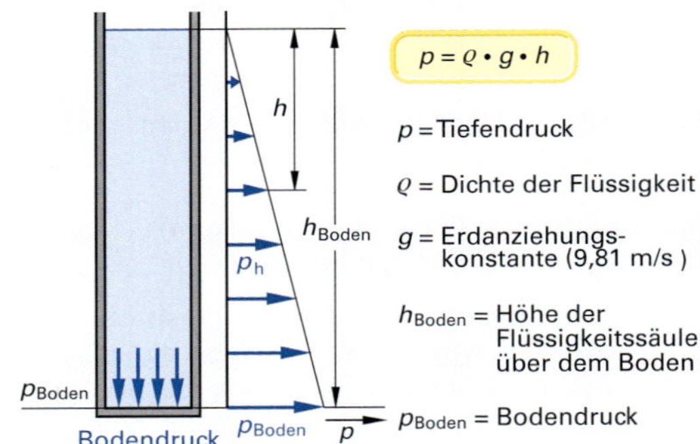

2 Tiefendruck und Bodendruck

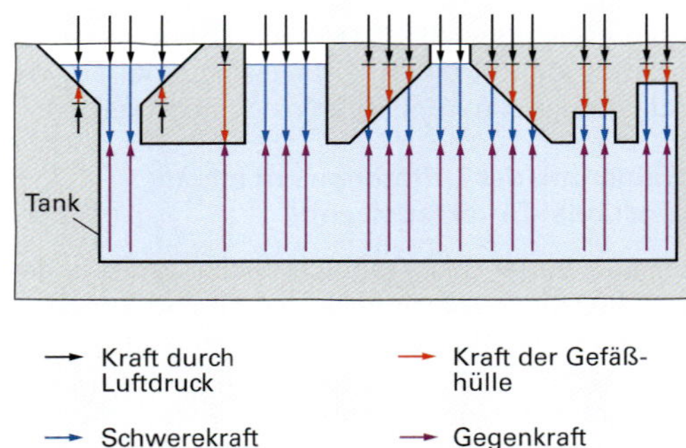

3 Bodendruck bei einem Tank

Druckausbreitung (Bild 4). Wird eine ruhende Flüssigkeit in einem Zylinder mit der Fläche A_1 durch eine Kolbenkraft F_1 unter Druck gesetzt, breitet sich der Druck nach allen Seiten aus und erzeugt an einem anderen Zylinder mit der Fläche A_2 die Kraft F_2.

$$p = \frac{F_1}{A_1} = \frac{F_2}{A_2} \text{ oder } \frac{F_1}{F_2} = \frac{A_1}{A_2}$$

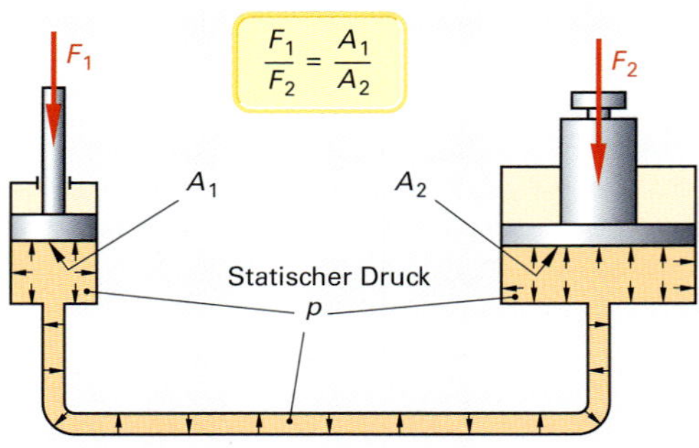

4 Druckausbreitung in ruhender Flüssigkeit

---

[1] Hydraulik von griech. hydor = Wasser und aulos = Rohr

[2] Ein Paradoxon, Mehrzahl Paradoxa, ist ein scheinbarer oder unerwarteter Widerspruch; von griech. para = gegen und doxa = Meinung. *Blaise Pascal* (1623 bis 1662), Naturwissenschaftler, Mathematiker und Philosoph.

Druckübersetzung. In der Anwendung hat die *Druckübersetzung* eine hohe Bedeutung, so z. B. zur Erzeugung der Schließkraft bei Spritzgießmaschinen, bei Pressen zur Erzeugung der Endkraft, beim Innenhochdruckumformen, bei Berstprüfanlagen für Schläuche und Rohre. Druckübersetzer werden auch bei Medienwechsel, z. B. *Pneumatik – Hydraulik,* eingesetzt.

Druckübersetzer beruhen auf dem Prinzip, dass der Kolben unterschiedliche Flächen aufweist. Mit diesen Kolben kann man die Drücke vergrößern oder verkleinern **(Bild 1)**.

In einem statischen System ist der Druck an jeder Stelle gleich groß. Es gilt:

$$p_1 = \frac{F_1}{A_1}$$

$$p_2 = \frac{F_2}{A_2}$$

p_1, p_2 Druck im System 1 bzw. 2
F_1, F_2 Kraft im System 1 bzw. 2
A_1, A_2 Kolbenfläche im System 1 bzw. 2

Bei gleicher Kraft **(Bild 1)** sind die Drücke im umgekehrten Verhältnis zu den Kolbenflächen. Es gilt:

$F_1 = p_1 \cdot A_1$ und $F_2 = p_2 \cdot A_2$ mit $F_1 = F_2 \Rightarrow$

$$p_2 = \frac{A_1}{A_2} \cdot p_1$$

p_2 Druck, ausgangsseitig
A_2 Kolbenfläche, ausgangsseitig
p_1 Druck, eingangsseitig
A_1 Kolbenfläche, eingangsseitig

Beispiel: Wagenheber

Mit einem hydraulischen Wagenheber soll die Kraft von $F_2 = 65$ kN aufgebracht werden **(Bild 2)**. Mit welcher Fußkraft F_f muss der Fußhebel des Wagenhebers beaufschlagt werden? Es werden keine Reibungsverluste berücksichtigt.

Lösung:

Hydraulik:

$\frac{F_1}{F_2} = \frac{A_1}{A_2}; \quad \frac{A_1}{A_2} = \frac{1}{144}; \quad F_1 = \frac{1}{144} \cdot F_2; \quad \mathbf{F_1 = 451{,}4\,N}$

Hebelübersetzung:

$F_f = \frac{1}{5} \cdot F_1; \quad \mathbf{F_f = 90{,}3\,N}$

Übung: Druckübersetzung

Der Druckübersetzer in **Bild 3** hat ein Übersetzungsverhältnis von 1 : 4. Am Anschluss A wird so viel Öl zufließen, bis der Arbeitskolben in Position ist. Am Anschluss B wird dann der Druckübersetzer beaufschlagt. Er wird mit einem Primärdruck (an B) von 100 bar betrieben.

Welche Kraft kann der Arbeitskolben aufbringen, wenn er einen Kolbendurchmesser von $D = 100$ mm hat?

Lösung:

$p_{sek} = 4 \cdot p_{prim} = 100\text{ bar} \cdot 4 = 400\text{ bar}$

$F = p \cdot A = 400 \frac{N}{cm^2} \cdot 78{,}5\text{ cm}^2 = \mathbf{314\ kN}$

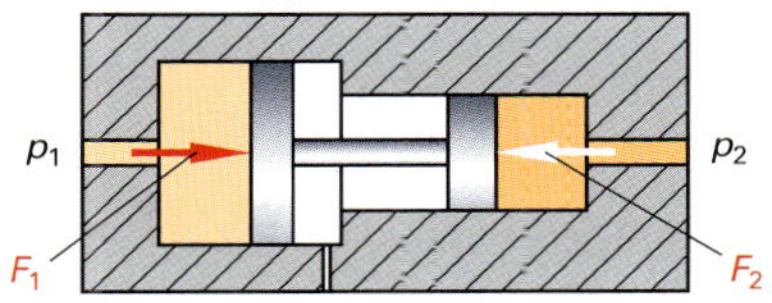

1 **Prinzip der Druckübersetzung**

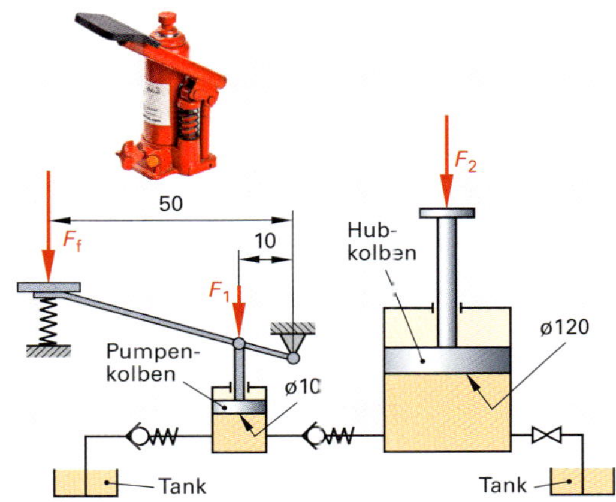

2 **Hydraulischer Wagenheber**

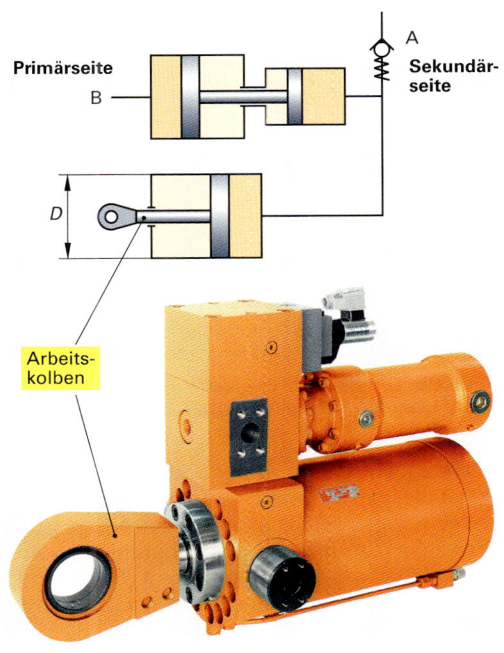

3 **Druckübersetzer mit Arbeitskolben**

Aufbau hydraulischer Steuerungen

Grundlage jeder Hydraulikanlage ist der hydraulische Kreislauf **(Bild 1)**. Er beginnt mit dem Ansaugen des Hydrauliköls aus dem Tank, es folgt die Volumenstromerzeugung mit einer Pumpe. Wenn dem Volumenstrom ein Widerstand entgegengesetzt wird, entsteht Druck. Wenn der Druck zu groß wird, dann wird der Volumenstrom über ein **Druckbegrenzungsventil** in den Tank abgeleitet. Wenn dies nicht der Fall ist, strömt das Öl über Ventile zum Aktor (Zylinder oder Motor). Nach Verrichtung der Arbeitsaufgabe strömt das Öl wieder in den Tank zurück.

Bild 2 zeigt den Kreislauf mit einem Druckdiagramm am Beispiel einer *Primärsteuerung.* Alle im Kreislauf befindlichen Bauelemente stellen Widerstände dar, welche bei fließendem Öl die Druckenergie in Wärmeenergie bzw. in mechanische Energie (Zylinder oder Motor) umsetzen, sodass das Öl drucklos in den Tank zurückfließt. Die Bauelemente haben ein ähnliches Verhalten wie die Widerstände in der Elektrotechnik. Der Hauptteil der Energie steht als kinetische Energie oder potenzielle Energie für die Arbeitsaufgabe zur Verfügung.

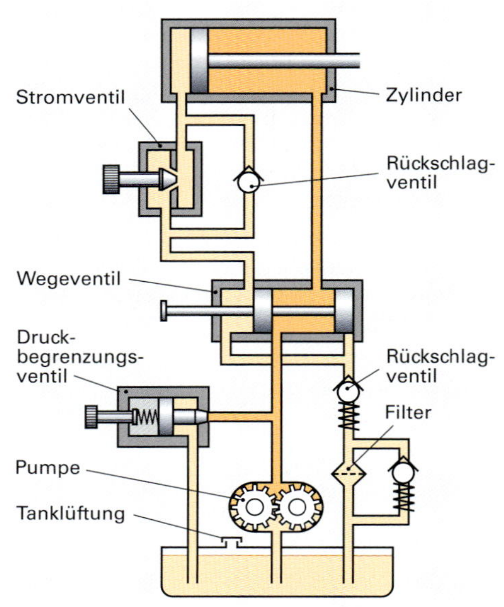

1 **Prinzip einer Primärsteuerung**

Die **Wegeventile** übernehmen die Umsteuerung des hydraulischen Volumenstroms. Das Schalten erfolgt mechanisch oder elektrisch.

Die **Stromventile** sind im Prinzip *Engstellen,* welche einen Teil der hydraulischen Energie in Wärme umwandeln. Sie werden zur Geschwindigkeitssteuerung eingesetzt.

In **Zylindern** oder **Hydraulikmotoren** wird die hydraulische Energie in mechanische Energie umgewandelt.

Der Rücklauf-**Ölfilter** reinigt das Öl, bevor es drucklos in den Tank zurückfließt.

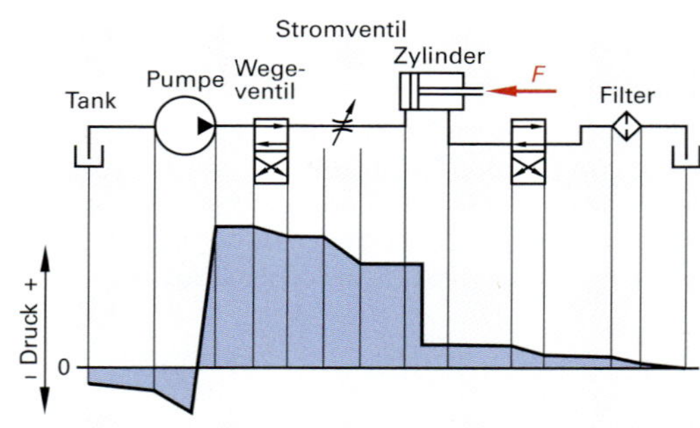

2 **Druckverlauf bei einer Primärsteuerung**

Hydraulikstation

Es werden oft die Hydraulikstationen **(Bild 3)** als komplette standardisierte Einheiten angeboten, sodass diese Einheiten einfach an eine Maschine angebaut werden können. Ein Elektromotor wird über eine Kupplung mit der Hydraulikpumpe verbunden. Das Öl wird über eine möglichst kurze Saugleitung angesaugt.

Um wenig Unterdruck in der Saugleitung zu erhalten, hat diese einen großen Durchmesser. Sie muss dicht sein, damit keine Luft mit angesaugt wird. Das Schwallblech im Tank soll das Öl beruhigen, sodass es möglichst wenig Luft aufnimmt. Der Luftfilter in der Einfüllanlage muss die Luft staubfrei halten, denn bei jedem Ausfahren des Kolbens wird dem Kolbenvolumen entsprechend Luft in den Tank nachströmen.

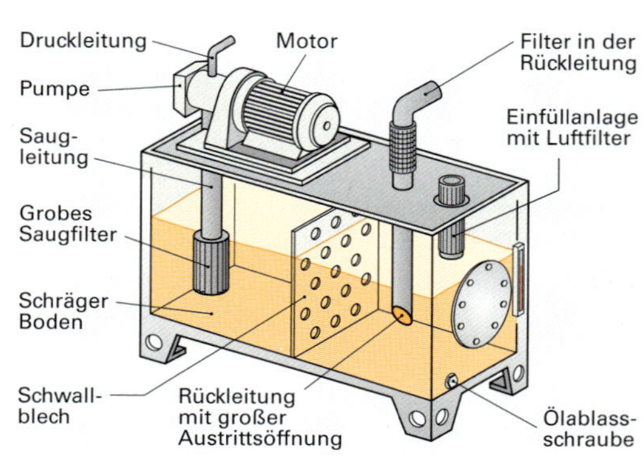

3 **Aufbau einer Hydraulikstation**

S2 REGELUNGSTECHNIK AN WERKZEUGMASCHINEN

Grundbegriffe

Aufgabe der Regelungstechnik ist die Einhaltung oder das Erreichen von gewünschten Werten oder Wertefolgen.

Die Regelung ist ein Vorgang, bei dem eine Größe, die zu regelnde Größe (Regelgröße), fortlaufend erfasst, mit einer anderen Größe, der Führungsgröße, verglichen und im Sinne einer Angleichung an die Führungsgröße beeinflusst wird (nach DIN IEC 60 050-351[1)]).

Bei einer Dusche ist erwünscht, dass die Wassertemperatur konstant bleibt **(Bild 1).** Die zu regelnde Größe, die **Regelgröße,** ist also die Wassertemperatur. Ihr Wert wird sensorisch fortlaufend erfasst und durch Verstellen des Mischers beeinflusst. Dabei wird angestrebt, dass die erreichte Wassertemperatur, der **Istwert** (Regelgröße, möglichst der Wunschtemperatur, dem **Sollwert** (Führungsgröße), entspricht. Die gesamte Einrichtung **Bild 1** bildet einen **Regelkreis.**

Bei einer Regelung ist stets eine Kreisstruktur mit Rückführung der Regelgröße vorhanden.

Wird der Regelkreis gestört, z. B. durch die Entnahme von Kaltwasser im Nebenraum, so entsteht wieder eine Differenz **(Regeldifferenz)** zwischen der Wunschtemperatur (Führungsgröße) und der tatsächlichen Temperatur (Regelgröße). Das Stellventil muss erneut betätigt werden. Verstellt man es aber zu hastig, so wird das Wasser wechselweise zu kalt oder zu heiß werden. *Der Regelkreis schwingt.* Erst durch Erfahrung, nämlich der Kenntnis, wie lange es etwa dauert, bis sich die veränderte Temperatur am Brausekopf einstellt und wie empfindlich das Stellventil reagiert, gelingt es, zügig die Brausetemperatur ohne wesentliches Schwingen einzustellen.

In einem technischen Regelkreis wird die Regelgröße x mit einem Sensor erfasst und mit der Führungsgröße w durch Subtraktion verglichen **(Bild 2).** Die Regeldifferenz $e = w - r$ wird durch den Regler in die Reglerausgangsgröße m zur Steuerung der Regelstrecke durch den Steller umgewandelt. Dessen Ausgangsgröße ist die Stellgröße y. Die Stellgröße y ist auch das Eingangssignal der Regelstrecke. Ihr Ausgangssignal ist die Regelgröße x.

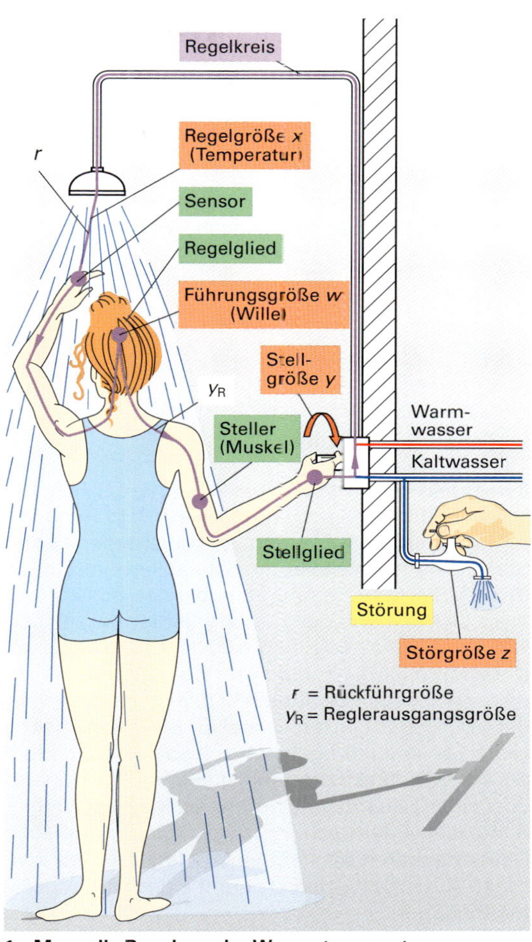

1 **Manuelle Regelung der Wassertemperatur**

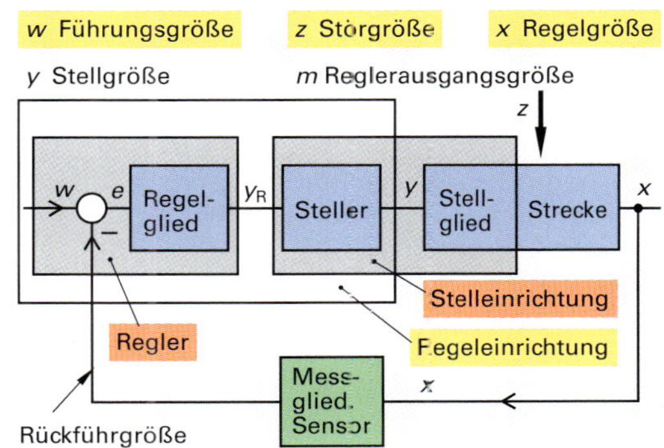

2 **Wirkungsplan eines Regelkreises**

[1)] Die frühere Norm für Regelungstechnik DIN 19 226 ist seit Juni 2009 zurückgezogen und durch die Norm: DIN IEC 60050-351 „Internationales Elektrotechnisches Wörterbuch – Teil 351: Leittechnik“ ersetzt. Die neue Norm ist im Kapitel Regelungstechnik berücksichtigt.

Regler und Regelkreise

Schaltende Regler verändern die Stellgröße unstetig durch Schalten in zwei oder mehreren Stufen. Sie bestehen aus Schaltkontakten oder elektronischen Kippschaltungen.

Analoge Regler verändern das Stellglied stetig. Sie bestehen meist aus Operationsverstärkern.

Digitale Regler verändern die Stellgröße in sehr feinen Stufen, sodass die Stufung in der Regelgröße nicht mehr merkbar ist. Sie bestehen meist aus Mikrocontrollerschaltungen.

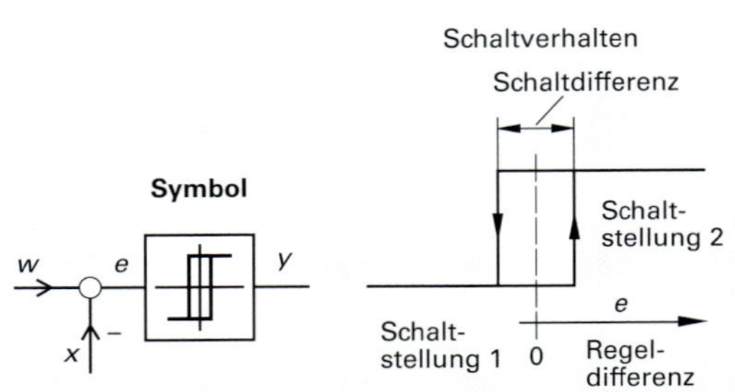

1 **Zweipunktregler**

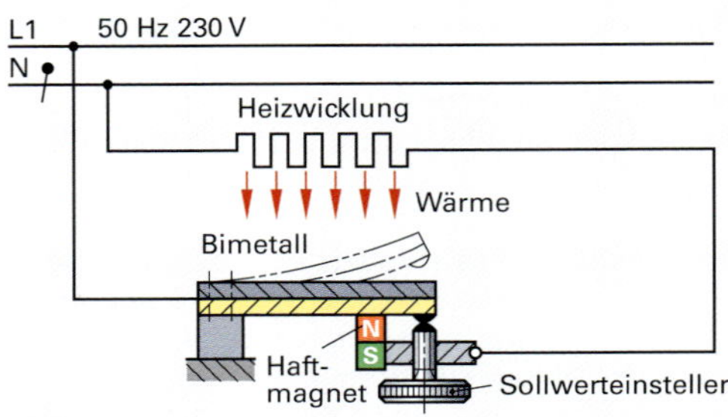

2 **Bimetallregler**

Schaltende Regler

Zweipunktregler haben zwei eindeutige Schaltstellungen **(Bild 1).** Man verwendet sie z. B. in Temperaturregelkreisen. Bei einem Bimetallregler bilden Sensor, Vergleichsstelle und Schaltglied eine Einheit **(Bild 2).** Steigt die Temperatur über den Sollwert, so biegt sich die von der Heizung (Isttemperatur) erwärmte Bimetallfeder und schaltet die Heizung ab. Unterschreitet die Temperatur den unteren Grenzwert, so schaltet die Bimetallfeder die Heizung wieder ein. Damit beim Einschalten und Ausschalten keine Funkenbildung durch schwache Kontaktbildung bzw. Kontaktunterbrechung möglich wird, wird über einen Dauermagneten eine schlagartige Verbindung oder Unterbrechung hergestellt. Durch diesen Dauermagneten entsteht eine Schaltdifferenz zwischen Ausschalttemperatur und Einschalttemperatur **(Bild 3).**

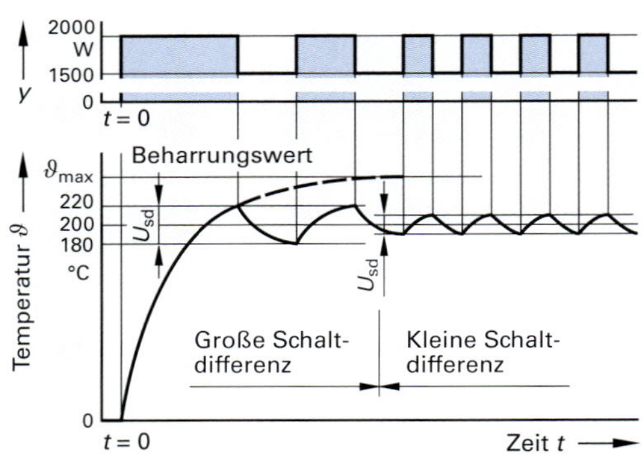

3 **Temperaturregelung mit Zweipunktregler**

Schaltende Regelungen werden außer bei der Temperaturregelung häufig auch bei Druckregelungen und Füllstandsregelungen verwirklicht. Fällt bei einer Kompressoranlage der Druck im Druckspeicher unter den zulässigen unteren Grenzwert, so wird über den Drucksensor der Kompressormotor eingeschaltet. Ist der obere Grenzwert erreicht, so wird der Kompressormotor ausgeschaltet.

> Je größer die Schaltdifferenz ist, desto größer ist die Schwankung der Regelgröße um den Sollwert.

Dreipunktregler haben drei eindeutige Schaltstellungen **(Bild 4).** Sie werden ebenfalls oft bei Temperaturregelungen benutzt. So können z. B. bei einer Klimaanlage die drei Schaltstellungen den Funktionen Heizung EIN, Heizung/Kühlung AUS und Kühlung EIN zugeordnet sein.

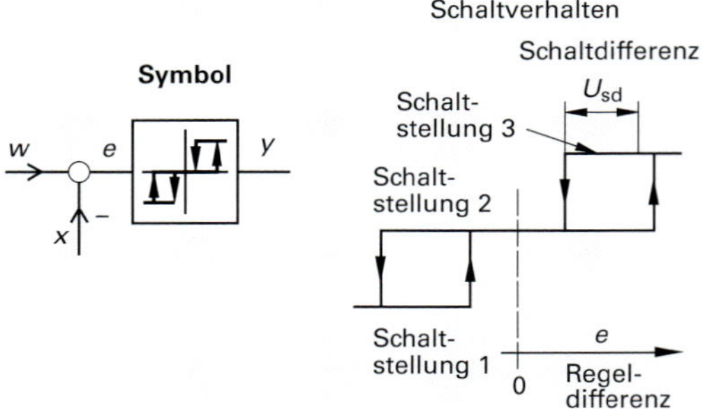

4 **Dreipunktregler**

Lageregelung (Positionierantriebe)

Bei Vorschubantrieben wird durch die Vorgabe von Lagesollwerten mithilfe der Lageregelung die Vorschubbewegung erzeugt und vorgegebene Positionen angefahren. Bei Hauptantrieben verwendet man Lageregelkreise als sogenannte C-Achse, z. B. zur vorschubsynchronen Drehbewegung von Werkstücken beim Gewindedrehen oder zur exakten Drehlagenpositionierung von Spannfuttern in Drehmaschinen. Ganz überwiegend erfolgt die Lageregelung mit einer **Kaskadenregelung**[1].

Neben der robusten Kaskadenregelung werden für spezielle Aufgaben, wie z. B. *einer mitlaufenden Schere*, die Positionierantriebe mit einer **Geschwindigkeitsvorsteuerung** ausgestattet. Damit wird die Lageregeldifferenz bei stationärer Bewegung zu Null (s. folgende Seite).

Kaskadenregelung

Bei der Kaskadenregelung **(Bild 1)** wird mit einem P-Regler als Lageregler der Geschwindigkeitssollwert v_{soll} erzeugt. Die Verstärkung des Lagereglers K_v stellt also das Verhältnis v_{soll}: Δx dar, wobei Δx die Lageregeldifferenz, nämlich die Differenz zwischen Lagesollwert und Lageistwert ist. Diese Lageregeldifferenz wird auch **Schleppabstand** genannt. Der Maschinentisch läuft um diesen Schleppabstand hinter dem Lagesollwert her.

Der Geschwindigkeitssollwert v_{soll} entspricht bei Antrieben mit Motoren einem Drehzahlsollwert n_{soll}. Dieser wird über den unterlagerten Drehzahlregelkreis von einem PI-Regler geregelt. Der PI-Drehzahlregler liefert ein Stellsignal für das notwendige Antriebsdrehmoment, wobei das Antriebsdrehmoment bei Gleichstrommotoren unmittelbar dem Strom entspricht. Der Strom wird nun mit einem weiteren unterlagerten PI-Regler geregelt. (Bei Drehstromantrieben wirkt der Stromregler nicht nur auf die Stromstärke, sondern auch auf die Phasenlage bzw. Stromfrequenz). Den Drehzahlistwert liefert ein Tacho oder aber er wird durch Wegdifferenzbildung (alle 10 µs) aus dem Wegsignal errechnet.

Verändert man bei einem zunächst stillstehenden Antrieb den Lagesollwert, so wird durch die Lageregeldifferenz Δx ein Drehzahlsollwert n_{soll} erzeugt. Die Drehzahlregeldifferenz Δn sorgt, verstärkt mit zunehmender Zeit (durch den I-Anteil), für einen anwachsenden Stromsollwert I_{soll} und die Regeldifferenz ΔI sorgt schließlich für die Ansteuerung des Stellers bzw. Umrichters. Sobald der Motor sich bewegt, vermindert sich die Lageregeldifferenz und die Drehzahlregeldifferenz. Ist die Sollposition erreicht, wird Δx und n_{soll} zu Null. Die Ausgangsgröße des Drehzahlreglers (I_{soll}) bleibt durch die Integration im PI-Drehzahlregler auf einem Stromwert stehen, der dem Lastmoment des Motors entspricht.

[1] Kaskade von franz. cascade = stufenförmiger Wasserfall, hier: Regelung in ineinandergeschachtelten Stufen

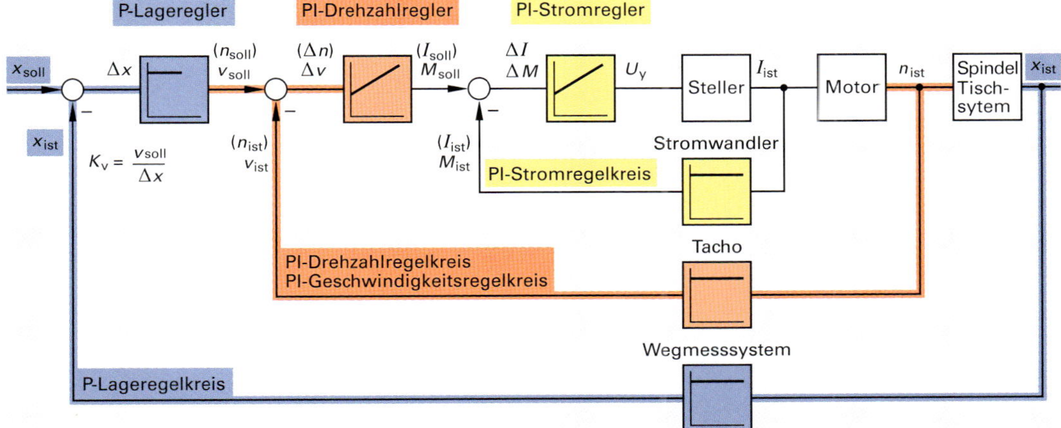

1 **Kaskadenregelung in konventioneller Ausführung mit Tacho**

Je größer die Geschwindigkeitsverstärkung K_v gewählt wird, umso reaktionsschneller ist der Antrieb. Die Lageregeldifferenz ist dann klein ($\Delta x = v_{soll}/K_v$).

Mit zunehmender Geschwindigkeitsverstärkung K_v neigen die Lageregelkreise zum Schwingen und zwar umso mehr, je schlechter die Reaktionsfähigkeit (Dynamik) des Drehzahlregelkreises ist **(Bild 1)**.

Die Dynamik des Drehzahlregelkreises hängt in erster Linie von den Trägheitsmomenten des Antriebs und von dessen maximalem Antriebsmoment ab. Ziel ist es, die Trägheitsmomente so gering wie möglich zu halten und die Überlastfähigkeit des Motors so groß wie möglich zu machen.

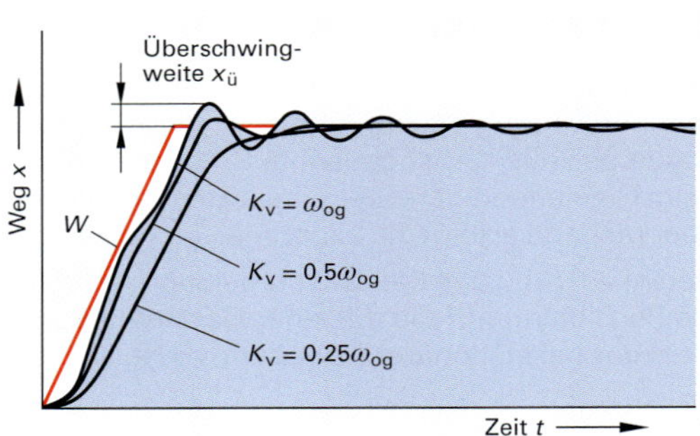

1 Anstiegsantwort des Lageregelkreis mit P-Regler bei verschiedenen K_v-Faktoren

Regelung einer Achse mit Servomotor und Gewindespindel, Kaskadenregelung

Bei der Lageregelung an CNC-Maschinen werden Kaskadenregelungen mit mehreren hintereinander geschalteten Reglern (z. B. Lage-, Drehzahl- und Stromregler) zur Erhöhung der Genauigkeit eingesetzt

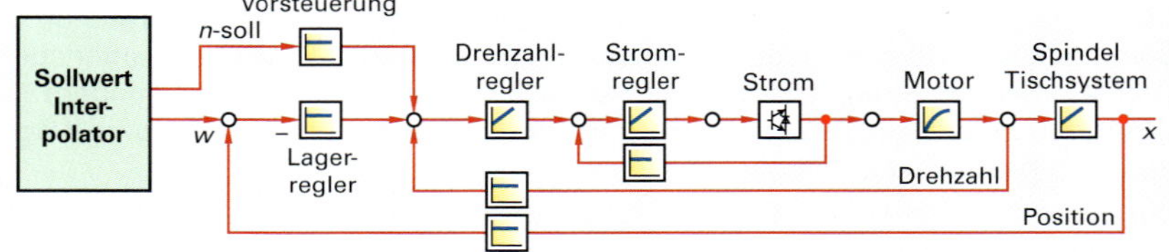

2 Kaskadenregelung

Bei der Kaskadenregelung (siehe auch S. 523) wird zuerst:

- der Stromregelkreis eingestellt und zwar mit möglichst großer P-Verstärkung, dann wird
- der Drehzahlregelkreis eingestellt (K_{PR} und T_n sind zu optimieren), und dann wird
- der Lageregelkreis optimiert, in der Weise, dass bei kleinen Sollwertsprüngen (0,1 mm) ein schnelles Positionieren mit geringem Überschwingen erfolgt.

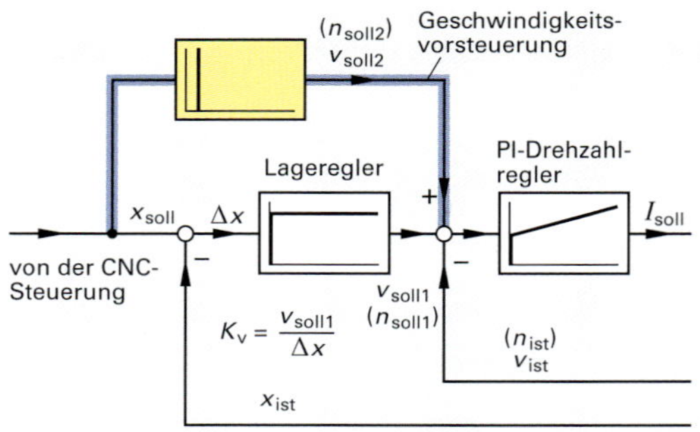

3 Geschwindigkeitsvorsteuerung

Geschwindigkeitsvorsteuerung

Den Nachteil der Kaskadenregelung, nämlich dass erst die Regeldifferenz des jeweils übergeordneten Regelkreises zu einer Wirkung im unterlagerten Regelkreis führt, kann man dadurch umgehen, dass die unterlagerten Regelkreise vorgesteuert werden. Man ermittelt aus dem Lagesollwertverlauf die Sollgeschwindigkeit v_{soll} und gibt diese direkt auf den Geschwindigkeitsregelkreis (Drehzahlregelkreis) **(Bild 3)**.

Nach Abklingen der Einschwingvorgänge stimmt bei der Anstiegsantwort der Lageistwertverlauf mit dem Lagesollwertverlauf exakt überein **(Bild 4)**.

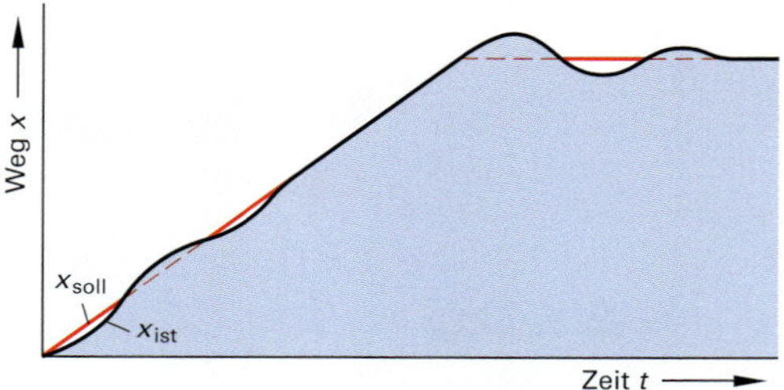

4 Anstiegsantwort bei P-Lageregelung mit Geschwindigkeitsvorsteuerung

Durch Geschwindigkeitsvorsteuerung erzielt man bei der Lageregelung eine verbesserte Dynamik und kleinere Schleppabstände.

S3 FLEXIBLE FERTIGUNGSANLAGEN

Organisation der Fertigung

Die Fertigung lässt sich nach unterschiedlichen Prinzipien organisieren. Damit wird die **räumliche Anordnung** der Maschinen und Arbeitsplätze festgelegt. Entsprechend wird bestimmt, wie und in welcher Reihenfolge Rohmaterialien, Einzelteile oder Baugruppen die Produktion durchlaufen sollen. In dieser Reihenfolge verläuft dann der Material- und Informationsfluss der Fertigungsaufträge durch die Produktion.

Bei den **Fertigungsprinzipien** wird zwischen der Werkstättenfertigung, der Gruppenfertigung und der Fließfertigung unterschieden.

Das charakteristische Merkmal der **Werkstättenfertigung (Bild 1)** ist die Zusammenfassung von Maschinen mit gleichen Bearbeitungsverfahren zu einer fertigungstechnischen Einheit in der Werkstatt. Bei dieser Organisationsform bilden z.B. alle Drehmaschinen eine räumliche Nachbarschaft in der Werkstatt. Ein zu fertigendes Teil muss dementsprechend alle notwendigen Werkstattbereiche nach und nach durchlaufen. Demzufolge ergeben sich bei diesem Organisationsprinzip große Transportwege zwischen den jeweiligen Arbeitsplätzen. Zur Anwendung kommt die Werkstättenfertigung hauptsächlich in der auftragsorientierten Einzelfertigung und der gemischten Kleinserienfertigung.

Bei der **Gruppenfertigung (Bild 2)** werden die Maschinen unterschiedlicher Bearbeitungsverfahren zusammengefasst, die zur vollständigen Herstellung einer definierten Werkstückgruppe notwendig sind. Der Materialfluss ist innerhalb der Maschinengruppen variabel. Im übergeordneten Zusammenhang des gesamten Fertigungsbereiches wird die Maschinengruppe als Einheit nur einmal angesteuert. Da in dieser Einheit meist eine Fertigbearbeitung der Werkstücke möglich ist, wird die Anzahl der Transportvorgänge verkürzt. Die Abgrenzung der Maschinen untereinander ist produktbezogen, wobei innerhalb jeder Gruppe eine hohe Variantenvielfalt möglich ist.

Beim **Fließprinzip (Bild 3)** bestimmt die Arbeitsgangreihenfolge der Werkstückbearbeitung die Maschinenanordnung. Der Vorteil einer Fließfertigung kommt dann zum Tragen, wenn entweder alle oder einzelne Abschnitte der Arbeitsvorgangsfolge immer wieder gleich oder zumindest ähnlich sind. Mit der räumlichen Anordnung der Maschinen ergibt sich eine produktbezogene Gliederung. Voraussetzung für den Einsatz der Fließfertigung sind allerdings Stückzahlen, die eine befriedigende Auslastung der Maschinen in einer solchen Anordnung zulassen. Typisches Beispiel für die Fließfertigung ist die Automobilherstellung.

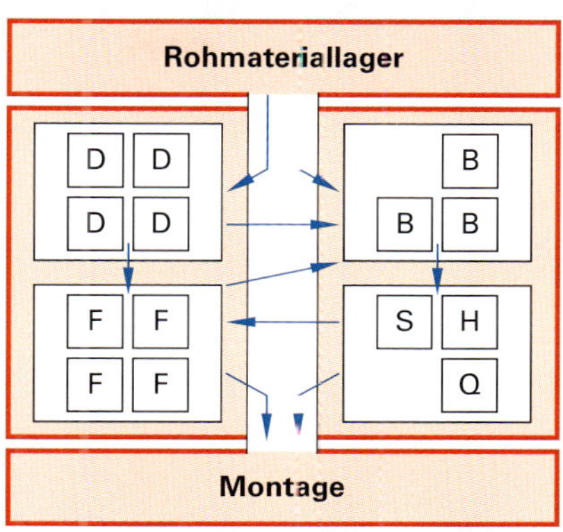

D: Drehen; F: Fräsen; S: Schleifen; H: Honen; B: Bohren; Q: Qualitätskontrolle

1 Werkstättenfertigung

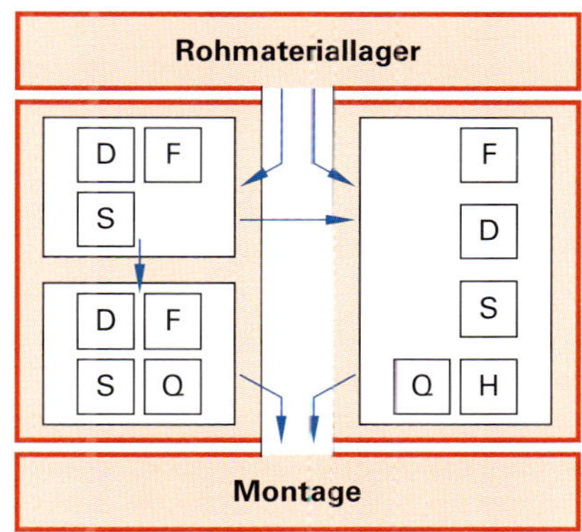

D: Drehen; F: Fräsen; S: Schleifen; H: Honen; Q: Qualitätskontrolle

2 Gruppenfertigung

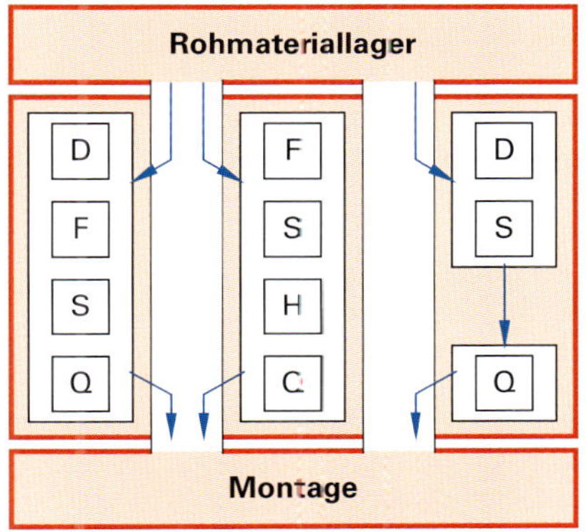

D: Drehen; F: Fräsen; S: Schleifen; Q: Qualitätskontrolle

3 Fließfertigung

Durch eine Verkettung der räumlich angeordneten Werkzeugmaschinen können unterschiedliche **flexible Fertigungsanlagen** gestaltet werden **(Bild 1)**. Die Grundbausteine einer flexiblen Fertigungsanlage sind die numerisch gesteuerte Werkzeugmaschine oder das Bearbeitungszentrum (BAZ). Mit der CNC-Werkzeugmaschine kann hauptsächlich ein Fertigungsverfahren ausgeführt werden.

Kann die Maschine dagegen unterschiedliche Bearbeitungsverfahren (z.B. Drehen, Fräsen und Bohren) in einer Aufspannung automatisch durchführen, handelt es sich um ein Bearbeitungszentrum (BAZ).

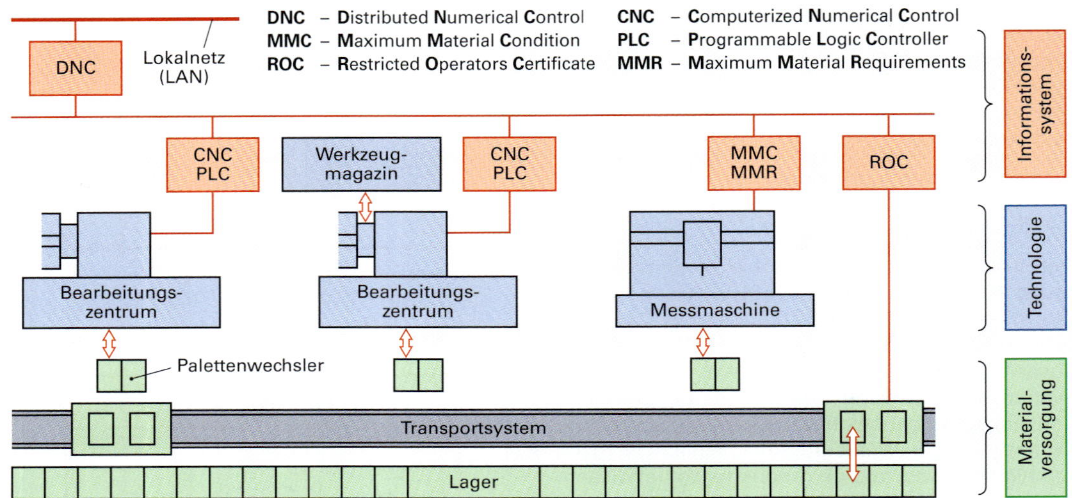

1 Struktur einer flexiblen Fertigungsanlage

Die kleinste Stufe einer flexiblen Fertigungsanlage stellt die **flexible Fertigungszelle** dar. Hierbei wird das Werkstück von einem Werkstückspeicher zur CNC-Maschine bzw. zum Bearbeitungszentrum automatisch transportiert. Nach der Bearbeitung wird das gefertigte Werkstück automatisch der Maschine entnommen.

Das **flexible Fertigungssystem** kennzeichnet sich durch eine höhere Stufe des Automatisierungsgrades. Durch einen automatisierten Werkstücktransport zwischen den CNC-Maschinen, Bearbeitungszentren oder flexiblen Fertigungszellen werden beim flexiblen Fertigungssystem die einzelnen Einheiten miteinander verkettet.

Die **flexible Fertigungsstraße** stellt einen Sonderfall dar, bei dem die Fertigungseinheiten in einer Reihe miteinander verkettet sind. Auf den nachfolgenden Seiten werden die flexiblen Fertigungsanlagen näher erläutert.

Im nebenstehenden Diagramm wird verdeutlicht, in welcher Situation der Einsatz von flexiblen Fertigungsanlagen sinnvoll ist **(Bild 2)**. Das Diagramm zeigt ein gegenläufiges Verhalten zwischen **Flexibilität und Produktivität** von flexiblen Fertigungsanlagen. Durch die Erhöhung des Automatisierungsgrades erreicht man eine Steigerung der Produktivität, d.h. Erhöhung der Stückzahl. Gleichzeitig verringert sich aber die Flexibilität und somit die Möglichkeit zur Bearbeitung von sehr unterschiedlichen Werkstücken.

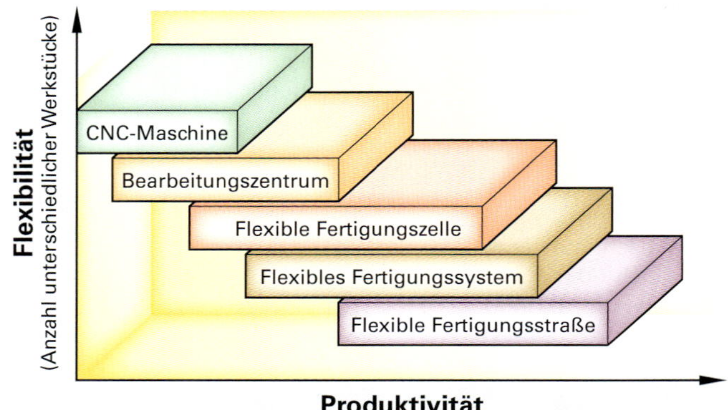

2 Flexibilität und Produktivität verschiedener Fertigungsanlagen

Einmaschinensystem

Schon mithilfe einer einzelnen Maschine, die mit einer Peripherie von Hilfseinrichtungen ausgerüstet wird, lässt sich eine flexible Fertigung durchführen.

CNC-Maschine und Bearbeitungszentrum

Die **CNC-Maschine** hat als Grundbaustein einer flexiblen Fertigungsanlage den geringsten Automatisierungsgrad. Der Steuerungsrechner der Maschine übernimmt die Aufgabe, die Schnitt- und Vorschubbewegung sowie den Werkzeugwechsel automatisch zu regeln. Im Unterschied zum Bearbeitungszentrum kann mit der CNC-Werkzeugmaschine hauptsächlich nur ein Fertigungsverfahren (z.B. Drehen) ausgeführt werden.

Beim **Bearbeitungszentrum** ist die Bearbeitung eines Werkstückes in einer Aufspannung mit unterschiedlichen Fertigungsoperationen möglich **(Bild 1)**. Die Rundumbearbeitung des Werkstückes wird mit einen Drehtisch realisiert. Durch einen zusätzlichen Palettenwechseltisch kann gleichzeitig während der Bearbeitung ein anderes Werkstück aufgespannt werden.

In der computerunterstützten Fertigung werden Daten in einem zentralen Fertigungsleitrechner (Server) gespeichert und den dezentralen Arbeitsrechnern (Clients) bzw. den Steuerungen an den Bearbeitungszentren bereitgestellt **(Bild 2)**.

Hierbei ist das zeitgerechte Verteilen der Steuerinformationen an mehrere NC-Maschinen und die Schnittstellenübergabe der Daten für einen durchgängigen Informationsfluss von entscheidender Bedeutung.

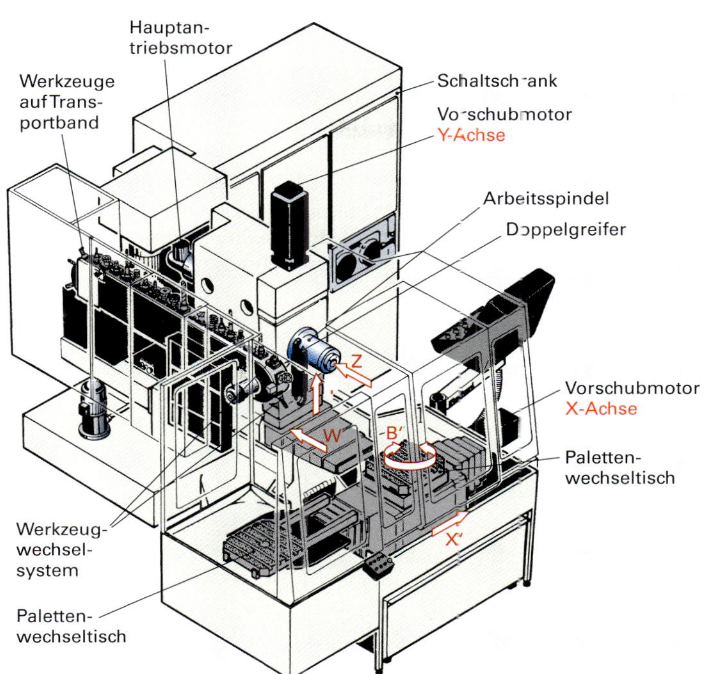

1 Bearbeitungszentrum mit Palettenwechseltisch

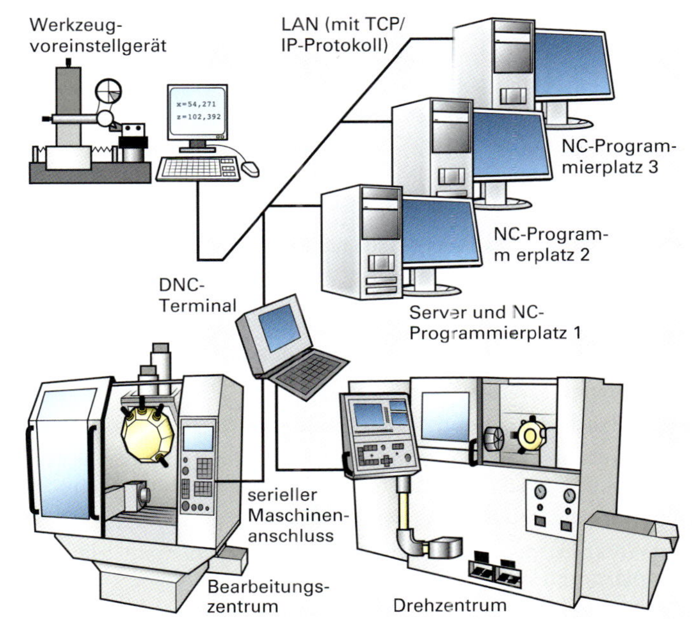

2 Vernetzte Fertigung

Die CNC-Werkzeugmaschine und das Bearbeitungszentrum bilden die Grundbausteine einer flexiblen Fertigungsanlage.

Flexible Fertigungszelle

Die **flexible Fertigungszelle** stellt die niedrigste Stufe einer flexiblen Fertigungsanlage dar. Durch die Erweiterung der CNC-Maschine oder des Bearbeitungszentrums mit einem Werkstückspeicher, einem Transportsystem und einer Werkstückwechselstation wird eine flexible Fertigungszelle gebildet **(Bild 1)**. Mit der nachfolgend gezeigten flexiblen Fertigungszelle können Komplettbearbeitungen mit Dreh- und Fräsverfahren durchgeführt werden. Neben einem großen Werkzeugmagazin und einer Werkzeugspannstation versorgen zwei Werkstückspeicher über einen Linienportalroboter die Maschine mit Werkzeugen und Werkstücken.

Flexible Fertigungszellen werden hauptsächlich in der Klein- und Mittelserienfertigung bei verschiedenartigen Einzelteilen eingesetzt. Mithilfe von flexiblen Fertigungszellen kann keine Komplettbearbeitung von Baugruppen mit sehr unterschiedlichen Fertigungsverfahren durchgeführt werden.

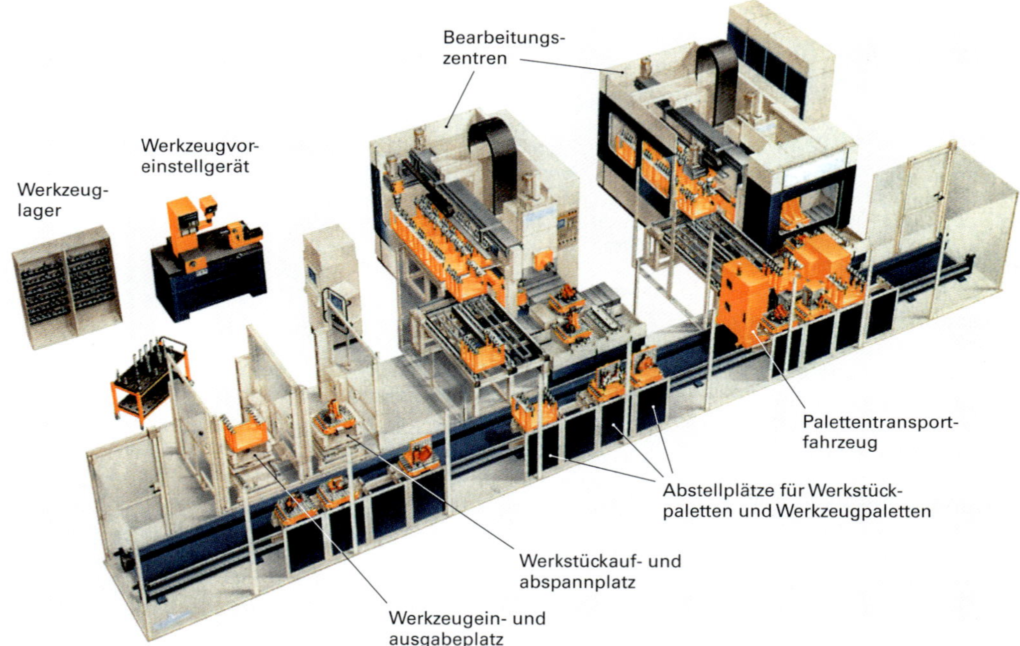

1 Ausführung einer flexiblen Fertigungszelle

Merkmale der flexiblen Fertigungszelle (Bild 2):

- Einmaschinenkonzept,
- automatische Steuerung der Vorschub- und Schnittbewegung,
- automatische Werkzeugmagazinierung und automatischer Werkzeugwechsel mit einem maschineninternen Steuerungsrechner,
- automatische Speicherung der Werkstücke,
- das Werkzeugmagazin und der Werkstückspeicher sind mit einem gemeinsamen Werkstücktransportsystem verbunden,
- die benötigten Werkzeuge werden der Maschine automatisiert bereitgestellt, gespannt und gewechselt,
- Vorgänge, wie z.B. Prüfen oder Entgraten, können zusätzlich durch entsprechende Einrichtungen automatisiert durchgeführt werden,
- die Steuerung der flexiblen Fertigungszelle übernimmt ein zentraler Steuerungsrechner.

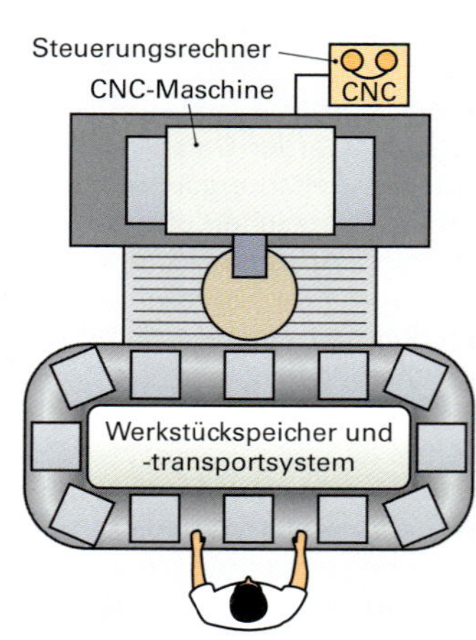

2 Flexible Fertigungszelle

Mehrmaschinensystem

Flexible Fertigungssysteme

Mehrere CNC-Maschinen, Bearbeitungszentren oder flexible Fertigungszellen, in einer beliebigen Reihenfolge zusammengefasst, bilden ein flexibles Fertigungssystem. Hierbei erfolgt der Werkstücktransport zwischen den Bearbeitungsstationen gesteuert durch einen übergreifenden **Leitrechner**. Das hier gezeigte flexible Fertigungssystem besteht aus vier Bearbeitungszentren **(Bild 1)**.

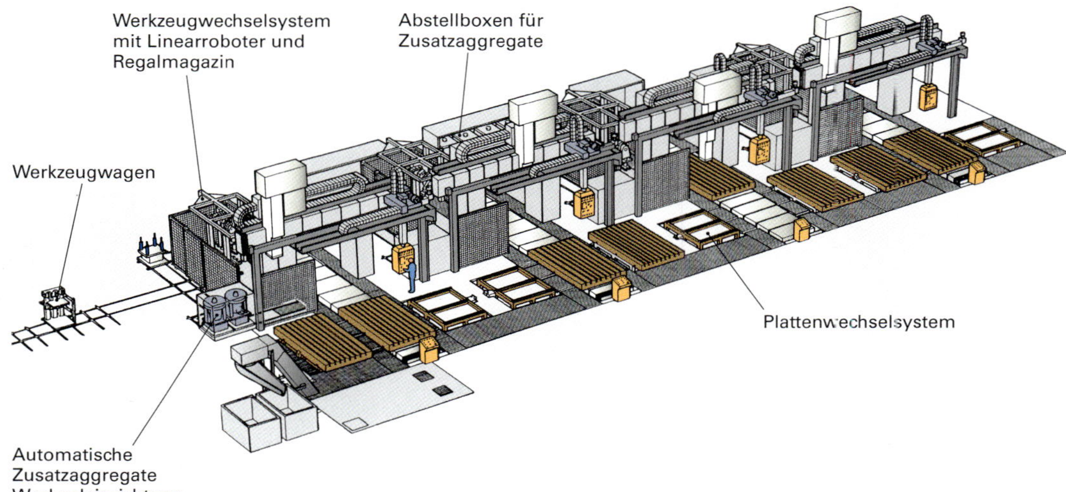

1 Ausführung des flexiblen Fertigungssystems

Die zu fertigende Keilprofilwelle durchläuft alle drei Bearbeitungsstationen. Der **Werkstücktransport** zwischen den Bearbeitungsstationen wird mit einem **Portalroboter** geregelt, der über einen **zentralen Leitrechner** gesteuert wird. Je nachdem, an welcher Bearbeitungsstation sich die Welle befindet, erhalten die Bearbeitungsstationen über den zentralen Leitrechner Informationen, wann die Bearbeitung der Welle stattfinden soll. Die Bearbeitung innerhalb der Bearbeitungsstation wird von ihren separaten Steuerungsrechnern geregelt. Nach der Bearbeitung wird die gefertigte Welle mit dem Portalroboter auf den in der Mitte stehenden Werkstückspeicher transportiert.

Mittels **eines fahrerlosen Transportsystems** werden die Halbzeuge vom Sägezentrum zum flexiblen Fertigungssystem transportiert. Im Anschluss der Bearbeitung werden die Werkstücke mit dem fahrerlosen Transportsystem zur Härterei bzw. Schleiferei befördert. Die Steuerung des fahrerlosen Transportsystems übernimmt ebenso der zentrale Leitrechner.

Merkmale des flexiblen Fertigungssystems (Bild 2):

- Mehrmaschinenkonzept,
- die Bearbeitungsstationen werden durch automatisierte Werkstücktransportsysteme verbunden,
- der Werkstücktransport zu und zwischen den Stationen wird durch einen übergeordneten Leitrechner organisiert,
- der jeweilige Beginn eines Fertigungsvorganges an der Bearbeitungsstation wird über den Leitrechner gesteuert,
- es kann eine komplette Bearbeitung eines Werkstückes oder einer Baugruppe in dem flexiblen Fertigungssystem durchgeführt werden,
- Werkstücke können zwischen den Bearbeitungsstationen unterschiedliche Wege haben bzw. Stationen überspringen.

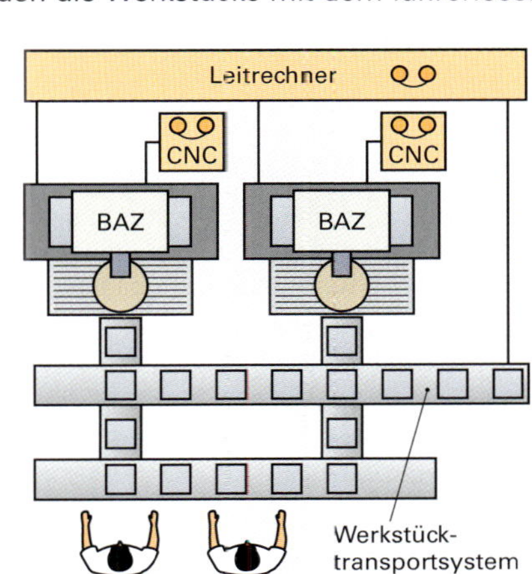

2 Flexibles Fertigungssystem

Flexible Fertigungsstraße

Für die Bearbeitung fertigungsähnlicher Werkstücke in sehr großen Stückzahlen, die einen hohen Fertigungsaufwand erfordern, können **flexible Fertigungsstraßen** eingesetzt werden. Hierbei werden die Bearbeitungs- und Montagestationen in einer festgelegten Reihenfolge aufgestellt **(Bild 1)**. Die Werkstücke durchlaufen in der Regel alle Bearbeitungsstationen der Fertigungslinie.

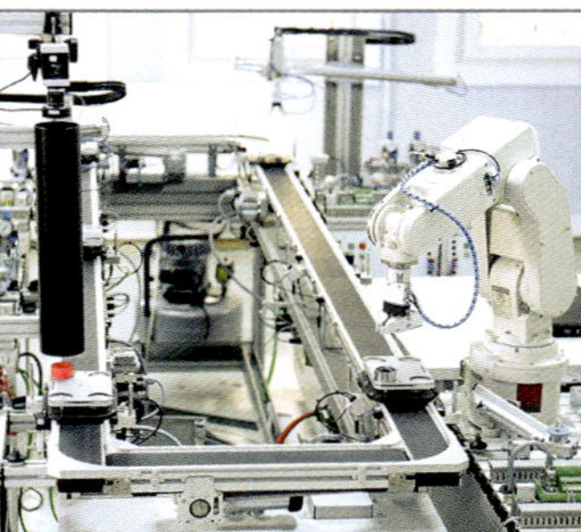

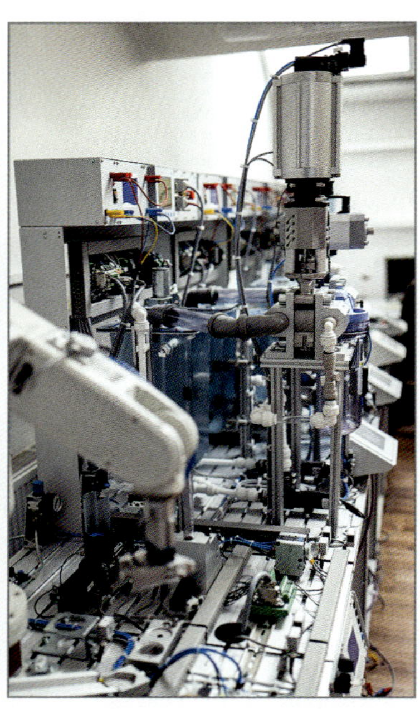

1 Flexible Fertigungsstraße, Smart Factory

Das **Bild 1** zeigt eine modular aufgebaute Fertigungsstraße mit einem Transportsystem mit Werkstückträgerpaletten, Handlingrobotern, Bearbeitungsstation mit einem CNC-Fräszentrum, Montageplätzen und Pufferspeicher. Die Bearbeitungsstationen sind durch das automatische Transportsystem miteinander verbunden und alle Abläufe werden durch einen Leitrechner zentral gesteuert. Jede Station der modular aufgebauten Anlage besitzt einen Zellenrechner. Dieser wird in eine Rechnerhierarchie eingebettet und kommuniziert mit der zentralen Steuerung.

Es werden häufig unterschiedliche Produkttypen und Produktionsaufträge gleichzeitig bearbeitet. Für jedes Werkstück wird der aktuelle Bearbeitungsstand von den Zellenrechnern an die zentrale Steuerung gemeldet.

Merkmale der flexiblen Fertigungsstraße (Bild 2):

- mehrere Bearbeitungsstationen sind in einer Fertigungslinie aufgestellt, d.h. ein Werkstück muss alle Bearbeitungsstationen passieren,
- die Bearbeitungsstationen sind durch ein automatisiertes Werkstückflusssystem verknüpft,
- der Werkstücktransport zu und zwischen den Stationen kann durch einen Steuerungsrechner gesteuert werden,
- zwischen den Bearbeitungsstationen können sich Ausgleichspuffer befinden, um die unterschiedlichen Fertigungszeiten an den jeweiligen Stationen auszugleichen.

2 Flexible Fertigungsstraße

Handhabungssysteme für flexible Fertigungsanlagen

Für die automatische Bearbeitung in einer flexiblen Fertigungsanlage müssen die Werkzeuge und Werkstücke an den jeweiligen Bearbeitungsstationen zu- und abgeführt bzw. gehandhabt werden. Diese Funktionen werden von Handhabungssystemen übernommen. Man unterscheidet zwischen **Werkzeug- und Werkstück-Handhabungssystemen**.

Handhaben ist das Schaffen, definierte Verändern oder vorübergehende Aufrechterhalten einer räumlichen Anordnung von geometrisch bestimmten Körpern in einem Bezugskoordinatensystem.

Werkzeug-Handhabungssysteme

Bild 1 zeigt einen Ausschnitt eines Bearbeitungszentrums. Zu erkennen ist ein **Werkzeugkettenmagazin mit Werkzeugwechsler.** Die für die Bearbeitung über einen längeren Zeitraum benötigten Werkzeuge werden in dem Kettenmagazin gespeichert und mithilfe des Werkzeugwechslers in die Arbeitsspindel eingespannt. Der Werkzeugwechsler besteht aus einem Schwenkgreifer. Das jeweils benötigte Werkzeug wird mit der Kette zu dem Schwenkgreifer positioniert. Durch die Betätigung des Greifers wird anschließend das Werkzeug aus dem Kettenmagazin entnommen und durch Schwenken zur Arbeitsspindel hingeführt.

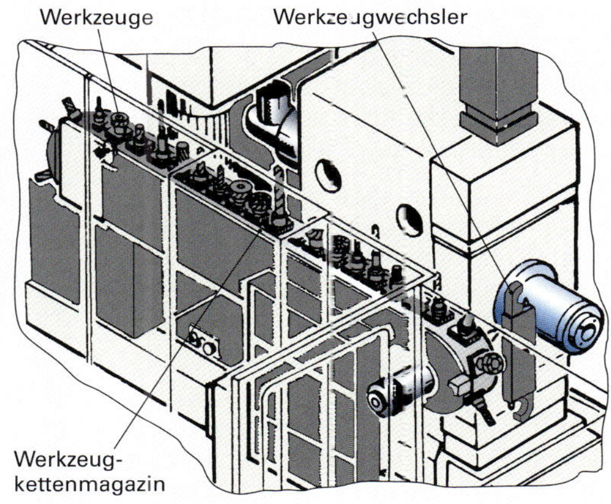

1 **Werkzeug-Handhabungssystem**

Bei den Werkzeugmagazinen wird grundsätzlich zwischen Magazinen mit beweglichen und stationären Werkzeugen unterschieden **(Bild 2)**. Zu den **beweglichen Werkzeugmagazinen** gehören u.a. neben dem Kettenmagazin das Scheiben-, Trommel- und Sternmagazin.

Auswahlkriterien für den Einsatz eines Werkzeugmagazins sind Schnelligkeit des Werkzeugwechsels, Platzbedarf des Magazins in der Maschine sowie Anzahl der einsetzbaren Werkzeuge in dem jeweiligen Magazin.

Bei **stationären Magazinen** befinden sich die Werkzeuge auf feststehenden Paletten oder Leisten. Um das Werkzeug aus dem Magazin zu entnehmen, muss ein Greifer zuerst das Werkzeug anfahren. Anschließend fährt er zur Maschine und setzt es dort in die Arbeitsspindel oder den Werkzeughalter. Die Entnahme bzw. Zuführung des Werkzeuges erfolgt durch eines der in den nachfolgenden Abschnitten beschriebenen Handhabungsgeräte.

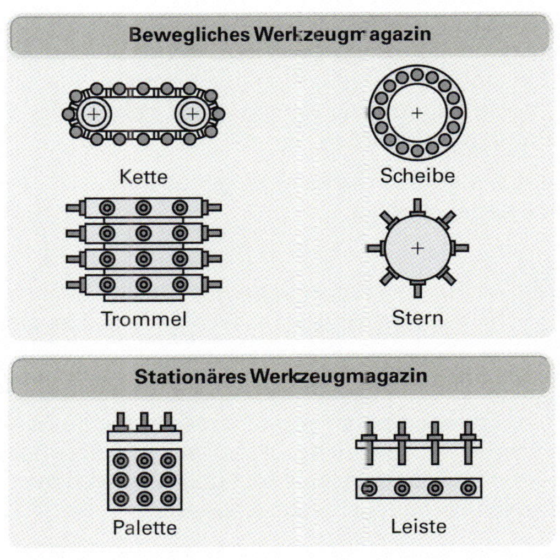

2 **Bewegliche und stationäre Werkzeugmagazine**

Werkzeug-Handhabungssysteme bestehen grundsätzlich aus einem Magazin- und Greifersystem.

Hierbei ist der Werkzeugplatz beweglich oder stationär. Um das richtige Werkzeug zu greifen, muss jedes Werkzeug oder der entsprechende Platz im Magazin kodiert sein.

Werkstück-Handhabungssysteme

Werkstück-Handhabungssysteme bestehen aus der Fördereinheit und dem Handhabungsgerät zur Entnahme des Werkstückes.

In **Bild 1** wird exemplarisch die **Fördereinheit** des Bearbeitungszentrums dargestellt. Der Handhabungsvorgang zur Förderung der Werkstücke läuft wie folgt schrittweise ab:

- Der Spannvorgang findet am Montageplatz des **Palettenpools** statt. Hier wird jeweils ein Werkstück von einem Handhabungsgerät (z. B. einem Schwenkarmroboter) auf eine Palette eingespannt.
- Durch die Drehung des Palettenpools wird das eingespannte Werkstück zum **Palettenwechseltisch** des Bearbeitungszentrums gefördert.
- Der Palettenwechseltisch entnimmt dem Palettenpool die Palette mit dem Werkstück und schiebt es auf den **Maschinenschlitten**. Hier kann das Werkstück gefräst und geschliffen werden.
- Nach der Bearbeitung wird die Palette auf den Palettenwechseltisch zurückgeführt und auf den Palettenpool geschoben. Von dort aus wird sie zum Montageplatz gefördert. Das Werkstück kann nun von dem Handhabungsgerät ausgespannt werden.

Während das erste Werkstück auf dem Bearbeitungszentrum gefräst und geschliffen wird, können von dem Handhabungsgerät bis zu sieben weitere Paletten bestückt werden, die sich dann auf dem Palettenpool befinden.

Der Palettenpool dient dementsprechend als **Palettenspeicher**.

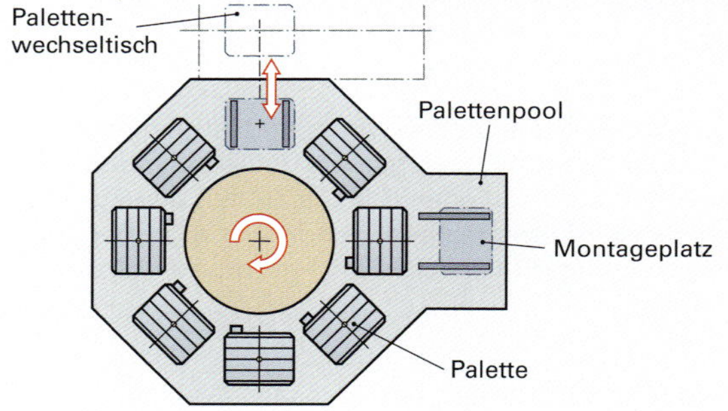

1 Fördereinheit des Bearbeitungszentrums

Als Handhabungsgeräte werden alle Geräte bezeichnet, die einen Körper zu einer bestimmten Position hinbewegen und ihn so weit drehen, dass sich der Körper dann in der richtigen Lage befindet.

Für flexible Fertigungsanlagen unterscheidet man zwischen Einlegegeräten und Industrierobotern.

Unter **Einlegegeräten** versteht man einfache Bewegungsautomaten mit festen Bewegungsabläufen. Die Bewegungen werden meistens über einfache mechanische Steuerungen realisiert. Die Geräte sind in ihrer Flexibilität sehr eingeschränkt und werden daher oft nur für einfache Montagetätigkeiten innerhalb einer flexiblen Fertigungsanlage eingesetzt.

Industrieroboter sind universell einsetzbare Bewegungsautomaten, die sich in mehreren Achsen gleichzeitig bewegen können. Die Bewegungen der Achsen werden nur durch computerunterstützte Steuerungen geregelt. Neben den Handhabungsaufgaben können Industrieroboter auch Fertigungsaufgaben, wie z. B. Schweißen oder Lackieren, ausführen.

Bei den Industrierobotern unterscheidet man hauptsächlich zwischen vier **Roboterbauarten**:

- Lineararmroboter,
- Portalroboter,
- Schwenkarmroboter,
- Knickarmroboter.

Lineararmroboter

Der Lineararmroboter ist für einfache Handhabungsaufgaben geeignet **(Bild 1)**. Der Greifer des Roboters kann sich nur in einem verhältnismäßig kleinen Arbeitsraum bewegen. Die Länge des quaderförmigen **Arbeitsraumes** kann mehrere Meter betragen. Die Breite ist durch die kleinere Armbewegung der Achse 3 begrenzt. Der Lineararmroboter kann kleine bis mittelgroße Werkstücke befördern.

Der im **Bild 1** dargestellte Lineararmroboter besitzt **4 Bewegungsachsen**. Die erste, zweite und dritte Achse können nur translatorisch (geradlinig) bewegt werden. Mit der vierten Achse wird eine rotatorische (drehende) Bewegung des Greifers ausgeführt.

Einsatzbeispiele eines Lineararmroboters sind neben der Werkzeugmaschinenbeschickung Montage- und Prüfaufgaben.

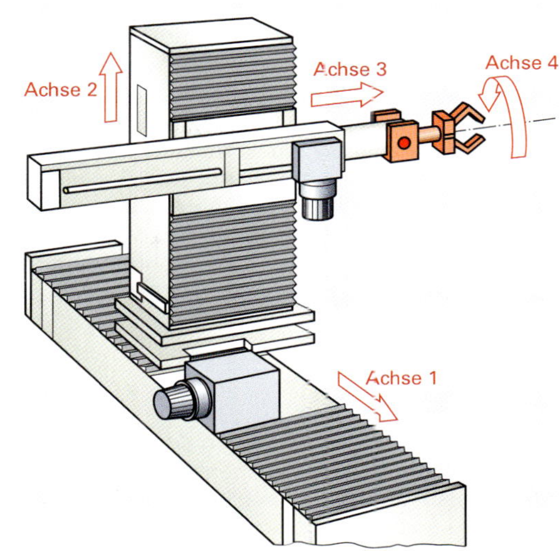

1 Lineararmroboter

Portalroboter

Der **Portalroboter** kann Handhabungsaufgaben in einem sehr großen Arbeitsraum ausführen **(Bild 2)**. Er eignet sich daher für die Beschickung von mehreren Bearbeitungsstationen in einem flexiblen Fertigungssystem. Im Gegensatz zum Lineararmroboter kann der Portalroboter Werkstücke mit einem Gewicht bis ca. 100 kg befördern.

Der **Arbeitsraum des Portalroboters** beträgt in seinen Abmessungen in der Länge bis zu 20 m, in der Breite bis zu 6 m und in der Höhe bis zu 2 m. Der quaderförmige Arbeitsraum des Portalroboters wird bestimmt durch die drei translatorischen Achsen in der Länge, Breite und Höhe sowie die rotatorische Achse des Greifers ähnlich wie beim Lineararmroboter. Es handelt sich dementsprechend um einen Roboter mit vier Bewegungsachsen.

Einsatzbeispiele eines Portalroboters sind neben der Werkzeugmaschinenbeschickung Palettieren, Punktschweißen und kleinere Montagetätigkeiten.

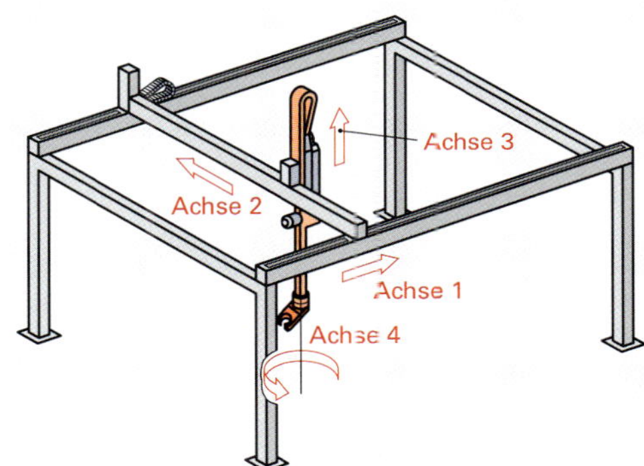

2 Portalroboter

Schwenkarmroboter

Der Schwenkarmroboter ist vorwiegend für Montagetätigkeiten konzipiert worden **(Bild 3)**. In der horizontalen Ebene ist dieser Robotertyp durch seine Gelenke sehr nachgiebig, dagegen ist er in der vertikalen Richtung sehr steif. Dieses Verhalten ist beim Fügen vorteilhaft, da die meisten Fügebewegungen, bei denen größere Kräfte gebraucht werden, in der senkrechten Richtung stattfinden.

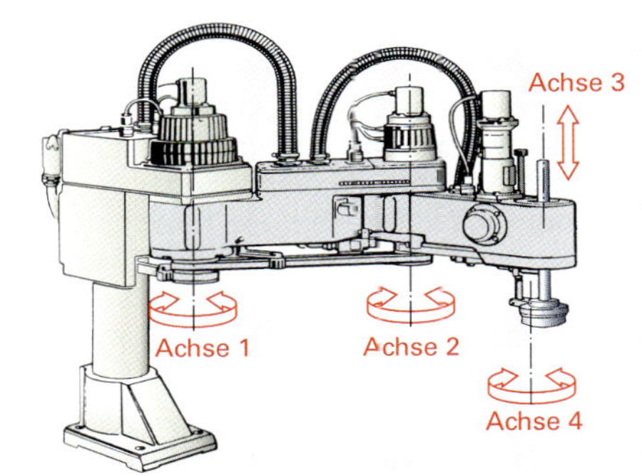

3 Schwenkarmroboter

Der C-förmige **Arbeitsraum des Schwenkarmroboters (Bild 1)** ergibt sich aus den Drehbewegungen der auf Seite 533, **Bild 3** eingetragenen Achsen 1 und 2 des Schwenkarmroboters. Der Arbeitsraum umspannt eine Länge bis 2 m und eine Breite bis 1,5 m. In der Höhe kann der Schwenkarmroboter mit seiner dritten translatorischen Achse nur ca. 0,3 m verfahren. Mit der vierten rotatorischen Achse kann wie bei den vorhergehenden Robotertypen der Greifer gedreht werden. Da diese Achse mehrere Umdrehungen ausführen kann, ist z. B. das Einsetzen von Schrauben möglich.

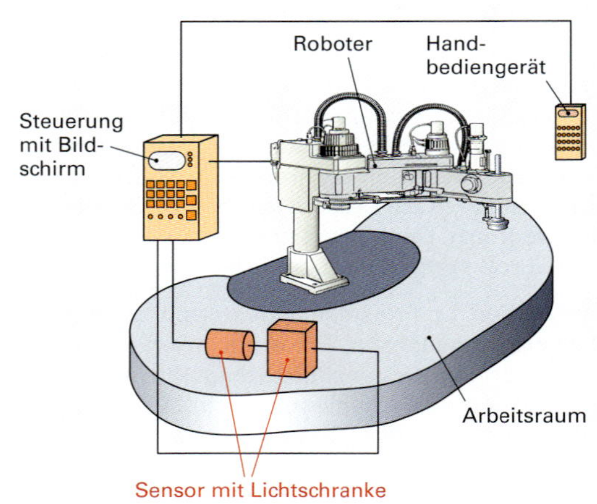

1 **Arbeitsraum des Schwenkarmroboters**

Knickarmroboter

Der Knickarmroboter kann neben der Handhabung wie z. B. Einlegen oder Maschinenbeschickung auch Fertigungsaufgaben ausführen **(Bild 2)**. Es ergibt sich somit ein Aufgabenbereich vom Schweißen, Kleben, Beschichten, Pressen oder Lackieren bis hin zum Fräsen und Bohren. Der Knickarmroboter kann Werkstücke mit einem Gewicht bis zu 100 kg handhaben oder entsprechende Kräfte z. B. zum Pressen aufbringen.

Der **Arbeitsraum des Knickarmroboters** ergibt sich durch fünf rotatorische Drehachsen. Da alle Achsen des Roboters Drehachsen sind, kann sich der Greifer in einem kugelförmigen Arbeitsraum bewegen. Mit der ersten Achse dreht sich der Knickarmroboter um sich selbst und durch die zweite sowie dritte Achse wird eine Schwenkbewegung der Roboterarme ausgeführt. Mit den drei ersten Achsen wird der Greifer an einem bestimmten Punkt im Raum positioniert. Mit der vierten und fünften Achse wird die Lage des Greifers durch Drehen und Schwenken bestimmt.

2 **Werkstückentnahme**

Industrieroboter

Alle Industrieroboter arbeiten mit einer computerunterstützten Steuerung, die mit der Steuerung einer CNC-Werkzeugmaschine vergleichbar ist **(Bild 3)**. Diese Steuerung ist in ein Gesamtsystem eingebunden. Neben den Eingabegeräten kann die Bewegung des Roboters über die Steuerung durch Sensoren beeinflusst werden.

Eingabegeräte sind das Handbediengerät, externe Datenträger, Lesegeräte oder die Tastatur mit Bildschirm. Während über die Tastatur oder über externe Datenträger Programme für den Bewegungsablauf eingegeben werden, kann mit dem Handbediengerät der Industrieroboter von Hand verfahren werden.

Sensoren befinden sich im Arbeitsraum und dienen der Überprüfung z. B. der Greifertätigkeit. So kann durch eine Lichtschranke überprüft werden, ob sich im Greifer ein Werkstück befindet. Falls nicht, muss der Greifer seine Bewegungen zur Entnahme des Werkstücks wiederholen.

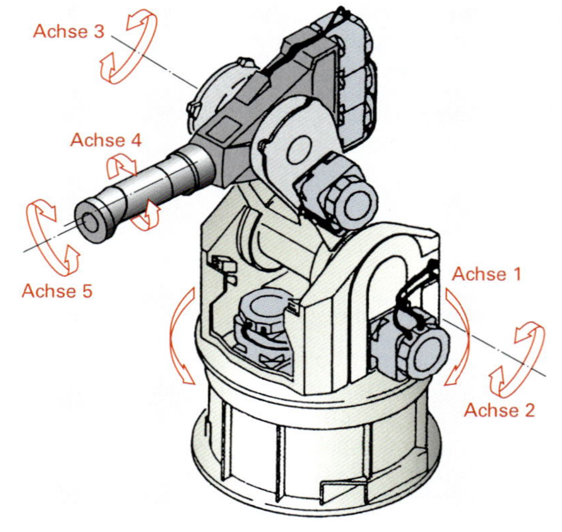

3 **Industrierobotor**

Programmierung von Industrierobotern

Die Bewegung eines Industrieroboters wird auf zwei unterschiedliche Arten gesteuert, mit der Punkt- und der Bahnsteuerung. Bei der **Punktsteuerung** wird der Steuerung lediglich der Anfangs- und Endpunkt der Greiferbewegung mitgeteilt **(Bild 1)**. Mit dieser Steuerungsart fährt der Greifer auf dem schnellsten Weg vom Anfangs- zum Endpunkt. Dieser Weg ist nicht unbedingt der kürzeste Verfahrweg für den Greifer, da z. B. von einem Schwenkarmroboter eine kreisförmige Bewegung schneller ausgeführt wird als eine lineare Bewegung.

Bei der **Bahnsteuerung** bewegt sich der Greifer des Roboters auf einer vorgegebenen Bahn **(Bild 2)**. Hierbei sind in der Regel kreisförmige oder lineare Bewegungen mit einer festgelegten Vorschubsgeschwindigkeit möglich. Diese Bewegungsart ist für den Computer des Roboters wesentlich aufwendiger zu berechnen, da hierbei zwischen dem Anfangs- und Endpunkt eine Vielzahl von Zwischenpunkten berechnet bzw. interpoliert werden muss. Die Bahnsteuerung wird vor allem bei langsamen und genauen Bewegungen, z. B. beim Schweißen oder beim letzten Anfahrweg des Greifers zum Werkstück, eingesetzt.

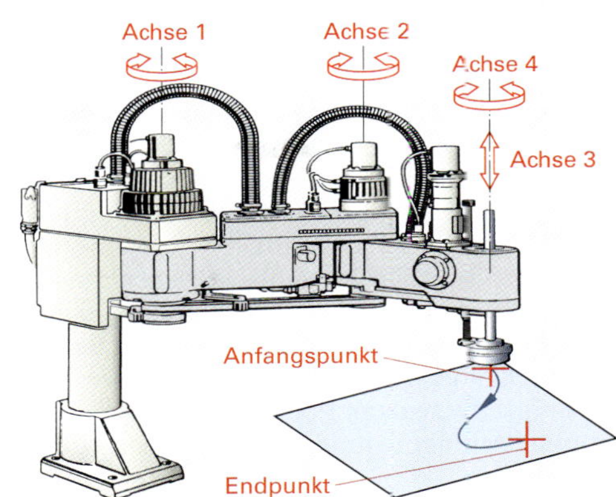

1 Bewegung des Greifers mit der Punktsteuerung

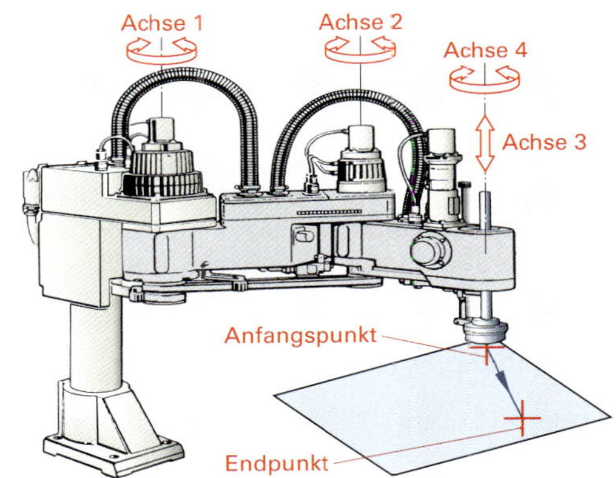

2 Bewegung des Greifers mit der Bahnsteuerung

Programmierarten für Industrieroboter

Um einen komplexeren Bewegungsablauf des Greifers festzulegen, wird die Steuerung programmiert. Hierbei wird zwischen der Programmierung direkt am Roboter **(On-Line)** und der Programmierung unabhängig vom Roboter **(Offline)** unterschieden **(Bild 3)**. Während die Teach-In- und Play-Back-Programmierung am Roboter erfolgen, kann die textuelle Programmierung am Roboter oder unabhängig vom Roboter eingesetzt werden.

Für die **Teach-In-Programmierung** wird z. B. ein **Handbediengerät** benötigt **(Bild 4)**. Hierbei wird der Greifer zu einem bestimmten Punkt mit dem Handbediengerät gefahren. Die entsprechende Greiferposition kann dann unter einem festgelegten Punktnamen gespeichert werden.

Programmierarten für Industrieroboter		
On-Line-Programmierung		Off-Line-Programmierung
Teach-In-	Play-Back-	Textuelle Programmierung
Programmierung		
Anfahren und Speichern des Endpunktes	Abfahren einer Bahn und Speichern der Daten	Programmiersprachen: z. B. SRCL (KUKA), MANUTEC (Siemens), BAPS (Bosch), ROLF (CLOOS).

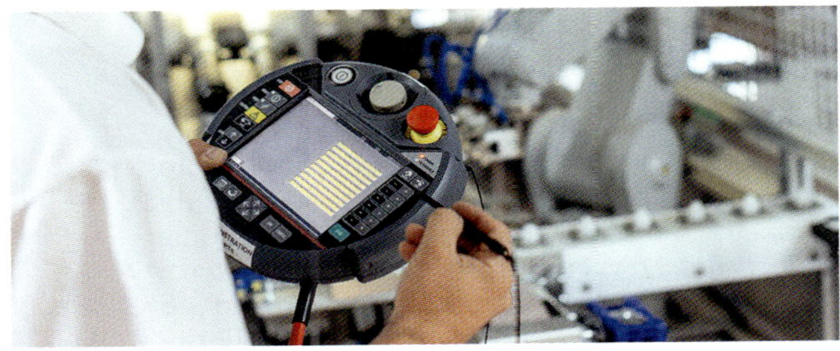

3 Handbediengerät

Während bei der Teach-In-Programmierung der Robotergreifer zu wenigen festgelegten Punkten auf seiner Bewegungsbahn mithilfe des Handbediengerätes gefahren wird, kann bei der **Play-Back-Programmierung** die gesamte Bewegungsbahn des Robotergreifers durch eine Vielzahl von Punkten festgelegt werden. Hierbei wird der Greifer vom Bediener unmittelbar über Handgriffe eine bestimmte Bahn entlanggeführt **(Bild 1)**. Während dieser Phase speichert die Steuerung selbsttätig in einem festen Zeittakt alle für die Wiedergabe (Playback) der Bahn notwendigen Daten. Die Play-Back-Programmierung wird dort eingesetzt, wo der Robotergreifer schwierige Konturen nachfahren muss, z.B. bei Lackier- und Schweißarbeiten.

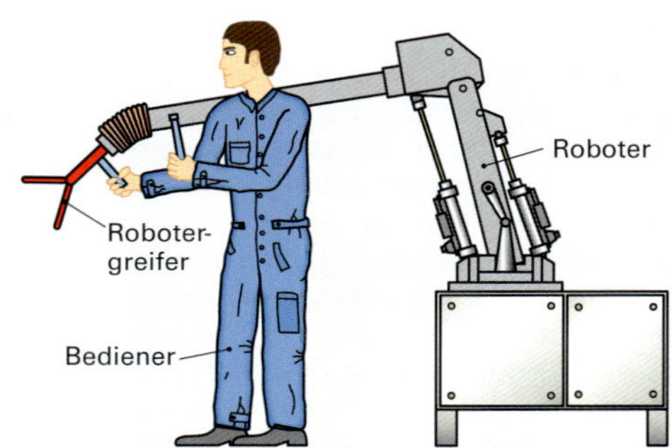

1 Play-Back-Programmierung

Transport und Materialfluss

Durch einen **Transportvorgang** werden Gegenstände fortbewegt. Es wird ein **Materialfluss** in Gang gesetzt. Die Bewegung kann in beliebiger Richtung über eine begrenzte Entfernung unter Hinzunahme von Fördermitteln erfolgen. Man unterscheidet zwischen **flurgebundenen, flurfreien** und **aufgeständerten Fördermitteln**. Der Materialfluss kann je nach Fördermittel **stetig** (ohne Unterbrechung) oder **unstetig** (mit Unterbrechung) erfolgen.

Flurgebundene Fördermittel

Flurgebundene Fördermittel bewegen sich ebenerdig auf den dafür vorgesehenen Transportwegen. Bei fast allen flurgebundenen Fördermitteln wird der Materialfluss unstetig durchgeführt. **Bild 2** zeigt einen **Wagen** und einen **Stapler**. Beide Fahrzeuge sind die meistgebräuchlichen Fördermittel. Der Wagen kann von Hand gezogen oder mit einem Antrieb versehen werden. Der **Antrieb** des Wagens erfolgt mit einem Elektromotor. Der Stapler kann beim Einsatz im Außenbereich mit einem Dieselmotor angetrieben werden. Der Wagen und der Stapler sind mit vorderen oder seitlich angeordneten **Greifern** meist in Form einer Gabel versehen. Sie können hiermit Hubbewegungen und je nach Ausführung auch Schubbewegungen ausführen.

2 Hubwagen und Elektrostapler

Das automatische **Flurförderzeug** kann sich als flurgebundenes Fahrzeug geführt auf Leiterschleifen oder frei verfahrbar bewegen. Dieses Fahrzeug wird als **„Fahrerloses Transportsystem“ (FTS)** bezeichnet **(Bild 3)**. Es wird hierbei häufig durch einen übergeordneten Rechner gesteuert. Die Führung des automatischen Flurförderzeuges erfolgt meistens mit magnetischen Leitlinien, die auf oder in dem Boden verlegt sind. Frei verfahrbare Fahrzeuge arbeiten in der Regel mit Bildverarbeitungssystemen und programmierten Verfahrwegen. Automatische Flurförderzeuge können entweder mit Gabeln Paletten selbstständig aufnehmen oder müssen, wie der im **Bild 3** gezeigte Wagen, mit einem Hubtisch von einem zusätzlichen Bediengerät beladen werden.

3 Fahrerloses Transportsystem (FTS)

Flurfreie Fördermittel

Flurfreie Fördermittel sind in der Regel schienengebunden oder können sich drehend auf einer Stütze bewegen. **Bild 1** zeigt die Ausführung einer **Elektrohängebahn**. Sie kann in verschiedenen Automatisierungsgraden aufgebaut werden. Das an Schienen hängende Fahrzeug der Elektrohängebahn verfügt über einen eigenen Antrieb. Die Elektrohängebahn dient als universelles Fördermittel in und zwischen unterschiedlichen Betriebsbereichen.

Zu den **flurfreien Förderzeugen** zählen auch die **Krane** in unterschiedlichsten Ausführungen. Krane werden als Hebezeuge für den vertikalen und horizontalen Transport von Gütern eingestuft. Je nach Lastaufnahmeeinrichtung am Kran können Schütt- oder Stückgüter transportiert werden.

Eine in der Produktion häufig anzutreffende Kranbauart stellt der in **Bild 2** gezeigte **Brückenkran** dar. Er erstreckt sich von einer Laufbahn zu anderen über die gesamte Produktionshalle. Ein Transport von Lasten zu anderen Hallenschiffen kann jedoch mit dem Brückenkran nicht durchgeführt werden. Der **Stapelkran (Bild 3a)** ist eine Kombination aus Brückenkran und Gabelstapler. An der Laufkatze befindet sich wie beim Hochregalstapler eine teleskopartig bewegliche Stapelsäule, die zudem noch drehbar ist. Stapelkrane sind gut automatisierbar, da ihre Lastaufnahme nicht wie beim Brückenkran pendelt. **Portalkrane (Bild 3b)** sind aufgebaut wie Brückenkrane, besitzen jedoch noch Stützen, die ebenerdig schienengeführt verfahrbar sind. Der Einsatzbereich der Portalkrane liegt meist im Freien.

Drehkrane gibt es in verschiedenen Ausführungen. Sie sind in der Regel bis auf den Turmdrehkran ortsfest. Der Ausleger des Drehkrans befindet sich auf einer Säule **(Bild 3c)** oder einem Turm. Der Radius des Auslegers kann durch eine verfahrende oder wippende Bewegung verändert werden.

1 **Elektrohängebahn**

2 **Brückenkran**

3 **Stapelkran, Portalkran und Säulendrehkran**

Aufgeständerte Fördermittel

Aufgeständerte Fördermittel transportieren überwiegend Materialien stetig (ohne Unterbrechung) vom Anfangs- zum Zielpunkt. Sie stellen durch ihren erhöhten Bau oftmals ein Hindernis dar. Zum Be- und Entladen müssen zusätzlich Fördermittel zum Umschlagen eingesetzt werden.

Bei der in **Bild 1** gezeigten **geraden und kurvengängigen Rollenbahn** wird das Fördergut durch die Schwerkraft bewegt. Die Fördergeschwindigkeit wird durch die Neigung der Bahnen bestimmt. Eine zusätzliche Kontrolle der Geschwindigkeit erfolgt z.B. durch Bremsen. Die zu transportierenden Güter müssen entweder eine ebene Auflagefläche besitzen oder sie müssen auf Ladehilfsmitteln bewegt werden.

Mit den in **Bild 2** dargestellten **Kugelbahnen** kann das Fördergut in beliebige Richtungen bewegt werden. Der Antrieb wird durch eine manuelle Bewegung oder durch Schwerkraft auf einer leicht geneigten Bahn durchgeführt.

Wird ein **elektrischer Antrieb** eingesetzt, so eignen sich hierfür z.B. die Rollenbahn oder der Bandförderer. Bei der **Rollenbahn** werden die Rollen über Ketten oder Riemen bewegt. Es kann jede Rolle, aber auch nur jede dritte oder vierte Rolle angetrieben werden. Die in **Bild 3** aufgeführten **Bandförderer** besitzen Zugmittel als Bänder. Die Zugmittel stellen zugleich das Zug- und Tragorgan dar, auf dem sich das zu fördernde Gut befindet. Die Bänder umlaufen mindestens zwei Rollen, von denen eine mit einem Antrieb und die zweite mit einer Spannvorrichtung versehen wird. Das Fördergut kann ohne Ladehilfsmittel bewegt werden.

Der **Paternoster (Bild 4)** ist ein umlaufender Stückgutförderer. Der Antrieb erfolgt über zwei parallel laufende Kettenstränge. Das Tragorgan hängt an den Ketten pendelfrei durch die Befestigung an den zwei Ketten und befindet sich immer mit seiner Ladefläche in einer waagerechten Lage. Nach einem ähnlichen Prinzip arbeitet der **Schaukelförderer (Bild 4)**. Nur hängt hierbei das Tragorgan pendelnd an den Ketten. Die **Rutsche (Bild 4)** gehört zu den einfachsten Stetigförderern, bei denen das Fördergut ohne Antrieb auf eine niedrigere Ebene gleitet.

Beim **Wandertisch (Bild 5)** sind die durch eine Kette angetriebenen Platten nicht überdeckend und auch nicht direkt gekoppelt. Die als Tische bezeichneten Platten besitzen jeweils eigene Laufrollen, die sich auf einer ebenen Fläche abwälzen. Enthält der einzelne Tisch eine Kippvorrichtung, so lässt sich das Fördergut unter Nutzung der Schwerkraft seitlich abgleiten. In diesem Fall wird von einem **Kippschalenförderer** gesprochen.

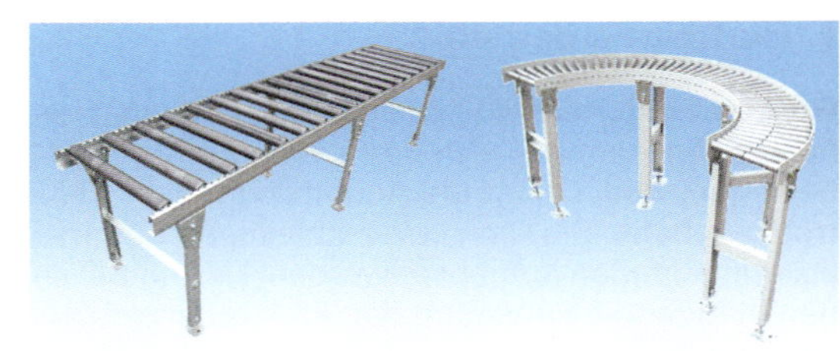

1 **Rollenbahn**

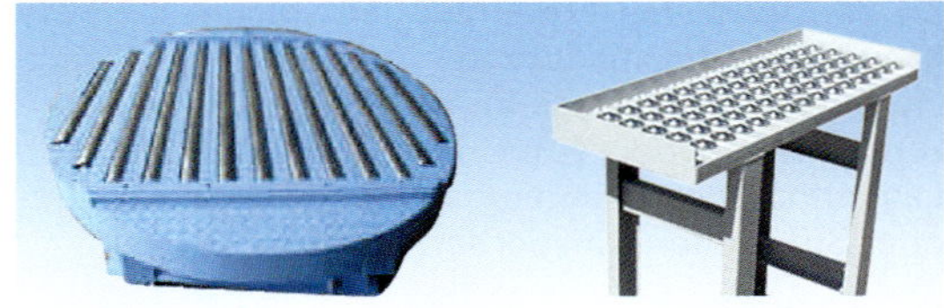

2 **Kugelbahn**

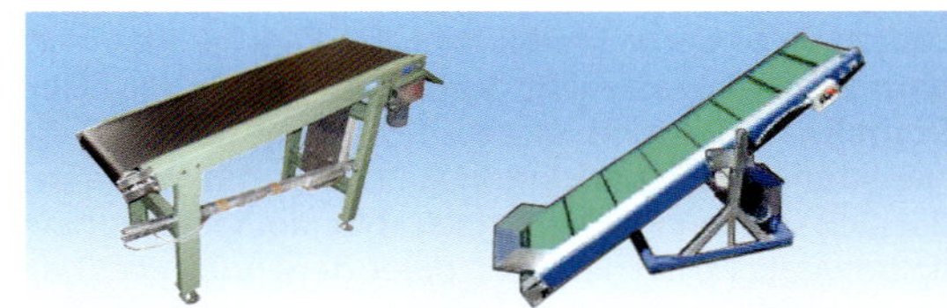

3 **Bandförderer**

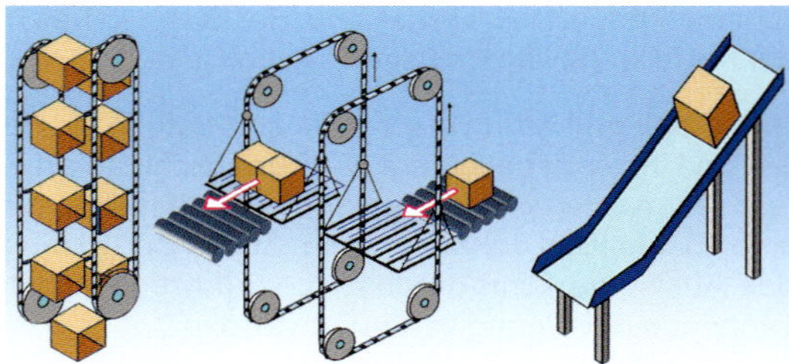

4 **Paternoster, Schaukelförderer, Rutsche**

5 **Wandertisch**

Industrie 4.0

Grundlage sind intelligente, digital vernetzte Produktionssysteme. Industrie 4.0 ist ein Begriff aus dem Marketing und gilt als Zukunftsprojekt der deutschen Industrie und der Bundesregierung. International wird die Bezeichnung Industrial Internet of Things (Internet der Dinge, I-OT = Internet of things) häufig verwendet. In vielen Industrieprodukten werden heute elektronische Schaltungen eingebaut, die Funktionen steuern und die Anwendungen verbessern. Diese elektronischen Systeme sind zunehmend internetfähig. So entsteht das **Internet der Dinge**. Eine virtuelle Welt, in der digitale Systeme Informationen austauschen. In diesem Zusammenhang wird häufig von der vierten industriellen Revolution gesprochen.

Die erste industrielle Revolution **(Bild 1)** war in den Jahren 1750–1850 (Mechanisierung, Industrie 1.0). Sie hatte große Auswirkungen auf die Gesellschaft und die Produktion. Sie veränderte die Lebens- und Arbeitsbedingungen der Menschen nachhaltig. Im neuen Industriezeitalter beschleunigte die Kraft der Dampfmaschine die Produktivität. Mit Beginn des 20. Jahrhunderts führte die Elektrifizierung zur zweiten industriellen Revolution. Fließbandarbeit und Massenproduktion waren jetzt im industriellen Maßstab möglich. In den 70er-Jahren des 20. Jahrhunderts wurde durch den Einsatz von Computer- und Informationstechnologien (IT) eine dritte industrielle Revolution ausgelöst.

Die Weiterentwicklungen der Automatisierungs- und Informationstechnologien führen aus heutiger Sicht zu der vierten industriellen Revolution. Analysiert man Industrie 4.0-Systeme, so wird der hohe Automatisierungsgrad deutlich. In den vergangenen Jahren wurde Automatisierung im Hinblick auf Produktionssteigerung und Qualitätsverbesserung eingesetzt. Festgelegte und sich immer wiederholende Fertigungsprozesse in der Serienfertigung sollten weitgehend vollständig von Maschinen und Produktionssystemen erledigt werden. Bei Industrie 4.0 geht es darum, Fertigungsprozesse mit wechselnden Aufgabenstellungen durch digital kommunizierende und anpassungsfähige Produktionssysteme zu organisieren.

Bei Industrie 4.0-Systemen werden traditionelle Produktionsstrukturen, die auf festgelegte Planungsdaten und Fertigungsabläufe aufbauen, durch selbststeuernde, sensorgestützte und miteinander vernetzte Produktionssysteme erweitert oder vollständig ersetzt. Durch Überwachung (Monitoring) der Fertigungs-Daten in Echtzeit kann die Produktion flexibel gestaltet und optimiert werden.

Die technologische Basis sind **Cyber-physische Systeme** und das Internet der Dinge, das die Verbindung von virtueller und realer Welt herstellt.

Erste industrielle Revolution
Übergang von der Agrar- zur Industriegesellschaft, ermöglicht durch technische Neuerungen wie den mechanischen Webstuhl oder die Dampfmaschine.

1.0

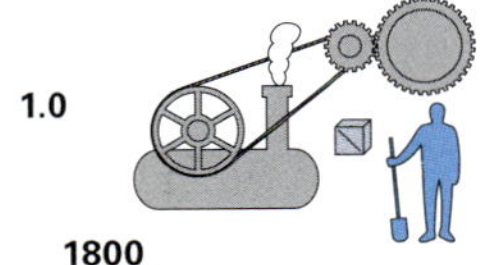

1800

Zweite industrielle Revolution
Die Textil-, Eisen- und Stahlproduktion und die Chemie- und Elektroindustrie entstehen. Neue Fertigungstechniken wie die Fließbandarbeit erleichtern die Massenproduktion.

2.0

1900

Dritte industrielle Revolution
Der Einsatz von Computern und Robotern führt zu einer weiteren Automatisierung der Produktion.

3.0

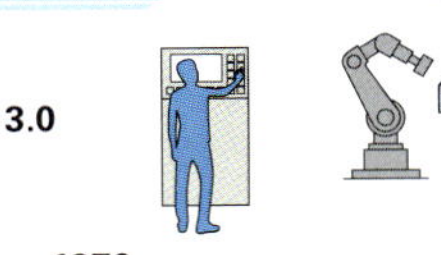

1970

Vierte industrielle Revolution
Die sogenannte Industrie 4.0 kennzeichnet die Vernetzung von Mensch, Maschine und Produkt – über das Internet in Echtzeit. (IOT, Internet der Dinge). Durch dezentrale Steuerung wird die Produktion schneller und flexibler.

4.0

heute

1 Industrielle Revolution

Cyber Physical Systems (CPS)

CPS-basierte Automatisierungssysteme stellen Produktionsdaten und Dienste zur Verfügung und bilden die Basis für digital organisierte Fertigungsabläufe. Ein cyber-physisches System ist die Verbindung von informations- und softwaretechnischen mit mechanischen und elektronischen Komponenten. Der Datenaustausch erfolgt in Echtzeit z.B. über das Internet **(Bild 1)**. Cyber Physical Systeme entstehen durch Vernetzung von eingebetteten Systemen *(Embedded Systems)* in der Automatisierungs- und Kommunikationstechnik. Sie verknüpfen mithilfe von Sensoren und Aktoren reale (physische) Objekte und Prozesse mit informationsverarbeitenden (virtuellen) Objekten und Prozessen. Cyber Physical Systems sind vernetzt und autonom, sind selbstkonfigurierbar und erweiterbar (Plug & Play).

1 **Cyber Physical System**

Embedded Systems

Embedded Systems oder Eingebettete Systeme bilden die Grundlage für das Internet der Dinge. Es handelt sich um Mikroprozessoren oder mikroelektronische Komponenten, die mittlerweile in nahezu allen industriellen Anlagen und auch Produkten des Consumerbereichs, wie z.B. Mobiltelefonen, Haushaltsgeräten, Fernsehern, Fahrzeugen und Navigationsgeräten, verbaut sind. Diese eingebetteten mikroelektronischen Komponenten haben meist die Aufgabe, das entsprechende Gerät zu steuern, zu regeln, in seiner Funktion zu überwachen oder mit der Umgebung oder dem Internet zu kommunizieren. Im Rahmen der Weiterentwicklung des Internets der Dinge (IoT) verändert sich der Embedded-Einsatz zunehmend. Anstatt der isolierten eingebetteten Systemen mit festprogrammierten Funktionen und zentraler Steuerung werden zunehmend mehr über das Internet kommunizierende, flexible und selbststeuernde CPS-Systeme *(Cyber Physical Systems)* eingesetzt **(Bild 2)**.

2 **Prozesssteuerung**

Die angestrebten Ziele von Industrie 4.0 entsprechen im Wesentlichen denen der klassisch produzierenden Industrie: Qualität, Wirtschaftlichkeit, Ressourceneffizienz und Nachhaltigkeit, Flexibilität und Innovationsfähigkeit **(Bild 3)**. Für viele kleinere und mittelständische Unternehmen stellt sich in den nächsten Jahren die Frage nach dem vertretbaren Aufwand zur digitalen Transformation in der Produktion und Logistik.

Digital organisierte Planungs- und Produktionsprozesse erfordern eine optimale Verbindung von virtueller und realer Welt. Dabei spielen folgende Punkte eine besondere Rolle:

Welche Ziele verfolgen Unternehmen mit dem Einsatz von Industrie-4.0-Anwendungen?

Ziel	Anteil
Verbesserte Prozesse	69%
Verbesserte Kapazitätsauslastung	57%
Schnellere Umsetzung von individuellen Kundenwünschen	50%
Geringere Produktionskosten	44%
Geringere Personalkosten	19%
Bessere Planung von Wartungsfenstern	17%
Entwicklung neuer bzw. Veränderung bestehender Geschäftsmodelle	14%
Ansprache neuer Kundengruppen	13%
Flexiblere Arbeitsorganisation	12%
Erweiterung der Produktpalette	6%

Quelle: bitkom

3 **Einsatz von I 4.0**

- Verschiedene Softwaresysteme für die Konstruktion, die Planung, der Fertigungsautomation und der Logistik durch eine durchgehende Schnittstellendefinition zusammenzuführen.
- Die Abstimmung und Verarbeitung der Betriebs-, Maschinen- und Prozessdaten ohne Schnittstellenbrüche.
- Ein funktionierender Datenaustausch zwischen allen Systemen und Komponenten.
- Datenaustausch in Echtzeit über das Internet.
- Datensicherheit und backup.

Die Möglichkeiten dieser Technologie sind enorm und in ihrer gesamten Tragweite noch nicht zu überblicken: Individualisierbare Produkte mit einer Losgröße 1, große Einsparpotenziale in der Wertschöpfungskette, ressourcensparende Produktion, optimierter Transport und Logistik, für die Kunden neue Dienstleistungen **(Bild 1)**.

Die zunehmende Digitalisierung der Arbeitsplätze bringt aber auch für den werktätigen Menschen eine sich in Teilen stark verändernde Arbeitswelt mit sich. Eine zunehmende Automatisierung hat immer auch eine zweite Seite. Sie beschleunigt und optimiert Produktionsprozesse, baut aber, zumindest in einigen Produktionsbereichen, Arbeitsplätze ab, da sie Funktionen des Produktionsprozesses wie Steuerung, Regelung und Überwachen auf digitale Systeme überträgt. Dies hat zur Folge, dass in Teilen der Belegschaft der Qualifizierungsbedarf sinkt und in anderen Teilen zunimmt bzw. sich stark verändert **(Bild 2)**.

Wenn bis in einigen Jahren in weiten Teilen der industriellen Fertigung die Konstruktion, Planung, Zulieferer, Produktionsanlagen, Fertigungsprozesse, Endprodukte und die Logistik miteinander digital vernetzt sind, entsteht eine völlig neue Produktionslogik, die bei optimaler Gestaltung zu einer höheren Wertschöpfung führen wird **(Bild 3)**. Die Teilsysteme sind heute schon weitgehend vorhanden. Die Herausforderung besteht in der Zusammenführung, Organisation und Abstimmung der Daten. Für das Werkstück bedeutet dies, dass es sich von einem zentral festgelegten zu einem mitbestimmenden Teil des Prozesses wandelt. Das Endprodukt kann also während seiner Fertigstellung die eigenen Produktionsschritte und den Betriebsmitteleinsatz steuern.

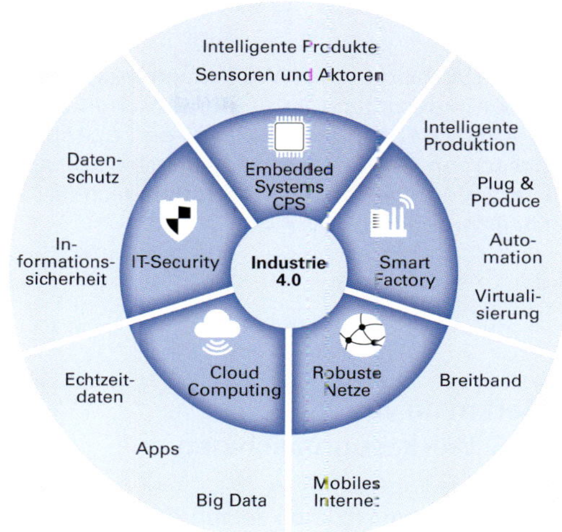

1 Systems I 4.0

Beschäftigte der deutschen Industrie

		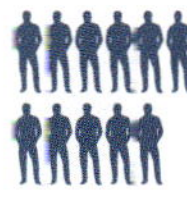	
Industrie 1.0 Ende 19. Jhdt. ca. 5 Millionen	**Industrie 2.0** Beginn 20. Jhdt. ca. 10 Millionen	**Industrie 3.0** Ende 20. Jhdt. ca. 11 Millionen	**Industrie 4.0** Beginn 21. Jhdt. ca. 19 Millionen

Gründe für Industrie 4.0
- Hohe Wettbewerbsfähigkeit
- Flexible Fertigung
- Individuelle Produktion
- Innovative Geschäftsmodelle
- Flexiblere Arbeitsmodelle

Gründe gegen Industrie 4.0
- Langsamer Breitbandausbau (ländliche Gegenden)
- Hohe technische Standards
- Gefahren von Schadprogrammen
- IT-Kompetenz der Mitarbeiter

2 Arbeitsplätze

3 Digitale Vernetzung

S4 AUFBAU VON CNC-WERKZEUGMASCHINEN

Durch die Verbindung von Werkzeugmaschinen mit einer computerunterstützten numerischen Steuerung wird die Fertigung qualitativ und quantitativ verbessert und die Effektivität gesteigert. Konstruktive Veränderungen an der Werkzeugmaschine sind hierzu erforderlich.

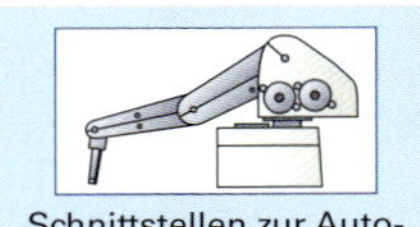
Schnittstellen zur Automatisierung der Fertigung

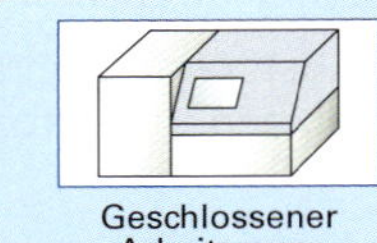
Geschlossener Arbeitsraum

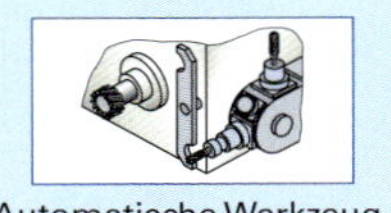
Automatische Werkzeugwechselsysteme

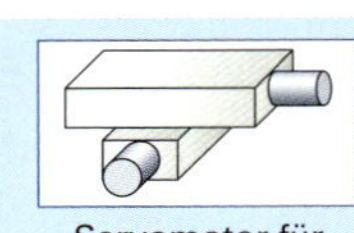
Servomotor für jede Achse

Elektronisches Messsystem

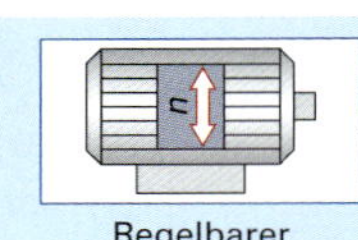
Regelbarer Hauptantrieb

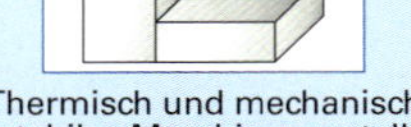
Thermisch und mechanisch stabiles Maschinengestell

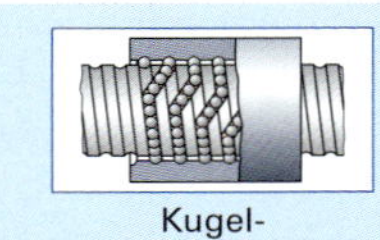
Kugelgewindetrieb

1 Wesentliche konstruktive Merkmale von CNC-Maschinen

Merkmale von CNC-Werkzeugmaschinen

CNC-Werkzeugmaschinen zeigen gegenüber konventionellen Maschinen einen wesentlich höheren Grad an Automatisierung, wie automatischer Werkzeugwechsel, Regelung der Spindeldrehzahl, automatische Vorschübe in allen Achsen und dem automatischen Positionieren des Werkzeugs durch die Steuerung, sowie einen stabileren und präziseren Aufbau **(Bild 1)**. Dadurch können höhere Schnittgeschwindigkeiten und Vorschubgeschwindigkeiten gefahren werden, bei einem größeren Kühlmitteldruck. Aus Gründen der Arbeitssicherheit und des Umweltschutzes haben CNC-Werkzeugmaschinen einen geschlossenen Arbeitsraum. Das Kühlmittel wird aufbereitet und bleibt im geschlossenen Kühlkreislauf, bis auf den Austrag durch Späne, erhalten. Entstandene Späne verbleiben im Arbeitsraum bzw. werden über einen optionalen Späneförderer abtransportiert.

Aus ergonomischen Gründen ist der Arbeitsraum über große, weit zu öffnende Türen gut zugänglich und leicht einsehbar **(Bild 2)**.

2 Arbeitsraum einer CNC-Fräsmaschine

Die Antriebsspindel von CNC-Drehmaschinen wird über einen stufenlos regelbaren Elektromotor angetrieben, der entweder direkt in die Arbeitsspindel integriert wird oder über einen Zahnriemen verbunden wird **(Bild 3)**. So lässt sich eine oft geforderte konstante Schnittgeschwindigkeit über eine stufenlos veränderbare Drehzahl realisieren. Diese Lösung sichert auch an CNC-Fräsmaschinen ein hervorragendes dynamisches Verhalten über den gesamten Drehzahlbereich in einer einzigen Getriebestufe.

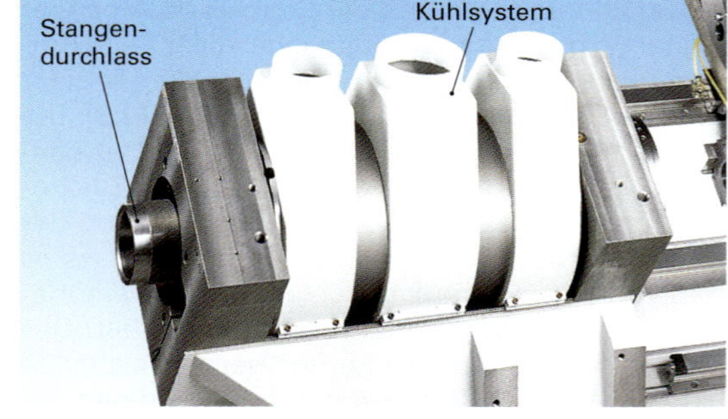

3 Spindelintegrierter Antriebsmotor

Die konstante Schnittgeschwindigkeit wird bei Drehmaschinen für das Erreichen einer gleichmäßigen Oberflächenqualität und Maßhaltigkeit benötigt. Eine schnelle, dynamische Regelung der Drehzahl ist bei Fräsmaschinen zum Ausgleich unterschiedlicher Schnittkräfte, z. B. beim Eintritt des Werkzeugs in das Werkstück, Garant für eine hohe Qualität.

Antriebssysteme

Hauptantriebe

Spindeln von Fräsmaschinen benötigen für eine konstante Drehzahl drehzahlgeregelte Antriebe. Dagegen werden Spindeln von Drehmaschinen häufig mit wechselnder Drehzahl betrieben, um eine konstante Schnittgeschwindigkeit bei der Bearbeitung zu ermöglichen.

Eine ständige Regelung der Drehzahl für eine konstante Schnittgeschwindigkeit ist notwendig, um eine gleichmäße Oberflächenqualität, einen kontrollierbaren Verschleiß und beherrschbare Zerspanungsbedingungen zu gewährleisten.

Häufig besteht bei Werkzeugmaschinen der Hauptantrieb aus einem Drehstromasynchronmotor **(Bild 1)**. Die Kraftübertragung auf die Spindel erfolgt in diesem Fall meist über Zahnriemen.

Für eine bessere Drehmomentübertragung kann auch ein Getriebe an der Spindel verbaut sein.

Für einen direkten Antrieb der Spindel werden Motorspindeln verwendet **(Bild 2)**. Vorteilhaft ist dabei, dass keine Vibrationen durch die zusätzliche Kraftübertragung durch z. B. einen Zahnriemen entstehen. Die Motorspindeln sind angepasst an die unterschiedlichen Bearbeitungstechnologien wie Fräsen, Drehen oder Schleifen. Der Leistungsbereich reicht bis 130 kW.

Die Motoren sind oft eigengekühlt. Über ein Lüfterrad wird Umgebungsluft stirnseitig angesaugt. Durch einen angebauten Lüftermotor lassen sich die Motoren auch dann kühlen, wenn sich der Motor im Stillstand befindet. Bei wassergekühlten Motoren wird Wasser in einem geschlossenen Kühlkreislauf durch den Motormantel geleitet und transportiert so die entstandene Wärme im Motor ab.

Bei Hauptantrieben verwendet man Lageregelkreise als sogenannte C-Achse, z. B. zur vorschubsynchronen Drehbewegung von Werkstücken beim Gewindedrehen oder zur exakten Drehlagenpositionierung von Spannfuttern in Drehmaschinen.

Dadurch ist außer der Drehbearbeitung auch ein außermittiges Bohren möglich, sofern angetriebene Werkzeuge zum Einsatz kommen.

Der Sollwert der geforderten Drehzahl wird mit der tatsächlichen Drehzahl, die durch einen Tacho aufgenommen wird, verglichen **(Bild 3)**. Besteht eine Differenz zwischen den beiden Werten, wird durch den Drehzahlregler eine Stellgröße an den Antriebsmotor ausgegeben und so entweder die Drehzahl erhöht oder vermindert. Eine dauernde Abfrage des vorhanden Istwertes und der Vergleich mit dem Sollwert ergibt so eine auf wenige Umdrehungen pro Minute genaue Drehzahl.

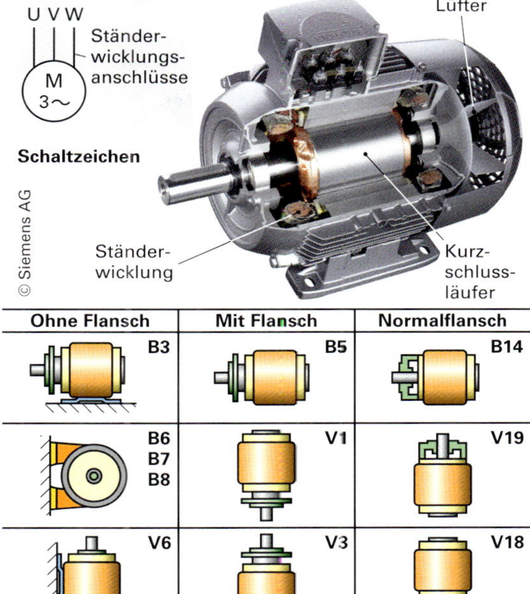

Ohne Flansch	Mit Flansch	Normalflansch
B3	B5	B14
B6 B7 B8	V1	V19
V6	V3	V18
V5	B35	B34

1 **Standard Asynchronmotoren**

2 **Motorspindel**

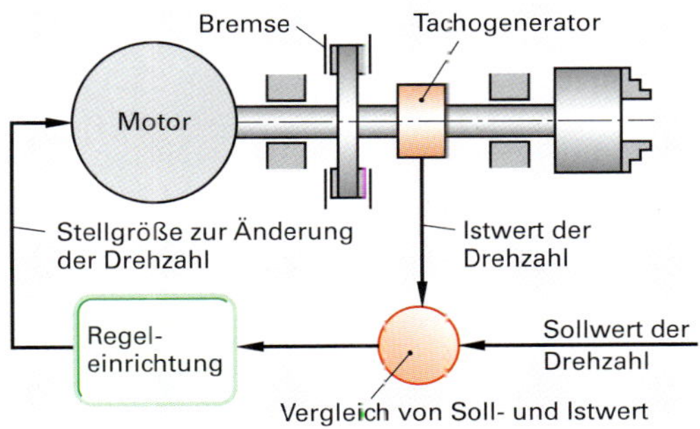

3 **Drehzahlregelung Hauptantrieb Bsp. Drehmaschine**

Vorschubantriebe

Als NC-Vorschubantrieb verwendet man häufig angetriebene Gewindespindeln mit linear bewegter Kugelumlaufmutter **(Bild 1)**, feststehende Gewindespindeln mit Hohlwellenmotor und bewegter Kugelumlaufmutter **(Bild 2)** oder mit ortsfestem Hohlwellenmotor und linear bewegter Spindel, Zahnstange mit Ritzel **(Bild 3)** oder einen Linearmotor **(Bild 4)**.

Die angetriebene Gewindespindel ist die gängigste Lösung. Sie kann spielfrei und kompakt von kleinen bis zu etwa 2 m Länge realisiert werden.

Der Linearmotor bzw. der Direktantrieb ist in vielen Fällen die Ideallösung wegen der wenigen Montageteile, der hohen Dynamik und der kleinen Baugröße.

Für größere Fahrstrecken ist der Linearmotor jedoch teuer und für große Kräfte ist er weniger geeignet.

Lageregelung. Bei Vorschubantrieben werden durch die Vorgabe von Lagesollwerten mithilfe der Lageregelung die Vorschubbewegungen erzeugt und vorgegebene Positionen angefahren. Dabei wird der Sollwert (neue Position der Achse) mit dem Istwert (tatsächliche Position der Achse) verglichen. Besteht eine Differenz zwischen den beiden Werten, erfolgt ein Signal an die Antriebsregelung. Es wird eine Stellgröße (Strom) an den Vorschubmotor ausgegeben und eine Verfahrbewegung wird ausgelöst **(Bild 5)**. Das Wegmesssystem registriert einen neuen Wert als Regelgröße, der als neuer Istwert wieder mit dem Sollwert verglichen wird.

Für die Verfahrgeschwindigkeit wird ebenfalls ein Sollwert in Form einer Vorschubgeschwindigkeit vorgegeben. Dieser Wert wird mit dem durch einen Tacho gemessenen Istwert verglichen. Besteht eine Differenz zwischen Soll- und Istwert, wird eine Stellgröße ausgegeben und der Vorschubmotor mit mehr oder weniger großen Drehzahl betrieben.

Ist der vom Wegmesssystem zurückgegebene Wert mit dem geforderten Sollwert identisch, dann hat die angesteuerte Vorschubachse ihre neue Position erreicht. Mehrere Achsen einer NC-Maschine können so gleichzeitig einen Vorschub realisieren, um auch komplexe Formen herstellen zu können.

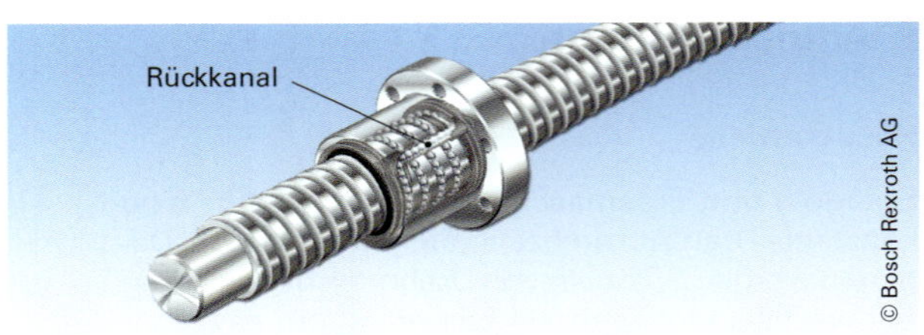

1 **Kugelgewindetrieb mit angetriebener Spindel**

2 **Kugelgewindetrieb mit angetriebener Mutter**

3 **Zahnstange mit Ritzel**

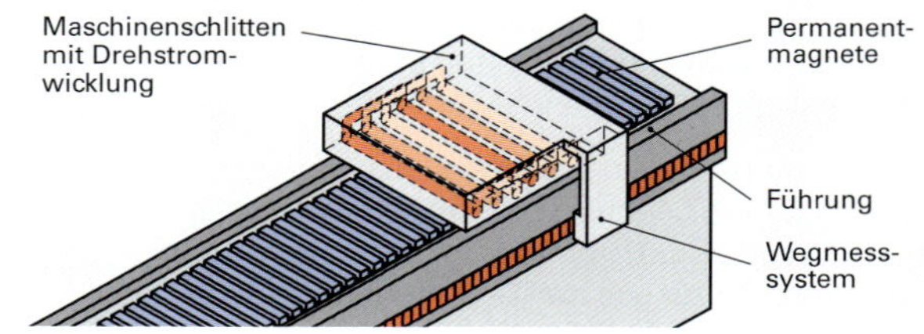

4 **Linearantrieb**

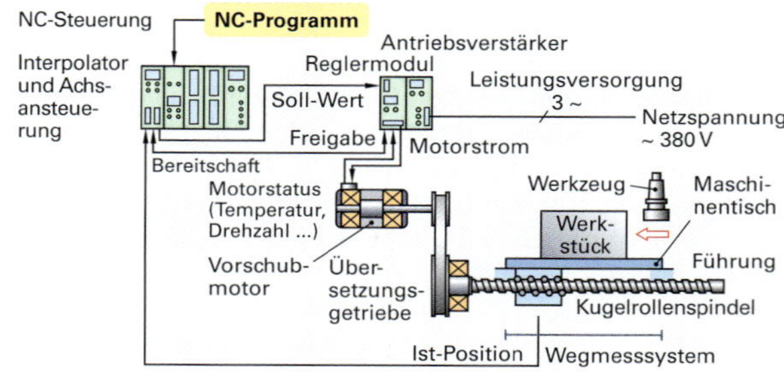

5 **NC-Vorschubantrieb**

Maschinenachsen

Zur Herstellung komplexer Formen wird jede Achse durch einen eigenen, meist digitalen Servomotor angetrieben. Um die Rechengenauigkeit der Steuerung und die Positioniergenauigkeit der rotatorischen Servomotoren auf die Bewegung von Werkstück und Werkzeug zu übertragen wird ein Kugelgewindetrieb eingesetzt **(Bild 1)**. Dieser arbeitet nahezu spielfrei und überträgt auch langsame Bewegungen ohne Slip-Stick-Effekt.

Sie kann bis zu einer Länge von etwa 2 m ausgeführt werden und findet Verwendung wegen ihrer kompakten Bauform.

Zunehmend werden für die Antriebe auch Linearantriebe eingesetzt **(Bild 2)**. Sie besitzen ein hochdynamisches Beschleunigungs- und Verzögerungsverhalten und arbeiten verschleißfrei. Mit ihnen lässt sich auch über sehr lange Verfahrwege eine exakte Positionierung erreichen.

Die Vielfalt der herstellbaren Formen wird durch eine größere Anzahl der gesteuerten Achsen, wie z. B. die Bewegungen des 2-Achs-NC-Tisches an einer 5-Achs CNC-Fräsmaschine vergrößert **(Bild 3)**.

Es kommen eine C-Achse, Drehung des Maschinentisches, und eine B-Achse, seitliches Schwenken des Maschinentisches, oder eine A-Achse, vor- und zurückschwenken des Maschinentisches, zum Einsatz. Ob C- und B-Achse oder C- und A-Achse Verwendung finden, hängt oft von der geforderten Stabilität der Maschine und ihrem dynamischen Konzept ab.

Mit der Verfügbarkeit eines programmierbaren Reitstocks, angetriebener Werkzeuge im Werkzeugrevolver, einer positionierbaren Hauptspindel mittels einer C-Achse und einer Gegenspindel ergeben sich an CNC-Drehmaschinen hinsichtlich der Komplettbearbeitung weitere Fertigungsmöglichkeiten **(Bild 4)**.

Eine zusätzliche Y-Achse ermöglicht es, auf der Drehmaschine auch umfangreiche Fräsarbeiten vorzunehmen und so auch komplexere Werkstücke zu fertigen.

Positionierbewegungen werden von CNC-Maschinen mit sehr hoher Geschwindigkeit durchgeführt. Den auftretenden hohen mechanischen und thermischen Belastungen des Maschinengrundkörpers wird durch moderne Konstruktionen und innovative Werkstoffe begegnet. So wird für ein dynamisches Verhalten bei Fräsmaschinen darauf geachtet, dass möglichst wenig Masse bewegt werden muss.

Für eine bessere Sicht, Abfuhr der Späne und des Kühlschmierstoffes besitzen CNC-Drehmaschinen eine Schrägbettführung.

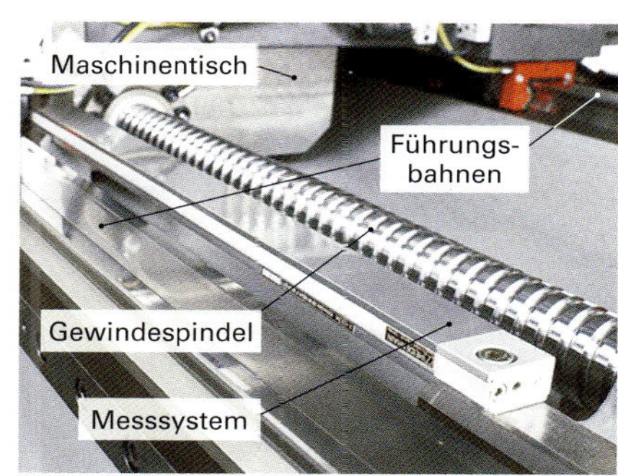

1 Kugelgewindetrieb

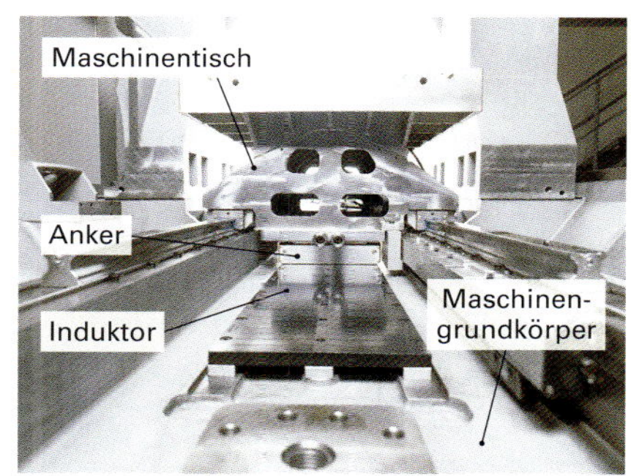

2 Linearantrieb

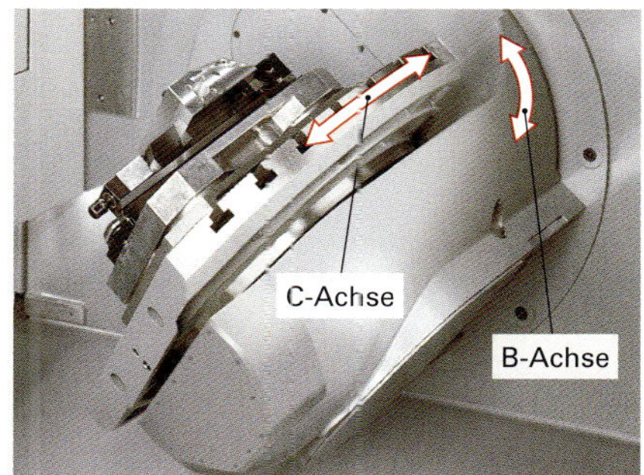

3 2-Achs-NC-Tisch

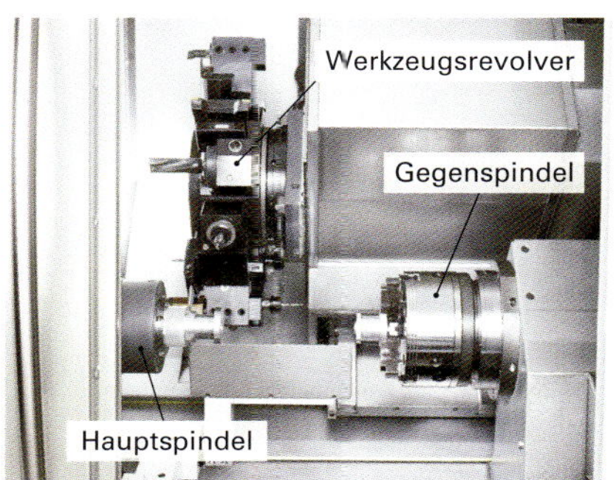

4 Arbeitsraum einer CNC-Drehmaschine

Zusatzeinrichtungen

Der Werkzeugwechsel erfolgt bei CNC-Maschinen in nahezu allen Fällen automatisch. Bei Drehmaschinen werden die Werkzeuge in einem Werkzeugrevolver bereitgestellt, Fräsmaschinen besitzen ein Werkzeugmagazin und einen Werkzeugwechsler (**Bild 1**).

Zum Anschluss peripherer automatisierungstechnischer Einrichtungen, wie Palettenwechsler, Werkstückspeicher **(Bild 2)** sowie Systemen zum Werkstückhandling **(Bild 3)**, besitzen CNC-Werkzeugmaschinen standardisierte Schnittstellen.

Über diese Schnittstellen werden die abzuarbeitenden Aufgaben der Handhabungssysteme meist nur aktiviert. Die Programmierung der Handhabungssysteme (Roboter) erfolgt meist in einer Hochsprache, die vom Hersteller des Handhabungssystems abhängt. CNC-Maschinen mit integrierter oder angeschlossener Handhabung benötigen für ihre Bedienung also oft Kenntnisse zweier unterschiedlicher Programmiersprachen und das Beherrschen komplexer Fertigungsabläufe.

Die für CNC-Werkzeugmaschinen entwickelten Konzepte, wie Streckensteuerung, stufenlos regelbare Hauptantriebe und Servomotoren oder spezielle Führungs- und Übertragungselemente, werden zunehmend an herkömmlichen Maschinen verwendet. Die klassische konventionelle Dreh- oder Fräsmaschine findet man im industriellen Bereich fast nur noch in der Berufsausbildung.

1 **Werkzeugrevolver**

2 **Werkstückspeicher**

3 **Werkstückhandling**

Messsysteme

Ein Messsystem hat die Aufgabe, Signale zu erzeugen, aus denen die Steuerung die aktuelle Achsposition der gesteuerten Einheit bestimmen kann. Es besteht aus einer Maßverkörperung und einer Abtasteinheit.

Für die Lösung dieser Aufgabe werden in der Praxis verschiedene Prinzipien verwendet **(Bild 4)**. Sie unterscheiden sich vor allem durch die Art der Signalgewinnung und Maßverkörperung, die Anbaumöglichkeit an der Maschine, die Genauigkeit und den Preis.

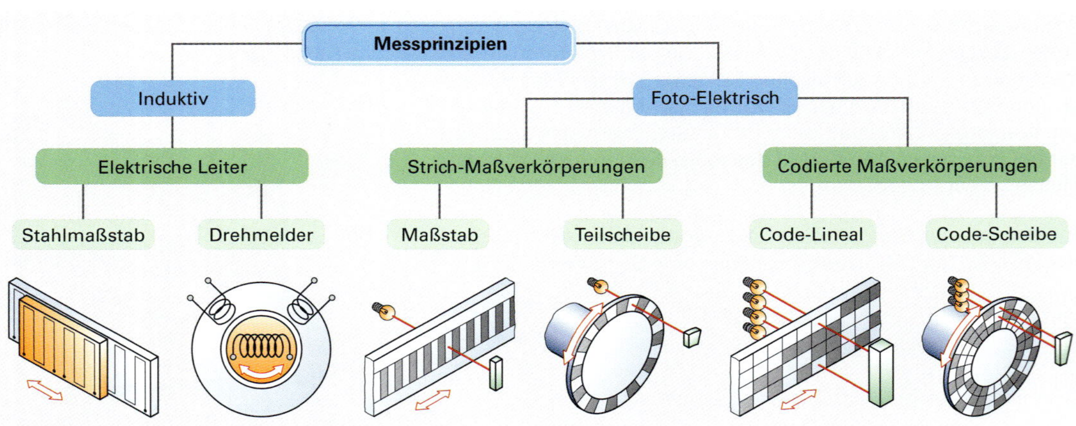

4 **Grundprinzipien der Messverfahren (Auswahl)**

Digitale Weg- und Winkelmesssysteme werden eingeteilt in

- inkrementale Weg- und Winkelmesssysteme und
- absolute Weg- und Winkelmesssysteme **(Bild 1)**.

Bei **der inkrementalen Weg- und Winkelmessung** werden Zuwachswerte (Inkremente) eines Weges oder Winkels erfasst und in Form elektrischer Impulse gezählt. Zur absoluten Bestimmung eines Weges oder Winkels muss an einer vorgesehenen Weg- oder Winkelstellung, dem Referenzpunkt, auf Null gesetzt werden.

Bei der **absoluten Weg- und Winkelmessung** wird der Weg bzw. Winkel, wie bei einem Maßstab, direkt elektronisch abgelesen.

Sie benötigt keine Maschinennullpunktsuche. Der Positionswert ist direkt beim Einschalten der Maschine verfügbar und kann jederzeit vom jeweils angeschlossenen Steuergerät (CNC) abgerufen werden. Durch die Mechanik der Maschine hervorgerufene Fehler werden vermieden, denn das Wegmesssystem wird direkt an der Maschinenführung montiert und die realen Bewegungsdaten an das Steuergerät gesendet. Einige der potenziellen Fehlerquellen, wie zum Beispiel solche, die durch das thermische Verhalten der Maschine oder durch Abstandsfehler der Leitspindel verursacht werden, können durch den Einsatz von linearen Wegmesssystemen auf ein Mindestmaß reduziert werden.

Linearmesssysteme gibt es in Längen bis ca. 3 m, die als offene oder gekapselte, für den Einbau fertige, Glaslineale angeboten werden. Für größere Längen werden offene Glasmaßstäbe verwendet. Dann muss der Schutz, die Zugänglichkeit und Justierbarkeit des Messsystems durch die Maschinenkonstruktion gewährleistet werden. Bei gekapselten Messsystemen ist das Abtastsystem in einem geschlossenen, durch Gummilippen abgedichteten Abtastwagen gut geschützt **(Bild 2)**. In besonderen Fällen kann der Schutz der Abtasteinheit mit Sperrluft gegen eindringende Nässe oder Stäube erhöht werden.

Inkrementale Weg- und Winkelmessung

Beim Durchlichtverfahren verwendet man einen Strichmaßstab aus Glas mit lichtundurchlässigen Strichen und lichtdurchlässigen Lücken von z.B. 4 µm Breite **(Bild 3, 4)**. Die Abtasteinrichtung besteht aus einer Lichtquelle, einer Abtastplatte und einer elektronischen Auswerteeinrichtung. Die Abtastplatte ist ebenso wie der Glasmaßstab mit lichtundurchlässigen Strichen und lichtdurchlässigen Lücken versehen. Stehen sich die Maßstabslücken und die Lücken der Abtastplatte genau gegenüber, kann Licht von der Lichtquelle zu den lichtempfindlichen Fotodioden gelangen und ausgewertet werden.

digitale Weg- und Winkelmessung
inkremental
Strichmaßstab
Strichscheibe
absolut
Codelineal
Winkelcodierer

1 Einteilung der Weg- und Winkelmesssysteme

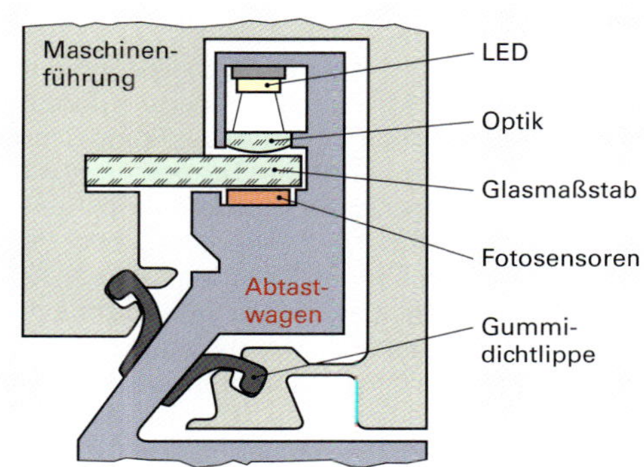

2 Abtastwagen

3 Inkrementalmaßstab

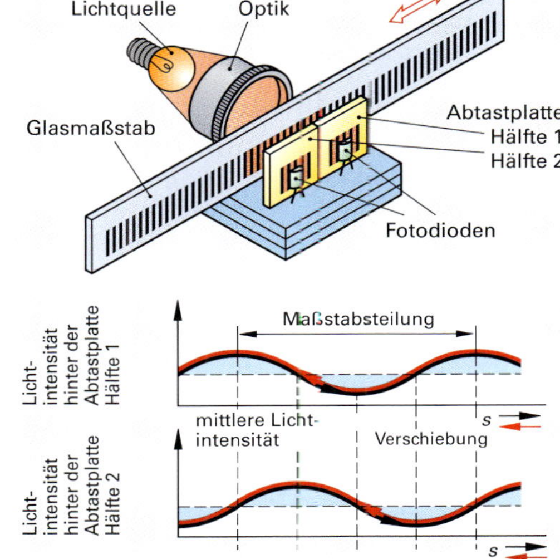

4 Abtastung des Glasmaßstabs

Referenzmarken. Bei Inkrementalmaßstäben geht bei Spannungsverlust der Absolutwert des Maßes verloren. Eine Referenzmarke liefert beim sogenannten Referenzieren, dem langsamen Überfahren der Referenzmarke aus immer derselben Fahrtrichtung, den „Nullimpuls" zur Zählernullung. Um lange Wartezeiten beim Referenzieren zu vermeiden, haben Maßstäbe häufig abstandscodierte Referenzmarken **(Bild 1)**. Der Messcomputer kann die jeweilige Referenzmarke mit ihrer absoluten Position eindeutig identifizieren.

Maschinen mit inkrementalen Messsystemen müssen also nach dem Einschalten zuerst referenziert werden. Bis dahin ist der Standort der Spindel für das Koordinatensystem und damit für den Maschinennullpunkt unbekannt. Zum einfacheren Anfahren des Referenzpunktes sind auf dem Bedienpult der Steuerung Tastenkombinationen hinterlegt **(Bild 2)**. Ältere Maschinen besitzen oft nur einen Referenzpunkt, der nach längerem Betrieb der Maschine zur Kompensation von Fehlern, erneut angefahren werden sollte.

Absolute Weg- und Winkelmessung

Codemaßstäbe. Maßstäbe mit binärer Codierung sind durch ein Muster, z.B. lichtdurchlässiger und lichtundurchlässiger Felder, so gekennzeichnet, dass jede Position auf dem Maßstab eindeutig dem Wert einer Zahl zugeordnet werden kann. Bei einer Dual-Codierung sind in der 0. Code-Spur lichtdurchlässige und lichtundurchlässige Striche gleicher Breite angeordnet **(Bild 3)**. In der 1. Spur sind die Strichbreiten doppelt so breit wie in der 0. Spur. In der 2. Spur doppelt so breit wie in der 1. Spur, also $2^2 = 4$-mal so breit wie in der 0. Spur, usw.

Maschinen mit absoluten Messsystemen in Kombination mit inkrementalen Winkelgebern sind sofort nach dem Einschalten einsatzbereit und zeigen zu jeder Zeit den im Glasmaßstab ermittelten Standort der jeweiligen Achse an.

Fehlersicherung beim Abtasten

Beim Abtasten können an der Übergangsstelle von einem lichtdurchlässigen Feld zu einem lichtundurchlässigen Feld Fehler entstehen.

Mit einer V-Abtastung, V-förmige Anordnung der Fotodioden, können Codemaßstäbe im Dualcode sicher und eindeutig abgetastet werden **(Bild 4)**. Wird in einer Spur ein dunkles Feld erkannt, so wird zum Ablesen der folgenden Spur die linke Fotodiode aktiviert, im anderen Fall die rechte Fotodiode

Es gibt Maßstäbe mit Codes, bei denen sich von einer Position zur anderen nur eine Spur ändert. Der Ablesewert ändert sich beim Übergang über die Strichkante nur um einen Ziffernschritt. Ein Beispiel für so einen Code ist der Gray-Code **(Bild 5)**. Diese Codes erfordern eine V-Abtastung. Der abgelesene Wert ist höchstens um eine Position unsicher.

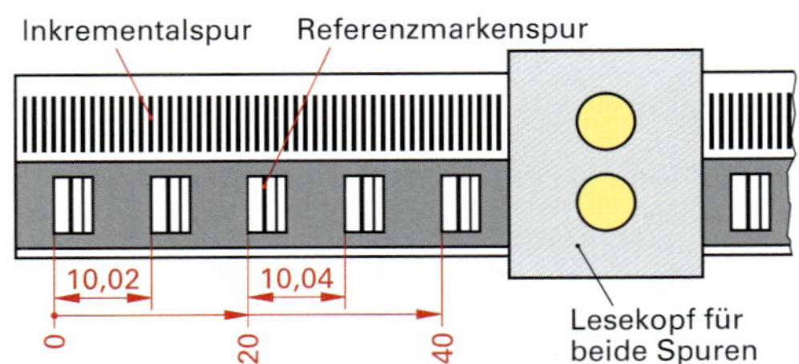

1 Abstandscodierte Referenzmarken

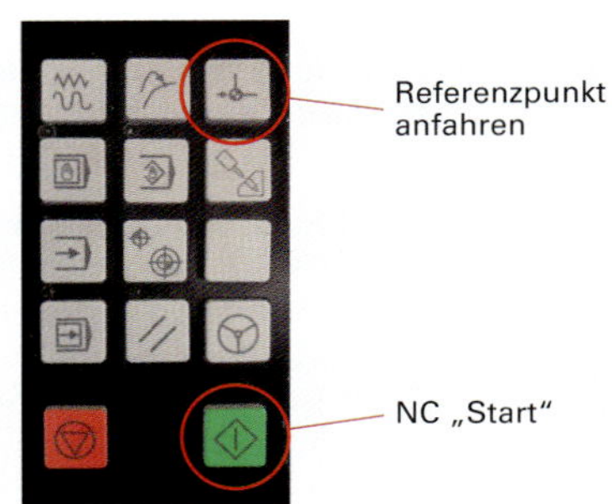

2 Bedienpult Referenzpunkt

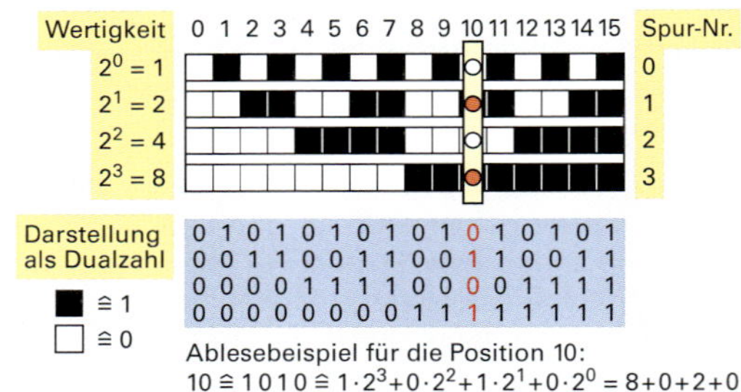

3 Codemaßstab mit Dualcode

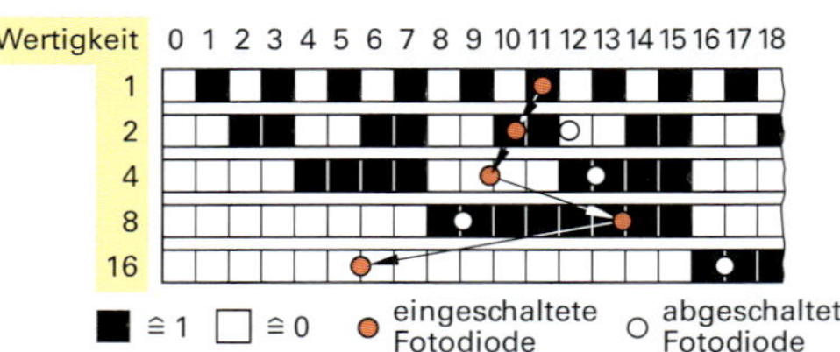

4 V-Abtastung

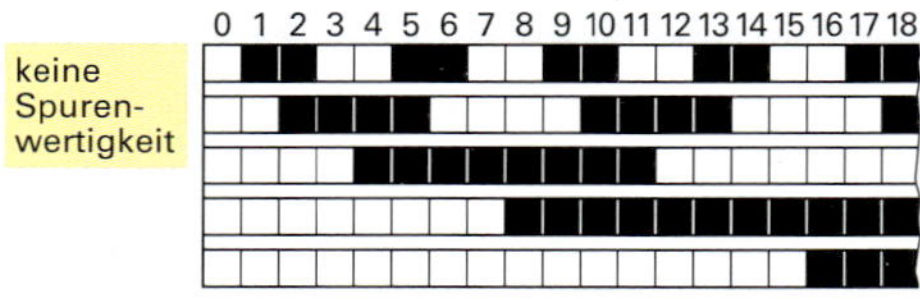

5 Codemaßstab mit Graycode

Um die Bewegungsrichtung des Maßstabs erkennen zu können, wird die Abtastplatte zweigeteilt. Die Striche auf der einen Hälfte der Abtastplatte sind um eine halbe Strichstärke gegenüber der anderen Hälfte versetzt. Nun wechselt die Lichtstärke hinter der zweiten Hälfte der Abtastplatte versetzt gegenüber der ersten.

Wird nun der Maßstab nach rechts verschoben, scheint das Licht hinter der ersten Abtastplattenhälfte zuerst voll durch gefolgt von der zweiten Hälfte mit einer ¼ Periode versetzt **(Bild 1)**. Bei einer Maßstabsbewegung nach links kommt umgekehrt das Licht zuerst durch die zweiten Abtastplattenhälfte.

Mit den lichtempfindlichen Fotodioden werden entsprechend der Lichtintensität elektrische Spannungen erzeugt und so verstärkt, dass bei Überschreiten der Lichtintensität eine positive Spannung und bei Unterschreiten der Lichtintensität eine negative Spannung entsteht. Die Spannungen werden so verrechnet, dass für eine Spannungsänderung in positiver Richtung ein positiver Impuls ausgegeben wird und für eine Spannungsänderung in negativer ein negativer Impuls. Die Zahl dieser Impulse ist vier Mal größer als eine Strichperiode. Man gewinnt damit bei einer Strichperiode (Strichabstand) von 8 µm bzw. einer Strichbreite von 4 µm, eine Messfeinheit von 2 µm.

Beim Auflichtmaßstab sind auf einem Stahlmaßstab lichtreflektierende und lichtabsorbierende Striche aufgebracht **(Bild 2)**. Zum Abtasten verwendet man wie bei den Durchlichtmaßstäben eine zweigeteilte Abtastplatte aus Glas, welche lichtundurchlässige Striche und lichtdurchlässige Lücken gleichen Abstandes wie der Maßstab enthält. Die Striche der Abtastplattenhälften sind wieder gegeneinander versetzt. Diese Maßstäbe werden häufig auch nicht gekapselt an Werkzeugmaschinen angebaut **(Bild 3)**. Als Stahlmaßband ermöglicht diese Technik Messlängen bis 30 m bei Inkremtentalgrößen von z.B. 5 µm.

Inkrementale Winkelgeber

Für die Winkelmessung gibt es inkrementale Winkelgeber **(Bild 4)**. Hier sind die Striche am Rand einer Scheibe aufgetragen. Die Strichabtastung erfolgt über eine Abtastplatte mit zwei Strichmustern, deren Skalenteilung gegeneinander versetzt sind. Bei einer Zahl von z.B. 250000 Striche kann eine 1/1000000 Umdrehung direkt gemessen werden.

Winkelgeber verwendet man im Zusammenhang mit einer Präzisions-Kugelgewindespindel für die Längenmessung. Bei einer Spindelsteigung von $P = 10$ mm erreicht man bereits mit einem Drehwinkelgeber mit 250 Strichen am Umfang eine Wegauflösung von 10 µm.

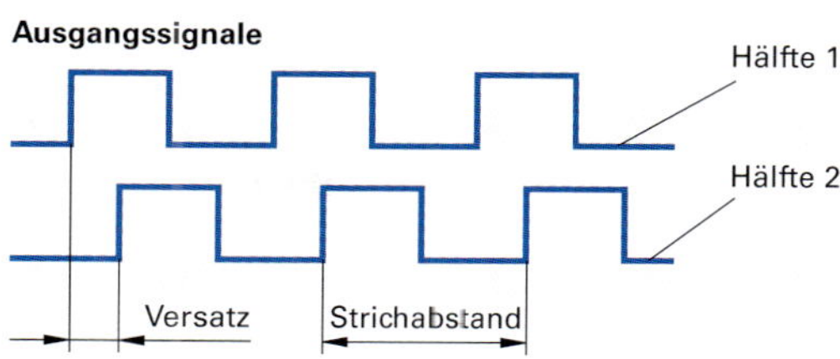

1 Ausgangssignal inkremental

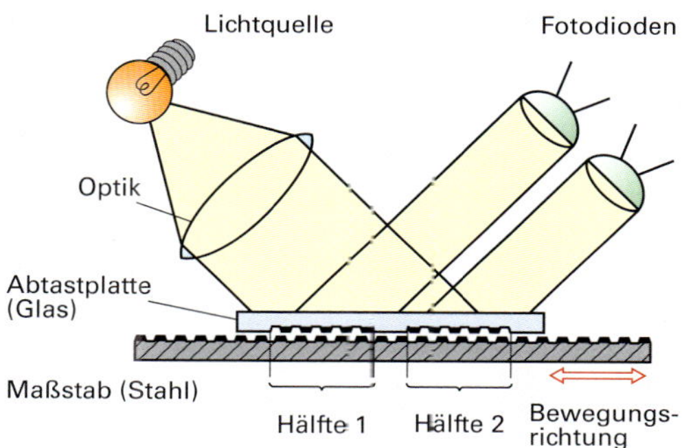

2 Auflichtmaßstab

3 Offenes inkrementales Längenmesssystem

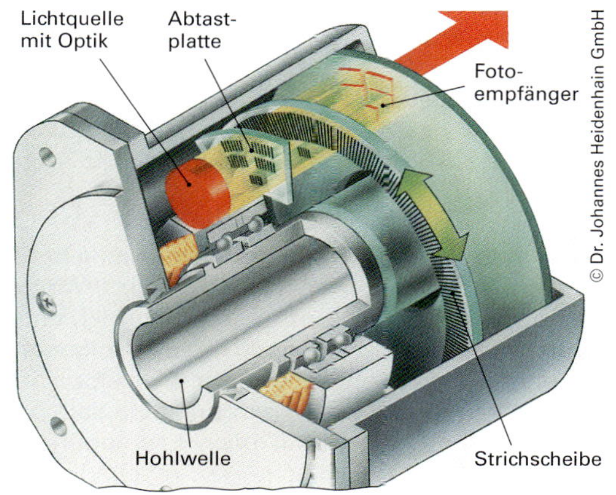

4 Inkrementaler optischer Winkelgeber

Winkelcodierer. Winkeldrehgeber werden als Winkel-Bewegungssensoren an Maschinen eingesetzt, die eine hohe Auflösung und Genauigkeit benötigen.

Die Winkeldrehgeber erreichen eine Winkelauflösung von 23 und 27 Bit, beziehungsweise 8 388 608 und 134 217 728 Positionen pro Umdrehung, und Genauigkeitsstufen von ± 5", ± 2,5", ± 2" und ± 1", abhängig je nach Modell. Sie arbeiten nach der Messmethode der Lichtbeugung mit Scheiben aus graduiertem Quarzglas, wobei der Durchlauf von der Anzahl der Impulse pro Umdrehung bestimmt wird. Es werden codierte Scheiben des Wegmesssystems direkt an der Welle montiert **(Bild 1)**. Dabei dienen deren Rollenlager und der Statorflansch als Führung und zur korrekten Ausrichtung. Neben der Minimierung von statischen und dynamischen Abweichungen kompensiert dieser Flansch die Axialbewegungen der Welle.

Multiturn-Winkelcodierer. Um mit Winkelcodierern auch Winkel über 360°, also mehrere Umdrehungen, messen zu können, werden durch Umsetzungsgetriebe zwei oder mehrere Codescheiben angetrieben.

Direkte und indirekte Weg- und Winkelmessung

Eine weitere Unterteilung findet in Form der

- direkten Weg- und Winkelmessung und der
- indirekten Weg- und Winkelmessung

statt.

Bei der **direkten Weg- und Winkelmessung** werden die Messsysteme in die NC-Achsen eingebaut und erfassen deren Bewegung direkt **(Bild 2)**. Fehler in den mechanischen Übertragungsgliedern, z.B. Steigungsfehler der Vorschubspindel, sind in Bezug auf die Positioniergenauigkeit unbedeutend. Bei Direktantrieben entfallen die mechanischen Übertragungsglieder und es kommen nur direkt messende Systeme infrage.

Bei der **indirekten Weg- und Winkelmessung** befindet sich ein rotatorischer Winkelgeber an der Motorwelle des Achsantriebs und erfasst indirekt, unter rechnerischer Berücksichtigung der nachfolgenden Getriebe, die erzeugte Weg- oder Winkelposition **(Bild 3)**. Motor und Messsystem sind eine Bau- und Montageeinheit und damit auch kostengünstig. Nachteilig ist, dass Fehler in den mechanischen Übertragungsgliedern, wie z.B. Steigungsfehler in der Vorschubspindel unberücksichtigt bleiben.

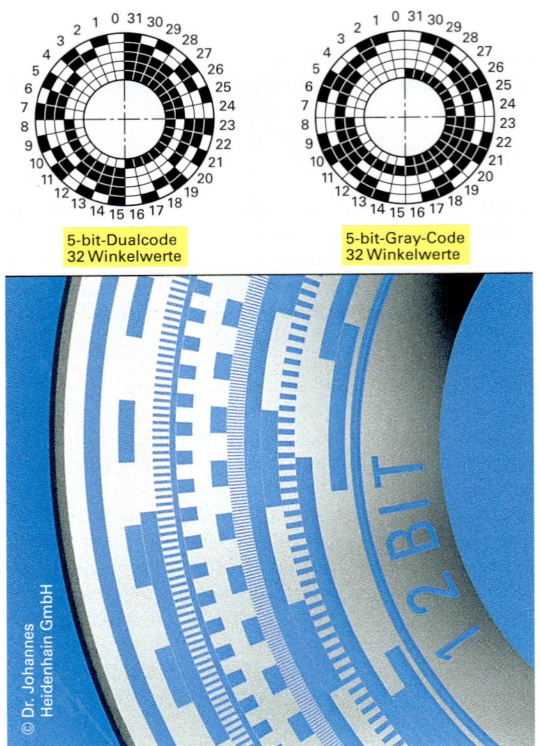

1 Winkelcodierer

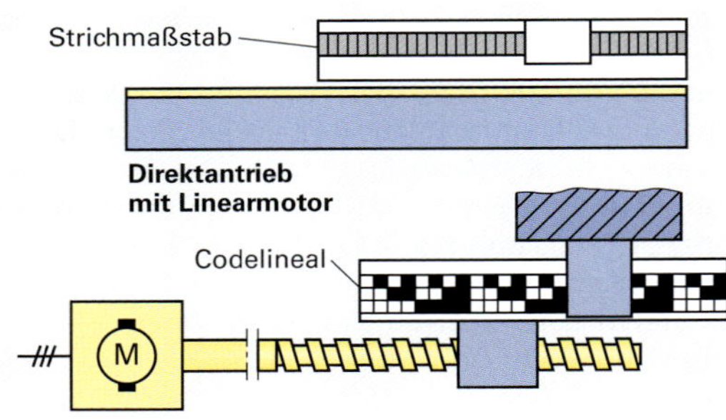

2 Direkte Wegmessung

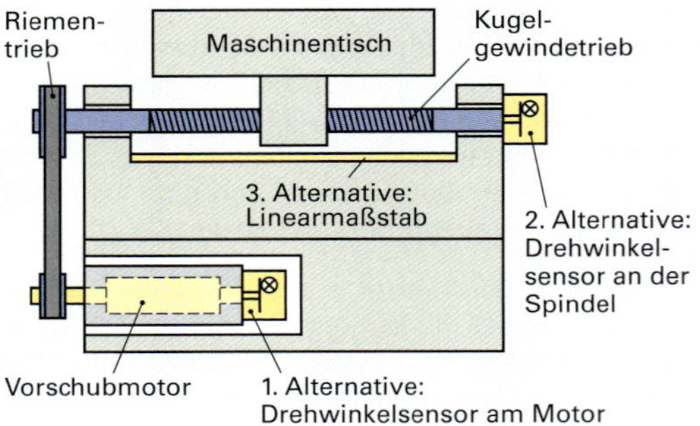

3 Indirekte Wegmessung

In Abhängigkeit von der zu messenden Bewegung und den konkreten Einsatzbedingungen an der Werkzeugmaschine werden die Messsysteme technisch unterschiedlich ausgeführt **(Bild 1)**.

Die **induktive Messung** verwendet eine elektrische Spannung als Signalträger. Die Abtasteinheit enthält zwei Leiterwicklungen, die mit unterschiedlichen Wechselspannungen gespeist werden **(Bild 2)**. Sie induziert durch ihre Relativbewegung in der Maßverkörperung eine **phasenverschobene Spannung**. Über diese werden der Verfahrweg und die Verfahrrichtung bestimmt. Um die im Abstand von 360° periodisch wiederkehrenden Zustände voneinander zu unterscheiden, wird ein Zähler verwendet, der sie aufsummiert.

Bei der **fotoelektrischen Messung** wird das Signal durch Beleuchten oder Durchleuchten der Maßverkörperung gewonnen **(Bild 3)**. Beim Durchlichtverfahren hat die Maßverkörperung transparente und lichtundurchlässige Zonen. Soll das Auflichtverfahren zum Einsatz kommen, muss sie reflektierende und nichtreflektierende Bereiche besitzen. Die Abtasteinheit besteht aus Lichtquelle mit Optik und Abtastgitter sowie Empfänger mit Fotoelementen. Sie erhält durch ihre Relativbewegung zur Maßverkörperung über die Fotoelemente **Hell-Dunkel-Signale**, die zum Bestimmen der Achsposition verwendet werden.

Das Abtasten von **Strich-Maßverkörperungen** wird als **inkrementale Messung** bezeichnet **(Bild 4)**. Dabei entstehen Hell-Dunkel-Signale, die in Zählimpulse umgewandelt werden. Die Anzahl dieser Impulse (Inkremente) ist ein Maß für den zurückgelegten Weg oder Winkel, während deren Art das Merkmal für die Bestimmung der Bewegungsrichtung liefert.

Um daraus die aktuelle Position der gesteuerten Einheit ermitteln zu können, muss das Messsystem der Maschine geeicht sein. Dieses Eichen geschieht meist nach dem Einschalten der Maschine durch Anfahren einer auf der Maßverkörperung liegenden **Referenzmarke**. Dort nimmt die Steuerung die absolute Achsposition bezogen auf das Maschinenkoordinatensystem auf.

Moderne lineare Messsysteme besitzen auf der Maßverkörperung mehrere Referenzmarken, die definierte Abstände zueinander haben. Damit lassen sich Messfehler, die durch Störimpulse auftreten könnten, leichter ausgleichen. Auch ist nach einem Stromausfall das Messsystem schneller wieder geeicht, da der Weg zur Referenzmarke kürzer ist.

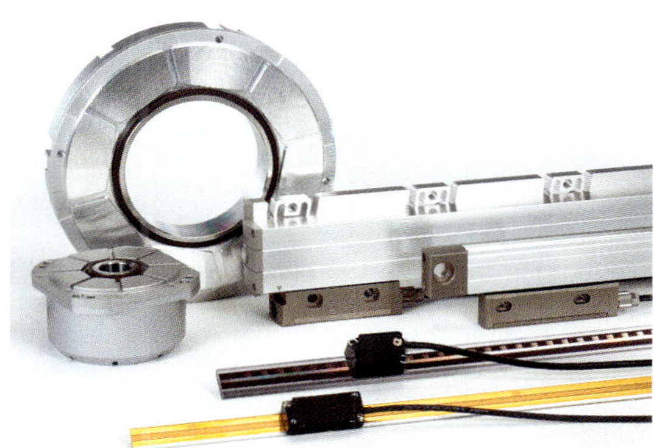
1 Bauformen moderner Messsysteme

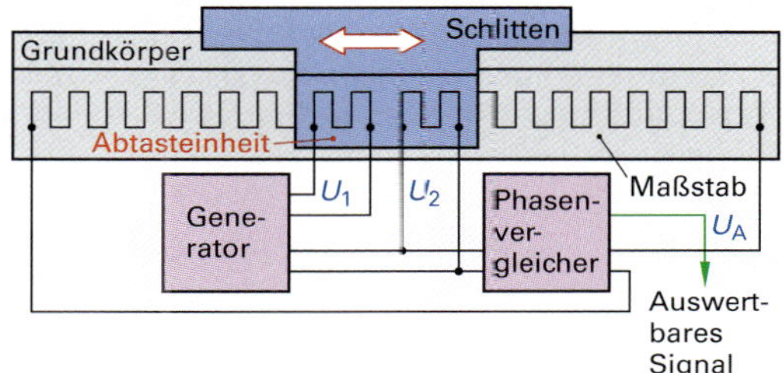

2 Induktive Messung

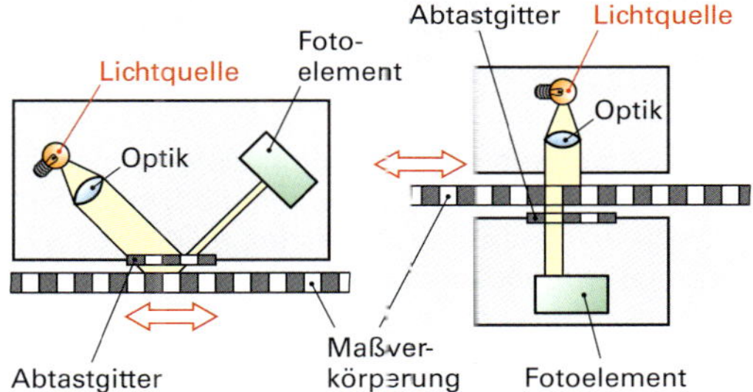

3 Auflicht- und Durchlichtverfahren

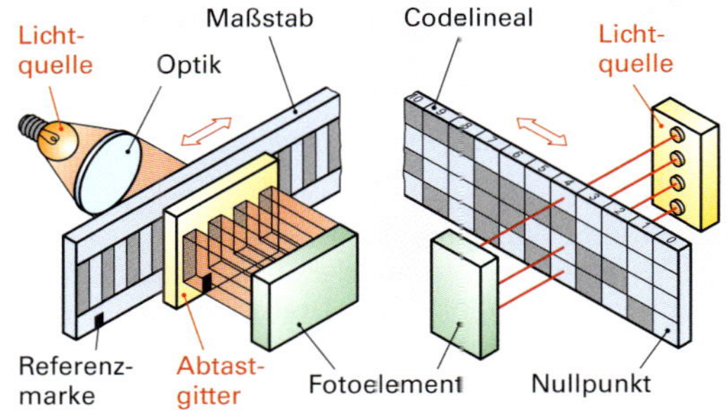

4 Inkrementale und absolute Messung

Die **absolute Messung** ist eine Lagemessung. Da **codierte Maßverkörperungen** zum Einsatz kommen, ist jedem Weg- oder Winkelelement ein eindeutiger Zahlenwert zugeordnet. Damit kann die Achsposition direkt ermittelt werden und ist immer bekannt. Das Anfahren einer Referenzmarke zum Eichen des Messsystems ist somit nicht erforderlich.

Wegen der großen Anzahl der zu lesenden Codespuren ist die Abtasteinheit kompliziert aufgebaut. Der technische Aufwand für die Auswertung der abgetasteten Hell-Dunkel-Signale ist dann jedoch geringer als bei einem inkrementalen Wegmesssystem.

Insgesamt gesehen sind inkrementale Wegmesssysteme in der Herstellung bzw. Anschaffung noch kostengünstiger. Trotzdem sind bereits heute absolute Wegmesssysteme an CNC-Werkzeugmaschinen der unteren und mittleren Preisklasse Ausstattungsoption und an höherwertigen CNC-Anlagen Standard.

Nach der Art der zu messenden Relativbewegung und der dazu eingesetzten Maßverkörperung wird in direkte und indirekte Messung unterschieden.

Bei der **direkten Wegmessung** wird die Schlittenbewegung mittels eines **Maßstabs** ermittelt. Dabei kann die Maßverkörperung am Schlitten und die Abtasteinheit am Maschinengestell oder umgekehrt angebracht sein **(Bild 1)**.

Wird zum Messen der Schlittenbewegung eine fest mit der Vorschubspindel verbundene **Drehscheibe** als Maßverkörperung verwendet, erfolgt eine **indirekte Wegmessung (Bild 2)**. Dabei wird aus der Anzahl der Umdrehungen der Drehscheibe und der Steigung der Vorschubspindel der zurückgelegte Weg ermittelt. Steigungsfehler und mechanische Belastungen der Vorschubspindel können bei diesem Prinzip das Messergebnis verfälschen.

Da auch für größere Verfahrwege heute hinreichend lange Maßstäbe verfügbar sind, rüsten die meisten Werkzeugmaschinenhersteller ihre Maschinen mit direkten Wegmesssystemen aus.

Eine **direkte Winkelmessung** findet statt, wenn z.B. die Positionierbewegung der Arbeitsspindel einer Drehmaschine mithilfe einer **Drehscheibe** gemessen wird **(Bild 3, 4)**. Dieses Prinzip wird auch an Fräsmaschinen zum Messen der Dreh- bzw. Schwenkbewegung des 2-Achs-NC-Tisches oder des Spindelkopfes verwendet.

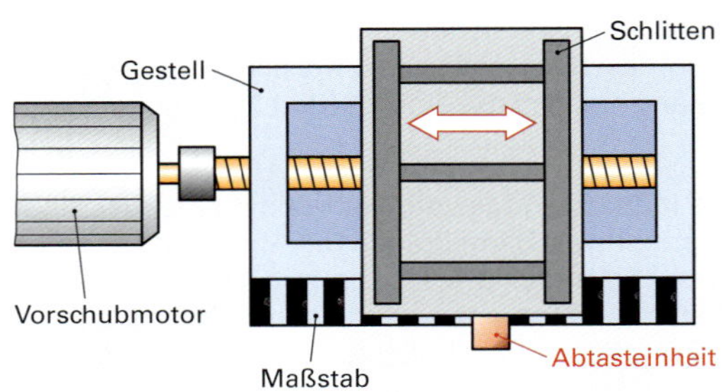

1 Direkte Wegmessung

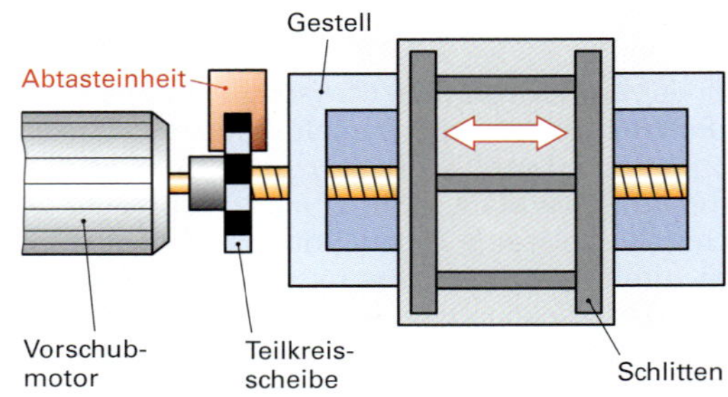

2 Indirekte Wegmessung

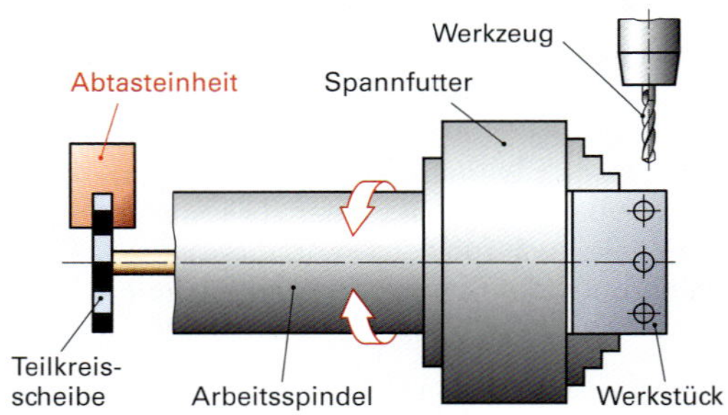

3 Direkte Winkelmessung

4 Drehscheibe

S5 NUMERISCHE STEUERUNGEN

„bits for chips"

Die rechnergestützte Fertigung ist für metallverarbeitende Unternehmen eine grundlegende Voraussetzung für eine qualitativ und quantitativ hochwertige sowie kundenorientierte Produktion. Wegen der breiten und effektiven Einsatzmöglichkeiten in der Einzelfertigung, Kleinserien- und Großserienfertigung sind CNC-Werkzeugmaschinen in der spanenden Fertigung die Standardarbeitsmittel für industrielle Fertigungskonzepte.

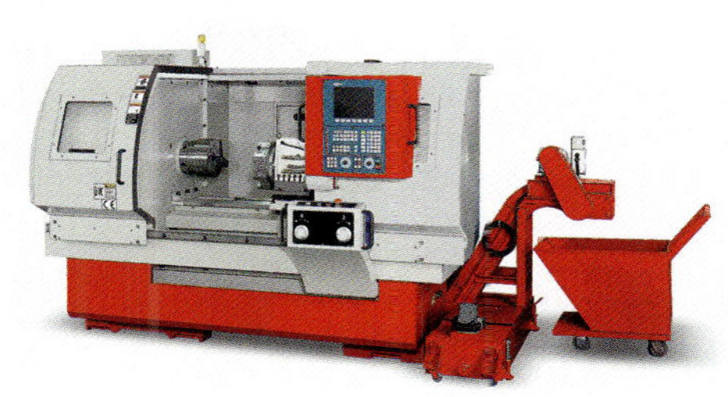

1 CNC-Drehbearbeitungszentrum

Konsequenzen des Einsatzes von CNC-Werkzeugmaschinen

Es lassen sich Werkstücke mit komplexer Geometrie fertigen unter optimaler Anpassung der technologischen Werte. Eine Komplettbearbeitung auf Bearbeitungszentren, die Fräs- und Drehbearbeitungen verbinden, führt zu einer erheblichen Verbesserung der Qualität, da hier ein Umspannen und Ausrichten der Werkstücke entfällt **(Bild 1)**. Für eine gleichbleibende Qualität der Werkstücke sorgen die exakte Wiederholung des programmierten Fertigungsablaufs, die automatische Verschleißkorrektur, eine Standzeitüberwachung und der weitestgehende Ausschluss des Menschen von der direkten Fertigung.

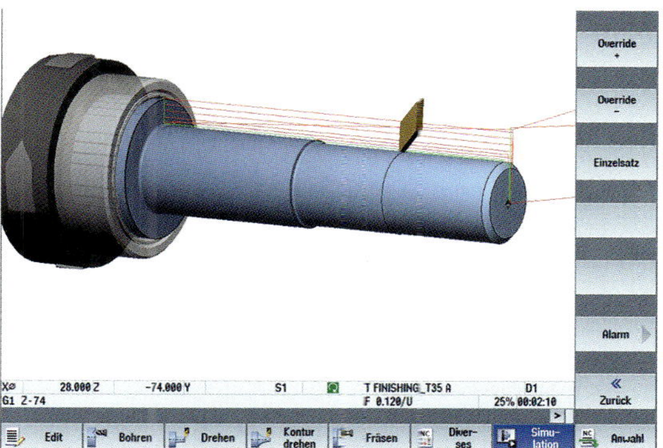

2 Simulation eines CNC-Programms

Dadurch können Qualitätskontrollen nach dem gültigen Qualitätsmanagement auf Stichproben beschränkt werden. Fertigungsabläufe können vorab simuliert und auf Kollisionsfreiheit geprüft werden **(Bild 2)**.

Wegen der hohen Anschaffungskosten und der schnellen Entwicklung dieser Technik müssen CNC-Maschinen aus betriebswirtschaftlicher Sicht optimal ausgelastet werden.

Mit dem Einsatz von CNC-Technik verringert sich die körperliche Beanspruchung des Facharbeiters, jedoch steigen die Anforderungen an die geistigen Fähigkeiten des Zerspanungsmechanikers **(Bild 3)**. Der Fertigungsablauf wird vor Beginn der Arbeit vollständig geplant, Drehachsen, Handlingsysteme und Überwachung der Maschine fordert ein hohes Maß an fachlicher Kompetenz und Bereitschaft zur ständigen Weiterbildung.

CNC-Dreher/Fräser (w/m/d)

Ihre Aufgaben:

- Qualitätsbewusstes und zielstrebiges Abarbeiten von Fertigungsaufträgen
- Erstellen von CNC-Programmen für 3- und 5-Achs-Fräsmaschinen
- Einzel- und Kleinserienfertigung an Maschinen (DIN ISO Steuerung) oder Heidenhain iTNC530 - Frästechnik -
- Einzel- und Kleinserienfertigung an Maschinen mit der Steuerung MAUNALplus von Heidenhain - Drehtechnik -
- Einrichten von Kleinserien
- Qualitätsüberwachung, Überwachung des Produktionsprozesses
- Optimierung vorhandener Programme
- Durchführung einfacher Wartungsarbeiten

Ihr Profil:

- Abgeschlossene Berufsausbildung als Zerspanungsmechaniker, Industriemechaniker oder eine vergleichbare Qualifikation
- Erfahrung bei der Fertigung von technischen Kunststoffteilen nach Zeichnung
- Ergebnisorientierte und eigenständige Arbeitsweise
- Qualitätsbewusstsein
- Teamfähigkeit
- Bereitschaft zur 2-Schicht-Arbeit

3 Auszug aus einer Stellenausschreibung

Steuerung

Die Steuerung der CNC-Werkzeugmaschine besteht aus mehreren Funktionseinheiten, deren Zusammenwirken durch ein NC-Betriebssystem ermöglicht wird **(Bild 1)**. Sie ist Bindeglied zwischen Mensch und Werkzeugmaschine. Das Kernstück der Steuerung ist ein Rechnersystem.

Die Schnittstelle zum Menschen hin ist das Bedienfeld (MMK = Mensch-Maschine-Kommunikation). Es besteht aus Anzeigen (TFT-Display), Maschinen-, Programmier- und Steuerungsbedienelementen **(Bild 2)**. Bedienelemente sind Tasten, Wahlschalter und Potenziometer. Die kennzeichnenden Symbole sind genormt nach DIN 24900. Je nach Ausführung können auch ein elektronisches Handrad und verschiedene Schnittstellen zur Datenübertragung vorhanden sein.

Die Schnittstelle zur eigentlichen Werkzeugmaschine wird durch die Anpasssteuerung, die Antriebs- und die Lageregelung verkörpert. Die Anpasssteuerung ist eine speicherprogrammierbare Steuerung (SPS), die mit den an der Werkzeugmaschine vorhandenen Aktoren und Sensoren kommuniziert. Vom Rechnersystem erzeugte Signale werden von ihr so verstärkt, dass Schaltaufgaben, wie z.B. „Werkzeug spannen" oder „Kühlschmierstoffzufuhr ein" umgesetzt werden können. Gleichzeitig werden sämtliche Bedingungen, wie z.B. „erforderlicher Spannmitteldruck vorhanden" oder „Arbeitsraum geschlossen", überwacht und logisch verknüpft.

Das Rechnersystem **(Bild 2)** besteht aus mehreren Mikroprozessoren (NCK = Numerical Control Kernel, SPS). Sie organisieren das Zusammenwirken aller Baugruppen der Steuerung, verwalten die Programm-, Technologie- und Systemspeicher und überwachen die Schnittstelle zum Menschen. Ein Prozessor berechnet, unter Berücksichtigung der Nullpunktverschiebung und der Werkzeugkorrektur, mithilfe des Interpolationsprogramms die Zwischenwerte für die Verfahrbewegung. So entstehen die Sollgrößen für die Lageregelung.

Eine Erweiterung der NCK macht es möglich, dass Zusatzfunktionen über das CNC-Programm integriert werden können. So kann man z.B. Speicher-Chips in Werkzeugaufnahmen einbinden und damit Werkzeugabmessungen, Reststandzeiten oder automatische Werkzeugüberwachungen installieren. Mit einer CNC-Hochsprache können zusätzliche Zyklen in die NCK eingebracht werden.

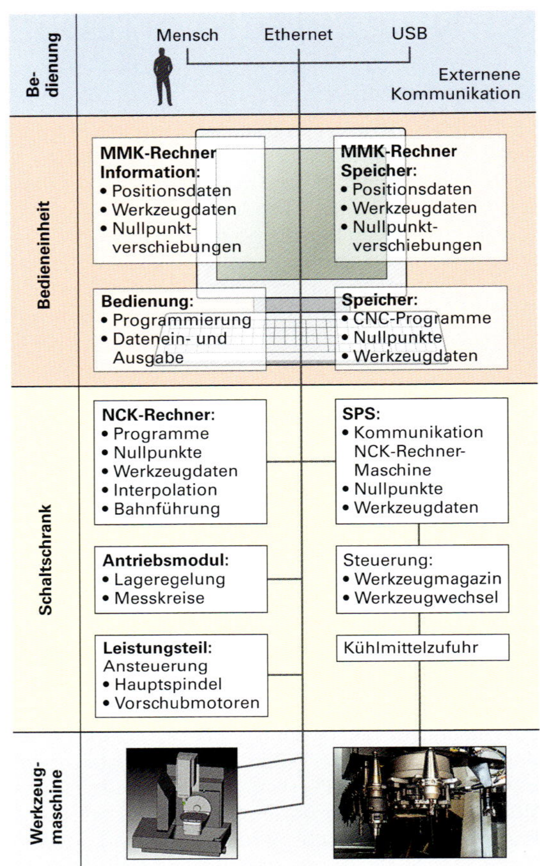

1 Steuerung einer CNC-Maschine

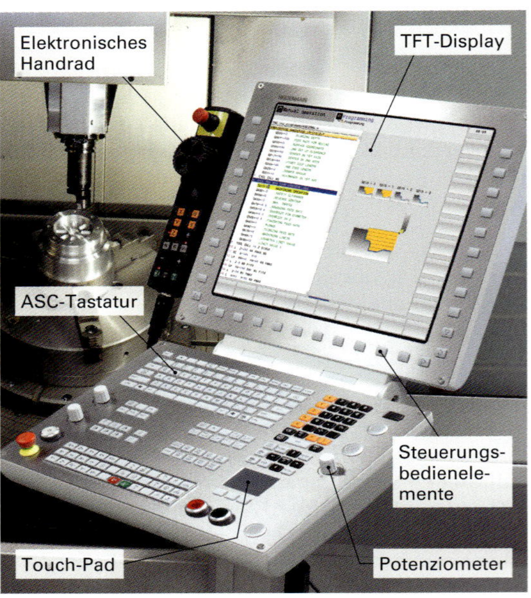

2 Steuerungstableau

Die **Lageregelung** erhält den Istwert der Verfahrbewegung vom Wegmesssystem und vergleicht ihn mit dem vom CNC-Programm geforderten Sollwert. Besteht eine Differenz, liefert sie ein Signal an die Antriebsregelung **(Bild 1)**. Durch die entstehende Stellgröße wird eine Verfahrbewegung erzeugt. Der Vergleich zwischen Istwert und Sollwert wiederholt sich 1000-mal in einer Sekunde, bis der vorgegebene Sollwert dem gemessenen Istwert entspricht. Die Position ist erreicht. Gleiches gilt für die Verfahrgeschwindigkeit. Um Abweichungen durch Temperaturschwankungen zu minimieren, sind die Antriebe mit einer Temperaturkompensation ausgestattet.

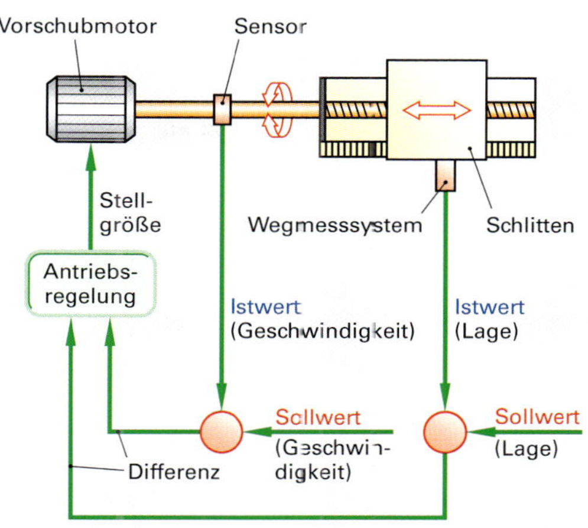

1 Blockschaltbild der Geschwindigkeits- und Lageregelung

Verfahrbewegungen, die nicht achsparallel oder auf Kreisbahnen verlaufen, entstehen durch Überlagern der erforderlichen Achsgeschwindigkeiten **(Bild 2)**. Ihre Berechnung sowie die Einstellung und Abstimmung zwischen den beteiligten Achsen übernimmt die prozessorgesteuerte Antriebsregelung.

Der Istwert der Verfahrgeschwindigkeit wird permanent von einem Sensor ermittelt und mit dem berechneten Sollwert verglichen. Besteht eine Differenz, korrigiert die Antriebsregelung die Verfahrgeschwindigkeit **(Bild 1)**. Die veränderte Geschwindigkeit wird vom Sensor registriert und der Antriebsregelung erneut als Istwert zur Verfügung gestellt. Der neue Istwert wird wieder mit dem Sollwert verglichen usw.

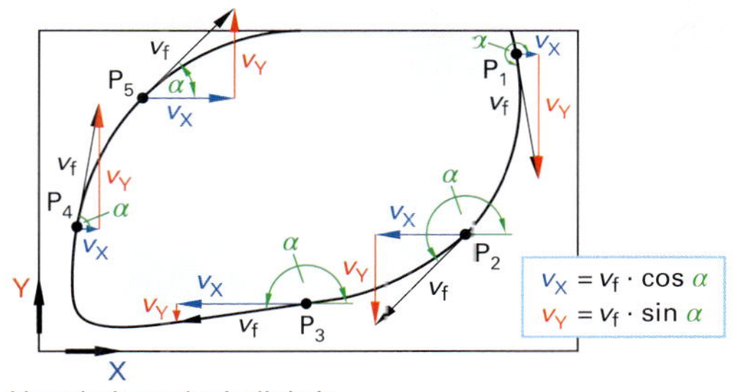

Vorschubgeschwindigkeit
v_f entlang der Kontur
v_X in Richtung der X-Achse
v_Y in Richtung der Y-Achse
α Winkel von v_f zur positiven X-Achse

2 Geschwindigkeitskomponenten

Auch die Geschwindigkeitsregelung arbeitet mit einer sehr hohen Taktfrequenz, um sicherzustellen, dass bei der Bearbeitung nicht achsparalleler Konturen keine Konturverletzungen auftreten.

Zur **Datenspeicherung** in der CNC-Steuerung werden verschiedene Speichermedien eingesetzt. Das Betriebssystem ist in elektronisch programmierten Nur-Lese-Speichern (EPROM), Programme und Technologiedaten sind in Schreib-Lese-Speichern (RAM) gespeichert. Für den Erhalt der gespeicherten Daten nach Ausschalten der Maschine wird die Maschine durch eine Pufferbatterie mit Spannung versorgt.

Gerätetechnisch ist die CNC-Steuerung ein sehr kompaktes System, bestehend aus Bedientableau, einer speicherprogrammierbaren Steuerung (SPS), dem NC-Kern (NCK) und der Stromversorgung für die Antriebseinheiten und die Spindel **(Bild 3)**. Ein modularer Aufbau ermöglicht es die Steuerung je nach Komplexität zu erweitern. Der Datentransport erfolgt über ein Leitungssystem – den Bus.

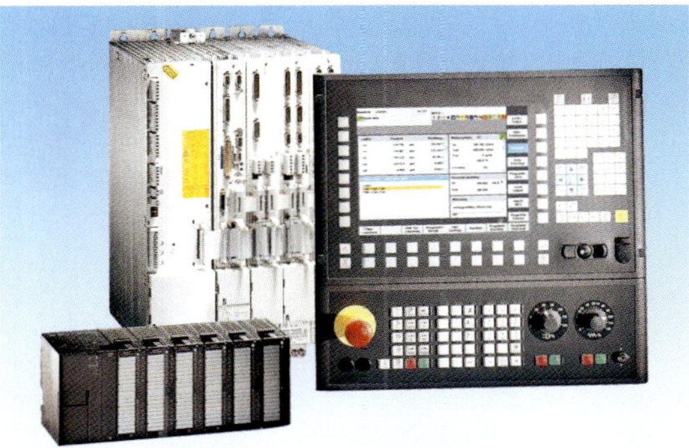

3 Komponenten einer modernen CNC-Steuerung

Das CNC-Betriebssystem ermöglicht das Zusammenwirken der Komponenten der Steuerung sowie die Kommunikation mit dem Bediener und der Werkzeugmaschine. Grundsätzliche Bestandteile sind Ein- und Ausgaberoutinen, ein Editor, ein Verwaltungsprogramm für die Speicher, das Interpolationsprogramm und ein NC-Interpreter. In der Steuerungsarchitektur gilt die Einhaltung der Normen und Standards, darüber hinaus unterscheiden sich moderne Steuerungen durch eine individuelle Anpassbarkeit als wesentliche Qualitätsmerkmale **(Bild 1)**.

Durch die Verknüpfung unterschiedlicher Funktionen, wie z.B. Fertigungssimulation und Kollisionsüberwachung, kann an einigen Steuerungen die geplante Fertigung an einer virtuellen Maschine eingegrenzt und überprüft werden **(Bild 2)**.

Durch eine Hochgeschwindigkeitsbearbeitung (HSC) können Forderungen nach einem Höchstmaß an Genauigkeit und Oberflächengüte bei minimalem Zeitaufwand eingehalten werden. Dazu ist es notwendig, dass die CNC-Steuerung auf ein sehr dynamisches Verhalten der Maschine abgestimmt ist. Dies ist durch auf diesen Bereich abgestimmte Funktionen möglich, die der Bediener beeinflussen und aktivieren kann **(Bild 3)**.

Vor allem beim Fertigen von 3D-Formflächen im Werkzeug- und Formenbau besteht die Forderung nach einem Höchstmaß an Genauigkeit und Oberflächengüte. Zunehmend werden diese Funktionen nicht mehr durch den Bediener beeinflusst, sondern mit den Programmdaten aus einem extern programmierten CAM-Programm (Computer-Aided-Manufacturing, s. S. 576).

Durch Vorausschau im Fertigungsprogramm werden Richtungsänderungen in der Bearbeitung vorab erkannt und die Dynamik unter Berücksichtigung des Beschleunigungsvermögens der Antriebe entsprechend angepasst. So werden vor allem ruckartige Geschwindigkeitsänderungen vermieden.

3D-Werkzeug-korrektur	Fertigungssimulation
Technologie-Datenbank	Arbeitsraum-überwachung
Bewegungsführung für HSC	Kollisionsüberwachung
Ferndiagnose und Netservice	Dialogprogrammierung
Temperatur-kompensation	CNC-Hochsprache
Werkzeugvermessung und -überwachung	Koordinatentrans-formation

1 Funktionen einer CNC-Maschine (Auswahl)

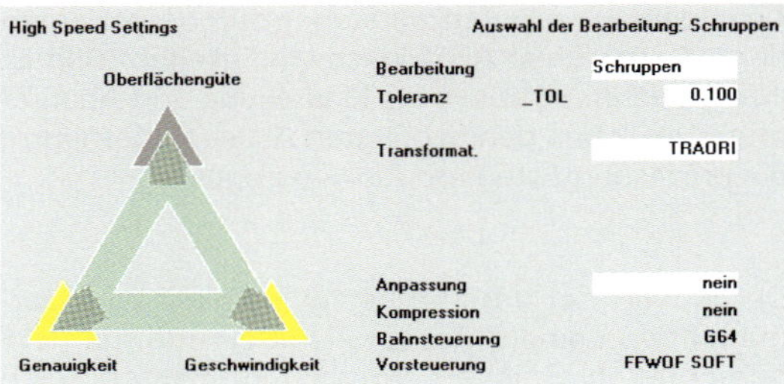

3 Einstellungen für HSC

CNC-Steuerungen beinhalten auch umfangreiche Konzepte zur Überwachung von Geschwindigkeit, Stillstand und Position. Um den sicheren Zustand der Maschine in einem Störungsfall zu gewährleisten, sind entsprechende Funktionen mehrfach eingebunden. Sicherheitsrelevante Informationen werden untereinander verglichen und überprüft.

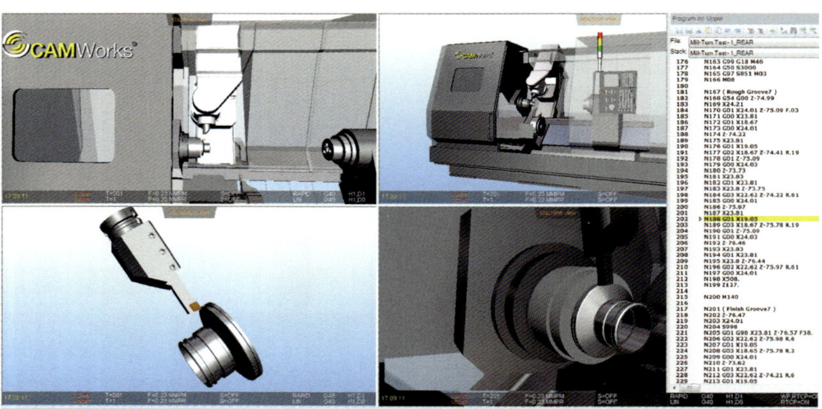

2 Fertigungssimulation

Steuerungsarten

An numerisch gesteuerten Werkzeugmaschinen gibt es verschiedene Steuerungsarten. Man unterscheidet Punktsteuerungen, Streckensteuerungen und Bahnsteuerungen.

Die **Punktsteuerung** positioniert Werkzeuge wie Bohrer oder Schweißelektroden auf festgelegte Punkte, an denen nach dem Programm eine Fertigungsaufgabe auszuführen ist **(Bild 1)**. Das Werkzeug kann sich während der Positionierbewegung nicht im Eingriff befinden, da der Verfahrweg im Eilgang zurückgelegt wird. Die Achsantriebe werden hintereinander oder gleichzeitig eingeschaltet, ohne dass die Verfahrgeschwindigkeit geregelt wird. Anwendung findet die Punktsteuerung bei Bohr-, Punktschweiß- oder Stanzmaschinen.

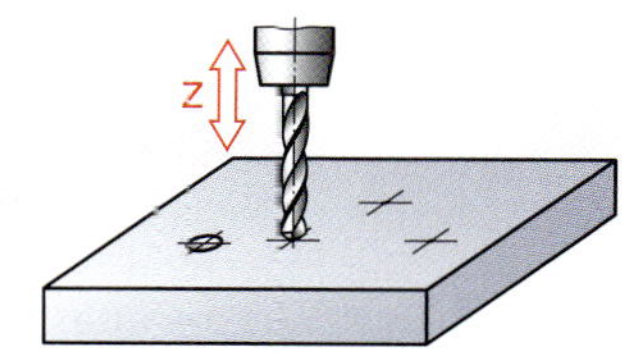

1 **Punktsteuerung**

Bei der **Streckensteuerung** wird jeweils eine Achse gesteuert. Deshalb ist es möglich, achsparallele Verfahrbewegungen im Arbeitsvorschub zu erzeugen **(Bild 2)**. Die Streckensteuerung findet bei einfachen Werkzeugmaschinen und in Montagegeräten Anwendung. Stattet man eine konventionelle Werkzeugmaschine mit einem elektronischen Wegmesssystem aus, verfügt man damit meist bereits über eine einfache Streckensteuerung.

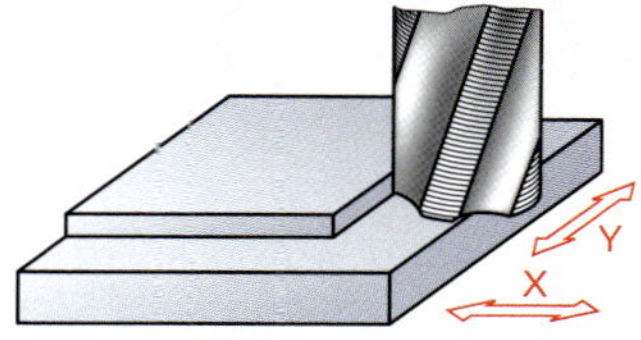

2 **Streckensteuerung**

Mit einer **Bahnsteuerung** können beliebige Verfahrbewegungen realisiert werden. Dafür werden mindestens zwei Achsantriebe aufeinander abgestimmt angesteuert. Die Abstimmung erfolgt über Interpolationsprogramm, Lageregelung und Geschwindigkeitsregelung. Je nach Anzahl der gleichzeitig und unabhängig voneinander steuerbaren Achsen unterscheidet man 2D-, 2½D-, 3D- und mehrachsige Bahnsteuerungen.

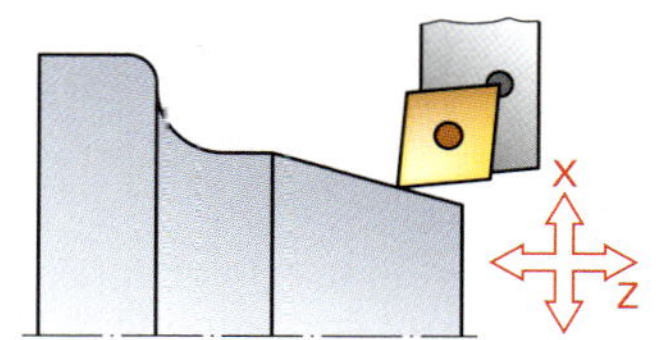

3 **2D-Bahnsteuerung an einer Drehmaschine**

Bei einer **2D-Bahnsteuerung** liegen die beiden gemeinsam steuerbaren Achsen fest. Besitzt die Maschine eine dritte Achse, so kann diese nur unabhängig von den beiden anderen gesteuert werden **(Bild 3)**. Diese Steuerungsart wird für Drehmaschinen verwendet, die keine angetriebenen Werkzeuge im Revolver und keine steuerbare Arbeitsspindel besitzen.

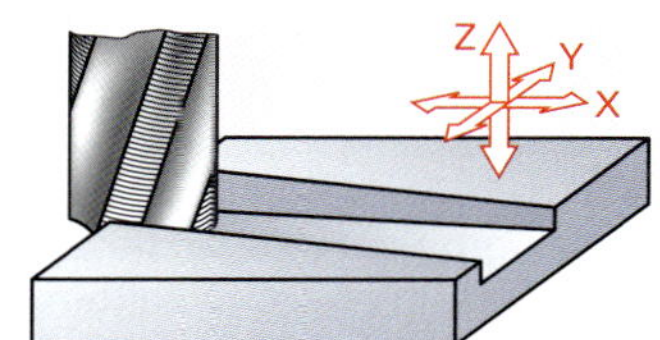

4 **3D-Bahnsteuerung an einer Fräsmaschine**

Kann der Bediener wählen, welche beiden Achsen er gemeinsam steuern will, so spricht man von einer **2½D-Bahnsteuerung**. Zum Programmanfang muss der Bediener der Steuerung mitteilen, welche Arbeitsebene er nutzen will (**Bild 1**, S. 561). Die **3D-Bahnsteuerung** ermöglicht das gleichzeitige Steuern von mindestens drei Achsen. Damit können komplizierte dreidimensionale Verfahrbewegungen erzeugt werden. Diese Steuerungsart ist bei Dreh- und Fräsmaschinen heute Standard **(Bild 4)**.

An Drehmaschinen mit mehreren Werkzeugrevolvern, Fräsmaschinen mit NC-Rundtisch oder 2-Achs-NC-Tisch sowie Bearbeitungszentren werden Bahnsteuerungen eingesetzt, mit denen mehr als drei Achsen gleichzeitig gesteuert werden können **(Bild 5)**.

5 **Mehrachs-Bearbeitung**

Aufgaben

1 Beschreiben Sie den grundsätzlichen Aufbau und die wichtigsten Funktionen einer CNC-Steuerung.

2 Erklären Sie die Regelung der Hauptspindeldrehzahl beim Plandrehen mit konstanter Schnittgeschwindigkeit.

3 Welche Steuerungsart ist erforderlich, um an einem Drehteil einen exzentrischen Lagersitz zu fertigen?

4 Berechnen Sie die Drehzahl des Vorschubmotors der X-Achse am Punkt P5 (**Bild 2**, S. 555), wenn gilt: $\alpha = 47°$, $v_f = 300\ ^{mm}/_{min}$, Spindelsteigung $P = 5$ mm ($n = 41\ ^{1}/_{min}$).

Programmierung

Für eine Serie sind gegossene Maschinenschraubstockadapter **(Bild 1)** an einer CNC-Senkrecht-Fräsmaschine fertig zu bearbeiten. Die Maschine ist mit einem 2-Achs-NC-Tisch ausgestattet, sodass es möglich ist, die Fertigung als 5-Seiten-Bearbeitung in zwei Aufspannungen zu organisieren. Die CNC-Steuerung wird nach DIN 66025 programmiert. Zusätzlich stehen Bearbeitungszyklen nach PAL zur Programmierung zur Verfügung.

Die Fertigung wurde so geplant, dass in de[illegible] Aufspannung alle Konturen geschlichtet, die Nut und die Bohrungen hergestellt werden können und nach dem Umspannen lediglich die Unterseite des Werkstücks auf Maß bearbeitet wird und das Anfasen der Durchgangsbohrungen und der Nut erfolgt.

Die Aufspannung erfolgt auf dem 2-Achs-NC-Tisch in einem hydraulisch betätigten, kompakten Maschinenschraubstock mit Prismenbacken und geraden Backen **(Bild 2)**.

Hierbei ist darauf zu achten, dass der Maschinenschraubstock in einem Abstand zum Werkzeugtisch montiert wird, der es verhindert, dass die Spindel mit dem Tisch im geschwenkten Zustand kollidiert. Die Erhöhung wurde in der Spannskizze **(Bild 2)** nicht berücksichtigt.

Entsprechend der herzustellenden Konturen und ausgewählten Verfahren wurden unterschiedliche Werkzeuge festgelegt und entsprechende Technologiedaten ermittelt **(Bild 3)**.

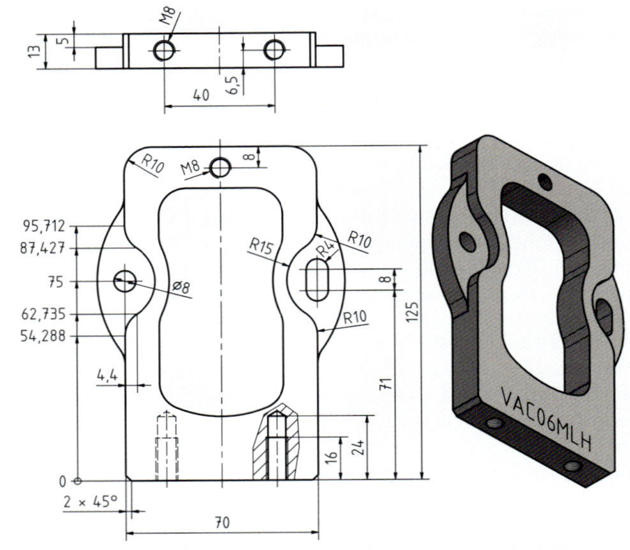

1 Fertigungsaufgabe

– Werkzeugliste –

Werkzeug Nr, Bezeichnung; Schneidstoff	Schnittgeschwindigkeit v_c in m/min	Vorschub f_z bzw. f in mm	Zähnezahl z
T01 Messerkopf ø100; HC	200	0,05	8
T02 Schaftfräser ø16; HC	200	0,08	4
T03 Schaftfräser ø25; HC	200	0,10	4
T04 Bohrnutenfräser ø6; HC	200	0,06	2
T05 NC-Anbohrer ø12; HC	200	0,06	2
T06 Spiralbohrer ø4,2; HSS	40	0,10	
T07 Spiralbohrer ø6,8; HSS	40	0,10	
T08 Gewindebohrer M8;	15		
T09 Gravurstichel ø1; HSS	50	0,05	

3 Werkzeugliste

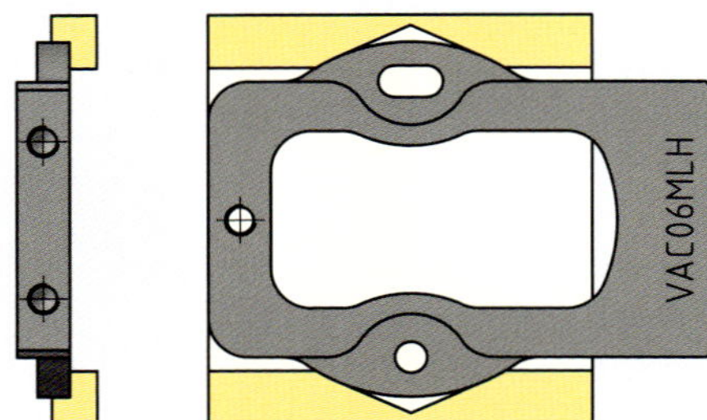

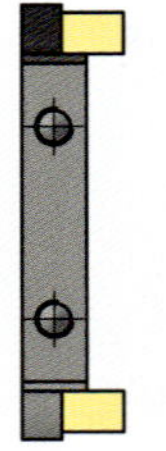

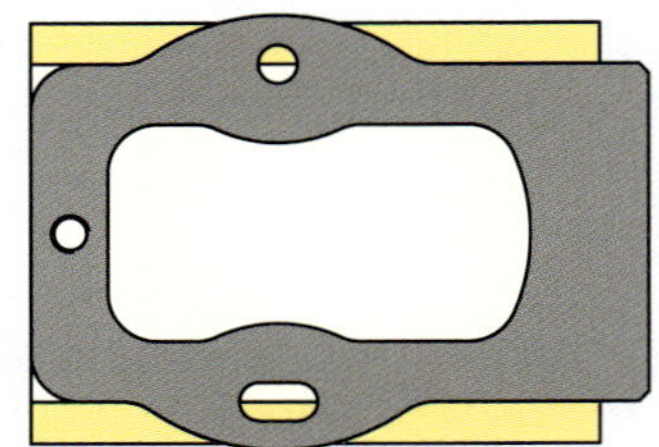

2 Spannskizzen

Grundlagen

Die Steuerung benötigt für die Fertigungsaufgabe eine Vielzahl von Informationen. Diese werden durch ein CNC-Programm zur Verfügung gestellt.

Aufbau eines CNC-Programms

Ein CNC-Programm besteht aus Sätzen. Ein Satz besteht aus Worten, die sich meist aus einem Adressbuchstaben und einer Ziffernfolge mit oder ohne Vorzeichen zusammensetzen. Dezimalzahlen werden durch einen Punkt in ganze Zahl und Dezimalbruch getrennt.

Worte können programmtechnische, geometrische und technologische Informationen enthalten, wobei die Reihenfolge der Eintragung eingehalten werden muss **(Tabelle 1)**.

Nicht benötigte Wörter können in einem Satz weggelassen werden. Das Abarbeiten der Sätze im Programm erfolgt nach deren Reihenfolge, ohne Berücksichtigung der angegebenen Satznummer.

Die Weginformationen bestehen aus der Wegbedingung und gegebenenfalls den notwendigen Koordinaten. Die Schaltfunktionen bestehen aus technologischen Adressen und Zusatzfunktionen **(Bild 1)**.

Jedes Programm beginnt mit dem Programmanfang, dann folgen die Programm-Sätze und ein Befehl für das Programmende **(Bild 2)**.

Moderne Steuerungen lassen die Berechnung bzw. Zuweisung von Werten im Programm zu. Das Wort besteht dann aus einer Adresse und einer Berechnung oder Ziffernfolge. Nach DIN 66025 ist die Verwendung bestimmter Adressbuchstaben vorgeschrieben. Nach PAL sind auch Buchstabenkombinationen zur Adressierung zulässig **(Bild 3)**.

Tabelle 1: Reihenfolge von CNC-Programm-Worten

	Adresse	Bedeutung
1.	N	Satznummer
2.	G	Wegbedingung
3.	X, Y, Z	Koordinaten
4.	I, J, K	Interpolationsparameter
5.	F	Vorschub (engl. **f**eed)
6.	S	Spindeldrehzahl (engl. **s**peed)
7.	T	Werkzeugposition (engl. **t**ool)
8.	M	Zusatzfunktion

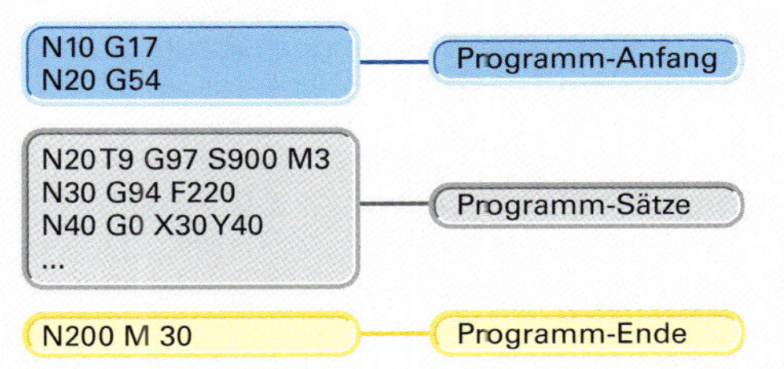

2 Programmaufbau

```
T="FRAESER_DM10"¶
M6¶
S2000 F300 M3¶
CYCLE800(1,"DMG",0,57,0,0,0,0,0,0,0,0,0,-1,)¶
G0 X-12 Y-12¶
G0 Z-5¶
G41¶
G1 X5¶
G1 Y30¶
G1 X=40+(0.05/2)¶ ;Berechnung
G1 Y=IC(-10)¶       ;Adresszuweisung
G1 Y-12¶
G40¶
```

3 Berechnung und Adressierung

1 Satzaufbau

Koordinatensysteme

Um die Programmierung von CNC-Werkzeugmaschinen zu vereinheitlichen, sind Lage und Richtung der Koordinatenachsen am Werkstück und die Bearbeitungsrichtung an der Maschine in DIN 66217 festgelegt.

Die Grundlage bildet ein rechtwinkliges, rechtshändiges Koordinatensystem mit den Achsen X, Y und Z **(Bild 1)**.

Das Koordinatensystem ist auf die Hauptführungsbahnen der Werkzeugmaschine ausgerichtet. Die X-Achse folgt der Längsbewegung des Maschinenschlittens. Die positive Richtung der Z-Achse zeigt immer vom Werkstück zur Maschinenspindel **(Bild 2)**.

Bei Maschinen mit rotierenden Werkstücken verläuft die X-Achse von der Werkzeugachse zum Werkzeugträger **(Bild 3)**.

An mehrachsigen CNC-Maschinen werden von verschiendenen Baugruppen, wie z.B. Arbeitsspindel, NC-Rundtisch oder 2-Achs-NC-Tisch, gesteuerte Drehbewegungen ausgeführt. Diese werden mit A, B und C bezeichnet **(Bild 5)**. Führt das Werkstück die Drehbewegung an der Maschine aus, wird die Drehachse mit einem Hochkomma bezeichnet, z.B. A′, B′ oder C′.

Über 3 Linearachsen und 2 Drehachsen ist theoretisch jeder Punkt im Arbeitsraum mit der gewünschten Werkzeugorientierung anfahrbar. Unterschiedliche Werkzeugkinematiken stehen hierfür zur Verfügung **(Bild 4)**. Neben der Möglichkeit beide Drehachsen im Fräskopf zu integrieren, ist auch die Variante weit verbreitet, bei der sich beide Drehachsen im Maschinentisch befinden **(Bild 5)**.

Schreiben des CNC-Programms

Die eindeutige Beschreibung des Hauptprogramms erfolgt durch ein %-Zeichen gefolgt von einer Programmnummer. Damit sind alle verfügbaren Funktionen wie Aktivieren, Ändern und Simulieren auf das Programm anwendbar.

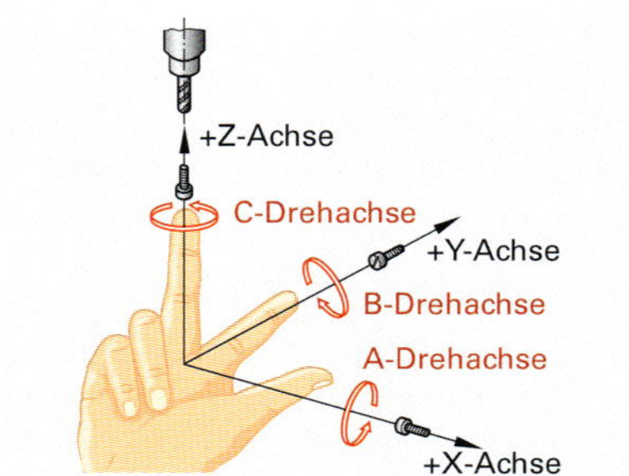

1 **Koordinatensystem**

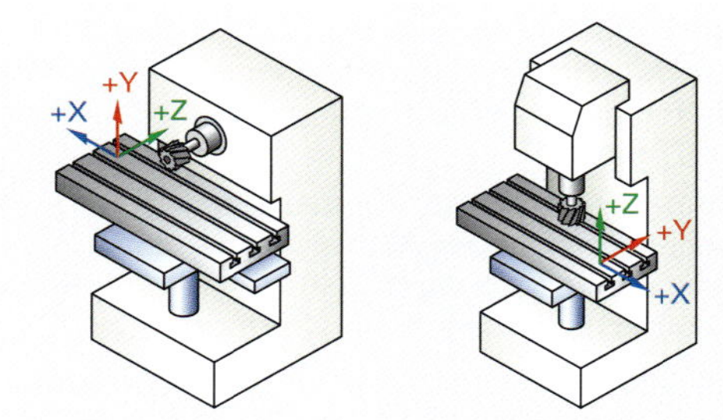

2 **Koordinaten an Fräsmaschinen**

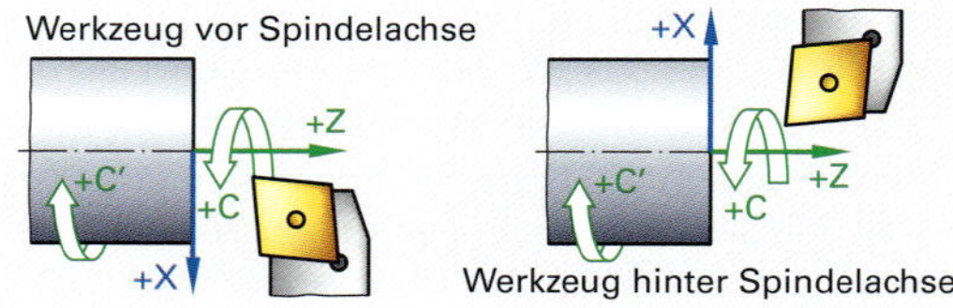

3 **Koordinaten an Drehmaschinen**

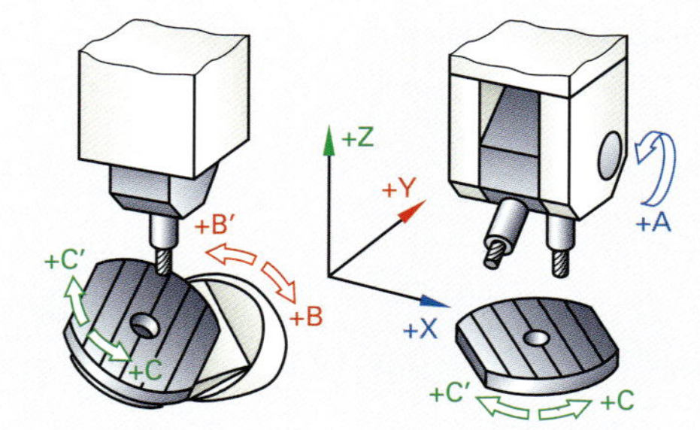

4 **Kinematiklösungen**

NC-Schwenkrundtisch mit den Maschinenachsen A und C

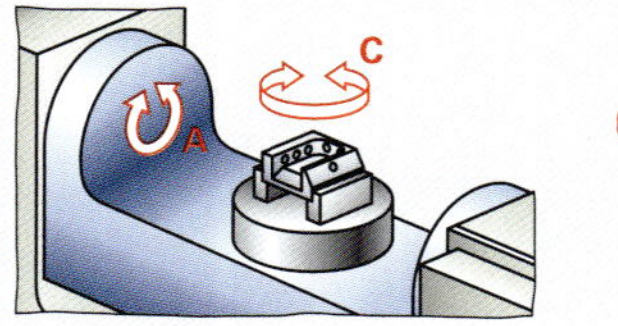

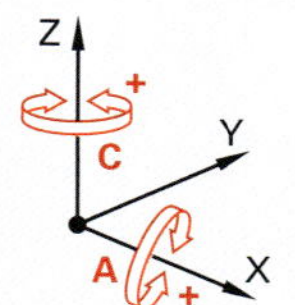

NC-Schwenkrundtisch mit den Maschinenachsen B und C

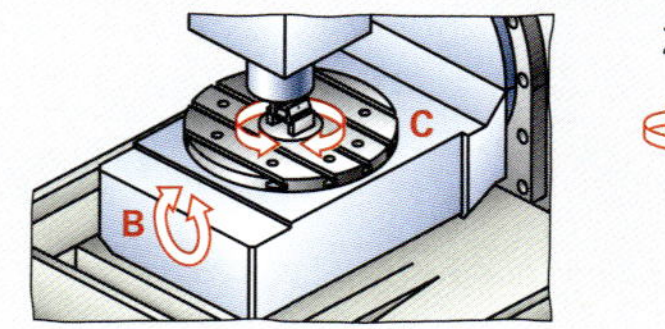

5 **NC-Schwenkrundtisch**

Bei CNC-Fräsmaschinen mit 2½D-Bahnsteuerung und Drehmaschinen mit angetriebenen Werkzeugen muss der Programmierer am Anfang des Programms die Hauptbearbeitungsebene festlegen **(Bild 1)**. Die Ebenenanwahl wird u.a. für die Positionierlogik genutzt. Dadurch können alle 3 Achsen in einem Satz programmiert werden. Die Maschine verfährt dabei zunächst in den durch die Bearbeitungsebene definierten Achsen und anschließend in der Zustellachse.

Nach DIN 66025 erfolgt die Auswahl der Hauptbearbeitungsebene durch die Wegbedingungen G17, G18 und G19. Davon ausgehend kann eine beliebige im Raum liegende Bearbeitungsebene mit der zugehörigen Werkstückkoordinaten-Transformation angewählt werden. So kann eine Mehrseitenbearbeitung erfolgen.

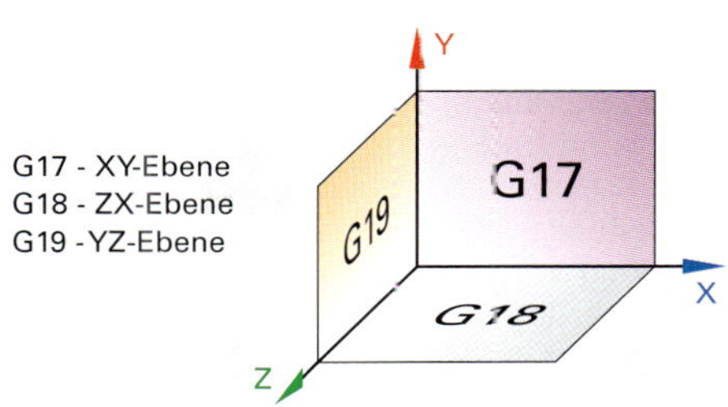

1 Hauptbearbeitungsebenen

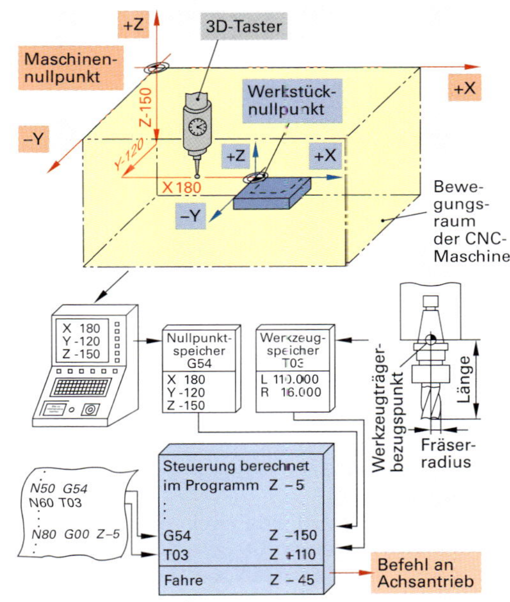

2 Nullpunktverschiebung

Null- und Bezugspunkte

Das Steuern der Bewegung der CNC-Werkzeugmaschine erfolgt über maschinenbezogene Koordinatenwerte. Der Programmierer schreibt das Programm jedoch mit werkstückbezogenen Koordinaten **(Bild 2)**.

Um ein CNC-Programm richtig abarbeiten zu können, muss das Werkstückkoordinatensystem mit dem Maschinenkoordinatensystem unter Berücksichtigung der Werkzeugmaße in Beziehung gesetzt werden **(Bild 3)**.

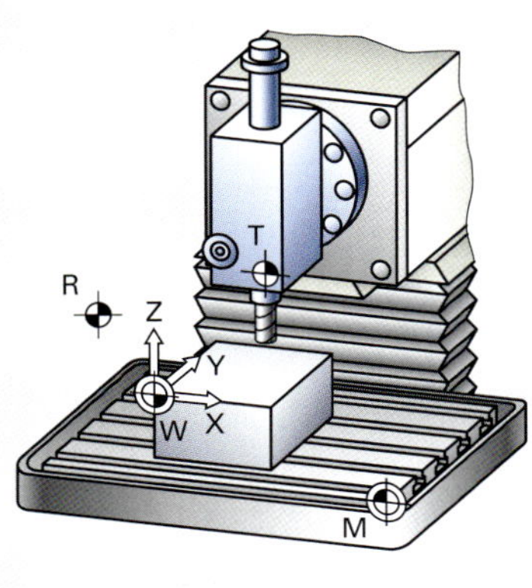

Maschinennullpunkt M
Wird durch den Maschinenhersteller festgelegt. Länge der Verfahrwege ergibt den Arbeitsraum.

Maschinenreferenzpunkt R
Muss nach dem Einschalten der Maschine mit inkrementeller Wegmessung zum Nullsetzen des Messsystems überfahren werden.

Werkstücknullpunkt W
Nullpunkt des Werstückkoordinatensystems wurde durch den Programmierer festgelegt.

Werkzeugträgerbezugspunkt T
Nullpunkt des Werkzeugkoordinatensystems. Mittige Anschlagfläche des Werkzeughalters.

Werkzeugeinstellpunkt E
Er befindet sich an einer vom Hersteller definierten Stelle der Werkzeugaufnahme und kann nicht verändert werden.

3 Bezugspunkte

Prinzipiell wählt der Programmierer die **Lage des Werkstücknullpunktes W** frei. Trotzdem haben sich Richtlinien herausgebildet, die auch beim Erstellen der Fertigungszeichnungen beachtet werden. So liegt der Nullpunkt bei Frästeilen oft an einer Ecke des Werkstücks. Die Nullpunktlage in Richtung der Zustellachse wird durch die Oberfläche oder die Grundfläche des Fertigteils bestimmt **(Bild 1)**. Bei Drehteilen liegt der Nullpunkt in der Symmetrieachse des Werkstücks an der Planfläche oder Anlagefläche des Fertigteils.

Je nach Art und Weise der Maßangaben auf der Fertigungszeichnung können auch andere Punkte bevorzugt bzw. mehrere Nullpunkte verwendet werden. Meist wird dies über zusätzliche programmierte Nullpunktverschiebungen erreicht. Wird das Werkstück in mehreren Ebenen bearbeitet, wird für jede Ebene ein Nullpunkt definiert **(Bild 2)**. Er muss entweder durch Antasten gesetzt werden oder wird durch Verschiebung, ausgehend vom ersten Nullpunkt und verbunden mit einer Koordinatentransformation, programmiert. Nach diesen Anweisungen kann wie gewohnt weiter gearbeitet werden.

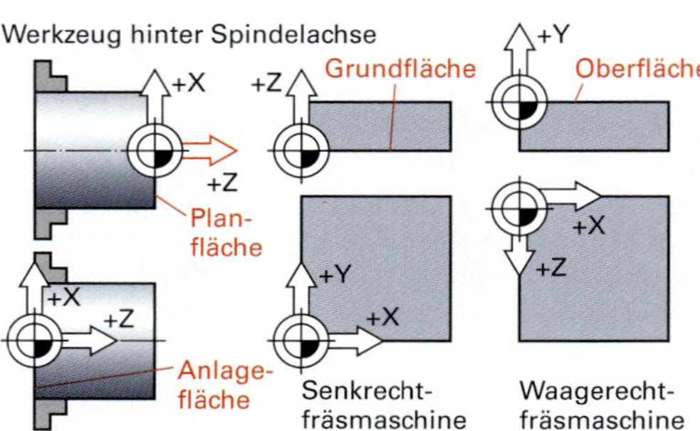

1 Nullpunktlagen an Fräs- und Drehteilen

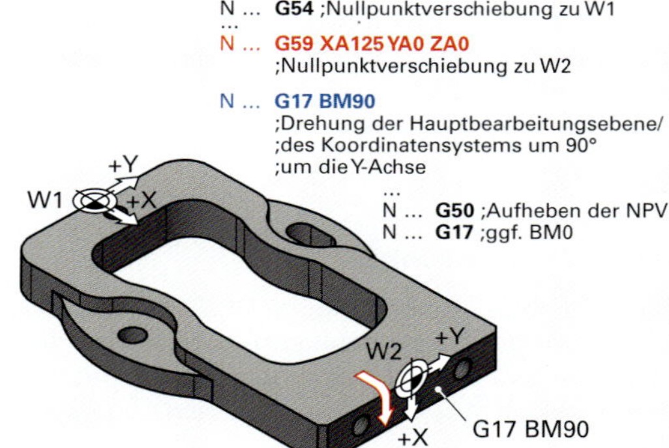

2 Verschieben von Nullpunkten und Drehen des Koordinatensystems

Weg- und Schaltinformationen

Für die Angabe der **Wegbedingungen** ist nach DIN 66025 der Adressbuchstabe **G** (geometric function) reserviert **(Tabelle 1)**.

Dem Buchstaben wird eine zweistellige Schlüsselzahl zugeordnet. Neuere Steuerungen haben auch G-Worte mit einer dreistelligen Schlüsselzahl im Befehlsumfang. Einige Wegbedingungen gelten nur satzweise, die meisten sind aber modal wirksam, d.h. sie sind so lange aktiv, bis eine andere Wegbedingung sie ersetzt. Nicht alle G-Befehle erfordern direkt im Satz die Zuordnung von Koordinatenwerten.

Die Schaltinformationen beschreiben den technologischen Teil des CNC-Programms.

Für den **Vorschub** und die **Spindel**drehzahl sind die Adressbuchstaben **F** (feed function) und **S** (spindle speed function) reserviert.

Ist die Wegbedingung G94 aktiv, wird unter F die Vorschubgeschwindigkeit in mm/min programmiert. Soll unter F der Vorschub in mm/U angegeben werden, muss die Wegbedingung G95 aktiv sein. Ist die Wegbedingung G96 aktiv, wird unter S eine konstante Schnittgeschwindigkeit in m/min angegeben. Soll unter S eine Spindeldrehzahl in min^{-1} programmiert werden, muss die Wegbedingung G97 aktiv sein. Die programmierten Werte sind modal wirksam und lassen sich nur durch Überschreiben mit einem neuen Wert ändern.

Tabelle 1: Wegbedingungen nach DIN 66025 (Auswahl)

G00	Verfahrbewegung im Eilgang
G01	Geraden-Interpolation
G02	Kreis-Interpolation im Uhrzeigersinn
G03	Kreis-Interpolation gegen Uhrzeigersinn
G09	Genauhalt
G17	Ebenenanwahl XY
G18	Ebenenanwahl ZX
G19	Ebenenanwahl YZ
G40	Aufheben der Werkzeugbahnkorrektur
G41	Werkzeugbahnkorrektur, links
G42	Werkzeugbahnkorrektur, rechts
G53	Aufheben der Nullpunktverschiebung
G54	Nullpunktverschiebung
G59	Additive Nullpunktverschiebung
G90	Absolute Maßangaben
G91	Inkrementale Maßangaben
G94	Vorschubgeschwindigkeit in mm/min
G95	Vorschub in mm/U
G96	Konstante Schnittgeschwindigkeit in m/min
G97	Spindeldrehzahl in 1/min

Das Programmieren des Werkzeugs erfolgt durch den Adressbuchstaben T (tool function).

Die zugehörige Schlüsselzahl bezeichnet die Nummer des Werkzeugs, die für den Werkzeugwechsel benötigt wird. Nach PAL können ergänzend ein Koordinatenwertspeicher angewählt und temporäre Änderungen der dort gespeicherten Werte durchgeführt werden **(Bild 1)**.

Das Programmwort für die Zusatz- bzw. Maschinenfunktionen besteht aus dem Adressbuchstaben M (machine function) und aus einer zweistelligen Schlüsselzahl.

Maschinenfunktionen werden entweder am Satzanfang oder am Satzende wirksam. Einige M-Funktionen wirken satzweise, andere sind modal wirksam, bis sie durch eine andere Funktion aufgehoben werden. Nach PAL sind maximal zwei M-Befehle in einem Programmsatz zulässig **(Tabelle 1)**.

T Werkzeugnummer im Magazin
TC Anwahl Korrekturwertspeicher TC1 bis TC9, TC1 Einschaltzustand, TC0 Abwahl Korrekturwerte
TR Inkrementelle Veränderung des Werkzeugradiuswertes im aktuellen Korrekturspeicher
TL Inkrementelle Veränderung der Werkzeuglänge im angewählten Korrekturwertspeicher

Beispiel:

T01 TC2 TR0.2 TL-0.15

Werkzeuglänge -0,15 mm
Radiusänderung 0,2 mm
Korrekturwertspeicher 2
Werkzeugnummer 01

1 Adressen zum Werkzeugwechsel und Werkzeugkorrektur

Tabelle 1: Zusatzfunktionen nach DIN 66025 (Auswahl)

Befehl	Bedeutung	Wirksamkeit	
M00	Programmierter Halt	Satzende	satzweise
M03	Spindeldrehrichtung im Uhrzeigersinn	Satzanfang	modal
M04	Spindeldrehrichtung gegen Uhrzeigersinn	Satzanfang	modal
M06	Werkzeugwechsel	Satzanfang	satzweise
M08	Kühlschmiermittel Ein	Satzanfang	modal
M09	Kühlschmiermittel Aus	Satzende	modal
M17	Unterprogrammende	Satzende	satzweise
M30	Hauptprogrammende mit Rücksetzen	Satzende	satzweise

Satzanfang | Satzende | modal | satzweise

Koordinatenwerte

Beim Erstellen der Zeichnung wird der Bearbeitung auf CNC-Maschinen durch eine fertigungsgerechte Bemaßung Rechnung getragen. Um dem Programmierer die Angabe der Koordinatenwerte zu erleichtern, bietet die Steuerung verschiedene Möglichkeiten der Eingabe. Meistens wird mit absoluten Koordinatenwerten gearbeitet, G90, also bezogen auf den Nullpunkt. Jede Koordinate wird ausgehend vom aktiven Werkstücknullpunkt angegeben und angefahren. Soll ein Kettenmaß programmiert werden, müssen die Koordinaten relativ (inkremental) angefahren werden, G91, also bezogen auf den zuletzt angefahrenen Punkt. Jede Koordinate wird von der zuletzt programmierten bzw. angefahrenen Koordinate angegeben. Eine Koordinate in Richtung positive X-, Y- oder Z-Achse wird positiv angegeben. Eine Koordinate, die entgegen der positiven X-, Y- oder Z-Achse befindet wird negativ angegeben. Die Koordinaten können auch ohne Umschalten auf G91 unter Verwendung der Adressbuchstaben z. B. XI, YI oder ZI inkremental programmiert werden.

Bei der Absolut-Programmierung wird der Punkt beschrieben, auf den das Werkzeug verfahren soll. Bei der Relativ-Programmierung wird immer der zu verfahrende Weg beschrieben **(Bild 2)**.

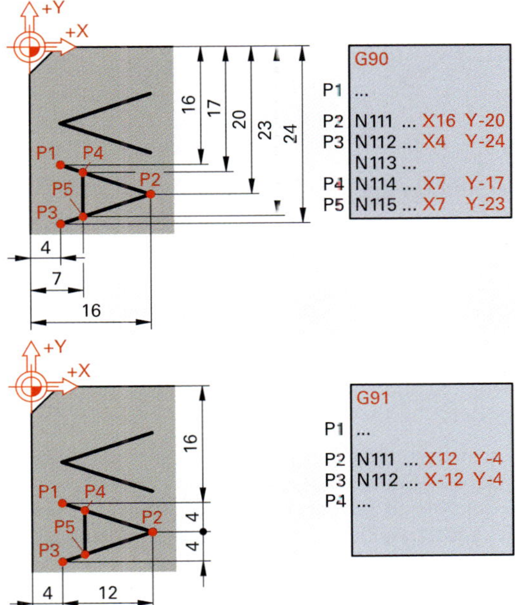

2 Programmierung von Koordinatenwerten

Polarkoordinaten

Für bestimmte Konturen werden zur Bemaßung Polarkoordinaten verwendet. Der Programmierer muss den mathematischen Zusammenhang von kartesischen und Polarkoordinaten kennen. Trigonometrische Berechnungen sind notwendig, um kartesische Koordinaten aus Polarkoordinaten zu erhalten. Polarkoordinaten beinhalten z.B. den Polarradius RP und den Polarwinkel AP bezogen auf die X-Achse (bei G17). Der Polarwinkel AP ist entgegen dem Uhrzeigersinn positiv **(Bild 1)**.

Viele Steuerungen ermöglichen die Programmierung in Polarkoordinaten. Auch hier ist entweder eine absolute oder eine inkrementale Programmierung möglich. Unter PAL ist es möglich kartesische und Polarkoordinaten zu kombinieren **(Bild 2)**.

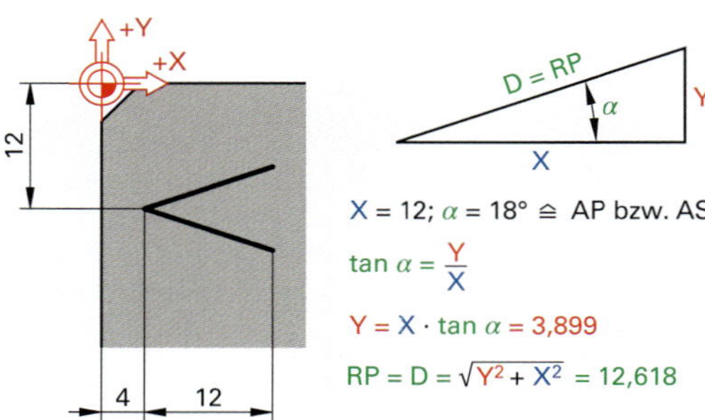

1 Von kartesischen Koordinaten zu Polarkoordinaten

;...

;Gravur Buchstabe V

N100	G00 X4 Y-12	;Eilgang zu P1
N101	G01 XZ-1 F100 M13	;Eintauchen bei P1
N102	G01 X16 AS-18 F400	;Im Winkel –18° zu P2
N103	G00 Z2	;Rückzug auf Z2
N104	G00 X4 Y-12	;Eilgang zu P1
N105	G01 Z-1 F100	;Eintauchen bei P1
N106	G11 RP12.618 AP18 F400	;Mit Polarkoordinaten zu P3
N107	G00 Z2	;Rückzug auf Z2

2 Programmabschnitt Gravur Buchstabe V

Verfahrbewegungen

Das Programmieren der Verfahrbewegung erfolgt unabhängig von der Maschinenkinematik. Die Bewegung des Werkstücks oder des Werkzeugs während der Bearbeitung wird nicht berücksichtigt **(Bild 3)**. Bei der Eingabe der Koordinatenwerte wird immer, unabhängig von der Werkzeuglänge, die Werkzeugspitze programmiert. Auch beim Programmieren eines Schwenkvorgangs der Hauptbearbeitungsebene bleibt die tatsächliche Bewegung der Maschine unberücksichtigt.

Der Programmierer geht immer davon aus, dass das Werkzeug eine Relativbewegung zum Werkstück ausführt.

Verfahrbewegung im Eilgang

Durch die Wegbedingung G00 (G0) wird das Werkzeug in allen Achsrichtungen mit maximaler Achsgeschwindigkeit zum Zielpunkt verfahren. Moderne Steuerungen organisieren die Zustell- und Rückzugsbewegung über eine räumliche Positionierlogik. Nach PAL kann mit dem Wegbefehl G10 der Zielpunkt auch mit Polarkoordinaten programmiert werden.

Aus Sicherheitsgründen sollte beim Programmieren in der G17-Ebene ein Anfahren zum Werkstück zuerst in der X- und Y-Koordinate erfolgen und in einem Extra-Satz die Zustellung in der Z-Achse erfolgen, da viele moderne Maschinen auch ein Anfahren mit G0 im Raum ausführen. Dadurch entsteht eine erhöhte Kollisionsgefahr durch z.B. Absätze, Nuten, Spannpratzen oder ähnliche Hindernisse.

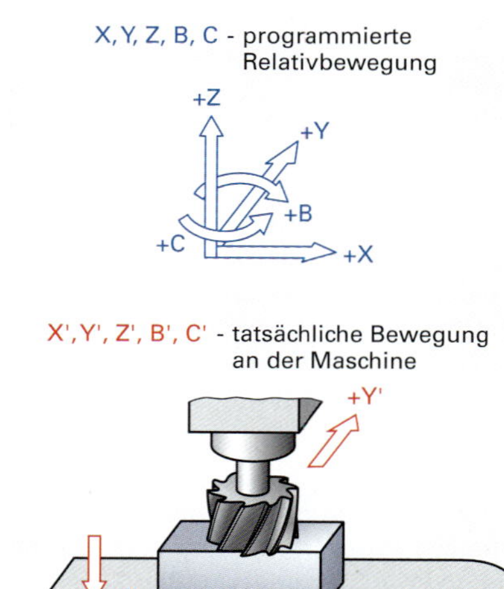

3 Relative und tatsächliche Bewegungen (Beispiele)

Geradeninterpolation im Arbeitsvorschub

Wird das Werkzeug vom Start- zum Zielpunkt in einer geraden Linie verfahren, spricht man von Geradeninterpolation **(Bild 1)**. Die Wegbedingung dafür lautet G01 (G1). Ergänzend werden dazu die Koordinaten des Zielpunktes mit den Adressbuchstaben X, Y und Z angegeben. Darauf zu achten ist, ob absolut oder inkremental programmiert wird. Die angegebenen Koordinatenwerte sind modal wirksam, sodass nur die Koordinatenwerte angegeben werden müssen, in deren Richtung verfahren wird. Spätestens im ersten G01-Satz muss ein Arbeitsvorschub angegeben sein. Nach PAL lässt sich eine Geradeninterpolation mit G11 unter Angabe von Polarkoordinaten programmieren.

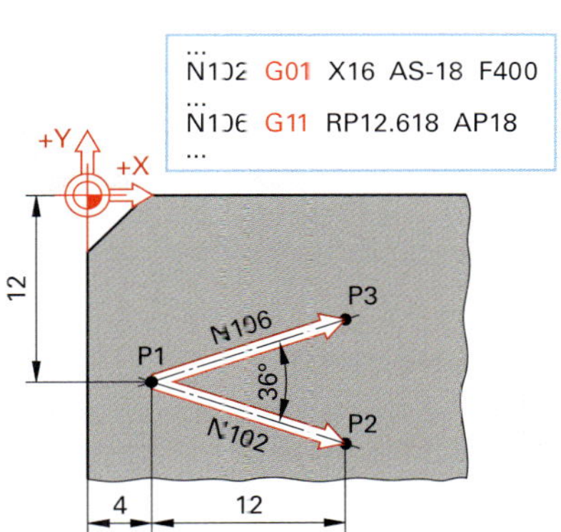

1 Geradeninterpolation

Kreisinterpolation

Wird das Werkzeug vom Start- zum Zielpunkt auf einer Kreisbahn verfahren, spricht man von Kreisinterpolation. Zur Ausführung dieser Verfahrbewegung benötigt die Steuerung Informationen zur Drehrichtung, den Zielpunkt und die Lage des Mittelpunktes oder den Radius der Kreisbahn. Eine Drehrichtung im Uhrzeigersinn wird mit G02 (G2), eine Drehrichtung gegen den Uhrzeigersinn mit G03 (G3) angegeben **(Bild 2)**. Die Koordinaten des Zielpunktes werden wie in G00- oder G01-Sätzen hinter den zugehörigen Adressbuchstaben absolut oder relativ angegeben.

Durch die Angabe der Interpolationsparameter I, J erhält die Steuerung Informationen über die Lage des Mittelpunktes der Kreisbahn. I, J und K sind dabei den Achsen X, Y und Z zugeordnet und werden inkremental (absolut IA, JA, KA) bezogen auf den Startpunkt programmiert **(Bild 3)**. X und Y sind die Absolutkoordinaten des Kreisendpunktes. I und J sind die Inkrementalparameter des Kreismittelpunktes vom Kreisanfangspunkt aus gesehen.

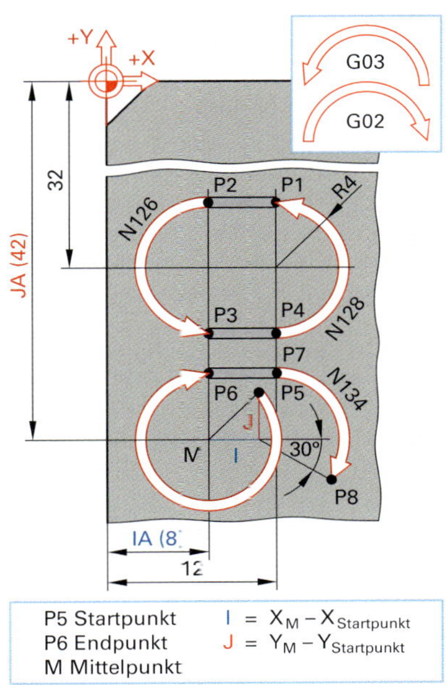

2 Kreisinterpolation

```
...;Gravur 06
N123  G00 X12 Y-28               ;Verfahrbewegung im Eilgang zu P1
N124  G01 Z-1 F100               ;Geradeninterpolation, Eintauchen bei P1
N125  G01 X8 F400                ;Geradeninterpolation zu P2
N126  G03 X8 Y-36 I0 J-4         ;Kreisinterpolation zu P3
N127  G01 X12                    ;Geradeninterpolation zu P4
N128  G03 X12 Y-28 R4            ;Kreisinterpolation zu P1
N129  G00 Z2                     ;Verfahrbewegung im Eilgang, Rückziehen bei P1
N130  G10 RP4 AP45 IA8 JA-42     ;Verfahrbewegung im Eilgang zu P5
N131  G01 Z-1 F100               ;Geradeninterpolation, Eintauchen bei P5
N132  G02 X8 Y-38 IA8 JA-42 F400 ;Kreisinterpolation zu P6
N133  G01 X12                    ;Geradeninterpolation zu P7
N134  G12 AP-30 IA12 JA-42       ;Kreisinterpolation mit Polarkoordinaten zu P8
N135  G00 Z2                     ;Verfahrbewegung im Eilgang, Rückziehen bei P8
...
```

3 Programmausschnitt

Nach PAL wird, wie bei fast allen Steuerungen üblich, auch der Radius zur Bestimmung des Kreisbogens akzeptiert. Das Vorzeichen der Adresse R ermöglicht die Unterscheidung geometrisch unterschiedlicher Lösungen. Unter Angabe von G12 bzw. G13 kann der Zielpunkt der Kreisinterpolation unter Angabe von Polarkoordinaten angegeben werden **(Bild 1)**.

Werkzeugkorrektur

Die Werkzeugkorrektur errechnet automatisch die Werkzeugmaße mit den im Programm angegebenen Koordinatenwerten. Sie vereinfacht das Programmieren von Geometriedaten wesentlich, unabhängig von technologischen Daten und erleichtert dem Maschinenbediener das zielgerichtete Eingreifen in die laufende Bearbeitung.

Werkzeugvermessung

Ohne Informationen über das verwendete Werkzeug bezieht die Steuerung den programmierten Zielpunkt auf ihren Werkzeugträgerbezugspunkt T. Deshalb müssen die Messgrößen des vermessenen Werkzeugs im Werkzeugspeicher der Steuerung hinterlegt und im Programm aufgerufen werden. Die unbedingt notwendigen Größen sind für Fräswerkzeuge die Länge und der Radius, bei Bohrwerkzeugen nur die Länge und bei Drehwerkzeugen die Ausladung in X- und Z-Richtung, der Eckenradius und die Lage der Schneide **(Bild 2 und 3)**.

Werkzeuglängenkorrektur

Mit dem Werkzeugaufruf bzw. Aufruf des Korrekturspeichers übernimmt die Steuerung die Länge des Fräsers, Bohrers oder die Ausladung des Drehwerkzeugs aus dem Werkzeugspeicher und verrechnet sie mit den aktuellen Achspositionen **(Bild 4)**. Werden jedoch die Korrektur des Fräserradius oder des Schneidenradius des Drehmeißels benötigt, muss das der Steuerung über eine zusätzliche Wegbedingung mitgeteilt werden.

Werkzeugbahnkorrektur beim Fräsen

Im Einschaltzustand der Maschine arbeitet die Steuerung ohne Fräserradiuskorrektur. Programmierte Koordinaten beschreiben die Mittelpunktsbahn der Werkzeugbewegung. Zum Konturfräsen muss die Mittelpunktsbahn jedoch gegenüber der Kontur meist um den Werkzeugradius versetzt sein **(Bild 1 auf nächster Seite)**. Der Programmierer berechnet erforderliche Punkte, um die Bahn beschreiben zu können. Muss mit einem anderen Fräserradius gearbeitet werden, ist es erforderlich, das Programm zu verändern.

...; Gravur 6		
N130	G10 RP4 AP45 IA8 JA-42	;Eilgang zu P5
N131	G01 Z-1 F100	;Eintauchen bei P5
N132	G02 X-8 Y-38 IA8 JA-42 F400	;Kreisinterpolation P6
N133	G01 X12	;Vorschub zu P7
N134	G12 AP-30 IA12 JA-42	;Kreis mit Polarkoordinaten zu P8
N135	G00 Z2	;Rückzug auf Z2

1 Programmabschnitt Gravur Ziffer 6

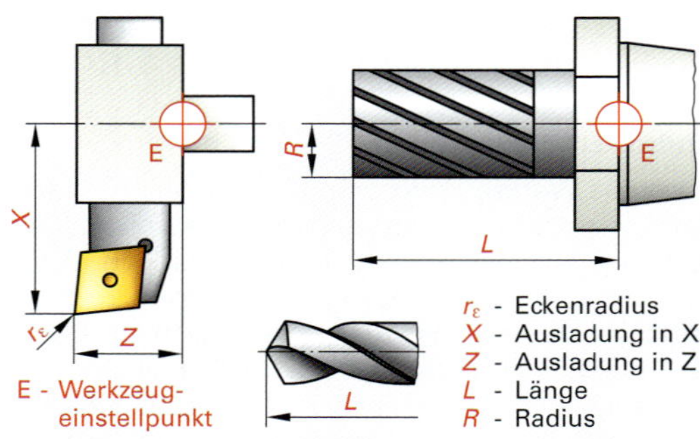

2 Messgrößen für Werkzeugkorrektur

3 Voreinstellgerät

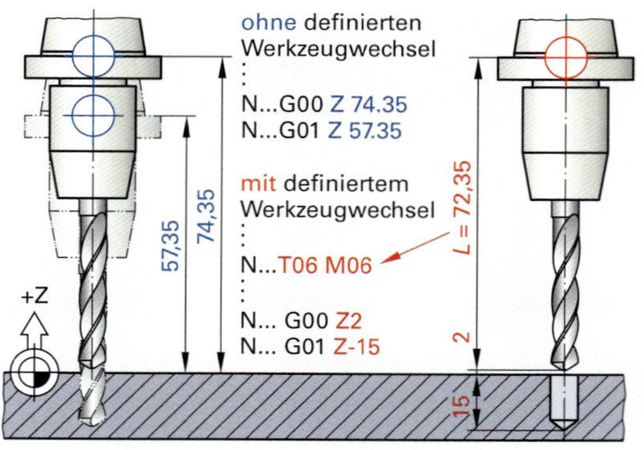

4 Prinzip der Werkzeuglängenkorrektur

Die **Fräserradiuskorrektur** erlaubt es, die herzustellende Kontur unabhängig vom Werkzeugradius zu programmieren. Der Programmierer beschreibt die Kontur, teilt der Steuerung mit, auf welcher Seite der Kontur das Werkzeug verfährt und welches Werkzeug bzw. welcher Werkzeugkorrekturspeicher verwendet wird. Entscheidend für die Angabe „links oder rechts der Kontur" ist die Blickrichtung in Richtung der Relativbewegung des Werkzeugs. Die Steuerung berechnet aus diesen Angaben die **Äquidistante**. Diese Bahn gleichen Abstands von der Kontur ist beim Fräsen meist deckungsgleich mit der Mittelpunktsbahn des Fräsers.

Soll sich das Werkzeug **links** von der herzustellenden Kontur bewegen, muss die Wegbedingung **G41** verwendet werden. **G42** ist programmiert, wenn das Werkzeug sich **rechts** von der herzustellenden Kontur bewegt. Die Werkzeugradiuskorrektur wird mit der Wegbedingung **G40 aufgehoben (Bild 2)**.

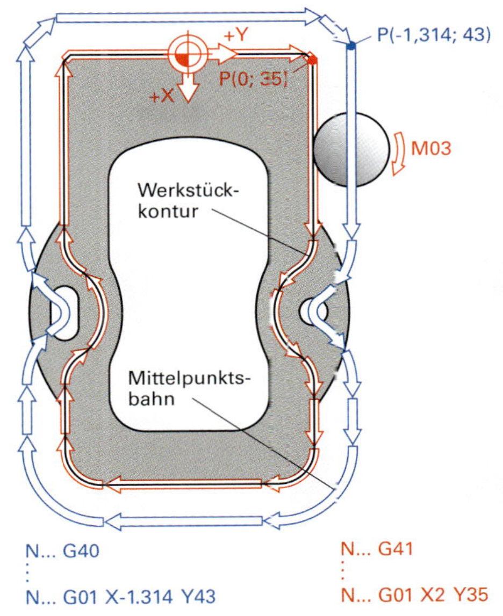

1 Programmieren ohne und mit Fräsenradiuskorrektur

G41 Fräswerkzeug links der Kontur	G42 Fräswerkzeug rechts der Kontur	G40
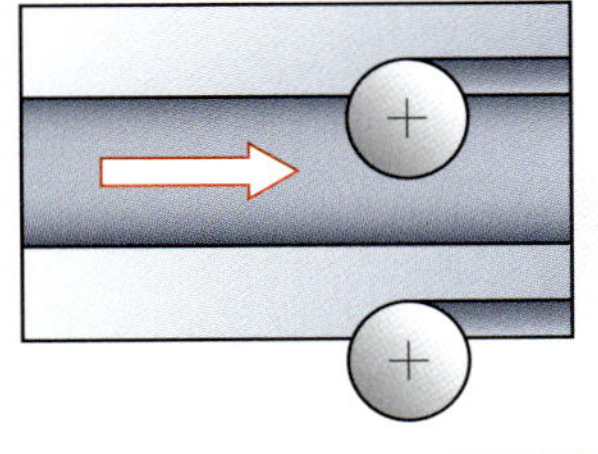	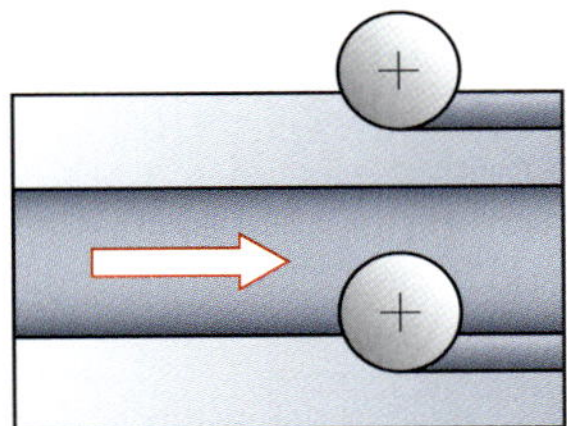	Mit dem Befehl G40 und einem nachfolgenden Linearsatz (G0, G1) wird die mit G41 oder G42 eingeschaltete Fräserradiuskorrektur aufgehoben.

2 Schneidenradiuskorrektur bei der Fräsbearbeitung

Aus rechentechnischen und mechanischen Gründen ist die Art der Anfahr- und Abfahrbewegung entscheidend für die exakte Funktion der Fräserradiuskorrektur. Um eine hohe Qualität der entstehenden Kontur zu gewährleisten, soll das An- und Abfahren rechtwinklig zur Kontur, besser tangential – linear oder auf einem Kreisbogen – erfolgen. Um den dadurch entstehenden Rechen- und Programmieraufwand zu verringern, bieten viele Steuerungen, so auch PAL, spezielle Befehle, mit denen die Anfahr- und Abfahrbedingungen im Zusammenhang mit der Fräserradiuskorrektur effektiver beschrieben werden können **(Bild 3)**.

Moderne Frässteuerungen verfügen über eine **3D-Werkzeugkorrektur**. Diese wird bei komplizierten Formfräsarbeiten wie der Herstellung von Tiefziehgesenken eingesetzt. Zusätzlich zu Werkzeuglänge und Fräserradius wird dafür der Eckenradius des Fräsers verrechnet.

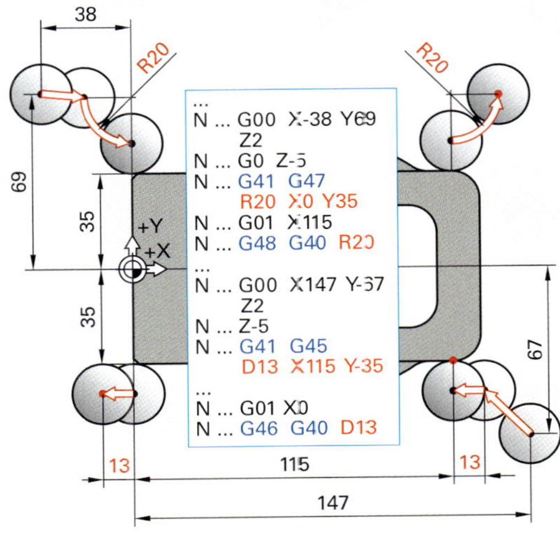

3 Anweisungen für Anfahr- und Abfahrbedingungen

Werkzeugradiuskorrektur beim Drehen (Schneidenradiuskompensation)

Um die Standzeit des Drehwerkzeuges und die Qualität der Werkstückoberfläche zu erhöhen, ist die Schneidenspitze am Drehmeißel verrundet.

Ist die Schneidenradiuskompensation nicht aktiv (Einschaltzustand), verfährt die Steuerung den **theoretischen Schneidenpunkt S** entsprechend der programmierten Koordinaten. Dadurch entstehen bei nicht achsparallelen Bewegungen Konturfehler und Verzerrungen am Werkstück **(Bild 1)**.

Das Aktivieren der Schneidenradiuskompensation bewirkt das Berechnen einer **Äquidistante**, die im Abstand des Schneidenradius entlang der herzustellenden Kontur verläuft **(Bild 2)**. Dadurch werden Konturabweichungen vermieden.

> Die CNC-Steuerung benötigt zur Schneidenradiuskompensation neben dem Schneidenradius die Lage des Werkzeuges zum Werkstück und die Lage der Werkzeugschneide.

Für die Lage des Werkzeuges zum Werkstück gilt analog zum Fräsen die Richtung der Relativbewegung als Blickrichtung **(Bild 2)**.

Je nach der Lage des Werkzeuges befindet sich der theoretische **Schneidenpunkt S** links oder rechts bzw. ober- oder unterhalb vom Mittelpunkt des Schneidenradius P **(Bild 3)**. Die Steuerung muss dies bei der Berechnung der Werkzeugbahn beachten. Deshalb wird im Korrekturspeicher zusätzlich zum Schneidenradius eine Lagekennzahl eingetragen.

In den Werkzeugkorrekturspeicher können auch Korrekturmaße für den Verschleiß oder die Aufmaßbildung eingetragen werden. Manche Steuerungen ermöglichen die Übernahme von Ergebnissen aus Messzyklen, die dann zur Werkzeugkorrektur verwendet werden. Damit verbessern sich die Möglichkeiten des Maschinenbedieners, in die Bearbeitung einzugreifen.

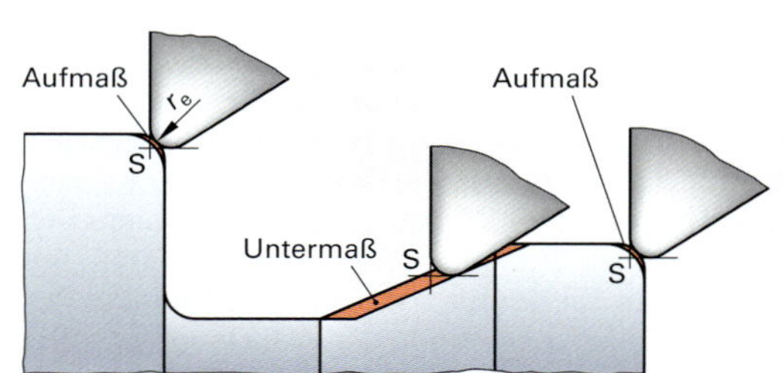

1 Konturfehler durch Schneidenradius

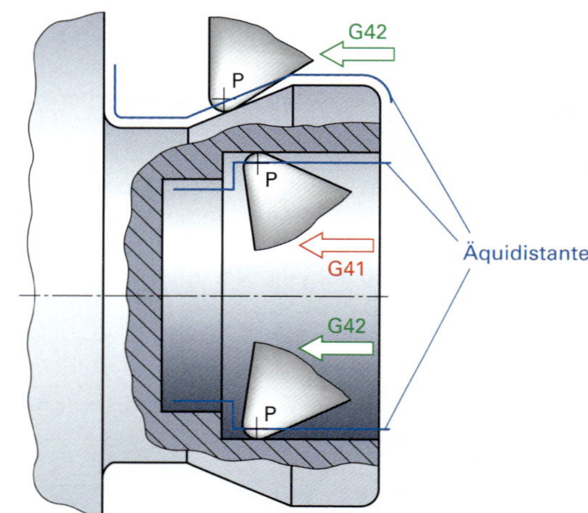

2 Bestimmen der Werkzeuglage beim Drehen

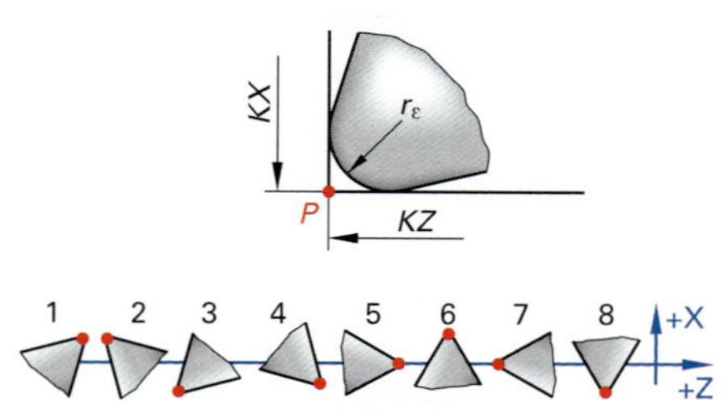

3 Werkzeugkorrekturen bei der Drehbearbeitung

Aufgaben

1 Aus welchen Elementen besteht ein CNC-Programm?

2 Erläutern Sie folgende Befehlsfolge: N20 G02 X40 Y30 I0 J15 F120

3 Welche Bedeutung hat der Werkstücknullpunkt für das Erstellen und Abarbeiten des CNC-Programms?

4 Begründen Sie, warum beim Drehen „vor Drehmitte" die Anweisungen G02 und G03 scheinbar vertauscht sind.

5 Unter welchen Bedingungen wird ein Programm oder Programmteil inkremental programmiert?

6 Programmieren Sie die Fertigung der Außenkontur mit dem Werkzeug T02 (vgl. S. 558).

7 Diskutieren Sie das Eingeben falscher Werkzeugmaße in den Werkzeugspeicher.

8 Welche Möglichkeiten ergeben sich durch die Werkzeugkorrektur hinsichtlich der Vor- und Fertigbearbeitung?

Bearbeitungszyklen

...;Nut		
N39	G97 F1250 S10610 T04 M06	;Werkzeugaufruf Bohrnutenfräse $d = 6$ mm
N40	G74 ZI-8.5 LP16 BP8 D3.5 V2 W2 EP3 H14 M13 E200	;Definition Nuten-Fräszyklus
N41	G79 X71 Y-35	;Zyklusaufruf für Nut
...		

Das Herstellen von Konturen bedarf oft einer Vielzahl von einzelnen Verfahrbewegungen. Deshalb werden häufig benötigte Folgen von Bearbeitungsschritten von den Steuerungsherstellern auch auf Kundenwunsch vorprogrammiert und als Bearbeitungszyklen definierten Wegbedingungen zugeordnet. Anzahl und Leistungsumfang der an einer Steuerung verfügbaren Bearbeitungszyklen sind wesentliche Merkmale für die Qualität der Steuerung.

Durch Angabe der Wegbedingung wird der Steuerung die Art des Zyklus bekannt gegeben. Entsprechend der vorgegebenen Syntax werden die Geometrie der herzustellenden Kontur beschrieben und technologische Festlegungen getroffen **(Bild 1)**.

Ein Zyklus kann einmalig oder mehrfach aufgerufen werden. Der Aufruf erfolgt durch die Angabe der entsprechenden Wegbedingung gefolgt von den Koordinaten des Startpunktes. Liegen die herzustellenden Konturen auf einer Linie oder einem Teikreis, kann der Zyklusaufruf durch Verwendung spezieller Wegbedingungen vereinfacht werden (**Bild 1**, folgende Seite).

Bearbeitungszyklen nach PAL (Auswahl)	
G72	Rechtecktaschen-Fräszyklus
G73	Kreistaschen-Fräszyklus
G74	Nuten-Fräszyklus
G75	Kreisbogennut-Fräszyklus
G81	Bohrzyklus
G82	Tiefbohrzyklus mit Spanbruch
G83	Tiefbohrzyklus mit Entspänen
G84	Gewinde-Bohrzyklus
G85	Reibzyklus
G86	Ausdrehzyklus
G88	Innengewinde-Fräszyklus
G89	Außengewinde-Fräszyklus

Zyklenaufruf nach PAL	
G76	Mehrfachaufruf auf einer Linie
G77	Mehrfachaufruf auf einem Teilkreis
G78	Aufruf an einem Punkt (Polarkoordinaten)
G79	Aufruf an einem Punkt (kartesische Koordinaten)

G74 Nutenfräszyklus

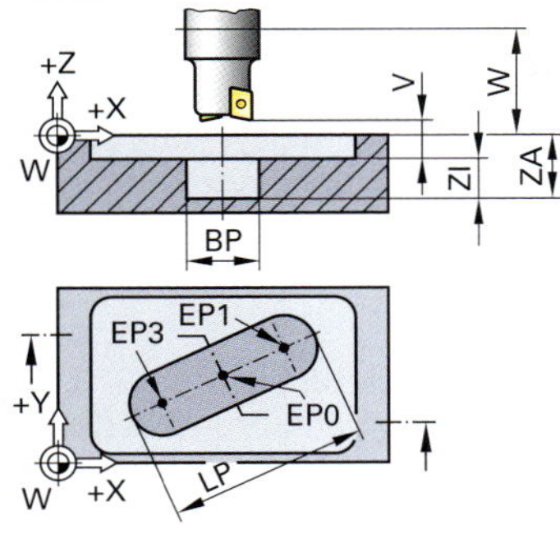

G74 ZI/ZA LP BP D V W AK AL EP AE O Q H E F S M[2]

- **ZI** Tiefe der Nut inkrementell ab Materialoberfläche
- **ZA** Tiefe der Nut absolut
- **LP** Länge der Nut in der 1. Geometrieachse (X-Achse)
- **BP** Breite der Nut in der 2. Geometrieachse (Y-Achse)
- **D** Maximale Zustelltiefe
  - D+ mit stufenweise Ausräumen bis zum Nutrand
  - D– mit Vorfräsen bis auf die Tiefe der Nut und Ausräumen bis zum Nutrand in einem abschließenden Arbeitsgang
- **V** Abstand der Sicherheitsebene von der Materialoberfläche

Opitonale Adressen: [1, 2]

- EP Setzpunktfestlegung für den Nutenfräszyklus
  - **EP0** Nutenmittelpunkt
  - **EP1** Mittelpunkt des rechten/oberen Abschlusshalbkreises
  - **EP3** Mittelpunkt des linken/unteren Abschlusshalbkreises

- O Zustellbewegung
  - **O1** Senkrechtes Eintauchen
  - **O2** Pendelndes Eintauchen des Werkzeugs
- Q Bearbeitungsrichtung
  - **Q1** Gleichlauffräsen
  - **Q2** Gegenlauffräsen
- H Bearbeitungsart
  - **H1** Schruppen
  - **H4** Schlichten (tangentiales Anfahren der Kontur) Abfräsen der Aufmaße in einem Arbeitsgang
  - **H14** Schruppen und anschließendes Schlichten
- E Vorschub beim Eintauchen
- F Vorschub beim Fräsen in XY-Ebene
- S Drehzahl/Schnittgeschwindigkeit
- M Zusatzfunktionen

[1] Optionale Adressen werden blau geschrieben

[2] Die restlichen Adressen können dem Rechtecktaschenfräszyklus G72 entnommen werden

G79 Zyklusaufruf an einem Punkt (kartesische Koordinaten)

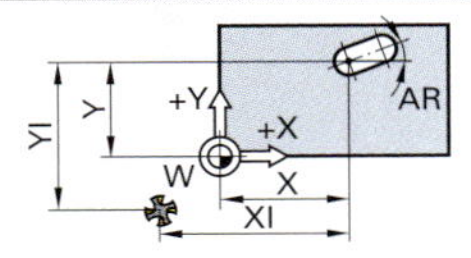

G79 X/XI/XA Y/YI/YA Z/ZI/ZA AR W[1, 2]

X,XI,XA	X-Koordinate des Punkts (G17)
Y,YI,YA	Y-Koordinate des Punkts (G17)
Z,ZI,ZA	Materialoberfläche in der Zustellachse (G17)
W	Höhe der Rückzugsebene absolut

1 G74 Nutenfräszyklus

G76 Mehrfachzyklenaufruf auf einer Geraden

G76 AS D O X/XI/XA Y/YI/YA Z/ZI/ZA AR W H[1]

AS	Winkel der Gerade in Zyklusaufrufrichtung zur 1. positiven Geometrieachse (G17:X)
D	Abstand der Zyklusaufrufpunkte auf der Geraden
O	Anzahl der Zyklusaufrufpunkte auf der Geraden
AR	Drehwinkel zur positiven 1. Geometrieachse, um den das Zyklusobjekt (Nut, Tasche) um die Zustellachse gedreht wird.
W	Höhe der Rückzugsebene absolut in Werkstückkoordinaten
H	Rückfahrposition
	H1 Sicherheitsebene wird zwischen zwei Positionen angefahren und Rückzugsebene nach letzer Position.
	H2 Rückzugsebene wird zwischen zwei Positionen angefahren.
X,XI,XA	X-Koordinate des ersten Punkts (G17)
Y,YI,YA	Y-Koordinate des ersten Punkts (G17)
Z,ZI,ZA	Materialoberfläche in der Zustellachse (G17)

G77 Mehrfachzyklenaufruf auf einem Teilkreis (Lochkreis)

G77 R AN/AI AI/AP O I/IA J/JA Z/ZI/ZA AR Q W H FP[1, 2]

R	Radius des Lochkreises
AN	Polarer Winkel der ersten Position zur 1. Geometrieachse (G17:X)
AI	Inkrementwinkel zwischen zwei benachbarten Positionen
AP	Polarer Winkel der letzten Position zur 1. Geometrieachse (G17:X)
O	Anzahl der Objekte auf der Linie
Q	Höhe der Rückzugsebene absolut in Werkstückkoordinaten
H	Rückfahrposition (H1 und H2 wie bei G76)
	H3 Es wird wie bei H1 verfahren, jedoch wird die nächste Position auf dem Teilkreisbogen angefahren
FP	Positioniervorschub in G94 auf dem Teilkreisbogen bei H3
I,IA	X-Mittelpunktskoordinate in G17,G18
J,JA	Y-Mittelpunktskoordinate in G17, G19

1 G76 Mehrfachzyklenaufruf auf einer Geraden, G77 Mehrfachzyklenaufruf auf einem Teilkreis (Lochkreis)

Neben dem Zyklus zur Fertigung gerader Nuten verfügt die PAL-Steuerung über weitere Bohr- und Fräszyklen, z.B. den Gewindebohrzyklus G84 **(Bild 2)**. Sowohl Innengewinde als auch Außengewinde können mit einem Gewindefräszyklus G88 oder G89 erstellt werden. Weitere Zyklen, die die Steuerung zur Verfügung stellt, sind für die Bearbeitung von Konturtaschen.

Darunter fallen der Rechtecktaschenfräszyklus G72 und der Kreistaschen- und Zapfenfräszyklus G73. Für alle Zyklen gilt, dass eine Reihe von Adressen, wie z.B. AS, D und O im Mehrfachzyklenaufruf G76 **(Bild 1)** Pflichtadressen sind, wogegen die restlichen Adressen optional angegeben werden können, wenn sie für die Programmierung notwendig sind.

G84 Gewindebohrzyklus (mit Ausgleichsfutter)

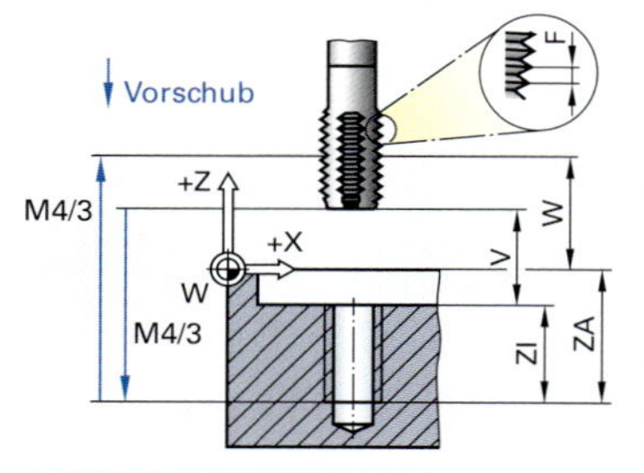

G84 ZI/ZA F M V W S M[1]

ZI	Gewindetiefe inkrementell ab Materialoberfläche
ZA	Gewindetiefe absolut
F	Gewindesteigung
M	Drehrichtung des Werkzeugs für das Eintauchen
	M3 Rechtsgewinde **M4** Linksgewinde
V	Abstand der Sicherheitsebene von der Materialoberfläche
Opitonale Adressen: [1]	
W	Höhe der Rückzugsebene absolut in Werkstückkoordinaten
S	Drehzahl / Schnittgeschwindigkeit
M	Zusatzfunktionen

2 G84 Gewindebohrzyklus

```
...;Außenkontur
N09   G97 F1250 S3980 T02 M06     ;Werkzeugaufruf Schaftfräser D = 16 mm
N10   G00 X-40 Y70 Z2
N11   G00 Z-2.5 M13               ;Zustellen 1. Schnitt
N12   G22 L2002 H1                ;Aufruf Unterprogramm
N13   G00 Z-5                     ;Zustellen 2. Schnitt
N14   G22 L2002 H1                ;Aufruf Unterprogramm
N15   F800 T02 TC2 M06            ;Werkzeugaufruf zum Schlichten
N16   G23 N13 N14 H1              ;Programmwiederholung
N17   G00 Z2 M09
...
```

Unterprogramme

Häufig vorkommende Bearbeitungsfolgen, die vom Steuerungshersteller nicht vorprogrammiert wurden, kann der Maschinenbediener selbst durch Unterprogramme beschreiben. Unterprogramme können **feste Werte** oder **Parameter** (Variablen) enthalten. Sie werden vom Hauptprogramm aus durch Angabe des Adressbuchstaben L aufgerufen. Anschließend wird nach dem Adressbuchstaben H die Anzahl der Durchläufe angegeben **(Bild 1)**. Nach dem Abarbeiten eines Unterprogramms und dem Lesen der Anweisung **M17** setzt die Steuerung die Bearbeitung mit dem nächsten Satz des Hauptprogramms fort.

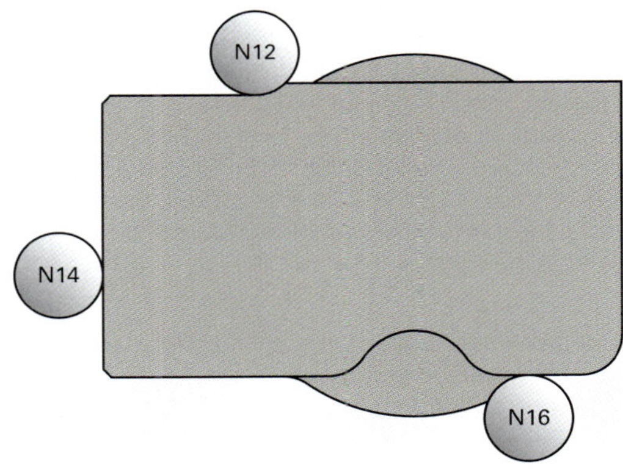

Im Beispiel wird die **Außenkontur** in zwei Schnitten vorgeschruppt und abschließend nach dem Aufruf eines neuen Werkzeugradius aus dem Korrekturspeicher und eines reduzierten Vorschubes geschlichtet. Dieser Fertigungsablauf wird mithilfe eines Unterprogramms realisiert. Das Programm enthält zunächst feste Koordinatenwerte. Start- und Endpunkt der Konturbeschreibung im Unterprogramm sind identisch. Im Hauptprogramm werden lediglich die Werkzeugaufrufe und die Zustellung für den jeweiligen Schnitt realisiert.

Der Einsatz von Unterprogrammen ermöglicht eine Modularisierung von CNC-Programmen. Der Programmieraufwand reduziert sich erheblich. Gleichzeitig steigen die Anforderungen an die Programmverwaltung und -dokumentation.

Der Aufruf der Wegbedingung **G23** ermöglicht die Wiederholung eines an anderer Stelle beschriebenen Programmteils **(Bild 1)**. Auch die Verwendung dieser Anweisung reduziert den Schreibaufwand beim Programmieren und erhöht gleichzeitig den Dokumentationsbedarf.

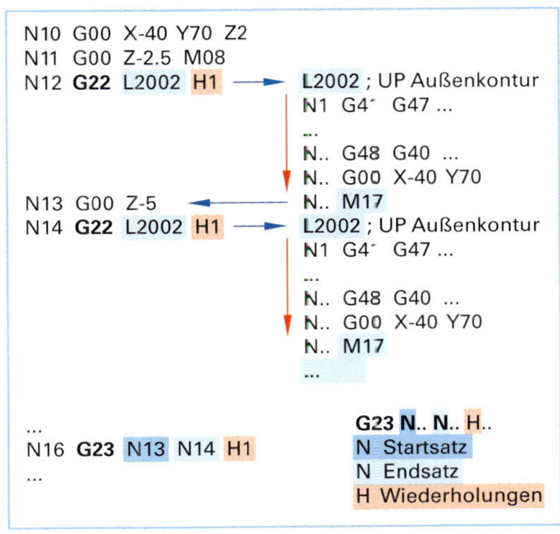

1 Programmablauf in Haupt- und Unterprogramm und Prinzip der Programmteil-Wiederholung

Für die Herstellung der Maschinenschraubstöcke in unterschiedlichen Baugrößen muss das Unterprogramm für die Adapterplatten der Teilefamilie grundsätzlich wertfrei geschrieben werden **(Bild 1)**. Dazu werden die Zahlenwerte der Programmadressen durch Parameter bzw. Berechnungsvorschriften ersetzt.

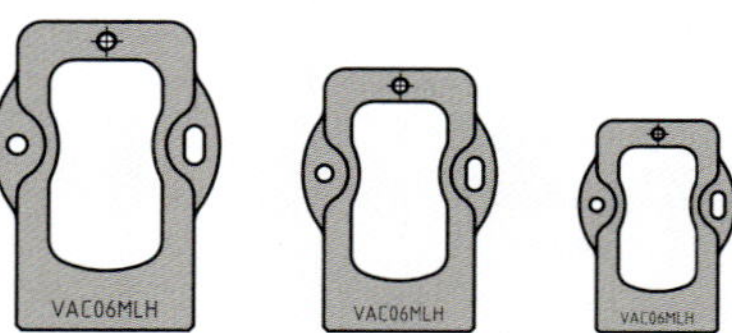

1 Teilefamilie

Beim Programmieren wird zwischen Benutzerparameter und Systemparameter unterschieden. In PAL werden Benutzerparameter mit dem Adressbuchstaben P gefolgt von einer Zahl zwischen 0 und 9999 programmiert **(Bild 2)**. Die Wertzuweisung erfolgt durch Gleichsetzen und die Angabe eines Zahlenwertes oder einer Berechnungsvorschrift. Im Hauptprogramm werden die notwendigen Parameter definiert.

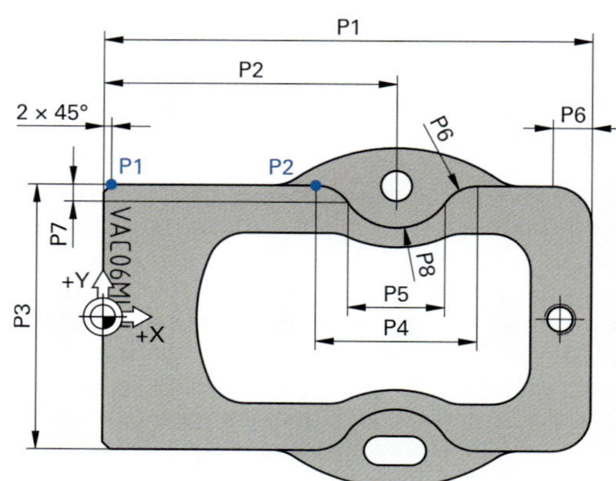

2 Parameter und UP-Ablauf

Auf Systemparameter kann während des Programmablaufs lesend zugegriffen werden. Sie werden durch Buchstabenkombinationen dargestellt und enthalten immer die aktuellen Werte. Für die Bearbeitung und die Adresswerte der Anfahr- und Abfahrbedingungen wird im Beispiel der Systemparameter PCR verwendet. So wird sichergestellt, dass die Verfahrbewegungen immer auf das aktuell verwendete Werkzeug abgestimmt sind.

Systemparameter werden auch zum Porgrammieren von bedingten Programmsprüngen, Wegbedingung G29, verwendet. Dabei werden im Satz nach G29 zwei Adresswerte verglichen, sodass bei einer wahren Aussage der Programmsprung zu der angegebenen Satznummer erfolgt.

Die Wegbedingung G09 – Genauhalt – bei der Konturbeschreibung bewirkt das exakte Anfahren der Koordinatenwerte.

Systemparameter Fräsmaschine (Auswahl)	
PXA	Aktuelle X-Koordinate absolut
PNX	Aktueller Werkstücknullpunkt in X-Richtung
PF	Aktueller Vorschub
PS	Aktuelle Spindeldrehzahl mit Vorzeichen
PSX	Maximale Spindeldrehzahl
PT	Aktuelle Werkzeugnummer
PCR	Fräserradius

```
L2002
N01   G41 G47 R=1.5*PCR X=2 Y=P3/2      ;Aufruf FRK, Anfahren an P1
N02   G09 G01 X=P2-P4/2                 ;Anfahren an P2 mit Genauhalt
N03   G02 X=P2-P5/2 Y=P7 R=P6
N04   G03 X=P2+P5/2 Y=P7 R=P8
N05   G02 X=P2+P4/2 Y=P3/2 R=P6
N06   G01 X=P1-P6
N07   G02 X=P1 Y=P3/2-P6 R=P6
...
N17   G01 Y=-P3/2-2
N18   G01 X=2 Y=P3/2
N19   G46 G40 D=PCR                     ;Abwahl FRK, Abfahren von der Kontur
N20   GX=2-3*PCR Y=P3/2+3*PCR           ;Anfahren Startpunkt P0
N21   M17
```

3 Unterprogramm Außenkontur

Drehbearbeitung in der G17-Ebene

Der vorgefertigte Flansch aus S235JR soll durch das Lochbild und das Gewinde fertiggestellt werden **(Bild 1)**. Die Steuerung der Maschine wird nach DIN 66025 programmiert. Darüber hinaus stehen Bearbeitungszyklen nach PAL zur Verfügung. Folgende Werkzeuge mit den dazugehörigen Schnittdaten kommen zum Einsatz **(Bild 2)**. Die Werkzeuge müssen dazu horizontal in Z-Achsen-Richtung, im Beispiel Richtung Hauptspindel, angeordnet sein und über einen eigenen Antrieb verfügen.

Für die Bearbeitung ist es erforderlich, dass die Drehmaschine über eine C-Achse verfügt. Zur Herstellung der Gewindebohrung wird im Folgenden die G17-Stirnseitenbearbeitung mit Polarkoordinaten in der Fräsbearbeitungsebene G17 C programmiert **(Bild 3)**. Die Programmierung der Adresse C ohne Adresswert zeigt an, dass diese Achse kontinuierlich verfahren werden kann. Das Koordinatensystem wird dabei mit der C-Achse nicht mitgedreht. Die Programmierung der Zentrierung und der Kernlochbohrung erfolgt ohne Verwendung von Zyklen. Das Gewindebohren erfolgt mit dem Gewindebohrzyklus G84 **(Bild 4)**.

```
N10  G17 C                           ;Stirnseite mit Polar-
                                      koordinaten
N11  G94 F460 S3800 T01 M03          ;Werkzeugaufruf
N12  G00 X26 C240 Z2 M08             ;Positionierung
N13  G01 Z-2                         ;Zentrieren
N14  G00 Z2                          ;Abheben
N15  G14 H2 M09
N15  G94 F270 S3380 T02 M03          ;Werkzeugaufruf
N16  G00 X0 Y0 Z2 M08
N17  G01 Z-2                         ;Bohren
N18  G00 Z2                          ;Abheben
N19  G14 H2 M09
N20  S1990 T03 M03                   ;Werkzeugaufruf
N21  G00 X0 Y0 Z2 M08
N22  G84 ZA-11 F0.7 M3 V2.1          ;Gewindebohrzyklus
N23  G78 IA0 JA0 RP26 AP240          ;Aufruf mit Polar-
                                      koordinaten
N24  G14 H2 M09
```

1 Bearbeitungsaufgabe Flansch

T01:
NC-Anbohrer, HSSE
v_c = 40 m/min, f = 0,12 mm

T02:
Bohrer ∅ 3,3 mm, HSS TiN
v_c = 35 m/min, f = 0,08 mm

T02:
Gewindebohrer M4, HSSE
v_c = 25 m/min

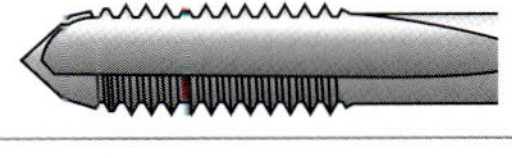

T02:
Bohrer ∅ 6,5 mm, HSS TiN
v_c = 35 m/min, f = 0,15 mm

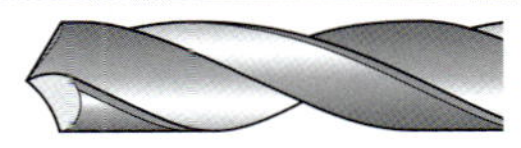

2 Werkzeugliste Flansch

G17 C HS/GSU
C Ohne Adresswert, kennzeichnet das direkte Programmieren der C-Achse

Opitonale Adressen: [1]
HS/GSU Anwahl der Haupt- oder Gegenspindelbearbeitung

Hinweise:
Es können die drei Achsen Z, X und C nur linear mit G0 und G1 verfahren werden. Die gleichzeitige Programmierung von X und C erzeugt spiralförmige Bewegungen auf der Stirnseite.
Die X-Koordinate darf auch negativ programmiert werden.

Programmierbare Zyklen:
G81 … G86 Bohrzyklen des PAL-G17-Programmiersystems (Zyklen sind unter PAL-Fräsen dargestellt)
G73 Kreistaschen- und Zapfenfräszyklus
G79 Zyklusaufruf an aktueller Werkzeugposition (ohne Ebenenkoordinaten)

3 G17 C Stirnseite mit Polarkoordinaten

G84 Gewindebohrzyklus (mit Ausgleichsfutter)

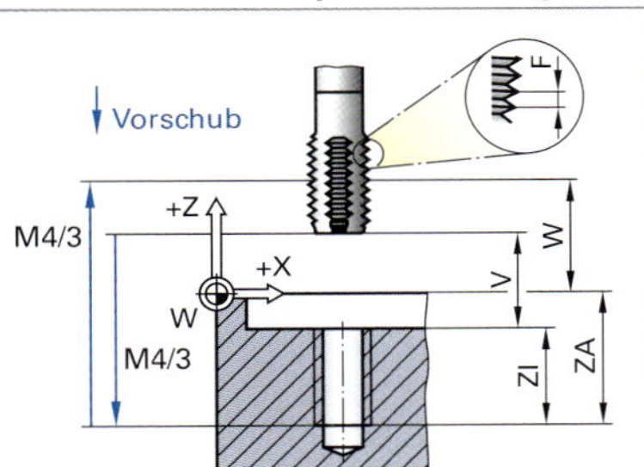

G84 ZI/ZA F M V W S M[1]
ZI Gewindetiefe inkrementell ab Materialoberfläche
ZA Gewindetiefe absolut
F Gewindesteigung
M Drehrichtung des Werkzeugs für das Eintauchen
M3 Rechtsgewinde **M4** Linksgewinde
V Abstand der Sicherheitsebene von der Materialoberfläche

Opitonale Adressen: [1]
W Höhe der Rückzugsebene absolut in Werkstückkoordinaten
S Drehzahl / Schnittgeschwindigkeit
M Zusatzfunktionen

4 Gewindebohrzyklus G84

Der Lochkreis mit den Bohrungen ∅ 6,5 mm erfolgt nach der Anwahl der Fräsbearbeitungsebene G17 Y. Die Angabe von Y ohne Adresswert kennzeichnet das Vorhandensein einer realen Y-Achse **(Bild 1)**.

Die Adresse Y wird dabei ohne Adresswert programmiert. Vor dem Verlassen dieser Bearbeitungsebene muss die Y-Achse auf den Maschinenachswert Y0 gefahren werden. Es ist der gesamte Umfang der PAL-Befehlscodierung für die Standardebene Fräsen G17 nach gültig.

Das Programm für das Zentrieren und Bohren des Lochkreises wird jeweils mit einem Bohrzyklus, G81 und dem Mehrfachzyklenaufruf auf einem Teilkreis, G77, geschrieben **(Bild 2)**. Hier sind ebenfalls angetriebene Werkzeuge in horizontaler Lage in Z-Richtung zur Gegenspindel erforderlich **(Bild 3)**.

N25	G17 Y	;Stirnseite mit realer Y-Achse
N26	G94 F460 S3800 T01 M03	;Werkzeugaufruf
N27	G00 X0 Z2 M08	
N28	G81 ZA-2 V2	;Bohrzyklus
N29	G77 R26 AN30 AI60 AP330 O6 IA0 JA0	;Mehrfachzyklen-aufruf
N30	G14 H2 M09	
N31	G94 F260 S1715 T04 M03	;Werkzeugaufruf
N32	G00 X0 Z2 M08	
N33	G81 ZA-8.5 V2	;Bohrzyklus
N34	G77 R26 AN30 AI60 AP330 O6 IA0 JA0	;Mehrfachzyklen-aufruf
N35	G0 X0 Y0	;Maschinen-achswert Y0
N36	G14 H2	

G17 Y C HS/GSU

Y	Ohne Adresswert, kennzeichnet das Vorhandensein einer Y-Achse
C	C-Achswert, der mit der Ebenenanwahl eingestellt wird. Die optionale Adresse C muss einen Adresswert haben, der den C-Achswert festlegt, auf welchem diese Achse geklemmt wird.
HS/GSU	Anwahl der Haupt- oder Gegenspindelbearbeitung

Hinweise:
Vor dem Verlassen dieser Bearbeitungsebene muss die Y-Achse auf den Maschinenachswert null gefahren werden. Der gesamte Umfang des PAL-Programmiersystems ist für die Standardebene Fräsen gültig.

1 Gewinde G17 Y Stirnseite mit realer Y-Achse

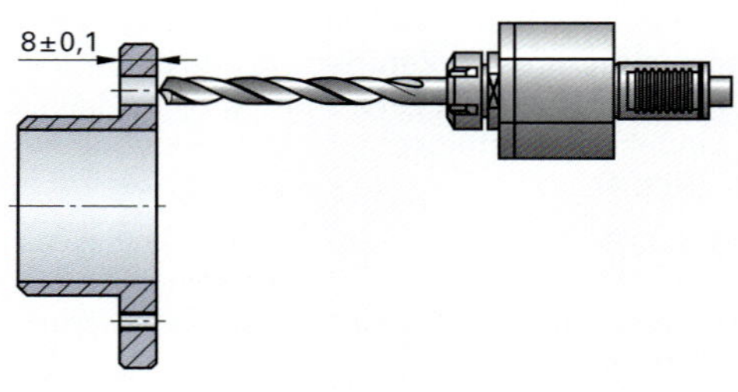

3 Angetriebenes horizontal angeordnetes Werkzeug

G81 Bohrzyklus

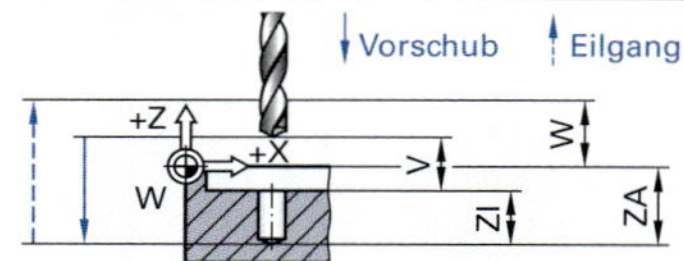

G81 ZI/ZA V W F S M[3]

ZI	Tiefe der Bohrung inkrementell ab Materialoberfläche
ZA	Tiefe der Bohrung absolut
W	Höhe der Rückzugsebene absolut in Werkstückkoordinaten
F	Vorschub beim Fräsen in XV-Ebene
S	Drehzahl/ Schnittgeschwindigkeit
M	Zusatzfunktionen

G77 Mehrfachzyklenaufruf auf einem Teilkreis (Lochkreis)

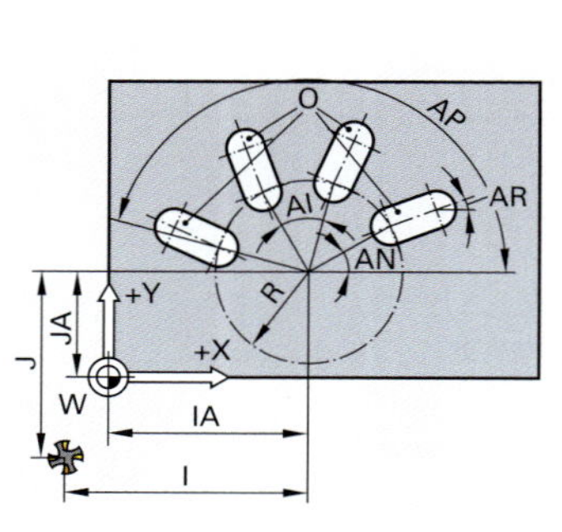

G77 R AN/AI AI/AP O I/IA J/JA Z/ZI/ZA AR Q W H FP[1,2]

R	Radius des Lochkreises
AN	Polarer Winkel der ersten Position zur 1. Geometrieachse (G17:X)
AI	Inkrementwinkel zwischen zwei benachbarten Positionen
AP	Polarer Winkel der letzten Position zur 1. Geometrieachse (G17:X)
O	Anzahl der Objekte auf der Linie
W	Höhe der Rückzugsebene absolut in Werkstückkoordinaten
H	Rückfahrposition **H1** Sicherheitsebene wird zwischen zwei Positionen angefahren und Rückzugsebene nach letzer Position. **H2** Rückzugsebene wird zwischen zwei Positionen angefahren. **H3** Es wird wie bei H1 verfahren, jedoch wird die nächste Position auf dem Teilkreisbogen angefahren
FP	Positioniervorschub in G94 auf dem Teilkreisbogen bei H3
I,IA	X-Mittelpunktskoordinate in G17,G18
J,JA	Y-Mittelpunktskoordinate in G17, G19
Z,ZI,ZA	Materialoberfläche in der Zustellachse (G17)
AR	Drehwinkel zur positiven 1. Geometrieachse, um den das Zyklusobjekt (Nut, Tasche) um die Zustellachse gedreht wird.
Q	Orientierung der zu bearbeitenden Zyklusgeometrie Q1 Mitdrehen des Objekts Q2 feste Orientierung des Objekts

2 Bohrzyklus G81 mit Mehrfachzyklenaufruf G77

Verringerung des Programmieraufwands

Die meisten Steuerungen verfügen über Befehle, mit denen die Programmiertätigkeit effizienter gestaltet werden kann. So verringert sich bei der Verwendung des Übergangselementes RN die Anzahl der erforderlichen Programmsätze zur Beschreibung der Außenkontur **(Bild 1)**.

Ist an zwei nicht rechtwinklig zueinander liegenden Kanten eine Verrundung oder ein Kantenbruch notwendig, kann mithilfe der Anweisung RN ohne weiteren Rechenaufwand das entsprechende Konturelement programmiert werden **(Bild 1)**.

Durch den Einsatz der Wegbedingung G66 Spiegeln an der X- und/oder Y-Achse und der Wegbedingung G67 Skalieren kann das Werkstück-Koordinatensystem verändert und Konturen ohne großen Aufwand gespiegelt oder skaliert werden **(Bild 2 und 3)**.

Beim Spiegeln muss bedacht werden, dass Konturen, die im Gleichlauf programmiert wurden, nach dem Spiegeln im Gegenlauf bearbeitet werden, was zu einer veränderten Oberflächengüte und Maßhaltigkeit führen kann. Daher ist ein sinnvoller Einsatz von vereinfachenden Wegbedingungen jeweils individuell zu prüfen.

Zusätzlich werden auch individuell definierbare Bearbeitungszyklen durch die Hersteller von CNC-Steuerungen ermöglicht und dadurch der Programmieraufwand verringert.

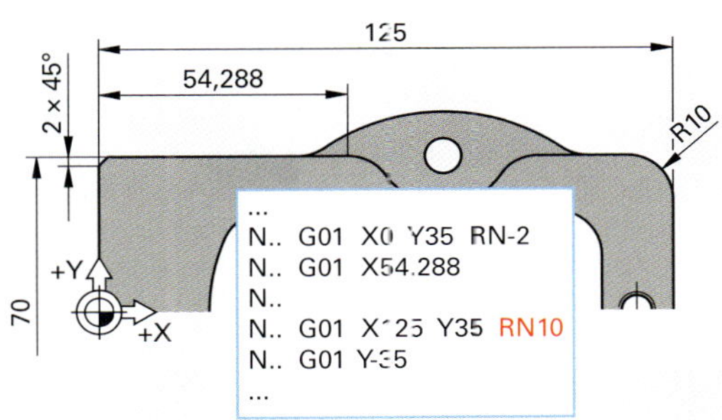

1 Programmieren von Konturelementen

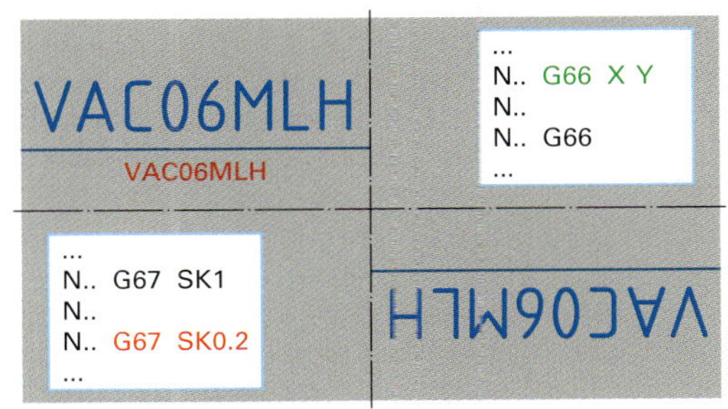

2 Spiegeln und Skalieren von Konturen

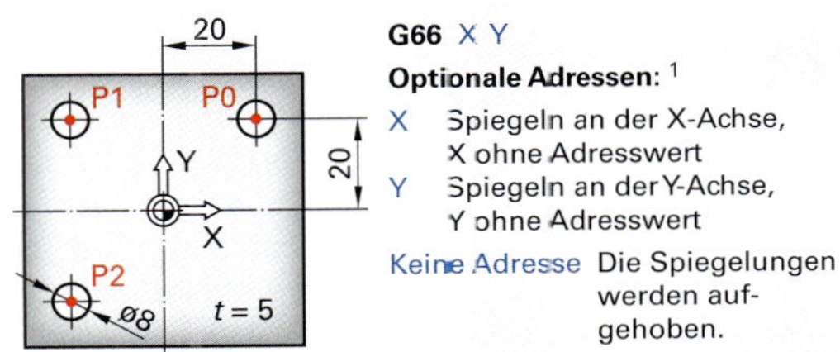

3 Spiegeln an der X- und/oder Y-Achse

Übersicht über andere Programmierverfahren

Neben dem manuellen Programmieren nach DIN 66025 gibt es weitere Möglichkeiten zum Erstellen von CNC-Programmen.

Dialog- und Werkstattprogrammierung

Die Dialogprogrammierung ermöglicht eine höhere Bedienerfreundlichkeit, schnellere Bearbeitung und eine stärkere Einbindung der CNC-Steuerung in die Fertigung, inzwischen auch durch Touchscreen-Technologie. Sie wird entweder in der Arbeitsvorbereitung am PC oder direkt an der Maschine als Werkstattprogrammierung durchgeführt. Es ist auch möglich den Dialog durch einen CNC-Code zu ergänzen **(Bild 4)**. CNC-Schleifmaschinen werden wegen der hohen Genauigkeitsanforderungen schon lange ausschließlich im Dialog porgrammiert.

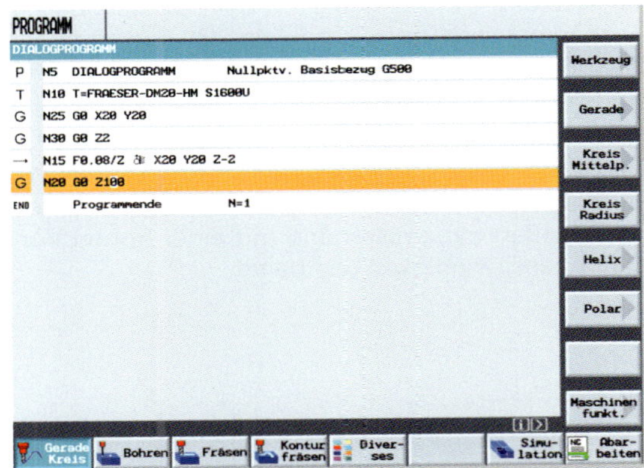

4 CNC-Code in einem Dialogprogramm

CAD-CAM Bearbeitung

Zunehmend werden immer komplexere Formen und gleichzeitig eine höhere Flexibilität in der Fertigung gefordert. Dreidimensionale Freiformflächen können mit herkömmlichen Methoden nicht mehr programmiert werden. Hier kommt die Programmierung mit einem CAM[1]-System direkt am CAD[2]-Modell zum Einsatz **(Bild 1)**. Programmiert wird dann in der Arbeitsvorbereitung (AV). Das CAM-System hält verschiedene Fertigungsstrategien bereit, mit deren Hilfe Konturen, komplexe Taschen, Freiformflächen, usw. durch Auswahl der entsprechenden Geometrien und Technologiedaten **(Bild 2)**.

Werkzeuge, die auf der Maschine vorhanden sind bzw. für die Bearbeitung zur Verfügung stehen, sollten in einer Datenbank hinterlegt sein, auf die das CAM-Programm zurückgreifen kann. So ist eine reibungslose Übertragung des Programmes auf die Maschine gewährleistet.

Zur Herstellung von 3D-Formflächen werden nach einem Postprozessordurchlauf (Übersetzung in ein maschinenlauffähiges Programm sehr viele G01-Sätze erzeugt, d.h. ein unbestimmter Radius wird in so viele G01-Sätze aufgeteilt, dass ein runder Verfahrweg entsteht. Dadurch ist ein Einschreiten des Maschinenbedieners kaum mehr möglich. Eine sehr genaue Simulation ist Grundvoraussetzung für einen reibungslosen Ablauf. Meist wird dazu eine Maschinenraumsimulation auf einer virtuellen Maschine durchgeführt **(Bild 3)**.

Um eine möglichst realistische Maschinenraumsimulation zu ermöglichen, ist es erforderlich, dass auch sämtliche Werkzeughalterungen sowie der verwendete Maschinenschraubstock als Zeichnung zur Verfügung stehen. Nur so können Kollisionen, etwa bei einer Schwenkbewegung des Tisches erkannt und beseitigt werden.

Häufig werden CAD-CAM-Systeme zur Erzeugung von Werkzeugbahnen für die Hochgeschwindigkeitsbearbeitung (HSC) eingesetzt. Beim Einsatz dieser Technologie kommt es darauf an, das Verhalten der CNC-Steuerung und die dynamischen Eigenschaften der Maschinen abzustimmen. Es werden Bearbeitungswege erzeugt, die Konturverfälschungen und ruckhafte Geschwindigkeitsänderungen vermeiden.

So werden z.B. scharfe Kanten durch das Überfahren in Schleifen dynamisch und mit einer hohen Vorschubgeschwindigkeit bearbeitet.

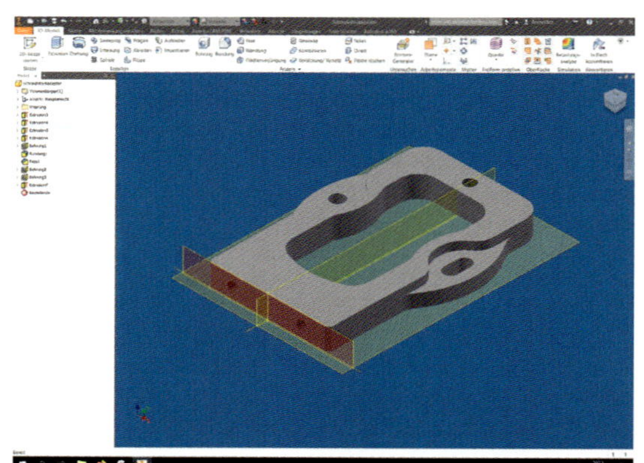

1 Programmierung in einem CAM-System

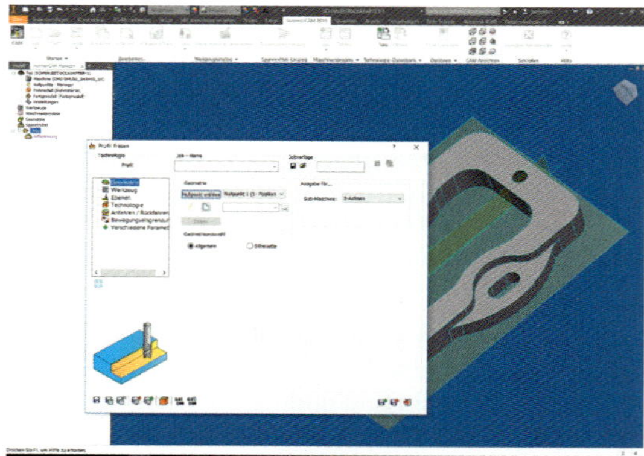

2 Geometrieauswahl in einem CAM-System

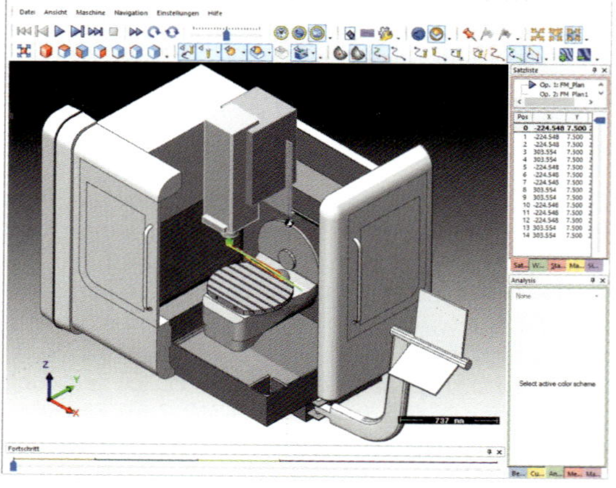

3 Virtuelle Maschinensimulation

[1] CAM (Computer Aided Manufacturing): Rechnerunterstützte Fertigung

[2] CAD (Computer Aided Design): Rechnerunterstütztes Konstruieren

Für Werkstücke mit 3D-Formen, wie sie z.B. im Formenbau vorkommen, ist diese Vorgehensweise üblich, da eine manuelle Programmierung komplexer Geometrien nicht möglich ist.

Nach dem Beschreiben der Konturen oder Einlesen der Geometriedaten des herzustellenden Werkstücks legt der Bediener den Fertigungsablauf gemäß dem Fertigungsplan fest. Nach Auswahl der zu bearbeitenden Geometrie wählt der Bediener das passende Werkzeug aus einer zuvor angelegten Werkzeugdatei **(Bild 1)**. Die passenden Schnittdaten können ebenfalls hinterlegt werden und bei Bedarf jederzeit geändert werden.

Anschließend wird mittels einer Software (Postprozessor) ein steuerungsspezifisches Programm generiert, welches simuliert und an die entsprechende Maschine übertragen werden kann.

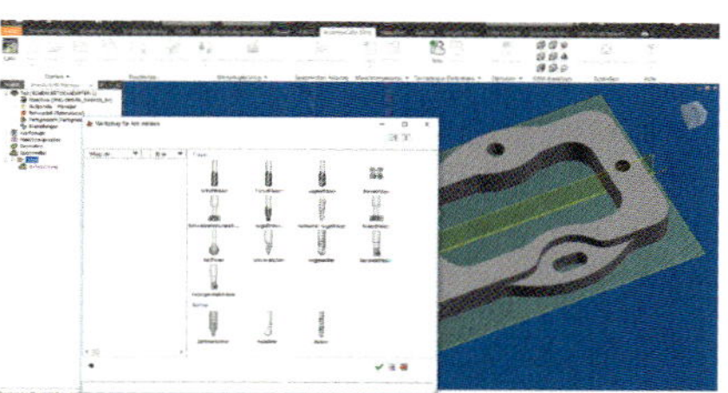
1 Definieren der technologischen Werte

Einrichten der Maschine

Beim Einrichten der Maschine muss der Bediener eine Vielzahl von Tätigkeiten gewissenhaft ausführen, um eine sachgerechte Lösung der Fertigungsaufgabe zu gewährleisten. Voraussetzung dafür ist die Bereitstellung aller notwendigen Informationen. Die wichtigsten Dokumente sind neben der Fertigungszeichnung, dem Fertigungsplan und dem Programm das Einrichteblatt mit den Spannskizzen und dem Werkzeugplan.

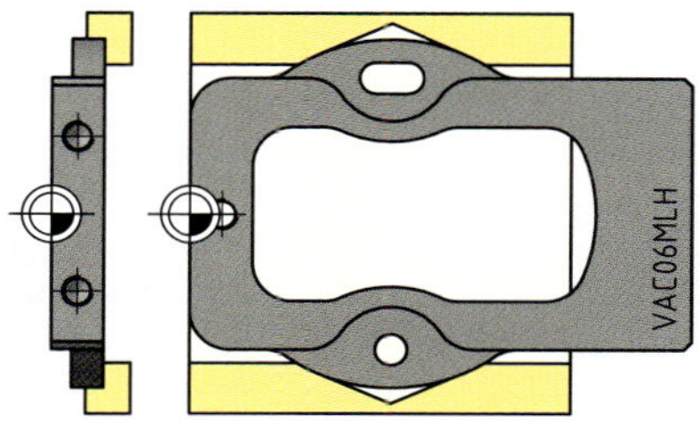

2 Spannskizze mit dem ersten Nullpunkt

Eichen des Messsystems

Sind CNC-Werkzeugmaschinen mit inkrementalen Messsystemen ausgestattet, muss der Bediener nach dem Einschalten der Maschine die Referenzpunkte aller gesteuerten Einheiten anfahren, um die Messsysteme zu eichen. Bei Maschinen mit absoluten Messsystemen entfällt diese Tätigkeit.

3 Werkstück-Tastsystem

Aufspannen und Ausrichten des Rohteils

Entsprechend der in den technologischen Unterlagen mitgelieferten Spannskizzen fixiert der Bediener das Werkstück auf dem Maschinentisch oder im angegebenen Spannmittel **(Bild 2)**. Die Angaben zu Art und Weise der Werkstückspannung sind bei der Programmerstellung berücksichtigt worden. Eigenmächtige Änderungen der Spannmethode können während der Programmabarbeitung zu Kollisionen zwischen Werkzeug und Spannmittel führen und müssen deshalb vermieden werden.

An modernen CNC-Maschinen erfolgt das Ausrichten des Werkstücks sehr effektiv mit einem schaltenden Tastsystem unter Verwendung eines Messzyklus der Steuerung **(Bild 3)**.

Für die Fertigung der Adapterplatte wird eine Fräsmaschine mit 2-Achs-NC-Tisch verwendet. Die B-Achse ist zwischen –5° und +110° schwenkbar. Die C-Achse ist 360° umlaufend beweglich. Somit ist es möglich, jede beliebige Arbeitsebene einzustellen und eine Mehrseitenbearbeitung zu organisieren. Auch beim Programmieren der Drehachsen gilt der Grundsatz, dass das Werkzeug eine Relativbewegung zum Werkstück ausführt. Die Steuerung rechnet die programmierte Anweisung auf die Kinematik der angeschlossenen Maschine um. Im Beispiel wird das Schwenken der Hauptbearbeitungsebene mit der Anweisung **G17 BM-90** programmiert. Die Anweisung wird an der Maschine einmal durch Schwenken der B-Achse um +90° und Drehen der C-Achse um +180° realisiert **(Bild 4)**.

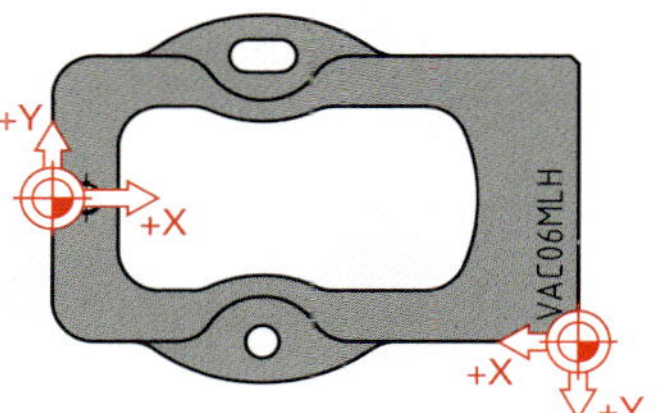

4 Schwenken und Achsrichtungen

Dadurch verändern sich Achsrichtungen so stark, dass der Facharbeiter Probleme bekommt, die Bearbeitung zu überwachen. Auch die Gestaltung und Optimierung technologischer Abläufe wird erschwert. Um dieses Problem zu lösen, werden in der Praxis die Schwenkbewegungen oft über die C-Achse und die A-Achse programmiert, ganz gleich, welche Achsen an der Maschine tatsächlich vorhanden sind (**Bild 4**, vorige Seite). Das zur Fertigung notwendige Schwenken der Hauptbearbeitungsebene G17 wird im Beispiel, entgegen der Annahme des Programmierers, tatsächlich durch das Werkstück ausgeführt. Die Schwenkbewegung des Werkstücks kann der Bediener der Werkzeugmaschine mithilfe seiner linken Hand darstellen **(Bild 1)**.

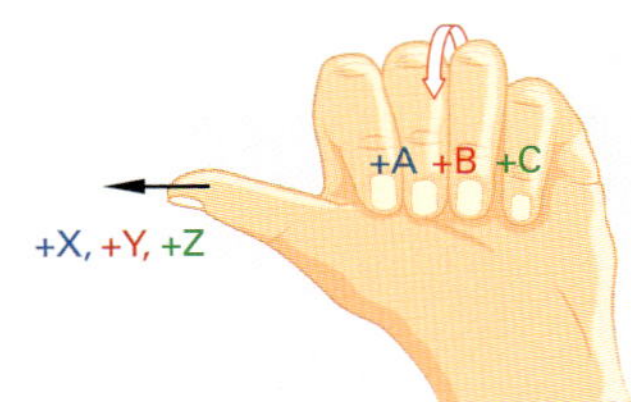

1 Linke-Hand-Regel

Vermessen und Einrichten der Werkzeuge

Entsprechend der im Einrichteblatt zum CNC-Programm definierten Werkzeuge bestückt der Bediener das Werkzeugmagazin bzw. den Werkzeugrevolver. Er prüft die zugehörigen Daten im Werkzeugspeicher. Liegen die Werkzeugdaten noch nicht im Werkzeugspeicher vor, müssen sie noch erfasst werden. Die Daten können z.B. vom auf der Werkzeugaufnahme aufgeklebten Etikett abgelesen und manuell über die Tastatur eingegeben werden oder vom DNC-Rechner (vgl. S. 580) übertragen werden. Beim Einsatz der Radio-Frequency-Identification-Technologie (RFID) werden alle Werkzeugdaten auf einem fest mit dem Werkzeug oder der Werkzeugaufnahme verbundenen Datenträger gespeichert. Diese Informationen werden beim Einwechseln des Werkzeuges in die Steuerung übernommen und dort so lange gepflegt, wie sich das Werkzeug im Magazin der CNC-Maschine befindet. Ist es notwendig Werkzeuge zu vermessen, kann das direkt in der Werkzeugaufnahme der Maschine durch Ankratzen bzw. mithilfe spezieller Gerätetechnik (interne Vermessung) oder auf einem Voreinstellgerät (externe Vermessung) erfolgen **(Bild 2, Bild 3 und Seite 566)**.

2 Interne Werkzeugvermessung

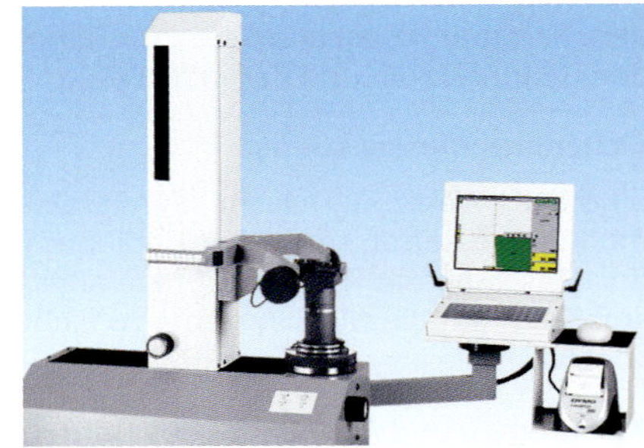
3 Werkzeugvoreinstellgerät

Beim Bestücken des Werkzeugrevolvers an der CNC-Drehmaschine muss der Bediener darauf achten, dass an den meisten Maschinen nicht an jedem Revolverplatz ein angetriebenes Werkzeug eingesetzt werden kann. Die unterschiedliche Ausladung der verwendeten Werkzeuge erhöht die Kollisionsgefahr zwischen Werkzeug und Werkstück besonders während des Schwenkens des Werkzeugrevolvers. Deshalb sollte zum Werkzeugwechsel grundsätzlich der Werkzeugwechselpunkt angefahren werden. Als effizienteste Belegung des Werkzeugrevolvers bzw. des Werkzeugmagazins gilt üblicherweise die mit den geringsten Werkzeugwechselzeiten. Für deren Umsetzung bietet sich an CNC-Fräsmaschinen das Prinzip der variablen Platzcodierung an. Der Bediener setzt das Werkzeug an einer beliebigen Stelle im Magazin ein und die Steuerung übernimmt nachfolgend die Platzverwaltung. Beim Werkzeugwechsel wird das in der Arbeitsspindel der Maschine befindliche Werkzeug gegen das im Wechsler befindliche getauscht. Danach wird das ausgewechselte Werkzeug im nächsten freien Magazinplatz abgelegt. Die Steuerung aktualisiert danach im Werkzeugspeicher die Position des Werkzeuges im Magazin.

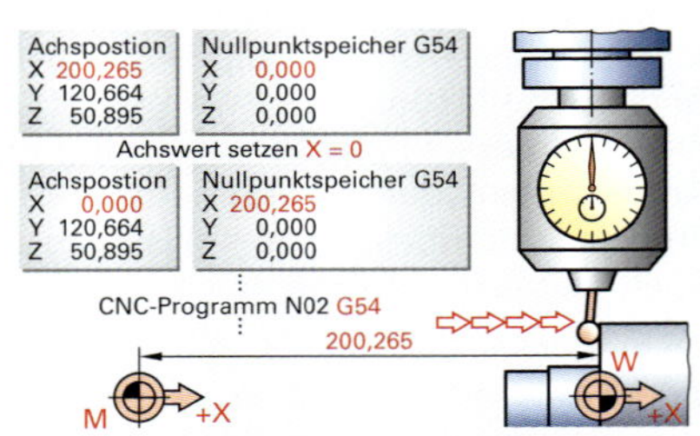

4 Achswert setzen mit 3D-Taster

Die Werkzeugmaschine ist nach dem Einschalten bzw. dem Anfahren des Referenzpunktes auf ihr Koordinatensystem geeicht. Das CNC-Programm ist bezogen auf den Werkstücknullpunkt erstellt worden. Durch **Setzen der Achswerte** wird der Steuerung die Verschiebung zwischen Maschinen-Koordinatensystem und Werkstück-Koordinatensystem mitgeteilt, die dann im CNC-Programm aufgerufen wird **(Bild 4)**.

Testen und Abarbeiten des Programms

Hat der Bediener das CNC-Programm nicht an der Maschine erstellt, muss er es zunächst aus der Programmverwaltung abrufen und auf die entsprechende CNC-Maschine übertragen.

Das CNC-Programm muss in der Steuerung aktiviert werden, bevor es getestet und abgearbeitet werden kann.

Moderne CNC-Steuerungen ermöglichen eine Simulation des Bearbeitungsablaufs mit Darstellung des Werkzeugs und des Werkstücks unter Berücksichtigung einer Kollisionskontrolle. Durch die Auswahl verschiedener Zoomstufen, dem Einzelsatz, von Restmaterial usw. können interessante Details angezeigt und überprüft werden **(Bild 1)**.

Nach der erfolgreich simulierten Fertigungskontrolle kann die Programmabarbeitung erfolgen. Bei der erstmaligen Fertigung mit dem CNC-Programm empfiehlt sich der Einzelsatzmodus und, wenn möglich, ein reduzierter Eilgang bzw. Vorschub. Weist das CNC-Programm Mängel auf, z. B. falsche Schnittwerte, kann das Programm direkt an der Maschine optimiert werden. Nach Störungen, wie z. B. Werkzeugbruch, kann das Programm, nach Beheben der Störung, an der entsprechenden Stelle fortgesetzt werden. Aufgrund der komplexen Bewegungsabläufe, z. B. Schwenken oder Drehen des Rundtisches, ist bei der 5-Achs-Bearbeitung die Kollisionskontrolle noch wichtiger als im klassischen 2D-Bereich.

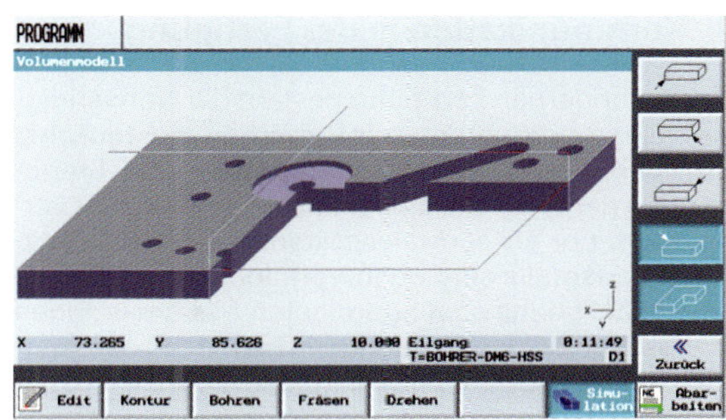

1 **Simulation eines CNC-Programms**

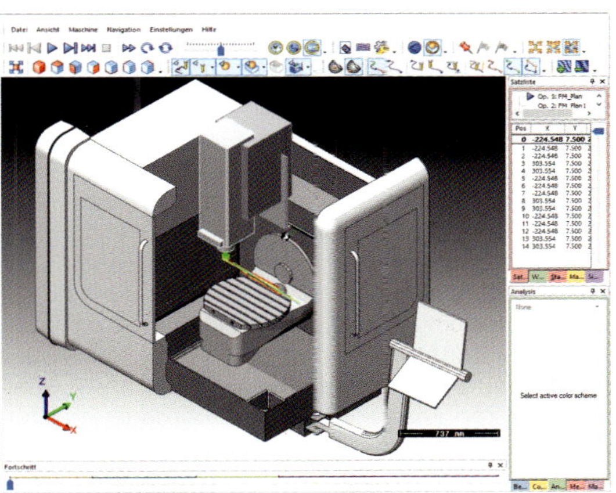

2 **Virtuelle Überprüfung**

Virtuelle Maschinen

Diese Simulationssoftware bildet komplette Bearbeitungsprozesse ab **(Bild 2)**. Sie prüft virtuell die Realisierbarkeit der einzelnen Arbeitsschritte und trägt durch deren Visualisierung, Prüfung und Optimierung zur Erhöhung der Prozesssicherheit der Fertigungsabläufe bei **(Bild 3)**.

Für die Simulation müssen genaue Zeichnungen der Maschine mit allen beweglichen Teilen, der Werkzeugspannmittel und der Werkstückspannmittel zur Verfügung stehen.

Neben dem Fertigungsergebnis können auch drohende Kollisionen zwischen Werkzeug und Werkstück bzw. Spannmittel oder Maschinentisch erkannt werden.

Des Weiteren kann jeder Werkzeugwechsel überprüft werden, genauso wie die auftretenden Drehzahlen und Vorschubgeschwindigkeiten. Auch eine Voraussage über die zu erwartende Fertigungszeit lässt sich mit einem Simulationslauf einer virtuellen Maschine treffen.

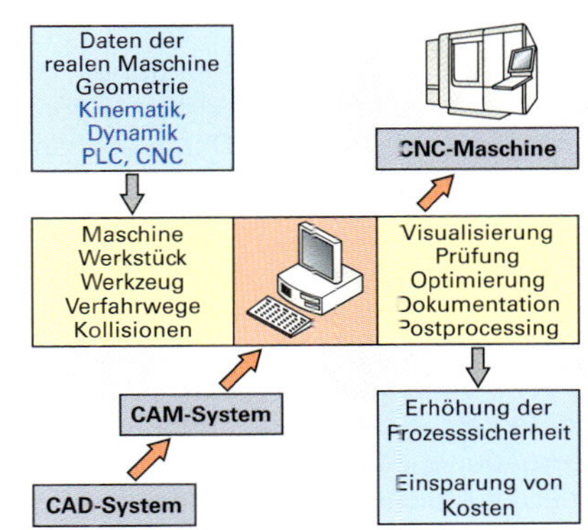

3 **Einordnung der virtuellen Maschine**

Kommunikation in der Fertigung

In der modernen Fertigung besteht die Notwendigkeit eines permanenten **Informationsaustauschs**. Deshalb sind in vielen Unternehmen die Steuerungen der CNC-Maschinen mit einem Rechner verbunden, der als zentraler Datenspeicher fungiert. Gegebenenfalls sind auch vorhandene Werkzeugvoreinstellgeräte oder Koordinaten-Messmaschinen in das Netzwerk eingebunden **(Bild 1)**. Dieses Konzept hat die Bezeichnung Distributed Numerical Control **(DNC)**.

Ursprünglich heißt das Konzept Direct Numerical Control. Es wurde entwickelt, als numerische Steuerungen keine eigenen internen Datenspeicher besaßen, und diente ursprünglich der zeitgerechten Verteilung von Steuerinformationen an mehrere Maschinen und dem Ersatz von Wechseldatenträgern sowie ihren Eingabe- und Ausgabegeräten durch direkte Datenübertragung. Moderne DNC-Systeme leisten jedoch wesentlich mehr **(Tabelle 1)**.

Die **Datenverwaltung** ist in der Lage, ein Archiv von mehreren tausend Teileprogrammen sicher zu verwalten und zu klassifizieren. Sie ermöglicht eine termintreue und sichere Bereitstellung bzw. Verteilung der benötigten Programme. Das DNC-System organisiert die Übertragung der Daten zwischen dem Zentralrechner, den einzelnen Steuerungen und anderen angeschlossenen Einheiten über die erforderlichen Schnittstellen und Protokolle. Über das **NC-Programmiersystem** kann auf die zentral gespeicherten Programme zugegriffen werden, um erforderliche Änderungen durchführen zu können. Entstehende Betriebsdaten der angeschlossenen Maschinen werden permanent über das **DNC-System** erfasst und zur Auswertung bereitgestellt. Innerhalb flexibler Fertigungssysteme sind Bearbeitungsmaschinen durch Werkstücktransporteinrichtungen miteinander verkettet. Dafür ist das DNC-System eine wichtige Voraussetzung. Das Ausnutzen moderner Kommunikationstechnologien ermöglicht die Einbindung von Endgeräten der Mitarbeiter zwecks Überwachung der automatischen Fertigung und Benachrichtigung bei Fehlfunktionen. Damit ist das DNC-System **(Bild 2)** ein wichtiger Baustein zur Erhebung und Verkettung von Daten nach Industrie 4.0 (siehe S. 539).

Ist das Werkzeugvoreinstellgerät in das DNC-Netzwerk integriert, können die Messgrößen für jedes Werkzeug im Zentralrechner gespeichert werden. Ergänzt durch Angaben über den Aufbau der Werkzeuge, über Schneidstoffe, zugehörige Spannmittel, Schnittdaten, Ersatzteile usw. entsteht eine Menge von Informationen, die in einer Werkzeugdatenbank strukturiert gespeichert werden und auf die über eine Benutzeroberfläche jederzeit zugegriffen werden kann **(Bild 3)**.

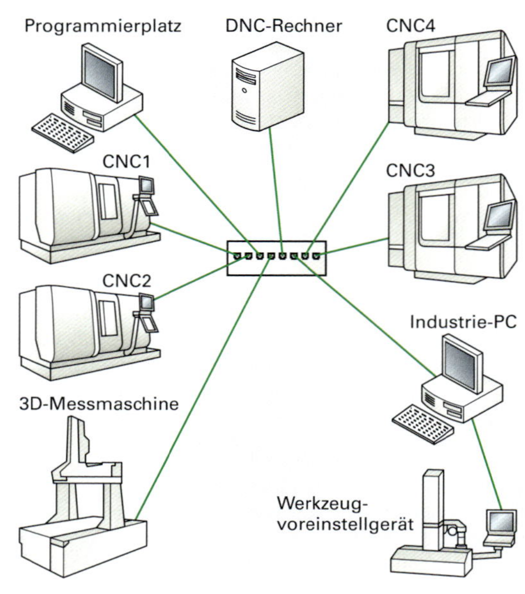

1 DNC-Netzwerk

Tabelle 1: Aufgaben eines DNC-Systems

DNC-System	
Materialfluss steuern	Daten verwalten
Maschinen überwachen	Daten verteilen
Betriebsdaten erfassen	Daten übertragen

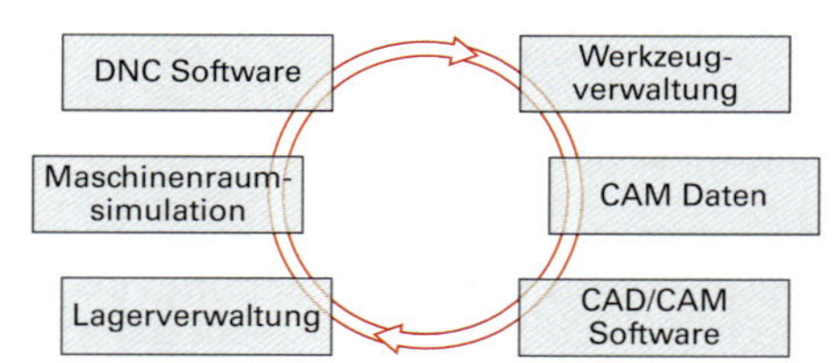

2 DNC-Einbindung in Industrie 4.0

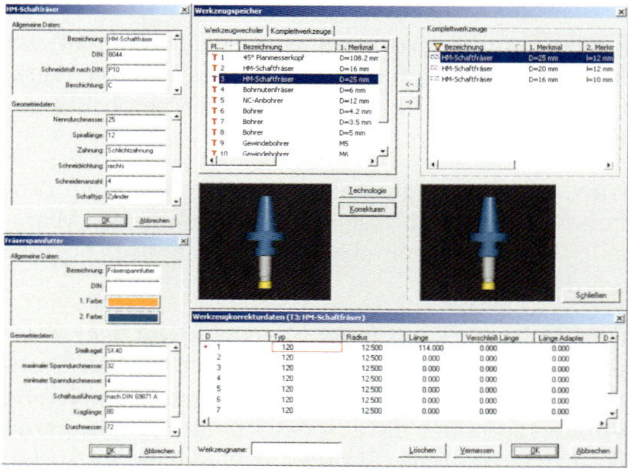

3 Benutzeroberfläche der Werkzeugdatenbank

Fertigungsbeispiel „CNC-Drehprogramm"

Das folgende Werkstück soll auf einer CNC-Drehmaschine hergestellt werden **(Bild 1)**. Die Steuerung der Maschine wird nach DIN 66025 programmiert. Darüber hinaus stehen Bearbeitungszyklen nach PAL zur Verfügung. Entsprechend der in der ersten Aufspannung erforderlichen Fertigungsaufgaben kommen Werkzeuge mit den dazugehörigen Schnittdaten zum Einsatz **(Bild 2)**.

Die Fertigung des Drehteils erfolgt in zwei Aufspannungen. In der ersten Aufspannung wird das Drehteil einschließlich dem Durchmesser 70 zuerst vorgedreht, dann fertiggedreht. Anschließend erfolgt die Bearbeitung der Einstiche und die Herstellung des metrischen Feingewindes M24x1,5. Nach dem Umspannen kann die zweite Seite bearbeitet werden, beginnend mit der Außenkontur, gefolgt vom Vorbohren der Innenkontur.

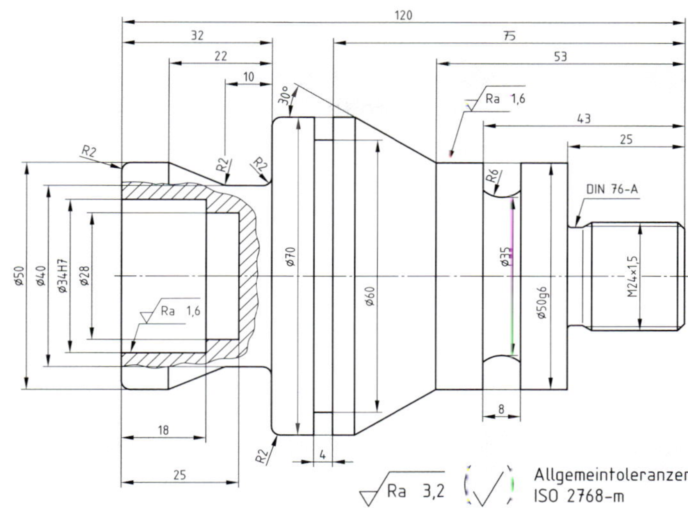

1 Fertigungsaufgabe

%5895		;1. Aufspannung
N01	G18 DIA HS	;Wahl der Drehebene ZX
N02	G54	;Nullpunktverschiebung
N03	G96 S120 T01 M06	;Werkzeugaufruf
N04	G92 S5000	;Drehzahlbegrenzung
N05	G90 G00 X85 Z0.5 M04	
N06	G95 F0.5	;Vorschub pro Umdrehung
N07	G01 X-2 M08	;Plandrehen, Schruppen
N08	G00 X80 Z2 M09	
...		

T01 Schruppdrehmeißel;
HM; r_ε = 0,8 mm;
v_c = 120 m/min; f = 0,5 mm

T02 Formdrehmeißel;
HSS; R6 × 8 mm breit;
v_c = 50 m/min; f = 0,1 mm

T03 Schlichtdrehmeißel;
HM; r_ε = 0,4 mm;
v_c = 180 m/min; f = 0,2 mm

T04 Stechdrehmeißel;
HM; b = 3 mm;
v_c = 100 m/min; f = 0,1 mm

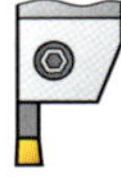

T05 Gewindedrehmeißel;
HM; außen; P = 1,5 mm;
n = 1000 /min

2 Werkzeugliste

Aufbau und Syntax des Programms an einer CNC-Drehmaschine sind denen an einer CNC-Fräsmaschine prinzipiell gleich. Unterschiede bestehen in verfahrensspezifischen Besonderheiten.

Mit der Wegbedingung G18 wird die ZX-Ebene als Bearbeitungsebene bestimmt. Durch die Adresse DIA wird festgelegt, dass alle X-Werte von Ziel- und Kreismittelpunkten durchmesserbezogen angegeben werden müssen **(Bild 3)**. Mit der Adresse HS wird die Hauptspindel als aktuelle Werkstückspindel angewählt. Die mit der Wegbedingung G54 programmierte Nullpunktverschiebung bezieht sich dementsprechend auf die Hauptspindel.

```
G18 DIA
...
G01 Z-22 X40

G18 RAD
...
G01 Z-22 X-5

G18 DRA
G90
...
G01 Z-22 X40/XA40/XI-5

G18 DRA
G91
...
G01 Z-12 X-5/XA40/XI-5
```

P3
P4
ø40
ø50
5
12
10

3 Angabe der X-Koordinaten

Der Werkstücknullpunkt wird an der Planfläche des Fertigteils gesetzt. Im Programm wird der Steuerung die Lage des Punktes durch die Wegbedingung G54 mitgeteilt. Da beim Drehen die Planfläche meist noch bearbeitet wird, liegt der Nullpunkt zu Beginn der Bearbeitung im Material und die Adresse Z hat beim Ausführen des Planschnitts einen positiven Wert in der Größe des Schlichtaufmaßes **(Bild 1)**. Dazu wird ein negativer X-Wert in der Größe des doppelten Schneidenradius des Werkzeugs programmiert, um das Verbleiben von Restmaterial in der Mitte der Planfläche zu vermeiden.

```
N09   G81 D3 H3 AK 0.5   ;Zyklusdefinition
N10   G22 L1206 /1 H1    ;Unterprogramm Außen-
                          kontur
N11   G80                ;Ende der Konturbeschrei-
                          bung für den Zyklus
N12   G14 H2             ;Anfahren des Werkzeug-
                          wechselpunktes
...
```

Die Bearbeitung von Drehteilen ist teilweise sehr komplex. Deshalb werden die Fertigungsaufgaben oft unter Verwendung von Bearbeitungszyklen gelöst. Die PAL-Steuerung verfügt über eine große Anzahl solcher Bearbeitungszyklen **(Tabelle 1)**.

Für die Vorbearbeitung der Außenkontur wird ein Längsschruppzyklus G81 eingesetzt. Durch die Angabe von Wegbedingungen und Adressen wird der Zyklus definiert und die Technologie dieses Arbeitsschrittes konkret beschrieben **(Bild 2)**. Anschließend wird die Fertigkontur programmiert, die mit dem geforderten Aufmaß entstehen soll. Dies kann direkt nachfolgend oder am Ende des Hauptprogramms erfolgen. Dann muss dieser Programmteil mit der Wegbedingung G23 aufgerufen werden.

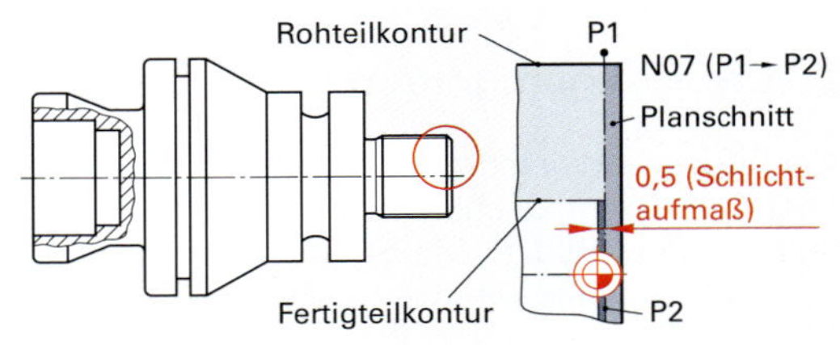

1 Nullpunktlage und Planschnitt

Tabelle 1: Bearbeitungszyklen nach PAL (Auswahl)

G31	Gewindezyklus
G81	Längsschruppzyklus
G82	Plan-Schruppzyklus
G83	Konturparalleler Schruppzyklus
G84	Bohrzyklus
G85	Freistichzyklus
G86	Radialer Stechzyklus
G87	Radialer Konturstechzyklus
G88	Axialer Stechzyklus
G89	Axialer Konturstechzyklus

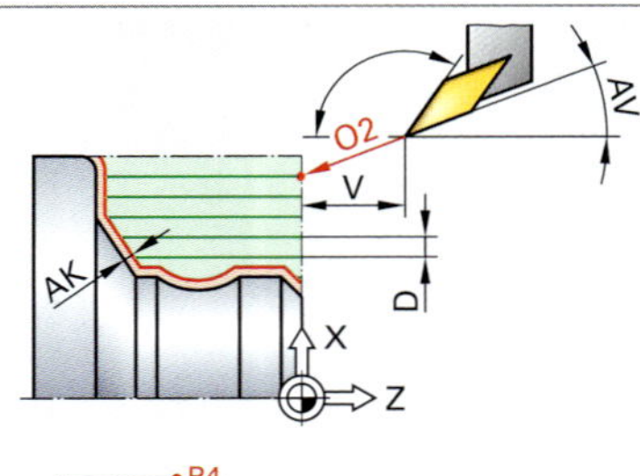

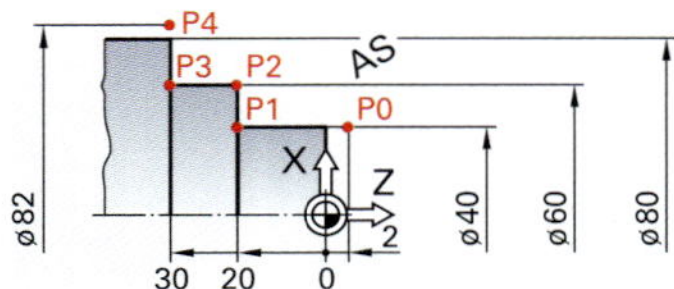


```
N10 ...
;Schruppen
N50    G81 D2.5 H1 AZ0.1 AX0.5 O2
N60    G0 X40   Z2          ;P0
N70    G1       Z-20        ;P1
N80    G1 X60               ;P2
N90    G1       Z-30        ;P3
N100   G1 X82               ;P4
N110   G80
;Schlichten
N120   G96 T2 S200 F0.15 M4
N130   G23 N60 N100 H1
N140   ...
```

G81 D H AK AZ AX AE AS AV O Q V E F S M
G81 H4 AE AS AV O E F S M

D Zustellung
H4 Schlichten der Kontur

Opitonale Adressen:[1]

H Bearbeitungsart
- H1 nur Schruppen, 1x45° abheben
- H2 stufenweise Auswinkeln entlang der Kontur
- H3 wie H1 mit zusätzlichem Konturschnitt am Ende
- H24 Schruppen mit H2 und anschließendes Schlichten

AK Konturparalleles Aufmaß auf der Bearbeitungskontur
AZ Aufmaß in Z-Richtung, kann zusätzlich zu AK erfolgen
AX Aufmaß in X-Richtung, kann zusätzlich zu AK erfolgen
AE Eintauchwinkel, Werkzeug-Endwinkel bezüglich 1. positiver Geometrieachse Z
AS Austauchwinkel, Seiteneinstellwinkel bezüglich 1. negativer Geometrieachse Z
AV Sicherheitswinkelabschlag für AE und AS
O Bearbeitungsstartpunkt
- **O1** aktuelle Werkzeugposition   **O2** aus Kontur berechnet

Q Leerschnittoptimierung
- **Q1** Optimierung aus   **Q2** Optimierung ein

V Sicherheitsabstand in Z-Richtung bei eingeschaltetem **Q2** (V1)
E Eintauchvorschub
F Vorschub
S Drehzahl / Schnittgeschwindigkeit
M Drehrichtung / Kühlmittel

Oder:

```
N120   ...
N130   G81 H4
N140   G23 N60 N100 H1
N150   G80
```

[1] Optionale Adressen werden blau geschrieben

2 G81 Längsschruppzyklus

Die Konturbeschreibung (vorherige Seite) wird nahezu identisch auch für das nachfolgende Schlichten benötigt. Zur besseren Übersicht kann sie deshalb in einem Unterprogramm gespeichert werden **(Bild 1)**. Der Gewindefreistich wird nur beim Schlichten berücksichtigt, weshalb die alternativ verwendeten NC-Sätze in unterschiedlichen Ausblendebenen geschrieben werden. Die zu verwendende Ausblendebene wird beim Unterprogrammaufruf angegeben.

```
L1206; UP Außenkontur 1. Aufspannung
N01  G01  X21  Z0                       ;P1
N02  G01  X24  Z-1.5                    ;P2
1/  N03  G01  Z-25                      ;P3
2/  N03  G85  Z-25  X24  I1.15  K3.2  H1
N04  G01  X49.981                       ;P4
N05  G01  Z-53                          ;P5
N06  G01  X70  AS150                    ;P6
N07  G01  Z-88  M09                     ;P7
N08  M17
```

1 Unterprogramm

Die Wegbedingung G80 schließt die Konturbeschreibung für den Bearbeitungszyklus ab. Optional können dazu über die Adressen ZA und XA achsparallele Begrenzungslinien definiert werden, die bei der Zyklusbearbeitung vom Werkzeugschneidenpunkt nicht überfahren werden dürfen **(Bild 2)**. So wird es z.B. möglich, die Bearbeitung der Kontur unter Verwendung unterschiedlicher Schruppzyklen durchzuführen.

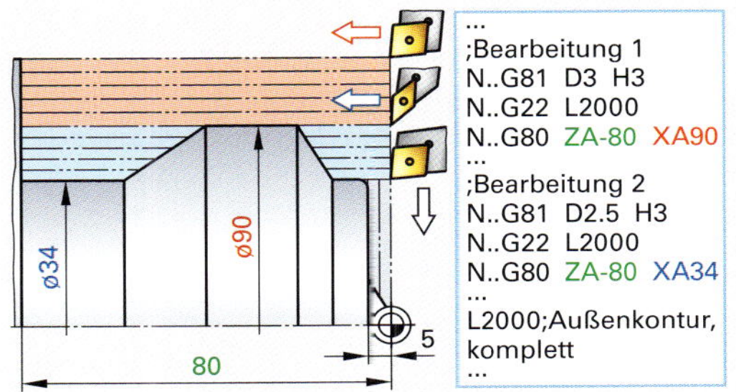

2 Strategie zur Vorbearbeitung einer Kontur

Mit der Wegbedingung G14 wird der Werkzeugwechselpunkt angefahren. Die Anfahrbedingungen können durch Parameter festgelegt werden **(Bild 3)**.

G14 H M[1]	H0	schräg (diagonal) wegfahren
	H1	Zuerst X-Achse, dann Z-Achse
	H2	Zuerst Z-Achse, dann X-Achse
	M	Zusatzfunktion

[1] Optionale Adressen werden blau geschrieben

3 G14 Werkzeugwechsel

N13	G96 f0.22 S180 TO3 M06	;Werkzeugaufruf
N14	G00 X26 Z0 M08	
N15	G01 X-0.8	;Fertigdrehen Planfläche
N16	G00 X17 Z2 M09	;Startpunkt für Konturschlichten
N17	G42	
N18	G22 L1206 /2 H1	;Unterprogramm Außenkontur
N19	G40	
N20	G14 H2	

Der Schlichtdrehmeißel hat einen Eckenradius von r_ε = 0,4 mm. Auch er wird unter Drehmitte bewegt, um sicherzustellen, dass kein Butzen an der Planfläche verbleibt. Entsprechend der darauffolgenden Fase, 1x45°, wird das Werkzeug im Satz N16 positioniert.

Da die herzustellende Fertigkontur nicht achsparallele Konturelemente enthält (P1 → P2, P5 → P6), muss die Schneidenradiuskorrektur G42 (rechts der Kontur) eingeschaltet werden. Mit dem Konturschnitt wird auch der Gewindefreistich durch einen Zyklus gefertigt **(Bild 4)**.

Um zu vermeiden, dass ein Grat am ∅70 entsteht, wird der Punkt P7 außerhalb des fertigen Werkstücks, jedoch in derselben Richtung, angefahren.

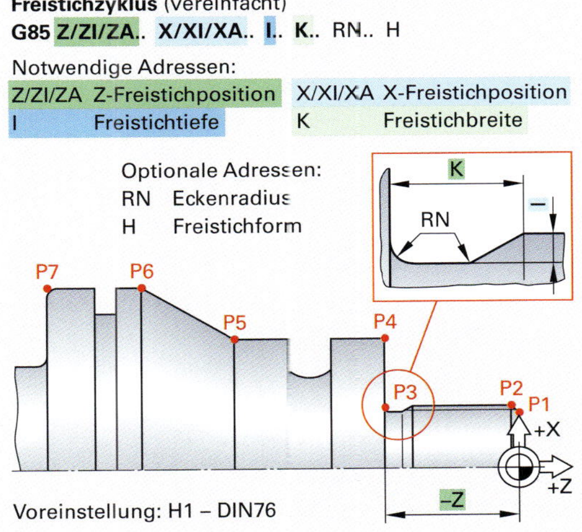

4 Außenkontur und Freistichzyklus

Das Fertigen des Formelements R6 am ∅50g 6 erfolgt in zwei Arbeitsschritten. Nachdem die Kontur mit einem Stechdrehmeißel unter Verwendung des radialen Stechzyklus vorgearbeitet wurde, wird das Element mit dem Formdrehmeißel fertiggestellt **(Bild 1)**.

Der Stechdrehmeißel ist auf beiden Seiten vermessen und die Maße sind in den Werkzeugspeicher der Steuerung eingetragen **(Bild 2)**.

Die Steuerung berechnet dann aus diesen Angaben die erforderlichen Koordinatenwerte zur Bearbeitung beider Flanken des Einstichs. Der Formdrehmeißel ist nur auf der linken Seite vermessen und muss dementsprechend positioniert werden. Nach dem Erreichen des Einstichgrunds ist mit der Wegbedingung G04 eine Verweilzeit von einer Sekunde festgelegt, sodass eine exakte Fertigung des Formelements gewährleistet ist. Zur Erzielung der gewünschten Oberflächenqualität erfolgt die Rückstellbewegung im Arbeitsvorschub.

```
N21  G96 F0.1 S100 T04 M06     ;Werkzeugaufruf
N22  G00 Z-43 X51
N23  G86 Z-43 X50 ET38 EB8     ;Stechzyklus
     D3 AK0.2 H1 M08
N24  G14 H1 M09
N25  G96 F0.1 S50 T02 M06      ;Werkzeugaufruf
N26  G00 Z-43 X51              ;Startpunkt Formdrehen
N27  G01 X35 M08
N28  G04 U1                    ;Verweilzeit
N29  G01 X51
N30  G14 H1 M09
...
```

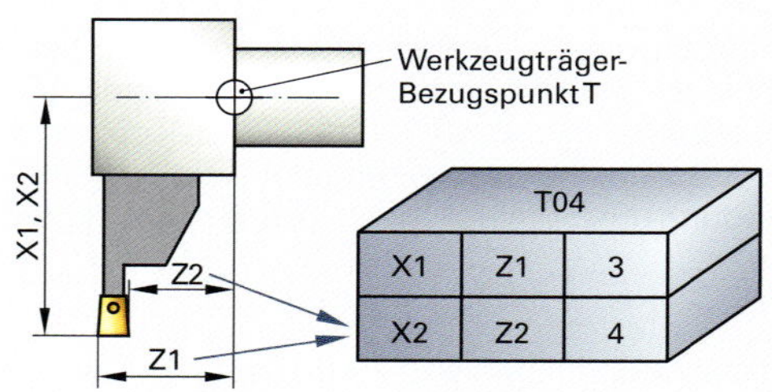

2 Vermessen eines Stechdrehmeißels

G86 Z/ZI/ZA X/XI/XA ET EB AS AE RO RU D AK AX EP H DB V E F S M

Z, ZI, ZA Z-Einstichsetzposition
X, XI, XA X-Einstichsetzposition
ET Durchmesser des Einstichgrundes oder der Einstechöffnung in absoluter X-Koordinate

Opitonale Adressen: [1]

EB Breite und Lage des Einstichs
Lage: EB positiv: Einstich in **(Z+)**-Richtung von der programmierten Einstichposition
EB negativ: Einstich in **(Z-)**-Richtung von der programmierten Einstichposition
AS Flankenwinkel am Startpunkt (Setzpunkt) des Einstichs bezogen auf die X-Achse
AE Flankenwinkel am Endpunkt des Einstichs bezogen auf die X-Achse
RO Verrundung **(RO+)** oder Fasenlänge **(RO-)** der oberen Ecken
RU Verrundung **(RU+)** oder Fasenlänge **(RU-)** der unteren Ecken
D Zustelltiefe (Ohne Zuweisung eines Wertes, Zustellung bis Endstechtiefe)
AK Konturparalleles Aufmaß
AX Aufmaß in X-Richtung
EP Setzpunktfestlegung für den Einstich
EP1 Setzpunkt in einer Ecke der Einstichöffnung
EP2 Setzpunkt in einer Ecke der Einstichgrundes. Dann wird ET zum Durchmesser der Einstichöffnung
H Bearbeitungsart
H1 Vorstechen, **H2** Stechdrehen, **H4** Schlichten
H14 Vorstechen und Schlichten
H24 Stechdrehen und Schlichten
DB Zustellung in Prozent der Meißelbreite beim Stechen
V Sicherheitsabstand über der Einstichöffnung
E Vollmaterial-Einstechvorschub
F Einstech-/Stechdrehvorschub
S Drehzahl/Schnittgeschwindigkeit
M Drehrichtung/Kühlmittel

[1] Optionale Adressen werden blau geschrieben

1 G86 Radialer Stechzyklus

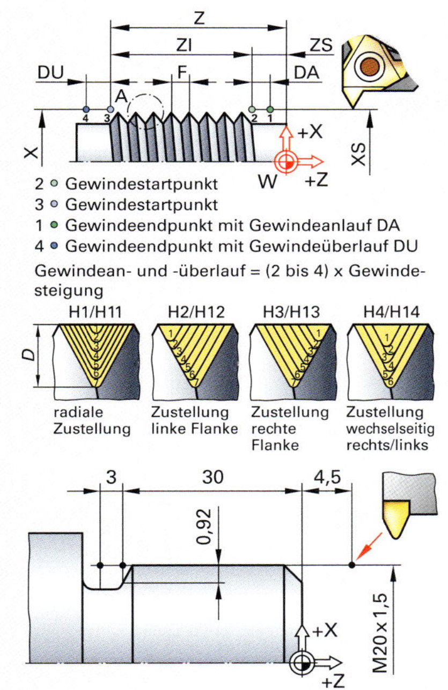

G31 Z/ZI/ZA X/XI/XA F D ZS XS DA DU Q O AE H S M

Z, ZI, ZA	Z-Gewindeendpunkt
X, XI, XA	X-Gewindeendpunkt
F	Steigung in Richtung der Z-Achse
D	Gewindetiefe

Optionale Adressen:[1)]

- ZS Gewindestartpunkt absolut in Z
- XS Gewindestartpunkt absolut in X
- DA Gewindeanlaufstrecke in Z-achsparalleler Richtung
- DU Gewindeüberlaufstrecke in Z-achsparalleler Richtung
- Q Zahl der Schnitte
- O Anzahl der Leerdurchläufe
- AE Eintauchwinkel zur X-Achse für Zustellung auf rechter oder linker Flanke
- H Zustellart und Restschnittauswahl

H1	Ohne Versatz (radial)	Restschnitt aus
H2	Linke Flanke	Restschnitt aus
H3	Rechte Flanke	Restschnitt aus
H4	Versatz R/L wechselweise	Restschnitt aus
H11	Ohne Versatz (radial)	Restschnitt ein
H12	Linke Flanke	Restschnitt ein
H13	Rechte Flanke	Restschnitt ein
H14	Versatz R/L wechselweise	Restschnitt ein

Restschnitte 1/2, 1/4, 1/8, 1/8 x (D/Q)

- S Drehzahl
- M Zusatzfunktion: Drehrichtung/Kühlmittel

Gewindeanlauf	ca. 3 x Gewindesteigung **P**
Gewindeüberlauf	ca. 2 x Gewindesteigung **P**

[1] Optionale Adressen werden blau geschrieben

1 G31 Gewindezyklus

Für die Herstellung des Gewindes M24x1,5 kommt das Werkzeug T05 Gewindedrehmeißel zum Einsatz **(Bild 2)**.

Mit dem Aufruf des Gewindedrehmeißels wird die Wegbedingung G97 – konstante Drehzahl – eingestellt. Dies ist vor allem bei älteren Maschinen für die Gewindeherstellung von grundsätzlicher Bedeutung. Für Rechtsgewinde wird die Drehrichtung der Arbeitsspindel auf „im Uhrzeigersinn" geändert. Der Anlauf- und der Überlaufweg beim Gewindedrehen ist von der Steigung des Gewindes, der eingestellten Drehzahl und dem dynamischen Verhalten der Maschine abhängig. Als Faustregel kann für den Anlauf dreimal die Gewindesteigung und als Überlauf zweimal die Gewindesteigung gewählt werden. Bei der Zyklusdefinition wird der Steuerung neben den geometrischen Angaben und der Anzahl der Schnitte auch die Art und Weise der Zustellung mitgeteilt **(Bild 1)**.

Für die Anzahl der Schnitte kann als Faustformel das 10-fache der Gewindetiefe angenommen werden. In diesem Fall also 9 Schnitte für eine Gewindetiefe von 0,92 mm.

Nach dem programmierten Halt, M00, kann das Werkstück umgespannt und mit der Bearbeitung der zweiten Aufspannung begonnen werden **(Bild 3)**.

Begonnen wird mit der Herstellung der Bauteillänge und der Außenkontur, gefolgt von der Herstellung der Innenkontur.

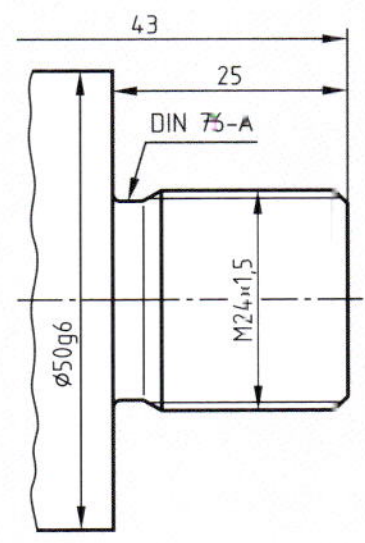

2 Gewinde Drehwerkstück

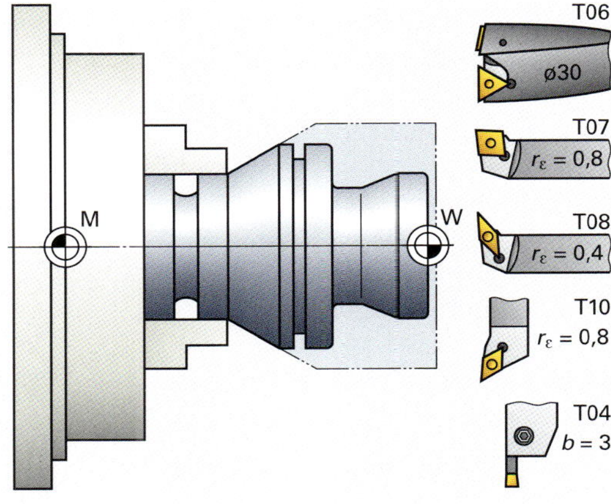

3 Werkzeuge, Spannskizze für die 2. Aufspannung

SACHWORTVERZEICHNIS

Vorbemerkung: Die Begriffe werden sowohl in der Einzahl als auch in der Mehrzahl aufgeführt, je nachdem wie sie im Lehrbuch benutzt oder im Allgemeinen verwendet werden. Es werden nur Seiten genannt, auf denen auch eine Aussage zum betreffenden Begriff zu finden ist. Die englischen Begriffe entsprechen der Bedeutung, die sie im betreffenden Zusammenhang hätten, auch wenn es noch andere Möglichkeiten der Übersetzung gibt.

A

B

C

D

E

F

G

H

N

Q

R

S

V

W

Y

Z

BILDQUELLENVERZEICHNIS

22bicycles, USA: 68/3

Adicomp, Italien: 502/3

Adobe Systems Software Irland Ltd., Adobe Stock, IRL-Dublin: 10/1 © Mihail

akg-images gmbh, Berlin: 97/4 © Science Source

BEI Precision Systems & Space Company, Inc. U.S.: 552/4

Berufsgenossenschaft Holz und Metall, Mainz: 11/1

Blum- Novotest GmbH, Willich: 100/3

Bosch Rexroth AG, Lohr: 544/1, 544/3

Bulkston GmbH, Imst: 166/4

Ceram Tec AG, Ebersbach: 100/1, 135/1, 135/2

CORZOSA, ES: 235/2

Cosen Mechatronics Co., Ltd: 167/3

DEMAG Cranes & Components GmbH, Wetter/Ruhr: 16/2

Deutsche Gesetzliche Unfallversicherung e.V. (DGUV), Berlin: 28/2

DIGMA GmbH, Reutlingen: 184/1, 187/4

DR. JOHANNES HEIDENHAIN GmbH, Traunreut: 365/1, 365/2, 549/3, 549/4, 550/1 unten, 551/1

DYNAenergetics GmbH, Burbach: 312/4 rechts

EMAG Gruppe, Salach: 153/3, 187/3

Fritz Werner Werkzeugmaschinen AG, Berlin: 528/1

Gildemeister AG, Bielefeld: 235/1

Hermle AG, Gosheim: 100/2, 383/3

Hochschule Aalen: 132/1, 136/3

INDEX-Werke GmbH & Co. KG Hahn & Tessky, Esslingen: 546/1

iStock by Getty Images, München: 10/2 © gerenme, 10/3 © kadmy, 10/4 © kadmy, 11/2 © Panupong Piewkleng, 17/1 © Dmitry Kalinovsky, 17/2 © gorodenkoff, 19/2 © Dzmitrock87, 20/1 © popov48, 26/1 © Liuhsihsiang, 27/4 © ampols, 46/2 © Bet_Noire, 56/4 © vasilypetkov, 57/1 © eugenesergeew, 57/2 © FedotovAnatoly, 57/4 © kevinjean00, 58/4 © Florin Patrunjel, 59/1 © pamirc, 63/2 © kool99, 64/2 © C_FOR, 64/4 © SafakOguz, 65/4 © kool99, 68/1 © Florin Patrunjel, 69/1 links oben © ZhakYaroslavPhoto, 71/1 © coddy, 72/1 © Funtay, 86/1 © Nordroden, 87/3 © RicAguiar, 96/1 oben © AlexandrBognat, 103/3 © Warut1, 104/2 links © dirk lohrbach, 104/2 rechts © Uwe, 105/1 rechts © Thoams Soellner, 111/2 oben © Oleg Zaikin, 112/3 © Zocha_K, 119/1 © Ladislav Kubeš, 143/3 rechts © Christian Camus, 158/1 b © antoniotruzzi, 168/0 © pixelprof, 170/2 © Nordroden, 172/2 © helivideo, 178/1 d © NordicMoonlight, 178/2 rechts © Ekaterina Markelova, 179/1 © Phuchit, 179/2 © piyasuk, 183/1 © aldomurillo, 190/2 © sergeyryzhov, 198/2 © kadmy, 211/3 © mbongorus, 216/1 © fotografixx, 216/2 © Itsanan Sampuntarat, 220/1 © Nordroden, 220/3 © Liunhsihsiang, 226/2 © Vladimir_Timofeev, 231/1 © sorendls, 231/2 © travenian, 233/2 © HAYKIRDI, 235/3 © artas, 236/1 © Piotr Wytrazek, 239/1 © FedotovAnatoly, 239/3 oben © DmitriyKazitsyn, 239/5 © Andrey Znamenskyl, 241/2 © daniele2dm, 245/3a © sergeyryzhov, 246/3 © helivideo, 251/1 © sergeyryzhov, 251/2 © Itsanan Sampuntarat, 251/3 © Thossaphol, 251/4 © sspopov, 271/2 © Nordroden, 271/3 © surasak petchang, 271/4 © sorapol1150, 272/3 © surasak petchang, 280/1 © Nordroden, 289/3 © Funtay, 292/3a © kernowroller, 292/3b © Phuchit, 308/2 rechts © Opla, 308/2 links © Uwe Moser, 308/3 © Joel Papalini, 315/1 © Andreyuu, 315/4 © Ritthichai, 320/1 rechts © Phuchit, 329/2 © Phuchit, 334/3 © helivideo, 335/1 oben © Phuchit, 346/1 © JazzIRT, 350/2 © PhonlamaiPhoto, 350/3 © ZhakYaroslavPhoto, 364/1 © gerenme, 369/1 rechts © surakit sawangchit, 375/1 © industryview, 375/2 © Niteenrk, 376/2 © Phynart Studio, 385/1 © Nordroden, 385/2 © Matveev_Aleksandr, 386/2 © dirk lohrbach, 386/4 © Phuchit, 392/2 links © kool99, 392/2 rechts © Sapsiwai, 394/1 rechts © Mr_Twister, 394/2 rechts © Phuchit, 395/1 rechts © kynmy, 398/1 © PPcavalry, 398/2 © prill, 409/2 © InWay, 454/4 © MJ_Prototype, 462/3 © sorapol1150, 464/6 © richterfoto, 464/7 © sergeyryzhov, 489/2 © kynny, 489/3 © K-Paul, 503/1 rechts © Marlon Bönisch, 503/1 links © surasak petchang, 507/2 rechts © releon8211, 507/3 mitte © iPhotothailand, 507/3 rechts © iPhotothailand, 507/3 links © Pakphoto, 508/2 © genkur, 530/1 rechts © chabybucko, 530/1 links oben © rozdemir01, 530/1 links unten © rozdemir01, 530/1 mitte oben © rozdemir01, 530/1 mitte unten © rozdemir01, 530/2 © monkeybusinessimages, 534/2 © sergeyryzhov, 535/3 © Drazen, 540/1 © NanoStockk, 540/2 © Hispanolistic, 541/3 © Traitov, 577/3 © Phuchit

ISW Uni-Stuttgart, Stuttgart: 187/1

KOMET Group GmbH, Besigheim: 161/3

KUKA AG, Augsburg: 311/2

Laksmi Vacuum Technologies: 85/4

Leitz GmbH &Co KG, Unterschneidheim: 305/1

Mahr GmbH, Göttingen: 462/4

MAPAL Dr. Kress KG, Aalen: 94/4, 133/1, 161/2

Meyers Konversationslexikon 6. Auflage von 1909, Leipzig: 98/1, 374/1

Plansee Group, Reute: 100/4

Renishaw GmbH, Pliezhausen: 366/2

Sandvik GmbH Coromant, Düsseldorf: 98/4, 175/4

SETON Brady GmbH, Egelsbach: 19/3, 433/2

SHW Werkzeugmaschinen GmbH, Wasseralfingen: 382/1

Siemens AG, München: 187/2, 294/1 unten, 543/1 oben, 543/2, 544/2

SKF GmbH, Schweinfurt: 368/2

Sodick Deutschland GmbH, Düsseldorf: 383/1

thyssenkrupp Steel Europe AG, Duisburg: 352/4

TRUMPF Gruppe, Ditzingen: 296/3

voxeljet technology GmbH, Friedberg: 358/5

Alle Bilder im Buch ohne Quellenangaben wurden vom Zeichenbüro des Verlags Europa-Lehrmittel, Ostfildern oder von den Autoren erstellt und bearbeitet.